■ 벡터 항등식

$$\mathbf{A} = A_x\hat{\mathbf{x}} + A_y\hat{\mathbf{y}} + A_z\hat{\mathbf{z}}, \quad A^2 = A_x^2 + A_y^2 + A_z^2, \quad \mathbf{A}\cdot\mathbf{B} = A_xB_x + A_yB_y + A_zB_z$$

$$\mathbf{A}\times\mathbf{B} = \begin{vmatrix} A_y & A_z \\ B_y & B_z \end{vmatrix}\hat{\mathbf{x}} - \begin{vmatrix} A_x & A_z \\ B_x & B_z \end{vmatrix}\hat{\mathbf{y}} + \begin{vmatrix} A_x & A_y \\ B_x & B_y \end{vmatrix}\hat{\mathbf{z}}$$

$$\mathbf{A}\cdot(\mathbf{B}\times\mathbf{C}) = \begin{vmatrix} A_x & A_y & A_z \\ B_x & B_y & B_z \\ C_x & C_y & C_z \end{vmatrix} = C_x\begin{vmatrix} A_y & A_z \\ B_y & B_z \end{vmatrix} - C_y\begin{vmatrix} A_x & A_z \\ B_x & B_z \end{vmatrix} + C_z\begin{vmatrix} A_x & A_y \\ B_x & B_y \end{vmatrix}$$

$$\mathbf{A}\times(\mathbf{B}\times\mathbf{C}) = \mathbf{B}\,\mathbf{A}\cdot\mathbf{C} - \mathbf{C}\,\mathbf{A}\cdot\mathbf{B}, \quad \sum_k \varepsilon_{ijk}\varepsilon_{pqk} = \delta_{ip}\delta_{jq} - \delta_{iq}\delta_{jp}$$

■ 벡터 미적분

$$\mathbf{F} = -\boldsymbol{\nabla}V(r) = -\frac{\mathbf{r}}{r}\frac{dV}{dr} = -\hat{\mathbf{r}}\frac{dV}{dr}, \quad \boldsymbol{\nabla}\cdot(\mathbf{r}f(r)) = 3f(r) + r\frac{df}{dr},$$

$$\boldsymbol{\nabla}\cdot(\mathbf{r}r^{n-1}) = (n+2)r^{n-1}$$

$$\boldsymbol{\nabla}(\mathbf{A}\cdot\mathbf{B}) = (\mathbf{A}\cdot\boldsymbol{\nabla})\mathbf{B} + (\mathbf{B}\cdot\boldsymbol{\nabla})\mathbf{A} + \mathbf{A}\times(\boldsymbol{\nabla}\times\mathbf{B}) + \mathbf{B}\times(\boldsymbol{\nabla}\times\mathbf{A})$$

$$\boldsymbol{\nabla}\cdot(S\mathbf{A}) = \boldsymbol{\nabla}S\cdot\mathbf{A} + S\boldsymbol{\nabla}\cdot\mathbf{A}, \quad \boldsymbol{\nabla}\cdot(\mathbf{A}\times\mathbf{B}) = \mathbf{B}\cdot(\boldsymbol{\nabla}\times\mathbf{A}) - \mathbf{A}\cdot(\boldsymbol{\nabla}\times\mathbf{B})$$

$$\boldsymbol{\nabla}\cdot(\boldsymbol{\nabla}\times\mathbf{A}) = 0, \quad \boldsymbol{\nabla}\times(S\mathbf{A}) = \boldsymbol{\nabla}S\times\mathbf{A} + S\boldsymbol{\nabla}\times\mathbf{A}, \quad \boldsymbol{\nabla}\times(\mathbf{r}f(r)) = 0,$$

$$\boldsymbol{\nabla}\times\mathbf{r} = 0$$

$$\boldsymbol{\nabla}\times(\mathbf{A}\times\mathbf{B}) = \mathbf{A}\,\boldsymbol{\nabla}\cdot\mathbf{B} - \mathbf{B}\,\boldsymbol{\nabla}\cdot\mathbf{A} + (\mathbf{B}\cdot\boldsymbol{\nabla})\mathbf{A} - (\mathbf{A}\cdot\boldsymbol{\nabla})\mathbf{B},$$

$$\boldsymbol{\nabla}\times(\boldsymbol{\nabla}\times\mathbf{A}) = \boldsymbol{\nabla}(\boldsymbol{\nabla}\cdot\mathbf{A}) - \boldsymbol{\nabla}^2\mathbf{A}$$

$$\int_V \boldsymbol{\nabla}\cdot\mathbf{B}\,d^3r = \int_S \mathbf{B}\cdot d\mathbf{a}, \quad \text{(Gauss)}, \quad \int_S (\boldsymbol{\nabla}\times\mathbf{A})\cdot d\mathbf{a} = \oint \mathbf{A}\cdot d\mathbf{l}, \quad \text{(Stokes)}$$

$$\int_V (\phi\boldsymbol{\nabla}^2\psi - \psi\boldsymbol{\nabla}^2\phi)\,d^3r = \int_S (\phi\boldsymbol{\nabla}\psi - \psi\boldsymbol{\nabla}\phi)\cdot d\mathbf{a}, \quad \text{(Green)}$$

$$\boldsymbol{\nabla}^2\frac{1}{r} = -4\pi\delta(\mathbf{r}), \quad \delta(ax) = \frac{1}{|a|}\delta(x), \quad \delta(f(x)) = \sum_{i,\,f(x_i)=0,\,f'(x_i)\neq 0} \frac{\delta(x-x_i)}{|f'(x_i)|},$$

$$\delta(t-x) = \frac{1}{2\pi}\int_{-\infty}^{\infty} e^{i\omega(t-x)}\,d\omega, \quad \delta(\mathbf{r}) = \int \frac{d^3k}{(2\pi)^3}e^{-i\mathbf{k}\cdot\mathbf{r}},$$

$$\delta(x-t) = \sum_{n=0}^{\infty} \varphi_n^*(x)\varphi_n(t)$$

■ 곡선 직교 좌표

• 원통 좌표

$$q_1 = \rho, \quad q_2 = \varphi, \quad q_3 = z; \quad h_1 = h_\rho = 1,\ h_2 = h_\varphi = \rho,\ h_3 = h_z = 1,$$

$$\mathbf{r} = \hat{\mathbf{x}}\rho\cos\varphi + \hat{\mathbf{y}}\rho\sin\varphi + z\hat{\mathbf{z}}$$

• 구면 극좌표

$$q_1 = r,\ q_2 = \theta,\ q_3 = \varphi;\ h_1 = h_r = 1,\ h_2 = h_\theta = r,\ h_3 = h_\varphi = r\sin\theta,$$

$$\mathbf{r} = \hat{\mathbf{x}}r\sin\theta\cos\varphi + \hat{\mathbf{y}}r\sin\theta\sin\varphi + \hat{\mathbf{z}}r\cos\theta$$

$$d\mathbf{r} = \sum_i h_i dq_i \hat{\mathbf{q}}_i, \quad \mathbf{A} = \sum_i A_i \hat{\mathbf{q}}_i, \quad \mathbf{A}\cdot\mathbf{B} = \sum_i A_i B_i, \mathbf{A}\times\mathbf{B} = \begin{vmatrix} \hat{\mathbf{q}}_1 & \hat{\mathbf{q}}_2 & \hat{\mathbf{q}}_3 \\ A_1 & A_2 & A_3 \\ B_1 & B_2 & B_3 \end{vmatrix}$$

$$\int_V f\, d^3r = \int f(q_1, q_2, q_3) h_1 h_2 h_3\, dq_1\, dq_2\, dq_3 \qquad \int_L \mathbf{F}\cdot d\mathbf{r} = \sum_i \int F_i h_i\, dq_i$$

$$\int_S \mathbf{B}\cdot d\mathbf{a} = \int B_1 h_2 h_3\, dq_2\, dq_3 + \int B_2 h_1 h_3\, dq_1 dq_3 + \int B_3 h_1 h_2\, dq_1 dq_2,$$

$$\nabla V = \sum_i \hat{\mathbf{q}}_i \frac{1}{h_i}\frac{\partial V}{\partial q_i},$$

$$\nabla\cdot\mathbf{F} = \frac{1}{h_1 h_2 h_3}\left[\frac{\partial}{\partial q_1}(F_1 h_2 h_3) + \frac{\partial}{\partial q_2}(F_2 h_1 h_3) + \frac{\partial}{\partial q_3}(F_3 h_1 h_2)\right]$$

$$\nabla^2 V = \frac{1}{h_1 h_2 h_3}\left[\frac{\partial}{\partial q_1}\left(\frac{h_2 h_3}{h_1}\frac{\partial V}{\partial q_1}\right) + \frac{\partial}{\partial q_2}\left(\frac{h_1 h_3}{h_2}\frac{\partial V}{\partial q_2}\right) + \frac{\partial}{\partial q_3}\left(\frac{h_2 h_1}{h_3}\frac{\partial V}{\partial q_3}\right)\right]$$

$$\nabla\times\mathbf{F} = \frac{1}{h_1 h_2 h_3}\begin{vmatrix} h_1\hat{\mathbf{q}}_1 & h_2\hat{\mathbf{q}}_2 & h_3\hat{\mathbf{q}}_3 \\ \frac{\partial}{\partial q_1} & \frac{\partial}{\partial q_2} & \frac{\partial}{\partial q_3} \\ h_1 F_1 & h_2 F_2 & h_3 F_3 \end{vmatrix}$$

• 수리 상수

$$e = 2.718281828, \quad \pi = 3.14159265, \quad \ln 10 = 2.302585093,$$

$$1\ \text{rad} = 57.29577951^\circ, \quad 1^\circ = 0.0174532925\ \text{rad},$$

$$\gamma = \lim_{n\to\infty}\left[1 + \frac{1}{2} + \frac{1}{3} + \cdots + \frac{1}{n} - \ln(n+1)\right] = 0.577215661901532$$

(Euler-Mascheroni number)

$$B_1 = -\frac{1}{2},\ B_2 = \frac{1}{6},\ B_4 = B_8 = -\frac{1}{30},\ B_6 = \frac{1}{42}, \ldots$$ (Bernoulli numbers)

기초 수리물리학

WEBER & ARFKEN 공저

김장환, 엄정인, 오희균
이금휘, 조상규, 최만수 공역

Essential MATHEMATICAL Methods for Physicists

ELSEVIER
ACADEMIC
PRESS

홍릉과학출판사

Essential

MATHEMATICAL Methods for Physicists

WEBER & ARFKEN 공저

김장환, 엄정인, 오희균, 이금휘, 조상규, 최만수 공역

Translated by Hongreung Publishing Co.

Translated Edition ISBN: **981259373X**

Printed in Korea

서 문

이 교재는 보통 입문의 물리학 과정을 밟는 학부학생들에게 더 고급인 학부 물리학과 공학과정에서 기대되는 수학수준을 준비하도록 기획되었다. 이 목표들의 하나로 그들을 현장 예제들을 통해서 인도하고 문제들을 실습시킴으로 물리학자들이 사용하는 수학적 언어를 배우게 하여 학생들을 지도하고자 함이다. 교수법은 개념을 소개하고 방법들을 고안 및 세련시키고 물리학의 실례들과 문제들에서 그것들을 반복해서 실습하게 하는 것이다. 기학학적 및 대수학적 접근과 방법들이 포함되었는데 학생들이 다르게 배우는 스타일들을 조정하기 위해서 다양한 배경에서 다소간 강조되게 했다. 때로는 예제들이 한 가지 이상의 방법으로 풀려지게 했다. 정리들은 보통 학생이 그것들이 기반을 둔 가정들과 한계들을 인식할 수 있도록 밑에 깔려 있는 의도들을 대충 그리며 관련된 수학적 관계들을 기술하면서 유도하게 했다. 이러한 증명들은 전문적인 수학자들의 감각으로서는 엄밀성이 있지 않으므로 가장 일반적인 형태나 최소의 제약된 가정들 아래에서 정리들을 공식화하는 어떠한 시도도 추구하지 않았다.

이 교재의 중요한 목적은 통찰력있고 정성적인 견해로부터 시작하여 학생들이 수학적인 언어로 물리적 현상들을 공식화하도록 훈련을 시키는 데 있다. 이 책의 예제들을 물리학적인 통찰을 따라 수학적인 처리법을 개발시키도록 다루어 졌으면 한다. 물리학적인 현상과 문제들의 정확한 수학적 공식화는 항상 궁극적인 목표이다.

■ 교재 개관

1장에서는 벡터대수와 벡터해석의 기본 개념들을 소개하고 고전역학과 전기동역학에 응용한다. 2장에서는 벡터대수와 해석을 굽어진 직교좌표에 확장하는 것을 다루어서 다시 고전역학 전기동역학으로부터 응용하는 것을 다룬다. 이들 두 장, 8장, 9장 그리고 16장에서 미분방정식; 18장에서 변분법; 그리고 19장에서 비선형 해석에 대한 기반토대들을 놓는다. 3장은 일차, 및 이차 선형방정식의 고등학교 대수를 선형 방정식들 고유값들과 고유벡터들 그리고 실수와 복소벡터 공간에서 선형변환의 일반적인 계들의 형렬식들과 행렬풀이들에 이르기까지 확장한다. 이 장들은 9장에서 미분 방정식들 해의 함수공간들로 확장된다. 이것으로 인하여 양자역학의 공식화에 대한 수학적인 기초를 놓는다. 군론에 대한 4장은 현대물리학에서 대칭의 중요한 개념에 대한 입문이다. 5장은 10-13장들에서 논의된 특수함수들에 대한 그리고 역시 6장과 7장에서 논의된 복소함수들에 대한 기반을 놓는 급수의 꽤 확장된 취급을 제시한다. 확률과 통계에 대한 17장은 실험적으로 훈련된 물리학자들에게 기본이다. 이 내용의 일부는 1장과 2장을 다 마친 후에 곧바로 공부할 수 있다. 그러나 나중 절들은 8장과 10장에 기반을 두고 있다. 비선형 방법에 대한 19장은 8장을 여러 방향에서 보충하고 확장한다. 특수함수들에 대한 10-13장들은 8장과 16장에서 역시 합병할 수 있는 미분방정식들의 풀이들을 요하는 물리 문제들의 많은 예들을 가진다. 푸리에 해석에 대한 14장과 15장은 16장에서 편미분 방정식들의 더 고급으로 취급하는 데 있어 필수적이다.

우리가 일상적으로 사용하는 이론의 틀에 대해 그 후세대들이 완성한 착상들과 방법들을 소개한 몇 물리학자들과 수학자들에 대해서 상세한 역사적 논평을 포함시켰다. 우리는 그것들이 학생들에게 동기를 부여하고 과거와 현재의 과학자들의 노력과 헌신 그리고 용기에 대해 얼마간의 감사를 우러나게 했으면 하는 바이다.

■ 자료를 통한 소로들

이 교재는 두 학기 학부과정에 대한 충분한 자료들보다 더 많은 내용을 가지고 있기 때문에 강의 담당자는 학급의 특별한 수준에 맞게 주제를 선택하는 것이 좋다. 1-3장과 5-8장은 수리물리학에서 한 학기 과정에 대해 기본적인 것을 제시한다. 대칭성들과 군론과 텐서같은 몇 주제를 뺌으로써, 특수함수들에 대한 10-13장들의 부분들, 푸리에 해석에 대한 14장과 15장, 확률과 통계에 대한 17장 변분법에 대한 18장 또는 비선형 방법에 대한 19장을 포함하는 것도 한 학기 과정으로 가능하다.

두 학기 과정은 2장과 4장에서 텐서와 대칭성을 가지고 고전 및 양자역학을 지원하는 18장의 변분법뿐만 아니라 10-13장에서 특수함수들을 더 확장해서 다룰 수 있다.

■ 문제 푸는 기술

학생들은 그들이 물리적인 설명을 이해한다고 확신하고, 책을 덮고 방정식을 유도할 수 있어야 하고 특별한 경우엔 예측할 수 있어야 하고 물리학의 이론들과 방정식들의 응용성의 한계들을 인식할 수 있을 때까지 이 교재를 공부해야 한다. 그러나 물리학자들이 반복적으로 문제들을 풀음으로써 사용하는 수학적인 언어를 단지 익히는 것은 공통 지식정도이기 때문에 물리학과 공학과정들은 학생들이 문제들을 풀기 위하여 자료들을 응용할 수 있는 적극적인 학습을 포함하는 더 높은 이해의 수준을 일상적으로 요구하고 있다.

절들과 장들의 끝에 문제 모음들은 내용들이 교재에서 다루어지고 있는 순서에 맞추어 배치하였다. 문제들의 충분한 다양성과 난해도는 성실하게 문제들을 푸는 누구도 단계적으로 유도해가서 단지 이해한다는 정도를 넘어 교재의 내용들을 정복했다는 확신이 들게끔 제시했다.

일상적인 방법들의 얼마의 변경을 요구하는 더 어려운 문제들은 학생의 창조적 능력을, 전문 물리학자로써 기대되는 기술을 보충하기 위해서 여러 가지 문제 모음에 역시 포함시켰다.

■ 컴퓨터 소프트웨어

해석적으로 풀 수 있는 교재내의 문제들은 Macsyma, Mathcad, Maples, Mathematica와 Reduce와 같은 현대를 상징하는 컴퓨터 소프트웨어에 의하여 역시 풀 수 있다. 왜냐하면 이들 프로그램들은 수리 물리교재들의 일상적 방법들을 포함하고 있기 때문이다. 일단 학생이 해석적인 결과를 개발시켰으면 이들 강력한 프로그램들은 그 결과들을 점검하고 도식하는 데 유용하다. 어떻게 그것이 유도되는지 이해하지 못하면서 컴퓨터의 의하여 해석적인 풀이를 구한다는 것은 무의미하다. 컴퓨터들이 문제를 푸는데 너무 일찍이 사용될 때 많은 강의 담당자들은 학생들이 컴퓨터에 의해서 헤맬 수 있음을 알고 있다. 입수할 수 있는 컴퓨터 소프트웨어는 그것에 대한 어떤 상세한 논의도 배제할 만큼 다양하다. 이 과정에서 컴퓨터를 사용하고자 하는 각 강의 담당자들은 특별한 소프트웨어를 선택해서 학생들을 위해 소개해 주어야 한다. 이 교재의 많은 문제들과 예제들이 그것에 응용하게 되어있다. 그렇지만 컴퓨터들의 실제 유용성과 능력은 그것들이 포함하고 있는 도식산법 소프트웨어와 해석적 풀이로 허용되지 않는 문제들을 근사적으로와 수치적으로 풀 수 있다는 데 있다. 특별한 훈련이 필요하고 교재가 급수나 점근 전개와 같거나 더 상징적인 컴퓨터 조작에 적절한 적분묘사와 같은 근사적인 방법들에 있어서 학생들을 훈련시키는 데 사용될 수 있다.

■ 감사의 글

많은 서평가들은 특별한 찬사를 받을 만 하며 특별히 Frank Harris교수는 그러하다. 그러나 그들의 모든 충고를 항상 다 따르지는 않았다. 다른 서평가들은 다음과 같다 : Gratavus Adolphus 대학의 Thomas Huber; Tarleton 주립대학의 Daniel Marble; Oregon 주립대학의 Enrique Thomann; 시카고에 있는 Illinnois의 대학교 Henrik Aratyn; Michigan의 대학교의 Bring Zhou; Michigan의 대학교의 R. Merlin; Purdue 대학교 Calumet의 Brian Pickett; Montreal의 대학교의 Normand Mousseau; Kansas 주립대학의 Gary Wysin ; Georgia 공과대학의 Roman Grigoriev; Stony Brook 대학교(SUNY)의 Alexandra Abanov; Georgetown 대학교의 Wesley N. Mathews; California Daris의 대학교의 David Hwang; 그리고 Florida 의 대학 교의 Pedro Schlottmann. 우리는 특히 우리의 지치지 않는 편집자 Barbara Holland에게 그 많은 도움에 감사한다. 우리는 Michael Beyer 박사와 Michael Bozoian 박사에게 교정하는 데 그들의 가치있는 도움에 그리고 Angela Dooley에게 제작상 궤도 상에 있는 책을 전문가적으로 보살핌에 대해 감사하고 싶다. 상당한 조심성에도 불구하고 서평자들, 교정자들 편집자들과 저자들의 집약적인 세밀 검사에도 남은 얼마간의 오자들과 결함을 예상한다. 우리가 그들의 정성들을 감사하더라도 우리는 책임을 통감하므로 독자들이 우리에게 그것들을 지적해 주는 것을 환영한다. 우리는 역시 Amit Bohara, Jason Crnkovic, Scott Ernst, Kristi Hermansen, Nate Johnson,

Andy Konicek, Dave Kupka, Joe Rodriguez, Josh Steffenson, Matt Treichel 그리고 Kathlyn Wells를 포함해서 Gustavus Adolphus 대학에 학생지도국에 은혜에 넘치는 감사를 표시하는 바이다.

역자 서문

현대사회는 과학기술의 발전에 따라 급격히 변화하고 있다. "10년이면 강산이 변한다."는 우리말이 있지만 그 경향이 더욱 촉진되고 있는 것이 오늘의 국제사회현황이라고 할 수 있다. 이와 같은 과학기술 혁신의 추세는 학문 간의 영역을 뛰어 넘어 상호 유대를 더욱 긴밀하게 하는 다 전공분야의 결속(Interdisciplinary approach)을 더욱 강조하고 있다. 현대에 이르러 기초과학의 원리를 공학에 응용하는 데 걸리는 시간은 과거의 수십 년 걸리는 것을 수년으로 단축시켜 놓았으며 공학의 기초가 경험이 아닌 기초과학으로 전환되어 그 중요성이 더욱 강조되고 있는 것이 오늘날의 현실이다. 따라서 기술 습득보다는 기초지식을 이해하여 급변하는 환경에 적응할 수 있는 능력을 배양하는 것이 필요한 시대로 바뀌었다.

현재 수리물리학 서적은 많이 나와 있는데 이것은 물리학을 전공하는 데 있어서 역학, 전자기학과 더불어 물리학을 전공하는 학생들에게는 반드시 배우고 이해하여야만 되는 과목이기 때문이다. 더욱이 교과서가 새로운 형태로 탈바꿈하는 것은 물리학의 발전과 더불어 새로운 시대감각에 맞게 가르치기 위한 교육적 효과를 기대하기 때문이다. 최근에 출판된 Weber와 Arfken의 "기초 수리물리학(Essential Mathematical Methods for Physicists)"은 이와 같은 시대적 요구조건에 부응하여 쓰였으며 물리학 이론의 수학적인 기초를 이해하고 물리학 이론을 전개하는 네 필요한 수리 능력을 향상시키는 데 그 목적이 있다. 현재까지 나와 있는 어떤 수리물리학 서적보다도 체계적이며 예제와 연습문제를 익힘으로써 물리학 이론이 어떻게 발전되어 왔으며 어떤 체계를 이루고 있는가를 제시하고 그 전개방법을 학생들이 익힐 수 있도록 체계화되어 있다. 오늘날과 같이 다전공적 접근이 중요시되는 상황에서 공학을 전공하는 학생들도 필수적으로 습득하여야 하는 분야임을 강조하여 둔다.

번역 시 사용한 기본 학술용어는 한국물리학회와 대한수학회의 용어집을 참조하였으며 외국어 표기법은 문교부지침서를 따랐다.

이 책을 번역하는 데 각 장은 다음과 같이 분담하여 작성되었다.

제1장 ~ 제2장	이금휘 교수
제3장 ~ 제5장	조상규 교수
제6장 ~ 제8장	오희균교수
제9장	김장환 교수
제10장 ~ 제13장	엄정인 교수
제14장 ~ 제17장	최만수 교수
제18장 ~ 제19장	김장환 교수
부록	김장환 교수

이 번역서는 물리학을 전공하는 학생들은 물론 기초과학 분야 및 공학 분야를 전공하는 학생들의 학문발전에 큰 도움이 되기를 바란다.

역자 일동

차 례

18장 변분법 885

19장 비선형 방법과 혼돈 929

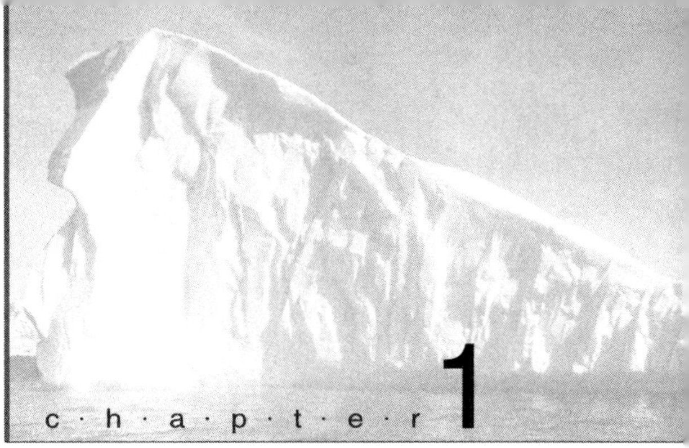

벡터해석

1.1 기본 길잡이

과학과 공학에서 질량, 시간, 온도처럼 크기만 갖는 양을 자주 만난다. 그 크기는 좌표축의 방향을 어떻게 잡던지 변하지 않고 같은 값을 갖는다. 이것을 스칼라 양이라 부른다. 이것과 대조를 이루어, 많은 흥미로운 물리량은 크기 또는 길이에 더하여 방향도 갖는다. 이와 같이 크기와 방향을 갖는 양을 벡터라 부른다. 벡터의 크기와 두 벡터 사이의 각도는 잡은 좌표축을 어떻게 돌려도 변하지 않는다. 벡터를 스칼라와 구별하기 위하여 굵은 활자체(즉, **V**)로 나타낸다. 벡터는 선형 연립방정식(제3장 참조)을 푸는 데 요긴하다. 그들은 유크리드 기하학에 도움을 주며 또 힘, 속도, 가속도, 및 각운동량이 벡터이므로 고전물리학과 공학에 없어서는 안 되는 것이다. 전기장 및 자기장과 같은 벡터장 없이는 전자기동력학을 생각할 수조차 없다.

두 직선 사이의 최단거리 또는 입자궤도의 매개변수표현 등 역학과 기하학의 실제적인 문제는 우리가 벡터미분과 벡터해석에 이르도록 한다. 벡터해석은 역학과 공학에서 입자의 운동방정식을 세우고 풀거나 전자기동력학의 방정식을 푸는 데 쓰는 강력한 도구이다.

이 절에서 벡터의 기하학적인 또는 (그 직각성분을 쓴) 대수학적인 덧셈과 뺄셈을 배울 것이다.

벡터를 기하학적으로 표현하는 데 그 크기에 비례하는 길이의 화살표를 쓴다. 화살표 방향을 벡터 방향으로 잡고 뾰족한 쪽을 양으로 잡는다. 이 표현에서, 벡터의 합

$$\mathbf{C} = \mathbf{A} + \mathbf{B} \tag{1.1}$$

는 벡터 **A**의 뾰족한 앞머리에 벡터 **B**의 뒤꼬리를 놓아서 이루어진다 (즉, 머리를 꼬리에 대는 규칙). 그러면 벡터 **C**는 **A**의 꼬리에서 **B**의 머리로 그린 화살표로 표현한다. 이런 과정(즉, 합의 삼각형법칙)은 (1.1)식에 의미를 부여하며 그림 1.1로 나타내었다.

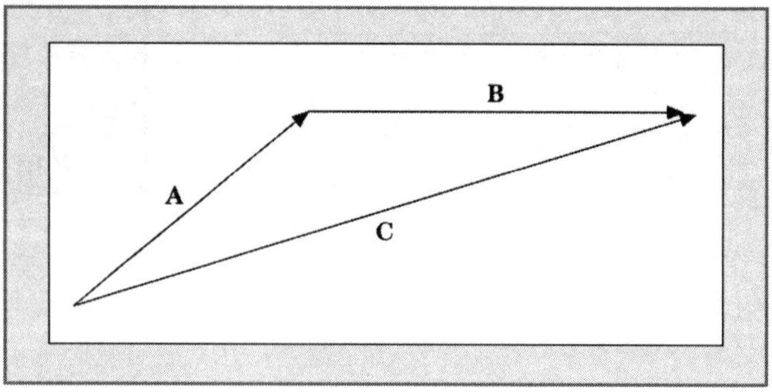

그림 1.1
벡터합의 삼각형법칙

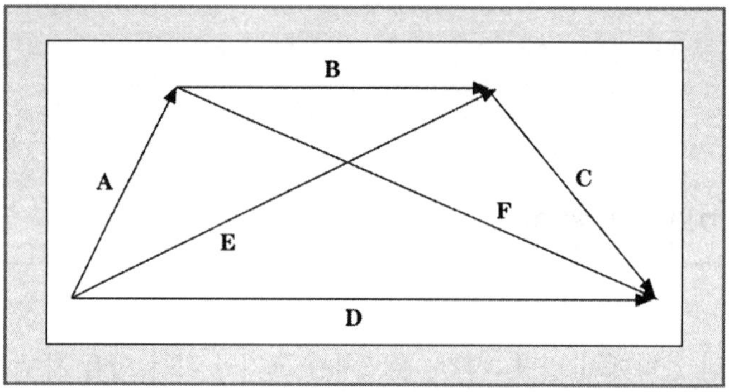

그림 1.2
벡터합의 결합법칙

평행사변형을 완성하면

$$\mathbf{C} = \mathbf{A} + \mathbf{B} = \mathbf{B} + \mathbf{A} \tag{1.2}$$

인 것을 알 수 있다. **벡터의 합은 교환가능**이다 (즉, 교환법칙이 성립한다).

벡터 셋의 합 (그림 1.2)

$$\mathbf{D} = \mathbf{A} + \mathbf{B} + \mathbf{C}$$

를 얻기 위해 처음에 **A**와 **B**를 합한다:

$$\mathbf{A} + \mathbf{B} = \mathbf{E}.$$

그리고 이 합을 **C**에 더한다:

$$\mathbf{D} = \mathbf{E} + \mathbf{C}.$$

대안으로, **B**와 **C**를 먼저 합한다:

$$\mathbf{B} + \mathbf{C} = \mathbf{F}.$$

그리하면

$$\mathbf{D} = \mathbf{A} + \mathbf{F}.$$

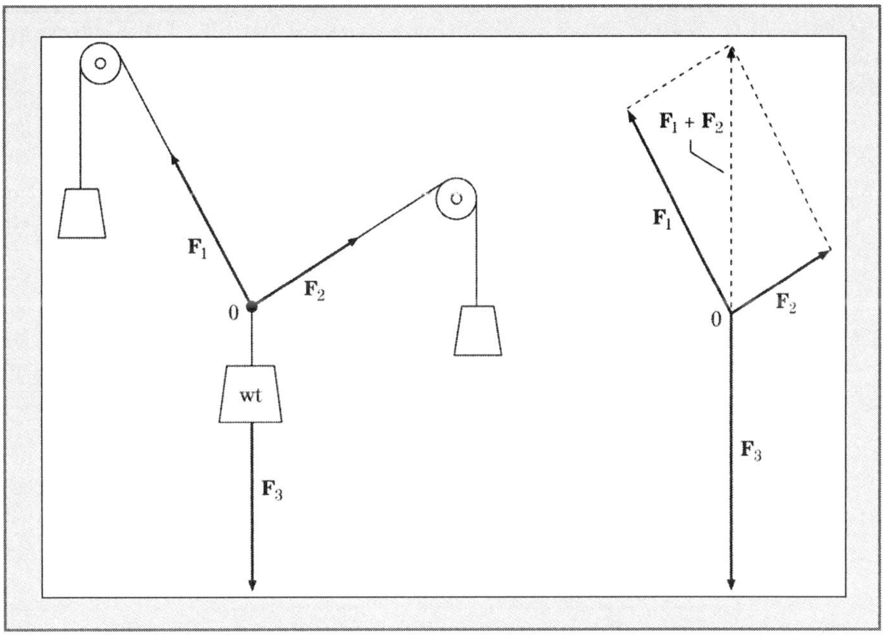

그림 1.3
힘의 평형: $\mathbf{F}_1 + \mathbf{F}_2 = -\mathbf{F}_3$

원래의 수식으로는

$$(\mathbf{A} + \mathbf{B}) + \mathbf{C} = \mathbf{A} + (\mathbf{B} + \mathbf{C})$$

가 되어 세 벡터를 두 방법으로 더한 것이 같은 결과에 이른다. 즉 **벡터의 덧셈은 결합적**이다.

그림 1.3은 평행사변형 합법칙의 실제적인 보기로서 두 줄이 추를 매달고 있는 것을 그렸다. 세 줄의 만난 점이 평형상태라면 두 힘 $\mathbf{F}_1$과 $\mathbf{F}_2$의 합이 아래로 향하는 중력 $\mathbf{F}_3$을 상쇄해야 한다. 여기서 평행사변형 덧셈법칙은 바로 실험적 검증의 대상이다.[1] 그러한 힘의 균형은 건물, 다리, 날으는 비행기 등의 안정성을 위해 굉장히 중요한 것이다.

뺄셈은 음의 벡터를 크기가 같고 방향이 반대인 것으로 정의하여 이루어 낸다. 그래서

$$\mathbf{A} - \mathbf{B} = \mathbf{A} + (-\mathbf{B}).$$

화살표를 쓴 벡터 **A**의 그림 표현은 좌표의 사용을 제2의 가능성으로 제시한다. 원점에서[2] 시작하는 화살표 **A**(그림 1.4)는 점 (A_x, A_y, A_z)에서 끝난다. 그래서 벡터가 원짐에서 시작하기로 동의하면, 양의 쪽 끝은 화살축의 **직각(rectangular)** 또는 **데카르트(cartesian)** 좌표 (A_x, A_y, A_z)를 주는 것으로 결정된다.

A가 어떠한 벡터양(운동량, 전기장 등)을 표현해도 되지만, 원점에서 점 (x, y, z)로 이르는 거리는 특별히 중요한 벡터양이므로 특정한 부호 **r**를 쓴다. 그러면 변위로는 벡터 **r** 또는 끝

[1] 엄밀히 말하면 평행사변형 덧셈은 정의의 일환으로 도입되었다. 힘을 합한 결과가 0이라는 평형조건이 요구하는 것처럼, 실험은 힘이 벡터양이고 평행사변형 덧셈으로 결합함을 보여준다.

[2] 어느 점에서나 시작할 수 있다. 원점을 택한 것은 간단하기 때문이다. 기하에 영향주지 않으면서 좌표계의 원점을 이동하는 자유를 **평행이동 불변성**이라 한다.

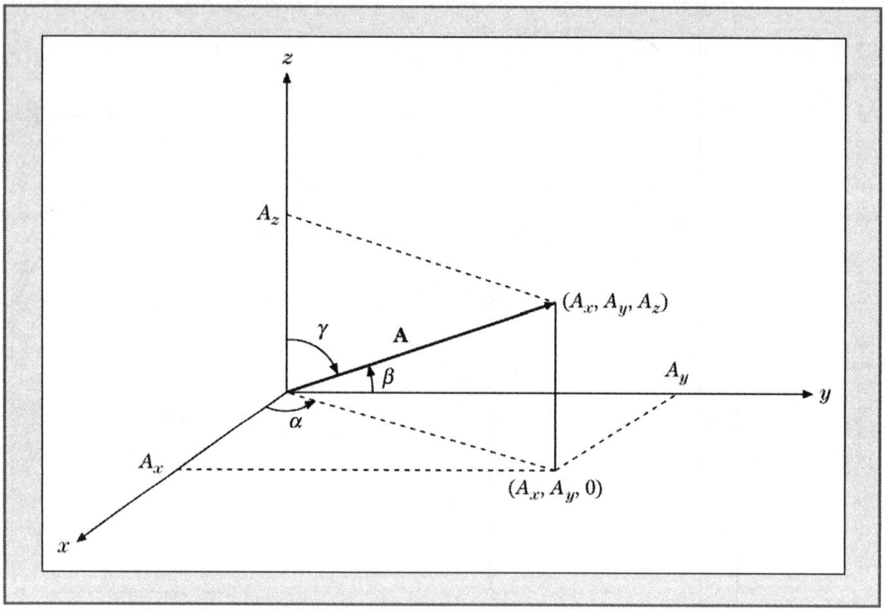

그림 1.4
A의 성분과 방향코사인

점의 좌표 (x, y, z)를 쓸 수 있다:

$$\mathbf{r} \leftrightarrow (x, y, z). \tag{1.3}$$

벡터 **r**의 크기 r를 기하학적 길이로 정의하면, 그림 1.4에서 볼 수 있는 바와 같이 끝점의 좌표와 크기 사이에는

$$x = r\cos\alpha, \quad y = r\cos\beta, \quad z = r\cos\gamma \tag{1.4}$$

인 관계가 있다. 이런 $\cos\alpha$, $\cos\beta$, $\cos\gamma$를 **방향코사인 (direction cosine)**이라 부르는데 α, β, γ는 주어진 벡터와 $+x$, $+y$, $+z$축 사이의 각이다. 직각성분 A_x, A_y, A_z는 축에 내린 **A**의 **투영 (projection)**으로 볼 수 있다.

그래서 (1.4)식처럼 어떤 벡터 **A**도 성분분해(즉, 좌표축에 투영)하여 $A_x = A\cos\alpha$, $A_y = A\cos\beta$, $A_z = A\cos\gamma$를 얻는다. 벡터란 하나의 양 **A** 또는 세 성분 (A_x, A_y, A_z)를 뜻한다. A_x에서 첨자 x는 성분을 뜻하며 변수종속을 뜻하지는 않는 것에 주의하자. **A** 또는 성분 (A_x, A_y, A_z)를 쓰는 것은 **기하적 또는 대수적 표현 사이의 선택**이다. 기하적인 "공간의 화살표"는 시각화의 장점이 있고, 대수적 성분은 정확한 계산에 더 적합하다. (이것을 예제 1.1.1~1.1.3에서 잘 보여주고 연습문제 1.1.1, 1.1.3, 1.1.5, 및 1.1.6에도 적용된다.)

벡터는 물리학에 아래 두 가지의 차별되는 형태로 나온다.

- 벡터 **A**는 한 점에 작용하는 힘을 표현할 수 있다. 무게중심에 작용하는 중력이 이런 형태를 잘 보여준다.
- 벡터 **A**는 퍼져있는 영역에서 정의될 수도 있다; 즉, **A**와 그 성분은 위치의 함수일 수 있다: $A_x = A_x(x, y, z)$ 등등.

각각의 점(x, y, z) 위치에 따라 크기와 방향이 변하는 벡터 **A**가 붙어 있다고 상상하자. 그 예로 날고 있는 비행기 날개 부근의 공기속도가 점마다 틀린 사실, 그리고 쇳가루를 뿌려서 볼 수 있는 전기 및 자기장 등이 있다. 이처럼 영역의 각 점에서 정의되었고 위치의 함수인 벡터들을 **벡터장 (vector field)**이라 부른다. 벡터장의 개념은 1.2절과 이후에서 벡터를 미분하고 적분할 때에 지극히 중요하다.

단위벡터(unit vector)는 길이 1을 갖지만 어느 방향으로나 향할 수 있다. 벡터의 직각성분을 정의하려고 **A**를 좌표축에 투영할 때 좌표단위벡터가 암시적으로 들어온다. 명시적으로 $\hat{\mathbf{x}}$, $\hat{\mathbf{y}}$, $\hat{\mathbf{z}}$를 $+x$, $+y$, $+z$방향의 단위벡터로 정의한다. 그러면 $\hat{\mathbf{x}}A_x$는 $+x$방향의 크기 A_x인 벡터; 즉, **A**의 x방향 투영 등등이다. 합으로 표현된 식

$$\mathbf{A} = \hat{\mathbf{x}}A_x + \hat{\mathbf{y}}A_y + \hat{\mathbf{z}}A_z \tag{1.5}$$

는 **A**가 어떤 벡터이든 그 성분 또는 투영의 벡터합이란 것을 뜻한다. **A**가 0이라면 성분 각각이 모두 0이다; 즉,

$$\mathbf{A} = 0 \text{ 이면,} \qquad A_x = A_y = A_z = 0.$$

피다고라스 정리를 쓰면, 벡터 **A**의 길이는

$$A = \left(A_x^2 + A_y^2 + A_z^2\right)^{1/2}. \tag{1.6}$$

제2장에서 보이는 바와 같이 벡터의 성분분해가 여러 좌표계에서 가능하다. 여기서는 직각좌표로 한정하는데, 이때 단위벡터의 좌표는 $\hat{\mathbf{x}} = (1, 0, 0)$, $\hat{\mathbf{y}} = (0, 1, 0)$, $\hat{\mathbf{z}} = (0, 0, 1)$이다.

(1.5)식의 뜻은 세 단위벡터 $\hat{\mathbf{x}}$, $\hat{\mathbf{y}}$ 및 $\hat{\mathbf{z}}$의 3차원 실수 공간 생성: 즉, 어떠한 상수벡터라도 $\hat{\mathbf{x}}$, $\hat{\mathbf{y}}$, $\hat{\mathbf{z}}$의 일차결합으로 쓸 수 있다. $\hat{\mathbf{x}}$, $\hat{\mathbf{y}}$ 및 $\hat{\mathbf{z}}$가 일차독립(즉, 어느 것도 다른 둘의 일차결합이 아님)이므로 실수 3차원 공간의 **기저(basis)**를 이룬다.

기하학적 기법에 상보적인 대수학적 덧셈과 뺄셈은 성분을 써서 아래와 같이 할 수 있다. 즉,

$$\mathbf{A} = \hat{\mathbf{x}}A_x + \hat{\mathbf{y}}A_y + \hat{\mathbf{z}}A_z \quad \text{및} \quad \mathbf{B} = \hat{\mathbf{x}}B_x + \hat{\mathbf{y}}B_y + \hat{\mathbf{z}}B_z,$$

$$\mathbf{A} \pm \mathbf{B} = \hat{\mathbf{x}}(A_x \pm B_x) + \hat{\mathbf{y}}(A_y \pm B_y) + \hat{\mathbf{z}}(A_z \pm B_z). \tag{1.7}$$

인명 자료

Descartes, René. 프랑스의 수학자 겸 철학자 Descartes는 1596년 프랑스 La Haye에서 출생하여, 1650년 스웨덴 Stockholm에서 서거하였다. 그가 주로 프랑스어로 글을 썼지만, 라틴어가 과학의 언어였던 당시에 라틴화한 그의 이름은 Cartesius이다. 육군에 근무할 때에 연구할 시간이 많았고 수학을 좋아하는 것을 알게 되었다. 직각좌표의 개념을 도입하여서 기하학을 점의 좌표들 사이의 대수방정식으로 바꿀 수 있어서 오늘날의 해석기하학을 창시하였다. 이렇게 하여 Newton과 Leibniz가 미분적분에 이르도록 하는 길을 닦았다. 그의 명언으로 "Cogito, ergo sum" ("나는 생각한다, 그러므로 존재한다")가 있다.

예제 1.1.1

$$\mathbf{A} = 6\hat{\mathbf{x}} + 4\hat{\mathbf{y}} + 3\hat{\mathbf{z}},$$
$$\mathbf{B} = 2\hat{\mathbf{x}} - 3\hat{\mathbf{y}} - 3\hat{\mathbf{z}}$$

이라 하자. 그러면, (1.7)식에 의하여,

$$\mathbf{A} + \mathbf{B} = (6+2)\hat{\mathbf{x}} + (4-3)\hat{\mathbf{y}} + (3-3)\hat{\mathbf{z}} = 8\hat{\mathbf{x}} + \hat{\mathbf{y}},$$

$$\mathbf{A} - \mathbf{B} = (6-2)\hat{\mathbf{x}} + (4+3)\hat{\mathbf{y}} + (3+3)\hat{\mathbf{z}} = 4\hat{\mathbf{x}} + 7\hat{\mathbf{y}} + 6\hat{\mathbf{z}}.$$ ■

예제 1.1.2 **힘의 평행사변형**

두 힘 **a**와 **b**의 합을 구하여라. 벡터 덧셈과 뺄셈의 기하학적 의미를 익히기 위해, 평행사변형의 변을 이루는 두 힘

$$\mathbf{a} = (3, 0, 1), \quad \mathbf{b} = (4, 1, 2)$$

(그 단위는 표준국제(SI)단위계의 Newton, $1\,\mathrm{N} = 1\,\mathrm{kgm/s^2}$)을 생각하자. 이 때, 그림 1.5처럼, 대각선은 둘의 합

$$\mathbf{a} + \mathbf{b} = (3+4, 1, 1+2) = (7, 1, 3) = \mathbf{b} + \mathbf{a}$$

와 둘의 차

$$\mathbf{b} - \mathbf{a} = (4-3, 1, 2-1) = (1, 1, 1)$$

이다. 중점 **c**는 합의 반이다. 즉,

$$\mathbf{c} = \frac{1}{2}(\mathbf{a} + \mathbf{b}) = \left(\frac{7}{2}, \frac{1}{2}, \frac{3}{2}\right).$$

다른 방법으로, **a**로 시작하여 중점을 얻으려면, **a**에서 **b**로 향하는 대각선의 반을 더하면 된다. 즉,

그림 1.5
힘 **a**, **b**의 평행사변형

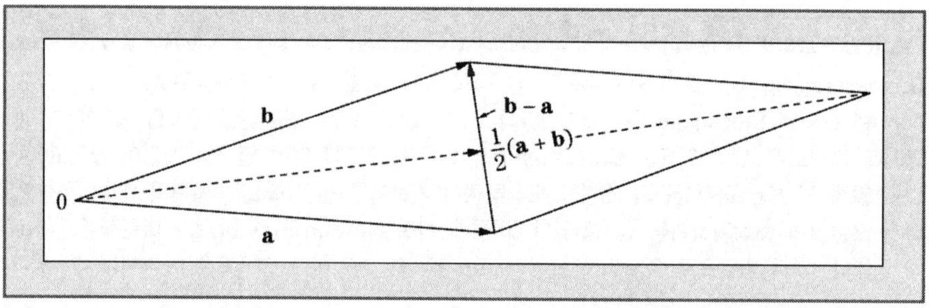

$$\mathbf{a} + \frac{1}{2}(\mathbf{b} - \mathbf{a}) = \frac{1}{2}(\mathbf{a} + \mathbf{b}) = \mathbf{c} = \left(\frac{7}{2}, \frac{1}{2}, \frac{3}{2}\right).$$

예제 1.1.3 **삼각형 세 끝점의 질량중심**

세 개의 점

$$\mathbf{a}_1 = (2, 0, 0), \mathbf{a}_2 = (4, 1, 1), \mathbf{a}_3 = (3, 3, 2)$$

에 있는 삼각형의 꼭지가 단위질량을 갖는다. 그러면 이 삼각형의 중심 위치는

$$\frac{1}{3}(\mathbf{a}_1 + \mathbf{a}_2 + \mathbf{a}_3) = \mathbf{c} = \frac{1}{3}(2+4+3, 1+3, 1+2) = \left(3, \frac{4}{3}, 1\right).$$

정리 1.1
삼각형의 한 꼭지와 맞변의 중점을 잇는 직선을 그리면 (그림 1.6), 세 직선은 꼭지로부터 중선길이의 2/3인 점에 있는 한 중심점에서 만난다.

위 보기에서 3변의 중점은

$$\frac{1}{2}(\mathbf{a}_1 + \mathbf{a}_2) = \frac{1}{2}(2+4, 1, 1) = \left(3, \frac{1}{2}, \frac{1}{2}\right)$$
$$\frac{1}{2}(\mathbf{a}_2 + \mathbf{a}_3) = \frac{1}{2}(4+3, 1+3, 1+2) = \left(\frac{7}{2}, 2, \frac{3}{2}\right)$$
$$\frac{1}{2}(\mathbf{a}_3 + \mathbf{a}_1) = \frac{1}{2}(3+2, 3, 2) = \left(\frac{5}{2}, \frac{3}{2}, 1\right).$$

정리 1.1을 일반 벡터에 대하여 수치적으로 또는 기호를 써서 증명하려면, 아래에 보이는 바와 같이, 어느 꼭지점에서 출발하여도 모두 같은 중심점에 이르게 된다:

그림 1.6
삼각형의 중심. 원점에서 마주보는 삼각형 한 변의 가운데 점에 대시선(---)이 있고, 그 삼각형의 각 정점과 맞변의 가운데 점 사이에 점선이 있다.

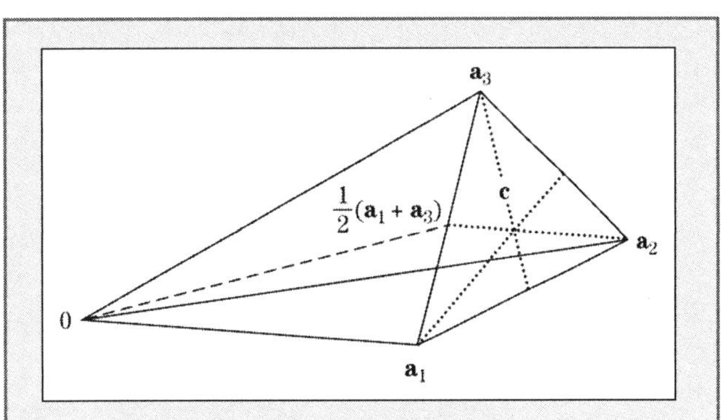

$$(2,0,0)+\frac{2}{3}\left[\left(\frac{7}{2},2,\frac{3}{2}\right)-(2,0,0)\right]=\left(3,\frac{4}{3},1\right)$$
$$\mathbf{a}_1+\frac{2}{3}\left(\frac{1}{2}(\mathbf{a}_2+\mathbf{a}_3)-\mathbf{a}_1\right)=\frac{1}{3}(\mathbf{a}_1+\mathbf{a}_2+\mathbf{a}_3),$$
$$(4,1,1)+\frac{2}{3}\left[\left(\frac{5}{2},\frac{3}{2},1\right)-(4,1,1)\right]=\left(3,\frac{4}{3},1\right)$$
$$\mathbf{a}_2+\frac{2}{3}\left(\frac{1}{2}(\mathbf{a}_1+\mathbf{a}_3)-\mathbf{a}_2\right)=\frac{1}{3}(\mathbf{a}_1+\mathbf{a}_2+\mathbf{a}_3),$$
$$(3,3,2)+\frac{2}{3}\left[\left(3,\frac{1}{2},\frac{1}{2}\right)-(3,3,2)\right]=\left(3,\frac{4}{3},1\right)$$
$$\mathbf{a}_3+\frac{2}{3}\left(\frac{1}{2}(\mathbf{a}_1+\mathbf{a}_2)-\mathbf{a}_3\right)=\frac{1}{3}(\mathbf{a}_1+\mathbf{a}_2+\mathbf{a}_3).$$

벡터대수를 쓰면 정리 1.1을 증명하기 쉬우나, 유클리드 기하학의 서로 만나는 선분을 써서 증명하기는 지겨운 일이다. 이처럼, 이 보기는 쓸모 있는 실습인 동시에 벡터대수의 위력과 여러 쓰임새를 보이기도 한다. ■

예제 1.1.4 탄성력

움직일 수 있는 점 $\mathbf{a}$가 세 개의 고정된 점 $\mathbf{a}_i(i=1, 2, 3)$에 용수철을 통하여 탄성력으로 이어져 있다(그림 1.7). 즉, $\mathbf{a}$는 $\mathbf{a}_i(i=1, 2, 3)$로 향하고 거리에 비례하는 세 개의 힘 $\mathbf{F}_i=k_i(\mathbf{a}_i-\mathbf{a})$를 받는다. 세 점으로 향하는 탄성력을 하나로 대체할 수 있는 것을 보이자.

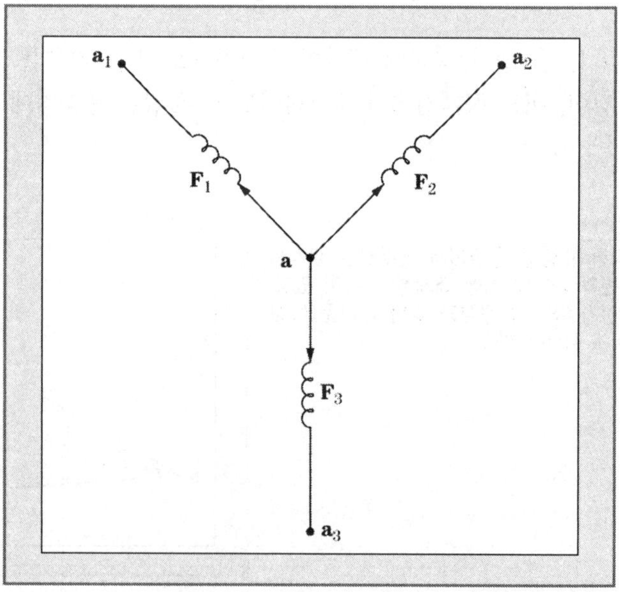

그림 1.7
점 $\mathbf{a}$는 세 점 $\mathbf{a}_i$에 탄성적으로 잡혀있다.

이런 결과를 얻는 이유는 전체 힘이 아래와 같이 주어지기 때문이다:

$$\mathbf{F} = \sum_i \mathbf{F}_i = \sum_i k_i \mathbf{a}_i - \mathbf{a} \sum_i k_i = \left(\sum_i k_i \right) \left(\frac{\sum_i k_i \mathbf{a}_i}{\sum_i k_i} - \mathbf{a} \right) = k_0(\mathbf{a}_0 - \mathbf{a}),$$

여기서 $k_0 = \sum_i k_i$ 및 $\mathbf{a}_0 = \sum_i k_i \mathbf{a}_i / k_0$이다. 이것은 합성력이 한 점 $\mathbf{a}_0$로부터 상수가 k_0인 용수철을 통하여 작용하는 것에 대응한다는 것을 보인다. 모든 k_i가 같다면, $\mathbf{a}_0 = \frac{1}{3}(\mathbf{a}_1 + \mathbf{a}_2 + \mathbf{a}_3)$가 질량중심이 되는 것을 눈여겨보자. 안정에는 힘의 평형이 치명적이므로, 다리와 건물을 다루는 분야에 기술적인 응용을 하게 되어있다. ▩

■ 벡터 및 벡터공간 개요

순서를 갖는 실수의 삼중항 (x_1, x_2, x_3)를 **벡터** $\mathbf{x}$라 부른다. 수 x_n은 벡터 $\mathbf{x}$의 n번째 성분이라 한다(아래에 열거한 성질을 갖는). 그런 벡터 모두가 3차원 실수 **벡터공간(vector space)** 또는 **선형공간(linear space)**을 이룬다. 벡터에 다음의 다섯 가지 성질을 준다. $\mathbf{x} = (x_1, x_2, x_3)$ 및 $\mathbf{y} = (y_1, y_2, y_3)$이면

1. 벡터의 같음 : $\mathbf{x} = \mathbf{y}$는 $x_i = y_i (i = 1, 2, 3)$를 뜻한다.
2. 벡터 더하기 : $\mathbf{x} + \mathbf{y} = \mathbf{z}$는 $x_i + y_i = z_i (i = 1, 2, 3)$를 뜻한다.
3. 스칼라로 곱하기 : $a\mathbf{x} = (ax_1, ax_2, ax_3)$이다.
4. 음(negative)의 벡터 : $-\mathbf{x} = (-1)\mathbf{x} = (-x_1, -x_2, -x_3)$이다.
5. 영(null)의 벡터 : 영벡터 $\mathbf{0} = (0, 0, 0)$이 존재한다.

벡터의 성분이 수이므로 다음의 성질이 있다:

1. 벡터의 합은 교환가능(commutative)하다 : $\mathbf{x} + \mathbf{y} = \mathbf{y} + \mathbf{x}$.
2. 벡터의 합은 결합적(associative)이다 : $(\mathbf{x} + \mathbf{y}) + \mathbf{z} = \mathbf{x} + (\mathbf{y} + \mathbf{z})$.
3. 스칼라 곱셈은 분배적(distributive)이다 :
   $a(\mathbf{x} + \mathbf{y}) = a\mathbf{x} + a\mathbf{y}$ 및 $(a + b)\mathbf{x} = a\mathbf{x} + b\mathbf{x}$.
4. 스칼라 곱셈은 결합적(associative)이다 : $(ab)\mathbf{x} = a(b\mathbf{x})$.

또한 영벡터 $\mathbf{0}$는 유일하며 주어진 벡터 $\mathbf{x}$의 음도 그러하다.

벡터를 위와 같이 접근하는 것은 1.1절에 있는 성분의 논의를 형식화한 것에 불과하다. 그것의 확장이 중요한데 뒤에서 배우기로 한다. 제3장에서 벡터가 선형공간을 이루는 것과 선형공간에서 변환을 행렬로 묘사하는 것을 본다. 그리고 고등물리학에서 가장 중요한 것으로 여기에서 다룬 벡터를 일반화하여 (i) 복소수 양,[3] (ii) 함수, 및 (iii) 무한한 수의 성분까지를 포함하도록 할 것이다. 이것은 양자역학에서 중요한 무한차원의 함수공간[힐베르트(Hilbert) 공간]에 이르게 한다. 함수전개와 힐베르트 공간에 대한 개론이 제9장에 마련되어 있다.

[3] 순서를 갖는 n개의 실수로 이루어진 n차원 벡터공간은 $\mathbf{R}^n$으로, 순서 갖는 n개의 복소수는 $\mathbf{C}^n$으로 흔히 표현한다.

요 약

여기까지 공부한 것은 고전역학의 탄성력과 중력의 보기를 통한 벡터 덧셈과 뺄셈을 정의하고, 질점계의 질량중심 찾기와 같은 역학 및 기하학 문제의 공식화, 그리고 벡터대수를 써서 이런 문제를 푸는 것 등이다.

다음에 다루는 것은 기하학과 역학적 응용을 바탕으로 한 벡터 곱셈의 세 종류로서 스칼라곱 또는 내적, 핵심적인 보기가 각운동량인 3차원 공간 특유의 벡터곱 (1.3절), 그리고 2계 텐서를 주는 직접곱 또는 외적 (2.7절) 이다. 벡터의 나눗셈은 일관되게 정의할 수 없다.

연습문제

1.1.1 제트기가 일정한 속력 500 mph로 공항에서 동쪽을 향해 날고 있으며 바람은 남쪽으로부터 50 mph로 불고 있다. 결과로 나타나는 지면에 대한 비행기의 상대속력은 얼마인가? (그래프용 소프트웨어가 있으면 쓰고) 속도들의 그림을 그려라.

1.1.2 정지한 물에서 보트 속력이 5 mph이다. 강물이 1 mph로 흐를 때, 이 보트로 강을 수직으로 건너려면 어느 방향을 향해서 보트를 저어야 하는가? 속도들의 그림을 그려라.

1.1.3 공의 반지름이 a이고 중심은 $\mathbf{r}_1$에 있다.
(a) 구면의 대수방정식을 써라. 그런 형태로 쓴 이유를 말로 설명하여라. 기하학의 정리를 썼다면 그 이름을 말하여라.
(b) 구면의 **벡터**방정식을 써라. 무엇을 했는지를 말로 지적하여라.

답. (a) $(x-x_1)^2+(y-y_1)^2+(z-z_1)^2=a^2$.
(b) $\mathbf{r}=\mathbf{r}_1+\mathbf{a}$ ($\mathbf{a}$는 모든 방향을 택하나 크기 a는 일정).

1.1.4 삼각형의 세 중선이 한 점에서 만나는 것을 보여라. 이 점은 꼭지점에서 맞변의 중점에 내리는 선분의 2/3 점인 것을 보여라. 벡터를 쓰는 기하학적 증명과 비교하여라. 직각좌표계를 쓸 경우, 분석이 가장 간단하게 되도록 삼각형의 위치를 택하여라. 그렇게 택해도 되는 이유를 말로 설명하여라.

1.1.5 두 요트 A, B의 속도가 $\mathbf{v}_A$, $\mathbf{v}_B$일 때, A의 B에 대한 상대속도를 $\mathbf{v}_{\text{rel}}=\mathbf{v}_A-\mathbf{v}_B$로 정의한다. $\mathbf{v}_A=30$ km/hr E(동), $\mathbf{v}_B=40$ km/hr N(북)일 때 $\mathbf{v}_{\text{rel}}$을 계산하여라. (그래프용 소프트웨어가 있으면 쓰고) 속도들의 그림을 그려라.

답. $\mathbf{v}_{\text{rel}}=50$ km/hr, E에서 S로 53.1° 방향.

1.1.6 요트가 N에서 E쪽으로 40°를 향해 물에 대해 4 km/hr로 한 시간 동안 항해한다. 흐르는 물은 배를 동시에 가지고 간다. 한 시간 뒤에 배는 출발점으로부터 N에서 E쪽으로 60° 방향의 6.12 km인 곳에 있게 되었다. 물 속도의 x (즉, E) 및 y (즉, N) 성

분을 구하고, 그림을 그려라.

답. $v_{\text{east}} = 2.73\ \text{km/hr},\ v_{\text{north}} \approx 0\ \text{km/hr}$

1.1.7 삼각형이 원점으로부터 나온 세 벡터 **A**, **B**, **C**의 끝점으로 이루어졌다. **A**, **B**, **C**를 써서 세 변의 **벡터**를 차례로 합하면 0이 된다는 것을 보여라. 소프트웨어가 있으면, 그것을 써서 전형적인 경우의 그림을 그려라.

1.1.8 한 꼭지가 원점에 있고 그에 붙은 세 변이 직각좌표축과 일치하는 단위입방체의 대각선들의 벡터를 구하여라. 대각선이 네 개 있고 길이가 $\sqrt{3}$인 것을 보여라. 이 벡터들의 성분들은 무엇인가? 표면들의 대각선 길이가 $\sqrt{2}$인 것을 보이고, 그들의 성분을 정하여라.

1.1.9 허블(Hubble)의 법칙: 허블은 먼 은하계들이 지구로부터 거리에 비례하는 (그 비례상수가 허블상수 H_0) 속도로 멀어져가고 있는 것을 발견하였다. 즉, 우리 은하계(Milky Way)를 원점으로 잡으면, i번째 것의 속도는

$$\mathbf{v}_i = H_0 \mathbf{r}_i$$

이다. 이렇게 우리로부터 멀어지는 것이 우리가 우주중심이 **아니라는 것**을 보여라. 구체적으로, $\mathbf{r}_1$에 있는 은하계를 원점으로 잡아도 허블 법칙이 성립하는 것을 보여라.

1.2 스칼라곱 또는 점곱

벡터를 정의하였으니, 이 절에서는 그들의 결합을 공부하자. 결합의 법칙은 수학과 모순이 없어야 한다. 수학과 잘 맞아 가능성 있는 것 가운데 수학 및 물리에 흥미 있는 것 둘을 선택한다. 스칼라곱으로 시작하는데, 그것은 1.1절에서 벡터의 직각성분을 정의할 때 썼던 것으로 기하학적 사영의 개념에 근거를 둔 것이다. 또한 입자궤도 및 해석기하에 응용하는 것도 포함하므로 **벡터를 미분**하고 이어서 **벡터해석 (vector analysis)**을 시작한다.

(1.5)식으로 직각성분을 정의하는 좌표축에 비춘 **벡터 A의 사영**은 좌표단위벡터와 **벡터 A가 만든 스칼라곱의 특별한 경우**로서

$$A_x = A\cos\alpha \equiv \mathbf{A}\cdot\hat{\mathbf{x}}, \quad A_y = A\cos\beta \equiv \mathbf{A}\cdot\hat{\mathbf{y}}, \quad A_z = A\cos\gamma \equiv \mathbf{A}\cdot\hat{\mathbf{z}} \quad (1.8)$$

이며 점곱의 일반적 정의에 이르도록 한다. 사영이 **A**로 일차인 것처럼, 두 벡터의 스칼라곱이 **A**와 **B**에 일차이기를 원한다 — 즉, 분배법칙 및 결합법칙

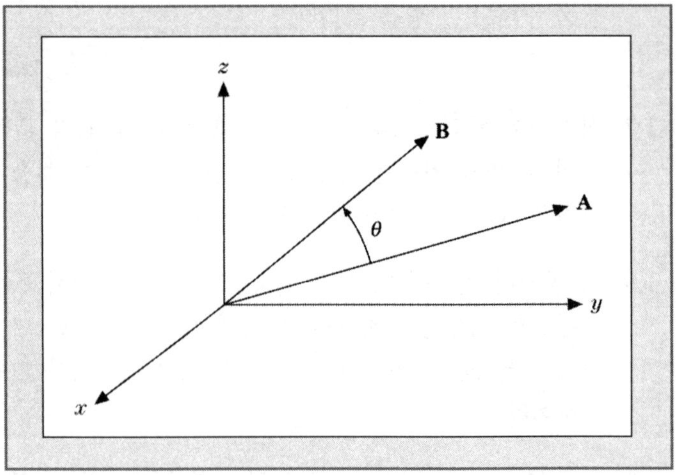

그림 1.8
스칼라곱 $\mathbf{A}\cdot\mathbf{B}=AB\cos\theta$

$$\mathbf{A}\cdot(\mathbf{B}+\mathbf{C})=\mathbf{A}\cdot\mathbf{B}+\mathbf{A}\cdot\mathbf{C} \tag{1.9}$$

$$\mathbf{A}\cdot(y\mathbf{B})=(y\mathbf{A})\cdot\mathbf{B}=y\mathbf{A}\cdot\mathbf{B} \tag{1.10}$$

(y는 실수)를 따라야 한다. 이제 (1.5)식에 있는 **B**의 직각성분 분해 $\mathbf{B}=B_x\hat{\mathbf{x}}+B_y\hat{\mathbf{y}}+B_z\hat{\mathbf{z}}$를 쓰면 **A**와 **B**의 스칼라곱 또는 점곱은

$$\begin{aligned}\mathbf{A}\cdot\mathbf{B}&=\mathbf{A}\cdot(B_x\hat{\mathbf{x}}+B_y\hat{\mathbf{y}}+B_z\hat{\mathbf{z}}), && \text{이것에 (1.9)식과 (1.10)식을 적용하면}\\ &=B_x\mathbf{A}\cdot\hat{\mathbf{x}}+B_y\mathbf{A}\cdot\hat{\mathbf{y}}+B_z\mathbf{A}\cdot\hat{\mathbf{z}}, && \text{이것에 (1.8)식을 대입하면}\\ &=B_xA_x+B_yA_y+B_zA_z.\end{aligned}$$

그러므로, 성분으로 표현하면

$$\mathbf{A}\cdot\mathbf{B}\equiv\sum_i A_iB_i=\sum_i B_iA_i=\mathbf{B}\cdot\mathbf{A}. \tag{1.11}$$

$\mathbf{A}=\mathbf{B}$일 때는 (1.11)식에서 **A**의 크기 $A=(\sum_i A_i^2)^{1/2}$을 주는 (1.6)식을 재확인한다.

(1.11)식의 스칼라곱에서 **A**와 **B**가 같이 취급되고, 대칭적 또는 교환가능인 것이 명백하다. 이런 관찰에 근거하여, **A**의 사영에서 좌표단위벡터 대신에 임의 벡터 $\mathbf{B}\neq0$방향으로 사영하도록 (1.8)식을 일반화할 수 있다. 그 첫 단계로 A_B를 $A_B=A\cos\theta\equiv\mathbf{A}\cdot\hat{\mathbf{B}}$로 정의하는데, 여기서 $\hat{\mathbf{B}}=\mathbf{B}/B$는 **B**방향의 단위벡터이고 θ는 **A**와 **B** 사이의 각이다(그림 1.8). 유사하게 **B**를 **A**에 사영하면 $B_A=B\cos\theta\equiv\mathbf{B}\cdot\hat{\mathbf{A}}$이다. 두 사영은 **A**와 **B**에 대하여 대칭이 아니다. **A**와 **B**에 대칭이 되도록 만들려면

$$\mathbf{A}\cdot\mathbf{B}\equiv A_BB=AB_A=AB\cos\theta \tag{1.12}$$

로 정의한다.

(1.9)식의 분배법칙을 그림 1.9로 그렸으며, **B**와 **C**를 **A**에 사영한 것의 합 B_A+C_A는 $\mathbf{B}+\mathbf{C}$

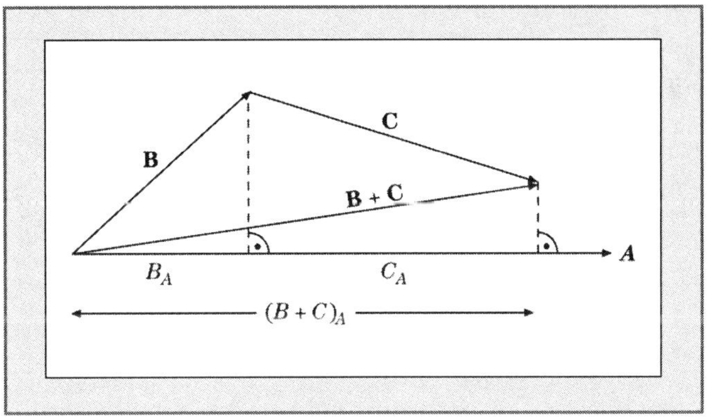

그림 1.9
분배법칙 $\mathbf{A}\cdot(\mathbf{B}+\mathbf{C}) = AB_A + AC_A = A(B+C)_A$ [(1.9)식]

를 **A**에 사영한 $(B+C)_A$와 같다고 진술한다.

(1.8), (1.11) 및 (1.12)식으로부터 좌표단위벡터들이

$$\hat{\mathbf{x}}\cdot\hat{\mathbf{x}} = \hat{\mathbf{y}}\cdot\hat{\mathbf{y}} = \hat{\mathbf{z}}\cdot\hat{\mathbf{z}} = 1, \tag{1.13}$$

$$\hat{\mathbf{x}}\cdot\hat{\mathbf{y}} = \hat{\mathbf{x}}\cdot\hat{\mathbf{z}} = \hat{\mathbf{y}}\cdot\hat{\mathbf{z}} = 0 \tag{1.14}$$

의 관계식을 만족하는 것을 안다. 점곱(스칼라곱)을 성분으로 표현한 (1.11)식이 대수학적 정의라면, (1.12)식은 기하학적 정의이다. 물리학에 응용한 가장 평범한 스칼라곱은 "일 = (힘)(변위)(cos θ)"란 정의인데 θ는 힘과 변위 사이의 각이다. 이 수식은 변위와 힘의 변위 방향 사영을 곱한 것으로 해석한다 — 즉, 힘과 변위의 스칼라곱 $W = \mathbf{F}\cdot\mathbf{s}$이다.

$\mathbf{A}\cdot\mathbf{B} = 0$이고 $\mathbf{A} \neq 0$ 및 $\mathbf{B} \neq 0$인 것을 알면, (1.12)식으로부터 $\cos\theta = 0$ 또는 $\theta = 90°$, 270°, ... 등이다. 두 벡터 **A**와 **B**는 **수직(perpendicular)**이다. 다른 말로 **A**와 **B**가 **직교(orthogonal)**한다. 단위벡터 $\hat{\mathbf{x}}$, $\hat{\mathbf{y}}$, $\hat{\mathbf{z}}$는 서로 직교한다.

■ 자유운동 및 기타의 궤도

예제 1.2.1 **자유입자 운동**

직교의 개념을 2차원에 적용하기 위해, 원점을 지나는 직선 (그림 1.10 속의 대시선)

$$\mathbf{r}(t) = (x(t), y(t)) = (-3t, 4t)$$

를 따라 자유롭게 (힘 받지 않고) 움직이는 입자의 운동을 생각하자. 입자가 x-방향 속도 $v_x = x/t = -3$, y-방향 속도 $v_y = y/t = 4$(단위는 m/sec; 1 m/sec = 3.6 km/hr)로 이동한다. (뉴턴 방정식에 따르면) 일정한 속도 $\mathbf{v} = (-3, 4)$는 자유운동의 특징이다.

시간 t를 소거하면 동차 선형방정식 $4x + 3y = 0$을 얻는데, 그 계수의 벡터 (4, 3)을 단위 길이로 정규화하자; 즉, 선형방정식을

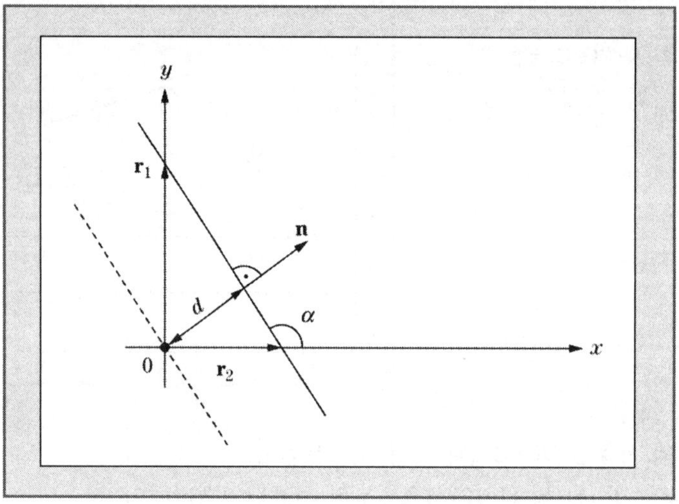

그림 1.10
대시선은 $\mathbf{n}\cdot\mathbf{r}=0$, 실선은 $\mathbf{n}\cdot\mathbf{r}=d$를 만족한다.

$$\frac{4}{5}x+\frac{3}{5}y=0=\mathbf{n}\cdot\mathbf{r}$$

로 바꾸면, $\mathbf{n}=(4/5,\ 3/5)$은 불변하는 단위벡터이고 $\mathbf{r}$은 xy-평면 속의 좌표벡터이다; 즉, $\mathbf{r}=\hat{\mathbf{x}}x+\hat{\mathbf{y}}y$. 스칼라곱

$$\mathbf{n}\cdot\mathbf{r}=0 \tag{1.15}$$

은 (직선의 한 점인) 원점에서 직선의 일반적 점으로 향하는 벡터 $\mathbf{r}(t)$의 $\mathbf{n}$방향 사영이 0이라는 뜻이므로 **n은 직선의 법선**이다. 이것을 확인해 보면

$$(-3t,4t)\cdot\left(\frac{4}{5},\frac{3}{5}\right)=\frac{t}{5}(-3\cdot4+4\cdot3)=0.$$

입자의 속도는 경로에 접선인 벡터이므로, 위의 스칼라곱을 (정규화 인자 $t/v=t/5$가 생략된 형태) $\mathbf{v}\cdot\mathbf{n}=0$으로 바꿔 쓸 수도 있다.

원점에서 입자를 속력 v로 임의의 방향으로 던지면 입자는 원점을 지나는 직선을 따라 움직인다. 즉, 법선단위벡터 $\mathbf{n}$을 변화시키면 (1.15)식은 xy-평면에서 원점을 지나는 임의의 직선을 정의한다. 3차원에서는 (1.15)식이 원점을 지나는 평면을 표현하며, n-차원 공간에서는 초평면(즉, $(n-1)$ 차원 부분 공간)을 기술한다.

이제 직선을 법선 $\mathbf{n}$ 방향으로 일정한 거리 d 만큼 평행이동시켜서, 보기를 들면 x-축의 점 (3, 0)을 지나도록 하자. 그런 이동의 접선벡터는 $\mathbf{v}$이므로, 직선을 매개변수로 표현하면 $x(t)=3-3t$, $y(t)=4t$를 얻는다. 그것이 $t=0$일 때에 x-축 위의 점 $\mathbf{r}_2=(3,\ 0)$과 $t=1$일 때에 y-축의 $\mathbf{r}_1=(0,\ 4)$를 지나는 것을 확인할 수 있다. 입자는 같은 속도, 경로는 같은 법선을 유지한다. 앞에서처럼 시간을 소거하면, 직선의 선형 (일차) 방정식이 $4x+3y=12$ 또는

$$\mathbf{n}\cdot\mathbf{r} = d = \frac{12}{5} \tag{1.16}$$

가 되는 것을 알게 된다. 이제는 직선(그림 1.10의 실선)이 원점을 지나지 않고 최단거리 $d=12/5$에 있게 된다. 서로 다른 두 점 $\mathbf{r}_1=(0,\ 4)$와 $\mathbf{r}_2=(3,\ 0)$이 그 직선위에 있으면 $\mathbf{T}=\mathbf{r}_1-\mathbf{r}_2=(-3,\ 4)=\mathbf{v}$는 접선벡터이고 법선 $\mathbf{n}$에 수직(즉, $\mathbf{n}\cdot\mathbf{T}=0$), 왜냐하면 (1.16)식을 쓰면 $\mathbf{n}\cdot\mathbf{T}=\mathbf{n}\cdot\mathbf{r}_1-\mathbf{n}\cdot\mathbf{r}_2=d-d=0$이 증명되기 때문이다. 그러면 직선위의 점들을

$$\mathbf{r}(t) = \mathbf{r}_1 + t\mathbf{T} \tag{1.17}$$

로 매개변수 표현할 수 있는데 $\mathbf{n}\cdot\mathbf{r}=\mathbf{n}\cdot\mathbf{r}_1-t\mathbf{n}\cdot\mathbf{T}=d+t\cdot 0=d$이기 때문이다.

일반적으로 직선은 선형(즉, 일차)관계 $\mathbf{n}\cdot\mathbf{r}=d$로 정의되고 위의 점들은 한 변수 t에 선형(즉, 일차)으로 의존한다; 즉, 2차원에서 (1.17)식은 $\mathbf{T}=(T_x, T_y)$를 가지고 $x=x_1+tT_x$ 및 $y=y_1+tT_y$를 표현한다. 그림 1.10의 기하학적 구조를 보면 법선 $\mathbf{n}$ 위에 내린 벡터 $\mathbf{r}_1$, $\mathbf{r}_2$, $\mathbf{r}$의 사영이 모두 d(즉, 원점부터 직선까지의 최단거리)인데 이것은 시작할 때 썼던 직선의 대수학적인 정의 $\mathbf{n}\cdot\mathbf{r}=d$와 맞는 것이다.

(1.16)식과 (1.17)식은 전통적으로

$$\tan\alpha = \frac{y-y_1}{x-x_1} \leftrightarrow (x-x_1)\sin\alpha - (y-y_1)\cos\alpha = 0 \tag{1.18}$$

으로 준 기울기(또는 x-축과의 각 α)의 직선과 일치하는데, 여기서 법선은 $\mathbf{n}=(\sin\alpha,\ -\cos\alpha)$이다; (1.18)식을 (1.16)식과 비교하면 $\mathbf{n}\cdot\mathbf{r}=d=x_1\sin\alpha-y_1\cos\alpha$를 얻는다.

3차원 해석기하학으로 일반화하면, $\mathbf{n}\cdot\mathbf{r}=d$는 변수 $(x,\ y,\ z)=\mathbf{r}$에 선형(즉, 일차)이다; 즉, 그것은 평면을 표현하며 단위벡터 $\mathbf{n}=(n_1,\ n_2,\ n_3)$는 그 평면에 수직이고 변하지 않는 법선이다. 평면방정식을 d로 나누어주면 평면 위 x_i좌표의 계수 n_i/d는 원점으로부터 i좌표축의 교점까지를 잇는 선분 길이의 역수를 준다. 그림 1.11에 나타낸 보기를 생각해 보면, 평면 $6x+3y+2z=6$ 위에서 $y=0=z$로 정의된 x-축의 점은 $(d/n_1=1,\ 0,\ 0)$인데 그 이유는 $6^2+3^2+2^2=7^2$을 감안하여 $n_1=6/7$, $d=6/7$이기 때문이다. 평면 위의 일반적인 점은 매개변수 s와 t를 써서

$$\mathbf{r}(s,\ t) = \mathbf{r}_1 + s\mathbf{l}_1 + t\mathbf{l}_2$$

라 표현되며 평면을 이룬 세 점 $\mathbf{r}_i$[즉, $\mathbf{r}_1=(1,\ 0,\ 0)$, $\mathbf{r}_2=(0,\ 2,\ 0)$, $\mathbf{r}_3=(0,\ 0,\ 3)$]가 주는 접선벡터 $\mathbf{l}_1=\mathbf{r}_2-\mathbf{r}_1$, $\mathbf{l}_2=\mathbf{r}_3-\mathbf{r}_1$이 서로 평행이 아니다.

이것이 모두 더 높은 차원으로 일반화된다. 기하학에 의하면 3차원 공간에서 평행 아닌 두 평면 $\mathbf{a}_1\cdot\mathbf{r}=d_1$과 $\mathbf{a}_2\cdot\mathbf{r}=d_2$는 한 직선을 공유하며 평행 아닌 세 평면은 일반적으로 한 점을 공유한다는 것이다. 그런 공유물을 찾으려면 일차 방정식들을 풀어야 하는데, 3.1절에서는 행렬식을 써서 그런 방정식을 푸는 것을 다룬다.

더 일반적으로 말해서 평면해석기하에서 입자의 궤도나 곡선은 $\mathbf{r}(t)=(x(t),\ y(t))$로 정의할 수 있는데 이 때 x와 y는 매개변수 t의 함수이다. 곡선의 기울기나 궤도의 접선을 구하려면 벡

그림 1.11
평면 $6x+3y+2z=6$

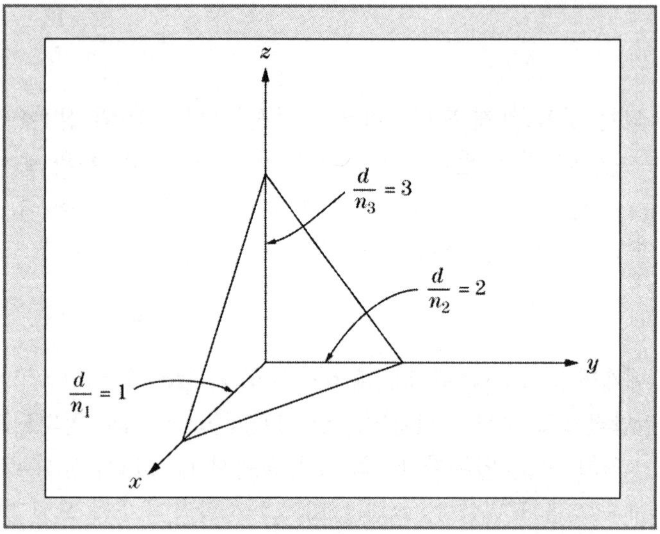

터를 미분해야 한다. 벡터 함수를 미분하는 것은 $\mathbf{r}(t)$를 직각성분으로 분해하면 스칼라 함수를 미분하는 것의 간단한 확장에 불과하다. 그 때 직각좌표의 단위벡터가 일정하므로 시간으로 미분하여 얻는 선속도는

$$\frac{d\mathbf{r}(t)}{dt}=\lim_{\Delta t\to 0}\frac{\mathbf{r}(t+\Delta t)-\mathbf{r}(t)}{\Delta t}=\mathbf{v}=\left(\frac{dx}{dt},\frac{dy}{dt},\frac{dz}{dt}\right)\equiv(\dot{x},\dot{y},\dot{z})$$

로 주어진다. 이처럼 벡터의 미분은 항상 셋 (3차원 공간의 경우) 이하의 스칼라 도함수의 벡터 합으로 귀착된다. 다른 좌표계(제2장 참조)에서는 단위벡터의 방향이 일정하지 않으므로 훨씬 복잡해진다. 공간좌표로 미분하는 것은 시간좌표의 경우와 같은 방식으로 취급된다. 그림 1.12에 곡선, 궤도, 또는 경로의 기울기를 그렸다.

그림 1.12
벡터의 미분

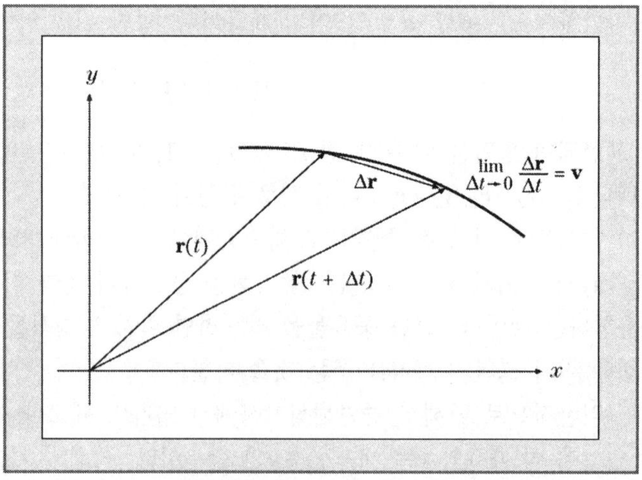

예제 1.2.2 **관측자로부터 로켓의 최단거리**

시각 $t=0$일 때에 점 $\mathbf{r}_1=(1,\ 1,\ 1)$에서 로켓이 발사되었다 하자. 일정한 속도 $\mathbf{v}=(1,\ 2,\ 3)$으로 움직이고 있는 로켓까지 위치 $\mathbf{r}_0=(2,\ 1,\ 3)$에 있는 관측자로부터의 최단거리는?

로켓의 경로는 직선

$$\mathbf{r}=\mathbf{r}_1+t\mathbf{v} \tag{1.19}$$

이며 직각좌표로는

$$x(t)=1+t, \quad y(t)=1+2t, \quad z(t)=1+3t.$$

과제는 $\mathbf{r}(t)$[로켓]로부터 $\mathbf{r}_0=(2,\ 1,\ 3)$[관측자]까지 거리 $|\mathbf{r}-\mathbf{r}_0|$를 최소화하는, 또는 동등하게 $(\mathbf{r}-\mathbf{r}_0)^2=\min$이 되도록 하는 것이다. (1.19)식의 시간미분은 $\dot{\mathbf{r}}=(\dot{x},\ \dot{y},\ \dot{z})=\mathbf{v}$이다. $\frac{d}{dt}(\mathbf{r}-\mathbf{r}_0)^2=0$으로 놓아서 조건

$$2(\mathbf{r}-\mathbf{r}_0)\cdot\dot{\mathbf{r}}=2[\mathbf{r}_1-\mathbf{r}_0+t\mathbf{v}]\cdot\mathbf{v}=0$$

을 얻는다. 선의 접선벡터는 $\dot{\mathbf{r}}=\mathbf{v}$이므로, 위 조건의 기하학적 의미는 **점 $\mathbf{r}_0$로부터 궤도직선까지의 최단거리 벡터는 직선에 수직**이라는 것이다. 위의 방정식을 풀면

$$t=-\frac{(\mathbf{r}_1-\mathbf{r}_0)\cdot\mathbf{v}}{\mathbf{v}^2}=-\frac{(-1,0,-2)\cdot(1,2,3)}{(1,2,3)\cdot(1,2,3)}=\frac{1+0+6}{1+4+9}=\frac{1}{2}$$

을 스칼라곱의 비율로 얻는다. 이 매개변수 t 값을 (1.19)식에 대입해 $\mathbf{r}_0$에 가장 가까운 궤도직선 위의 점 $\mathbf{r}_s=(3/2,\ 2,\ 5/2)$를 얻는다. 최단거리는 $d=|\mathbf{r}_0-\mathbf{r}_s|=|(-1/2,1,-1/2)|=\sqrt{2/4+1}=\sqrt{3/2}$이다. ■

2차원에서 $\mathbf{r}(t)=(x=a\cos t,\ y=b\sin t)$는 반축 a, b를 갖는 타원(따라서 $a=b$는 원)이며, 그 보기로는 일정한 각운동량 벡터에 수직인 태양의 평면에서 행성의 궤도가 있다. 만일 $\mathbf{r}_0=(x(t_0),\ y(t_0))=(x_0,\ y_0)=\mathbf{r}(t_0)$가 궤도 위의 한 점이라면, $\mathbf{r}_0$에서 접선의 기울기는 $\dot{y}_0/\dot{x}_0$이다(점은 시간 t로 미분을 표시함). 기울기공식으로 돌아가서 $x=x(t)$를 반전하여 $t=t(x)$를 얻었다면, 그것을 $y=y(t)=y(t(x))=f(x)$에 대입하면 해석기하학에 나오는 곡선의 표준형태를 얻을 것이다. **미분의 연쇄법칙**을 써서 $f(x)$의 기울기

$$\frac{df}{dx}=f'(x)=\frac{dy(t(x))}{dx}=\frac{dy}{dt}\frac{dt}{dx}=\frac{\dot{y}}{\dot{x}}$$

를 얻는다. 접선은 직선이므로 하나의 변수 u에만 의존하여

$$\mathbf{r}=\mathbf{r}(t_0)+u\dot{\mathbf{r}}(t_0) \tag{1.20}$$

라고 쓸 수 있지만, 주어진 점 $(x_0,\ y_0)$을 지나는 법선은 선형(즉, 일차)방정식

$$(x - x_0)\dot{x}_0 + (y - y_0)\dot{y}_0 = 0 \tag{1.21}$$

을 만족한다.

앞서 말한 타원궤도에서 매개변수 값이 $t = \pi/2$인 점 $\mathbf{r}_0 = (0,\ b)$가 궤도 위에 있다는 것을 확인할 수 있다. 기울기는 $t = \pi/2$에서 0인데, 이것은 기하학에서 알거나 또는 $\dot{y}_0 = b\cos t|_{t=\pi/2} = 0$, $\dot{x}_0 = -a\sin t|_{\pi/2} = -a \neq 0$이기 때문이다. 법선은 y-축인데 거기서 (1.21)식은 $-ax = 0$을 준다.

곡선은 $F(x,\ y) = 0$형태로 된 x, y좌표의 함수관계를 통해서도 정의할 수 있다. 편도함수가 관련되므로 흔히 있는 이러한 예를 뒤(1.5절)에 논의한다.

코사인법칙

앞과 비슷한 기하학적 접근으로, $\mathbf{C} = \mathbf{A} + \mathbf{B}$로 놓고 자체의 스칼라곱을 만들면

$$\mathbf{C} \cdot \mathbf{C} = (\mathbf{A} + \mathbf{B}) \cdot (\mathbf{A} + \mathbf{B}) = \mathbf{A} \cdot \mathbf{A} + \mathbf{B} \cdot \mathbf{B} + 2\mathbf{A} \cdot \mathbf{B} \tag{1.22}$$

를 얻는다.

$$\mathbf{C} \cdot \mathbf{C} = C^2 \tag{1.23}$$

이고, 벡터 $\mathbf{C}$의 크기의 제곱인 우변은 스칼라이므로,

$$\mathbf{A} \cdot \mathbf{B} = \frac{1}{2}(C^2 - A^2 - B^2) \tag{1.24}$$

이 스칼라인 것을 알 수 있다. (1.24)식의 우변이 그러하므로, 좌변 $\mathbf{A} \cdot \mathbf{B}$도 좌표계의 방향에 무관한 스칼라이다. 스칼라곱이 회전에서 불변(량)이란 증명은 2.6절로 미룬다.

(1.22)식은 다른 형태의 **코사인법칙**

$$C^2 = A^2 + B^2 + 2AB\cos\theta \tag{1.25}$$

이다. 두 수식 (1.22)와 (1.25)를 비교하여, (1.12)식의 다른 입증 또는 달리 말해서 벡터를

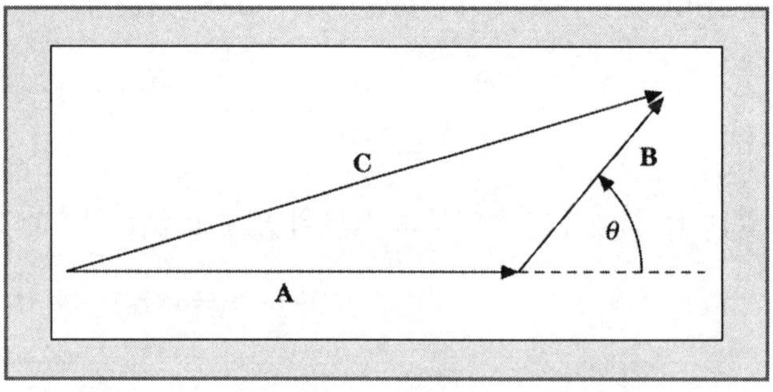

그림 1.13
코사인법칙

사용하여 코사인법칙을 유도한다(그림 1.13). 또 이 법칙은 **C**의 끝점과 거기서 **A**의 직선에 내린 최단거리(즉, $B\sin\theta$)의 선분으로 이루어진 삼각형을 써서 유도할 수 있으며, **B**의 **A**에 내린 사영의 길이는 $B\cos\theta$이다. **C**, $(\mathbf{A}+\mathbf{B})\cdot\hat{\mathbf{A}}$, 및 $B\sin\theta$로 이루어진 직삼각형에 피타고라스 정리를 적용하면

$$C^2 = (A + \mathbf{B}\cdot\hat{\mathbf{A}})^2 + (B\sin\theta)^2 = A^2 + B^2(\cos^2\theta + \sin^2\theta) + 2AB\cos\theta.$$

요 약

이 절에서 점곱(또는 스칼라곱)은 벡터의 사영(또는 좌표들)이란 기하학적 개념을 대수학적으로 일반화하여 정의하였다. 한 점에서 직선까지의 최단거리나 삼각형에서 코사인정리를 알아내는 등의 기하학적 목적으로 그것을 썼다. 스칼라곱의 기하학적인 의의는 "직선은 선형(일차)방정식"으로 보는 대수학적 정의와 일반적인 "직선위의 점 $\mathbf{r}(t)$를 시간의 일차(선형)함수로 매개변수 표현"하는 것 사이를 왕래하도록 하는데 (3차원에서는 직선 대신에 평면에 대하여 비슷한 절차) 있다. 입자궤도에 접선을 그리는 수단으로 벡터의 미분을 시작했는데 이것은 벡터대수를 확장하여 벡터해석을 시작하는 중요한 단계이다.

(1.11)식이 주는 점곱을 일반화하는 데 두 가지 방식이 있다. 공간은 3차원으로 제한될 필요가 없다. n차원 공간에서는 (1.11)식의 합이 1부터 n까지이고, n이 무한대일 수도 있으며 그때 합은 수렴하는 무한급수이다(5.2절을 보라). 또 하나의 일반화는 함수도 포함하도록 벡터의 개념을 확장하는 것이다. 점곱 또는 내적의 함수적 유사물은 9.4절에서 논의한다.

연습문제

1.2.1 자동차가 북쪽으로 50 mph로 5분간 움직이고 동쪽 방향으로 45° 돌은 뒤 55 mph로 1분 간 진행하였다. 자동차의 평균가속도는 무엇이었는가?

1.2.2 궤도위의 입자가 (원점에서 나와 거기서 끝나며) (x, y, z) 공간의 점을 나타내는 **r**에 있다.

(a) $(\mathbf{r}-\mathbf{a})\cdot\mathbf{a}=0$,
(b) $(\mathbf{r}-\mathbf{a})\cdot\mathbf{r}=0$

일 때에 **r**의 끝이 휩쓰는 면을 구하고 그것을 그래픽 소프트웨어를 써서 그려라. 단, 벡터 **a**는 (크기와 방향이) 일정하다.

1.2.3 직각좌표를 쓸 때와 쓰지 않을 때 두 힘이 평행일 조건을 개발하여라.

1.2.4 두 입자의 뉴턴(Newton) 운동방정식은

$$m_1\dot{\mathbf{v}}_1 = \mathbf{F}_1^i + \mathbf{F}_1^e, \quad m_2\dot{\mathbf{v}}_2 = \mathbf{F}_2^i + \mathbf{F}_2^e$$

로서 m_i는 질량, $\mathbf{v}_i$는 속도, 위첨자 (i,e)는 내력과 외력을 구분한다. 전체 힘과 전체 외력은 무엇인가? 힘에 대한 뉴턴의 제3법칙을 써라. 질량중심을 정의하고 그것의 운동방정식을 유도하여라. 입자들의 상대좌표 벡터를 정의하고 운동방정식을 유도하여라. 그래픽 소프트웨어를 써서 대표적인 경우를 한 시점에서 그려라.

참고. 그 원인이 계의 밖에 있으며 입자 1에 작용하는 모든 힘의 합을 외력 $\mathbf{F}_1^e$, 입자 2의 상호작용 때문에 입자 1에 작용하는 힘을 내력 $\mathbf{F}_1^i$라 부르며, 따라서 $\mathbf{F}_1^i = -\mathbf{F}_2^i$이다.

1.2.5 벡터 **A**, **B**의 크기를 $|\mathbf{A}|$, $|\mathbf{B}|$라 할 때 $-|\mathbf{A}||\mathbf{B}| \le \mathbf{A}\cdot\mathbf{B} \le |\mathbf{A}||\mathbf{B}|$를 증명하여라.

1.3 벡터곱

벡터 곱셈의 두 번째 형태는 사이각(θ로 표현)의 cos값 대신에 sin값을 쓰며 벡터곱으로 불린다. 두 개의 벡터로 하나의 새로운 벡터를 만드는 '벡터' 곱은 스칼라를 만드는 '스칼라' 곱과 대조적이다. 이 절에서 벡터곱을 해석기하학과 역학에서 응용하는 것도 논의한다. 보기를 들면, 그림 1.14에서 거리벡터의 끝점에 그린 입자의 각운동량은

$$\text{각운동량} = \text{반지름팔} \cdot \text{선운동량} = \text{거리} \cdot \text{선운동량} \cdot \sin\theta \tag{1.26}$$

로 정의된다.

각운동량, 토크(돌림힘), 각속도, 및 넓이와 같은 양의 문제를 취급하는 데 편리하도록, 벡터곱을

그림 1.14
각운동량

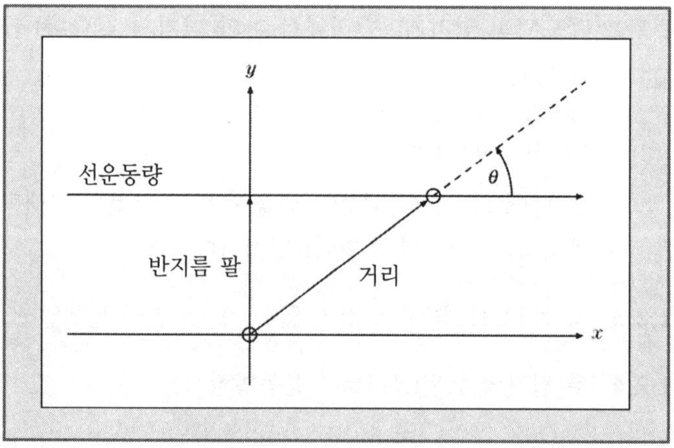

$$\mathbf{C} = \mathbf{A} \times \mathbf{B} \tag{1.27}$$

로 정의하는데 그 크기(길이의 차원일 필요 없음)로는

$$C = AB \sin\theta. \tag{1.28}$$

앞 스칼라곱의 경우와 달리, **C**는 벡터이며 방향은 **A**와 **B**의 평면에 수직이며 **A**, **B**, **C**가 오른손 계를 이루도록 지정한다. 오른손 계는 **A**쪽에서 **B**쪽으로 손가락을 감아쥘 때 엄지를 피어 세운 쪽으로 $\mathbf{C} = \mathbf{A} \times \mathbf{B}$가 향하도록 만든다. 방향을 이처럼 택하면

$$\mathbf{A} \times \mathbf{B} = -\mathbf{B} \times \mathbf{A}, \qquad \text{반교환적} \tag{1.29}$$

인 성질을 얻는다. 일반적으로 두 공선(collinear) 벡터의 벡터곱이 0이므로

$$\hat{\mathbf{x}} \times \hat{\mathbf{x}} = \hat{\mathbf{y}} \times \hat{\mathbf{y}} = \hat{\mathbf{z}} \times \hat{\mathbf{z}} = 0 \tag{1.30}$$

이 되지만

$$\begin{aligned} &\hat{\mathbf{x}} \times \hat{\mathbf{y}} = \hat{\mathbf{z}}, \quad \hat{\mathbf{y}} \times \hat{\mathbf{z}} = \hat{\mathbf{x}}, \quad \hat{\mathbf{z}} \times \hat{\mathbf{x}} = \hat{\mathbf{y}}, \\ &\hat{\mathbf{y}} \times \hat{\mathbf{x}} = -\hat{\mathbf{z}}, \quad \hat{\mathbf{z}} \times \hat{\mathbf{y}} = -\hat{\mathbf{x}}, \quad \hat{\mathbf{x}} \times \hat{\mathbf{z}} = -\hat{\mathbf{y}} \end{aligned} \tag{1.31}$$

이다. 수리물리학에서 벡터곱의 보기로는 선운동량 **p**와 각운동량 **L** 사이의 관계 (즉, 각운동량의 정의)

$$\mathbf{L} = \mathbf{r} \times \mathbf{p} \tag{1.32}$$

및 선속도 **v**와 각속도 $\boldsymbol{\omega}$ 사이의 관계

$$\mathbf{v} = \boldsymbol{\omega} \times \mathbf{r} \tag{1.33}$$

등이 있다. 벡터 **v**와 **p**는 입자나 물리계의 성질을 기술한다. 그러나 위치벡터 **r**는 좌표원점의 선택으로 결정된다. 이것은 $\boldsymbol{\omega}$와 **L**이 원점의 선택에 의존한다는 것을 의미한다.

잘 아는 자기유도 **B**는 로렌츠(Lorentz) 힘

$$\mathbf{F}_M = q\mathbf{v} \times \mathbf{B} \qquad \text{(SI 단위)} \tag{1.34}$$

의 벡터곱 수식에 나오는데, 여기서 **v**는 전하 q의 속도이고 $\mathbf{F}_M$은 움직이는 전하에 작용하는 힘이다. 벡터곱은 중요한 기하학적 해석을 가졌으므로 뒤따르는 여러 절에서 쓰게 된다. **A**와 **B**가 만드는 평행사변형(그림 1.15)에서 A를 밑변의 길이로 택하면 $B\sin\theta$는 높이가 되어 $|\mathbf{A}\times\mathbf{B}| = AB\sin\theta$는 **평행사변형의 넓이**와 같다; 즉, $\mathbf{A}\times\mathbf{B}$는 **A**, **B** 평행사변형의 넓이벡터로 그 방향은 면에 수직하다. 이것은 넓이가 (공간에서 방향을 갖는) 벡터로 취급된다는 것을 뜻한다.

스칼라곱에 관한 (1.9)식과 (1.10)식에 유사하게, 벡터곱은 두 벡터 각각에 선형(일차)이다.

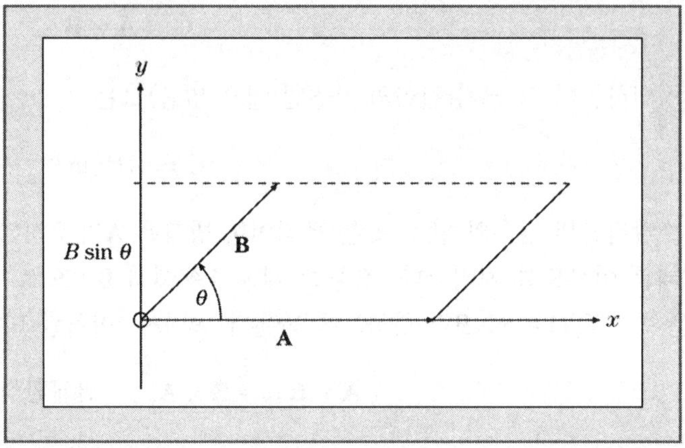

그림 1.15
벡터곱의 평행사변형 표현

이 사실과 연관하여 (1.30)식과 (1.31)식에 있는 단위벡터라는 특별한 경우로부터 벡터곱의 다른 정의를 끌어낼 수 있다.

$$\mathbf{A} \times (\mathbf{B} + \mathbf{C}) = \mathbf{A} \times \mathbf{B} + \mathbf{A} \times \mathbf{C}, \tag{1.35}$$

$$(\mathbf{A} + \mathbf{B}) \times \mathbf{C} = \mathbf{A} \times \mathbf{C} + \mathbf{B} \times \mathbf{C}, \tag{1.36}$$

$$\mathbf{A} \times (y\mathbf{B}) = y\mathbf{A} \times \mathbf{B} = (y\mathbf{A}) \times \mathbf{B} \tag{1.37}$$

인데, 여기서 수 y는 스칼라이다. (1.5)식에 따라 **A**와 **B**를 직각성분으로 분해하여

$$\begin{aligned}\mathbf{A} \times \mathbf{B} \equiv \mathbf{C} = (C_x, C_y, C_z) &= (A_x\hat{\mathbf{x}} + A_y\hat{\mathbf{y}} + A_z\hat{\mathbf{z}}) \times (B_x\hat{\mathbf{x}} + B_y\hat{\mathbf{y}} + B_z\hat{\mathbf{z}}) \\ &= (A_xB_y - A_yB_x)\hat{\mathbf{x}} \times \hat{\mathbf{y}} + (A_xB_z - A_zB_x)\hat{\mathbf{x}} \times \hat{\mathbf{z}} \\ &\quad + (A_yB_z - A_zB_y)\hat{\mathbf{y}} \times \hat{\mathbf{z}}\end{aligned}$$

를 얻는데 (1.35)식과 (1.37)식을 쓰고 (1.30)식과 (1.31)식을 대입하여서 **A**×**B**의 직각성분이

$$C_x = A_yB_z - A_zB_y, \quad C_y = A_zB_x - A_xB_z, \quad C_z = A_xB_y - A_yB_x \tag{1.38}$$

또는

$$C_i = A_jB_k - A_kB_j, \quad (i,\ j,\ k\text{가 서로 틀림}); \tag{1.39}$$

첨자 i, j, k는 순환치환 또는 (1.38)식에서 $x \to y \to z \to x$. 벡터곱 **C**를 행렬식[4]

$$\mathbf{C} = \begin{vmatrix} \hat{\mathbf{x}} & \hat{\mathbf{y}} & \hat{\mathbf{z}} \\ A_x & A_y & A_z \\ B_x & B_y & B_z \end{vmatrix} \tag{1.40}$$

[4]행렬식은 3.1절에서 자세히 논의되었다.

으로 표현할 수 있는데 이것의 첫 행을 따른 전개[(3.11)식]는

$$\mathbf{C} = \hat{\mathbf{x}}(A_yB_z - A_zB_y) + \hat{\mathbf{y}}(A_zB_x - A_xB_z) + \hat{\mathbf{z}}(A_xB_y - A_yB_x)$$

이다. (1.27)식과 (1.28)식을 벡터곱의 기하학적 정의라 한다면, (1.38)식은 대수학적 정의이다.

(1.27), (1.28)식 및 성분정의 (1.38)식이 동등한 것을 보이기 위하여, (1.38)식을 써서 $\mathbf{A}\cdot\mathbf{C}$와 $\mathbf{B}\cdot\mathbf{C}$를 만들면

$$\begin{aligned}\mathbf{A}\cdot\mathbf{C} &= \mathbf{A}\cdot(\mathbf{A}\times\mathbf{B})\\ &= A_x(A_yB_z - A_zB_y) + A_y(A_zB_x - A_xB_z) + A_z(A_xB_y - A_yB_x)\\ &= 0.\end{aligned} \tag{1.41}$$

똑같이 하여

$$\mathbf{B}\cdot\mathbf{C} = \mathbf{B}\cdot(\mathbf{A}\times\mathbf{B}) = 0. \tag{1.42}$$

(1.41)식과 (1.42)식은 $\mathbf{C}$가 $\mathbf{A}$와 $\mathbf{B}$ 모두에 수직인 것을 말하고, 따라서 둘이 만드는 평면에 수직이다. 그 양의 방향은 $\hat{\mathbf{x}}\times\hat{\mathbf{y}} = \hat{\mathbf{z}}$와 같은 특별한 경우를 생각하여서 정한다.

벡터곱의 크기는

$$\begin{aligned}(\mathbf{A}\times\mathbf{B})\cdot(\mathbf{A}\times\mathbf{B}) &= A^2B^2 - (\mathbf{A}\cdot\mathbf{B})^2\\ &= A^2B^2 - A^2B^2\cos^2\theta\\ &= A^2B^2\sin^2\theta\end{aligned} \tag{1.43}$$

로부터 얻는데, 이것이 (1.28)식을 뜻한다. (1.43)식에서, 그것의 첫 단계를 입증하려면 $\mathbf{A}\times\mathbf{B}$에는 (1.38)식을, 스칼라곱에는 (1.11)식을 써서 성분형식으로 전개하면 된다. (1.41)식~(1.43)식으로부터 (1.28)식과 (1.38)식으로 된 벡터곱의 두 정의가 동등함을 본다.

예제 1.3.1 두 자유비행 로켓 사이의 최단거리

예제 1.2.2가 비슷하지만 더 간단한 경우인 것을 생각하며 상기해 둘 것은 밖의 한 점에서 직선까지의 최단거리는 그 점을 지나는 직선의 법선을 따라 잰 선분의 길이이다. 그러므로 두 선 사이의 최단거리는 두 접선벡터 모두에 수직인 공통법선 선분의 길이로 기대한다. 이 사실을 입증하는 것이 선택할 처음이자 가장 중요한 행동이다. 둘째는 (각 선에서 하나씩 택한) 두 점을 잇는 벡터를 두선의 공통법선에 사영하는 것이다. 그러나 그 법선의 시작과 끝점의 위치도 정해야 한다. 맨 먼저 이 문제를 다루자.

한 직선은 예제 1.2.2의 것을 택하여 그림 1.16에서 점 $\mathbf{r}_1 = (1,\ 1,\ 1)$과 $\mathbf{r}_2 = (2,\ 3,\ 4)$를 지나며 시간변수 t_1과 접선벡터 $\mathbf{v}_1 = \mathbf{r}_2 - \mathbf{r}_1 = (1,\ 2,\ 3)$을 가지고 $\mathbf{r} = \mathbf{r}_1 + t_1\mathbf{v}_1$로 표현된 것이고, 둘째 직선은 $\mathbf{r}_3 = (5,\ 2,\ 1)$, $\mathbf{r}_4 = (4,\ 1,\ 2)$를 지나고 t_2, $\mathbf{r}_4 - \mathbf{r}_3 = (-1,\ -1,\ 1)$을 가지고 $\mathbf{r} = \mathbf{r}_3 + t_2\mathbf{v}_2$로 되어 그 매개변수 표현은

그림 1.16
만나지 않는 두 직선 사이의 최단거리

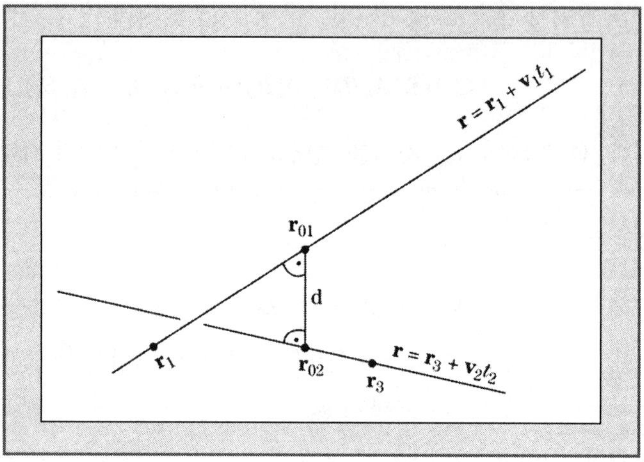

$$x = 5 - t_2, \quad y = 2 - t_2, \quad z = 1 + t_2.$$

이 최단거리의 끝점 $\mathbf{r}_{0k}$를 찾기 위해 거리의 제곱 $(\mathbf{r}-\mathbf{r}_{0k})^2$의 최소화로 얻는 조건은

$$0 = \frac{d}{dt_1}(\mathbf{r} - \mathbf{r}_{02})^2 = \frac{d}{dt_1}(\mathbf{r}_1 - \mathbf{r}_{02} + t_1\mathbf{v}_1)^2 = 2\mathbf{v}_1 \cdot (\mathbf{r}_1 - \mathbf{r}_{02} + t_1\mathbf{v}_1),$$
$$0 = \frac{d}{dt_2}(\mathbf{r} - \mathbf{r}_{01})^2 = 2\mathbf{v}_2 \cdot (\mathbf{r}_3 - \mathbf{r}_{01} + t_2\mathbf{v}_2) \tag{1.44}$$

이다. 이것을 풀어 $t_1 = -\mathbf{v}_1 \cdot (\mathbf{r}_1 - \mathbf{r}_{02})/\mathbf{v}_1^2$과 $t_2 = -\mathbf{v}_2 \cdot (\mathbf{r}_3 - \mathbf{r}_{01})/\mathbf{v}_2^2$을 얻으며, 이들 매개변수 값을 직선의 좌표에 대입하여 점 $\mathbf{r}_{0k}$와 거리 $d = |\mathbf{r}_{01} - \mathbf{r}_{02}|$를 알아낸다. 이것은 복잡하지는 않지만 지루한 과정이다. 다른 접근으로는 (1.44)식의 기하학적 의미를 이용할 수 있는데, 그림 1.16에서처럼, 거리벡터 $\mathbf{d} = \mathbf{r}_1 + t_1\mathbf{v}_1 - \mathbf{r}_{02} = -(\mathbf{r}_3 + t_2\mathbf{v}_2 - \mathbf{r}_{01})$는 두 접선벡터 $\mathbf{v}_k$ 모두에 수직이라는 것이다. 이래서 거리벡터 $\mathbf{d}$는 법선단위벡터

$$\mathbf{n} = \frac{\mathbf{v}_1 \times \mathbf{v}_2}{|\mathbf{v}_1 \times \mathbf{v}_2|} = \frac{1}{\sqrt{3}\sqrt{14}} \begin{vmatrix} \hat{\mathbf{x}} & \hat{\mathbf{y}} & \hat{\mathbf{z}} \\ +1 & +2 & 3 \\ -1 & -1 & 1 \end{vmatrix} = \frac{1}{\sqrt{42}}(5\hat{\mathbf{x}} - 4\hat{\mathbf{y}} + \hat{\mathbf{z}}) = \frac{1}{\sqrt{42}}(5, -4, 1)$$

에 평행한데, 이것은 두 접선벡터의 **벡터곱**이다. 거리 d를 얻으려면 두 (즉, 각 직선에서 하나씩) 점 $\mathbf{r}_1$, $\mathbf{r}_3$ 사이의 거리벡터를 위의 법선 $\mathbf{n}$에 사영한다
— 즉, $d = (\mathbf{r}_3 - \mathbf{r}_1) \cdot \mathbf{n} = \frac{1}{\sqrt{42}}(4, 1, 0) \cdot (5, -4, 1) = \frac{20-4+0}{\sqrt{42}} = \frac{16}{\sqrt{42}}$.

이 보기를 두 (곡선) 궤도 사이의 최단거리의 문제로 일반화하는 것은 두 궤도의 접선벡터 사이의 최단거리를 조사하는 것으로 된다. 이런 형태로 역학, 우주여행, 및 위성궤도 등에 많이 응용한다. ■

예제 1.3.2 삼각형 중심에서 만나는 중선들

예제 1.1.3과 그림 1.6을 다시 생각하되, 이번에는 중심에서 중선의 두 끝에 이르는 선분의 비율 2:1을 쓰지 말자. 그림 1.17처럼 원점을 한 모서리에 잡아 원점을 지나는 중선이 벡터 $\mathbf{m}_3 = (\mathbf{a}_1 + \mathbf{a}_2)/2$가 되도록 한다. 모서리 $\mathbf{a}_1$과 $\mathbf{a}_2$에서 나오는 두 중선은 점 $\mathbf{c}$에서 만난다 하자. 두 벡터 $\mathbf{m}_3$와 $\mathbf{c}$가 평행(따라서 같은 직선 위)인 것을 보여, $\mathbf{c}$도 원점에서 나오는 중선 위에 있는 것을 증명하려고 한다.

그림 1.17에서 보는 것은 모서리 $\mathbf{a}_1$에서 중심으로 이르는 벡터$(\mathbf{c}-\mathbf{a}_1)$는 $\frac{1}{2}\mathbf{a}_2 - \mathbf{a}_1$에 평행; 유사하게, $(\mathbf{c}-\mathbf{a}_2)$는 $\frac{1}{2}\mathbf{a}_1 - \mathbf{a}_2$와 공선이라는 것이다. 이 조건들을

$$(\mathbf{c}-\mathbf{a}_1)\times\left(\frac{1}{2}\mathbf{a}_2-\mathbf{a}_1\right)=0,\quad (\mathbf{c}-\mathbf{a}_2)\times\left(\frac{1}{2}\mathbf{a}_1-\mathbf{a}_2\right)=0$$

으로 쓸 수 있다. 전개하고 $\mathbf{a}_1\times\mathbf{a}_1 = 0 = \mathbf{a}_2\times\mathbf{a}_2$를 쓰면

$$\mathbf{c}\times\frac{1}{2}\mathbf{a}_2-\mathbf{c}\times\mathbf{a}_1-\frac{1}{2}(\mathbf{a}_1\times\mathbf{a}_2)=0,\quad \mathbf{c}\times\frac{1}{2}\mathbf{a}_1-\mathbf{c}\times\mathbf{a}_2-\frac{1}{2}(\mathbf{a}_2\times\mathbf{a}_1)=0.$$

이 둘을 합하면, 좌변의 마지막 항들이 서로 소거되고, 다른 항들이 합해져

$$-\frac{1}{2}\mathbf{c}\times(\mathbf{a}_1+\mathbf{a}_2)=0$$

을 얻으므로 $\mathbf{c}$와 $\mathbf{m}_3$가 평행인 것을 증명한다.

질량중심(예제 1.1.3 참조)은 점 $\frac{1}{3}(\mathbf{a}_1+\mathbf{a}_2)$에 있고 따라서 원점에서 나오는 중선 위에 있다. 대칭에 의하여 그것이 다른 중선 위에도 있어야 하므로, 중선들이 한 점에서 만난다는 것과 모서리에서 이 점까지의 거리가 중선 길이의 2/3라는 것을 확인한다. ■

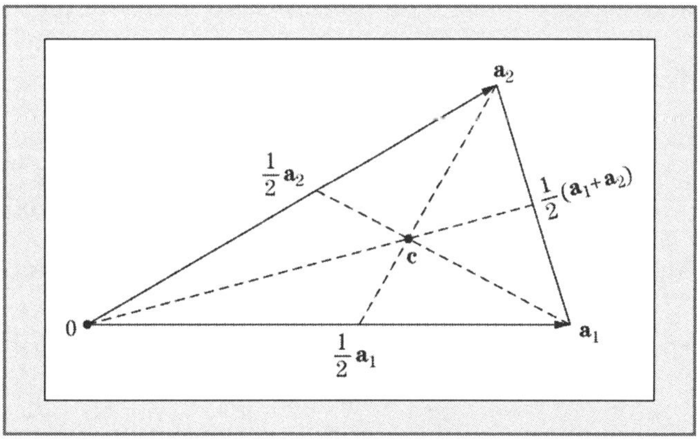

그림 1.17
삼각형 중심에서 만나는 중선들

요 약

1.2절처럼 벡터를 수(또는 함수)의 순서 세짝으로 보면, 벡터곱을 벡터양의 하나로 인정하는데 아무런 문제가 없다. 벡터곱의 연산은 두 개의 세짝 **A**와 **B**를 다른 세짝 **C**로 사상(map)하는데 그것이 벡터라고 정의한다. 2.6절에서 벡터곱도 벡터처럼 변환하는 것을 보게 될 것이다.

벡터곱이 두 벡터의 반 대칭적 결합이고 사이각의 sin값과 연관된 것은 스칼라곱이 대칭적이고 cos값을 갖는 것과 대조를 이루며, 또 역학의 각운동량과 속도를 기하학의 넓이 개념과 통합한다. 벡터곱이 벡터성질을 갖는 것은 3차원 공간에 특유한 것이지만, 고차원에서 자연스럽게 일반화할 수 있다. 힘 또는 다른 벡터의 평형조건, 직선이나 곡선들 사이의 최단거리 조건을 더 일반적으로 다룰 때 등을 포함하여 많은 응용에서 벡터곱을 보게 된다.

이제 벡터를 곱하는 두 방법을 알았는데, 제3의 형태는 제2장에서 논의한다. 그러면 벡터로 어떻게 나누는가? **A**와 **B**가 평행인 것을 요구하지 않는 한, **A**/**B**란 비를 유일하게 정할 수 없으므로 (예제 3.2.21 참조) 한 벡터를 다른 벡터로 나누는 것은 의미가 없는 것이다.

연습문제

1.3.1 **A**, **B**, **C**가 삼각형의 변과 같은 선 위에 있을 때, $\mathbf{A}^2 = (\mathbf{B}-\mathbf{C})^2$으로 시작하여 코사인법칙을 증명하여라. 삼각형을 그리고 정리를 말로 설명하여라. **A**, **B**, **C**가 중심이 원점에 있는 단위 공 (그림 1.18) 구면삼각형 꼭지점의 위치벡터일 때, 코사인법칙의 유사물에 대하여 진술하여라.

그림 1.18
구면삼각형

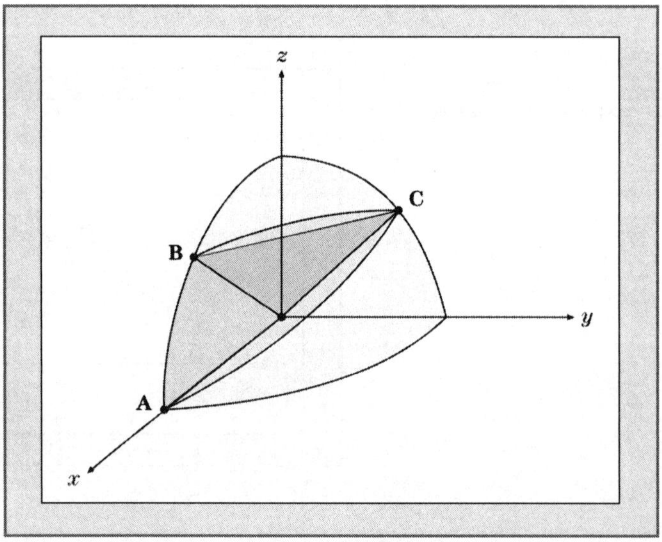

1.3.2 질량 2 g의 동전이 수평면에서 5 cm/sec의 일정한 속도로 굴러가고 있다. 운동에너지는 얼마인가?
힌트. 동전의 반지름이 나타나지 않게 되는 것을 보여라.

1.3.3 $\mathbf{C}=\mathbf{A}+\mathbf{B}$로 시작하여, $\mathbf{C}\times\mathbf{C}=0$이 $\mathbf{A}\times\mathbf{B}=-\mathbf{B}\times\mathbf{A}$를 준다는 것을 보여라.

1.3.4 증명하여라:
(a) $(\mathbf{A}-\mathbf{B})\cdot(\mathbf{A}+\mathbf{B})=A^2-B^2$,
(b) $(\mathbf{A}-\mathbf{B})\times(\mathbf{A}+\mathbf{B})=2\mathbf{A}\times\mathbf{B}$.

여기서 필요한 분배법칙

$$\mathbf{A}\cdot(\mathbf{B}+\mathbf{C})=\mathbf{A}\cdot\mathbf{B}+\mathbf{A}\cdot\mathbf{C} \quad \text{및} \quad \mathbf{A}\times(\mathbf{B}+\mathbf{C})=\mathbf{A}\times\mathbf{B}+\mathbf{A}\times\mathbf{C}$$

는 직각성분전개를 써서 입증할 수 있다.

1.3.5 $\mathbf{P}=\hat{\mathbf{x}}P_x+\hat{\mathbf{y}}P_y$ 와 $\mathbf{Q}=\hat{\mathbf{x}}Q_x+\hat{\mathbf{y}}Q_y$ 가 평행(또는 반평행)하지 않은 어떠한 xy-평면 벡터이던지, $\mathbf{P}\times\mathbf{Q}$가 z방향을 갖는 것을 증명하여라.

1.3.6 $(\mathbf{A}\times\mathbf{B})\cdot(\mathbf{A}\times\mathbf{B})=\mathbf{A}^2\mathbf{B}^2-(\mathbf{A}\cdot\mathbf{B})^2$을 증명하여라. 이 항등식을 적절히 쓰고 기하학적 언어로 기술하여라. 그래픽 소프트웨어를 써서 대표적인 경우의 그림을 그려라.

1.3.7 $\mathbf{P}=\hat{\mathbf{x}}\cos\theta+\hat{\mathbf{y}}\sin\theta$,
$\mathbf{Q}=\hat{\mathbf{x}}\cos\varphi-\hat{\mathbf{y}}\sin\varphi$,
$\mathbf{R}=\hat{\mathbf{x}}\cos\varphi+\hat{\mathbf{y}}\sin\varphi$
를 써서 잘 알려진 삼각함수의 항등식

$$\sin(\theta+\varphi)=\sin\theta\cos\varphi+\cos\theta\sin\varphi,$$
$$\cos(\theta+\varphi)=\cos\theta\cos\varphi-\sin\theta\sin\varphi$$

을 증명하여라.

1.3.8 네 개의 벡터 $\mathbf{a}$, $\mathbf{b}$, $\mathbf{c}$, $\mathbf{d}$가 모두 같은 평면 안에 있으면

$$(\mathbf{a}\times\mathbf{b})\times(\mathbf{c}\times\mathbf{d})=0$$

인 것을 증명하여라. 그래픽 소프트웨어를 쓸 수 있으면, 특별 값의 벡터들 그림을 그려라.
힌트. 벡터곱 벡터들의 방향을 생각하여라.

1.3.9 사인법칙(그림 1.19)을 유도하여라:

그림 1.19
사인법칙

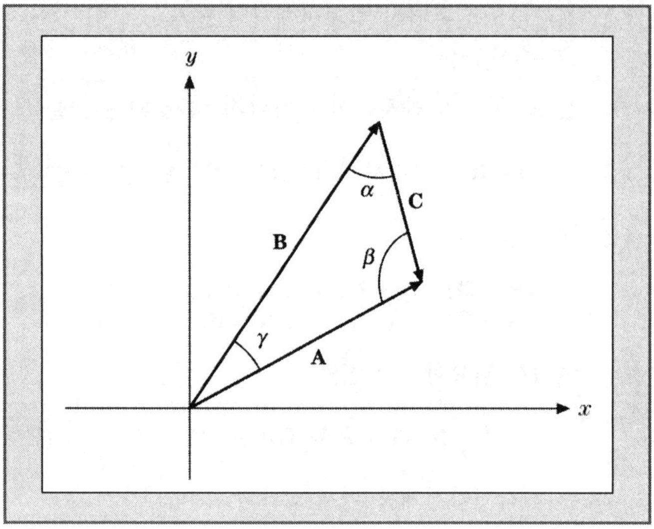

$$\frac{\sin\alpha}{|\mathbf{A}|} = \frac{\sin\beta}{|\mathbf{B}|} = \frac{\sin\gamma}{|\mathbf{C}|}.$$

1.3.10 질량 m, 전하 $+e$와 (점근) 운동량 $p = mv$를 가진 양성자가 충격매개변수 b로 전하 $+Ze$를 가진 원자핵으로 입사한다. 그것이 가장 가까이 접근하는 거리를 구하여라.
힌트. 쿨롱 척력과 고전역학만을 생각하고 강한 상호작용과 양자역학은 생각하지 말라.

1.3.11 벡터 $\mathbf{x}$를 선형독립인 세 개의 벡터 $\mathbf{a}$, $\mathbf{b}$, $\mathbf{c}$에 평행인 성분으로 분해하여라.

답. $(\mathbf{a}\times\mathbf{b}\cdot\mathbf{c})\mathbf{x} = (\mathbf{x}\times\mathbf{b}\cdot\mathbf{c})\mathbf{a} + (\mathbf{a}\times\mathbf{x}\cdot\mathbf{c})\mathbf{b} + (\mathbf{a}\times\mathbf{b}\cdot\mathbf{x})\mathbf{c}.$

1.3.12 벡터 $\mathbf{F}$가 좌표벡터 $\mathbf{r}$에 그려진 힘이라 하자. $\mathbf{F}$가 접선벡터이며 $\mathbf{r}$점을 지나는 직선을 생각하여, 그 위의 다른 점을 $\mathbf{r}'$라고 하면 토크(돌림힘)는 $\mathbf{r}'\times\mathbf{F} = \mathbf{r}\times\mathbf{F}$인 것을 보여라 — 즉, 힘 $\mathbf{F}$에 의한 원점 주위의 토크는 같은 값을 유지한다.

1.3.13 자동차가 (그 질량중심까지) 반지름 R인 수평한 원형통로로 움직이고 있다. 질량중심의 높이가 h이고 좌우 바퀴 사이의 거리가 d일 때, 자동차가 넘어지게 되는 속력을 알아내라.
힌트. 안쪽 바퀴에 수직한 힘이 없게 되는 속력을 찾는다. (자동차의 질량이 나타나지 않게 된다.)

1.3.14 힘 $\mathbf{F} = (3, 2, 4)$가 점 $(1, 4, 2)$에 작용한다. 원점 주위의 토크(돌림힘)를 알아내라. 그래픽 소프트웨어를 써서 벡터들을 그려라.

1.3.15 벡터곱을 n차원 공간 ($n = 2, 4, 5, \ldots$)으로 일반화하고, 그렇게 만든 것의 기하학적

해석을 하여라. 4차 또는 더 높은 차원의 공간에서 사실적인 보기들을 들어라.

1.3.16 제트기가 정남쪽을 향해 북극 위를 일정한 속력 500 mph로 날고 있다. 비행기 속에 자유롭게 매달린 추의 줄과 지구중심에서 비행기로 향한 반지름벡터 사이의 각도를 결정하여라.
힌트. 지구 각속도의 좋은 근사 값은 24시간에 2π rad로 생각하여라. 왜 그런가?

1.4 삼중 스칼라곱 및 벡터곱

■ 삼중 스칼라곱

앞의 1.2절과 1.3절에서 벡터 곱셈의 두 유형을 논의하였다. 그렇지만 세 벡터가 결합한 $\mathbf{A}\cdot(\mathbf{B}\times\mathbf{C})$와 $\mathbf{A}\times(\mathbf{B}\times\mathbf{C})$도 역학, 전자기동역학, 및 해석기하학에 자주 나타나므로 잘 살펴 볼 필요가 있다. 결합

$$\mathbf{A}\cdot(\mathbf{B}\times\mathbf{C}) \tag{1.45}$$

는 **삼중 스칼라곱(triple sealar product)**으로 알려져 있다. $\mathbf{B}\times\mathbf{C}$는 벡터인데 $\mathbf{A}$와 점(·)곱을 하면 스칼라가 된다. $(\mathbf{A}\cdot\mathbf{B})\times\mathbf{C}$는 스칼라와 벡터를 벡터(×)곱하는 것을 뜻하므로 정의되지않은 연산이다. 그리하여, 이처럼 정의되지 않은 해석을 제외하기로 합의하면, 괄호를 생략한 $\mathbf{A}\cdot\mathbf{B}\times\mathbf{C}$는 위의 삼중 스칼라곱을 뜻한다.

벡터곱의 (1.38)식과 스칼라곱의 (1.11)식을 써서

$$\begin{aligned}\mathbf{A}\cdot\mathbf{B}\times\mathbf{C} &= A_x(B_yC_z - B_zC_y) + A_y(B_zC_x - B_xC_z) + A_z(B_xC_y - B_yC_x)\\ &= \mathbf{B}\cdot\mathbf{C}\times\mathbf{A} = \mathbf{C}\cdot\mathbf{A}\times\mathbf{B} = -\mathbf{A}\cdot\mathbf{C}\times\mathbf{B}\\ &= -\mathbf{C}\cdot\mathbf{B}\times\mathbf{A} = -\mathbf{B}\cdot\mathbf{A}\times\mathbf{C}\end{aligned} \tag{1.46}$$

를 얻는다. 위 성분전개의 높은 대칭성을 눈여겨보자. 모든 항이 A_i, B_j, C_k 인수를 가지고 있다. 항의 부호는 i, j, k가 순환순서 (x, y, z)이면 양(+), 역순환순서이면 음(−)이다. 또 '·'과 '×'의 순서를 바꾸어도 괜찮다:

$$\mathbf{A}\cdot\mathbf{B}\times\mathbf{C} = \mathbf{A}\times\mathbf{B}\cdot\mathbf{C}. \tag{1.47}$$

성분전개 (1.46)식의 편리한 행렬식 표현으로

$$\mathbf{A}\cdot\mathbf{B}\times\mathbf{C} = \begin{vmatrix} A_x & A_y & A_z \\ B_x & B_y & B_z \\ C_x & C_y & C_z \end{vmatrix} \tag{1.48}$$

그림 1.20
삼중 스칼라곱의 평행육면체 표현

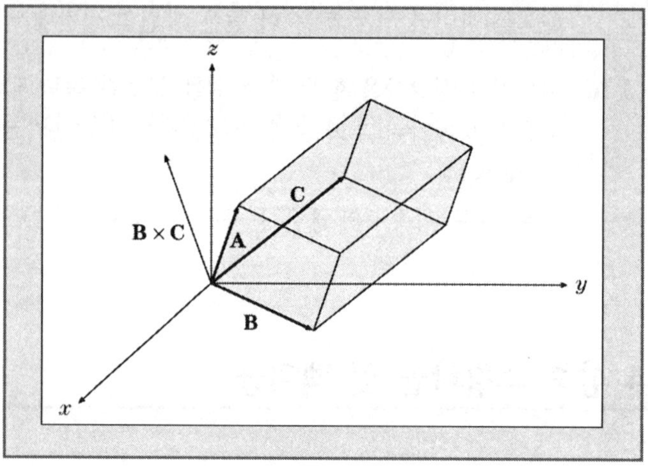

이 있는데, 이것을 얻으려면 (1.38)식을 써서 **B**×**C**와 **A**를 점곱하면 된다. 행렬식의 행 또는 열을 교환하는 규칙[5]은 (1.46)식에 있는 순열을 바로 입증하며 행렬식 표현에서 **A**, **B**, **C**의 대칭은 (1.46)식의 관계를 암시한다. **A**×**B**가 **A**와 **B** 모두에 수직이라는 것을 보인 1.3절의 삼중 곱은 일반적 결과[(1.46)식]의 특별한 경우이다.

삼중 스칼라곱의 직접적인 **기하학적 해석**으로 세 벡터 **A**, **B**, **C**가 **평행육면체**(그림 1.20)를 정의하는 것으로 보는 것이다:

$$|\mathbf{B} \times \mathbf{C}| = BC\sin\theta = (\text{평행사변형 밑면의 넓이}) \tag{1.49}$$

이며 넓이벡터의 방향은 그 밑면에 수직이다. 여기에 **A**를 스칼라(·)곱시키는 것은 밑면 넓이와 **A**의 법선방향 사영을 곱하는 것이다(즉, 밑면 곱하기 높이). 그러므로

$$\mathbf{A}\cdot\mathbf{B}\times\mathbf{C} = (\mathbf{A},\ \mathbf{B},\ \mathbf{C}\text{가 정의하는 평행육면체의 부피}). \tag{1.50}$$

A·**B**×**C**가 때로는 음수란 것을 주목하자. 이것은 문제되지 않으며, 그 올바른 해석이 제2장에 마련되어 있다.

예제 1.4.1 **평행육면체**

$$\mathbf{A} = \hat{\mathbf{x}} + 2\hat{\mathbf{y}} - \hat{\mathbf{z}}, \quad \mathbf{B} = \hat{\mathbf{y}} + \hat{\mathbf{z}}, \quad \mathbf{C} = \hat{\mathbf{x}} - \hat{\mathbf{y}}$$

이면

$$\mathbf{A}\cdot\mathbf{B}\times\mathbf{C} = \begin{vmatrix} 1 & 2 & -1 \\ 0 & 1 & 1 \\ 1 & -1 & 0 \end{vmatrix} = 4.$$

[5] 행렬식 성질의 자세한 논의는 3.1절을 참조할 것.

이것은 **A**, **B**, **C**가 정의하는 평행육면체의 부피이다. ■

이미 예제 1.3.1에서 삼중 스칼라곱을 만난 것을 상기하자. 즉, 두 직선 사이의 거리로 $d \sim (\mathbf{r}_3 - \mathbf{r}_1) \cdot (\mathbf{v}_1 \times \mathbf{v}_2)$를 보았다.

■ 삼중 벡터곱

흥미로운 둘째 삼중곱은 $\mathbf{A} \times (\mathbf{B} \times \mathbf{C})$로서 하나의 벡터이다. 여기서는 묶음표를 그대로 두어야 하는데, $(\hat{\mathbf{x}} \times \hat{\mathbf{x}}) \times \hat{\mathbf{y}} = 0$이지만 $\hat{\mathbf{x}} \times (\hat{\mathbf{x}} \times \hat{\mathbf{y}}) = \hat{\mathbf{x}} \times \hat{\mathbf{z}} = -\hat{\mathbf{y}}$가 되는 특별한 보기에서 그 이유를 알게 된다. 삼중곱의 중요한 성질을 주는 보기로 시작을 하자.

예제 1.4.2 삼중 벡터곱(triple vector product)

예제 1.4.1의 벡터를 쓰면

$$\mathbf{B} \times \mathbf{C} = \begin{vmatrix} \hat{\mathbf{x}} & \hat{\mathbf{y}} & \hat{\mathbf{z}} \\ 0 & 1 & 1 \\ 1 & -1 & 0 \end{vmatrix} = \hat{\mathbf{x}} + \hat{\mathbf{y}} - \hat{\mathbf{z}}$$

그리고

$$\mathbf{A} \times (\mathbf{B} \times \mathbf{C}) = \begin{vmatrix} \hat{\mathbf{x}} & \hat{\mathbf{y}} & \hat{\mathbf{z}} \\ 1 & 2 & -1 \\ 1 & 1 & -1 \end{vmatrix} = -\hat{\mathbf{x}} - \hat{\mathbf{z}} = -(\hat{\mathbf{y}} + \hat{\mathbf{z}}) - (\hat{\mathbf{x}} - \hat{\mathbf{y}}).$$ ■

마지막 줄의 결과를 **B**와 **C**의 선형조합으로 고쳐 써서 기하학적으로 보아 삼중 벡터곱이 **A**와 $\mathbf{B} \times \mathbf{C}$에 수직인 것을 알게된다. **B**와 **C**가 만드는 평면은 $\mathbf{B} \times \mathbf{C}$에 수직이므로 삼중 벡터곱이 이 평면 안에 있게 되어(그림 1.21) 두 수 u와 v를 가지고

$$\mathbf{A} \times (\mathbf{B} \times \mathbf{C}) = u\mathbf{B} + v\mathbf{C} \tag{1.51}$$

이다. **A**를 (1.51)의 좌변에 점(·)곱하면 0이 되므로 $u\mathbf{A} \cdot \mathbf{B} + v\mathbf{A} \cdot \mathbf{C} = 0$이다. 그래서 적절한 w값으로 $u = w\mathbf{A} \cdot \mathbf{C}$ 그리고 $v = -w\mathbf{A} \cdot \mathbf{B}$이다. 이 값을 (1.50)식에 대입하면

$$\mathbf{A} \times (\mathbf{B} \times \mathbf{C}) = w[\mathbf{B}(\mathbf{A} \cdot \mathbf{C}) - \mathbf{C}(\mathbf{A} \cdot \mathbf{B})] \tag{1.52}$$

가 된다. (1.51)식의 $w = 1$인 경우를 여기서 증명하는데 **BAC−CAB 규칙**이라 한다. (1.52)식이 A, B, C에 선형(일차)이므로, w는 이들의 크기에 무관하다. 즉, $w = 1$인 것을 단위벡터 $\hat{\mathbf{A}}, \hat{\mathbf{B}}, \hat{\mathbf{C}}$만으로 증명하면 된다. $\hat{\mathbf{B}} \cdot \hat{\mathbf{C}} = \cos\alpha$, $\hat{\mathbf{C}} \cdot \hat{\mathbf{A}} = \cos\beta$, $\hat{\mathbf{A}} \cdot \hat{\mathbf{B}} = \cos\gamma$로 놓고 (1.52)식을 제곱하여

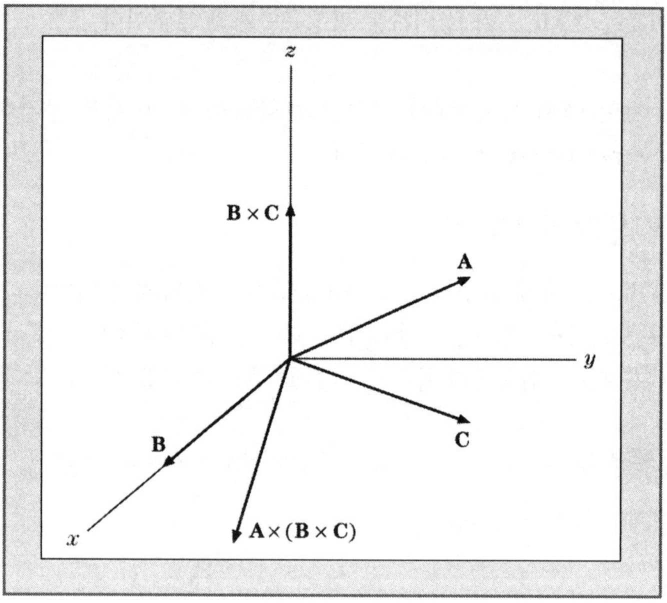

그림 1.21
B와 **C**가 xy-평면 안에 있다. **B**×**C**는 xy-평면에 수직이며 여기서는 z-축 방향으로 나타내었다. 그러면 **A**×(**B**×**C**)는 z-축에 수직이 되므로 xy-평면 안에 있게 된다.

$$
\begin{aligned}
[\hat{\mathbf{A}} \times (\hat{\mathbf{B}} \times \hat{\mathbf{C}})]^2 &= \hat{\mathbf{A}}^2(\hat{\mathbf{B}} \times \hat{\mathbf{C}})^2 - [\hat{\mathbf{A}} \cdot (\hat{\mathbf{B}} \times \hat{\mathbf{C}})]^2 \\
&= 1 - \cos^2\alpha - [\hat{\mathbf{A}} \cdot (\hat{\mathbf{B}} \times \hat{\mathbf{C}})]^2 \\
&= w^2[(\hat{\mathbf{A}} \cdot \hat{\mathbf{C}})^2 + (\hat{\mathbf{A}} \cdot \hat{\mathbf{B}})^2 - 2\hat{\mathbf{A}} \cdot \hat{\mathbf{B}}\,\hat{\mathbf{A}} \cdot \hat{\mathbf{C}}\,\hat{\mathbf{B}} \cdot \hat{\mathbf{C}}] \\
&= w^2(\cos^2\beta + \cos^2\gamma - 2\cos\alpha\cos\beta\cos\gamma) \qquad (1.53)
\end{aligned}
$$

를 얻는데 $(\hat{\mathbf{A}} \times \hat{\mathbf{B}})^2 = \hat{\mathbf{A}}^2\hat{\mathbf{B}}^2 - (\hat{\mathbf{A}} \cdot \hat{\mathbf{B}})^2$을 반복 사용하였다. 결과로 (1.53)식에 있는 $\hat{\mathbf{A}}, \hat{\mathbf{B}}, \hat{\mathbf{C}}$가 만드는 부피제곱은

$$
[\hat{\mathbf{A}} \cdot (\hat{\mathbf{B}} \times \hat{\mathbf{C}})]^2 = 1 - \cos^2\alpha - w^2(\cos^2\beta + \cos^2\gamma - 2\cos\alpha\cos\beta\cos\gamma)
$$

로 쓸 수 있다. 이 부피가 α, β, γ에 대칭이므로, $w^2 = 1$이어야 한다. 즉 $w = \pm 1$이고 $\hat{\mathbf{A}}, \hat{\mathbf{B}}, \hat{\mathbf{C}}$에 독립이다. 또 (1.51)식의 특별한 경우 $\hat{\mathbf{x}} \times (\hat{\mathbf{x}} \times \hat{\mathbf{y}}) = -\hat{\mathbf{y}}$를 쓰면 $w = 1$을 얻게 된다.

또 다른 하나로 더 쉬운 유도는 제2장의 레비-치비타(Levi-Civita) ε_{ijk}를 쓰는 것으로 예제 2.9.8의 논제이다.

벡터가 좌표에 의존하지 않으므로 벡터방정식도 좌표계에 의존하지 않는다는 것을 주목하자. 좌표계는 성분을 결정할 따름이다. 제2장에서 보는 바와 같이, 벡터방정식이 직각좌표에서 만들어지면 다른 모든 좌표계에서도 유효하다. 이와 같이 (1.52)식을, 직각성분으로 전개하여 바르지만 우아하지는 않은 방법을 통하여, 확인할 수 있다(예제 1.4.1 참조).

더 복잡한 다른 곱들은 이들 삼중 스칼라 및 벡터곱의 형태를 써서 간단하게 만들 수 있다.

요 약

삼중 스칼라곱의 기하학적 의미를 세 벡터가 펼치는 부피로 발전시키고 그것의 성분형태가 벡

터들의 직각성분으로 이루어진 행렬식과 직결되어 있는 것을 보였다.

삼중 벡터곱의 주요한 성질은 *BAC*−*CAB* 규칙으로 표현된 그것의 분해이다. 벡터곱이 많이 나오는 벡터장론인 전자기동력학에서 삼중곱이 중요한 역할을 한다.

연습문제

1.4.1 직각좌표에서 직접 전개하여 아래 삼중 벡터곱의 전개

$$\mathbf{A} \times (\mathbf{B} \times \mathbf{C}) = \mathbf{B}(\mathbf{A} \cdot \mathbf{C}) - \mathbf{C}(\mathbf{A} \cdot \mathbf{B})$$

를 확인하여라.

1.4.2 (1.43)식의 첫번째 단계

$$(\mathbf{A} \times \mathbf{B}) \cdot (\mathbf{A} \times \mathbf{B}) = A^2B^2 - (\mathbf{A} \cdot \mathbf{B})^2$$

이 삼중 벡터곱의 *BAC*−*CAB* 규칙과 일치하는 것을 보여라.

1.4.3 선운동량 $\mathbf{p}$를 가지고 궤도각 운동량 $\mathbf{L}$이 $\mathbf{L} = \mathbf{r} \times \mathbf{p} = m\mathbf{r} \times \mathbf{v}$로 주어진다. 선속도와 각속도가 $\mathbf{v} = \boldsymbol{\omega} \times \mathbf{r}$인 관계를 가지면,

$$\mathbf{L} = mr^2[\boldsymbol{\omega} - \hat{\mathbf{r}}(\hat{\mathbf{r}} \cdot \boldsymbol{\omega})] \quad (\hat{\mathbf{r}}\text{은 } \mathbf{r}\text{방향의 단위벡터})$$

인 것을 보여라. $\mathbf{r} \cdot \boldsymbol{\omega} = 0$일 때는 이것이 $\mathbf{L} = I\boldsymbol{\omega}$ ($I = mr^2$은 관성모멘트)가 된다.

1.4.4 입자의 운동에너지는 $T = \frac{1}{2}mv^2$이다. 회전운동에서 이것은 $\frac{1}{2}m(\boldsymbol{\omega} \times \mathbf{r})^2$으로 된다.

$$T = \frac{1}{2}m[r^2\omega^2 - (\mathbf{r} \cdot \boldsymbol{\omega})^2]$$

을 보여라. $\mathbf{r} \cdot \boldsymbol{\omega} = 0$일 때는 이것이 $T = \frac{1}{2}I\omega^2$($I = mr^2$은 관성모멘트)으로 된다.

1.4.5 증명하여라:

$$\mathbf{a} \times (\mathbf{b} \times \mathbf{c}) + \mathbf{b} \times (\mathbf{c} \times \mathbf{a}) + \mathbf{c} \times (\mathbf{a} \times \mathbf{b}) = 0.$$ [6]

1.4.6 벡터 $\mathbf{A}$를 지름벡터 $\mathbf{A}_r$와 접선벡터 $\mathbf{A}_t$로 분해하였다. 지름단위벡터가 $\hat{\mathbf{r}}$이라면 다음을 보여라:

(a) $\mathbf{A}_r = \hat{\mathbf{r}}(\mathbf{A} \cdot \hat{\mathbf{r}})$,

(b) $\mathbf{A}_t = -\hat{\mathbf{r}} \times (\hat{\mathbf{r}} \times \mathbf{A})$.

---

[6] 이것은 벡터곱에 대한 Jacobi 항등식이다.

1.4.7 영이 아닌 세 벡터 **A**, **B**, **C**가 동일평면 위에 있을 필요충분조건은 삼중 스칼라곱이 영인 것이다; 즉,

$$\mathbf{A}\cdot\mathbf{B}\times\mathbf{C}=0.$$

1.4.8 벡터 **D**는 동일평면 위가 아닌 (또 서로 수직도 아닌) 세 벡터의 선형조합이다; 즉,

$$\mathbf{D}=a\mathbf{A}+b\mathbf{B}+c\mathbf{C}.$$

이때 전개계수는 삼중 스칼라곱의 비율,

$$a=\frac{\mathbf{D}\cdot\mathbf{B}\times\mathbf{C}}{\mathbf{A}\cdot\mathbf{B}\times\mathbf{C}},\ \text{등등}$$

으로 주어지는 것을 보여라. 기호(symbolic) 소프트웨어가 있으면, 전형적인 경우에 대하여 삼중 스칼라곱과 전개계수의 수치를 계산하여라.

1.4.9 증명하여라:

$$(\mathbf{A}\times\mathbf{B})\cdot(\mathbf{C}\times\mathbf{D})=(\mathbf{A}\cdot\mathbf{C})(\mathbf{B}\cdot\mathbf{D})-(\mathbf{A}\cdot\mathbf{D})(\mathbf{B}\cdot\mathbf{C}).$$

1.4.10 증명하여라:

$$(\mathbf{A}\times\mathbf{B})\times(\mathbf{C}\times\mathbf{D})=(\mathbf{A}\cdot\mathbf{B}\times\mathbf{D})\mathbf{C}-(\mathbf{A}\cdot\mathbf{B}\times\mathbf{C})\mathbf{D}.$$

1.4.11

$$\mathbf{a}'=\frac{\mathbf{b}\times\mathbf{c}}{\mathbf{a}\cdot\mathbf{b}\times\mathbf{c}},\quad \mathbf{b}'=\frac{\mathbf{c}\times\mathbf{a}}{\mathbf{a}\cdot\mathbf{b}\times\mathbf{c}},\quad \mathbf{c}'=\frac{\mathbf{a}\times\mathbf{b}}{\mathbf{a}\cdot\mathbf{b}\times\mathbf{c}},$$

및 $\mathbf{a}\cdot\mathbf{b}\times\mathbf{c}\neq 0$가 주어졌다. 아래 등식을 증명하여라.

(a) $(\mathbf{x},\ \mathbf{y}=\mathbf{a},\ \mathbf{b},\ \mathbf{c})$에 대하여, $\mathbf{x}\neq\mathbf{y}$이면 $\mathbf{x}'\cdot\mathbf{y}'=0$이고 $\mathbf{x}=\mathbf{y}$이면 $\mathbf{x}'\cdot\mathbf{y}'=1$이다.

(b) $\mathbf{a}'\cdot\mathbf{b}'\times\mathbf{c}'=(\mathbf{a}\cdot\mathbf{b}\times\mathbf{c})^{-1}$.

(c) $\mathbf{a}=\frac{\mathbf{b}'\times\mathbf{c}'}{\mathbf{a}'\cdot\mathbf{b}'\times\mathbf{c}'}$.

1.4.12 $(\mathbf{x},\ \mathbf{y}=\mathbf{a},\ \mathbf{b},\ \mathbf{c})$에 대하여, $\mathbf{x}\neq\mathbf{y}$이면 $\mathbf{x}'\cdot\mathbf{y}'=0$이고 $\mathbf{x}=\mathbf{y}$이면 $\mathbf{x}'\cdot\mathbf{y}'=1$이라면

$$\mathbf{a}'=\frac{\mathbf{b}\times\mathbf{c}}{\mathbf{a}\cdot\mathbf{b}\times\mathbf{c}}$$

인 것을 증명하여라. (이것은 연습문제 1.4.11의 역이다.)

1.4.13 어떤 벡터 **V**라도 (연습문제 1.4.11에서 정의한) 역벡터 $\mathbf{a}'$, $\mathbf{b}'$, $\mathbf{c}'$를 가지고

$$\mathbf{V}=(\mathbf{V}\cdot\mathbf{a})\mathbf{a}'+(\mathbf{V}\cdot\mathbf{b})\mathbf{b}'+(\mathbf{V}\cdot\mathbf{c})\mathbf{c}'$$

라 표현할 수 있는 것을 보여라.

1.4.14 속도 $\mathbf{v}_1$으로 움직이는 전하 q_1은

$$\mathbf{B} = \frac{\mu_0}{4\pi} q_1 \frac{\mathbf{v}_1 \times \hat{\mathbf{r}}}{r^2} \quad \text{(SI 단위)}$$

인 자기유도 $\mathbf{B}$를 만드는데, $\hat{\mathbf{r}}$는 q_1에서 $\mathbf{B}$를 재는 점으로 향한다[비오-사바르, (Biot-Savart) 법칙].

(a) 속도 $\mathbf{v}_2$인 다른 전하 q_2에 작용하는 자기력은 삼중 벡터곱

$$\mathbf{F}_2 = \frac{\mu_0}{4\pi} \frac{q_1 q_2}{r^2} \mathbf{v}_2 \times (\mathbf{v}_1 \times \hat{\mathbf{r}})$$

로 주어지는 것을 보여라.

(b) 상응하여 q_2가 q_1에 작용하는 자기력 $\mathbf{F}_1$을 나타내는 수식을 써라. 단위지름벡터를 정의하여라. $\mathbf{F}_1$과 $\mathbf{F}_2$가 어떻게 비교되는가?

(c) q_1과 q_2가 평행한 경로를 따라 나란히 움직일 때, $\mathbf{F}_1$과 $\mathbf{F}_2$를 계산하여라.

답.

(b) $\mathbf{F}_1 = -\frac{\mu_0}{4\pi} \frac{q_1 q_2}{r^2} \mathbf{v}_1 \times (\mathbf{v}_2 \times \hat{\mathbf{r}})$.

(c) $\mathbf{F}_1 = \frac{\mu_0}{4\pi} \frac{q_1 q_2}{r^2} v^2 \hat{\mathbf{r}} = -\mathbf{F}_2$.

1.5 기울기(그래디언트 grad), ∇

■ 편도함수

이 절은 방향도함수 또는 그래디언트 연산자 개념에 이르게 되는 다변수함수의 도함수를 취급한다. 이런 개념들은 역학, 전자기동력학, 및 공학에서 중추적인 중요성을 갖는다.

2변수함수 $z = \varphi(x, y)$는 기하학적으로 3차원 유클리드 공간에서 xy-평면 위에 펼쳐진 곡면으로 볼 수 있는데, 이유는 각 점 (x, y)에서 함수 φ가 주는 z값을 얻기 때문이다. 정해진 하나의 y값에 대해 $z = \varphi(x, y) \equiv f(x)$는 x만의 함수, 즉 주어진 곡면과 y를 지나는 xz-평면의 교차곡선을 나타낸다. 이 곡선의 기울기

$$\frac{df}{dx} \equiv \frac{\partial \varphi(x, y)}{\partial x} = \lim_{h \to 0} \frac{\varphi(x+h, y) - \varphi(x, y)}{h} \tag{1.54}$$

가 x에 대한 φ의 **편도함수**인데 다른 변수 y는 고정된 것을 전제로 한다. 접선을 그리며 기울기가 0인 극대나 극소의 위치를 찾는 데 유용하다. 편도함수 $\partial\varphi/\partial y$도 x를 고정하여 유사하게 정의(즉, 곡면의 y방향 기울기)하며 고차의 편도함수도 정의하게 된다.

예제 1.5.1 **오차 어림 (error estimate)**

오차 어림(추정)에 많은 편도함수가 수반되는 것이 통례이다. 직방체 금속 평판(길이 $a=10\pm1\,\text{cm}$, 폭 $b=15\pm2\,\text{cm}$, 높이 $c=5\pm1\,\text{cm}$)의 회전축이 중심을 통하고 넓이 ab에 수직일 때, 관성모멘트를 계산하고 그 오차를 어림하자. 밀도는 $\rho=5\pm0.1\,\text{g/cm}^3$로 균일하다. 관성모멘트로

$$\begin{aligned}I &= \rho\int(x^2+y^2)\,d\tau = \rho c\left(\int_{-a/2}^{a/2}x^2\,dx\int_{-b/2}^{b/2}dy+\int_{-a/2}^{a/2}dx\int_{-b/2}^{b/2}y^2\,dy\right)\\ &= \frac{\rho c}{3}2\left(b\left(\frac{a}{2}\right)^3+a\left(\frac{b}{2}\right)^3\right)=\frac{\rho abc}{12}(a^2+b^2) \qquad (1.55)\\ &= \frac{1}{2}5^6(4+9)\,\text{g cm}^2 = 10.15625\times10^{-3}\,\text{kg m}^2\end{aligned}$$

을 얻는데 $d\tau=cdxdy$를 썼다.

그에 따른 I의 오차는 모든 변수의 오차에서 오는데, 그 각각이 편도함수로 가중되어,

$$(\Delta I)^2=\left(\frac{\partial I}{\partial\rho}\right)^2(\Delta\rho)^2+\left(\frac{\partial I}{\partial a}\right)^2(\Delta a)^2+\left(\frac{\partial I}{\partial b}\right)^2(\Delta b)^2+\left(\frac{\partial I}{\partial c}\right)^2(\Delta c)^2$$

을 얻으며 Δx는 변수 x의 오차 (즉, $\Delta a=1\,\text{cm}$) 등이다. 편도함수

$$\begin{aligned}&\frac{\partial I}{\partial\rho}=\frac{abc}{12}(a^2+b^2), \qquad \frac{\partial I}{\partial a}=\frac{\rho bc}{12}(3a^2+b^2),\\ &\frac{\partial I}{\partial b}=\frac{\rho ac}{12}(a^2+3b^2), \qquad \frac{\partial I}{\partial c}=\frac{\rho ab}{12}(a^2+b^2) \qquad (1.56)\end{aligned}$$

은 (1.55)식을 써서 얻는다. 여기에 모든 매개변수 값을 대입하면

$$\begin{aligned}&\frac{\partial I}{\partial\rho}\Delta\rho=0.203125\times10^{-3}\,\text{kg m}^2, \qquad \frac{\partial I}{\partial a}\Delta a=1.640625\times10^{-3}\,\text{kg m}^2,\\ &\frac{\partial I}{\partial b}\Delta b=3.2291667\times10^{-3}\,\text{kg m}^2, \qquad \frac{\partial I}{\partial c}\Delta c=2.03125\times10^{-3}\,\text{kg m}^2.\end{aligned}$$

제곱하고 합해서 결과 $\Delta I=4.1577\times10^{-3}\text{kgm}^2$을 얻는다. 이 오차는 I의 40%를 넘어 I가 의존하는 변수 가운데 오차가 가장 큰 $\Delta c\sim20\%$ 보다도 훨씬 크고, 또 여러 변수의 오차가 합해지는 것을 보여준다. 따라서 소수점 밑의 첫 자리 말고는 모두 버려도 된다. ■

예제 1.5.2 **평면의 편도함수**

평면 $F(\mathbf{r})=\mathbf{n}\cdot\mathbf{r}-d=0$은 좌표축을 $x=1$, $y=2$, $z=3$에서 끊으며 $n_x=d$, $2n_y=d$, $3n_z=d$이다. 법선은 $\mathbf{n}^2=1$을 만족하므로 그에 따른 제약조건이 $d^2(1+\frac{1}{4}+\frac{1}{9})=1$로 되어 $d=6/7$을 얻는다. 그러므로 편도함수

$$\frac{\partial F}{\partial x} = n_x = 6/7, \quad \frac{\partial F}{\partial y} = n_y = 3/7, \quad \frac{\partial F}{\partial z} = n_z = 2/7$$

가 평면 $6x+3y+2z=6$의 법선벡터인 $\mathbf{n}$의 성분이다. 이것은 어떠한 함수 F의 편도함수들도 한 벡터를 이룬다는 것을 암시한다. ■

편도함수의 벡터성격에 관한 동기부여를 위해 **함수 $F(x, y)$의 전변동(total variation of function)**

$$dF = \frac{\partial F}{\partial x}dx + \frac{\partial F}{\partial y}dy \tag{1.57}$$

를 도입한다. 이것은 x-와 y-방향의 독립변동으로 구성되어 있다. 전변동 dF를 증가 둘(하나는 x- 다른 것은 y-방향)의 합

$$\begin{aligned} dF(x, y) \equiv F(x+dx, y+dy) - F(x, y) = [F(x+dx, y+dy) - F(x, y+dy)] \\ + [F(x, y+dy) - F(x, y)] = \frac{\partial F}{\partial x}dx + \frac{\partial F}{\partial y}dy \end{aligned}$$

로 쓸 수 있는데, $F(x, y+dy)$를 더하고 빼서 얻었다. 여기서 평균치정리(즉, F의 연속성)는 $\partial F/\partial x$, $\partial F/\partial y$가 각각 x와 $x+dx$, y와 $y+dy$ 사이의 어떤 점 ξ, η에서 구해졌다는 것을 알려준다. $dx \to 0$, $dy \to 0$이면 $\xi \to x$, $\eta \to y$가 된다. 이 결과는 3차원 이상으로도 일반화된다. 예를 들면, 3변수함수 $\varphi(x, y, z)$에 대하여

$$\begin{aligned} d\varphi(x, y, z) &\equiv [\varphi(x+dx, y+dy, z+dz) - \varphi(x, y+dy, z+dz)] \\ &\quad + [\varphi(x, y+dy, z+dz) - \varphi(x, y, z+dz)] \\ &\quad + [\varphi(x, y, z+dz) - \varphi(x, y, z)] \\ &= \frac{\partial \varphi}{\partial x}dx + \frac{\partial \varphi}{\partial y}dy + \frac{\partial \varphi}{\partial z}dz. \end{aligned} \tag{1.58}$$

F가 스칼라함수이면 dF도 그러하고, (1.57)식의 형태는 좌표변위 벡터 $d\mathbf{r} = (dx, dy)$와 F의 편도함수로 된 스칼라곱을 제안하는데; 같은 것이 3차원의 $d\varphi(x, y, z)$에도 적용된다. 이런 관측이 다음 절의 기울기(그래디언트)에 이르는 길을 여는 셈이다.

전변동의 응용으로, 음적으로 정의된 곡선 $F(x, y) = 0$의 기울기, 즉 1.3절에서 뒤로 미루어 두었던 일반적인 정리를 생각하자. $dF = 0$도 곡선위에서 성립하므로, (1.57)식을 써서 곡선의 기울기

$$\frac{dy}{dx} = -\frac{\frac{\partial F}{\partial x}}{\frac{\partial F}{\partial y}} \tag{1.59}$$

를 얻는다. 이 결과를 1.2절에서 시간 t의 두 함수 $x(t)$, $y(t)$로 정의한 곡선의 기울기 $\dot{y}/\dot{x}$와 비교하여라.

어떤 제약조건에서 기울기를 알아내려는 훨씬 어려운 문제를 자주 대하게 된다. 적절한 경우가 다음의 보기이다.

예제 1.5.3 **제약조건 하의 극값**

원점으로부터 최단 (또는 최장) 거리에 있는 곡선 $G(x, y) \equiv x^2+xy+y^2-1=0$ 위의 점(들)을 찾아내라.

해석기하학에 의하면 원점을 중심으로 한 이차형식(x 또는 y의 일차 항이 없어서 원점이 움직이지 않음)은 원뿔곡선이다. 그렇다면, 어떤 종류인가? 이 물음에 답하기 위해, $(x+y)^2 = x^2+2xy+y^2 \geq 0$이 $xy \geq -(x^2+y^2)/2$를 뜻하여 이차형식이 양의 정부호 즉 $G(x, y)+1 \geq 0$이고, G는 타원(그림 1.22)이어야 한다. 그러므로 문제가 주축을 찾는 문제와 같게 되었다(다른 방법인 행렬의 대각화는 3.5절 참조). 원점부터 거리의 제곱은 함수 $F(x, y)=x^2+y^2$으로 주어지는데, 만족해야 할 제약조건은 점 (x, y)가 G로 정의된 타원 위에 있다는 것이다. 제약조건 G는 $y=y(x)$를 정의한다. 따라서

$$0 = \frac{dF(x, y(x))}{dx} = 2x + 2y\frac{dy}{dx}$$

그림 1.22
타원 $x^2+xy+y^2=1$

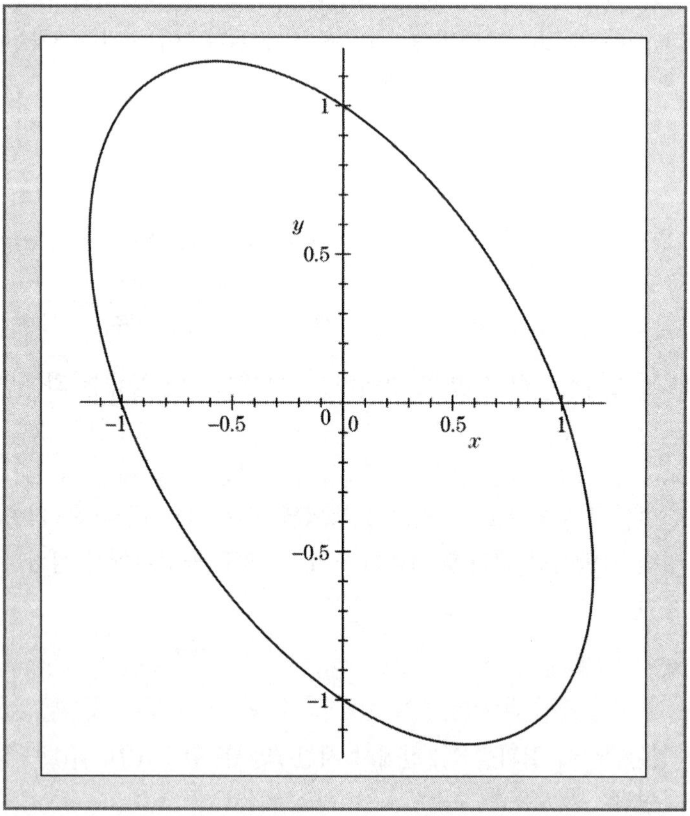

의 해를 구하려 한다. G를 미분한

$$2x + y + xy' + 2yy' = 0 \text{ 으로부터 } \quad y' = -\frac{2x+y}{2y+x}$$

를 얻고, 이깃을 최소/최대 조건 $dF/dx = 0$에 대입한다. 결과는

$$x(2y+x) = y(2x+y), \text{ 또는 } y = \pm x.$$

$x = y$를 G에 대입하면 해 $x = \pm 1/\sqrt{3}$을 얻고 $x = -y$는 타원위의 점 $x = \pm 1$을 준다. $x = 1$의 G 대입은 $y = 0$, -1; $x = -1$은 $y = 0$, 1을 준다. 두 점 $(x, y) = (1, 0)$, $(-1, 0)$은 타원위에 있지만 원점거리$(=1)$는 최단도 최장도 아니다. 그러나 $(1, -1)$과 $(-1, 1)$은 초장거리$(=\sqrt{2})$를 갖고 직선 $x + y = 0$은 원점을 (135°로) 지나는 한 주축이다. 두 점 $(1/\sqrt{3}, 1/\sqrt{3})$, $(-1/\sqrt{3}, -1/\sqrt{3})$은 원점을 지나는 45°의 직선을 제2의 주축으로 정의하는데 앞의 첫 주축에 수직이다.

주축과 타원의 교차점 $(1/\sqrt{3}, 1/\sqrt{3})$과 $(1, -1)$에서 기울기공식 (1.59)를 적용해 보는 것은 교육적이다. 거기서 편도함수는 $G_x \equiv \frac{\partial G}{\partial x} = 2x + y = \frac{3}{\sqrt{3}} = \sqrt{3}$ 및 $2 - 1 = 1$, 그리고 $G_y \equiv \frac{\partial G}{\partial y} = 2y + x = \frac{3}{\sqrt{3}} = \sqrt{3}$ 및 $-2 + 1 = -1$, 따라서 기울기 $-G_x/G_y = -\frac{\sqrt{3}}{\sqrt{3}} = -1$로 주축 $x + y = 0$의 것과 같고 또 $-1/(-1) = 1$로 주축 $x - y = 0$의 것과 같다. ▩

이 문제를 푸는 것이 복잡하지는 않지만, 함수 $F(x, y)$의 최대 또는 최소 값을 제약조건 $G(x, y) = 0$에서 알아내는 품위 있는 **라그랑지 곱수법 (Lagiange multiplier method)**이 있다.

아래에 보이는 바와 같이, 라그랑지 곱수 λ의 도입은 x와 y의 직접해를 위한 (그리고 흔히 매우 복잡한) 계산을 피하도록 한다. 우리가

$$dF = \frac{\partial F}{\partial x}dx + \frac{\partial F}{\partial y}dy = 0, \qquad dG = \frac{\partial G}{\partial x}dx + \frac{\partial G}{\partial y}dy = 0 \qquad (1.60)$$

을 풀려고 하므로, 한 방정식에서 기울기 dy/dx를 얻어 다른 것에 대입한다. 동등하게는, 세 변수 x, y, λ의 함수 $F + \lambda G$를 만들어

$$d(F + \lambda G) = \left(\frac{\partial F}{\partial x} + \lambda\frac{\partial G}{\partial x}\right)dx + \left(\frac{\partial F}{\partial y} + \lambda\frac{\partial G}{\partial y}\right)dy + \frac{\partial(F + \lambda G)}{\partial \lambda}d\lambda = 0$$

을 푼다. 이것을 푸는 데 있어서, 예를 들어, $\frac{\partial F}{\partial y} + \lambda\frac{\partial G}{\partial y} = 0$이 되도록 λ를 선택, 마지막 항은 제약조건 $G = 0$(F는 λ에 독립)으로 소거, $\frac{\partial F}{\partial x} + \lambda\frac{\partial G}{\partial x} = 0$에 이르도록 한다. 제약조건을 포함해서, 이제는 세 미지수 x, y, λ에 대한 세 방정식을 갖게 되었으므로 풀리는 문제가 되었다. 그런데 통상적으로 λ는 필요하지 않다.

예제 1.5.4 **라그랑지 곱수 방법**

설명을 위해 예제 1.5.3을 이 방법을 써서 다시 풀어보자. 이 방법의 x 및 y 편도함수 방정식은

$$\frac{\partial F}{\partial x}+\lambda\frac{\partial G}{\partial x}\equiv 2x+\lambda(2x+y)=0,$$
$$\frac{\partial F}{\partial y}+\lambda\frac{\partial G}{\partial y}\equiv 2y+\lambda(2y+x)=0$$

이다. 비율로 $\xi\equiv y/x=-2(\lambda+1)/\lambda$와 $\xi=-\lambda/2(\lambda+1)$을 얻으며; 즉, $\xi=1/\xi$ 또는 $\xi=\pm1$, 그래서 주축들은 원점을 지나는 직선 $x+y=0$과 $x-y=0$을 따른다. 이들 해를 원뿔곡선 G에 대입하여 $x=1/\sqrt{3}=y$와 $x=1=-y$를 얻는다. 이 간단하지만 고도로 세련된 접근은 앞서 다룬 긴 해법과 아주 대조적이다.

인명 자료

Lagrange, Joseph Louis comte de. 프랑스 수학자 겸 물리학자 Lagrange는 Torino의 프랑스-이탈리아 계통의 부호 가정에 1736년 출생하여 1813년 Paris에서 서거하였다. 학생 때 영국 천문학자 Halley의 미적분에 관한 논평 덕으로 수학에 강한 열중이 촉발되었고, 1755년 Torino에서 교수가 되었다. 1766년에 Euler가 Catherine 여제를 위해 St. Petersburg로 떠나자 후임으로 Berlin의 Prussia 과학학술원 수학-물리 책임자가 되었다. Frederick 대제가 죽은 뒤, 1786년에 Berlin을 떠나 Paris로 갔다. 해석역학의 창시자이며 유명한 책 Méchanique Analytique는 하나의 기하학적 그림도 포함하지 않고 있다.

■ 기울기(그래디언트) 벡터연산자

(1.57)식의 **전변동** $dF(x, y)$는 2차원에서 길이벡터의 변화 $d\mathbf{r}=(dx, dy)$와 편도함수 벡터 $(\frac{\partial F}{\partial y}, \frac{\partial F}{\partial x})$의 스칼라곱처럼 보인다. 즉, F의 변화는 움직이는 방향에 의존한다. 예를 들면, F는 양자역학의 파동함수일 수도 있고 또는 공간의 온도분포를 나타낼 수도 있으며, 또 절정에서 높이는 방향에 따라 틀린 비율로 감소하는 예로 스키장 내리막이 초보자 방향과 전문가전용 방향으로 되어있는 것이 있다. 이것을 3변수 함수 $\varphi(x, y, z)$로 일반화한 것이 (1.58)식으로서 여기에 다시 쓰면

$$d\varphi=\frac{\partial\varphi}{\partial x}dx+\frac{\partial\varphi}{\partial y}dy+\frac{\partial\varphi}{\partial z}dz \tag{1.61}$$

가 되는데, 스칼라함수 φ의 전체변화는 길이의 변화인 위치변화

$$d\mathbf{r}=\hat{\mathbf{x}}\,dx+\hat{\mathbf{y}}\,dy+\hat{\mathbf{z}}\,dz \tag{1.62}$$

에 따라서 좌표성분 각각의 변화가 주는 기여를 합한 것이기 때문이다. 대수적으로 (1.58)식

[즉, (1.61)식]의 $d\varphi$는 위치변화 $d\mathbf{r}$와 φ의 **방향성** 변화율을 스칼라곱한 것이다. 이제 3차원 편도함수를 하나의 벡터로 인정할 준비가 되었으며 그것이 기울기(그래디언트, gradient) 개념에 이르도록 해준다. 편리한 표기법으로

$$\nabla \equiv \left(\frac{\partial}{\partial x}, \frac{\partial}{\partial y}, \frac{\partial}{\partial z}\right) = \hat{\mathbf{x}}\frac{\partial}{\partial x} + \hat{\mathbf{y}}\frac{\partial}{\partial y} + \hat{\mathbf{z}}\frac{\partial}{\partial z}, \tag{1.63}$$

$$\nabla\varphi = \hat{\mathbf{x}}\frac{\partial\varphi}{\partial x} + \hat{\mathbf{y}}\frac{\partial\varphi}{\partial y} + \hat{\mathbf{z}}\frac{\partial\varphi}{\partial z} \tag{1.64}$$

가 있는데, ∇(del)은 (스칼라) 함수들을 미분하는 벡터이다. 그러므로 하나의 **벡터연산자 (vector operator)**이다. ∇의 모든 관계식은 그것의 (편도함수와 벡터) 혼성성격에서 유도할 수 있다.

스칼라의 기울기는 물리학과 공학에서 지극히 중요한데, 중력장과 정전기장의 경우를 포함하여, 힘의 장과 퍼텐셜의 장을 연결하는 관계식

$$\text{힘 } \mathbf{F} = -\nabla(\text{퍼텐셜 } V) \tag{1.65}$$

에 쓰인다. (1.65)식에서 음부호(−)는 물이 흘러 올라가지 않고 흘러내리는 사실과도 관련된 것을 눈여겨보자. (1.65)식에서처럼, 힘이 어느 곳에서나 하나의 함수 $V(\mathbf{r})$만으로 표현되면 그러한 스칼라 함수 V를 힘의 **퍼텐셜**이라 부른다. 힘이 퍼텐셜의 방향도함수이므로, 퍼텐셜이 존재한다면 알맞은 경로를 통한 힘의 적분으로 그것을 찾아낼 수 있다. 전체변동 $dV = \nabla V \cdot d\mathbf{r} = -\mathbf{F}\cdot d\mathbf{r}$이 경로 $d\mathbf{r}$를 따라 힘에 반대하여 한 일이므로, 퍼텐셜(차이)의 물리적 의미는 일과 에너지인 것을 알게 된다. 그러나 경로를 따라 변화를 합해 갈 때

$$\begin{aligned}&[V(\mathbf{r}+d\mathbf{r}_1+d\mathbf{r}_2) - V(\mathbf{r}+d\mathbf{r}_1)] + [V(\mathbf{r}+d\mathbf{r}_1) - V(\mathbf{r})]\\ &= V(\mathbf{r}+d\mathbf{r}_2+d\mathbf{r}_1) - V(\mathbf{r})\end{aligned}$$

이므로 중간점들이 상쇄되며, 따라서 어떤 경로를 따른 일의 적분은 시작점 $\mathbf{r}_i$와 끝점 $\mathbf{r}$의 퍼텐셜 차이 $V(\mathbf{r}) - V(\mathbf{r}_i)$로 주어진다. 그런 힘은 특별히 간단하여 **보존적** 또는 **보존력**이라 한다. 경로에 미찰에 의한 에너지 손실이나 다른 흩어지기가 있으면 일은 경로에 의존하며 힘이 보존적이 아니고 퍼텐셜이 존재하지 않는다. 1.12절에서 보존력에 대하여 더 자세히 논의한다.

예제 1.5.5 r의 함수의 기울기(그래디언트)

물리학과 공학에서 **중심력**을 자주 다루므로, 지름거리 $r = \sqrt{x^2+y^2+z^2}$의 기울기(그래디언트)로 시작하자. 함수 r은 x, y, z에 의존하므로

$$\frac{\partial r}{\partial x} = \frac{\partial(x^2+y^2+z^2)^{1/2}}{\partial x} = \frac{x}{(x^2+y^2+z^2)^{1/2}} = \frac{x}{r}$$

등($\partial/\partial y$와 $\partial/\partial z$ 포함)을 얻는다. 이제 중심력법칙의 구면대칭인 퍼텐셜 $f(r)$의 더 일반적인 기울기 (그래디언트)

$$\nabla f(r) = \hat{\mathbf{x}}\frac{\partial f(r)}{\partial x} + \hat{\mathbf{y}}\frac{\partial f(r)}{\partial y} + \hat{\mathbf{z}}\frac{\partial f(r)}{\partial z} \tag{1.66}$$

을 계산할 수 있는데, r의 x 의존성을 통하여 $f(r)$는 x의 함수이므로[7]

$$\frac{\partial f(r)}{\partial x} = \frac{df(r)}{dr} \cdot \frac{x}{r}. \tag{1.67}$$

좌표의 치환($x \to y$, $y \to z$, $z \to x$)으로 y 및 z 도함수도 계산하여

$$\nabla f(r) = (\hat{\mathbf{x}}x + \hat{\mathbf{y}}y + \hat{\mathbf{z}}z)\frac{1}{r}\frac{df}{dr} = \frac{\mathbf{r}}{r}\frac{df}{dr} = \hat{\mathbf{r}}\frac{df}{dr} \tag{1.68}$$

를 얻는데, $\hat{\mathbf{r}}(\equiv \mathbf{r}/r)$는 지름의 **양**(즉, 중심에서 멀어지는)방향 단위벡터이다. 즉 r의 함수의 기울기(그래디언트)는 (양 또는 음) 지름방향의 벡터이다. ■

■ 기하학적 해석

예제 1.5.2는 기울기(그래디언트)의 기하학적 의미를 설명하는 데 평면을 보기로 썼다: 즉, 평면의 기울기(그래디언트)는 법선벡터이다. 이것은 음적으로 정의된 곡면[$\varphi(\mathbf{r})$ = 상수]의 기울기(그래디언트)에 부여한 기하학적 의미의 한 특별한 경우이다. 곡면 $\varphi(x, y, z) = C$ (=상수) 위의 두 점 P와 Q를 생각하자. 만일 φ가 퍼텐셜이면, 곡면은 **등퍼텐셜면**이다. Q는 P로부터 거리 $d\mathbf{r}$에 택했다. 그러면 P에서 Q로 움직일 때 $\varphi(x, y, z)$의 변화[(1.58)식]는 벡터표기법으로

$$d\varphi = (\nabla\varphi) \cdot d\mathbf{r} = 0 \tag{1.69}$$

이 되어야 하는데, 평면 $\varphi(x, y, z) = C$ 위에 머물러 있었기 때문이다. 이것은 $\nabla\varphi$가 $d\mathbf{r}$에 수직인 것을 뜻한다. 점 Q가 곡면에 있으나 어느 방향이라도 괜찮으니 벡터 $d\mathbf{r}$가 φ = 상수 **곡면 안에 있는 한** P에서 어느 방향으로 향해도 되므로, $\nabla\varphi$는 φ = 상수 **곡면에 수직**이다 (그림 1.23).

이제 $d\mathbf{r}$가 한 곡면 $\varphi = C_1$에서 바로 옆의 $\varphi = C_2$ 곡면에도 갈 수 있도록 허락하면 (그림 1.24)

$$d\varphi = C_2 - C_1 = \Delta C = (\nabla\varphi) \cdot d\mathbf{r} \tag{1.70}$$

---

[7] 이것은 편도함수로 일반화된 **연쇄법칙**의 특별한 경우로서

$$\frac{\partial f(r,\theta,\varphi)}{\partial x} = \frac{\partial f}{\partial r}\frac{\partial r}{\partial x} + \frac{\partial f}{\partial \theta}\frac{\partial \theta}{\partial x} + \frac{\partial f}{\partial \varphi}\frac{\partial \varphi}{\partial x},$$

여기서 $\partial f/\partial\theta = \partial f/\partial\varphi = 0$과 $\partial f/\partial r \to df/dr$이다.

그림 1.23
곡면 $\varphi = C$ 위에 머무르려면 길이 증가 $d\mathbf{r}$가 필요하다.

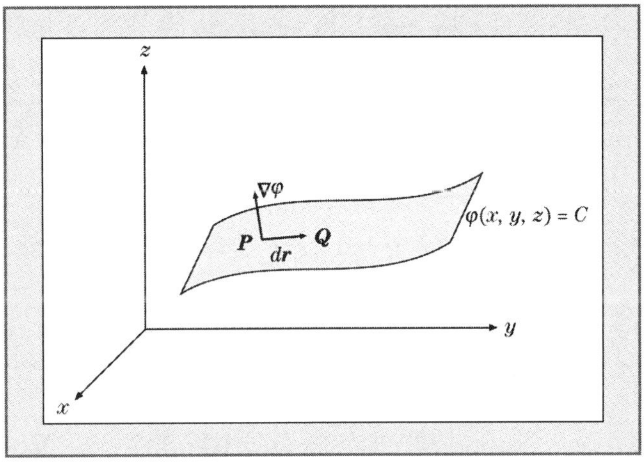

그림 1.24
기울기 (그래디언트)

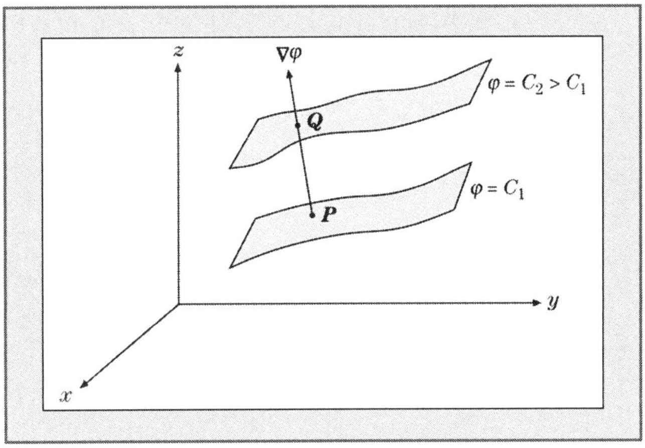

가 된다. 주어진 $d\varphi$에 대하여, $d\mathbf{r}$를 $\nabla\varphi$에 평행($\cos\theta = 1$)하게 택하면 $|d\mathbf{r}|$가 최소로 되고; 그러나 $|d\mathbf{r}|$가 주어졌으면, $d\mathbf{r}$를 $\nabla\varphi$에 평행($\cos\theta = 1$)하게 택하면 함수의 변화 $d\varphi$가 최대이다. 따라서 **$\nabla\varphi$는 벡터이며 그 방향은 φ가 최대공간 변화율을 갖는 방향**인 것을 확인하며, 이 사실은 제2장에서 비-데카르트 좌표계를 다룰 때에 매우 유용하다.

요 약

기울기(그래디언트) 연산자를 도함수들로 이루어진 벡터로 만들었다. 함수의 전변동은 그것의 기울기(그래디언트)와 좌표변위벡터의 스칼라곱(점곱)이다. 보존력은 (그 힘의) 퍼텐셜이라 불리는 스칼라 함수의 (음) 기울기(그래디언트)이다.

연습문제

1.5.1 해면에서 자유낙하의 가속도 g는 관계식 $g = g_0(1 + 0.0053\sin^2\phi)$를 통하여 위도 ϕ의

함수이다. 그런 g를 $1/10^8$ 변화시킬 남쪽방향의 변위는 $\phi = 30°$ 부근에서 얼마인가?

1.5.2 $\mathbf{r}_{12} = \hat{\mathbf{x}}(x_1 - x_2) + \hat{\mathbf{y}}(y_1 - y_2) + \hat{\mathbf{z}}(z_1 - z_2)$가 주어졌을 때, $\boldsymbol{\nabla}_1 r_{12}(x_1, y_1, z_1$에 대한 크기 r_{12}의 그래디언트)는 $\mathbf{r}_{12}$ 방향의 단위벡터인 것을 보여라. 중심력과 퍼텐셜이 r_{12}에 의존할 수 있는 것에 주목하자.

1.5.3 벡터함수 $\mathbf{F}$가 공간좌표 (x, y, z)와 시간 t에 의존할 때

$$d\mathbf{F} = (d\mathbf{r} \cdot \boldsymbol{\nabla})\mathbf{F} + \frac{\partial \mathbf{F}}{\partial t} dt$$

를 보여라.

1.5.4 u, v가 x, y, z의 미분가능한 스칼라 함수이면, $\boldsymbol{\nabla}(uv) = v\boldsymbol{\nabla}u + u\boldsymbol{\nabla}v$ (곱의 규칙)를 증명하여라.

(a) $u(x, y, z)$와 $v(x, y, z)$가 어떤 함수 $f(u, v) = 0$으로 서로 관련이 있을 필요충분조건은 $(\boldsymbol{\nabla}u) \times (\boldsymbol{\nabla}v) = 0$인 것을 보여라. 기하학적으로 설명하여라. 그래픽 소프트웨어가 있으면, 대표적인 경우의 그림을 그려라.

(b) $u = u(x, y)$ 및 $v = v(x, y)$이면, 조건 $(\boldsymbol{\nabla}u) \times (\boldsymbol{\nabla}v) = 0$이 2차원 야코비안(Jacobian) $= 0$, 즉

$$J\left(\frac{u, v}{x, y}\right) = \begin{vmatrix} \frac{\partial u}{\partial x} & \frac{\partial u}{\partial y} \\ \frac{\partial v}{\partial x} & \frac{\partial v}{\partial y} \end{vmatrix} = \frac{\partial u}{\partial x}\frac{\partial v}{\partial y} - \frac{\partial u}{\partial y}\frac{\partial v}{\partial x} = 0$$

이 되는 것을 보여라. 함수 u와 v가 미분가능인 것을 가정하여라.

1.6 발산(다이버전스 div), $\boldsymbol{\nabla}\cdot$

1.5절에서 $\boldsymbol{\nabla}$은 벡터연산자로 정의되었다. 이제, 그 벡터 및 미분 성질을 주의깊이 살피며, 그것을 벡터에 작용하자. 맨 먼저, 하나의 벡터로서 두 번째 벡터 $\mathbf{V}$와 점(·)곱하면

$$\boldsymbol{\nabla} \cdot \mathbf{V} = \frac{\partial V_x}{\partial x} + \frac{\partial V_y}{\partial y} + \frac{\partial V_z}{\partial z} \tag{1.71}$$

를 얻으며, $\mathbf{V}$의 발산(다이버전스)이라 알려진 것으로 스칼라이다.

예제 1.6.1 **중심력장의 발산(다이버전스)**

(1.71)식에서, 밖으로 향한 지름방향의 좌표벡터에 대하여

$$\nabla \cdot \mathbf{r} = \frac{\partial x}{\partial x} + \frac{\partial y}{\partial y} + \frac{\partial z}{\partial z} = 3. \tag{1.72}$$

원점에 있는 질량(또는 전하)의 중력(또는 전기력)은 $\mathbf{r}$에 비례하고 지름종속($1/r^3$)을 가지므로, 더 일반적이며 중요한 중심력장 $\mathbf{r}f(r)$의 발산

$$\begin{aligned}\nabla \cdot \mathbf{r}f(r) &= \frac{\partial}{\partial x}[x\,f(r)] + \frac{\partial}{\partial y}[y\,f(r)] + \frac{\partial}{\partial z}[z\,f(r)]\\ &= f(r)\nabla \cdot \mathbf{r} + x\frac{\partial f}{\partial x} + y\frac{\partial f}{\partial y} + z\frac{\partial f}{\partial z} = 3f(r) + \frac{df}{dr}\mathbf{r}\cdot\nabla r\\ &= 3f(r) + \frac{x^2}{r}\frac{df}{dr} + \frac{y^2}{r}\frac{df}{dr} + \frac{z^2}{r}\frac{df}{dr} = 3f(r) + r\frac{df}{dr} \end{aligned} \tag{1.73}$$

를 계산하는데 예제 1.5.5와 (1.71)식에 관련하여 미분의 곱 및 연쇄 규칙을 썼다. 특히, $f(r) = r^{n-1}$이면

$$\nabla \cdot \mathbf{r}r^{n-1} = \nabla \cdot (\hat{\mathbf{r}}r^n) = 3r^{n-1} + (n-1)r^{n-1} = (n+2)r^{n-1}. \tag{1.74}$$

원점 $r=0$($\hat{\mathbf{r}}/r^2$의 특이점)을 제외하고, 위 발산은 $n=-2$일 때 0이다. 이것과 관련된 것으로 쿨롱(Coulomb) 퍼텐셜

$$V(r) = -\frac{q}{4\pi\epsilon_0 r}$$

과 그에 상응하는 전기장

$$\mathbf{E} = -\nabla V = \frac{q\hat{\mathbf{r}}}{4\pi\epsilon_0 r^2}$$

이 있다. (1.74)식을 써서 (도함수가 정의되지 않은 $r=0$을 제외하고) 발산 $\nabla \cdot \mathbf{E} = 0$을 얻는다. ■

■ 물리적 해석

발산의 물리적인 중요성을 이해하기 위해, 점 (x, y, z)에서 그 속도가 $\mathbf{v}(x, y, z)$이고 밀도가 $\rho(x, y, z)$인 압축성유체의 $\nabla \cdot (\rho\mathbf{v})$를 생각하자. 작은 부피 $dxdydz$(그림 1.25)의 표면 $EFGH$로 단위시간에 흘러드는 ($+x$ 방향) 유체는 $(\text{흘러드는 율})_{EFGH} = \rho v_x|_{x=0}\,dydz$이다. 흐름의 ρv_y 및 ρv_z 성분은 이 표면에 평행하므로 기여가 없다. 표면 $ABCD$에서 흘러나오는 ($+x$ 방향) 것은 $(\text{흘러나오는 율})_{ABCD} = \rho v_x|_{x=dx}\,dydz$이다. 이 둘을 비교하고 또 흘러나가는 '알짜' 율을 얻기 위해서, dx 변화에 따른 ρv_x의 변화를 편도함수를 써서 표현할 수 있다 (즉, 위 둘째 결과의 매클로린(Maclaurin) 급수전개).[8]

---

[8]한 변수에 대한 Maclaurin 전개는 5.6절의 (5.75)식이 준다. 여기서는 (5.75)식의 x증가로 dx를 쓴다. ρv_x가 y와 z에 의존할 수 있으므로 x 편도함수를 썼다.

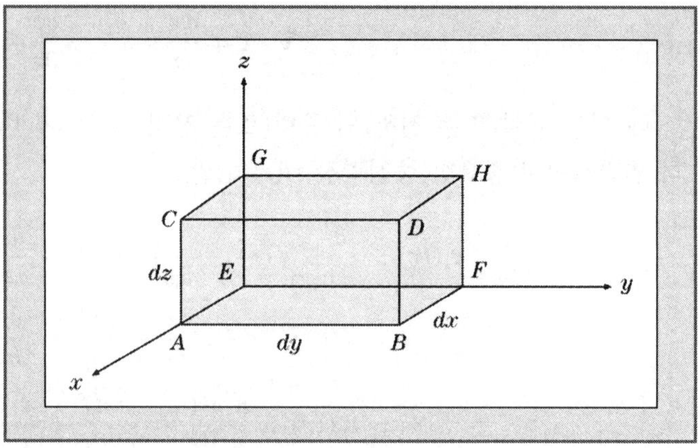

그림 1.25
(제1 또는 양의 8분구 안에 있는)
미분 직육면체

$$(\text{흘러나오는 율})_{ABCD} = \rho v_x|_{x=dx}\, dy\,dz = \left[\rho v_x + \frac{\partial}{\partial x}(\rho v_x)\,dx\right]_{x=0} dy\,dz.$$

여기서 도함수 항은 밀도 또는 속도의 불균일 가능성에서 오는 첫 교정 항이다.[9] (균일 흐름에 해당하는) 0차 항 $\rho v_x|_{x=0}$은 상쇄하므로

$$[\text{알짜 흘러나오는 율}]_x = \frac{\partial}{\partial x}(\rho v_x)\,dx\,dy\,dz.$$

동등하게, 이 결과를

$$\lim_{\Delta x\to 0}\frac{\rho v_x(\Delta x, 0, 0) - \rho v_x(0, 0, 0)}{\Delta x} \equiv \left.\frac{\partial[\rho v_x(x, y, z)]}{\partial x}\right|_{(0,0,0)}$$

으로 얻을 수 있다. x축에 우선권이 적용되지 않아 그에 수직인 두 면에서 얻은 위 형태의 결과가 y축에 수직인 면(x를 y로 치환, 그리고 $y\to z$ 및 $z\to x$)에서도 성립한다. 이것은 좌표의 순환치환이며 또 한번의 치환으로 남은 두면의 결과를 얻는다. 부피요소표면 3쌍(6면)으로 흘러나오는 알짜율을 합하여

$$[\text{알짜 흘러나오는 율}](/\text{단위시간}) = \left[\frac{\partial}{\partial x}(\rho v_x) + \frac{\partial}{\partial y}(\rho v_y) + \frac{\partial}{\partial z}(\rho v_z)\right]dx\,dy\,dz = \nabla\cdot(\rho\mathbf{v})\,dx\,dy\,dz \tag{1.75}$$

이다. 그러므로 부피요소 $dxdydz$로부터 압축성유체가 흘러나오는 단위부피 · 단위시간 당의 율은 $\nabla\cdot(\rho\mathbf{v})$이다. 그래서 **발산(divergence)**이란 이름이 붙었다. 그 직접적인 응용을 **연속방정식(continuity equation)**

$$\frac{\partial\rho}{\partial t} + \nabla\cdot(\rho\mathbf{v}) = 0 \tag{1.76}$$

---

[9]엄격하게는 ρv_x를 $EFGH$면에서 평균하고 $\rho v_x + (\partial/\partial x)(\rho v_x)dx$ 식도 $ABCD$면에서 평균해야 하지만, 무한히 작은 미분부피를 쓰면 평균들이 여기서 쓴 값으로 된다.

에서 보는데, 부피로부터 나오는 알짜흐름이 부피 속의 밀도감소를 준다는 것이다. (1.76)식의 ρ는 시간과 공간에 의존하는 함수 $\rho(x, y, z, t)$로 취급되고 있는 것에 주의하자. 발산이, 양자역학의 확률흐름밀도 및 원자로의 중성자누출 등을 포함하여, 광범위한 물리학의 문제에 나오고 있다.

스칼라 f와 벡터 $\mathbf{V}$로 이루어진 결합 $\boldsymbol{\nabla}\cdot(f\mathbf{V})$는

$$\begin{aligned}\boldsymbol{\nabla}\cdot(f\mathbf{V}) &= \frac{\partial}{\partial x}(fV_x)+\frac{\partial}{\partial y}(fV_y)+\frac{\partial}{\partial z}(fV_z)\\ &= \frac{\partial f}{\partial x}V_x+f\frac{\partial V_x}{\partial x}+\frac{\partial f}{\partial y}V_y+f\frac{\partial V_y}{\partial y}+\frac{\partial f}{\partial z}V_z+f\frac{\partial V_z}{\partial z}\\ &= (\boldsymbol{\nabla}f)\cdot\mathbf{V}+f\boldsymbol{\nabla}\cdot\mathbf{V}\end{aligned}\tag{1.77}$$

로 쓸 수 있는데, 곱의 도함수이므로 기대하였던 결과이다. $\boldsymbol{\nabla}$가 미분연산자로서 f와 $\mathbf{V}$모두를 미분하였으며; 벡터로서 $\mathbf{V}$와 스칼라(점)곱을 (각 항에서) 하였다.

요 약

벡터장의 발산은 기울기연산자와 벡터장의 스칼라(점)곱으로 만들어졌으며, 국소적으로 벡터장과 관련된 공간적 유출의 정도를 표현한다. 이런 의미로, 연속방정식이 발산의 핵심을 포착하고 있다: 밀도의 시간적 변화는 흐름밀도의 공간적 유출과 균형을 유지한다(즉, 같다).

연습문제

1.6.1 입자가 원형궤도 $\mathbf{r}=\hat{\mathbf{x}}r\cos\omega t+\hat{\mathbf{y}}r\sin\omega t$로 움직일 때,

(a) $\mathbf{r}\times\dot{\mathbf{r}}$를 계산하여라.

(b) $\ddot{\mathbf{r}}+\omega^2\mathbf{r}=0$을 보여라.

반지름 r와 각속도 ω는 일정하다.

답. (a) $\hat{\mathbf{z}}\omega r^2$. *참고.* $\dot{\mathbf{r}}=d\mathbf{r}/dt, \ddot{\mathbf{r}}=d^2\mathbf{r}/dt^2$

1.6.2 두 스칼라함수를 미분할 때와 같이 성분들을 미분하여, 아래 항등식을 증명하여라.

(a) $\frac{d}{dt}(\mathbf{A}\cdot\mathbf{B})=\frac{d\mathbf{A}}{dt}\cdot\mathbf{B}+\mathbf{A}\cdot\frac{d\mathbf{B}}{dt}$,

(b) $\frac{d}{dt}(\mathbf{A}\times\mathbf{B})=\frac{d\mathbf{A}}{dt}\times\mathbf{B}+\mathbf{A}\times\frac{d\mathbf{B}}{dt}$.

1.7 회전(커얼 curl), ∇×

벡터 **∇**의 또 하나의 가능한 응용은 벡터장에 벡터곱으로 작용시켜 해당 벡터의 회전(커얼)이라 부르는 새로운 벡터를 만드는 것으로, 이 절에서 그 물리적 해석과 응용을 논의한다. **V**의 **회전(커얼)**은

$$\begin{aligned}\nabla\times\mathbf{V} &= \hat{\mathbf{x}}\left(\frac{\partial}{\partial y}V_z-\frac{\partial}{\partial z}V_y\right)+\hat{\mathbf{y}}\left(\frac{\partial}{\partial z}V_x-\frac{\partial}{\partial x}V_z\right)+\hat{\mathbf{z}}\left(\frac{\partial}{\partial x}V_y-\frac{\partial}{\partial y}V_x\right)\\ &=\begin{vmatrix}\hat{\mathbf{x}} & \hat{\mathbf{y}} & \hat{\mathbf{z}}\\ \frac{\partial}{\partial x} & \frac{\partial}{\partial y} & \frac{\partial}{\partial z}\\ V_x & V_y & V_z\end{vmatrix}\end{aligned} \tag{1.78}$$

이다. 이 행렬식의 전개에서 **∇**의 도함수 성격을 생각해야 한다. 특히, **V**×**∇**가 함수나 벡터에 작용하지 않으면 무의미하다. 그래서 일반적으로 −**∇**×**V**와 확실히 같지 않다.[10] (1.78)식의 경우, 행렬식을 **위에서 아래로** 전개하여 도함수를 수식에 있는 것처럼 얻는다. 스칼라와 벡터의 곱에 (**∇**×)를 작용시켜서

$$\begin{aligned}\nabla\times(f\mathbf{V})|_x &= \left[\frac{\partial}{\partial y}(fV_z)-\frac{\partial}{\partial z}(fV_y)\right]\\ &=\left(f\frac{\partial V_z}{\partial y}+\frac{\partial f}{\partial y}V_z-f\frac{\partial V_y}{\partial z}-\frac{\partial f}{\partial z}V_y\right)\\ &= f\nabla\times\mathbf{V}|_x+(\nabla f)\times\mathbf{V}|_x\end{aligned} \tag{1.79}$$

인 것을 보일 수 있다.

좌표치환 $x\to y$, $y\to z$, $z\to x$를 하여 y–성분을, 한번을 더 하여 z–성분을 얻으므로 결과적으로

$$\nabla\times(f\mathbf{V})=f\nabla\times\mathbf{V}+(\nabla f)\times\mathbf{V} \tag{1.80}$$

를 얻는데, 이것은 스칼라곱의 (1.77)식에 상응하는 벡터곱의 유사물이다. 이번에도, 미분 연산자로서 **∇**가 f와 **V** 둘을 다 미분한다. 벡터로서는, **V**에 벡터곱으로 (각항에) 작용한다.

예제 1.7.1 **일정한 B장의 벡터퍼텐셜**

전자기동력학이 방정식 $\nabla\cdot\mathbf{B}=0$을 주는데 그 일반해는 $\mathbf{B}=\nabla\times\mathbf{A}$로서, **A**(**r**)를 (자기유도 **B**의) 벡터퍼텐셜이라 부르는데 왜냐하면 $\nabla\cdot(\nabla\times\mathbf{A})=(\nabla\times\nabla)\cdot\mathbf{A}\equiv 0$이기 때문이다. **A**에

[10] 양자역학의 각운동량 **연산자** $\mathbf{L}=-i(\mathbf{r}\times\nabla)$에 대하여 $\mathbf{L}\times\mathbf{L}=i\mathbf{L}$인 것에 주목하여라. 자세한 것은 4.3절과 4.4절을 보라.

[∇(임의의 스칼라함수)]를 더해도 마지막의 항등식이 변하지 않으므로 $\mathbf{A}$는 유일하지 않다.

이 보기의 경우에, 벡터퍼텐셜이 $\mathbf{A} = \frac{1}{2}(\mathbf{B} \times \mathbf{r})$인 것을 보이고자 한다. (1.72)식과 관련하여 *BAC−CAB* 규칙을 써서

$$2\nabla \times \mathbf{A} = \nabla \times (\mathbf{B} \times \mathbf{r}) = (\nabla \cdot \mathbf{r})\mathbf{B} - (\mathbf{B} \cdot \nabla)\mathbf{r} = 3\mathbf{B} - \mathbf{B} = 2\mathbf{B}$$

를 얻는데, 삼중 벡터곱을 전개한 둘째 항에서 스칼라곱의 순서를 ∇가 위치벡터에 작용하는 것을 나타내도록 택하였다. ■

예제 1.7.2 중심력의 회전(커얼)

예제 1.6.1에서처럼, 좌표벡터의 회전(커얼)

$$\nabla \times \mathbf{r} = \begin{vmatrix} \hat{\mathbf{x}} & \hat{\mathbf{y}} & \hat{\mathbf{z}} \\ \frac{\partial}{\partial x} & \frac{\partial}{\partial y} & \frac{\partial}{\partial z} \\ x & y & z \end{vmatrix} = 0 \tag{1.81}$$

인 것에서 시작하자. 대수학적으로 보아 이렇게 되는 이유는 직각좌표 각각이 다른 둘에 독립이기 때문이다.

이제 중심력의 회전 $\nabla \times \mathbf{r}f(r)$를 계산하는데, 위와 같은 이유로 0이 될 것을 기대한다. (1.80)식을 써서

$$\nabla \times \mathbf{r}f(r) = f(r)\nabla \times \mathbf{r} + [\nabla f(r)] \times \mathbf{r} \tag{1.82}$$

을 얻는다. 다음, $\nabla f(r) = \hat{\mathbf{r}}(df/dr)$(예제 1.5.5)를 쓰면

$$\nabla \times \mathbf{r}f(r) = \frac{df}{dr}\hat{\mathbf{r}} \times \mathbf{r} = 0. \tag{1.83}$$

이 벡터곱이 0이 되는 것은 $\mathbf{r} = \hat{\mathbf{r}}r$ 및 $\hat{\mathbf{r}} \times \hat{\mathbf{r}} = 0$이기 때문이다.

이 중심력의 경우는 고전역학과 공학의 퍼텐셜이론에서 중요한 위치를 차지하고 있다(1.12절 참조할 것). ■

회전의 물리적인 의미를 잘 이해하기 위해 *xy*−평면의 미분폐곡선을 따라 유체의 순환을 생각하자(그림 1.26).

순환(circulation)이 전문적으로는 벡터선적분 $\int \mathbf{V} \cdot d\boldsymbol{\lambda}$으로 주어지나, 여기서 동등한 스칼라 적분들로 쓸 수 있다. 순환을

$$\begin{aligned} \text{순환}_{1234} &= \int_1 V_x(x, y)\, d\lambda_x + \int_2 V_y(x, y)\, d\lambda_y \\ &\quad + \int_3 V_x(x, y)\, d\lambda_x + \int_4 V_y(x, y)\, d\lambda_y \end{aligned} \tag{1.84}$$

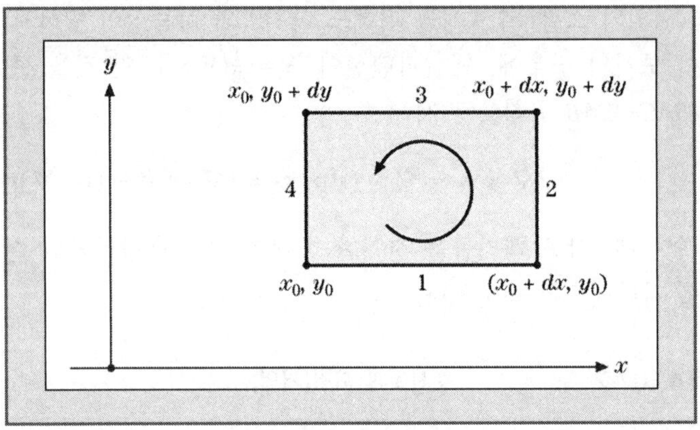

그림 1.26
미소 폐곡선을 따른 순환(circulation)

로 택하자. 수 1~4를 그림 1.26 속의 선분에 붙인다. 첫 적분에서 $d\lambda_x = +dx$이지만, 셋째 선분을 $-x$ 방향으로 횡단하므로 그 적분에서는 $d\lambda_x = -dx$이다. 똑같이, 둘째에서 $d\lambda_y = +dy$ 그리고 넷째에서 $-dy$. 다음, 적분될 함수들은 점 (x_0, y_0)을 기준으로 하는 (선분 3은 1로부터 dy, 2는 4로부터 dx의 변위를 감안한) 테일러(Taylor) 전개이다.[11]

여기서 네 개의 미소선분을 따라서 돌면

$$
\begin{aligned}
\text{순환}_{1234} &= V_x(x_0, y_0)\,dx + \left[V_y(x_0, y_0) + \frac{\partial V_y}{\partial x}dx\right]dy \\
&\quad + \left[V_x(x_0, y_0) + \frac{\partial V_x}{\partial y}dy\right](-dx) + V_y(x_0, y_0)(-dy) \\
&= \left(\frac{\partial V_y}{\partial x} - \frac{\partial V_x}{\partial y}\right)dx\,dy
\end{aligned}
\tag{1.85}
$$

를 얻는데, $dxdy$로 나누어

$$
\text{순환/단위넓이} = \nabla \times \mathbf{V}|_z \tag{1.86}
$$

를 얻는다. 이것은 1.11절의 스토크스(Stokes) 정리를 무한소 폐곡선에 적용한 경우이다. 즉, xy-평면의 무한소 넓이에 대한 순환[12]은 $\nabla\times\mathbf{V}$의 z-성분으로 주어진다. 원리적으로, 회전 $\nabla\times\mathbf{V}$는 움직이는 유체속의 점 (x_0, y_0)에 (미소한) 물받이 바퀴를 끼워서 정할 수 있다. 바퀴 회전축은 순환의 평면에 수직인 $\nabla\times\mathbf{V}$의 방향이고 바퀴회전의 빠르기는 벡터의 커얼(회전) 정도를 나타낸다.

이 회전과 순환 개념의 연계성에 비추어, 예제 1.7.2에서 증명한 '중심력의 회전=0'이란 사실을 직관적으로 이해할 수 있다. 왜냐하면 $\mathbf{r}$는 원점에서 지름방향으로 회전 없이 밖을 향해 퍼져나가고, ($\mathbf{r}$에 곱한) 어떠한 스칼라 $f(r)$도 이 상황을 변화시키지 못하기 때문이다.

---

[11] $V_y(x_0 + dx, y_0) = V_y(x_0, y_0) + (\frac{\partial V_y}{\partial x})_{x_0 y_0} dx + \cdots$. 고차항들은 $dx\to 0$인 극한에 없어진다.

[12] 유체동역학에서 $\nabla\times\mathbf{V}$를 vorticity라 한다.

$$\nabla \times \mathbf{V} = 0 \tag{1.87}$$

일 때 **V**를 **비회전적(irrotational)**이라 한다. 비회전적 벡터의 가장 중요한 물리적인 예는 중력과 정전기력이다. 이 두 경우

$$\mathbf{V} = C\frac{\hat{\mathbf{r}}}{r^2} = C\frac{\mathbf{r}}{r^3} \tag{1.88}$$

인데, C는 상수이고 $\hat{\mathbf{r}}$는 바깥쪽으로 향한 지름방향의 단위벡터이다. 중력의 경우 뉴턴의 만유인력법칙이 $C = -Gm_1m_2$를 주며, $C = q_1q_2/(4\pi\varepsilon_0)$이면 쿨롱의 정전기법칙이다(SI 단위). (1.88)식으로 주어진 힘 **V**는, 예제 1.7.2[(1.83)식]에서처럼 데카르트 성분으로 전개하여, 비회전적인 것을 증명할 수 있다.

Arfken and Weber의 저서 *Mathematical Methods for Physicists* (5판)의 1.13절에서 벡터장을 비회전적 부분과 비발산적(solenoidal) 부분으로 분해할 수 있는 것을 (무한대에서의 조건을 가정하여) 보였다.

탄성매질 안의 파동에 대하여, 변위 **u**가 비회전적($\nabla\times\mathbf{u} = 0$)이면 평면파(또는 원거리에서의 구면파)는 종파가 되고, **u**가 비회전적($\nabla \cdot \mathbf{u} = 0$)이면 횡파가 된다. 지진의 변위는 비회전적 부분과 비발산적 부분으로 분해할 수 있다. 비회전적 부분은 종파인 P(primary) 지진파를 주고 비발산적 부분은 보다 느린 횡파인 S(secondary) 지진파를 주게 된다.

기울기, 발산, 회전, 및 *BAC*−*CAB* 규칙을 쓰면 많은 유용한 벡터 항등식을 만들거나 증명할 수 있다. 증명을 위해서 데카르트 성분으로의 완전한 분해는 언제나 시도해봄직한 가능성이다. 때로는 상례적인 성분분해와 수식연산 대신에 통찰력이 과감한 과정단축의 첩경이다.

∇가 벡터연산자로서 두 규칙을 만족하는 혼성물이라는 것을 기억해야 한다: 즉, 벡터규칙과 곱의 미분을 포함한 편미분규칙이 그것이다.

예제 1.7.3 점곱(스칼라곱)의 그래디언트

증명하여라:

$$\nabla(\mathbf{A}\cdot\mathbf{B}) = (\mathbf{B}\cdot\nabla)\mathbf{A} + (\mathbf{A}\cdot\nabla)\mathbf{B} + \mathbf{B}\times(\nabla\times\mathbf{A}) + \mathbf{A}\times(\nabla\times\mathbf{B}). \tag{1.89}$$

이 특별한 보기는 $\nabla(\mathbf{A}\cdot\mathbf{B})$ 항이 삼중 벡터곱의 *BAC*−*CAB* 전개[(1.52)식] 속에 나오는 형태임을 인지하는 것이 해결의 관건이다. 예를 들면,

$$\mathbf{A}\times(\nabla\times\mathbf{B}) = \nabla(\mathbf{A}\cdot\mathbf{B}) - (\mathbf{A}\cdot\nabla)\mathbf{B}$$

인데 ∇는 **B**만 미분하고 **A**는 하지 않는다. 스칼라곱에서 두 벡터는 교환가능이므로, 위 식에서 **A**와 **B**를 바꾸면

$$\mathbf{B}\times(\nabla\times\mathbf{A}) = \nabla(\mathbf{A}\cdot\mathbf{B}) - (\mathbf{B}\cdot\nabla)\mathbf{A}$$

인데 ∇는 **A**만 미분하고 **B**는 하지 않는다. 위의 둘을 합하면, ∇는 곱 $(\mathbf{A}\cdot\mathbf{B})$를 미분하며 항

등식[(1.89)식]도 얻는다. 이 항등식은 전자기이론에서 자주 쓴다. 예제 1.7.9가 하나의 실례이다. ■

요 약

벡터장의 회전(커얼)은 ∇을 벡터장에 벡터곱으로 작용시켜 만들었는데 국소적 회전흐름이나 순환의 정도를 나타낸다. 그것이 0이면, 벡터장은 보존적이라 하고 퍼텐셜이라 불리는 스칼라장의 기울기로부터 유도된다. 제6장에서 복소수 변수의 해석함수는 2차원 비회전적 유체의 흐름을 기술한다는 것을 볼 것이다.

연습문제

1.7.1 $\mathbf{u}$와 $\mathbf{v}$ 각각이 비회전적이면, $\mathbf{u}\times\mathbf{v}$가 비발산적인 것을 보여라. 문제를 수학방정식으로 만들어 시작하여라.

1.7.2 $\mathbf{A}$가 비회전적이면 $\mathbf{A}\times\mathbf{r}$는 비발산적인 것을 보여라.

1.7.3 강체가 일정한 각속도 $\boldsymbol{\omega}$로 돌고 있다. 선속도 $\mathbf{v}$가 비발산적인 것을 보여라.

1.7.4 만일 벡터함수 $\mathbf{f}(x, y, z)$는 비회전적이 아니지만 $\mathbf{f}$와 스칼라함수 $g(x, y, z)$의 곱은 비회전적이라면,

$$\mathbf{f}\cdot\nabla\times\mathbf{f}=0$$

인 것을 보여라.

1.7.5 벡터 항등식

$$\nabla\times(\mathbf{A}\times\mathbf{B})=(\mathbf{B}\cdot\nabla)\mathbf{A}-(\mathbf{A}\cdot\nabla)\mathbf{B}-\mathbf{B}(\nabla\cdot\mathbf{A})+\mathbf{A}(\nabla\cdot\mathbf{B})$$

를 증명하여라. 무엇이, $BAC-CAB$ 규칙에는 없던, 항등식 끝의 두 항이 나타나도록 했는지 말로 설명하여라. 기호 소프트웨어가 있으면, $\mathbf{A}=\mathbf{L}$ 및 $\mathbf{B}=\mathbf{r}/r^3$과 같은 전형적인 경우에 대하여, 항등식의 데카르트 성분들을 검사하여라.

1.7.6 연습문제 1.7.5의 것과 다른 벡터항등식

$$\nabla(\mathbf{A}\cdot\mathbf{B})=(\mathbf{A}\times\nabla)\times\mathbf{B}+(\mathbf{B}\times\nabla)\times\mathbf{A}+\mathbf{A}(\nabla\cdot\mathbf{B})+\mathbf{B}(\nabla\cdot\mathbf{A})$$

를 증명하여라.

1.7.7 항등식

$$\mathbf{A} \times (\nabla \times \mathbf{A}) = \frac{1}{2}\nabla(A^2) - (\mathbf{A} \cdot \nabla)\mathbf{A}$$

를 증명하여라. $\mathbf{A} \sim \mathbf{r}$ 또는 $\mathbf{r}/r^3$과 같은 전형적인 벡터장으로 항등식을 검정하여라.

1.7.8 **A**와 **B**가 상수벡터 일 때

$$\nabla(\mathbf{A} \cdot \mathbf{B} \times \mathbf{r}) = \mathbf{A} \times \mathbf{B}$$

를 증명하여라.

1.7.9 전류분포가 일정한 자기모멘트 **m**을 만들었다. 외부 자기유도장 **B** 안에서 **m**에 작용하는 힘은

$$\mathbf{F} = \nabla \times (\mathbf{B} \times \mathbf{m})$$

으로 주어진다.

$$\mathbf{F} = \nabla(\mathbf{m} \cdot \mathbf{B})$$

인 것을 보여라.

참고. 장들이 시간에 독립이면 막스웰(Maxwell) 방정식들은 $\nabla \times \mathbf{B} = 0$과 $\nabla \cdot \mathbf{B} = 0$을 준다.

1.7.10 모멘트 **p**인 전기쌍극자가 원점에 있다. 이것이 **r**에 만드는 전기퍼텐셜은

$$\psi(\mathbf{r}) = \frac{\mathbf{p} \cdot \mathbf{r}}{4\pi\varepsilon_0 r^3}$$

로 주어진다. 점 **r**에서 전기장 $\mathbf{E} = -\nabla\psi$를 구하여라.

1.7.11 모멘트 **m**인 자기쌍극자의 벡터퍼텐셜 **A**는 $\mathbf{A}(\mathbf{r}) = (\mu_0/4\pi)(\mathbf{m} \times \mathbf{r}/r^3)$으로 주어진다. 자기유도 $\mathbf{B} = \nabla \times \mathbf{A}$가

$$\mathbf{B} = \frac{\mu_0}{4\pi}\frac{3\hat{\mathbf{r}}(\hat{\mathbf{r}} \cdot \mathbf{m}) - \mathbf{m}}{r^3}$$

으로 주어지는 것을 보여라.

1.7.12 고전적으로 궤도각운동량은 $\mathbf{L} = \mathbf{r} \times \mathbf{p}$로 주어지는데, **p**는 선운동량이다. 고전역학에서 양자역학으로 갈 때, **p**를 연산자 $-i\nabla$로 교체(14.6절 참조)한다. 양자역학적 각운동량 연산자가 직각성분($\hbar$의 단위로)

$$L_x = -i\left(y\frac{\partial}{\partial z} - z\frac{\partial}{\partial y}\right)$$

$$L_y = -i\left(z\frac{\partial}{\partial x} - x\frac{\partial}{\partial z}\right)$$

$$L_z = -i\left(x\frac{\partial}{\partial y} - y\frac{\partial}{\partial x}\right)$$

을 갖는 것을 보여라.

1.7.13 앞에서를 준 각운동량 연산자를 써서, 그들이

$$[L_x, L_y] \equiv L_xL_y - L_yL_x = iL_z$$

따라서

$$\mathbf{L} \times \mathbf{L} = i\mathbf{L}$$

인 형태의 교환관계를 만족하는 것을 보여라. 나중에 이들 교환관계를 각운동량 연산자의 정의로 쓴다 — 연습문제 3.2.15 및 뒤따르는 것 그리고 제4장을 보라.

1.7.14 교환자 괄호표기법 $[L_x, L_y] = L_xL_y - L_yL_x$로, 각운동량 벡터 $\mathbf{L}$은 $[L_x, L_y] = iL_z$ 등 또는 $\mathbf{L}\times\mathbf{L} = i\mathbf{L}$을 만족한다. 다른 두 벡터 $\mathbf{a}$와 $\mathbf{b}$가 서로 그리고 $\mathbf{L}$과 교환가능이면, 즉 $[\mathbf{a}, \mathbf{b}] = [\mathbf{a}, \mathbf{L}] = [\mathbf{b}, \mathbf{L}] = 0$이면,

$$[\mathbf{a}\cdot\mathbf{L}, \mathbf{b}\cdot\mathbf{L}] = i(\mathbf{a}\times\mathbf{b})\cdot\mathbf{L}$$

인 것을 증명하여라. 이 벡터 형태의 각운동량 교환관계는 연습문제 1.7.13의 다른 표현이다.

1.7.15 $\nabla\cdot(\mathbf{a}\times\mathbf{b}) = \mathbf{b}\cdot(\nabla\times\mathbf{a}) - \mathbf{a}\cdot(\nabla\times\mathbf{b})$를 증명하여라. 왜 항등식이 정당한지를 말로 설명하여라.
힌트. 삼중 스칼라곱을 이용하여라.

1.8 ∇의 반복 적용

이제 기울기(grad), 발산(div) 및 회전(curl)을 정의하여 차례로 벡터, 스칼라 및 벡터양을 정의하였다. 이들에 다시 ∇을 작용하여 얻는 것은

$$\text{(a) } \nabla\cdot\nabla\varphi \quad \text{(b) } \nabla\times\nabla\varphi \quad \text{(c) } \nabla\nabla\cdot\mathbf{V}$$
$$\text{(d) } \nabla\cdot\nabla\times\mathbf{V} \quad \text{(e) } \nabla\times(\nabla\times\mathbf{V}).$$

다섯 수식 모두에 이차도함수가 들어있으며 모두가 수리물리학(특히 전자기이론)의 2계미분방정식에서 나온다.

첫 수식($\nabla\cdot\nabla\varphi$)으로 표현된 기울기의 발산을 'φ의 라플라시안' 이라 부르고

$$\nabla \cdot \nabla\varphi = \left(\hat{\mathbf{x}}\frac{\partial}{\partial x} + \hat{\mathbf{y}}\frac{\partial}{\partial y} + \hat{\mathbf{z}}\frac{\partial}{\partial z}\right) \cdot \left(\hat{\mathbf{x}}\frac{\partial\varphi}{\partial x} + \hat{\mathbf{y}}\frac{\partial\varphi}{\partial y} + \hat{\mathbf{z}}\frac{\partial\varphi}{\partial z}\right)$$
$$= \frac{\partial^2\varphi}{\partial x^2} + \frac{\partial^2\varphi}{\partial y^2} + \frac{\partial^2\varphi}{\partial z^2}. \tag{1.90}$$

φ가 정전기퍼텐셜일 때, 전하가 없는 공간에서

$$\nabla \cdot \nabla\varphi = 0 \tag{1.91}$$

을 얻으며 정전기학의 라플라스 방정식이다. $\nabla \cdot \nabla$ 결합은 흔히 ∇^2 또는 (특히 유럽의 문헌에서) Δ로 쓴다.

인명 자료

Laplace, Pierre Simon. 프랑스 수학자, 물리학자, 겸 천문학자인 Laplace는 1749년 Beaumont-en-Auge에서 출생하여 1827년 Paris에서 서거하였다. 태양계의 섭동이론을 개발하고, 불멸의 논저 *Celestial Mechanics*를 출판하였으며, 포술에 수학을 응용하였다. 그는 유체역학, 미분방정식과 확률, 소리의 전파, 유체의 표면장력 등에서 근본적으로 중요한 기여를 하였다. 그의 논저에 "신"이 빠져있다는 나폴레옹의 논평에 "나는 그러한 가설이 필요가 없다"는 답변을 하였다. 그는 다른 사람에게 영예를 돌리는 데 인색하였다.

예제 1.8.1 반지름 함수의 라플라시안

$\nabla \cdot \nabla g(r)$를 계산하여라. 예제 1.5.5와 1.6.1을 참조하고, 1.6.1 속의 $f(r)$를 $(1/r \cdot dg/dr)$ 로 대치하면

$$\nabla \cdot \nabla g(r) = \nabla \cdot \hat{\mathbf{r}}\frac{dg}{dr} = \frac{2}{r}\frac{dg}{dr} + \frac{d^2g}{dr^2}$$

이다. 만일 $g(r) = r^n$이면,

$$\nabla \cdot \nabla r^n = n(n+1)r^{n-2}$$

이 된다. 이것은 $n = 0$[즉, $g(r)$ = 상수]과 $n = -1$일 때에 0이 되는데, 다시 말하면 $g(r) = 1/r$가 라플라스 방정식 $\nabla^2 g(r) = 0$의 라플라스한 해라는 것이다. 이것은 $r \neq 0$인 때이다. 원점은 특이점이다. ■

수식 (b)는

$$\nabla \times \nabla\varphi = \begin{vmatrix} \hat{\mathbf{x}} & \hat{\mathbf{y}} & \hat{\mathbf{z}} \\ \frac{\partial}{\partial x} & \frac{\partial}{\partial y} & \frac{\partial}{\partial z} \\ \frac{\partial\varphi}{\partial x} & \frac{\partial\varphi}{\partial y} & \frac{\partial\varphi}{\partial z} \end{vmatrix}$$

로 써도 된다. 행렬식을 전개하고 또 편미분의 순서를 바꾸어도 된다고 가정하면

$$\nabla \times \nabla\varphi = \hat{\mathbf{x}}\left(\frac{\partial^2\varphi}{\partial y\,\partial z} - \frac{\partial^2\varphi}{\partial z\,\partial y}\right) + \hat{\mathbf{y}}\left(\frac{\partial^2\varphi}{\partial z\,\partial x} - \frac{\partial^2\varphi}{\partial x\,\partial z}\right)$$
$$+ \hat{\mathbf{z}}\left(\frac{\partial^2\varphi}{\partial x\,\partial y} - \frac{\partial^2\varphi}{\partial y\,\partial x}\right) = 0 \quad (1.92)$$

을 얻는다. 이런 가정은 이차편도함수가 연속함수이면 맞다. 그러면, 기울기의 회전은 항상 0이다. 그러므로 기울기는 비회전적이다. (1.92)식의 값이 0인 것은 수학적 항등식이며 물리학과는 아무런 관계가 없는 것에 주의하자. (1.91)식의 0은 물리학의 결과였다.

수식 (d)는 삼중 스칼라곱이며

$$\nabla \cdot \nabla \times \mathbf{V} = \begin{vmatrix} \frac{\partial}{\partial x} & \frac{\partial}{\partial y} & \frac{\partial}{\partial z} \\ \frac{\partial}{\partial x} & \frac{\partial}{\partial y} & \frac{\partial}{\partial z} \\ V_x & V_y & V_z \end{vmatrix} \quad (1.93)$$

으로 쓸 수 있다. 다시, 연속성으로 미분순서에 무관함을 가정하면,

$$\nabla \cdot \nabla \times \mathbf{V} = 0 \quad (1.94)$$

을 얻는다. 회전의 발산은 0, 즉 모든 회전(커얼)이 비발산적이다.

벡터의 발산이 0인 경우 가운데 가장 중요한 것 하나는

$$\nabla \cdot \mathbf{B} = 0 \quad (1.95)$$

인데, 여기서 **B**는 자기유도이고 (1.95)식은 막스웰 방정식의 하나이다. 벡터가 비발산적이면 벡터퍼텐셜이라 부르는 다른 벡터의 회전으로 쓸 수 있다; 즉, $\mathbf{B} = \nabla \times \mathbf{A}$. 이 형태는 전자기 동력학에서 막스웰의 벡터장방정식 넷 가운데 하나를 푼다. 벡터장은 그 회전과 발산으로 결정될 수 있으므로 [헬름홀쯔(Helmholtz) 정리], **B**의 회전과 관련된 막스웰(또는 에르스텟, Oersted) 방정식을 풀면 **A**(따라서 **B**)가 정해진다. 전기장 **E**의 발산 및 회전과 관련된 다른 쌍의 막스웰 방정식에도 위와 비슷한 고려가 가능하며 방정식이 모두 넷이므로 그럴듯한 이야기이다.

나머지 두 수식[즉, (c)와 (d)]은

$$\nabla \times (\nabla \times \mathbf{V}) = \nabla(\nabla \cdot \mathbf{V}) - (\nabla \cdot \nabla)\mathbf{V} \quad (1.96)$$

인 관계를 만족한다. 라플라시안 $\nabla \cdot \nabla$을 세로부분(기울기항)과 가로부분(회전항)으로 분해하는 것은 (1.52)식(*BAC*−*CAB* 규칙)으로부터 얻는데, 거기서 각 항의 **C**는 맨 오른쪽에 둔 것에 해당한다. $(\nabla \cdot \nabla)\mathbf{V}$ 형태는 목록[(a) ~ (e)]에 없는데, 나비어−스토크스(Navier−Stokes) 방정식에 나타나며 (1.96)식을 통하여 **정의**할 수 있다. 말하자면 이것은 스칼라연산자 라플라시안을 벡터에 작용한 것이므로 벡터이며 3차원공간에서 세 성분을 갖는다. ■

예제 1.8.2 **전자기 파동방정식**

벡터 관계식[(1.96)식]의 중요한 응용으로 전자파방정식의 유도가 있다. 진공에서 막스웰 방정식은

$$\nabla \cdot \mathbf{B} = 0, \tag{1.97a}$$

$$\nabla \cdot \mathbf{E} = 0, \tag{1.97b}$$

$$\nabla \times \mathbf{B} = \varepsilon_0 \mu_0 \frac{\partial \mathbf{E}}{\partial t} = \frac{1}{c^2}\frac{\partial \mathbf{E}}{\partial t}, \tag{1.97c}$$

$$\nabla \times \mathbf{E} = -\frac{\partial \mathbf{B}}{\partial t} \tag{1.97d}$$

인데, 여기서 $\mathbf{E}$는 전기장, $\mathbf{B}$는 자기장, ε_0는 유전율, 그리고 μ_0는 투자율(SI 단위)이어서 광속도 c로 $\varepsilon_0\mu_0 = 1/c^2$이 된다. 마지막 관계식은 중요한 결론을 주는데, ε_0과 μ_0는 어느 기준틀에서나 잴 수 있으므로 광속도는 어느 틀에서나 같다는 것이다.

두 식 (1.97c)와 (1.97d)에서 $\mathbf{B}$를 소거하는 것을 생각하자. 이것은 (1.97d)식 양변의 회전을 택하고 (1.97c)식 양변을 시간으로 미분하여 이룰 수 있다. 공간과 시간의 미분이 교환가능

$$\frac{\partial}{\partial t}\nabla \times \mathbf{B} = \nabla \times \frac{\partial \mathbf{B}}{\partial t}$$

이므로

$$\nabla \times (\nabla \times \mathbf{E}) = -\frac{1}{c^2}\frac{\partial^2 \mathbf{E}}{\partial t^2}$$

를 얻는다. 두 식 (1.96)과 (1.97b)를 쓰면 전자기벡터 파동방정식

$$(\nabla \cdot \nabla)\mathbf{E} = \frac{1}{c^2}\frac{\partial^2 \mathbf{E}}{\partial t^2} \tag{1.98}$$

를 얻는다. 또, $\mathbf{E}$를 직각좌표에서 표현하면, 방정식 (1.98)은 세 개의 스칼라 파동방정식으로 분리되며 각각에 스칼라인 라플라시안이 들어있다.

외부 전하와 전류밀도가 막스웰 방정식에 추진원천으로 잡혀 있으면, 유사한 방정식이 전기퍼텐셜과 벡터퍼텐셜에도 적용된다. 이를 보이기 위해, 벡터퍼텐셜 $\mathbf{A}$로 $\mathbf{B} = \nabla \times \mathbf{A}$라 써서 방정식 (1.97a)를 푼다. 이 식을 미분형의 패러데이(Faraday) 유도법칙[(1.97d)식]에 대입하여 $\nabla \times (\mathbf{E} + \frac{\partial \mathbf{A}}{\partial t}) = 0$을 얻는다. 여기서 회전(curl)이 0이므로 $\mathbf{E} + \frac{\partial \mathbf{A}}{\partial t}$가 기울기(grad)여서 $-\nabla\varphi$로 쓸 수 있고, $\varphi(\mathbf{r}, t)$는 (정적이 아닌) 전기퍼텐셜이다. $\mathbf{B}$와 $\mathbf{E}$에 대한 이런 결과

$$\mathbf{B} = \nabla \times \mathbf{A}, \qquad \mathbf{E} = -\nabla\varphi - \frac{\partial \mathbf{A}}{\partial t} \tag{1.99}$$

는 동차 막스웰 방정식들을 푼다.

이제, $\nabla \cdot \mathbf{A}$가 제약조건 $\frac{1}{c^2}\frac{\partial \varphi}{\partial t} + \nabla \cdot \mathbf{A} = 0$으로 정해질 때, 두 미분형태의 비동차 막스웰 방정식

$$\text{가우스(Gauss) 법칙: } \nabla \cdot \mathbf{E} = \rho/\varepsilon_0;$$

$$\text{에르스텟(Oersted) 법칙: } \nabla \times \mathbf{B} - \frac{1}{c^2}\frac{\partial \mathbf{E}}{\partial t} = \mu_0 \mathbf{J} \tag{1.100}$$

들이 퍼텐셜 φ와 $\mathbf{A}$의 파동방정식을 준다는 것을 보이자. $\nabla \cdot \mathbf{A}$를 위처럼 정하는 선택은 **로렌츠 게이지(Lorentz gauge)**라 불리며, 또 두 퍼텐셜 편미분방정식의 연결이 풀려 서로 독립이 되도록 하는 역할도 한다. 이러한 게이지의 (수학적인) 제약은 구속이 아니다; 그것의 물리적 효과는 아무것도 없다.

전기장의 해를 가우스 법칙에 대입하여 전기퍼텐셜의 파동방적식

$$\frac{\rho}{\varepsilon_0} = \nabla \cdot \mathbf{E} = -\nabla^2 \varphi - \frac{\partial}{\partial t}\nabla \cdot \mathbf{A} = -\nabla^2 \varphi + \frac{1}{c^2}\frac{\partial^2 \varphi}{\partial t^2}$$

을 얻는다. 이 마지막 단계에서 로렌츠 게이지를 써서 $\nabla \cdot \mathbf{A}$를 $\frac{\partial \varphi}{\partial t}$로 대체함으로써 $\mathbf{A}$와 φ를 분리하였다.

마지막으로, $\mathbf{B} = \nabla \times \mathbf{A}$를 에르스텟 법칙에 대입하고 (1.96)식을 써서 ∇^2을 세로 성분(기울기 항)과 가로 성분(회전 항)으로 전개한다. 이것이

$$\mu_0 \mathbf{J} + \frac{1}{c^2}\frac{\partial \mathbf{E}}{\partial t} = \nabla \times (\nabla \times \mathbf{A}) = \nabla(\nabla \cdot \mathbf{A}) - \nabla^2 \mathbf{A} = \mu_0 \mathbf{J} - \frac{1}{c^2}\left(\nabla \frac{\partial \varphi}{\partial t} + \frac{\partial^2 \mathbf{A}}{\partial t^2}\right)$$

를 주는데, 위의 마지막 단계에서 전기장해[(1.99)식]를 썼다. 이제 로렌츠 게이지 조건이 기울기항을 소거하여 벡터퍼텐셜의 파동방정식

$$\frac{1}{c^2}\frac{\partial^2 \mathbf{A}}{\partial t^2} - \nabla^2 \mathbf{A} = \mu_0 \mathbf{J}$$

가 남도록 하였다.

끝으로 에르스텟 법칙을 돌아보면, (1.100)식의 발산을 택하여 $\nabla \cdot (\nabla \times \mathbf{B}) = 0$을 없애며 가우스 법칙 $\nabla \cdot \mathbf{E} = \rho/\epsilon_0$을 대입하면 전류밀도의 연속방정식 $\mu_0 \nabla \cdot \mathbf{J} = -\frac{1}{\epsilon_0 c^2}\frac{\partial \rho}{\partial t}$(단, $\epsilon_0 \mu_0 = 1/c^2$)을 얻게 된다. 이 절차가 에르스텟 법칙을 비정상(즉, 시간의존)의 경우로 일반화할 때 막스웰 변위전류의 도입을 정당화한다. ■

연습문제

1.8.1 직각좌표에서 직접 전개를 하여 (1.96)식

$$\nabla \times (\nabla \times \mathbf{V}) = \nabla(\nabla \cdot \mathbf{V}) - (\nabla \cdot \nabla)\mathbf{V}$$

를 증명하여라. 기호 소프트웨어가 있으면 $\mathbf{V}=\mathbf{r}$, $\mathbf{r}/r^3$, $\mathbf{a}\cdot\mathbf{r}\mathbf{b}$, $\mathbf{a}\times\mathbf{r}$와 같은 통상적인 장에 대하여 항등식을 점검하여라.

1.8.2 항등식

$$\nabla\times(\nabla\times\mathbf{V})=\nabla(\nabla\cdot\mathbf{V})-(\nabla\cdot\nabla)\mathbf{V}$$

이 삼중 벡터곱의 *BAC*−*CAB* 규칙으로부터 얻어지는 것을 보여라.

1.8.3 $\nabla\times(\varphi\nabla\varphi)=0$을 증명하여라.

1.8.4 u와 v가 미분가능인 스칼라 함수일 때, $(\nabla u)\times(\nabla v)$가 비발산적인 것을 증명하여라. 문제를 수학방정식으로 표현하여 시작하여라.

1.8.5 φ는 라플라스(Laplace) 방정식 $\nabla^2\varphi=0$을 만족하는 스칼라이다. $\nabla\varphi$가 비발산적이며 비회전적인 성질 둘 모두를 갖는 것을 보여라.

1.8.6 스칼라 함수 ψ로

$$(\mathbf{r}\times\nabla)\cdot(\mathbf{r}\times\nabla)\psi=r^2\nabla^2\psi-r^2\frac{\partial^2\psi}{\partial r^2}-2r\frac{\partial\psi}{\partial r}$$

를 보여라. (사실은 이것을 구면극좌표로 증명하는 것이 더 쉽다. 2.5절을 보라.)

1.8.7 전자에 대한 파울리(Pauli) 이론에서 수식

$$(\mathbf{p}-e\mathbf{A})\times(\mathbf{p}-e\mathbf{A})\psi$$

를 자주 보는데, ψ는 스칼라 함수이다. $\mathbf{A}$는 $\mathbf{B}=\nabla\times\mathbf{A}$인 관계로 자기유도 $\mathbf{B}$를 주는 자기 벡터퍼텐셜이다. $\mathbf{p}=-i\nabla$가 주어졌을 때, 위 수식이 $ie\mathbf{B}\psi$로 되는 것을 보여라. 이것이, 자기모멘트를 보어(Bohr) 마그네톤 단위로 $\boldsymbol{\mu}=g_L\mathbf{L}$이라면, 궤도 g−인자 값으로 $g_L=1$을 주는 것을 보여라. 예제 1.7.1을 참조하여라.

1.8.8 방정식

$$\nabla\times\nabla\times\mathbf{A}-k^2\mathbf{A}=0$$

의 어떠한 해라도 벡터 헬르홀쯔 방정식

$$\nabla^2\mathbf{A}+k^2\mathbf{A}=0$$

그리고 비발산조건

$$\nabla\cdot\mathbf{A}=0$$

을 자동적으로 만족하는 것을 보여라.

힌트. 첫 방정식에 $\nabla\cdot$ 연산을 적용하여라.

1.9 벡터적분

벡터를 미분하는 것 다음으로 다룰 것은 벡터를 적분하는 것이다. 선 적분으로 시작하여 면적분 및 부피적분으로 진행하자. 각각의 경우, 일을 해내는 방법은 벡터적분을 한 좌표의 구간에 걸친 1차원 적분들로 환산시키는 것이다.

■ 선적분

길이의 증가 $d\mathbf{r} = \hat{\mathbf{x}}\,dx + \hat{\mathbf{y}}\,dy + \hat{\mathbf{z}}\,dz$를 가지고

$$\int_C \mathbf{V} \cdot d\mathbf{r} \tag{1.101}$$

이라 쓴 선적분을 자주 보는데, 적분경로 C는 x–축의 구간인 대신에 (시작점과 끝점이 달라) 열렸거나 (시작과 끝이 같아) 닫혀있는 곡선이다. 리만(Riemann)적분은 경로를 무한 개의 미소한 선분으로 나눈 극한으로 정의한다. (1.101)식의 형태는 경로를 따라가며 달라지는 힘이 하는 일을 계산할 때 썼던

$$W = \int \mathbf{F} \cdot d\mathbf{r} = \int F_x(x, y, z)\,dx + \int F_y(x, y, z)\,dy + \int F_z(x, y, z)\,dz \tag{1.102}$$

와 같아서, 한 변수의 구간에서 적분하는 통상적인 적분들의 합으로 이루어 졌다. 이 수식에서 $\mathbf{F}$는 입자에 작용하는 힘이다. 일반적으로 그러한 적분은 보존력의 경우(논의를 1.12절로 미룸)를 제외하고는 경로에 의존한다.

예제 1.9.1 **경로에 의존하는 일**

물체에 작용하는 힘이 $\mathbf{F} = -\hat{\mathbf{x}}y + \hat{\mathbf{y}}x$이다. 문제는 원점에서 점 (1, 1)로 가는데 한 일

$$W = \int_{0,0}^{1,1} \mathbf{F} \cdot d\mathbf{r} = \int_{0,0}^{1,1} (-y\,dx + x\,dy) \tag{1.103}$$

를 계산하는 것이다. 두 적분을 분리하면

$$W = -\int_0^1 y\,dx + \int_0^1 x\,dy \tag{1.104}$$

를 얻는다. 첫 번째 적분의 값은 x가 $0 \rightarrow 1$로 변할 때 y값을 밝히지 못하면 구할 수 없다. 마찬가지로 둘째 적분은 x를 y의 함수로 알아야 한다. 처음에 그림 1.27의 경로를 생각하자. 그러면

그림 1.27
적분경로

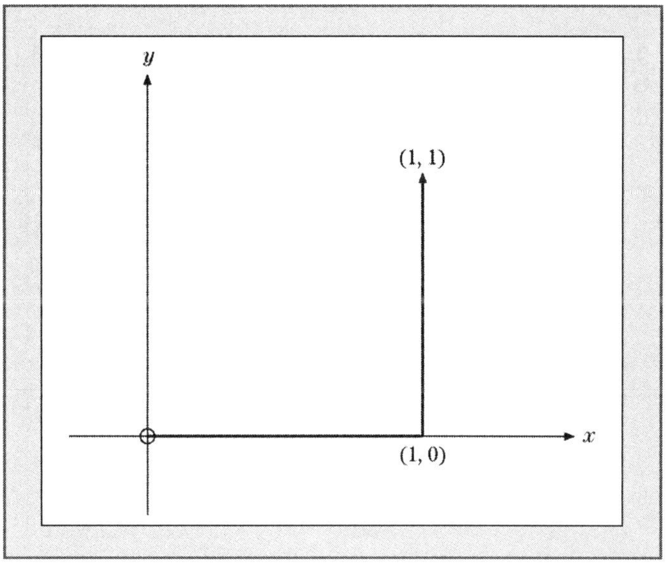

$$W = -\int_0^1 0\,dx + \int_0^1 1\,dy = 1 \tag{1.105}$$

을 얻는데, 왜냐하면 경로의 첫 선분에서 $y=0$이고 둘째에서는 $x=1$이기 때문이다. 만일 경로 $[x=0,\ 0 \le y \le 1]$과 $[0 \le x \le 1,\ y=1]$을 택하면, (1.103)식은 $W=-1$을 준다. 이 힘의 한 일이 경로의 선택에 의존한다. ■

예제 1.9.2 **일의 선 적분**

xy-평면 안에서 힘의 장이

$$\mathbf{F} = \frac{-\hat{\mathbf{x}}y}{x^2+y^2} + \frac{\hat{\mathbf{y}}x}{x^2+y^2}$$

로 주어졌을 때, 그림 1.28의 단위원을 따라 시계방향으로 0에서 $-\pi$까지 갈 때 위의 힘에 반대하여 하는 일을 구하여라. 극좌표 각도 φ로 원 C의 매개변수 표현이 $x=\cos\varphi$, $y=\sin\varphi$이면 $dx=-\sin\varphi\,d\varphi$와 $dy=\cos\varphi\,d\varphi$이다. 그러면 힘은 $\mathbf{F}=-\hat{\mathbf{x}}\sin\varphi+\hat{\mathbf{y}}\cos\varphi$로 쓸 수 있다. 일은

$$-\int_C \frac{xdy-ydx}{x^2+y^2} = \int_0^{-\pi}(-\sin^2\varphi-\cos^2\varphi)\,d\varphi = \pi$$

가 된다. 여기서는 (힘에 반대하여 일을 하므로) 이만큼의 에너지를 써야만 했다. 만일 $\varphi=0$에서 π까지 반시계방향으로 적분하면 값 $-\pi$를 얻는데 이번에는 힘을 타고가기 때문이다 (즉, $-\pi$를 '해주어야' 또는 $+\pi$를 '받아야' 한다). 일은 경로에 의존하며, 이것은 $\mathbf{F}\cdot d\mathbf{r}\sim$

그림 1.28
원 및 정사각형 적분경로

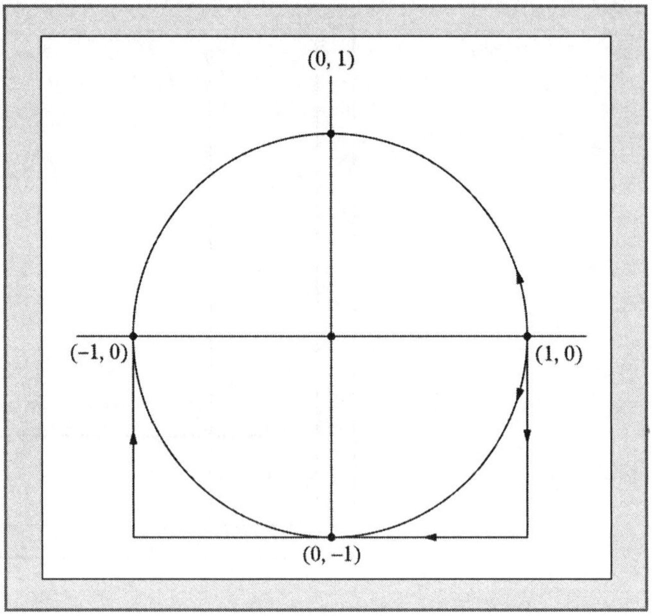

$(xdy - ydx) = L_z$이므로 (1.7절에서 논의한 대로 순환과 관련된) 궤도각운동량에 비례한다는 물리적 해석에 일치한다.

점 (±1, 0), (0, −1)을 지나고 원을 둘러싼 직사각형 경로를 따라 시계방향으로 적분한다면 (그림 1.28에서 정사각형의 밑쪽 절반)

$$-\int \mathbf{F}\cdot d\mathbf{r} = -\int_0^{-1} F_y\, dy|_{x=1} - \int_1^{-1} F_x\, dx|_{y=-1} - \int_{-1}^{0} F_y\, dy|_{x=-1}$$

$$= \int_0^1 \frac{dy}{1+y^2} + \int_{-1}^{1} \frac{dx}{x^2+(-1)^2} + \int_{-1}^{0} \frac{dy}{(-1)^2+y^2}$$
$$= \arctan(1) + \arctan(1) - \arctan(-1) - \arctan(-1)$$
$$= 4\cdot\frac{\pi}{4} = \pi$$

를 얻는데 원형경로의 것과 일치한다.

원형경로에는 $x = \cos\varphi$, $y = \sin\varphi$ 매개변수 표현을 썼으나 사각형에는 표준정의 $y = f(x)$나 $x = g(y)$(즉, $y = -1 =$ 상수와 $x = \pm 1 =$ 상수)를 썼다. 원을 $F(x, y) \equiv x^2+y^2-1 = 0$인 음함수로 정의할 수도 있었다. 그 때 전변분은

$$dF = \frac{\partial F}{\partial x}dx + \frac{\partial F}{\partial y}dy = 2x\,dx + 2y\,dy \equiv 0,$$

따라서 원 위에서

$$dy = -x\,dx/y \quad \text{및} \quad y = -\sqrt{1-x^2}\,.$$

일은

$$-\int_C \frac{x\,dy - y\,dx}{x^2+y^2} = \int \left(\frac{x^2}{y} + y\right) dx = \int \frac{dx}{y} = \int_1^{-1} \frac{dx}{-\sqrt{1-x^2}}$$
$$= \arcsin 1 - \arcsin(-1) = 2 \cdot \frac{\pi}{2} = \pi$$

가 되어 앞에 얻은 결과와 일치한다. ■

예제 1.9.3 중력 퍼텐셜

힘이 어디에서나 $\mathbf{F} = -\nabla V_G(\mathbf{r})$[(1.65)식]인 관계를 통하여 스칼라함수 V_G로 정의될 때, (역학이나 공학에서) V_G를 그 힘의 퍼텐셜이라 한다. 전변분 $dV_G = \nabla V_G \cdot d\mathbf{r} = -\mathbf{F}_G \cdot d\mathbf{r}$이 경로 $d\mathbf{r}$를 따라 힘에 반대하여 한 일이므로, 시작점 $\mathbf{r}_0$에서 끝점 $\mathbf{r}$까지 경로에서 한 일 전체는 적분 $\int_{\mathbf{r}_0}^{\mathbf{r}} dV_G = V_G(\mathbf{r}) - V_G(\mathbf{r}_0)$으로 주어지고 경로 두 끝점 사이의 퍼텐셜차이와 같다. 따라서 단위질량 m_1에 작용하는 중력

$$\mathbf{F}_G = -\frac{Gm_1m_2\hat{\mathbf{r}}}{r^2} = -\frac{k\hat{\mathbf{r}}}{r^2} \qquad (\text{지름 } \textbf{안쪽방향}) \tag{1.106}$$

의 스칼라 퍼텐셜을 얻으려면, 이 힘을 무한대점(즉, 퍼텐셜이 0인 점)으로부터 위치 $\mathbf{r}$까지 적분해야 한다:

$$V_G(r) - V_G(\infty) = -\int_\infty^{\mathbf{r}} \mathbf{F}_G \cdot d\mathbf{r} = +\int_{\mathbf{r}}^\infty \mathbf{F}_G \cdot d\mathbf{r}. \tag{1.107}$$

$\mathbf{F}_G = -\mathbf{F}_{\text{applied}}$를 쓰면, 퍼텐셜이 무한대점으로부터 단위질량을 가져오는데 한 일과 같다는 것을 안다. (퍼텐셜의 차이만을 정의할 수 있으므로, 여기서 무한대점을 퍼텐셜이 0인 점이라고 임의로 지정한 것이다.) $\mathbf{F}_G$가 지름방향이므로 $d\mathbf{r}$가 지름방향일 때만 V_G에 기여하며

$$V_G(r) = -\int_r^\infty \frac{k\,dr}{r^2} = -\frac{k}{r} = -\frac{Gm_1m_2}{r} \tag{1.108}$$

을 얻는다. 음의 부호(−)는 중력이 인력인 것을 반영한 것이다. ■

■ 면적분

면적분은 선적분과 같은 형태로 나타나며 넓이요소 $d\boldsymbol{\sigma}$가 벡터이다.[13] 이 넓이요소를 흔히 $\mathbf{n}dA$로 쓰는데, $\mathbf{n}$은 양(+)의 방향을 표현하는 단위(법선)벡터이다.[14] 양의 방향을 택하는데 두

[13] 1.3절에서 (평행사변형의) 넓이가 벡터 곱으로 이루어진 벡터로 표현된 것을 상기하자.

[14] $\mathbf{n}$은 항상 단위벡터이지만, 그 방향이 위치의 함수이다.

그림 1.29
양의 법선을 정의하는 오른손 법칙

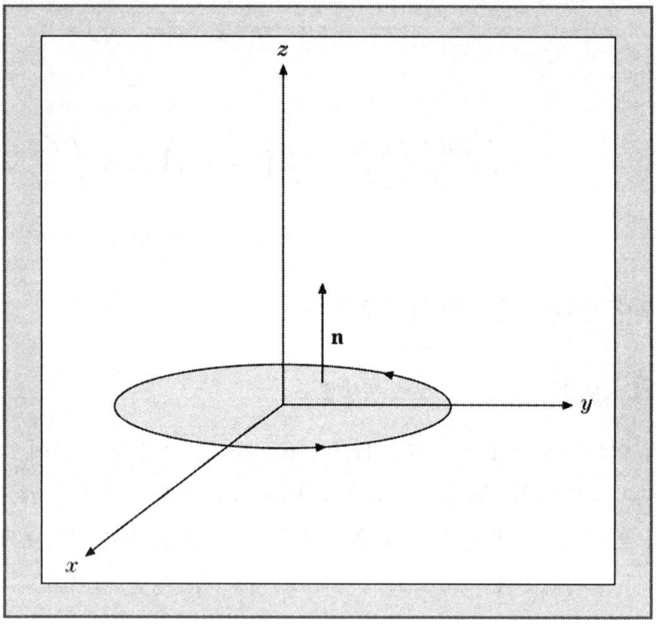

가지 관례가 있다. 첫째, 폐곡면이면 밖으로 향한 법선을 양으로 택하기로 합의한다. 둘째, 열린 곡면이면 양의 법선은 곡면의 주변을 어느 방향으로 지나가는가에 달려있다. 주변을 따라 움직이는 쪽으로 바른 손가락들을 말아서 쥘 때 펼친 엄지 방향이 양의 법선을 나타낸다. 실례로서, xy−평면의 원(그림 1.29)을 그리는데 $x \to y \to -x \to -y \to x$인 순서였으면 양의 법선이 $+z$축에 평행이다.

선적분[(1.101)식]에 유사하게, 면 적분도

$$\int \mathbf{V} \cdot d\boldsymbol{\sigma} \tag{1.109}$$

형태일 수 있다. 이 면적분은 주어진 면을 통과하는 흐름 또는 선속(flux)으로 해석할 수 있다. 실은 이것이, 발산 개념의 중요성을 이해하기 위해, 1.6절에서 했던 것이다. 물리적으로 또 점곱이므로 속도의 접선방향 선분은 면을 통과하는 흐름에 아무런 기여가 없는 것을 눈여겨보라.

예제 1.9.4 관성모멘트

직선 $y = 1$로 포물선 $y = x^2$을 끊어 생긴 (유한 길이의) 선분을 y−축 중심으로 돌릴 때 관성모멘트 I_y값을 구하여라 (그림 1.30). 얻는 결과는

$$I_y = 2\mu \int_{x=0}^{1} \int_{y=x^2}^{1} x^2\, dx\, dy = 2\mu \int_0^1 (1 - x^2) x^2 dx = 2\mu \left(\frac{x^3}{3} - \frac{x^5}{5} \right) \Bigg|_0^1 = \frac{4\mu}{15}$$

그림 1.30

포물선 $y=x^2(0 \le y \le 1)$을 y-축 주위로 회전시킨 것

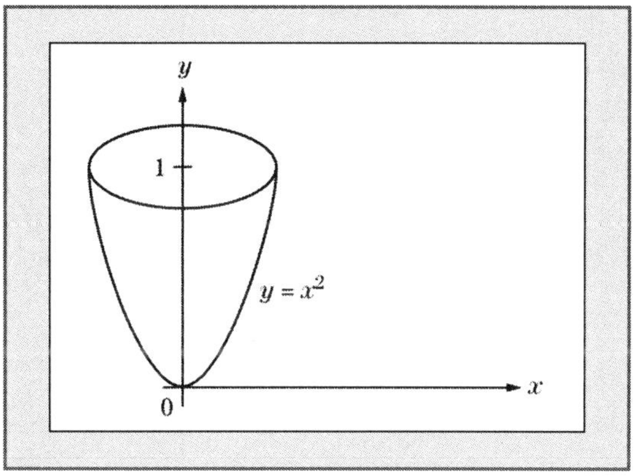

이다. 인수 2는 $x \to -x$의 반사대칭에서 오고, μ는 일정한 질량밀도(/단위길이)이다. ■

3차원 공간에서 한 곡면을 도입할 때에는 $z=f(x, y)$ 형태로 명백히 주거나, 점들의 좌표함수들

$$x = x(u, v), \quad y = y(u, v), \quad z = z(u, v)$$

의 두 매개변수 u, v를 통한 표현, 또는 $F(x, y, z)=0$ 형태의 음함수 표현을 쓴다. 명백한 표현형태는 일반적인 음함수 표현이

$$F(x, y, z) \equiv z - f(x, y)$$

로 되는 하나의 특별한 경우에 불과하다. 후자의 경우, 그 xy-평면 사영이 $dxdy$로 되는 면의 넓이가 $dA=dxdy/n_z$인 것을 알게 된다. 여기서 $n_z=\cos\gamma$는 곡면 위 $\mathbf{r}$에서 법선단위벡터 $\mathbf{n}$의 z-성분이며 γ는 $d\mathbf{A}$가 xy-평면과 이루는 각이다. 이리하여, $d\mathbf{A}$를 xy-평면에 사영하면 $dA\cos\gamma=dxdy$를 얻으며 이것이 **곡면의 넓이**를 표현하는 중요한 공식을 증명한다. 기울기의 성질로부터 $\mathbf{n} = \nabla f/\sqrt{(\nabla f)^2}$인 것도 알게 된다.

예제 1.9.5 하나의 면적분

면적적분의 일반 공식을 써서 곡면 $z=xy=f(x, y)$로부터 xy-평면의 단위원(그림 1.31)이 도려내는 넓이를 구하려 한다. 시작을

$$\frac{\partial f}{\partial x} = \frac{\partial z}{\partial x} = y, \quad \frac{\partial f}{\partial y} = \frac{\partial z}{\partial y} = x, \quad \frac{\partial f}{\partial z} = \frac{\partial z}{\partial z} = 1$$

로 하여, 이것을 법선성분의 수식

$$n_z = 1/\sqrt{1 + \left(\frac{\partial z}{\partial x}\right)^2 + \left(\frac{\partial z}{\partial y}\right)^2}$$

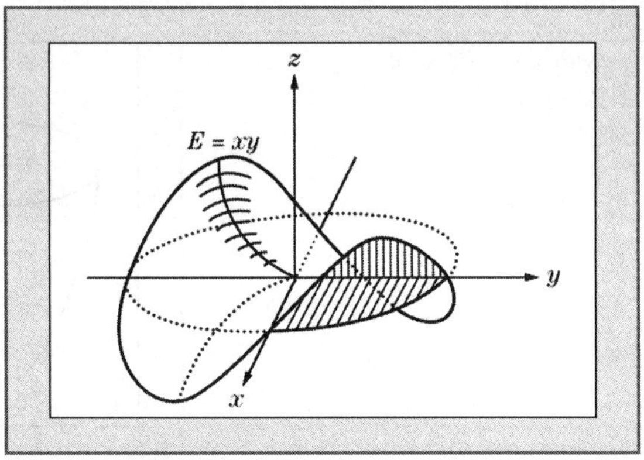

그림 1.31
단위원 $x^2+y^2=1$ 위와 아래의 곡면 $z=xy$

에 대입하여 얻는 넓이는

$$A=\int_{x=-1}^{x=1}\int_{y=-\sqrt{1-x^2}}^{y=\sqrt{1-x^2}}\sqrt{1+x^2+y^2}\,dx\,dy.$$

원의 기하에 평면극좌표가 더 알맞은데, 지름변수 r의 적분에서 $u=1+r^2$을 대입하면

$$A=\int_0^1\sqrt{1+r^2}r\,dr\int_0^{2\pi}d\varphi=\pi\int\sqrt{u}\,du=\frac{2\pi}{3}\left|(1+r^2)^{3/2}\right|_0^1=\frac{2\pi}{3}(2\sqrt{2}-1).$$

을 얻는다. ■

더 많은 선적분 및 면적분의 보기가 제2장에 나온다.

■ 체적적분

체적적분은 훨씬 간단한데, 이유는 부피요소 $d\tau$가 스칼라이기 때문이다.[15] 벡터적분을 스칼라 적분들의 합으로 바꾸어

$$\int_v \mathbf{V}\,d\tau=\hat{\mathbf{x}}\int_v V_x\,d\tau+\hat{\mathbf{y}}\int_v V_y\,d\tau+\hat{\mathbf{z}}\int_v V_z\,d\tau \tag{1.110}$$

를 얻는다.

만일 벡터

$$\mathbf{V}=V_\rho(\rho,\varphi,z)\hat{\boldsymbol{\rho}}+V_\varphi(\rho,\varphi,z)\hat{\boldsymbol{\varphi}}+V_z(\rho,\varphi,z)\hat{\mathbf{z}}$$

와 그 성분을 원통좌표 $x=\rho\cos\varphi$, $y=\rho\sin\varphi$ (부피요소는 $d\tau=\rho\,d\rho\,d\varphi\,dz$)로 표현한 적분

---

[15] 흔히 기호 d^3r와 d^3x를 좌표(xyz 또는 $x_1x_2x_3$) 공간에서 부피요소를 표현하는 데 쓴다.

$$\int_v \mathbf{V}\,d\tau = \hat{\mathbf{z}}\int_v V_z\,d\tau + \iiint (V_\rho\hat{\boldsymbol{\rho}} + V_\varphi\hat{\boldsymbol{\varphi}})\rho\,d\rho\,d\varphi\,dz$$

에는 극좌표의 변하는 단위벡터가 들어 있다. 이들을 스칼라적분으로 만들려면, 아래처럼 극좌표 단위벡터들을 직각좌표 단위벡터들로 전개해야 한다. 평면좌표를 ρ로 나누어

$$\hat{\boldsymbol{\rho}} = \frac{1}{\rho}(x, y) = (\cos\varphi, \sin\varphi) = \hat{\mathbf{x}}\cos\varphi + \hat{\mathbf{y}}\sin\varphi$$

를 얻는다. $\hat{\boldsymbol{\rho}}^2 = 1$을 미분하여 얻는 $0 = \frac{d\hat{\boldsymbol{\rho}}^2}{d\varphi} = 2\hat{\boldsymbol{\rho}}\cdot\frac{d\hat{\boldsymbol{\rho}}}{d\varphi}$로부터

$$\frac{d\hat{\boldsymbol{\rho}}}{d\varphi} = -\hat{\mathbf{x}}\sin\varphi + \hat{\mathbf{y}}\cos\varphi = \hat{\boldsymbol{\varphi}}$$

가 $\hat{\boldsymbol{\rho}}$에 수직인 단위벡터인 것을 알게 되고; 따라서, $\hat{\boldsymbol{\varphi}}$와 같다. 이 수식들을 두 번째 항의 적분에 대입하면 결과로서

$$\int_v \mathbf{V}\,d\tau = \hat{\mathbf{z}}\int_v V_z\,d\tau + \hat{\mathbf{x}}\iiint [V_\rho\cos\varphi - V_\varphi\sin\varphi]\rho\,d\rho\,d\varphi\,dz + \hat{\mathbf{y}}\iiint [V_\rho\sin\varphi + V_\varphi\cos\varphi]\rho\,d\rho\,d\varphi\,dz \tag{1.111}$$

를 얻는다. 괄호[ ] 속의 항들은 직각성분 V_x, V_y를 평면 극좌표로 표현한 것이다.

구면극좌표에서는, 모든 단위벡터들이 좌표에 의존하므로, 어느 것도 적분기호 밖으로 꺼낼 수 없으며 모두를 직각좌표 단위벡터들로 전개해야 한다. 그렇게 해서 (1.110)식을 고쳐 쓰는 과제는 연습문제로 남긴다.

예제 1.9.6 가우스곡선 회전체의 부피

xy-평면의 가우스곡선 $y = \exp(-x^2)$을 z-축 주위에 회전시켜 (곡면) $z = \exp(-x^2 - y^2)$을 얻는다. 그러면 문제의 기하에 알맞은 (원통) 극좌표에서 ($+z$축을 포함하는 쪽의) 부피가

$$V = \int_{r=0}^{\infty}\int_{\varphi=0}^{2\pi}\int_{z=0}^{e^{-r^2}} r\,dr\,d\varphi\,dz = 2\pi\int_0^\infty re^{-r^2}dr = \pi\int_0^\infty e^{-u}du = \pi$$

로 되는데, 여기에 쓴 대입은 $\exp(-x^2 - y^2) = \exp(-r^2)$, $dxdy = r\,dr\,d\varphi$, $u = r^2$, 그리고 $du = 2rdr$이었다. ■

■ 적분을 통해 정의한 기울기(그래디언트), 발산(다이버전스), 회전(커얼)

면 및 체적적분의 흥미롭고도 중요한 응용으로 미분 관계식의 교체된 정의의 개발이다. 결과로

$$\nabla\varphi = \lim_{\int d\tau \to 0} \frac{\int \varphi\, d\boldsymbol{\sigma}}{\int d\tau}, \tag{1.112}$$

$$\nabla\cdot\mathbf{V} = \lim_{\int d\tau \to 0} \frac{\int \mathbf{V}\cdot d\boldsymbol{\sigma}}{\int d\tau}, \tag{1.113}$$

$$\nabla\times\mathbf{V} = \lim_{\int d\tau \to 0} \frac{\int d\boldsymbol{\sigma}\times\mathbf{V}}{\int d\tau} \tag{1.114}$$

를 얻는다. 세 수식에서, $\int d\tau$는 미소한 공간영역의 부피이고 $d\boldsymbol{\sigma}$는 이 부피에서 벡터 넓이요소이다. 이미 1.6절에서 (1.113)식을 $\mathbf{V}$의 발산으로 확인하였다. 이제 (1.112)식이 앞서 $\nabla\varphi$를 정의[(1.64)식]한 것과 일치하는 것을 보인다. 간단히 하기 위해, $d\tau$를 미분부피 $dx\,dy\,dz$(그림 1.32)로 채택하자. 이번에는 원점을 부피요소의 중심에 놓자. 면적적분은 한 면에 하나씩 모두 여섯 개가 된다. 넓이요소 $d\boldsymbol{\sigma}$가 바깥쪽으로 향하는 것을 기억하면 표면 $EFHG$에서 $d\boldsymbol{\sigma}\cdot\hat{\mathbf{x}} = -|d\boldsymbol{\sigma}|$이고 $ABDC$에서 $d\boldsymbol{\sigma}\cdot\hat{\mathbf{x}} = +|d\boldsymbol{\sigma}|$이므로

$$\begin{aligned}\int \varphi\, d\boldsymbol{\sigma} = &-\hat{\mathbf{x}}\int_{EFHG}\left(\varphi - \frac{\partial\varphi}{\partial x}\frac{dx}{2}\right)dy\,dz + \hat{\mathbf{x}}\int_{ABDC}\left(\varphi + \frac{\partial\varphi}{\partial x}\frac{dx}{2}\right)dy\,dz\\ &-\hat{\mathbf{y}}\int_{AEGC}\left(\varphi - \frac{\partial\varphi}{\partial y}\frac{dy}{2}\right)dx\,dz + \hat{\mathbf{y}}\int_{BFHD}\left(\varphi + \frac{\partial\varphi}{\partial y}\frac{dy}{2}\right)dx\,dz\\ &-\hat{\mathbf{z}}\int_{ABFE}\left(\varphi - \frac{\partial\varphi}{\partial z}\frac{dz}{2}\right)dx\,dy + \hat{\mathbf{z}}\int_{CDHG}\left(\varphi + \frac{\partial\varphi}{\partial z}\frac{dz}{2}\right)dx\,dy\end{aligned}$$

를 얻는다. 매클로린 전개의 첫 두 항만 써서, 적분할 함수 각각을 원점에서의 값과 원점에서 표면의 중심까지 이동($\pm dx/2$ 만큼, 등)할 때의 교정으로 나타낸다. 부피 전체를 미분 크기

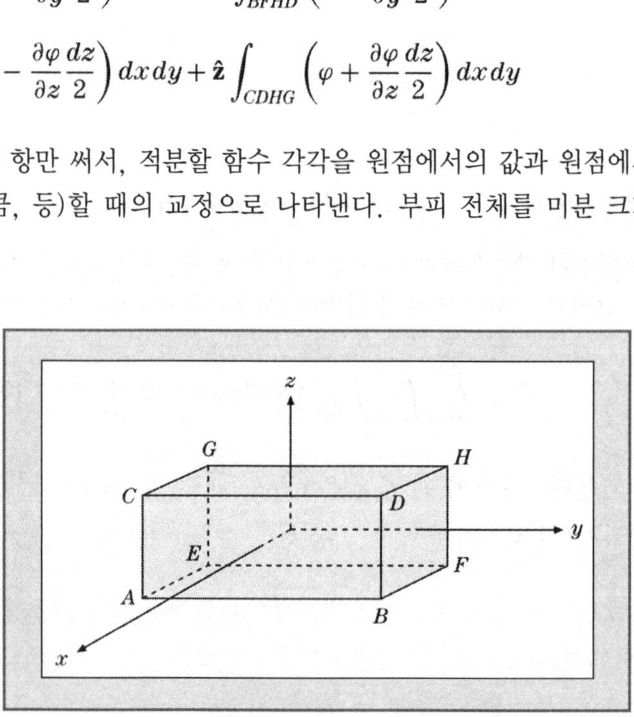

그림 1.32
미분 직육면체 (중심은 원점에 잡음)

($\int d\tau = dxdydz$)로 잡았으므로 우변의 적분기호를 떼고, 그 결과로서

$$\int \varphi\, d\boldsymbol{\sigma} = \left(\hat{\mathbf{x}}\frac{\partial \varphi}{\partial x} + \hat{\mathbf{y}}\frac{\partial \varphi}{\partial y} + \hat{\mathbf{z}}\frac{\partial \varphi}{\partial z}\right) dx\,dy\,dz \tag{1.115}$$

를 얻는다. 이것을

$$\int d\tau = dx\,dy\,dz$$

로 나누면 (1.112)식이 증명된다.

이 증명은 일차 도함수를 넘는 교정을 무시하며 지나치게 간소화한 것이다. 그런 추가 항들은, 5.6절에서 테일러 전개를 할 때 도입되는데,

$$\int d\tau \to 0\,(dx \to 0,\, dy \to 0,\, dz \to 0)$$

인 극한에 0이 된다. 물론 이것이 (1.112)식 ~ (1.114)식에서 그런 극한을 택한 이유이다. (1.114)식의 증명도 미분 부피 $d\tau = dxdydz$를 써서 같은 방식으로 한다.

연습문제

1.9.1 원점에 있는 전하 q가 만드는 전기장의 퍼텐셜을 구하여라. 공간의 무한히 먼 점에서 퍼텐셜이 0이 되도록 정규화하여라.

1.9.2 지구를 균일한 질량밀도를 갖는 공으로 택하여 중력장을 구하여라. 속에 동심구 빈 구멍을 만들면 그 안에서 중력장이 0인 것을 증명하여라. 빈 구멍이 동심구가 아니면 장이 일정한 것을 증명하여라.

1.9.3 점 (0, 0, 0)과 양의 x−, y−와 z−축 위의 단위 좌표 점들로 정의된 입방체에서

$$\frac{1}{3}\int_s \mathbf{r}\cdot d\boldsymbol{\sigma}$$

값을 구하여라. (a) $\mathbf{r}\cdot d\boldsymbol{\sigma}$가 세 면에서 0이며, (b) 남은 세 면 각각이 적분에 같은 기여를 하는 것을 눈여겨 보아라.

1.9.4 표면적분의 전개를 통하여

$$\lim_{\int d\tau \to 0} \frac{\int_s d\boldsymbol{\sigma} \times \mathbf{V}}{\int d\tau} = \boldsymbol{\nabla} \times \mathbf{V}$$

를 보여라.

힌트. 전체 부피를 미분부피 $dxdydz$로 택하여라.

1.10 가우스(Gauss) 정리

이제 벡터의 면적분과 그 벡터의 발산의 체적적분 사이에 있는 중요한 관계식을 유도한다. 벡터 **V**와 그 일차도함수가 단일연결(즉, 구멍 없음)된 영역에서 연속이라고 가정하자. 그러면 **가우스(Gauss) 정리**는

$$\int_S \mathbf{V} \cdot d\boldsymbol{\sigma} = \int_V \boldsymbol{\nabla} \cdot \mathbf{V}\, d\tau \tag{1.116a}$$

이다. 말로 하면, 폐곡면에서 벡터의 표면적분은 그 벡터의 발산을 폐곡면이 둘러싼 부피에서 체적적분한 것과 같다.

부피 V가 무한히 많은 수의 미소한 (미분)평행육면체로 나누어졌다고 상상하자. 1.6절의 분석[(1.75)식]에 의하면, 각각의 육면체에서 $\rho\mathbf{v}$를 **V**로 대체하여

$$\sum_{\text{6개 표면}} \mathbf{V} \cdot d\boldsymbol{\sigma} = \boldsymbol{\nabla} \cdot \mathbf{V}\, d\tau \tag{1.116b}$$

를 얻는다. 평행육면체의 여섯 표면에서 합하였다. 모든 육면체의 것을 합하면, $\mathbf{V} \cdot d\boldsymbol{\sigma}$항들은 모든 **내부** 계면에서 (짝으로) 상쇄하고 **외부** 표면의 것만 살아남는다 (그림 1.33). 리만(Riemann) 적분을 합의 극한으로 정의한 것에 유사하게, 평행육면체의 수가 무한대에 접근하고(→∞) 각각의 크기가 0에 접근하는(→0) 극한을 택한다:

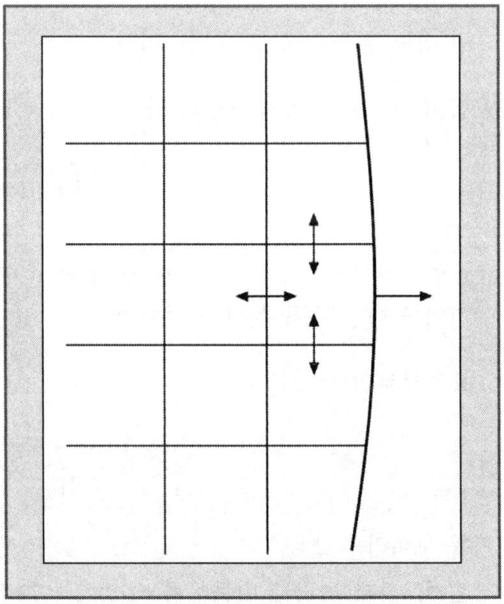

그림 1.33
$\mathbf{V} \cdot d\boldsymbol{\sigma}$가 내부 계면에서 정확히 소거되지만 외부 표면에서는 안 된다.

$$\sum_{\text{외부표면들}} \mathbf{V} \cdot d\boldsymbol{\sigma} = \sum_{\text{미분부피들}} \boldsymbol{\nabla} \cdot \mathbf{V} d\tau$$

$$\downarrow$$

$$\int_S \mathbf{V} \cdot d\boldsymbol{\sigma} = \int_V \boldsymbol{\nabla} \cdot \mathbf{V} d\tau.$$

그 결과가 가우스 정리[(1.116a)식]이다.

물리적 관점으로, (1.75)식은 $\boldsymbol{\nabla} \cdot \mathbf{V}$가 단위체적당 밖으로 흘러나오는 장의 알짜 흐름이라는 것을 입증하였다. 그래서 그 체적적분은 알짜로 흘러나오는 전체량이다. 그러나 표면적분 $\int \mathbf{V} \cdot d\boldsymbol{\sigma}$가 그 전체량과 꼭 같으나 다른 방법으로 표현한 것이라는 등식이 다름 아닌 가우스 정리이다.

인명 자료

Gauss, Carl Friedrich. 독일의 수학자, 물리학자, 겸 천문학자 Gauss는 Brunswick에서 1777년 출생하여 1855년 Göttingen에서 서거하였다. 이 수학천재의 소아시절 교육은 Brunswick의 공작이 지도와 지원을 맡았다. 10대 소년으로 *n*이 3, 5, 17 및 257 등 Fermat 소수일 때 정 *n*각형을 기하학적으로 그릴 수 있음을 증명하여 태고 이후 기하학 발전에 크게 기여하였다. 이 위업을 계기로 외국어 공부를 중단하고 수학에 전념하게 되었다. 그가 복소수를 써서 대수학의 기본정리 발견에 이르렀으나 당시 논쟁거리이던 복소수를 피하며 정리를 증명하여 박사학위를 받았다. 유명한 수론의 논저 *Disquisitiones Arithmetica*에서 이차 상반정리(quadratic reciprocity theorem)를 처음 증명하였는데, 수학적 증명이 (발견에 도움이 된 원래의 착상이나 예를 버리고) 간결한 문체와 논리적 단계를 엄정히 따르는 전통을 시작하였다. 그가 가르치기를 싫어한 사실은 놀랍지 않다. 많은 사람들이 그를 역사적으로 가장 위대한 수학자로 여기고 있으며 당대 수학의 모든 분야에 중요한 기여를 한 마지막 사람이었다. 그는 미분기하학의 창시자로서 곡률과 같은 곡면의 본질적 성질들을 개발하였고 그 결과 Riemann이 Einstein 일반상대성이론의 수학적 기초인 거리공간의 기하학을 개발하는 동기를 부여하였다. 천문학에서 (소행성 Ceres 궤도를 연구하면서) 곡선을 자료에 맞추는 최소자승법을 개발하였다. 물리학에서는 퍼텐셜 이론을 개발하였으며, 그의 물리학 단위 측정과 개발을 기리기 위해 자기장의 단위로 그의 이름을 쓰고 있다.

■ 그린(Green) 정리

그린(Green) 정리는 가우스 정리의 따름정리로써 자주 유용하게 쓰인다. u와 v가 스칼라 함수일 때, 곱을 미분하는 규칙을 써서 항등식

$$\boldsymbol{\nabla} \cdot (u \boldsymbol{\nabla} v) = u \boldsymbol{\nabla} \cdot \boldsymbol{\nabla} v + (\boldsymbol{\nabla} u) \cdot (\boldsymbol{\nabla} v), \tag{1.117}$$

$$\boldsymbol{\nabla} \cdot (v \boldsymbol{\nabla} u) = v \boldsymbol{\nabla} \cdot \boldsymbol{\nabla} u + (\boldsymbol{\nabla} v) \cdot (\boldsymbol{\nabla} u) \tag{1.118}$$

를 증명할 수 있다. (1.117)식에서 (1.118)식을 빼고, 체적적분을 하며 (u, v와 그 도함수들이 연속인 것을 가정), (1.116a)식(가우스 정리)을 적용하여

$$\int_V (u\nabla \cdot \nabla v - v\nabla \cdot \nabla u)\,d\tau = \int_S (u\nabla v - v\nabla u) \cdot d\boldsymbol{\sigma} \tag{1.119}$$

를 얻는다. 이것이 **그린 정리**로서 두 함수의 반대칭 라플라시안을 단일연결된 (즉, 구멍 없는) 부피에서 적분한 것이 반대칭 기울기를 그 부피를 둘러싸는 표면에서 적분한 것과 같다고 말한다. (1.117)식만을 써서 유도한 다른 형태의 그린 정리로

$$\int_S u\nabla v \cdot d\boldsymbol{\sigma} = \int_V u\nabla \cdot \nabla v\,d\tau + \int_V \nabla u \cdot \nabla v\,d\tau \tag{1.120}$$

가 있다.

끝으로, 가우스 정리를 텐서에까지 확장할 수 있다(2.11절을 보라).

인명 자료

Green, George. 영국 수학자 Green은 1793년 Nottingham에서 출생하여 1841년 근교에서 서거하였다. 그는 Cambridge에서 Laplace의 논문을 연구했고 전자기동력학의 퍼텐셜 이론을 개발하였다.

연습문제

1.10.1 $\mathbf{B} = \nabla \times \mathbf{A}$이면, 어떤 폐곡면 S에 대해서도

$$\int_S \mathbf{B} \cdot d\boldsymbol{\sigma} = 0$$

인 것을 증명하여라. 이것을 말로 해보아라. 기호 소프트웨어를 쓸 수 있으면, 이것을 전형적인 벡터퍼텐셜과 공이나 입방체 같은 특정한 곡면에 대하여 검정하여라.

1.10.2 어떤 부피 V에서 ψ가 (연속인 도함수를 가지며) 라플라스 방정식의 해라 하자. ψ의 법선도함수($\partial\psi/\partial n$ 또는 $\nabla\psi \cdot \mathbf{n}$)를 V속의 어떠한 폐곡면에서 적분해도 0이 된다는 것을 증명하여라.

1.10.3 1.10절에서 준 기울기, 발산, 및 회전의 적분을 통한 정의와 유사하게 진행하여

$$\nabla^2\varphi = \lim_{\int d\tau \to 0} \frac{\int \nabla\varphi \cdot d\boldsymbol{\sigma}}{\int d\tau}$$

를 증명하여라.

1.10.4 전하밀도(/단위부피)가 ρ일 때, 전기변위 벡터 $\mathbf{D}$는 막스웰 방정식 $\nabla \cdot \mathbf{D} = \rho$를 만족한다. 두 매질의 계면에서 전하의 면밀도(/단위넓이)가 σ라 하자. 계면에서 $\mathbf{n}$이 매질 1에서 매질 2로 향하는 법선벡터라면, $\mathbf{D}$의 경계조건이

$$(\mathbf{D}_2 - \mathbf{D}_1) \cdot \mathbf{n} = \sigma$$

인 것을 보여라.

힌트. 그림 1.34와 같은 얇은 원통(또는 환약갑)을 생각하여라.

그림 1.34
환약갑(pillbox) 모양

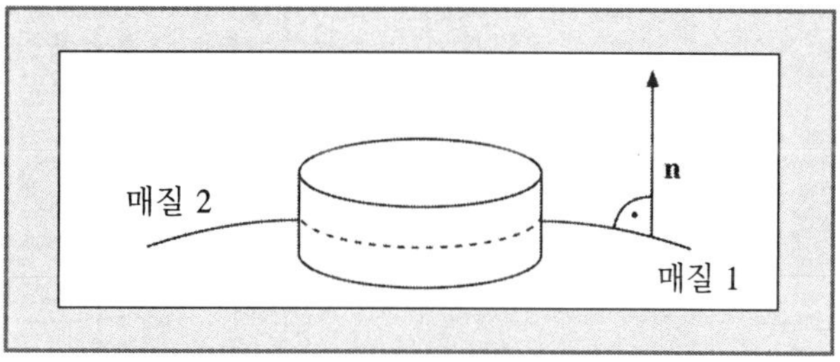

1.10.5 (1.77)식과 예제 1.6.1로부터, **V**를 전기장 **E**로 놓고 f를 정전기퍼텐셜 φ로 놓아서

$$\int \rho\varphi\, d\tau = \varepsilon_0 \int E^2\, d\tau$$

를 증명하여라.

힌트. $\mathbf{E} = -\nabla\varphi$, $\nabla \cdot \mathbf{E} = \rho/\varepsilon_0$. φ가 큰 r에서 최소한 r^{-1}만큼 빠르게 0에 접근하는 것을 가정해도 된다.

1.10.6 **국소** 정상전류(전류밀도 **J**)와 자기장을 만드는 데는

$$W = \frac{1}{2}\int \mathbf{H} \cdot \mathbf{B}\, d\tau$$

의 일을 해야 한다. 이것을 자기 벡터퍼텐셜 **A**(즉, $\mathbf{B} = \nabla \times \mathbf{A}$)를 써서

$$W = \frac{1}{2}\int \mathbf{J} \cdot \mathbf{A}\, d\tau$$

가 되도록 변환하여라.

힌트. 막스웰 방정식에서 변위전류 항을 $\partial\mathbf{D}/\partial t = 0$으로 잡고 왜 옴(Ohm) 법칙을 쓰는지 설명하여라. 장과 전류가 국소적이면, 둘러싸는 곡면을 충분히 먼 밖으로 잡아 그 면에서 장과 전류의 적분이 0이 되도록 한다.

1.11 스토크스(Stokes) 정리

가우스 정리는 도함수의 체적적분을 그 체적을 싸는 폐곡면에서 함수의 면적분과 연관시킨다.

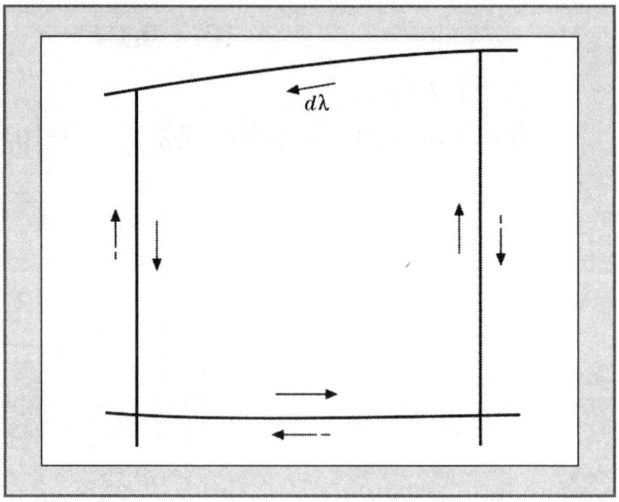

그림 1.35
내부 경로에서 정확히 소거되고, 외부 경로에는 소거 없음.

이제, 그와 유사하게 도함수의 면적분을 그 면을 싸는 폐곡선에서 함수의 선적분과 연관시키는 것을 생각하자.

곡면을 무한히 많고 작은 직사각형의 그물코로 나눈다. 1.7절에서 그런 (xy-평면의) 미분 직사각형 둘레의 순환은 $\nabla\times\mathbf{V}|_z dx dy$라는 것을 보였다. **하나**의 사각형에 (1.85)식을 적용하면

$$\sum_{4\ \text{변}} \mathbf{V}\cdot d\boldsymbol{\lambda} = \nabla\times\mathbf{V}\cdot d\boldsymbol{\sigma}. \tag{1.121}$$

리만 적분의 정의처럼 모든 미분사각형 것을 합한다. 면의 기여[(1.121)식 우변]를 모두 합한다. 모든 **내부**선분 위의 선적분[(1.121)식 좌변]들이 (쌍을 지어) 서로 상쇄하며 면의 주변을 따라 진행하는 선적분만 살아남는다(그림 1.35). 직사각형 수가 무한대에 접근하며 $dx\to 0$, $dy\to 0$인 통상적 극한을 택하면

$$\begin{array}{ccc} \displaystyle\sum_{\text{외부선분들}} \mathbf{V}\cdot d\boldsymbol{\lambda} & = & \displaystyle\sum_{\text{직사각형들}} \nabla\times\mathbf{V}\cdot d\boldsymbol{\sigma} \\ \downarrow & & \downarrow \\ \displaystyle\oint \mathbf{V}\cdot d\boldsymbol{\lambda} & = & \displaystyle\int_S \nabla\times\mathbf{V}\cdot d\boldsymbol{\sigma} \end{array} \tag{1.122}$$

를 얻는다. 이것이 스토크스 정리이다. 우변 면적분의 영역곡면을 둘러싸는 주변의 폐곡선은 좌변 선적분의 경로이다. 넓이를 나타내는 벡터의 방향은, 만일에 선적분 경로를 따라 지나가는 방향이 그림 1.35처럼 수학적으로 양(즉, 반시계) 방향이라면, 종이의 면에서 독자를 향해 나오는 방향이다.

스토크스 정리의 이 증명은 1.7절에서 (1.85)식을 얻을 때 $\mathbf{V}(x, y, z)$의 매크로린 전개를 썼다는 사실로 제약되어 있다. 실제로는 $\mathbf{V}(x, y, z)$의 회전(curl)이 존재한다는 것과 그것이 곡면에서 적분가능이라는 것만을 요구할 필요가 있다. 스토크스 정리는 열리고 단일연결이 된 곡

면에 명백히 적용된다. 폐곡면은 열린 곡면에서 구멍(따라서 그 주변)이 줄어들어 0으로 되는 극한으로 생각할 수 있다. 이것이 연습문제 1.11.4의 요점이다.

스토크스 정리의 특별한 경우로, 2차원 벡터장 $\mathbf{V}=(V_1(x, y), V_2(x, y), 0)$의 회전을 생각하자. 회전은 $\nabla\times\mathbf{V}=(0, 0, \frac{\partial V_2}{\partial x}-\frac{\partial V_1}{\partial y})$, 그래서

$$\int_S \nabla\times\mathbf{V}\cdot\hat{\mathbf{z}}\,dx\,dy=\int_S\left(\frac{\partial V_2}{\partial x}-\frac{\partial V_1}{\partial y}\right)dx\,dy=\int_C \mathbf{V}\cdot d\mathbf{r}=\int_C(V_1dx+V_2dy)$$

인데, 여기서 C는 단일연결 곡면 S(수학적으로 양, 즉 반시계 방향으로 적분)의 주변이다. 이 관계도 때로는 그린 정리라 불린다. 제6장에서 해석함수의 코시(Cauchy) 정리를 증명하는 데 그것을 쓰게 될 것이다.

예제 1.11.1 **선적분으로서의 넓이**

2차원 스토크스 정리에서 $\mathbf{V}=x\hat{\mathbf{y}}$를 택하면 넓이 $S=\int_S dx\,dy=\int_C x\,dy$를, $\mathbf{V}=(y\hat{\mathbf{x}})$면 $S=\int_S dx\,dy=-\int_C y\,dx$를 얻는다. 넓이는 둘을 합하여

$$S=\frac{1}{2}\int_C(x\,dy-y\,dx).$$

막스웰 방정식 두 개로부터 에르스텟 및 패러데이 법칙을 유도하고 그 역으로도 하여 전자가 후자의 적분된 형태임을 알아 볼 수 있다.

예제 1.11.2 **Oersted 법칙 및 Faraday 법칙**

정상전류 I를 가진 긴 전선이 만드는 자기장을 생각하자(그림 1.36). 막스웰의 미분 법칙 $\nabla\times\mathbf{H}=\mathbf{J}$[(1.97c)식; 정상전류의 경우 옴 법칙에 의해 막스웰의 변위전류 $\partial\mathbf{D}/\partial t=0$]로부터 시작하고, 전선에 수직하며 전선을 포함하는 닫힌 넓이 S에서 적분하며 스토크스 정리를 적용하여 에르스텟 법칙

$$I=\int_S \mathbf{J}\cdot d\boldsymbol{\sigma}=\int_S(\nabla\times\mathbf{H})\cdot d\boldsymbol{\sigma}=\oint_{\partial S}\mathbf{H}\cdot d\mathbf{r}$$

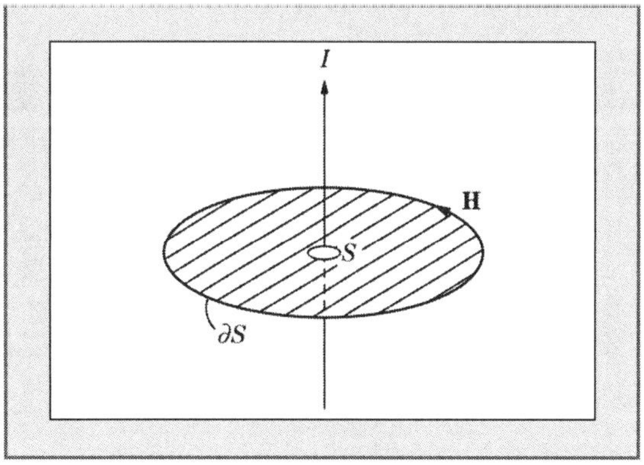

그림 1.36
Oersted 법칙을 긴 전선에 적용

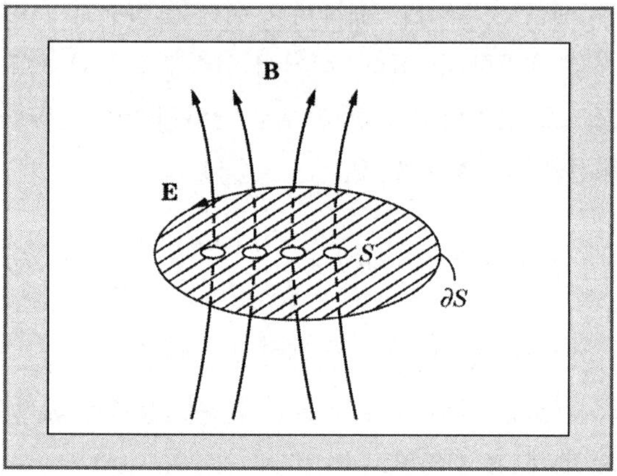

그림 1.37
Faraday 유도법칙을 자기(유도)장 **B**에 적용

을 얻는다. 여기서 선적분의 경로는 ∂S(즉, 면적 S를 둘러싸는 폐곡선)이다.

유사하게, $\nabla \times \mathbf{E}$에 대한 막스웰 방정식[(1.97d)식]을 적분하면 패러데이 유도법칙이 나온다. 폐곡선(∂S)의 전선(넓이 S)이 자기유도장 **B**를 가로질러 움직이는 것을 상상하자 (그림 1.37). 정해진 한 순간에 막스웰 방정식을 적분하고 스토크스 정리를 써서 패러데이 법칙

$$\int_{\partial S} \mathbf{E} \cdot d\mathbf{r} = \int_S (\nabla \times \mathbf{E}) \cdot d\boldsymbol{\sigma} = -\frac{d}{dt}\int_S \mathbf{B} \cdot d\boldsymbol{\sigma} = -\frac{d\Phi}{dt}$$

을 얻는다. 좌변의 선적분은 전선 고리에 유도되는 전압이고 우변은 전선의 움직이는 면 S를 통과하는 자기선속의 시간적 변화를 나타낸다. ■

요 약

스토크스 정리와 가우스 정리 둘 다 전자기동력학 벡터해석과 관련된 광범위한 문제에서 굉장히 중요한데, 구체적으로 그 둘이 대역적 (적분)형식의 실험법칙들로부터 국소적 형태의 막스웰 미분방정식들을 유도하도록 한다. 두 정리의 힘과 그 다재다능성은 1.10절 및 1.11절의 연습문제 그리고 1.12절의 퍼텐셜이론 전개에서 잘 볼 수 있다.

인명 자료

Stokes, Sir George Gabriel. 영국의 수학자 겸 물리학자 Stokes는 1819년에 Ireland의 Skreen에서 출생하여 1903년 Cambridge에서 서거하였다. 성직자의 아들인 그의 수학적 재능은 어린 학생 때부터 명백하였다. 1849년 Cambridge의 Lucasian석좌교수(옛 Newton 및 오늘날 Hawking 자리)에 임명되고 1885년 왕립학회장이 되었다. 그는 점성유체의 이론으로 유명하며 물위 배의 운동에 응용하는 실제적인 문제까지 다루었다. 그는 Joule의 연구에 초기부터 갈채를 보내며 X광선이 전자기파인 것을 알아보는 선견지명을 가졌다. 왕립학회의 Rumford 및 Copley 메달도 받았고 1887-92년에 Cambridge를 위하여 국회의원으로 봉사하였다.

연습문제

1.11.1 전류 고리의 자기모멘트 계산에서 선적분

$$\oint \mathbf{r} \times d\mathbf{r}$$

을 계산해야 한다.

(a) xy-평면 안의 전류 고리 둘레를 따라 적분하여 이것의 스칼라 크기가 넓이의 두배인 것을 보여라.

(b) 타원둘레는 $\mathbf{r} = \hat{\mathbf{x}}a\cos\theta + \hat{\mathbf{y}}b\sin\theta$로 표현된다. (a)를 써서 타원의 넓이가 πab인 것을 보여라.

1.11.2 정상상태에서 자기장 **H**는 막스웰 방정식 $\nabla \times \mathbf{H} = \mathbf{J}$를 만족하는데, **J**는 전류밀도 ($/\mathrm{m}^2$)이다. 두 매질의 계면에 면 전류밀도 **K**가 있다. 매질 1에서 나오는 방향의 계면법선 단위벡터가 **n**이라면, **H**의 경계조건이

$$\mathbf{n} \times (\mathbf{H}_2 - \mathbf{H}_1) = \mathbf{K}$$

가 되는 것을 보여라.

힌트. 그림 1.38과 같이 계면에 수직인 좁은 폐곡선을 생각하여라.

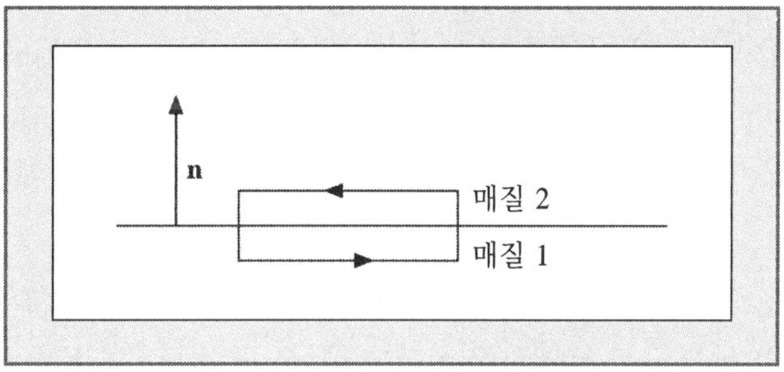

그림 1.38
폐곡선 경로

1.11.3 반지름 R인 가락지 모양의 고리에 흐르는 전류에 의해서 자기유도 **B**가 생겼다. 고리에서 벡터퍼텐셜 (즉, $\mathbf{B} = \nabla \times \mathbf{A}$) **A**의 크기가

$$|\mathbf{A}| = \frac{\Phi}{2\pi R}$$

인 것을 보여라. 단, Φ는 고리를 지나가는 전체 자기선속이다.

참고. **A**의 방향은 고리의 접선방향이다.

1.11.4 S가 폐곡면일 때

$$\int_S \nabla \times \mathbf{V} \cdot d\boldsymbol{\sigma} = 0$$

을 증명하여라.

1.11.5 증명하여라:

$$\oint u\nabla v \cdot d\boldsymbol{\lambda} = -\oint v\nabla u \cdot d\boldsymbol{\lambda}.$$

1.11.6 증명하여라:

$$\oint u\nabla v \cdot d\boldsymbol{\lambda} = \int_S (\nabla u) \times (\nabla v) \cdot d\boldsymbol{\sigma}.$$

1.12 퍼텐셜 이론

■ 스칼라퍼텐셜

이 절에서 힘의 장 **F**가 보존적인 조건을 공식으로 나타내려 한다. 수학적인 관점으로 가우스 정리와 스토크스 정리를 물리학에 응용하는 전형적인 실제연습이다.

힘이 주어진 **단일연결**(즉, 구멍 없음)된 공간영역 V에서 스칼라함수 φ의 음기울기로 표현할 수 있어

$$\mathbf{F} = -\nabla\varphi \tag{1.123}$$

이면 φ를 스칼라퍼텐셜이라 부르는데, 힘 벡터를 (셋이 아니고) 하나의 함수만으로 표현하였으니 중대한 간소화이다. 퍼텐셜에 임의의 상수를 더할 수 있는 성질은 그 값을 무한원점 (보통 0) 또는 다른 곳에서 지정하는 데 쓸 수 있다. 힘 **F**가 1가함수 스칼라퍼텐셜의 음기울기로 표현되면 **보존력**이라 부른다. 어떤 경우에 스칼라퍼텐셜이 존재하는가? 이 질문에 답하기 위해, 다음의 다른 관계식 둘이 (1.123)과 동등한 것을 입증하려고 한다. 그들은 단순연결영역 V 속의 모든 폐곡선에 대하여

$$\nabla \times \mathbf{F} = 0 \tag{1.124}$$

그리고

$$\oint \mathbf{F} \cdot d\mathbf{r} = 0 \tag{1.125}$$

이다. 이제 위 셋의 어느 하나도 다른 둘을 의미하는 것을 보이려 한다. 처음에

$$\mathbf{F} = -\nabla\varphi \tag{1.126}$$

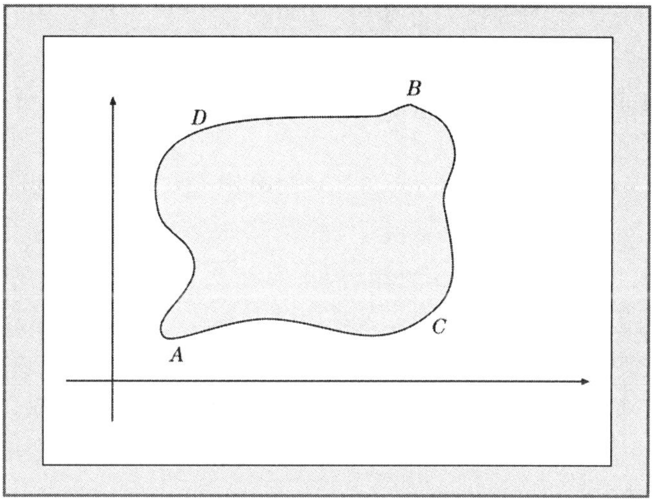

그림 1.39
일하는 경로가 다를 수 있다.

로 시작하면 (1.92)식에 의하여

$$\nabla \times \mathbf{F} = -\nabla \times \nabla\varphi = 0, \tag{1.127}$$

그러므로 (1.123)식이 (1.124)식을 준다. 다음, 힘의 선적분에 (1.58)식을 쓰면

$$\oint \mathbf{F} \cdot d\mathbf{r} = -\oint \nabla\varphi \cdot d\mathbf{r} = -\oint d\varphi \tag{1.128}$$

를 얻는다. 여기서 $d\varphi$를 적분하면 φ가 된다. 폐곡선을 명시하였으므로 시작점과 끝점이 일치하여 (1.123)식이 성립하는 영역 S안의 모든 폐곡선에 대해 우변이 0이다. 퍼텐셜이 1가함수이고 S의 **모든** 점에서 관계식 (1.123)이 성립한다는 제약을 눈여겨보는 것이 중요하다. 알짜 전류를 둘러싸지 않는 경우, 위와 같은 유도과정은 스칼라 자기퍼텐셜에도 적용된다. 알짜 전류를 둘러싸는 경로를 택하자마자 공간영역 V가 단일연결이 아니고 자기 스칼라퍼텐셜이 1가함수가 아니게 되며 이런 분석이 적용하지 않는다.

동등성 증명의 계속으로, (1.125)식이 성립한다고 가정하자. 만일 S 안의 모든 경로에서 $\oint \mathbf{F} \cdot d\mathbf{r} = 0$이면, 같지 않은 두 점 A와 B를 잇는 적분의 값은 경로에 의존하지 않는다 (그림 1.39). 전제는

$$\oint_{ACBDA} \mathbf{F} \cdot d\mathbf{r} = 0 \tag{1.129}$$

이다. 그러므로 적분방향을 바꾸어 적분의 부호를 바꾸면

$$\oint_{ACB} \mathbf{F} \cdot d\mathbf{r} = -\int_{BDA} \mathbf{F} \cdot d\mathbf{r} = \int_{ADB} \mathbf{F} \cdot d\mathbf{r} \tag{1.130}$$

를 얻는다. 물리적으로, 이것은 A에서 B로 갈 때 하는 일이 경로에 무관하다는 것을 뜻하며

폐곡선을 돌 때에는 하는 일이 0이라는 것이다. 이것이 그러한 힘을 보존력이라 부르는 이유이다: 즉, 에너지가 보존된다.

(1.130)식이 보이는 결과는 한 일이 끝점 A와 B만의 함수라는 것이다. 즉,

$$\text{힘이 한 일} = \int_A^B \mathbf{F} \cdot d\mathbf{r} = \varphi(A) - \varphi(B). \tag{1.131}$$

(1.131)식은 스칼라퍼텐셜(엄밀히 A와 B 사이의 퍼텐셜 차이)을 정의하고 그것을 계산하는 방법을 준다. 점 B를 (x, y, z)와 같이 변수로 잡으면, x, y, z에 대한 미분은 (1.123)식을 재생할 것이다.

우변 부호의 선택을 임의로 할 수 있으나, 여기서 선택한 것은 (1.123)식과 일치하며 또 물의 흐름이 비탈을 흘러내리지 오르는 것은 아니도록 한 것이다. 길이 $d\mathbf{r}$로 떨어진 점 A와 B에 대하여, (1.131)식은

$$\mathbf{F} \cdot d\mathbf{r} = -d\varphi = -\nabla\varphi \cdot d\mathbf{r} \tag{1.132}$$

가 된다. 이것을 바꿔 쓰면

$$(\mathbf{F} + \nabla\varphi) \cdot d\mathbf{r} = 0 \tag{1.133}$$

이 되는데, $d\mathbf{r} \neq 0$이 임의이므로 (1.126)식이 나오게 된다. 만일

$$\oint \mathbf{F} \cdot d\mathbf{r} = 0 \tag{1.134}$$

이면, 스토크스 정리[(1.122)식]를 써서 (1.123)식을 얻게 된다:

$$\oint \mathbf{F} \cdot d\mathbf{r} = \int \nabla \times \mathbf{F} \cdot d\boldsymbol{\sigma}. \tag{1.135}$$

적분경로를 임의 미분넓이 $d\boldsymbol{\sigma}$의 주변으로 택하면, 면적분의 피적분함수가 0이 되어야 한다. 그러므로 (1.125)식은 (1.123)식을 뜻하게 된다.

마지막으로, $\nabla \times \mathbf{F} = 0$이라면, (1.125)식을 유도하기 위해서는 스토크스 정리[(1.135)식]가 말하는 내용의 순서를 거꾸로 하면 된다. 그러면, (1.131)식 ~ (1.133)식에 의하여 처음 것 $\mathbf{F} = -\nabla\varphi$가 유도된다. 셋이 동등하다는 것을 그림 1.40으로 나타내었다.

요 약

1가함수인 스칼라퍼텐셜 φ가 존재할 필요충분조건은 $\mathbf{F}$가 비회전적이어서 어떤 폐곡선을 따라 돌면서 한 일도 0인 것이다. (1.88)식이 주는 중력과 정전기력은 비회전적이므로 보존력이다. 중력 및 정전기퍼텐셜들이 존재한다. 이제, 그들이 하는 일을 계산[(1.131)식]하여 세 개

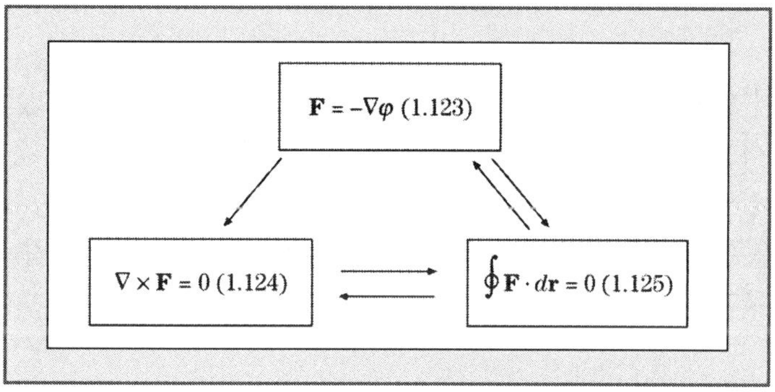

그림 1.40
보존력의 동등한 수식표현

의 퍼텐셜을 계산하는 문제를 다루자(그림 1.41).

예제 1.12.1 **원심퍼텐셜**

밖으로 향하는 지름 방향으로 단위질량당 **원심력** $\mathbf{F}_C = \omega^2\mathbf{r}$의 스칼라퍼텐셜을 계산하여라. 물리적으로, 회전목마를 탔을 때 느끼는 힘은 원심력이다. 예제 1.9.3과 같은 절차를 따르되 $\varphi_C(0) = 0$으로 택하고 원점부터 밖으로 적분하여

$$\varphi_C(r) = -\int_0^r \mathbf{F}_C \cdot d\mathbf{r} = -\frac{\omega^2 r^2}{2}$$

을 얻는다. 부호를 바꾸고 $\mathbf{F}_{\rm SHO} = -k\mathbf{r}$로 택하면, 단순조화진동자 퍼텐셜 $\varphi_{\rm SHO} = \frac{1}{2}kr^2$을 얻는다.

그림 1.41에 중력, 원심력, 및 단순조화진동자 퍼텐셜을 그렸다. 분명히 단순조화진동자의 안정성을 나타내고 복원력을 기술한다. 원심력퍼텐셜은 불안정한 처지를 묘사한다. ■

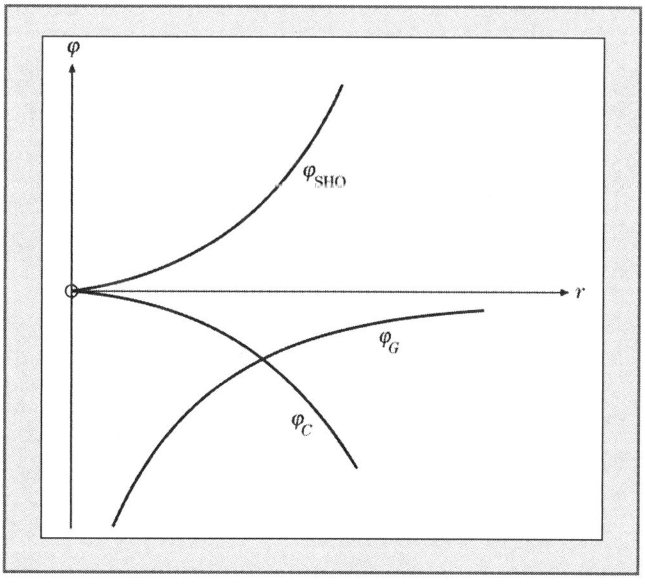

그림 1.41
거리의 함수인 퍼텐셜에너지
(중력, 원심력, 단순조화진동자)

요 약

벡터 $\mathbf{B}$가 비발산적이면 $\mathbf{B} = \nabla \times \mathbf{A}$를 주는 벡터퍼텐셜 $\mathbf{A}$가 있다. $\mathbf{B}$는 임의 스칼라의 기울기를 더할 수 있는 만큼 미정이다. 이것은 임의의 상수를 더할 수 있어서 퍼텐셜의 값이 0인 점이 임의였던 스칼라퍼텐셜의 경우와 비슷하다.

많은 문제에서, 자기유도 $\mathbf{B}$를 만드는 전류 분포로부터 자기 벡터퍼텐셜 $\mathbf{A}$를 얻는다. 이것은 푸아송(Poisson) (벡터) 방정식 풀기를 뜻한다 (연습문제 1.13.4 참조).

연습문제

1.12.1 고전역학의 통상적인 문제는 퍼텐셜이 주어졌을 때 입자의 운동을 계산하는 것이다. 균일한 밀도(ρ_0)의 회전하지 않는 공에 대해, 가우스 법칙(1.10절)이 주는 결과는 점 r_0에 있는 단위질량 m_0에 작용하는 중력은 $r \le r_0$에 있는 질량의 인력이 만드는 것이다. 밖 $r > r_0$에 있는 질량은 힘에 아무런 기여도 하지 않는다.

(a) 공의 반지름이 a일 때 $\mathbf{F}/m_0 = -(4\pi G\rho_0/3)\mathbf{r}$, $0 \le r \le a$인 것을 보여라.

(b) 상응하는 중력퍼텐셜 $(0 \le r \le a)$을 구하여라.

(c) 지구중심을 통하여 반대편까지 이르는 연직 구멍을 뚫었다고 상상하자. 지구 회전을 무시하고 균일한 밀도 $\rho_0 = 5.5\,\mathrm{g/cm^3}$을 가정하고 구멍에 떨어뜨린 입자의 운동성질을 계산하여라. 주기는 얼마인가?

참고. $\mathbf{F} \propto \mathbf{r}$가 실제로는 아주 부족한 근사이다. 변하는 밀도 때문에, 지름선 바깥쪽의 반에서는 $\mathbf{F} =$ 상수 그리고 안쪽 반에서 $\mathbf{F} \propto \mathbf{r}$가 훨씬 좋은 근사이다.

1.12.2 직각좌표 원점이 지구중심에 있다. 달은 z-축 위에 일정한 (중심에서 중심까지) 거리 R 떨어져 있다. 지구표면(점 x, y, z)에 있는 입자에 작용하는 달의 조석력(간만의 힘)은

$$F_x = -GMm\frac{x}{R^3}, \quad F_y = -GMm\frac{y}{R^3}, \quad F_z = +2GMm\frac{z}{R^3}$$

로 주어진다. 이 힘을 주는 퍼텐셜을 구하여라.

답. $-\dfrac{GMm}{R^3}\left(z^2 - \dfrac{1}{2}x^2 - \dfrac{1}{2}y^2\right)$;

제 11장의 르장드르(Legendre) 다항식을 쓰면 $-\dfrac{GMm}{R^3}r^2 P_2(\cos\theta)$.

1.12.3 벡터 $\mathbf{B}$가 두 스칼라함수 u, v의 기울기의 곱

$$\mathbf{B} = (\nabla u) \times (\nabla v)$$

로 주어졌다.

(a) **B**가 비발산적인 것을 보여라.

(b)

$$\mathbf{A} = \frac{1}{2}(u\,\nabla v - v\,\nabla u)$$

가 **B**를

$$\mathbf{B} = \nabla \times \mathbf{A}$$

로 주는 벡터퍼텐셜인 것을 증명하여라.

1.12.4 자기유도 **B**는 벡터퍼텐셜과 $\mathbf{B} = \nabla \times \mathbf{A}$인 관계가 있다. 스토크스 정리가

$$\int \mathbf{B} \cdot d\boldsymbol{\sigma} = \oint \mathbf{A} \cdot d\mathbf{r}$$

를 준다. 임의의 스칼라함수 Λ를 가지고 **게이지변환** $\mathbf{A} \to \mathbf{A} + \nabla\Lambda$를 하여도 위 식의 양변이 변하지 않는 것을 보여라.
참고. Λ를 1가함수로 잡아라.

1.12.5 전기장 **E**와 자기 벡터퍼텐셜 **A**로 만든 $[\mathbf{E} + \partial\mathbf{A}/\partial t]$는 비회전적이고 따라서

$$\mathbf{E} = -\nabla\varphi - \frac{\partial \mathbf{A}}{\partial t}$$

로 쓸 수 있는 것을 보여라.

1.12.6 속도 **v**로 움직이는 전하 q에 작용하는 전체 힘은

$$\mathbf{F} = q(\mathbf{E} + \mathbf{v} \times \mathbf{B})$$

이다. 스칼라 및 벡터퍼텐셜을 써서

$$\mathbf{F} = q\left[-\nabla\varphi - \frac{d\mathbf{A}}{dt} + \nabla(\mathbf{A} \cdot \mathbf{v})\right]$$

인 것을 보여라. 이제 연습문제 1.12.5의 편도함수 대신에 **A**의 전도함수가 들어있는 것을 눈여겨 보라.

1.12.7 질량 m의 행성이 별 주위의 반지름 r인 원형궤도를 중력퍼텐셜 $V = kr^n$이 주는 인력을 받으며 운동한다. 안정된 궤도를 주는 지수 n의 조건을 찾아라.
참고. 별의 질량 M을 써서 $k = -GmM$으로 놓고 고전역학을 쓸 수 있다. 아인슈타인(Einstein)의 일반상대론은 $n = -1$을 주는데, 뉴턴의 중력에서는 케플러(kepler)의 법칙도 덤으로 써야 $n = -1$을 얻는다.

1.13 가우스(Gauss) 법칙 및 푸아송(Poisson) 방정식

■ 가우스 법칙

좌표계의 원점에 있는 점전하 q를 생각하자. 이것은

$$\mathbf{E} = \frac{q\hat{\mathbf{r}}}{4\pi\varepsilon_0 r^2} \tag{1.136}$$

인 전기장 **E**를 만든다.[16] 이제 유도하려는 가우스 법칙이 말하는 것은: 그림 1.42에 있는

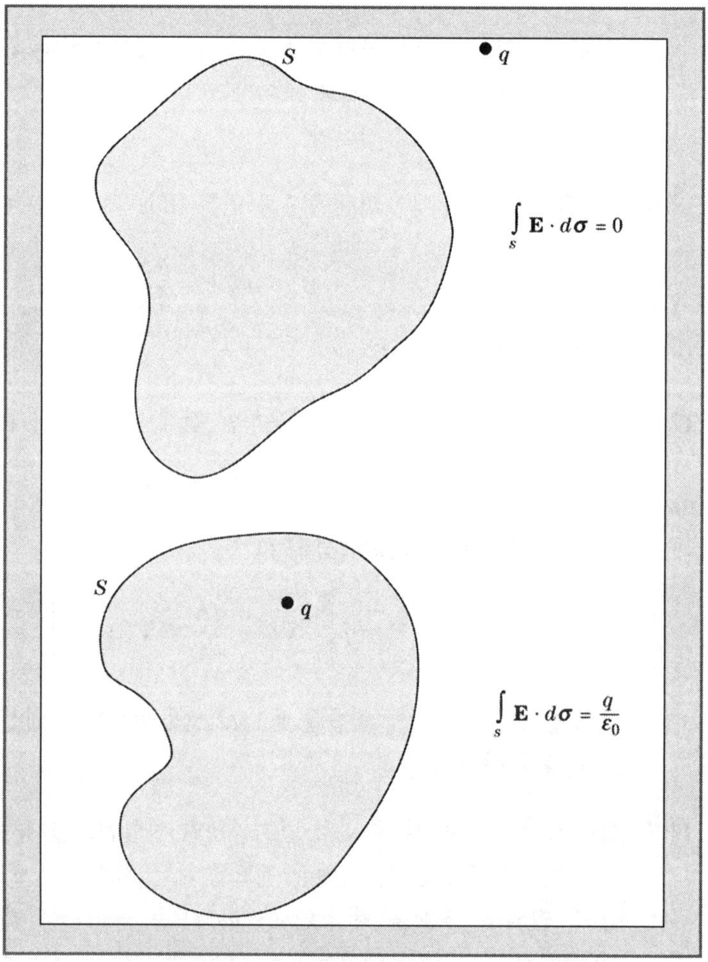

그림 1.42
Gauss 법칙

[16] 전기장 **E**는 정지해 있는 작은 시험전하 q_t에 작용하는 단위전하당의 힘 $\mathbf{E} = \mathbf{F}/q_t$로 정의한다. 쿨롱(Coulomb) 법칙은 q가 q_t에 작용하는 힘으로 $\mathbf{F} = (qq_t/4\pi\varepsilon_0)(\hat{\mathbf{r}}/r^2)$을 준다. 이것을 q_t로 나누면 (1.136)식을 얻는다.

그림 1.43
원점의 제외

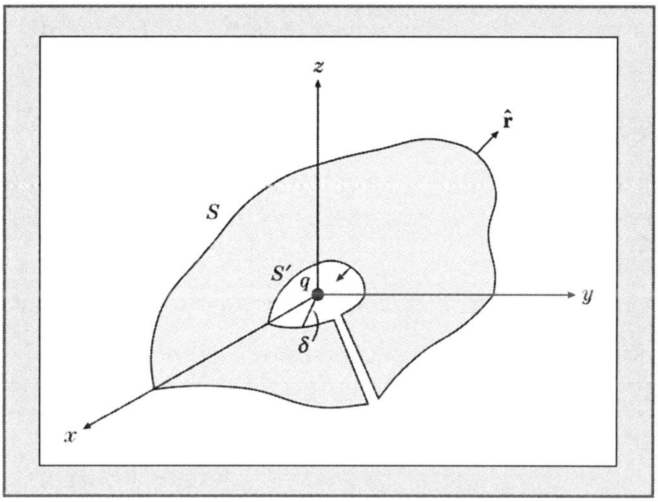

면적분은 폐곡면 S가 원점(q가 있는 곳)을 포함하면 q/ε_0이고 그렇지 않으면 0이다. 곡면 S는 어떠한 폐곡면이라도 괜찮고 구면일 필요는 없다.

가우스 정리[(1.116a)식]를 쓰면 (그리고 비례상수 $q/4\pi\varepsilon_0$을 생략하고), 피적분함수가 정의되지 않은 원점을 S가 포함하지 않을 경우, 연습문제 1.6.1에 의하여

$$\int_S \frac{\hat{\mathbf{r}}\cdot d\boldsymbol{\sigma}}{r^2} = \int_V \boldsymbol{\nabla}\cdot\left(\frac{\hat{\mathbf{r}}}{r^2}\right) d\tau = 0 \tag{1.137}$$

을 얻게 된다. 이것이 가우스 법칙의 둘째 부분을 증명한다.

면 S가 원점을 포함하는 첫째 부분을 취급하기 위해 원점을 반지름 δ인 작은 구면 S'으로 둘러싼다 (그림 1.43). 그래서 무엇이 안에 또는 밖에 있는지에 대한 의문이 없으며, 밖 S면의 바깥 공간과 S'면의 안 공간 사이를 좁은 구멍 통로로 잇는 것을 상상하자. 이것이 면 S와 작은 면 S'를 이어서 **하나의 단순연결 곡면**을 형성한다. 가상 구멍의 크기를 무한히 작게 만들 수 있어서 그것이 면적분에 아무런 기여를 주지 않도록 할 수 있다. 안의 곡면 S'는 그 위에서 적분을 쉽게 계산할 수 있도록 일부러 구면이 되게 택한다. 이제 가우스 정리를 S와 S' 사이의 부피에 아무런 어려움 없이 적용할 수 있어서

$$\int_S \frac{\hat{\mathbf{r}}\cdot d\boldsymbol{\sigma}}{r^2} + \int_{S'} \frac{\hat{\mathbf{r}}\cdot d\boldsymbol{\sigma}'}{\delta^2} = 0 \tag{1.138}$$

을 얻는다.

둘째 적분의 값을 구할 수 있는데, 입체각요소 $d\Omega$를 가지고 $d\boldsymbol{\sigma}' = -\hat{\mathbf{r}}\delta^2 d\Omega$라 쓸 수 있기 때문이다. 음(−) 부호는 1.9절에서 법선 $\hat{\mathbf{r}}'$의 양(+) 방향을 부피에서 **바깥쪽으로** 잡기로 합의되어 있기 때문이다. 여기서는 $\hat{\mathbf{r}}'$의 바깥쪽이 음의 지름방향(즉, $\hat{\mathbf{r}}' = -\hat{\mathbf{r}}$)이다. 모든 각도에서 적분하여

$$\int_{S'} \frac{\hat{\mathbf{r}} \cdot d\sigma'}{\delta^2} = -\int_{S'} \frac{\hat{\mathbf{r}} \cdot \hat{\mathbf{r}}\delta^2 d\Omega}{\delta^2} = -4\pi \tag{1.139}$$

를 얻으며 반지름 δ에 의존하지 않는다. (1.136)식의 상수를 넣어

$$\int_S \mathbf{E} \cdot d\sigma = \frac{q}{4\pi\varepsilon_0} 4\pi = \frac{q}{\varepsilon_0} \tag{1.140}$$

를 얻게 되어 가우스 법칙의 증명을 완료했다. S는 구면일 수 있으나 구면일 **필요는 없는 것**을 주목하자.

한걸음 더 나아가, 분포된 전하를 생각하면

$$q = \int_V \rho\, d\tau \tag{1.141}$$

라고 쓸 수 있다. (1.140)식은 그대로 적용되지만, q는 곡면 S로 싸인 공간에 분포된 전하 전체로 해석되어야 한다: 즉,

$$\int_S \mathbf{E} \cdot d\sigma = \int_V \frac{\rho}{\varepsilon_0} d\tau. \tag{1.142}$$

가우스 정리를 써서

$$\int_V \nabla \cdot \mathbf{E}\, d\tau = \int_V \frac{\rho}{\varepsilon_0} d\tau \tag{1.143}$$

를 얻는다. 부피가 완전히 임의이어서 (양변의) 피적분함수가 같게 되므로

$$\nabla \cdot \mathbf{E} = \frac{\rho}{\varepsilon_0} \tag{1.144}$$

즉, 막스웰 방정식의 하나를 얻는다. 논증을 거꾸로 진행하여, 막스웰 방정식을 적분하면 바로 가우스 법칙을 얻는다.

■ 푸아송 방정식

(1.144)식에서 $\mathbf{E}$를 $-\nabla\varphi$로 대치하면, 푸아송 방정식

$$\nabla \cdot \nabla\varphi = -\frac{\rho}{\varepsilon_0} \tag{1.145}$$

를 얻는다. 정전기학에서 이산적인 전하가 주는 쿨롱퍼텐셜의 합을 연속적 전하분포의 경우로 일반화하면, 위 방정식의 해가

$$\varphi(\mathbf{r}) = \frac{1}{4\pi\epsilon_0}\int\frac{\rho(\mathbf{r}')d\tau'}{|\mathbf{r}-\mathbf{r}'|}$$

로 되는 것을 안다.

조건 $\rho=0$의 경우는, 이것이 더 잘 알려진 **라플라스 방정식(Laplace equation)**

$$\nabla\cdot\nabla\varphi = 0 \tag{1.146}$$

으로 된다. 라플라스 방정식을 자주 만나는 것은 여러 가지 곡선좌표를 논의할 때와 제11장에서 그것의 해로서 나오는 수리물리학의 특수함수를 논의할 때이다.

쿨롱의 정전기력 법칙과 만유인력의 뉴턴 법칙을 직접 비교하자면

$$\mathbf{F}_E = \frac{1}{4\pi\varepsilon_0}\frac{q_1q_2}{r^2}\hat{\mathbf{r}}, \qquad \mathbf{F}_G = -G\frac{m_1m_2}{r^2}\hat{\mathbf{r}}$$

인 (꼭 같은 함수) 꼴이다. 그러므로 이 절의 퍼텐셜 이론은 중력퍼텐셜에 똑같이 적용된다. 예를 들면, 중력 푸아송 방정식은

$$\nabla\cdot\nabla\varphi = +4\pi G\rho \tag{1.147}$$

인데, 여기서 ρ는 질량밀도이다.

인명 자료

Poisson, Siméon Denis. 프랑스 수학자 Poisson은 1781년 Pithiviers에서 출생하여 1840년 Paris에서 서거하였다. Ecole Polytechnique에서 Laplace와 Lagrange의 제자였는데, 그의 재능이 유명한 두 은사에 인정되어 1802년 교수로 발탁되었다. 두 분의 천체역학, Fourier의 열 이론, 확률론 등을 포함하여 많은 업적을 남겼다.

연습문제

1.13.1 2차원의 경우에 대한 가우스 법칙

$$\varphi = -q\frac{\ln\rho}{2\pi\varepsilon_0}, \quad \mathbf{E} = -\nabla\varphi = q\frac{\hat{\rho}}{2\pi\varepsilon_0\rho}$$

을 개발하여라. 여기서 q는 원점에 있는 전하이거나, 또는 2차원계가 3차원(원통형)계의 단위 두께일 때에는 단위 길이의 전하이다. 변수 ρ는 선 전하로부터 바깥쪽으로 지름방향에서 잰 것이고, $\hat{\boldsymbol{\rho}}$는 그에 따른 단위벡터(2.2절 참조)이다. 그래픽 소프트웨어를 쓸 수 있으면, $q/2\pi\varepsilon_0=1$인 경우 퍼텐셜과 장을 그려라.

1.13.2 (a) 막스웰 방정식

$$\nabla \cdot \mathbf{E} = \frac{\rho}{\varepsilon_0}$$

를 폐곡면에서 적분하면 가우스 법칙이 나오는 것을 보여라. 여기서 ρ는 전하 밀도이다.

(b) 점전하 q의 전장이 구면대칭인 것을 가정하여, 가우스 법칙이 쿨롱의 역 자승 식

$$\mathbf{E} = \frac{q\hat{\mathbf{r}}}{4\pi\varepsilon_0 r^2}$$

을 뜻하는 것을 보여라.

1.13.3 어느 점 P에서나 정전기퍼텐셜 φ의 값은 P를 중심으로 어떤 (크기의) 구면을 잡던지 그 위의 평균값과 같다는 것을 보여라. 구면의 위나 내부에 전하는 없다고 하자. *힌트.* $u^{-1} = r$(P로부터 거리)와 $v = \varphi$를 가지고 그린 정리[(1.119)식]를 써라.

1.13.4 막스웰 방정식을 써서, 쿨롱 게이지에서 $\nabla \cdot \mathbf{A} = 0$을 요구할 경우, 정상전류를 가진 계의 벡터퍼텐셜 $\mathbf{A}$가 벡터 푸아송 방정식

$$\nabla^2 \mathbf{A} = -\mu \mathbf{J}$$

를 만족하는 것을 보여라.

1.14 디락(Dirac) 델타함수

보기 1.6.1 및 1.13절에 있는 가우스 법칙의 전개로부터

$$\int \nabla \cdot \nabla \left(\frac{1}{r}\right) d\tau = -\int \nabla \cdot \left(\frac{\hat{\mathbf{r}}}{r^2}\right) d\tau = \begin{cases} -4\pi \\ 0 \end{cases} \tag{1.148}$$

을 얻는데, 적분영역이 원점 $\mathbf{r} = 0$을 포함 하는지 또는 않는지에 따라서 우변의 두 값을 갖는다. 이 결과는 디락 델타함수(Dirac delta function)를 도입하여 편리한 형태

$$\nabla^2 \left(\frac{1}{r}\right) = -4\pi\delta(\mathbf{r}) = -4\pi\delta(x)\delta(y)\delta(z) \tag{1.149}$$

로 표현할 수 있다. 디락 델타함수의 **정의**를 지정된 성질,

$$\delta(x) = 0, \qquad x \neq 0, \tag{1.150}$$

$$f(0) = \int_{-\infty}^{\infty} f(x)\delta(x)\,dx \tag{1.151}$$

를 통하여 하게 되는데, 여기서 $f(x)$는 어떤 '성격 좋은'(well-behaved) 함수라도 괜찮고 적분 영역은 원점을 포함한다. (1.151)식의 특수 형태는

$$\int_{-\infty}^{\infty} \delta(x)\,dx = 1 \tag{1.152}$$

이다. (1.151)식은 충격력이나 점전하의 전하밀도에서 볼 수 있는 것 같이, $\delta(x)$가 $x=0$에서 무한히 높고도 얇은 스파이크 모양이 되어야 한다는 것을 뜻한다.[17] 통상적인 함수의 뜻으로는 그러한 **함수가 존재하지 않는다**는 문제가 있다. 그러나 (1.151)식의 핵심 성질은 '초함수'(distribution)라 부르는 함수 **수열**의 극한으로 엄격히 개발시킬 수 있다. 예를 들면, 델타함수를 아래에 나열한 [(1.153)식~(1.156)식 및 그림 1.44~1.47] 함수수열의 $n\to\infty$인 극한으로 근사 시킬 수 있다:

$$\delta_n(x) = \begin{cases} 0, & x < -\frac{1}{2n} \\ n, & -\frac{1}{2n} < x < \frac{1}{2n} \\ 0, & x > \frac{1}{2n} \end{cases} \tag{1.153}$$

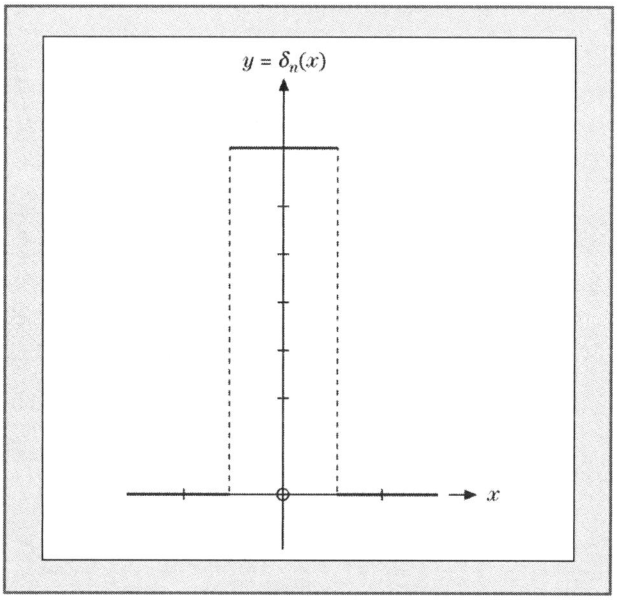

그림 1.44
δ 수열 함수, (1.153)식

[17] 핵력과 같은 아주 단거리의 힘을 기술하는데 흔히 델타함수를 쓴다. 또 양자역학에서 연속체 파동함수를 정규화하는 데 쓴다.

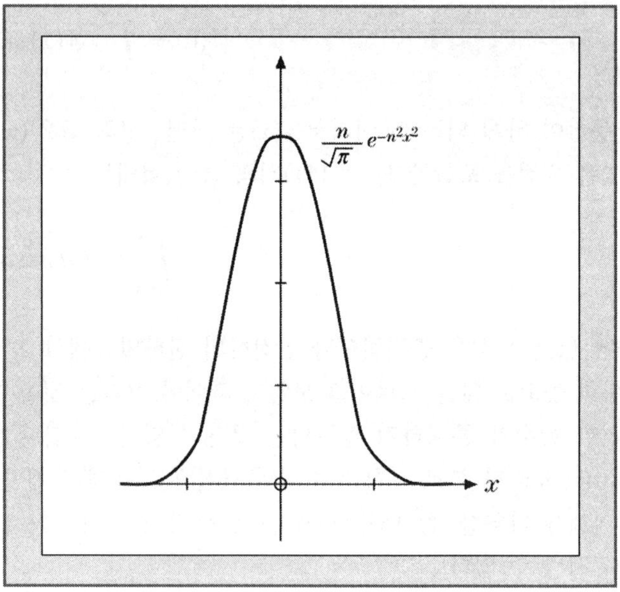

그림 1.45
δ 수열 함수, (1.154)식

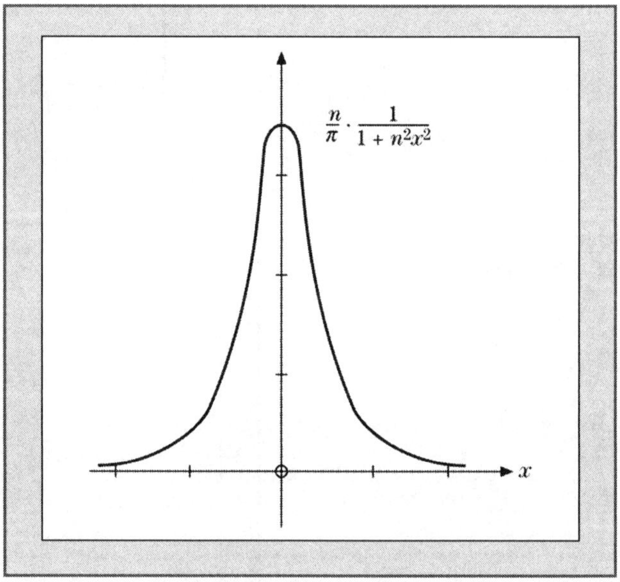

그림 1.46
δ 수열 함수, (1.155)식

$$\delta_n(x) = \frac{n}{\sqrt{\pi}}\exp(-n^2x^2) \tag{1.154}$$

$$\delta_n(x) = \frac{n}{\pi}\cdot\frac{1}{1+n^2x^2} \tag{1.155}$$

$$\delta_n(x) = \frac{\sin nx}{\pi x} = \frac{1}{2\pi}\int_{-n}^{n} e^{ixt}\,dt. \tag{1.156}$$

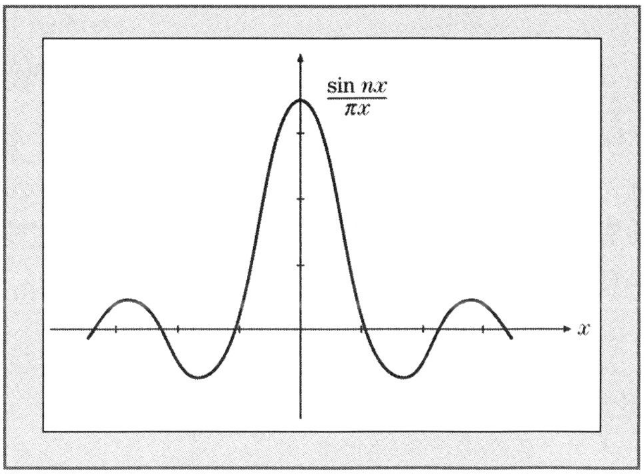

그림 1.47
δ 수열 함수, (1.156)식

예제 1.14.1

(1.153)식의 수열을 써서 $\int_{-\pi}^{\pi} \cos x\,\delta(x)dx = \cos 0 = 1$의 값을 구하자.

$$\int_{-1/2n}^{1/2n} n\cos x\,dx = n\sin x|_{-1/2n}^{1/2n} = n\left(\sin\left(\frac{1}{2n}\right) - \sin\left(-\frac{1}{2n}\right)\right)$$
$$= 2n\sin\frac{1}{2n} = 2n\left(\frac{1}{2n} + O(1/n^3)\right) \to 1,\ n \to \infty.$$

첫 단계에서 적분 상하한의 변화를 살펴본다. 유사하게, $\int_{-\pi}^{\pi} \sin x\,\delta(x)\cdot dx = \sin 0 = 0$을 얻는다. 대신에 (1.155)식을 쓸 수도 있었고, $\cos x$의 멱급수에서 첫 항만을 유지하면

$$\frac{n}{\pi}\int_{-\pi}^{\pi}\frac{\cos x\,dx}{1+n^2x^2} = \frac{n}{\pi}\int_{-\pi}^{\pi}\frac{1-x^2/2+\cdots}{1+n^2x^2}dx = \frac{n}{\pi}\int_{-\pi}^{\pi}\frac{dx}{1+n^2x^2}$$
$$= \frac{1}{\pi}\int_{-n\pi}^{n\pi}\frac{dy}{1+y^2} = \frac{1}{\pi}[\arctan(n\pi) - \arctan(-n\pi)]$$
$$= \frac{2}{\pi}\arctan(n\pi) \to \frac{2}{\pi}\frac{\pi}{2} = 1,\ n \to \infty$$

를 얻는다. 또, n이 클 때는 $x=0$ 부근을 제외하고는 분모가 아주 크게 되므로 x의 양 멱수를 갖는 모든 항에 대하여 첫 단계부터 적분한계를 $\pm\pi/n$으로 바꿀 수 있다. 이것이 $\cos x$ 멱급수의 고차 항이 기여하지 않는 이유이다. ■

이 근사들의 유용성은 다양하다. (1.153)식은 적분성질[(1.151)식]을 간단히 유도하는 데 유용하다. (1.154)식은 미분하는 데 편리하다. 그것의 도함수들은 에르미트 다항식에 이르도록 한다. (1.156)식은 푸리에 해석과 그것을 양자역학에 응용하는 데 각별히 유용하다. 푸리에 급수의 이용에서 (1.156)식이 자주 디리클레 핵(Dirichlet kernel)

$$\delta_n(x) = \frac{1}{2\pi}\frac{\sin[(n+\frac{1}{2})x]}{\sin(\frac{1}{2}x)} \tag{1.157}$$

로 나타난다. (1.151)식과 그 이후에서 이 근사계산들을 쓸 때, 적분이 가능한 $f(x)$이 가정하였는데 그것이 큰 x에서 문제가 되지 않았다.

대부분의 물리적인 문제에서 그런 근사들이 아주 적절하다. 수학적인 관점에서는 상황이 만족스럽지 못하다: 극한

$$\lim_{n\to\infty} \delta_n(x)$$

이 **존재하지 않는다**.

이런 어려움의 극복은 초함수 이론이 제공한다. (1.151)식이 근본적인 성질인 것을 감안하여, 주의를 $\delta(x)$ 자체보다 (1.151)에 집중한다. (1.153)식~(1.156)식($n=1, 2, 3, \ldots$)을 정규화가 된 함수

$$\int_{-\infty}^{\infty} \delta_n(x)\,dx = 1 \tag{1.158}$$

의 **수열**로 해석하자. 적분의 수열은 극한

$$\lim_{n\to\infty}\int_{-\infty}^{\infty} \delta_n(x) f(x)\,dx = f(0) \tag{1.159}$$

을 갖는다. (1.158)식이 적분수열의 극한인 것을 보라. 또 다시 극한 $\delta_n(x)$, $n\to\infty$는 존재하지 않는다. [$\delta_n(x)$의 4형태 모두가 $x=0$에서 발산한다.]

일관성 있게 $\delta(x)$를 다루는 것은 등식

$$\int_{-\infty}^{\infty} \delta(x) f(x)\,dx = \lim_{n\to\infty}\int_{-\infty}^{\infty} \delta_n(x) f(x)\,dx \tag{1.160}$$

를 통하여 한다. (1.158)식 속의 수열 $\delta_n(x)$로 정의된 $\delta(x)$를 초함수(통상적인 함수가 아님)라 부른다. (1.160)식 우변의 적분은 리만 적분[18]이 아니란 것을 강조한다. 그것은 하나의 극한이다.

이 초함수 $\delta(x)$는 가능한 무한히 많은 초함수 가운데 하나에 불과하나 (1.151)식 때문에 우리가 흥미를 갖게 된 것이다.

위에 나온 함수들의 수열로부터 디락 델타함수가 변수 x의 우함수 $\delta(-x) = \delta(x)$인 것을 알 수 있다.

---

[18] 원하면 그것을 Stieltjes 적분으로 취급할 수 있다. Heaviside 계단함수 $u(x)$를 가지고 $\delta(x)dx$는 $du(x)$로 대치할 수 있다.

이제 디락 델타함수를 하나의 전하에 적용하는 것을 구체적으로 생각하고 원점에서 전기장이 특이한 것을 설명하자.

예제 1.14.2 **구의 전체 전하**

중심이 원점에 있고 반지름 R인 구의 안에 n개의 전하 e_j가 점 $\mathbf{r}_j(r_j<R)$에 있을 때, 구면 밖으로 나오는 전체의 전기선속 $\oint \mathbf{E}\cdot d\boldsymbol{\sigma}$를 생각하자. 전기장 세기는 $\mathbf{E}=-\boldsymbol{\nabla}\varphi(\mathbf{r})$인데 퍼텐셜

$$\varphi=\sum_{j=1}^{n}\frac{e_j}{|\mathbf{r}-\mathbf{r}_j|}=\int\frac{\rho(\mathbf{r}')}{|\mathbf{r}-\mathbf{r}'|}d^3r'$$

는 각 전하가 만드는 쿨롱 퍼텐셜의 합이며 전체 전하밀도는 $\rho(\mathbf{r})=\sum_j e_j\delta(\mathbf{r}-\mathbf{r}_j)$이다. 여기서 델타함수는 점 같은 밀도분포의 단축으로 사용되었다. 이제 미분형식의 가우스 법칙 $\boldsymbol{\nabla}\cdot\mathbf{E}=-\rho/\varepsilon_0$과 $\sum_j e_j\int\delta(\mathbf{r}-\mathbf{r}_j)d\tau=\sum_j e_j$에 관련하여 가우스 정리를 써서

$$\oint\mathbf{E}\cdot d\sigma=-\oint\boldsymbol{\nabla}\varphi\cdot d\sigma=-\int\boldsymbol{\nabla}^2\varphi d\tau=\int\frac{\rho(\mathbf{r})}{\varepsilon_0}d\tau=\frac{\sum_j e_j}{\varepsilon_0}$$

를 얻는다. ■

델타함수의 변수가 실수축에 **단순한 0들(simple zeros)**을 갖는 함수 $g(x)$인 경우에 적분성질[(1.151)식]이 유용한데, 이 때에

$$\delta(ax)=\frac{1}{a}\delta(x),\quad a>0,\tag{1.161}$$

$$\delta(g(x))=\sum_{\substack{a,\\ g(a)=0,\\ g'(a)\neq 0}}\frac{\delta(x-a)}{|g'(a)|}\tag{1.162}$$

인 규칙에 이르게 된다. (1.161)식을 증명하려면, 적분변수의 변환

$$\int_{-\infty}^{\infty}f(x)\delta(ax)dx=\frac{1}{a}\int_{-\infty}^{\infty}f\left(\frac{y}{a}\right)\delta(y)dy=\frac{1}{a}f(0)$$

을 하고 (1.151)식을 적용한다. (1.162)식의 증명은 적분을 $g(x)$의 일차 영들(first order zeros)을 포함하는 작은 구간적분들의 합

$$\int_{-\infty}^{\infty}f(x)\delta(g(x))dx=\sum_a\int_{a-\varepsilon}^{a+\varepsilon}f(x)\delta((x-a)g'(a))dx\tag{1.163}$$

로 분해하는 데 있다. 이들의 구간에서 $g(x)\approx g(a)+(x-a)g'(a)=(x-a)g'(a)$. (1.163)식의 우변에 (1.161)식을 써서 (1.162)식의 적분을 얻는다.

예제 1.14.3 $I \equiv \int_{-\infty}^{\infty} f(x)\delta(x^2-2)dx$

델타함수 변수 (x^2-2)의 영들은 $x^2=2$ 또는 $x=\pm\sqrt{2}$이므로, 적분은 두 기여의 합으로 쓸 수 있어서 아래 결과를 얻는다:

$$I = \int_{\sqrt{2}-\epsilon}^{\sqrt{2}+\epsilon} \delta(x-\sqrt{2}) \frac{f(x)dx}{\frac{d(x^2-2)}{dx}\big|_{x=\sqrt{2}}} dx + \int_{-\sqrt{2}-\epsilon}^{-\sqrt{2}+\epsilon} \delta(x+\sqrt{2}) \frac{f(x)dx}{\frac{d(x^2-2)}{dx}\big|_{x=-\sqrt{2}}}$$
$$= \int_{\sqrt{2}-\epsilon}^{\sqrt{2}+\epsilon} \delta(x-\sqrt{2}) \frac{f(x)dx}{2\sqrt{2}} + \int_{-\sqrt{2}-\epsilon}^{-\sqrt{2}+\epsilon} \delta(x+\sqrt{2}) \frac{f(x)dx}{2\sqrt{2}}$$
$$= \frac{f(\sqrt{2})+f(-\sqrt{2})}{2\sqrt{2}}.$$

이 예제는 다음 것을 위한 좋은 훈련이다.

예제 1.14.4 **위상공간**

파인만(Feynman) 도형을 쓰는 상대론적 입자의 산란이론에 자주 나오는 것으로 산란입자의 에너지를 변수로 하는 적분

$$\int d^4p\delta(p^2-m^2)f(p) \equiv \int d^3p \int dp_0\delta(p_0^2-\mathbf{p}^2-m^2)f(p)$$
$$= \int_{E>0} \frac{d^3pf(E,\mathbf{p})}{2\sqrt{m^2+\mathbf{p}^2}} - \int_{E<0} \frac{d^3pf(E,\mathbf{p})}{2\sqrt{m^2+\mathbf{p}^2}}$$

가 있는데, 여기서 (광속도 $c=1$로 놓았고) 델타함수 변수의 영 $E=\pm\sqrt{m^2+\mathbf{p}^2}$에서 (1.162)식을 썼다. $\delta(p^2-m^2)$의 물리적 의미는 질량 m과 4차원 운동량 $p^\mu=(p_0, \mathbf{p})$를 가진 입자가 질량껍질 위에 있는 것을 뜻하는데 $p^2=m^2$은 $E=\pm\sqrt{m^2+\mathbf{p}^2}$에 상당하기 때문이다. 이래서 운동량 공간에서 '질량껍질 위' (on-mass-shell) 부피요소는 로렌츠 불변량 $\frac{d^3p}{2E}$인데, 이것은 운동량 공간의 비상대론적인 d^3p에 대조적이다. 음에너지가 나타난다는 사실은 반입자와 관련된 상대론적 운동학의 특수성이다.

부분적분을 써서 디락 델타함수의 **도함수** $\delta'(x)$**를 정의**하는데

$$\int_{-\infty}^{\infty} f(x)\delta'(x-x')\,dx = -\int_{-\infty}^{\infty} f'(x)\delta(x-x')\,dx = -f'(x') \qquad (1.164)$$

인 관계식을 쓴다.

디락 델타함수는 적분될 함수의 부분으로서만 의미가 있는 것을 알아야 한다. 따라서 디락 델타함수는 흔히 $f(x)$에 작용하여 $f(x_0)$를 만드는 선형연산자 $\delta(x-x_0)$로 취급된다:

$$\mathcal{L}(x_0)f(x) \equiv \int_{-\infty}^{\infty} \delta(x - x_0) f(x)\, dx = f(x_0). \tag{1.165}$$

또 선형사상(linear mapping)이나 또는 단지 일반화된 함수(generalized function)로 분류되기도 한다. 특이점을 $x = x'$로 이동하면 디락 델타함수를 $\delta(x - x')$로 쓰며, (1.151)식은

$$\int_{-\infty}^{\infty} f(x)\delta(x - x')\, dx = f(x') \tag{1.166}$$

이 된다. 특이점 $x = x'$를 기술하는데 디락 델타함수를 $\delta(x - x')$나 $\delta(x' - x)$로 쓴다. 3차원으로 확장하고 구면극좌표를 쓰면

$$\begin{aligned} f(0) &= \int_0^{2\pi}\int_0^{\pi}\int_0^{\infty} f(\mathbf{r})\delta(\mathbf{r}) r^2\, dr \sin\theta\, d\theta\, d\varphi \\ &= \iiint_{-\infty}^{\infty} f(x, y, z)\delta(x)\delta(y)\delta(z)\, dx\, dy\, dz, \\ & \int_0^{\infty} \frac{\delta(r)}{r^2} r^2 dr \int_{-1}^{1} \delta(\cos\theta)\, d\cos\theta \int_0^{2\pi} \delta(\varphi)\, d\varphi = 1 \end{aligned} \tag{1.167}$$

을 얻는데, 마지막 줄에서 각각의 1차원 적분이 1이다. 이것은 원점에 있는 특이점(또는 원천점)에 상당한다. 또 원천이 $\mathbf{r} = \mathbf{r}_1$에 있다면 (1.167)식은

$$\iiint f(\mathbf{r}_2)\delta(\mathbf{r}_2 - \mathbf{r}_1) r_2^2 dr_2 \sin\theta_2\, d\theta_2\, d\varphi_2 = f(\mathbf{r}_1) \tag{1.168}$$

로 일반화되는데, 여기서

$$\int_0^{\infty} \frac{\delta(r_2 - r_1)}{r_2^2} r_2^2 dr_2 \int_{-1}^{1} \delta(\cos\theta_2 - \cos\theta_1) d\cos\theta_2 \int_0^{2\pi} \delta(\varphi_2 - \varphi_1) d\varphi_2 = 1.$$

요 약

자주 $\delta(x)$를 쓰는데 역사적인 이유로[19] 디락 델타함수라 부른다. 그것이 실제로 함수인 것은 아니다. 본질적으로는 간략한 기호법이며, (1.160)식에 따라 수열 $\delta_n(x)$로 된 적분들의 극한을 통하여 간접묵계적으로 정의되었다.

[19]Dirac이 델타함수를 양자역학에 도입하였다. 실은, 델타함수가 Kirchhoff(1822년)에까지 추적된다. 자세한 내용은 M. Jammer(1966), *The Conceptual Development of Quantum Mechanics*, p.301, McGraw-Hill, New York을 참조하여라.

인명 자료

Dirac, Paul Adrien Maurice. 영국 물리학자 Dirac은 Bristol에서 1902년에 출생하여 1984년에 서거하였다. Bristol에서 전기공학 학사, 1926년 Cambridge에서 수리물리학 박사를 받았다. 1932년에는 (Newton과 Stokes의 자리였던) Lucasian 석좌교수가 되었다. 1920년대에 양자역학을 발전시켰으며 양자장론 창시자의 한 사람이다. 1928년에는 반입자의 존재도 예언하는 전자의 상대론적 방정식을 발견하였고, 그 공로로 1933년 노벨상을 받았다.

연습문제

1.14.1

$$\delta_n(x) = \begin{cases} 0, & x < -\frac{1}{2n}, \\ n, & -\frac{1}{2n} < x < \frac{1}{2n} \\ 0, & \frac{1}{2n} < x \end{cases}$$

라 하자. $f(x)$가 $x=0$에서 연속이라면

$$\lim_{n\to\infty}\int_{-\infty}^{\infty} f(x)\delta_n(x)\,dx = f(0)$$

인 것을 보여라.

1.14.2 함수 $\delta_n(x) = \begin{cases} 0, & x < 0, \\ ne^{-nx}, & x > 0 \end{cases}$

에 근거를 둔 수열 $\delta_n(x)$는 [(1.159)식을 만족하는] 델타수열인 것을 입증하여라. 특이점이 +0(원점의 +쪽)에 있는 것을 보여라.
힌트. 상한(∞)을 c/n(c는 크지만 유한)로 바꾸고 적분학의 평균치 정리를 써라.

1.14.3 (1.155)식

$$\delta_n(x) = \frac{n}{\pi}\cdot\frac{1}{1+n^2x^2}$$

에 대하여

$$\int_{-\infty}^{\infty}\delta_n(x)\,dx = 1$$

인 것을 보여라.

1.14.4 등식

$$\lim_{n\to\infty}\int_{-\infty}^{\infty} f(x)\frac{\sin nx}{\pi x}\,dx = f(0)$$

을 보임으로 $\delta_n(x)=\sin(nx)/(\pi x)$가 델타 초함수인 것을 입증하여라. $f(x)$가 $x=0$

에서 연속이고 $x \to \pm\infty$일 때에 0이 되는 것을 가정하여라.

힌트. 적분 **이전에** x를 y/n로 치환하고 $n \to \infty$인 극한을 택하여라.

1.14.5 급수합의 Fejer 방법은 함수

$$\delta_n(t) = \frac{1}{2\pi n}\left[\frac{\sin(nt/2)}{\sin(t/2)}\right]^2$$

과 관련이 있는데, 이 $\delta_n(t)$가

$$\lim_{n\to\infty} \frac{1}{2\pi n}\int_{-\infty}^{\infty} f(t)\left[\frac{\sin(nt/2)}{\sin(t/2)}\right]^2 dt = f(0)$$

인 의미로 델타 초함수인 것을 보여라.

1.14.6 (1.154)식의 가우스 델타수열(δ_n)을 쓰고 $\delta(x)$와 그 도함수를 (1.151)식에서처럼 취급하여

$$x\frac{d}{dx}\delta(x) = -\delta(x)$$

을 증명하여라.

1.14.7 $f'(x)$가 $x=0$에서 연속이라 가정하고

$$\int_{-\infty}^{\infty} \delta'(x)f(x)\,dx = -f'(0)$$

을 증명하여라.

1.14.8 $f(x_0)=0$(단, $df/dx \neq 0$)이 되도록 x_0를 잡으면, 즉 x_0가 함수 $f(x)$의 간단한 0인 점이면

$$\delta(f(x)) = \left|\frac{df(x)}{dx}\right|^{-1}\delta(x - x_0)$$

인 것을 증명하여라.

힌트. 왜 $\delta(f)df = \delta(x)dx$가 성립하는지 설명한 뒤에 이것을 사용하여라.

1.14.9 구면극좌표 $(r, \cos\theta, \varphi)$에서 델타함수 $\delta(\mathbf{r}_1 - \mathbf{r}_2)$는

$$\frac{1}{r_1^2}\delta(r_1 - r_2)\delta(\cos\theta_1 - \cos\theta_2)\delta(\varphi_1 - \varphi_2)$$

가 되는 것을 보여라.

1.14.10 유한구간 $(-\pi, \pi)$에서 디락 델타함수 $\delta(x-t)$를 $\sin nx$, $\cos nx$ $(n=0, 1, 2, \ldots)$의 급수로 전개하여라. 이 함수들이 직교이지만 1로 정규화되지는 않았다는 것을 보아라.

1.14.11 구간 $(-\pi, \pi)$에서 $\delta_n(x) = \frac{n}{\sqrt{\pi}}\exp(-n^2x^2)$이다.

(a) $\delta_n(x)$를 푸리에 코사인 급수로 전개하여라.

(b) 그 푸리에 급수가 $n \to \infty$인 극한에 $\delta(x)$의 푸리에 전개와 일치하는 것을 보여라.

(c) 푸리에 급수의 델타함수 성격을 확인하기 위해서, 구간 $[-\pi, \pi]$에서 유한하고 $x = 0$에서 연속인 어떠한 $f(x)$에 대해서도

$$\int_{-\pi}^{\pi} f(x)[\,\delta_\infty(x)\text{의 푸리에 전개}\,]\,dx = f(0)$$

인 것을 보여라.

1.14.12 (a) 구간 $(-\infty, \infty)$에서 $\delta_n(x) = \frac{n}{\sqrt{\pi}}\exp(-n^2x^2)$을 푸리에 적분으로 전개하여라.

(b) $\delta_n(x) = n\exp(-nx)$를 라플라스 변환으로 전개하여라.

1.14.13 수열

$$\delta_n(x) = \begin{cases} n, & |x| < 1/2n, \\ 0, & |x| > 1/2n \end{cases}$$

을 정의하자 [(1.153)식]. (푸리에 적분정리, 역변환 등을 통하여) $\delta_n(x)$를 푸리에 적분으로 표현하여라. 마지막으로

$$\delta(x) = \lim_{n\to\infty} \delta_n(x) = \frac{1}{2\pi}\int_{-\infty}^{\infty} e^{-ikx}\,dk$$

라고 쓸 수 있는 것을 증명하여라.

1.14.14 수열

$$\delta_n(x) = \frac{n}{\sqrt{\pi}}\exp(-n^2x^2)$$

을 써서

$$\delta(x) = \frac{1}{2\pi}\int_{-\infty}^{\infty} e^{-ikx}\,dk$$

를 보여라.

참고. 특히 (1.159)식에서 보는 바와 같이, $\delta(x)$는 피적분함수 부분으로서의 성질을 통하여 정의되는 것을 상기하여라.

1.14.15 $\delta(x-t)$의 sin과 cos 표현을 유도하여라.

답. $\frac{2}{\pi}\int_0^{\infty} \sin\omega t \sin\omega x\,d\omega,\ \frac{2}{\pi}\int_0^{\infty} \cos\omega t \cos\omega x\,d\omega.$

추가 읽을거리

Borisenko, A. I., and Taropov, I. E. (1968). *Vector and Tensor Analysis with Applications*. Prentice-Hall, Englewood Cliffs, NJ. Reprinted, Dover, New York (1980).

Davis, H. F., and Snider, A. D. (1995). *Introduction to Vector Analysis*, 7th ed. Allyn & Bacon, Boston.

Kellogg, O. D. (1953). *Foundations of Potential Theory*. Dover, New York. Originally published 1929. 퍼텐셜 이론에 관한 고전 교과서이다.

Lewis, P. E., and Ward, J. P.(1989). *Vector Analysis for Engineers and Scientists*. Addison-Wesley, Reading, MA.

Marion, J. B. (1965). *Principles of Vector Analysis*. Academic Press, New York. 텐서해석을 지향하여 벡터해석을 비교적 고급(또는 고등)으로 소개하였다. 회전과 기타의 변환을 그에 어울리는 행렬을 써서 기술하였다.

Spiegel, M. R. (1989). *Vector Analysis*. McGraw-Hill, New York.

Tai, C.-T. (1996). *Generalized Vector and Dyadic Analysis*. Oxford Univ. Press, Oxford.

Wrede, R. C. (1963). *Introduction to Vector and Tensor Analysis*. Wiley, New York. Reprinted, Dover, New York (1972). 좋은 역사적 개론 및 벡터의 미분과 역학에서 응용에 관한 뛰어난 논의를 준다.

곡선좌표 벡터해석 및 텐서

제1장은 거의 완전하게 직각 또는 데카르트 좌표계로 제한하였다. 데카르트 (직각) 좌표계는 세 단위벡터 $\hat{\mathbf{x}}, \hat{\mathbf{y}}, \hat{\mathbf{z}}$의 방향과 크기가 일정하다는 특유한 강점을 갖는다. 앞에 도입한 지름거리 r조차도 x, y, z의 함수 $r = \sqrt{x^2+y^2+z^2}$으로 취급한다. 유감스럽게도 물리학의 모든 문제가 직각좌표로 풀기에 적합하지는 못하다. 예를 들면, 중력이나 정전기력과 같은 중심력문제 $[\mathbf{F} = \hat{\mathbf{r}}F(r)]$에서는 직각좌표가 유별나게 부적합하다. 그런 문제에서는 지름거리를 좌표의 하나로 택하는 좌표계(즉, 구면극좌표)를 써야 한다.

요점인즉 좌표계의 선택은 문제가 지닌 제약조건이나 대칭성을 이용할 수 있도록 문제에 잘 맞추어야 한다. 예를 들어 직각 (구면) 경계조건은 직각 (극) 좌표를 직각 (원통) 모양의 계는 직각 (원통) 좌표를 요구한다. 그러한 선택을 하여 문제가 잘 맞지 않는 틀에서 진행하는 것보다 훨씬 쉽게 풀리기를 바라는 것이다.

당연히 비-데카르트 좌표계를 쓰면 대가를 치러야 한다. 제1장에서 직각 (데카르트) 좌표로 기울기(grad), 발산(div) 및 회전(curl)을 논의했으나 어떤 비-데카르트 좌표에서도 그들을 표현하는 수식을 쓰지 않았다. 그런 수식은 2.2절에서 처음으로 원통좌표로 썼으며 일반적인 전개는 2.3절에서 하였다. 이 곡선 좌표계는 2.5절에서 구면극좌표로 특수화되었다. 다른 유용한 자표계들도 있는데, 11종류가 *Mathematical Methods*의 2판에 들어있고 Margenau와 Murphy(1956)에도 조금 있다.

2.1 특수 좌표계

앞에서 말한바와 같이, 3차원 헬름홀쯔 편미분방정식을 세 개의 상미분방정식으로 분리할 수 있는 11개의 좌표계가 있다. 이들 가운데 일부는 양자역학의 역사적 발전과정에서 눈에 띄게 되었다. 쌍극좌표와 같은 다른 계는 특수한 필요를 충족시켜 준다. 그런데 그러한 필요가 비교적 드물고 더구나 컴퓨터의 발달과 효율적인 프로그래밍 기술이 그런 좌표계의 필요를 크게 감소시킨 것이 주된 이유로, 이번 제2장의 논의를 셋으로 제한한다: (i) 제1장에서 광범위하게 취급한 직각좌표의 간결한 요약, (ii) 원통좌표, (iii) 구면극좌표. 다른 좌표계에 대해 특별하거나 자세한 내용은 이 책의 첫 두 판, Morse와 Feshbach(1953) 및 Margenau와 Murphy (1956)에서 볼 수 있다.

■ 직각 데카르트 좌표

데카르트 좌표에서 취급하는 세 개의 서로 직교인 평면들은 $x=$상수, $y=$상수, $z=$상수이다. 이것들이 제1장의 기초가 된 데카르트 좌표이다. 이 가장 간단한 계에서 좌표벡터와 벡터 $\mathbf{V}$를

$$\mathbf{r}=\hat{\mathbf{x}}x+\hat{\mathbf{y}}y+\hat{\mathbf{z}}z, \quad \mathbf{V}=\hat{\mathbf{x}}V_x+\hat{\mathbf{y}}V_y+\hat{\mathbf{z}}V_z \tag{2.1}$$

로 쓴다. 좌표단위벡터 $\hat{\mathbf{x}}, \hat{\mathbf{y}}, \hat{\mathbf{z}}$는 방향과 길이가 변하지 않고 서로 직교하여서 데카르트 좌표로 벡터해석을 진행시키는 것이 가장 간단하도록 만든다.

이제 다중 적분과 미분을 하기 위한 선, 넓이, 및 부피 요소에 집중하자. 직작좌표에서 피타고라스 정리를 쓰면, 무한히 가까운 두 점 사이 거리의 제곱은

$$ds^2=dx^2+dy^2+dz^2 \tag{2.2}$$

인데, 제곱의 합으로 되어있는 것이 이들 좌표가 직교라고 불리는 것을 뜻한다. 즉, 겹선형 (bilinear) 항 $dx\,dy$, ddz, $dx\,dz$가 들어 있지 않다.

(1.63)식, (1.71)식과 (1.78)식으로부터 제1장에 있는 벡터해석의 결과를 재현하면

$$\nabla\psi=\hat{\mathbf{x}}\frac{\partial\psi}{\partial x}+\hat{\mathbf{y}}\frac{\partial\psi}{\partial y}+\hat{\mathbf{z}}\frac{\partial\psi}{\partial z}, \tag{2.3}$$

$$\nabla\cdot\mathbf{V}=\frac{\partial V_x}{\partial x}+\frac{\partial V_y}{\partial y}+\frac{\partial V_z}{\partial z}, \tag{2.4}$$

$$\nabla\cdot\nabla\psi=\frac{\partial^2\psi}{\partial x^2}+\frac{\partial^2\psi}{\partial y^2}+\frac{\partial^2\psi}{\partial z^2}, \tag{2.5}$$

$$\nabla\times\mathbf{V}=\begin{vmatrix}\hat{\mathbf{x}} & \hat{\mathbf{y}} & \hat{\mathbf{z}}\\ \dfrac{\partial}{\partial x} & \dfrac{\partial}{\partial y} & \dfrac{\partial}{\partial z}\\ V_x & V_y & V_z\end{vmatrix}. \tag{2.6}$$

■ 직각좌표 적분

가장 간단한 적분은 1차원 스칼라인데, 그 예로 공간곡선이 $\mathbf{r}(t)=(x(t),\ y(t),\ z(t))$로 매개변수

표현되었을 때

$$s = \int_{t_1}^{t_2} \sqrt{\dot{x}^2 + \dot{y}^2 + \dot{z}^2}\, dt$$

로 주어지는 곡선의 길이이다.

가장 평범한 선적분의 형태(예제 1.9.1과 1.9.2 참조)는

$$\int \mathbf{A} \cdot d\mathbf{r} = \int (A_x dx + A_y dy + A_z dz) = \int (A_x \dot{x} + A_y \dot{y} + A_z \dot{z}) dt$$

이어서, 직각좌표에서 보통 적분의 합이 되어버렸다.

예제 1.9.5에 앞서 논의하고 거기에 적용하였던 일반 공식으로부터 곡면 $z = z(x, y)$의 넓이 A는

$$A = \int \frac{dx\,dy}{n_z}, \quad \frac{1}{n_z} = \sqrt{1 + \left(\frac{\partial z}{\partial x}\right)^2 + \left(\frac{\partial z}{\partial y}\right)^2}$$

으로 주어진다. 여기서 적분범위는 곡면을 $xy-$평면에 사영시켜 얻은 평면의 영역이다.

곡면 $z = z(x, y)$로 싸인 부피는 $V = \int\int z(x, y) dx dy$가 되는데, 이것은 곡선 $y = f(x)$ 밑의 넓이가 $A = \int f(x) dx$인 것을 3차원으로 일반화한 것이다.

직각좌표에서 선, 면 및 체적적분하는 보기는 제1장을 참조하여라.

2.2 원통좌표

원통좌표계에서 세 곡선좌표는 (ρ, φ, z)이다. 이들 ρ, φ, z의 한계는

$$0 \le \rho < \infty, \qquad 0 \le \varphi < 2\pi \qquad \text{및} \qquad -\infty < z < \infty$$

이고 φ는 $\rho = 0$에서 잘 정의되지 않았다. ρ를 $z-$축으로부터의 수직거리로 쓰고 r는 원점에서 거리로 쓰려고 남겨놓은 것을 눈여겨 보자. $z-$좌표는 변하지 않은 채로 있다. 이것은 기본적으로 2차원 곡선계에 직각인 $z-$축을 덤으로 붙여 3차원계를 만든 것이다. 그림 2.1에 보여준 좌표면들은

1. $z-$축을 공동 축으로 갖는 직원기둥들,

$$\rho = (x^2 + y^2)^{1/2} = \text{상수}.$$

2. $z-$축을 지나는 반평면들,

그림 2.1
원통좌표

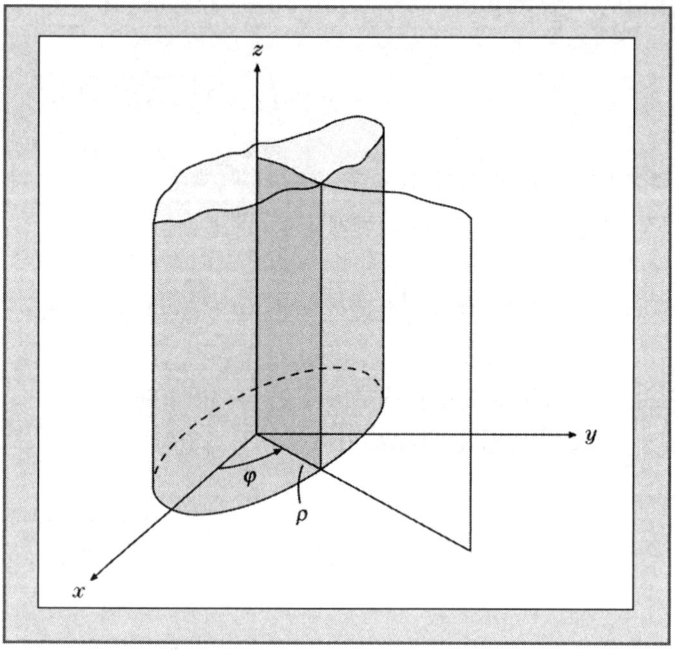

$$\varphi = \tan^{-1}\left(\frac{y}{x}\right) = \text{상수}.$$

3. xy-평면에 평행인 평면들 (직각좌표계와 같음),

$$z = \text{상수}.$$

위의 ρ 및 φ 방정식의 역(또는 직접 그림 2.2에서)으로

$$x = \rho\cos\varphi, \quad y = \rho\sin\varphi, \quad z = z \tag{2.7}$$

인 역변환 관계를 얻는다. 좌표단위벡터는 $\hat{\boldsymbol{\rho}}$, $\hat{\boldsymbol{\varphi}}$, $\hat{\mathbf{z}}$(그림 2.2)이다. $\rho = 0$에서 $\hat{\boldsymbol{\varphi}}$가 잘 정의되지 않은 것에 주의하자. 단위벡터 $\hat{\boldsymbol{\rho}}$는 원통면에 수직이며 반지름 ρ가 증가하는 쪽으로 향했다. 단위벡터 $\hat{\boldsymbol{\varphi}}$는 원통면에 접하고, $\varphi =$ 상수이고 반평면에 수직이며, 방위각 φ가 증가하는 쪽으로 향한다. 셋째 단위벡터 $\hat{\mathbf{z}}$는 보통의 직각좌표 단위벡터이다. 그들은 서로 직교이다; 즉,

$$\hat{\boldsymbol{\rho}} \cdot \hat{\boldsymbol{\varphi}} = \hat{\boldsymbol{\varphi}} \cdot \hat{\mathbf{z}} = \hat{\mathbf{z}} \cdot \hat{\boldsymbol{\rho}} = 0.$$

예를 들어, 원통좌표에서

$$\mathbf{r} = \hat{\boldsymbol{\rho}}\rho + \hat{\mathbf{z}}z, \quad \mathbf{V} = \hat{\boldsymbol{\rho}}V_\rho + \hat{\boldsymbol{\varphi}}V_\varphi + \hat{\mathbf{z}}V_z \tag{2.8}$$

이다.

그림 2.2
원통좌표의 단위벡터

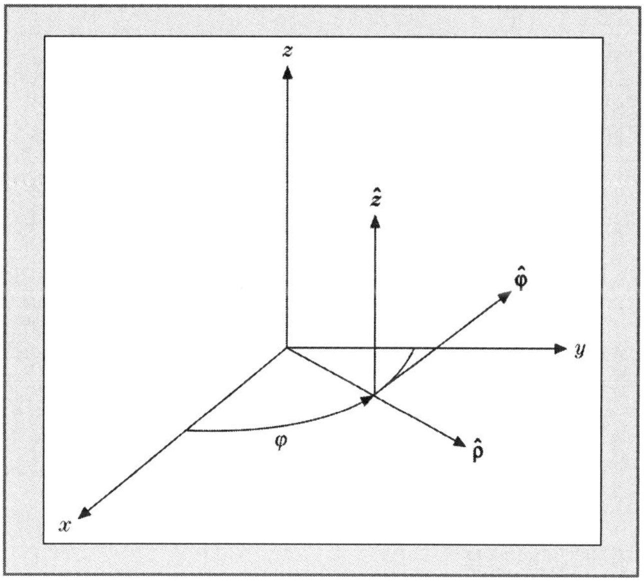

예제 2.2.1 **원통좌표 거리**

이제 평면극좌표 $x = \rho\cos\varphi$, $y = \rho\sin\varphi$를 써서 거리 ds^2을 원통좌표 ρ, φ, z로 구하자. 미분을 하고

$$\frac{\partial x}{\partial\rho} = \frac{\partial(\rho\cos\varphi)}{\partial\rho} = \cos\varphi, \quad \frac{\partial x}{\partial\varphi} = -\rho\sin\varphi, \quad \frac{\partial x}{\partial z} = 0$$

을 쓰면

$$dx = \cos\varphi d\rho - \rho\sin\varphi d\varphi, \quad dz = dz$$

를 얻는다. 같은 방법으로

$$\frac{\partial y}{\partial\rho} = \frac{\partial(\rho\sin\varphi)}{\partial\rho} = \sin\varphi, \quad \frac{\partial y}{\partial\varphi} = \rho\cos\varphi$$

를 써서

$$dy = \sin\varphi d\rho + \rho\cos\varphi d\varphi$$

를 얻으므로, 이들을 제곱하고 합하여

$$ds^2 = dx^2 + dy^2 + dz^2 = d\rho^2 + \rho^2 d\varphi^2 + dz^2 \tag{2.9}$$

을 얻는데, 제곱의 합으로 되었으니 좌표들이 직교인 것을 뜻한다. 즉, $d\rho d\varphi$, $d\rho dz$, $d\varphi dz$ 항들이 없어지고 원점을 지나며 $z = 0$과 φ = 일정을 갖는 직선들은 $z = 0$과 ρ = 일정인 원과 만나면 서로 수직이고 또 z-축에도 수직이다. 그림 2.3에 그러한 기하구조를 그렸다. ■

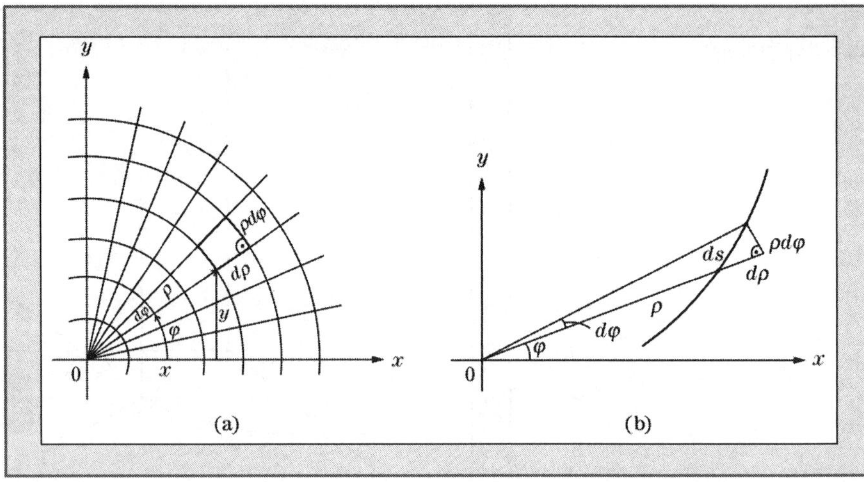

그림 2.3
(a) 극좌표의 선요소
(b) 공간곡선의 무한소 삼각형

■ 원통좌표 적분

곡선의 매개변수 표현이 $\mathbf{r}(t) = (\rho(t),\ \varphi(t),\ z(t))$일 때, 공간곡선 길이의 논의를 위해 예제 2.2.1의 선 요소 $ds^2 = d\rho^2 + \rho^2 d\varphi^2 + dz^2$을 dt^2으로 나누면 $\dot{s}^2 = \dot{\rho}^2 + \rho^2\dot{\varphi}^2 + \dot{z}^2$을 얻게 된다. 연쇄법칙을 쓰면, 공간곡선의 길이는

$$s = \int_{t_1}^{t_2} \sqrt{\dot{\rho}^2 + \rho^2\dot{\varphi}^2 + \dot{z}^2}\, dt \tag{2.10}$$

가 되는데 이것은 스칼라 적분이다. 예를 들어, 그림 2.4에서 반지름 R인 원의 호 부분에 대해, $d\rho = 0 = dz$이므로 선 요소가 $\rho|_{\rho=R} d\varphi = R d\varphi$로 된다. 그러므로, 호의 길이 $R\int_{\varphi_1}^{\varphi_2} d\varphi = R(\varphi_2 - \varphi_1)$을 얻는다.

선적분에서 스칼라곱을 전개하면 보통 적분들의 합으로 되고 또 연쇄법칙을 써서

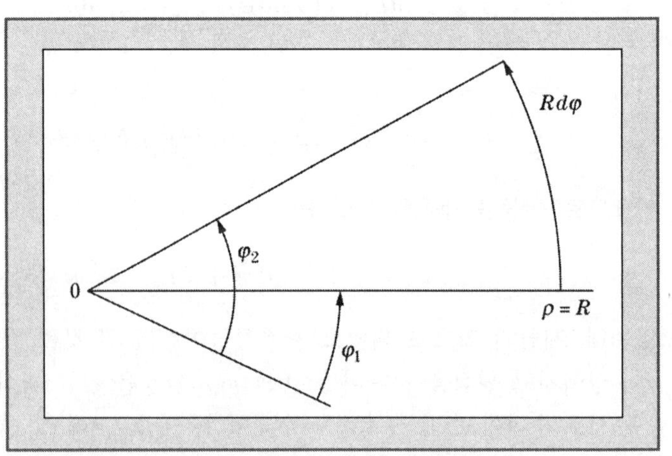

그림 2.4
호의 길이

$$\int \mathbf{A}\cdot d\mathbf{r} = \int (A_\rho d\rho + \rho A_\varphi d\varphi + A_z dz)$$
$$= \int (A_\rho \dot{\rho} + \rho A_\varphi \dot{\varphi} + A_z \dot{z})\,dt \tag{2.11}$$

를 얻는다.

$\mathbf{A}$가 자기장의 벡터퍼텐셜(즉, $\mathbf{B} = \nabla \times \mathbf{A}$)이면, 스토크스 정리가 **선적분**

$$\oint \mathbf{A}\cdot d\mathbf{r} = \int_S (\nabla \times \mathbf{A})\cdot d\boldsymbol{\sigma} = \int \mathbf{B}\cdot d\boldsymbol{\sigma}$$

을 폐곡선이 둘러싸는 곡면 S를 통한 자기선속을 계산하는 **면적분**과 같게 놓는다.

예제 2.2.2 **자기선속**

z-방향의 일정한 자기장 $\mathbf{B} = B\hat{\mathbf{z}}$에 대하여, xy-평면의 원(원점 중심, 반지름 R)을 통과하는 자기선속은 명백히 $B\pi R^2$이다. $\oint \mathbf{A}\cdot d\mathbf{r}$가 무엇을 주는지 알아보자.

예제 1.7.1에서 $\mathbf{A} = \frac{1}{2}(\mathbf{B}\times\mathbf{r})$를 택하는데 그림 2.4의 호에서 $d\rho = 0 = dz$이므로 $\mathbf{r} = R\hat{\mathbf{r}}$ 및 $d\mathbf{r} = \rho|_{\rho=R} d\varphi\,\hat{\boldsymbol{\varphi}} = Rd\varphi\,\hat{\boldsymbol{\varphi}}$이다. 그러므로, $\rho = R$이면

$$\mathbf{B}\times\mathbf{r}|_{\rho=R} = \begin{vmatrix} \hat{\boldsymbol{\rho}} & \hat{\boldsymbol{\varphi}} & \hat{\mathbf{z}} \\ 0 & 0 & B \\ \rho & 0 & 0 \end{vmatrix}_{\rho=R} = BR\hat{\boldsymbol{\varphi}},$$

$$\frac{1}{2}\oint_{\rho=R} (\mathbf{B}\times\mathbf{r})\cdot d\mathbf{r} = \frac{1}{2}BR^2\int_0^{2\pi} d\varphi = B\pi R^2.$$

예제 2.2.3 **일적분**

선적분의 실례로 예제 1.9.2에서 나오며 각운동량 형태를 가진 힘 $\mathbf{F} = -\hat{\mathbf{x}}\sin\varphi + \hat{\mathbf{y}}\cos\varphi$가 그림 2.5의 부채꼴 모양의 경로(원점에서 $x = R$로, 다음 일정한 지름거리 R에서 방위각

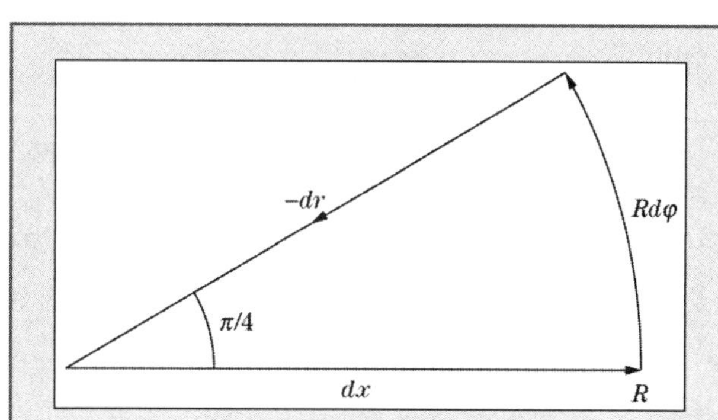

그림 2.5
부채꼴 적분경로

$\varphi=0$에서 $\pi/4$까지, 마지막에 지름을 따라 원점으로 돌아옴)를 돌 때 하는 일을 계산하려고 한다.

경로의 기하학적 구조는 평면극좌표($x=\rho\cos\varphi$, $y=\rho\sin\varphi$)를 쓰려고 한다. 벡터 표기법으로

$$\boldsymbol{\rho}=\rho\hat{\boldsymbol{\rho}}=(x, y), \quad \hat{\boldsymbol{\rho}}=\hat{\mathbf{x}}\cos\varphi+\hat{\mathbf{y}}\sin\varphi$$

이다. 그런데 이 좌표계에서 일이 $\int \mathbf{F}\cdot d\boldsymbol{\rho}$이므로, 힘 $\mathbf{F}$와 경로요소 $d\boldsymbol{\rho}$를 $\hat{\boldsymbol{\rho}}$와 $\hat{\boldsymbol{\varphi}}$의 일차 결합으로 표시해야 하는데,

$$d\boldsymbol{\rho}=d\rho\hat{\boldsymbol{\rho}}+\rho d\varphi\frac{d\hat{\boldsymbol{\rho}}}{d\varphi}$$

이며 여기서

$$\frac{d\hat{\boldsymbol{\rho}}}{d\varphi}=-\hat{\mathbf{x}}\sin\varphi+\hat{\mathbf{y}}\cos\varphi$$

는 $\hat{\boldsymbol{\rho}}=\hat{\mathbf{x}}\cos\varphi+\hat{\mathbf{y}}\sin\varphi$를 미분하여 얻었다. 다음 $\hat{\boldsymbol{\varphi}}$를 데카르트 단위벡터로 표현하자.

등식 $1=\hat{\boldsymbol{\rho}}^2$을 미분하면 $0=2\hat{\boldsymbol{\rho}}\cdot\frac{d\hat{\boldsymbol{\rho}}}{d\varphi}$이다. 스칼라곱이 0 이므로 $\frac{d\hat{\boldsymbol{\rho}}}{d\varphi}$는 $\hat{\boldsymbol{\varphi}}$처럼 $\hat{\boldsymbol{\rho}}$에 수직이다. $-\hat{\mathbf{x}}\sin\varphi+\hat{\mathbf{y}}\cos\varphi$가 이미 단위벡터이므로, $\pm\hat{\boldsymbol{\varphi}}$와 같아야 한다. 기하구조는 + 부호가 맞은 것을 말해준다.

이것을 힘에 적용하여 $\mathbf{F}=\hat{\boldsymbol{\varphi}}$인 것을 알게 되며 따라서 지름방향의 적분이 일에 기여하지 않고 호 방향의 것만이 기여한다. 그러므로 $d\boldsymbol{\rho}$에서 지름방향 경로를 빼버리고

$$W=\int_0^{\pi/4}\hat{\boldsymbol{\varphi}}\cdot\hat{\boldsymbol{\varphi}}\rho d\varphi|_{\rho=R}=R\int_0^{\pi/4}d\varphi=R\frac{\pi}{4}$$

만을 유지한다. ■

예제 2.2.4 자기선속과 스토크스 정리

긴 원형 코일의 전선(그림 2.6)에 정상전류 I가 흐르면, 에르스텟 법칙 $\oint\mathbf{H}\cdot d\mathbf{r}=I$와 기하구조는 자기유도 $\mathbf{B}=B_z\hat{\mathbf{z}}$가 z−방향(즉, 코일의 축)인 것을 말해준다. 더구나, 원통좌표가 스토크스 정리

$$\Phi\equiv\int\mathbf{B}\cdot d\boldsymbol{\sigma}=\int(\boldsymbol{\nabla}\times\mathbf{A})\cdot d\boldsymbol{\sigma}=\oint\mathbf{A}\cdot d\mathbf{r}$$

를 공식화하는 데 적합하다. 이 식은 그림 2.7에 그린 **코일의 전선 고리 하나**를 지나는 자기선속을 (방위각 성분만 가진) 벡터퍼텐셜 $\mathbf{A}=A_\phi\hat{\boldsymbol{\varphi}}$의 전선을 따른 적분과 연계시킨다. 관계

$$d\boldsymbol{\sigma}=\hat{\mathbf{z}}\rho\,d\rho\,d\varphi, \quad d\mathbf{r}|_{\rho=R}=\rho d\varphi\hat{\boldsymbol{\varphi}}|_{\rho=R}=Rd\varphi\hat{\boldsymbol{\varphi}}$$

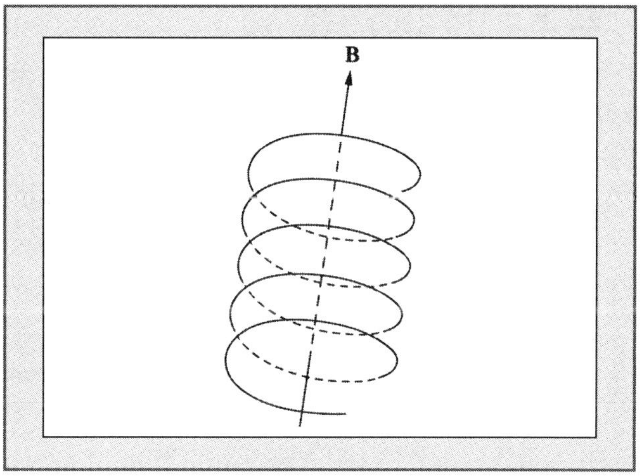

그림 2.6
긴 코일을 지나는 자기선속

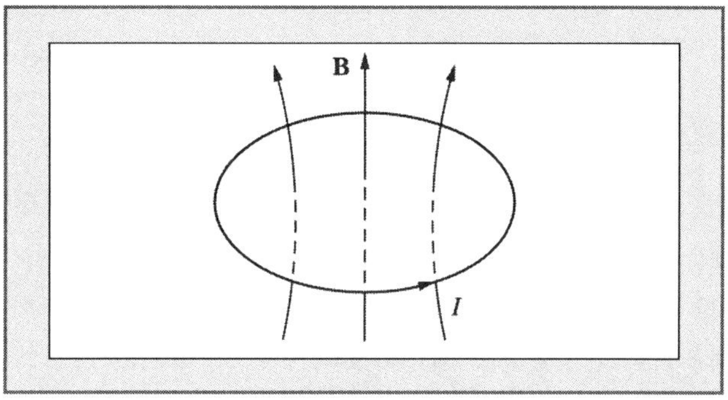

그림 2.7
I의 전류 폐곡선을 지나는 자기선속

를 써서 코일의 면을 통한 자기선속

$$\Phi = \int_{\rho=0}^{R} \int_{\varphi=0}^{2\pi} B_z \rho \, d\rho \, d\varphi = \int_{\varphi=0}^{2\pi} A_\phi \rho d\varphi|_{\rho=R} = 2\pi R A_\phi$$

를 얻으므로 $A_\phi = \frac{\Phi}{2\pi R}$이다. 따라서 에르스텟 법칙으로부터 $B_z = \frac{\mu_0 I}{2\pi R}$ = 상수를 추론한다. ■

예제 2.2.5 행성운동의 면적법칙

먼저, 각운동량 보존의 결과로 반지름벡터가 같은 시간에 같은 넓이를 쓸고 지나간다고 말하는 케플러(Kepler) 법칙을 원통좌표에서 유도하자.

원점에 있는 태양의 중력이 **중심력** $\mathbf{F} = f(\mathbf{r})\hat{\mathbf{r}}$를 주는 근원으로 생각하자. 그러면 질량 m, 속도 $\mathbf{v}$의 행성의 궤도각운동량 $\mathbf{L} = m\mathbf{r} \times \mathbf{v}$가 보존되는데, 왜냐하면

$$\frac{d\mathbf{L}}{dt} = m\frac{d\mathbf{r}}{dt} \times \frac{d\mathbf{r}}{dt} + \mathbf{r} \times \frac{d\mathbf{p}}{dt} = \mathbf{r} \times \mathbf{F} = \frac{f(\mathbf{r})}{r}\mathbf{r} \times \mathbf{r} = 0$$

이기 때문이다. 그러므로 $\mathbf{L}$ = 상수이다. 이제 z-축을 궤도각운동량의 방향으로 잡아서

$\mathbf{L} = L\hat{\mathbf{z}}$라 쓰고 원통좌표 $\mathbf{r} = (\rho, \varphi, z) = \rho\hat{\boldsymbol{\rho}}$에서 $z = 0$으로 할 수 있다 [(2.8)식과 비교하라]. 행성이 xy-평면 안에서 운동하는데, $\mathbf{r}$와 $\mathbf{v}$가 $\mathbf{L}$에 수직이기 때문이다. 그래서 그 속도를 전개하여

$$\mathbf{v} = \frac{d\mathbf{r}}{dt} = \dot{\rho}\hat{\boldsymbol{\rho}} + \rho\frac{d\hat{\boldsymbol{\rho}}}{dt} = \dot{\rho}\hat{\boldsymbol{\rho}} + \rho\dot{\varphi}\hat{\boldsymbol{\varphi}}$$

로 쓸 수 있는데, 여기서 연쇄법칙 $\frac{d\hat{\boldsymbol{\rho}}}{dt} = \frac{d\hat{\boldsymbol{\rho}}}{d\varphi}\frac{d\varphi}{dt} = \dot{\varphi}\hat{\boldsymbol{\varphi}}$과

$$\hat{\boldsymbol{\rho}} = (\cos\varphi, \sin\varphi), \quad \frac{\partial\hat{\boldsymbol{\rho}}}{d\varphi} = (-\sin\varphi, \cos\varphi) = \hat{\boldsymbol{\varphi}}$$

을 썼다. 극좌표로 표현한 $\hat{\boldsymbol{\rho}}$와 $\mathbf{v}$를 대입하면

$$\mathbf{L} = m\boldsymbol{\rho} \times \mathbf{v} = m\rho(\rho\dot{\varphi})(\hat{\boldsymbol{\rho}} \times \hat{\boldsymbol{\varphi}}) = m\rho^2\dot{\varphi}\hat{\mathbf{z}} = \text{상수}.$$

시간 dt동안에 반지름벡터 $\boldsymbol{\rho}$가 쓸고 지나가는 3각형 넓이(**면적법칙**)는

$$A = \frac{1}{2}\int \rho(\rho d\varphi) = \frac{1}{2}\int \rho^2\dot{\varphi}dt = \frac{L}{2m}\int dt = \frac{L\tau}{2m} \tag{2.12}$$

인데, 여기서 $m\rho^2\dot{\varphi} = L = $상수를 대입하였고 τ는 주기(즉, 행성이 궤도를 한 바퀴 도는 데 걸리는 시간)이다.

케플러의 제1법칙은 궤도가 타원이라고 말한다. 이제 극좌표로 타원궤도 방정식 $\rho(\varphi)$를 유도하는데, 그림 2.8처럼 태양이 한 초점에 있고 그것을 원점으로 한다. 타원을 기하학적으로 그릴 때에 $\rho' + \rho = 2a$(a는 장축의 반)인 것을 아는데, 이것이 관습적인 타원의 방정식과 같다는 것을 보일 것이다. 두 초점 사이의 거리는 $0 < 2a\epsilon < 2a$인데, $0 < \epsilon < 1$은 타원의 이심률이다. 원인 경우, 두 초점이 일치하므로 $\epsilon = 0$이다. 그림 2.8에서 각도가 $\varphi = 3\pi/2$일 때 두 초점으로부터의 거리가 같아 $\rho' = \rho = a$이고 직삼각형에 피타고라스 정리를 적용하여 $b^2 + a^2\epsilon^2 = a^2$을 얻는다. 그 결과로 얻는 $\sqrt{1-\epsilon^2} = b/a$는 반단축 b의 반장축 a에 대한 비이다.

이제 세 변이 ρ', ρ, $2a\epsilon$이고 각도가 $\pi - \varphi$인 그림 2.8의 직삼각형에 코사인 정리를 적용한다. 벡터 $\boldsymbol{\rho}' = \boldsymbol{\rho} - 2\epsilon a\hat{\mathbf{x}}$를 제곱하면

그림 2.8
타원의 극좌표 표현

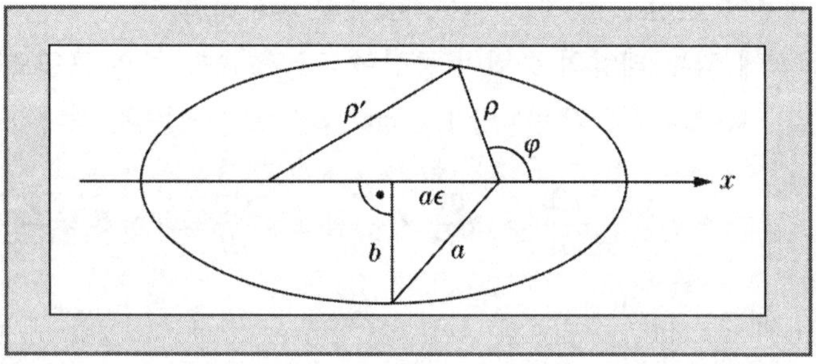

$$\rho'^2 = \rho^2 + 4a^2\epsilon^2 + 4\rho a\epsilon\cos\varphi$$

인데 $\rho' = 2a - \rho$를 대입하고, 양변에서 ρ^2을 소거하며, $4a$로 나누어서 극좌표로 표현한 **케플러 궤도방정식**

$$\rho(1 + \epsilon\cos\varphi) = a(1 - \epsilon^2) \equiv p \tag{2.13}$$

를 얻는다.

다른 한편으로, 직각좌표로 복귀하여 $x = \rho\cos\varphi$를 써서 (2.13)식으로부터

$$\rho^2 = x^2 + y^2 = (p - x\epsilon)^2 = p^2 + x^2\epsilon^2 - 2px\epsilon$$

를 얻게 되어 잘 알려진 타원방정식의 직각좌표 표현

$$(1 - \epsilon^2)\left(x + \frac{p\epsilon}{1 - \epsilon^2}\right)^2 + y^2 = p^2 + \frac{p^2\epsilon^2}{1 - \epsilon^2} = \frac{p^2}{1 - \epsilon^2}$$

을 얻게 된다. 이것을 타원의 표준형

$$\frac{(x - x_0)^2}{a^2} + \frac{y^2}{b^2} = 1$$

과 비교하여

$$b = \frac{p}{\sqrt{1 - \epsilon^2}} = a\sqrt{1 - \epsilon^2}, \quad a = \frac{p}{1 - \epsilon^2}$$

뿐만 아니라 (그림 2.8에서 보는 것처럼) 중심과 초점 사이의 거리 x_0가 $a\epsilon$인 것도 확인하게 된다.

예제 1.11.1에서 간단한 곡선 C가 둘러싼 단일연결 영역 R의 넓이를 계산하는 공식 $2A = \int_C (x\,dy - y\,dx)$를 얻는데 그린 정리

$$\int_C (P\,dx + Q\,dy) = \int_R \left(\frac{\partial Q}{\partial x} - \frac{\partial P}{\partial y}\right) dx\,dy$$

에 $P = -y$, $Q = x$를 대입하였다. 이것을 케플러 타원에 적용하기 위해 $x = a\cos\varphi$, $y = a\sin\varphi$를 써서 넓이 A를

$$2A = ab\int(\cos^2\varphi + \sin^2\varphi)\,d\varphi = 2\pi ab$$

로 구한다. 이것으로 케플러 궤도의 예제를 끝내자.

긴밀히 관련된 경우로 그림 2.9에서 보는 로제타(Rosetta) 곡선 $\rho = \cos n\varphi$ $(n = 1, 2, 3, 4)$의 넓이 문제가 있다. 면적법칙으로

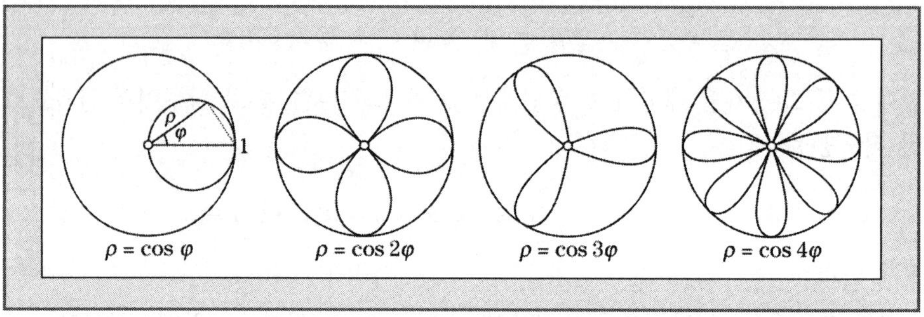

그림 2.9
Rosetta 곡선

$$A = \frac{1}{2}\int_0^{2\pi} \cos^2 n\varphi\, d\varphi = \frac{1}{2n}\int_0^{2n\pi} \cos^2 u\, du = \frac{1}{4n}\int_0^{2n\pi} du = \frac{\pi}{2}$$

를 얻으며 n에 독립인 것을 본다.

또 하나의 재미있는 곡선 가족은 $\rho = 1 + \epsilon \cos\varphi$로 주어진다. 이것을 케플러 궤도방정식의 형태와 비교해 보자. 단위원은 $\epsilon = 0$의 경우이고, $\epsilon = 1$은 심장형을 준다(그려 보아라). ■

■ 기울기(그래디언트, grad)

곡선좌표에서 기울기 연산자를 다루는 출발점은 그것을 함수 ψ에 작용한 것이 하나의 벡터로서 그 방향과 크기를 ψ의 최대공간 변화율로 한다는 기하학적 해석(1.5절과 비교하라)이다. 이런 해석에 따르면, $\nabla\psi(\rho, \varphi, z)$의 $\rho =$ 상수 곡면 법선방향 성분은

$$\hat{\boldsymbol{\rho}} \cdot \nabla\psi = \frac{\partial\psi}{\partial\rho} \tag{2.14}$$

로 주어지는데, 이것이 φ와 z가 변하지 않고 ρ만 변할 때 ψ의 변화율이기 때문이다. 원통좌표에서 기울기의 φ-성분은

$$\hat{\boldsymbol{\varphi}} \cdot \nabla\psi = \nabla\psi|_\varphi = \frac{1}{\rho}\frac{\partial\psi}{\partial\varphi} \tag{2.15}$$

의 형태를 갖는데, $ds_\varphi = \rho d\varphi$가 각도증가 방향의 선 (즉, 길이) 요소이기 때문이다 [(2.9)식과 그림 2.3]. z에 대하여도 같은 방식으로 반복하고 셋을 벡터로 합하면 기울기는

$$\nabla\psi(\rho, \varphi, z) = \hat{\boldsymbol{\rho}}\frac{\partial\psi}{\partial\rho} + \hat{\boldsymbol{\varphi}}\frac{1}{\rho}\frac{\partial\psi}{\partial\varphi} + \hat{\mathbf{z}}\frac{\partial\psi}{\partial z} \tag{2.16}$$

가 된다.

예제 2.2.6 구면에서 원통이 베어낸 넓이

단위 구 $\Phi = \rho^2 + z^2 - 1 = 0$을 반지름이 1/2이고 중심축이 z-축에 평행하며 $y = 1/2$인 원통

$\rho = \sin\varphi$로 잘랐다 (그림 2.10). 원통이 잘라낸 곡면의 넓이를 구하여라. 예제 1.9.5의 면적 공식을 쓰려는데, 곡면이 $\Phi(\rho, \varphi, z) = 0$으로 주어졌으면 그 원통좌표 형태는

$$A = \int \frac{|\nabla\Phi|}{\frac{\partial\Phi}{\partial z}} \rho\, d\rho\, d\varphi$$

이다. 만일 곡면이 $z = f(\rho, \varphi)$로 정의되었다면 $\nabla\Phi = (-\frac{\partial f}{\partial\rho}, -\frac{1}{\rho}\frac{\partial f}{\partial\varphi}, 1)$과 $|\nabla\Phi|^2 = 1 + (\frac{\partial f}{\partial\rho})^2 + (\frac{1}{\rho}\frac{\partial f}{\partial\varphi})^2$을 얻는다.

원통은 xy-평면서 원 $x^2 + (y-1/2)^2 = 1/4$ 또는 $\rho^2 = y$, 즉 위에 말한 대로 $\rho = \sin\varphi$로 주어진다. 또 $\nabla\Phi = (2\rho, 0, 2z)$, $\frac{\partial\Phi}{\partial z} = 2z$이므로 $|\nabla\Phi|^2 = 4(\rho^2 + z^2) = 4$와

$$\frac{|\nabla\Phi|}{\frac{\partial\Phi}{\partial z}} = \frac{1}{z}$$

을 얻게 된다. 따라서 구면에서 끊어내는 곡면의 넓이는

$$\begin{aligned}
2\int_0^{\pi/2}\int_0^{\sin\varphi} \frac{\rho\, d\rho\, d\varphi}{\sqrt{1-\rho^2}} &= -2\int_0^{\pi/2} \sqrt{1-\rho^2}\Big|_{\rho=0}^{\sin\varphi} d\varphi \\
&= 2\int_0^{\pi/2}\left(1 - \sqrt{1-\sin^2\varphi}\right)d\varphi = 2\int_0^{\pi/2}(1-\cos\varphi)\, d\varphi \\
&= 2(\varphi - \sin\varphi)|_0^{\pi/2} = 2\left(\frac{\pi}{2} - 1\right) = \pi - 2
\end{aligned}$$

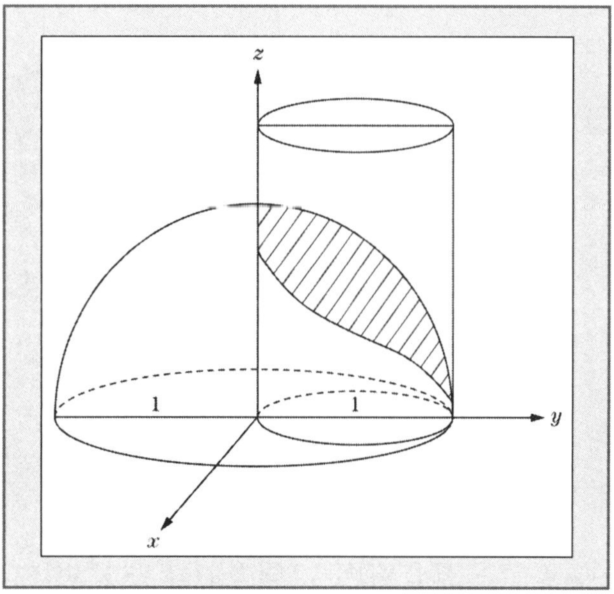

그림 2.10
단위구면에서 원통이 베어낸 넓이

로 되는데, 대칭 때문에 제1사분면에서 반원 위의 적분을 얻어 2로 곱했다. 그러한 원통의 창들을 끊어냈다면 구면의 남은 부분은 $2\pi-2(\pi-2)=4$로 되어 π에 독립이다. ■

■ 발산(다이버전스, div)

발산연산자는 제1장의 두 번째 정의[(1.113)식]에서 또는 동등하게 가우스 정리(1.11절)에서 얻는다. 미분부피 $d\tau = \rho\, d\rho\, d\varphi\, dz$(그림 2.11)를 가지고 (1.113)식

$$\nabla \cdot \mathbf{V}(\rho, \varphi, z) = \lim_{\int d\tau \to 0} \frac{\int \mathbf{V} \cdot d\boldsymbol{\sigma}}{\int d\tau} \tag{2.17}$$

를 쓰자. 양의 방향 선택은 (ρ, φ, z) 또는 $(\hat{\boldsymbol{\rho}}, \hat{\boldsymbol{\varphi}}, \hat{\mathbf{z}})$가 오른손법칙 방향을 이루도록 한 (즉, $\hat{\boldsymbol{\rho}} \times \hat{\boldsymbol{\varphi}} = \hat{\mathbf{z}}$ 등) 사실을 주목하자.

그림 2.11에서 $\rho=$상수인 두면에서 적분은

$$\left[V_\rho \rho + \frac{\partial}{\partial \rho}(V_\rho \rho) d\rho\right] dz\, d\varphi - V_\rho \rho\, d\varphi\, dz = \frac{\partial}{\partial \rho}(V_\rho \rho) d\rho\, d\varphi\, dz \tag{2.18}$$

로 주어지는데 1.6절과 1.9절의 결과와 같다.[1] 여기서 V_ρ는 $\mathbf{V}$의 ρ가 증가하는 쪽의 $\hat{\boldsymbol{\rho}}$-방향 성분, ... 등이다; 즉, $V_\rho = \hat{\boldsymbol{\rho}} \cdot \mathbf{V}$는 $\mathbf{V}$의 $\hat{\boldsymbol{\rho}}$-방향 사영, ... 등이다.

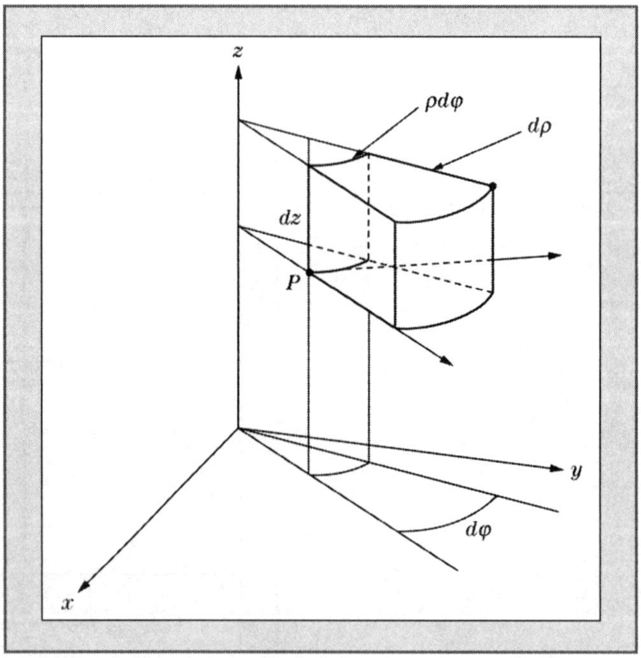

그림 2.11
원통좌표 부피요소

[1] $d\rho$, $d\varphi$, $dz \to 0$인 극한을 택하므로, 이차 이상의 도함수는 없어지게 된다.

미분 부피요소 $d\tau = \rho\, d\rho\, d\varphi\, dz$에 대하여, 다른 두 쌍의 면들에 대한 비슷한 결과들을 합하여

$$\int \mathbf{V}(\rho, \varphi, z) \cdot d\boldsymbol{\sigma} = \left[\frac{\partial}{\partial \rho}(V_\rho \rho) + \frac{\partial}{\partial \varphi} V_\varphi + \frac{\partial}{\partial z}(V_z \rho)\right] d\rho\, d\varphi\, dz \tag{2.19}$$

를 얻는다. 미분 부피요소 $d\tau = \rho\, d\rho\, d\varphi\, dz$로 나누어주면

$$\nabla \cdot \mathbf{V}(\rho, \varphi, z) = \frac{1}{\rho}\left[\frac{\partial}{\partial \rho}(V_\rho \rho) + \frac{\partial}{\partial \varphi} V_\varphi + \frac{\partial}{\partial z}(V_z \rho)\right]. \tag{2.20}$$

$\mathbf{V} = \nabla\psi(\rho, \varphi, z)$를 쓰고 (2.16)식과 (2.20)식을 결합하여 라플라시안을 얻을 수 있어서

$$\nabla \cdot \nabla\psi(\rho, \varphi, z) = \frac{1}{\rho}\left[\frac{\partial}{\partial \rho}\left(\rho \frac{\partial \psi}{\partial \rho}\right) + \frac{\partial}{\partial \varphi}\left(\frac{1}{\rho}\frac{\partial \psi}{\partial \varphi}\right) + \frac{\partial}{\partial z}\left(\rho \frac{\partial \psi}{\partial z}\right)\right]. \tag{2.21}$$

■ 회전(커얼, curl)

마지막으로, $\nabla \times \mathbf{V}$를 다루기 위하여, 스토크스 정리(1.11절)를 적용하는데 발산에서처럼 면의 넓이가 무한히 작아지는 극한을 택하자. 한 번에 한 성분씩 생각하는데, $\rho =$상수인 곡면의 미분 면요소를 생각하자. 그렇게 작은 곡면에서는, 적분학의 평균치정리에 의하여 적분 값은 면의 넓이와 함수평균 값의 곱으로 주어진다. 그래서

$$\int_s \nabla \times \mathbf{V}|_\rho \cdot d\boldsymbol{\sigma}_\rho = \hat{\boldsymbol{\rho}} \cdot (\nabla \times \mathbf{V})\rho\, d\varphi\, dz \tag{2.22}$$

로부터 스토크스 정리는

$$\hat{\rho} \cdot (\nabla \times \mathbf{V})\rho\, d\varphi\, dz = \oint \mathbf{V} \cdot d\mathbf{r} \tag{2.23}$$

를 주는데, 선적분은 $\rho =$상수 곡면에 있는 것이다. 그림 2.12에서 폐곡선 (1, 2, 3, 4)를 따라가는 선적분은

$$\begin{aligned}\oint \mathbf{V}(\rho, \varphi, z) \cdot d\mathbf{r} &= V_\varphi \rho\, d\varphi + \left[V_z + \frac{\partial}{\partial \varphi}(V_z)\, d\varphi\right] dz \\ &\quad - \left[V_\varphi \rho + \frac{\partial}{\partial z}(V_\varphi \rho) dz\right] d\varphi - V_z\, dz \\ &= \left[\frac{\partial}{\partial \varphi} V_z - \frac{\partial}{\partial z}(\rho V_\varphi)\right] d\varphi\, dz.\end{aligned} \tag{2.24}$$

부분 1과 2에서 양의 방향으로 가므로 +부호를 택하고 부분 3과 4는 음 방향이니 −부호를 택한다. 고차의 항들은 생략되었다. 그들은 곡면이 무한히 작아질 때 ($d\varphi \to 0$, $dz \to 0$) 소멸한다.

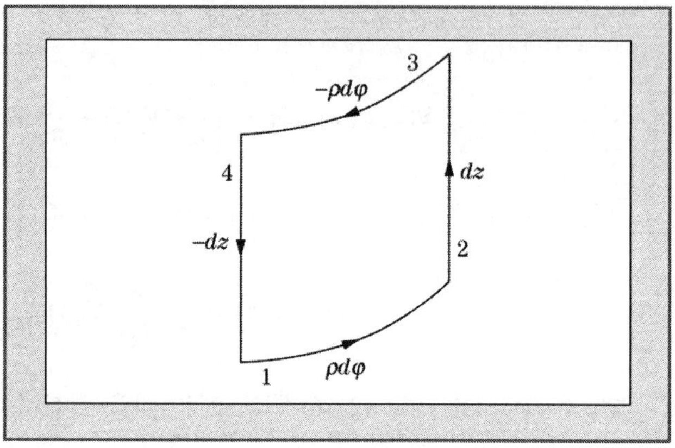

그림 2.12
ρ = 상수인 원통좌표 곡면요소

(2.23)식과 (2.24)식을 결합하면

$$\nabla \times \mathbf{V}|_\rho = \frac{1}{\rho}\left[\frac{\partial}{\partial \varphi}V_z - \frac{\partial}{\partial z}(\rho V_\varphi)\right]. \tag{2.25}$$

첨자의 순환치환으로 $\nabla \times \mathbf{V}$의 나머지 두 성분도 얻을 수 있다. 제1장에서처럼, 회전을 행렬식 형태로 쓰면 편리하다:

$$\nabla \times \mathbf{V} = \frac{1}{\rho}\begin{vmatrix} \hat{\boldsymbol{\rho}} & \rho\hat{\boldsymbol{\varphi}} & \hat{\mathbf{z}} \\ \dfrac{\partial}{\partial \rho} & \dfrac{\partial}{\partial \varphi} & \dfrac{\partial}{\partial z} \\ V_\rho & \rho V_\varphi & V_z \end{vmatrix}. \tag{2.26}$$

미분 연산자들이 들어 있으므로 행렬식을 위로부터 아래로 전개해야 [(3.11)식] 한다. 이 식이 두 벡터의 벡터곱 꼴과 **동등하지는 않은** 것에 주의하자. ∇는 보통의 벡터가 아니고 벡터 **연산자**이다.

기울기의 기하학적 해석과 가우스와 스토크스의 정리(또는 발산과 회전을 적분으로 정의한 것)는 이런 양들을 **단위벡터** $\hat{\rho}$, $\hat{\varphi}$**를 미분하지 않고서** 구할 수 있도록 한다.

예제 2.2.7 긴 전선의 자기유도

그림 2.13의 정상전류 I를 가진 z−방향의 긴 전선이 만드는 자기유도 $\mathbf{B}$와 벡터퍼텐셜 $\mathbf{A}$에 관한 문제이다. 에르스텟 법칙 $\oint \mathbf{H}\cdot d\mathbf{r} = I$와 기하구조는 $\mathbf{B}$가 방위각 성분만을 가진 것을 말하며, 비오−사바르(Biot−Savart) 법칙으로부터 퍼텐셜이 z−성분만 갖는 것을 안다.

$d\mathbf{r} = \rho\, d\varphi\, \hat{\boldsymbol{\varphi}}$와 $\mathbf{B} = \mu_0\mathbf{H}$를 써서 $\mathbf{B} = \frac{\mu_0 I}{2\pi\rho}\hat{\boldsymbol{\varphi}}$를 얻는다. $\mathbf{B} = \nabla \times \mathbf{A}$를 써서 $\mathbf{A} = -\hat{\mathbf{z}}\frac{\mu_0 I}{2\pi}$를 입증하게 되는데, 왜냐하면 (2.26)식이

그림 2.13
전류 I를 갖는 긴 전선의 자기장

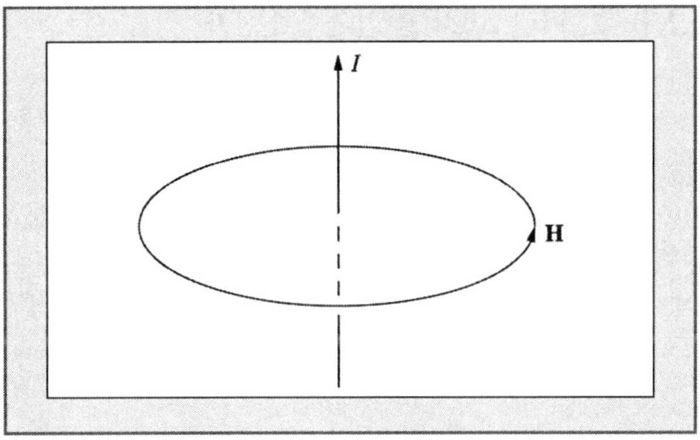

$$\nabla \times (\ln \rho \hat{\mathbf{z}}) = \frac{1}{\rho} \begin{vmatrix} \hat{\boldsymbol{\rho}} & \rho\hat{\boldsymbol{\varphi}} & \hat{\mathbf{z}} \\ \frac{\partial}{\partial \rho} & \frac{\partial}{\partial \varphi} & \frac{\partial}{\partial z} \\ 0 & 0 & \ln \rho \end{vmatrix} = -\hat{\boldsymbol{\varphi}} \frac{d \ln \rho}{d\rho} = -\frac{\hat{\boldsymbol{\varphi}}}{\rho}$$

를 주기 때문이다. 형태 $\int \mathbf{A} \times d\mathbf{r}$를 갖는 선적분의 보기로 전류 I를 갖는 도선의 고리 C가 일정한 자기장 $\mathbf{B}$ 속에 있는 것으로; 힘 요소가 $d\mathbf{F} = I d\mathbf{r} \times \mathbf{B}$로 주어지므로 $\mathbf{F} = I \int_C d\mathbf{r} \times \mathbf{B}$가 된다. ■

연습문제

2.2.1 원통좌표 단위벡터들을 직각좌표 성분으로 분해하여라(그림 2.2).

답. $\hat{\boldsymbol{\rho}} = \hat{\mathbf{x}} \cos \varphi + \hat{\mathbf{y}} \sin \varphi,$
$\hat{\boldsymbol{\varphi}} = -\hat{\mathbf{x}} \sin \varphi + \hat{\mathbf{y}} \cos \varphi,$
$\hat{\mathbf{z}} = \hat{\mathbf{z}}.$

2.2.2 직각좌표 단위벡터들을 원통좌표 성분으로 분해하여라(그림 2.2).

답. $\hat{\mathbf{x}} = \hat{\boldsymbol{\rho}} \cos \varphi - \hat{\boldsymbol{\varphi}} \sin \varphi,$
$\hat{\mathbf{y}} = \hat{\boldsymbol{\rho}} \sin \varphi + \hat{\boldsymbol{\varphi}} \cos \varphi,$
$\hat{\mathbf{z}} = \hat{\mathbf{z}}.$

2.2.3 연습문제 2.2.1의 결과를 써서

$$\frac{\partial \hat{\boldsymbol{\rho}}}{\partial \varphi} = \hat{\boldsymbol{\varphi}}, \qquad \frac{\partial \hat{\boldsymbol{\varphi}}}{\partial \varphi} = -\hat{\boldsymbol{\rho}}$$

이며 원통좌표 단위벡터를 원통좌표로 미분한 모든 다른 1차도함수가 0인 것을 보여라.

2.2.4 $\nabla \cdot \mathbf{V}$[(2.20)식]를 기울기 연산자

$$\nabla = \hat{\rho}\frac{\partial}{\partial\rho} + \hat{\varphi}\frac{1}{\rho}\frac{\partial}{\partial\varphi} + \hat{\mathbf{z}}\frac{\partial}{\partial z}$$

[(2.16)식]을 $\mathbf{V}$에 스칼라곱한 것과 비교하여라. 그들이 왜 틀리는지 설명하여라.

2.2.5 강체가 고정된 축 주위를 일정한 각속도 $\boldsymbol{\omega}$로 회전하고 있다. $\boldsymbol{\omega}$가 z-축 방향에 있는 것으로 잡자. $\mathbf{r}$를 원통좌표로 표현하고, 원통좌표를 써서 아래 것들을 계산하여라.
(a) $\mathbf{v} = \boldsymbol{\omega} \times \mathbf{r}$, (b) $\nabla \times \mathbf{v}$.

답. (a) $\mathbf{v} = \hat{\varphi}\omega\rho$ (b) $\nabla \times \mathbf{v} = 2\boldsymbol{\omega}$.

2.2.6 헬리(Halley) 혜성의 주기는 약 76년이고 태양에 가장 가까운 거리는 9×10^7 km이다. 태양에서 가장 먼 거리는 얼마인가?

2.2.7 행성이 원형 궤도로 별 주위를 돌고 있는데, 그 별이 폭발하여 질량의 2%가 팽창하는 공의 껍질을 이루어 나오고 있다. 행성의 새로운 궤도의 이심률을 구하여라. 단, 껍질이 다른 영향은 주지 않는다.

2.2.8 움직이는 입자의 속도와 가속도의 원통좌표 성분을 구하여라.

$$\begin{aligned} v_\rho &= \dot{\rho}, & a_\rho &= \ddot{\rho} - \rho\dot{\varphi}^2, \\ v_\varphi &= \rho\dot{\varphi}, & a_\varphi &= \rho\ddot{\varphi} + 2\dot{\rho}\dot{\varphi}, \\ v_z &= \dot{z}, & a_z &= \ddot{z}. \end{aligned}$$

힌트.

$$\begin{aligned} \mathbf{r}(t) &= \hat{\boldsymbol{\rho}}(t)\rho(t) + \hat{\mathbf{z}}z(t) \\ &= [\hat{\mathbf{x}}\cos\varphi(t) + \hat{\mathbf{y}}\sin\varphi(t)]\rho(t) + \hat{\mathbf{z}}z(t). \end{aligned}$$

참조. $\dot{\rho} = d\rho/dt$, $\ddot{\rho} = d^2\rho/dt^2$ 등등.

2.2.9 직 원통좌표에서 특정한 벡터함수가

$$\mathbf{V}(\rho, \varphi) = \hat{\boldsymbol{\rho}}V_\rho(\rho, \varphi) + \hat{\boldsymbol{\varphi}}V_\varphi(\rho, \varphi)$$

로 주어졌다. $\nabla \times \mathbf{V}$가 z-성분만 갖는 것을 보여라.

2.2.10 각속도 ω로 회전하는 강체 속 입자들의 선속도는

$$\mathbf{v} = \hat{\varphi}\rho\omega$$

로 주어진다. 적분 $\oint \mathbf{v} \cdot d\boldsymbol{\lambda}$을 xy-평면의 원을 따라 했을 때

$$\frac{\oint \mathbf{v} \cdot d\boldsymbol{\lambda}}{\text{넓이}} = \nabla \times \mathbf{v}|_z$$

가 되는 것을 확인하여라.

2.2.11 두 양성자가 서로를 향해 움직이고 있다. 그들이 접근할 때 궤도를 기술하여라:
(a) 정면충돌의 경우; (b) 거리 b(충돌매개변수) 떨어진 평행선의 경우.
힌트. 강한 상호작용을 무시하고 쿨롱 반발만 유지하여라.

2.2.12 전선의 고리 A에 정상전류 I가 반시계방향으로 흐른다. 고리 A가 같은 모양과 크기를 갖고 평행하게 있는 고리 B 쪽으로 움직이면, B에 흐르는 유도전류의 방향은?

2.2.13 질량 m, 전하 e의 입자가 자기장 $\mathbf{B}$에 수직인 원형 궤도로 움직인다. 입자가 궤도를 한바퀴 도는 데 걸리는 시간이 속도에 무관한 것을 보여라. 자기장의 방향을 변해도 이것이 맞는가?

2.3 직교좌표

직각 (또는 데카르트) 좌표에서 취급하는 서로 수직인 세 평면가족은 $x =$ 상수, $y =$ 상수 및 $z =$ 상수이다. 여기에 다른 세 개의 곡면가족을 추가하는 것을 상상하자: $q_i(x, y, z)$, $i = 1, 2, 3$. 어느 곡면가족도 서로 평행하거나 평면일 필요가 없다. 이것을 마음속에 그리기 어려우면 그림 2.14를 보거나 그림 2.1과 같은 특정한 좌표계의 그림도 도움이 될 것이다. 새로운 세 곡면가족이 서로 수직일 필요가 없으나, 단순화를 위해 앞으로 우리는 그러한 조건[(2.33)식]을 부과하자. 이 수직성에 많은 이점이 있는데, 국소적으로 수직인 좌표는 거의 직각좌표와 같아 넓이와 부피 요소가 좌표미분들의 곱으로 되며 2차원운동이 1차원 지름 및 각도 성분의 경우와 유사하게 변수분리될 수 있다. 적절한 보기는 평면극좌표에서 중심별 주위의 행성운동이다 (예제 2.2.5). 다른 말로, 우리는 벡터의 성분분해를 효율적으로 다시 할 수 [$(x, y) \to (\rho, \varphi)$] 있는데, 이것은 물리학과 공학에서 강력한 개념이다. 이 절에서 직교 곡선좌표의 일반적인 형식을 논의하고 **직교좌표의 기하로부터 좌표미분들을 유도하며, 그것을 다중적분의 선, 넓이, 및 부피 요소에 쓴다.**

우리는 어느 점 (x, y, z)이건 직각좌표 세 평면의 교점 또는 그림 2.14에 그린대로 새로운 곡선좌표 세 곡면의 교점으로 기술할 수 있다. 좌표곡면을 $q_1 =$ 상수, $q_2 =$ 상수, $q_3 =$ 상수로 기술하고 점을 (q_1, q_2, q_3) 또는 (x, y, z)로 부른다. 이것은 원리적으로 다음처럼 쓸 수 있는 것을 의미한다:

그림 2.14
변하는 방향 $\hat{\mathbf{q}}_i$을 가진 곡선좌표 q_i

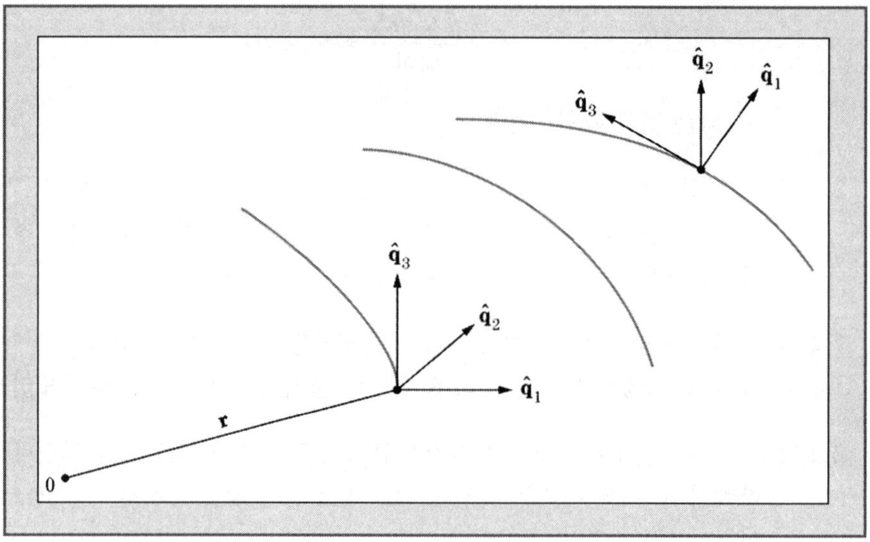

$$\begin{array}{ll} \text{일반 곡선좌표} & \text{원통좌표} \\ q_1, q_2, q_3 & \rho, \varphi, z \\ x = x(q_1, q_2, q_3) & -\infty < x = \rho\cos\varphi < \infty \\ y = y(q_1, q_2, q_3) & -\infty < y = \rho\sin\varphi < \infty \\ z = z(q_1, q_2, q_3) & -\infty < z = z < \infty \end{array} \tag{2.27}$$

위에 x, y, z를 q들로 표현하였으며, 그 역의 관계식은

$$\begin{array}{ll} q_1 = q_1(x, y, z) & 0 \le \rho = (x^2 + y^2)^{1/2} < \infty \\ q_2 = q_2(x, y, z) & 0 \le \varphi = \arctan(y/x) < 2\pi \\ q_3 = q_3(x, y, z) & -\infty < z = z < \infty. \end{array} \tag{2.28}$$

일반적, 추상적인 q_1, q_2, q_3의 특정한 실례로서, 원통좌표(2.2절)의 변환수식들을 (2.27)식과 (2.28)식에 포함시켰다. 곡면가족 q_i = 상수 각각에 곡면에 수직이고 q_i가 증가하는 쪽으로 향한 단위벡터 $\hat{\mathbf{q}}_i$를 연관시킬 수 있다. q_i = 상수 곡면의 법선방향이 위치에 따라 다를 수 있어서, 원통좌표의 $\hat{\varphi}$처럼 **단위벡터들 $\hat{\mathbf{q}}_i$가 공간위치에 의존한다**. 그래서 좌표벡터와 벡터 $\mathbf{V}$를

$$\mathbf{r} = \hat{\mathbf{q}}_1 q_1 + \hat{\mathbf{q}}_2 q_2 + \hat{\mathbf{q}}_3 q_3, \quad \mathbf{V} = \hat{\mathbf{q}}_1 V_1 + \hat{\mathbf{q}}_2 V_2 + \hat{\mathbf{q}}_3 V_3 \tag{2.29}$$

로 쓸 수 있다. 단위벡터 $\hat{\mathbf{q}}_i$들은 $\hat{\mathbf{q}}_i^2 = 1$로 정규화되고, 오른손좌표계를 이루며, 그들이 만든 입방체 부피는 $\hat{\mathbf{q}}_i \cdot (\hat{\mathbf{q}}_2 \times \hat{\mathbf{q}}_3) = 1$이다.

이 예제는 (2.27)식의 $x(q_1, q_2, q_3)$을 미분할 필요를 말해

$$dx = \frac{\partial x}{\partial q_1} dq_1 + \frac{\partial x}{\partial q_2} dq_2 + \frac{\partial x}{\partial q_3} dq_3 \tag{2.30}$$

을 주고 (1.5절의 전미분) 또 유사하게 y와 z의 미분도 주어서, 결과로 $d\mathbf{r} = \sum_i \frac{\partial \mathbf{r}}{\partial q_i} dq_i$를 얻게 된다.

곡선좌표 공간에서 거리요소 제곱의 가장 일반적인 수식은 2차형식

$$\begin{aligned} ds^2 &= g_{11}\, dq_1^2 + g_{12}\, dq_1\, dq_2 + g_{13}\, dq_1\, dq_3 \\ &\quad + g_{21}\, dq_2\, dq_1 + g_{22}\, dq_2^2 + g_{23}\, dq_2\, dq_3 \\ &\quad + g_{31}\, dq_3\, dq_1 + g_{32}\, dq_3\, dq_2 + g_{33}\, dq_3^2 \\ &= \sum_{ij} g_{ij}\, dq_i\, dq_j \end{aligned} \tag{2.31}$$

로 쓸 수 있는데, 혼합 항 $dq_i dq_j (i \neq j)$의 존재는 이 좌표들이 직교하지 않는 표시이다. (2.31)식을 거리의 정의로 갖는 공간을 거리(metric) 공간 또는 리만 공간이라고 한다. (2.30)식의 제곱과 상응하는 dy^2과 dz^2을 (2.2)식에 대입하고 $dq_i dq_j$의 계수들을 같게 놓으면[2]

$$g_{ij} = \frac{\partial x}{\partial q_i}\frac{\partial x}{\partial q_j} + \frac{\partial y}{\partial q_i}\frac{\partial y}{\partial q_j} + \frac{\partial z}{\partial q_i}\frac{\partial z}{\partial q_j} = \sum_l \frac{\partial x_l}{\partial q_i}\frac{\partial x_l}{\partial q_j} \tag{2.32}$$

을 얻는다. 이제부터 공부하려는 계수 g_{ij}는 좌표계 (q_1, q_2, q_3)의 성질을 특징짓는다고 볼 수 있다. 이 계수들을 집단적으로 **메트릭(metric)**[3]이라 부른다. 일반상대론에서 메트릭 성분들은 물질의 성질에 의해 결정된다, 즉 g_{ij}들은 물질의 에너지-운동량 텐서가 구동하는 (즉, 원인인) 아인슈타인 비선형장 방정식의 해이다: 기하학이 물리학과 합병했다.

여기부터 앞으로 (서로 **수직인** 곡면 또는, 동등하게, ds^2이 자승의 합으로 되는) **직교좌표계**로 제한할 것이며,[4] 그것은

$$g_{ij} = 0, \quad i \neq j, \quad \text{또는} \quad \hat{\mathbf{q}}_i \cdot \hat{\mathbf{q}}_j = \delta_{ij} \tag{2.33}$$

를 뜻한다. 이제 표기법을 단순화하여 $g_{ii} = h_i^2$로 쓰며 따라서

$$ds^2 = (h_1\, dq_1)^2 + (h_2\, dq_2)^2 + (h_3\, dq_3)^2 = \sum_i (h_i\, dq_i)^2 \tag{2.34}$$

을 얻는다. 2.2절과 2.5절의 특정한 직교좌표계 들은 **축척(눈금)인자(scale factors)** h_1, h_2, h_3를 명시함으로써 기술한 것이다. 역으로, 한 주어진 dq_i에 대해 다른 q들은 상수로 유지하여 얻는 관계식

$$ds_i = h_i\, dq_i \tag{2.35}$$

---

[2] dq들은 임의이다. 예를 들어, $dq_2 = dq_3 = 0$으로 놓으면 g_{11}을 격리시킨다. 제3장의 행렬 표기법으로 (2.30)식으로부터 (2.32)식을 더 품위 있게 유도할 수 있는 것을 눈여겨 보자.

[3] 상규칙(quotient rule)으로부터 g_{ij}의 텐서 성질이 나온다. 그래서 텐서의 변환법칙이 (2.32)식을 준다.

[4] 상대론적 우주구조론 논의에서, 회전이 없다는 물리적 가정 등의 결과로, 메트릭 g_{ij}의 비대각선 요소를 보통은 0으로 놓는다.

에서 축척인자를 편리하게 확인해낼 수 있다. 세 곡선 좌표 q_1, q_2, q_3가 길이일 필요는 없는 것을 눈여겨 보자. 축척인자 h_i들은 q들에 의존하고 차원을 가질 수도 있다. **곱** $h_i dq_i$는 길이의 차원을 가져야 하며 값이 양이다. (2.32)식을 **접선벡터들(tangent vector)**의 스칼라곱

$$g_{ij} = \frac{\partial \mathbf{r}}{\partial q_i} \cdot \frac{\partial \mathbf{r}}{\partial q_j} \tag{2.36}$$

로 쓸 수 있으므로, 직교조건 (2.33)식이 제곱의 합 (2.34)식과 연계하여 말해주는 것은 좌표 축방향의 변위 (그림 2.14 참조) 각각

$$\frac{\partial \mathbf{r}}{\partial q_i} = h_i \hat{\mathbf{q}}_i \tag{2.37}$$

가 좌표접선벡터이므로 미분변위 벡터 $d\mathbf{r}$가

$$d\mathbf{r} = \sum_i h_i \, dq_i \, \hat{\mathbf{q}}_i = \sum_i h_i d\mathbf{q}_i \tag{2.38}$$

로 된다는 것이다.

곡선좌표성분을 쓰면 **선적분(line integral)**이

$$\int \mathbf{V} \cdot d\mathbf{r} = \sum_i \int V_i h_i \, dq_i \tag{2.39}$$

가 된다.

선 요소 $d\mathbf{r}$를 따라 힘 $\mathbf{F}$가 한 일 $dW = \mathbf{F} \cdot d\mathbf{r}$는 물리학에서 가장 두드러진 선적분의 보기이다. 이런 문맥에서

$$\int_{\mathbf{r}(t_1)}^{\mathbf{r}(t_2)} \mathbf{A}(\mathbf{r}(t)) \cdot d\mathbf{r} = \int_{t_1}^{t_2} \mathbf{A}(\mathbf{r}(t)) \frac{d\mathbf{r}}{dt} dt \tag{2.40}$$

형태의 **연쇄법칙**을 자주 쓴다.

예제 2.3.1 **보존력의 에너지보존**

질량 m인 입자의 뉴턴 운동방정식과 관련하여 (2.40)식에 힘 $\mathbf{F} = m\frac{d\mathbf{v}}{dt}$를 쓰면, 일의 해석적 적분이 가능하여

$$\int_{\mathbf{r}(t_1)}^{\mathbf{r}(t_2)} \mathbf{F} \cdot d\mathbf{r} = \int_{t_1}^{t_2} \mathbf{F} \cdot \frac{d\mathbf{r}(t)}{dt} dt = m \int \frac{d\mathbf{v}}{dt} \cdot \mathbf{v} dt = \frac{m}{2} \int \frac{d\mathbf{v}^2}{dt} dt = \frac{m}{2} \mathbf{v}^2 |_{t_1}^{t_2}$$
$$= \frac{m}{2} [\mathbf{v}^2(t_2) - \mathbf{v}^2(t_1)]$$

을 얻으며 그 일이 운동에너지의 차이와 같다는 결과도 준다. 힘이 $\mathbf{F} = -\nabla V$로 퍼텐셜에서 나온다면, **포함된 기울기 때문에 선적분을 명시적으로 할 수 있어서**

$$\int_{\mathbf{r}(t_1)}^{\mathbf{r}(t_2)} \mathbf{F} \cdot d\mathbf{r} = -\int_{\mathbf{r}(t_1)}^{\mathbf{r}(t_2)} \nabla V(\mathbf{r}) \cdot d\mathbf{r} = -V|_{\mathbf{r}(t_1)}^{\mathbf{r}(t_2)} = -[V(\mathbf{r}(t_2)) - V(\mathbf{r}(t_1))]$$

을 얻고 일을 퍼텐셜 차이의 음값으로 확인한다. 위의 두 수식을 비교하여 **보존력의 에너지 보존**

$$\frac{m}{2}\mathbf{v}^2(t_2) + V(\mathbf{r}(t_2)) = \frac{m}{2}\mathbf{v}^2(t_1) + V(\mathbf{r}(t_1))$$

을 얻는다. 일의 경로독립에 대해서 1.12절에서 자세히 논하였다. 그래서, 이 경우에 경로의 끝점 $\mathbf{r}(t)$만이 중요하다. ■

직각좌표에서 **공간곡선의 길이**가 $ds^2 = dx^2 + dy^2 + dz^2$을 가지고 $\int ds$로 주어진다. 곡선좌표에서 공간곡선이 $(q_1(t),\ q_2(t),\ q_3(t))$로 매개변수 표현되었으면, 그 길이는 (2.34)식의 길이요소를 적분하여 구할 수 있어서

$$L = \int_{t_1}^{t_2} \sqrt{h_1^2\left(\frac{dq_1}{dt}\right)^2 + h_2^2\left(\frac{dq_2}{dt}\right)^2 + h_3^2\left(\frac{dq_3}{dt}\right)^2}\, dt \tag{2.41}$$

로 되는데, 여기서 (2.40)식의 연쇄공식을 썼다. (2.35)식을 써서 바로 **넓이 및 부피 요소**

$$d\sigma_{ij} = ds_i\, ds_j = h_i h_j\, dq_i\, dq_j, \tag{2.42}$$

$$d\tau = ds_1\, ds_2\, ds_3 = h_1 h_2 h_3\, dq_1\, dq_2\, dq_3 \tag{2.43}$$

을 얻는다.

(2.42)식을 써서 넓이요소 전개

$$\begin{aligned} d\boldsymbol{\sigma} &= ds_2\, ds_3\, \hat{\mathbf{q}}_1 + ds_3\, ds_1\, \hat{\mathbf{q}}_2 + ds_1\, ds_2\, \hat{\mathbf{q}}_3 \\ &= h_2 h_3\, dq_2\, dq_3\, \hat{\mathbf{q}}_1 + h_3 h_1\, dq_3\, dq_1\, \hat{\mathbf{q}}_2 \\ &\quad + h_1 h_2\, dq_1\, dq_2\, \hat{\mathbf{q}}_3 \end{aligned} \tag{2.44}$$

을 힐 수 있이시, 그에 따른 **면직분**은

$$\int \mathbf{V} \cdot d\boldsymbol{\sigma} = \int V_1 h_2 h_3\, dq_2\, dq_3 + \int V_2 h_3 h_1\, dq_3\, dq_1 + \int V_3 h_1 h_2\, dq_1\, dq_2 \tag{2.45}$$

이 된다.

원통좌표 및 구면좌표에서 선 및 면적분의 더 많은 예제가 2.2절과 2.5절에 있다.

다음 절에 나올 벡터**해석**을 위한 새로운 형태의 수식들을 예상하고, 직교 곡선좌표에서 벡터**대수**는 직각(데카르트)좌표에서와 같다고 강조한다. 구체적으로, 스칼라곱은

$$\mathbf{A}\cdot\mathbf{B}=\sum_{i,k}A_i\hat{\mathbf{q}}_i\cdot\hat{\mathbf{q}}_kB_k=\sum_{i,k}A_iB_k\delta_{ik}=\sum_i A_iB_i \tag{2.46}$$

로 되며, 이 때 첨자는 곡선성분을 나타낸다. 벡터곱은 (1.40)식처럼,

$$\mathbf{A}\times\mathbf{B}=\sum_{i,k}A_i\hat{\mathbf{q}}_i\times\hat{\mathbf{q}}_kB_k=\begin{vmatrix}\hat{\mathbf{q}}_1 & \hat{\mathbf{q}}_2 & \hat{\mathbf{q}}_3\\ A_1 & A_2 & A_3\\ B_1 & B_2 & B_3\end{vmatrix}. \tag{2.47}$$

예제 2.3.2 **원통좌표 궤도각운동량**

원통좌표에서 좌표벡터 $\mathbf{r}=\boldsymbol{\rho}+\mathbf{z}$[(2.8)식]와 속도 $\mathbf{v}=\dot{\rho}\hat{\boldsymbol{\rho}}+\rho\dot{\varphi}\hat{\boldsymbol{\varphi}}+\dot{z}\hat{\mathbf{z}}$를 가지고 보기 2.2.5처럼 계산하면, 궤도각운동량은

$$\mathbf{L}=\mathbf{r}\times\mathbf{p}=m\begin{vmatrix}\hat{\boldsymbol{\rho}} & \hat{\boldsymbol{\varphi}} & \hat{\mathbf{z}}\\ \rho & 0 & z\\ \dot{\rho} & \rho\dot{\varphi} & \dot{z}\end{vmatrix}. \tag{2.48}$$

질량을 3 kg, 지레의 팔이 xy-평면에서 지름방향으로 1 m, 속도는 z-방향으로 2 m/s로 택하자. 그러면 $\mathbf{L}$이 $\hat{\boldsymbol{\varphi}}$방향으로 될 것이고 정량적으로는

$$\mathbf{L}=3\begin{vmatrix}\hat{\boldsymbol{\rho}} & \hat{\boldsymbol{\varphi}} & \hat{\mathbf{z}}\\ 1 & 0 & 0\\ 0 & 0 & 2\end{vmatrix}=3\hat{\boldsymbol{\rho}}\begin{vmatrix}0 & 0\\ 0 & 2\end{vmatrix}-3\hat{\boldsymbol{\varphi}}\begin{vmatrix}1 & 0\\ 0 & 2\end{vmatrix}+3\hat{\mathbf{z}}\begin{vmatrix}1 & 0\\ 0 & 0\end{vmatrix}=-6\hat{\boldsymbol{\varphi}}\,\mathrm{mkg/s}. \tag{2.49}$$

■

앞에서는 특정한 대칭에 적합하고 국소적으로 직교하는 좌표에 한정하였다. 이번에는 좌표들이 반드시 직교하지는 않은 일반적인 경우를 간략히 음미하자. 면 및 부피 요소들은 질량중심 또는 관성모멘트 계산과 같은 물리적 응용에 흔히 쓰는 다중적분의 부분으로 나온다. 전형적으로, 특정한 문제의 대칭에 따라서 좌표들을 선택한다. 제1장에서, 가우스 정리를 써서 체적적분을 면적적분으로 변환하고 스토크스 정리로는 면적적분을 선적분으로 변환하였다. 직교좌표에서 면 및 부피 요소는 간단하게도 선 요소 $h_i dq_i$[(2.42)식 및 (2.43)식]들의 곱이다. 일반적인 경우에는, (2.37)식에 있는 $\partial\mathbf{r}/\partial q_i$가 접선벡터라는 기하학적 해석을 쓴다. 데카르트의 면 요소 $dx\,dy$로 시작하는데, 새 좌표 q_1, q_2에서는 두 개의 증가벡터

$$\begin{aligned} d\mathbf{r}_1&=\mathbf{r}(q_1+dq_1,q_2)-\mathbf{r}(q_1,q_2)=\frac{\partial\mathbf{r}}{\partial q_1}dq_1,\\ d\mathbf{r}_2&=\mathbf{r}(q_1,q_2+dq_2)-\mathbf{r}(q_1,q_2)=\frac{\partial\mathbf{r}}{\partial q_2}dq_2 \end{aligned} \tag{2.50}$$

가 만드는 무한히 작은 직사각형이 되며 그 넓이는 벡터곱의 z-성분

$$dx\,dy = d\mathbf{r}_1 \times d\mathbf{r}_2\big|_z = \left[\frac{\partial x}{\partial q_1}\frac{\partial y}{\partial q_2} - \frac{\partial x}{\partial q_2}\frac{\partial y}{\partial q_1}\right] dq_1\,dq_2$$

$$= \begin{vmatrix} \frac{\partial x}{\partial q_1} & \frac{\partial x}{\partial q_2} \\ \frac{\partial y}{\partial q_1} & \frac{\partial y}{\partial q_2} \end{vmatrix} dq_1\,dq_2 \qquad (2.51)$$

이다. 행렬식 형태로 된 변환계수는 **야코비안(Jacobian)** 이라 부른다.

유사하게, 부피 요소 $dxdydz$는 q_i-방향(즉, $\hat{\mathbf{q}}_i$)의 무한소 변위벡터 $d\mathbf{r}_i = dq_i \frac{\partial \mathbf{r}}{\partial q_i}$ 세 개(즉, $i = 1,\ 2,\ 3$)가 만드는 삼중 스칼라곱

$$dx\,dy\,dz = \begin{vmatrix} \frac{\partial x}{\partial q_1} & \frac{\partial x}{\partial q_2} & \frac{\partial x}{\partial q_3} \\ \frac{\partial y}{\partial q_1} & \frac{\partial y}{\partial q_2} & \frac{\partial y}{\partial q_3} \\ \frac{\partial z}{\partial q_1} & \frac{\partial z}{\partial q_2} & \frac{\partial z}{\partial q_3} \end{vmatrix} dq_1\,dq_2\,dq_3 \qquad (2.52)$$

으로 되는데, 이 형식은 1.4절에 따라 얻었다. 여기서도, 계수는 야코비안으로 불리고 더 높은 차원의 일반화도 비슷하게 진행한다.

직교좌표에 대하여는 야코비안이 직교하는 (2.38)식의 벡터들의 곱으로 간단해진다. 그것이 h_i들의 곱이란 결론이 나온다. 예를 들면, (2.52)식의 부피 야코비안은

$$h_1 h_2 h_3 (\hat{\mathbf{q}}_1 \times \hat{\mathbf{q}}_2) \cdot \hat{\mathbf{q}}_3 = h_1 h_2 h_3$$

이 된다.

예제 2.3.3 **극좌표의 야코비안(Jacobian)**

직각(데카르트) 2차원 부피요소 $dxdy$의 극좌표 $\rho,\ \varphi$(즉, $x = \rho\cos\varphi$ 및 $y = \rho\sin\varphi$) 변환을 실례로 설명해 보자. (2.2절을 참조하여라.) 여기서

$$dx\,dy = \begin{vmatrix} \frac{\partial x}{\partial \rho} & \frac{\partial x}{\partial \varphi} \\ \frac{\partial y}{\partial \rho} & \frac{\partial y}{\partial \varphi} \end{vmatrix} d\rho\,d\varphi = \begin{vmatrix} \cos\varphi & -\rho\sin\varphi \\ \sin\varphi & \rho\cos\varphi \end{vmatrix} d\rho\,d\varphi = \rho\,d\rho\,d\varphi. \qquad (2.53)$$

유사하게, 구면좌표(2.5절 참조)에서 $x = r\sin\theta\cos\varphi$, $y = r\sin\theta\sin\varphi$, $z = r\cos\theta$를 써서 야코비안

$$J = \begin{vmatrix} \frac{\partial x}{\partial r} & \frac{\partial x}{\partial \theta} & \frac{\partial x}{\partial \varphi} \\ \frac{\partial y}{\partial r} & \frac{\partial y}{\partial \theta} & \frac{\partial y}{\partial \varphi} \\ \frac{\partial z}{\partial r} & \frac{\partial z}{\partial \theta} & \frac{\partial z}{\partial \varphi} \end{vmatrix} = \begin{vmatrix} \sin\theta\cos\varphi & r\cos\theta\cos\varphi & -r\sin\theta\sin\varphi \\ \sin\theta\sin\varphi & r\cos\theta\sin\varphi & r\sin\theta\cos\varphi \\ \cos\theta & -r\sin\theta & 0 \end{vmatrix}$$

$$= \cos\theta \begin{vmatrix} r\cos\theta\cos\varphi & -r\sin\theta\sin\varphi \\ r\cos\theta\sin\varphi & r\sin\theta\cos\varphi \end{vmatrix} + r\sin\theta \begin{vmatrix} \sin\theta\cos\varphi & -r\sin\theta\sin\varphi \\ \sin\theta\sin\varphi & r\sin\theta\cos\varphi \end{vmatrix}$$

$$= r^2(\cos^2\theta\sin\theta + \sin^3\theta) = r^2\sin\theta \qquad (2.54)$$

를 얻었고 행렬식은 셋째 줄로 전개하였다. 그러므로 부피요소는 $dxdydz = r^2 dr \sin\theta d\theta d\varphi$가 되었다. 체적적분은

$$\int f(x, y, z) dx\, dy\, dz = \int f(x(r, \theta, \varphi), y(r, \theta, \varphi), z(r, \theta, \varphi)) r^2 dr \sin\theta d\theta d\varphi$$

로 쓸 수 있다. ■

요 약

곡선좌표에서 벡터해석을 위한 일반적인 형식을 개발하였다. 대부분의 응용을 위해서는, 국소적으로 직교인 좌표를 선택할 수 있는데 그 때 다중적분의 면 및 부피 요소들이 선 요소들의 곱이기 때문이다. 직교가 아닌 일반적인 경우에 야코비안 행렬식이 적용된다.

인명 자료

Jacobi, Carl Gustav Jacob. 독일 수학자 Jacobi는 1804년 Prussia의 Potsdam에서 출생하여 1851년 Berlin에서 서거하였다. 그는 1824년 Berlin에서 박사학위를 받았다. 타원함수에 관한 업적으로 Legendre의 칭찬을 받았으며 1827년에 (동 Prussia, 현재는 Russia 소재의) Köenigsberg 대학 교수가 되었다. 그의 다른 업적으로 행렬식과 편미분방정식을 발전시킨 것도 있다.

연습문제

2.3.1 관심을 직교좌표계에 제한하는 것이 g_{ij}, $i \neq j$[(2.33)식]를 뜻하는 것을 보여라.
힌트. ds_1, ds_2, ds_3을 변으로 하는 삼각형을 만들어라. (2.42)식이 $g_{ij}=0$에 무관하게 성립한다. 그리고 (2.34)식에서 얻은 ds^2을 코사인법칙을 쓴 계산과 비교하여라. $\cos\theta_{12} = g_{12}/\sqrt{g_{11}g_{22}}$인 것을 보여라.

2.3.2 구면극좌표에서 $q_1 = r$, $q_2 = \theta$, $q_3 = \varphi$이다. (2.27)식에 상당하는 변환식은

$$x = r\sin\theta\cos\varphi, \quad y = r\sin\theta\sin\varphi, \quad z = r\cos\theta.$$

(a) 구면극좌표 축척인자 h_r, h_θ, 및 h_φ를 계산하여라.
(b) 계산한 축척인자를 관계식 $ds_i = h_i dq_i$로 점검하여라.

2.3.3 정전기학과 유체역학에서 자주 쓰는 u−, v−, z−좌표계는

$$xy = u, \quad x^2 - y^2 = v, \quad z = z$$

로 정의된다. 이 $u-$, $v-$, $z-$계는 직교계이다.

(a) 세 좌표평면 가족 각각의 성질을 간단히 말로 기술하여라.

(b) (그래픽 소프트웨어가 있으면 쓰고) $xy-$평면에 일정한 u값의 평면과 일정한 v 값의 평면이 $xy-$평면과 만나는 선들을 그려라.

(c) 네 개의 사분면 모두에서 단위벡터 $\hat{\mathbf{u}}$ 및 $\hat{\mathbf{v}}$의 방향을 표시하여라.

(d) 이 $u-$, $v-$, $z-$계가 오른손 계($\hat{\mathbf{u}} \times \hat{\mathbf{v}} = +\hat{\mathbf{z}}$)인가 또는 왼손 계($\hat{\mathbf{u}} \times \hat{\mathbf{v}} = -\hat{\mathbf{z}}$)인가?

2.3.4 타원주 좌표계는 곡면가족 세 개로 이루어져 있다:

$$\frac{x^2}{a^2\cosh^2 u}+\frac{y^2}{a^2\sinh^2 u}=1, \qquad \frac{x^2}{a^2\cos^2 v}-\frac{y^2}{a^2\sin^2 v}=1, \qquad z=z.$$

(그래픽 소프트웨어가 있으면 쓰고) 좌표면 $u=$상수와 $v=$상수들이 $xy-$평면의 제1사분면과 만나는 것을 스케치하여라. 단위벡터 $\hat{\mathbf{u}}$와 $\hat{\mathbf{v}}$를 나타내라. u, v 범위는 $0 \le u < \infty$, $0 \le v \le 2\pi$이다.

힌트. 이 수식 각 변의 제곱을 다루는 것이 쉽다.

2.3.5 반지름 r인 $n-$차원 공의 부피를 구하여라. *힌트.* 일반화된 극좌표를 써라.

2.3.6 민코프스키(Minkowski) 공간은 $x_1=x$, $x_2=y$, $x_3=z$, $x_0=ct$ ($c=$광속도)로 정의된다. 이것은 시공간 간격이 $ds^2=dx_0^2-dx_1^2-dx_2^2-dx_3^2$으로 되도록 한 것이다. 민코프스키 공간의 메트릭이

$$(g_{ij})=\begin{pmatrix}1&0&0&0\\0&-1&0&0\\0&0&-1&0\\0&0&0&-1\end{pmatrix}$$

인 것을 보여라. 로렌츠 변환을 4.4절에서 기술하는데 민코프스키 공간을 쓴다.

2.4 미분 벡터연산자

■ 기울기(그래디언트, grad)

기울기(grad), 발산(div), 및 회전(curl)연산자를 곡선좌표에서 논의하는 출발점은 함수 ψ의 기울기가 벡터로서 그 크기와 방향이 최대 공간변화율이라는 기하학적인 해석이다(1.5절과 비교하라). 이런 해석은 벡터 $\nabla\psi(q_1, q_2, q_3)$의 $q_1=$상수 곡면가족에 수직인 방향의 성분으로

$$\hat{\mathbf{q}}_1 \cdot \nabla\psi = \nabla\psi|_1 = \frac{\partial\psi}{\partial s_1} = \frac{1}{h_1}\frac{\partial\psi}{\partial q_1} \tag{2.55}$$

을 주는데[5] 이것이 q_2, q_3을 고정하고 q_1이 변할 때의 변화율이기 때문이다. 예를 들면, 예제 2.2.1[그리고 (2.9)식에서 $h_\rho = 1$, $h_\varphi = \rho$, $h_z = 1$]로부터 원통좌표에서 기울기의 φ−성분이 (2.15)식의 형태인 것을 안다. ds_1은 q_1이 증가하는 방향의 미분 길이다[(2.35)식과 비교하라]. 2.3절에서 이 방향을 표시하기 위해 단위벡터 $\hat{\mathbf{q}}_1$이 도입된다. (2.55)식을 q_2와 q_3에 대하여 반복한 뒤 결과를 벡터로서 합하면, 기울기는

$$\begin{aligned}\nabla\psi(q_1, q_2, q_3) &= \hat{\mathbf{q}}_1\frac{\partial\psi}{\partial s_1} + \hat{\mathbf{q}}_2\frac{\partial\psi}{\partial s_2} + \hat{\mathbf{q}}_3\frac{\partial\psi}{\partial s_3} \\ &= \hat{\mathbf{q}}_1\frac{1}{h_1}\frac{\partial\psi}{\partial q_1} + \hat{\mathbf{q}}_2\frac{1}{h_2}\frac{\partial\psi}{\partial q_2} + \hat{\mathbf{q}}_3\frac{1}{h_3}\frac{\partial\psi}{\partial q_3} \\ &= \sum_i \hat{\mathbf{q}}_i\frac{1}{h_i}\frac{\partial\psi}{\partial q_i}\end{aligned} \tag{2.56}$$

가 된다. 연습문제 2.2.4는 기울기의 이러한 물리학적인 해석에 의존하지 않는 수학적인 대안을 제공한다. 예를 원통좌표에 대해서는 2.2절에, 구면극좌표는 2.5절에 주었다.

■ 발산(다이버전스, div)

발산연산자는 제1장의 두 번째 정의[(1.113)식] 또는, 동등하게, 가우스 정리(1.11절)로부터 얻을 수 있다. 미분 부피 $d\tau = h_1h_2h_3dq_1dq_2dq_3$(그림 2.15)를 가지고 (1.113)식

그림 2.15
곡선좌표 부피 요소

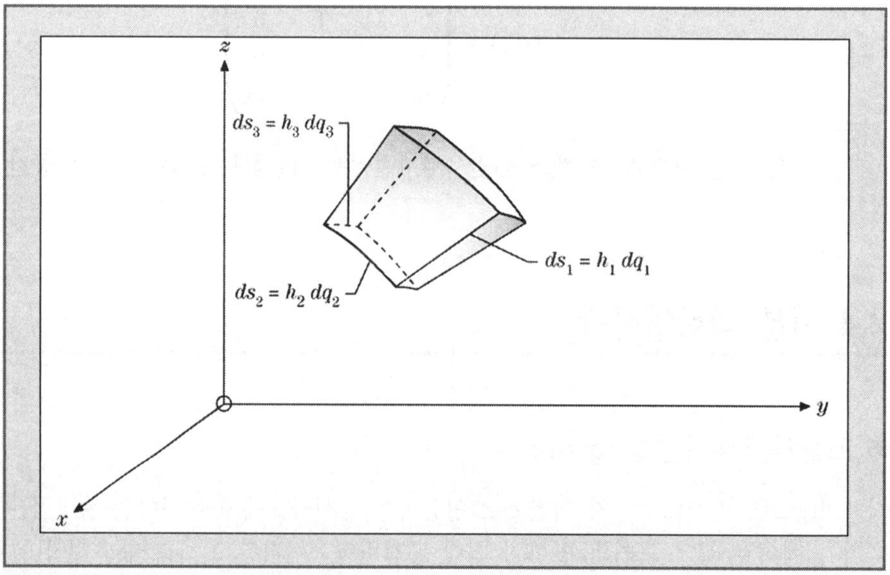

[5]여기서 함수를 φ로 쓰는 것을 피한 것은 전통적으로 그것이 방위각으로 쓰이기 때문이다.

$$\nabla \cdot \mathbf{V}(q_1, q_2, q_3) = \lim_{\int d\tau \to 0} \frac{\int \mathbf{V} \cdot d\boldsymbol{\sigma}}{\int d\tau} \tag{2.57}$$

를 쓰자. 양의 방향들은 $(q_1,\ q_2,\ q_3)$ 또는 $(\hat{\mathbf{q}}_1,\ \hat{\mathbf{q}}_2,\ \hat{\mathbf{q}}_3)$이 오른손 세트 $\hat{\mathbf{q}}_1 \times \hat{\mathbf{q}}_2 = \hat{\mathbf{q}}_3$를 이루도록 택했다는 것을 눈여겨 보라.

1.6절과 1.9절에서 보는 바와 같이, 그림 2.15의 $q_1 =$ 상수 표면 둘 위에서 면적분은

$$\begin{aligned} &\left[V_1 h_2 h_3 + \frac{\partial}{\partial q_1}(V_1 h_2 h_3) dq_1\right] dq_2\, dq_3 - V_1 h_2 h_3\, dq_2\, dq_3 \\ &= \frac{\partial}{\partial q_1}(V_1 h_2 h_3) dq_1\, dq_2\, dq_3 \end{aligned} \tag{2.58}$$

으로 된다.[6] 여기 V_i는 $\mathbf{V}$의(q_i 증가 쪽으로 향한) $\hat{\mathbf{q}}_i$–방향의 성분; 즉, $V_i = \hat{\mathbf{q}}_i \cdot \mathbf{V}$는 $\hat{\mathbf{q}}_i$–방향으로 내린 $\mathbf{V}$의 사영이다. 다른 두 벌의 표면 쌍에 대한비슷한 결과들을 합하여

$$\int \mathbf{V}(q_1, q_2, q_3) \cdot d\boldsymbol{\sigma} = \left[\frac{\partial}{\partial q_1}(V_1 h_1 h_3) + \frac{\partial}{\partial q_2}(V_2 h_3 h_1) + \frac{\partial}{\partial q_3}(V_3 h_1 h_2)\right] dq_1\, dq_2\, dq_3 \tag{2.59}$$

을 얻는다. 미분 부피 [(2.57)식의 $d\tau$ 참조]로 나누어

$$\nabla \cdot \mathbf{V}(q_1, q_2, q_3) = \frac{1}{h_1 h_2 h_3}\left[\frac{\partial}{\partial q_1}(V_1 h_2 h_3) + \frac{\partial}{\partial q_2}(V_2 h_3 h_1) + \frac{\partial}{\partial q_3}(V_3 h_1 h_2)\right] \tag{2.60}$$

를 얻는다. 이 일반적인 결과의 응용과 보기는 다음 절에서 특별한 좌표계에 대해서 준다. 라플라시안을 얻으려면 $\mathbf{V} = \nabla\psi(q_1,\ q_2,\ q_3)$을 쓰고 (2.56)식과 (2.60)식을 결합하면 된다. 이것이

$$\begin{aligned} \nabla \cdot \nabla\psi(q_1, q_2, q_3) = \frac{1}{h_1 h_2 h_3}&\left[\frac{\partial}{\partial q_1}\left(\frac{h_2 h_3}{h_1}\frac{\partial\psi}{\partial q_1}\right) + \frac{\partial}{\partial q_2}\left(\frac{h_3 h_1}{h_2}\frac{\partial\psi}{\partial q_2}\right)\right. \\ &\left. + \frac{\partial}{\partial q_3}\left(\frac{h_1 h_2}{h_3}\frac{\partial\psi}{\partial q_3}\right)\right] \end{aligned} \tag{2.61}$$

의 결과를 준다. 중요한 수식 (2.56), (2.60), (2.61) 및 (2.66)의 보기와 응용을 원통좌표에 대해서는 2.2절에서, 구면극좌표는 2.5절에서 보여준다.

■ 회전(커얼, curl)

끝으로, $\nabla \times \mathbf{V}$를 논의하기 위해 스토크스 정리(1.11절)를 적용하는데, 발산의 경우처럼 곡면 넓이가 무한히 작아지는 극한을 택한다. 한 번에 한 성분씩 다루며 $q_1 =$ 상수 곡면 안의 미분면 요소를 생각한다. 그렇게 작은 면에서 적분학의 평균치정리는 적분이 면 넓이 곱하기 함수

---

[6] 극한 $dq_1,\ dq_2,\ dq_3 \to 0$을 택하므로, 이차 이상의 도함수들은 소멸한다.

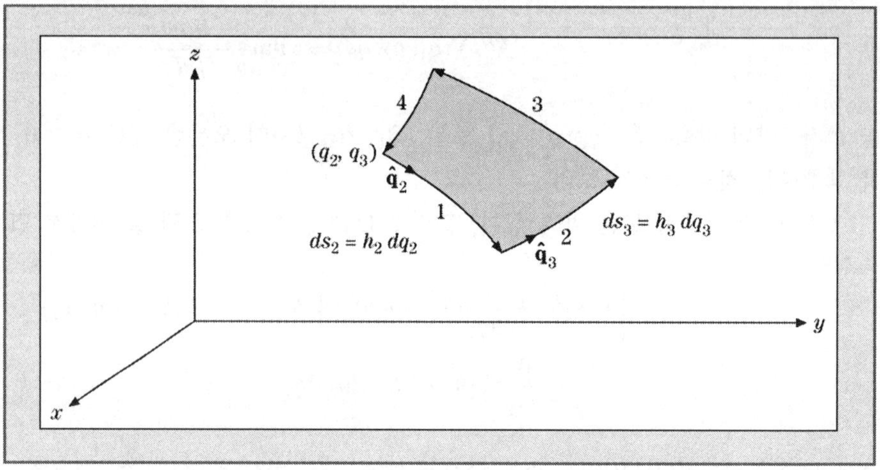

그림 2.16
$\mathbf{q}_1$ = 상수인 곡선좌표 곡면 요소

의 면 평균값과 같다고 말한다. 그래서,

$$\int_s \nabla \times \mathbf{V}|_1 \cdot d\sigma_1 = \hat{\mathbf{q}}_1 \cdot (\nabla \times \mathbf{V}) h_2 h_3\, dq_2\, dq_3 \tag{2.62}$$

으로부터 스토크스 정리가

$$\hat{\mathbf{q}}_1 \cdot (\nabla \times \mathbf{V}) h_2 h_3\, dq_2\, dq_3 = \oint \mathbf{V} \cdot d\mathbf{r} \tag{2.63}$$

를 주는데, 선적분은 q_1 = 상수 면 안에 있다. 그림 2.16에서 고리(1, 2, 3, 4)를 따라가면서 얻는 것은

$$\begin{aligned}\oint \mathbf{V}(q_1, q_2, q_3) \cdot d\mathbf{r} &= V_2 h_2\, dq_2 + \left[V_3 h_3 + \frac{\partial}{\partial q_2}(V_3 h_3)\, dq_2\right] dq_3 \\ &\quad - \left[V_2 h_2 + \frac{\partial}{\partial q_3}(V_2 h_2) dq_3\right] dq_2 - V_3 h_3\, dq_3 \\ &= \left[\frac{\partial}{\partial q_2}(h_3 V_3) - \frac{\partial}{\partial q_3}(h_2 V_2)\right] dq_2\, dq_3.\end{aligned} \tag{2.64}$$

부분 1과 2위에서 양의 방향으로 가니까 +부호를, 부분 3과 4에서 음 방향이니 −부호를 선택한다. 고차의 항들은 생략되었는데, 면이 무한히 작아지는 극한($dq_2 \to 0$, $dq_3 \to 0$)에 소멸되기 때문이다.

(2.63)식과 (2.64)식을 결합하여

$$\nabla \times \mathbf{V}|_1 = \frac{1}{h_2 h_3}\left[\frac{\partial}{\partial q_2}(h_3 V_3) - \frac{\partial}{\partial q_3}(h_2 V_2)\right] \tag{2.65}$$

를 얻는다. $\nabla \times \mathbf{V}$의 나머지 두 성분은 첨자의 순환치환으로 얻을 수 있다. 제1장처럼, 회전을 행렬식 형태로 쓰는 것이 편리한 때가 자주 있다:

$$\nabla \times \mathbf{V} = \frac{1}{h_1 h_2 h_3} \begin{vmatrix} \hat{\mathbf{q}}_1 h_1 & \hat{\mathbf{q}}_2 h_2 & \hat{\mathbf{q}}_3 h_3 \\ \dfrac{\partial}{\partial q_1} & \dfrac{\partial}{\partial q_2} & \dfrac{\partial}{\partial q_3} \\ h_1 V_1 & h_2 V_2 & h_3 V_3 \end{vmatrix}. \tag{2.66}$$

미분연산자가 들어 있어서 행렬식을 전개할 때 위에서 아래로 가는 순서를 지키는 것을 상기해야 한다. 이 수식이 두 벡터의 벡터곱 형태[(1.40)식]와 동등이 **아닌** 것을 눈여겨 보아라. ∇는 보통의 벡터가 아니고 벡터**연산자**이다.

기울기의 기하학적 해석과 가우스 및 스토크스 정리의 사용(또는 발산과 회전의 적분을 통한 정의)은 **단위벡터 $\hat{\mathbf{q}}_i$를 미분하지 않고** 위의 일반적인 공식들을 얻을 수 있도록 한다. 단위벡터 $\hat{\mathbf{q}}_i$들의 직접적인 미분에 근거를 두어 grad, div, curl을 정하는 별도의 길도 존재한다. 한 접근은 특정한 좌표계의 $\hat{\mathbf{q}}_i$를 직각(데카르트) 성분으로 분해하고 (연습문제 2.2.1 및 2.5.1) 이 직각 형태를 미분하는 (연습문제 2.4.3 및 2.5.2) 것이다. 요점은 $\hat{\mathbf{x}}, \hat{\mathbf{y}}, \hat{\mathbf{z}}$의 방향과 크기 모두가 일정하므로 도함수들이 0이라는 것이다. 둘째 접근[L. J. Kijewski, *Am. J. Phys.* **33**, 816 (1965)]은 $\partial^2\mathbf{r}/\partial q_i\,\partial q_j$와 $\partial^2\mathbf{r}/\partial q_j\,\partial q_i$가 같다는 데서 시작하고 $\hat{\mathbf{q}}_i$의 도함수를 일반적인 곡선좌표에서 논의하는 것이다. 연습문제 2.3.3과 2.3.4는 이 방식에 근거를 두었다.

연습문제

2.4.1 직교 곡선좌표에서 (∇을 포함하지 않는) 보통의 스칼라 및 벡터곱이 직각(데카르트) 좌표에서처럼 **축척인자 없이 진행**하는 것을 보이는 논의를 개발하여라.

2.4.2 q_1이 증가하는 방향의 단위벡터 $\hat{\mathbf{q}}_1$을 가지고

(a) $\nabla \cdot \hat{\mathbf{q}}_1 = \dfrac{1}{h_1 h_2 h_3} \dfrac{\partial (h_2 h_3)}{\partial q_1}$

(b) $\nabla \times \hat{\mathbf{q}}_1 = \dfrac{1}{h_1} \left[\hat{\mathbf{q}}_2 \dfrac{1}{h_3} \dfrac{\partial h_1}{\partial q_3} - \hat{\mathbf{q}}_3 \dfrac{1}{h_2} \dfrac{\partial h_1}{\partial q_2} \right]$

인 것을 보여라. $\hat{\mathbf{q}}_1$이 단위벡터이지만, 그 발산과 회전이 **꼭 0일 필요는 없다** (왜냐하면 그것이 위치에 따라 변하기 때문이다).

2.4.3 (2.37)식에서 시작하여 (i) $\hat{\mathbf{q}}_i \cdot \hat{\mathbf{q}}_i = 1$이 (2.32)식과 일치하는 h_i의 수식을 주는 것을 보이고 (ii) 다음 두 식을 유도하여라:

$$\frac{\partial \hat{\mathbf{q}}_i}{\partial q_j} = \hat{\mathbf{q}}_j \frac{1}{h_i} \frac{\partial h_j}{\partial q_i}, \qquad i \neq j$$

$$\frac{\partial \hat{\mathbf{q}}_i}{\partial q_i} = -\sum_{j\neq i} \hat{\mathbf{q}}_j \frac{1}{h_j}\frac{\partial h_i}{\partial q_j}.$$

2.4.4 (1.112)식

$$\nabla\psi = \lim_{\int d\tau} \frac{\int \psi\, d\sigma}{\int d\tau}$$

를 직접 적용하여

$$\nabla\psi = \hat{\mathbf{q}}_1 \frac{1}{h_1}\frac{\partial\psi}{\partial q_1} + \hat{\mathbf{q}}_2 \frac{1}{h_2}\frac{\partial\psi}{\partial q_2} + \hat{\mathbf{q}}_3 \frac{1}{h_3}\frac{\partial\psi}{\partial q_3}$$

를 유도하여라.

힌트. 면적분 값 구하기는 $(h_1h_2h_3)^{-1}(\partial/\partial q_1)(\hat{\mathbf{q}}_1 h_2h_3)$와 같은 항에 이르게 한다. 연습문제 2.4.3에 열거된 결과들이 도움이 될 것이다. 세 벌의 면짝 모두의 기여를 합하면 원치 않는 항들의 소거가 일어난다.

2.5 구면극좌표

$(q_1,\ q_2,\ q_3)$을 $(r,\ \theta,\ \varphi)$로 바꿔 쓰면, 구면극좌표계가 아래처럼 이루어진 것을 알 수 있다:

1. 원점에 중심이 있는 동심구면들,

$$r = (x^2+y^2+z^2)^{1/2} = \text{상수}.$$

2. z-(극)축을 중심축, 원점을 꼭지점으로 한 직원뿔들,

$$\theta = \arccos\frac{z}{(x^2+y^2+z^2)^{1/2}} = \text{상수}.$$

3. z-(극)축을 지나는 반평면들,

$$\varphi = \arctan\frac{y}{x} = \text{상수}.$$

θ(극각)과 φ(방위각)의 정의를 임의로 하여, z-축 만이 홀로 특별취급 받는 셈이 되었다. (2.27)식에 대응하는 변환식은

$$x = r\sin\theta\cos\varphi,\quad y = r\sin\theta\sin\varphi,\quad z = r\cos\theta \tag{2.67}$$

인데, θ는 $+z$-축으로부터 재고 φ는 xy-평면 안에서 $+x$-축으로부터 잰 각이다. 세 좌표 값의 범위는 $0 \le r < \infty$, $0 \le \theta < \pi$, $0 \le \varphi \le 2\pi$이다. $r=0$에서는 θ와 φ가 정의되지 않는다. 원점으로부터 잰 좌표벡터는 $\mathbf{r} = r\hat{\mathbf{r}}$이다. (2.32)식과 (2.35)식으로부터

$$\begin{aligned} h_1 &= h_r = 1, \\ h_2 &= h_\theta = r, \\ h_3 &= h_\varphi = r\sin\theta. \end{aligned} \tag{2.68}$$

이것이 (벡터) 선 요소

$$d\mathbf{r} = \hat{\mathbf{r}}\,dr + \hat{\boldsymbol{\theta}} r\,d\theta + \hat{\boldsymbol{\varphi}} r\sin\theta\,d\varphi$$

를 주며 따라서

$$ds^2 = d\mathbf{r}\cdot d\mathbf{r} = dr^2 + r^2 d\theta^2 + r^2\sin^2\theta d\varphi^2$$

을 얻는데, 단위벡터들이 서로 직교하기 때문이다.

이 구면좌표계에서 그림 2.17의 흰 넓이요소 [$r=$ 상수일 때; (2.42)식 및 (2.44)식과 비교하라]는

$$dA = d\sigma_{\theta\varphi} = r^2\sin\theta\,d\theta\,d\varphi \tag{2.69}$$

이다. 방위각 φ로 적분하면 넓이요소는 폭 $d\theta$의 고리가 되어

$$dA = 2\pi r^2\sin\theta\,d\theta \tag{2.70}$$

로 된다. 이 형태는 편극화되지 않은 입자 빔의 산란처럼 방위각 대칭이 있는 문제를 구면극좌표에서 다룰 때 반복적으로 나타난다. 입체라디안 또는 스테라디안(steradian)의 정의에 따

그림 2.17
구면극좌표 넓이 요소

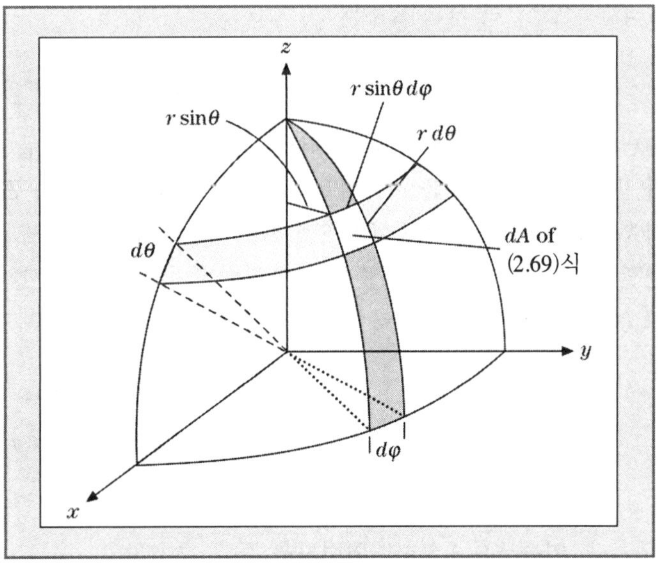

그림 2.18
구면극좌표

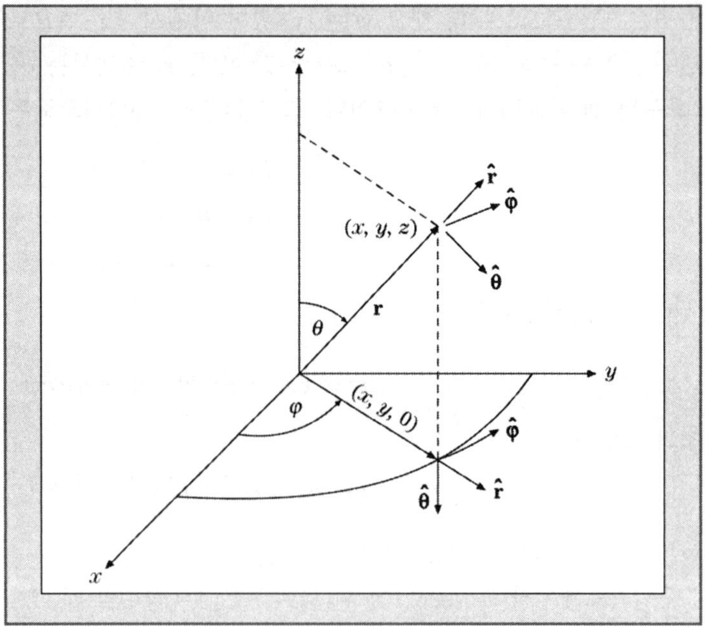

르면, 입체각 요소 $d\Omega$는

$$d\Omega = \frac{dA}{r^2} = \sin\theta\, d\theta\, d\varphi = |d(\cos\theta)d\varphi| \tag{2.71}$$

로 주어지고 이것을 구면 전체에서 적분하여 얻는 결과는

$$\int d\Omega = 4\pi.$$

(2.43)식으로부터 부피 요소는

$$d\tau = r^2\, dr \sin\theta\, d\theta\, d\varphi = r^2\, dr\, d\Omega. \tag{2.72}$$

그림 2.18은 구면극좌표 단위벡터들을 보인다. 강조할 것은 **단위벡터 $\hat{\mathbf{r}}$, $\hat{\boldsymbol{\theta}}$, $\hat{\boldsymbol{\varphi}}$들이 각도 $\boldsymbol{\theta}$, $\boldsymbol{\varphi}$가 변함에 따라 방향을 바꾼다**는 것이다. 구체적으로, 이 구면극좌표 단위벡터들의 θ 및 φ 도함수가 0이 아니다 (연습문제 2.5.2). 벡터를 구면좌표(또는 어떠한 비-데카르트 좌표)로 미분할 때 이러한 위치에 의존하는 단위벡터의 변화를 무시하면 안 된다. 방향이 변치 않는 직교 (즉, 데카르트) 단위벡터 $\hat{\mathbf{x}}, \hat{\mathbf{y}}, \hat{\mathbf{z}}$로 표현하여

$$\begin{aligned}
\hat{\mathbf{r}} &= \hat{\mathbf{x}} \sin\theta\cos\varphi + \hat{\mathbf{y}}\sin\theta\sin\varphi + \hat{\mathbf{z}}\cos\theta,\\
\hat{\boldsymbol{\theta}} &= \hat{\mathbf{x}}\cos\theta\cos\varphi + \hat{\mathbf{y}}\cos\theta\sin\varphi - \hat{\mathbf{z}}\sin\theta,\\
\hat{\boldsymbol{\varphi}} &= -\hat{\mathbf{x}}\sin\varphi + \hat{\mathbf{y}}\cos\varphi
\end{aligned} \tag{2.73}$$

를 얻는다. 연습문제 2.5.4는 역변환을 준다.

주어진 벡터는 여러 가지 틀린 (그러나 동등한) 형태로 표현할 수 있다. 예를 들면, 위치벡터 $\mathbf{r}$는

$$\begin{aligned}\mathbf{r} &= \hat{\mathbf{r}}r = \hat{\mathbf{r}}(x^2+y^2+z^2)^{1/2} \\ &= \hat{\mathbf{x}}x + \hat{\mathbf{y}}y + \hat{\mathbf{z}}z \\ &= \hat{\mathbf{x}}r\sin\theta\cos\varphi + \hat{\mathbf{y}}r\sin\theta\sin\varphi + \hat{\mathbf{z}}r\cos\theta \end{aligned} \tag{2.74}$$

로 쓸 수 있다. 이 때 문제의 특정한 상황에 따라 가장 유용한 형태를 선택한다. 즉, 구면극좌표에서 r를, 두 번째 형태는 직각(즉, 데카르트) 좌표이며, 셋째는 직각좌표에서 구면좌표로 변환할 때 선택한다.

2.4절에서 곡선좌표 단위벡터 $\hat{\mathbf{q}}_1$, $\hat{\mathbf{q}}_2$, $\hat{\mathbf{q}}_3$를 $\hat{\mathbf{r}}$, $\hat{\boldsymbol{\theta}}$, $\hat{\boldsymbol{\varphi}}$로 바꾸어서

$$\nabla\psi = \hat{\mathbf{r}}\frac{\partial\psi}{\partial r} + \hat{\boldsymbol{\theta}}\frac{1}{r}\frac{\partial\psi}{\partial\theta} + \hat{\boldsymbol{\varphi}}\frac{1}{r\sin\theta}\frac{\partial\psi}{\partial\varphi}, \tag{2.75}$$

$$\nabla\cdot\mathbf{V} = \frac{1}{r^2\sin\theta}\left[\sin\theta\frac{\partial}{\partial r}(r^2V_r) + r\frac{\partial}{\partial\theta}(\sin\theta V_\theta) + r\frac{\partial V_\varphi}{\partial\varphi}\right], \tag{2.76}$$

$$\nabla\cdot\nabla\psi = \frac{1}{r^2\sin\theta}\left[\sin\theta\frac{\partial}{\partial r}\left(r^2\frac{\partial\psi}{\partial r}\right) + \frac{\partial}{\partial\theta}\left(\sin\theta\frac{\partial\psi}{\partial\theta}\right) + \frac{1}{\sin\theta}\frac{\partial^2\psi}{\partial\varphi^2}\right], \tag{2.77}$$

$$\nabla\times\mathbf{V} = \frac{1}{r^2\sin\theta}\begin{vmatrix}\hat{\mathbf{r}} & r\hat{\boldsymbol{\theta}} & r\sin\theta\hat{\boldsymbol{\varphi}} \\ \dfrac{\partial}{\partial r} & \dfrac{\partial}{\partial\theta} & \dfrac{\partial}{\partial\varphi} \\ V_r & rV_\theta & r\sin\theta V_\varphi\end{vmatrix} \tag{2.78}$$

를 얻는다.

예제 2.5.1 **∇, $\nabla\cdot$, $\nabla\times$와 중심력**

(2.75)식 ~ (2.78)식을 쓰면, 제1장에서 직각좌표를 적용하여 힘들게 얻었던 결과의 일부를 보는 즉시 (쉽게) 재생할 수 있다.

(2.75)식을 쓰면

$$\begin{aligned}\nabla f(r) &= \hat{\mathbf{r}}\frac{df}{dr}, \\ \nabla r^n &= \hat{\mathbf{r}}nr^{n-1}\end{aligned} \tag{2.79}$$

을 얻는데, 예로 쿨롱 퍼텐셜이 $V = Ze^2/r$이므로 전기장은 $\mathbf{E} = -\nabla V/e = -Ze\nabla\frac{1}{r} = \frac{Ze}{r^2}\hat{\mathbf{r}}$가 된다.

(2.76)식을 써서

$$\nabla \cdot \hat{\mathbf{r}} f(r) = \frac{2}{r} f(r) + \frac{df}{dr}, \qquad (2.80)$$
$$\nabla \cdot \hat{\mathbf{r}} r^n = (n+2) r^{n-1}$$

을 얻는다. 예로 $r>0$에서 Coulomb 퍼텐셜의 전하밀도는 $\rho = \nabla \cdot \mathbf{E} = Ze\nabla \cdot \frac{\hat{\mathbf{r}}}{r^2} = 0$.
(2.77)식을 써서

$$\nabla^2 f(r) = \frac{2}{r}\frac{df}{dr} + \frac{d^2 f}{dr^2}, \qquad (2.81)$$

$$\nabla^2 r^n = n(n+1) r^{n-2} \qquad (2.82)$$

을 얻는데, 여기의 $(n+1)$은 r^n의 지름방향 도함수가 $(n-1)$을 갖는 것과 대조적이다.
마지막으로, (2.78)식을 쓰면

$$\nabla \times \hat{\mathbf{r}} f(r) = 0 \qquad (2.83)$$

이 된다. ■

■ 구면극좌표에서 적분

공간곡선이 $\mathbf{r}(t) = (r(t),\ \theta(t),\ \varphi(t))$로 매개변수 표현이 되었다면, 곡선의 길이는

$$s = \int_{t_1}^{t_2} \sqrt{\dot{r}^2 + r^2\dot{\theta}^2 + r^2 \sin^2\theta\,\dot{\varphi}^2}\,dt$$

로 쓸 수 있는데 스칼라양이다.

선적분 $\int \mathbf{A} \cdot d\mathbf{r}$에서 스칼라곱을 전개하면, 그것을 보통적분들의 합

$$\int \mathbf{A} \cdot d\mathbf{r} = \int (A_r dr + r A_\theta d\theta + r \sin\theta\, A_\varphi d\varphi)$$
$$= \int (A_r \dot{r} + r A_\theta \dot{\theta} + r \sin\theta\, A_\varphi \dot{\varphi})\, dt$$

로 쓸 수 있다. 평면극좌표로 표현한 선적분은 예제 1.9.2를, 그리고 $x = a\cos(\omega t)$와 $y = b\sin(\omega t)$로 표현된 타원 및 로제타 곡선은 예제 2.2.5를 참조하여라.

예제 2.5.2 반구의 면

넓이의 공식을

$$\int h_\theta h_\varphi d\theta d\varphi = \int_0^{2\pi} \int_0^{\pi/2} r^2 \sin\theta d\theta d\varphi = 2\pi r^2 \int_0^{\pi/2} \sin\theta d\theta$$
$$= -2\pi r^2 \cos\theta|_0^{\pi/2} = 2\pi r^2$$

으로 쓸 수 있으며, 예상했던 것이다. ■

예제 2.5.3 **구면에서 원통이 오려낸 넓이**

예제 2.2.6과 그림 2.10에서 다루었던 단위 공을 끊는 원기둥의 문제를 다시 다루는데, 이번에는 **구면**의 넓이 요소 $\sin\theta d\theta d\varphi$를 쓰자. 원기둥은 ($xy$-평면 안에서) 예제 2.2.5의 그림 2.9에 있는 로제타(Rosetta) 곡선 중에서 $n=1$인 경우의 $r=\cos\varphi$로 결정되며 구면 위에서는 $z=\cos\theta$가 성립한다. $x^2+y^2=\cos^2\varphi$와 $z=\cos\theta$를 $x^2+y^2+z^2=1$에 대입하면, $\cos\varphi=\sin\theta$를 얻는데 이것은 θ적분의 상한과 하한이 $\varphi=\pm(\frac{\pi}{2}-\theta)$인 것을 뜻한다. 따라서 구면에서 오려낸 넓이는

$$A=\int_{\theta=0}^{\pi/2}\int_{\varphi=\theta-\pi/2}^{\pi/2-\theta}\sin\theta d\theta d\varphi=2\int_0^{\pi/2}\left(\frac{\pi}{2}-\theta\right)\sin\theta d\theta$$
$$=\pi-2\int_0^{\pi/2}\theta\sin\theta d\theta=\pi-2[-\theta\cos\theta+\sin\theta]|_0^{\pi/2}=\pi-2$$

로 되는데 두 번째 항에서 부분적분을 썼다. 중간과정이 아주 달랐지만, 전에 얻었던 결과와 일치한다. ■

면 $z=z(x,y)$와 xy-평면 사이의 부피는 $V=\iint z(x,y)dxdy$ 로 주어지는데, 이것은 곡선 $y=f(x)$와 x-축 사이의 2차원 넓이 $A=\int f(x)dx$를 3차원으로 일반화한 것이며, 다음 보기에서 응용할 것이다.

예제 2.5.4 **타원체 부피**

반 주축 a, b, c를 갖는 타원체는

$$\frac{x^2}{a^2}+\frac{y^2}{b^2}+\frac{z^2}{c^2}=1, \quad \text{따라서} \quad z(x,y)=c\sqrt{1-\frac{x^2}{a^2}-\frac{y^2}{b^2}}$$

으로 주어진다. z의 복잡한 제곱근 형식은 직각좌표가 타원체의 부피 계산에 부적당한 것을 드러낸다. 구면극좌표에서 타원체를

$$x=a\sin\theta\cos\varphi, \quad y=b\sin\theta\sin\varphi, \quad z=c\cos\theta$$

로 매개변수 표현하면 훨씬 쉬어진다. 각 좌표의 제곱과 합을 통하여 타원체 방정식을 만족하는 것이 확인된다. 다음, 부피적분을 극좌표로 변환하는데 야코비안

$$dx\,dy=\begin{vmatrix}\frac{\partial x}{\partial\theta} & \frac{\partial x}{\partial\varphi}\\ \frac{\partial y}{\partial\theta} & \frac{\partial y}{\partial\varphi}\end{vmatrix}d\theta d\varphi=\begin{vmatrix}a\cos\theta\cos\varphi & -a\sin\theta\sin\varphi\\ b\cos\theta\sin\varphi & b\sin\theta\cos\varphi\end{vmatrix}d\theta d\varphi$$
$$=abd\theta d\varphi\sin\theta\cos\theta$$

를 써서 양의 8분구(positive octant) 부피가

$$V = \int z(x, y)dx\,dy = \int_{\varphi=0}^{\pi/2}\int_{\theta=0}^{\pi/2} c\cos\theta ab\sin\theta\cos\theta d\theta d\varphi$$
$$= \frac{\pi}{2}abc\int_0^1 \cos^2\theta d\cos\theta = \frac{\pi}{6}abc\cos^3\theta|_{\cos\theta=0}^1 = \frac{\pi}{6}abc.$$

로 되는 것을 안다. 8로 곱하면 타원체 부피 $\frac{4}{3}\pi abc$를 얻는데, $a = b = c = R$일 때 이것이 공의 부피가 된다. ■

예제 2.5.5 **회전타원체 곡면**

타원체면은 반 주축들의 복잡한 함수이다. 간소화를 위해 $a = b$인 특별한 경우(즉, 회전타원체)로 특수화하고 예제 1.9.5의 넓이공식을 쓴다:

$$A = \int \frac{dx\,dy}{n_z}, \quad \frac{1}{n_z} = \sqrt{1 + \left(\frac{\partial z}{\partial x}\right)^2 + \left(\frac{\partial z}{\partial y}\right)^2}. \tag{2.84}$$

편도함수

$$\frac{\partial z(x, y)}{\partial x} = -\frac{c^2 x}{a^2 z} = -\frac{c\sin\theta\cos\varphi}{a\cos\theta}, \quad \frac{\partial z(x, y)}{\partial y} = -\frac{c^2 y}{b^2 z} = -\frac{c\sin\theta\sin\varphi}{b\cos\theta}$$

가 넓이공식에 들어오는 것은

$$\frac{1}{n_z} = \sqrt{1 + \frac{c^4}{z^2}\left(\frac{x^2}{a^4} + \frac{y^2}{b^4}\right)} = \sqrt{1 + \frac{c^2}{a^2}\tan^2\theta}$$

를 통해서인데 $a = b$일 때 φ에 의존하는 항이 없어져서 타원체면 넓이는

$$A = a^2\int_{\varphi=0}^{2\pi}\int_{\theta=0}^{\pi} \sin\theta\cos\theta\sqrt{1 + \frac{c^2}{a^2}\tan^2\theta}d\theta$$
$$= \int_{\theta=0}^{\pi} 2\pi a\sin\theta\sqrt{a^2\cos^2\theta + c^2\sin^2\theta}d\theta \tag{2.85}$$

가 된다. 마지막 수식은 그림 2.19에서 보는 것처럼 기하학적인 해석을 갖는다. 회전타원체의 넓이를 $A = \int 2\pi y ds$로 쓰는데, 반지름 $y = a\sin\theta$로 미분 호의 길이

$$ds = \sqrt{(dx)^2 + (dz)^2} = \sqrt{\left(\frac{dx}{d\theta}\right)^2 + \left(\frac{dz}{d\theta}\right)^2}d\theta = \sqrt{a^2\cos^2\theta + c^2\sin^2\theta}\,d\theta$$

를 회전시킨 것의 합(단, $z = c\cos\theta$)이며, 물론 이것은 시작부터 그렇게 했을 수도 있는 결과이다. 그 대신에 위에 보인 것은 일반적인 넓이공식 (2.84)식의 부산물로서 ($x = a\sin\theta$, $z =$

그림 2.19
회전타원체

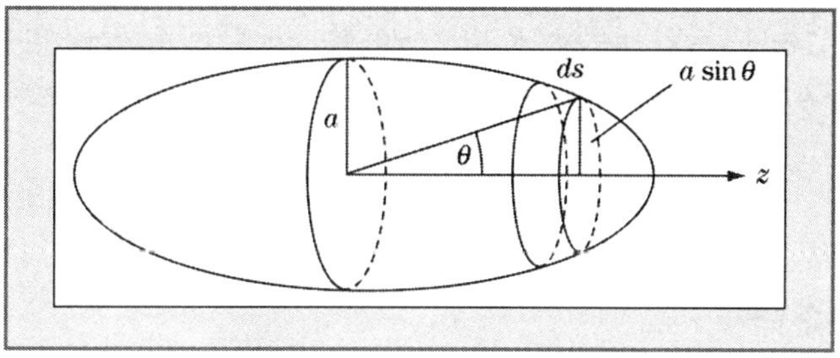

$c\cos\theta$로 주어진) 타원을 z-축 주위로 돌려 얻은 넓이와 일치하는 것을 보였다. 넓이적분 (2.85)식의 값을 $c>a$경우에 구하기 위해 이심률 $\epsilon = \sqrt{(c^2-a^2)/c^2}$을 가지고 $t=\epsilon\cos\theta$와 $dt=-\epsilon\sin\theta d\theta$를 대입하여

$$A = 4\pi ac\int_0^1\sqrt{1-\frac{c^2-a^2}{c^2}\cos^2\theta}\,d\cos\theta = 2\pi\frac{ac}{\epsilon}\int_0^\epsilon\sqrt{1-t^2}dt$$
$$= 2\pi\frac{ac}{\epsilon}\Big[t\sqrt{1-t^2}+\arcsin t\Big]_0^\epsilon = 2\pi ac\left[\sqrt{1-\epsilon^2}+\frac{1}{\epsilon}\arcsin\epsilon\right]$$

을 얻는다. 이 결과는 $a=c=R$ 및 $\epsilon\to 0$인 극한에 공표면 넓이 $4\pi R^2$의 결과로 되는데, 괄호 속의 극한 값은 $\arcsin\epsilon/\epsilon$에 로피탈(l' Hôpital) 규칙을 쓰면 2이다.

$c>a$인 경우 면적적분에 쓴 대입은 타원 $\frac{x^2}{a^2}+\frac{z^2}{c^2}$의 회전에 대하여

$$A = 2\pi\int_{-c}^{c}x\sqrt{1+\left(\frac{dx}{dz}\right)^2}dz = 2\pi a\int_{-c}^{c}\sqrt{1-\frac{\epsilon^2z^2}{c^2}}dz$$

를 푸는 것에 상당한다. 이제 여기서 $a>c$인 경우를 취급하려는데, 같은 공식을 쓰지만 $\epsilon^2=(a^2-c^2)/c^2$은 **반대부호**로 정의되었다. 그래서,

$$A = 2\pi\int_{-c}^{c}x\sqrt{1+\left(\frac{dx}{dz}\right)^2}dz = 2\pi\int_{-c}^{c}\sqrt{x^2+\left(x\frac{dx}{dz}\right)^2}dz$$
$$= 2\pi\int_{-c}^{c}\sqrt{a^2\left(1-\frac{z^2}{c^2}\right)+\frac{z^2a^4}{c^4}}dz = 4\pi a\int_0^c\sqrt{1+\frac{z^2\epsilon^2}{c^2}}dz$$

인데, 여기서 타원방정식은 $x\frac{dx}{dz}=-\frac{za^2}{c^2}$을 뜻한다. 적분을 위해 $t=z\epsilon/c$를 대입하면

$$A = 4\pi\frac{ac}{\epsilon}\int_0^\epsilon\sqrt{1+t^2}dt = 2\pi\frac{ac}{\epsilon}[t\sqrt{1+t^2}+\ln(t+\sqrt{1+t^2})]|_0^\epsilon$$
$$= 2\pi ac\left[\sqrt{1+\epsilon^2}+\frac{1}{\epsilon}\ln(\epsilon+\sqrt{1+\epsilon^2})\right]$$

을 얻는다. 극한 $a=c=R$ 및 $\epsilon \to 0$에는 또 다시 $4\pi R^2$을 얻는다.

$a \neq b \neq c \neq a$인 타원체의 부피는 훨씬 더 복잡하여, 초보 문제의 해가 때로는 놀랍게도 까다로운 것을 보여준다. ■

연습문제

2.5.1 구면극좌표의 단위벡터들을 직각성분으로 분해하여라.

답. $$\begin{aligned}\hat{\mathbf{r}} &= \hat{\mathbf{x}}\sin\theta\cos\varphi + \hat{\mathbf{y}}\sin\theta\sin\varphi + \hat{\mathbf{z}}\cos\theta,\\ \hat{\boldsymbol{\theta}} &= \hat{\mathbf{x}}\cos\theta\cos\varphi + \hat{\mathbf{y}}\cos\theta\sin\varphi - \hat{\mathbf{z}}\sin\theta,\\ \hat{\boldsymbol{\varphi}} &= -\hat{\mathbf{x}}\sin\varphi + \hat{\mathbf{y}}\cos\varphi.\end{aligned}$$

2.5.2 (a) 연습문제 2.5.1의 결과를 써서 $\hat{\mathbf{r}}$, $\hat{\boldsymbol{\theta}}$, $\hat{\boldsymbol{\varphi}}$의 r, θ, φ에 대한 편도함수를 계산하여라.

(b) $\boldsymbol{\nabla}$가

$$\hat{\mathbf{r}}\frac{\partial}{\partial r} + \hat{\boldsymbol{\theta}}\frac{1}{r}\frac{\partial}{\partial\theta} + \hat{\boldsymbol{\varphi}}\frac{1}{r\sin\theta}\frac{\partial}{\partial\varphi}$$

(최대 공간변화율)로 주어졌을 때, (a)의 결과를 써서 $\boldsymbol{\nabla}\cdot\boldsymbol{\nabla}\psi$를 계산하여라. 이것이 라플라시안의 다른 (교체된) 유도이다.

참고. 왼쪽 $\boldsymbol{\nabla}$의 도함수들이 단위벡터들로 스칼라곱하기 **이전에** 바른쪽 $\boldsymbol{\nabla}$의 단위벡터에 작용한다.

2.5.3 강체가 고정된 축 주위를 일정한 각속도 $\boldsymbol{\omega}$로 회전한다. $\boldsymbol{\omega}$를 z-축을 따라서 잡아라. 구면좌표를 써서

(a) $\mathbf{v}=\boldsymbol{\omega}\times\mathbf{r}$을 계산하여라.

(b) $\boldsymbol{\nabla}\times\mathbf{v}$를 계산하여라.

답. (a) $\mathbf{v}=\hat{\boldsymbol{\varphi}}\omega r\sin\theta$
(b) $\boldsymbol{\nabla}\times\mathbf{v}=2\boldsymbol{\omega}$

2.5.4 직각 (데카르트) 단위벡터들을 구면극좌표 성분으로 분해하여라.

$$\begin{aligned}\hat{\mathbf{x}} &= \hat{\mathbf{r}}\sin\theta\cos\varphi + \hat{\boldsymbol{\theta}}\cos\theta\cos\varphi - \hat{\boldsymbol{\varphi}}\sin\varphi,\\ \hat{\mathbf{y}} &= \hat{\mathbf{r}}\sin\theta\sin\varphi + \hat{\boldsymbol{\theta}}\cos\theta\sin\varphi + \hat{\boldsymbol{\varphi}}\cos\varphi,\\ \hat{\mathbf{z}} &= \hat{\mathbf{r}}\cos\theta - \hat{\boldsymbol{\theta}}\sin\theta.\end{aligned}$$

2.5.5 어떠한 벡터 **A**에 대해서도

$$\mathbf{A}\cdot\boldsymbol{\nabla}\mathbf{r}=\mathbf{A}.$$

(a) 이 결과를 직각좌표에서 확인하여라.

(b) 이 결과를 구면극좌표에서 확인하여라[(2.75)식이 $\boldsymbol{\nabla}$를 준다].

2.5.6 움직이는 입자의 속도 및 가속도의 구면극좌표 성분을 알아내라:

$$\begin{aligned}
v_r &= \dot{r},\\
v_\theta &= r\dot{\theta},\\
v_\varphi &= r\sin\theta\dot{\varphi},\\
a_r &= \ddot{r} - r\dot{\theta}^2 - r\sin^2\theta\dot{\varphi}^2,\\
a_\theta &= r\ddot{\theta} + 2\dot{r}\dot{\theta} - r\sin\theta\cos\theta\dot{\varphi}^2,\\
a_\varphi &= r\sin\theta\ddot{\varphi} + 2\dot{r}\sin\theta\dot{\varphi} + 2r\cos\theta\dot{\theta}\dot{\varphi}.
\end{aligned}$$

힌트.

$$\begin{aligned}
\mathbf{r}(t) &= \hat{\mathbf{r}}(t)r(t)\\
&= [\hat{\mathbf{x}}\sin\theta(t)\cos\varphi(t) + \hat{\mathbf{y}}\sin\theta(t)\sin\varphi(t) + \hat{\mathbf{z}}\cos\theta(t)]r(t).
\end{aligned}$$

참고. $\dot{r}$ 위의 점은 시간으로 미분하는 것을 의미하여 $\dot{r} = dr/dt$. 이 표기법은 뉴턴(Newton)이 시작하였다. $\mathbf{r}$에는 $\hat{\boldsymbol{\theta}}$ 또는 $\hat{\boldsymbol{\varphi}}$성분이 없다.

2.5.7 질량 m의 입자가 중심력에 반응하여 뉴턴(Newton) 제2법칙

$$m\ddot{\mathbf{r}} = \hat{\mathbf{r}}f(\mathbf{r})$$

에 따라 움직인다. $\mathbf{r}\times\dot{\mathbf{r}} = \mathbf{c}$가 일정한 것을 보이고 또 이것의 기하학적인 해석(각운동량보존)이 케플러(Kepler)의 제2법칙(면적법칙)을 주는 것을 보여라. 또 입자가 왜 한 평면 안에서 운동하는지 설명하여라.

2.5.8 $\partial/\partial x, \partial/\partial y, \partial/\partial z$를 구면극좌표로 표현하여라.

답.

$$\begin{aligned}
\frac{\partial}{\partial x} &= \sin\theta\cos\varphi\frac{\partial}{\partial r} + \cos\theta\cos\varphi\frac{1}{r}\frac{\partial}{\partial\theta} - \frac{\sin\varphi}{r\sin\theta}\frac{\partial}{\partial\varphi},\\
\frac{\partial}{\partial y} &= \sin\theta\sin\varphi\frac{\partial}{\partial r} + \cos\theta\sin\varphi\frac{1}{r}\frac{\partial}{\partial\theta} + \frac{\cos\varphi}{r\sin\theta}\frac{\partial}{\partial\varphi},\\
\frac{\partial}{\partial z} &= \cos\theta\frac{\partial}{\partial r} - \sin\theta\frac{1}{r}\frac{\partial}{\partial\theta}.
\end{aligned}$$

힌트. ∇_{xyz}와 $\nabla_{r\theta\varphi}$를 같게 놓아라.

2.5.9 연습문제 2.5.8로부터

$$-i\left(x\frac{\partial}{\partial y} - y\frac{\partial}{\partial x}\right) = -i\frac{\partial}{\partial\varphi}$$

를 보여라. 이것은 궤도각운동량의 z-성분에 대응하는 양자역학적 연산자이다.

2.5.10 양자역학적 궤도각운동량 연산자를 $\mathbf{L} = -i(\mathbf{r}\times\nabla)$로 정의하면, 다음을 증명하여라.

(a) $L_x + iL_y = e^{i\varphi}\left(\frac{\partial}{\partial\theta} + i\cot\theta\frac{\partial}{\partial\varphi}\right)$,

(b) $L_x - iL_y = -e^{-i\varphi}\left(\frac{\partial}{\partial\theta} - i\cot\theta\frac{\partial}{\partial\varphi}\right)$.

이것들은 4.3절의 높이기 (올리기) 및 낮추기 (내리기) 연산자이다.

2.5.11 구면극좌표에서 $\mathbf{L}\times\mathbf{L} = i\mathbf{L}$을 증명하여라. $\mathbf{L} = -i(\mathbf{r}\times\boldsymbol{\nabla})$는 양자역학적 궤도각운동량 연산자이다.

힌트. $\mathbf{L}$에 대해서는 구면극좌표를 쓰고, 벡터곱에는 직각좌표를 써라.

2.5.12 (a) (2.75)식을 써서

$$\mathbf{L} = -i(\mathbf{r}\times\boldsymbol{\nabla}) = i\left(\hat{\boldsymbol{\theta}}\frac{1}{\sin\theta}\frac{\partial}{\partial\varphi} - \hat{\boldsymbol{\varphi}}\frac{\partial}{\partial\theta}\right)$$

를 보여라.

(b) $\hat{\boldsymbol{\theta}}$와 $\hat{\boldsymbol{\varphi}}$를 직각성분으로 분해하여, L_x, L_y, L_z를 θ, φ와 그들의 도함수로 표현하여라.

(c) $L^2 = L_x^2 + L_y^2 + L_z^2$으로부터

$$\begin{aligned}\mathbf{L}^2 &= -\frac{1}{\sin\theta}\frac{\partial}{\partial\theta}\left(\sin\theta\frac{\partial}{\partial\theta}\right) - \frac{1}{\sin^2\theta}\frac{\partial^2}{\partial\varphi^2}\\ &= -r^2\boldsymbol{\nabla}^2 + \frac{\partial}{\partial r}\left(r^2\frac{\partial}{\partial r}\right)\end{aligned}$$

를 보여라. 이 항등식은 궤도각운동량과 르장드르 미분방정식을 관련시키는 데 유용하다 (연습문제 8.9.2).

2.5.13 $\mathbf{L} = -i\mathbf{r}\times\boldsymbol{\nabla}$을 가지고, 다음 연산자항등식을 증명하여라.

(a) $\boldsymbol{\nabla} = \hat{\mathbf{r}}\frac{\partial}{\partial r} - i\frac{\mathbf{r}\times\mathbf{L}}{r^2}$,

(b) $\mathbf{r}\boldsymbol{\nabla}^2 - \boldsymbol{\nabla}\left(1 + r\frac{\partial}{\partial r}\right) = i\boldsymbol{\nabla}\times\mathbf{L}$.

2.5.14 $\boldsymbol{\nabla}^2\psi(r)$의 다음 세 형식 (구면좌표)이 동등인 것을 입증하여라:

(a) $\frac{1}{r^2}\frac{d}{dr}\left[r^2\frac{d\psi(r)}{dr}\right]$, (b) $\frac{1}{r}\frac{d^2}{dr^2}[r\psi(r)]$, (c) $\frac{d^2\psi(r)}{dr^2} + \frac{2}{r}\frac{d\psi(r)}{dr}$.

두 번째 형태는 문제의 구면극좌표 및 직각좌표 기술 사이의 대응을 입증하는 데 특히 편리하다. 이것의 일반화가 연습문제 8.6.11에 나온다.

2.5.15 (a) 평면극좌표의 ∇^2이 어떻게 $z=$상수일 때 원통좌표의 ∇^2으로부터 나오는지 설명하여라.

(b) 구면극좌표의 ∇^2에서 θ를 $\pi/2$로 제한하는 것이 왜 평면극좌표의 ∇^2를 주지 **않는지** 설명하여라.

참고.

$$\nabla^2(\rho, \varphi) = \frac{\partial^2}{\partial \rho^2} + \frac{1}{\rho}\frac{\partial}{\partial \rho} + \frac{1}{\rho^2}\frac{\partial^2}{\partial \varphi^2}.$$

2.6 텐서해석

제1장에서 벡터는 동등한 두 가지로 정의 또는 표현되었다: (i) 화살표처럼 크기와 방향을 주는 기하학적 방법과 (ii) 직각좌표축에 관련된 성분을 주는 대수학적 방법이다. 두 번째 정의가 지금까지는 벡터해석에 적합하였다. 그러나 벡터를 크기와 방향을 갖는 양으로 정의하는 것이 유일하지 않아서 완전하지 못하다. 탄성상수나 비등방성 결정체의 굴절률처럼 크기와 방향을 갖지만 벡터가 아닌 양도 만나게 된다. 좌표벡터 **r**를 하나의 모범으로 써서 벡터의 정의를 추구한다. 이 절에서 더 세련되고 정교하며 강력한 두 정의를 제시하는데 그것이 텐서 개념의 중심이라고 일반적으로 말할 수 있다.

텐서는 일반상대론과 전자기동력학을 포함하여 물리학의 많은 영역에서 중요하다. 스칼라와 벡터(1.1절~1.5절)는 텐서의 특별한 경우이다. 스칼라는 하나의 실수로 기술되며 **0계 텐서**로 불린다. 3차원 공간에서, 벡터는 $3=3^1$개의 실수들(예: 직각성분들)로 기술되고 **1계 텐서**라 부른다. n**계 텐서**(tensor of remle n)는 특정한 방식으로 변환하는 3^n개의 성분을 가진다.[7]

맨 먼저 3차원 유클리드 공간의 벡터를 좌표축이 회전할 때 그에 따른 세 성분의 성질로 정의하는 것에서 시작한다. 이런 **변환이론** 원리는 텐서해석과 변환군(제4장에서도 논의)에서 핵심적 중요성이 있으며, 벡터와 벡터(또는 선형)공간 개념에 관한 수학자들의 개념 및 관측량이 좌표 틀의 선택에 무관해야 한다는 물리학자들의 생각과도 일치한다. 그러한 원리에는 중요한 물리적인 근거가 있다: 우리가 물리계를 수학을 써서 기술하지만 우리의 어떠한 물리적인 예언도 원점과 축방향이 임의인 좌표계와 같은 수학적인 약속으로부터 **독립**이어야 한다.

■ 좌표축의 회전

우리가 공간의 등방성을 가정하면 — 즉, 선호하는 방향이 없거나 또는 모든 방향이 동일 — 분석하는 물리계 또는 관련된 물리법칙은 좌표축의 선택이나 **방향**에 의존할 수도 또는 의존해서도 안 된다. 이처럼 S가 3차원공간에서 좌표계가 회전해도 변하지 않아 회전불변량 (즉, S'

[7] N-차 공간에서 n계 텐서는 N^n성분을 갖는다.

그림 2.20 직각좌표축의 z-축 주위 회전

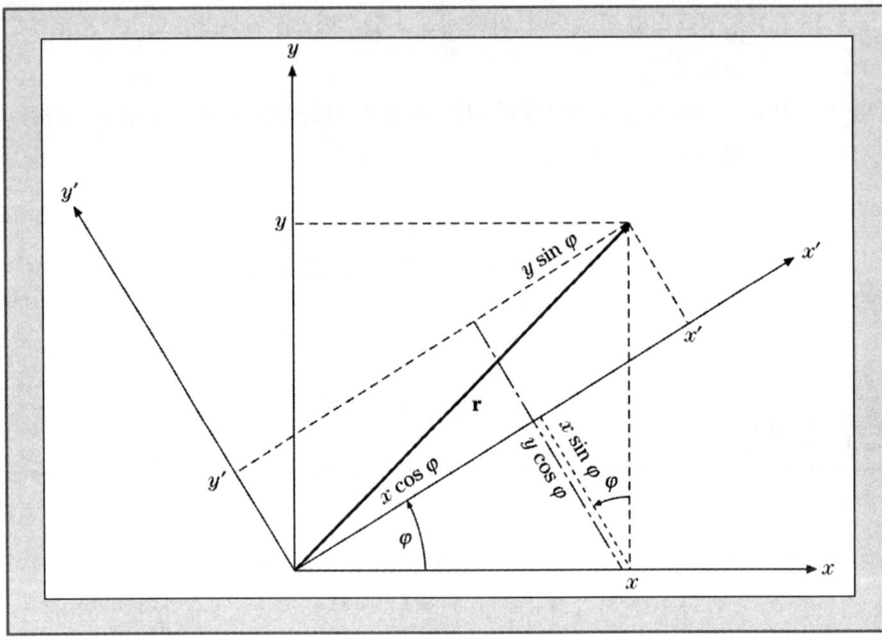

$= S$)이면 이것을 스칼라라 부른다. 예로는 입자의 질량, 두 벡터의 스칼라곱 (회전불변성 $\mathbf{A}' \cdot \mathbf{B}' = \mathbf{A} \cdot \mathbf{B}$는 다음 절에서 증명) 및 세 벡터가 펼치는 부피를 들 수 있다. 유사하게, 회전에서 그 성분들이 점의 좌표들처럼 변화하는 양을 벡터라고 부른다. 회전에서 벡터성분의 변환은 벡터를 기준틀에 관계없는 기하학적인 실재(공간 속의 화살처럼)로 유지한다. 이제 벡터 $\mathbf{r}$가 좌표계에 관계없는 기하학적인 객체란 개념으로 돌아가자. 하나가 다른 것에 대해 돌려진 두 개의 틀린 계에서 $\mathbf{r}$를 음미하자. 간단하게, 처음에 2차원의 경우를 생각한다. **r를 고정하고** (즉, 물리적인 계를 고정), x-와 y-좌표축을 반시계방향으로 φ 만큼 돌리면, ($'$ 없는) 원래의 계와 ($'$ 붙인) 돌려진 새로운 계에서 분해한 두 쌍의 성분들 사이의 관계식

$$\begin{aligned} x' &= x\cos\varphi + y\sin\varphi, \\ y' &= -x\sin\varphi + y\cos\varphi \end{aligned} \tag{2.86}$$

들을 그림 2.20에서 읽어낼 수 있다. 1.1절에서 한 벡터가 한 점의 직각좌표들로 표현될 수 있다는 것을 보았다; 즉, 좌표들은 벡터성분들에 비례한다. 따라서 한 벡터의 성분들은 회전에서 ($\mathbf{r}$와 같은) 한 점의 좌표들처럼 변환해야 한다. 그러므로 xy-좌표계에서 한 쌍의 양 A_x와 A_y가 좌표축의 회전에 의하여

$$\begin{aligned} A'_x &= A_x\cos\varphi + A_y\sin\varphi \\ A'_y &= -A_x\sin\varphi + A_y\cos\varphi \end{aligned} \tag{2.87}$$

로 주어진 (A'_x, A'_y)로 변환된다면 A_x와 A_y를 한 벡터 $\mathbf{A}$의 성분들이라고 **정의한다.**[8] 이제 벡터

[8]스칼라양의 상응하는 정의는 $S' = S$, 즉 (마치도 두 벡터의 스칼라곱 $\mathbf{x}'_1 \cdot \mathbf{x}'_2 = \mathbf{x}_1 \cdot \mathbf{x}_2$가 그런 것처럼) 좌표축을 회전해도 불변이다.

는 좌표계의 회전에서 그 성분들의 변환에 의해서 정의된다. 두 식 (2.86)과 (2.87)을 비교하여 A_x와 A_y가 2차원 좌표벡터 **r**의 성분인 x와 y 같은 방식으로 변환하는 것을 결론한다. 다시 말하면, 회전에서 벡터 **A**는 **r**와같이 변화한다; 즉, "공변한다." 만일 한 쌍의 수 A_x와 A_y가 좌표회전에서 이 **형식불변 또는 공변(form invariance or covariance)**을 보이지 않으면 그들은 벡터의 성분이 아니다. 이런 의미에서 한 벡터의 좌표들은 그룹을 이룬다. 대조적으로, 그림 2.20에서 볼 수 있는 바와 같이, 벡터 **A**의 한 성분(보기로 A_x)은 회전불변이 아니고 회전된 계에서 길이가 변한다.

정의하는 (2.87)식을 만족하는 벡터의 성분 A_x와 A_y는 공간의 각 점에 크기 A와 방향을 연관시킨다. 크기는 스칼라양이며 좌표계의 회전에 대해 불변이다. ($'$ 없는 계에 대한) 방향도 마찬가지로 좌표계의 회전에 대해 불변이다(연습문제 2.6.1을 보라). 결과로 벡터의 성분은 $'$ 붙은 계의 회전에 따라서 변화할 수 있다. 이것이 (2.87)식이 말하는 것이다. 그러나 각도에 따른 변화는 회전된 좌표계의 성분들 A'_x와 A'_y가 정의하는 벡터의 크기와 방향이 x-와 y-좌표 성분 A_x, A_y로 정의된 벡터의 것과 같도록 되어있다(연습문제 2.6.1과 비교할 것). 특정한 좌표계에서 **A** 성분들이 그 좌표계에서 **A**의 표현을 구성한다. 변환관계인 (2.87)식은 **A**의 실재가 좌표계의 회전에 영향을 받지 않는 것을 보증한다.

3차원과 4차원 및 더 높은 차원으로 가려면, 더 간결한 표기법을 쓴다.

$$\begin{aligned} x &\to x_1 \\ y &\to x_2 \end{aligned} \tag{2.88}$$

$$\begin{aligned} a_{11} &= \cos\varphi, \quad & a_{12} &= \sin\varphi, \\ a_{21} &= -\sin\varphi, \quad & a_{22} &= \cos\varphi \end{aligned} \tag{2.89}$$

라 하고 더 높은 차원에서는 $z \to x_3$, ... 등으로 하자. 그러면 (2.86)식은

$$\begin{aligned} x'_1 &= a_{11}x_1 + a_{12}x_2, \\ x'_2 &= a_{21}x_1 + a_{22}x_2 \end{aligned} \tag{2.90}$$

가 된다. 계수 a_{ij}는 방향계수라 불리는 것으로 x_i'와 x_j 사이각 $\varphi_{i'j}$의 코사인 값이다; 즉,

$$\begin{aligned} a_{12} &= \cos\varphi_{1'2} = \sin\varphi, \\ a_{21} &= \cos\varphi_{2'1} = \cos\left(\varphi + \frac{\pi}{2}\right) = -\sin\varphi. \end{aligned} \tag{2.91}$$

새 표기법의[9] 이점은 합의 기호 $\sum$를 쓰고 (2.90)식을

[9]한 매개변수 φ를 넷의 a_{ij}로 대체한 것을 의아하게 생각한다면, a_{ij}가 매개변수의 최소 집합을 이루는 것은 분명히 아니다. 2차원에서, 넷의 a_{ij}가 (2.97)식의 세 제약조건을 갖는다. 방향계수들의 과잉 집합에 대한 정당화는 그것이 주는 편의이다. 이러한 편의가 뒤의 논의에서 더욱 명백해지기를 바란다. 3차원 회전(a_{ij} 아홉개 가운데 셋만 독립)에 대해서 다르게 기술하는 것으로 (i) 3.3절 오일러(Euler) 각, (ii) 4원수(quaternion), (iii) 케일리-클라인(Cayley-Klein) 매개변수 등이 있다. 이러한 대안 각각에 장단점이 있다.

$$x_i' = \sum_{j=1}^{2} a_{ij} x_j, \quad i = 1, 2 \tag{2.92}$$

로 고쳐 쓰게 하는 데 있다. 이제 i는 매개변수로서, 그것을 1로 잡으면 한 수식 2로 잡으면 다른 수식을 준다. 첨자 j는 합 지표(dummy index)이다. 적분변수처럼 j를 다른 어떠한 기호로 편리하 게 바꾸어도 된다.

이제 3차원과 4차원 또는 N차원으로 일반화하는 것은 아주 간단하다. N개의 V_j가 N-차원 벡터 $\mathbf{V}$의 성분일 필요충분조건은 회전된 좌표축에 대한 값이

$$V_i' = \sum_{j=1}^{N} a_{ij} V_j, \quad i = 1, 2, \ldots, N \tag{2.93}$$

으로 주어지는 것이다. 앞에서처럼, a_{ij}는 x_i'와 x_j 방향 사이각의 코사인이다. 공간의 차원수가 명확할 때는 위 끝 N과 그에 따른 i의 범위를 흔히 나타내지 않는다.

두 $+x_i'$ 및 $+x_j$ 방향 사이각의 코사인으로 정의된 a_{ij}로부터

$$a_{ij} = \frac{\partial x_i'}{\partial x_j} \tag{2.94}$$

라 쓸 수 있다 (직각좌표).[10] 역회전($\varphi \to -\varphi$)을 쓰면

$$x_j = \sum_{i=1}^{2} a_{ij} x_i', \quad \text{또는} \quad \frac{\partial x_j}{\partial x_i'} = a_{ij} \tag{2.95}$$

를 준다. 눈에 띄는 $\frac{\partial x_i'}{\partial x_j} = \frac{\partial x_j}{\partial x_i'}$가 있는데, 이것은 직각 (데카르트) 좌표에서만 옳다.

(2.94)식과 (2.95)식을 쓰면 (2.93)식이

$$V_i' = \sum_{j=1}^{N} \frac{\partial x_i'}{\partial x_j} V_j = \sum_{j=1}^{N} \frac{\partial x_j}{\partial x_i'} V_j \tag{2.96}$$

로 된다.

방향계수 a_{ij}들은 **직교조건**

$$\sum_i a_{ij} a_{ik} = \delta_{jk} \tag{2.97}$$

또는 동등하게

$$\sum_i a_{ji} a_{ki} = \delta_{jk} \tag{2.98}$$

를 만족한다. (2.97)식과 (2.98)식 속의 기호 δ_{jk}는 크로네커(Kronecker) 델타이고

---

[10] x_i'를 x_j로 미분한다. 편도함수의 정의는 1.6절 앞부분의 논의를 보라. 3.3절에서는 다른 접근 방법을 배운다.

$$\begin{aligned} j = k \text{ 이면 } \delta_{jk} &= 1, \\ j \neq k \text{ 이면 } \delta_{jk} &= 0 \end{aligned} \tag{2.99}$$

으로 정의된다. 2차원의 경우 (2.97)식과 (2.98)식은 (2.89)식의 특정한 a_{ij} 값들을 대입하여 확인할 수 있다. 결과는 잘 알려진 $\sin^2\varphi + \cos^2\varphi = 1$이다. (2.98)식을 일반적인 형태로 증명하기 위해서는, (2.94)식과 (2.95)식의 편도함수 형태를 써서

$$\sum_i \frac{\partial x_j}{\partial x_i'} \frac{\partial x_k}{\partial x_i'} = \sum_i \frac{\partial x_j}{\partial x_i'} \frac{\partial x_i'}{\partial x_k} = \frac{\partial x_j}{\partial x_k} \tag{2.100}$$

를 얻는다. 위 식의 마지막 단계는 x_j를 x_1', x_2', x_3'의 함수로 보는 등 편미분의 표준 규칙으로부터 나온다. 최종의 결과 $\partial x_j/\partial x_k$는 δ_{jk}와 같은데 좌표선 x_j와 $x_k(j \neq k)$는 수직 (2 또는 3차원의 경우) 또는 직교(몇 차원이든)이기 때문이다. 동등한 말로, x_j와 $x_k(j \neq k)$는 완전히 독립한 변수들이다. 만일 $j = k$이면, 편도함수는 명백히 1이다.

좌표계의 회전에서 성분이 변환하는 방식을 통하여 벡터를 정의하는 데 있어서 강조할 점들은:

- 보다 정확한 이런 정의는 자연을 기술하는 데 유용할 뿐만 아니라 필요하다. 벡터수식 안의 모든 벡터가 공변(즉, 좌표벡터처럼 변환)이면, 식은 본질적으로 어느 특정 좌표계로부터도 독립이다. (그것이 직각좌표계일 필요도 없다.) 벡터수식은 항상 어느 좌표계에서 표현될 수 있다. 벡터와 텐서를 써서 보편적인 물리학법칙을 더 일반적으로 공식화하기 위해서는 (**공변성**이 뜻하는) 이러한 **기준틀의 독립성**을 필요로 한다.
- 이런 정의는 텐서해석으로 알려진 수학분야의 기초를 이루도록 일반화할 필요가 있다.

이를 바탕으로, 좌표회전에서 벡터성분의 성질을 써서 내적은 스칼라, 외적은 벡터, 스칼라의 기울기 $\nabla\psi$가 벡터인 것을 증명한다.

인명 자료

Kronecker, Leopold. 독일 수학자 Kronecker는 1823년 Liegnitz(Poland/당시는 독일)에서 출생하여 1891년 Berlin에서 서거하였다. 유태인 상인의 아들로 집안 사업을 경영하였고 돈을 잘 벌어 30세에 은퇴할 수 있었다. 1845년 Berlin에서 박사 학위를 받았고 1883년까지는 교수였다. 수의 이론과 대수학을 발전시켰지만 정수에 너무 집착하여 Cantor의 초한(transfinite)수와 Weierstrass의 분석을 무시해버리는 우를 범하기에 이르러 "신이 정수를 만들었고 다른 모든 것은 인간의 것이라"고 말하기도 하였다.

■ 회전에서 스칼라곱 불변성

지금까지 정식으로 단어 스칼라를 정당화하거나 스칼라곱이 스칼라양이라는 것을 증명 (즉, 좌표회전에서 불변)하지 않았다. 이것을 증명하기 위해, 좌표회전에서 $\mathbf{A}\cdot\mathbf{B}$의 성질을 조사해

보자. (2.93)식을 쓰면

$$\mathbf{A}'\cdot\mathbf{B}' = \sum_i A_i'B_i' = \sum_i a_{1i}A_i \sum_j a_{1j}B_j + \sum_i a_{2i}A_i \sum_j a_{2j}B_j + \sum_i a_{3i}A_i \sum_j a_{3j}B_j \tag{2.101}$$

를 얻는다. 첨자 k, l에 대하여 1, 2, 3으로 합하면

$$\sum_k A_k'B_k' = \sum_l \sum_i \sum_j a_{li}\, A_i\, a_{lj} B_j \tag{2.102}$$

를 얻으며, 우변에서 인자를 재배열하면

$$\begin{aligned}\sum_k A_k'B_k' &= \sum_l \sum_i \sum_j (a_{li}\, a_{lj}) A_i B_j \\ &= \sum_i \sum_j \delta_{ij} A_i B_j = \sum_j A_j B_j\end{aligned} \tag{2.103}$$

가 된다. 끝의 두 단계를 거치는데 방향계수의 직교조건인 (2.98)식과 크로네커 델타를 정의하는 (2.99)식을 썼다. 크로네커 델타의 효과는 어느 첨자로 합했던지 둘이 같지 않은 경우 항을 없애는 것이다. (2.103)식에서는 그 효과가 $j=i$로 놓고 j 합을 제거한 것이다. 물론 $i=j$로 놓고 i 합을 제거할 수도 있었다. (2.103)식은

$$\sum_k A_k'B_k' = \sum_i A_i B_i \tag{2.104}$$

를 주는데, 이것은 좌표계의 회전에서 변하지 않는다는 스칼라양의 정의이다.

■ 벡터곱의 공변성

벡터곱에 대해 $\mathbf{C}=\mathbf{A}\times\mathbf{B}$가 실제로 벡터인 것을 확인하는 문제가 남아있다; 즉, 그것이 벡터의 변환법칙인 (2.93)식을 따른다는 것이다. 즉, 벡터곱이 좌표벡터처럼 변환하는 것을 보이고자 하는데 그것이 여기서 말하는 공변의 뜻이다. 회전된 (′붙인) 계에서 시작하여

$$\begin{aligned}C_i' &= A_j'B_k' - A_k'B_j', \quad i, j \text{ 및 } k\text{는 순환순서,} \\ &= \sum_l a_{jl}A_l \sum_m a_{km}B_m - \sum_l a_{kl}A_l \sum_m a_{jm}B_m \\ &= \sum_{l,m} (a_{jl}a_{km} - a_{kl}a_{jm}) A_l B_m\end{aligned} \tag{2.105}$$

을 얻는다. 괄호 안 방향계수의 식은 $m=l$이면 없어진다. 그러므로 i의 선택에 따라 정해진 j와 k 값을 택하고 l과 m은 6개의 조합을 택한다. 만일 $i=3$이면 $j=1$, $k=2$(순환 순서)이고

다음의 방향계수 조합들을 얻는다:[11]

$$\begin{aligned} a_{11}a_{22} - a_{21}a_{12} &= a_{33}, \\ a_{13}a_{21} - a_{23}a_{11} &= a_{32}, \\ a_{12}a_{23} - a_{22}a_{13} &= a_{31}. \end{aligned} \tag{2.106}$$

(2.106)식은 방향계수가 만족하는 항등식들이다. 이들을 행렬식과 행렬을 써서 (연습문제 3.3.3을 보라) 확인할 수 있다. (2.105)식에 대입하면

$$\begin{aligned} C_3' &= a_{33}(A_1B_2 - A_2B_1) + a_{32}(A_3B_1 - A_1B_3) + a_{31}(A_2B_3 - A_3B_2) \\ &= a_{31}C_1 + a_{32}C_2 + a_{33}C_3 = \sum_n a_{3n}C_n. \end{aligned} \tag{2.107}$$

첨자들을 치환하여 C_1'과 C_2'를 얻으면, (2.93)식을 만족하고 **C**가 실제로 벡터인 것을 알게 된다. 여기서 **벡터곱의 벡터성질**은 보통 공간의 **3차원** 성격과 관련된 우연일 뿐이다.[12] 뒤에 두 벡터의 벡터곱을 2계 반대칭 텐서로 취급할 수 있는 것도 알게 될 것이다.

■ 기울기(그래디언트)의 공변성

벡터의 변환법칙인 (2.93)식에 모호한 것이 하나 더 있는데, 속의 a_{ij}는 x_i'-축과 x_j-축 사이각의 코사인이다. 미분 거리벡터 $d\mathbf{r}$로 시작하여 dx_i'가 ($'$ 없는) 변수 x_j들의 함수라면, 편미분(전미분에 대해 1.5절 참조)에 의하여

$$dx_i' = \sum_j \frac{\partial x_i'}{\partial x_j} dx_j \tag{2.108}$$

를 얻으며 (2.108)식과 (2.92)식은 모순 없이 잘 맞는다. 어떠한 양 V_j의 집합이든 (2.96)식에 따라 변환하면 **반변(contravariant)** 벡터라 부른다.

그러나 이미 조금 틀린 형태의 벡터변환을 만났다. (1.64)식으로 정의된 기울기 $\nabla\varphi$의 변환은 (x, y, z를 x_1, x_2, x_3로 써서)

$$\frac{\partial \varphi'}{\partial x_i'} = \sum_j \frac{\partial \varphi}{\partial x_j}\frac{\partial x_j}{\partial x_i'} = \sum_j \frac{\partial x_j}{\partial x_i'}\frac{\partial \varphi}{\partial x_j} \tag{2.109}$$

를 따르는데, 여기서 연쇄법칙과 스칼라양 $\varphi = \varphi(x, y, z) = \varphi(x', y', z') = \varphi'$을 썼다. 이것은 $\partial x_i'/\partial x_j$ 대신에 $\partial x_j/\partial x_i'$를 가진 점에서 (2.93)식과 (2.94)식이 틀린 것에 주의하라. (2.109)식을 기울기가 그 모범인 **공변(covariant)** 벡터의 정의로 택한다.

직각 (데카르트) 좌표에서만

---

[11](2.106)식이 회전에 대해 성립하는 것은 그들이 부피를 보존하기 때문이다. 더 일반적인 직교변환에 대해서는 (2.106)식의 우변을 변환행렬의 행렬식으로 곱해야 한다(행렬과 행렬식에 관한 제3장 참조). 결과로, 벡터곱은 벡터이기 보다는 유사벡터(pseudo-vector)이다.

[12]특히, (2.106)식은 3차원 공간에서만 맞다. 벡터곱의 광범위한 일반화에 대해서는 D. Hestenes and G. Sobczyk, *Clifford Algebra to Geometric Calculus*, Reidel, Dordrecht(1984)를 참조하여라.

$$\frac{\partial x_j}{\partial x_i'} = \frac{\partial x_i'}{\partial x_j} = a_{ij} \tag{2.110}$$

이며 반변과 공변 변환에 차이가 없다.

다른 계에서 (2.110)식은 적용되지 않고 반변과 공변의 차이는 실재하며 지켜져야 한다. 이것은 일반상대론의 굽은 리만 공간에서 근본적으로 중요하다. 특수상대론의 민코프스키 공간에서 공변 및 반변벡터 사이의 차이를 설명하자.

이 절의 나머지에서 **반변** 벡터의 성분은 **위첨자**로 표시하여 A^i라 쓰고 (보통의 **아래**) **첨자**로 **공변** 벡터 A_i를 표시하기로 한다.[13]

예제 2.6.1 **민코프스키(Minkowski) 공간의 기울기**

좌표 4차원 벡터 $x^\mu = (ct, \mathbf{r})$의 거리 $x^2 = c^2t^2 - \mathbf{r}^2$은 특수상대론의 4차원 시공간인 민코프스키 공간의 (부정) 메트릭을 정의한다. 스칼라곱 $a \cdot b = a_0b_0 - \mathbf{a} \cdot \mathbf{b}$는 같은 상대적 음부호를 갖는다. x^μ와 같이 변환하는 벡터는 반변이라 하고 $x_\mu = (ct, -\mathbf{r})$ 같은 것은 공변이라 하여 거리는 $x^2 = \sum_\mu x^\mu x_\mu$가 되며 스칼라곱은 간단히 $a \cdot b = \sum_\mu a^\mu b_\mu$이다. 공변 및 반변 4차원 벡터는 분명히 틀리다. 그들 사이의 상대적 음부호가 중요한데, 그것을 기울기 $\partial^\mu \equiv (\frac{1}{c}\frac{\partial}{\partial t}, -\nabla)$와 전류 $J^\mu = (c\rho, \mathbf{J})$의 연속방정식

$$\sum_\mu \partial^\mu J_\mu = \frac{\partial \rho}{\partial t} - (-\nabla \cdot \mathbf{J}) = \partial \cdot J$$

에서 볼 수 있다. 기울기의 정의에 음부호가 있는 이유는 $\partial^\mu = \frac{\partial}{\partial x_\mu}$이기 때문이다. 이것은 메트릭의 도함수

$$\frac{\partial x^2}{\partial x_\mu} = \frac{\partial \sum_\nu x^\nu x_\nu}{\partial x_\mu} = 2x^\mu$$

($\therefore$ 좌표벡터 x^μ와 같이 (반변으로) 변환)와 $\frac{\partial}{\partial x_\mu} = (\frac{1}{c}\frac{\partial}{\partial t}, -\nabla)$로 점검된다. ■

■ 2계 텐서의 정의

주관성모멘트를 유도하기 위하여 관성타원체를 회전시켜 새 좌표축이 주축에 일치하도록 한다. 이처럼, 원래의 모멘트들로부터 주모멘트를 알아낼 필요가 있다. 즉, 벡터의 변환이론을 텐서에까지 일반화해야 한다. 이제 **반변(contravariant), 혼합(mixed) 및 공변 2계 텐서**를 그 성분들의 변환식(텐서의 각 첨자에 대해 별도의 변환)으로

---

[13] 이것은 $\mathbf{r}$가 반변벡터이므로 좌표 (x, y, z)를 (x^1, x^2, x^3)으로 써야하는 것을 뜻한다. 우리 흥미가 직각 (데카르트) 텐서에 국한되었으며 (거기서 반변과 공변의 차이가 없어지므로), 좌표에도 그냥 (아래) 첨자를 쓰기로 한다. 이렇게 하여서 x^2이 x의 제곱과 y를 나타내는 모호함을 피한다.

$$A'^{ij} = \sum_{kl} \frac{\partial x'_i}{\partial x_k} \frac{\partial x'_j}{\partial x_l} A^{kl},$$

$$B'^{i}_{j} = \sum_{kl} \frac{\partial x'_i}{\partial x_k} \frac{\partial x_l}{\partial x'_j} B^{k}_{l}, \tag{2.111}$$

$$C'_{ij} = \sum_{kl} \frac{\partial x_k}{\partial x'_i} \frac{\partial x_l}{\partial x'_j} C_{kl}$$

로 정의한다. 분명히 계수는 첨자의 수와 같아서 정의속의 편도함수 (또는 방향계수) 수가: 0이면 스칼라, 1이면 벡터, 2이면 2계 텐서 등이다. 각 (아래 또는 위) 첨자의 범위는 공간의 차원에까지 걸쳐 있다. 첨자의 수(텐서의 계수)는 공간의 차원과 독립이다. A^{kl}은 두 첨자에 대해 반변, B^{k}_{l}은 k로 반변 l로 공변, C_{kl}은 공변이다. 다시, 직각(데카르트)좌표에서는 2계 텐서의 세 형태 — 반변, 혼합, 및 공변 — 가 모두 같다.

벡터성분과 마찬가지로, 텐서성분의 변환법칙[(2.111)식]은 기준틀의 선택에 독립인 실재들(과 성질들)을 준다. 이것이 텐서해석을 물리학에서 중요하도록 하는 것이다. 기준틀 독립성(즉, 공변성)이 보편적인 물리법칙을 표현하고 연구하는 데 이상적인 것이다.

2계 텐서 $\mathbf{A}$(성분들 A^{kl})는 그 성분들을 4각형 배열(3차원 공간에서 3×3)로 써서 표현하는 것이 편리하다:

$$\mathbf{A} = \begin{pmatrix} A^{11} & A^{12} & A^{13} \\ A^{21} & A^{22} & A^{23} \\ A^{31} & A^{32} & A^{33} \end{pmatrix}. \tag{2.112}$$

이것은 아무런 4각형 배열의 수나 함수가 텐서를 이룬다는 뜻이 아니다. 본질적인 조건은 성분들이 (2.111)식에 따라 변환한다는 것이다.

텐서의 보기는 물리학과 공학에 풍부히 많다: 관성텐서 [(3.126)식~(3.128)식 참조], 크로네커 δ, 정전기학과 중력의 다중극 모멘트, 3차원 유크리드 공간에서 3계 반대칭 레비-치비타(Levi-Civita) 기호 [(2.133)식 참조], 메트릭, 일반상대론의 리치(Ricci)와 에너지-운동량 텐서 및 전자기장 텐서(예제 2.6.2 참조)는 모두 2계 텐서이며 리만의 곡률텐서는 4계 텐서이다.

행렬해석의 관점으로는, 앞의 변환관계식은 [직각(데카르트)좌표에 대해] 직교 닮은변환(3.3절)이다. 2계 텐서(관성텐서)의 기하학적 해석이 3.5절에서 전개되었다.

■ 텐서의 합과 차

벡터의 경우처럼, 텐서의 합과 차는 각 성분들의 합과 차를 통하여 정의한다. 만일

$$\mathbf{A} + \mathbf{B} = \mathbf{C} \tag{2.113}$$

라면

$$A^{ij} + B^{ij} = C^{ij}.$$

물론 **A**와 **B**는 계수가 같아야 하고 둘 다 같은 수의 차원을 가진 공간에서 표현되어야 한다.

■ 합 규약

텐서해석에서 (2.111)식과 뒤따르는 텐서 수식들을 좀 더 간결한 형태로 만들기 위해 합 규약을 채택하는 관습이 있다. 반변과 공변을 구별하면서, 곱에서 반복되는 한 첨자가 한 인자에서 위첨자로 다른 인자에서 아래첨자로 (둘 다 아래첨자인 좌표를 제외하고) 나타나면 그 첨자로 합하는 것으로 합의한다. 그렇게 하면 (2.111)식은

$$B'^{i}_{j} = \frac{\partial x'_i}{\partial x_k}\frac{\partial x_l}{\partial x'_j}B^k_l \tag{2.114}$$

로 되는데 우변은 k와 l에 대한 합이다. 이것이 **아인슈타인의 합 규약(Einstein's summation convention)**이다.[14]

합 규약의 사용과 텐서해석 기법의 일부를 설명하기 위해, 잘 아는 크로네커 델타 δ_{kl}이 사실은 2계 혼합텐서 δ^k_l이라는 것을 증명하자.[15] 델타 δ^k_l이 (2.111)식에 따라 변환하는가? 이것이 그것을 텐서라고 할 판단기준이다. 합 규약을 쓰면, δ^k_l을 변환하여

$$\delta^k_l\frac{\partial x'_i}{\partial x_k}\frac{\partial x_l}{\partial x'_j} = \frac{\partial x'_i}{\partial x_k}\frac{\partial x_k}{\partial x'_j} \tag{2.115}$$

로 되는데, 마지막 단계에서는 크로네커 델타의 정의를 썼다. 이제 우변의 직접미분 (연쇄법칙)으로

$$\frac{\partial x'_i}{\partial x_k}\frac{\partial x_k}{\partial x'_j} = \frac{\partial x'_i}{\partial x'_j} \tag{2.116}$$

가 된다. 그러나 x_i'와 x_j'가 서로 독립인 좌표들이므로, 하나의 다른 것에 따른 변분이 둘이 틀리면 0 같으면 1이라야 하므로

$$\frac{\partial x'_i}{\partial x'_j} = \delta'^{i}_{j}. \tag{2.117}$$

그러므로

$$\delta'^{i}_{j} = \frac{\partial x'_i}{\partial x_k}\frac{\partial x_l}{\partial x'_j}\delta^k_l$$

이 되어서 δ^k_l이 실제로 2계 혼합텐서의 성분인 것이 증명되었다. 이 결과가 공간의 차원 수에

---

[14] 이런 관점에서 $\partial x_i'/\partial x_k$를 a^i_k로 $\partial x_l/\partial x_j'$를 b^l_j로 쓰는 것이 더 좋다.

[15] 텐서 **A**를 그 전형적 요소 A_{ij}로 나타내는 것이 통례인데, $\mathbf{A} = A_{ij}$와 같이 의미 없는 것을 쓰지 않는 한, 그런 것이 아무런 해가 없다.

무관한 것을 눈여겨 보자.

크로네커 델타가 회전된 모든 좌표계에서 같은 값을 가지므로 **등방성**이 있다고 한다. 2.9절에서 3계 및 4계 등방텐서들을 논의한다. 1계 등방텐서(벡터)는 존재하지 않는다.

■ 대칭-반대칭

텐서를 기술하는 데 첨자가 나타나는 순서가 중요하다. 일반적으로 A^{mn}은 A^{nm}과 독립이지만 특별히 흥미로운 경우도 있다. 만일 모든 m, n에 대해서

$$A^{mn} = A^{nm} \tag{2.118}$$

이면 **대칭(symmetric)**텐서라 부른다. 반면에

$$A^{mn} = -A^{nm} \tag{2.119}$$

이면 **반대칭(antisymmetric)**이라 한다. 항등식

$$A^{mn} = \frac{1}{2}(A^{mn} + A^{nm}) + \frac{1}{2}(A^{mn} - A^{nm}) \tag{2.120}$$

이 있고 그 첫 항은 대칭 둘째는 반대칭이므로, 명백히 모든 (2계) 텐서를 대칭 및 반대칭의 두 부분으로 분해할 수 있다. 비슷하게 함수를 대칭 및 반대칭 부분으로 분해하는 것이 양자역학에서 지극히 중요하다.

예제 2.6.2 관성, 사중극 및 전자기장 텐서

$I_{xy} = -\sum_{i,j} m_{ij} x_i y_j = I_{yx}$와 같은 비대각선 관성모멘트는 관성텐서가 대칭인 것을 보여준다. 같이 $Q_{ij} = \int (3x_i x_j - r^2 \delta_{ij})\, \rho(\mathbf{r}) d^3 r = Q_{ji}$로 주어지는 전기 4중극 모멘트들은 명백히 대칭텐서를 이룬다. 대조적으로 4차원 기울기 연산자 $\partial^\mu \equiv (\frac{1}{c}\frac{\partial}{\partial t}, -\nabla)$를 써서 $F^{\mu\nu} = \partial^\mu A^\nu - \partial^\nu A^\mu$으로 표현된 전자기장 텐서는 분명히 반대칭이다. ■

■ 스피너(Spinors)

스칼라, 벡터, 텐서 (2계) 등이 완전한 수학체계를 이루며 기준틀의 선택에 무관하게 물리학을 기술하는 데 충분하다고 생각했던 시기가 있었다. 그러나 우주와 수리물리학은 이처럼 간단하지 않다. 예를 들어, 소립자 분야에서 스핀 0 입자들[16](π 중간자 및 α 입자)은 스칼라로, 스핀 1 입자들(중양성자)은 벡터로, 그리고 스핀 2 입자들(중력자)은 텐서로 기술된다. 이 명부에 들어있지 않은 중요한 입자들로 전자, 양성자, 중성미자 및 중성자가 있는데 이들 모두의 스핀이 1/2이다. 이런 입자들을 옳게 기술하려고 **스피너(spinor)**를 쓰는데, 그것은 두 성분을

[16] 입자의 스핀(spin)은 내재적 각운동량(단위는 $\hbar$)이다. 그것은 운동에서 오는 고전적 궤도각운동량과 다르다.

가진 파동함수로 하나는 위(up) 스핀, 다른 것은 아래(down) 스핀에 쓴다. 스피너는 스칼라, 벡터, 또는 텐서가 아니다. 군론의 관점으로 다룬 스피너에 관한 짧은 개론이 4.3절에 있다.

요 약

텐서는 그 성분의 첨자들이 한 집합(군)의 변환에서 특정한 규칙에 따라 변환하도록 조직화된 성분들로 이루어진 계이다. 첨자의 수를 텐서의 계수(rank)라 부른다. 변환이 3차원 회전이면, 텐서해석은 제1장의 곡선좌표 및 직각좌표와 관련된 절에서 다루었던 것들을 하게 된다. 민코프스키 시공간의 4차원에서 변환은 로렌츠 변환이다. 여기서, 1계 텐서는 제4장의 4차원 벡터이다.

연습문제

2.6.1 (a) 벡터 **A**의 크기 $A = \left(A_x^2 + A_y^2\right)^{1/2}$은 회전된 좌표축의 방향에 독립인 것을 증명하여라. 즉,

$$\left(A_x^2 + A_y^2\right)^{1/2} = \left(A_x'^2 + A_y'^2\right)^{1/2}$$

이고 이것이 회전각 φ에 독립이다. 이 각도독립성을 'A가 회전에서 **불변(불변량)**' 이란 말로 표현한다.

(b) 주어진 점 (x, y)에서 **A**는 $+x$ 축과 α, $+x'$ 축과 α' 인 각도를 이룬다. x 방향에서 x' 방향으로 각도가 φ이다. ($'$)가 붙은 성분들과 그것이 ($'$)없는 성분으로 표현되었을 때, $\mathbf{A} = \mathbf{A}'$는 공간에서 같은 방향을 정의하는 것을 보여라. 즉,

$$\alpha' = \alpha - \varphi.$$

2.6.2 텐서의 계수에 관계없이 그 모든 성분이 하나의 특정한 좌표계에서 0이면, 모든 계에서 0인 것을 증명하여라.

참고. 이것은 일반상대론의 4차원 굽은 공간에서 특별한 중요성을 차지한다. 텐서로 표현된 하나의 양이 한 좌표계에서 정의되었으면, 그것이 모든 좌표계에서 존재하며 단지 좌표계 **선택**의 결과만은 아니라는 것이다(마치 뉴턴 역학의 원심력 또는 코리올리(Coriolis) 힘처럼).

2.6.3 한 특정한 좌표계에서 텐서 **A**의 성분들이 텐서 **B**의 상응하는 성분들과 같다. 즉,

$$A_{ij}^0 = B_{ij}^0.$$

모든 좌표계에서 $\mathbf{A} = \mathbf{B}$(즉 $A_{ij} = B_{ij}$)인 것을 증명하여라.

2.6.4 4차원 벡터의 처음 세 성분들이 두 기준틀 각각에서 0이다. 둘째 틀이 처음 것을 x_4 축 주위로만 돌린 것이 아니라면 — 즉, 적어도 하나의 계수 $a_{i4}=0$ $(i=1, 2, 3)$ — 네 번째 성분이 모든 계에서 0인 것을 증명하여라. 이것을 상대론적 역학으로 번역하면 운동량이 두 로렌츠 기준틀에서 보존되면 에너지가 모든 기준틀에서 보존되는 섯을 뜻한다.

2.6.5 좌표축 주위의 90° 및 180° 회전에서 일반적 2계 텐서의 성질분석으로부터 3차원 공간에서 등방성 2계 텐서는 δ_{ij}의 곱일 수밖에 없다는 것을 증명하여라.

2.6.6 T_{iklm}은 모든 첨자 쌍에 대하여 반대칭이다. 독립인 성분이 (3차원 공간에서) 몇 개나 되는가?

2.7 축약 및 직접곱(Direct Product)

■ 축약(Contraction)

벡터를 취급할 때, 스칼라곱(1.2절)은 대응하는 성분들의 합으로 만들었다:

$$\mathbf{A}\cdot\mathbf{B} = A_iB_i \text{ (합 규약)}. \tag{2.121}$$

텐서해석에서 이 식을 일반화한 것이 축약으로 알려져 있다. 하나는 공변이고 다른 것은 반변인 두 첨자를 서로 같게 놓아서 (합 규약이 뜻하는 대로) 이 반복된 첨자로 합한다. 예를 들면, 2계 혼합텐서 B'^{i}_{j}를 축약하는데 (2.98)식을 쓰면

$$B'^{i}_{j} \to B'^{i}_{i} = \frac{\partial x'_i}{\partial x_k}\frac{\partial x_l}{\partial x'_i}B^k_l = \frac{\partial x_l}{\partial x_k}B^k_l \tag{2.122}$$

를 얻으므로 (2.99)식을 써서

$$B'^{i}_{i} = \delta^l_k B^k_l = B^k_k. \tag{2.123}$$

두 i, k 모두를 합하는 것을 잊지 말아라. 위의 축약된 2계 혼합텐서가 불변이므로 스칼라이다.[17] 이것이 (2.102)식에서 두 벡터의 스칼라곱으로 그리고 1.6절에서는 벡터의 발산으로 얻은 것이다.

[17] 행렬해석에서 이 스칼라를 행렬의 **대각합**이라고 부른다(3.2절 참조).

요 약

일반적으로 축약의 작용은 텐서의 계수를 두 개 줄인다. 축약을 사용하는 예는 물리학과 공학에 아주 많다: 두 벡터의 스칼라곱, 세 벡터가 벌리는 부피의 삼중 스칼라곱, 그리고 행렬식이 반대칭 레비-치비타 텐서와 n-차원 유크리드 공간의 n 벡터의 축약으로 된 사실을 제3장에서 논의한다.

■ 직접곱

공변 벡터(1계 텐서)의 성분들 a_i와 반변 벡터(1계 텐서)의 성분들 b^j를 성분끼리 곱하여 일반항 $a_i b^j$를 만들 수 있다. (2.111)식에 의하면 이것이 사실은 2계 혼합텐서인데 왜냐면

$$a'_i b'^j = \frac{\partial x_k}{\partial x'_i} a_k \frac{\partial x'_j}{\partial x_l} b^l = \frac{\partial x_k}{\partial x'_i} \frac{\partial x'_j}{\partial x_l} (a_k b^l) \tag{2.124}$$

이기 때문이다. 텐서들 $a_i b^j$, $b_i a^j$, $a_i b_j$, $a^i b^j$가 모두 서로 틀린 것에 주의하자. 축약하면

$$a'_i b'^i = a_k b^k \tag{2.125}$$

를 얻는데 (2.104)식에서처럼 스칼라를 준다.

바로 앞 마디처럼 두 벡터 a_i와 b^j를 인접해 놓는 작용을 **직접곱**(direct product) 만드는 것으로 알려져 있다. 두 벡터의 경우에는 직접곱이 2계 텐서이다. 이러한 뜻으로는 벡터해석의 틀에서 정의되지 않았던 $\nabla \mathbf{E}$에도 의미를 부여할 수 있다. 일반적으로 두 텐서의 직접곱은 텐서를 이루는데 그 계수는 원래의 두 계수를 합한 것과 같다; 즉,

$$A^i_j B^{kl} = C^{ikl}_j \tag{2.126a}$$

에서 C_j^{ikl}은 4계 텐서이다. (2.111)식으로부터

$$C'^{ikl}_j = \frac{\partial x'_i}{\partial x_m} \frac{\partial x_n}{\partial x'_j} \frac{\partial x'_k}{\partial x_p} \frac{\partial x'_l}{\partial x_q} C^{mpq}_n . \tag{2.126b}$$

예제 2.7.1 벡터의 직접곱

양자역학에서 한 입자 상태들의 직접곱으로 만든 두 입자의 스핀상태를 생각하자. 스핀 1/2 상태 $|\uparrow\rangle$와 $|\downarrow\rangle$가 결합하여 스핀 0과 1을 준다. 이들을 단위벡터들

$$|\uparrow\rangle = \begin{pmatrix} 1 \\ 0 \end{pmatrix}, \quad |\downarrow\rangle = \begin{pmatrix} 0 \\ 1 \end{pmatrix}$$

로 기술할 수 있고, $|\uparrow\uparrow\rangle = |\uparrow\rangle|\uparrow\rangle$와 같은 직접곱은 (2.124)식 등에서 $a_i b_j$의 예($i = 1$, $j = 1$)이다. (스핀 1의) 삼중 스핀상태는

$$|\uparrow\uparrow\rangle = \begin{pmatrix} 1 & 0 \\ 0 & 0 \end{pmatrix}, \quad \frac{1}{\sqrt{2}}(|\uparrow\downarrow\rangle + |\downarrow\uparrow\rangle) = \frac{1}{\sqrt{2}}\begin{pmatrix} 0 & 1 \\ 1 & 0 \end{pmatrix} = \frac{1}{\sqrt{2}}\sigma_1,$$

$$|\downarrow\downarrow\rangle = \begin{pmatrix} 0 & 0 \\ 0 & 1 \end{pmatrix}$$

로 기술될 수 있다. 그러면 한 직접곱인 스핀 0의 단일항 상태 $\frac{1}{\sqrt{2}}(|\uparrow\rangle|\downarrow\rangle - |\downarrow\rangle|\uparrow\rangle)$는 행렬

$$\begin{pmatrix} 0 & 1 \\ -1 & 0 \end{pmatrix} = i\sigma_2$$

로 표현될 수 있는데, 이것은 파울리(Pauli) 스핀행렬의 하나이다. ■

직접곱은 보다 큰 계수를 갖는 텐서를 만드는 기법이다. 연습문제 2.7.1은 첫 인자가 ∇인 직접곱의 형태이다. 다른 응용들은 4.6절에 나온다.

T가 n계 **데카르트** 텐서일 때, ∇**T**의 한 성분인 $(\partial/\partial x_i)T_{jkl\cdots}$은 $(n+1)$계 데카르트 텐서이다(연습문제 2.7.1). 그렇지만 $(\partial/\partial x_i)T_{jkl\cdots}$는 더 일반적인 변환들에서는 텐서가 아니다. 비데카르트 계에서는, $\partial/\partial x_i'$가 편도함수 $\partial x_p/\partial x_q'$에 작용하여 간단한 텐서 변환관계를 파괴한다.

지금까지, 공변변환과 반변변환의 차이를 유지해온 것은 그것이 비데카르트 공간에서 존재하고 또 일반상대론에서 아주 중요하기 때문이다. 그러나 이제부터 단순화를 위해 데카르트 텐서로 국한한다. 그러면, 2.6절에서 지적한 대로 둘의 차이가 없어지고, 이제부터 모든 첨자를 아래 첨자로 쓴다. 합 규약과 축약작용에 대해 다시 한번 말하자.

요 약

텐서대수의 계산에 두 첨자를 축약하는 것이 있는데, 그것은 행렬의 대각합 및 두 벡터의 스칼라(또는 점)곱을 임의의 텐서들로 일반화하는 것이다. 텐서의 직접곱은 축약의 반대로서, 각 텐서 성분들을 곱하여 첨자의 집합을 모든 텐서의 것들을 포함하도록 한 것이다.

연습문제

2.7.1 $T_{i\cdots}$가 n계 텐서라면, $\partial T_{i\cdots}/\partial x_j$는 $(n+1)$계 텐서임을 보여라(데카르트 좌표).
참고. 비데카르트 좌표계에서 일반적으로 계수들 a_{ij}는 좌표들의 함수이므로 n계 텐서의 간단한 도함수는 (특별한 경우 $n=0$를 제외하고는) 텐서가 아니다. 이 특별한 경우, 도함수[(2.109)식]는 공변벡터(1계 텐서)를 준다.

2.7.2 $T_{ijk\cdots}$가 n계 텐서이면, $\sum_j \partial T_{ijk\cdots}/\partial x_j$가 $(n-1)$계 텐서인 것을 보여라(데카르트 좌표).

2.7.3 연산자

$$\frac{1}{c^2}\frac{\partial^2}{\partial t^2}-\nabla^2$$

이 민코프스키 시공간에서 **스칼라** 연산자인 것을 보여라.

2.8 몫 규칙(Quotient Rule)

A_i와 B_j가 2.6절에서 정의된 벡터라면, 직접곱 A_iB_j는 2계 텐서이다. 여기서 관심사는 어떤 관계식을 통해 음적으로 정의된 텐서를 알아내는 것이다. 예를 들어, 그러한 수식(또는 방정식)들

$$K^iA_i=B \tag{2.127a}$$

$$K^i_jA^j=B^i \tag{2.127b}$$

$$K^i_jA^j_k=B^i_k \tag{2.127c}$$

$$K^{ijkl}A_{ij}=B^{kl} \tag{2.127d}$$

$$K_{ij}A_k=B_{ijk} \tag{2.127e}$$

를 생각하여, 이들 각각의 관계식에서 A와 B가 텐서인 것을 알고 그 계수는 첨자의 개수와 같다고 하자. 각각의 경우 K는 모르는 양이다. K의 변환성질을 알아내고자 한다. (2.127b)식에 대해 **몫 규칙**을 증명하고자 한다: 즉, 수식이 모든 (회전된) 데카르트 좌표계에서 성립하면 K는 표시된 계수를 갖는 텐서이다. 다른 수식의 증명도 비슷하므로 연습문제로 남긴다. 몫 규칙이 관계식을 통해 정의된 양의 텐서성격을 정한다는 것은 물리학 이론에서 매우 중요하다. 연습문제 2.8.1은 이것의 간단한 예이다. 각운동량 관계식 $\mathbf{L}=\mathbf{I}\boldsymbol{\omega}$ (3.5절)에 나타나는 **관성행렬 (inertia matrix)**이 **2계 텐서**라는 것을 몫 규칙이 알려준다.

몫 규칙을 증명하는 데 있어서, (2.127b)식을 전형적인 경우로 생각하자. 프라임(′)붙인 좌표계에서는

$$K'^i_jA'^j=B'^i=a^i_kB^k \tag{2.128}$$

인데, 우변은 $\mathbf{B}$의 벡터변환 성질을 썼다. 이 수식이 모든 회전된 데카르트 좌표계에서 성립하므로

$$a^i_kB^k=a^i_k(K^k_lA^l). \tag{2.129}$$

이제, A를 변환하여 프라임(′)붙은 좌표계로 돌아가면[18] [(2.96)식과 비교],

$$K_j'^i A'^j = a_k^i K_l^k a_j^l A'^j \tag{2.130}$$

를 얻는다. 이항하여

$$\left(K_j'^i - a_k^i a_j^l K_l^k\right) A'^j = 0 \tag{2.131}$$

을 얻는다. 이것이 첨자 i 각각에 대하여 그리고 모든 프라임(′)붙은 좌표계에 대해 성립해야 한다. A'^j가 임의이므로,[19]

$$K_j'^i = a_k^i a_j^l K_l^k \tag{2.132}$$

를 얻는데, 이것이 바로 2계 텐서의 정의이다(즉, K가 2계 텐서인 것의 증명 끝).

다른 수식들도 유사하게 취급할 수 있어서, 다른 형태의 몫 규칙을 얻게 된다. 주의할 함정이 있는데, B가 0이면 몫 규칙이 적용하지 않을 수 있다. 0의 변환 성질은 부정이다.

예제 2.8.1 운동방정식 및 장의 방정식

고전역학의 뉴턴 운동방정식 $m\dot{\mathbf{v}} = \mathbf{F}$가 뜻하는 것은 (몫 규칙에 의하여) 질량이 스칼라이고 힘이 벡터이면 가속도 $\mathbf{a} \equiv \dot{\mathbf{v}}$가 벡터라는 것이다. 바꾸어 말하면, 원인제공자로서 힘의 벡터 성격은 축척인자 m이 스칼라이면 그 결과로 나오는 가속도의 벡터 성격이 강요된다.

전자기동력학의 파동방정식 $\partial^2 A^\mu = J^\mu$는 로렌츠 스칼라인 라플라시안의 4-차원 형태 $\partial^2 = \frac{\partial^2}{c^2\partial t^2} - \nabla^2$을 수반하고 원인제공은 외부 4-차원 벡터 전류 J^μ가 있다는 것이다. 몫 규칙을 써서 벡터퍼텐셜 A^μ도 4차원 벡터인 것을 안다. 원인제공 전류가 4차원 벡터이면, 몫 규칙은 벡터퍼텐셜이 1계 텐서(즉, 벡터)라는 것을 준다. ■

요 약

몫 규칙은 텐서의 옳지 않은 나눗셈에 대한 대체물이다.

연습문제

2.8.1 어느 두 벡터 A_i와 B_j에 대해서도 2중합 $K^{ij}A_iB_j$는 불변이라 하자. K^{ij}가 2계 텐서임을 증명하여라.

---

[18] 이 **역변환**에서 a_l^j 속 첨자의 순서에 주의하여라.

$$A^l = \sum_j \frac{\partial x_l}{\partial x_j'} A'^j = \sum_j a_j^l A'^j.$$

[19] 예를 들어, $A'^1 = 1$과 $A'^m = 0 (m \neq 1)$을 택한다. 그러면 $K_1'^i = a_k^i a_1^l K_l^k$가 바로 나온다. (2.132)식의 나머지는 임의인 A'^j의 다른 특별한 선택에서 유도한다.

2.8.2 수식 $K^{ij}A_{jk} = B^i_k$가 좌표계의 모든 방향에 대해 성립한다. A와 B가 2계 텐서라면, K도 또한 2계 텐서임을 증명하라.

2.8.3 평면파의 지수함수는 $\exp[i(\mathbf{k}\cdot\mathbf{r}-\omega t)]$이다. $x^\mu = (ct, x_1, x_2, x_3)$는 민코프스키 공간의 시범 벡터이다. 만일 $\mathbf{k}\cdot\mathbf{r}-\omega t$가 로렌츠 변환(제 4장)에서 스칼라이라면, $k^\mu = (\omega/c, k_1, k_2, k_3)$는 민코프스키 공간에서 4차원 벡터인 것을 보여라.
참고. $\hbar$로 곱하면 $(E/c, \mathbf{p})$는 민코프스키 공간에서 4차원 벡터이다.

2.9 쌍대텐서(Dual Tensor)

■ 러비-치비타(Levi-Civita) 기호

도입하면 편리하게 쓸 수 있는 것으로 3차원 레비-치비타 기호 ε_{ijk}가 있는데, 3차원 데카르트 공간(첨자의 위아래 구분이 불필요한 곳)에서

$$\begin{aligned} \varepsilon_{123} = \varepsilon_{231} = \varepsilon_{312} &= 1, \\ \varepsilon_{132} = \varepsilon_{213} = \varepsilon_{321} &= -1, \\ \text{기타} \quad \varepsilon_{ijk} &= 0 \end{aligned} \tag{2.133}$$

으로 정의한다. ε_{ijk}가 모든 첨자 쌍에 대해 반대칭인 것을 주목하자. 이제 3계 텐서 δ_{ijk}를 생각하여 한 특정 좌표계에서 ε_{ijk}와 같다고 하자. 그러면

$$\delta'_{ijk} = \det(a) a_{ip} a_{jq} a_{kr} \varepsilon_{pqr} \tag{2.134}$$

를 증명할 수 있는데, 여기서 $\det(a)$는 좌표회전의 행렬식(또는 부피, 제 1장 참조)이다. 이런 행렬식 인자가 2.6절에서 다룬 벡터곱의 변환법칙에서 나왔던 것을 상기하자. (2.134)식으로 주어지는 변환을 하는 텐서를 **유사텐서(pseudotensor)**라 불러 $\det(a)$ 인자 없이 변환하는 보통 텐서와 구별한다. 좌표의 회전에 대해서는 $\det(a) = 1$이지만, 한 축을 반대로 잡았거나 반사시켰으면 (예: $x \to -x$) $\det(a) = -1$. 행렬식을 직접 전개하면

$$a_{1p} a_{2q} a_{3r} \varepsilon_{pqr} = \det(a) \tag{2.135}$$

를 얻으므로 $\delta'_{123} = \det(a)^2 = 1 = \varepsilon_{ijk}$을 준다. 첨자들의 다른 가능성도 모두 생각하여서 (회전과 반사의 구분 없이)

$$\delta'_{ijk} = \varepsilon_{ijk} \tag{2.136}$$

를 알게 된다. 그러므로 ε_{ijk}는 유사텐서이다.[20,21] 더욱이, 그것이 모든 회전된 데카르트 좌표계에서 같은 성분을 갖는 등방성 유사텐서이다.

■ 쌍대텐서(Dual Tensor)

어떠한 2계 **반대칭** 텐서 **C**(3차원 공간에서)에도

$$C_i = \frac{1}{2}\varepsilon_{ijk}C_{jk} \tag{2.137}$$

로 정의된 쌍대 유사벡터를 관련시킬 수 있다. 여기서 반대칭 **C**는 3×3 정사각 배열로 쓸 수 있다:

$$\mathbf{C} = \begin{pmatrix} C_{11} & C_{12} & C_{13} \\ C_{21} & C_{22} & C_{23} \\ C_{31} & C_{32} & C_{33} \end{pmatrix} = \begin{pmatrix} 0 & C_{12} & -C_{31} \\ -C_{12} & 0 & C_{23} \\ C_{31} & -C_{23} & 0 \end{pmatrix}. \tag{2.138}$$

C_i가 5계 (유사) 텐서 $\varepsilon_{ijk}C_{mn}$에서 두 번의 축약을 거쳐 얻었으므로 회전에서 벡터로 변환하지만, ε_{ijk}의 유사성이 남아 있어서 실은 유사벡터이다. 구체적으로 **C**의 성분은

$$(C_1, C_2, C_3) = (C_{23}, C_{31}, C_{12}) \tag{2.139}$$

로 주어진다. ε_{ijk} 성분의 순환 순서에서 기인하는 첨자의 순환 순서를 눈여겨보라. (2.139)식에 주어진 2중성은, 어떻게 써 내려갈 것이냐의 선택에 따라, 3차원 벡터곱을 유사벡터로 보거나 또는 2계 반대칭 텐서로 볼 수 있다.

세 개의 (극) 벡터 **A**, **B**, **C**를 택하여 직접곱

$$V_{ijk} = A_iB_jC_k \tag{2.140}$$

를 정의할 수 있다. 2.6절 분석의 확장에 의해, V_{ijk}는 3계 텐서이다. 쌍대 양

$$V = \frac{1}{3!}\varepsilon_{ijk}V_{ijk} \tag{2.141}$$

는 분명히 유사스칼라이다. 전개하면

$$V = \begin{vmatrix} A_1 & B_1 & C_1 \\ A_2 & B_2 & C_2 \\ A_3 & B_3 & C_3 \end{vmatrix} \tag{2.142}$$

---

[20] ε_{ijk}의 유용성은 이 절을 훨씬 넘어 멀리까지 뻗힌다. 예로, 연습문제 3.2.11의 행렬 M_k는 $(\mathsf{M}_k)_{ij} = -i\ \varepsilon_{ijk}$로부터 유도되었다. 기초 벡터해석의 대부분이 ε_{ijk}와 연습문제 2.9.4의 항등식을 써서 아주 간결한 형태로 쓸 수 있다. A. A. Evett, *Permutation symbol approach to elementary vector analysis*, Am. J. Phys. **34**, 503 (1966).

[21] ε_{ijk}의 값은 좌표 단위벡터의 삼중 스칼라곱으로 주어진다: $\hat{\mathbf{q}}_1 \cdot (\hat{\mathbf{q}}_2 \times \hat{\mathbf{q}}_3)$. 이런 관점에서, ε_{ijk}의 요소 각각은 유사스칼라이지만 ε_{ijk}들이 집단적으로 3계 텐서를 이룬다.

은 익숙한 삼중 스칼라곱이다.

막스웰 방정식을 공변 형태로 만들 때 쓰기 위하여, 이 쌍대 벡터해석을 민코프스키의 4차원 공간으로 확장하며 또 4차원 부피요소 $dx_0 dx_1 dx_2 dx_3$가 유사스칼라인 것도 특별히 지적하자.

레비-치비타 기호 ε_{ijkl}(ε_{ijk}의 4차원 유사물)을 도입한다. 이것은 네 첨자 모두에 대해 전적으로 반대칭하게 정의하고, 각 첨자는 0에서 3까지 값을 택한다. $(ijkl)$이 (1, 2, 3, 4)의 짝순열[22]이면 $\varepsilon_{ijkl}=+1$, 홀순열이면 $=-1$; 그리고 어느 둘의 첨자가 같으면 $=0$. 레비-치비타 ε_{ijkl}이 4계 유사텐서인 것을 (ε_{ijkl}의 경우와 같이 진행하여) 증명할 수 있다. 네 벡터 **A**, **B**, **C**, **D**로부터 직접곱

$$H^{ijkl} = A^i B^j C^k D^l \tag{2.143}$$

을 4계 텐서로 만들어, 그 쌍대 양

$$H = \frac{1}{4!}\varepsilon_{ijkl} H^{ijkl} \tag{2.144}$$

을 정의할 수 있다. 여기에 네 번의 축약이 있어서 계수가 넷이 줄었고, ε_{ijkl}의 유사성에 의하여 H는 유사스칼라이다. 이제 **A**, **B**, **C**, **D**를 (민코프스키 공간의) 네 좌표축을 따라 무한소 변위

$$\begin{aligned}\mathbf{A} &= (dx_0, 0, 0, 0)\\ \mathbf{B} &= (0, dx_1, 0, 0),\end{aligned} \tag{2.145}$$

등등 및 부피요소

$$H = dx_0\, dx_1\, dx_2\, dx_3 \tag{2.146}$$

을 얻는다. 4차원 부피요소는 이제 유사스칼라로 확인되었다. 이 결과는 특수상대론의 결과로 얻을 수도 있었다. $dx_1 dx_2 dx_3$의 로렌츠-피츠제랄드(Lorentz-Fitzgerald) 수축이 dx_0의 시간팽창과 균형을 잡는다.

우리가 이 4차원 공간에 들어간 것은 3차원 공간의 간단한 수학적 확장이었고, 실은 레비-치비타 기호도 비슷하게 정의하고 5-, 6-, 또는 N-차원 공간에도 똑같이 쉽게 들어갈 수 있다. 이것이 성분분석의 전형적인 힘이다. 물리적으로 이 4차원 공간을 민코프스키 공간,

$$(x_0, x_1, x_2, x_3) = (ct, x, y, z) \tag{2.147}$$

로 택해도 되는데 여기서 t는 시간이다. 이것이 특수상대론이 달성한 시간과 공간의 합병이다. 4차원 공간의 변환은 로렌츠 변환이다. 이 로렌츠 변환은 4.4절에서 만난다.

---

[22] (0 1 2 3)→(0 2 1 3)처럼 홀수의 이웃지표 교환이 연관되면 홀순열이다. 짝순열은 이웃지표 짝수 번의 자리바꿈이 있을 때 일어난다. (실제로 "이웃"이란 단어가 필요 없다.) $\varepsilon_{0123}=+1$.

요 약

반대칭 레비-치비타 텐서와 다른 반대칭 텐서의 축약 또는 벡터들의 직접곱은 그들의 쌍대텐서에 이르게 한다. 행렬식들은 유사스칼라의 예들이며, 두 벡터의 벡터곱은 그들의 쌍대 벡터로서 또 하나의 잘 알려진 예이다.

연습문제

2.9.1 반대칭 정사각 배열이

$$\begin{pmatrix} 0 & C_3 & -C_2 \\ -C_3 & 0 & C_1 \\ C_2 & -C_1 & 0 \end{pmatrix} = \begin{pmatrix} 0 & C_{12} & C_{13} \\ -C_{12} & 0 & C_{23} \\ -C_{13} & -C_{23} & 0 \end{pmatrix}$$

으로 주어졌는데, $(C_1,\ C_2,\ C_3)$는 유사벡터를 이룬다. 관계식

$$C_i = \frac{1}{2!}\varepsilon_{ijk}C_{jk}$$

가 모든 좌표계에서 성립한다고 가정하고, C_{jk}가 텐서인 것을 증명하여라. (이것이 또 한 형태의 몫 규칙이다.)

2.9.2 벡터곱이 3차원 공간에만 독특한 것을 보여라; 즉, 3차원에서만 반대칭 텐서(2계)의 성분과 벡터의 성분 사이에 1대1 대응을 확립할 수 있다.

2.9.3 증명하여라:
(a) $\delta_{ii} = 3$, (b) $\delta_{ij}\varepsilon_{ijk} = 0$, (c) $\varepsilon_{ipq}\varepsilon_{jpq} = 2\delta_{ij}$, (d) $\varepsilon_{ijk}\varepsilon_{ijk} = 6$.

2.9.4 증명하여라:

$$\varepsilon_{ijk}\varepsilon_{pqk} = \delta_{ip}\delta_{jq} - \delta_{iq}\delta_{jp}.$$

2.9.5 (a) 벡터곱 벡터 $\mathbf{C} = \mathbf{A}\times\mathbf{B}$의 성분을 ε_{ijk}와 $\mathbf{A}$ 및 $\mathbf{B}$의 성분들로 표현하여라.
(b) ε_{ijk}의 반대칭성을 써서 $\mathbf{A}\cdot\mathbf{A}\times\mathbf{B} = 0$을 증명하여라.

답. (a) $C_i = \varepsilon_{ijk}A_jB_k$.

2.9.6 (a) 질량 m의 입자가 $(x_1,\ x_2,\ x_3)$에 있으면 관성텐서(3.5절)는

$$I_{ij} = m(x_nx_n\delta_{ij} - x_ix_j)$$

로 쓸 수 있는 것을 보여라. 여기서 $x_nx_n = \mathbf{r}^2$.
(b) 보여라:

$$I_{ij} = -M_{il}M_{lj} = -m\varepsilon_{ilk}x_k\varepsilon_{ljm}x_m,$$

여기서 $M_{il} = m^{1/2}\varepsilon_{ilk}x_k$. 이것은 두 개의 2계 텐서의 축약이고 3.2절의 행렬곱과 마찬가지이다.

2.9.7 $\nabla \cdot \nabla \times \mathbf{A}$와 $\nabla \times \nabla\varphi$를 ε_{ijk}기호법을 써서 그들이 0으로 되는 것을 명백하게 보여라.

답. $$\nabla \cdot \nabla \times \mathbf{A} = \varepsilon_{ijk}\frac{\partial}{\partial x_i}\frac{\partial}{\partial x_j}A_k$$
$$(\nabla \times \nabla\varphi)_i = \varepsilon_{ijk}\frac{\partial}{\partial x_j}\frac{\partial}{\partial x_k}\varphi.$$

2.9.8 벡터곱을 레비-치비타 기호(ε_{ijk})로 표현하여, $BAC-CAB$ 규칙 [(1.52)식]을 유도하여라.
힌트. 연습문제 2.9.4의 관계식이 도움이 된다.

2.9.9 아래 4계 텐서들의 등방성을 확인하여라; 즉, 좌표계의 어떠한 회전에도 독립이며 같은 형태를 갖는다.
(a) $A_{ijkl} = \delta_{ij}\delta_{kl}$,
(b) $B_{ijkl} = \delta_{ik}\delta_{jl} + \delta_{il}\delta_{jk}$,
(c) $C_{ijkl} = \delta_{ik}\delta_{jl} - \delta_{il}\delta_{jk}$.

2.9.10 2지표 레비-치비타 기호 ε_{ij}가 2계 유사텐서(2차원 공간에서)인 것을 보여라. 이것이 δ_{ij}의 유일성에 모순인가(연습문제 2.6.5)?

2.9.11 (a) $A_k = \frac{1}{2}\varepsilon_{ijk}B_{ij}$, $B_{ij} = -B_{ji}$(반대칭)일 때 $B_{mn} = \varepsilon_{mnk}A_k$를 보여라.
(b) 벡터 항등식 $(\mathbf{A}\times\mathbf{B})\cdot(\mathbf{C}\times\mathbf{D}) = (\mathbf{A}\cdot\mathbf{C})(\mathbf{B}\cdot\mathbf{D}) - (\mathbf{A}\cdot\mathbf{D})(\mathbf{B}\cdot\mathbf{C})$
(연습문제 1.4.9)가 벡터곱을 ε_{ijk}로 기술한 것과 연습문제 2.9.4의 항등식으로부터 직접 나오는 것을 보여라.

추가 읽을거리

Jeffreys, H. (1952). *Cartesian Tensors*. Cambridge Univ. Press, Cambridge.
이 책은 데카르트 텐서와 그것을 고전물리학의 광범위한 여러 분야에 응용하는 논의를 아주 훌륭하게 다루었다.

Lawden, D. F. (1982). *An Introduction to Tensor Calculus, Relativity and Cosmology*, 3rd ed. Wiley, New York.

Margenau, H., and Murphy, G. M. (1956). *The Mathematics of Physics and Chemistry*, 2nd ed. Van Nostrand, Princeton, NJ. 제5장은 곡선좌표와 13가지의 특수 좌표계를

다루었다.

Morse, P. M., and Feshbach, H. (1953). *Methods of Theoretical Physics*. McGraw–Hill, New York. 제5장이 여러 개의 특별 좌표계에 관한 논의를 포함하고 있다. 저자들이 직각좌표에서조차 왼손 좌표계의 사용을 피하지 못한 것이 눈에 띈다. 이 빼어난 (그리고 어려운) 책의 다른 부문에서 물리학 문제를 푸는 데 사용한 여러 가지 좌표계의 많은 보기를 들고 있다. 제2판의 *Mathematical Methods for Physicists* (1970)에서 재미있으나 잘 쓰이지 않는 추가 11개의 직교좌표계를 논의하였다.

Ohanian, H. C., and Ruffini, R. (1994). *Gravitation and Spacetime*, 2nd ed. Norton, New York. 잘 쓴 Riemann 기하학의 입문서이다.

Sokolnikoff, I. S. (1964). *Tensor Analysis – Theory and Applications*, 2nd ed. Wiley, New York. 텐서해석의 비–Euclid 기하학으로 확장에 각별히 유용하다.

Young, E. C. (1993). *Vector and Tensor Analysis*, 2nd ed. Dekker, New York.

행렬식과 행렬

3.1 행렬식

이 장에서는 일차방정식을 다루는 것에서 출발하면서 행렬과 행렬식에 대하여 알아본다. 행렬이라는 개념은 잘 알려진 독일인 수학자이고 물리학자이며 동시에 철학자인 라이프니츠(G. W. von Leibniz)에 의하여 도입되었고 독일인 수학자인 야코비(C. Jacobi)에 의하여 더욱 개발되었다. 동차 일차방정식이 영이 아닌 해를 가질 조건에 행렬식이 등장하며, 일차방정식 또한 행렬을 이용하면 간략히 표현된다. 3.3절에서 다룰 회전변환과 같은 좌표변환은 직교행렬로 나타내어지고, 3.4절의 복소수의 좌표계에서의 좌표변환은 유니타리(unitary) 행렬로 나타내어진다. 대칭행렬(복소수의 경우 에르미트(hermitian) 행렬)의 고유값(eigenvalue)과 고유벡터(eigenvector)를 구하는 문제는 기하학, 물리학, 공학 그리고 천체학에서 아주 중요한 요소이다.

■ 일차방정식: 예

일차방정식의 대표적인 예는 전자회로에서 볼 수 있다. 직류전압 V가 저항 R의 양단에 걸릴 때, 저항에 흐르는 전류는 옴(Ohm)의 법칙에 의하여 $V = IR$로 주어진다. (축전기나 유도코일을 포함하면 복소수가 도입되어야 하므로 여기서는 이들은 고려하지 않는다.) 저항들이 복잡하게 연결된 경우에는 **키르히호프(Kirchhoff)의 법칙**을 이용하여 식을 만들 수 있다. 이 법칙에 의하면 도선들이 만나는 점에서는 들어가는 전류들의 총합과 나가는 전류들의 총합이 같으며, 임의의 한 폐회로(loop)에서의 각 저항에 걸리는 전압의 합은 그 회로에 등장하는 전원의 전압의 합과 같게 된다. 예를 들어보자.

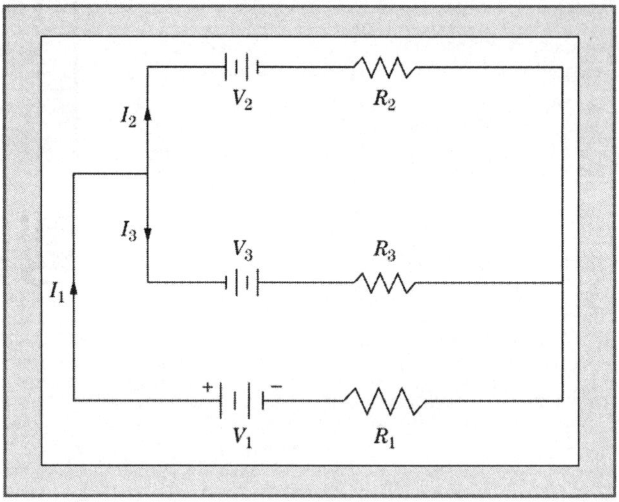

그림 3.1
전지에 의해 전원이 공급되는 회로

예제 3.1.1 **전지에 의해 전원이 공급되는 회로**

그림 3.1에 소개된 회로는 두 개의 폐회로를 가지고 있다. 하나는 전원 V_1과 V_3를 포함하고 다른 하나는 V_1과 V_2를 포함한다. 첫 번째 회로(아래쪽 회로)에서 두 전원은 같은 방향으로 전원을 공급하나, 두 번째 회로(위쪽 회로)에서 두 전원은 다른 방향으로 전원을 공급한다. 아래쪽 회로의 전류들 I_1과 I_3가 만족하는 식은

$$R_1I_1 + R_3I_3 = V_1 + V_3, \quad I_1 = I_2 + I_3$$

가 되고, 위쪽 회로의 전류들 I_1과 I_2가 만족하는 식은

$$R_1I_1 + R_2I_2 = V_1 - V_2, \quad I_3 = I_1 - I_2$$

가 된다. 만약 $R_1 = 4$옴, $R_2 = 3$옴, $R_3 = 2$옴이고 약 $V_1 = 1\,\mathrm{V}$, $V_2 = 2\,\mathrm{V}$, $V_3 = 3\,\mathrm{V}$라면 위의 식들은

$$4I_1 + 3I_2 = 1 - 2 = -1, \quad 4I_1 + 2I_3 = 1 + 3 = 4, \quad I_3 = I_1 - I_2$$

와 같이 되며 여기에 $I_3 = I_1 - I_2$를 대입하면

$$4I_1 + 3I_2 = -1, \quad 3I_1 - I_2 = 2$$

가 된다. 두 번째 식에 3을 곱한 뒤 첫 번째 식에 더하여 I_2항을 소거하면 I_1만의 식이 되어 $I_1 = \frac{5}{13}\,\mathrm{A}$라는 결과를 얻는다. 이 값을 두 번째 식에 대입하여 I_2에 대하여 풀면 $I_2 = -2 + 3I_1 = \frac{15-26}{13} = -\frac{11}{13}\,\mathrm{A}$가 되고, 끝으로 $I_3 = I_1 - I_2 = \frac{5-(-11)}{13} = \frac{16}{13}\,\mathrm{A}$가 된다. 세 개의 저항 중에 R_1이 제일 큰 값이고 세 전원 중에 V_1의 전압이 제일 작으므로 I_1의 값이 제일 작다. 반면에 R_3가 제일 작은 값이고 V_3의 전압이 제일 크므로 I_3의 값이 제일 크다. ■

■ 동차 일차방정식

상수항들이 없는 동차 방정식에서 출발하자. 동차 방정식의 해가 영이 아니기 위한 조건을 행렬식이 준다. 세 개의 미지수 x_1, x_2, x_3에 대한 다음의 일차방정식들을 고려하자.

$$\begin{aligned} a_1x_1 + a_2x_2 + a_3x_3 &= 0, \\ b_1x_1 + b_2x_2 + b_3x_3 &= 0, \\ c_1x_1 + c_2x_2 + c_3x_3 &= 0. \end{aligned} \tag{3.1}$$

만약 미지수들의 값이 모두 영이면 위의 식들은 모두 만족된다. 문제는 어떤 경우에 영이 아닌 해가 존재할 수 있느냐 하는 것이다. 우선, 미지수 x_1, x_2, x_3를 세 성분으로 하는 벡터 $\mathbf{x}=(x_1,\ x_2,\ x_3)$와 상수벡터 $\mathbf{a}=(a_1,\ a_2,\ a_3)$, $\mathbf{b}=(b_1,\ b_2,\ b_3)$, $\mathbf{c}=(c_1,\ c_2,\ c_3)$를 도입하자. 위의 식을 이들로 표현하면

$$\mathbf{a}\cdot\mathbf{x}=0, \quad \mathbf{b}\cdot\mathbf{x}=0, \quad \mathbf{c}\cdot\mathbf{x}=0 \tag{3.2}$$

과 같이 된다. 첫 번째 식의 **기하학적인 의미**는 $\mathbf{x}$가 $\mathbf{a}$에 수직하며, 따라서 $\mathbf{a}$에 수직하고 원점을 지나는 면 위에 $\mathbf{x}$가 놓여 있음을 의미한다. 마찬가지로 두 번째와 세 번째 식으로부터 $\mathbf{x}$는 $\mathbf{b}$에 수직하며 원점을 지나는 면 위에 놓여 있으며, 또한 $\mathbf{c}$에 수직하며 원점을 지나는 면 위에도 놓여 있어야 한다. 즉, 원점을 지나면서 각각 $\mathbf{a}$, $\mathbf{b}$, $\mathbf{c}$에 수직인 세 면들이 교차하는 영역에 $\mathbf{x}$가 놓여 있게 된다. 세 상수벡터를 세 변으로 하는 평행육면체의 부피는 (1.48)식과 (1.50)식으로부터

$$D_3=(\mathbf{a}\times\mathbf{b})\cdot\mathbf{c}\equiv\det(\mathbf{a},\mathbf{b},\mathbf{c})=\begin{vmatrix} a_1 & a_2 & a_3 \\ b_1 & b_2 & b_3 \\ c_1 & c_2 & c_3 \end{vmatrix} \tag{3.3}$$

으로 주어지는데, 만약 이 값이 영이 아니라면 원점을 지나면서 각각 $\mathbf{a}$, $\mathbf{b}$, $\mathbf{c}$에 수직인 세 면들이 교차하는 영역이 원점이 되어 $\mathbf{x}=0$이라는 해가 유일한 해가 될 것이다. 반면에, (3.3)식의 값이 영이라면, 세 벡터 중에서 하나는 나머지 두 벡터의 선형결합으로 표현된다. 즉, $\mathbf{c}$가 다른 두 벡터 $\mathbf{a}$와 $\mathbf{b}$가 만드는 평면 위에 있게 된다. 따라서, $\mathbf{x}$는 $\mathbf{a}$와 $\mathbf{b}$가 만드는 평면에 수직인 벡터가 되어 $\mathbf{x}\sim\mathbf{a}\times\mathbf{b}$로 쓸 수 있다. $\mathbf{a}\times\mathbf{b}$의 세 성분 중에서 세 번째 성분($z$성분)이 영이 아니라면 $\mathbf{x}\sim\mathbf{a}\times\mathbf{b}$로 표현되는 비례관계식 대신에

$$\begin{aligned} x_1/x_3 &= (a_2b_3-a_3b_2)/(a_1b_2-a_2b_1) \\ x_2/x_3 &= -(a_1b_3-a_3b_1)/(a_1b_2-a_2b_1) \end{aligned} \tag{3.4}$$

과 같이 2×2 행렬식의 비로 쓸 수 있다. 만약 $\mathbf{a}\times\mathbf{b}$의 세 번째 성분이 영이고 두 번째 성분이 영이 아니라면 (3.4)식은 x_1/x_2의 값으로 표현될 것이다.

■ 비동차 일차방정식

가장 간단한 형태인 미지수가 두 개인 다음의 방정식들을 고려하자.

$$a_1x_1 + a_2x_2 = a_3, \qquad b_1x_1 + b_2x_2 = b_3 \tag{3.5}$$

이 방정식들의 해는 두 선의 교차점이라는 기하학적 의미를 가지고 있다. 이 문제는 앞에서 동차 방정식으로 변화시킬 수 있다. 그러기 위하여 $\mathbf{x}=(x_1,\ x_2,\ -1)$, $\mathbf{a}=(a_1,\ a_2,\ a_3)$ 그리고 $\mathbf{b}=(b_1,\ b_2,\ b_3)$라 두자. 여기서 -1은 $\mathbf{x}$의 세 번째 성분인 x_3의 값이며 상수항인 a_3와 b_3를 동차식으로 흡수시키기 위하여 고안된 값이다. (3.5)식을 이들로 표현하면 $\mathbf{a}\cdot\mathbf{x}=0$과 $\mathbf{b}\cdot\mathbf{x}=0$이 되고, 이로부터 (3.4)식과 같이 $\mathbf{x}\sim\mathbf{a}\times\mathbf{b}$라는 답을 얻을 수 있다. 앞의 경우와 달리 $\mathbf{x}$의 세 번째 성분인 x_3의 값이 -1이어야 하므로 $\mathbf{a}\times\mathbf{b}$의 세 번째 성분이 영이 되면 안 된다. 즉, $a_1b_2-\ a_2b_1\neq 0$이어야 하며 나머지 성분들의 값은

$$x_1 = (a_3b_2 - b_3a_2)/(a_1b_2 - a_2b_1) = \begin{vmatrix} a_3 & a_2 \\ b_3 & b_2 \end{vmatrix} \bigg/ \begin{vmatrix} a_1 & a_2 \\ b_1 & b_2 \end{vmatrix}, \tag{3.6a}$$

$$x_2 = (a_1b_3 - a_3b_1)/(a_1b_2 - a_2b_1) = \begin{vmatrix} a_1 & a_3 \\ b_1 & b_3 \end{vmatrix} \bigg/ \begin{vmatrix} a_1 & a_2 \\ b_1 & b_2 \end{vmatrix} \tag{3.6b}$$

이 된다. 이 식을 비동차 일차방정식에서의 **크래머의 공식(Cramer's rule)**이라 부른다. $x_1(x_2)$의 식의 분자에 나타나는 행렬식은 분모의 행렬식인 $D = \left|\begin{smallmatrix} a_1 & a_2 \\ b_2 & b_2 \end{smallmatrix}\right|$에 첫 번째 (두 번째) 열벡터를 $\left(\begin{smallmatrix} a_3 \\ b_3 \end{smallmatrix}\right)$ 열벡터로 교체하여 얻은 행렬식이다. 크래머의 공식은 미지수의 수가 2개 이상인 경우로 일반화될 수 있으며, $x_i=D_i/D$로 나타난다. 여기서 D_i와 D는 $n\times n$ 행렬식이다.

인명 자료

Cramer, Gabriel. 스위스 수학자인 크래머는 1704년에 출생하여 1752년에 서거하였다. 그의 주된 업적 분야는 대수학과 기하학 분야이다. 크래머의 공식은 Leibniz가 이미 알고있긴 했으나 공식적으로는 Mclaurin의 저서 *Treatise on Algebra*를 통하여 Leibniz의 사후인 1748년에 처음 발표되었다. 크래머의 공식의 형태는 프랑스어로 발행된 대수적 곡선에 관한 크래머의 저서(1750년)에 잘 나타나 있어 이 저서가 표준적 참고문헌이 됨으로써 이 공식에 대한 공로가 크래머에게 가기도 한다.

예제 3.1.2 **전지에 의해 전원이 공급되는 회로**

크래머의 공식을 앞의 예제 3.1.1에 적용하기 위하여 전류가 만족하는 식을

$$R_1I_1 + R_2I_2 = V_1 - V_2, \quad R_1I_1 + R_3(I_1 - I_2) = (R_1 + R_3)I_1 - R_3I_2 = V_1 + V_3$$

로 나타내면 $a_3 = V_1 - V_2, b_3 = V_1 + V_3$가 되어 행렬식들은

그림 3.2
전지에 의해 전원이 공급되는 회로

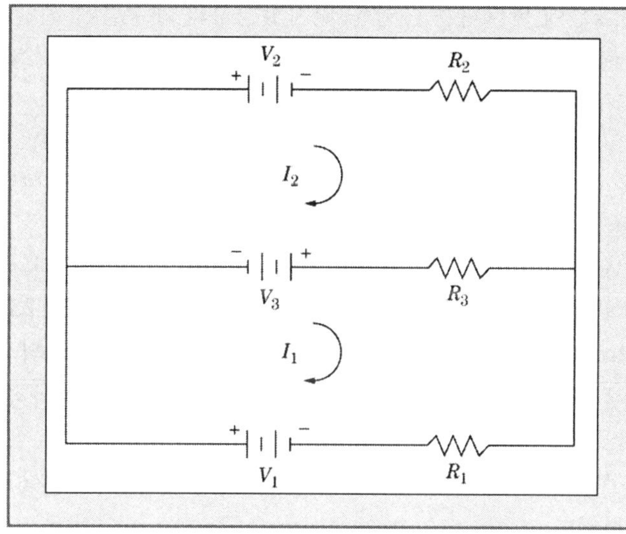

$$D = \begin{vmatrix} R_1 & R_2 \\ R_1 + R_3 & -R_3 \end{vmatrix}, \quad D_1 = \begin{vmatrix} V_1 - V_2 & R_2 \\ V_1 + V_3 & -R_3 \end{vmatrix}, \quad D_2 = \begin{vmatrix} R_1 & V_1 - V_2 \\ R_1 + R_3 & V_1 + V_3 \end{vmatrix}$$

가 된다. 그림 3.1을 그림 3.2와 같이 간략히 표현하면 두 번째 식은 전류 I_1을 포함하는 아래쪽의 폐회로로부터 구해진다. 크래머의 공식에 의한 전류들의 해는

$$I_1 = \frac{D_1}{D} = \frac{(V_1 - V_2)(-R_3) - (V_1 + V_3)R_2}{R_1(-R_3) - R_2(R_1 + R_3)},$$
$$I_2 = \frac{D_2}{D} = -\frac{R_1(V_1 + V_3) - (V_1 - V_2)(R_1 + R_3)}{R_1R_3 + R_2(R_1 + R_3)}$$

로 주어진다. 주어진 값들을 대입하여 전류의 값을 암페어의 단위로 쓰면

$$I_1 = \frac{2 - 4 \cdot 3}{-4 \cdot 2 - 3 \cdot 6} = \frac{5}{13}, \qquad I_2 = -\frac{4 \cdot 4 + 6}{26} = -\frac{11}{13}$$

이 되어 앞의 결과와 일치한다. ■

예에서 주어진 2차원의 행렬식의 비로 주어지는 해의 형태는 임의의 차원의 경우로 일반화될 수 있다. $n \times n$ 행렬식은 다음과 같은 정사각 배열로 표현되는 값이며,

$$D_n = \begin{vmatrix} a_1 & a_2 & \cdots & a_n \\ b_1 & b_2 & \cdots & b_n \\ c_1 & c_2 & \cdots & c_n \\ \cdot & \cdot & \cdots & \cdot \end{vmatrix} \tag{3.7}$$

이 배열에 나타나는 수들은 일차방정식의 계수들에 해당한다. 행의 수(또는 열의 수)인 n을 이 행렬의 **차수(order)**라 한다. (1.46)식에서의 삼중 스칼라곱(일차방정식의 세 행벡터들의) 의 전개를 일반화한 n차원 행렬식 D_n은

$$D_n = \sum_{i,j,k\cdots=1}^{n} \varepsilon_{ijk\ldots} a_i b_j c_k \cdots \tag{3.8}$$

와 같이 표현된다. 이 식에서 $\varepsilon_{ijk\ldots}$는 2.9절에서 이미 소개한 레비-치비타 기호(Levi-Civita symbol)인데 그 값이 1 또는 -1이다. $(ijk\ldots)$이 $(123\ldots n)$으로부터 짝수 번 자리바꿈[1] (permutation)으로 도달할 수 있으면 $\varepsilon_{ijk\ldots}$의 값이 1이 되고, 홀수 번 자리바꿈으로 도달할 수 있으면 그 값이 -1이 된다. 만약 $(ijk\ldots)$의 수들 중에서 같은 수가 있을 경우 $\varepsilon_{ijk\ldots}$의 값은 영이다.

구체적으로 (3.3)식에서처럼 차수가 3인 경우의 행렬식 D_3는 위의 식에 의하여 다음과 같이 표현된다.

$$D_3 = +a_1b_2c_3 - a_1b_3c_2 - a_2b_1c_3 + a_2b_3c_1 + a_3b_1c_2 - a_3b_2c_1 \tag{3.9}$$

행렬식의 여러 유용한 성질들을 (3.8)식을 이용하여 구할 수 있다. 우선, (3.9)식에 의하여 주어지는 차수가 3인 경우를 예를 들어 성질들을 조사해 보자.

■ 소행렬식을 이용한 라플라시안 표현

(3.9)식을 변형하면

$$\begin{aligned} D_3 &= a_1(b_2c_3 - b_3c_2) - a_2(b_1c_3 - b_3c_1) + a_3(b_1c_2 - b_2c_1) \\ &= a_1\begin{vmatrix} b_2 & b_3 \\ c_2 & c_3 \end{vmatrix} - a_2\begin{vmatrix} b_1 & b_3 \\ c_1 & c_3 \end{vmatrix} + a_3\begin{vmatrix} b_1 & b_2 \\ c_1 & c_2 \end{vmatrix} \end{aligned} \tag{3.10}$$

와 같이 된다. 차수가 4인 경우에 (3.8)식의 우변에 나타나는 항의 수는 24개이고, 차수가 n인 경우에 (3.8)식의 우변에 나타나는 항의 수는 $n!$개이다. 항의 개수가 많을지라도 (3.9)식에서와 같이 각 항들을 합하는 과정에 등장하는 음의 부호들 때문에 (물론 각 수들의 값이 음수일 수도 있고) 많은 부분이 서로 상쇄된다. 그 결과 행렬식의 값은 아주 작은 값이 될 수도 있다.

예제 3.1.3 **힐버트(Hilbert) 행렬식의 계산**

이러한 측면의 예로, 3×3 힐버트 행렬식을 계산해 보자. (3.10)식을 이용하면

---

[1] 선형 배열 $abcd\cdots$에서 이웃한 두 원소의 한 차례의 교환은 원래 배열로부터 **홀수 번**의 자리바꿈에 해당한다: $abcd \to bacd$. 한 차례의 이웃 교환은 짝수 번의 자리바꿈에 해당한다. 일반적으로 이웃 교환의 횟수가 홀수 번이면 홀수 번의 자리바꿈에, 짝수 번이면 짝수 번의 자리바꿈에 해당한다.

$$\begin{vmatrix} 1 & 1/2 & 1/3 \\ 1/2 & 1/3 & 1/4 \\ 1/3 & 1/4 & 1/5 \end{vmatrix} = \begin{vmatrix} 1/3 & 1/4 \\ 1/4 & 1/5 \end{vmatrix} - \frac{1}{2}\begin{vmatrix} 1/2 & 1/4 \\ 1/3 & 1/5 \end{vmatrix} + \frac{1}{3}\begin{vmatrix} 1/2 & 1/3 \\ 1/3 & 1/4 \end{vmatrix}$$
$$= \left(\frac{1}{15} - \frac{1}{16}\right) - \frac{1}{2}\left(\frac{1}{10} - \frac{1}{12}\right) + \frac{1}{3}\left(\frac{1}{8} - \frac{1}{9}\right)$$
$$= \frac{1}{15 \cdot 16} - \frac{1}{10 \cdot 12} + \frac{1}{3 \cdot 8 \cdot 9} = \frac{1}{2^4 \cdot 3^3 \cdot 5}$$

이 되고 이 값은 행렬에 등장하는 수들에 비하면 아주 작은 값임을 알 수 있다. ■

일반적으로, 차수가 n인 행렬식은 임의의 행(또는 임의의 열)에 나타나는 원소와 그 원소의 행과 열을 제거한 차수가 $n-1$인 행렬식과의 곱들의 합으로 전개할 수 있다. 어떤 원소의 행과 열을 제거함으로써 형성된 차수가 하나 줄어든 행렬식을 소행렬식(minor)이라고 한다. 만약 이 원소가 i번째 행, j번째 열의 원소라면, 이 원소의 행과 열을 제거한 소행렬식을 M_{ij}로 표기한다. 그리고 M_{ij}에 $(-1)^{i+j}$를 곱한 양을 여인수(cofactor)라고 부르며, C_{ij}로 표기한다. 따라서, (3.10)식을 일반화하면

$$D_3 = \sum_{j=1}^{3}(-1)^{1+j} a_j M_{1j} = \sum_{j=1}^{3} a_j C_{1j} \tag{3.11}$$

가 된다. 이 식에서는 i를 1로 택하여 첫 번째 행을 기준으로 전개하였다.

이러한 라플라스 전개공식은 차수가 크면서 영의 값을 가지는 원소들이 많을 경우의 행렬식의 계산에 유리하다.

예제 3.1.4 첫 번째 행을 기준으로 한 전개

다음의 행렬의 행렬식을 계산하기 위하여 첫 번째 행을 기준으로 전개하면

$$D = \begin{vmatrix} 0 & 1 & 0 & 0 \\ -1 & 0 & 0 & 0 \\ 0 & 0 & 0 & 1 \\ 0 & 0 & -1 & 0 \end{vmatrix}, \tag{3.12}$$

첫 번째 행의 두 번째 원소만 영이 아니므로 (첫 번째 행과 두 번째 열을 제거한 행렬식이 등장하여)

$$D = (-1)^{1+2} \cdot (1) \begin{vmatrix} -1 & 0 & 0 \\ 0 & 0 & 1 \\ 0 & -1 & 0 \end{vmatrix} \tag{3.13}$$

그림 3.3
윗면을 아랫면에 평행하게 이동시키면 부피가 변하지 않는다.

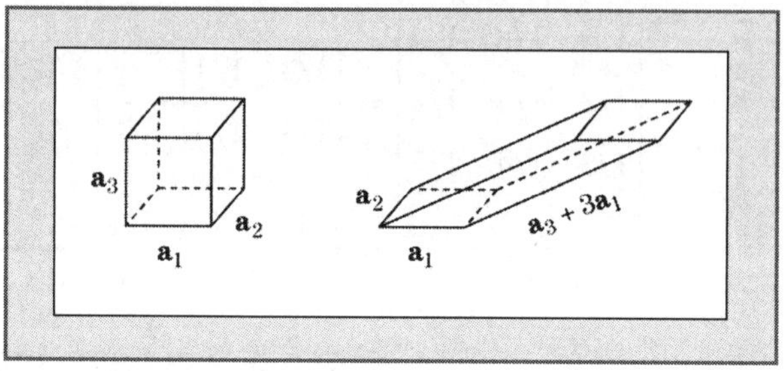

이 된다. 다시 (3.13)식의 첫 번째 행에 대하여 전개를 하면 (첫 번째 행과 첫 번째 열을 제거한 행렬식이 등장하여)

$$D = (-1)\cdot(-1)^{1+1}\cdot(-1)\begin{vmatrix} 0 & 1 \\ -1 & 0 \end{vmatrix} = \begin{vmatrix} 0 & 1 \\ -1 & 0 \end{vmatrix} = 1 \tag{3.14}$$

이 된다. 첫 번째 행이 아닌 다른 행이나 또는 다른 열에 대하여 전개를 하여도 같은 값이 나옴을 알 수 있다.

■ 반대대칭

만약 행렬의 임의의 두 행의 위치를 바꾸거나 두 열의 위치를 바꿀 경우 행렬식의 부호가 바뀐다. 이 사실은 (3.8)식의 레비-치비타 ε의 홀-짝 성질에 의해서 유도된다.[2]

이러한 성질을 이용하여 2.9절에서 세 벡터로부터 완전 반대대칭의 선형결합인 계수(rank)가 3인 텐서를 만드는 데 이용했다. 양자역학에서 스핀의 값이 $\frac{1}{2}$인 입자들(전자, 양성자, 중성자, 쿼크 등)로 구성된 다체계의 상태함수를 구할 때, 파울리(Pauli)의 배타원리에 의하여 같은 종류의 두 입자의 위치가 바뀔 때의 상태함수의 부호가 바뀌는 반대대칭성을 표현할 때도 레비-치비타 ε이 종종 이용된다. 행렬식의 성질들을 요약하면 다음과 같다.

- 행렬식의 반대대칭성으로부터, 두 행이나 두 열이 같을 경우 행렬식의 값은 영이다.
- 한 행의 원소들이 모두 영이거나 한 열의 원소들이 모두 영이면 그 행렬식의 값은 영이다 (원소들이 모두 영인 행이나 열을 이용하여 행렬식을 전개하면 그 값이 영이 됨).
- 한 행의 또는 한 열의 원소들을 모두 어떤 상수로 곱하면 행렬식의 값도 같은 상수만큼 곱한 값이 된다 (한 변의 길이를 증가시키면 부피도 같은 비로 증가함).
- 한 행의 원소들의 상수배만큼을 다른 행에 (같은 열끼리) 합하거나 한 열의 원소들의 상수배만큼을 다른 열에 (같은 행끼리) 합하여도 행렬식의 값은 변하지 않는다.[3]

[2]이웃한 두 행(또는 열)의 교환은 부호의 바뀜을 수반하며 이것은 홀수 번의 자리바꿈에 해당한다.
[3]이것은 행렬식이 세 개의 열벡터들에 의해 정의되는 평행육면체의 부피 $(\mathbf{a}_1\times\mathbf{a}_2)\cdot\mathbf{a}_3$와 같다는 기하학적 사실로부터 유도된다. 예를 들어서, 그림 3.3과 같이 높이를 변화시키지 않으면서 평행육면체를 $\mathbf{a}_1$방향으로 밀 경우 (즉, $\mathbf{a}_3\to\mathbf{a}_3+k\mathbf{a}_1$), 부피는 변화하지 않는다.

- 특수한 경우로서, 두 개의 행이 서로 비례하거나 두 개의 열이 서로 비례할 경우에는 행렬식의 값이 영이다.

예제 3.1.5 **행렬식에서의 규칙**

위에 열거한 행렬식의 성질들 중, 마지막에서 두 번째의 성질은 행렬식의 행벡터(또는 열벡터)들에 대한 선형성을 나타내는 $D(\mathbf{a}_1+k\mathbf{a}'_1, \ldots)=D(\mathbf{a}_1, \ldots)+kD(\mathbf{a}'_1, \ldots)$를 이용하여 보일 수 있다. 증명할 식은

$$\begin{vmatrix} a_1 & a_2 & a_3 \\ b_1 & b_2 & b_3 \\ c_1 & c_2 & c_3 \end{vmatrix} = \begin{vmatrix} a_1+ka_2 & a_2 & a_3 \\ b_1+kb_2 & b_2 & b_3 \\ c_1+kc_2 & c_2 & c_3 \end{vmatrix} \tag{3.15}$$

가 되고 이 식의 우변은 다시

$$\begin{vmatrix} a_1+ka_2 & a_2 & a_3 \\ b_1+kb_2 & b_2 & b_3 \\ c_1+kc_2 & c_2 & c_3 \end{vmatrix} = \begin{vmatrix} a_1 & a_2 & a_3 \\ b_1 & b_2 & b_3 \\ c_1 & c_2 & c_3 \end{vmatrix} + k\begin{vmatrix} a_2 & a_2 & a_3 \\ b_2 & b_2 & b_3 \\ c_2 & c_2 & c_3 \end{vmatrix} \tag{3.16}$$

가 된다. (3.16)식의 우변의 둘째 행렬식의 두 열이 같으며 행렬식의 반대대칭성으로 말미암아 이 행렬식의 값은 영이 된다. 따라서 (3.15)식이 성립한다.

이러한 행렬식의 성질을 이용하여 다음에 주어진 행렬식의 값을 계산해 보자. 세 번째 열의 세 배를 첫 번째 열에서 빼고, 또 세 번째 열의 두 배를 두 번째 열에서 뺀 후에 형성되는 행렬식을 영이 많이 포함된 첫 번째 행에 대하여 전개하면 값을 쉽게 구할 수 있다.

$$\begin{vmatrix} 3 & 2 & 1 \\ 2 & 3 & 1 \\ 1 & 1 & 4 \end{vmatrix} = \begin{vmatrix} 3-3\cdot 1 & 2-2\cdot 1 & 1 \\ 2-3\cdot 1 & 3-2\cdot 1 & 1 \\ 1-3\cdot 4 & 1-2\cdot 4 & 4 \end{vmatrix} = \begin{vmatrix} 0 & 0 & 1 \\ -1 & 1 & 1 \\ -11 & -7 & 4 \end{vmatrix}$$

$$= \begin{vmatrix} -1 & 1 \\ -11 & -7 \end{vmatrix} = 7+11=18.$$

행렬과 행렬식에 관한 여러 관계식들이 3.2절과 3.4절의 연습문제에 많이 소개되어 있다.

예제 3.1.6 **일차방정식의 풀이**

다시 (3.1)식의 동차 일차방정식의 문제로 돌아와서, 계수들로 형성된 행렬식에 미지수 x_1을 곱한 행렬식에 위에 언급한 성질을 적용해 보자. 두 번째 열에 x_2를 곱하여 첫 번째 열에 더하고 세 번째 열에 x_3를 곱하여 첫 번째 열에 더하여 만들어진 행렬식의 첫 번째 열은 (3.1)식에 의하여 모두 영이 된다. 따라서 (3.1)식이 만족되려면 x_1곱하기 계수들의 행렬식이 영이 되어

야 하고 만약 계수들의 행렬식이 영이 아니라면 x_1이 영이 되어야 한다.

$$x_1\begin{vmatrix} a_1 & a_2 & a_3 \\ b_1 & b_2 & b_3 \\ c_1 & c_2 & c_3 \end{vmatrix} = \begin{vmatrix} a_1x_1 & a_2 & a_3 \\ b_1x_1 & b_2 & b_3 \\ c_1x_1 & c_2 & c_3 \end{vmatrix} = \begin{vmatrix} a_1x_1+a_2x_2+a_3x_3 & a_2 & a_3 \\ b_1x_1+b_2x_2+b_3x_3 & b_2 & b_3 \\ c_1x_1+c_2x_2+c_3x_3 & c_2 & c_3 \end{vmatrix}$$
$$= \begin{vmatrix} 0 & a_2 & a_3 \\ 0 & b_2 & b_3 \\ 0 & c_2 & c_3 \end{vmatrix} = 0. \tag{3.17}$$

마찬가지로 x_2와 x_3에 대하여도 같은 방법이 적용되므로, 결국 다음과 같은 결론을 얻을 수 있다. 만약 동차 일차방정식에서 **계수들의 행렬식의 값이 영이 아니면** 모든 미지수들의 값이 영이 되어야 한다. 역으로, 만약 계수들의 행렬식이 영이면 미지수들의 값이 영이 아닐 수 있다 [(3.3)식 이후의 본문 내용을 참조].

(3.5)식의 경우와 같이 **비동차 방정식**의 경우, 즉, (3.1)식에서 우변의 영들이 각각 a_4, b_4, 그리고 c_4로 치환된 경우에는 (3.17)식에 의하여 x_1의 값이

$$x_1 = \begin{vmatrix} a_4 & a_2 & a_3 \\ b_4 & b_2 & b_3 \\ c_4 & c_2 & c_3 \end{vmatrix} \Bigg/ \begin{vmatrix} a_1 & a_2 & a_3 \\ b_1 & b_2 & b_3 \\ c_1 & c_2 & c_3 \end{vmatrix} \tag{3.18}$$

와 같이 된다. 이 식은 $n=2$인 경우의 (3.6a)식을 $n=3$인 경우로 일반화한 **크래머의 공식**이다. 이 공식은 임의의 양의 정수 n에 대하여 성립함을 증명할 수 있다. 만약 계수들의 행렬식이 영이면 상수항들이 존재하는 경우에는 해가 존재하지 않으며, 상수항이 없는 경우에는 해가 존재하나 유일하지 않다 (예로 연습문제 3.1.3을 참고할 것). ■

실제 해를 계산할 때는 (3.18)식은 다루기가 어렵다. 행렬식에는 부호가 다른 많은 항들이 등장하여 계산 과정에 실수를 할 가능성이 무척 크기 때문이다. 미지수의 수가 클 경우 더욱 그렇다. 예를 들어 미지수의 수가 200인 일차 연립방정식의 경우, 각 행렬식에 등장하는 항들의 수가 200!이라는 어마어마한 큰 값이다. 이것은 왠만한 컴퓨터로도 감당하기 어렵다.

사실, 더 현명한 방법이 있다. 가장 좋은 방법 중에 가우스 제거(Gauss elimination)라는 방법이 있다. 다음의 예를 통하여 이 방법에 대하여 알아보자.

예제 3.1.7 가우스 제거

다음의 방정식들을 풀어라.

$$\begin{aligned} 3x+2y+z&=11 \\ 2x+3y+z&=13 \\ x+y+4z&=12. \end{aligned} \tag{3.19}$$

이 방정식들의 계수들 행렬식 값은 18이다. 이는 두 번째 열에서 세 번째 열의 두 배를 빼고, 첫 번째 열에서 세 번째 열의 두 배를 뺀 후 나오는 행렬의 행렬식을 구하면 된다 (예제3.1.5 참조). 이 값이 영이 아니므로 해는 존재한다.

$$\begin{vmatrix} 3 & 2 & 1 \\ 2 & 3 & 1 \\ 1 & 1 & 4 \end{vmatrix} = \begin{vmatrix} 0 & 0 & 1 \\ -1 & 1 & 1 \\ -11 & -7 & 0 \end{vmatrix} = \begin{vmatrix} -1 & 1 \\ -11 & -7 \end{vmatrix} = 7 + 11 = 18$$

가우스 방법에 의하면 첫 번째 식을 이용하여 첫 번째 미지수 x에 대하여 푼 다음 이 결과를 이용하여 나머지 두 식들에 등장하는 x를 소거한다. 다음, 같은 방식으로 두 번째 식에서 두 번째 미지수 y에 대하여 푼 다음 이를 마지막 식에 대입하면 미지수 z에 대한 일차방정식이 된다. 미지수의 개수가 많을 경우, 위의 방법을 계속하면 결국 미지수 하나만의 방정식이 나오며 이를 푼 후에 거꾸로 올라가면서 차례대로 나머지 미지수의 값들도 구하면 된다. 이 방법은 다음과 같은 과정으로 설명된다.

각 식들을 x의 계수로 나누면 (3.19)식은

$$\begin{aligned} x + \frac{2}{3}y + \frac{1}{3}z &= \frac{11}{3} \\ x + \frac{3}{2}y + \frac{1}{2}z &= \frac{13}{2} \\ x + y + 4z &= 12 \end{aligned} \tag{3.20}$$

가 된다. 두 번째 식과 세 번째 식에서 첫 번째 식을 빼면

$$\begin{aligned} x + \frac{2}{3}y + \frac{1}{3}z &= \frac{11}{3} \\ \frac{5}{6}y + \frac{1}{6}z &= \frac{17}{6} \\ \frac{1}{3}y + \frac{11}{3}z &= \frac{25}{3} \end{aligned} \tag{3.21}$$

이 되며, 두 번째 식과 세 번째 식의 y의 계수가 1이 되도록 정돈하면

$$\begin{aligned} x + \frac{2}{3}y + \frac{1}{3}z &= \frac{11}{3} \\ y + \frac{1}{5}z &= \frac{17}{5} \\ y + 11z &= 25 \end{aligned} \tag{3.22}$$

가 된다. 세 번째 식에서 두 번째 식을 빼면

$$
\begin{aligned}
x+\frac{2}{3}y+\frac{1}{3}z &= \frac{11}{3} \\
y+\frac{1}{5}z &= \frac{17}{5} \\
54z &= 108
\end{aligned}
\tag{3.23}
$$

이 되고, 이 식으로부터 $z=2$임을 알 수 있다.

이로부터

$$y+\frac{1}{5}\times 2=\frac{17}{5}$$

이 되며 따라서 $y=3$이다. 이 값들을 첫 번째 식에 대입하면

$$x+\frac{2}{3}\times 3+\frac{1}{3}\times 2=\frac{11}{3}$$

이 되고 이로부터 $x=1$을 얻는다. 이러한 계산 과정은 (3.18)식 만큼 고상해 보이진 않지만, 행렬식을 이용하는 것보다 빠르게 답을 구할 수 있다.

위의 가우스 방법을 이용하여 얻은 (3.23)식에 대한 행렬식의 표현은

$$
D=\begin{vmatrix} \alpha_1 & \beta_1 & \gamma_1 \\ 0 & \beta_2 & \gamma_2 \\ 0 & 0 & \gamma_3 \end{vmatrix}
\tag{3.24}
$$

와 같은 **삼각형태(triangular form)**가 되며 그 값은 α_1, β_2, γ_3이다. 만약 미지수의 개수가 n이었다면, $n-1$번 빼주는 과정이 필요했을 것이며 이는 $n!$개의 항들을 다루는 데 비하면 훨씬 쉽다고 할 수 있다.

위의 가우스 방법을 변형한 방법으로 가우스-조르단 제거(Gauss-Jordan elimination)라는 방법이 있다. 이 방법의 첫 번째 과정은 가우스 방법과 같으나 두 번째 과정부터는 다르다. 가우스 방법에서는 밑으로만 소거를 하였으나, 가우스-조르단 방법에서는 밑으로뿐 아니라 위로도 소거를 하는 것이다. 예를 들어 예제 3.1.7에서 첫 번째 과정인 (3.22)식까지는 두 방법이 동일하나, 두 번째 과정을 통과한 (3.23)식은 가우스-조르단 방법에 의하면

$$
\begin{aligned}
x+\frac{1}{5}z &= \frac{7}{5} \\
y+\frac{1}{5}z &= \frac{17}{5} \\
z &= 2
\end{aligned}
\tag{3.25}
$$

와 같이 될 것이다. 이 식은 (3.22)식의 두 번째 식을 세 번째 식 외에도 첫 번째 식에도 (물론 이때는 2/3를 곱한 후에) 빼줌으로써 얻을 수 있다. 다음, (3.25)식의 세 번째 식을 이용하

여 첫 번째와 두 번째 식의 z를 소거하면

$$\begin{aligned} x &= 1 \\ y &= 3 \\ z &= 2 \end{aligned} \tag{3.26}$$

가 되어 답을 구할 수 있다.

이제, 크레머의 공식을 이용하여 답을 구하여 보자. 우선 분자의 행렬식은

$$D = \begin{vmatrix} 3 & 2 & 1 \\ 2 & 3 & 1 \\ 1 & 1 & 4 \end{vmatrix} = 18$$

이 된다. 다음, 이 행렬의 첫 번째 열을 상수항들의 열로 바꾼 행렬의 행렬식인 D_1은

$$\begin{aligned} D_1 &= \begin{vmatrix} 11 & 2 & 1 \\ 13 & 3 & 1 \\ 12 & 1 & 4 \end{vmatrix} = \begin{vmatrix} 11 & 2 & 1 \\ 2 & 1 & 0 \\ 12 & 1 & 4 \end{vmatrix} = \begin{vmatrix} 2 & 1 \\ 12 & 1 \end{vmatrix} + 4\begin{vmatrix} 11 & 2 \\ 2 & 1 \end{vmatrix} \\ &= (2-12) + 4(11-4) = 18 \end{aligned}$$

이 되며, 그 과정은 다음과 같다. 우선, 주어진 행렬의 두 번째 행에서 첫 번째 행을 빼고, 이렇게 하여 얻어진 행렬의 세 번째 열에 대하여 행렬식을 전개하여 그 값을 구한다. 따라서, 크레머의 공식에 의하여 미지수 x의 값은 $D_1/D = 1$이 된다.

마찬가지 방법으로 D_2를 구하면

$$\begin{aligned} D_2 &= \begin{vmatrix} 3 & 11 & 1 \\ 2 & 13 & 1 \\ 1 & 12 & 4 \end{vmatrix} = \begin{vmatrix} 3 & 11 & 1 \\ -1 & 2 & 0 \\ 1 & 12 & 4 \end{vmatrix} = \begin{vmatrix} -1 & 2 \\ 1 & 12 \end{vmatrix} + 4\begin{vmatrix} 3 & 11 \\ -1 & 2 \end{vmatrix} \\ &= (-12-2) + 4(6+11) = 54 \end{aligned}$$

가 되고, y의 값은 $D_2/D = 54/18 = 3$이 된다. 끝으로, D_3는

$$\begin{aligned} D_3 &= \begin{vmatrix} 3 & 2 & 11 \\ 2 & 3 & 13 \\ 1 & 1 & 12 \end{vmatrix} = \begin{vmatrix} 3 & -1 & 11 \\ 2 & 1 & 13 \\ 1 & 0 & 12 \end{vmatrix} = \begin{vmatrix} -1 & 11 \\ 1 & 13 \end{vmatrix} + 12\begin{vmatrix} 3 & -1 \\ 2 & 1 \end{vmatrix} \\ &= (-13-11) + 12(3+2) = 36 \end{aligned}$$

이 되며, 여기서는 첫 번째 열을 두 번째 열에 빼서 얻은 행렬의 세 번째 행에 대하여 전개하여 행렬식을 구했다. 미지수 z의 값은 $D_3/D = 36/18 = 2$가 된다. ■

다음 절에서 행렬의 역을 구할 때 다시 가우스-조르단(Gauss-Jordan) 방법에 대하여 논의

할 것이다. 그 외에도 컴퓨터 계산에 적합한 방법으로 가우스-사이델 반복(Gauss-Seidel iteration) 방법이라는 것이 있다. 각 방법마다 장단점들이 있다. 가우스 또는 가우스-조르단 방법은 큰 규모의 행렬식에 대해서는 정확성에 대한 문제점이 있을 수 있다. 이 문제는 행렬의 역을 구하는 데도 해당한다 (3.2절). 반복대입을 이용하는 가우스-사이델의 방법은 수렴성에 대한 문제점이 있을 수 있다. 이들의 방법에 대한 분석은 Ralston과 Wilf 그리고 Pennington[4]에 잘 되어 있다. 포트란(FORTRAN)에서의 컴퓨터 코드, 프로그램 언어 그리고 위의 방법들에 대한 많은 자료들이 Press *et al*.[5]에 주어져 있다. Mathematica, Maple, Reduce 그리고 Matlab 등의 소프트웨어(software)를 이용하여 행렬의 대각화 또는 역을 계산할 수 있다.

요 약

일차 연립방정식의 해는 크레머의 공식에 의하여 행렬식의 비로 주어진다. 그러나, 체계적인 미지수의 소거를 통하여 더 효과적으로 계산할 수 있으며, 컴퓨터에 의한 계산도 이러한 가우스의 방법에 의존한다.

인명 자료

Leibniz Gottfried Wilhelm von. 독일 수학자이고 철학자이며 동시에 물리학자였던 Leibnitz는 1646년에 독일의 Saxony Leibzig에서 출생하여, 1716년 Hannover에서 서거하였다. 철학 교수의 아들로서, 그는 어릴적부터 모든 면에 재능이 뛰어나 천재의 수준이었고 이러한 천재성은 그의 일생 내내 변하지 않았다. 모든 방면에 Leibnitz만큼 지식을 갖춘 사람이 그의 이후에는 없다고 생각하는 사람도 많다고 한다. 그는 8세에 라틴어를, 14세에 그리이스어를 혼자 공부했으며, 1665년에 법학 학위를 받았다. 그는 또, 수학과 물리학을 네덜란드 물리학자인 C. Huygens와 함께 공부했다. Boolean 논리학의 전조가 된 논리기호를 1667년에 처음 사용한 사람도 그이다. 그는 또, 프랑스 수학자인 Blaise Pascal 보다 더 우월한 계산기계를 1671년에 고안하기도 했다. 1673년에 영국 물리학자 Boyle을 만나러 런던을 방문했을 때 즉시 그는 Royal Society의 멤버로 선출이 될 정도였다. 1684년에 그는 그의 방식에 의한 미적분 해석학을 발간했는데, 이를 계기로 뉴턴과 서로의 우선권을 주장하며 표절시비로까지 확대될 뻔 했다. (나중에 Leibnitz에 대해서는 용어와 접근법의 우수성이 인정되고 뉴턴에 대해서는 중력에의 응용의 중요성이 인정되어 표절시비는 없었다.) 1693년에 그는 역학적 에너지의 보존을 깨달았다. 그는 변분법(variational technique)을 철학에 적용하여 우리가 살고 있는 세상이 모든 가능한 것들 중에서 최상의 것임을 증명하려고 했으며, 이로 인하여 프랑스의 합리주의자인 Voltaire로부터 비난을 받기도 했다. 행렬식에 관한 업적은 그의 업적의 일부에 불과하다. 1714년에 Hannover의 공작이 영국의 왕 George 1세가 되었지만, Leibnitz는 무시된 채로 2년 뒤에 타계하고 말았다. 뉴턴처럼 그는 결혼을 한 적이 없었고 따라서 가족도 없었다.

---

[4]Ralston, A., and Wilf, H. (Eds.) (1960). *Mathematical Methods for Digital Computers*. Wiley, New York; Pennington, R. H. (1970). *Introductory Computer Methods and Numerical Analysis*. Macmillan, New York.

[5]Press, W. H., Flannery, B. P., Teukolsky, S. A., and Vetterling, W. T. (1992). *Numerical Recipes*, 2nd ed., Chapter 2. Cambridge Univ. Press, Cambridge, UK.

연습문제

3.1.1 그림 3.4에 주어진 회로의 전류들을 계산하여라.

3.1.2 다음에 주어진 동차 일차방정식들의 해가 존재하는지 안하는지를 조사하고 만약 해가 존재한다면 한 해를 찾아라.

$$x+3y+3z=0, \qquad x-y+z=0, \qquad 2x+y+3z=0.$$

3.1.3 다음의 방정식들에서

$$x+2y=3, \qquad 2x+4y=6,$$

(a) 미지수들의 계수의 행렬식이 영임을 보여라.
(b) (3.6)식의 분자에 등장하는 행렬식들도 영임을 보여라.
(c) 두 쌍의 해를 구하여라.

그림 3.4
전기 회로
(a), (b), (c)

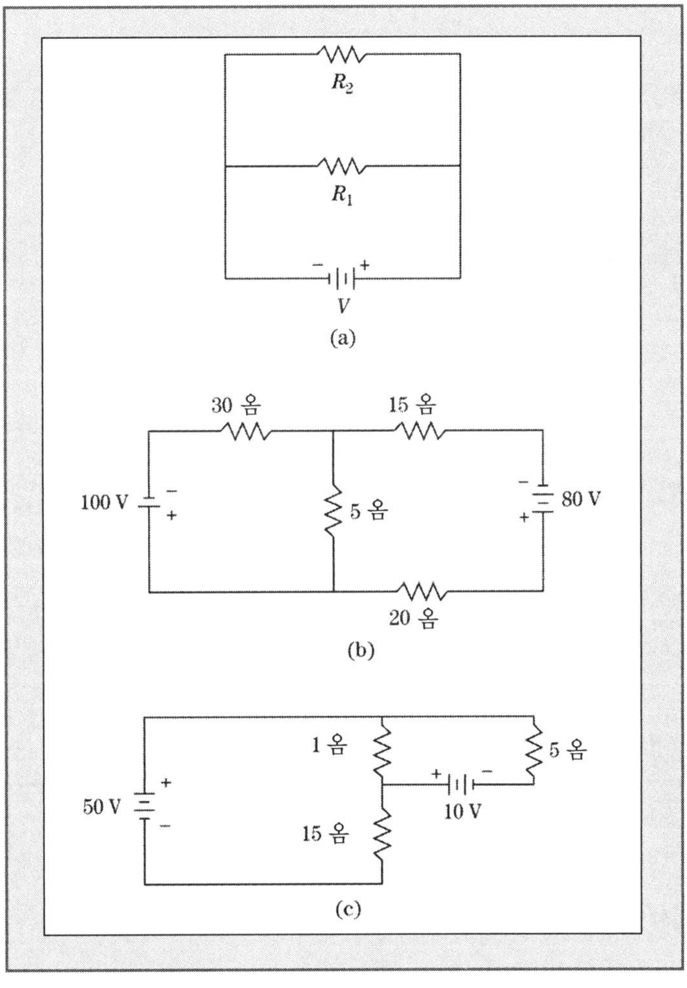

3.1.4 벡터의 곱 $\mathbf{A}\times\mathbf{B}$의 **성분들**을 행렬식으로 표현하여라. 스칼라곱 $\mathbf{A}\cdot(\mathbf{A}\times\mathbf{B})$가 3×3 행렬식의 라플라시안 전개로 나타남을 보여라. 이 3×3 행렬의 두 행이 같으므로 $\mathbf{A}\cdot(\mathbf{A}\times\mathbf{B})=0$이 될 것이다.

3.1.5 C_{ij}를 행렬의 한 원소인 a_{ij}의 여인수(cofactor)[원래 행렬에서 i번째 행과 j번째 열을 제거한 후에 생기는 행렬의 행렬식에 $(-1)^{i+j}$를 곱한 값]라고 할 때, 다음을 보여라.

(a) $\sum_i a_{ij}C_{ij} = \sum_i a_{ji}C_{ji} = \det(A)$. (여기서 $\det(A)$는 원래 행렬의 행렬식임.)

(b) $\sum_i a_{ij}C_{ik} = \sum_i a_{ji}C_{ki} = 0,\ j \neq k$.

3.1.6 원소들의 값이 대략 1정도인 행렬의 행렬식의 값은 놀라울 정도로 작은 값을 가진다. 힐버트 행렬식은 원소들이 $H_{ij}=(i+j-1)^{-1}$로 주어지는 $n\times n$ 행렬의 행렬식이다.

(a) $n=1$, 2, 그리고 4일 경우의 힐버트 행렬식을 구하여라. $n=3$일 경우는 예제 3.1.3에서 구하였다.

(b) $n=5$, 6일 경우의 힐버트 행렬식을 구하여라.

답.

n	$\mathrm{Det}(H_n)$
1	1
2	8.33333×10^{-2}
3	4.62963×10^{-4}
4	1.65344×10^{-7}
5	3.74930×10^{-12}
6	5.36730×10^{-18}

3.1.7 다음에 주어진 일차방정식들을 풀어라. 그 결과를 소수점 이하 5자리까지 또는 유리수로 구하여라. 가능하면 소프트웨어를 이용한 답과 비교하여라.

$$
\begin{aligned}
1.0x_1 + 0.9x_2 + 0.8x_3 + 0.4x_4 + 0.1x_5 &= 1.0\\
0.9x_1 + 1.0x_2 + 0.8x_3 + 0.5x_4 + 0.2x_5 + 0.1x_6 &= 0.9\\
0.8x_1 + 0.8x_2 + 1.0x_3 + 0.7x_4 + 0.4x_5 + 0.2x_6 &= 0.8\\
0.4x_1 + 0.5x_2 + 0.7x_3 + 1.0x_4 + 0.6x_5 + 0.3x_6 &= 0.7\\
0.1x_1 + 0.2x_2 + 0.4x_3 + 0.6x_4 + 1.0x_5 + 0.5x_6 &= 0.6\\
0.1x_2 + 0.2x_3 + 0.3x_4 + 0.5x_5 + 1.0x_6 &= 0.5.
\end{aligned}
$$

3.2 행렬

(3.1)식, (3.5)식 그리고 (3.19)식의 일차방정식들은 3×3 행렬을 이용하여 더 단정하고 간략히 표현할 수 있다.

$$\mathsf{A} = \begin{pmatrix} a_1 & a_2 & a_3 \\ b_1 & b_2 & b_3 \\ c_1 & c_2 & c_3 \end{pmatrix} \tag{3.27}$$

예를 들어, (3.19)식의 경우

$$\mathsf{A} = \begin{pmatrix} 3 & 2 & 1 \\ 2 & 3 & 1 \\ 1 & 1 & 4 \end{pmatrix} \tag{3.28}$$

가 된다. 이러한 표현은 행렬을 다루는 적당한 방법을 고안함으로써 더 편리해질 수 있다. 행렬은 행렬식과 달리 어떤 특정한 값을 가지지 않는다. 또한 행렬의 원소들이 숫자가 아닌 함수가 될 수도 있다.

■ 기본 정의, 항등식과 계수

행렬은 수들의 정사각형 형태 또는 직사각형 형태의 배열로 정의된다. 산수에서 수들을 다루고, 복소수론(제6장)에서 순서가 중요한 복소수라 불리는 한 쌍의 수를 다룬다. 마찬가지로 행렬에서는 정사각형 형태 또는 직사각형 형태의 배열로 이루어진 수 또는 함수들을 다룬다. 행렬의 각 원소는 수평방향의 순서에 해당하는 행의 수 i와 수직방향의 순서에 해당하는 열의 수 j의 두 수를 아래 첨자로 표현하여 구분 짓는다. 예를 들어 a_{13}은 첫 번째 행과 세 번째 열에 있는 원소를 나타낸다. 따라서, m개의 행과 n개의 열을 가진 행렬 A는 $m\times n$ 행렬로서

$$\mathsf{A} = \begin{pmatrix} a_{11} & a_{12} & \cdots & a_{1n} \\ a_{21} & a_{22} & \cdots & a_{2n} \\ \cdots & & \cdots & \cdot \\ a_{m1} & a_{m2} & \cdots & a_{mn} \end{pmatrix} \tag{3.29}$$

으로 표현된다. 여기서 중요한 것은 각각의 원소들이 독립적이라는 점이다. 행렬식과 달리 행렬은 원소들의 배열 그 자체이다. 만약 행의 수와 열의 수가 같은 경우에는 행렬은 $n\times n$ 행렬이 되고 이때 n을 이 행렬의 **차수(order)**라 한다.

이제 단순한 수의 배열에 불과한 행렬에 성질을 불어 넣고자 한다. 즉, 행렬을 이용한 수학의 새로운 한 형태를 도입해 보자는 것이다. 이러기 위하여 행렬들 사이의 연산을 정의하겠다.

우선 **두 행렬이 같다는 것을 의미하는 식**, A=B는 두 행렬의 원소들이 모두 같음을 의미한다. 즉, 모든 i와 j에 대하여 $a_{ij}=b_{ij}$임을 말한다. 물론 두 행렬의 행의 수도 같고 열의 수도 같아야 한다.

(3.1)식의 계수들의 행렬 A는 세 개의 행으로 되어있고 각각의 행은 각각의 방정식들의 계수들로 구성된 벡터 **a**, **b**, **c**이다. 이들 세 벡터의 곱 $(\mathbf{a}\times\mathbf{b})\cdot\mathbf{c}$가 영이 아니면 이들 세 벡터는 부피가 영이 아닌 입체공간을 형성하며 서로 선형적으로 독립이며, (3.1)식의 미지수의 값들이 모두 영인 해만 존재한다. 이때의 행렬 A의 **계수(rank)**는 3이 된다. n차원의 공간의 n개의 벡터들로 된 $n\times n$ 정사각행렬 A를 고려하자. 우선 이 벡터들이 이루는 공간의 부피는

det(A)가 되며, 만약 이 값이 영이 아니면 이들 벡터들이 서로 선형적으로 독립이므로 이 행렬 A의 **계수**가 n이 된다. 만약 (3.1)식에서 **c**가 **a**와 **b**가 형성하는 면 위에 있는 벡터라면 이 때는 서로 선형독립인 벡터의 수가 둘이 되며 이때의 행렬의 계수(rank)는 2가 될 것이다. 일반적으로 **행렬의 계수 m은 서로 선형적으로 독립인 행의 수의 최대값**으로 정의한다. 따라서, $n\times n$ 정사각행렬의 계수(rank) m의 값은 $0\leq m\leq n$이 된다.

■ 행렬의 곱, 내적

일차방정식들을 행렬을 이용하여 표현하면, 계수들로 이루어진 행렬과 미지수들로 이루어진 행렬의 곱의 형태로 표현된다. 여기서 미지수들로 이루어진 행렬은 열이 하나뿐이다. 예를 들어서, 상수항이 영인 3원일차연립방정식을 행렬로 표현하면

$$\begin{pmatrix} a_1 & a_2 & a_3 \\ b_1 & b_2 & b_3 \\ c_1 & c_2 & c_3 \end{pmatrix}\begin{pmatrix} x_1 \\ x_2 \\ x_3 \end{pmatrix} \equiv \begin{pmatrix} a_1x_1+a_2x_2+a_3x_3 \\ b_1x_1+b_2x_2+b_3x_3 \\ c_1x_1+c_2x_2+c_3x_3 \end{pmatrix} = 0 \tag{3.30}$$

이 된다. 여기서 보듯이 3×3 행렬 A와 한 개의 열로 이루어진 **x**의 곱은 A행렬의 각 행벡터와 벡터 **x**의 내적들로 이루어진다. (3.19)식처럼 비동차 일차방정식들의 경우도 마찬가지로

$$\begin{pmatrix} 3 & 2 & 1 \\ 2 & 3 & 1 \\ 1 & 1 & 4 \end{pmatrix}\begin{pmatrix} x_1 \\ x_2 \\ x_3 \end{pmatrix} \equiv \begin{pmatrix} 3x_1+2x_2+x_3 \\ 2x_1+3x_2+x_3 \\ x_1+x_2+4x_3 \end{pmatrix} = \begin{pmatrix} 11 \\ 13 \\ 12 \end{pmatrix} \tag{3.31}$$

로 쓸 수 있다. (3.5)식은

$$\begin{pmatrix} a_1 & a_2 \\ b_1 & b_2 \end{pmatrix}\begin{pmatrix} x_1 \\ x_2 \end{pmatrix} \equiv \begin{pmatrix} a_1x_1+a_2x_2 \\ b_1x_1+b_2x_2 \end{pmatrix} = \begin{pmatrix} a_3 \\ b_3 \end{pmatrix} \tag{3.32}$$

가 된다.

(3.30)식에서와 같이 행렬의 행들과 열벡터 x와의 내적을 이용한 계산을 행렬의 곱으로 정의한다. 따라서, 행렬로 (3.30)식을 표현하면

$$\mathbf{x}' = \mathrm{A}\mathbf{x} \tag{3.33}$$

가 된다.

행렬을 다루는 분야를 선형대수학이라 한다. 이는 행렬이 회전과 같은 선형변환을 다루는 데 많이 사용되기 때문이다. 예를 들어 2.6절에서 공부한 2차원 직교좌표계에서의 회전을 살펴보면,

$$\begin{pmatrix} x_1' \\ x_2' \end{pmatrix} = \begin{pmatrix} x_1\cos\varphi + x_2\sin\varphi \\ -x_1\sin\varphi + x_2\cos\varphi \end{pmatrix} \equiv \begin{pmatrix} \cos\varphi & \sin\varphi \\ -\sin\varphi & \cos\varphi \end{pmatrix}\begin{pmatrix} x_1 \\ x_2 \end{pmatrix} = \left(\sum_j a_{ij}x_j\right) \tag{3.34}$$

가 되며, 여기서 2×2 행렬은 회전을 나타내고 그리고, 두 벡터 **x**와 **x**′은 2×1 행렬로 표현된다.

행렬의 곱을 2×2 행렬과 2×1 행렬에서 2×2 행렬과 2×2 행렬로 확장하기 위하여 좌표의 회전이 두 번 계속 일어나는 경우를 고려하자. 첫 번째 회전은 행렬 A로, 두 번째 회전은 행렬 B로 표현하면

$$\mathbf{x}'' = \mathsf{B}\mathbf{x}' \tag{3.35}$$

가 되고, 결국

$$\mathbf{x}'' = \mathsf{BA}\mathbf{x} \tag{3.36}$$

가 될 것이다. 이를 성분별로 쓰면

$$x_i'' = \sum_j b_{ij}x_j' = \sum_j b_{ij}\sum_k a_{jk}x_k = \sum_k \left(\sum_j b_{ij}a_{jk}\right)x_k \tag{3.37}$$

가 된다. 따라서, j에 대하여 합한 행렬 C는 두 행렬의 곱으로 C = BA로 표현되며,

$$x_i'' = \sum_{k=1}^{2} c_{ik}\, x_k \tag{3.38}$$

와 같이 쓸 수 있다. 여기서 행렬 C의 원소들은

$$c_{ik} = \sum_j b_{ij}a_{jk}$$

로 나타낼 수 있다. 이 식에서도 B 행렬의 행벡터와 A 행렬의 열벡터의 내적을 이용함을 볼 수 있다. 이 계산법을 임의의 차원으로 일반화하여 행렬의 곱을 정의한다. 물론 **앞의 행렬의 열의 수와 뒤의 행렬의 행의 수가 같아야 곱이 정의**된다. 이러한 행렬의 곱의 정의는 아주 유용하게 쓰여 지며, 이러한 유용성으로 말미암아 행렬의 중요성이 인식된다.

이 좌표회전의 예에서 본 행렬의 곱 BA의 기하학적 의미는, 이 행렬이 원래 좌표계에서 두 번 회전한 최종 좌표계로 바로 전환해 주는 행렬이라는 것이다. (정식적인 행렬의 정의를 하기 전에, 독자들은 연산자로서의 행렬이 좌표계 또는 기저 벡터들에 어떻게 작용하느냐에 의하여 묘사된다는 점을 유의하기 바라며, 각 원소 a_{ij}의 값들은 좌표계 또는 기저 벡터의 선택에 의존하는 연산자의 **표현**에 의하여 결정된다.)

이제, **일반화된 행렬의 곱의 법칙**을 표현하면

$$\mathsf{AB} = \mathsf{C}\text{는} \quad c_{ij} = \sum_k a_{ik}b_{kj} \text{ 와 동치이다} \tag{3.39}$$

와 같이 된다. 행렬 C의 ij원소는 행렬 A의 i번째 행벡터와 행렬 B의 j번째 열벡터와의 내적이다. [따라서, 행렬 A의 열의 수와 행렬 B의 행의 수가 같아야 한다.] 꼭두지표(dummy index) k에 1, 2, ⋯, n을 차례로 대입하여 나오는 항들을 합하여 계산하며, 예를 들어서 $n=3$

일 경우의 식은

$$c_{ij} = a_{i1}b_{1j} + a_{i2}b_{2j} + a_{i3}b_{3j} \tag{3.40}$$

가 될 것이다. 여기서 꼭두지표 k는 식의 다른 부분에서 사용하지 않는 다른 기호로 바꿔서 사용해도 상관없다. 앞으로 (3.39)식을 **행렬의 곱**으로 정의한다.

예제 3.2.1 **행렬의 곱**

다음의 두 행렬(파울리 행렬이라고 불리는)을 고려하자.

$$\sigma_1 = \begin{pmatrix} 0 & 1 \\ 1 & 0 \end{pmatrix}, \quad \sigma_3 = \begin{pmatrix} 1 & 0 \\ 0 & -1 \end{pmatrix}.$$

이 두 행렬의 곱의 $_{11}$번째 원소 $(\sigma_1\sigma_3)_{11}$는 σ_1의 첫 번째 **행**과 σ_3의 첫 번째 **열**과의 내적에 의하여 주어진다:

$$\begin{pmatrix} 0 & 1 \\ 1 & 0 \end{pmatrix}\begin{pmatrix} 1 & 0 \\ 0 & -1 \end{pmatrix} \to 0 \cdot 1 + 1 \cdot 0 = 0;$$

이러한 측면을 강조하기 위하여 σ_1을 두 행벡터 $\mathbf{a}_1$, $\mathbf{a}_2$로 표현하고 σ_3을 두 열벡터 $\mathbf{b}_1$, $\mathbf{b}_2$로 표현하면,

$$\begin{aligned} \sigma_1\sigma_3 &= \begin{pmatrix} \mathbf{a}_1 \\ \mathbf{a}_2 \end{pmatrix}\begin{pmatrix} \mathbf{b}_1 & \mathbf{b}_2 \end{pmatrix} = \begin{pmatrix} \mathbf{a}_1 \cdot \mathbf{b}_1 & \mathbf{a}_1 \cdot \mathbf{b}_2 \\ \mathbf{a}_2 \cdot \mathbf{b}_1 & \mathbf{a}_2 \cdot \mathbf{b}_2 \end{pmatrix} \\ &= \begin{pmatrix} 0 \cdot 1 + 1 \cdot 0 & 0 \cdot 0 + 1 \cdot (-1) \\ 1 \cdot 1 + 0 \cdot 0 & 1 \cdot 0 + 0 \cdot (-1) \end{pmatrix} = \begin{pmatrix} 0 & -1 \\ 1 & 0 \end{pmatrix} \end{aligned}$$

과 같이 쓸 수 있다. 여기서,

$$(\sigma_1\sigma_3)_{ij} = (\sigma_1)_{i1}(\sigma_3)_{1j} + (\sigma_1)_{i2}(\sigma_3)_{2j}$$

이다. 마찬가지 방법으로 두 행렬의 차례를 바꾸어서 곱하면

$$\sigma_3\sigma_1 = \begin{pmatrix} 0 & 1 \\ -1 & 0 \end{pmatrix}$$

이 되며, 따라서,

$$\sigma_3\sigma_1 = -\sigma_1\sigma_3$$

임을 알 수 있다. ■

■ 디락 브라-켓(Dirac Bra-ket)과 자리바꿈(Transposition)

일차방정식에서의 미지수들의 벡터 x_i는 행의 수가 n이고 열의 수가 1인 행렬을 이룬다. 이러

한 행렬은 n개의 성분을 가지는 디랙의 켓벡터[6] $|x\rangle$로 표기된다. $n\times n$ 행렬 A와 이 벡터와의 곱은 $A|x\rangle$로 표현된다. 마찬가지로, 행의 수가 1이고 열의 수가 n인 행렬은 n개의 성분을 가지는 디랙의 브라벡터 $\langle x|$로 표기된다. 브라벡터 $\langle x|$와 켓벡터 $|x\rangle$는 행과 열의 교환에 의하여 서로 변환됨을 알 수 있다. 이러한 행과 열의 교환에 의하여 이루어지는 변환을 **자리바꿈(transposition)**이라 하며, 행렬 A의 자리바꿈을 $\tilde{\mathrm{A}}$로 표기하고[7] A 트랜스포즈(transpose)라고 읽는다. 즉, $(\tilde{\mathrm{A}})_{ik}=\mathrm{A}_{ki}$이다. 예를 들어서,

$$\begin{pmatrix} 3 & 5 & 0 \\ 2 & 3 & 1 \\ 1 & 1 & 4 \end{pmatrix}^T = \begin{pmatrix} 3 & 2 & 1 \\ 5 & 3 & 1 \\ 0 & 1 & 4 \end{pmatrix}$$

이다. 두 행렬의 곱 AB의 자리바꿈 $\widetilde{\mathrm{AB}}$는 차례가 바뀐 $\tilde{\mathrm{B}}\tilde{\mathrm{A}}$이며, $A|x\rangle$의 자리바꿈은 $\langle x|\tilde{\mathrm{A}}$이다. 그리고, 벡터의 내적은 $\langle x|y\rangle=\sum_i x_i y_i$이다.

(어떤 행렬의 행렬식의 값 $|\mathrm{A}|$는 이 행렬의 자리바꿈의 행렬식의 값 $|\tilde{\mathrm{A}}|$의 값과 같다. 이는 행렬식에서는 행과 열의 역할이 같기 때문이다.)

■ 스칼라와 행렬의 곱

(3.30)식의 방정식들에 임의의 수 α를 곱하면 각 계수들에 대하여 일률적으로 곱해진다. 이로부터 **행렬 A와 스칼라 α와의 곱**을

$$\alpha\mathrm{A}=(\alpha a_{ij}) \tag{3.41}$$

와 같이 정의할 수 있음을 알 수 있다. 즉, αA의 원소가 αa_{ij}이며, 각 원소들에 일률적으로 α가 곱해지게 된다. 이러한 곱은 행렬식의 경우와 판이하게 다름에 유의하기 바란다. 행렬식에 어떤 수를 곱한 것은 행렬식의 행들 중에서 하나에만 그 수를 곱하거나 또는 열들 중에서 하나의 열에만 그 수를 곱한 행렬의 행렬식의 값과 같다. 행렬과 수와의 곱은 교환법칙이 성립한다. 즉,

$$\alpha\mathrm{A}=\mathrm{A}\alpha$$

이다. 만약 A가 정사각 $n\times n$ 행렬일 경우 det(A)의 식을 이용하면

$$\det(\alpha\mathrm{A})=\alpha^n\det(\mathrm{A})$$

가 됨을 알 수 있다. 행렬 αA의 각 행(또는 각 열)마다 α를 한 번씩 곱하게 되므로 α^n이 나온다.

---

[6] 디랙의 브라벡터 $\langle x|$와 켓벡터 $|x\rangle$는 추상적인 벡터들이다. 좌표 기저를 $x_1, x_2, \ldots, x_n$으로 택할 경우에만 성분들이 $x_i=\langle i|x\rangle$가 된다. 복소수의 경우, $x_i^*=\langle x|i\rangle$이다.

[7] 행렬 A의 자리바꿈을 A^T로 표기하기도 한다.

■ 합(addition)

일차방정식들의 합과 차를 구하는 과정을 이용하여 이에 맞게 행렬의 합과 차를 정의해 보자. 미지수의 수가 같은 두 연립방정식을 합하거나 뺄 때, 미지수들의 계수들을 합하거나 빼서 구한다. 이로부터, 두 행렬 A와 B의 합 A + B를

$$\mathsf{A}+\mathsf{B}=\mathsf{C}\text{와 모든 } ij\text{에 대하여 } a_{ij}+b_{ij}=c_{ij}\text{임은 동치이다} \tag{3.42}$$

로 정의한다. 이 정의에 의하여 행렬의 합은 교환법칙을 만족함을 알 수 있다.

$$\mathsf{A}+\mathsf{B}=\mathsf{B}+\mathsf{A}. \tag{3.43}$$

예제 3.2.2 **행렬의 합**

두 행렬의 합의 예로 예제 3.2.1의 파울리 행렬 σ_1과 σ_3의 합을 구하면

$$\begin{pmatrix}0 & 1\\ 1 & 0\end{pmatrix}+\begin{pmatrix}1 & 0\\ 0 & -1\end{pmatrix}=\begin{pmatrix}0+1 & 1+0\\ 1+0 & 0-1\end{pmatrix}=\begin{pmatrix}1 & 1\\ 1 & -1\end{pmatrix}$$

이 된다. ■

또한, 행렬의 합은 결합법칙도 성립시킨다.

$$(\mathsf{A}+\mathsf{B})+\mathsf{C}=\mathsf{A}+(\mathsf{B}+\mathsf{C}). \tag{3.44}$$

행렬의 모든 원소가 영인 행렬을 **영행렬(null matrix)**이라 칭하며 O로 표기한다. 모든 행렬에 대하여

$$\mathsf{A}+\mathsf{O}=\mathsf{O}+\mathsf{A}=\mathsf{A} \tag{3.45}$$

가 성립되며, 여기서,

$$\mathsf{O}=\begin{pmatrix}0 & 0 & 0 & \cdot & \cdot & \cdot\\ 0 & 0 & 0 & \cdot & \cdot & \cdot\\ 0 & 0 & 0 & \cdot & \cdot & \cdot\\ \cdot & \cdot & \cdot & \cdot & \cdot & \cdot\end{pmatrix} \tag{3.46}$$

이다. 이러한 행렬의 합과 차이의 정의에 의하여 $m\times n$ 행렬들의 집합은 선형공간을 이룬다.

특별한 경우를 제외하면 **행렬의 곱은 교환법칙을 만족시키지 않는다.**[8]

$$\mathsf{AB}\neq\mathsf{BA}.$$

행렬의 곱은 정의로부터[9]

---

[8] 교대 곱과 그 차이는 간단히 **교환자** 괄호 기호를 이용하여 표현될 수 있다: $[\mathsf{A},\mathsf{B}]\equiv\mathsf{AB}-\mathsf{BA}$. $\mathsf{AB}\neq\mathsf{BA}$는 $[\mathsf{A},\mathsf{B}]\neq 0$으로 표현된다.

[9] 행렬들의 동등성, 합, 그리고 곱은 모두 원소들 a_{ij}를 이용하여 정의된다. 행렬들의 연산은 모두 원소들로 표현된다. 한편, 행렬은 (3.33)식에서와 같이 대수적 연산자로서의 역할도 한다. 행렬을 원소들의 배열로 보느냐 아니면 하나의 연산자로 보느냐하는 것은 다음 절에서 보듯이 각각 나름대로 이점이 있다. 우리는 둘을 모두 택할 것이다.

$$(\mathsf{AB})\mathsf{C} = \mathsf{A}(\mathsf{BC})$$

로 주어지는 **결합법칙**을 만족시킴을 알 수 있다. 또,

$$\mathsf{A}(\mathsf{B} + \mathsf{C}) = \mathsf{AB} + \mathsf{AC}$$

로 주어지는 **분배법칙**도 만족시킴을 알 수 있다. 원소가 크로네커 델타, δ_{ij}로 주어지는 행렬을 **단위행렬**이라 하며 1로 표기한다. 임의의 행렬 A에 대하여 1A = A1 = A가 됨을 보일 수 있다.

$$1 = \begin{pmatrix} 1 & 0 & 0 & 0 & \cdot & \cdot & \cdot \\ 0 & 1 & 0 & 0 & \cdot & \cdot & \cdot \\ 0 & 0 & 1 & 0 & \cdot & \cdot & \cdot \\ 0 & 0 & 0 & 1 & \cdot & \cdot & \cdot \\ \cdot & \cdot & \cdot & \cdot & \cdot & \cdot & \cdot \end{pmatrix}. \tag{3.47}$$

영이 아닌 두 행렬의 곱이 영이 될 수 있음에 유의하기 바란다. 예를 들어서,

$$\mathsf{A} = \begin{pmatrix} 1 & 1 \\ 0 & 0 \end{pmatrix} \quad \text{와} \quad \mathsf{B} = \begin{pmatrix} 1 & 0 \\ -1 & 0 \end{pmatrix}$$

인 경우 이들 두 행렬의 곱은 AB = O가 됨을 알 수 있다. 행렬의 이러한 성질은 **장(field)**으로 분류되는 실수나 복소수와 차별되며, 그래서 수학적으로 행렬들을 **환(ring)**으로 분류한다.

■ 곱의 정리(Product Theorem)

두 정사각행렬의 곱의 행렬식은 각 행렬의 행렬식의 곱과 같다는 것이 **곱의 정리**이다. 즉, det(AB) = det(A) det(B)이다.

이를 증명해 보자. 그러기 위하여 두 행렬의 곱인 C = AB의 n개의 열벡터들

$$\mathbf{c}_k = \left(\sum_j a_{ij} b_{jk},\ i = 1, 2, \ldots, n\right)$$

을 고려하자. 여기서, $k = 1, 2, \cdots, n$이다. 이 열벡터들에 자리바꿈을 취하면 행벡터들이 되어

$$\tilde{\mathbf{c}}_k = \left(\sum_j a_{1j} b_{jk}, \sum_j a_{2j} b_{jk}, \ldots \sum_j a_{nj} b_{jk}\right) = \sum_{j_k} b_{j_k k} \tilde{\mathbf{a}}_{j_k}$$

가 되며, 따라서 각 열벡터들을

$$\mathbf{c}_k = \sum_{j_k} b_{j_k k} \mathbf{a}_{j_k}$$

와 같이 열벡터 $\mathbf{a}_{j_k}$들의 합으로 쓸 수 있다. 이 식에서 주어진 k마다 다른 합의 지수 j_k를 사용함에 유의하여라. 행렬식은 각 열벡터에 대하여 선형적이므로

$$D(b_1\mathbf{a}_1 + b_2\mathbf{a}_2) = b_1 D(\mathbf{a}_1) + b_2 D(\mathbf{a}_2)$$

가 되고 따라서 행렬 C의 행렬식에서 각 열의 벡터들에 대한 합의 부호들을 앞으로 끄집어 내어 표현하면

$$\det(\mathsf{C}) = \sum_{j_k} b_{j_1 1} b_{j_2 2} \cdots b_{j_n n} \det(\mathbf{a}_{j_1}, \mathbf{a}_{j_2}, \ldots, \mathbf{a}_{j_n}) \tag{3.48}$$

이 된다. 열벡터 $\mathbf{a}_{j_k}$들의 행렬식에서 이들의 차례가 1, 2, ..., n이면 $\det(\mathbf{a}_1, \mathbf{a}_2, \ldots, \mathbf{a}_n) = \det(\mathsf{A})$가 되나, 그렇지 않으면 한 쌍이 바뀔 때마다 부호가 바뀐다. 즉, $\det(\mathbf{a}_{j_1}, \mathbf{a}_{j_2}, \ldots, \mathbf{a}_{j_n}) = \varepsilon_{j_1 j_2 \cdots j_n} \det(\mathsf{A})$가 된다. 따라서,

$$\det(\mathsf{AB}) = \det(\mathsf{C}) = \det(\mathsf{A}) \sum_{j_k} \varepsilon_{j_1 j_2 \cdots j_n} b_{j_1 1} b_{j_2 2} \cdots b_{j_n n} = \det(\mathsf{A}) \det(\mathsf{B}) \tag{3.49}$$

가 되어 곱의 정리를 얻는다.

예제 3.2.3 **행렬의 곱의 행렬식**

다음의 두 행렬을 고려하자.

$$\mathsf{A} = \begin{pmatrix} -1/2 & -\sqrt{3}/2 \\ \sqrt{3}/2 & -1/2 \end{pmatrix}, \quad \mathsf{B} = \begin{pmatrix} -1 & \sqrt{3} \\ -\sqrt{3} & -1 \end{pmatrix}.$$

$\det(\mathsf{A}) = 1/4 + 3/4 = 1$이고 $\det(\mathsf{B}) = 1 + 3 = 4$이며, 두 행렬의 곱은

$$\begin{aligned} \mathsf{AB} &= \begin{pmatrix} -1/2 & -\sqrt{3}/2 \\ \sqrt{3}/2 & -1/2 \end{pmatrix} \begin{pmatrix} -1 & \sqrt{3} \\ -\sqrt{3} & -1 \end{pmatrix} \\ &= \begin{pmatrix} 1/2 + 3/2 & -\sqrt{3}/2 + \sqrt{3}/2 \\ -\sqrt{3}/2 + \sqrt{3}/2 & 3/2 + 1/2 \end{pmatrix} = 2 \begin{pmatrix} 1 & 0 \\ 0 & 1 \end{pmatrix} \end{aligned}$$

이다. 단위행렬의 행렬식은 1이므로 곱의 정리에 의한 식은

$$\det(\mathsf{AB}) = \det(\mathsf{A}) \det(\mathsf{B}) = 2^2 \begin{vmatrix} 1 & 0 \\ 0 & 1 \end{vmatrix} = 4$$

가 된다. ■

■ 직적(Direct product)

행렬의 곱에는 **직적(direct product)** 또는 크로네커 곱(Kronecker product)이라 불리는 곱이 있다. 행렬 A는 $m\times m$이고 행렬 B는 $n\times n$이라 하자. A와 B의 직적은

$$\mathsf{A}\otimes\mathsf{B}=\mathsf{C} \tag{3.50}$$

로 표기하며, C는 $mn\times mn$ 행렬이 된다. 이 행렬의 원소들은

$$C_{\alpha\beta}=A_{ij}B_{kl} \tag{3.51}$$

로 주어진다. 여기서

$$\alpha=n(i-1)+k,\quad \beta=n(j-1)+l$$

이다.

예제 3.2.4 **직적**

2×2 행렬인 A와 B가 $\mathsf{A}=\begin{pmatrix}a_{11} & a_{12}\\ a_{21} & a_{22}\end{pmatrix}$와 $\mathsf{B}=\begin{pmatrix}b_{11} & b_{12}\\ b_{21} & b_{22}\end{pmatrix}$로 주어지면 이들의 직적은

$$\mathsf{A}\otimes\mathsf{B}=\begin{pmatrix}a_{11}\mathsf{B} & a_{12}\mathsf{B}\\ a_{21}\mathsf{B} & a_{22}\mathsf{B}\end{pmatrix}=\begin{pmatrix}a_{11}b_{11} & a_{11}b_{12} & a_{12}b_{11} & a_{12}b_{12}\\ a_{11}b_{21} & a_{11}b_{22} & a_{12}b_{21} & a_{12}b_{22}\\ a_{21}b_{11} & a_{21}b_{12} & a_{22}b_{11} & a_{22}b_{12}\\ a_{21}b_{21} & a_{21}b_{22} & a_{22}b_{21} & a_{22}b_{22}\end{pmatrix} \tag{3.52}$$

와 같이 주어진다. ■

직적은 결합법칙을 만족시키지만 교환법칙은 만족시키지 않는다. 예는 제4장에서 군을 다룰 때 소개하겠다.

벡터공간의 직합(direct sum)

벡터공간 V_1이 $\mathbf{a}_1$, $\mathbf{a}_2$, $\cdots$, $\mathbf{a}_m$들의 선형결합들로 구성되고, 벡터공간 V_2가 $\mathbf{b}_1$, $\mathbf{b}_2$, $\cdots$, $\mathbf{b}_n$들의 선형결합들로 구성된다고 하자. 그러면 직합 벡터공간인 V_1+V_2는 $\mathbf{a}_i$들과 $\mathbf{b}_j$들의 선형결합들로 구성되는 공간이다.

■ 대각행렬

정사각행렬 중에서 대각선 방향의 원소를 제외한 나머지 원소들의 값이 모두 영인 경우의 행렬을 대각행렬이라 한다. 구체적인 예로 3×3 대각행렬 A는

$$\mathsf{A} = \begin{pmatrix} a_{11} & 0 & 0 \\ 0 & a_{22} & 0 \\ 0 & 0 & a_{33} \end{pmatrix}$$

의 형태이다. 단위행렬과 영행렬을 대각행렬의 예로 볼 수 있다. 3.5절에서 대각행렬의 물리적 의미와 임의의 행렬의 대각화에 대해서 공부할 것이다. 여기서는 대각행렬들의 중요한 성질 하나를 소개하겠다. 대각행렬끼리는 교환법칙을 만족시킨다. 즉, 만약 A와 B가 대각행렬이라면, $\mathsf{AB} = \mathsf{BA}$이다.

대각행렬과 임의의 행렬과의 곱은 간단히 계산되며,

$$\begin{pmatrix} 1 & 0 \\ 0 & 2 \end{pmatrix}\begin{pmatrix} 1 & 2 \\ 3 & 4 \end{pmatrix} = \begin{pmatrix} 1 & 2 \\ 2\cdot 3 & 2\cdot 4 \end{pmatrix}$$

이거나 순서가 바뀐 경우

$$\begin{pmatrix} 1 & 2 \\ 3 & 4 \end{pmatrix}\begin{pmatrix} 1 & 0 \\ 0 & 2 \end{pmatrix} = \begin{pmatrix} 1 & 2\cdot 2 \\ 3 & 2\cdot 4 \end{pmatrix}$$

가 된다. 따라서, **대각행렬과 다른 임의의 행렬과의 곱이 교환법칙을 성립시키려면, 대각행렬이 단위행렬의 곱이거나 또는 다른 행렬도 대각행렬이거나 해야 한다.** 이 사실은 다음의 식들에서 읽을 수 있다:

$$[d_1, d_2, \ldots, d_n]\mathsf{A} = \begin{pmatrix} d_1 & 0 & \cdots & 0 \\ 0 & d_2 & \cdots & 0 \\ \cdots & & \cdots & . \\ 0 & 0 & \cdots & d_n \end{pmatrix}\begin{pmatrix} a_{11} & a_{12} & \cdots & a_{1n} \\ a_{21} & a_{22} & \cdots & a_{2n} \\ & \cdots & \cdots & . \\ a_{n1} & a_{n2} & \cdots & a_{nn} \end{pmatrix}$$
$$= \begin{pmatrix} d_1a_{11} & d_1a_{12} & \cdots & d_1a_{1n} \\ d_2a_{21} & d_2a_{22} & \cdots & d_2a_{2n} \\ & \cdots & \cdots & . \\ d_na_{n1} & d_na_{n2} & \cdots & d_na_{nn} \end{pmatrix},$$

$$\mathsf{A}[d_1, d_2, \ldots, d_n] = \begin{pmatrix} a_{11} & a_{12} & \cdots & a_{1n} \\ a_{21} & a_{22} & \cdots & a_{2n} \\ & \cdots & \cdots & . \\ a_{n1} & a_{n2} & \cdots & a_{nn} \end{pmatrix}\begin{pmatrix} d_1 & 0 & \cdots & 0 \\ 0 & d_2 & \cdots & 0 \\ \cdots & & \cdots & . \\ 0 & 0 & \cdots & d_n \end{pmatrix}$$
$$= \begin{pmatrix} d_1a_{11} & d_2a_{12} & \cdots & d_na_{1n} \\ d_1a_{21} & d_2a_{22} & \cdots & d_na_{2n} \\ & \cdots & \cdots & . \\ d_1a_{n1} & d_2a_{n2} & \cdots & d_na_{nn} \end{pmatrix}.$$

두 대각행렬의 곱은 대각원소들의 곱으로 나타내어지므로 교환법칙이 성립한다.

■ 대각합

정사각행렬의 대각원소들의 합을 대각합(trace)이라 부른다. 예를 들어,

$$\begin{pmatrix} 1 & 2 \\ 3 & 4 \end{pmatrix} = 1 + 4 = 5$$

이다. 따라서, 대각합은 행렬들에 선형적으로 작용한다. 예를 들어,

$$\text{trace}(\mathsf{A} - \mathsf{B}) = \text{trace}(\mathsf{A}) - \text{trace}(\mathsf{B})$$

가 된다. 재미있는 사실은 두 행렬의 곱의 대각합은 행렬의 곱의 순서에 무관하다는 것이다.

$$\begin{aligned} \text{trace}\,(\mathsf{AB}) &= \sum_i (\mathsf{AB})_{ii} = \sum_i \sum_j a_{ij} b_{ji} \\ &= \sum_j \sum_i b_{ji} a_{ij} = \sum_j (\mathsf{BA})_{jj} \\ &= \text{trace}\,(\mathsf{BA}). \end{aligned} \tag{3.53}$$

이 관계식은 비록 두 행렬의 곱이 순서에 따라 다를 경우에도 성립한다. [(3.53)식은 두 행렬의 교환자(commutator)인 $[\mathsf{A},\ \mathsf{B}] = \mathsf{AB} - \mathsf{BA}$에 대각 합을 작용시키면 영이됨을 의미한다.] (3.53)식으로부터

$$\text{trace}(\mathsf{ABC}) = \text{trace}(\mathsf{BCA}) = \text{trace}(\mathsf{CAB})$$

가 되어, **trace 아래에서의 행렬의 곱은 순환치환(cyclic permutation)에 대하여 불변임**을 알 수 있다.

■ 역행렬

일반적으로 행렬의 나눗셈은 정의되지 않는다. 그러나 행렬식의 값이 영이 아닌 정사각행렬 A에 대해서는 다음의 식을 만족하는 역행렬 A^{-1}을 구할 수 있다:[10]

$$\mathsf{A}^{-1}\mathsf{A} = \mathsf{A}\mathsf{A}^{-1} = 1. \tag{3.54}$$

이 개념을 좌표의 변화식에 응용해 보자. 만약 행렬 A가 좌표축들의 회전과 같은 선형변환을 나타낸다면, A^{-1} 행렬은 원래 좌표축으로 되돌리는 변환을 나타내는 행렬이 될 것이다. 만약 행렬 A가 선형좌표변환을 나타낸다면, A^{-1} 행렬은

---

[10] 이 장에서의 행렬들은 모두 유한한 계수(rank)를 가진다. 만약 A의 계수가 무한대일 경우($n \times n$이며 $n \to \infty$), A^{-1}이 A의 역행렬이 되려면 $\mathsf{AA}^{-1} = 1$과 $\mathsf{A}^{-1}\mathsf{A} = 1$을 모두 만족하여야 한다. 둘 중 하나가 만족된다고 나머지가 자동적으로 만족되지 않는다.

$$|x\rangle = \mathsf{A}^{-1}|x'\rangle \tag{3.55}$$

을 만족시킬 것이다. 즉, A^{-1} 행렬은 A의 변환을 역으로 작용시켜 변한 좌표를 원래 좌표로 복원시키는 변환을 나타내는 행렬이 될 것이다.

만약 A가 상수항이 영이 아닌 일차연립방정식의 계수의 행렬이라면, $\mathsf{A}|x\rangle = |b\rangle$, 역행렬을 이용하여 이 방정식의 해를 $|x\rangle = \mathsf{A}^{-1}|b\rangle$ 표현할 수 있다. 이로부터 행렬이 아주 편리한 도구임을 알 수 있다.

예제 3.2.5 **2×2 행렬의 역행렬**

임의의 2×2 행렬

$$\mathsf{A} = \begin{pmatrix} a_{11} & a_{12} \\ a_{21} & a_{22} \end{pmatrix}$$

의 역행렬 A^{-1}은 $\det(\mathsf{A}) = a_{11}a_{22} - a_{12}a_{21} \neq 0$일 때에 한하여

$$\mathsf{A}^{-1} = \frac{1}{\det(\mathsf{A})}\begin{pmatrix} a_{22} & -a_{12} \\ -a_{21} & a_{11} \end{pmatrix}$$

으로 주어진다. 두 행렬의 곱을 계산해 보면

$$\begin{aligned} \mathsf{AA}^{-1} &= \frac{1}{\det(\mathsf{A})}\begin{pmatrix} a_{11} & a_{12} \\ a_{21} & a_{22} \end{pmatrix}\begin{pmatrix} a_{22} & -a_{12} \\ -a_{21} & a_{11} \end{pmatrix} \\ &= \frac{1}{\det(\mathsf{A})}\begin{pmatrix} a_{11}a_{22} - a_{12}a_{21} & -a_{11}a_{12} + a_{12}a_{11} \\ a_{21}a_{22} - a_{22}a_{21} & -a_{21}a_{12} + a_{22}a_{11} \end{pmatrix} = \begin{pmatrix} 1 & 0 \\ 0 & 1 \end{pmatrix} \end{aligned}$$

이 된다. ■

대각행렬의 역행렬

대각행렬의 역행렬도 대각행렬이며 역행렬의 대각선 원소들의 값은 원래 행렬의 대각선 원소들의 역수들이다.

$$\begin{aligned} [d_1, d_2, \ldots, d_n]\left[\frac{1}{d_1}, \frac{1}{d_2}, \cdots, \frac{1}{d_n}\right] &= \begin{pmatrix} d_1 & 0 & \cdots & 0 \\ 0 & d_2 & \cdots & 0 \\ \cdots & & \cdots & . \\ 0 & 0 & \cdots & d_n \end{pmatrix}\begin{pmatrix} \frac{1}{d_1} & 0 & \cdots & 0 \\ 0 & \frac{1}{d_2} & \cdots & 0 \\ \cdots & & \cdots & . \\ 0 & 0 & \cdots & \frac{1}{d_n} \end{pmatrix} \\ &= \begin{pmatrix} \frac{d_1}{d_1} & 0 & \cdots & 0 \\ 0 & \frac{d_2}{d_2} & \cdots & 0 \\ \cdots & & \cdots & . \\ 0 & 0 & \cdots & \frac{d_n}{d_n} \end{pmatrix} = \begin{pmatrix} 1 & 0 & \cdots & 0 \\ 0 & 1 & \cdots & 0 \\ \cdots & & \cdots & . \\ 0 & 0 & \cdots & 1 \end{pmatrix}. \end{aligned}$$

AB의 역행렬

만약 A가 $n\times n$ 행렬이고 $\det(A)\neq 0$이면 이 행렬의 역행렬 A^{-1}이 하나만 존재하며 $AA^{-1} = A^{-1}A = 1$을 만족한다. 만약 B도 $n\times n$ 행렬이고 역행렬 B^{-1}이 존재한다면,

$$(AB)^{-1} = B^{-1}A^{-1} \tag{3.56}$$

이다. 그 이유는 $ABB^{-1}A^{-1} = 1 = B^{-1}A^{-1}AB$이기 때문이다.

행렬과 역행렬의 미분

행렬 A의 원소들 a_{jk}가 t의 함수일 때, A의 미분을 $\frac{dA}{dt} = (\frac{da_{jk}(t)}{dt})$로 정의한다. 역행렬의 미분을 구하기 위하여 $AA^{-1} = 1$의 양변을 미분하면

$$0 = \frac{d(AA^{-1})}{dt} = \frac{dA}{dt}A^{-1} + A\frac{dA^{-1}}{dt}$$

을 얻는다. 양변의 왼쪽으로 A^{-1}을 곱한 후 정돈하면

$$\frac{dA^{-1}}{dt} = -A^{-1}\frac{dA}{dt}A^{-1}$$

을 얻는다.

예제 3.2.5에서 다룬 2×2 행렬의 역행렬 공식을 일반화한 공식은 연습문제 3.2.24에서 소개되어 있으며, $|A|\neq 0$일 경우

$$(A^{-1})_{ij} = \frac{C_{ji}}{|A|} \tag{3.57}$$

로 주어진다. 만약 $|A| = 0$이면 이 행렬은 특이(singular)하다고 부르며 역행렬이 존재하지 않는다. 하지만 (3.57)식으로 주어진 공식은 행렬의 차원이 클 경우의 역행렬 계산에는, 3.1절에서 언급하였듯이, **사용하기가 불편하다.**

예제 3.2.5에 (3.57)식을 적용하면 $C_{11} = a_{22}$, $C_{12} = -a_{21}$, $C_{21} = -a_{12}$, $C_{22} = a_{11}$이 되고, 따라서 $(A^{-1})_{12} = C_{21}/|A| = -a_{12}/|A|$ 등이 된다.

역행렬을 구하는 여러 다양한 방법 중에서 많이 사용되는 방법으로 다음의 예제 3.2.6에 소개할 가우스-조르단 역행렬 계산법(Gauss-Jordan matrix inversion technique)을 들 수 있다. 이 방법에 의하면 주어진 행렬 A에 대하여 이 행렬의 왼쪽에서 작용하는 행렬 M_L을 찾음으로써 A의 역행렬을 구할 수 있다. 행렬 M_L은 A에 작용하여 $M_L A$가 되어 (행렬식을 간편히 계산할 때처럼)

- A의 행들 중에서 한 행에 상수를 곱하게 하거나
- A의 행들 중에서 한 행을, 이 행에 다른 행의 상수배를 뺀 행으로 바꾸거나
- A의 행들의 위치를 교환하거나

등의 변화를 야기시키는 역할을 한다.

A의 오른쪽에서 (AM_R)로 작용하여 A의 열들을 위와 같이 변환시키는 행렬 M_R을 찾음으로써 역행렬을 구할 수도 있다. 위의 과정을 계속하여 최종적으로[11]

$$M_L A = 1 \tag{3.58}$$

이 되도록 하면 $M_L = A^{-1}$이 될 것이다. 실제로 M_L을 구하기 위하여 M_L이 A에 하는 작용을 단위행렬 1에 계속 작용시킴으로써

$$M_L 1 = M_L \tag{3.59}$$

로부터 M_L을 구할 수 있다. 예를 들어서 과정을 알아보자.

예제 3.2.6 가우스-조르단 역행렬 계산

예제 3.1.7에 주어진 행렬

$$A = \begin{pmatrix} 3 & 2 & 1 \\ 2 & 3 & 1 \\ 1 & 1 & 4 \end{pmatrix} \tag{3.60}$$

의 역행렬을 구하는 과정을 알아보자. 우선, 행렬 A와 단위행렬 1을 나란히 쓴다.

$$\begin{pmatrix} 3 & 2 & 1 \\ 2 & 3 & 1 \\ 1 & 1 & 4 \end{pmatrix} \quad \text{와} \quad \begin{pmatrix} 1 & 0 & 0 \\ 0 & 1 & 0 \\ 0 & 0 & 1 \end{pmatrix}. \tag{3.61}$$

첫 번째 행에 1/3을 곱하고 두 번째 행에 1/2를 곱하여 $a_{k1} = 1$이 되도록 한다. 이 과정을 A와 1에 동시에 작용시키면

$$\begin{pmatrix} 1 & \frac{2}{3} & \frac{1}{3} \\ 1 & \frac{3}{2} & \frac{1}{2} \\ 1 & 1 & 4 \end{pmatrix} \quad \text{와} \quad \begin{pmatrix} \frac{1}{3} & 0 & 0 \\ 0 & \frac{1}{2} & 0 \\ 0 & 0 & 1 \end{pmatrix} \tag{3.62}$$

이 된다. 두 번째 행과 세 번째 행에서 첫 번째 행을 빼면 (두 행렬에 동시에 작용시킴)

$$\begin{pmatrix} 1 & \frac{2}{3} & \frac{1}{3} \\ 0 & \frac{5}{6} & \frac{1}{6} \\ 0 & \frac{1}{3} & \frac{11}{3} \end{pmatrix} \quad \text{와} \quad \begin{pmatrix} \frac{1}{3} & 0 & 0 \\ -\frac{1}{3} & \frac{1}{2} & 0 \\ -\frac{1}{3} & 0 & 1 \end{pmatrix} \tag{3.63}$$

이 된다. 다음, 두 번째 행을 5/6로 나눈 후 이 행에 2/3를 곱하여 첫 번째 행에서 빼고 1/3을

---

[11] $\det(A) \neq 0$임을 기억하여라.

곱하여 세 번째 행에서 빼면 (두 행렬에 동시에 작용시킴)

$$\begin{pmatrix} 1 & 0 & \frac{1}{5} \\ 0 & 1 & \frac{1}{5} \\ 0 & 0 & \frac{18}{5} \end{pmatrix} \quad \text{와} \quad \begin{pmatrix} \frac{3}{5} & -\frac{2}{5} & 0 \\ -\frac{2}{5} & \frac{3}{5} & 0 \\ -\frac{1}{5} & -\frac{1}{5} & 1 \end{pmatrix} \tag{3.64}$$

이 된다. 세 번째 행을 18/5로 나눈 후 이 행에 1/5을 곱하여 첫 번째와 두 번째 행에서 빼면 (두 행렬에 동시에 작용시킴)

$$\begin{pmatrix} 1 & 0 & 0 \\ 0 & 1 & 0 \\ 0 & 0 & 1 \end{pmatrix} \quad \text{와} \quad \mathsf{A}^{-1} = \begin{pmatrix} \frac{11}{18} & -\frac{7}{18} & -\frac{1}{18} \\ -\frac{7}{18} & \frac{11}{18} & -\frac{1}{18} \\ -\frac{1}{18} & -\frac{1}{18} & \frac{5}{18} \end{pmatrix} \tag{3.65}$$

와 같은 행렬이 되어 A의 역행렬을 구하였다.

이렇게 구한 역행렬에 주어진 행렬 A를 곱하여 그 값이 1이 됨을 보이면 답이 맞음을 증명할 수 있을 것이다. 대신에, 예제 3.1.7의 상수항 벡터에 이 역행렬을 곱하면

$$\begin{pmatrix} x_1 \\ x_2 \\ x_3 \end{pmatrix} = \mathsf{A}^{-1} \begin{pmatrix} 11 \\ 13 \\ 12 \end{pmatrix} = \begin{pmatrix} \frac{11\cdot 11 - 7\cdot 13 - 12}{18} \\ \frac{-7\cdot 11 + 11\cdot 13 - 12}{18} \\ \frac{-11 - 13 + 5\cdot 12}{18} \end{pmatrix} = \begin{pmatrix} \frac{18}{18} \\ \frac{54}{18} \\ \frac{36}{18} \end{pmatrix} = \begin{pmatrix} 1 \\ 3 \\ 2 \end{pmatrix}$$

가 됨을 알 수 있는데, 이 답이 이미 구한 답과 일치하므로 우리가 계산한 역행렬이 맞음을 알 수 있다. ■

이러한 가우스-조르단식 해를 구하는 기술은 컴퓨터에도 적용될 수 있다. 실제로, 가우스-조르단 역행렬 계산법은 FORTRAN code 또는 Mathematica, Maple 등의 symbolic computer manipulation software에서도 사용된다(2.3절과 2.4절의 Press *et al.*, 1992 참조).

특별한 경우의 행렬에 대해서는 역행렬의 공식을 구할 수 있다. 예를 들어서

$$\mathsf{A} = \begin{pmatrix} a & b & c \\ b & d & b \\ c & b & e \end{pmatrix} \tag{3.66}$$

의 형태를 가진 행렬의 역행렬은

$$\mathsf{A}^{-1} = \begin{pmatrix} \alpha & \beta_1 & \gamma \\ \beta_1 & \delta & \beta_2 \\ \gamma & \beta_2 & \epsilon \end{pmatrix} \tag{3.67}$$

과 같은 형태로 주어지며, 각 원소들은

$$D\alpha = ed - b^2, \quad D\gamma = -(cd - b^2), \quad D\beta_1 = (c - e)b, \quad D\beta_2 = (c - a)b,$$
$$D\delta = ae - c^2, \quad D\epsilon = ad - b^2, \quad D = b^2(2c - a - e) + d(ae - c^2)$$

을 만족한다. 여기서 $D = \det(\mathsf{A})$이다. 만약 $e = a$이면, 역행렬 A^{-1}의 원소들은

$$\beta_1 = \beta_2, \quad \epsilon = \alpha, \quad D = (a^2 - c^2)d + 2(c - a)b^2$$

을 만족하여 간략히 된다. 검산으로, $\mathsf{A}\mathsf{A}^{-1}$의 $_{11}$성분을 계산해 보면

$$\begin{aligned} a\alpha + b\beta_1 + c\gamma &= \frac{1}{D}[a(ed - b^2) + b^2(c - e) - c(cd - b^2)] \\ &= \frac{1}{D}(-ab^2 + aed + 2b^2c - b^2e - c^2d) = \frac{D}{D} = 1 \end{aligned}$$

이 되고, $_{12}$성분을 계산해 보면

$$a\beta_1 + b\delta + c\beta_2 = \frac{1}{D}[ab(c - e) + b(ae - c^2) + cb(c - a)] = 0$$

이 된다.

여기서 유의할 점은 (3.67)식의 형태로 주어지는 행렬의 역행렬은 (3.67)식의 형태가 아닐 수 있다는 점이다. 그 예가 앞에서 본 예제 3.2.6이다.

요 약

행렬은 좌표의 회전과 같은 선형변환을 야기시키는 정사각 또는 직사각형태의 수들의 배열이다. 따라서, 행렬은 선형연산자이다. 정사각행렬의 경우 행렬식의 값이 영이 아니면 역행렬이 존재한다. 일차연립방정식의 계수들의 행렬의 역행렬을 이용하여 해를 구할 수 있다. 행의 수와 열의 수가 같은 행렬들의 집합에는 덧셈과 뺄셈을 정의할 수 있으며, 이 집합은 단위행렬과 영행렬들과 함께 환(ring)이라 불리는 수학적 구조를 가진다. 행렬은 군의 표현과 힐버트 공간의 연산자로서 중요한 역할을 한다.

연습문제

3.2.1 행렬의 곱이 결합법칙을 만족시킴을 보여라: $(\mathsf{AB})\mathsf{C} = \mathsf{A}(\mathsf{BC})$.

3.2.2 다음 두 식이 서로 필요충분조건임을 보여라.

$$(\mathsf{A} + \mathsf{B})(\mathsf{A} - \mathsf{B}) = \mathsf{A}^2 - \mathsf{B}^2,$$
$$\mathsf{AB} - \mathsf{BA} \equiv [\mathsf{A}, \mathsf{B}] = 0.$$

3.2.3 다음 식을 증명함으로써 행렬이 **선형연산자**임을 보여라.

$$\mathsf{A}(c_1\mathbf{r}_1 + c_2\mathbf{r}_2) = c_1\mathsf{A}\mathbf{r}_1 + c_2\mathsf{A}\mathbf{r}_2,$$

여기서 c_j는 임의의 상수이며 $\mathbf{r}_j$는 벡터이다. n차원 벡터공간에 주어지는 **가장 일반적인** 선형연산자는 $n\times n$ 행렬임을 보일 수 있다. 다시 말하면, n차원 벡터공간에 주어지는 임의의 선형연산자는 이에 해당하는 행렬로 표현될 수 있다.

3.2.4 $n\times n$ 행렬 A에 대하여 $\det(-\mathsf{A}) = (-1)^n \det \mathsf{A}$ 임을 보여라.

3.2.5 (a) 행렬 A가 $\mathsf{A}^2=0$을 만족한다고 반드시 $\mathsf{A}=0$일 필요는 없다. 제곱하여 0이 되는 가장 일반적인 2×2 행렬은

$$\begin{pmatrix} ab & b^2 \\ -a^2 & -ab \end{pmatrix}$$

임을 보여라.

(b) $\mathsf{C} = \mathsf{A} + \mathsf{B}$일 때, 일반적으로

$$\det \mathsf{C} \neq \det \mathsf{A} + \det \mathsf{B}$$

이다. 이 부등식을 만족하는 예를 들어라.

3.2.6 다음 식으로 주어지는 **야코비 항등식(Jacobi Identity)**을 증명하여라.

$$[\mathsf{A}, [\mathsf{B}, \mathsf{C}]] = [\mathsf{B}, [\mathsf{A}, \mathsf{C}]] - [\mathsf{C}, [\mathsf{A}, \mathsf{B}]].$$

이 식은 양자역학에 많이 쓰이며 리군(Lie group)의 생성원(generator)들에도 많이 쓰인다(제4장 참조). 기억을 돕기 위하여, 야코비 항등식은 1.5절에서 소개한 *BAC−CAB* 공식과 유사함에 유의하여라.

3.2.7 다음의 세 행렬들

$$\mathsf{A} = \begin{pmatrix} 0 & 1 & 0 \\ 0 & 0 & 0 \\ 0 & 0 & 0 \end{pmatrix}, \quad \mathsf{B} = \begin{pmatrix} 0 & 0 & 0 \\ 0 & 0 & 1 \\ 0 & 0 & 0 \end{pmatrix}, \quad \mathsf{C} = \begin{pmatrix} 0 & 0 & 1 \\ 0 & 0 & 0 \\ 0 & 0 & 0 \end{pmatrix}$$

은 다음의 관계식을 만족함을 보여라. 이 행렬들은 각운동량이 1인 경우의 올리는(raising) 연산자에 해당한다.

$$[\mathsf{A}, \mathsf{B}] = \mathsf{C}, \quad [\mathsf{A}, \mathsf{C}] = 0, \qquad [\mathsf{B}, \mathsf{C}] = 0.$$

3.2.8 $j<i$인 $a_{ij}=0$으로 주어지는 행렬을 우상삼각(upper right triangular)이라고 부른다. 이 경우 대각선의 왼쪽과 아래쪽의 원소들은 모두 영이다. 우상삼각인 두 행렬의 곱도 우상삼각임을 보여라. 좌하삼각(lower left triangular) 행렬의 경우도 유사한 식이 성립한다.

3.2.9 세 개의 파울리 행렬은 다음과 같이 정의된다.

$$\sigma_1 = \begin{pmatrix} 0 & 1 \\ 1 & 0 \end{pmatrix}, \quad \sigma_2 = \begin{pmatrix} 0 & -i \\ i & 0 \end{pmatrix} \quad \text{와} \quad \sigma_3 = \begin{pmatrix} 1 & 0 \\ 0 & -1 \end{pmatrix}.$$

다음을 보여라.

(a) $\sigma_i^2 = 1$,

(b) $\sigma_i \sigma_j = i\sigma_k, (i, j, k) = (1, 2, 3), (2, 3, 1), (3, 1, 2)$ (순환치환),

(c) $\sigma_i \sigma_j + \sigma_j \sigma_i = 2\delta_{ij} 1_2$. 여기서, 1_2는 2×2 단위행렬이다. 이 행렬들은 파울리에 의하여 비상대론적 전자스핀이론에 사용되었다.

3.2.10 위의 파울리 행렬들을 이용하여 다음을 보여라.

$$(\boldsymbol{\sigma} \cdot \mathbf{a})(\boldsymbol{\sigma} \cdot \mathbf{b}) = \mathbf{a} \cdot \mathbf{b}\, 1_2 + i\boldsymbol{\sigma} \cdot (\mathbf{a} \times \mathbf{b}).$$

여기서, $\boldsymbol{\sigma} \equiv \hat{\mathbf{x}}\sigma_1 + \hat{\mathbf{y}}\sigma_2 + \hat{\mathbf{z}}\sigma_3$이고, $\mathbf{a}$, $\mathbf{b}$는 벡터이며, 1_2는 2×2 단위행렬이다.

3.2.11 스핀이 1인 입자들의 식에 다음의 행렬들이 등장한다.

$$\mathsf{M}_x = \frac{1}{\sqrt{2}} \begin{pmatrix} 0 & 1 & 0 \\ 1 & 0 & 1 \\ 0 & 1 & 0 \end{pmatrix}, \quad \mathsf{M}_y = \frac{1}{\sqrt{2}} \begin{pmatrix} 0 & -i & 0 \\ i & 0 & -i \\ 0 & i & 0 \end{pmatrix},$$

$$\mathsf{M}_z = \begin{pmatrix} 1 & 0 & 0 \\ 0 & 0 & 0 \\ 0 & 0 & -1 \end{pmatrix}.$$

이들을 이용하여 다음을 보여라.

(a) $[\mathsf{M}_x, \mathsf{M}_y] = i\mathsf{M}_z$, (지표의 순환치환).[12] 2.9절과 3.4절의 레비-치비타 기호(Levi-Civita symbol)를 이용하면 $[\mathsf{M}_i, \mathsf{M}_j] = i\varepsilon_{ijk}\mathsf{M}_k$로 쓸 수 있다.

(b) $\mathsf{M}^2 \equiv \mathsf{M}_x^2 + \mathsf{M}_y^2 + \mathsf{M}_z^2 = 2\, 1_3$, 여기서 1_3는 3×3 단위행렬이다.

(c) $[\mathsf{M}^2, \mathsf{M}_i] = 0$, $[\mathsf{M}_z, \mathsf{L}^+] = \mathsf{L}^+$, $[\mathsf{L}^+, \mathsf{L}^-] = 2\mathsf{M}_z$, 여기서 $\mathsf{L}^+ \equiv \mathsf{M}_x + i\mathsf{M}_y$이고, $\mathsf{L}^- \equiv \mathsf{M}_x - i\mathsf{M}_y$이다.

3.2.12 세 행렬이 다음과 같이 다르게 주어질 경우에 대한 위의 문제를 반복하여라.

$$\mathsf{M}_x = \begin{pmatrix} 0 & 0 & 0 \\ 0 & 0 & -i \\ 0 & i & 0 \end{pmatrix}, \quad \mathsf{M}_y = \begin{pmatrix} 0 & 0 & i \\ 0 & 0 & 0 \\ -i & 0 & 0 \end{pmatrix},$$

[12] $[\mathsf{A}, \mathsf{B}] = \mathsf{AB} - \mathsf{BA}$

$$\mathsf{M}_z = \begin{pmatrix} 0 & -i & 0 \\ i & 0 & 0 \\ 0 & 0 & 0 \end{pmatrix}.$$

이 행렬들은 제4장에서 회전군의 **생성원**이 된다.

3.2.13 스핀이 3/2인 경우의 세 행렬은 다음과 같이 주어진다. 이 경우에 대한 연습문제 3.2.11을 반복하여라.

$$\mathsf{M}_x = \frac{1}{2}\begin{pmatrix} 0 & \sqrt{3} & 0 & 0 \\ \sqrt{3} & 0 & 2 & 0 \\ 0 & 2 & 0 & \sqrt{3} \\ 0 & 0 & \sqrt{3} & 0 \end{pmatrix}, \quad \mathsf{M}_y = \frac{i}{2}\begin{pmatrix} 0 & -\sqrt{3} & 0 & 0 \\ \sqrt{3} & 0 & -2 & 0 \\ 0 & 2 & 0 & -\sqrt{3} \\ 0 & 0 & \sqrt{3} & 0 \end{pmatrix},$$

$$\mathsf{M}_z = \frac{1}{2}\begin{pmatrix} 3 & 0 & 0 & 0 \\ 0 & 1 & 0 & 0 \\ 0 & 0 & -1 & 0 \\ 0 & 0 & 0 & -3 \end{pmatrix}.$$

3.2.14 연산자 P는 각운동량 연산자의 x성분과 y성분인 J_x와 J_y와 교환이 가능하면, 각운동량 연산자의 z성분인 J_z와도 교환이 가능함을 보여라. 즉, $[\mathsf{P}, \mathsf{J}_z] = 0$임을 보여라.
힌트. 각운동량 연산자들은 연습문제 3.2.11의 (a)에 주어진 교환관계식을 만족한다.

3.2.15 연습문제 3.2.11에 주아진 L^+와 L^-는 사다리(ladder) 연산자라 불린다. L^+는 z성분의 스핀 값이 m인 상태에 작용하여 $m+1$로 올려주되 만약 원래의 z성분의 스핀 값이 이미 최대값인 $m_{\max}$이면 상태를 영으로 만든다. 반대로 L^-는 z성분의 스핀 값이 m인 상태에 작용하여 $m-1$로 내려주되 만약 원래의 z성분의 스핀 값이 이미 최소값인 $m_{\min}$이면 상태를 영으로 만든다. 이들에 $\sqrt{2}$를 나누면

$$\mathsf{L}^+ = \begin{pmatrix} 0 & 1 & 0 \\ 0 & 0 & 1 \\ 0 & 0 & 0 \end{pmatrix}, \quad \mathsf{L}^- = \begin{pmatrix} 0 & 0 & 0 \\ 1 & 0 & 0 \\ 0 & 1 & 0 \end{pmatrix}$$

이 된다. 이들을 이용하여

$$\mathsf{L}^+|-1\rangle = |0\rangle, \mathsf{L}^-|-1\rangle = \text{영인 열벡터},$$

$$\mathsf{L}^+|0\rangle = |1\rangle, \mathsf{L}^-|0\rangle = |-1\rangle,$$

$$\mathsf{L}^+|1\rangle = \text{영인 열벡터}, \qquad \mathsf{L}^-|1\rangle = |0\rangle$$

임을 보여라. 여기서,

$$|-1\rangle = \begin{pmatrix} 0 \\ 0 \\ 1 \end{pmatrix}, \quad |0\rangle = \begin{pmatrix} 0 \\ 1 \\ 0 \end{pmatrix}, \qquad |1\rangle = \begin{pmatrix} 1 \\ 0 \\ 0 \end{pmatrix}$$

이고 이들은 각각 스핀의 z성분의 값이 -1, 0, 1인 상태들이다.

주의. 이들 사다리 연산자에 해당하는 미분연산자는 연습문제 11.6.7에서 다룬다.

3.2.16 주어진 두 벡터 $\mathbf{A}$와 $\mathbf{B}$에 대하여

$$\mathbf{B} = \mathsf{T}\mathbf{A}$$

를 만족하는 텐서 T의 **해가 하나만이 아님**을 보여라. 따라서, **벡터의 나눗셈 $\mathbf{B}/\mathbf{A}$**를 정의할 수 없다. (두 벡터가 평행하고 T가 스칼라일 경우를 제외하고)

3.2.17 벡터 $\mathbf{A}$의 역 $\mathbf{A}^{-1}$을 $\mathbf{A}\cdot\mathbf{A}^{-1}=\mathbf{A}^{-1}\cdot\mathbf{A}=1$로 정의하고자 한다. 주어진 벡터 $\mathbf{A}$에 대한 $\mathbf{A}^{-1}$의 해가 무수히 많음을 보여라. 따라서, 벡터의 역은 정의되지 않는다.

3.2.18 A는 대각행렬이면서 모든 대각원소들의 값이 서로 다르다고 하자. 만약 A와 다른 행렬 B가 서로 교환이 가능하다면 B도 대각행렬임을 보여라.

3.2.19 A와 B가 모두 대각행렬이라면 두 행렬은 교환 가능한다. 이를 증명하여라.

3.2.20 각운동량 행렬들은 다음의 관계식을 만족한다.

$$[\mathsf{M}_i, \mathsf{M}_j] = i\mathsf{M}_k, \quad i, j, k \text{ 순환.}$$

각운동량 행렬의 대각합이 영임을 보여라.

3.2.21 (a) tr이라는 연산자는 행렬에 작용하여 그 행렬의 대각합을 만들어낸다. 즉,

$$\mathrm{tr}(\mathsf{A}) = \mathrm{trace}(\mathsf{A}) = \sum_i a_{ii}$$

이다. 이 tr 연산자가 **선형**연산자임을 보여라.

(b) det라는 연산자는 행렬에 작용하여 그 행렬의 행렬식을 만들어낸다. 즉,

$$\det(\mathsf{A}) = \mathsf{A}\text{의 행렬식}$$

이 det 연산자는 선형연산자가 **아님**을 보여라.

3.2.22 두 행렬 A와 B는 반교환(anticommute)한다. 그리고, $\mathsf{A}^2=1$이고, $\mathsf{B}^2=1$이다. $\mathrm{trace}(\mathsf{A})=\mathrm{trace}(\mathsf{B})=0$임을 보여라.

주의. 이러한 행렬들의 예로 파울리 행렬(3.4절)들을 들 수 있다.

3.2.23 어떤 행렬의 역행렬이 존재한다면 하나뿐임을 보여라.

3.2.24 만약 A^{-1} 행렬의 원소가

$$(\mathsf{A}^{-1})_{ij} = \frac{C_{ji}}{|\mathsf{A}|}$$

로 주어진다면, 이 행렬이 A의 역행렬임을 보여라. 즉, $\mathsf{A}^{-1}\mathsf{A} = 1$임을 보여라. 단, C_{ji}는 A의 행렬식의 ji번째 여인수(cofactor)이고, $|\mathsf{A}| = 0$이다.

3.2.25 $\mathsf{A}^{-1} = (\det \mathsf{A})^{-1}$임을 보여라.

힌트. 3.2절의 곱정리를 이용할 것.

주의. 만약 det A가 영이면 A의 역행렬은 존재하지 않으며 이때 A는 특이(singular)하다고 한다.

3.2.26 다음 행렬의 역행렬을 구하여라.

$$\mathsf{A} = \begin{pmatrix} 3 & 2 & 1 \\ 2 & 2 & 1 \\ 1 & 1 & 4 \end{pmatrix}.$$

3.2.27 (3.67)식의 A^{-1}의 형태로 주어지는 행렬의 역행렬을 구할 때, 그 형태가 (3.66)식의 A의 형태라고 놓고 미지수 a, b, ⋯ 등에 대한 식을 풀면 해를 구할 수 없을 수도 있다. 그 이유를 설명하여라.

3.3 직교행렬

보통의 3차원 공간은 직교좌표계의 좌표 (x_1, x_2, x_3)로 표현할 수 있다. 원점의 위치와 세 축의 상대적 방향성(handedness)은 일치하나 축의 위치를 달리하는 새로운 좌표계의 좌표를 (x_1', x_2', x_3')라 하자. 이 경우 원래 좌표계에서 새로운 좌표계로의 변환은 **좌표축의 회전**에 의한 것임을 보일 수 있다. 이 회전은 **선형변환**이므로 행렬을 이용하여 좌표의 변환을 표현할 수 있을 것이다.

이 절에서는 2장에서 논의한 내용을 약간 다른 측면에서 되풀이하겠다. 2장에서는 벡터와 텐서가 중요 관심사였으며, 이들의 변환의 성질들을 주로 다루었었다. 여기서는, 행렬로 표현되는 좌표회전에 관심을 두고자 한다. 이 절의 끝 부분에서는 좌표축을 달리 선택할 경우의 회전을 표현하는 행렬이 어떻게 변화하느냐에 대한 문제를 다룰 것이다. 3.4절과 3.5절에서는 복소수 벡터 공간에서의 변화의 성질들에 대해 공부하겠다.

■ 방향 코사인 (Direction Cosine)

원래의 좌표축에 대한 회전 후의 좌표축의 방향을 나타내기 위하여 (그림 3.5), 회전 x_1'축 방향으로의 단위벡터 $\hat{\mathbf{x}}_1'$을 원래의 x_1, x_2, x_3 축의 성분들로 전개하면

$$\hat{\mathbf{x}}_1' = \hat{\mathbf{x}}_1 \cos(x_1', x_1) + \hat{\mathbf{x}}_2 \cos(x_1', x_2) + \hat{\mathbf{x}}_3 \cos(x_1', x_3) \qquad (3.68)$$

그림 3.5
직교좌표계의 회전

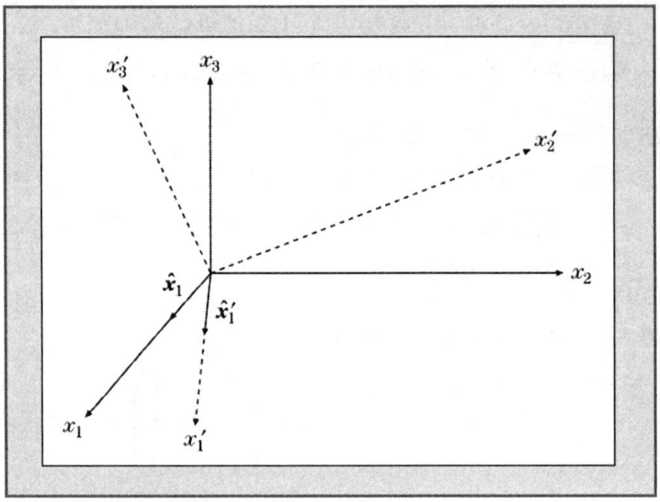

이 된다. 이 식은 3.2절의 시작부분에 논의한 선형관계식의 특별한 예이다. 표현을 간략히 하기 위하여 방향 코사인을 다음과 같이 표기한다:

$$\begin{aligned}\cos(x_1', x_1) &= \hat{\mathbf{x}}_1' \cdot \hat{\mathbf{x}}_1 = a_{11},\\ \cos(x_1', x_2) &= \hat{\mathbf{x}}_1' \cdot \hat{\mathbf{x}}_2 = a_{12},\\ \cos(x_1', x_3) &= \hat{\mathbf{x}}_1' \cdot \hat{\mathbf{x}}_3 = a_{13}.\end{aligned} \tag{3.69}$$

같은 방식으로

$$\begin{aligned}\cos(x_2', x_1) &= \hat{\mathbf{x}}_2' \cdot \hat{\mathbf{x}}_1 = a_{21},\\ \cos(x_2', x_2) &= \hat{\mathbf{x}}_2' \cdot \hat{\mathbf{x}}_2 = a_{22}\end{aligned} \tag{3.70}$$

등으로 놓는다. 여기서, 일반적으로 $a_{21} \neq a_{12}$임에 유의하여라. (3.68)식을 다시 쓰면

$$\begin{aligned}\hat{\mathbf{x}}_1' &= \hat{\mathbf{x}}_1 a_{11} + \hat{\mathbf{x}}_2 a_{12} + \hat{\mathbf{x}}_3 a_{13}\\ \hat{\mathbf{x}}_2' &= \hat{\mathbf{x}}_1 a_{21} + \hat{\mathbf{x}}_2 a_{22} + \hat{\mathbf{x}}_3 a_{23},\\ \hat{\mathbf{x}}_3' &= \hat{\mathbf{x}}_1 a_{31} + \hat{\mathbf{x}}_2 a_{32} + \hat{\mathbf{x}}_3 a_{33}\end{aligned} \tag{3.71}$$

이 된다.

기준을 달리하여 원래좌표의 축방향 단위벡터들 $\hat{\mathbf{x}}_1$, $\hat{\mathbf{x}}_2$, $\hat{\mathbf{x}}_3$을 회전 후의 좌표의 x_1', x_2', x_3' 축의 성분들로 전개하면

$$\begin{aligned}\hat{\mathbf{x}}_1 &= \hat{\mathbf{x}}_1' a_{11} + \hat{\mathbf{x}}_2' a_{21} + \hat{\mathbf{x}}_3' a_{31},\\ \hat{\mathbf{x}}_2 &= \hat{\mathbf{x}}_1' a_{12} + \hat{\mathbf{x}}_2' a_{22} + \hat{\mathbf{x}}_3' a_{32},\\ \hat{\mathbf{x}}_3 &= \hat{\mathbf{x}}_1' a_{13} + \hat{\mathbf{x}}_2' a_{23} + \hat{\mathbf{x}}_3' a_{33}\end{aligned} \tag{3.72}$$

이 된다.

위의 두 식들의 좌변과 우변의 아래첨자들을 살펴보면, 나름대로 규칙이 있음을 알 수 있

다. 첫 번째 축 방향의 두 벡터 $\hat{\mathbf{x}}_1$, $\hat{\mathbf{x}}_1'$에는 아래첨자 1을, 두 번째 축 방향의 두 벡터 $\hat{\mathbf{x}}_2$, $\hat{\mathbf{x}}_2'$에는 아래첨자 2를, 세 번째 축 방향의 두 벡터 $\hat{\mathbf{x}}_3$, $\hat{\mathbf{x}}_3'$에는 아래첨자 3을 이용하여 표현하되, a_{ij}의 두 아래첨자 중에서 앞의 아래첨자는 회전 후의 단위벡터($\hat{\mathbf{x}}_1'$, $\hat{\mathbf{x}}_2'$, $\hat{\mathbf{x}}_3'$)들과 그리고 뒤의 아래첨자는 원래의 단위벡터($\hat{\mathbf{x}}_1$, $\hat{\mathbf{x}}_2$, $\hat{\mathbf{x}}_3$)들과 결부됨을 알 수 있다.

■ 벡터에의 응용

세 성분이 위치의 함수로 주어지는 벡터 $\mathbf{V}$를 고려하자. 이 벡터를 두 좌표계에 대하여 성분별로 전개하면

$$\begin{aligned}\mathbf{V}(x_1, x_2, x_3) &= \hat{\mathbf{x}}_1 V_1 + \hat{\mathbf{x}}_2 V_2 + \hat{\mathbf{x}}_3 V_3,\\ \mathbf{V}(x_1', x_2', x_3') &= \hat{\mathbf{x}}_1' V_1' + \hat{\mathbf{x}}_2' V_2' + \hat{\mathbf{x}}_3' V_3'\end{aligned} \tag{3.73}$$

이 될 것이다. 위 식의 좌변의 두 벡터는 기하학적으로 같은 벡터임에 유의하여라. 좌표계의 선택에 따라 성분들이 다르게 표현될 뿐이다. 좌표계만 회전되었지, 벡터 $\mathbf{V}$는 그대로이다. 이제 (3.72)식을 이용하여 $\hat{\mathbf{x}}_1$, $\hat{\mathbf{x}}_2$, $\hat{\mathbf{x}}_3$들을 소거한 후 두 벡터가 같음을 이용하여 성분별 비교를 하면

$$\begin{aligned}V_1' &= a_{11}V_1 + a_{12}V_2 + a_{13}V_3,\\ V_2' &= a_{21}V_1 + a_{22}V_2 + a_{23}V_3,\\ V_3' &= a_{31}V_1 + a_{32}V_2 + a_{33}V_3\end{aligned} \tag{3.74}$$

의 식들을 얻는다. 이 관계식은 위치벡터에도 적용될 것이므로 원래의 좌표 (x_1, x_2, x_3)과 새로운 좌표 (x_1', x_2', x_3')사이의 관계식은

$$\begin{aligned}x_1' &= a_{11}x_1 + a_{12}x_2 + a_{13}x_3,\\ x_2' &= a_{21}x_1 + a_{22}x_2 + a_{23}x_3,\\ x_3' &= a_{31}x_1 + a_{32}x_2 + a_{33}x_3\end{aligned} \tag{3.75}$$

이 될 것이다. 이 식은 다음과 같이 표현할 수 있다:

$$x_i' = \sum_{j=1}^{3} a_{ij}x_j. \tag{3.76}$$

이 식에서 i의 값이 1, 2 또는 3이 될 수 있으므로 3개의 식으로 볼 수도 있고, 또는

$$|x'\rangle = \mathsf{A}|x\rangle$$

와 같이 행렬 A와 열벡터 $|x\rangle$들로 이루어진 한 개의 행렬식으로 볼 수도 있다.

이제 위의 결과들을 떠나서, 같은 문제의 다른 접근을 시도해 보자. 원점의 위치가 동일한 두 좌표계 (x_1, x_2, x_3)과 (x_1', x_2', x_3'), 그리고 원래 좌표계에서의 좌표는 (x_1, x_2, x_3)이고 변환된 좌표계에서의 좌표는 (x_1', x_2', x_3')인 한 점을 고려하자. 여기서 기호 x는 축을 나타내기도

하고 또한 그 축 방향으로의 원점에서의 거리를 나타내기도 한다. 우리가 다루는 계가 선형계이므로, x_i'는 x_i들의 선형결합일 것이다.

$$x_i' = \sum_{j=1}^{3} a_{ij} x_j \tag{3.77}$$

라 두자. 계수들 a_{ij}는 앞에서 다룬 방향 코사인에 해당한다. 곧 다룰 2차원의 경우에는 방향 코사인을 이용하겠다. 그러나, 지금은 그대로 일반적인 형태인 a_{ij}로 두자.

원래 좌표계에서는 (V_1, V_2, V_3)로, 그리고 변환된 좌표계에서는 (V_1', V_2', V_3')로 표현되는 어떤 양이 있는데 이들의 관계식이 (3.77)식의 좌표의 변화식과 동일하다면,

$$V_i' = \sum_{j=1}^{3} a_{ij} V_j \tag{3.78}$$

가 되며, 이 양은, 2.6절에서 논의했듯이, 벡터이고 숫자는 이 벡터의 세 성분을 나타낸다. 즉, 벡터는 좌표축의 회전에 대한 변환 관계식에 의하여 정의된다. 이런 의미에서 점의 좌표가 전형적인 벡터인 셈이다. 이러한 벡터 정의의 이점은 2장에서 이미 명확히 나타내었다. 거기서 우리는 벡터의 정의를 확장하여 유사벡터(pseudovector)와 텐서를 정의했었다.

(3.76)식으로부터 원래 좌표계 (x_1, x_2, x_3)에 대한 변환된 좌표계 (x_1', x_2', x_3')의 상대적인 기하적 배치에 대한 정보를 담고 있는 a_{ij}의 성질을 유도할 수 있다. 원점에서 주어진 점까지의 거리가 두 좌표계에서 같아야 한다. 따라서, 거리의 제곱의 값이[13]

$$\sum_i x_i^2 = \sum_i x_i'^2 = \sum_i \left(\sum_j a_{ij} x_j\right)\left(\sum_k a_{ik} x_k\right) = \sum_{j,k} x_j x_k \sum_i a_{ij} a_{ik} \tag{3.79}$$

이어야 한다. 이 식이 성립되기 위한 필요충분조건은

$$\sum_i a_{ij} a_{ik} = \delta_{jk}, \quad j, k = 1, 2, 3 \tag{3.80}$$

이다. 직교조건이라 불리는 이 식에서의 아래첨자의 순서는 행렬의 곱의 형태와 일치하지 않는다. 그러나, 자리바꿈 행렬 $\tilde{\mathsf{A}}$를 도입하면

$$\tilde{a}_{ji} = a_{ij} \tag{3.81}$$

이다. (3.80)식은

$$\tilde{\mathsf{A}}\mathsf{A} = 1 \tag{3.82}$$

과 같이 행렬의 곱으로 표현됨을 알 수 있다. 이 식은 직교조건의 다른 표현이며, 직교의 정의

[13] 두 개의 독립지표 j와 k가 사용된다.

로 간주될 수 있다. (3.82)식의 양변의 오른쪽에서 A^{-1}을 곱한 후 (3.55)식을 이용하면

$$\tilde{\mathsf{A}} = \mathsf{A}^{-1} \tag{3.83}$$

을 얻는다. **역행렬이 자리바꿈과 같다**는 위의 중요한 관계식은 **직교행렬**의 경우에만 적용되며, 이 식은 직교조건의 다른 표현이다.

(3.83)식의 양변에 왼쪽으로부터 A를 곱하면

$$\mathsf{A}\tilde{\mathsf{A}} = 1 \tag{3.84}$$

을 얻고, 이는

$$\sum_i a_{ji} a_{ki} = \delta_{jk} \tag{3.85}$$

로 쓸 수 있으며, 이 식도 직교조건을 나타내는 식이다.

요약하면, 직교조건은 다음의 여러 형태로 표현된다:

$$\sum_i a_{ij} a_{ik} = \delta_{jk} \tag{3.86}$$

$$\sum_i a_{ji} a_{ki} = \delta_{jk} \tag{3.87}$$

$$\tilde{\mathsf{A}}\mathsf{A} = \mathsf{A}\tilde{\mathsf{A}} = 1 \tag{3.88}$$

$$\tilde{\mathsf{A}} = \mathsf{A}^{-1}. \tag{3.89}$$

위의 식들은 각각 행렬 A가 직교행렬일 필요충분조건이다.

(3.84)식의 행렬식을 취하면 ($|\tilde{\mathsf{A}}| = |\mathsf{A}|$ 임을 상기할 것)

$$|\mathsf{A}||\tilde{\mathsf{A}}| = |\mathsf{A}|^2 = 1, \qquad |\mathsf{A}| = \pm 1$$

이 된다.

회전변환은 길이를 변화시키지 않음을 (3.79)식이 의미하므로 이 식의 변수들의 값을

$$\mathbf{r} = (x_1, x_2, x_3) = (1, 0, 0), (0, 1, 0), (0, 0, 1), (1, 1, 0)$$

등으로 대입하면 (3.80)식에 해당하는 9개의 식을 유도할 수 있다. 이 과정은, a_{ij}가 주어졌을 때 모든 위치 $\mathbf{r}$에 대하여 (3.79)식이 성립하므로, 타당하다고 하겠다. **좌표계의 회전에 대하여 길이는 변하지 않아야 한다**는 요구의 결과인 (3.80)식은 **직교조건**이라 불린다. 이 조건을 만족하는 a_{ij}를, 또는 그 행렬 A를, **직교행렬**이라 한다. 끝으로, (3.76)식을 행렬로 표현하면

$$|x'\rangle = \mathsf{A}|x\rangle \tag{3.90}$$

가 된다.

■ 직교조건 : 2차원의 경우

행렬 a_{ij}와 직교조건에 대한 이해를 돕기 위해 2차원의 예를 구체적으로 조사해 보자. (이 예는 3차원 계에서의 x_3축에 대한 회전에 해당한다고 볼 수도 있다.) 그림 3.6으로부터,

$$\begin{aligned} x_1' &= x_1 \cos\varphi + x_2 \sin\varphi, \\ x_2' &= -x_1 \sin\varphi + x_2 \cos\varphi \end{aligned} \tag{3.91}$$

이므로, (3.81)식에 의하여

$$\mathsf{A} = \begin{pmatrix} \cos\varphi & \sin\varphi \\ -\sin\varphi & \cos\varphi \end{pmatrix} \tag{3.92}$$

이다. 만약 $\varphi = 0$이면 A는 단위행렬이 될 것이다. 0° 만큼의 회전은 그대로 둔 것과 같다. 그림 3.6으로부터

$$\begin{aligned} a_{11} &= \cos\varphi = \cos(x_1', x_1), \\ a_{12} &= \sin\varphi = \cos\left(\frac{\pi}{2} - \varphi\right) = \cos(x_1', x_2) \end{aligned} \tag{3.93}$$

등 임을 알 수 있다. 따라서, 행렬의 원소 a_{ij}의 값들을 직교조건인 (3.80)식에 대입하면

$$\begin{aligned} \sin^2\varphi + \cos^2\varphi &= 1, \\ \sin\varphi\cos\varphi - \sin\varphi\cos\varphi &= 0 \end{aligned} \tag{3.94}$$

을 얻는다.

이를 3차원으로 확장하면 (3차원 계에서의 x_3축에 대하여 시계 반대 방향으로 각도 φ만큼의 좌표회전으로 간주하면)

그림 3.6
회전

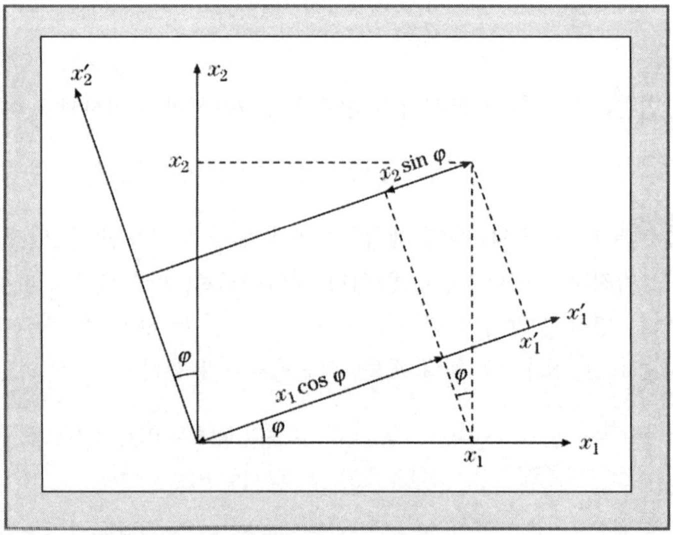

$$\mathsf{A} = \begin{pmatrix} \cos\varphi & \sin\varphi & 0 \\ -\sin\varphi & \cos\varphi & 0 \\ 0 & 0 & 1 \end{pmatrix} \tag{3.95}$$

이 된다. 행렬 원소 a_{33}를 1로 둔 것은 세 번째 좌표는 이 회전에 변하지 않음을 말한다. 세 번째 축을 축으로 회전시키므로 이는 당연한 결과이다. 그리고 행렬의 영들은 x_1'과 x_2'가 x_3의 값과는 무관함을, 그리고 x_3'가 x_1과 x_2와 무관함을 말한다.

이제 이러한 행렬들에 **직교**하다는 표현을 사용하는 이유를 이해할 수 있다. 행렬의 일반적인 형태

$$\mathsf{A} = \begin{pmatrix} a_{11} & a_{12} & a_{13} \\ a_{21} & a_{22} & a_{23} \\ a_{31} & a_{32} & a_{33} \end{pmatrix}$$

에서 a_{ij}는 x_i'와 x_j사이의 방향 코사인이다. 따라서, a_{11}, a_{12}, a_{13}은 $(x_1,\ x_2,\ x_3)$에 대한 x_1'의 방향 코사인이다. 행렬 A의 이들 세 원소는 x_1' 방향으로의 단위 길이를 **정의**한다. 즉, 단위벡터 $\hat{\mathbf{x}}_1'$는

$$\hat{\mathbf{x}}_1' = \hat{\mathbf{x}}_1 a_{11} + \hat{\mathbf{x}}_2 a_{12} + \hat{\mathbf{x}}_3 a_{13}$$

으로 쓸 수 있다. (3.86) ~ (3.89)식의 직교관계식은 **단위벡터들** $\hat{\mathbf{x}}_1'$, $\hat{\mathbf{x}}_2'$ 그리고 $\hat{\mathbf{x}}_3'$가 **서로 직교함**을 나타낸다. 직교행렬 A는 원래의 직교좌표계를 회전에 의하여 다른 직교좌표계로 변환시킨다 [$\det(\mathsf{A}) = -1$인 경우에는 대칭변환도 포함].

행렬 사용의 예로, 구면극좌표에서의 단위벡터들은

$$\begin{pmatrix} \hat{\mathbf{r}} \\ \hat{\boldsymbol{\theta}} \\ \hat{\boldsymbol{\varphi}} \end{pmatrix} = \mathsf{C} \begin{pmatrix} \hat{\mathbf{x}} \\ \hat{\mathbf{y}} \\ \hat{\mathbf{z}} \end{pmatrix} \tag{3.96}$$

로 쓸 수 있다. 여기서, C는 연습문제 2.5.1에 주어진다. 이 식은 (3.68)식의 $\hat{\mathbf{x}}_1'$, $\hat{\mathbf{x}}_2'$ 그리고 $\hat{\mathbf{x}}_3'$ 대신에 $\hat{\mathbf{r}}$, $\hat{\boldsymbol{\theta}}$ 그리고 $\hat{\boldsymbol{\varphi}}$를 대입한 식이다. 앞의 분석에 의하여 C는 직교행렬이다. 따라서, 역의 관계식은

$$\begin{pmatrix} \hat{\mathbf{x}} \\ \hat{\mathbf{y}} \\ \hat{\mathbf{z}} \end{pmatrix} = \mathsf{C}^{-1} \begin{pmatrix} \hat{\mathbf{r}} \\ \hat{\boldsymbol{\theta}} \\ \hat{\boldsymbol{\varphi}} \end{pmatrix} = \tilde{\mathsf{C}} \begin{pmatrix} \hat{\mathbf{r}} \\ \hat{\boldsymbol{\theta}} \\ \hat{\boldsymbol{\varphi}} \end{pmatrix} \tag{3.97}$$

가 되고, 연습문제 2.5.5가 해결된 셈이다. 이와 유사한 형태의 역행렬의 응용을 지수급수를 직교함수들의 급수로 변환하는 과정에서도 볼 수 있다 (9.3절에서의 Gram–Schmidt 직교화).

■ 오일러 각(Euler angles)

행렬 A는 9개의 방향 코사인을 가지고 있다. 그 중에서 3개만 독립이다; (3.80)식에 의한 관계식이 6개이다. 가령, 두 개는 축의 방향을 나타내는 모수(구좌표의 θ와 φ)로, 나머지 하나는 이 축에 대한 회전각도를 나타내는 모수로 선택할 수 있다. 역학의 라그랑지안 형식(Lagrangian formalism)(17.3절)에서는 행렬 A를 과잉인 9개의 방향 코사인보다 독립인 3개의 모수로 표현할 것을 요구한다. 일반적인 선택이 오일러 각이다.[14]

목표는 처음 좌표계 (x_1, x_2, x_3)에 대한 최종적인 좌표계 (x_1''', x_2''', x_3''')의 기하적 배치를 구하는 것이다. 오일러 각 하나마다 한 단계씩, 모두 세 단계의 회전에 의하여 마지막 좌표계를 얻는다(그림 3.7).

1. 좌표계 (x_1, x_2, x_3)를 x_3축을 회전축으로 하여 각도 α만큼 반시계 방향으로 회전시켜서 좌표계 (x_1', x_2', x_3')를 얻는다. (x_3축과 x_3'축이 일치한다.)
2. 좌표계 (x_1', x_2', x_3')를 x_2'축[15]을 회전축으로 하여 각도 β만큼 반시계 방향으로 회전시켜서 좌표계 (x_1'', x_2'', x_3'')를 얻는다. (x_2'축과 x_2''축이 일치한다.)
3. 좌표계 (x_1'', x_2'', x_3'')를 x_3''축을 회전축으로 하여 각도 γ만큼 반시계 방향으로 회전시켜서 좌표계 (x_1''', x_2''', x_3''')를 얻는다. (x_3''축과 x_3'''축이 일치한다.)

이들 회전을 나타내는 세 개의 행렬은 첫째로 (3.92)식에서와 같이

$$\mathsf{R}_z(\alpha) = \begin{pmatrix} \cos\alpha & \sin\alpha & 0 \\ -\sin\alpha & \cos\alpha & 0 \\ 0 & 0 & 1 \end{pmatrix}, \tag{3.98}$$

그리고 β의 사인을 달리하여

그림 3.7
(a) x_3축에 대하여 α만큼 회전, (b) x_2'축에 대하여 β만큼 회전, (c) x_3''축에 대하여 γ 만큼 회전

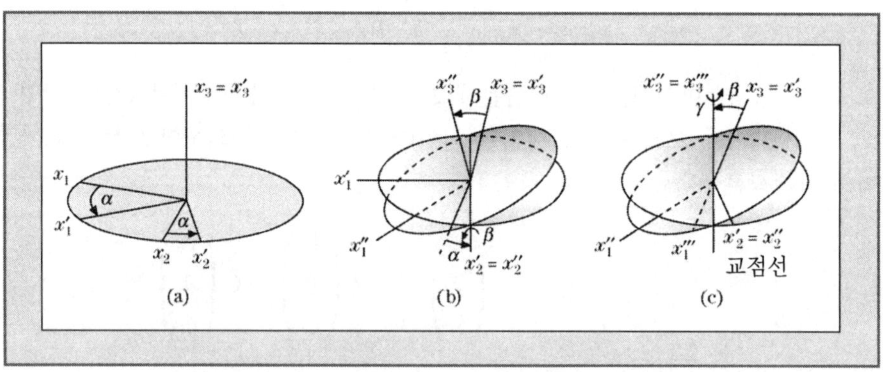

[14] 저자의 수만큼 오일러 각도의 정의가 다양하다. 여기서, 우리는 군론을 다루는 경우와 각운동량의 양자이론을 다루는 경우에 일반적으로 많이 사용되는 정의를 택한다(4.3절 4.4절과 비교하여라).

[15] 어떤 저자는 두 번째의 회전축을 x_1'축으로 잡기도 한다.

$$\mathsf{R}_y(\beta) = \begin{pmatrix} \cos\beta & 0 & -\sin\beta \\ 0 & 1 & 0 \\ \sin\beta & 0 & \cos\beta \end{pmatrix}, \tag{3.99}$$

그리고

$$\mathsf{R}_z(\gamma) = \begin{pmatrix} \cos\gamma & \sin\gamma & 0 \\ -\sin\gamma & \cos\gamma & 0 \\ 0 & 0 & 1 \end{pmatrix} \tag{3.100}$$

이다.

전체 회전은 이들을 곱한

$$\mathsf{A}(\alpha, \beta, \gamma) = \mathsf{R}_z(\gamma)\mathsf{R}_y(\beta)\mathsf{R}_z(\alpha) \tag{3.101}$$

이다.

여기서 순서에 유의하여라: 오른쪽에서 $\mathsf{R}_z(\alpha)$가 처음이고 다음이 $\mathsf{R}_y(\beta)$이고 그 다음이 $\mathsf{R}_z(\gamma)$이다. 이들을 곱하면

$$\mathsf{A}(\alpha, \beta, \gamma) = \begin{pmatrix} \cos\gamma\cos\beta\cos\alpha - \sin\gamma\sin\alpha & \cos\gamma\cos\beta\sin\alpha + \sin\gamma\cos\alpha & -\cos\gamma\sin\beta \\ -\sin\gamma\cos\beta\cos\alpha - \cos\gamma\sin\alpha & -\sin\gamma\cos\beta\sin\alpha + \cos\gamma\cos\alpha & \sin\gamma\sin\beta \\ \sin\beta\cos\alpha & \sin\beta\sin\alpha & \cos\beta \end{pmatrix} \tag{3.102}$$

가 된다. 이 식으로부터 방한 코사인들을 오일러 각 α, β 그리고 γ의 함수로 구할 수 있다. 이 함수식으로부터 2.6절의 방향 코사인들이 만족하는 항등식을 확인할 수 있으나, 연습문제 3.3.3의 접근법이 더 나은 방법이다.

인명 자료

Euler, Leonhard. 스위스의 수학자인 Euler는 1707년 Basel에서 출생하여 1783년 러시아의 St. Petersburg에서 서거하였다. 그는 Bernoulli 형제들과 같이 공부하였으며, 가장 풍부한 업적을 가진 수학자가 되었다. 그 당시 존재하였던 모든 수학 분야에 공헌을 하였을 뿐 아니라 그래프 이론과 같은 새로운 분야도 열었다. 그의 이름이 붙은 많은 항등식, 방정식 그리고 공식들이 있다. 예로써, 순 허수의 지수함수, 베르누이수와 짝수 정수의 리만제타함수의 관계 그리고 변분해석학에서의 식 등을 들 수 있다. 1733년에 그는 피터대제의 미망인인 Catherine 1세의 St. Petersburg Academy의 교수가 되었다. 그는 Ivan 4세의 terror 통치기간동안 러시아를 떠나 Frederic the Great의 Prussia의 궁전에 있다가, 나중 Catherine the Great가 그를 초청하자 다시 러시아로 돌아갔다. 그는 태양관측을 하는 중 한쪽 눈의 시력을 잃었고, 또 1766년에 강도 높은 수학 연구 중에 나머지 눈의 시력도 잃게 된다. 하지만 그는 생명이 다할 때까지 계속적으로 업적을 내었다.

■ 대칭성과 닮음변환(similarity transformation)

우리의 행렬 표현법은 (제4장의 회전 군의 기본이 되는) 회전의 오일러 각도에 의한 표현을 가능케 한다. 행렬의 강점과 유연성은 세기초에 사원수(quarternion)를 관심 밖으로 내몰아 버렸다.[16]

행렬은 두 가지 방법으로 다루어 진다: 각 성분마다 따로 보는 방법과 전체를 하나로 보는 방법이 그것이다. 각각이 장점이 있으므로 둘 다 유용하다.

대칭성에 대한 분석에는 자리바꿈이 유용하게 쓰인다. 만약,

$$\mathsf{A} = \tilde{\mathsf{A}}, \quad a_{ij} = a_{ji} \tag{3.103}$$

이면 그 행렬은 **대칭적(symmetric)**이라고 하고,

$$\mathsf{A} = -\tilde{\mathsf{A}}, \quad a_{ij} = -a_{ji} \tag{3.104}$$

이면 반대대칭적(antisymmetric) 또는 빗대칭적(skewsymmetric)이라 한다. 반대대칭 행렬의 대각원소들은 영이다. 임의의 행렬은 대칭행렬과 반대대칭행렬의 합으로 쓸 수 있다. 다음의 항등식을 고려하자:

$$\mathsf{A} = \frac{1}{2}[\mathsf{A} + \tilde{\mathsf{A}}] + \frac{1}{2}[\mathsf{A} - \tilde{\mathsf{A}}]. \tag{3.105}$$

여기서, $[\mathsf{A} + \tilde{\mathsf{A}}]$는 대칭적이고, $[\mathsf{A} - \tilde{\mathsf{A}}]$는 반대대칭적임을 쉽게 알 수 있다. 이 식이 텐서에 대한 (2.120)식에 해당하는 행렬에 대한 식이다. 같은 방식으로 함수도 대칭함수와 반대대칭함수로 분리할 수 있다.

지금까지, 우리는 직교행렬을 좌표계의 회전으로 해석해 왔다. 이 행렬은 고정된 (좌표계와 같이 회전하지 않는) 벡터의 성분들을 변환시킨다 (그림 3.6 참조). 그러나, 직교행렬 A는 **벡터의 반대방향**으로의 회전으로도 볼 수 있다 (그림 3.8). 즉, 직교행렬에는 두 해석이 가능하다: 하나는 능동적(active) 변환 – 좌표계는 고정시키고 벡터를 회전시키는 변환 – 이고, 다른 하나는 수동적(passive) 변환 – 벡터는 고정시키고 좌표계를 회전시키는 변환 – 이다. 이때 두 회전의 방향은 반대임에 유의하여라.

행렬 A가 **벡터** $\mathbf{r}$을 $\mathbf{r}_1$으로 회전시키는 선형변환이라고 보자. 즉, 어떤 특정한 좌표계에서 다음의 관계식을 얻을 수 있다.

$$\mathbf{r}_1 = \mathsf{A}\mathbf{r}. \tag{3.106}$$

여기에, (x, y, z)를 (x', y', z')로 변환시키는 행렬 B를 가지고 선형좌표변환을 시킨다:

$$\begin{aligned} \mathbf{r}'_1 &= \mathsf{B}\mathbf{r}_1 = \mathsf{B}\mathsf{A}\mathbf{r} = \mathsf{B}\mathsf{A}(\mathsf{B}^{-1}\mathsf{B})\mathbf{r} \\ &= (\mathsf{B}\mathsf{A}\mathsf{B}^{-1})\mathsf{B}\mathbf{r} = (\mathsf{B}\mathsf{A}\mathsf{B}^{-1})\mathbf{r}'. \end{aligned} \tag{3.107}$$

[16]Stephenson, R. J. (1966). Development of vector analysis from quaternions. *Am. J. Phys.* **34**, 194.

그림 3.8
벡터는 고정되고 좌표계가 회전됨

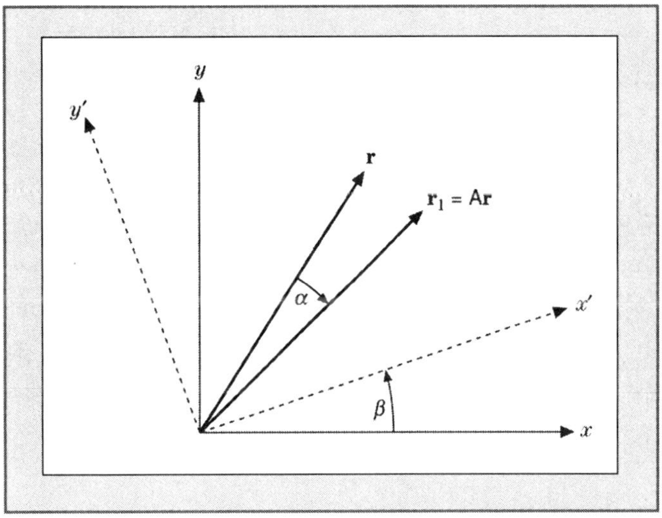

$B\mathbf{r}_1$은 새로운 좌표계에서의 $\mathbf{r}'_1$이고 $B\mathbf{r}$은 새로운 좌표계에서의 $\mathbf{r}'$이다. 따라서, **새로운 좌표계**에서는 $(B\mathbf{r})$이 BAB^{-1}에 의하여 $(B\mathbf{r}_1)$으로 변환된다:

$$\begin{array}{ccc} B\mathbf{r}_1 = & (BAB^{-1}) & B\mathbf{r} \\ \downarrow & \downarrow & \downarrow \\ \mathbf{r}'_1 = & A' & \mathbf{r}'. \end{array}$$

새로운 좌표계에서의 좌표는 행렬 B에 의하여 주어지고, A는 다음의 A′의 형태를 가진다.

$$A' = BAB^{-1}. \tag{3.108}$$

A가 (x, y, z) 공간에서 작용하듯이 A′은 (x', y', z') 공간에서 작용한다.

곱정리에 의하여 행렬식 $|A'|$는

$$|A'| = |B||A||B^{-1}| = |A| \tag{3.109a}$$

가 되고, 대각합은

$$\mathrm{trace}(BAB^{-1}) = \mathrm{trace}(B^{-1}BA) = \mathrm{trace}(A) \tag{3.109b}$$

가 되어, 정사각행렬의 행렬식과 대각합은 좌표변환, 특히 회전에 대하여 그 값이 불변이다.

꼭 직교일 필요가 없는 행렬 B에 의한 (3.108)식으로 주어지는 좌표변환을 **닮음변환(similarity transformation)**이라고 한다. 성분 형태로 쓰면 (3.108)식은

$$a'_{ij} = \sum_{k,l} b_{ik} a_{kl} (B^{-1})_{lj} \tag{3.110}$$

가 된다. 만약 B가 직교행렬이라면,

$$(\mathsf{B}^{-1})_{lj} = (\tilde{\mathsf{B}})_{lj} = b_{jl} \tag{3.111}$$

이 되어

$$a'_{ij} = \sum_{k,l} b_{ik} a_{kl} b_{jl} \tag{3.112}$$

과 같이 된다.

벡터의 회전연산자나 회전체의 각운동량과 각속도를 관련시키는 연산자의 경우에서 그렇듯이, 행렬 A를 연산자로 보는 것이 편리하다(3.5절). 행렬 A는 주어진 좌표계에 의하여 성분들이 결정된다. 그러나, A를 결정하는 요인들이 좌표계의 선택에 의존하므로 A의 표현은 좌표계의 선택에 따라 다르다. 위의 닮음변환식이 바로 좌표계의 변환에 의한 A의 표현의 변환식이다.

■ 텐서와의 관계

(3.112)식과 2.6절의 식들을 비교해 보면, 행렬 A가 계수(rank)가 2인 텐서에 해당함을 알 수 있다. 따라서, **직교**행렬에 의해 닮음변환되는 행렬은 정의에 의하여 텐서이다. 벡터를 선형적으로 변환시키는 행렬은 모두 텐서인 셈이다[(3.106)식]. 하지만, 만약 **직교**행렬을 새로운 좌표계의 방향을 결정할 고정된 방향 코사인들의 집합으로만 본다면 텐서변환이라는 개념이 설 자리가 없을 것이다.

앞에서 정의한 대칭성과 반대대칭성은 **직교**행렬에 의한 닮음변환에 대하여 불변이다. A가 대칭행렬이라고 하면, $\mathsf{A} = \tilde{\mathsf{A}}$이고,

$$\mathsf{A}' = \mathsf{B}\mathsf{A}\mathsf{B}^{-1} \tag{3.113}$$

이다. 닮음변환 이후에는

$$\tilde{\mathsf{A}}' = \tilde{\mathsf{B}}^{-1}\tilde{\mathsf{A}}\tilde{\mathsf{B}} = \mathsf{B}\tilde{\mathsf{A}}\mathsf{B}^{-1} \tag{3.114}$$

이 된다. 여기서 B가 직교행렬임을 이용하였다. 그런데, $\mathsf{A} = \tilde{\mathsf{A}}$이므로,

$$\tilde{\mathsf{A}}' = \mathsf{B}\mathsf{A}\mathsf{B}^{-1} = \mathsf{A}' \tag{3.115}$$

가 되어, 대칭성은 직교행렬에 의한 닮음변환에 대하여 불변임을 알 수 있다. 일반적으로, 직교행렬이 아닌 행렬에 의한 닮음변환에 대하여는 대칭성이 보존되지 **않는다**.

요 약

회전변환에 해당하는 행렬은 서로 직교인 행벡터들 그리고 열벡터들로 구성된다. 이 행렬의 역은 이 행렬의 자리바꿈과 같다.

연습문제

주의. 모든 행렬들의 원소는 실수라고 가정한다.

3.3.1 두 직교행렬의 곱도 직교임을 보여라. 직교행렬의 역도 직교임을 보여라.
주의. 이러한 성질들로부터 $n \times n$ 직교행렬들의 집합이 군을 (4.1절) 이룬다는 것을 알 수 있다.

3.3.2 A가 직교이면, 행렬식이 $|\mathsf{A}| = \pm 1$임을 보여라.

3.3.3 A가 직교이고 $\det \mathsf{A} = +1$이면, $(\det \mathsf{A}) a_{ij} = C_{ij}$임을 보여라. 여기서, C_{ij}는 a_{ij}의 **여인수**이다. 이로부터 (3차원 공간에서의) 벡터의 가위곱이 벡터임을 보이는 데 사용되는 2.6절의 (2.106)식을 구할 수 있다.
힌트. 연습문제 3.2.24를 참조할 것.

3.3.4 본문에 소개한 것과 다른, 그러면서도 흔히 사용하는 오일러 회전을 소개하면 다음과 같다.
(1) x_3축을 회전축으로 하여 각도 φ만큼 반시계 방향으로 회전시킨다.
(2) x_1'축을 회전축으로 하여 각도 θ만큼 반시계 방향으로 회전시킨다.
(3) x_3''축을 회전축으로 하여 각도 ψ만큼 반시계 방향으로 회전시킨다.
본문에서 소개한 오일러 각도에 $\alpha = \varphi - \pi/2$, $\beta = \theta$, $\gamma = \psi + \pi/2$를 대입하면 위의 결과가 나온다. 마찬가지로, 위의 각도에 $\varphi = \alpha + \pi/2$, $\theta = \beta$, $\psi = \gamma - \pi/2$를 대입하면 본문에 소개한 결과가 나온다. 이를 증명하여라.

3.3.5 지구를 회전시켜 북극의 위치가 북위 30도, 서경 20도(회전하기 전의 원래 위선 경선에 의한)에 오게하고, 서경 10도의 자오선이 회전 후의 북극의 위치에서 정남쪽을 향하게 하고자 한다.
(a) 이 회전의 오일러 각도들의 값은 무엇이겠는가?
(b) 회전행렬의 방향 코사인들을 구하여라.

$$\text{답. } (b)\ \mathsf{A} = \begin{pmatrix} 0.9551 & -0.2552 & -0.1504 \\ 0.0052 & 0.5221 & -0.8529 \\ 0.2962 & 0.8138 & 0.5000 \end{pmatrix}$$

3.3.6 (3.102)식에 주어진 오일러 각 회전행렬은 다음의 변환에 대하여 불변임을 보여라.

$$\alpha \to \alpha + \pi, \quad \beta \to -\beta, \quad \gamma \to \gamma - \pi.$$

3.3.7 오일러 각 회전행렬 $\mathsf{A}(\alpha, \beta, \gamma)$는 다음의 관계식들을 만족함을 보여라.
(a) $\mathsf{A}^{-1}(\alpha, \beta, \gamma) = \tilde{\mathsf{A}}(\alpha, \beta, \gamma)$
(b) $\mathsf{A}^{-1}(\alpha, \beta, \gamma) = \mathsf{A}(-\gamma, -\beta, -\alpha)$.

3.3.8 대칭행렬과 반대대칭행렬의 곱의 대각합은 영임을 보여라.

3.3.9 행렬의 대각합은 닮음변환에 대하여 불변임을 보여라.

3.3.10 행렬의 행렬식은 닮음변환에 대하여 불변임을 보여라.
주의. 연습문제 3.3.9와 3.3.10은 행렬의 대각합과 행렬식이 좌표의 선택에 무관함을 말한다. 이들은 행렬의 성격을 결정짓는 양들이다.

3.3.11 행렬의 반대대칭성은 직교 닮음변환에 대하여 불변임을 보여라.

3.3.12 A는 2×2 직교행렬이다. 이 행렬의 가장 일반적인 형태를 찾아라. 이것을 2차원 회전의 행렬과 비교하여라.

3.3.13 $|\mathbf{x}\rangle$와 $|\mathbf{y}\rangle$는 열벡터이다. 이들은 직교변환 S에 의해 $|\mathbf{x}'\rangle = \mathsf{S}|\mathbf{x}\rangle$, $|\mathbf{y}'\rangle = \mathsf{S}|\mathbf{y}\rangle$로 변환된다. 두 벡터의 scalar 곱 $\langle\mathbf{x}|\mathbf{y}\rangle$가 이 직교변환에 대하여 불변임을 보여라.
주의. 이는 두 벡터의 점곱이 불변이라는 설명과 동일하다 (2.6절).

3.3.14 행렬의 각 원소들의 제곱의 합이 직교 닮음변환에 대하여 불변임을 보여라.

3.3.15 z축에 대한 $\varphi_1+\varphi_2$만큼의 한번의 회전을 각각 φ_1, φ_2만큼씩 두 번의 z축에 대한 회전으로 분리하여 회전시킨다고 보자. 이에 대한 행렬의 관계식에서 다음의 삼각함수 항등식을 구하여라:

$$\cos(\varphi_1+\varphi_2) = \cos\varphi_1\cos\varphi_2 - \sin\varphi_1\sin\varphi_2$$
$$\sin(\varphi_1+\varphi_2) = \sin\varphi_1\cos\varphi_2 + \cos\varphi_1\sin\varphi_2.$$

3.3.16 원래 좌표계에서 두 성분의 값이 V_1, V_2인 열벡터 $\mathbf{V}$를 고려하자. 다음의 경우의 V_1'과 V_2'을 구하여라.
(a) **반시계방향**으로 각도 θ만큼의 좌표계를 회전시켰을 때,
(b) 벡터를 **시계방향**으로 각도 θ만큼 회전시켰을 때.
두 답이 일치해야 한다.

3.4 에르미트 행렬과 유니타리 행렬

■ 정의

앞의 논의에서, 선형벡터 공간은 실수 공간이라고 가정했고, (선형 연산자의 표현인) 행렬의 원소들도 실수라고 가정했다. 고전물리학의 많은 계산에서는 실수행렬원소들로도 충분하다.

그러나, 양자역학에서는 복소수의 도입을 피할 수 없다. 이는 기본 교환 관계식의 형태(또는 시간에 의존하는 슈레딩거 방정식의 형태)에 복소수가 등장하기 때문이다. 이러한 사실을 염두에 두고, 행렬의 원소를 복소수로 일반화시켜 보자. 그러기 위하여 우선 몇 가지 명칭을 소개하겠다.

1. 행렬 A의 복소수 공액 $\mathsf{A}^* = (a_{ik}^*)$는 각 원소들 a_{ik}의 복소수 공액를 취하여 구한다. 복소수 공액는 $(i \to -i)$로 바꾼다. 여기서 $i = \sqrt{-1}$이다.
2. 행렬 A의 수반(adjoint) $\mathsf{A}^\dagger$는 A^*의 자리바꿈이다:
$$\mathsf{A}^\dagger = (a_{ik})^\dagger = \widetilde{\mathsf{A}^*} = \tilde{\mathsf{A}}^* = (a_{ki}^*). \tag{3.116}$$
3. 행렬 A가 다음을 만족하면 **에르미트**(또는 **자기-수반**)라 한다:
$$\mathsf{A} = \mathsf{A}^\dagger. \tag{3.117}$$
만약 A가 실수행렬이면, $\mathsf{A}^\dagger = \tilde{\mathsf{A}}$이므로 실수 에르미트 행렬은 실수대칭행렬이다. 양자역학(또는 행렬역학)에 등장하는 행렬에는 에르미트인 경우가 많다.
4. 행렬 U가 다음을 만족하면 **유니타리**하다고 한다:
$$\mathsf{U}^\dagger = \mathsf{U}^{-1}. \tag{3.118}$$
만약 U가 실수행렬이면, 위식은 $\mathsf{U}^{-1} = \tilde{\mathsf{U}}$가 되므로 **실수 유니타리 행렬은 직교행렬**이다. 즉, 실수직교행렬의 개념을 복소수로 일반화한 것이 유니타리 행렬이다 [(3.83)식과 비교].
5. $(\mathsf{AB})^* = \mathsf{A}^*\mathsf{B}^*$, $(\mathsf{AB})^\dagger = \mathsf{B}^\dagger\mathsf{A}^\dagger$.

물리학자들이 다루는 복소수 행렬의 대부분은 에르미트 행렬과 유니타리 행렬이다. **유니타리 행렬**은 특히 양자역학에서 중요한 역할을 하는데, 이는 이 행렬이**(복소수) 벡터의 길이를 보존**시키기 때문이다. 이는 실수벡터에 대한 직교행렬의 작용과 유사하다. 산란이론에서 S행렬이 유니타리 행렬이어야 하는 이유도 여기에 있다. 양자역학의 슈레딩거 표현에 의한 연산자 A^{S}를 하이젠베르그 표현 $\mathsf{A}^{\mathsf{H}} = \mathsf{U}^\dagger\mathsf{A}^{\mathsf{S}}\mathsf{U}$로 전환시키는 유니타리 시간진행(evolution) 연산자 $\mathsf{U} = e^{-i\mathsf{H}t/\hbar}$도 유니타리 행렬의 다른 예이다.

복소수 n차원 선형공간에서의 **벡터** $\tilde{\mathbf{x}} = (x_1, x_2, \cdots, x_n)$의 **길이의 제곱**, 또는 원점에서의 거리의 제곱은

$$\mathbf{x}^\dagger\mathbf{x} = \sum_{i=1}^{n} x_i^* x_i = \sum_{i=1}^{n} |x_i|^2$$

과 같이 정의한다. 만약 좌표변환 $\mathbf{y} = \mathsf{U}\mathbf{x}$가 길이를 변화시키지 않는다면,

$$\mathbf{x}^\dagger\mathbf{x} = \mathbf{y}^\dagger\mathbf{y} = (\mathsf{U}\mathbf{x})^\dagger\mathsf{U}\mathbf{x} = \mathbf{x}^\dagger\mathsf{U}^\dagger\mathsf{U}\mathbf{x}$$

가 된다. 그런데 $\mathbf{x}$는 임의의 벡터이므로 $\mathsf{U}^\dagger\mathsf{U} = 1_n$이어야 한다: 즉, U는 유니타리 $n \times n$ 행렬이다. 만약 $\mathbf{x}' = \mathsf{A}\mathbf{x}$가 선형변환이라면, A 행렬의 새 좌표계에서의 형태는 유니타리 변환(닮음변환의 복소수꼴)에 의해 주어진다:

$$\mathsf{A}' = \mathsf{UAU}^\dagger \tag{3.119}$$

이는

$$\mathsf{U}\mathbf{x}' = \mathbf{y}' = \mathsf{UA}\mathbf{x} = \mathsf{UAU}^{-1}\mathbf{y} = \mathsf{UAU}^\dagger\mathbf{y}$$

로부터 알 수 있다. 복소수 벡터 공간에 길이가 정해진 다음, **벡터들의 스칼라곱 또는 내적을 정의**할 수 있다.

$$\sum_i y_i^* x_i = \mathbf{y}^\dagger \cdot \mathbf{x} \equiv \langle y|x\rangle.$$

두 벡터의 내적이 영일 때, $\langle y|x\rangle = 0$, 이 두 벡터는 서로 직교라고 한다. 다음에 소개되는 파울리 행렬들도 유니타리 행렬이다.

■ 파울리(Pauli) 행렬

다음에 주어진 3개의 2×2 파울리 행렬 $\boldsymbol{\sigma}$는

$$\sigma_1 = \begin{pmatrix} 0 & 1 \\ 1 & 0 \end{pmatrix}, \quad \sigma_2 = \begin{pmatrix} 0 & -i \\ i & 0 \end{pmatrix}, \quad \sigma_3 = \begin{pmatrix} 1 & 0 \\ 0 & -1 \end{pmatrix} \tag{3.120}$$

이며, 비상대론적 양자역학에 등장하는 스핀 1/2인 입자를 묘사하기 위하여 파울리가 도입한 행렬이다. 이들은 다음의 관계식들을 만족함을 보일 수 있다 (연습문제 3.2.9와 3.2.10 참조).

$$\sigma_i\sigma_j + \sigma_j\sigma_j = 2\delta_{ij}1_2, \ \text{반대바꿈성} \tag{3.121}$$

$$\sigma_i\sigma_j = i\sigma_k, \ \text{지표의 순환치환} \tag{3.122}$$

$$(\sigma_i)^2 = 1_2. \tag{3.123}$$

여기서 1_2는 2×2 단위행렬이다. 따라서, 행렬벡터 $\boldsymbol{\sigma}/2$는 각운동량 $\mathbf{L}$($\mathbf{L} \times \mathbf{L} = i\mathbf{L}$; 연습문제 2.5.11)처럼

$$[\sigma_i, \sigma_j] \equiv \sigma_i\sigma_j - \sigma_j\sigma_i = 2i\varepsilon_{ijk}\sigma_k \tag{3.124}$$

를 만족한다.

세 개의 파울리 행렬과 단위행렬은 2×2 행렬들의 완전집합(complete set)을 이루므로 임의의 2×2 행렬 M을 이들의 선형합으로

$$\mathsf{M} = m_0 1 + m_1\sigma_1 + m_2\sigma_2 + m_3\sigma_3 = m_0 + \mathbf{m} \cdot \boldsymbol{\sigma} \tag{3.125}$$

와 같이 전개할 수 있다. 여기서 계수 m_i들은 벡터 $\mathbf{m} = (m_1, m_2, m_3)$를 이룬다. (3.125)식에 $\sigma_i^2 = 1$과 trace$(\sigma_i) = 0$을 이용하여 계수들을 구할 수 있다.

$$2m_0 = \text{trace}(\mathsf{M}), \quad 2m_i = \text{trace}(\mathsf{M}\sigma_i), \quad i = 1, 2, 3. \tag{3.126}$$

(3.125)식으로 주어지는 복소수 2×2 행렬들의 집합에 합과 곱이 주어져서 파울리 대수[17]를 이룬다. $i = 1, 2, 3$에 대하여 trace$(\sigma_i) = 0$임에 유의하여라.

파울리 행렬들에 의해 발생(generate)되는 스핀대수는 4차원 클리포드 대수(Clifford algebra)의 행렬표현이다. 이에 반하여, 헤스틴스와 그의 동료들은 그들의 **기하 해석학(geometric calculus)**이라는 저서를 통하여 표현에 무관한 (즉, 좌표계에 무관한) 복소수, 벡터, 사원수 부분대수(quarternion subalgebra) 그리고 [bivector(이중벡터)라 불리는] 방향성을 가지는 면적으로 해석되는 일반화된 가위곱(cross product)들을 포함하는 대수학을 소개하였다. 이러한 대수-기하학적 틀은 스핀이 기하학적 측면을 가지게 하는 비상대론적 양자역학에 잘 적용되며, 이 틀 속에서는 가우스의 정리와 스톡의 정리가 하나의 정리로 묶인다.

3.3절의 직교행렬과 이 절의 유니타리 행렬에 대한 논의는 이제 시작에 불과하다. 이들의 확장이 현대입자물리학에 있어서는 아주 중요하다 하겠다. 파울리 행렬을 이용하여, 전자, 양성자 그리고 다른 스핀 $\frac{1}{2}$인 입자들의 **스핀**파동함수를 도입할 수 있다.

요 약

복소 벡터공간에서의 유니타리 행렬은 실수 벡터공간의 직교행렬의 역할을 한다: 둘 다 좌표변환을 표현한다. 따라서, 유니타리 행렬은 서로 직교인 단위벡터들로 이루어져 있다. 에르미트 행렬은 복소 공간에서의 이차형식(quadratic form)(벡터들의 2차곱형태)을 정의하며 실수대칭행렬의 복소수꼴에 해당한다. 두 종류의 행렬들은 양자역학에서 많이 응용된다.

인명 자료

Pauli, Wolfgang. 오스트리아계 미국 이론물리학자인 Pauli는 오스트리아 Vienna에서 1900년에 출생하여, 스위스 Zürich에서 1958년에 서거하였다. 그는 독일 Munich에서의 Sommerfeld의 그룹에 있을 때인 10대 시절에 이미 상대성이론을 명쾌하게 해설한 논문을 발표할 정도로 천재였다. 그는 여기서 1921년에 박사학위를 받았다. 1925년에 그의 이름을 딴 파울리 배타원리를 발표했고 나중 1945년에 이 업적으로 노벨상을 수여받는다. 그는 당시의 많은 물리학자들에게 혹독한 비판론자이었다("물리학의 양심"). 디락과는 독립적으로, 하이젠버그와 함께 그는 양자장론과 QED이론을 정립하였다. 1931년에 그는 약작용 반응에 에너지와 quantum number를 보존시키기 위하여 뉴트리노(이 이름은 Fermi에 의해 지어짐)의 존재를 제시하였다. 그는 이 내용을 conference의 동료에게 보내는 편지에만 기록했을 뿐, 어리석다는 비난과 실수가 두려워 정식으로 발표하지는 않았다. 발견하기 어려운 뉴트리노는 1956년에 드디어 실험적으로 발견이 되었고 이로 인하여 F. Reines는 1995년에 노벨상을 받는다.

---

[17] 기하학적 의미를 이해하려면, Baylis, W. E., Huschilt, J., and Jiansu Wei (1992). *Am. J. Phys.* **60**, 788을 참조할 것.

연습문제

3.4.1 다음을 보여라.

$$\det(\mathsf{A}^*) = (\det \mathsf{A})^* = \det(\mathsf{A}^\dagger).$$

3.4.2 각운동량을 나타내는 세 행렬은 다음의 교환관계식을 만족한다.

$$[\mathsf{J}_x, \mathsf{J}_y] = i\mathsf{J}_z.$$

(아래첨자의 순환치환에 대해서도 성립됨.) 만약 이들 중 두 행렬이 실수로만 되어 있다면 나머지 행렬은 순 허수로만 되어야 함을 보여라.

3.4.3 $(\mathsf{AB})^\dagger = \mathsf{B}^\dagger\mathsf{A}^\dagger$를 보여라.

3.4.4 행렬 $\mathsf{C} = \mathsf{S}^\dagger\mathsf{S}$의 대각합이 항상 양수임을 보여라. 단, S는 영행렬이 아니라고 가정한다. 만약 S가 영행렬이면 $(\mathsf{C}) = 0$이다.

3.4.5 행렬 A와 B가 에르미트라면, $(\mathsf{AB} + \mathsf{BA})$와 $i(\mathsf{AB} - \mathsf{BA})$도 에르미트임을 보여라.

3.4.6 행렬 C는 에르미트가 **아니지만** $\mathsf{C} + \mathsf{C}^\dagger$와 $i(\mathsf{C} - \mathsf{C}^\dagger)$는 에르미트임을 보여라. 이를 이용하여 임의의 행렬을 두 에르미트 부분으로 나눌 수 있다:

$$\mathsf{C} = \frac{1}{2}(\mathsf{C} + \mathsf{C}^\dagger) + \frac{1}{2i}i(\mathsf{C} - \mathsf{C}^\dagger).$$

이 식은 임의의 복소수가 두 실수로 분리되는 $z = x + iy$식과 유사하다. 여기서도 z는 실수가 아니지만, $x = (z + z^*)/2$, $y = (z - z^*)/2i$는 실수이다.

3.4.7 A와 B는 서로 교환가능하지 않는 두 에르미트 행렬이다. $\mathsf{AB} - \mathsf{BA} = i\mathsf{C}$로 둘 때, 행렬 C가 에르미트임을 보여라.

3.4.8 에르미트 행렬을 유니타리 닮음변환시켜도 에르미트임을 보여라.

3.4.9 A와 B는 에르미트 행렬들이다. 이들의 곱 AB가 에르미트이기 위한 필요충분조건을 구하여라.

답. $[\mathsf{A}, \mathsf{B}] = 0$.

3.4.10 에르미트 행렬의 역도 에르미트임을 보여라. 두 에르미트 행렬의 곱도 에르미트임을 보여라.

힌트. 이러한 성질을 보임으로써 에르미트 행렬들이 군을 이룸을 증명할 수 있다.

3.4.11 어떤 특별한 닮음변환을 고려하자.

$$\mathsf{A}' = \mathsf{UAU}^{-1}$$
$$\mathsf{A}'^{\dagger} = \mathsf{UA}^{\dagger}\mathsf{U}^{-1}.$$

만약 수반 관계가 이 변환 후에도 유지되고 ($\mathsf{A}^{\dagger\prime} = \mathsf{A}'^{\dagger}$), det $\mathsf{U} = 1$이라면, U가 유니타리임을 보여라.

3.4.12 두 행렬 U와 H가 $\mathsf{U} = e^{ia\mathsf{H}}$로 주어진다. 여기서 a는 실수이다. (지수함수는 매클로린 전개식으로 정의된다. 이것은 5.11절에서 다루겠다.)
(a) H가 에르미트이면 U가 유니타리임을 보여라.
(b) U가 유니타리이면 H가 에르미트임을 보여라.
주의. 하밀토니안이 H이면, 시간에 의존하는 슈레딩거 방정식의 해가

$$\psi(x, t) = \mathsf{U}(x, t)\psi(x, 0) = \exp(-it\mathsf{H}/\hbar)\psi(x, 0)$$

으로 주어진다. 여기서 $\mathsf{U}(x, t) = \exp(-it\mathsf{H}/\hbar)$가 시간진행 연산자이다.

3.4.13 $T(t+\varepsilon, t)$는 시간이 t에서 $t+\varepsilon$으로 변하는 동안 파동함수의 변화를 나타내는 연산자이다. ε이 실수이고 아주 작은 값이어서 ε^2은 무시할 수 있다. 그리고,

$$T(t+\varepsilon, t) = 1 - \frac{i}{\hbar}\varepsilon\mathsf{H}(t)$$

로 주어진다.
(a) T가 유니타리이면 H가 에르미트임을 보여라.
(b) H가 에르미트이면 T가 유니타리임을 보여라.
주의. $\mathsf{H}(t)$가 시간에 무관할 때, 위의 관계식은 지수함수 형식으로 표현될 수 있다 (연습문제 3.4.12).

3.4.14 (a) 주어진 변환식 $\mathbf{r}' = \mathsf{U}\mathbf{r}$에서, U는 유니타리 행렬이고, $\mathbf{r}$은 복소수 성분의 열벡터이다. 이 변환에서 $\mathbf{r}$의 크기(norm)가 변하지 않음을 보여라.
(b) 주어진 변환식 $\mathbf{r}' = \mathsf{U}\mathbf{r}$에서, 임의의 복소수 열벡터 $\mathbf{r}$에 대하여 $\mathbf{r}^{\dagger}\mathbf{r} = \mathbf{r}'^{\dagger}\mathbf{r}'$이 만족된다. 그렇다면 U가 유니타리임을 보여라.

3.5 행렬의 대각화

■ 관성모멘트 행렬

예제 1.5.3에서, 2×2 대칭행렬 A에 의하여 정의되는 이차형식(quadratic form) $G(x, y)$에 대

하여 분석한 적이 있다.

$$x^2 + xy + y^2 = (x, y)\begin{pmatrix} 1 & 1/2 \\ 1/2 & 1 \end{pmatrix}\begin{pmatrix} x \\ y \end{pmatrix} \equiv \langle \mathbf{x}|\mathsf{A}|\mathbf{x}\rangle.$$

여기서 $\langle \mathbf{x}| = (x, y)$는 2차원 좌표벡터이다. 그 예에서 우리는 $G(x, y) = 1$을 만족하는 점들의 집합이 회전된 타원임을 보았다. 이때 두 대칭축인 장축과 단축은 $x \pm y$이며, $G(x, y) = 1$은 $3(x+y)^2 + (x-y)^2 = 4$로 표현된다. 이로부터 우리는 적당한 좌표회전에 의하여 임의의 이차형식을 제곱들의 합의 형태로 변환할 수 있음을 즉, (실수) 대칭행렬 A를 대각화시킬 수 있음을 알 수 있다.

대칭실수행렬이나 복소수 에르미트 행렬을 다루는 많은 물리문제에서 이 행렬을 (실수) 직교 닮음변환 또는 유니타리 변환(좌표계의 회전에 해당하는)에 의하여 대각화시키는 것이 편리한 경우가 많다. 대각화된 행렬은 대각선을 제외한 부분의 원소들은 모두 영이다. 그 예로 강체의 관성모멘트 행렬 I를 들 수 있다. 각운동량 **L**의 정의로부터

$$\mathbf{L} = \mathsf{I}\boldsymbol{\omega} \tag{3.127}$$

이다. 여기서 $\boldsymbol{\omega}$는 각속도이다.[18] 관성모멘트 행렬의 대각선 성분들은

$$I_{11} = \sum_i m_i (r_i^2 - x_i^2) \tag{3.128}$$

등으로 나타난다. 여기서 아래첨자 i는 강체를 구성하는 입자들을 가리키며, 질량 m_i가 위치 $\mathbf{r}_i = (x_i, y_i, z_i)$에 있음을 나타낸다. 대각선 밖의 성분들은

$$I_{12} = -\sum_i m_i x_i y_i = I_{21} \tag{3.129}$$

과 같이 된다. 따라서, 관성모멘트 행렬은 대칭이다. 그리고 I는 (3.127)식 형태의 좌표계의 선택에 상관없이 성립하는 물리식에 등장하므로 텐서임을 알 수 있다 (2.8절의 quotient rule). $\boldsymbol{\omega}$의 방향이 특수한 경우(우리가 찾고자 하는 주축(principal axis) 방향인 경우)를 제외하고는 **L**과 $\boldsymbol{\omega}$의 방향이 일반적으로 같지 않음에 유의하여라.

핵심은 강체에 고정된 좌표계를 잘 선택하여 관성모멘트 행렬이 대각화되도록 하는 것이다. 이렇게 선택한 좌표계에서의 축을 **주축(principal axis)**이라 부른다. 만약 각속도의 방향이 주축의 방향과 일치하면 각운동량과 각속도의 방향이 일치하게 된다. 예로, 럭비 공을 긴 주축을 축으로 회전시키면 회전이 안정적이 됨을 미식축구 선수들은 이용한다.

---

[18]관성모멘트 행렬은 회전하는 물체의 운동에너지 $T = 1/2\langle \boldsymbol{\omega}|\mathsf{I}|\boldsymbol{\omega}\rangle$로부터 유도할 수도 있으며 이 식은 (3.130)식의 $\hat{\mathbf{n}}$을 $|\boldsymbol{\omega}\rangle$로 치환한 것이다.

■ 고유벡터(Eigenvector)와 고유값(Eigenvalue)

주축의 문제를 기하학적으로 고려해 보자. 관성모멘트행렬 **I**의 양쪽에 단위벡터 $\hat{\mathbf{n}} = (n_1, n_2, n_3)$를 곱하면

$$\langle \hat{\mathbf{n}} | \mathsf{I} | \hat{\mathbf{n}} \rangle = (n_1, n_2, n_3) \begin{pmatrix} I_{11} & I_{12} & I_{13} \\ I_{21} & I_{22} & I_{23} \\ I_{31} & I_{32} & I_{33} \end{pmatrix} \begin{pmatrix} n_1 \\ n_2 \\ n_3 \end{pmatrix} = I \tag{3.130}$$

가 된다. 이때 **I**를 $\hat{\mathbf{n}}$방향의 관성모멘트라 한다. 행렬의 곱을 전개하면

$$I = I_{11}n_1^2 + I_{22}n_2^2 + I_{33}n_3^2 + 2I_{12}n_1n_2 + 2I_{13}n_1n_3 + 2I_{23}n_2n_3 \tag{3.131}$$

가 되는데, 이는 미지수 n_i들에 대한 양수의 값을 가지는 이차형식이며 이 식의 해는 타원체이다(그림 3.9). 해석기하에서 배웠듯이 그리고 예제 1.5.3에서 보았듯이, 좌표계를 회전시켜서 좌표축이 타원체의 축들과 일치하게 할 수 있다. 간단한 경우, 특히 강체에 대칭성이 있을 경우에는 주축이라 불리는 타원체의 축들을 강체의 형태로부터 짐작할 수 있다. 이 타원체는 예제 1.5.3의 3차원의 경우에 해당한다. 따라서, 단위벡터 $\hat{\mathbf{n}}$을 변수로 하여 I_n의 국부적 극점을 찾음으로써 축들을 찾을 수 있다. 단, $\hat{\mathbf{n}}$이 단위벡터이므로 $\hat{\mathbf{n}}^2 = 1$이라는 조건 하에서의 그 점을 찾아야 하므로, 예제 1.5.4에서 처럼 라그랑지 곱수(Lagrange multiplier) λ를 이용하여야 한다. $\langle \hat{\mathbf{n}} | \mathsf{I} | \hat{\mathbf{n}} \rangle - \lambda \langle \hat{\mathbf{n}} | \hat{\mathbf{n}} \rangle$을 미분하면,

$$\frac{\partial}{\partial n_j}(\langle \hat{n} | \mathsf{I} | \hat{n} \rangle - \lambda \langle \hat{n} | \hat{n} \rangle) = 2\sum_k I_{jk}n_k - 2\lambda n_j = 0, \ j = 1, 2, 3 \tag{3.132}$$

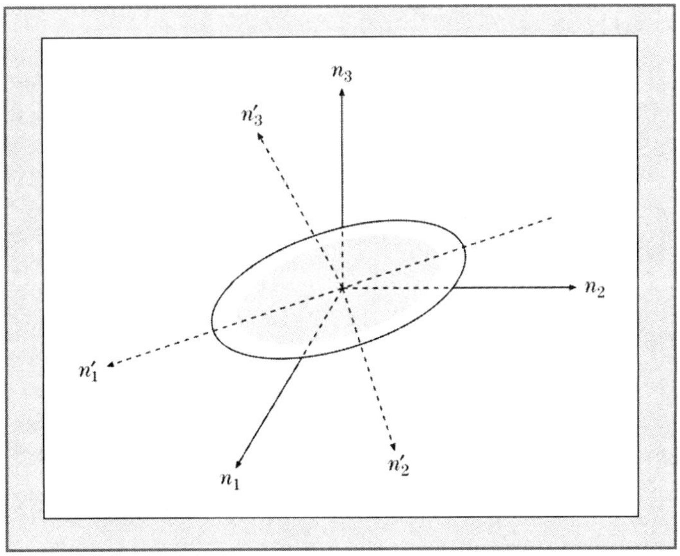

그림 3.9
관성모멘트 타원체

이 되고 이로부터 고유값의 식인

$$\mathsf{I}|\hat{\mathbf{n}}\rangle = \lambda|\hat{\mathbf{n}}\rangle \tag{3.133}$$

을 얻는다. 오직 기하학적인 방법으로도 같은 결과를 얻을 수 있다. 이제 기하학적 방법으로 대각원소들과 주축을 구하여 보자.

$\mathsf{R}^{-1} = \tilde{\mathsf{R}}$을 만족하는 실수직교행렬 R에 의하여 회전된 좌표계의 축이 강체의 주축과 일치한다고 하자. 임의의 단위벡터 $\hat{\mathbf{n}}$을 회전된 좌표계에서 읽으면 그 성분은 $\hat{\mathbf{n}}' = \mathsf{R}\hat{\mathbf{n}}$, 또는 디락의 표기법으로, $|\hat{\mathbf{n}}'\rangle = \mathsf{R}|\hat{\mathbf{n}}\rangle$이 된다. $\langle\hat{\mathbf{n}}'|\mathsf{R} = \langle\hat{\mathbf{n}}|$를 (3.130)식에 대입하면

$$\langle\hat{\mathbf{n}}|\mathsf{I}|\hat{\mathbf{n}}\rangle = \langle\hat{\mathbf{n}}'|\mathsf{R}\mathsf{I}\tilde{\mathsf{R}}|\hat{\mathbf{n}}'\rangle = I_1'n_1'^2 + I_2'n_2'^2 + I_3'n_3'^2 \tag{3.134}$$

을 얻고 여기서 $I_i' > 0$는 주관성모멘트들이다. (3.134)식의 관성모멘트행렬은

$$\mathsf{I}' = \mathsf{R}\mathsf{I}\tilde{\mathsf{R}} = \begin{pmatrix} I_1' & 0 & 0 \\ 0 & I_2' & 0 \\ 0 & 0 & I_3' \end{pmatrix} \tag{3.135}$$

이다. $\mathsf{R}^{-1} = \tilde{\mathsf{R}}$을 이용하여 이 식을 다시 쓰면

$$\tilde{\mathsf{R}}\mathsf{I}' = \mathsf{I}\tilde{\mathsf{R}} \tag{3.136}$$

이 되고, 이 식을 $\tilde{\mathsf{R}} = (\mathbf{v}_1,\ \mathbf{v}_2,\ \mathbf{v}_3)$의 세 개의 열벡터에 대한 식으로 분리하면

$$\mathsf{I}\mathbf{v}_i = I_i'\mathbf{v}_i, \quad i = 1, 2, 3 \tag{3.137}$$

이 된다. 이 식에서 I_i'은 **고유값(eigenvalue)**이고 $\mathbf{v}_i$는 **고유벡터(eigenvector)**이다. 이들 이름은 양자역학의 독일 저서에서 유래되었다. 이 식은 선형적이고 상수항이 없으므로 (주어진 i에 대하여) 3.1절에서 보았듯이 (영이 아닌 해가 존재하기 위해서는) 미지수 계수들의 행렬식이 영이어야 한다:

$$\begin{vmatrix} I_{11} - I_i' & I_{12} & I_{13} \\ I_{12} & I_{22} - I_i' & I_{23} \\ I_{13} & I_{23} & I_{33} - I_i' \end{vmatrix} = 0. \tag{3.138}$$

고유값 I_i' 대신에 변수 λ와 단위행렬의 곱을 사용하면 (3.137)식은

$$(\mathsf{I} - \lambda 1)|\mathbf{v}\rangle = 0 \tag{3.139}$$

으로 쓰여지고 (3.138)식은

$$|\mathsf{I} - \lambda 1| = 0 \tag{3.140}$$

으로 표현되어 λ에 대한 3차 다항식이 된다. 이 다항식의 세 개의 해가 바로 I_i'의 값들이다. 이 값들을 하나씩 (3.137)식[또는 (3.139)식]에 대입하면서 해당하는 고유벡터들을 구할 수 있다.

(3.138)식[또는 (3.140)식]은 천문학 이론에 응용되었던 이유로 **영년(secular) 방정식**으로 알려져 있다.[19] 이 방법은 양자역학에서 각운동량이나 에너지와 같은 물리량연산자들의 고유값과 고유벡터들을 구하는 데 사용된다. 같은 방법으로 임의의 실수대칭행렬의 고유값을 구할 수 있으며, 이 경우 고유값이 실수이긴 하나 양수가 아닐 수도 있다. (3.137)식은 상수항이 영인 방정식이므로 고유벡터의 길이가 1이 되도록 규격화할 수 있다. 행렬 R의 직교성인 (3.86)~(3.89)식에 의하여 기하적으로 세 벡터 $\mathbf{v}_i$들은 서로 직교하는 단위벡터이다. (두 고유벡터의 고유값이 같은 수가 있다. 이 경우 겹친 고유값이라 한다.) 이 벡터들은 새로운 좌표계를 형성한다. 만약 $I'_i \neq I'_j$이면 $\mathbf{v}_i$와 $\mathbf{v}_j$가 서로 직교하다는 사실은 (3.137)식과 I의 대칭성을 이용하여 보일 수 있다. (3.137)식으로부터,

$$\langle \mathbf{v}_j|\mathsf{I}|\mathbf{v}_i\rangle = I'_i\mathbf{v}_j\cdot\mathbf{v}_i = \langle \mathbf{v}_i|\mathsf{I}|\mathbf{v}_j\rangle = I'_j\mathbf{v}_i\cdot\mathbf{v}_j \tag{3.141}$$

가 되고, $I'_i \neq I'_j$이므로 $(I'_j - I'_i)\mathbf{v}_i\cdot\mathbf{v}_j = 0$은 $\mathbf{v}_i\cdot\mathbf{v}_j = 0$을 의미한다.

■ 에르미트 행렬

복소수 공간에서의 에르미트 행렬과 유니타리 행렬은 각각 실수 벡터공간에서의 대칭행렬과 직교행렬에 해당한다. 우선, 위의 실수 대칭행렬의 고유값 방정식과 주축에 대한 이론을 복소수의 경우로 일반화시켜 보자.

$$\mathsf{A}|\mathbf{r}\rangle = \lambda|\mathbf{r}\rangle. \tag{3.142}$$

A가 에르미트 행렬이면[20] 고유값들이 실수이고 고유벡터들이 서로 직교임을 증명해 보겠다.

에르미트 행렬 A의 두 고유값 λ_i와 λ_j에 해당하는 고유벡터를 각각 $|\mathbf{r}_i\rangle$, $|\mathbf{r}_j\rangle$라 하자. 그러면,

$$\mathsf{A}|\mathbf{r}_i\rangle = \lambda_i|\mathbf{r}_i\rangle, \tag{3.143}$$

$$\mathsf{A}|\mathbf{r}_j\rangle = \lambda_j|\mathbf{r}_j\rangle \tag{3.144}$$

가 될 것이다. (3.143)식에 $\langle\mathbf{r}_j|$를 곱하고,

$$\langle\mathbf{r}_j|\mathsf{A}|\mathbf{r}_i\rangle = \lambda_i\langle\mathbf{r}_j|\mathbf{r}_i\rangle. \tag{3.145}$$

(3.144)식에 $\langle\mathbf{r}_i|$를 곱한다:

$$\langle\mathbf{r}_i|\mathsf{A}|\mathbf{r}_j\rangle = \lambda_j\langle\mathbf{r}_i|\mathbf{r}_j\rangle. \tag{3.146}$$

이 식에 수반을[21] 취하면,

---

[19] ω의 방향이 주축 중의 한 방향과 같을 경우의 (3.127)식이 이러한 형태가 된다. 이 경우 $\mathbf{L} = \lambda\omega$이고 $\mathsf{I}\omega = \lambda\omega$가 된다. 이 식의 λ를 수학적으로 **특성값**이라고 하고 ω를 **특성벡터**라 한다.

[20] 만약 A가 실수행렬인 경우에는 에르미트 행렬 조건 대신 대칭행렬이면 된다.

[21] 복소수 벡터의 경우 $\langle\mathbf{r}_j| = |\mathbf{r}_j\rangle^\dagger$이고, $(\mathsf{A} - \lambda\cdot 1)^\dagger = \mathsf{A} - \lambda^*\cdot 1$이므로 $\langle\mathbf{r}|(\mathsf{A} - \lambda\cdot 1) = 0$임에 유의하여라.

$$\langle \mathbf{r}_j|\mathsf{A}^\dagger|\mathbf{r}_i\rangle = \lambda_j^*\langle \mathbf{r}_j|\mathbf{r}_i\rangle \tag{3.147}$$

가 되는데, A가 에르미트이므로 이 식은

$$\langle \mathbf{r}_j|\mathsf{A}|\mathbf{r}_i\rangle = \lambda_j^*\langle \mathbf{r}_j|\mathbf{r}_i\rangle \tag{3.148}$$

가 된다. (3.147)식에서 (3.148)식을 빼면,

$$(\lambda_i - \lambda_j^*)\langle \mathbf{r}_j|\mathbf{r}_i\rangle = 0 \tag{3.149}$$

을 얻는다. 이 식은 모든 i, j에 대하여 성립한다. 우선 $j=i$라 두자. 그러면 (3.149)식은

$$(\lambda_i - \lambda_i^*)\langle \mathbf{r}_i|\mathbf{r}_i\rangle = 0 \tag{3.150}$$

이 된다. $\langle \mathbf{r}_i|\mathbf{r}_i\rangle = 0$의 해는 $[\langle \mathbf{r}_i| = (0,\ 0,\ 0)]$이라는 (3.143)식의 뻔한 풀이에 해당하므로,

$$\lambda_i = \lambda_i^* \tag{3.151}$$

라는 결론을 내릴 수 있다. 즉, 모든 i에 대하여 λ_i는 실수이다.

다음, $i \neq j$이고 $\lambda_i \neq \lambda_j$인 경우를 고려하자. (3.153)식은

$$(\lambda_i - \lambda_j)\langle \mathbf{r}_j|\mathbf{r}_i\rangle = 0, \tag{3.152}$$

또는

$$\langle \mathbf{r}_j|\mathbf{r}_i\rangle = 0 \tag{3.153}$$

이 되며, 이 식은 복소수 공간에서의 직교성을 나타낸다.[22] 따라서, 다른 고유값에 해당하는 두 고유벡터는 서로 직교함을 말한다.

만약 $i \neq j$이고 $\lambda_i = \lambda_j$인 경우 (겹칠 경우), $|\mathbf{r}_i\rangle$와 $|\mathbf{r}_j\rangle$가 서로 직교하지 않지만, 두 고유벡터가 직교하도록 **할 수 있다.**[23] 관성모멘트와 관련된 물리문제를 다시 고려하자. 만약 x_1이 강체의 회전 대칭축이라면, $\lambda_2 = \lambda_3$가 된다. 고유벡터 $|\mathbf{r}_2\rangle$와 $|\mathbf{r}_3\rangle$는 회전축에 해당하는 $|\mathbf{r}_1\rangle$과 수직일 것이다. 하지만 $|\mathbf{r}_2\rangle$와 $|\mathbf{r}_3\rangle$는 $|\mathbf{r}_1\rangle$에 수직인 면 위의 아무 벡터이어도 된다. 즉, $|\mathbf{r}_2\rangle$와 $|\mathbf{r}_3\rangle$의 임의의 선형 합도 고유벡터가 된다. 임의의 상수 a_2와 a_3에 대하여 $(a_2|\mathbf{r}_2\rangle + a_3|\mathbf{r}_3\rangle)$를 고려하자. 그러면,

$$\begin{aligned}\mathsf{A}(a_2|\mathbf{r}_2\rangle + a_3|\mathbf{r}_3\rangle) &= a_2\lambda_2|\mathbf{r}_2\rangle + a_3\lambda_3|\mathbf{r}_3\rangle \\ &= \lambda_2(a_2|\mathbf{r}_2\rangle + a_3|\mathbf{r}_3\rangle)\end{aligned} \tag{3.154}$$

가 될 것이다. 이는 x_1이 회전대칭축이라는 사실로부터 짐작되는 사실이다. 따라서, $|\mathbf{r}_1\rangle$과

[22]미분 연산자에 해당하는 관련된 이론(Sturm-Liouville theory)은 9.2절에서 다루겠다.

[23]우리는 여기서 고유값 λ_i가 n번 겹칠 경우에는 해당하는 고유벡터들이 n차원 벡터 공간은 펼친다고 가정한다. 이는 원래 행렬에 모수 ε을 이용하여 겹침을 제거한 후에 다시 ε을 영으로 접근시키는 과정에서 설명된다. 이러한 겹침 제거는 외부 자기장을 가해줌으로써 원자의 에너지 겹침을 제거하는 것과 유사하다.

$|\mathbf{r}_2\rangle$가 주어지면 $|\mathbf{r}_3\rangle$는 $|\mathbf{r}_1\rangle$에 수직한 면에서 $|\mathbf{r}_2\rangle$에 수직하게 택함으로써 모두 서로 직교하게 선택할 수 있게 된다. 9.3절에서는 그램-슈미트 과정(Gram-Schmidt process)이라 불리는 일반화된 직교화 방법을 함수들에 적용할 것이며 이 방법은 벡터들에도 적용된다.

$n\times n$ 에르미트 행렬의 n개의 서로 수직인 고유벡터들은 n차원 (복소수) 공간을 펼치는 **완전집합(complete set)**을 이룬다. 에르미트가 아닌 행렬에 대해서도 고유값과 고유벡터는 정의된다. 모든 행렬은 하나의 고유값과 고유벡터를 가진다. 그러나, 에르미트 행렬만이 서로 직교하는 고유벡터들을 **그리고** 실수 고유값들을 가진다.

■ 반에르미트 행렬

양자이론에서 간혹 반에르미트 행렬을 접할 수 있다:

$$\mathsf{A}^\dagger = -\mathsf{A}.$$

앞에서와 유사한 방식으로 반에르미트 행렬에 대한 다음의 두 가지의 사실을 증명할 수 있다.

(1) 고유값은 순허수(또는 영)이다.
(2) 고유값이 다른 두 고유벡터는 서로 직교한다.

유니타리 행렬 R은 규격화된 직교벡터들로 되어 있으며 반에르미트성은 유니타리 변환에 불변이다.

예제 3.5.1 **실수대칭행렬의 고유값과 고유벡터**

다음 행렬의 고유값과 고유벡터를 구하여라.

$$\mathsf{A} = \begin{pmatrix} 0 & 1 & 0 \\ 1 & 0 & 0 \\ 0 & 0 & 0 \end{pmatrix}. \tag{3.155}$$

영년(secular) 방정식이

$$\begin{vmatrix} -\lambda & 1 & 0 \\ 1 & -\lambda & 0 \\ 0 & 0 & -\lambda \end{vmatrix} = 0 \tag{3.156}$$

과 같이 되고, 이는 다시

$$-\lambda(\lambda^2 - 1) = 0 \tag{3.157}$$

으로 쓸 수 있다. 이 식의 해는 $\lambda = -1,\ 0,\ 1$이다. $\lambda = -1$에 해당하는 고유벡터를 구해보자. 그러기 위하여 다음의 식에 고유값을 대입하면 된다[(3.142)식].

$$\begin{pmatrix} -\lambda & 1 & 0 \\ 1 & -\lambda & 0 \\ 0 & 0 & -\lambda \end{pmatrix} \begin{pmatrix} x \\ y \\ z \end{pmatrix} = \begin{pmatrix} 0 \\ 0 \\ 0 \end{pmatrix}. \tag{3.158}$$

$\lambda = -1$을 대입하면

$$x + y = 0, \quad z = 0 \tag{3.159}$$

이 되며, 임의의 척도인자, 또는 부호 (위상인자) 범위 내에서는 $\langle \mathbf{r}_1 | = (1,\ -1,\ 0)$으로 둘 수 있다. 이 고유벡터는 전체 벡터공간 중에 일차원 공간인 선을 정의하며, 음 또는 양의 개념은 결정되지 않는다. 이러한 측면은 (3.158)식이 상수항이 없는, $|\mathbf{r}\rangle$에 대하여 동차 방정식이라는 점에서 읽을 수 있다. $\langle \mathbf{r}_1|$에 영이 아닌 상수를 곱하여도 여전히 고유벡터가 된다. 편의상, 고유벡터가 단위벡터가 되어 $\langle \mathbf{r}_1 | \mathbf{r} \rangle = 1$이 되도록 하자. 그러면,

$$\langle \mathbf{r}_1 | = \left(\frac{1}{\sqrt{2}}, \frac{-1}{\sqrt{2}}, 0 \right) \tag{3.160}$$

이 될 것이다. $\lambda = 0$인 경우, (3.158)식은

$$y = 0, \quad x = 0 \tag{3.161}$$

이 되고, $\langle \mathbf{r}_2 | = (0,\ 0,\ 1)$로 둘 수 있다. 끝으로, $\lambda = 1$인 경우

$$-x + y = 0, \quad z = 0 \tag{3.162}$$

이 되고, 따라서,

$$\langle \mathbf{r}_3 | = \left(\frac{1}{\sqrt{2}}, \frac{1}{\sqrt{2}}, 0 \right) \tag{3.163}$$

으로 둘 수 있다. 이들 세 고유벡터 $\mathbf{r}_1$, $\mathbf{r}_2$ 그리고 $\mathbf{r}_3$가 서로 직교함은 쉽게 보일 수 있다. ■

예제 3.5.2 겹친 고유값

다음의 행렬을 고려하자:

$$\mathsf{A} = \begin{pmatrix} 1 & 0 & 0 \\ 0 & 0 & 1 \\ 0 & 1 & 0 \end{pmatrix}. \tag{3.164}$$

영년 방정식은

$$\begin{vmatrix} 1-\lambda & 0 & 0 \\ 0 & -\lambda & 1 \\ 0 & 1 & -\lambda \end{vmatrix} = 0 \tag{3.165}$$

이 되고, 이는 다시

$$(1-\lambda)(\lambda^2-1)=0, \quad \lambda=-1, 1, 1 \tag{3.166}$$

이 된다. 이 식의 해는 $\lambda=-1, 1, 1$이 되어 겹치게 된다. $\lambda=-1$에 해당하는 고유벡터는 (3.142)식으로부터

$$2x=0, \quad y+z=0 \tag{3.167}$$

이 되어, 규격화된 고유벡터

$$\langle \mathbf{r}_1| = \left(0, \frac{1}{\sqrt{2}}, \frac{-1}{\sqrt{2}}\right) \tag{3.168}$$

을 얻을 수 있다. $\lambda=1$에 해당하는 고유벡터에 대해서는

$$-y+z=0 \tag{3.169}$$

이라는 식을 얻는데, $\mathbf{r}_1$에 직교하는 어떤 벡터라도 위의 식을 만족한다. 따라서 (3.169)식을 만족하는 벡터의 개수는 무한대이다. 이제, $\mathbf{r}_2$를

$$\langle \mathbf{r}_2| = \left(0, \frac{1}{\sqrt{2}}, \frac{1}{\sqrt{2}}\right) \tag{3.170}$$

로 선택하자. 이 선택은 당연히 (3.169)식을 만족한다. 나머지 고유벡터 $\mathbf{r}_3$는 $\mathbf{r}_1$과 직교해야 한다. $\mathbf{r}_2$에는 직교하지 않아도 되지만, 직교하게 선택한다면,[24]

$$\mathbf{r}_3 = \mathbf{r}_1 \times \mathbf{r}_2 = (1, 0, 0) \tag{3.171}$$

이 될 것이다. ■

■ 진동의 기준방식(normal mode)

이산화탄소 분자의 고전모형의 진동을 고려하자. 이 문제는 행렬방법을 응용할 수 있는 좋은 예이다. 이 문제는 대칭성이 없는 실수행렬의 고유값과 고유벡터에 대한 예이기도 하다.

예제 3.5.3　　기준방식

그림 3.10처럼 x축 상에 용수철로 연결되어 있는 세 개의 입자들을 고려하자. 용수철의 힘은 선형적(진폭이 작음, 후크의 법칙)이고 입자들은 축을 벗어나지 않는다고 가정하자.

각 입자의 위치를 x_1, x_2, x_3라 하고, 뉴턴의 제2법칙을 이용하면

[24] 가위곱의 활용은 3차원 공간에 한정되어 있다 (1.3절 참조).

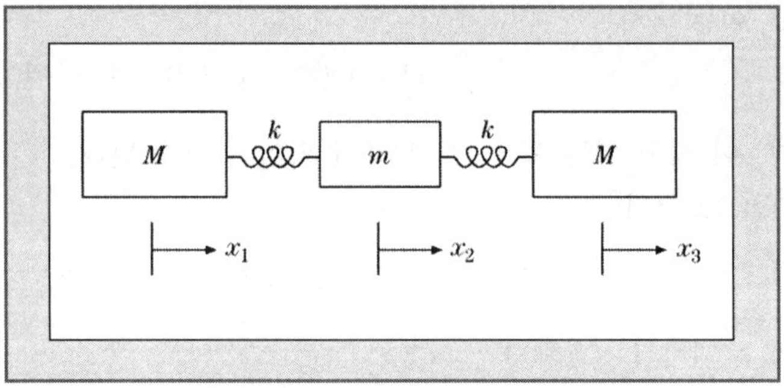

그림 3.10
이중 진동자

$$\begin{aligned}\ddot{x}_1 &= -\frac{k}{M}(x_1 - x_2)\\ \ddot{x}_2 &= -\frac{k}{m}(x_2 - x_1) - \frac{k}{m}(x_2 - x_3)\\ \ddot{x}_3 &= -\frac{k}{M}(x_3 - x_2)\end{aligned} \tag{3.172}$$

라는 식을 얻는다. 입자들이 진동운동을 할 것이다. 모든 입자들이 같은 주기로 진동하는 경우에 해당하는 위 방정식의 해를 **기준방식**이라 한다. 이 주기를 ω라 하자. 이를 구하기 위하여,

$$x_i = x_{i0}e^{i\omega t}, \quad i = 1, 2, 3$$

이라 두고 이를 (3.172)식에 대입하면

$$\begin{pmatrix} \frac{k}{M} & -\frac{k}{M} & 0 \\ -\frac{k}{m} & \frac{2k}{m} & -\frac{k}{m} \\ 0 & -\frac{k}{M} & \frac{k}{M} \end{pmatrix}\begin{pmatrix} x_1 \\ x_2 \\ x_3 \end{pmatrix} = +\omega^2\begin{pmatrix} x_1 \\ x_2 \\ x_3 \end{pmatrix} \tag{3.173}$$

를 얻는다. 여기서, 양변의 공통인자 $e^{i\omega t}$를 소거하였다. 이 식은 비대칭 행렬의 고유값 문제이다. 따라서, 고유벡터들이 서로 직교하지 않을 것이다. 영년 방정식은

$$\begin{vmatrix} \frac{k}{M} - \omega^2 & -\frac{k}{M} & 0 \\ -\frac{k}{m} & \frac{2k}{m} - \omega^2 & -\frac{k}{m} \\ 0 & -\frac{k}{M} & \frac{k}{M} - \omega^2 \end{vmatrix} = 0 \tag{3.174}$$

이고, 이로부터

$$\omega^2\left(\frac{k}{M} - \omega^2\right)\left(\omega^2 - \frac{2k}{m} - \frac{k}{M}\right) = 0$$

을 얻는다. 고유값은 실수이며

$$\omega^2 = 0, \quad \frac{k}{M}, \quad \frac{k}{M} + \frac{2k}{m}$$

이다.

각 고유값에 해당하는 고유벡터는 (3.173)식에 고유값을 대입하여 구한다. $\omega^2 = 0$일 경우,

$$x_1 - x_2 = 0, \qquad -x_1 + 2x_2 - x_3 = 0, \qquad -x_2 + x_3 = 0$$

이 되어,

$$x_1 = x_2 = x_3$$

라는 결과가 나온다.

이는 세 입자가 상대적인 진동운동은 없이 단순히 병진운동만하는 경우에 해당한다.

$\omega^2 = k/M$인 경우, (3.173)식은

$$x_1 = -x_3, \quad x_2 = 0$$

이 된다. 이는 밖의 두 입자는 서로 반대방향으로 대칭적으로 진동하고 가운데 입자는 정지해 있는 운동에 해당한다.

$\omega^2 = k/M + 2k/m$인 경우의 고유벡터의 성분은

$$x_1 = x_3, \quad x_2 = -\frac{2M}{m} x_1$$

이 된다. 밖의 두 입자는 같은 방향으로 진동하고, 가운데 입자는 밖의 입자들의 운동에 반대 방향으로 진동한다.

세 입자들의 일반적인 운동은 이들 세 기준방식(병진운동과 두 진동운동)들의 선형결합으로 주어진다. ■

■ 불완전-조건계(Ill-conditioned system)

다음의 행렬의 식으로 주어진 일차방정식을 고려하자.

$$\mathsf{A}|\mathbf{x}\rangle = |\mathbf{y}\rangle \text{ 또는 } \mathsf{A}^{-1}|\mathbf{y}\rangle = |\mathbf{x}\rangle. \tag{3.175}$$

여기서 A와 $|\mathbf{y}\rangle$는 주어지고 $|\mathbf{x}\rangle$는 변수라 하자. 경우에 따라서는, $|\mathbf{y}\rangle$를 약간 변화시킬 때, $|\mathbf{x}\rangle$가 많이 변하는 수가 있다. 이 경우 행렬 A를 불완전-조건적(ill-conditioned)이라 한다. $|\mathbf{x}\rangle$의 변화를 $|\delta\mathbf{x}\rangle$라 하고 $|\mathbf{y}\rangle$의 변화를 $|\delta\mathbf{y}\rangle$라 할 때, 상대적인 변화에 대한 다음 식

$$\left[\frac{\langle\delta\mathbf{x}|\delta\mathbf{x}\rangle}{\langle\mathbf{x}|\mathbf{x}\rangle}\right]^{1/2} \le K(\mathsf{A})\left[\frac{\langle\delta\mathbf{y}|\delta\mathbf{y}\rangle}{\langle\mathbf{y}|\mathbf{y}\rangle}\right]^{1/2} \tag{3.176}$$

에서 A의 성질을 나타내는 $K(\mathsf{A})$를 **조건수(condition number)**라 한다. A가 에르미트인 경우

의 조건수의 한 형태는[25]

$$K(\mathsf{A}) = \frac{|\lambda|_{\max}}{|\lambda|_{\min}} \tag{3.177}$$

으로 주어지며, 튜링(Turing)의[26] 근사식에 의하여

$$K(\mathsf{A}) = n[A_{ij}]_{\max}\left[A_{ij}^{-1}\right]_{\max} \tag{3.178}$$

로 쓸 수 있다. 여기서, n은 행렬의 차원을 내타내는 수이고, $[A_{ij}]_{\max}$는 행렬 A의 원소들의 절대치값의 최대치이다.

예제 3.5.4 불완전-조건 행렬

불완전-조건 행렬의 예로 힐버트(Hilbert) 행렬 $H_{ij} = (i+j-1)^{-1}$을 들 수 있다. 차원이 4인 힐버트 행렬 H_4는 3차 다항식의 최소제곱 맞추기(least-square fit)에 등장한다.

$$\mathsf{H}_4 = \begin{pmatrix} 1 & \frac{1}{2} & \frac{1}{3} & \frac{1}{4} \\ \frac{1}{2} & \frac{1}{3} & \frac{1}{4} & \frac{1}{5} \\ \frac{1}{3} & \frac{1}{4} & \frac{1}{5} & \frac{1}{6} \\ \frac{1}{4} & \frac{1}{5} & \frac{1}{6} & \frac{1}{7} \end{pmatrix}. \tag{3.179}$$

H_n의 역행렬의 원소는

$$\left(\mathsf{H}_n^{-1}\right)_{ij} = \frac{(-1)^{i+j}}{i+j-1} \cdot \frac{(n+i-1)!(n+j-1)!}{[(i-1)!(j-1)!]^2(n-i)!(n-j)!} \tag{3.180}$$

로 주어진다. $n=4$이면

$$\mathsf{H}_4^{-1} = \begin{pmatrix} 16 & -120 & 240 & -140 \\ -120 & 1200 & -2700 & 1680 \\ 240 & -2700 & 6480 & -4200 \\ -140 & 1680 & -4200 & 2800 \end{pmatrix} \tag{3.181}$$

이 될 것이다. (3.179)식과 (3.181)식으로부터, 튜링 근사식에 의한 H_4의 조건수는

$$K_{\text{튜링}} = 4 \times 1 \times 6480 = 2.59 \times 10^4$$

이 된다. ■

---

[25] Forsythe, G. E., and Moler, C. B. (1967). *Computer Solution of Linear Algebraic Systems*. Prentice Hall, Englewood Cliffs, NJ.

[26] Compare Todd, J., *The Condition of the Finite Segments of the Hilbert Matrix*, Applied Mathematics Series No. 313. National Bureau of Standards, Washington, DC.

이는 H_4가 불완전-조건이라는 사실을 말하며, 자료 입력 시의 약간의 실수가 계산 후의 출력 결과에는 26,000배의 오차가 생길 수 있다는 경고이다. 이러한 불완전-조건 문제에 접했을 경우의 해결책은 (포기하는 것을 제외하고) 다음의 두 가지이다:

(1) 다른 수학적인 방법을 택한다.
(2) 중요성의 순서대로 배열한 다음 무조건적으로 계산을 수행한다.

앞에서 보았듯이, 행렬의 고유값과 고유벡터에 관한 기술은 행렬의 문제에만 한정되지 않는다.

■ 행렬의 함수

하나 또는 여러 개의 행렬을 변수로 취하는 다항식은 잘 정의되며, 이러한 경우가 자주 등장한다. 행렬의 지수급수도 수렴하는 경우(5장 참조)에는 정의될 수 있다. 예를 들어서, 임의의 $n\times n$ 행렬 A의 지수급수

$$\exp(\mathsf{A}) = \sum_{i=0}^{\infty} \frac{1}{i!}\mathsf{A}^i, \tag{3.182a}$$

$$\sin(\mathsf{A}) = \sum_{i=0}^{\infty} \frac{(-1)^i}{(2i+1)!}\mathsf{A}^{2i+1}, \tag{3.182b}$$

$$\cos(\mathsf{A}) = \sum_{i=0}^{\infty} \frac{(-1)^i}{(2i)!}\mathsf{A}^{2i} \tag{3.182c}$$

는 잘 정의된다. 파울리 행렬 σ_k와 실수 θ에 대한 **오일러 항등식**은

$$\exp(i\sigma_k\theta) = 1_2\cos\theta + i\sigma_k\sin\theta \tag{3.183}$$

이다. 여기서, $k=1$, 2 또는 3이며, 이 식은 $\sigma_k^2=1$을 이용하여 매클로린 급수의 짝수 항들과 홀수 항들을 따로 합하면 나온다.

$$\begin{aligned} e^{i\sigma_k\theta} &= \sum_{n=0}^{\infty}\frac{1}{n!}(i\sigma_k\theta)^n = \sum_{m=0}^{\infty}\frac{i^{2m}}{(2m)!}(\sigma_k)^{2m}\theta^{2m} \\ &\quad + \sum_{m=0}^{\infty}\frac{i^{2m+1}}{(2m+1)!}(\sigma_k)^{2m+1}\theta^{2m+1} \\ &= \sum_{m=0}^{\infty}\frac{(-1)^m}{(2m)!}\theta^{2m} + i\sigma_k\sum_{m=0}^{\infty}\frac{(-1)^m}{(2m+1)!}\theta^{2m+1}. \end{aligned}$$

예제 3.5.5 **대각행렬의 지수함수**

A가 $\sigma_3 = \begin{pmatrix} 1 & 0 \\ 0 & -1 \end{pmatrix}$처럼 대각행렬이라면 그것의 n승도 대각행렬이며, 대각원소는 원래의 대각원소들의 n승이다: $(\sigma_3)^n = \begin{pmatrix} 1 & 0 \\ 0 & (-1)^n \end{pmatrix}$. 각 대각원소들을 합해서 구하면

$$e^{\sigma_3} = \begin{pmatrix} \sum_{n=0}^{\infty} \frac{1}{n!} & 0 \\ 0 & \sum_{n=0}^{\infty} \frac{(-1)^n}{n!} \end{pmatrix} = \begin{pmatrix} e & 0 \\ 0 & \frac{1}{e} \end{pmatrix}$$

이 된다. 만약 $\mathsf{A} = [a_1, a_2, \cdots, a_n]$인 대각원소가 a_j인 대각행렬이라면, $\mathsf{A}^m = [a_1^m, a_2^m, \cdots, a_n^m]$이 된다. 따라서 e^{A}는 대각원소별로 합하여 $e^{\mathsf{A}} = [e^{a_1}, e^{a_2}, \ldots, e^{a_n}]$이 된다. ■

에르미트 행렬 A를 대각화시키는 유니타리 행렬을 U라 하면; $\mathsf{UAU}^\dagger = [a_1, a_2, \ldots, a_n]$, 다음의 **대각공식**

$$\det(\exp(\mathsf{A})) = \exp(\operatorname{trace}(\mathsf{A})) \tag{3.184}$$

를 얻을 수 있다(연습문제 3.5.2와 3.5.9 참조). 이 식은

$$\begin{aligned}\det(\exp(\mathsf{A})) &= \det(\mathsf{U}\exp(\mathsf{A})\mathsf{U}^\dagger) = \det(\exp(\mathsf{UAU}^\dagger)) \\ &= \det(\exp[a_1, a_2, \ldots, a_n] = \det[e^{a_1}, e^{a_2}, \ldots, e^{a_n}] \\ &= \prod e^{a_i} = \exp\left(\sum a_i\right) = \exp(\operatorname{trace}(\mathsf{A}))\end{aligned}$$

로부터 얻는다. 여기서, $\mathsf{UA}^i\mathsf{U}^\dagger = (\mathsf{UAU}^\dagger)^i$와 3.2절의 곱정리를 이용하였다.

또 다른 중요한 관계식으로 **베이커-하우스도르프 공식(Baker-Hausdorff formula)**을 들 수 있다.

$$\exp(i\mathsf{G})\mathsf{H}\exp(-i\mathsf{G}) = \mathsf{H} + [i\mathsf{G}, \mathsf{H}] + \frac{1}{2}[i\mathsf{G}, [i\mathsf{G}, \mathsf{H}]] + \cdots. \tag{3.185}$$

$\exp(iG)$의 전개식과의 곱에서 iG의 차수가 같은 것들 끼리 모아서 정돈하면 위의 식이 된다. 여기서,

$$[\mathsf{G}, \mathsf{H}] = \mathsf{GH} - \mathsf{HG}$$

이며 G와 H의 **교환자(commutator)**라 한다.

앞의 분석은 행렬의 대각화에 있어서의 개념적 연관성을 명확히 보인다는 이점이 있다. 그러나, 크기가 3×3, 또는 4×4로 커질수록 그 과정은 힘들어져서 컴퓨터의 반복법에 의존하게 된다.[27] 한 가지 방법이 실수대칭행렬의 고유값과 고유벡터를 구하는 야코비(Jacobi) 방법이

[27]차원이 증가할수록 영년 방정식은 고유값의 해를 구하는 데 있어서 점점 더 불완전-조건적으로 변한다. 직접 해를 구하는 방법은 정확성이 결여된다. 반복대입법을 이용하여 주어진 행렬을 대각화시키는 방법이 많이 사용된다. 인용문 중에서 Press *et al.*의 2.7절과 2.9절을 참고할 것.

다. 이 야코비 방법과 연립방정식을 푸는 가우스-사이델(Gauss-Seidel) 방법이 완화법(relaxation method)의 예이다. 이 방법들은 반복할 때마다 오차가 줄어드는 반복법이다. 완화법은 편미분방정식의 해를 구하는 데 많이 사용된다.

요 약

실수대칭행렬의 대각화는 그 행렬이 정의하는 이차형식을 주축쪽으로 회전시킨다. 유니타리 행렬은 복소공간에서의 에르미트 행렬에 대하여 같은 작용을 한다. 고유벡터들은 주축을 정의하고, 고유값은 주모멘트를 정의한다. 고유값 문제는 고전물리에서는 진동운동의 기준방식을 찾는 데 등장하고, 양자역학에서는 슈레딩거 방정식의 해를 구하는 데 등장한다.

연습문제

3.5.1 (a) i번째 입자의 각운동량이

$$\mathbf{L}_i = \mathbf{r}_i \times \mathbf{p}_i = m_i \mathbf{r}_i \times (\boldsymbol{\omega} \times \mathbf{r}_i)$$

임을 이용하여 관성모멘트 행렬 I에 대한 다음식을 유도하여라:

$$\mathbf{L} = \mathsf{I}\boldsymbol{\omega},\ |\mathbf{L}\rangle = \mathsf{I}|\boldsymbol{\omega}\rangle.$$

(b) i번째 입자의 운동에너지가

$$T_i = \frac{1}{2} m_i (\boldsymbol{\omega} \times \mathbf{r}_i)^2$$

임을 이용하여 다음식을 보여라.

$$T = \frac{1}{2}\langle \boldsymbol{\omega}|\mathsf{I}|\boldsymbol{\omega}\rangle$$

3.5.2 행렬의 고유값은 닮음변환에 대하여 불변임을 보여라. 이러한 성질은 행렬이 대칭이거나 에르미트가 아니더라도 성립한다. 고유값 방정식[(3.139)식]을 만족하는 모든 행렬은 이 성질을 만족한다. 만약 행렬을 닮음변환으로 대각화할 수 있다면, 다음의 두 가지 결론을 내릴 수 있다.

(1) 행렬의 대각합은 닮음변환에 대하여 불변이다.

(2) 행렬의 행렬식(고유값들의 곱)은 닮음변환에 대하여 불변이다.

주의. 위의 증명을 대각화가 가능한 행렬의 경우와 그렇지 못한 경우를 **구분하여** 따로하라. 닮음변환에 대한 대각합과 행렬식의 값의 불변성은 케일리-해밀턴(Cayley-Hamilton) 정리(행렬은 자기 자신의 특성방정식을 만족시킨다)를 이용하여 보일 수

도 있다.

3.5.3 에르미트 행렬의 고유값은 실수이고 고유벡터들은 서로 직교한다는 사실의 역에 해당하는 다음을 증명하여라. 만약,
(1) 행렬의 모든 고유값이 실수이고,
(2) 고유벡터들이 서로 직교하면 즉, $\mathbf{r}_i^\dagger \mathbf{r}_j = \delta_{ij} = \langle \mathbf{r}_i | \mathbf{r}_j \rangle$이면,
주어진 행렬은 에르미트 행렬임을 보여라.

3.5.4 비대칭인 실수행렬은 직교닮음변환으로 대각화될 수 없음을 보여라.
힌트. 비대칭인 실수행렬은 직교닮음변환으로 대각화될 수 있다고 가정을 한 후 이로부터 유도되는 결과가 모순임을 보여라.

3.5.5 각운동량의 세 성분을 나타내는 J_x, J_y 그리고 J_z는 모두 에르미트 행렬이다. 이로부터, $\mathbf{J}^2$의 고유값이 음수가 아닌 실수임을 보여라. 여기서, $\mathbf{J}^2 = J_x^2 + J_y^2 + J_z^2$이다.

3.5.6 행렬 A의 고유값들은 λ_i이고 고유벡터들은 $|\mathbf{x}_i\rangle$이다. 행렬 A^{-1}의 고유값들은 λ_i^{-1}이고 고유벡터들은 같음을 보여라.

3.5.7 행렬식이 영인 정사각 행렬을 **특이(singular)**하다고 한다.
(a) 만약 A가 특이하다면, 다음을 만족하는 영이 아닌 벡터가 존재함을 보여라:

$$\mathsf{A}|\mathbf{v}\rangle = 0.$$

(b) 만약 $\mathsf{A}|\mathbf{v}\rangle = 0$를 만족하는 영이 아닌 벡터 $|\mathbf{v}\rangle$가 존재한다면, A는 특이한 행렬임을 보여라. 따라서, 만약 행렬(또는 연산자)이 영을 고유값으로 가진다면 이 행렬(연산자)은 역원을 가지지 않으며 행렬식이 영이다.

3.5.8 두 행렬이 한 닮음변환에 의하여 모두 대각화된다면, 두 행렬이 가환임을 보여라. [이 사실은 양자역학의 행렬(Heisenberg)식 표현에 특히 중요하다.]

3.5.9 만약 두 행렬 A와 B의 고유값들이 같으면 이들은 서로 유니타리 닮음변환에 의하여 관계되어진다. 이를 보여라.

3.5.10 질량 m인 입자 하나가 (x, y, z)에 놓여 있을 때, 이 입자의 관성모멘트 행렬의 행렬식이 영임을 보여라. 이 결과를, 행렬식이 닮음변환 또는 좌표의 회전변환에 대하여 불변이라는 사실(연습문제 3.3.10)과 결부시켜서 설명하여라.

3.5.11 단위질량을 가진 8개의 입자가 정육면체의 꼭지점인 $(\pm 1, \pm 1, \pm 1)$에 놓여있다. 관성모멘트 행렬을 구하고 이 행렬의 고유값이 삼중으로 겹침을 보여라. 관성모멘트에 관한 한, 정육면체 형태의 구조는 구형의 대칭성을 가짐을 알 수 있다.

3.5.12 다음의 행렬들의 고유값들과 또 각 고유값에 해당하는 고유벡터들을 구하여라(계산 결과를 확인하는 방법으로 구한 고유값들의 합이 주어진 행렬의 대각성분들의 합과 같은지를 확인하면 된다; 연습문제 3.3.9). 연습문제 3.5.2와 3.5.7에서 보았듯이 행렬식이 영이면 적어도 한 개의 고유값이 영이어야 한다. 답.

$$\mathsf{A} = \begin{pmatrix} 1 & 0 & 1 \\ 0 & 1 & 0 \\ 1 & 0 & 1 \end{pmatrix}. \qquad \lambda = 0, 1, 2.$$

3.5.13 답.

$$\mathsf{A} = \begin{pmatrix} 5 & 0 & \sqrt{3} \\ 0 & 3 & 0 \\ \sqrt{3} & 0 & 3 \end{pmatrix}. \qquad \lambda = 2, 3, 6.$$

3.5.14 답.

$$\mathsf{A} = \begin{pmatrix} 1 & \sqrt{2} & 0 \\ \sqrt{2} & 0 & 0 \\ 0 & 0 & 0 \end{pmatrix}. \qquad \lambda = -1, 0, 2.$$

3.5.15 답.

$$\mathsf{A} = \begin{pmatrix} 1 & 1 & 1 \\ 1 & 1 & 1 \\ 1 & 1 & 1 \end{pmatrix}. \qquad \lambda = 0, 0, 3.$$

3.5.16 $x^2+2xy+2yz+z^2$이라는 식을 회전변환시킨 좌표계에서는 제곱들의 합의 형태인 $x'^2-y'^2+2z'^2$이 된다. 좌표변환의 식을 써라.

3.5.17 다음의 식으로 주어지는 면의 형태를 설명하여라.

$$x^2 + 2xy + 2y^2 + 2xz + z^2 = 1.$$

3차원 공간에 어떻게 배치되어 있는가? 뿔 단면의 형태인가? 그렇다면, 어떤 종류인가?

3.5.18 어떤 2×2 행렬도 두 개의 고유벡터와 또 각 고유벡터에 해당하는 고유값들을 가진다. 이를 보여라. 고유값은 실수가 아닐 수도 있으며, 고유벡터들도 서로 직교하지 않을 수 있고 또 같을 수도 있다.

3.5.19 연습문제 3.5.18의 예로 다음의 행렬의 고유값과 고유벡터를 구하여라.

$$\begin{pmatrix} 2 & 4 \\ 1 & 2 \end{pmatrix}.$$

여기서 두 벡터는 서로 직교하지 **않는다**.

답. $\lambda_1 = 0,\ \langle \mathbf{r}_1| = (2, -1);$
$\lambda_2 = 4,\ \langle \mathbf{r}_2| = (2,\ \ 1).$

3.5.20 A가 2×2 실수행렬이고 이 행렬의 고유값을 λ라 하면 $\lambda^2 - \lambda\ \mathrm{trace}(\mathsf{A}) + \det \mathsf{A} = 0$을 만족함을 보여라.

3.5.21 유니타리 행렬 U가 고유값 방정식 $\mathsf{U}\mathbf{r} = \lambda\mathbf{r}$을 만족한다면, 이 행렬의 고유값들은 크기(절대값)가 1임을 보여라. 실수직교행렬의 경우도 마찬가지이다.

3.5.22 실수 3차원 공간의 회전을 나타내는 직교행렬은 유니타리 행렬의 특수한 경우이므로 직교행렬을 유니타리 변환으로 대각화시킬 수 있다.

(a) 세 고유값들의 합이 $1 + 2\cos\varphi$ 임을 보여라. 여기서 φ는 회전축에 대한 회전각도를 나타낸다.

(b) 한 개의 고유값이 1이라고 주어질 때, 나머지 두 고유값은 $e^{i\varphi}$와 $e^{-i\varphi}$임을 보여라. 직교회전행렬(실수 원소들을 가지는)은 복소수 고유값들을 가진다.

3.5.23 A는 n차원 에르미트 행렬이다. 실수 고유값들을 $\lambda_1 \le \lambda_2 \le \lambda_3 \le \cdots \le \lambda_n$이라 하자. 임의의 단위벡터 (크기가 1인 벡터) $|\mathbf{y}\rangle$에 대하여 $\lambda_1 \le \langle \mathbf{y}|\mathsf{A}|\mathbf{y}\rangle \le \lambda_n$을 증명하여라.

3.5.24 에르미트이면서 동시에 유니타리인 행렬이 있다. 이 행렬의 고유값은 모두 ±1임을 보여라.

주의. 파울리 행렬이 이러한 행렬의 예이다.

3.5.25 행렬 A의 고유값은 1과 −1이고 각각에 해당하는 고유벡터는 $\binom{1}{0}$과 $\binom{0}{1}$이다. A를 찾아라.

답. $\mathsf{A} = \begin{pmatrix} 1 & 0 \\ 0 & -1 \end{pmatrix}.$

3.5.26 비에르미트 행렬 A의 고유값들을 λ_i라 하고, 각 고유값에 해당하는 고유벡터들을 $|\mathbf{u}_i\rangle$라 하자. 이 행렬의 수반행렬 $\mathsf{A}^\dagger$의 고유값들은 같지만 각 고유값에 해당하는 고유벡터들은 원래와 **다른** $|\mathbf{v}_i\rangle$가 된다. 만약 $\lambda_i^* \ne \lambda_j$라면 $\langle \mathbf{v}_i|\mathbf{u}_j\rangle = 0$임을 보여라.

3.5.27 $n \times n$ 행렬 A는 n개의 고유값 A_i를 갖는다. $\mathsf{B} = e^{\mathsf{A}}$라 할 때, B의 고유벡터는 A의 고유벡터와 같으며 B의 고유값은 $B_i = e^{A_i}$임을 보여라.

주의. e^{A}는 다음의 매클로린 전개에 의하여 정의된다.

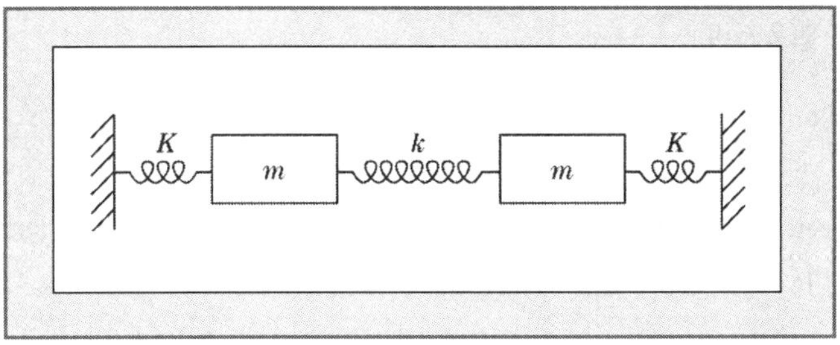

그림 3.11
결합된 조화 진동자

$$e^{\mathsf{A}} = 1 + \mathsf{A} + \frac{\mathsf{A}^2}{2!} + \frac{\mathsf{A}^3}{3!} + \cdots.$$

3.5.28 행렬 P는 $\mathsf{P}^2 = \mathsf{P}$를 만족하는 사영연산자이다. P^2의 고유값 $(\rho^2)_\lambda$와 P의 고유값 $(\rho^2)_\lambda = (\rho_\lambda)^2 = \rho_\lambda$를 만족한다. 이를 보여라. 따라서, P의 고유값은 영 또는 1이다.

3.5.29 **행렬**의 고유벡터–고유값 방정식 $\mathsf{A}|\mathbf{r}_i\rangle = \lambda_i|\mathbf{r}_i\rangle$에서 A는 $n\times n$ 행렬이다. n개의 고유값들이 모두 다르며 그 중에서 λ_1이 가장 크다고 가정하자. λ_1에 해당하는 고유벡터 $|\mathbf{r}_1\rangle$과 거의 같은 벡터 $|\mathbf{r}\rangle$을 고려하자.

$$|\mathbf{r}\rangle = |\mathbf{r}_1\rangle + \sum_{i=2}^{n} \delta_i|\mathbf{r}_i\rangle.$$

다음을 증명하여라.

$$\frac{\langle\mathbf{r}|\mathsf{A}|\mathbf{r}\rangle}{\langle\mathbf{r}|\mathbf{r}\rangle} \le \lambda_1$$

단, 여기서, $|\delta_i| \ll 1$이다.

힌트. n차원 (복소수) 공간의 임의의 벡터는 n개의 고유벡터들 $|\mathbf{r}_i\rangle$들의 선형결합으로 표현된다.

3.5.30 질량이 같은 두 물체가 그림 3.11에서처럼 두 벽 사이에 용수철로 연결되어 있다. 두 물체는 수평방향의 일직선 상에서만 운동하도록 구속이 되어있다고 가정하자.

(a) 각 물체가 만족하는 운동방정식을 써라.

(b) 고유벡터를 구하기 위한 고유방정식을 풀어라.

(c) 고유벡터들을 구하고, 진동운동의 기준방식들을 찾아라.

추가 읽을거리

Aitken A. C. (1956). *Determinants and Matrices*. Interscience, NewYork. Reprinted, Greenwood (1983). 행렬식과 행렬에 관해 읽을 쉬운 입문서.

Barnett, S. (1990). *Matrices: Methods and Applications*. Clarendon, Oxford.

Bickley, W. G., and Thompson, R. S. H. G. (1964). *Matrices—Their Meaning and Manipulation*. Van Nostrand, Princeton, NJ. 물리 문제들에 등장하는 행렬과 이들의 해석적 성질 그리고 수치계산의 기술을 포괄적으로 다룸.

Brown, W. C. (1991). *Matrices and Vector Spaces*. Dekker, New York.

Gilbert, J., and Gilbert, L. (1995). *Linear Algebra and Matrix Theory*. Academic Press, San Diego.

Heading, J. (1958). *Matrix Theory for Physicists*. Longmans, Green, London. 행렬식과 행렬 및 그들의 역학, 전자기학, 특수 상대론 그리고 양자역학에서의 응용을 다룬 읽기 쉬운 입문서.

Vein, R., and Dale, P. (1998). *Determinants and Their Applications in Mathematical Physics*. Springer, Berlin.

Watkins, D. S. (1991). *Fundamentals of Matrix Computations*. Wiley, New York.

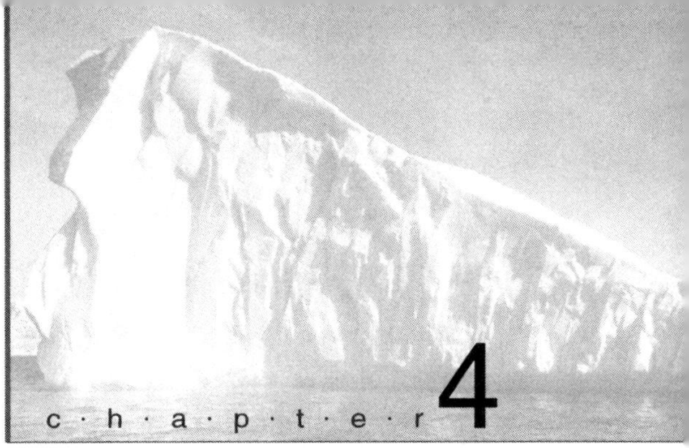

군 론

무엇이 가지런하고 대칭적이고 고상한지에 대한 숙련된 판단력은 자연의 법칙을 이해하는 데 언제나 훌륭한 안내자 역할을 하고 있다.

– Murray Gell-Mann

4.1 서론

고전역학에서 물리계의 **대칭성**은 **보존법칙**을 이끌어 낸다. 각운동량(**L**)의 보존은 공간의 회전 대칭성의 결과이다. 회전 대칭성이란 공간의 회전에 대하여 어떤 물리량들 (예를 들어 $\mathbf{L}^2$) 또는 기하적인 양들(예를 들어 벡터의 길이나 점들 사이의 거리)이 **불변**임을 말한다. 20세기 초반부에 위그너(Wigner) 등은 불변성이야말로 새로운 양자현상을 이해하고 적절한 이론을 개발하는 데 핵심적인 역할을 하는 개념임을 알게 되었다. 예를 들어서, Noether의 정리에 의하여 장론의 라그란지안의 불변성으로부터 보존류를 유도할 수 있다. 따라서, 양자역학에서의 각운동량과 스핀의 개념은 더욱 중요한 역할을 한다. 이것을 일반화한 것들인 핵물리학에서의 **아이소스핀** 그리고 입자물리학에서의 **맛깔 대칭성** 등은 이론을 만들고 또 푸는 데 없어서는 안 될 요소들이다. 고전 전기역학의 **게이지 불변성**의 개념을 아이소스핀 대칭성에 일반화하여 약전자기 게이지 이론이 만들어 졌다.

각 경우 이러한 대칭연산은, 곧 정의될 수학적인 개념인, 군을 형성한다. 군론은 불변성과 대칭성을 다루는 수학적인 도구이다. 그것은 물리에서 많이 사용되는 공간반사(spatial reflection), 또는 홀짝성(parity), 각운동량 그리고 기하학 등을 하나로 묶고 또 도식화한다.

기하학에서의 군론의 근본적인 역할은 한 세기도 더 전에 수학자들에 의하여 알려졌었다(예로 Felix Klein의 Erlanger Programm). 유클리드 기하학에서 두 점 사이의 거리, 두 벡터의 스칼라곱 또는 계량(metric)은 회전과 평행이동에 대하여 불변이다. 이러한 대칭성이 유크리드 기하학의 특징이다. 특수상대성 이론에서 metric 또는 4-벡터의 스칼라곱은 부호가 양으로 정해지지 않으며 로렌츠변환에 대하여 불변이다.

결정의 대칭군에는 오직 유한한 개수의 특정한 각도의 회전과 반사(reflection)만이 포함된다. 이러한 **구분된** 그리고 **유한한** 군의 이론은, 초기에는 순수 수학적인 분야로 등장했지만, 지금은 결정학이나 응집물질물리학의 개발에 유용한 도구가 되고 있다. 회전이 연속적으로 변하는 각도에 의존할 경우 (3.3절의 오일러 각도처럼) 회전군은 무한 개의 원소들을 가지게 된다. 이 장에서는 이러한 연속적인 **군(리군)**[1]을 공부해 보도록 하자.

■ 군의 정의

군 G는 어떤 대상(object)들의 집합이다. 물리에서는 이 대상이 주로 (좌표변환 또는 로렌츠변환과 같은) 대칭연산이다. 이 대상을 G의 원소라 하고, g로 표기한다. 원소들끼리는 다음의 조건들을 만족하는 "곱"이 정의된다:

1. G의 두 원소 a, b의 곱 ab도 G의 원소이다. 예를 들어, 만약 이들이 대칭변환에 해당한다면, 물리계에 b를 작용시킨 후 다음 a를 작용시킨 것은 ab에 해당하는 연산을 한번 작용시킨 것과 같아진다는 것이다. 곱은 G의 두 원소 (a, b)와 새로운 원소 ab를 결부시킨다. 이러한 성질을 곱에 대한 **닫힘**이라고 말한다.
2. 곱이 **결합법칙**을 만족한다: $(ab)c = a(bc)$.
3. G는 **항등원**[2] 1을 가지며, 임의의 다른 원소와 곱했을 때, $1a = a1 = a$가 된다.
4. 만약 a가 G의 원소라면 이 원소의 **역에 해당**하는 a^{-1}도 반드시 G의 원소이며, 이들은 $aa^{-1} = a^{-1}a = 1$이 된다.

항등원은 하나만 존재하며 한 원소의 역도 마찬가지로 하나 뿐이다. 항등원의 역은 자기 자신이다. 즉, $1^{-1} = 1$이다. 이는 위의 식 $1a = a1 = a$에 $a = 1$을 대입하여 나오는 식 $1 \cdot 1 = 1$로부터 유도된다. 만약 항등원 $1'$이 하나 더 있다면, $11' = 1'1 = 1'$이면서 동시에 $1'1 = 11' = 1$이므로, 결론적으로 $1' = 1$이 되어 둘은 같은 원소임을 알 수 있다. 마찬가지로, a의 역 a'^{-1}이 하나 더 있다면 $aa^{-1} = a^{-1}a = 1 = aa'^{-1}$이 성립될 것이다. 이 식에 왼쪽에서 a^{-1}을 곱하면, $a^{-1} = a'^{-1}$을 얻는다.

예제 4.1.1 **좌표회전**

군의 한 예로 반시계방향으로의 좌표회전들의 집합을 들 수 있다:

---

[1] 노르웨이 수학자 Sophus Lie의 이름을 땀.

[2] E. Wigner는 군의 항등원을 독일어 **Einheit**(단위)의 첫 자를 따서 E로 표기하였으며, 1 또는 I로 표기하기도 한다.

$$|\mathbf{x}'\rangle = \begin{pmatrix} x' \\ y' \end{pmatrix} \equiv \mathsf{R}(\varphi)\begin{pmatrix} x \\ y \end{pmatrix} = \begin{pmatrix} \cos\varphi & \sin\varphi \\ -\sin\varphi & \cos\varphi \end{pmatrix}\begin{pmatrix} x \\ y \end{pmatrix}. \tag{4.1}$$

여기서, φ는 xy평면에서의 회전각도이다(그림 2.20). 첫 번째 회전의 각도는 φ_2이고 두 번째 회전의 각도는 φ_1이라면, 이들 두 회전의 곱 $\mathsf{R}(\varphi_1)\mathsf{R}(\varphi_2)$는 (3.36)식과 (3.37)식에 의하여 두 회전 행렬의 곱인

$$\begin{aligned} &\begin{pmatrix} \cos\varphi_1 & \sin\varphi_1 \\ -\sin\varphi_1 & \cos\varphi_1 \end{pmatrix}\begin{pmatrix} \cos\varphi_2 & \sin\varphi_2 \\ -\sin\varphi_2 & \cos\varphi_2 \end{pmatrix} \\ &= \begin{pmatrix} \cos(\varphi_1+\varphi_2) & \sin(\varphi_1+\varphi_2) \\ -\sin(\varphi_1+\varphi_2) & \cos(\varphi_1+\varphi_2) \end{pmatrix} \end{aligned} \tag{4.2}$$

가 된다. 여기서, 삼각함수의 합의 공식을 이용하였다. 이 행렬은 각도 $\varphi_1+\varphi_2$만큼의 회전을 나타내는 직교행렬이다. 이 곱은 결합법칙을 만족한다. 위의 곱에서 보듯이 곱이 회전의 순서에 상관없으므로, 이 곱은 **교환법칙**도 만족하며, 이러한 경우의 군을 **아벨군**이라 한다. 각도 φ회전의 역은 각도 $-\varphi$회전이며, 항등원은 각도 $\varphi=0$회전이 될 것이다. 이 군의 이름은 SO(2)이고, **2차원에서의 행렬식이 1인 직교행렬**의 집합이다. 이 군의 원소는 0에서 2π 사이의 연속적인 값을 가지는 각도에 의하여 표기되며, 따라서 원소의 수는 무한대이다. 이 경우 각도가 **군의 모수(group parameter)**의 역할을 한다. ■

G'이 군 G의 부분집합이면서 동시에 G'의 임의의 두 원소의 곱이 다시 G'의 원소일 때 G'을 군 G의 **부분군**이라 한다. 다시 말하면, G'은 G의 곱에 대하여 **닫혀있다**. 예를 들어서, G의 항등원 1만으로 이루어진 집합은 G의 부분군이 된다. 또한, 위의 예에서 본 회전의 군에서 항등원과 π만큼의 회전에 해당하는 원소로만 이루어진 군은 원래군의 유한 부분군이다.

만약 G의 임의의 원소 g와 G의 부분군 G'의 임의의 원소 g'에 대하여 $gg'g^{-1}$이 G'의 원소이면, G'을 G의 **불변(invariant)부분군**이라 한다. 만약 G'군의 원소들이 행렬이라면 $gg'g^{-1}$은 G'의 원소 g'을 G의 원소 g로 (제3장에서 공부한) 닮음변환시킨 행렬이 된다 [(3.108)식 참조]. 당연히 G의 항등원 1만으로 이루어진 집합은 G의 불변부분군이 된다. 이는 $g1g^{-1}=1$이기 때문이다. 일반적으로, g가 G'의 원소가 아니면 $gg'g^{-1}$도 G'의 원소가 아닐 수 있다. 그 예를 3차원의 회전을 통하여 알아보자.

예제 4.1.2 **닮음변환**

3차원에서 z축을 회전축으로한 반시계방향으로 각도 φ만큼 회전시키는 좌표변환에 해당하는 행렬은

$$\begin{pmatrix} x' \\ y' \\ z' \end{pmatrix} = \mathsf{R}_z(\varphi)\begin{pmatrix} x \\ y \\ z \end{pmatrix} \equiv \begin{pmatrix} \cos\varphi & \sin\varphi & 0 \\ -\sin\varphi & \cos\varphi & 0 \\ 0 & 0 & 1 \end{pmatrix}\begin{pmatrix} x \\ y \\ z \end{pmatrix} \tag{4.3}$$

이며, 3×3이긴 하나, 형태의 특수성에 의하여 (4.2)식의 관계식을 만족시킴을 알 수 있다. 따라서, 이들은 군을 이룬다. 더구나, 이 회전행렬의 곱은 (4.2)식 처럼 순서에 상관이 없으므로 이 군은 아벨군이다. x축에 대한 회전의 행렬은

$$\mathrm{R}_x(\varphi) = \begin{pmatrix} 1 & 0 & 0 \\ 0 & \cos\varphi & \sin\varphi \\ 0 & -\sin\varphi & \cos\varphi \end{pmatrix}$$

이다. 이제 x축에 대한 90°회전인

$$\mathrm{R}_x = \begin{pmatrix} 1 & 0 & 0 \\ 0 & 0 & 1 \\ 0 & -1 & 0 \end{pmatrix}$$

을 고려하자. 이것의 역은

$$\mathrm{R}_x^{-1} = \begin{pmatrix} 1 & 0 & 0 \\ 0 & 0 & -1 \\ 0 & 1 & 0 \end{pmatrix}$$

이며 x축에 대한 $-90°$회전에 해당한다. 이것은 $\mathrm{R}_x \mathrm{R}_x^{-1} = 1$로부터 알 수 있다. 그러면 다음의 행렬

$$\begin{aligned} \mathrm{R}_x \mathrm{R}_z(\varphi) \mathrm{R}_x^{-1} &= \begin{pmatrix} 1 & 0 & 0 \\ 0 & 0 & 1 \\ 0 & -1 & 0 \end{pmatrix} \begin{pmatrix} 1 & 0 & 0 \\ 0 & \cos\varphi & \sin\varphi \\ 0 & -\sin\varphi & \cos\varphi \end{pmatrix} \begin{pmatrix} 1 & 0 & 0 \\ 0 & 0 & -1 \\ 0 & 1 & 0 \end{pmatrix} \\ &= \begin{pmatrix} \cos\varphi & 0 & -\sin\varphi \\ 0 & 1 & 0 \\ \sin\varphi & 0 & \cos\varphi \end{pmatrix} \end{aligned}$$

는 y축에 대한 $-\varphi$회전에 해당하므로 z축에 대한 회전의 부분군에 속하지 않는다. 따라서, 이 부분군은 불변부분군이 아니다. 모든 φ에 대한 위의 행렬들의 집합은 새로운 군을 이루는데, 이 군을 z축에 대한 회전군의 **공액군(conjugate group)**이라 한다. ■

$n \times n$ 직교행렬들은 $\mathrm{O}(n)$이라는 군을 이루며, 이 중에서 행렬식이 1인 원소들만 모은 집합은 $\mathrm{SO}(n)$이라는 군을 이룬다(S는 행렬식이 1이라는 의미의 영어 special의 첫 자이고, O는 직교라는 의미를 가진 영어 orthogonal의 첫 자이다). $\mathrm{O}(n)$의 원소를 O_i라 하자. 직교행렬(3.3절 참조)의 성질로부터, $\tilde{\mathrm{O}}_i = \mathrm{O}_i^{-1}$이므로

$$\widetilde{\mathrm{O}_1\mathrm{O}_2} = \tilde{\mathrm{O}}_2\tilde{\mathrm{O}}_1 = \mathrm{O}_2^{-1}\mathrm{O}_1^{-1} = (\mathrm{O}_1\mathrm{O}_2)^{-1}$$

이 된다. 두 직교행렬의 곱도 직교행렬이고 따라서 $\mathrm{O}(n)$ 또는 $\mathrm{SO}(n)$의 원소이다. 역행렬은 자

리바꿈(transpose)을 취하여 구한다. 항등원은 1_n이다. $n \times n$ 실수직교행렬은 $n(n-1)/2$개의 독립모수를 가진다. $n=2$이면 오직 한 개의 모수[(4.1)식의 각도]가 존재하고, $n=3$이면 3개의 독립모수(3.3절의 세 개의 오일러 각도)가 존재한다. SO(2)는 2차원 회전의 군이고, SO(3)는 바로 3차원 회전의 군이다. O(n)은 행렬식이 -1인 직교행렬들도 포함하므로, 이 군은 좌표의 반사(reflection) 또는 홀짝성 반진(parity inversion)을 포함한다. 마찬가지로, $n \times n$ 유니타리 행렬들은 U(n)이라는 군을 이루며, 이 중에서 행렬식이 1인 원소들만 모은 집합은 SU(n)이라는 군을 이룬다. 유니타리 행렬(3.4절 참조)의 성질로부터, $\mathsf{U}_i^\dagger = \mathsf{U}_i^{-1}$이므로

$$(\mathsf{U}_1\mathsf{U}_2)^\dagger = \mathsf{U}_2^\dagger\mathsf{U}_1^\dagger = \mathsf{U}_2^{-1}\mathsf{U}_1^{-1} = (\mathsf{U}_1\mathsf{U}_2)^{-1}$$

이 된다. 두 유니타리 행렬의 곱도 유니타리 행렬이고 따라서 U(n)또는 SU(n)의 원소이다. 각 유니타리 행렬은 유니타리인 역행렬을 가진다. 직교행렬은 실수인 유니타리 행렬이므로 SO(n)은 SU(n)의 부분군이고 O(n)은 U(n)의 부분군이다.

예제 4.1.3 간단한 유니타리군

양자역학의 파동함수의 위상인자 $e^{i\theta}$들은 군을 이룬다. 여기서, θ는 실수이며 군의 곱은 복소수의 곱이다. 즉, $e^{i\theta_1}e^{i\theta_2} = e^{i(\theta_1+\theta_2)}$로 주어진다. $(e^{i\theta})^\dagger = e^{-i\theta}$이고 $e^{i\theta}e^{-i\theta} = 1$이므로 각 원소는 유니타리하고 역을 가진다. 그리고 $\theta = 0$이면 항등원이 된다. 이 군(1×1 유니타리 행렬)이 U(1)이며, 한 개의 연속 실수모수를 가진다. 두 원소 ± 1은 유한 (유니타리) 부분군을 이루며, ± 1과 $\pm i$도 다른 부분군을 이룬다.

2차원 단위행렬 1_2와 세 개의 파울리 행렬 중에서 하나 σ_i의 두 개의 원소로 이루어진 군은 2×2 행렬의 유한 유니타리군이다. $\sigma_i^2 = 1_2$이므로 $\sigma_i^{-1} = \sigma_i$이고 $1_2^{-1} = 1_2$이다. ■

만약 포텐셜이 구형 대칭성을 가질 경우에는 구좌표를 도입하는게 편리하며 관련된 군은 회전군이다. 스핀(또는 아이소스핀이나 맛깔 같은 내부 성질들)을 다루는 문제에서는 유니타리 군이 관련된 군이다. 따라서, 앞으로 우리는 고전 리군들 중에서 회전군인 SO(n)과 유니타리 군인 SU(2)만 다룬다.

인명 자료

Lie, Sophus. Lie는 1842년 Nordfjordeid에서 출생하여 1899년 지금의 Oslo인 Kristiana에서 서거하였다. 그는 파리에서 변환들의 연속군의 분석을 시작하여 평생토록 이 연구를 계속하였다.

Wigner, Eugen Paul. Wigner는 1902년 Hungary의 Budapest에서 출생하여, 1995년 New Jersey의 Princeton에서 서거하였다. 그는 Berlin에서 공부를 하였으며, 1930년대에 미국으로 이주하였다. 그는 핵이론에의 공헌과 핵력이 전하에 무관하다는 대칭성의 기본원리의 적용 등으로 1963년에 노벨상을 받았다. 그는 로렌츠군의 유니타리 표현을 개발하기도 하였다.

■ 준동형사상(Homomorphism)과 동형사상(Isomorphism)

두 개의 군이 주어졌을 때, 원소들 사이에, 1:1, 2:1, 또는 다수:1 등의 대응관계가 있을 수 있다. 만약 이 대응관계가 군의 곱의 구조를 보존한다면 주어진 두 군은 **준동형(homomorphic)** 이라고 한다. 특히, 곱의 구조를 보존하면서[3] 대응관계가 1:1이면, 이 군들을 **동형(isomorphic)** 이라고 한다. 예를 들어보자. 3차원의 회전 중에서 z축에 대한 회전들을 모은 군은 (4.3)식에서와 같이 특수 형태의 3×3 행렬들이다. 한편, 각 행렬에서 1을 제외한 2×2 부분행렬들도 군을 이룬다. 이 들 두 군에서 3×3 행렬과 이 행렬에서 1을 제외한 2×2 부분행렬과 대응을 시키면 곱의 구조가 (4.2)식에 의하여 그대로 보존된다. 이 경우는 1:1이므로 동형사상(isomorphism) 또는 **충실한 표현(faithful representation)**이 된다. 물론 3×3 행렬 자신들과도 대응이 되므로 z축에 대한 회전들을 모은 군은 자기 자신과 동형이다. 따라서, 행렬로의 표현은 하나만이 존재하는게 아니며, 각 동형사상은 곱의 구조를 보존하는 충실한 표현이다.

■ 행렬표현, 가약(Reducible)과 비가약(Irreducible)

방금 다룬 회전군과 행렬의 군 사이의 동형사상이 (회전) 군의 행렬표현의 예이다. 군의 원소들을 행렬로 표현하여 다루는 방법은 물리학자들이 많이 사용하는 아주 유용한 방법이다. 행렬의 사용에는 특별한 제약조건이 없다. 4.2절에서 4.4절까지 등장하는 모든 유한군이나 연속군의 원소들을 모두 행렬로 표현할 수 있음을 보일 수 있다. 그리고, 이렇게 표현된 행렬들끼리의 곱이 바로 군의 곱에 해당한다. 한 군이 계수(rank)가 다른 행렬들로 표현될 수 있다. 예를 들면, z축에 대한 회전군을 (4.1)식으로 표현할 수도 있고, (4.3)식처럼 표현할 수도 있다.

대칭성으로부터 행렬표현이 어떻게 나오는지를 보기 위한 예로, 시간에 무관한 슈레딩거 방정식을 고려하자(또는 $\mathsf{I}v_i = I_i v_i$와 같은 고전역학에서의 강체의 주 관성모멘트의 고유값 방정식을 고려해도 됨).

$$H\psi = E\psi. \tag{4.4}$$

이 식이 변환 R들의 군 G에 대하여 불변이라 가정하자. 예를 들어, 하밀토니안 H가 구형대칭성을 가진다면 G는 SO(3)일 것이다. 그러면, H는 회전 전이나 후가 같을 것이다. 회전 후의 하밀토니안 H는 제3장의 (3.108)식에 의하여 $\mathsf{R}H\mathsf{R}^{-1}$이므로,

$$\mathsf{R}H\mathsf{R}^{-1} = H, \quad \text{or} \quad \mathsf{R}H = H\mathsf{R} \tag{4.5}$$

이라는 식을 얻는다. 군 G의 "회전들"과 H는 교환이 된다 (곱할 때 순서를 바꿔도 상관없다는 뜻). 이제 (4.4)식의 해 ψ를 군 G의 원소인 R로 "회전"시키자: $\psi \to \mathsf{R}\psi$. 그러면, $\mathsf{R}\psi$는 ψ와 **같은 에너지** E를 가진다. 이 사실은 (4.4)식에 R을 곱한 후 (4.5)식을 이용하면 나오는 다음 식으로부터 나온다:

---

[3]한 군의 원소를 g_i라 하고 다른 군의 원소를 h_i라 하자. 모든 i에 대하여 $g_i \leftrightarrow h_i$는 1:1 대응관계이다. 만약 $g_i g_j = g_k$이고 $h_i h_j = h_k$라면, g_k와 h_k가 서로 대응하는 원소가 된다.

$$\mathrm{R}H\psi = E(\mathrm{R}\psi) = H(\mathrm{R}\psi) \tag{4.6}$$

다시 말하면, 모든 회전에 의하여 구해지는 $\mathrm{R}\psi$들은 에너지의 값이 **겹치며**, 이들은 **다중상태(multiplet)**라 불리는 벡터공간을 형성한다. 예를 들어, 스핀이 위쪽인 상태와 스핀이 아래쪽인 상태는 이중상태(doublet)를 형성하고, 궤도각운동량이 1인 경우의 사영양자수가 $m=-l, -l+1, \ldots, 0, 1, \ldots, l$인 상태들은 $2l+1$차원의 다중상태를 이룬다. (만약 자기장이 주어지면 제만(Zeeman) 효과에 의하여 이들 상태들의 겹침이 없어지며, 회전대칭성이 제거된다. 이는 자기장의 존재에 의하여 특별한 방향이 생겼기 때문이다.)

이제 해의 변환에 의하여 형성된 벡터공간 V_ψ가 유한한 n차원 공간이라 하고, 이 공간의 기저를 $\psi_1, \psi_2, \ldots, \psi_n$이라 두자. $\mathrm{R}\psi_j$가 V_ψ의 한 벡터이므로,

$$\mathrm{R}\psi_j = \sum_k r_{jk}\psi_k \tag{4.7}$$

로 쓸 수 있다. 따라서, G의 원소인 변환 R마다 행렬 $\mathrm{r}=(r_{jk})$를 대응시킬 수 있다. 이 **사상(map)** $\mathrm{R}\to(\mathrm{r})$을 G의 **표현**이라 한다. 만약 V_ψ의 임의의 벡터를 G의 모든 R로 변환시킨 벡터들이 V_ψ를 **생성할(span)** 때, 이 표현을 **비가약적(irreducible)**이라고 한다. 수소의 바닥상태인 스핀이 위쪽인 상태와 스핀이 아래쪽인 상태는 SU(2)의 비가약 표현을 이루지만 (두 상태는 서로 회전에 의하여 바뀐다), 수소원자의 주양자수 $n=2$에 해당하는 $2s$상태들과 $2p$상태들은 같은 에너지를 가지더라도 (겹치더라도) 가약(reducible)표현을 이룬다. 그 이유는 $2s$상태들을 회전시켜도 $2p$상태로 될 수 없고 또 역도 마찬가지이기 때문이다 (각운동량이 보존되므로). 이처럼 벡터들이 서로 변환에 의하여 연결되지 않을 경우, 벡터공간 V_ψ를 둘 또는 그 이상의 벡터공간들의 직합(direct sum)으로 분리할 수 있음을 알 수 있다(제3장 참조): $V_\psi = V_1 \oplus V_2 \oplus \ldots$, 즉, 각 분리된 공간의 벡터들은 회전에 의하여 같은 공간의 벡터로 변환된다(즉, $2s\to 2s$, $2p\to 2p$). 두 벡터공간의 **직합(direct sum)**은 각 벡터공간의 기저들에 의하여 표현되는 공간이다. 이처럼 벡터공간이 분리되는 경우의 표현을 **가약적(reducible)**이라고 한다. 이 경우 G의 **모든 원소** R에 대하여

$$\mathrm{U}(r_{jk})\mathrm{U}^\dagger = \begin{pmatrix} \mathbf{r}_1 & \mathbf{0} & \cdots \\ \mathbf{0} & \mathbf{r}_2 & \cdots \\ \vdots & \vdots & \end{pmatrix} \tag{4.8}$$

의 형태로 바꾸는 유니타리 행렬 U가 존재한다. 여기서, $\mathbf{r}_1$, $\mathbf{r}_2$, ...들은 (r_{jk}) 보다 차원이 작은 행렬들이며, 대각방향에 배열하고, $\mathbf{0}$은 영들의 행렬이다. 이러한 행렬을 **블록-대각선적(block-diagonal)**이라고 한다. 이때, 우리는 표현 r이 $V_\psi = V_1 \oplus V_2 \oplus \cdots$에 의하여 $\mathrm{r}=\mathbf{r}_1+\mathbf{r}_2+\cdots$로 분해(decompose)된다고 말한다. 분해된 각각의 $\mathbf{r}_i$는 비가약적이다. 어떤 비가약표현은 여러 번 나올 수 있으며, 또한 어떤 비가약표현은 전혀 나오지 않을 수도 있다.

예를 들어서, 수소의 $2s$상태들에 대하여 $\mathbf{r}_1$은 유니타리 2×2 행렬인

$$\mathbf{r}_1 = \begin{pmatrix} a & b \\ c & d \end{pmatrix}$$

로 표현될 것이다. 만약 전자의 스핀이 무시된다면, $2s$상태의 $\mathbf{r}_1$은 1이 되어 1차원의 단위행렬이 된다.

군론에서의 비가약표현은 벡터이론에서 단위벡터와 비슷한 역할을 한다. 이들이 기본이 되는 표현들이고 나머지 일반 표현은 이들로부터 만들어 진다.

요 약

물리학에서 군은 좌표변환이나 미분방정식을 보존시키는 대칭변환들의 집합으로 등장하거나, 또는 군의 원소들이 벡터공간의 기저의 변환을 정의하기도 한다. 따라서, 물리학에서 군의 행렬표현은 보편적이다. 양자역학에서의 가장 중요한 적용은 에너지 값이 겹친 상태들의 다중상태가 하밀토니안의 대칭군을 반영한다는 사실에 기초한다. 이 다중상태 하밀토니안의 대칭군의 표현에 해당한다.

연습문제

4.1.1 $n \times n$ 직교행렬은 $n(n-1)/2$개의 독립모수를 가짐을 보여라.
힌트. (3.79)식으로 주어지는 직교조건이 제약조건이다.

4.1.2 특수 선형군(special linear group) SL(2,**C**)는 행렬식이 1인 (복소수) 2×2 행렬들의 집합이다. 이 행렬들이 군을 이룸을 보여라.
주의. SU(2)와 SO(3)의 관계처럼 SL(2,**C**)는 4.4절의 전체 로렌츠군과 관련되어 있다.

4.1.3 z축에 대한 회전군이 SO(3)의 부분군임을 보여라. 이 군이 불변부분군인가?

4.1.4 만약 군 G의 세 원소 R, S, T가 $RS = T$를 만족하고 $R \to (r_{ik})$, $S \to (s_{ik})$가 (4.7)식에 의한 표현이라면 T의 표현 (t_{ik})는

$$(r_{ik})(s_{ik}) = \left(t_{ik} = \sum_n r_{in} s_{nk}\right)$$

임을 보여라. 즉, 군의 곱이 행렬의 곱으로 바뀐다.

4.1.5 군 G의 부분군 H의 원소들을 h_i라 하자. 그리고 x는 G의 고정된 한 원소이며 H에는 속하지 **않는다**고 하자. 다음의 변환

$$xh_ix^{-1}, \quad i = 1, 2, \ldots$$

들의 집합 xHx^{-1}을 H의 **공액 부분군**이라 한다. 이 부분군이 군이 되기 위한 4가지 조건들을 만족함을 보여라.

4.2 연속군의 생성원(generater)들

리군이라 불리는 연속군의 특징은 원소가 모수들의 함수이며 (4.1)식의 $\cos\varphi$와 $\sin\varphi$처럼 이 함수들이 임의의 회수만큼의 미분이 가능하다는 것이다. 이러한 무한정의 미분가능성은 발생기의 개념의 도입을 가능케 하며, 군 전체의 분석을 항등원 부근의 원소들의 분석으로 대신할 수 있게 한다.

리의 핵심적 아이디어는 군 G의 항등원에 아주 인접한 원소 R들을 조사하는 것이다. 간단한 예로 SO(2)군을 고려하자. (4.1)식의 2×2 회전행렬은

$$\mathsf{R}(\varphi) = \begin{pmatrix} \cos\varphi & \sin\varphi \\ -\sin\varphi & \cos\varphi \end{pmatrix} = 1_2\cos\varphi + i\sigma_2\sin\varphi = \exp(i\sigma_2\varphi) \tag{4.9}$$

와 같이 오일러공식을 이용하여 지수형태로 표현할 수 있다. 이 지수형태로부터 행렬들의 곱이 인수(argument)의 합으로 표시됨을 알 수 있다:

$$\mathsf{R}(\varphi_2)\mathsf{R}(\varphi_1) = \exp(i\sigma_2\varphi_2)\exp(i\sigma_2\varphi_1) = \exp(i\sigma_2(\varphi_1+\varphi_2)) = \mathsf{R}(\varphi_1+\varphi_2).$$

물론 각도가 거의 영인 $\varphi \approx 0$인 경우가 1에 아주 가까운 회전일 것이다.

이 사실로부터, 군 G의 원소 R이 항등원 근처에 있다면 이 원소의 지수형태의 표현에서 지수에 놓이는 부분의 값이 아주 작은 값일 것임을 알 수 있다:

$$\mathsf{R} = \exp(i\varepsilon\mathsf{S}), \quad \varepsilon \to 0. \tag{4.10}$$

이 식에서 미소변환 $i\varepsilon\mathsf{S}$의 S를 G의 생성원이라 부른다. 따라서, (4.9)식의 σ_2는 z축에 대한 회전의 생성원이며, (4.1)식에 의해 정의된 SO(2)의 선형 독립인 생성원은 σ_2하나 뿐이다. SO(3)의 경우 각 축마다 회전이 정의되므로 세 개의 생성원이 존재한다. 이들 생성원들의 합을 정의할 수 있으므로 이들은 선형공간을 형성한다. 이 공간의 차원을 주어진 군의 **차수(order)**라 한다. SO(2)의 차수는 1이고 SO(3)의 차수는 3이다. 두 생성원의 교환자(commutator)도 생성원이 된다:

$$[S_j, S_k] = i\sum_l c^l_{jk} S_l.$$

이 식에서 계수들 c를 군의 **구조상수(structure constant)**라 한다. 생성원들의 벡터공간에 교환자로 정의된 곱도 함께 정의되므로 이 공간은 **리대수(Lie algebra)**라 불리는 대수가 된다.

회전 R은 부피를 변화시키지 않으므로 — 즉, det(R) = 1 — (3.184)식으로부터

$$\det(\mathsf{R}) = \exp(\mathrm{trace}(\ln \mathsf{R})) = \exp(i\varepsilon\,\mathrm{trace}(\mathsf{S})) = 1$$

이 되어 **생성원의 대각합(trace)은 영임**을 알 수 있다.

$$\mathrm{tr}(\mathsf{S}) = 0. \tag{4.11}$$

회전군 SO(n)과 유니타리군 SU(n)의 생성원들은 (4.11)식을 만족한다.

만약 (4.10)식의 R이 유니타리하다면, $S^{\dagger} = S$를 만족하여 생성원들이 에르미트함을 알 수 있으며, SO(n)과 SU(n)이 이러한 경우에 해당한다. (4.10)식의 i는 생성원들이 에르미트가 되도록 하기 위하여 삽입된 것이다.

이제 (4.5)식으로 돌아와서, 군론의 중요한 부분을 하나 소개하겠다. R의 역은 $\mathsf{R}^{-1} = \exp(-i\varepsilon S)$로 주어진다. 하밀토니안 H와 생성원 S를 연산자 또는 행렬로 간주하며 H_R을 베이커-하우스도르프(Baker-Hausdorff) 공식[(3.185)식]을 이용하여 전개하면

$$H = H_R = \exp(i\varepsilon \mathsf{S}) H \exp(-i\varepsilon \mathsf{S}) = H + i\varepsilon[\mathsf{S}, H] - \frac{1}{2}\varepsilon^2[\mathsf{S}[\mathsf{S}, H]] + \cdots \tag{4.12}$$

가 된다. 이 식에서 H를 뺀 후 ε으로 나눈 다음 ε을 영으로 보낸다 ($\varepsilon \to 0$). 그러면 (4.12)식에 의하여 G의 항등원 근처의 임의의 회전에 대하여 그 생성원 S는

$$[\mathsf{S}, H] = 0 \tag{4.13}$$

을 만족한다. 즉, S가 **운동의 상수(constant of motion)**가 되고, **계의 대칭성이 보존법칙을 유도함**을 알 수 있다. 만약 S와 H가 모두 에르미티라면, (4.13)식에 의하여 이들은 동시에 대각화된다. 즉, S의 고유값이 운동의 상수이다. 만약 S와 H가 양자역학에서의 하밀토니안이나 궤도각운동량 $\mathbf{L}^2$, L_z처럼 미분연산자인 경우, (4.13)식에 의하여 S와 H는 고유함수들을 공유하며 H의 겹치는 고유값들이 생성원 S의 고유값들에 의하여 구분될 수 있다. 고유함수와 고유값 s들은 미분방정식 $\mathsf{S}\psi_s = s\psi_s$의 해이다. 따라서, 어떤 군의 원소들인 변환들에 대하여 편미분방정식이 불변인 경우, 군론으로부터 변수분리가 유도된다. 예를 들어서, 8.9절의 편미분방정식과 제11장의 특수함수에서의 변수분리법이 이에 해당한다. 이것이 군론의 양자역학에의 아주 중요한 응용이라 하겠다.

다음 절에서는, 이 절에서의 개념을 이해하기 위하여 직교군과 유니타리군을 예로 들어 공부해 보자.

■ 회전군 SO(2)와 SO(3)

(4.1)식에서 본 SO(2)의 경우, 선형독립인 생성원이 σ_2 오직 하나 뿐이며, SO(2)의 차수는 1

이다. SO(2)의 생성원 σ_2를 구하기 위하여 (4.9)식의 항등원에서의 미분값을 취하면

$$-i\frac{d\mathsf{R}(\varphi)}{d\varphi}\bigg|_{\varphi=0} = -i\begin{pmatrix} -\sin\varphi & \cos\varphi \\ -\cos\varphi & -\sin\varphi \end{pmatrix}\bigg|_{\varphi=0} = -i\begin{pmatrix} 0 & 1 \\ -1 & 0 \end{pmatrix} = \sigma_2 \tag{4.14}$$

가 된다.

z축에 대한 회전 $\mathsf{R}_z(\varphi)$회전의 생성원은 (4.3)식으로부터

$$-i\frac{d\mathsf{R}_z(\varphi)}{d\varphi}\bigg|_{\varphi=0} = \mathsf{S}_z = \begin{pmatrix} 0 & -i & 0 \\ i & 0 & 0 \\ 0 & 0 & 0 \end{pmatrix} \tag{4.15}$$

과 같이 3×3 행렬의 형태로 주어진다. 이 S_z행렬의 좌측 상단 2×2 부분이 σ_2에 해당한다. 미소 각도의 회전 $\mathsf{R}_z(\delta\varphi)$는 ($\varphi=0$)인 항등원 근처에서 다음과 같이 전개할 수 있다:

$$\mathsf{R}_z(\delta\varphi) = 1_3 + i\delta\varphi\mathsf{S}_z. \tag{4.16}$$

여기서, $(\delta\varphi)^2$과 그 이상 급수의 항들은 무시하였다. 미소회전을 반복하여 유한회전을 구한다:

$$\mathsf{R}_z(\delta\varphi_1 + \delta\varphi_2) = (1_3 + i\delta\varphi_1\mathsf{S}_z)(1_3 + i\delta\varphi_2\mathsf{S}_z). \tag{4.17}$$

유한 각도 φ를 N등분하여 $\delta\varphi = \varphi/N$라 두고 $N \to \infty$로 보내면 $\delta\varphi$가 미소각도가 된다. 그러면,

$$\mathsf{R}_z(\varphi) = \lim_{N\to\infty}[\mathsf{R}_z(\varphi/N)]^N = \lim_{N\to\infty}[1_3 + (i\varphi/N)\mathsf{S}_z]^N = \exp(i\varphi\mathsf{S}_z) \tag{4.18}$$

가 되어 (4.10)식을 얻는다. 이 식으로부터 S_z가 3차원 회전군 SO(3)의 아벨 부분군인 R_z군의 생성원임을 알 수 있다. 3×3 행렬 $\mathsf{R}_z(\varphi)$는 직교행렬이며 (따라서 유니타리이며), (4.11)식에 의하여 대각합은 영이다.

마찬가지 방법으로 다음의 두 좌표회전의 행렬들의 미분으로부터

$$\mathsf{R}_x(\psi) = \begin{pmatrix} 1 & 0 & 0 \\ 0 & \cos\psi & \sin\psi \\ 0 & -\sin\psi & \cos\psi \end{pmatrix}, \quad \mathsf{R}_y(\theta) = \begin{pmatrix} \cos\theta & 0 & -\sin\theta \\ 0 & 1 & 0 \\ \sin\theta & 0 & \cos\theta \end{pmatrix} \tag{4.19}$$

이다. 이들로부터 x축에 대한 회전군 R_x와 y축에 대한 회전군 R_y의 생성원들을 구할 수 있다:

$$\mathsf{S}_x = \begin{pmatrix} 0 & 0 & 0 \\ 0 & 0 & -i \\ 0 & i & 0 \end{pmatrix}, \quad \mathsf{S}_y = \begin{pmatrix} 0 & 0 & i \\ 0 & 0 & 0 \\ -i & 0 & 0 \end{pmatrix}. \tag{4.20}$$

■ 함수의 회전과 궤도 각운동량

이제까지 우리는 좌표의 회전군의 원소들이 행렬로 표현되는 경우를 다루었다. 이 경우 물리

계는 고정되어 있다. 이제부터는 좌표계는 바꾸지 않고 대신 함수 $\psi(x, y, z)$를 회전시키는 경우를 고려하자. 다음의 좌표변환

$$\mathbf{x}' = \mathsf{R}\mathbf{x} \tag{4.21}$$

에서의 R이 함수에 작용할 경우에는

$$\mathsf{R}\psi(x, y, z) = \psi'(x, y, z) \equiv \psi(\mathbf{x}') \tag{4.22}$$

으로 정의한다. 이 식의 의미를 말로 표현하면 다음과 같다. R이 함수 ψ에 작용하여 **새로운 함수** ψ'으로 변환시키며, 새로운 함수의 $\mathbf{x}$에서의 값이 원래 함수의 $\mathbf{x}'$에서의 값과 같다. 만약 R이 그림 2.20에서처럼 좌표를 반시계방향으로 회전시킨다면, 함수에 작용할 경우에도 그 형태를 반시계방향으로 회전시킨다.

다시 (4.3)식 (4.15)식, (4.20)식으로 돌아와서, $\delta\varphi$만큼의 미소회전을 고려하자. (4.3)식의 R_z로부터,

$$\mathsf{R}_z(\delta\varphi)\psi(x, y, z) = \psi(x + y\delta\varphi, y - x\delta\varphi, z) \tag{4.23}$$

를 얻을 수 있다. 오른쪽의 항을 $\delta\varphi$에 대하여 전개하여 일차항까지만 모으면,

$$\begin{aligned}\mathsf{R}_z(\delta\varphi)\psi(x, y, z) &= \psi(x, y, z) - \delta\varphi\{x\partial\psi/\partial y - y\partial\psi/\partial x\} + O(\delta\varphi)^2 \\ &= (1 - i\delta\varphi L_z)\psi(x, y, z) \end{aligned}\tag{4.24}$$

가 된다. 이 식에서 중괄호 안의 미분연산자가 바로 궤도 각운동량 iL_z의 표현이다 (연습문제 1.7.12). 이 식은 궤도 각운동량이 생성원으로 등장하는 형태를 보여준다. z축에 대하여 φ만큼 회전시킨 후 다시 $\delta\varphi$만큼 회전시키는 연속 회전에 대하여

$$\mathsf{R}_z(\varphi + \delta\varphi)\psi = \mathsf{R}_z(\delta\varphi)\mathsf{R}_z(\varphi)\psi = (1 - i\delta\varphi L_z)\mathsf{R}_z(\varphi)\psi \tag{4.25}$$

가 되므로, 다음의 연산자식

$$\frac{d\mathsf{R}_z}{d\varphi} = \lim_{\delta\varphi\to 0}\frac{\mathsf{R}_z(\varphi + \delta\varphi) - \mathsf{R}_z(\varphi)}{\delta\varphi} = -iL_z\mathsf{R}_z(\varphi) \tag{4.26}$$

를 얻는다. 이 식을 적분하여

$$\mathsf{R}_z(\varphi) = \exp(-i\varphi L_z) \tag{4.27}$$

라는 식을 구할 수 있다. 적분상수는 $\mathsf{R}_z(0) = 1$을 이용하여 계산되었다. $\mathsf{R}_z(\varphi)$는 고정된 좌표계에 정의된 함수들을 (반시계방향으로) 회전변환시키며 [따라서 (4.27)식과 (4.10)식은 비슷하긴 하지만 다르다], L_z는 궤도 각운동량 $\mathbf{L}$의 z성분이다.

L_z를 다음과 같이

$$L_z = (x, y, z)\mathsf{S}_z\begin{pmatrix}\partial/\partial x\\ \partial/\partial y\\ \partial/\partial z\end{pmatrix} \tag{4.28}$$

로 표현할 수 있으므로, L_x, L_y 그리고 L_z가 만족하는 교환관계식은

$$[L_i, L_j] = i\varepsilon_{ijk}L_k \tag{4.29}$$

가 된다. 이 관계식에는 S_x, S_y 그리고 S_z가 만족하는 교환관계식에서와 같이 SO(3)의 구조상수인 ε_{ijk}가 등장한다.

■ 특수 유니타리군 SU(2)

2×2 유니타리 행렬은 2차원 복소수 벡터를 변환시키되, 길이는 보존시키므로, 비상대론적 양자역학의 스핀 $\frac{1}{2}$ 파동함수들의 (힐버트) 공간에 작용하는 가장 일반적인 변환이라 할 수 있다. 이 공간의 기저상태들로는 보통

$$|\uparrow\rangle = \begin{pmatrix} 1 \\ 0 \end{pmatrix}, \quad |\downarrow\rangle = \begin{pmatrix} 0 \\ 1 \end{pmatrix}$$

을 이용하며, 각각 스핀의 크기 $\frac{1}{2}$이 위로 향한 상태와 아래로 향한 상태에 해당한다. 행렬식의 값이 1인 2×2 유니타리 행렬의 집합인 **특수 유니타리군** SU(2)의 생성원들은 파울리 행렬 σ_i임을 곧 보이겠다. 따라서, SU(2)는 차수가 3인 군이며, 3개의 실수 연속모수 ξ, η, ζ들에 의존한다. 이들 모수들은 SU(2)오일러 각도에 해당하며, **Cayley−Klein** 모수라 부른다. 증명에 앞서, (4.1)식의 2×2 직교행렬이 실수 유니타리 행렬이므로 SU(2)의 부분군을 이룬다는 사실을 염두에 두자. 또한,

$$\begin{pmatrix} e^{i\alpha} & 0 \\ 0 & e^{-i\alpha} \end{pmatrix}$$

로 주어지는 행렬에서 α가 실수각도일 때의 행렬식이 값이 1이다. 따라서, 이런 간단한 형태의 유니타리 행렬들도 또 다른 SU(2)의 부분군을 이룬다. 이 대각 유니타리 행렬이 스핀이 $\frac{1}{2}$인 두 성분의 파동함수에 작용하면, 스핀의 방향이 위쪽인 파동함수에는 위상인자 $e^{i\alpha}$만큼 곱해지고 스핀의 방향이 아래쪽인 파동함수에는 위상인자 $e^{-i\alpha}$만큼 곱해진다. 이제 이 두 종류의 행렬들을 이용하여, 행렬식의 값이 1이고 2×2 유니타리 행렬인 모든 SU(2)의 원소들을 만들어 보자. 우선 φ 대신 η를 모수로 한 회전 행렬에 두 개의 대각 유니타리 행렬들을 곱하여, 세 개의 모수에 의존하는 2×2 유니타리 행렬을 만들면, 이것이 바로 SU(2)의 일반적인 원소가 된다:

$$\begin{aligned}
&\begin{pmatrix} e^{i\alpha} & 0 \\ 0 & e^{-i\alpha} \end{pmatrix}\begin{pmatrix} \cos\eta & \sin\eta \\ -\sin\eta & \cos\eta \end{pmatrix}\begin{pmatrix} e^{i\beta} & 0 \\ 0 & e^{-i\beta} \end{pmatrix} \\
&= \begin{pmatrix} e^{i\alpha}\cos\eta & e^{i\alpha}\sin\eta \\ -e^{-i\alpha}\sin\eta & e^{-i\alpha}\cos\eta \end{pmatrix}\begin{pmatrix} e^{i\beta} & 0 \\ 0 & e^{-i\beta} \end{pmatrix} \\
&= \begin{pmatrix} e^{i(\alpha+\beta)}\cos\eta & e^{i(\alpha-\beta)}\sin\eta \\ -e^{-i(\alpha-\beta)}\sin\eta & e^{-i(\alpha+\beta)}\cos\eta \end{pmatrix}.
\end{aligned}$$

이 식에서 $\alpha+\beta\equiv\xi$, $\alpha-\beta\equiv\zeta$로 두고 정돈하면

$$\mathsf{U}_2(\xi,\eta,\zeta)=\begin{pmatrix} e^{i\xi}\cos\eta & e^{i\zeta}\sin\eta \\ -e^{-i\zeta}\sin\eta & e^{-i\xi}\cos\eta \end{pmatrix}=\begin{pmatrix} a & b \\ -b^* & a^* \end{pmatrix} \tag{4.30}$$

의 일반적인 SU(2)원소의 형태를 구할 수 있다. 여기서, $|a|^2+|b|^2=1$이다. 3.2절의 곱정리(product theorem)로부터, 이 행렬의 행렬식이 1임을, 그리고 실수 ξ,η,ζ에 대하여 $\mathsf{U}_2^\dagger\mathsf{U}_2=1=\mathsf{U}_2\mathsf{U}_2^\dagger$임을 쉽게 알 수 있다.

생성원을 구하기 위하여 각 모수에 대하여 편미분을 취하면,

$$-i\frac{\partial\mathsf{U}_2}{\partial\xi}_{|\xi=0,\eta=0}=\begin{pmatrix} 1 & 0 \\ 0 & -1 \end{pmatrix}=\sigma_3, \tag{4.31a}$$

$$-i\frac{\partial\mathsf{U}_2}{\partial\eta}_{|\eta=0,\zeta=0}=\begin{pmatrix} 0 & -i \\ i & 0 \end{pmatrix}=\sigma_2 \tag{4.31b}$$

가 된다. 모수 ζ에 대한 미분식에 등장하는 $\eta\to0$일 때의 $1/\sin\eta$의 문제를 피하기 위하여, (4.30)식 우변의 b가 순허수인 $b=i\beta$인 경우에 대한 $\beta\to0$의 극한을 이용하여 세 번째 생성원을 구한다:

$$-i\frac{\partial}{\partial\beta}\begin{pmatrix} \sqrt{1-\beta^2} & i\beta \\ i\beta & \sqrt{1-\beta^2} \end{pmatrix}\Bigg|_{\beta=0}=-i\begin{pmatrix} \frac{-\beta}{\sqrt{1-\beta^2}} & i \\ i & \frac{-\beta}{\sqrt{1-\beta^2}} \end{pmatrix}\Bigg|_{\beta=0}=\begin{pmatrix} 0 & 1 \\ 1 & 0 \end{pmatrix}=\sigma_1. \tag{4.31c}$$

SU(2)의 생성원으로서의 이들 파울리 행렬들은 대각합이 영이고 에르미트이다. 물리계와의 관계는 이들의 생성원들의 교환관계식이 각운동량의 교환관계식과 일치하도록 규격화시킴으로써 명확해 진다. 파울리 행렬들을 생성원으로 한, SU(2)의 세 원소 U_1, U_2, U_3는

$$\mathsf{U}_1=\exp(-i\alpha\sigma_1/2),\quad \mathsf{U}_2=\exp(-i\beta\sigma_2/2),\quad \mathsf{U}_3=\exp(-i\gamma\sigma_3/2) \tag{4.32}$$

와 같이 된다. 이들 세 모수들은 실수이므로 각도로 간주된다. 축척(scale) 인자 1/2이 있으므로 인하여 $\mathsf{S}_i=\sigma_i/2$가 만족하는 교환관계식이[4]

$$[\mathsf{S}_i,\mathsf{S}_j]=i\varepsilon_{ijk}\mathsf{S}_k \tag{4.33}$$

가 되어 궤도 각운동량의 (4.29)식과 같아진다.

각운동량 행렬 S_3를 이용하여, 3차원 직교 좌표계에서의 (4.3)식과 유사한 2차원 (복소수 파동함수) 공간에 작용하는 회전 연산자 $\mathsf{R}_z(\varphi)=\exp(i\varphi\sigma_3/2)$를 만들 수 있다.

좌표계는 고정한 채로 두 개의 성분을 가진 벡터 파동함수(spinor) 또는 스핀 $\frac{1}{2}$인 입자를 회전시킬 때, 회전 연산자는 (4.27)식에 의하여 $\mathsf{R}_z(\varphi)=\exp(-i\varphi\sigma_3/2)$가 된다.

---

[4]구조상수 (ε_{ijk})는 차원이 $2J+1$인 ($J=0$, 1/2, 1, ...) SU(2)의 표현을 유도한다. J의 값이 **정수**가 될 경우는 SO(3)의 표현이 된다.

오일러 항등식[(3.183)식]을 (4.32)식에 적용하면,

$$\mathsf{U}_j = \cos(\alpha/2) - i\sigma_j \sin(\alpha/2) \tag{4.34}$$

등을 얻는다. 여기서, 모수 α는, (4.27)식의 각운동량 행렬의 계수인 φ처럼, 각도 역할을 한다. 이러한 지수 형태의 표현과 함께, (좌표계의 회전이 아닌 함수의 회전으로서의) SU(2)행렬의 일반적인 형태는

$$\mathsf{U}(\alpha, \beta, \gamma) = \exp(-i\gamma\sigma_3/2)\exp(-i\beta\sigma_2/2)\exp(-i\alpha\sigma_3/2) \tag{4.35}$$

와 같이 쓸 수 있다. 여기서의 SU(2)오일러 각도 α, β, γ는 Cayley−Klein 모수들 ξ, η, ζ의 정의에 등장하는 α, β, γ들과는 인자 1/2 만큼 차이가 있다. SO(3)와 궤도 각운동량과의 관계에 대한 추가 논의는 4.3절과 11.7절에서 다루겠다.

요 약

궤도 각운동량 연산자들은 회전군 SO(3)의 생성원이고 파울리 행렬들에 축척인자 1/2을 곱한 행렬들은 SU(2)의 생성원이다. SU(2)군은 전자처럼 스핀이 $\frac{1}{2}$인 입자의 슈레딩거 방정식이 가지는 대칭성의 군이다. 생성원들은 군의 특성을 결정하는 교환관계식을 만족한다.

연습문제

4.2.1 (4.30)식의 일반적인 2×2 유니타리 행렬의 형태를 이용하지 않고 파울리 행렬들이 SU(2)의 생성원임을 보여라.
힌트. 생성원들의 성질을 이용할 것.

4.2.2 행렬식의 값이 1인 2×2 유니타리 행렬의 일반적인 형태가

$$\mathsf{U} = \begin{pmatrix} a & b \\ -b^* & a^* \end{pmatrix}$$

임을 보여라. 여기서, $a^*a + b^*b = 1$이다. 이를 토대로 (4.30)식의 모수화를 유도하여라.

4.2.3 **평행이동(translation)** 연산자 $T(a)$는 $\psi(x)$를 $\psi(x+a)$로 변환시킨다:

$$T(a)\psi(x) = \psi(x+a).$$

(양자역학의) 선운동량 연산자 $p_x = -id/dx$를 도입하여, $T(a) = \exp(iap_x)$임을 보여라. (즉, p_x가 평행이동의 생성원임을 보여라.)
힌트. $\psi(x+a)$를 테일러 급수로 전개하여라.

4.2.4 다음의 세 단계에 의하여 형성된 (4.30)식의 SU(2)의 일반원소를 고려하자: (i) z축에 대한 $a/2$회전, (ii) 새로운 x축에 대한 $b/2$회전, (iii) 새로운 z축에 대한 $c/2$회전. (모든 회전은 반시계방향이다.) 파울리 행렬 $\boldsymbol{\sigma}$생성원들을 이용하여 이 회전각도들이

$$\begin{aligned} a &= \xi - \zeta + \pi/2 = \alpha + \pi/2 \\ b &= 2\eta \qquad\quad\;\; = \beta \\ c &= \xi + \zeta - \pi/2 = \gamma - \pi/2 \end{aligned}$$

로 주어짐을 보여라.
주의. 여기의 각도 a와 b는 (4.30)식의 a와 b가 다르다.

4.2.5 임의의 2×2 행렬 A는 $\mathsf{A} = a_0 \cdot 1 + \mathbf{a} \cdot \boldsymbol{\sigma}$로 쓸 수 있다. 여기서 1은 2차원 단위행렬이다. (4.30)식의 SU(2) 행렬을 이런 형태로 표현했을 때의 a_0와 $\mathbf{a}$를 구하여라.

4.2.6 비상대론적 스핀 $\frac{1}{2}$ 파동함수 $\tilde{\psi} = (\psi_\uparrow, \psi_\downarrow)$를 z축에 대하여 작은 각도 $d\theta$만큼 회전시킨 파동함수는 무엇인가? 이때의 생성원은 무엇인가?

4.3 궤도 각운동량

각운동량 $\mathbf{L}_{\text{class}} = \mathbf{r} \times \mathbf{p}$의 고전적 개념은 가위곱(cross product)을 소개하기 위하여 1.3절에서 다루었다. 양자역학의 슈레딩거 표현에 의하면 고전 선운동량 $\mathbf{p}$는 연산자 $-i\boldsymbol{\nabla}$로 표현된다. 양자역학적 궤도 각운동량 **연산자는**[5]

$$\mathbf{L}_{QM} = -i\mathbf{r} \times \boldsymbol{\nabla} \tag{4.36}$$

가 된다. 이것은 벡터 미분 연산자를 도입하기 위하여 1.7절, 1.8절 그리고 2.4절에서 계속 이용하였다. 연습문제 1.7.13으로부터 각운동량의 각 성분들은

$$[L_i, L_j] = i\varepsilon_{ijk} L_k \tag{4.37}$$

의 교환관계식을 만족한다. 이 식에서 ε_{ijk}는 2.9절에서 소개한 레비-치비타 기호(Levi-Civita symbol)이며, 반복되는 지수 k에 대한 합의 기호가 생략되었다.

각운동량의 제곱에 해당하는 미분 연산자

$$\mathbf{L}^2 = \mathbf{L} \cdot \mathbf{L} = L_x^2 + L_y^2 + L_z^2 \tag{4.38}$$

는

[5] 복잡성을 피하기 위하여 를 1로 둔다. 이는 각운동량을 의 단위로 측정함을 의미한다.

$$\mathbf{L}\cdot\mathbf{L} = (\mathbf{r}\times\mathbf{p})\cdot(\mathbf{r}\times\mathbf{p}) \tag{4.39}$$

를 이용하여 찾을 수 있고, 이는 연습문제 1.8.6과 2.5.12(c)에 주어져 있다. 임의의 회전에 대하여 $\mathbf{L}^2$이 불변이므로, $[\mathbf{L}^2, L_i]=0$이 된다. 이러한 관계식은 직접 계산해서 확인할 수 있다.

(4.37)식은 양자역학적 각운동량의 각 성분들이 만족하는 기본적 교환관계식이다. 양자역학과 군론의 틀 속에서 이 교환관계식은 각운동량의 정의에 해당한다. 이제 이 관계식을 이용하여 각운동량의 고유값과 고유상태들을 구해보자. 궤도 각운동량에 대해서는, 이들은 11.5절의 구면조화함수(spherical harmonics)가 된다.

■ 사다리 연산자 방식

일반적인 접근을 위하여 각운동량을 $\mathbf{J}$로 표현하겠다. 이는 궤도 각운동량 $\mathbf{L}$이 될 수도 있고, 스핀을 나타내는 $\boldsymbol{\sigma}/2$가 될 수도 있으며, 이들의 합인 총 각운동량 $\mathbf{L}+\boldsymbol{\sigma}/2$가 될 수도 있다. 따라서,

1. $\mathbf{J}$는 에르미트 연산자이며, 각 성분들이

$$[J_i, J_j] = i\varepsilon_{ijk}J_k, \quad [\mathbf{J}^2, J_i] = 0 \tag{4.40}$$

을 만족한다. 그 외의 다른 제약 조건이 없다.

2. $\mathbf{J}^2$과 J_z의 규격화된 고유함수(또는 고유벡터)를 $|\lambda m\rangle$으로 표기하자.[6]

$$J_z|\lambda m\rangle = m|\lambda m\rangle, \quad \mathbf{J}^2|\lambda m\rangle = \lambda|\lambda m\rangle. \tag{4.41}$$

이제 j의 값이 정수 또는 반정수이며 $\lambda = j(j+1)$임을 보이고 또 다른 $|\lambda m\rangle$의 성질들에 대하여 알아보자. 이 과정에서 연산자(특히 사다리 연산자)를 이용한 계산법의 장점을 알게 될 것이다.[7]

사다리 연산자들은 다음과 같이 정의된다:

$$J_+ = J_x + iJ_y, \quad J_- = J_x - iJ_y. \tag{4.42}$$

이들을 이용하여 $\mathbf{J}^2$을 표현하면

$$\mathbf{J}^2 = \frac{1}{2}(J_+J_- + J_-J_+) + J_z^2 \tag{4.43}$$

와 같이 된다. (4.40)식의 교환관계식으로부터,

---

[6] $|\lambda m\rangle$이 J_z와 $\mathbf{J}^2$의 고유함수라는 사실은 (4.40)식의 $[J_z, \mathbf{J}^2]=0$으로부터 나온다. 연산자는 대문자로 고유값은 소문자로 표현함에 유의하여라.

[7] 사다리 연산자는 다른 수학적 함수들에서도 활용된다. 13.1절의 헤르미트 다항식을 참조하여라.

$$[J_z, J_+] = +J_+, \quad [J_z, J_-] = -J_-, \quad [J_+, J_-] = 2J_z \tag{4.44}$$

를 얻을 수 있다. J_+는 $\mathbf{J}^2$과 교환이 가능하므로 (연습문제 4.3.1),

$$\mathbf{J}^2(J_+|\lambda m\rangle) = J_+(\mathbf{J}^2|\lambda m\rangle) = \lambda(J_+|\lambda m\rangle) \tag{4.45}$$

이 된다. 따라서, $J_+|\lambda m\rangle$도 고유값이 λ인 $\mathbf{J}^2$의 고유함수이며, 마찬가지로 $J_-|\lambda m\rangle$도 그렇다. 그러나, (4.44)식으로부터

$$J_zJ_+ = J_+(J_z + 1) \tag{4.46}$$

이므로,

$$J_z(J_+|\lambda m\rangle) = J_+(J_z + 1)|\lambda m\rangle = (m + 1)J_+|\lambda m\rangle \tag{4.47}$$

이 된다. 따라서, $J_+|\lambda m\rangle$이 J_z의 고유함수이다. 그러나 고유값이 $m+1$이 되어 J_+에 의하여 1 만큼 증가한다. 그래서 J_+를 **생성 연산자 (raising operator)**라 한다. 마찬가지로, J_-는 J_z의 고유값을 1 만큼 감소시킨다. 그래서 J_-를 **소멸 연산자 (lowering operator)**라 한다.

대각 행렬원소(기대치라고도 함)를 취하고 $J_x^\dagger = J_x$, $J_y^\dagger = J_y$를 이용하면,

$$\langle\lambda m|\mathbf{J}^2 - J_z^2|\lambda m\rangle = \langle\lambda m|J_x^2 + J_y^2|\lambda m\rangle = |J_x|\lambda m\rangle|^2 + |J_y|\lambda m\rangle|^2 \geq 0$$

이 되므로 $\lambda - m^2 \geq 0$이 됨을 알 수 있다. 따라서, m의 값에는 한계가 있으며 $\lambda \geq 0$이다. m의 **최대값**을 j라 하자. 그러면 $J_+|\lambda j\rangle = 0$이 되고, 또한 $J_-J_+|\lambda j\rangle = 0$이 된다. (4.43)식과 (4.44)식으로부터

$$\mathbf{J}^2 = J_-J_+ + J_z(J_z + 1) \tag{4.48}$$

이 되므로,

$$0 = J_-J_+|\lambda j\rangle = (\mathbf{J}^2 - J_z^2 - J_z)|\lambda j\rangle = (\lambda - j^2 - j)|\lambda j\rangle$$

가 된다. 이로부터,

$$\lambda = j(j + 1) \geq 0 \tag{4.49}$$

을 얻는다. 이제 상태 $|\lambda m\rangle$을 $|jm\rangle$으로 표기하자. 마찬가지 방식으로 m의 **최소값**을 j'이라 두자. 그러면 $J_-|jj'\rangle = 0$이 되고, 또한 $J_+J_-|jj' = 0$이 된다. 다음의 관계식

$$\mathbf{J}^2 = J_+J_- + J_z(J_z - 1) \tag{4.50}$$

로부터

$$0 = J_+J_-|jj'\rangle = (\mathbf{J}^2 + J_z - J_z^2)|jj'\rangle = (\lambda + j' - j'^2)|jj'\rangle \tag{4.51}$$

이 된다. 따라서,

$$\lambda = j(j + 1) = j'(j' - 1) = (-j)(-j - 1)$$

이 되어 $j' = -j$임을 알 수 있다. 이 식과 $j' \le j$로부터 $j \ge 0$임을 알 수 있다. 그리고 m은 최소값인 $-j$에서 시작하여 1씩 더한 값들이 가능하며, 최종적으로 최대값인 j까지 가능하다.

$$-j \le m \le j. \tag{4.52}$$

즉, $2j$의 값이 정수가 되어야 한다. 따라서, j의 값이 정수이거나 아니면 홀수 정수의 반이거나 해야 한다.

$|jj\rangle$에서 출발하여, 여기에 J_-를 계속하여 작용시키면 모든 다른 상태들인 $|jm\rangle$들을 만들어 낼 수 있다. 이렇게 하여 형성된 $|jm\rangle$들은 비가약표현을 형성한다. 여기서 j는 고정되어 있고 m은 변한다.

(4.40)식, (4.48)식 그리고 (4.50)식을 이용하면

$$\begin{aligned} J_-J_+|jm\rangle &= [j(j+1) - m(m+1)]|jm\rangle = (j-m)(j+m+1)|jm\rangle, \\ J_+J_-|jm\rangle &= [j(j+1) - m(m-1)]|jm\rangle = (j+m)(j-m+1)|jm\rangle \end{aligned} \tag{4.53}$$

을 얻을 수 있다. J_+와 J_-는 서로 에르미트 공액이므로,[8]

$$J_+^\dagger = J_-, \quad J_-^\dagger = J_+ \tag{4.54}$$

이고, (4.53)식의 고유값은 양수이거나 영이어야 한다.[9] 이는

$$\langle jm|J_-(J_+|jm\rangle) = (J_+|jm\rangle)^\dagger J_+|jm\rangle \ge 0 \tag{4.55}$$

으로부터 나온다. (4.53)식의 예는 연습문제 3.2.9(스핀 $\frac{1}{2}$), 3.2.11(스핀 1) 그리고 3.2.13(스핀 $\frac{3}{2}$)에 소개되어 있다. 궤도 각운동량 사다리 연산자 L_+와 L_-는 연습문제 2.5.10에 그 형태가 주어져 있다.

(4.47)식과 (4.53)식으로부터 위상인자 없이 양수 제곱근을 취하여

$$J_+|jm\rangle = \sqrt{(j-m)(j+m+1)}|jm+1\rangle \tag{4.56}$$

로 쓸 수 있고, 같은 방법으로

$$J_-|jm\rangle = \sqrt{(j+m)(j-m+1)}|jm-1\rangle \tag{4.57}$$

을 얻는다. 나중에 알게 되겠지만, 궤도 각운동량의 j값들은 정수이다. 기본입자들과 핵자들에 의한 스핀의 경우 $j = 1/2,\ 3/2,\ 5/2,\ \ldots$가 될 수 있다. 이렇게 각운동량의 값이 양자화되는 이유는 바로 교환관계식 때문이다.

---

[8] 행렬에 있어서의 에르미트 공액 또는 수반 연산은 3.4절에 정의되어 있고, 일반적인 연산자에 있어서의 에르미트 공액 또는 수반 연산은 9.1절에 정의되어 있다.

[9] 수반 연산자와 힐버트 공간에 대한 좋은 참고자료로 Messiah, A.(1961). *Quantum Mechanics*, Chapter 7. Wiley, New York을 들 수 있다.

예제 4.3.1 **스핀 1/2 상태**

스핀 올리는 연산자가

$$S_+ = \frac{1}{2}\sigma_+ = \frac{1}{2}(\sigma_x + i\sigma_y) = \frac{1}{2}\begin{pmatrix} 0 & 1+i(-i) \\ 1+i\cdot i & 0 \end{pmatrix} = \begin{pmatrix} 0 & 1 \\ 0 & 0 \end{pmatrix}$$

이 되며, 이로부터

$$S_+\chi_\downarrow = \begin{pmatrix} 0 & 1 \\ 0 & 0 \end{pmatrix}\begin{pmatrix} 0 \\ 1 \end{pmatrix} = \begin{pmatrix} 1 \\ 0 \end{pmatrix} = \chi_\uparrow$$

임을 알 수 있다. 이 식은 (4.56)식의 $\sqrt{[\frac{1}{2}-(-\frac{1}{2})](\frac{1}{2}-\frac{1}{2}+1)}=1$이라는 사실과 일치한다. ■

구좌표 θ, φ를 변수로 하는 함수 $\langle\theta, \varphi|lm\rangle = Y_l^m(\theta, \varphi)$는 11.5절에서 다룰 구면조화함수이다. 여기서도 연습문제 2.5.10b에서 소개한 궤도 각운동량 내리는 연산자

$$L_- = L_x - iL_y = -e^{-i\varphi}\left(\frac{\partial}{\partial\theta} - i\cot\theta\frac{\partial}{\partial\varphi}\right)$$

에 대하여 (4.57)식을 적용할 수 있다. 이 연산자를

$$\langle\theta, \varphi|11\rangle = -\sqrt{\frac{3}{8\pi}}\sin\theta e^{i\varphi} = Y_{11}(\theta, \varphi)$$

에 적용하면

$$\begin{aligned} L_-Y_{11} &= -e^{-i\varphi}\left(\frac{\partial}{\partial\theta} - i\cot\theta\frac{\partial}{\partial\varphi}\right)(-1)\sqrt{\frac{3}{8\pi}}\sin\theta e^{i\varphi} \\ &= e^{-i\varphi}\sqrt{\frac{3}{8\pi}}(\cos\theta - i\cos\theta i)e^{i\varphi} = \sqrt{\frac{6}{4\pi}}\cos\theta = \sqrt{2}\langle\theta, \varphi|1, 0\rangle = \sqrt{2}Y_{10} \end{aligned}$$

이 되며, $\sqrt{(1+1)(1-1+1)} = \sqrt{2}$와 일치한다. 즉, 사다리 연산자 방식[(4.55)식과 (4.56)식]이 구면조화함수에도 적용될 수 있으며, 미분연산자를 이용한 방법과 동등하다.

요 약

고전 리군의 생성원들은 고유값들을 정의하는 연산자들과 고유값들을 증가시키거나 감소시키는 사다리 연산자들로 구성할 수 있다. 회전군 SO(3)의 경우 이들은 L_z와 $L_\pm$들이다. 이들은 모두 대칭군의 선택법칙을 결정한다.

연습문제

4.3.1 다음을 보여라.
(a) $[J_+, \mathbf{J}^2] = 0$, (b) $[J_-, \mathbf{J}^2] = 0$.

4.3.2 다음의 각 경우의 O에 대하여 행렬 원소 $\langle j'm' | \mathrm{O} | jm \rangle$을 계산하여라. 단, $\mathrm{O} = \mathbf{J}^2$, $\mathrm{O} = J_z$ 그리고 $\mathrm{O} = J_\pm$.

4.3.3 각운동량이 $J = 1$, $3/2$, 2, $5/2$인 경우의 $J_\pm$와 J_z의 행렬 표현을 구하여라.

4.3.4 $|a, b\rangle$가 에르미트 연산자 A와 B의 공통 고유함수들의 완전집합(complete set)을 이룬다고 할 때: 즉,

$$\mathrm{A}|a, b\rangle = a|a, b\rangle, \quad \mathrm{B}|a, b\rangle = b|a, b\rangle$$

일 때, $[\mathrm{A}, \mathrm{B}] = 0$임을 보여라. 역도 성립하는가? 즉, $[\mathrm{A}, \mathrm{B}] = 0$이면 에르미트 연산자 A와 B의 공통 고유함수들로 완전집합을 이루게 할 수 있는가?

4.3.5 세 개의 2×2 행렬 σ_j'들이 파울리 행렬들이 만족하는 교환관계식을 만족한다고 하자. 그렇다면 모든 $j = 1, 2, 3$에 대하여 다음을 만족시키는 행렬 s가 한 개 존재하게 된다: $\sigma_j' = \mathrm{s}\sigma_j\mathrm{s}^{-1}$. 이를 보여라. 이 결과의 의미를 말로 설명하여라.

4.3.6 두 함수 $e^{\mathbf{r}^2/a^2}\cos\theta$와 $e^{\mathbf{r}^2/a^2}\sin\theta e^{\pm i\varphi}$에 의해 형성되는 함수공간에서 궤도 각운동량 연산자 $\mathbf{L}^2$과 L_z의 고유값들을 구하여라. 단, 여기서 a는 길이의 차원을 가지는 상수이다.

4.3.7 SU(3)의 생성원들을 구하여라. SU(3)의 order는 얼마인가? 모든 올리는 것과 내리는 연산자들을 구하여라.

4.3.8 SU(3)의 3×3 행렬인 생성원들 중에서 관련된 3개의 생성원들에게는 위의 연습문제 4.3.5의 정리가 적용되지 않는다. 그 이유를 설명하여라.

4.4 동차(Homogeneous) 로렌츠군

2.6절의 벡터에 대한 접근을 일반화하여, 특수상대론에서는 물리의 법칙이 다음의 변환들에 대하여 공변[10]하기를 요구한다.

- 시간과 공간의 평행이동(translation),

[10]공변적이란 말은 관성계라 불리는 다른 여러 좌표계에서 형태가 같음을 의미한다. 따라서, 특별한 좌표계가 없음을 알 수 있다(2.6절과 비교).

- (실수) 3차원 공간에서의 회전,
- 로렌츠 변환.

평행이동에 대한 공변성의 요구는 시간과 공간의 균일성에 근거한다. 회전에 대한 공변성은 공간의 등방성에 대한 확신으로부터 나온다. 로렌츠 변환에 대한 공변성은 특수상대론으로부터 유도된다.

공간 회전과 로렌츠 변환이 합하여 동차 로렌츠군을 이루며, 여기에 평행이동까지 합해지면 푸앵카레(Poincaré)군이 된다.

우선, $x = x_1$축에 대한 상대속도 $\mathbf{v}$의 로렌츠 변환들로 이루어진 부분군을 알아보자. 생성원은 미소 상대속도 δv로 움직이는 시공간 관성좌표계들을 고려하여 구할 수 있을 것이다.[11] 관계식은 실수 공간에서의 회전의 경우와 유사하다 (2.6절과 3.3절). 다만, 여기서는 회전 각도가 순 허수가 된다.

로렌츠 변환은 공간 좌표 x_i에 대해서 뿐 아니라, 시간 좌표 t에 대해서도 선형적이다. 이 변환은 로렌츠 변환에 대하여 불변인 전자기학의 막스웰 방정식으로부터 유래되었다. 로렌츠 변환은 다음의 이차형식(quadratic form)을 보존한다:

$$c^2t^2 - x_1^2 - x_2^2 - x_3^2 = x_0^2 - x_1^2 - x_2^2 - x_3^2.$$

여기서, $x_0 = ct$이고 c는 모든 관성좌표계에서 같은 값인 빛의 속력이다. 이러한 불변성을 좌표계의 원점에서 출발하는 빛을 고려해 보면 알 수 있다. 시간이 t일 때까지의 이동 거리는 $ct = \sqrt{\sum x_i^2}$가 되어 $c^2t^2 - x_1^2 - x_2^2 - x_3^2 = 0$이 된다. 특수상대론에 의하면 x_i좌표계에 대하여 임의의 방향으로 속력 $v \leq c$로 운동하는 x_i' 관성좌표계(단, $t = 0$일 때의 두 좌표계의 원점을 일치시켰을 때)에서도 같은 식이 성립되어야 한다:

$$c^2t'^2 - x_1'^2 - x_2'^2 - x_3'^2 = 0.$$

계량(metric)이

$$x \cdot x = x^2 = x_0^2 - x_1^2 - x_2^2 - x_3^2$$

으로 주어지는 시-공간을 민코브스키(Minkowski) 공간이라 하며, 두 벡터의 스칼라곱을

$$a \cdot b = a_0 b_0 - \mathbf{a} \cdot \mathbf{b}$$

로 정의한다. 계량 텐서(metric tensor)

$$(g_{\mu\nu}) = (g^{\mu\nu}) = \begin{pmatrix} 1 & 0 & 0 & 0 \\ 0 & -1 & 0 & 0 \\ 0 & 0 & -1 & 0 \\ 0 & 0 & 0 & -1 \end{pmatrix} \qquad (4.58)$$

[11] 약간 다른 계량에 대한 유도가 J. L. Strecker, *Am. J. Phys*. **35**, 12 (1967)에 소개되어 있다.

을 이용하여 좌표 벡터 $x^\mu = (x_0, \mathbf{x})$와 같은 4-벡터의 지수들을 올리거나 내릴 수 있다. 예를 들어, $x_\mu = g_{\mu\nu}x^\nu = (x_0, -\mathbf{x})$이고 $x^\mu g_{\mu\nu}x^\nu = x_0^2 - \mathbf{x}^2$이다. 여기서, 아인쉬타인의 합 규약(summation convention)을 이용하였다. 보통 4-벡터의 지수로 그리스 문자를 사용한다. $x_0 = x^0$이므로 보통 시간 성분을 x_0로 쓴다. 공변(covariant) 4-벡터인 그라디언트(gradient)는

$$\partial^\mu = \left(\frac{\partial}{\partial x_0}, -\boldsymbol{\nabla}\right) = \frac{\partial}{\partial x_\mu}, \quad \partial_\mu = \left(\frac{\partial}{\partial x_0}, \boldsymbol{\nabla}\right)$$

로 표기하며

$$\partial^2 = \left(\frac{\partial}{\partial x_0}\right)^2 - \boldsymbol{\nabla}^2$$

도 $x^2 = x_0^2 - \mathbf{x}^2$처럼 로렌츠 스칼라이다.

비상대론 극한인 $v \ll c$인 경우, 로렌츠 변환이 갈릴레이 변환이 되어야 한다. 따라서, x_1축 방향의 로렌츠 변환의 형태를 구하기 위하여 미소 속도 δv의 갈릴레이 변환에 대하여 알아보자:

$$x'^1 = x^1 - t\delta v = x^1 - x^0\delta\beta. \tag{4.59}$$

여기서, $\beta = v/c$이다. 대칭적으로, 시간에 대해서도

$$x'^0 = x^0 + a\delta\beta x^1 \tag{4.60}$$

이라 두자. 여기서 a는 $x_0^2 - x_1^2$이 불변임을 이용하여 구한다:

$$x_0'^2 - x_1'^2 = x_0^2 - x_1^2. \tag{4.61}$$

위치 벡터 $x^\mu = (x^0, \mathbf{x})$는 민코브스키 공간의 전형적인 4차원 벡터이며, (4.61)식은 민코브스키 공간의 로렌츠 변환에 대하여 "거리"벡터의 크기의 제곱이 불변임을 나타낸다. 여기가 바로 특수상대론이 우리의 변환에 개입되는 장소이다. (4.59)식과 (4.60)식을 각각 제곱하여 $(\delta\beta)^2$항들을 버린 후 (4.61)식에 대입하면, $a = -1$이라는 결과를 얻는다. (4.59)식과 (4.60)식은

$$\begin{pmatrix} x'^0 \\ x'^1 \end{pmatrix} = (1_2 - \delta\beta\sigma_1)\begin{pmatrix} x^0 \\ x^1 \end{pmatrix} \tag{4.62}$$

과 같이 행렬 방정식으로 나타낼 수 있다. 여기서 σ_1은 파울리 행렬이며 $\delta\beta$는 미소 변화를 나타내는 모수이다. 4.2절에서와 같은 방법으로, 유한한 변환을 이끌어 내기 위하여 미소 변환을 N번 반복한다. 유한 속도 모수를 $\rho = N\delta\beta$로 두면,

$$\begin{pmatrix} x'^0 \\ x'^1 \end{pmatrix} = \left(1_2 - \frac{\rho\sigma_1}{N}\right)^N \begin{pmatrix} x^0 \\ x^1 \end{pmatrix} \tag{4.63}$$

으로 쓸 수 있다. 여기에 $N \to \infty$로 보내는 극한을 취하면,

$$\lim_{N\to\infty}\left(1_2 - \frac{\rho\sigma_1}{N}\right)^N = \exp(-\rho\sigma_1) \tag{4.64}$$

과 같이 된다. 4.2절에서처럼 지수함수를

$$\exp(-\rho\sigma_1) = 1_2 - \rho\sigma_1 + \frac{1}{2!}(\rho\sigma_1)^2 - \frac{1}{3!}(\rho\sigma_1)^3 + \cdots \tag{4.65}$$

과 같이 매클로린 전개를 한 후에 $\sigma_1^2 = 1_2$임을 이용하면

$$\exp(-\rho\sigma_1) = 1_2 \cosh\rho - \sigma_1 \sinh\rho \tag{4.66}$$

가 된다. 따라서, 유한 로렌츠 변환은

$$\begin{pmatrix} x'^0 \\ x'^1 \end{pmatrix} = \begin{pmatrix} \cosh\rho & -\sinh\rho \\ -\sinh\rho & \cosh\rho \end{pmatrix}\begin{pmatrix} x^0 \\ x^1 \end{pmatrix} \tag{4.67}$$

으로 표현된다. σ_1은 이러한 순 로렌츠 변환을 발생시킨다. 변환된 좌표계의 원점 $x'^1 = 0$ 또는 $x^1 = vt$를 고려하면 $\cosh\rho$와 $\sinh\rho$를 구할 수 있다. 이를 (4.67)식에 대입하면

$$0 = x^1 \cosh\rho - x^0 \sinh\rho \tag{4.68}$$

를 얻을 수 있고, $x^1 = vt$와 $x^0 = ct$임을 이용하면

$$\tanh\rho = \beta = v/c \tag{4.69}$$

가 됨을 알 수 있다. ρ를 **신속도(rapidity)**라고 부르며 $v \to 0$의 극한에 해당하는 경우를 제외하고는 $\rho \neq v/c$이다. 신속도는 어떤 축에 대한 회전 변환에서의 각도와 유사한 역할을 하는데, 어떤 축에 대한 순 로렌츠 변환(boost라 함)을 나타내는 모수로서, 같은 축에 대한 연속 변환은 회전에서의 각도가 그렇듯이 이들의 합으로 나타난다.

항등식 $1 - \tanh^2\rho = (\cosh^2\rho)^{-1}$을 이용하여,

$$\cosh\rho = (1-\beta^2)^{-1/2} \equiv \gamma, \quad \sinh\rho = \beta\gamma \tag{4.70}$$

가 됨을 알 수 있다.

속도의 방향이 공간좌표축의 방향과 평행한 경우는 계산하기 용이한 특별한 경우이긴 하지만, 미소 속도-지수화-생성원의 방법(the infinitesimal velocity-exponentiation-generator technique)을 잘 보여준다. 이제 이 방법을 공간좌표축의 방향과 평행하지 **않는** 속도 $\mathbf{v}$의 경우의 로렌츠 변환을 찾는 데 적용할 수 있다. $\mathbf{v} = \hat{\mathbf{x}}v_x$로 주어지는 경우의 (4.67)식에 주어진 행렬들은 부분군을 이룬다. 그러나, 일반적인 경우에는 그렇지가 않다. 두 속도 $\mathbf{v}_1$과 $\mathbf{v}_2$가 평행한 경우에는 두 로렌츠 변환행렬 $\mathsf{L}(\mathbf{v}_1)$과 $\mathsf{L}(\mathbf{v}_2)$의 곱이 로렌츠 변환행렬인 $\mathsf{L}(\mathbf{v}_3)$가 된다. 이때, $\mathbf{v}_3$는 두 속도 $\mathbf{v}_1$과 $\mathbf{v}_2$와 아인쉬타인의 속도 합성법칙(연습문제 4.4.3)에 의하여 구할 수 있다. 그러나, 만약 두 속도 $\mathbf{v}_1$과 $\mathbf{v}_2$가 평행하지 않을 경우에는 그런 간단한 관계식은 존재하

지 않는다. 구체적으로, 세 개의 좌표계 S, S' 그리고 S''을 고려하자. 이들 중 S와 S'은 $\mathsf{L}(\mathbf{v}_1)$에 의하여 연관되고, S'과 S''은 $\mathsf{L}(\mathbf{v}_2)$에 의하여 연관된다고 하자. 만약 S''의 S에 대한 상대 속도가 $\mathsf{L}(\mathbf{v}_3)$라면 S와 S''을 연관짓는 행렬은 $\mathsf{L}(\mathbf{v}_3) = \mathsf{L}(\mathbf{v}_2)\mathsf{L}(\mathbf{v}_1)$ 이 아니다. 대신,

$$\mathsf{L}(\mathbf{v}_3) = \mathsf{R}\mathsf{L}(\mathbf{v}_2)\mathsf{L}(\mathbf{v}_1) \tag{4.71}$$

이 됨을 보일 수 있다. 여기서, R은 3×3 공간 회전행렬이다. 즉, 만약 $\mathbf{v}_1$과 $\mathbf{v}_2$가 평행하지 않을 경우에는, 최종 좌표계 S''은 S에 대하여 **회전이 되어 있음**을 알 수 있다. 이 회전이 원자물리와 핵물리에서의 스핀-궤도결합(spin-orbit coupling)에 관련된 토마스 세차(Thomas precession)의 근원이다. 이것의 존재로 인하여, $\mathsf{L}(\mathbf{v})$들 만으로는 부분군을 형성할 수 없음을 알 수 있다.

■ 민코브스키 시-공간에서의 벡터 분석

앞에서 우리는 빛의 진행으로부터 계량

$$\mathbf{r}^2 - c^2t^2 = 0 = \mathbf{r}'^2 - c^2t'^2$$

이 결정됨을 보았다. 여기서, $x^\mu = (ct,\ \mathbf{r})$은 좌표 4-벡터이다. 속도 $\mathbf{v}$로 운동하는 입자에 있어서 로렌츠 변환에 불변인 미소량

$$cd\tau \equiv \sqrt{dx^\mu dx_\mu} = \sqrt{c^2dt^2 - d\mathbf{r}^2} = dt\sqrt{c^2 - \mathbf{v}^2}$$

을 이용하여 입자의 경로를 따라 변환에 불변인 고유시간(proper time)을 정의할 수 있다. 움직이는 좌표계의 시간지연 현상으로 인하여, 고유시간 시계는 입자와 같이 (스스로의 정지 좌표계에서) 운동하며 다른 어떤 (관측자의) 관성좌표계에서보다 가장 더디게 시간이 흐른다. 고유시간을 이용하여 입자의 속도 4-벡터를 다음과 같이 정의할 수 있다:

$$\frac{dx^\mu}{d\tau} = u^\mu = \left(\frac{c}{\sqrt{c^2 - \mathbf{v}^2}},\ \frac{\mathbf{v}}{\sqrt{c^2 - \mathbf{v}^2}}\right).$$

이 식으로부터 $u^2 = 1$임을 알 수 있고, 운동량 4-벡터를 $p^\mu = cmu^\mu = (\frac{E}{c},\ \mathbf{p})$로 두면 이로부터 아인쉬타인의 유명한 에너지 관계식

$$E = \frac{mc^2}{\sqrt{1 - \mathbf{v}^2/c^2}} = mc^2 + \frac{m}{2}\mathbf{v}^2 \pm \cdots$$

을 얻을 수 있다. $u^2 = 1$이라는 사실과 이 식의 물리적 의미로부터 입자의 운동량이 변하더라도 $p^2 = m^2c^2$이 되어 p^2은 변하지 않음을 알 수 있다.

이제 질량이 m인 **입자**에 대한 특수상대론적 뉴턴의 운동방정식을 $\frac{dp^\mu}{d\tau} = K^\mu$라 두자. 여기서 K^μ를 힘의 4-벡터라 부르며, 이 식의 공간성분이 고전적 운동방정식에 해당한다. 이 식에 $\mu = 1,\ 2,\ 3$을 $d\tau = dt\sqrt{1 - \mathbf{v}^2/c^2}$을 대입하면

$$\frac{1}{\sqrt{1-\mathbf{v}^2/c^2}}\frac{d\mathbf{p}}{dt}=\frac{\mathbf{F}}{\sqrt{1-\mathbf{v}^2/c^2}}=\mathbf{K}$$

가 된다. 이 식으로부터 **K**와 보통 사용해온 힘 **F**와의 관계를 알 수 있다. 다음 K^0에 대하여 알아보자. 에너지 보존법칙을 유도하는 과정과 비슷하게, 위의 운동방정식에 속도 4－벡터를 곱하면

$$mu_\nu\frac{du^\nu}{d\tau}=\frac{m}{2}\frac{du^2}{d\tau}=0$$

이 된다. 여기서 $u^2=1=$상수임을 이용하였다. 운동방정식을 이용하여 식을 전개하면

$$0=u\cdot K=\frac{K^0}{\sqrt{1-\mathbf{v}^2/c^2}}-\frac{\mathbf{F}\cdot\mathbf{v}/c}{\sqrt{1-\mathbf{v}^2/c^2}^2}$$

가 되므로 $K^0=\frac{\mathbf{F}\cdot\mathbf{v}/c}{\sqrt{1-\mathbf{v}^2/c^2}}$가 되어 가해진 힘에 의해 행해진 일률과 관련이 됨을 알 수 있다.

이제 에너지와 운동량 보존의 법칙을 이용하여 입자의 충돌문제를 분석해 보자. 에너지 운동량 보존의 법칙은 운동량 4－벡터 p_i^μ를 이용하여 $p_1+p_2=p_3+p_4$로 표현된다. 4－벡터의 제곱은 로렌츠 변환에 대하여 불변이므로 $s=(p_1+p_2)^2=P^2$으로 정의하는 것이 편리하다. 여기서 p^μ는 총 운동량 4－벡터이며, 빛의 속력 $c=1$인 단위를 이용한다. 입자 2의 운동량 4－벡터가 $p_2^\mu=(m_2,\ \mathbf{0})$인 정지 좌표계를 실험실계(lab)로 정의하고, 총 운동량이 $p^\mu=(E_1+E_2,\ \mathbf{0})$인 좌표계를 질량중심계(cms)라 한다. 실험실계에서의 입자 1의 에너지가 E_1^L이라면

$$s=p_1^2+p_2^2+2p_1\cdot p_2=m_1^2+m_2^2+2m_2E_1^L$$

이 된다. 질량중심계에서의 각 입자의 에너지는 다음의 스칼라곱에 의하여 구한다:

$$p_1\cdot P=E_1(E_1+E_2)=E_1\sqrt{s}.$$

따라서,

$$E_1=\frac{p_1\cdot(p_1+p_2)}{\sqrt{s}}=\frac{m_1^2+p_1\cdot p_2}{\sqrt{s}}=\frac{m_1^2-m_2^2+s}{2\sqrt{s}},$$
$$E_2=\frac{p_2\cdot(p_1+p_2)}{\sqrt{s}}=\frac{m_2^2+p_1\cdot p_2}{\sqrt{s}}=\frac{m_2^2-m_1^2+s}{2\sqrt{s}},$$
$$E_3=\frac{p_3\cdot(p_3+p_4)}{\sqrt{s}}=\frac{m_3^2+p_3\cdot p_4}{\sqrt{s}}=\frac{m_3^2-m_4^2+s}{2\sqrt{s}},$$
$$E_4=\frac{p_4\cdot(p_3+p_4)}{\sqrt{s}}=\frac{m_4^2+p_3\cdot p_4}{\sqrt{s}}=\frac{m_4^2-m_3^2+s}{2\sqrt{s}}$$

를 얻는다. 여기서

$$2p_1\cdot p_2=s-m_1^2-m_2^2,\quad 2p_3\cdot p_4=s-m_3^2-m_4^2$$

을 이용하였다. 따라서, 질량중심계에서의 에너지 E_i는 산란 각도에 무관하게 실험실계에서의 입자 1의 입사 에너지에 의하여 결정됨을 알 수 있다. 탄성충돌의 경우 $m_3 = m_1$, $m_4 = m_2$이므로 $E_3 = E_1$, $E_4 = E_2$가 된다. 로렌츠 변환에 불변인 양으로 운동량 전달 제곱(momentum transfer squared)이라는 양

$$t = (p_1 - p_3)^2 = m_1^2 + m_3^2 - 2p_1 \cdot p_3$$

가 있으며, 이 값은 산란 각도의 코사인 값에 선형적으로 의존한다.

예제 4.4.1 **케이온 붕괴와 파이온 광생성 문턱**

질량이 494 MeV인 케이온이 정지상태에서 질량이 106 MeV인 뮤온과 질량이 영인 뉴트리노로 붕괴한다. 이때, 뮤온과 뉴트리노의 에너지를 구하여라.

에너지와 운동량 보존의 법칙으로부터 $m_K = E_\mu + E_\nu = \sqrt{s}$이다. 앞에서 유도한 식을 이용하면

$$E_\mu = \frac{p_\mu \cdot (p_\mu + p_\nu)}{m_K} = \frac{m_\mu^2 + p_\mu \cdot p_\nu}{m_K},$$
$$E_\nu = \frac{p_\nu \cdot (p_\mu + p_\nu)}{m_K} = \frac{p_\mu \cdot p_\nu}{m_K}$$

가 된다. 이들 식으로부터 $m_K^2 = m_\mu^2 + 2p_\mu \cdot p_\nu$를 얻을 수 있고, 따라서

$$E_\mu = T_\mu + m_\mu = \frac{m_K^2 + m_\mu^2}{2m_K} = 258.4 \text{ MeV},$$
$$E_\nu = T_\nu = \frac{m_K^2 - m_\mu^2}{2m_K} = 235.6 \text{ MeV}$$

가 된다. 다른 예로 입사된 광자에 의하여 생성되는 중성 파이온을 고려하자: $\gamma + p \to \pi^0 + p'$ 이 반응이 일어나기 위한 광자의 최소의 에너지를 구해보자. 최소의 에너지에 의한 반응에서 중성 파이온과 양성자는 질량중심계에서는 정지해 있을 것이다. 따라서,

$$s = (p_\gamma + p)^2 = m_p^2 + 2m_p E_\gamma^L = (p_\pi + p')^2 = (m_\pi + m_p)^2$$

이 되고, 이로부터 $E_\gamma^L = m_\pi + \frac{m_\pi^2}{2m_p} = 144.7 \text{ MeV}$가 된다. ■

요 약

로렌츠 군은 전자기학이 가지는 대칭성 군이다. 이 군은 약전기 게이지 이론과 양자색깔역학(quantum chromodynamics)에 의해 기술되는 강작용에서의 특수상대론의 핵심이다. 민코브스키 시-공간의 계량은 로렌츠 변환에 불변이며, 빛의 전파를 설명한다; 즉, 빛의 속력은 모든

관성좌표계에서 동일하다. 뉴턴의 운동방정식의 특수상대론적 일반화는 자연스럽게 유도된다. 두 입자의 충돌 이론은 민코브스키 시-공간의 벡터 대수의 중요한 응용분야이다.

인명 자료

Lorentz, Hendrik Antoon. 네덜란드 물리학자인 로렌츠는 1853년에 Arnhem에서 출생하여 1928년 Haarlem에서 서거하였다. 그는 1875년에 Leiden 대학교에서 박사학위를 받았으며, 3년 후에 다시 이 학교로 돌아와서 평생을 이 학교에서 이론물리학 교수로 지냈다. 그는 막스웰의 , 특히 빛에 관한, 전파이론을 더욱 발전시켰다. 아직 원자에 대한 개념도 정립이 되지 않은 시대에 그는 전자파의 요인이 물질 내부에 있는 전하를 가진 입자들의 진동에 의한 것이라고 설명했다. 나중에 이 들 입자가 J. J. Thomson에 의하여 전자임이, 그리고 Arrhenius에 의하여 이온들임이 밝혀졌다. 증명으로, 그는 원자들에 자기장을 가하는 실험을 제안하였고, 그의 제자 Zeeman에 의해 1896년에 입증된 효과를 예고하였다. 또한 그는 뉴턴 방정식을 변화시키지 않는 (Galilean) 변환과 다른, 막스웰 방정식을 변화시키지 않는 관성계(그에 의해 이름지어짐) 사이의 상대속도에 의존하는 변환의 물리적 결과(Lorentz-Fitzgerald contraction)들을 분석하였다. 따라서, 그는 아인쉬타인의 특수상대성 이론의 예언자였다.

연습문제

4.4.1 로렌츠 변환을 두 번 연속적으로 시킨다. x축 방향으로 v_1의 속력으로 변환시킨 후, y축 방향으로 v_2의 속력으로 변환시킨다. 이 (두 변환의 곱으로 주어지는) 변환이 한 번의 로렌츠 변환의 형태로 **표현할 수 없음**을 보여라.

주의. 차이가 회전에 해당하며 따라서 순 로렌츠 변환(boost)만으로는 군이 될 수 없다.

4.4.2 민코브스키 전체 공간(x^0, x^1, x^2, x^3)의 로렌츠 변환을 유도하여라. 단, $x^0 = x_0 = ct$이다. 로렌츠 변환이 $\mathsf{L}(\mathbf{v}) = \exp(\rho\sigma)$로 표현될 수 있음을 보여라. 단,

$$\sigma = \begin{pmatrix} 0 & -\lambda & -\mu & -\nu \\ -\lambda & 0 & 0 & 0 \\ -\mu & 0 & 0 & 0 \\ -\nu & 0 & 0 & 0 \end{pmatrix}$$

이고, λ, μ, ν는 속도 $\mathbf{v}$의 방향 코사인이다.

4.4.3 (4.67)식의 행렬 관계식에 의하여 신속도 ρ_1과 로렌츠 좌표계 (x'^0, x'^1)과 (x^0, x^1)사이의 관계식이 주어진다. 신속도 ρ_2는 로렌츠 좌표계 (x''^0, x''^1)과 (x'^0, x'^1)사이의 관계를 결정한다. 끝으로 ρ가 로렌츠 좌표계 (x''^0, x''^1)과 (x^0, x^1)사이의 관계를 결정한다면 $\rho = \rho_1 + \rho_2$가 된다. 이 식을 이용하여 다음에 주어진 아인슈타인의 속도합성법칙을 유도하여라:

$$v = \frac{v_1 + v_2}{1 + v_1 v_2/c^2}.$$

4.4.4 (a) 입자 A가 B와 C로 붕괴한다. A의 정지계에서 입자 B의 에너지는 얼마인가? 중성 파이온이 두 개의 광자로 붕괴하는 경우가 이러한 반응의 예이다.

(b) 충분한 에너지의 광자가 물질 근처에서만 전자-양전자를 생성하는지를 설명하여라.

주의. 입자들의 질량은 $m_A > m_B + m_C$를 만족한다.

4.4.5 중양성자(deuteron)에 감마선을 입사시켜서 질량이 $m_n = 939.565\ \mathrm{MeV}/c^2$인 중성자와 $m_p = 938.272\ \mathrm{MeV}/c^2$인 양성자로 붕괴시키려 한다. 이렇게 하기 위한 감마선의 최소 주파수를 구하여라. 단, 중양성자의 결합에너지는 2.226 MeV이다.

힌트. 페르미 운동을 무시하여라. 즉, 중성자와 양성자가 정지해 있다고 가정하여라. 이러한 근사가 유효한 이유를 설명하여라.

4.4.6 속도 4-벡터가 u^μ인 운동하는 관측자가 운동량 4-벡터가 p^μ인 입자를 관측할 때, 입자의 에너지가 $E = cp \cdot u$임을 보여라.

4.4.7 전자기장 속에서의 전하를 가진 입자의 운동방정식 $\frac{d\mathbf{p}}{dt} = q\mathbf{E} + q\mathbf{v} \times \mathbf{B}$를 특수상대론적 운동방정식으로 일반화시켜라.

4.4.8 로렌츠 변환에 공변인 전자기장 속에서의 전하를 가진 입자의 운동방정식 $\frac{dp^\mu}{d\tau} = \frac{q}{\epsilon_0 mc} F^{\mu\nu} p_\nu$가 입자의 질량껍질위(on-mass-shell) 관계식 $p^2 = m^2c^2$과 서로 모순되지 않음을 보여라. 여기서 m은 입자의 정지질량이고 τ는 고유시간(입자의 정지계에서 관측한 로렌츠 변환에 불변인 시간)이다. $p^\mu = mcu^\mu$는 입자의 운동량 4-벡터이고 $F^{\mu\nu} = \partial^\mu A^\nu - \partial^\nu A^\mu$는 전자기장 텐서이다.

추가 읽을거리

Buerger, M. J. (1956). *Elementary Crystallography*. Wiley, New York. 결정 대칭성에 대한 전반적 분석. Buerger는 이 책에서 모두 32개의 결정군을 230개의 공간군을 다루고 있다. 관련된 서적으로 *Contemporary Crystallography*. MaGraw-Hill, New York (1970); *Crystal Structure Analysis*. Krieger, New York (1979); 그리고 *Introduction to Crystal Geometry*. Krieger, New York(1971, reprint 1977)을 들 수 있다.

Burns, G., and Glazer, A. M. (1978). *Space Groups for Solid State Scientists*. Academic Press, New York. 군과 고체물리에의 군의 응용에 대한 잘 짜여지고 읽기 쉬운 서적.

de-Shalit, A., and Talmi, I. (1963). *Nuclear Shell Model*. Academic Press, New York. 우리는 이 서적의 Condon-Shortley 위상 규약을 채택하였다.

Edmonds, A. R. (1957). *Angular Momentum in Quantum Mechanics*. Princeton Univ. Press, Princeton NJ.

Falicov, L. M. (1966). *Group Theory and Its Physical Applications* [Notes compiled by A. Luehrmann]. Univ. of Chicago Press, Chicago. 결정 대칭성과 고체물리학에의 응용을 강조한 군론.

Greiner, W., and Müller, B. (1989) *Quantum Mechanics Symmetries*. Springer, Berlin. 이 책에 상세한 설명과 많은 문제의 풀이가 자세히 수록되어 있다.

Hamermesh, M. (1962). *Group Theory and Its Application to Physical Problems*. Addison-Wesley, Reading, MA. 유한 및 연속군에 대한 자세하고 엄밀한 기술. 32개의 결정군과, 연속군이 리 대수와 함께 소개되어 있다. 원자물리와 핵물리에의 다양한 응용이 포함됨.

Heitler, W. (1947). *The Quantum Theory of Radiation*, 2nd ed. Oxford Univ. Press, Oxford. Reprinted, Dover, New York (1983).

Higman, B. (1955). *Applied Group-Theoretic and Matrix Methods*. Clarendon, Oxford. 완전하고 보기 드물게 지적으로 행렬 분석과 군론을 전개함.

Messiah, A. (1961), *Quantum Mechanics*. Vol. 2. North-Holland, Amsterdam.

Panofsky, W. K. H., and Phillips, M.(1962). *Classical Electricity and Magnetism*, 2nd ed. Addison-Wesley, Reading, MA. 진공과 물질 내부에서의 막스웰 방정식의 로렌츠 공변성이 잘 설명되어 있다. Panofsky와 Phillips는 공변텐서와 반대바뀜텐서를 사용한다.

Park, D. (1968). Resource letter SP-1 on symmetry in physics. *Am. J. Phys*. **36**, 577-584. 이 논문은 군론과 물리학(원자, 분자, 핵, 고체, 그리고 입자)에의 군론의 응용에 관련된 많은 참고문헌을 제공한다.

Ram, B. (1967). Physics of the SU(3) symmetry model. *Am. J. Phys*. **35**, 16. SU(3)의 강작용 입자(바리온)에의 응용에 대하여 훌륭하게 잘 다룬 논문. 후속 논문으로 Young, R. D. (1973). Physics of the quark model. *Am. J. Phys*. **41**, 472.를 참고할 것.

Rose, M. E. (1957). *Elementary Theory of Angular Momentum*. Wiley, New York. Reprinted, Dover, New York (1995). 각운동량에 대한 양자이론의 한 측면으로 회전군에 대하여 상세하면서 읽을 만하게 기술함.

Wigner, E. P. (1959). *Group Theory and Its Application to the Quantum Mechanics of Atomic Spectra* (translated by J. J. Griffin). Academic Press, New York. 이 서적은 물리학자를 위한 고전적 참고문헌이다. 회전군이 아주 상세히 다루어지고 있다. 원자물리에의 응용을 많이 소개하고 있다.

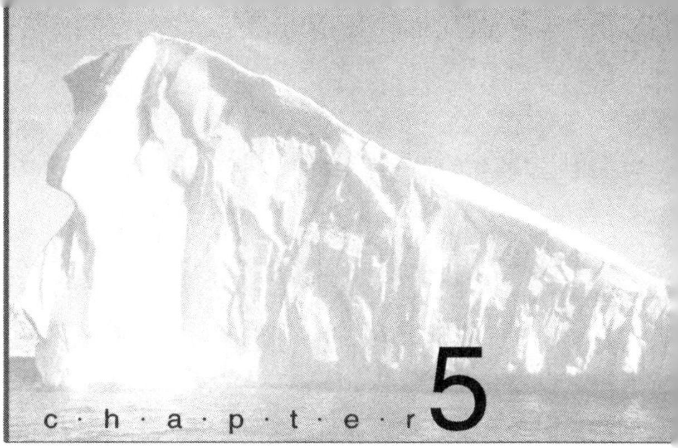

무한급수

5.1 기본 개념

무한급수는 무한히 많은 실수들의 합이다. 무한급수는 순수 또는 응용 수학에 자주 등장한다. 예로써, $\sqrt{0.97}=(1-0.03)^{1/2}=1-0.03/2+\cdots\sim 0.985$, π, e 또는 유리수의 순환소수로의 표현 등에서와 같이 상수의 정확한 근사값을 구하는 식을 들 수 있다. 기본함수나 초월함수들도, 5.6절에서 다룰 함수이론의 기본적 접근방법인, 지수급수의 형태로 정의될 수 있다. 과학과 공학에서도 무한급수는 자주 등장한다. 이들은 적분의 계산(5.10절)이나 미분방정식의 풀이 (8.5절과 8.6절) 그리고 푸리에 급수(제14장)에 이용되며, 여러 특수함수(제11장 ~ 제13장)의 분석에 있어서 적분형태의 표현과 함께 아주 중요한 역할을 한다.

출발점에서부터 우리는 무한 개의 항들의 합의 의미에 관련된 문제에 직면한다. 일반적인 접근법은 부분합을 도입하는 것이다. 무한 수열 u_1, u_2, u_3, u_4, u_5, ...가 주어졌을 때, n번째의 **부분합**을

$$s_n=\sum_{i=1}^{n}u_i \tag{5.1}$$

로 정의한다. 이것은 **유한 개의 합**이므로 아무런 문제가 없다.

만약 이 부분합들의 수열이 유한한 값으로 수렴하지 않으면 주어진 무한급수는 **발산한다**고 말한다.

예제 5.1.1 **발산하는 부분합**

양의 정수들의 합인

$$\sum_{i=1}^{n}i=\frac{n}{2}(n+1)$$

의 계산은 다음과 같이 수행한다. 우선, 첫 번째 항과 마지막 항을 합하면 $n+1$이 된다. 다음 두 번째 항과 마지막에서 두 번째 항과의 합도 $n+1$이다. 이런 식으로 모두 $n/2$쌍의 합을 구하면 총합은 $n(n+1)/2$가 된다. 여기서 우리는 항의 수가 짝수라고 묵시적으로 가정하였다. 하지만 n의 값이 홀수일 경우에는 첫 번째 항으로 영을 하나 더 추가하면 되므로, 사실 모든 경우에 위의 답이 성립한다. **수학적 귀납법**을 이용하여 이 문제를 풀 수도 있다. 이 방법에 의하면, 우선 $n=1$일 때 위의 식이 성립함을 보인다. 즉, $1=\frac{1}{2}(1+1)$이므로 성립한다. 다음, n일 경우에 성립한다고 가정하면 $n+1$일 경우에도 성립함을 보인다:

$$s_n + (n+1) = \frac{n}{2}(n+1) + (n+1) = \left(\frac{n}{2}+1\right)(n+1) = \frac{n+1}{2}(n+2) = s_{n+1}.$$

따라서, 위의 식은 모든 경우에 성립하는 식이다. 명확하게 $n\to\infty$이면 $s_n\to\infty$이다. 따라서 이 무한급수는 발산한다. 그리고 부분합들은 항들을 합하는 순서에 상관이 없다. ■

만약 부분합들이 $n\to\infty$일 때, 유한한 값으로 수렴하여

$$\lim_{n\to\infty} s_n = S, \tag{5.2}$$

가 되면 무한급수 $\sum_{n=1}^{\infty} u_n$은 **수렴한다**고 정의하고 그 값을 S라 한다. 무한급수의 값이 S라는 **정의**는 합리적이고 그럴 듯 하지만 아직은 다소 임의적이다. 수렴하는 급수의 예를 들어보자.

예 5.1.2 등비급수

등비수열은 초항 a와 n에 무관한 공비 $r(=u_{n+1}/u_n)$에 대하여

$$a + ar + ar^2 + ar^3 + \cdots + ar^{n-1} + \cdots$$

로 주어진다. n번째 부분합은[1]

$$s_n = a\frac{1-r^n}{1-r} \tag{5.3}$$

이 된다. $n\to\infty$의 극한을 취하면, $|r|<1$인 경우

$$\lim_{n\to\infty} s_n = \frac{a}{1-r} \tag{5.4}$$

가 된다. 따라서, 정의에 의하여, 무한등비급수는 $|r|<1$인 경우 수렴하고 그 값은

$$a\sum_{n=1}^{\infty} r^{n-1} = \frac{a}{1-r} \tag{5.5}$$

[1] $s_n = a\sum_{m=0}^{n-1} r^m$에 $(1-r)$을 곱한 후 다시 나눈다. 여기서, $(1+r+\cdots+r^{n-1})(1-r) = 1+r+\cdots+r^{n-1}-r-r^2-\cdots-r^n = 1-r^n$이 된다.

이다. 그러나, $|r|>1$인 경우,

$$\lim_{n\to\infty}|s_n| = \lim_{n\to\infty}\frac{|a||r|^n}{|1-r|}\to\infty$$

가 되어 이 급수는 발산한다.

이 급수의 합 공식을 이용하여 순환소수의 형식으로 표현된 유리수를 분수로 표현할 수 있다. 예를 들어보자.

$$1.11\cdots = 1+10^{-1}+10^{-2}+\cdots = \frac{1}{1-10^{-1}} = \frac{10}{9}$$

이 되고

$$\begin{aligned}0.131313\cdots &= \frac{13}{100}+\frac{13}{10^4}+\cdots = \frac{13}{100}\left[1+10^{-2}+10^{-4}+\cdots\right]\\ &= \frac{13}{100}\frac{1}{1-10^{-2}} = \frac{13}{99}\end{aligned}$$

이 된다. ■

이 예로부터 무한급수가 수렴하기 위한 **필요조건**이 $\lim_{n\to\infty}u_n=0$임을 알 수 있다. 이 조건은 수렴성을 보장받기에 충분하지는 않다. 그러나, 다음 정리에서 보듯이 특별한 경우에는 이 조건을 상당히 발전시킬 수 있다.

> 만약 $u_n>0$이고 영으로 단순감소한다면, 즉, 모든 n에 대하여 $u_n>u_{n+1}$이면, $\sum_{n=1}^{\infty}u_n$이 S로 수렴할 필요충분조건은 s_n-nu_n이 S로 수렴한다는 것이다.

부분합 s_n이 S로 수렴하므로, 이 정리는 $n\to\infty$일 때, $nu_n\to 0$임을 말한다.

이 정리를 증명해 보자. 우선, $0<u_{n+1}<u_n$이므로

$$s_{n+1}-(n+1)u_{n+1} = s_n - nu_{n+1} = s_n - nu_n + n(u_n-u_{n+1}) > s_n - nu_n$$

이 되어 $n\to\infty$일 때 s_n-nu_n이 증가함을 알 수 있다. 그런데, $s_n-nu_n<s_n\le S$이므로 s_n-nu_n이 어떤 값$(s\le S)$으로 수렴함을 알 수 있다. 한편, s_n-nu_n에서 꼬리부분의 $i=v+1$부터 n까지의 u_i-u_n을 제거한 것과 s_n-nu_n을 비교하면,

$$s_n-nu_n > u_0+(u_1-u_n)+\cdots+(u_v-u_n) = s_v - vu_n$$

이 되고 $n\to\infty$일 때 $s_n-nu_n>s_v$가 됨을 알 수 있다. 따라서, $s\ge S$라는 결과가 나온다. 이로부터 $s=S$이고 $nu_n\to 0$임을 알 수 있다.

이 정리를 **조화급수** $\sum_n \frac{1}{n}$에 적용하면 $n\frac{1}{n}=1$이 되어 이 급수는 수렴하지 않음을 알 수 있다. 조화급수는 발산한다. 이에 대하여 알아보자.

예제 5.1.3 **조화급수의 재배열**

$$\sum_{n=1}^{\infty} \frac{1}{n} = 1 + \frac{1}{2} + \frac{1}{3} + \frac{1}{4} + \cdots + \frac{1}{n} + \cdots. \tag{5.6}$$

이 경우 $\lim_{n\to\infty} u_n = \lim_{n\to\infty} 1/n = 0$이다. 그러나, 방금 보았듯이 이것만으로는 수렴성을 보장할 수 없다. 위의 정리와 무관하게 조화급수의 합을 다음과 같이 괄호마다 따로 계산한 후에 합해보자.

$$1 + \frac{1}{2} + \left(\frac{1}{3} + \frac{1}{4}\right) + \left(\frac{1}{5} + \frac{1}{6} + \frac{1}{7} + \frac{1}{8}\right) + \left(\frac{1}{9} + \cdots + \frac{1}{16}\right) + \cdots. \tag{5.7}$$

괄호로 묶은 부분은 항의 수가 $p(=2,\ 2^2,\ 2^3,\ \cdots)$개이며

$$\frac{1}{p+1} + \frac{1}{p+2} + \cdots + \frac{1}{p+p} > \frac{p}{2p} \tag{5.8}$$

의 형태이다. 괄호로 묶은 항들을 하나의 항으로 간주하여 부분합들을 계산하면

$$\begin{aligned} s_1 &= 1, & s_4 &> \frac{5}{2}, \\ s_2 &= \frac{3}{2}, & s_5 &> \frac{6}{2}, \cdots \\ s_3 &> \frac{4}{2}, & s_n &> \frac{n+1}{2} \end{aligned} \tag{5.9}$$

이 되므로 조화급수는 발산한다.[2] ■

(5.2)식이 성립될 조건을 수학적으로 표현하면 다음과 같다:

수렴값 S가 존재하기 위한 조건은 임의의 양수 $\varepsilon > 0$ 마다 $N = N(\varepsilon)$이 존재하여

$$|S - s_i| < \varepsilon \qquad i > N$$

이 된다는 것이다. 수열의 처음부분의 항들이나 유한한 개수의 항들의 크기는 수렴성과 무관하다. **수렴성을 결정짓는 부분**은 **무한대 꼬리부분**이다. 수렴조건은 부분합 s_i에 **코시 판정법 (Cauchy criterion)**을 적용하여 확인할 수 있다. 코시 판정법은 다음과 같다.

수열 (s_i)가 수렴하기 위한 필요충분조건은 임의의 양수 $\varepsilon > 0$ 마다 $N = N(\varepsilon)$이 존재하여

$$i, j > N\text{이면}, \quad |s_j - s_i| < \varepsilon$$

이 된다는 것이다. 이것은 부분합의 값들이 수열의 긴 꼬리부분으로 갈수록 한 값으로 몰리게 됨을 의미한다.

---

[2](유한) 조화급수는 쌓아 올린 동전의 최대 안전치환에 관한 노트에 등장한다: Johnson, P. R. (1955). The leaning tower of Lire. *Am. J. Phys.* **23**, 240.

■ 급수의 더하기와 빼기

두 개의 수렴하는 급수 $\sum_n u_n \to s$와 $\sum_n v_n \to S$가 주어질 때, 이들의 합과 차이도 $s \pm S$로 수렴한다. 이는 합 또는 차이의 부분합이

$$|s_j \pm S_j - (s_i \pm S_i)| = |s_j - s_i \pm (S_j - S_i)| \le |s_j - s_i| + |S_j - S_i| < 2\varepsilon$$

을 만족하기 때문이다. 이 식에서 삼각부등식

$$|a| - |b| \le |a + b| \le |a| + |b|$$

를 이용하였으며 $a = s_j - s_i$이고 $b = S_j - S_i$이다.

수렴하는 급수 $\sum_n u_n \to S$의 각 항들에 실수 a를 곱할 수 있다. 이렇게 하여 얻은 급수는 aS로 수렴한다. 왜냐하면,

$$|as_j - as_i| = |a(s_j - s_i)| = |a||s_j - s_i| < |a|\varepsilon$$

이기 때문이다. 상수로 곱하는 것을 일반화하여 유계인 수열을 곱하는 것을 정의할 수 있다.

> $\Sigma_n u_n$은 S로 수렴하고 모든 n에 대하여 $0 < c_n \le M$이라면, $\Sigma_n u_n c_n$도 수렴한다. 만약 $\Sigma_n u_n$이 발산하고 모든 n에 대하여 $c_n > M > 0$이라면, $\Sigma_n u_n c_n$도 발산한다.

이 정리를 증명해 보자. i와 j를 충분히 크게 잡아서 $|s_j - s_i| < \varepsilon$이 되게 하면

$$\sum_{i+1}^{j} u_n c_n \le M \sum_{i+1}^{j} u_n = M|s_j - s_i| < M\varepsilon$$

이 되므로 $\sum_n u_n c_n$도 수렴한다. 발산하는 경우에는,

$$\sum_n u_n c_n > M \sum_n u_n \to \infty$$

로부터 증명된다.

수렴하는 두 급수의 곱은 5.4절에서 다루겠다. 부분합 s_n이 한 값으로 수렴하지 않고 다음 예에서 보듯이 진동하는 경우도 있다.

예제 5.1.4 **진동하는 급수**

$$\sum_{n=1}^{\infty} u_n = 1 - 1 + 1 - 1 + 1 + \cdots - (-1)^n + \cdots.$$

위의 급수의 부분합은 n이 홀수이면 $s_n = 1$이고 n이 짝수이면 영이다. 어떤 특정한 값으로 수렴하지 않는다. 이러한 경우를 **진동한다**라 하며 수렴값이 존재하지 않는다. 그러나, 등비급수

를 이용하여[3] 다음 함수를 전개하면

$$\frac{1}{1+x} = 1 - x + x^2 - x^3 + \cdots + (-x)^{n-1} + \cdots \tag{5.10}$$

이 된다. 여기에 $x \to 1$을 취하면, 이 급수는

$$1 - 1 + 1 - 1 + 1 - 1 + \cdots \tag{5.11}$$

가 되어 앞의 진동급수와 같아진다. 비록 보통의 경우처럼 수렴하지는 않지만, 이 급수에 의미를 부여할 수 있다. 예를 들어 오일러는 이 급수의 값으로 1/2을 할당하였다. 그는 이 급수와 잘 정의되는 함수 $(1+x)^{-1}$과의 대응관계를 토대로 하였던 것이다. 불행하게도 급수와 함수의 대응관계가 1 : 1이 아니기 때문에 이 방법은 더 개선되어야 한다 (추가 읽을거리의 Hardy, 1956을 참고할 것). 이 외에도 발산하거나 진동하는 급수에 의미를 부여하거나 값을 정의하는 여러 방법들이 개발되었다.

그러나, 일반적으로 무한급수의 이러한 측면은 과학자나 공학자에게는 별 관심을 받지 못한다. 예외적으로 점근급수와 반수렴급수에 대해서는 5.8절에서 다루겠다. ■

요 약

무한급수는 물리학에서 테일러전개, 이항전개 등의 전개식에 자주 등장한다. 근사값을 취하기 위하여 유한한 항만 취하는 방법을 물리학에서는 많이 사용한다. 등비급수가 정확하게 계산할 수 있는 가장 간단한 예이며 수렴성을 잘 보여준다.

연습문제

5.1.1 다음의 소수들을 분수로 나타내어라.

(a) 0.222⋯ (c) 0.123123⋯

(b) 0.0101⋯ (d) 0.45234523⋯

5.1.2 다음 식을 유도하여라.

$$\sum_{n=1}^{\infty} \frac{1}{(2n-1)(2n+1)} = \frac{1}{2}.$$

힌트. (수학적 귀납법을 이용하여) $s_m = m/(2m+1)$임을 보여라.

---

[3] (5.10)식은 등비급수인 (5.5)식에 $a = 1$, $r = -x$를 대입하면 나오며, 항등식으로 간주될 수 있다. 양변에 $1+x$를 곱하면 $1 = 1$이 됨을 알 수 있다.

5.1.3 다음 식을 유도하여라.

$$\sum_{n=1}^{\infty} \frac{1}{n(n+1)} = 1.$$

부분합 s_m을 구하고 수학적 귀납법을 이용하여 타당성을 보여라.

주의. 연습문제 5.1.2와 5.1.3을 푸는 데 (15.8절의) 부분분수 전개의 방법을 이용할 수도 있다.

5.2 수렴성 판정

주어진 급수가 수렴하는지 또는 수렴하지 않는지를 구별하는 것은 아주 중요한 작업이다. 우선 간단하고 효율성이 덜한 판정에서부터 출발하여 점점 더 복잡하면서 효율적인 판정에 이르기까지 여러 가지의 판정을 개발해 보도록 하자. 이 절에서는 특별한 언급이 없는 이상 각 항이 **양수인 급수**($a_n \geq 0$)만을 고려하고, 음수를 포함하는 급수는 다음 절에서부터 고려하겠다.

■ 비교 판정

다음의 정리에서 출발하자: 만약 a_n은 수렴하는 급수의 일반항이고, 모든 항들에 대하여 $0 \leq u_n \leq a_n$이면, $\sum_n u_n$도 수렴한다.

이 정리를 증명해 보자. 모든 n에 대하여 $0 \leq u_n \leq a_n$이므로 $\sum_n u_n \leq \sum_n a_n$이 되어 $\sum_n u_n$도 **수렴하게** 된다. 마찬가지로 만약 b_n은 발산하는 급수의 일반항이고, 모든 항들에 대하여 $v_n \leq b_n$이면, $\sum_n u_n$도 **발산한다**.

예제 5.2.1 **리만 제타함수 급수**

자연수의 제곱의 역수들의 합인 $\sum_n n^{-2}$은 수렴할까? 이 급수는 다음의 리만 제타함수의 특별한 경우인 $x=2$인 경우이다:

$$\zeta(x) = \sum_{n=1}^{\infty} \frac{1}{n^x} = 1 + \frac{1}{2^x} + \frac{1}{3^x} + \cdots. \tag{5.12}$$

리만 제타함수는 해석적 소수(analytic prime number)이론에서 중요한 역할을 한다. 조화급수는 $x \to 1$인 경우의 $\zeta(x)$가 해당하며 이 함수는 $1/(x-1)$로 발산한다. 이 함수의 정수에서의 값들이 통계역학에서 사용된다. $x=2$에서 이 급수가 수렴함을 보이기 위하여 연습문제 5.1.3에 소개된 수렴하는 급수 $\sum_n 1/[n(n+1)]$과 비교해 보자. $n \geq 1$일 때, $n+1 > n$이며, 따라서 $(n+1)^2 > n(n+1)$이 되고 역수를 취하면 $\frac{1}{(n+1)^2} < \frac{1}{n(n+1)}$이 된다. 따라서 급수는 수렴하며 처

음의 두 항과 $\sum_n 1/[n(n+1)]=1$로부터

$$\frac{5}{4} < 1 + \frac{1}{4} + \frac{1}{9} + \cdots < 1 + 1 = 2$$

가 된다. 실제 이 급수의 값은 $\pi^2/6 \sim 1.6449\cdots$이며 오일러(Euler)에 의하여 처음 계산되었다. 그는 이 외에도 $\zeta(4)$ $\zeta(6)$ … 등을 π와 자연수의 유한급수의 합인 $\sum_{i=1}^{N} i^n$과 관련된 베르누이 수 B_n으로 표현하였다. $\zeta(2)$의 소숫점 둘째 자리까지를 맞추려면 (5.12)식에서 대략 200개의 항들을 합해야 한다. ■

비교 대상이 될, 수렴하는 급수 a_n으로는 등비급수를 들 수 있고, 발산하는 급수 b_n으로는 조화급수를 들 수 있다. 그 외에도 수렴성 또는 발산함이 밝혀진 급수가 있으면 이를 비교 대상급수로 사용할 수 있다. 이 절에서 소개될 모든 판정은 근본적으로는 비교 판정이라 할 수 있다.

■ 코시 근 판정(Cauchy Root Test)

만약 충분히 큰 모든 n에 대하여, n에 무관한 r이 있어서 $0 \le (a_n)^{1/n} \le r < 1$이 성립하면 $\sum_n a_n$은 수렴한다. 만약 충분히 큰 모든 n에 대하여, $(a_n)^{1/n} \ge 1$이면 $\sum_n a_n$은 발산한다. 이 판정의 첫 번째 부분은 $(a_n)^{1/n} \le r < 1$을 n제곱하면 쉽게 증명된다. 그러면

$$a_n \le r^n < 1$$

이 된다. r^n은 수렴하는 등비급수의 n번째 항이므로 비교 판정에 의하여 $\sum_n a_n$은 수렴한다. 역으로 만약 $(a_n)^{1/n} \ge 1$이면 $a_n \ge 1$이 되므로 이 급수는 발산한다. 근 판정은 멱급수의 성질을 찾는 데 도움이 된다(5.7절).

■ 달랑베르 또는 코시 비율 판정(d'Alembert or Cauchy Ratio Test)

만약 충분히 큰 모든 n에 대하여, n에 무관한 r이 있어서 $0 \le a_{n+1}/a_n \le r < 1$이 성립하면 $\sum_n a_n$은 수렴한다. 만약 충분히 큰 모든 n에 대하여, $a_{n+1}/a_n \ge 1$이면 $\sum_n a_n$은 발산한다.

수렴성은 등비급수와 직접 비교함으로써 증명된다. 등비급수는 $(1+r+r^2+\cdots)$로 주어지며 $r^{n+1}/r^n = r < 1$이다. 두 번째의 발산하는 경우, $a_{n+1} \ge a_n$이므로 $a_n \to 0$조차도 만족되지 않으며 당연히 이 급수는 발산한다. 코시 근 판정만큼 효율적이지는 않지만 달랑베르 비율 판정은 적용하기 쉬운 판정이며 많이 이용된다. 이 판정을 다르게 표현하면 다음과 같다:

만약

$$\lim_{n\to\infty} \frac{a_{n+1}}{a_n} \begin{cases} < 1 \text{이면 수렴하고,} \\ > 1 \text{이면 발산하며,} \\ = 1 \text{이면 결정할 수 없는 경우이다.} \end{cases} \tag{5.13}$$

마지막 결정할 수 없는 경우 때문에, 이 비율 판정은 결정적인 시점에 실패할 수 있으며, 더 효율적이고 구체적인 판정이 필요하게 된다. 결정할 수 없는 경우의 예를 들어보자. 실제로 판정의 첫 번째 부분의 설명인 $0 \le a_{n+1}/a_n \le r < 1$에 이런 경우가 감춰져 있다. 모든 **유한한** n에 대하여 $a_{n+1}/a_n < 1$이긴 하지만, $a_{n+1}/a_n \le r$을 만족하면서 충분히 큰 모든 n에 대하여 **n에 부관한** $r<1$을 찾을 수 없다면, 그 급수는 수렴성을 결정할 수 없는 경우가 된다. 다음의 예제 5.2.2가 바로 이러한 경우이다.

예제 5.2.2 **조화급수**

$$\frac{a_{n+1}}{a_n} = \frac{n}{n+1} < 1, \quad n = 1, 2, \ldots$$

이므로

$$\lim_{n\to\infty} \frac{a_{n+1}}{a_n} = 1 \tag{5.14}$$

이 된다. 그리고 $r<1$이 존재하지 않는다. 따라서 이 경우 비율 판정으로 수렴성을 알 수 없다. ■

■ 코시 또는 매클로린 적분 판정(Cauchy or Maclaurin Integral Test)

이 판정은 적분을 사용하여 급수를 비교하는 방법 중에서 가장 많이 사용되는 판정이다. 이 판정은 급수 $\sum_n a_n$의 $a_n = f(n)$이 (연속) 변수 n에 대하여 단조감소하면서 영으로 접근하는 함수이고, 또한 적분이 가능할 경우에 적용할 수 있는 판정이다. 기하학적으로 볼 때, 단위길이 폭의 직사각형들의 면적과 함수 곡선의 아래 부분의 면적을 비교하는 셈이다.

함수 $f(x)$가 $f(n) = a_n$을 만족하고 연속이며 **단조감소함수**라고 가정하자. 그러면, 만약 $\int_1^\infty f(x)dx$가 유한하면 $\sum_n a_n$은 수렴하고, 만약 $\int_1^\infty f(x)dx$가 무한대이면 $\sum_n a_n$이 발산한다. 급수의 i번째 부분합은

$$s_i = \sum_{n=1}^{i} a_n = \sum_{n=1}^{i} f(n) \tag{5.15}$$

이다. 그러나, 그림 5.1a로부터 단조감소하는 $f(x)$에 대하여

$$s_i > \int_1^{i+1} f(x)dx \tag{5.16}$$

이다. 반면에, 그림 5.1b로부터

$$s_i - a_1 < \int_1^{i} f(x)dx \tag{5.17}$$

이다. 여기서 직사각형들은 안쪽으로 접한다. 여기에 $i\to\infty$의 극한을 취하면

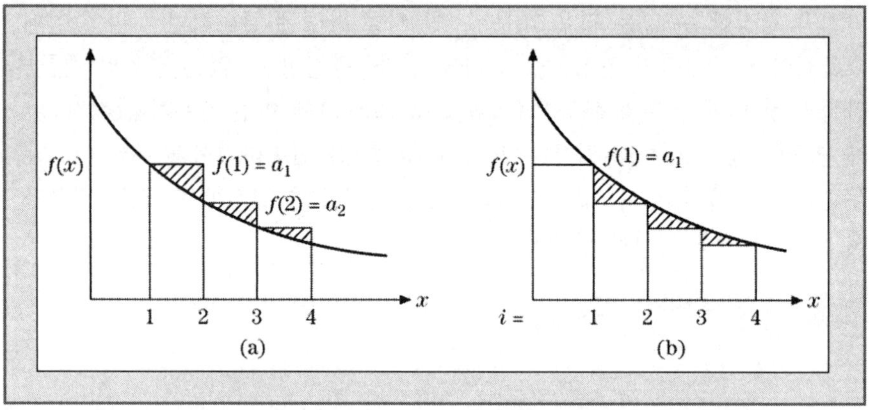

그림 5.1
(a) 적분과 앞쪽에 맞춘 블록의 합과의 비교. (b) 적분과 뒷쪽에 맞춘 블록의 합과의 비교.

$$\int_1^\infty f(x)dx \le \sum_{n=1}^\infty a_n \le \int_1^\infty f(x)dx + a_1 \tag{5.18}$$

이 된다. 따라서 이 무한급수는 적분값이 유한하면 수렴하고 무한대이면 발산한다. 적분 판정은 무한급수의 앞의 유한한 부분을 제외한 무한 꼬리 부분의 값의 범위를 찾는 데 특별히 도움이 된다. 즉,

$$\sum_{n=1}^\infty a_n = \sum_{n=1}^N a_n + \sum_{n=N+1}^\infty a_n \tag{5.19}$$

이고

$$\int_{N+1}^\infty f(x)dx \le \sum_{n=N+1}^\infty a_n \le \int_{N+1}^\infty f(x)dx + a_{N+1} \tag{5.20}$$

이다.

적분 판정에서의 보간함수(interpolating function) $f(x)$가 양수 단조함수라는 제약조건을 없애기 위해 다른 형태의 식을 찾아보자. 미분값이 연속인 임의의 함수 $f(x)$는

$$\sum_{n=N_i+1}^{N_f} f(n) = \int_{N_i}^{N_f} f(x)dx + \int_{N_i}^{N_f} (x-[x])f'(x)dx \tag{5.21}$$

를 만족한다. 여기서 $[x]$는 x보다 작은 가장 큰 정수이다. 따라서 $x-[x]$는 0과 1 사이의 값을 가지는 톱날 모양의 함수이다. (5.21)식을 유도해 보자. 우선, 부분적분을 이용하면

$$\int_{N_i}^{N_f} xf'(x)dx = N_f f(N_f) - N_i f(N_i) - \int_{N_i}^{N_f} f(x)dx \tag{5.22}$$

를 얻는다. 다음 적분을 수행하면

$$\int_{N_i}^{N_f}[x]f'(x)dx = \sum_{n=N_i}^{N_f-1} n\int_n^{n+1} f'(x)dx = \sum_{n=N_i}^{N_f-1} n\{f(n+1)-f(n)\}$$
$$= -\sum_{n=N_i+1}^{N_f} f(n) - N_i f(N_i) + N_f f(N_f) \qquad (5.23)$$

가 된다. (5.23)식을 (5.22)식으로부터 빼면 (5.21)식이 된다. 여기서 $f(x)$는 단조함수가 아니어도 상관없으며 심지어 부호가 자주 바뀌어도 된다. 따라서 (5.21)식은 교대급수(alternating series)에서도 적용된다(5.3절 참조). 대개 $x \to \infty$에서 $f(x)$보다 $f'(x)$가 더 빨리 감소한다. 그래서 (5.21)식의 두 번째 항이 더 잘 수렴한다. (5.21)식을 향상시키기 위하여 $x-[x]$를, $-\frac{1}{2}$과 $\frac{1}{2}$ 사이의 값을 가지는, $x-[x]-\frac{1}{2}$로 치환하면

$$\sum_{N_i<n\le N_f} f(n) = \int_{N_i}^{N_f} f(x)dx + \int_{N_i}^{N_f}\left(x-[x]-\frac{1}{2}\right)f'(x)dx + \frac{1}{2}\{f(N_f)-f(N_i)\} \qquad (5.24)$$

가 된다. 이 공식은 오일러와 매클로린에 의하여 독립적으로 구해졌다. 주기함수인 $x-[x]-\frac{1}{2}$은 $x-[x]-\frac{1}{2} = -\sum_{n=1}^{\infty}\frac{\sin(2n\pi x)}{n\pi}$라는 제 14장에서 소개될 푸리에 전개식을 가진다. 만약 $f'(x)$의 부호가 너무 자주 바뀌지 않을 경우, $f'(x)$의 적분은 더욱 작아진다. 적분 판정을 교대급수에 적용하는 것은 예제 5.3.2에서 다루겠다.

예제 5.2.3 **리만 제타함수**

예제 5.2.1에서 정의한 리만 제타함수는

$$\zeta(p) = \sum_{n=1}^{\infty} n^{-p} \qquad (5.25)$$

이며, $f(n) = n^{-p}$이라 두면

$$\int_1^{\infty} n^{-p}dn = \left.\frac{n^{-p+1}}{-p+1}\right|_1^{\infty}, \quad p \ne 1$$
$$= \ln n\,|_{n-1}^{\infty}, \quad p=1 \qquad (5.26)$$

이 된다. 이 적분은, 그리고 해당 급수는 $p \le 1$이면 발산하고, $p>1$이면 수렴한다. 따라서 (5.25)식에는 $p>1$이라는 조건이 추가되어야 한다. (5.26)식으로부터 조화급수($p=1$)가 로그적으로 발산함을 부수적으로 증명한 셈이다. 참고로, 처음 백만 번째 항까지의 합 $\sum^{1,000,000} n^{-1}$의 경우 14.392 726...이다.

이 적분 비교를 이용하여 오일러-마쉐로니(Euler-Mascheroni) 상수[4]의 상한값을 구할 수

[4]이 용어는 National Bureau of Standards (1972). *Handbook of Mathematical Functions*, Applied Mathematics Series 55 (AMS-55). Dover, New York에서 사용하는 것이다.

있다:

$$\gamma = \lim_{n\to\infty}\left(\sum_{m=1}^{n} m^{-1} - \ln n\right). \tag{5.27}$$

부분합 문제로 돌아와서, (5.17)식으로부터

$$s_n = \sum_{m=1}^{n} m^{-1} - \ln n \le \int_1^n \frac{dx}{x} - \ln n + 1 \tag{5.28}$$

을 얻는다. 우변의 적분을 수행하면, $s_n < 1$이라는 결론이 나오며 따라서 $\gamma \le 1$이 된다. 연습문제 5.2.8을 이용하면 더욱 더 섬세한 상한을 구할 수 있다. 실제 오일러-마쉐로니 상수의 값은 0.577 215 66...이다.

요 약

적분 판정은 수렴성을 확인하는 좋은 방법이다. 비율과 근 판정은 등비급수와의 비교에 토대를 두고 있으며 사용하기 편하다. 그러나, 이 방법들은 훨씬 덜 효율적이며 수렴성을 결정할 수 없는 경우도 종종 있다.

연습문제

5.2.1 (a) 만약 $p > 1$에 대하여

$$\lim_{n\to\infty} n^p u_n \to A < \infty$$

이면 급수 $\sum_{n=1}^{\infty} u_n$이 수렴함을 보여라.

(b) 만약

$$\lim_{n\to\infty} n u_n = A > 0$$

이면 급수 $\sum_{n=1}^{\infty} u_n$이 발산함을 보여라. ($A = 0$이면 수렴성을 알 수 없다.)

극한 판정(limit test)이라고 부르는 위의 두 판정은 급수의 수렴성을 조사하는 데 종종 편리하게 사용된다. 이들은 비교 대상 급수를

$$\sum_n n^{-q}, \quad 1 \le q < p$$

로 선택한 비교 판정으로 간주될 수 있다.

5.2.2 만약

$$\lim_{n\to\infty}\frac{b_n}{a_n}=K$$

이고 $0<K<\infty$라면, $\sum_n a_n$이 수렴하면 $\sum_n b_n$도 수렴하고, $\sum_n a_n$이 발산하면 $\sum_n b_n$도 발산한다. 이를 보여라.

5.2.3 다음 급수의 수렴성을 조사하여라.

(a) $\sum_{n=2}^{\infty}(\ln n)^{-1}$ (d) $\sum_{n=1}^{\infty}[n(n+1)]^{-1/2}$

(b) $\sum_{n=1}^{\infty}\frac{n!}{10^n}$ (e) $\sum_{n=0}^{\infty}\frac{1}{2n+1}$.

(c) $\sum_{n=1}^{\infty}\frac{1}{2n(2n+1)}$

5.2.4 다음 급수의 수렴성을 조사하여라.

(a) $\sum_{n=1}^{\infty}\frac{1}{n(n+1)}$ (d) $\sum_{n=1}^{\infty}\ln\left(1+\frac{1}{n}\right)$

(b) $\sum_{n=2}^{\infty}\frac{1}{n\ln n}$ (e) $\sum_{n=1}^{\infty}\frac{1}{n\cdot n^{1/n}}$.

(c) $\sum_{n=1}^{\infty}\frac{1}{n2^n}$

5.2.5 다음의 급수가 수렴하기 위한 p와 q의 조건들을 구하여라.
$\sum_{n=2}^{\infty}\frac{1}{n^p(\ln n)^q}$

답. $p>1$이면 q의 값에 상관없이 수렴하고, $p=1$이면 $q>1$이어야 수렴한다. 그리고, $p<1$이면 q의 값에 상관없이 발산하고, $p=1$이고 $q\le 1$이면 발산한다.

5.2.6 가우스의 **초기하급수(hypergeometric series)**는 다음과 같이 정의된다.

$$F(\alpha,\beta,\gamma;x)=1+\frac{\alpha\beta}{1!\gamma}x+\frac{\alpha(\alpha+1)\beta(\beta+1)}{2!\gamma(\gamma+1)}x^2+\cdots.$$

이 급수가 수렴하기 위한 x의 범위를 구하여라.

답. $-1<x<1$. 만약 $\gamma>\alpha+\beta$인 경우에는 $x=\pm1$도 가능.

5.2.7 다음의 각 경우를 고려하여 $\sum_{n=1}^{1,000,000}n^{-1}$의 상한과 하한을 구하여라.

(a) 오일러-마쉐로니 상수가 알려져 있을 경우 [(5.27)식 참조]

답. $14.392726<\sum_{n=1}^{1,000,000}n^{-1}<14.392\,727$.

(b) 오일러-마쉐로니 상수를 모를 경우

5.2.8 $\sum_{n=1}^{1,000} n^{-1} = 7.485\,470\ldots$이 주어질 때, 오일러-마쉐로니 상수[(5.27)식 참조]의 상한값과 하한값을 구하여라.

답. $0.5767 < \gamma < 0.5778$.

5.2.9 (**올버스의 역설(Olbers's paradox)**로부터) 별들이 균일하게 분포되어 있는 정적인 우주를 가정하자. 전 우주공간을 일정한 두께의 껍질(shell)들로 나눈다. 한 껍질안의 모든 별들에 의해 점유되는 입체각이 ω_0라 하자. **멀리 있는 별들이 가까이 있는 별들에 의해 막혀서 보이지 않는 것을 고려하면서**, 모든 별들에 의해 점유되는 총 입체각의 합이 **정확히** 4π임을 보여라. [따라서, 밤하늘은 빛으로 가득할 것이다. 역사적인 그리고 다른 구체적인 자료를 원하면 Harrison, E. (1987)의 *Darkness at Night: A Riddle of the Universe*. Harvard Univ. Press, Cambridge, MA.를 참조할 것.]

5.2.10 다음 급수의 수렴성을 조사하여라.

$$\sum_{n=1}^{\infty}\left[\frac{1\cdot 3\cdot 5\cdots(2n-1)}{2\cdot 4\cdot 6\cdots(2n)}\right]^2 = \frac{1}{4}+\frac{9}{64}+\frac{25}{256}+\cdots.$$

힌트. 계승함수의 스털링의 점근 공식(Stirling's asymptotic formula)을 이용할 것.

5.2.11 $\sum_{j\text{ even}} u_j(x)$로 주어지는 르장드르 급수(Legendre series)는 다음의 회귀 관계(recurrence relation)를 만족한다.

$$u_{j+2}(x) = \frac{(j+1)(j+2)-l(l+1)}{(j+2)(j+3)}x^2 u_j(x).$$

여기서 지표 j는 짝수이며, l은 상수이다 (그러나, 이 문제에서는 음수가 아닌 홀수 정수가 **아니다**). 르장드르 급수가 수렴하기 위한 x 값의 범위를 구하여라. 끝점들을 조심스럽게 판정하여라.

답. $-1 < x < 1$.

5.2.12 다음 급수가 수렴함을 보여라.

$$\sum_{s=0}^{\infty}\frac{(2s-1)!!}{(2s)!!(2s+1)}.$$

주의. $(2s-1)!! = (2s-1)(2s-3)\cdots 3\cdot 1$이며 $(-1)!! = 1$이다. $(2s)!! = (2s)(2s-2)\cdots 4\cdot 2$이며 $(0)!! = 1$이다. 위의 급수는 $\sin^{-1}(1)$의 급수전개식이며 그 값은 $\pi/2$이다. 여기서 $\sin^{-1}x \equiv \arcsin x \neq (\sin x)^{-1}$임에 유의하여라. 계승함수의 점근 공식을 이용하여라.

5.2.13 카탈란의 상수(Catalan's constant) [$\beta(2)$of the National Bureau of Standards (1972). *Handbook of Mathematical Functions*, AMS-55, Chapter 23. Dover, New York]는

다음과 같이 정의된다:

$$\beta(2) = \sum_{k=0}^{\infty}(-1)^k(2k+1)^{-2} = \frac{1}{1^2} - \frac{1}{3^2} + \frac{1}{5^2}\cdots.$$

$\beta(2)$를 소수점 아래 6번째 자리까지 구하여라.
힌트. 두 항씩을 묶음으로써 수렴률이 증가한다:

$$(4k-1)^{-2} - (4k+1)^{-2} = 16k/(16k^2-1)^2.$$

충분할 정도의 앞 부분의 급수의 합 $\sum_{1\le k\le N} 16k/(16k^2-1)^2$을 취한 후, 나머지 꼬리 부분의 합 $\sum_{l=N+1}^{\infty}$의 상한값과 하한값을 계산하여 판단한다. 각 한계값들은 매클로린 적분 판정과 같은 적분에 의하여 구해질 수 있다.

답. $\beta(2) = 0.9159\,6559\,4177\cdots$.

5.3 교대급수(Alternating Series)

5.2절에서 우리는 양수 항들의 급수만을 다루었다. 이제 부호가 교대로 바뀌는 무한급수를 고려하자. 부호의 변화에 의한 부분적 상쇄로 말미암아 수렴이 더 빨라진다. 교대급수−즉, 부호가 **규칙적**으로 바뀌는 급수−에 대한 아주 일반적인 수렴조건인 라이프니츠 판정법(Leibniz criterion)을 증명해 보겠다. 제14장의 푸리에 급수(예제 5.3.3 참조)처럼 부호가 불규칙적으로 바뀌는 급수의 수렴성은 (5.21)식이나 (5.24)식의 적분 판정을 이용하여 조사한다.

■ 라이프니츠 판정법(Leibniz Criterion)

교대급수는 양수인 $a_n > 0$과 $\sum_n (-1)^n a_n$으로 표현되는 항마다 부호가 바뀌는 급수이다. 전형적인 예를 들어보자.

예제 5.3.1 **교대 조화급수**

예제 5.1.3과 $nu_n \to 0$이라는 수렴조건으로부터 조화급수 $\sum_n n^{-1}$은 발산한다. 그러나, 교대급수인 $\sum_n \frac{(-1)^n}{n}$은 수렴한다. 그 이유는 (재배치를 하지 않고) 인접한 짝수 번째 항과 홀수 번째 항 사이에 상쇄가 일어나기 때문이다:

$$\sum_{n=2}^{\infty}\frac{(-1)^n}{n} = \sum_{\nu=1}^{\infty}\left(\frac{1}{2\nu} - \frac{1}{2\nu+1}\right) = \sum_{\nu=1}^{\infty}\frac{1}{2\nu(2\nu+1)}.$$

적분 판정으로부터 마지막의 양수의 급수는 수렴한다.

$$\sum_{\nu\ge\nu_0}\frac{1}{2\nu(2\nu+1)}\approx\int_{\nu_0}^{\infty}\frac{d\nu}{2\nu(2\nu+1)}=\int_{\nu_0}^{\infty}\left(\frac{1}{2\nu}-\frac{1}{2\nu+1}\right)d\nu$$
$$=\frac{1}{2}\ln\frac{2\nu}{2\nu+1}\bigg|_{\nu_0}^{\infty}=-\frac{1}{2}\ln\frac{2\nu_0}{2\nu_0+1}\to 0,\quad \nu_0\to\infty.$$ ■

보다 더 일반적으로, 양수인 $a_n>0$에 대한 급수 $\sum_{n=1}^{\infty}(-1)^{n+1}a_n$을 고려하자. **라이프니츠 판정법**에 의하면 만약 a_n이 (충분히 큰 n에 대하여) **단조감소**하고 $\lim_{n\to\infty}a_n=0$이면 이 **급수는 수렴한다**.

이 정리를 증명하기 위하여 짝수 번째의 부분합들을 고려하자.

$$\begin{aligned} s_{2n} &= a_1 - a_2 + a_3 - \cdots - a_{2n}, \\ s_{2n+2} &= s_{2n} + (a_{2n+1} - a_{2n+2}). \end{aligned} \tag{5.29}$$

$a_{2n+1}>a_{2n+2}$이므로,

$$s_{2n+2} > s_{2n} \tag{5.30}$$

이 된다. 한편,

$$s_{2n+2} = a_1 - (a_2 - a_3) - (a_4 - a_5) - \cdots - a_{2n+2} \tag{5.31}$$

이고, $a_{2p}-a_{2p+1}>0$이므로

$$s_{2n+2} < a_1 \tag{5.32}$$

이 된다. 짝수 번째 부분합들은 $s_{2n}<s_{2n+2}<a_1$에 의하여 상한이 존재하며 동시에 a_n은 단조감소하며 영으로 접근하므로, 이 교대급수는 수렴한다.

부분합들로부터 이끌어 낼 수 있는 결과 중에 중요한 것 하나를 소개하겠다. 급수의 수렴치 S와 부분합 s_n과의 차이는

$$\begin{aligned} S - s_n &= a_{n+1} - a_{n+2} + a_{n+3} - a_{n+4} + \cdots \\ &= a_{n+1} - (a_{n+2} - a_{n+3}) - (a_{n+4} - a_{n+5}) - \cdots \end{aligned} \tag{5.33}$$

이므로

$$S - s_n < a_{n+1} \tag{5.34}$$

을 만족한다. 이 식의 의미는 다음과 같다. **교대급수의 값을 n번째 항까지 만으로 잘라버릴 때의 오차는 바로 다음 항인 a_{n+1}보다 작다**. 이렇게 구한 오차에 대한 지식은 대단한 실질적 중요성을 가진다.

■ 절대수렴과 조건수렴

부호가 바뀔 수 있는 u_n들에 의한 급수가 주어졌을 때, 만약 $\sum|u_n|$이 수렴하면, $\sum u_n$이 **절대**

수렴한다고 한다. 만약 $\sum u_n$은 수렴하지만 $\sum |u_n|$은 발산할 경우, 이 수렴은 조건적이라고 한다. 각 항들을 합하는 순서에 상관없는 절대수렴 급수에 비하여, **조건수렴 급수**는 주의가 요구된다. 각 항들을 **주어진 순서대로 합해야 한다**.

교대 조화급수가 대표적인 조건수렴 급수의 예이며, 조화급수는 5.1절과 5.2절에서 발산함을 보였다.

예제 5.3.2 **조화급수의 재배치**

조건수렴하는 교대급수는 항들을 합하는 순서를 바꾸면 수렴값이 달라지거나 수렴성이 없어지기도 하므로 반드시 주어진 순서대로 합해야 한다. 이러한 측면을 알아보기 위하여 교대 조화급수를 고려하자. 주어진 순서대로

$$1-\frac{1}{2}+\frac{1}{3}-\frac{1}{4}+\cdots=1-\left(\frac{1}{2}-\frac{1}{3}\right)-\left(\frac{1}{4}-\frac{1}{5}\right)-\cdots,$$

계산하면 수렴하며

$$\sum_{n=1}^{\infty}(-1)^{n-1}n^{-1}<1 \tag{5.35}$$

이 된다. 그러나, 항들의 순서를 바꾸면, 교대 조화급수가 $\frac{3}{2}$으로 수렴하도록 할 수 있다. (5.35)식의 항들을 다음과 같이 재배치를 해보자:

$$\left(1+\frac{1}{3}+\frac{1}{5}\right)-\left(\frac{1}{2}\right)+\left(\frac{1}{7}+\frac{1}{9}+\frac{1}{11}+\frac{1}{13}+\frac{1}{15}\right)-\left(\frac{1}{4}\right)$$
$$+\left(\frac{1}{17}+\cdots+\frac{1}{25}\right)-\left(\frac{1}{6}\right)+\left(\frac{1}{27}+\cdots+\frac{1}{35}\right)-\left(\frac{1}{8}\right)+\cdots.$$

물론, 위의 재배치에서 어느 한 항도 누락되지 않고 있지만 음수 항들이 조직적으로 뒤쪽으로 옮겨져 있다. 괄호로 묶인 항들을 각각 한 항으로 간주하여 부분합을 계산해 보면

$$\begin{array}{ll} s_1=1.5333 & s_2=1.0333 \\ s_3=1.5218 & s_4=1.2718 \\ s_5=1.5143 & s_6=1.3476 \\ s_7=1.5103 & s_8=1.3853 \\ s_9=1.5078 & s_{10}=1.4078 \end{array}$$

이 된다. 이 값들을 n에 대한 s_n의 그래프로 그린 그림 5.2에서 보듯이 이 급수는 $\frac{3}{2}$으로 수렴한다. 위의 재배치의 요령은 다음과 같다. 양수들을 합하여 $\frac{3}{2}$보다 크거나 같아질 때까지 항들을 추가한 후, 다음 음수들을 합하여 부분합이 $\frac{3}{2}$밑으로 내려가게 하며, 이 과정을 계속 반복한다. 이 과정이 무한대로 진행되는 동안 모든 항들이 빠짐없이 등장하게 된다. 그리고 수렴값은 $\frac{3}{2}$이 된다.

그림 5.2
교대 조화급수-1.5로 수렴하도록 재배열 됨.

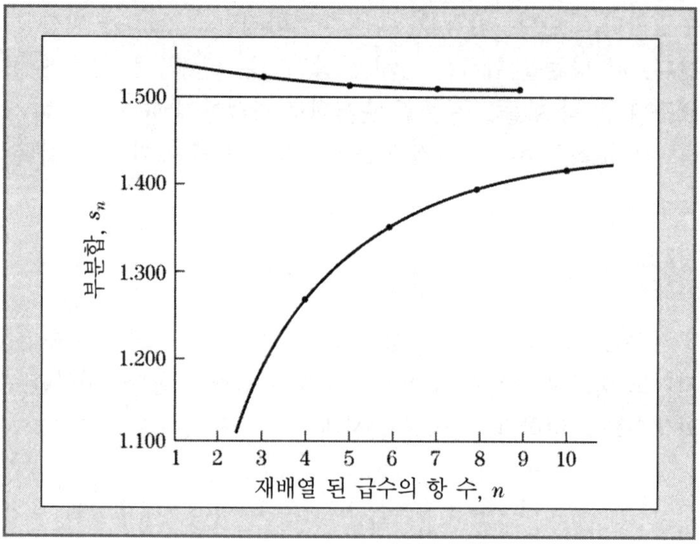

같은 요령으로 임의의 원하는 수로 수렴하도록 재배치를 할 수 있으며 심지어 발산하게 할 수도 있다. 이 사실을 **리만의 정리**라 한다. 따라서 조건수렴하는 급수는 조심스럽게 다루어야 한다. ■

예제 5.3.3 **푸리에 급수의 수렴성**

변수의 범위가 $0<x<2\pi$인 다음의 푸리에 급수(14.1절 참조)는 수렴한다:

$$\sum_{n=1}^{\infty}\frac{\cos(nx)}{n} = -\ln\left(2\sin\frac{x}{2}\right). \tag{5.36}$$

여기서 각 항들의 부호가 바뀌지만 ($x=\pi$인 경우를 제외하고) 교대로 바뀌진 않으므로 라이프니츠의 수렴 판정법(Leibniz's convergence criterion)을 사용할 수 없다. (5.21)식의 적분 판정을 이용하자. 부분적분을 이용하면

$$\int_1^{\infty}\frac{\cos(nx)}{n}dn = \left[\frac{\sin(nx)}{nx}\right]_{n=1}^{\infty} + \frac{1}{x}\int_1^{\infty}\frac{\sin(nx)}{n^2}dn \tag{5.37}$$

이 되며 적분값이 수렴한다. 그리고, 우변의 적분은 절대수렴한다. (5.21)식의 미분항은

$$\int_1^{\infty}(n-[n])\left\{-\frac{x}{n}\sin(nx) - \frac{\cos(nx)}{n^2}\right\}dn \tag{5.38}$$

이 되고 두 번째 항이 절대수렴하므로 더 고려할 필요가 없다. 그리고, $\sin(nx)$의 주기성과 규칙적인 부호의 변화로 말미암아 $\int^N \sin(nx)dn$이 $N\to\infty$일 때에 상한값을 가지듯이 $g(N) = \int_1^N (n-[n])\sin(nx)dn$도 $N\to\infty$일 때에 상한값을 가진다. 부분적분을 이용하면

$$\int_1^\infty \frac{g'(n)}{n}dn = \left[\frac{g(n)}{n}\right]_{n=1}^\infty + \int_1^\infty \frac{g(n)}{n^2}dn \tag{5.39}$$

이 된다. 두 번째 항은 절대수렴하고 첫 번째 항의 무한대 극값은 영이 된다. 따라서 (5.36)식의 급수는 수렴한다. 적분 판정 외의 수렴 판정으로는 이 급수의 수렴성을 알기 어렵다. ■

부호의 변화가 불규칙적이어서 수렴성을 알기가 아주 어려운 조건수렴 급수의 예가 많이 있다. 대표적인 예가 $s \to 1$인 경우의 리만 제타 함수 (예제 5.2.1 참조) $\zeta(s)$의 역이다. 이것은 모든 소수 p들에 대한 다음의 곱의 형태로 표현될 수 있다:

$$\left(1-\frac{1}{2^s}\right)\left(1-\frac{1}{3^s}\right)\left(1-\frac{1}{5^s}\right)\cdots.$$

여기서 지수의 s는 $\varepsilon \to 0$인 $s = 1+\varepsilon$이다. 이들을 곱하여 전개하면 $\sum_n \frac{\mu(n)}{n^s}$ 형태의 급수가 되며, $\mu(1) = 1$이고 n이 m개의 서로 다른 소수들의 곱인 $n = p_1 p_2 \cdots p_m$일 때는 $\mu(n) = (-1)^m$이며 그렇지 않으면 $\mu(n) = 0$이다. 따라서,

$$\frac{1}{\zeta(s)} = 1 - \frac{1}{2^s} - \frac{1}{3^s} - \frac{1}{5^s} + \frac{1}{6^s} + \cdots$$

로 쓸 수 있다. $1 - \frac{1}{2} - \frac{1}{3} - \frac{1}{5} + \frac{1}{6} + \cdots$이 영으로 수렴한다는 사실을 증명하는 것이 x보다 작은 소수($p \le x$)들의 개수가 $\frac{x}{\ln x}$임을 증명하는 것과 동등함이 알려져 있다. 이러한 점근적 관계를 소수이론(prime number theorem)이라 하며, 가우스가 처음 추측하였고 1898년에 두 프랑스 수학자 하다마르드와 발레-뿌셍이 복소 변수 s에 대한 복소함수인 제타함수의 분석적 성질을 이용하여 증명하였다.

요 약

항들의 부호 바뀜은 조건수렴하는 급수의 수렴성에 필수적이다. 교대급수는 부호의 변화가 매 항마다 바뀌는 규칙성을 가지며 라이프니츠의 판정법을 이용하여 수렴성을 쉽게 알아볼 수 있다. 가끔은 적분 판정을 이용할 수도 있다. 부호가 불규칙적으로 바뀌는 급수의 수렴성을 확인하기는 아주 어렵다. 이에 대한 일반적인 판정은 없다.

연습문제

5.3.1 (a) 두 개의 반 구의 정전기적 문제(연습문제 14.3.6, 14.3.7)에 등장하는 다음의 급수의 수렴성을 조사하여라:

$$\sum_{s=0}^{\infty}(-1)^s(4s+3)\frac{(2s-1)!!}{(2s+2)!!}.$$

(b) 이에 해당하는 표면전하밀도의 급수는

$$\sum_{s=0}^{\infty}(-1)^s(4s+3)\frac{(2s-1)!!}{(2s)!!}$$

이다. 이 급수의 수렴성을 조사하여라. $n!!$의 정의는 연습문제 5.2.12에 주어져 있다.

힌트. 계승함수의 스털링의 점근 공식을 이용할 것.

5.3.2 직접 수치계산을 하여 다음의 처음 10번째 항들의 합과 ln 2와의 차이가 11번째 항보다 작음을 보여라:

$$\lim_{x\to 1}\ln(1+x)=\ln 2=\sum_{n=1}^{\infty}(-1)^{n-1}n^{-1}$$

단, $\ln 2 = 0.69314\ 718\ 06\cdots$이다.

5.3.3 연습문제 5.2.6에서 $\gamma > \alpha + \beta$인 경우 $x = \pm 1$에서 초기하급수가 수렴함을 보였다. $\gamma > \alpha + \beta - 1$인 경우까지 $x = -1$에서 이 급수가 조건수렴함을 보여라.

힌트. 계승함수의 스털링의 점근 공식을 이용할 것.

5.3.4 만약 u_n이 $n\to\infty$에 대하여 영으로 단조감소한다면, $\sum_n u_n(-1)^{[n/3]}$이 수렴함을 보여라. 여기서 $[n/3]$는 $n/3$보다 작은 최대의 정수이다.

5.4 급수의 대수

절대수렴하는 급수의 합은, 우리에게 익숙한 대수법칙이나 산술법칙에서처럼, 항들의 순서에 상관없음을 보일 수 있으므로 절대수렴성의 확립은 중요하다:

- 만약 무한급수가 절대수렴하면, 이 급수의 합의 값은 항들을 합하는 순서에 무관하다.
- 다른 절대수렴하는 급수와의 곱이 정의되며, 곱한 급수의 극한 값은 각 급수의 극한 값의 곱과 같다. 또한, 이중 급수(double series)인 곱의 급수도 절대수렴한다.

예제 5.3.2에서 보았듯이 조건수렴하는 급수의 경우 위의 성질이 성립되지 않는다.

■ 급수의 곱

두 급수의 표준 또는 코시 곱은

$$\sum_n u_n \cdot \sum_n v_n = \sum_n c_n, \quad c_n = u_0 v_n + u_1 v_{n-1} + \cdots + u_n v_0 \tag{5.40}$$

이며 이중 합 $\sum_n \sum_{m=0}^{n} u_m v_{n-m}$으로 표현되며, 곱한 급수의 n번째 항인 c_n에 있어서의 지수들의 합이 $m+(n-m)=n$이 됨을 알 수 있다.

절대수렴하는 급수의 곱에는 아무런 문제가 없다. 이러한 사실은, 특별한 경우이긴 하나, 이중급수의 재배치의 가능성으로부터 알 수 있다. 그러나, 다음 예에서 보듯이, 조건수렴하는 급수의 곱은 수렴하지 않을 수 있다.

예제 5.4.1 조건수렴 급수의 제곱은 발산할 수 있다.

라이프니츠 판정법에 의하면 $\sum_{n=1}^{\infty} \frac{(-1)^{n-1}}{\sqrt{n}}$는 수렴한다. 이 급수의 제곱은

$$\left[\sum_n \frac{(-1)^{n-1}}{\sqrt{n}}\right]^2 = \sum_n (-1)^n \left[\frac{1}{\sqrt{1}}\frac{1}{\sqrt{n-1}} + \frac{1}{\sqrt{2}}\frac{1}{\sqrt{n-2}} + \cdots + \frac{1}{\sqrt{n-1}}\frac{1}{\sqrt{1}}\right]$$

이 된다. 괄호 안의 항의 개수는 $n-1$개이며 각 항의 크기는 $\frac{1}{\sqrt{n-1}\sqrt{n-1}}$ 보다 크므로 괄호 안의 항들의 합이 $\frac{n-1}{n-1}$보다 큰 값이 되어 영으로 접근하지 않는다. 즉, 이 곱은 진동하며 따라서 발산한다. ■

따라서, 두 급수의 곱이 수렴하기 위한 충분조건은 두 급수 중에서 적어도 하나는 절대수렴해야 한다는 것이다. 이러한 **곱수렴 정리**를 증명해 보자. 만약 $\sum_n u_n$이 절대수렴하여 U가 되고 $\sum_n v_n$은 수렴하여 V가 된다면,

$$\sum_n c_n, \quad c_n = \sum_{m=0}^{n} u_m v_{n-m}$$

은 수렴하여 UV가 된다는 것이 곱수렴 정리이다. 이 정리를 증명하기 위하여 n이 무한대로 갈 때 $D_n \equiv c_0 + c_1 \cdots + c_{2n} - U_n V_n$이 영으로 수렴함을 보이면 된다. 여기서 U_n과 V_n은 각 급수의 부분합들이다. D_n을 계산하면

$$\begin{aligned} D_n &= u_0 v_0 + (u_0 v_1 + u_1 v_0) + \cdots + (u_0 v_{2n} + u_1 v_{2n-1} + \cdots + u_{2n} v_0) \\ &\quad - (u_0 + u_1 + \cdots + u_n)(v_0 + v_1 + \cdots + v_n) \\ &= u_0(v_{n+1} + \cdots + v_{2n}) + u_1(v_{n+1} + \cdots + v_{2n-1}) + \cdots + u_{n+1} v_{n+1} \\ &\quad + v_{n+1}(v_0 + \cdots + v_{n-1}) + \cdots + u_{2n} v_0 \end{aligned}$$

가 된다. $\sum_n v_n$이 수렴하므로 n을 충분히 크게 잡으면 모든 m에 대하여 $|v_{n+1} + v_{n+2} + \cdots + v_{n+m}| < \varepsilon$이고 부분합 V_n은 상한 M을 가진다. 따라서 위의 식에 n을 충분히 크게 잡으면

$$|D_n| < \varepsilon(|u_0| + \cdots + |u_{n-1}|) + M(|u_{n+1}| + \cdots + |u_{2n}|) < \varepsilon(a + M)$$

이 된다. 여기서 $a = \sum_n |u_n|$이며 $\sum_n u_n$이 절대수렴하므로 유한하다.

요 약

두 급수 중 하나가 절대수렴하면 두 급수를 곱할 수 있다. 한 급수가 절대수렴하면 두 급수의 합과 차이도 항별로 계산할 수 있다.

연습문제

5.4.1 다음에 주어진 (5.6절에서 유도함) 급수를 이용하여

$$\ln(1+x) = x - \frac{x^2}{2} + \frac{x^3}{3} - \frac{x^4}{4}\cdots, \quad -1 < x \le 1,$$

다음 식을 유도하여라:

$$\ln\left(\frac{1+x}{1-x}\right) = 2\left(x + \frac{x^3}{3} + \frac{x^5}{5} + \cdots\right), \quad -1 < x < 1.$$

첫 번째 급수 $\ln(1+x)$는 결정의 결합에너지의 분석에 등장한다. 원자들의 사슬에서의 마델룽 상수인 $(2\ln 2)$의 $\frac{1}{2}$이다. 두 번째의 급수는 르장드르 다항식의 규격화에 사용된다(11.3절).

5.5 함수의 급수

무한급수의 개념을 항 u_n을 함수 $u_n(x)$로 일반화하는 가능성을 포함하도록 확장해 보자. 함수의 급수의 예들이 제11장에서 제13장까지에 소개되어 있다. 부분합이 이제는 변수 x의 함수가 되고,

$$s_n(x) = u_1(x) + u_2(x) + \cdots + u_n(x), \tag{5.41}$$

급수의 합에서와 같이, 부분합의 극한 값이

$$\sum_{n=1}^{\infty} u_n(x) = S(x) = \lim_{n\to\infty} s_n(x) \tag{5.42}$$

가 된다. 지금까지 우리는 부분합을 n의 함수로 간주했었다. 이제는 이 양들이 어떻게 x에 의존하는지를 고려해야 한다. 여기서 중요한 개념이 바로 고른 수렴(uniform convergence)이다.

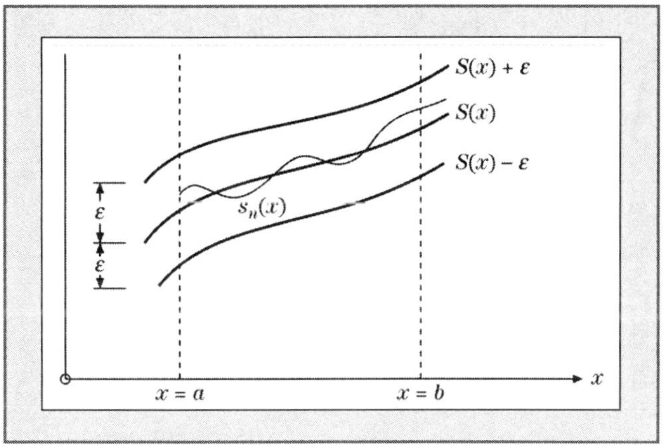

그림 5.3
고른 수렴

■ 고른 수렴(Uniform Convergence)

고른 수렴의 개념은 변수 x의 구간 $[a, b]$에서 정의되며, 이 구간 내에서의 x의 위치에 상관없는 함수급수의 수렴률과 관련이 있다. 어떤 구간에서의 고른 수렴이 주어지면, 연속함수들의 급수는 연속함수가 되고, 구간 내의 어떤 x에 대해서도 합의 극한값이 존재하며, 심지어 급수의 항 별 미분도 적당한 조건 하에서 가능하다. 구간은 반드시 양 끝점이 포함되는 닫힌 구간이어야 한다.

임의의 작은 값인 $\varepsilon > 0$에 대하여, 구간 $[a, b]$내(즉, $a \le x \le b$)의 **x에 무관한** 어떤 수 N이 존재하여, 모든 $n \ge N$에 대하여 다음을 만족한다면,

$$|S(x) - s_n(x)| < \varepsilon, \tag{5.43}$$

주어진 급수는 구간 $[a, b]$에서 **고르게 수렴한다**고 정의한다. 이 표현에 의하면 고르게 수렴하는 급수가 주어지면 무한급수의 꼬리부분의 합 $|\sum_{i=N+1}^{\infty} u_i(x)|$가 구간 내의 모든 x에 대하여 임의의 작은 ε보다 작게하는 유한한 N이 존재한다는 것이다.

고른 수렴을 정의하는 (5.43)식의 조건을 그림 5.3에 표현하였다. 아무리 ε을 작게 잡더라도 n값을 충분히 크게 잡아주면 $S(x)$와 $s_n(x)$의 차이의 절대값이 $a \le x \le b$내의 모든 x에 대하여 ε보다 작게할 수 있다는 것이 중요한 포인트이다. 만약 이것이 불가능하다면 $\sum_n u_n(x)$는 $[a, b]$에서 고르게 수렴하지 않는다.

예제 5.5.1 **고르지 않은 수렴(nonuniform convergence)**

$$\sum_{n=1}^{\infty} u_n(x) = \sum_{n=1}^{\infty} \frac{x}{[(n-1)x+1][nx+1]}. \tag{5.44}$$

부분합의 공식 $s_n(x) = nx(nx+1)^{-1}$은 수학적 귀납법을 이용하여 증명할 수 있다. $n = 1$, 2일

경우에 이 식이 맞음을 알 수 있다. 이 식이 n항까지 성립한다고 가정하자. 그러면,

$$\begin{aligned} s_{n+1}(x) &= s_n(x) + \frac{x}{[nx+1][(n+1)x+1]} \\ &= \frac{nx}{[nx+1]} + \frac{x}{[nx+1][(n+1)x+1]} \\ &= \frac{(n+1)x}{(n+1)x+1} \end{aligned} \tag{5.45}$$

가 되어 $n+1$항까지도 성립함을 알 수 있으며, 따라서 증명이 끝났다.

n을 무한대로 보내면,

$$\begin{aligned} S(0) &= \lim_{n\to\infty} s_n(0) = 0, \\ S(x \neq 0) &= \lim_{n\to\infty} s_n(x \neq 0) = 1 \end{aligned}$$

이 된다. $x=0$에서 급수의 극한값이 불연속임을 알 수 있다. 그러나 $s_n(x)$는 모든 유한한 n에 대하여 $0 \le x \le 1$에서 x의 연속함수이다. ε을 충분히 작게 잡으면 모든 유한한 n에 대하여 (5.43)식이 위배됨을 알 수 있다. 이 급수는 고르게 수렴하지 않는다.

■ 바이에르스트라스 M 판정(Weierstrass M (Majorant) Test)

가장 많이 접하는 고른 수렴의 판정이 바이에르스트라스 M 판정(Weierstrass M test)이다. 만약 구간 $[a, b]$내의 모든 x에 대하여 $M_i \ge |u_i(x)|$이고 수렴하는 수의 급수 $\sum_1^\infty M_i$를 만들 수 있으면, 급수 $u_i(x)$는 구간 $[a, b]$에서 **고르게** 수렴한다.

바이에르스트라스 M 판정의 증명은 간단하다. $\sum_i M_i$가 수렴하므로, 어떤 수 N이 존재하여 $n+1 \ge N$이면

$$\sum_{i=n+1}^{\infty} M_i < \varepsilon \tag{5.46}$$

이 성립하게 된다. 이 사실은 수렴성의 정의로부터 알 수 있다. 구간 $a \le x \le b$내의 모든 x에 대하여 $|u_i(x)| \le M_i$이므로

$$\sum_{i=n+1}^{\infty} |u_i(x)| < \varepsilon \tag{5.47}$$

이 된다. 따라서

$$|S(x) - s_n(x)| = \left| \sum_{i=n+1}^{\infty} u_i(x) \right| < \varepsilon \tag{5.48}$$

이 되고, 정의에 의하여 $\sum_{i=1}^\infty u_i(x)$는 $[a, b]$에서 고르게 수렴한다. 바이에르스트라스 M 판정의 설명에 절대값으로 명시하였기 때문에 $\sum_{i=1}^\infty u_i(x)$는 **절대수렴**하기도 한다. 그러나 고른 수렴과 절대수렴은 독립적 개념이다. 둘 중 하나가 만족된다고 나머지도 만족되거나 하지 않

는다. 구체적인 예로,

$$\sum_{n=1}^{\infty} \frac{(-1)^n}{n+x^2}, \quad -\infty < x < \infty \tag{5.49}$$

와

$$\sum_{n=1}^{\infty} (-1)^{n-1} \frac{x^n}{n} = \ln(1+x), \quad 0 \le x \le 1 \tag{5.50}$$

은 주어진 구간에서 고르게 수렴하지만 절대수렴하지는 않는다. 반면에,

$$\begin{aligned} \sum_{n=0}^{\infty} (1-x)x^n &= 1, \quad 0 \le x < 1 \\ &= 0, \quad x = 1 \end{aligned} \tag{5.51}$$

은 절대수렴하지만 [0, 1]에서 고르게 수렴하지 않는다.

고른 수렴의 정의로부터 어떤 급수

$$f(x) = \sum_{n=1}^{\infty} u_n(x) \tag{5.52}$$

가 불연속인 점이 포함되는 구간에서는 고르게 수렴할 수가 없다.

바이에르스트라스 M 판정은 고른 수렴과 절대수렴을 동시에 확립하므로, 고르게 수렴하지만 조건수렴하는 경우에는 이 판정을 통과할 수 없다.

■ 아벨의 판정(Abel's Test)

보다 더 효율성이 있는 고른 수렴에 대한 판정이 아벨(Abel)에 의하여 주어졌다. 만약

$$u_n(x) = a_n f_n(x)$$

이고

$$\sum a_n = A$$

가 되어 수렴하며, 함수 $f_n(x)$가 구간 $[a, b]$내의 모는 x에 대하여 단소석 $[f_{n+1}(x) \le f_n(x)]$이고 $0 \le f_n(x) \le M$이면, $\sum_n u_n(x)$는 $[a, b]$에서 **고르게 수렴**한다.

이 판정은 멱급수(5.7절)를 분석하는 데 특별히 효과적이다. 아벨의 판정의 증명과 고른 수렴의 다른 판정들에 대해서는 이 장의 끝에 나오는 추가 읽을 거리들을 참고하기 바란다.

고르게 수렴하는 급수는 다음 세 가지의 유용한 성질을 가진다.

- 만약 각 항 $u_n(x)$가 연속함수이면, 급수합

$$f(x) = \sum_{n=1}^{\infty} u_n(x) \tag{5.53}$$

도 연속함수이다.

- 만약 각 항 $u_n(x)$가 연속함수이면, 급수를 항 별로 적분할 수 있다. 적분의 합은 합의 적분과 같다:

$$\int_a^b f(x)dx = \sum_{n=1}^{\infty} \int_a^b u_n(x)dx. \tag{5.54}$$

- 만약 $[a, b]$에서 $u_n(x)$와 $\frac{du_n(x)}{dx}$가 연속이고 $\sum_{n=1}^{\infty} \frac{du_n(x)}{dx}$가 고르게 수렴한다면, 급수의 합 $f(x)$의 미분은 각 항의 미분의 합과 같다:

$$\frac{d}{dx} f(x) = \sum_{n=1}^{\infty} \frac{d}{dx} u_n(x). \tag{5.55}$$

요 약

고르게 수렴하는 급수의 항별 적분은[5] 오직 각 항들의 연속성만을 요구한다. 물리학적 응용에서는 이 조건은 거의 항상 만족된다. 급수의 항별 미분은 더 제한적인 조건이 만족되어야 하므로 조심이 요구된다. 실제로 제 14장에서 보게 될 푸리에 급수에서는 고르게 수렴하는 급수를 항별 미분하면 발산하는 급수가 되어 버린다. 변수의 값의 극한에 대한 함수 급수의 값을 취할 경우에도 고른 수렴이 요구된다.

인명 자료

Abel, Niels Hendrik. 노르웨이 수학자였던 아벨은 1802년 Finnoy Island에서 출생하여 1829년 Froland에서 서거하였다. 알코올 중독자였던 목사의 아들로서, 그는 가난하게 자랐으며 프랑스와 독일의 과학계의 주류로부터 멀리 떨어진 노르웨이에서 살면서 직업적인 문제로 고민을 많이 하였다. 아벨이 다녔던 Christiania (지금의 Oslo) 대학의 한 선생이 그의 재능을 인정하여 그를 재정적으로 도왔다고 한다. 1824년 그는 5차방정식을 대수적으로 풀 수 없음을 보였다. 그는 이 증명을 가우스에게 보냈는데, 놀랍게도 그 당시 가우스는 아벨의 우수성을 깨닫지 못했었다. 아벨은 이항전개 정리의 완성된 형태를 찾았고 그의 이름이 붙게 된 적분 방정식을 풀기도 했다. 1829년에야 비로소 아벨의 우수성을 깨닫고 베를린에서의 교수직을 약속하였지만, 이 약속이 그에게 도착하였을 때는 이미 그가 이틀 전에 26세의 나이로 서거한 후였다.

연습문제

5.5.1 다음의 디리클레(Dirichlet) 급수의 고른 수렴 영역을 구하여라.

[5] 고른 수렴성이 없더라도 항별 적분이 가능할 수 있다.

(a) $\sum_{n=1}^{\infty} \frac{(-1)^{n-1}}{n^x}$　　(b) $\zeta(x) = \sum_{n=1}^{\infty} \frac{1}{n^x}$.

답. (a) $1 \le x \le \infty$.　(b) $1 < s \le x < \infty$ (임의의 고정된 s값에 대하여)

5.5.2 등비급수 $\sum_{n=0}^{\infty} x^n$의 고른 수렴 범위를 구하여라.

답. $-1 < -s \le x \le s < 1$.

5.5.3 $\sum_{n=0}^{\infty} 1/(1+x^n)$에 대하여

(a) 양수 x의 수렴범위를 구하여라.

(b) 양수 x의 고른 수렴의 범위를 구하여라.

5.5.4 만약 계수들의 급수 $\sum a_n$과 $\sum b_n$이 절대수렴한다면, 푸리에 급수

$$\sum (a_n \cos nx + b_n \sin nx)$$

가 $-\infty < x < \infty$에서 **고르게** 수렴함을 보여라.

5.6 테일러(Taylor)의 전개

주어진 함수를 무한급수의 형태 또는 유한급수와 나머지의 형태로 전개한 것을 테일러의 전개라 부른다. 급수의 각 항들의 계수는 함수의 미분과 관련이 있다. 우리는 이미 다이버전스 또는 발산의 물리적 의미(1.6절)를 설명하는데 그리고 제1장과 제2장의 다른 곳들에서 테일러의 전개를 사용한 적이 있다. 이제 테일러의 전개를 유도해 보자.

주어진 함수 $f(x)$가 구간 $a \le x \le b$에서 n차 미분이 연속이라고 가정하자.[6] 이 함수의 n차 미분을 n번 적분하자:

$$\begin{aligned}
\int_a^x f^{(n)}(x_1)dx_1 &= f^{(n-1)}(x_1)\Big|_a^x = f^{(n-1)}(x) - f^{(n-1)}(a), \\
\int_a^x dx_2 \int_a^{x_2} dx_1 f^{(n)}(x_1) &= \int_a^x dx_2 [f^{(n-1)}(x_2) - f^{(n-1)}(a)] \qquad (5.56) \\
&= f^{(n-2)}(x) - f^{(n-2)}(a) - (x-a) f^{(n-1)}(a).
\end{aligned}$$

계속하면,

[6] 테일러 전개는 약간 덜 제한적인 조건에서도 가능할 수 있다; Jeffreys, H., and Jeffreys, B. S.(1956). *Methods of Mathematical Physics*, 3rd ed., Section 1.133. Cambridge Univ. Press, Cambridge, UK를 참조할 것.

$$\int_a^x dx_3 \int_a^{x_3} dx_2 \int_a^{x_2} dx_1 f^{(n)}(x_1) = f^{(n-3)}(x) - f^{(n-3)}(a) - (x-a)f^{(n-2)}(a) - \frac{(x-a)^2}{2!} f^{(n-1)}(a) \qquad (5.57)$$

가 되며, 최종적으로

$$\int_a^x dx_n \cdots \int_a^{x_2} dx_1 f^{(n)}(x_1) = f(x) - f(a) - (x-a)f'(a) - \frac{(x-a)^2}{2!} f''(a) - \cdots - \frac{(x-a)^{n-1}}{(n-1)!} f^{(n-1)}(a) \qquad (5.58)$$

가 된다. 현재까지는 정확한 식이다. 생략된 항도 없고 근사값을 취한 적도 없다. 이제 위 식을 $f(x)$에 대하여 풀면,

$$f(x) = f(a) + (x-a)f'(a) + \frac{(x-a)^2}{2!} f''(a) + \cdots + \frac{(x-a)^{n-1}}{(n-1)!} f^{(n-1)}(a) + R_n \qquad (5.59)$$

이 된다. 이 절을 처음 접하는 독자들은 나머지 부분을 무시하여 바로 (5.59)식으로부터 테일러 무한급수를 얻을 수 있다.

나머지 부분은

$$R_n = \int_a^x dx_n \cdots \int_a^{x_2} dx_1 f^{(n)}(x_1) \qquad (5.60)$$

이다.

이것을 보다 더 다루기 쉬운 형태로 바꾸기 위하여 적분학에서의 **중간값의 정리**를 이용하자:

$$\int_a^x g(x)dx = (x-a)g(\xi). \qquad (5.61)$$

여기서 $a \le \xi \le x$이다. 이를 이용하여 R_n을 라그랑지안(Lagrangian) 형태로[7] 표현하면,

$$R_n = \frac{(x-a)^n}{n!} f^{(n)}(\xi) \qquad (5.62)$$

가 된다. 테일러의 전개를 유한한 급수 형태로 표현한다면, 무한급수의 수렴문제를 우려할 필요가 없다. 다만, 나머지 부분의 크기가 관심사일 것이다.

만약 주어진 함수에 있어서

[7] 코시에 의해 유도된 다른 형태는 $R_n = \frac{(x-\zeta)^{n-1}(x-a)}{(n-1)!} f^{(n)}(\zeta)$, $a \le \zeta \le x$이다.

$$\lim_{n\to\infty} R_n = 0 \tag{5.63}$$

이라면 (5.59)식은 테일러 급수가 된다:[8]

$$\begin{aligned} f(x) &= f(a) + (x-a)f'(a) + \frac{(x-a)^2}{2!}f''(a) + \cdots \\ &= \sum_{n=0}^{\infty} \frac{(x-a)^n}{n!} f^{(n)}(a). \end{aligned} \tag{5.64}$$

테일러 급수는 어떤 한점 x에서의 함수값을 참고점 a에서의 함수값과 미분값들로 표현한 식이다. 이 경우 변수의 **변화**($\Delta x = x - a$)의 멱급수(거듭제곱)로 전개한 것이다. 변수들의 형태는 사용자의 편의에 따라서 바뀔 수도 있다. $x \to x+h$로 $a \to x$로 치환하면, 위의 식은

$$f(x+h) = \sum_{n=0}^{\infty} \frac{h^n}{n!} f^{(n)}(x)$$

가 된다.

인명 자료

Taylor, Brooke. 영국의 수학자였던 테일러는 1685년에 출생하여 1731년에 서거하였다. 그는 Cambridge에서 교육을 받았으며 그의 유명한 정리를 유한한 차이의 방법에 대한 연구(1715년에 발표됨)라는 제목으로 개발하였다. 그는 또한 부분적분의 방법도 발견하였다. 그의 급수의 수렴성에 대한 고려는 1세기 후에나 이루어 졌으며 코시에 의하여 적당한 조건이 주어질 경우에 증명되었다. 그의 정리는 애매하게 남아있다가 라그랑지가 중요성을 깨닫게 되고 테일러라는 이름을 부여함으로써 잘 알려지게 되었다.

■ 매클로린(Maclaurin) 정리

만약 함수를 원점에 대하여 전개하면, (5.64)식은 매클로린 급수가 된다:

$$f(x) = f(0) + xf'(0) + \frac{x^2}{2!}f''(0) + \cdots = \sum_{n=0}^{\infty} \frac{x^n}{n!} f^{(n)}(0). \tag{5.65}$$

매클로린 급수(또는 테일러 급수)를 이용하여 여러 가지 초월함수들을 무한급수로 표현할 수 있다.

예제 5.6.1 **지수함수**

함수 $f(x) = e^x$를 고려하자. 미분값은 모든 n($n = 1, 2, 3, \ldots$)에 대하여

---

[8] $0! = 1$임에 유의하여라(10.1절 참조).

$$f^{(n)}(0) = 1 \tag{5.66}$$

이다. 이로부터 (5.65)식은

$$e^x = 1 + x + \frac{x^2}{2!} + \frac{x^3}{3!} + \cdots = \sum_{n=0}^{\infty} \frac{x^n}{n!} \tag{5.67}$$

이 된다. 이 식이 지수함수의 급수전개이다. 이 식은 지수함수의 정의로 사용되기도 한다. 이 급수에 비율 판정을 적용하면, $x^{n+1}n!/[x^n(n+1)!] = x/(n+1)$이 되며 n이 무한대로 접근할 때 이 값은 영으로 접근하므로, (5.67)식의 급수는 모든 x에 대하여 수렴한다. 이 절을 처음 읽는 독자들은 나머지 부분의 분석을 생략하고 바로 예제 5.6.2로 진행하여도 된다.

비록 이 급수가 모든 x에 대하여 수렴할지라도, 나머지 부분에 대한 확인이 필요하다. (5.62)식으로부터

$$R_n = \frac{x^n}{n!} f^{(n)}(\xi) = \frac{x^n}{n!} e^{\xi} \tag{5.68}$$

이고, $0 \le |\xi| \le x$이다. 따라서,

$$|R_n| \le \frac{x^n e^x}{n!} \tag{5.69}$$

가 되며, 모든 **유한한** x에 대하여

$$\lim_{n \to \infty} R_n = 0 \tag{5.70}$$

이다. 이로부터 e^x의 매클로린 급수는 모든 구간 $-\infty < x < \infty$에서 절대수렴한다.

이제 테일러의 전개에 **연산자** $\partial = d/dx$를 이용하자. 그러면

$$f(x+h) = \sum_{n=0}^{\infty} \frac{h^n \partial^n}{n!} f(x) = e^{h\partial} f(x)$$

가 된다. 변수 x가 $x+h$로 옮겨 갈 때, 연산자 ∂은 미분가능한 함수를 **평행이동**시키는 역할을 한다. 이러한 테일러의 전개의 유사한 연산자 형태가 연습문제 4.2.3에서도 등장한다. 6.5절에서는 복소수 변수이론에서의 테일러의 전개를 소개할 것이다. ■

예제 5.6.2 **로그함수**

함수 $f(x) = \ln(1+x)$를 고려하자. 이 함수를 미분하면

$$\begin{aligned} f'(x) &= (1+x)^{-1}, \\ f^{(n)}(x) &= (-1)^{n-1}(n-1)!(1+x)^{-n} \end{aligned} \tag{5.71}$$

이 된다. 이로부터 매클로린 전개[(5.65)식]는

$$\ln(1+x) = x - \frac{x^2}{2} + \frac{x^3}{3} - \frac{x^4}{4} + \cdots + R_n$$
$$= \sum_{p=1}^{n}(-1)^{p-1}\frac{x^p}{p} + R_n \tag{5.72}$$

이 된다. 마찬가지로 첫 독자들은 나머지 부분을 무시해도 되며, 다음의 무한급수를 얻는다:

$$\ln(1+x) = \sum_{n=1}^{\infty}(-1)^{n-1}\frac{x^n}{n}. \tag{5.73}$$

이 급수는 $-1<x\le 1$에서 수렴한다. 구간 $-1<x<1$에서의 수렴성은 달랑베르 비율 판정(5.2절)으로부터 구할 수 있다. $x=1$에서의 수렴성은 라이프니츠 판정법(5.3절)으로부터 나온다. 특히 $x=1$이면

$$\ln 2 = 1 - \frac{1}{2} + \frac{1}{3} - \frac{1}{4} + \frac{1}{5} - \cdots = \sum_{n=1}^{\infty}(-1)^{n-1}n^{-1} \tag{5.74}$$

이 되며, 조건수렴하는 교대급수이다.

나머지 부분에 대하여 알아보자. 이 경우 다음과 같다:

$$R_n = \frac{x^n}{n!}f^{(n)}(\xi), \quad 0 \le \xi \le x$$
$$\le \frac{x^n}{n}, \quad 0 \le \xi \le x \le 1. \tag{5.75}$$

만약 $0\le x<1$이라면[9] n이 무한대로 갈 때, 나머지 부분은 영으로 접근한다. ■

■ 이항 정리

테일러와 매클로린 전개의 두 번째면서 아주 중요한 적용은 음수 그리고/또는 비정수 멱급수에 대한 이항 정리의 유도이다.

함수 $f(x)=(1+x)^m$을 고려하자. 여기서 m은 음수가 될 수도 있으며 정수로 한정되어 있지 않다. (5.65)식을 여기에 적용하면

$$(1+x)^m = 1 + mx + \frac{m(m-1)}{2!}x^2 + \cdots + R_n \tag{5.76}$$

이 된다.

우선 나머지 부분을 무시하면, 이 식은

$$(1+x)^m = 1 + mx + \frac{m(m-1)}{2!}x^2 + \frac{m(m-1)(m-2)}{3!}x^3 + \cdots \tag{5.77}$$

[9] 이 영역은 쉽게 $-1<x\le 1$로 확장될 수 있다. 그러나 $x=-1$은 포함될 수 없다.

이 되어 무한급수가 된다. 다르게 표현하면

$$(1+x)^m = \sum_{n=0}^{\infty} \frac{m!}{n!(m-n)!} x^n = \sum_{n=0}^{\infty} \binom{m}{n} x^n \tag{5.78}$$

이 된다. 값이 $m!/[n!(m-n)!]$인 $\binom{m}{n}$을 **이항 계수**(binomial coefficient)라 한다. 비율과 라이프니츠의 판정을 이용하여 수렴성을 조사해 보면, (5.77)식은 구간 $-1<x<1$에서 수렴함을 알 수 있다. 만약 m이 정수라면 $n>m$이면 $(m-n)! = \pm\infty$(10.1절)가 되어 급수의 전개가 $n=m$에서 멈추게 된다.

이제 이 함수의 마지막 부분에 대하여 알아보자:

$$R_n = \frac{x^n}{n!}(1+\xi)^{m-n} m(m-1)\cdots(m-n+1). \tag{5.79}$$

여기서 ξ는 0과 x사이의 값이다: $0 \le \xi \le x$. $n>m$이면 $(1+\xi)^{m-n}$의 최대값은 $\xi=0$일 경우이다. 따라서,

$$R_n \le \frac{x^n}{n!} m(m-1)\cdots(m-n+1) \tag{5.80}$$

이 된다. 여기서 m에 의존하는 인자들은 m이 영 또는 양의 정수가 아닌 경우에는 영이 되지 않으며, $n\to\infty$일 때, x의 값을 $0\le x<1$로 한정시키면 R_n은 영으로 접근한다. 비록 $0\le x<1$인 경우에 한하여

$$\lim_{n\to\infty} R_n = 0$$

임을 보였지만, $-1<x\le 0$일 때도 같은 결론을 얻는다.

이항전개를 일반화시키면

$$(a_1+a_2+\cdots+a_m)^n = \sum \frac{n!}{n_1!n_2!\cdots n_m!} a_1^{n_1} a_2^{n_2} \cdots a_m^{n_m}$$

이 된다. 여기서의 합은 $\sum_{i=1}^{m} n_i = n$을 만족하는 모든 가능한 n_1, n_2, ..., n_m에 대하여 해준다. n과 n_i들은 모두 정수들이다. 이러한 일반화된 식은 통계역학에서 많이 쓰인다.

가끔은 (5.65)식을 직접 이용하지 않고 간접적으로 매클로린 급수를 구하기도 한다. 예를 들어서,

$$\sin^{-1} x = \sum_{n=0}^{\infty} \frac{(2n-1)!!}{(2n)!!} \cdot \frac{x^{2n+1}}{(2n+1)} = x + \frac{x^3}{6} + \frac{3x^5}{40} + \cdots \tag{5.81}$$

의 급수 전개를 얻는 가장 편리한 방법은 다음의 관계식

$$\sin^{-1} x = \int_0^x \frac{dt}{(1-t^2)^{1/2}}$$

를 이용하는 것이다. 이 식은 $\sin y = x$이고 $dy/dx = 1/\sqrt{1-x^2}$이라는 사실로부터 유도된다.

$(1-t^2)^{-1/2}$을 (이항 정리를 이용하여) 전개하여 부분적분하면 (5.81)식이 된다. 5.7절에서 항별 부분적분에 대해서 공부할 것이다. 끝으로, $x \to 1$로 보내면 연습문제 5.2.12의 식을 얻는다. 이 급수는 적분 판정에 의하여 수렴함을 알 수 있다.

인명 자료

Maclaurin, Colin. 스코틀랜드 수학자인 매클로린은 1698년 Argyle의 County인 Kilmodan에서 출생하여, 스코틀랜드 Edinburgh에서 1746년에 서거하였다. 그는 11세에 University of Glasgow에 입학하여 1715년에 학위를 받았다. 18세이던 1717년에, 그는 뉴턴의 추천을 받는 영광을 누리며 수학교수로 임명되었다. 그는 뉴턴 해석학을 더욱 더 확장시키고 굳건히 하였으며 뉴턴 다음 세대의 가장 위대한 수학자라 할 수 있을 것이다.

■ 변수가 많을 경우의 테일러 전개

만약 함수 f의 독립 변수가 둘 이상일 경우, 예를 들어, $f=f(x, y)$라면, 테일러 전개는

$$\begin{aligned} f(x, y) = {} & f(a, b) + (x-a)\frac{\partial f}{\partial x} + (y-b)\frac{\partial f}{\partial y} \\ & + \frac{1}{2!}\left[(x-a)^2\frac{\partial^2 f}{\partial x^2} + 2(x-a)(y-b)\frac{\partial^2 f}{\partial x \partial y} + (y-b)^2\frac{\partial^2 f}{\partial y^2}\right] \\ & + \frac{1}{3!}\left[(x-a)^3\frac{\partial^3 f}{\partial x^3} + 3(x-a)^2(y-b)\frac{\partial^3 f}{\partial x^2 \partial y}\right. \\ & \left. + 3(x-a)(y-b)^2\frac{\partial^3 f}{\partial x \partial y^2} + (y-b)^3\frac{\partial^3 f}{\partial y^3}\right] + \cdots \end{aligned} \tag{5.82}$$

와 같이 된다. 여기서 미분 값은 $(a,\ b)$에서 취한다. 변수의 개수가 m일 경우, $\alpha_j = x_j - x_{j0}$라 두면, 테일러 전개는

$$f(x_1, \ldots, x_m) = \sum_{n=0}^{\infty} \frac{1}{n!}\left(\sum_{i=1}^{m} \alpha_i \frac{\partial}{\partial x_i}\right)^n f(x_k)\Bigg|_{x_k = x_{k0}}$$

와 같다. (m차원) 벡터를 이용하여 표현하면

$$\psi(\mathbf{r} + \mathbf{a}) = \sum_{n=0}^{\infty} \frac{1}{n!}(\mathbf{a} \cdot \boldsymbol{\nabla})^n \psi(\mathbf{r}) \tag{5.83}$$

이 된다.

요 약

테일러 전개로 모든 기본 함수들을 표현할 수 있으며 물리학에서는 아주 중요한 역할을 한다.

그리고 이 전개의 유한 항들만을 취하여 원하는 오차 범위 내의 근사치를 구할 수 있다. 매클로린 급수는 원점을 기준으로 한 테일러 전개의 특수한 경우에 해당한다.

연습문제

5.6.1 다음 식을 유도하여라.

(a) $\sin x = \sum_{n=0}^{\infty}(-1)^n \frac{x^{2n+1}}{(2n+1)!}$,

(b) $\cos x = \sum_{n=0}^{\infty}(-1)^n \frac{x^{2n}}{(2n)!}$.

6.1절에서 소개할 e^{ix}는 다음의 급수전개로 정의한다:

$$e^{ix} = \cos x + i \sin x.$$

이것이 복소수의 극표현의 기준이다. $x = \pi$이면, $e^{i\pi} = -1$이 된다.

5.6.2 $\cos x$를 $\sin x$로 나누어서 $\cot x$를 x의 멱급수가 증가하는 순서로 급수전개하여라.
주의. $1/x$로 시작하는 급수인 이 문제의 답은 실제로는 로랑(Laurent) 급수이다 (6.5절). 비록 $\sin x$와 $\cos x$의 급수전개가 모든 x에 대하여 성립하지만 $\cot x$ 급수의 수렴성은 분모인 $\sin x$의 영이 되는 값들에 의하여 제한을 받는다 (6.5절 참조).

5.6.3 급수전개를 이용하여 다음을 보여라.

$$\frac{1}{2} \ln \frac{\eta_0 + 1}{\eta_0 - 1} = \coth^{-1} \eta_0$$

단, $|\eta_0| > 1$이다. 이 항등식은 르장드르 방정식의 두 번째 해를 찾는 데 이용된다.

5.6.4 함수 $f(x) = x^{1/2}$을 고려하자.
(a) 이 함수가 매클로린 전개를 가지지 않음을 보여라.
(b) 그러나, $x_0 \neq 0$인 임의의 점에서의 테일러 전개는 가능함을 보여라. $x = x_0$에서 테일러 전개하였을 때의 수렴 범위를 구하여라.

5.6.5 x가 $f(x)$의 근사적인 해라고 하고 Δx를 오차라고 하자. 만약 $(\Delta x)^2$항을 무시한다면

$$\Delta x = -\frac{f(x)}{f'(x)}$$

임을 보여라. 이것이 해를 찾는 뉴턴의 공식이다. 이 공식은 급수전개의 실례를 보여주고 또한 기본함수만을 이용한다는 장점이 있지만 별로 정확성이 없는 식이다.

자세한 내용과 다른 방법에 대해서는 부록 A1을 참조하기 바란다.

5.6.6 함수 $\Phi(x, y, z)$를 테일러 전개하여라. 원점이 중심이 되고 한 변의 길이가 a인 정육면체 내에서의 이 함수 Φ의 평균값 $\bar{\Phi}$를 구하고, $\nabla^2\Phi$가 $\bar{\Phi}$와 $\Phi(0, 0, 0)$과의 차이의 척도임을 보여라.

5.6.7 $x = x_0$에서의 두 함수 $f(x)$와 $g(x)$의 비의 값이 0/0 형태의 부정형이다. Taylor 전개를 이용하여 다음의 로피탈 법칙(**l' Hôpital' s rule**)을 증명하여라.

$$\lim_{x\to x_0}\frac{f(x)}{g(x)} = \lim_{x\to x_0}\frac{f'(x)}{g'(x)}.$$

5.6.8 $n > 1$일 때, 다음을 보여라.

(a) $\frac{1}{n} - \ln\left(\frac{n}{n-1}\right) < 0,$ (b) $\frac{1}{n} - \ln\left(\frac{n+1}{n}\right) > 0.$

이 부등식들을 이용하여 오일러-마쉐로니 상수를 정의하는 극한값이 유한함을 보여라.

5.6.9 $(1-2tz+t^2)^{-1/2}$을 임의의 실수 z에 대하여 $|-2tz+t^2| < 1$인 범위 내에서, t의 멱급수로 전개하여라. t의 값이 작다고 가정하여라. t^0, t^1 그리고 t^2항들의 계수들을 구하여라.

답. $a_0 = P_0(z) = 1,\ a_1 = P_1(z) = z,\ a_2 = P_2(z) = \frac{1}{2}(3z^2 - 1)$이며 $a_n = P_n(z)$는 n번째 르장드르 다항식이다.

5.6.10 연습문제 5.2.12의 !!의 정의를 이용하여 다음을 유도하여라:

$$(1+x)^{-m/2} = \sum_{n=0}^{\infty}(-1)^n\frac{(m+2n-2)!!}{2^n!(m-2)!!}x^n$$

단, $m = 1, 2, 3, \ldots$이다.

5.6.11 프레넬 적분 $\int_0^2 \sin x^2 dx$를 테일러 전개로 계산하여라.

5.6.12 CEBAF에서 전자는 가속이 되어 에너지가 상대론적 에너지인 GeV급에 도달한다. $\frac{v}{c} = \sqrt{1 - \frac{1}{4V^2}}$ 로부터 v/c를 결정하여라. 이 식에서 V는 가속기의 전압을 백만 볼트 단위로 나타낸 것이다. 이항 급수를 v/c의 값이 잘 나타나도록 적당한 항에서 끊어서 $V = 200 \times 10^6$ 볼트일 때의 v/c의 값을 구하여라.

5.6.13 함수 $\exp(\tan x)$를 테일러 전개하여라.

5.6.14 상대론적 에너지 공식을 유도하여라.

$$E = \frac{mc^2}{\sqrt{1 - \mathbf{v}^2/c^2}} = mc^2 + \frac{m}{2}\mathbf{v}^2 + \cdots.$$

속도가 얼마(c를 단위로)일 때 비상대론적 에너지가 10%의 오차를 가지게 되는가?

5.6.15 시속 65 마일로 2시간 동안 달리는 사이에 시간지연은 얼마나 되는가?

5.6.16 에너지가 3×10^{20} eV인 우주선(cosmic ray)이 발견되었다. 이 입자가 양성자(전자)라면 그 속력이 빛의 속도와 얼마나 차이가 나는가?

5.6.17 이항전개를 이용하여, 다음의 세 도플러치우침(Doppler shift) 공식들을 비교하여라:

(a) 근원이 움직일 때의 식; $\nu' = \nu\left(1 \mp \frac{v}{c}\right)^{-1}$

(b) 관측자가 움직일 때의 식; $\nu' = \nu\left(1 \pm \frac{v}{c}\right)$

(c) 상대론적인 식; $\nu' = \nu\left(1 \pm \frac{v}{c}\right)\left(1 - \frac{v^2}{c^2}\right)^{-1/2}$

주의. v^2/c^2항을 무시한다면 상대론적인 식과 고전적인 식은 일치한다.

5.6.18 두 속도 v와 u의 상대론적인 합 W는

$$\frac{w}{c} = \frac{u/c + v/c}{1 + uv/c^2}$$

이다. 만약

$$\frac{v}{c} = \frac{u}{c} = 1 - \alpha$$

이고, $0 \le \alpha \le 1$이라 할 때, W/c를 α의 멱급수로 α^3항까지 구하여라.

5.6.19 정지질량이 m_0인 입자에 x축 방향으로 일정한 힘 $m_0 g$를 가하여 x만큼 움직였을 때의 상대론적인 식은

$$x = \frac{c^2}{g}\left\{\left[1 + \left(g\frac{t}{c}\right)^2\right]^{1/2} - 1\right\}$$

이다. 변위 x를 시간 t의 멱급수로 전개하여라. 고전적인 식

$$x = \frac{1}{2}gt^2$$

과 비교하여라.

5.6.20 이항전개

$$\frac{x}{1-x} = \sum_{n=1}^{\infty} x^n$$

을 이용하면

$$\frac{x}{x-1} = \frac{1}{1-x^{-1}} = \sum_{n=0}^{\infty} x^{-n}$$

을 얻는다. 이들 두 식을 합하면 $\sum_{n=-\infty}^{\infty} x^n = 0$ 이라는 엉뚱한 결과가 나온다. 무엇이 잘못되었는가?

5.6.21 (a) 양자화된 진동자에 대한 플랑크의 이론에 의하면 에너지의 평균값은

$$\langle \varepsilon \rangle = \frac{\sum_{n=1}^{\infty} n\varepsilon_0 \exp(-n\varepsilon_0/kT)}{\sum_{n=0}^{\infty} \exp(-n\varepsilon_0/kT)}$$

로 주어진다. 여기서 ε_0는 어떤 고정된 에너지이다. 분자와 분모가 각각 어떤 함수들의 이항 전개식인가? 이들의 비가

$$\langle \varepsilon \rangle = \frac{\varepsilon_0}{\exp(\varepsilon_0/kT) - 1}$$

임을 보여라.

(b) $kT \gg \varepsilon_0$일 경우 위의 식은 $\langle \varepsilon \rangle = kT$라는 고전적 결과가 됨을 보여라.

5.6.22 (a) 이항정리를 이용하여 전개한 후 항별로 적분하여 $y = \tan^{-1} x (\tan y = x)$에 대한 그레고리 급수를 구하여라.

$$\tan^{-1} x = \int_0^x \frac{dt}{1+t^2} = \int_0^x \{1 - t^2 + t^4 - t^6 + \cdots\} dt$$
$$= \sum_{n=0}^{\infty} (-1)^n \frac{x^{2n+1}}{2n+1}$$

단, $-1 \le x \le 1$이다.

(b) 급수전개들을 비교하여

$$\tan^{-1} x = \frac{i}{2} \ln\left(\frac{1-ix}{1+ix}\right)$$

임을 보여라.

힌트. 연습문제 5.4.1과 비교하여라.

5.6.23 수치해석에서는 가끔 $d^2\psi(x)/dx^2$의 근사식으로

$$\frac{d^2}{dx^2}\psi(x) \approx \frac{1}{h^2}[\psi(x+h) - 2\psi(x) + \psi(x-h)]$$

를 사용한다. 이 근사식에서의 오차를 구하여라.

답. 오차 $= \dfrac{h^2}{12}\psi^{(4)}(x)$.

5.6.24 함수 $y(x)$에 대하여 등간격의 변수값에서의 값을 다음과 같이 정의하자:

$$\begin{cases} y_n = y(x_n) \\ x_n = x + nh \end{cases}$$

선형결합인

$$\frac{1}{12h}\{-y_2 + 8y_1 - 8y_{-1} + y_{-2}\}$$

의 값이

$$y_0' - \frac{h^4}{30}y_0^{(5)} + \cdots$$

임을 보여라. 따라서, 위의 선형결합은 $(h^4/30)y_0^{(5)}$와 h의 더 높은 멱급수 그리고 $y(x)$의 더 큰 차수의 미분값들을 무시한다면, 그 값이 y_0'가 된다.

5.6.25 편미분방정식의 수치 적분에서는 3차원의 라플라스 작용소(Laplacian)를 다음과 같은 식으로 대치한다:

$$\begin{aligned} \nabla^2\psi(x, y, z) \to h^{-2}[&\psi(x+h, y, z) + \psi(x-h, y, z) \\ &+ \psi(x, y+h, z) + \psi(x, y-h, z) + \psi(x, y, z+h) \\ &+ \psi(x, y, z-h) - 6\psi(x, y, z)]. \end{aligned}$$

이 근사식의 오차를 구하여라. 여기서 h는 단계의 폭, 즉, x y 또는 z 방향으로의 인접한 점들 사이의 거리이다.

5.6.26 오차함수 $\mathrm{erf}(x) = \frac{2}{\sqrt{\pi}}\int_0^x e^{-t^2}dt$를 테일러 전개하고 이것을 5.10절의 점근 전개(asymptotic expansion)와 비교하여라. 두 경우에 있어서 erf(0.1), erf(1), erf(2)를 구하는데 몇 개의 항들이 필요한가? Symbolic software를 사용하거나 수치 프로그램을 써라.

5.7 멱급수

멱급수는 특별한 그리고 아주 유용한 형태의 무한급수이다. 그 형태는 다음과 같다:

$$f(x) = a_0 + a_1x + a_2x^2 + a_3x^3 + \cdots = \sum_{n=0}^{\infty} a_n x^n. \tag{5.84}$$

여기서 계수 a_i는 상수이며 x에 무관하다.[10]

■ 수렴성

(5.84)식의 급수는 코시 근 판정이나 달랑베르 비율 판정으로 수렴성을 조사할 수 있다 (5.2절). 만약

$$\lim_{n\to\infty} \frac{a_{n+1}}{a_n} = R^{-1} \tag{5.85}$$

이라면 이 급수는 $-R<x<R$에서 수렴한다. 이것이 수렴구간이다. 극한값이 1이면 근 판정이나 비율 판정이 수렴성을 결정할 수 없으므로 끝 점들에 대해서는 주의가 요구된다.

예를 들어서, 만약 $a_n = n^{-1}$이라면, $R=1$이 되고 5.1절~5.3절로부터 $x=-1$에서는 주어진 급수가 수렴하나 $x=1$에서는 발산한다. 만약 $a_n = n!$이라면, $R=0$이 되고 $x \neq 0$인 모든 값에서 발산한다.

■ 고른 수렴 그리고 절대수렴

만약 주어진 멱급수[(5.84)식]가 $-R<x<R$에서 수렴한다는 것이 밝혀졌다면, 임의의 $0<S<R$에 의한 내부구간인 $-S \le x \le S$에서는 주어진 멱급수가 고르게 그리고 절대수렴한다.

이 사실은 바이에르스트라스 M 판정을 이용하여 직접 증명할 수 있다 (5.5절).

■ 연속성

항별 함수 $u_n(x) = a_n x^n$이 x의 연속함수이고 $f(x) = \sum a_n x^n$이 $-S \le x \le S$에서 고르게 수렴하므로 $f(x)$는 이 구간에서 연속이다.

이러한 성질은 톱날함수나 사각함수와 같은 불연속 함수를 표현하는 데 자주 사용되는 푸리에 급수(제14장)의 성질과 대조가 된다.

■ 미분과 적분

$u_n(x)$가 연속함수이고 $\sum a_n x^n$이 고르게 수렴한다면, 미분한 (또는 적분한) 급수도 연속함수의 급수이며 원래 급수와 같은 수렴반경을 가진다. 미분(또는 적분)에 의한 새로운 인자들이 근 또는 비율 판정의 결과를 바꾸지 않는다. 따라서, **멱급수는 고른 수렴 구간 내에서는 임의의 회수만큼 미분 또는 적분이 가능하다**(연습문제 5.7.9).

급수의 미분에 가해지는 엄격한 제한(5.5절 참조)에 견주어 볼 때, 이 사실은 대단한 그리고

---

[10] (5.84)식은 x대신에 $z=x+iy$로 일반화될 수 있다. x축 상의 영역 대신에 복소수 평면 상의 영역에서의 고른 수렴성, 적분가능성, 그리고 미분 가능성에 대하여 제6장과 제7장에서 다룰 것이다.

유용한 결과이다.

■ 유일 정리

전 절에서 우리는 매클로린 급수를 이용하여 e^x와 $\ln(1+x)$를 무한급수로 전개하였다. 앞으로의 여러 장들에서 함수들을 무한 급수의 형태로 표현하거나 혹은 정의할 것이다. 여기서 우리는 멱급수의 표현이 유일함을 증명하겠다.

만약

$$f(x) = \sum_{n=0}^{\infty} a_n x^n, \quad -R_a < x < R_a$$
$$= \sum_{n=0}^{\infty} b_n x^n, \quad -R_b < x < R_b \tag{5.86}$$

라 하자. 두 수렴구간이 원점을 포함하며 겹친다고 하자. 그러면 모든 n에 대하여

$$a_n = b_n \tag{5.87}$$

이다. 즉, 두 개의 (다른) 멱급수 표현을 가정하고 그 다음 실제로는 이들 둘이 같음을 보이자.

(5.86)식으로부터

$$\sum_{n=0}^{\infty} a_n x^n = \sum_{n=0}^{\infty} b_n x^n, \quad -R < x < R \tag{5.88}$$

이다. 여기서 R은 R_a와 R_b 중에서 작은 것이다. 이 식에 $x=0$을 대입하면 상수항들만 남아서

$$a_0 = b_0 \tag{5.89}$$

가 된다. 이제 멱급수의 미분 가능성을 이용하여 (5.88)식을 미분하면

$$\sum_{n=1}^{\infty} n a_n x^{n-1} = \sum_{n=1}^{\infty} n b_n x^{n-1} \tag{5.90}$$

이 된다. 여기에 $x=0$을 대입하면 새로운 상수항들만 남아서

$$a_1 = b_1 \tag{5.91}$$

을 얻는다. 같은 과정을 n번 거치면

$$a_n = b_n \tag{5.92}$$

을 얻으며 결국 두 급수는 동일하다. 따라서 멱급수의 표현은 유일하다.

이 사실은, 미분방정식의 해를 구하는 데 멱급수를 이용하는, 8.5절에서 결정적인 역할을 한다. 멱급수의 유일 존재성은 이론물리학에 자주 등장한다. 양자역학의 섭동이론의 확립이 한 예이다. 함수의 멱급수 표현은 로피탈 규칙이 적용되기 애매한 경우의 부정형의 계산에 자

주 쓰인다.

멱급수의 유일 존재성은 계수 a_n이 매클로린 급수의 미분값과 같음을 의미한다.

$$f(x)=\sum_{n=0}^{\infty}a_nx^n=\sum_{n=0}^{\infty}\frac{1}{n!}f^{(n)}(0)x^n \tag{5.93}$$

으로부터

$$a_n=\frac{1}{n!}f^{(n)}(0) \tag{5.94}$$

임을 알 수 있다.

■ 멱급수의 역

다음의 급수가 주어졌다고 가정하자:

$$y-y_0=a_1(x-x_0)+a_2(x-x_0)^2+\cdots=\sum_{n=1}^{\infty}a_n(x-x_0)^n. \tag{5.95}$$

이 식은 $(y-y_0)$를 $(x-x_0)$의 함수로 표현하였다. 그러나, $(x-x_0)$를 $(y-y_0)$의 함수로 표현해야 할 경우가 있다. 이때는 (5.95)식을 급수의 역을 이용하여 $(x-x_0)$에 대하여 풀면 된다. 역의 형태가 다음과 같다고 가정하자:

$$x-x_0=\sum_{n=1}^{\infty}b_n(y-y_0)^n. \tag{5.96}$$

이 식의 b_n을 주어진 a_n들로 표현하고자 한다. 처음의 몇 개의 계수들을 찾는 방법으로는 (5.95)식을 (5.96)식에 대입하는 방법이 있다. 그런 다음, (5.96)식의 양변의 $(x-x_0)^n$항의 계수가 같다고 둔다. 이는 멱급수의 유일성에 의한 것이며, 이로부터 b_n들을 구할 수 있다:

$$b_1=\frac{1}{a_1},\quad b_2=-\frac{a_2}{a_1^3},\quad b_3=\frac{1}{a_1^5}\left(2a_2^2-a_1a_3\right), \tag{5.97}$$

$$b_4=\frac{1}{a_1^7}\left(5a_1a_2a_3-a_1^2a_4-5a_2^3\right)\ \text{등등}$$

보다 더 많은 계수들이 드와이트(Dwight)에 의해 열거되어 있다.[11]

요 약

멱급수는 원점에서의 테일러 전개인 매클로린 급수이다. 이들은 고르게 수렴할 경우 적분할

[11] Dwight, H. B. (1961). *Tables of Integrals and Other Mathematical Data*, 4th ed. Macmillan, New York. (Compare Formula No. 50.)

수 있으며 미분한 급수가 고르게 수렴한다면 미분도 가능하다. 두 급수의 수렴구간 내에서는 합과 차이도 가능하다. 두 급수 중에 적어도 하나가 절대수렴할 경우에만 이들의 곱이 안전하게 정의된다.

연습문제

5.7.1 상자성의 고전적 랑제방(Langevin) 이론에 의하면 자기편극(magnetic polarization)의 식이

$$P(x) = c\left(\frac{\cosh x}{\sinh x} - \frac{1}{x}\right)$$

로 주어진다. $P(x)$를 작은 값 x(약한 자기장, 높은 온도)에 대하여 멱급수로 전개하여라.

5.7.2 원형 구멍에 의한 회절무늬의 분석에 다음의 식이 등장한다:

$$\int_0^{2\pi} \cos(c\cos\varphi)d\varphi.$$

피적분 함수를 급수로 전개하여 다음의 식들을 이용하여 적분하여라:

$$\int_0^{2\pi} \cos^{2n}\varphi\, d\varphi = \frac{(2n)!}{2^{2n}(n!)^2}\cdot 2\pi, \qquad \int_0^{2\pi} \cos^{2n+1}\varphi\, d\varphi = 0.$$

결과는 $2\pi J_0(c)$이며, $J_0(c)$는 베셀함수이다.

5.7.3 다음의 식이 주어진다:

$$\int_0^1 \frac{dx}{1+x^2} = \tan^{-1} x|_0^1 = \frac{\pi}{4}.$$

피적분함수를 급수로 전개하여 항 별로 적분하여 다음 식을 유도하여라.[12]

$$\frac{\pi}{4} = 1 - \frac{1}{3} + \frac{1}{5} - \frac{1}{7} + \frac{1}{9} - \cdots + (-1)^n\frac{1}{2n+1} + \cdots,$$

이 식은 π를 구하는 라이프니츠의 공식이다. $x = 1$에서의 피적분 함수 급수의 수렴성과 적분된 급수의 수렴성을 비교하여라.

[12](상한값을 1 대신 x로 치환한) $\tan^{-1}x$의 급수전개는 Leibniz보다 3년 더 이른 1671년에 James Gregory에 의하여 발견되었었다. Peter Beckmann의 저서 *A History of Pi*, 2nd ed. Golem Press, Boulder, CO(1971)와 L. Berggren, J. Borwein, and P. Borwein, *Pi: A source Book*. Springer, New York (1997)을 참조할 것.

5.7.4 다음에 주어진 불완비 계승함수(incomplete factorial function)를 x의 멱급수로 전개하여라:

$$\int_0^x e^{-t} t^n dt.$$

이 급수의 영역을 구하여라.

답. $$\int_0^x e^{-t} t^n dt = x^{n+1} \left[\frac{1}{n+1} - \frac{x}{n+2} + \frac{x^2}{2!(n+3)} - \cdots \frac{(-1)^p x^p}{p!(n+p+1)} + \cdots \right], \quad |x| < \infty.$$

영역은 $|x| \to \infty$이다.

5.7.5 다음을 계산하여라.

(a) $\lim_{x\to 0}[\sin(\tan x) - \tan(\sin x)]x^{-7}$, (b) $\lim_{x\to 0} x^{-n} j_n(x)$, $n = 3$.

여기서 $j_n(x)$는 구형베셀함수(spherical Bessel function)(12.4절)이며, 다음과 같이 정의된다:

$$j_n(x) = (-1)^n x^n \left(\frac{1}{x}\frac{d}{dx}\right)^n \left(\frac{\sin x}{x}\right).$$

답. (a) $-\frac{1}{30}$, (b) $\frac{1}{1\cdot 3\cdot 5\cdots(2n+1)} \to \frac{1}{105}$ for $n = 3$.

5.7.6 중성자 수송 이론에 위하면 역퍼짐길이(inverse neutron diffusion length) k에 대한 식이

$$\frac{a-b}{k} \tanh^{-1}\left(\frac{k}{a}\right) = 1$$

로 주어진다. 급수의 역 또는 다른 방법으로 k^2을 b/a의 멱급수로 표현하여라. 급수의 첫 번째 두 항을 찾아라.

답. $k^2 = 3ab\left(1 - \frac{4}{5}\frac{b}{a}\right)$.

5.7.7 함수 $y = \sinh^{-1} x$(즉, $\sinh y = x$)를 다음의 방법을 이용하여 x의 멱급수로 전개하여라.

(a) $\sinh y$의 급수의 역을 구하여라.

(b) 직접 매클로린 전개를 하여라.

5.7.8 함수 $f(z)$가 **내림** 멱급수로 주어진다:

$$f(z) = \sum_{n=0}^{\infty} a_n z^{-n}, \quad R \le z < \infty.$$

단, 영역은 $R \le z < \infty$이다. 이 급수 전개가 유일함을 보여라. 즉, 만약 $R \le z < \infty$에서 $f(z) = \sum_{n=0}^{\infty} b_n z^{-n}$ 이라면 모든 n에 대하여 $a_n = b_n$임을 보여라.

5.7.9 어떤 멱급수가 $-R < x < R$에서 수렴한다고 하자. 이 급수의 미분과 적분도 같은 수렴 영역을 가짐을 보여라. (끝점 $x = \pm R$들에 대해서는 신경을 쓸 필요가 없음.)

5.7.10 $f(x)$가 원점 주위에 폭이 영이 아닌 수렴 영역을 가지는 멱급수로 전개된다고 하자: $f(z) = \sum_{n=0}^{\infty} a_n x^n$. 급수의 유일성을 증명할 때 사용한 방법을 이용하여 주어진 급수가 매클로린 급수임을 보여라:

$$a_n = \frac{1}{n!} f^{(n)}(0).$$

5.7.11 다음의 적분들이 Catalan의 상수와 같음을 보여라.

(a) $\displaystyle\int_0^1 \tan^{-1} t \frac{dt}{t}$, (b) $\displaystyle -\int_0^1 \ln x \frac{dx}{1+x^2}$.

5.7.12 적분 판정을 이용하여 다음의 유한 급수들의 값을 유도하여라.

(a) $\displaystyle\sum_{m=1}^{n} m = \frac{1}{2} n(n+1)$.

(b) $\displaystyle\sum_{m=1}^{n} m^2 = \frac{1}{6} n(n+1)(2n+1)$.

(c) $\displaystyle\sum_{m=1}^{n} m^3 = \frac{1}{4} n^2(n+1)^2$.

(d) $\displaystyle\sum_{m=1}^{n} m^4 = \frac{1}{30} n(n+1)(2n+1)(3n^2+3n-1)$.

5.8 타원적분

타원적분을 여기에 소개하는 이유는 두 가지이다. 우선 하나는 멱급수의 좋은 예이기 때문이고 다른 하나는 그 자체로 흥미가 있기 때문이다. 물리 문제(연습문제 5.8.1과 5.8.4)와 수학 문제의 응용에 타원적분이 많이 등장한다.

예제 5.8.1 **단진자의 주기**

진폭이 작을 경우의 (그림 5.4) 진자의 운동은 주기가 $T = 2\pi(l/g)^{1/2}$인 단조화진동이 된다.

그림 5.4
단진자

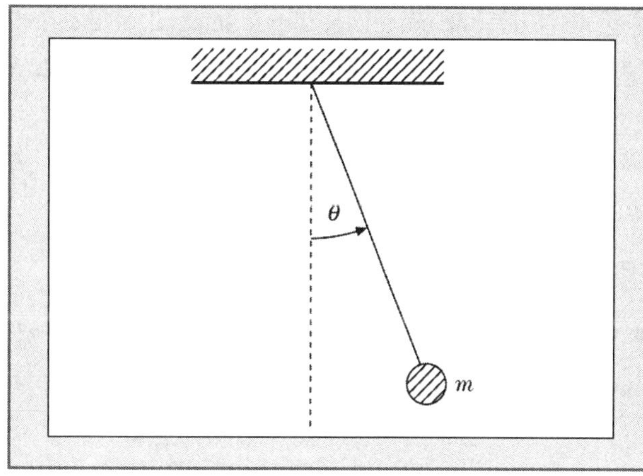

각진폭의 최대값 θ_M이 충분히 커서 $\sin\theta_M \neq \theta_M$이라면, 뉴턴의 제2법칙에 의한 운동방정식(Lagrange's equation)은 비선형 미분방정식이 된다. 다른 방법을 택하자.

질량이 m인 진자의 운동에너지는 $ml^2(d\theta/dt^2)/2$이고 위치에너지는 $-mgl\cos\theta$(위치에너지가 영인 점을 $\theta=\pi/2$로 잡음)이다. $\theta=\theta_M$일 때, $d\theta/dt=0$이므로 에너지 보존 법칙에 의하여,

$$\frac{1}{2}ml^2\left(\frac{d\theta}{dt}\right)^2 - mgl\cos\theta = -mgl\cos\theta_M \tag{5.98}$$

을 얻는다. 질량 m을 상쇄시킨 후 $d\theta/dt$에 관하여 풀면

$$\frac{d\theta}{dt} = \pm\left(\frac{2g}{l}\right)^{1/2}(\cos\theta - \cos\theta_M)^{1/2} \tag{5.99}$$

이 된다. t가 영일 때 $\theta=0$이고 $d\theta/dt>0$이라 하자. $\theta=0$에서 $\theta=\theta_M$까지 적분하면,

$$\int_0^{\theta_M}(\cos\theta - \cos\theta_M)^{-1/2}d\theta = \left(\frac{2g}{l}\right)^{1/2}\int_0^t dt = \left(\frac{2g}{l}\right)^{1/2}t \tag{5.100}$$

가 된다. 이것이 한 사이클의 1/4이며 따라서 t는 주기 T의 1/4이다. 적분변수는 $\theta \leq \theta_M$이므로, 약간의 기교를 발휘하여

$$\sin\left(\frac{\theta}{2}\right) = \sin\left(\frac{\theta_M}{2}\right)\sin\varphi \tag{5.101}$$

로 치환하여 (5.100)식을 변형하면

$$T = 4\left(\frac{l}{g}\right)^{1/2}\int_0^{\pi/2}\left(1-\sin^2\left(\frac{\theta_M}{2}\right)\sin^2\varphi\right)^{-1/2}d\varphi \tag{5.102}$$

가 된다. 비록 이 식이 (5.100)식에 비하여 크게 나아진 것은 없지만, 이 적분이 첫 번째 종류

의 완전 타원적분(the complete elliptic integral of the first kind), $K(\sin^2\theta_M/2)$를 정의한다. 급수전개를 이용하면, 진자의 주기를 $\sin\theta_M/2$의 멱급수로 전개한 식을 얻을 수 있다:

$$T = 2\pi\left(\frac{l}{g}\right)^{1/2}\left\{1+\frac{1}{4}\sin^2\frac{\theta_M}{2}+\frac{9}{64}\sin^4\frac{\theta_M}{2}+\cdots\right\}. \tag{5.103}$$

■ 정의

예제 5.8.1을 일반화하여 적분의 상한을 변수로 두면, **제일 종류의 타원적분(elliptic integral of the first kind)**은 다음과 같이 정의된다:

$$F(\varphi\backslash\alpha) = \int_0^{\varphi}(1-\sin^2\alpha\sin^2\theta)^{-1/2}d\theta \tag{5.104a}$$

또는

$$F(x|m) = \int_0^{x}[(1-t^2)(1-mt^2)]^{-1/2}dt, \quad 0\le m<1. \tag{5.104b}$$

[이것이 National Bureau of Standards(1972)의 notation이다. *Handbook of Mathematical Functions*, AMS-55. Dover, New York.] 이 식에 $\varphi=\pi/2$, $x=1$을 대입하면, **제일 종류의 완전 타원적분(complete elliptic integral of the first kind)**이 된다:

$$\begin{aligned} K(m) &= \int_0^{\pi/2}(1-m\sin^2\theta)^{-1/2}d\theta \\ &= \int_0^{1}[(1-t^2)(1-mt^2)]^{-1/2}dt \end{aligned} \tag{5.105}$$

이며 $m=\sin^2\alpha$, $0\le m\le 1$이다.

두 제이종의 타원적분(elliptic integral of the second kind)은

$$E(\varphi\backslash\alpha) = \int_0^{\varphi}(1-\sin^2\alpha\sin^2\theta)^{1/2}d\theta \tag{5.106a}$$

또는

$$E(x|m) = \int_0^{x}\left(\frac{1-mt^2}{1-t^2}\right)^{1/2}dt, \quad 0\le m\le 1 \tag{5.106b}$$

로 정의된다. 마찬가지로 이 식에 $\varphi=\pi/2$, $x=1$을 대입하면, **두 번째 종류의 완전 타원적분(complete elliptic integral of the second kind)**이 된다:

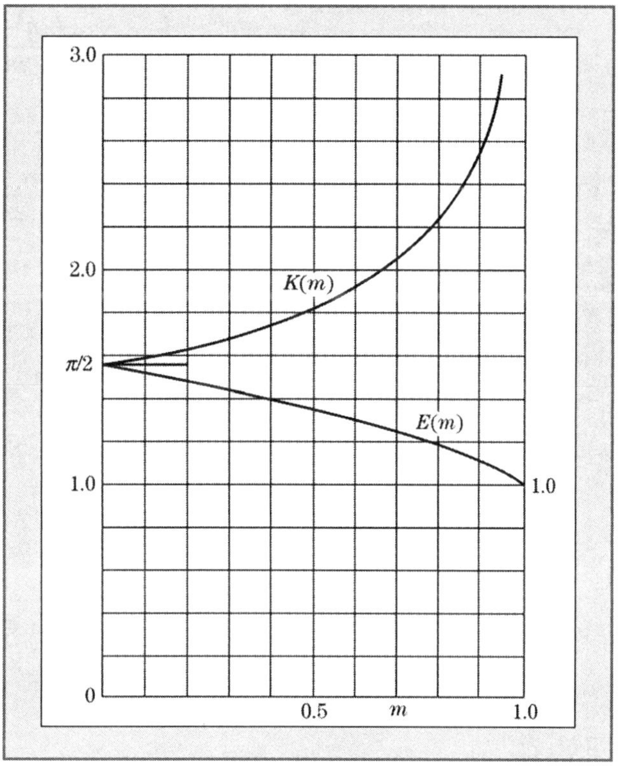

그림 5.5
완전 타원적분, $K(m)$과 $E(m)$

$$\begin{aligned} E(m) &= \int_0^{\pi/2} (1 - m\sin^2\theta)^{1/2} d\theta \\ &= \int_0^1 \left(\frac{1 - mt^2}{1 - t^2}\right)^{1/2} dt, \quad 0 \le m \le 1. \end{aligned} \tag{5.107}$$

연습문제 5.8.1에서 이 식을 볼 것이다. 그림 5.5에 $K(m)$과 $E(m)$이 그려져 있다. 수치는 AMS−55를 참조하여라.

■ 급수 전개

구간 $0 \le m \le 1$에서 $K(m)$의 분모는 이항전개를 이용하여

$$\begin{aligned} (1 - m\sin^2\theta)^{-1/2} &= 1 + \frac{1}{2}m\sin^2\theta + \frac{3}{8}m^2\sin^4\theta + \cdots \\ &= \sum_{n=0}^{\infty} \frac{(2n-1)!!}{(2n)!!} m^n \sin^{2n}\theta \end{aligned} \tag{5.108}$$

로 전개할 수 있다. 임의의 $m_{\max} < 1$로 주어지는 닫힌 구간 $[0, m_{\max}]$에서 위의 급수는 고르게 수렴하므로 항별로 적분이 가능하다. 연습문제 5.7.2로부터

$$\int_0^{\pi/2} \sin^{2n}\theta d\theta = \frac{(2n-1)!!}{(2n)!!}\cdot\frac{\pi}{2} \tag{5.109}$$

이다. 따라서,

$$K(m) = \frac{\pi}{2}\left\{1 + \sum_{n=1}^{\infty}\left[\frac{(2n-1)!!}{(2n)!!}\right]^2 m^n\right\} \tag{5.110}$$

이 된다. 마찬가지로,

$$E(m) = \frac{\pi}{2}\left\{1 - \sum_{n=1}^{\infty}\left[\frac{(2n-1)!!}{(2n)!!}\right]^2 \frac{m^n}{2n-1}\right\} \tag{5.111}$$

이 된다(연습문제 5.8.2). 이 급수들은 초기하함수로 알려져 있으며, 다음과 같이 쓸 수 있다:

$$K(m) = \frac{\pi}{2}{}_2F_1\left(\frac{1}{2}, \frac{1}{2}, 1; m\right), \tag{5.112}$$

$$E(m) = \frac{\pi}{2}{}_2F_1\left(-\frac{1}{2}, \frac{1}{2}, 1; m\right). \tag{5.113}$$

■ 극한 값

급수 (5.110)식과 (5.111)식으로부터 또는 적분 정의식으로부터,

$$\lim_{m\to 0} K(m) = \frac{\pi}{2} \tag{5.114}$$

이고

$$\lim_{m\to 0} E(m) = \frac{\pi}{2} \tag{5.115}$$

이다. $m\to 1$인 경우에는 급수 전개식은 별 도움이 안 된다. 이 경우 적분식을 이용하면,

$$\lim_{m\to 1} K(m) = \infty \tag{5.116}$$

이고

$$\lim_{m\to 1} E(m) = 1 \tag{5.117}$$

이 된다.

타원적분은 여러 가지 적분을 수행하는 데 광범위하게 쓰인다. 예를 들어서,

$$I = \int_0^x R\left(t, \sqrt{a_4t^4 + a_3t^3 + a_2t^2 + a_1t^1 + a_0}\right)dt$$

와 같은 형태의 적분을 타원적분을 이용하여 표현할 수 있다. 여기서 R은 t와 근호의 유리함

수이다. Jahnke and Emde, Dover(1943)에 이에 대한 자세한 내용이 소개되어 있다. 직접 수치계산을 할 수 있는 빠른 속도의 컴퓨터가 나오게 되면서 타원적분에 대한 관심도 많이 줄었다. 그러나, 물리학 문제에 워낙 많이 등장하므로 아직도 이에 관한 여러 식들이 중요하다(연습문제 5.8.4와 5.8.5).

타원함수, 적분, 그리고 Jacobi theta function들에 관한 자세한 내용은 Whittaker and Watson's treatise *A Course In Modern Analysis*, 4th ed. Cambridge Univ. Press, Cambridge, UK(1962)를 참고하여라.

연습문제

5.8.1 타원 $x^2/a^2+y^2/b^2=1$은 $x=a\sin\theta$, $y=a\cos\theta$로 표현될 수 있다. 타원의 제1사분면의 호의 길이가 다음과 같이 주어짐을 보여라:

$$a\int_0^{\pi/2}(1-m\sin^2\theta)^{1/2}d\theta=aE(m).$$

여기서, $0\le m=(a^2-b^2)/a^2\le 1$이다.

5.8.2 다음의 전개식을 유도하여라:

$$E(m)=\frac{\pi}{2}\left\{1-\left(\frac{1}{1}\right)^2\frac{m}{1}-\left(\frac{1\cdot 3}{2\cdot 4}\right)^2\frac{m^2}{3}-\cdots\right\}.$$

5.8.3 다음을 보여라:

$$\lim_{m\to 0}\frac{(K-E)}{m}=\frac{\pi}{4}.$$

5.8.4 그림 5.6에서와 같이 xy-평면에 원형 도선이 놓여 있고 여기에 전류 I가 흐른다. 벡터포텐셜은 다음과 같이 주어진다:

$$A_\varphi(\rho,\varphi,z)=\frac{a\mu_0 I}{2\pi}\int_0^\pi\frac{\cos\alpha\,d\alpha}{(a^2+\rho^2+z^2-2a\rho\cos\alpha)^{1/2}}.$$

이 식을 이용하여 다음을 보여라.

$$A_\varphi(\rho,\varphi,z)=\frac{\mu_0 I}{\pi k}\left(\frac{a}{\rho}\right)^{1/2}\left[\left(1-\frac{k^2}{2}\right)K(k^2)-E\right].$$

여기서

$$k^2=\frac{4a\rho}{(a+\rho)^2+z^2}$$

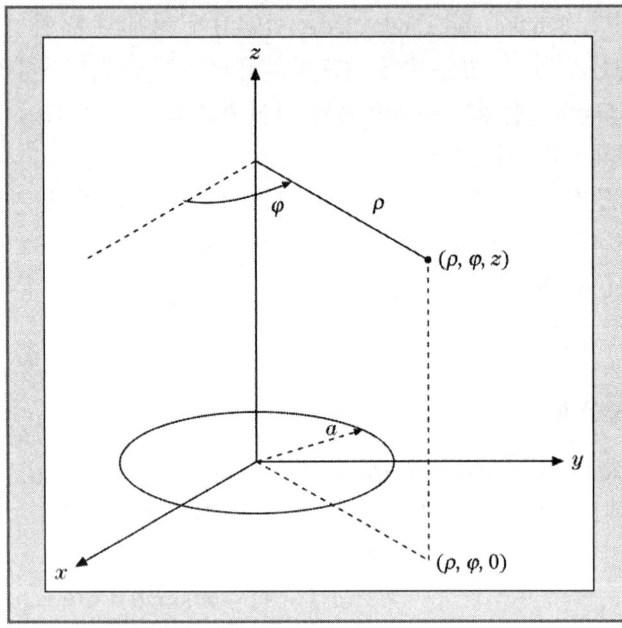

그림 5.6
원형 도선환

이다.

주의. 이 문제의 **B**에 대한 내용은 Smythe를 참조할 것.[13]

5.8.5 원형 전류환의 자기 벡터 포텐셜의 분석에 다음의 식이 등장한다.

$$f(k^2) = k^{-2}[(2 - k^2)K(k^2) - 2E(k^2)].$$

여기서 $K(k^2)$과 $E(k^2)$은 첫 번째와 두 번째 완전 타원적분이다. 만약 $k^2 \ll 1$($r \gg$ 고리반경)이라면

$$f(k^2) \approx \frac{\pi k^2}{16}$$

임을 보여라.

5.8.6 다음을 보여라.

(a) $\dfrac{dE(k^2)}{dk} = \dfrac{1}{k}[E - K(k^2)]$,

(b) $\dfrac{dK(k^2)}{dk} = \dfrac{E}{k(1-k^2)} - \dfrac{K}{k}$.

힌트. (b)에서 급수 전개를 비교하며

[13] Smythe, W. R. (1969). *Static and Dynamic Electricity*, 3rd ed., p. 270. McGraw–Hill, New York.

$$E(k^2) = (1-k^2)\int_0^{\pi/2}(1-k\sin^2\theta)^{-3/2}d\theta$$

를 보여라.

5.8.7 (a) (5.111)식의 급수 전개로부터 $E(m)$을 계산할 함수 subroutine을 써라.

(b) $m=0.0(0.1)0.9$의 범위로 함수 subroutine을 이용하여 $E(m)$을 계산하고 그 결과를 AMS-55에 주어진 값들과 비교하여라.

5.8.8 $K(m)$에 대하여 위(연습문제 5.8.7)의 과정을 반복하여라.

주의. (5.111)식의 $E(m)$과 (5.110)식의 $K(m)$의 급수식은 m이 1 근처에서 아주 천천히 수렴한다. 더 빨리 수렴하는 식이 존재한다. 예를 들어서 Dwight's *Tables of Integral*[14] Nos. 773.2와 774.2를 참조하여라. 대분분의 컴퓨터의 subroutine에서는 아마도 다항식 근사를 이용할 것이다 (AMS-55, 제17장).

5.8.9 단진자가 최대각도 θ_M으로 진동한다. $\theta_M \to 0$의 극한에서, 주기가 1초라 하자. 타원적분 $K(k^2)$, $k=\sin(\theta_M/2)$을 이용하여 $\theta_M=0(10°)90°$일 때의 주기를 구하여라.

주의. 어떤 subroutine은 m대신 $k=m^{1/2}$을 입력모수로 요구한다. **값을 확인하여라.**

θ_M	10°	50°	90°
T(sec)	1.00193	1.05033	1.18258

5.8.10 $\rho/a=2,\ 3,\ 4$이고 $z/a=0,\ 1,\ 2,\ 3,\ 4$일 경우의 원형 전류환의 자기 벡터 포텐셜 $\mathbf{A}(\rho,\varphi,z)=\hat{\varphi}A_\varphi(\rho,\varphi,z)$를 구하여라 (연습문제 5.8.4).

주의. 자기 벡터 포텐셜의 타원적분 계산은 버금 르장드르 함수(associated Legendre function) 계산을 이용하여 확인할 수 있다.

값을 확인하여라. $\rho/a=3$, $z/a=0$인 경우 $A_\varphi=0.029023\,\mu_0 I$이다.

5.9 베르누이 수와 오일러-매클로린 공식

베르누이 수는 자크 베르누이에 의하여 소개되었다. 여러 가지 동등한 정의가 있으나 저자마다 수와 부호 등에 차이가 있으므로 주의가 요구된다. 비교적 간단한 정의로 다음의 급수에 의한 정의를 들 수 있다.[15]

[14] Dwight, H. B. (1947). *Tables of Integrals and Other Mathematical Data*. Macmillan, New York.

[15] 함수 $x/(e^x-1)$이 베르누이 수를 생성하므로 이 함수를 **생성함수**로 고려할 수 있다. 수리물리의 특수함수의 생성함수들에 대하여는 제11장~제13장에서 다루겠다.

$$\frac{x}{e^x - 1} = \sum_{n=0}^{\infty} \frac{B_n x^n}{n!}. \tag{5.118}$$

이 급수는 $|x| < 2\pi$에서 수렴한다. 양변을 n번 미분한 후 $x = 0$을 대입하면,

$$B_n = \left[\frac{d^n}{dx^n}\left(\frac{x}{e^x - 1}\right)\right]_{x=0} \tag{5.119}$$

을 얻을 수 있다. 특히,

$$B_1 = \frac{d}{dx}\left(\frac{x}{e^x - 1}\right)\bigg|_{x=0} = \frac{1}{e^x - 1} - \frac{xe^x}{(e^x - 1)^2}\bigg|_{x=0} = -\frac{1}{2} \tag{5.120}$$

이다. 여기서의 계산에서 분모의 급수 전개를 이용하였다.

$B_0 = 1$과 $B_1 = -1/2$로부터

$$\frac{x}{e^x - 1} - 1 + \frac{x}{2} = \sum_{n=2}^{\infty} B_n \frac{x^n}{n!} = -\frac{x}{e^{-x} - 1} - 1 - \frac{x}{2} \tag{5.121}$$

라는 식을 얻을 수 있으며 이 식은 x의 부호 교환에 대하여 짝함수이다. 따라서, $B_{2n+1} = 0$임을 알 수 있다.

베르누이 수들 사이의 관계식을 유도해 보자. 우선,

$$\begin{aligned}\frac{e^x - 1}{x}\frac{x}{e^x - 1} = 1 &= \left\{\sum_{n=2}^{\infty} \frac{x^m}{(m+1)!}\right\}\left\{1 - \frac{x}{2} + \sum_{n=1}^{\infty} B_{2n}\frac{x^{2n}}{(2n)!}\right\} \\ &= 1 + \sum_{m=1}^{\infty} x^m \left\{\frac{1}{(m+1)!} - \frac{1}{2m!}\right\} \\ &\quad + \sum_{N=2}^{\infty} x^N \sum_{1 \le n \le N/2} \frac{B_{2n}}{(2n)!(N-2n+1)!}\end{aligned} \tag{5.122}$$

에서 $N > 0$인 x^N의 계수가 영이라는 조건으로부터

$$\frac{1}{2}(N+1) - 1 = \sum_{1 \le n \le N/2} B_{2n} \binom{N+1}{2n} = \frac{1}{2}(N-1) \tag{5.123}$$

이 된다. 이 식은

$$\begin{aligned} N - \frac{1}{2} &= \sum_{n=1}^{N} B_{2n} \binom{2N+1}{2n}, \\ N - 1 &= \sum_{n=1}^{N-1} B_{2n} \binom{2N}{2n} \end{aligned} \tag{5.124}$$

으로 쓸 수도 있다. (5.124)식으로부터 표 5.1의 베르누이 수들을 구할 수 있다. 만약 (5.118)

표 5.1
베르누이 수
참고 : 나머지 값들은 *National Bureau of Standards* Handbook of Mathematical Functions (*AMS-55*)를 참조할 것.

n	B_n	B_n
0	1	1.0000 00000
1	−1/2	−0.5000 00000
2	1/6	0.1666 66667
4	−1/30	−0.0333 33333
6	1/42	0.0238 09524
8	−1/30	−0.0333 33333
10	5/66	0.0757 57576

식의 변수 x를 $2ix$로 치환하면 다음 형태의 새로운 B_{2n}(B_1은 $-\frac{1}{2}$로 둠)의 정의를 구할 수 있다.

$$x\cot x = \sum_{n=0}^{\infty}(-1)^n B_{2n}\frac{(2x)^{2n}}{(2n)!}, \quad -\pi < x < \pi. \tag{5.125}$$

잉여방법(method of residue; 7.2절)을 이용하거나 $\sin x$의 무한곱(infinite product) 표현으로부터,

$$B_{2n} = \frac{(-1)^{n-1}2(2n)!}{(2\pi)^{2n}}\sum_{p=1}^{\infty} p^{-2n}, \quad n = 1, 2, 3, \ldots. \tag{5.126}$$

이라는 식을 얻을 수 있다. 베르누이 수의 이러한 표현은 오일러에 의하여 발견되었다. 이 식으로부터 $n\to\infty$일 때, $|B_{2n}|$이 무한정 증가함을 알 수 있다. 수치 계산은 Glaisher에 의해 이루어졌다.[16] 베르누이 수의 발산하는 성질은 다음의 예에서 잘 나타난다.

$$B_{20} = -5.291 \times 10^2$$

$$B_{200} = -3.647 \times 10^{215}.$$

몇몇 저자들은 베르누이 수의 정의를 (5.126)식을 변형하여 다음과 같이 하기도 한다.

$$\mathcal{B}_n = \frac{2(2n)!}{(2\pi)^{2n}}\sum_{p=1}^{\infty} p^{-2n}. \tag{5.127}$$

아래첨자의 $2n$을 n으로 바꿨고, 항상 양수가 되도록 정의하였다. 따라서, 다른 자료에서 주어진 베르누이 수를 이용할 경우에는 이 수를 어떻게 정의하였는지를 잘 알아보아야 한다.

베르누이 수는 수론(number theory)에서 자주 등장한다. 폰 슈타우트-클라우젠 정리에 의하면

$$B_{2n} = A_n - \frac{1}{p_1} - \frac{1}{p_2} - \frac{1}{p_3} - \cdots - \frac{1}{p_k} \tag{5.128}$$

이다. 여기서 A_n은 정수이고 p_1, p_2, …, p_k들은 p_i-1이 $2n$의 약수가 되는 소수(prime number)

[16]Glaisher, J. W. L. Table of the first 250 Bernoulli numbers (to nine figures) and their logarithms (to ten figures). *Trans. Cambridge Philos. Soc.* **12**, 390 (1871-1879).

들이다. 몇 가지의 예를 들면 다음과 같다:

$$\begin{aligned} &B_6(A_3 = 1, \quad p = 2, 3, 7), \\ &B_8(A_4 = 1, \quad p = 2, 3, 5), \\ &B_{10}(A_5 = 1, \quad p = 2, 3, 11). \end{aligned} \tag{5.129}$$

베르누이 수는 정수의 정수거듭제곱들의 합

$$\sum_{j=1}^{N} j^p, \quad (p\text{는 정수})$$

에 등장하며 $\tan x$, $\cot x$, $\ln|\sin x|$, $(\sin x)^{-1}$, $\ln|\cos x|$, $\ln|\tan x|$, $(\cosh x)^{-1}$, $\tanh x$ 그리고 $\coth x$ 등과 같은 초월함수들의 급수 전개에 등장한다. 예를 들어,

$$\tan x = x + \frac{x^3}{3} + \frac{2}{15}x^5 + \cdots + \frac{(-1)^{n-1}2^{2n}(2^{2n}-1)B_{2n}}{(2n)!}x^{2n-1} + \cdots \tag{5.130}$$

이다. 베르누이 수는 (5.118)식과 (5.124)식 그리고 다음의 리만 제타함수와의 관계들 때문에 여러 급수 전개식에 등장한다.

$$\zeta(2n) = \sum_{p=1}^{\infty} p^{-2n}. \tag{5.131}$$

■ 베르누이 함수

(5.118)식을 약간 변형하여

$$\frac{xe^{xs}}{e^x - 1} = \sum_{n=0}^{\infty} B_n(s)\frac{x^n}{n!} \tag{5.132}$$

로 두어 **베르누이 함수** $B_n(s)$를 정의한다. 처음 일곱 개의 베르누이 함수들이 표 5.2에 소개되어 있다.

(5.132)식으로부터

표 5.2
베르누이 함수

$B_0 = 1$
$B_1 = x - \frac{1}{2}$
$B_2 = x^2 - x + \frac{1}{6}$
$B_3 = x^3 - \frac{3}{2}x^2 + \frac{1}{2}x$
$B_4 = x^4 - 2x^3 + x^2 - \frac{1}{30}$
$B_5 = x^5 - \frac{5}{2}x^4 + \frac{5}{3}x^3 - \frac{1}{6}x$
$B_6 = x^6 - 3x^5 + \frac{5}{2}x^4 - \frac{1}{2}x^2 + \frac{1}{42}$
$B_n(0) = B_n$, Bernoulli number

$$B_n(0) = B_n, \quad n = 0, 1, 2, \ldots \tag{5.133}$$

임을 알 수 있다. 즉, 베르누이 함수의 영에서의 값이 바로 베르누이 수이다. 베르누이 함수의 중요한 두 성질을 (5.132)식으로부터 얻을 수 있다. 그중 하나는

$$\frac{d}{ds}B_n(s) = nB_{n-1}(s), \quad n = 1, 2, 3, \ldots \tag{5.134}$$

이고, 다른 하나는 대칭성에 관한 식 [(5.132)식에 x를 $-x$로 치환하고 $s=1$로 두면]

$$B_n(1) = (-1)^n B_n(0), \quad n = 1, 2, 3, \ldots. \tag{5.135}$$

이다. 이 성질들은 다음의 오일러-매클로린 적분 공식을 유도하는 데 이용된다.

■ 오일러-매클로린 적분 공식

베르누이 함수는 오일러-매클로린 적분 공식을 유도하는 데 이용된다. 이 공식은 10.3절에서 계승함수의 점근적 표현인 스털링의 급수를 유도하는 데 이용된다.

부분적분과 (5.134)식을 반복적으로 사용하여 오일러-매클로린 적분 공식을 유도한다. 우선,

$$\int_0^1 f(x)dx = \int_0^1 f(x)B_0(x)dx \tag{5.136}$$

이다. (5.134)식으로부터,

$$B_1'(x) = B_0(x) = 1 \tag{5.137}$$

이며 이것을 (5.136)식에 대입하여 부분적분을 하면

$$\begin{aligned}\int_0^1 f(x)dx &= f(1)B_1(1) - f(0)B_1(0) - \int_0^1 f'(x)B_1(x)dx \\ &= \frac{1}{2}[f(1) + f(0)] - \int_0^1 f'(x)B_1(x)dx \end{aligned} \tag{5.138}$$

가 된다. 다시, (5.134)식으로부터

$$B_1(x) = \frac{1}{2}B_2'(x) \tag{5.139}$$

이며 이것을 대입한 후 부분적분을 하면

$$\begin{aligned}\int_0^1 f(x)dx &= \frac{1}{2}[f(1) + f(0)] - \frac{1}{2!}[f'(1)B_2(1) - f'(0)B_2(0)] \\ &\quad + \frac{1}{2!}\int_0^1 f^{(2)}(x)B_2(x)dx \end{aligned} \tag{5.140}$$

가 된다. 다음의 관계식들

$$\begin{aligned} B_{2n}(1) &= B_{2n}(0) = B_{2n}, \quad n = 0, 1, 2, \ldots \\ B_{2n+1}(1) &= B_{2n+1}(0) = 0, \quad n = 1, 2, 3, \ldots \end{aligned} \tag{5.141}$$

을 이용하여 이 과정을 반복하면

$$\begin{aligned} \int_0^1 f(x)dx &= \frac{1}{2}[f(1) + f(0)] - \sum_{p=1}^{q} \frac{1}{(2p)!} B_{2p}[f^{(2p-1)}(1) - f^{(2p-1)}(0)] \\ &\quad + \frac{1}{(2q)!} \int_0^1 f^{(2q)}(x) B_{2q}(x) dx \end{aligned} \tag{5.142a}$$

를 얻는다. 이것이 오일러-매클로린 적분 공식이다. 이 식에서 $f(x)$가 충분히 여러 번 미분 가능하다고 가정하였다.

(5.154a)식에서 적분 구간을 [0, 1]에서 [1, 2]로 바꾸려면 $f(x)$를 $f(x+1)$로 치환하면 된다. 구간 $[n-1, n]$까지 이렇게 치환하여 나온 식들을 합하면,

$$\begin{aligned} \int_0^n f(x)dx &= \frac{1}{2}f(0) + f(1) + f(2) + \cdots + f(n-1) + \frac{1}{2}f(n) \\ &\quad - \sum_{p=1}^{q} \frac{1}{(2p)!} B_{2p}[f^{(2p-1)}(n) - f^{(2p-1)}(0)] \\ &\quad + \frac{1}{(2q)!} \int_0^1 B_{2q}(x) \sum_{\nu=0}^{n-1} f^{(2q)}(x+\nu) dx \end{aligned} \tag{5.142b}$$

이 된다.

이 식의 $\frac{1}{2}f(0)+f(1)+f(2)+\cdots+f(n-1)+\frac{1}{2}f(n)$항들은 사다리꼴 적분(trapezoidal integration) 또는 구적법(quadrature)에서와 같은 항들이다. p에 대한 합으로 나타나는 항은 이러한 사다리꼴 근사에 대한 보충으로 볼 수 있다. (5.142b)식은 (5.22)식을 일반화한 식으로 볼 수 있다. 이 식은 연습문제 5.9.5에서 정수의 양의 거듭제곱들의 합을 계산하는 데 사용되는 형태이고 10.3절에서 스털링의 공식을 유도할 때도 사용된다.

오일러-매클로린 적분 공식은 급수의 합을 적분 형태로 전환하는 데 사용된다.[17]

■ 수렴성의 향상

이 절에서는 지금까지 추상적인 수학적 성질로서의 수렴성의 확립을 다루었다. 실제로는 수렴성의 정도인 수렴률이 아주 중요하다. 여기서 수렴하는 급수의 수렴률을 향상시키는 방법을 소개하겠다.

쿠머(Kummer)에 의해 개발된 방법의 기본 원칙은 천천히 수렴하는 주어진 급수와 결과가 알려진 한 개 또는 그 이상의 다른 급수들과의 선형결합을 취하는 것이다. 알려진 급수들로는

[17]많은 예들이 다음 논문에 소개되어 있다; Boas, R. P., and Stutz, C. (1971). Estimating sums with integrals. *Am. J. Phys.* **39**, 745.

다음의 급수들이 유용하게 사용된다:[18]

$$\alpha_1 = \sum_{n=1}^{\infty} \frac{1}{n(n+1)} = 1$$

$$\alpha_2 = \sum_{n=1}^{\infty} \frac{1}{n(n+1)(n+2)} = \frac{1}{4}$$

$$\alpha_3 = \sum_{n=1}^{\infty} \frac{1}{n(n+1)(n+2)(n+3)} = \frac{1}{18}$$

$$\vdots \qquad \vdots \qquad \vdots$$

$$\alpha_p = \sum_{n=1}^{\infty} \frac{1}{n(n+1)\cdots(n+p)} = \frac{1}{p \cdot p!}$$

급수들을 합하여 천천히 수렴하는 항들이 상쇄되도록 계수들을 잡아서 선형결합을 한다.

예제 5.9.1 **리만 제타함수, $\zeta(3)$**

계산할 급수가 $\sum_{n=1}^{\infty} n^{-3}$이라 하자. 5.2절의 정의에 의하여 이 급수는 리만 제타함수 $\zeta(3)$이다. 다음과 같이 (위에 정의된 α_i를 이용하여) 선형 결합을 취하자.

$$\sum_{n=1}^{\infty} n^{-3} + a_2\alpha_2 = \sum_{n=1}^{\infty} n^{-3} + \frac{a_2}{4}.$$

α_1은 $\zeta(3)$보다 더 천천히 수렴하므로 선형 결합에서 제외되었다. 좌변을 항 별로 합하면

$$\sum_{n=1}^{\infty} \left\{ \frac{1}{n^3} + \frac{a_2}{n(n+1)(n+2)} \right\} = \sum_{n=1}^{\infty} \frac{n^2(1+a_2)+3n+2}{n^3(n+1)(n+2)}$$

가 된다. $a_2 = -1$을 선택하면, 위의 식은

$$\zeta(3) = \sum_{n=1}^{\infty} n^{-3} = \frac{1}{4} + \sum_{n=1}^{\infty} \frac{3n+2}{n^3(n+1)(n+2)} \tag{5.143}$$

가 된다. 우변의 급수가 형태는 깔끔하지 않지만 원래의 n^{-3}보다 빠르게 n^{-4}으로 수렴한다. 더 편리한 형태가 연습문제 5.9.21에 소개되어 있다. 거기서는, 대칭성에 의하여 n^{-5}으로 수렴한다.

이 방법은 $a_3\alpha_3$를 합하여 n^{-5}으로 수렴하도록, $a_4\alpha_4$를 합하여 n^{-6}으로 수렴하도록 하는 등, 더 나아갈 수 있다. 이러한 단계를 많이 밟을수록 수렴이 좋아져서 계산은 빨라질 것이다. 그러나 그만큼 많은 대수적 과정을 거쳐야 할 것이다. ■

[18] 이 급수의 합 공식들은 부분 분수함수(partial fractions)로 전개함으로써 증명할 수 있다. 여기서 같은 항들이 양수와 음수로 교대로 나타나 상쇄되는 양상을 볼 수 있다.

■ 유리 근사에 의한 수렴성의 향상

다음의 급수는 x가 1로 접근할 때 아주 천천히 수렴한다.

$$\ln(1+x) = \sum_{n=1}^{\infty}(-1)^{n-1}\frac{x^n}{n}, \quad -1 < x \le 1. \tag{5.144}$$

이 식의 양 변에 다항식을 곱하여 천천히 수렴하는 항들을 상쇄시키도록 계수들을 조정하면 **수렴률**이 현저하게 향상된다. 가장 간단한 경우를 고려하자: 양 변에 $1+a_1x$를 곱하면

$$(1+a_1x)\ln(1+x) = \sum_{n=1}^{\infty}(-1)^{n-1}\frac{x^n}{n} + a_1\sum_{n=1}^{\infty}(-1)^{n-1}\frac{x^{n+1}}{n} \tag{5.145}$$

가 된다. 우변을 항 별로 합하면

$$\begin{aligned}(1+a_1x)\ln(1+x) &= x + \sum_{n=2}^{\infty}(-1)^{n-1}\left(\frac{1}{n} - \frac{a_1}{n-1}\right)x^n \\ &= x + \sum_{n=2}^{\infty}(-1)^{n-1}\frac{n(1-a_1)-1}{n(n-1)}x^n\end{aligned} \tag{5.146}$$

이 되며, $a_1 = 1$을 선택하면 분자의 n이 없어져서 합해진 급수는 n^{-2}으로 수렴한다.

이 과정을 반복하여, $(1+2x+x^2)\ln(1+x)$의 일반항은 n^{-3}으로 수렴하고 $(1+3x+3x^2+x^3)\ln(1+x)$의 일반항은 n^{-4}으로 수렴한다. 결과적으로 (5.144)식의 간단한 식을 유리 분수 표현으로 바꾼 셈이다. 이 표현에서 $\ln(1+x)$는 급수와 다항식의 비로 나타난다.

$$\ln(1+x) = \frac{x + \sum_{n=2}^{\infty}(-1)^n x^n/[n(n-1)]}{1+x}. \tag{5.147}$$

이러한 유리 근사(rational approximation)는 간략하면서 정확하다. 컴퓨터 subroutine은 이 방법을 많이 사용한다.

수렴하는 급수 $\sum_{n=1}^{\infty} a_n$의 일반항이 n의 유리 함수일 경우, 리만 제타함수를 이용하여 수렴성을 향상시킬 수 있다.

예제 5.9.2 **수렴성의 향상**

급수 $\sum_{n=1}^{\infty} 1/(1+n^2)$을 고려하자. $(1+n^2)^{-1} = n^{-2}(1+n^{-2})^{-1}$을 전개하면

$$\begin{aligned}(1+n^2)^{-1} &= n^{-2}\left(1 - n^{-2} + n^{-4} - \frac{n^{-6}}{1+n^{-2}}\right) \\ &= \frac{1}{n^2} - \frac{1}{n^4} + \frac{1}{n^6} - \frac{1}{n^8+n^6}\end{aligned}$$

이 된다. 따라서,

$$\sum_{n=1}^{\infty}\frac{1}{1+n^2}=\zeta(2)-\zeta(4)+\zeta(6)-\sum_{n=1}^{\infty}\frac{1}{n^8+n^6}$$

을 얻는다. ζ 값들은 표에서 구할 수 있으며 나머지 급수는 n^{-8}으로 수렴한다. 이 과정을 얼마든지 더 반복할 수 있으며 원하는 선에서 중지하면 된다.

연습문제

5.9.1 다음을 보여라.

$$\tan x=\sum_{n=1}^{\infty}\frac{(-1)^{n-1}2^{2n}(2^{2n}-1)B_{2n}}{(2n)!}x^{2n-1},\quad -\frac{\pi}{2}<x<\frac{\pi}{2}.$$

힌트. $\tan x=\cot x-2\cot 2x$.

5.9.2 처음 몇 베르누이 다항식이 다음과 같음을 보여라.

$$B_0(s)=1$$
$$B_1(s)=s-\frac{1}{2}$$
$$B_2(s)=s^2-s+\frac{1}{6}.$$

$B_n(0)=B_n$ 임을 참고하여라.

5.9.3 다음을 증명하여라.

$$B_n'(s)=nB_{n-1}(s),\ n=1,2,3,\ldots.$$

힌트. (5.132)식을 미분하여라.

5.9.4 $B_n(1)=(-1)^nB_n(0)$ 을 증명하여라.
힌트. (5.132)식을 이용할 것.

5.9.5 오일러-매클로린 적분공식을 이용하여 유한 급수를 계산할 수 있다.

$$\sum_{m=1}^{n}f(m)=\int_0^n f(x)dx+\frac{1}{2}f(1)+\frac{1}{2}f(n)+\frac{B_2}{2!}[f'(n)-f'(1)]+\cdots.$$

다음을 보여라.

(a) $\displaystyle\sum_{m=1}^{n}m=\frac{1}{2}n(n+1)$.

(b) $\displaystyle\sum_{m=1}^{n}m^2=\frac{1}{6}n(n+1)(2n+1)$.

(c) $\sum_{m=1}^{n} m^3 = \frac{1}{4}n^2(n+1)^2$.

(d) $\sum_{m=1}^{n} m^4 = \frac{1}{30}n(n+1)(2n+1)(3n^2+3n-1)$.

5.9.6 $B_{2n} = (-1)^{n-1}\frac{2(2n)!}{(2\pi)^{2n}}\zeta(2n)$을 이용하여 다음을 보여라.

(a) $\zeta(2) = \frac{\pi^2}{6}$ (d) $\zeta(8) = \frac{\pi^8}{9,450}$

(b) $\zeta(4) = \frac{\pi^4}{90}$ (e) $\zeta(10) = \frac{\pi^{10}}{93,555}$.

(c) $\zeta(6) = \frac{\pi^6}{945}$

5.9.7 플랑크의 흑체복사 법칙에

$$\int_0^\infty \frac{x^3dx}{e^x-1}$$

형태의 적분이 등장한다. 이 값이 $6\zeta(4)$임을 보여라. 연습문제 5.9.6으로부터

$$\zeta(4) = \frac{\pi^4}{90}$$

이다.

힌트. 감마함수를 이용할 것 (제 10장).

5.9.8 다음을 증명하여라.

$$\int_0^\infty \frac{x^n e^x dx}{(e^x-1)^2} = n!\zeta(n).$$

n이 실수라고 가정하고 $n=1$이면 양변 모두 발산함을 보여라. 따라서, 이 식은 $n>1$일 경우에 성립하는 식이다. 이러한 적분은 열전도와 전기전도와 같은 수송현상에 관한 양자이론에 등장한다.

5.9.9 1이 금속의 저항의 불르흐-그륀아이제(Bloch-Grüneissen) 근사식은

$$\rho = C\frac{T^5}{\Theta^6}\int_0^{\Theta/T} \frac{x^5dx}{(e^x-1)(1-e^{-x})}$$

이다. 여기서 Θ는 금속의 Debye 온도이다.

(a) $T\to\infty$일 때, $\rho\approx\frac{C}{4}\cdot\frac{T}{\Theta^2}$임을 보여라.

(b) $T\to 0$일 때, $\rho\approx 5!\zeta(5)C\frac{T^5}{\Theta^6}$임을 보여라.

5.9.10 다음을 보여라.

(a) $\displaystyle\int_0^1\frac{\ln(1+x)}{x}dx=\frac{1}{2}\zeta(2)$, (b) $\displaystyle\lim_{a\to 1}\int_0^a\frac{\ln(1-x)}{x}dx=\zeta(2)$.

연습문제 5.9.6으로부터 $\zeta(2)=\pi^2/6$이다. 문제 (b)의 피적분함수는 $a=1$에서 발산하지만 **적분된** 급수는 수렴한다.

5.9.11 적분

$$\int_0^1[\ln(1-x)]^2\frac{dx}{x}$$

는 전자의 자기 모멘트의 4차 항에 등장한다. 이 값이 $2\zeta(3)$임을 보여라.
힌트. $1-x=e^t$로 둠.

5.9.12 다음을 보여라.

$$\int_0^\infty\frac{(\ln z)^2}{1+z^2}dz=4\left(1-\frac{1}{3^3}+\frac{1}{5^3}-\frac{1}{7^3}+\cdots\right).$$

경로적분(연습문제 7.2.16)을 수행하면, 이 값이 $\pi^3/8$이 된다.

5.9.13 x의 값이 "작은" 경우

$$\ln(x!)=-\gamma x+\sum_{n=2}^{\infty}(-1)^n\frac{\zeta(n)}{n}x^n$$

으로 쓸 수 있다. 여기서 γ는 오일러-마쉐로니 상수이고 $\zeta(n)$은 리만 제타함수이다. 이 급수가 수렴하기 위한 x의 범위를 구하여라.

답. $-1<x\le 1$.

만약 $x=1$이면

$$\gamma=\sum_{n=2}^{\infty}(-1)^n\frac{\zeta(n)}{n}$$

이라는 오일러-마쉐로니 상수의 식을 얻는다. 이 급수의 합의 수렴은 아주 늦다. γ 값의 실제 계산에서는 다른 더 나은 방법을 이용한다 (연습문제 5.10.11과 10.5.16 참조).

5.9.14 다음의 ln(x!)(연습문제 5.9.13)의 급수 전개식들을 증명하여라.

$$\text{(a)}\ \ln(x!) = \frac{1}{2}\ln\left(\frac{\pi x}{\sin \pi x}\right) - \gamma x - \sum_{n=1}^{\infty}\frac{\zeta(2n+1)}{2n+1}x^{2n+1},$$

$$\text{(b)}\ \ln(x!) = \frac{1}{2}\ln\left(\frac{\pi x}{\sin \pi x}\right) - \frac{1}{2}\ln\left(\frac{1+x}{1-x}\right) + (1-\gamma)x - \sum_{n=1}^{\infty}[\zeta(2n+1)-1]\frac{x^{2n+1}}{2n+1}.$$

각 식에서의 수렴범위를 구하여라.

5.9.15 카탈란의 상수 $\beta(2)$가

$$\beta(2) = 2\sum_{k=1}^{\infty}(4k-3)^{-2} - \frac{\pi^2}{8}$$

으로 표현됨을 보여라.

힌트. $\pi^2 = 6\zeta(2)$.

5.9.16 다음의 $n \geq 1$인 경우의 Debye에 함수들의 전개식을 유도하여라.

$$\int_0^x \frac{t^n dt}{e^t - 1} = x^n\left[\frac{1}{n} - \frac{x}{2(n+1)} + \sum_{k=1}^{\infty}\frac{B_{2k}x^{2k}}{(2k+n)(2k)!}\right], \quad |x| < 2\pi,$$

$$\int_x^{\infty} \frac{t^n dt}{e^t - 1} = \sum_{k=1}^{\infty} e^{-kx}\left[\frac{x^n}{k} + \frac{nx^{n-1}}{k^2} + \frac{n(n-1)x^{n-2}}{k^3} + \cdots + \frac{n!}{k^{n+1}}\right], \quad x > 0.$$

구간 $(0, \infty)$의 정적분의 값은 $n!\,\zeta(n+1)$이다.

5.9.17 (a) $\ln 2 = \sum_{s=1}^{\infty}(-1)^{s+1}s^{-1}$(연습문제 5.4.1)을 다음과 같이 쓸 수 있음을 보여라.

$$\ln 2 = \sum_{s=2}^{\infty}2^{-s}\zeta(s) + \sum_{p=1}^{\infty}(2p)^{-n-1}\left[1 - \frac{1}{2p}\right]^{-1}.$$

힌트. 항들을 쌍으로 묶을 것.

(b) 유효숫자 6자리까지 ln 2를 구하여라.

5.9.18 (a) $\pi/4 = \sum_{n=1}^{\infty}(-1)^{n+1}(2n-1)^{-1}$ (연습문제 5.7.3)을 다음과 같이 쓸 수 있음을 보여라.

$$\frac{\pi}{4} = 1 - 2\sum_{s=1}^{\infty}4^{-2s}\zeta(2s) - 2\sum_{p=1}^{\infty}(4p)^{-2n-2}\left[1 - \frac{1}{(4p)^2}\right]^{-1}.$$

(b) 유효숫자 6자리까지 $\pi/4$를 구하여라.

5.9.19 변수의 값이 정수일 경우의 리만 제타함수의 값을 구하기 위한 함수 부프로그램 ZETA(N)을 써라. $s=2, 3, 4, \ldots, 20$일 경우의 $\zeta(s)$의 값들을 도표화하여라. 이 값들과 표 5.3 그리고 AMS-55(제23장)를 비교하여라.

힌트. 만약 $\zeta(2)$, $\zeta(3)$ 그리고 $\zeta(4)$의 아는 값들을 함수 부프로그램에 이용하면 천천히 수렴하는 급수를 피할 수 있다.

표 5.3
리만 제타함수

s	$\zeta(s)$
2	1.6449340668
3	1.2020569032
4	1.0823232337
5	1.0369277551
6	1.0173430620
7	1.0083492774
8	1.0040773562
9	1.0020083928
10	1.0009945751

5.9.20 $n=10, 20, \ldots, 100$일 경우의 $|B_{2n}|$의 밑을 10으로 하는 로그값을 구하여라.

힌트. 함수 부프로그램(연습문제 5.9.19)으로 $\zeta(n)$을 프로그램할 것.

값을 확인하여라. $\log|B_{100}|=78.45$, $\log|B_{200}|=215.56$.

5.9.21 $(1+a_1x+a_2x^2+a_3x^3)\ln(1+x)$가 n^{-4}으로 수렴하게 하기 위한 계수들 a_1, a_2 그리고 a_3의 값들을 구하여라.

5.10 점근급수(Asymptotic Series)

점근급수는 물리학에 자주 등장한다. 여러 종류의 함수들의 정확한 수치 계산에 점근급수가 이용된다. 여기서 우리는 점근급수로 유도되는 다음과 같은 형태의 적분을 고려하겠다.

$$I_1(x) = \int_x^\infty e^{-u} f(u) du.$$

여기서 x는 적분 구간의 하한값이다.

점근급수는 미분방정식의 해로 나타나기도 한다. 그 예가 12.3절에 베셀 방정식의 해로 등장한다. 점근급수를 만들어 내는 가장 유용하고 또 강력한 방법으로 급강하(steepest descents)의 방법을 들 수 있으며, 7.3절에서 다룰 것이다. 응용으로 계승함수의 스털링의 공식(10.3절)과 여러 베셀함수들의 점근 형태(12.3절)를 들 수 있다. 점근급수는 수리물리학에 자주 등장한다. 양자역학에서 가장 일찍 등장한 그리고 가장 중요한 근사식인 **WKB 전개식**이 점근급수이다.

■ 오차함수(Error Function)

점근급수의 특성은 특별한 예에서 잘 나타난다. 오차함수 erf(x)와 여오차함수 erfc(x)를 고려하자.

$$\mathrm{erf}(x) = \frac{2}{\sqrt{\pi}} \int_0^x e^{-t^2} dt, \qquad \mathrm{erfc}(x) = \frac{2}{\sqrt{\pi}} \int_x^\infty e^{-t^2} dt. \tag{5.148}$$

이 함수들은 통계학, 확률론 그리고 물리학과 공학에서의 오차 계산 등에 많이 이용되며, $\mathrm{erf}(\infty) = 1$을 만족한다. 만약 x의 값이 클 경우의 오차함수의 값을 계산할 경우를 고려하자. 이 경우 $\mathrm{erf}(x) = 1 - \mathrm{erfc}(x)$를 이용한다. 이렇게 하는 이유는 $\mathrm{erfc}(x)$이 점근 전개에 더 유리하기 때문이다. 반복적인 부분적분을 수행하면

$$\begin{aligned}\int_x^\infty e^{-t^2} dt &= -\frac{1}{2}\int_x^\infty (-2t)e^{-t^2}\frac{dt}{t} = -\frac{e^{-t^2}}{2t}\bigg|_x^\infty - \frac{1}{2}\int_x^\infty e^{-t^2}\frac{dt}{t^2} \\ &= \frac{e^{-x^2}}{2x} + \frac{1}{4}\int_x^\infty (-2t)e^{-t^2}\frac{dt}{t^3} \\ &= \frac{e^{-x^2}}{2x} + \frac{e^{-t^2}}{4t^3}\bigg|_x^\infty + \frac{3}{4}\int_x^\infty e^{-t^2}\frac{dt}{t^4} = \cdots\end{aligned}$$

가 된다. 반복되는 형태로부터 이 식이 다음과 같이 됨을 짐작할 수 있다.

$$\begin{aligned}\int_x^\infty e^{-t^2} dt = \frac{e^{-x^2}}{2x}\left[1 + \sum_{\nu=1}^{n}\frac{(2\nu-1)!!}{2^\nu x^{2\nu}}(-1)^\nu\right] \\ - (-1)^n \frac{(2n+1)!!}{2^{n+1}}\int_x^\infty e^{-t^2}\frac{dt}{t^{2n+2}}.\end{aligned} \tag{5.149}$$

이 식은 부분적분을 한번 더 수행함으로써 수학적 귀납법으로 증명할 수 있다.

$$-\frac{1}{2}\int_x^\infty (-2t)e^{-t^2}\frac{dt}{t^{2n+3}} = -\frac{e^{-t^2}}{2t^{2n+3}}\bigg|_x^\infty - \frac{2n+3}{2}\int_x^\infty e^{-t^2}\frac{dt}{t^{2n+4}}.$$

이 결과를 다시 (5.149)식에 대입하여 정돈하면 적분 부분은 n이 $n+1$로 치환된 항이 나오고 합의 부분도 n이 $n+1$로 치환된 항이 나와서, 결국 n의 값에 상관없이 성립함을 알 수 있다. (5.149)식을 (5.148)식에 대입하면 오차함수가

$$\begin{aligned}\mathrm{erf}(x) &= \frac{2}{\sqrt{\pi}}\int_0^x e^{-t^2} dt \\ &= 1 - \frac{e^{-x^2}}{\sqrt{\pi}x}\left(1 - \frac{1}{2x^2} + \frac{1\cdot 3}{2^2x^4} - \frac{1\cdot 3\cdot 5}{2^3x^6} + \cdots + (-1)^n\frac{(2n-1)!!}{2^n x^{2n}}\right) \\ &\quad + (-1)^n\frac{(2n+1)!!}{2^n\sqrt{\pi}}\int_x^\infty e^{-t^2}\frac{dt}{t^{2n+2}}\end{aligned} \tag{5.150}$$

가 되어 유한(부분) 급수부분과 나머지의 적분부분으로 나뉜다.

이것은 대단한 급수이다. 달랑베르 비교 판정을 이용하여 수렴성을 조사해 보면,

$$\lim_{n\to\infty}\frac{|u_{n+1}|}{|u_n|}=\lim_{n\to\infty}\frac{2n+1}{2x^2}=\infty \tag{5.151}$$

가 되며 이는 x의 값에 무관하다. 따라서, 무한급수로서의 주어진 급수는 모든 x에 대하여 발산한다. 쓸모가 없다고 버리기 전에, 유한 항들의 합으로 오차함수의 근사를 취할 경우를 고려해 보자. 나머지 적분의 변수를 $t=x+v/x$로 치환하면, 이 적분은

$$\frac{1}{x}\int_0^\infty e^{-(x+v/x)^2}\frac{dv}{(x+v/x)^{2n+2}}=\frac{e^{-x^2}}{x^{2n+3}}\int_0^\infty e^{-2v-v^2/x^2}\frac{dv}{(1+v/x^2)^{2n+2}}$$

가 된다.

n을 고정시키고 x를 크게 하면 이 적분은 $\int_0^\infty e^{-2v}dv=1/2$보다 작아진다. 따라서, 오차함수를 유한 합으로 대신할 경우의 오차는

$$\frac{1}{\sqrt{\pi}}\frac{(2n+1)!!}{2^{n+1}}\frac{e^{-x^2}}{x^{2n+3}}$$

보다 작은 값이며 이 값은 모든 자연수 n에 대하여 $x\to\infty$이면 영이 된다. 이로부터 x의 값이 충분히 클 경우, 임의의 정확도의 범위 내에서 (5.150)식의 부분 합을 오차함수의 근사값으로 취할 수 있음을 알 수 있다. 비록 형식적으로는 $n\to\infty$에 대하여 발산하지만, 계산하는 데는 좋은 근사값을 줌을 알 수 있다. 이러한 이유로 (5.150)식과 같은 급수를 반수렴급수라 부르기도 한다. **점근급수는 항상 유한 항들의 합이며 절대로 무한 급수가 아님**에 유의해야 한다. (5.150)식의 나머지 적분 부분은 부호가 교대로 바뀌므로, 유한 항들의 합이 교대로 오차함수 값의 상한과 하한이 된다.

요 약

점근급수는 어떤 적분(또는 특수함수의 적분표현)의 유한 항의 합 또는 합들로 근사를 취하는 급수이다. 정확한 근사값을 얻는 데 중요한 도구로 사용된다.

연습문제

5.10.1 계승함수의 로그에 대한 스털링의 공식은

$$\ln(x!)=\frac{1}{2}\ln 2\pi+\left(x+\frac{1}{2}\right)\ln x-x+O(x^{-1})$$

이다. 스털링의 공식이 **점근** 표현임을 보여라.

5.10.2 부분적분을 수행하여 다음의 프레넬 적분들을 점근 전개하여라.

(a) $C(x) = \int_0^x \cos \frac{\pi u^2}{2} du$ (b) $s(x) = \int_0^x \sin \frac{\pi u^2}{2} du.$

이 적분들은 칼날 회절무늬의 분석에 등장한다.

5.10.3 부분적분을 반복 수행하여 Ci(x)와 si(x)를 점근 전개하여라.

힌트. $\text{Ci}(x) + i\,\text{si}(x) = -\int_x^\infty \frac{e^{it}}{t} dt.$

5.10.4 점근급수[(5.150)식]를 이용하여 $x = 1$, 2, 3일 때의 가우스 오차함수의 값들을 구하여라. 유효숫자의 개수가 1, 4, 8이 되도록 n값을 잡을 것.

5.10.5 $x > 1$인 경우

$$\frac{1}{1+x} = \sum_{n=0}^{\infty} (-1)^n \frac{1}{x^{n+1}}$$

로 쓸 수 있다. 이 급수가 점근급수인지 아닌지를 판정하여라.

5.10.6 다음 적분의 점근급수를 구하여라.

$$\int_0^\infty e^{-xv}(1+v^2)^{-2} dv.$$

x의 값을 양의 실수로 취하여라.

답. $\frac{1}{x} - \frac{2!}{x^3} + \frac{4!}{x^5} - \cdots + \frac{(-1)^n (2n)!}{x^{2n+1}}.$

추가 읽을거리

Bender, C. M., and Orszag, S. (1978). *Advanced Mathematical Methods for Scientists and Engineers*. McGraw-Hill, New York. 수렴성을 높이는 방법에 대하여 특별히 권할만한 참고문헌.

Davis, H. T. (1935). *Tables of Higher Mathematical Functions*. Principia Press, Bloomington, IN.

Dingle, R. B. (1973). *Asymptotic Expansions: Their Derivation and Interpretation*. Academic Press, New York.

Galambos, J. (1976). *Representation of Real Numbers by Infinite Series*. Springer, Berlin.

Gradshteyn, I. S., and Ryzhik, I. M. (1994). *Tables of Integrals, Series and Products*, corrected and enlarged 5th edition prepared by Alan Jeffrey. Academic Press, New York.

Hamming, R. W. (1987). *Numerical Methods for Scientists and Engineers* (reprinted).

Dover, New York.

Hansen, E. (1975). *A Table of Series and Products*. Prentice-Hall, Englewood Cliffs, NJ. 많은 양의 급수와 곱에 대한 자료.

Hardy, G. H. (1956). *Divergent Series*. Clarendon, Oxford. [2nd ed., Chelsea, 1992]. 발산하는 급수를 다루는 방법에 대한 표준적이고 총괄적인 서적. Hardy는 수렴과 발산에 대하여 점진적으로 분석을 하므로써 교육적으로 도움이 되게 기술하고 있다.

Jeffrey, A. (1995). *Handbook of Mathematical Formulas and Integrals*. Academic Press, San Diego.

Knopp, K. (1971). *Theory and Application of Infinite Series*, 2nd ed. Blackie, London. Hafner, New York. Reprinted, A. K. Peters Classics (1997). 이 서적은 급수와 곱에 대한 완전하고 총괄적이며 권위 있는 서적이다. 5장에 소개된 내용 중에서 증명이 되지 않은 부분은 이 서적에 증명이 나와 있으므로 참고하기 바란다.

Mangulis, V. (1965). *Handbook of Series for Scientists and Engineers*. Academic Press, New York. 가장 편리하고 유익한 급수의 모음집. 여기에는 대수적 함수, 푸리에 급수, 베셀, 르장드르 등의 특수함수들이 수록되어 있다.

Olver, F. W. J. (1974). *Asymptotics and Special Functions*. Academic Press, New York. 점근 이론에 대한 상세하고 읽을만 한 서적. 계산을 위한 오차의 한계에 대하여 많이 다루고 있다.

Rainville, E. D. (1967). *Infinite Series*. Macmillan, New York. 상수와 함수의 급수에 대한 읽을만 하며 유용한 서적.

Sokolnikoff, I. S., and Redheffer, R. M. (1966). *Mathematics of Physics and Modern Engineering*, 2nd ed. McGraw-Hill, New York. 이 서적의 2장(모두 101쪽)에서는 무한급수를 완벽하면서도 읽기 쉽게 기술하고 있다. 이를 이용한 미분방정식의 해, 복소수 급수 그리고 푸리에 급수가 포함되어 있다.

무한급수에 대한 내용은 많은 해석학 서적에서 찾을 수 있다.

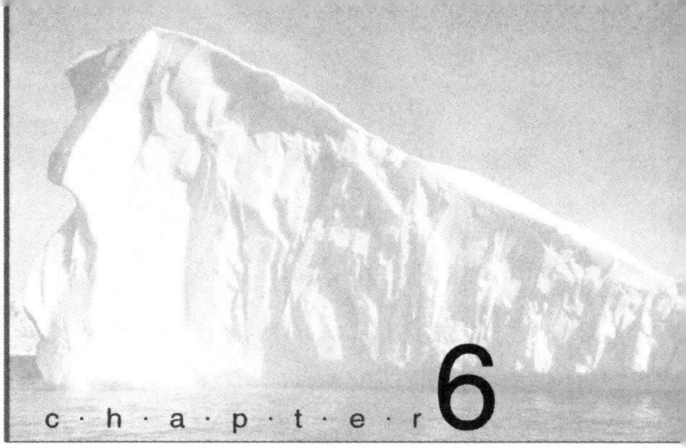

c·h·a·p·t·e·r 6

복소변수함수 I –해석적 성질 사상

허수는 신의 정신의 놀라운 비약이다; 허수는 대부분 존재하는 것과 존재하지 않는 것 사이의 양면성을 지닌다.

– Gottfried Wilhelm von Leibniz, 1702

복소변수가 하나인 함수 이론은 모든 수학적 분석에서 가장 강력하고 널리 사용되는 몇 가지 수단을 포함한다. 복소변수의 중요성을 예시하기 위하여 몇 가지 적용 영역에 대하여 언급하기로 한다.

첫째, 많은 함수들의 쌍 u와 v 모두가 2차원 실수 공간 내에서 라플라스 방정식을 만족한다:

$$\nabla^2 u = \frac{\partial^2 u(x, y)}{\partial x^2} + \frac{\partial^2 u(x, y)}{\partial y^2} = 0.$$

예를 들면, u 또는 v는 2차원 정전기 퍼텐셜을 기술하는 데 사용될 수 있다. 한 함수가 등전위 곡선들을 기술하면, 다른 함수는 그 등전위 곡선들에 직교하는 곡선족(family)을 나타낸다. 따라서 전기장 $\mathbf{E}$를 기술하는 데 이용될 수 있다. 유사한 상황이 회전하지 않는 이상유체의 역학(유체역학)에서도 나타난다. 함수 u가 속도 퍼텐셜을 기술하면 함수 v는 흐름함수가 된다.

u와 v가 알려져 있지 않은 어떤 경우에는 복소변수들을 사상 즉, 변환함으로써 특정 문제에 적합한 (곡선) 좌표계를 도입할 수 있다.

둘째, 복소수는 실수체가 자연스럽게 복소수체에 포함되도록 하는 실수 쌍으로 만들어진다 (6.1절). 수학적 용어로 말하면, 복소수체는 실수체의 확장이고, 실수체는 모든 n차 다항식이 (일반적으로) n개의 복소근을 갖는다는 의미에서 완비(complete)이다. 이러한 사실이 Gauss에 의하여 처음으로 증명되었고, 대수학의 기본 정리로 불리 운다 (6.4절, 7.2절). 결과적으로, 실수변수 x를 복소수 z로 간단히 바꿈으로써, 예를 들면, 실수함수, 실수 무한급수, 적분은 보통 자연스럽게 복소수로 일반화될 수 있다.

제8장에서 물리학에서 관심을 갖는 이차 미분방정식들이 급수해법으로 풀어진다는 것을 알게 될 것이다. x를 z로 바꾸어 같은 거듭제곱 급수를 사용할 수 있다. 주어진 점 z_0에서의 해 $f(z)$가 다른 점에서의 $f(z)$의 거동에 의존한다는 사실은 해의 거동과 그 해가 타당한 영역의 확장을 위한 강력한 수단(해석적 연속화)에 대한 보다 큰 식견을 제공한다.

셋째, 매개변수 k를 실수에서 허수로 바꾸면 헬름홀쯔 방정식이 확산방정식으로 바꾸어지고, 같은 변환에서 헬름홀쯔 방정식의 해(베셀, 구면 베셀 함수)는 확산방정식의 해(변형된 베셀, 변형된 구면 베셀 함수)로 바꾸어진다.

넷째, 복소평면에서의 적분은 다음과 같이 넓고 유용한 적용영역을 갖는다:

- 정적분의 계산 (7.2절)
- 거듭제곱 급수의 반전
- 해석함수의 무한곱 표현 (7.2절)
- 어떤 변수의 큰 값에 대한 미분방정식의 해 구하기 (7.3절의 점근해)
- 진동 가능성이 있는 계의 안정성 조사
- 적분변환 반전 (제15장)

마지막으로, 단순한 물리이론을 보다 일반화하면, 원래 실수였던 많은 물리량들은 복소수가 된다. 빛의 흡수현상을 포함시키면 실수 굴절률이 복소 굴절률이 되고, 에너지 준위의 한정된 수명을 고려하면 (에너지 준위와 연관된) 에너지는 복소수 $E = m \pm i\Gamma$가 된다. 전기저항 R, 전기용량 C와 인덕턴스 L로 구성된 전기회로는 전형적으로 임피던스 $Z = R + i(\omega L - \frac{1}{\omega C})$로 된다.

6.1절에서 복소수 산술로부터 출발하여, 6.2절에서 복소 함수와 그 미분을 도입하고, 6.3절과 6.4절에서 기본적인 코시 적분 공식을 취급한다. 해석적 연속화, 특이성, 함수의 테일러 급수전개와 로랑 급수전개는 6.5절에서 다룬다; 등각사상, 분지점 특이성과 다가함수는 6.6절과 6.7절에서 취급한다.

6.1 복소 대수학

실수 이차 방정식의 실근을 구하는 문제가 가끔 풀리지 않는 것을 경험으로 알고 있다. 다음의 예가 이러한 경우다.

예제 6.1.1 **양수의 이차형**

모든 실수 x에 대하여

$$y(x) = x^2 + x + 1 = \left(x + \frac{1}{2}\right)^2 + \frac{3}{4} > 0$$

은 명백히 양의 값을 갖는다. 즉, 실수체 내에서 $y(x) = 0$은 해를 갖지 않는다. 물론, **기호** $i = \sqrt{-1}$을 사용하면, $y(x) = 0$의 해를 $\frac{1}{2}(-1 \pm i\sqrt{3})$의 형식으로 쓸 수 있고,

$$\left[\frac{1}{2}(-1 \pm i\sqrt{3})\right]^2 + \frac{1}{2}(-1 \pm i\sqrt{3}) + 1 = \frac{1}{4}(1 - 3 \mp 2i\sqrt{3} - 2 \pm 2i\sqrt{3}) + 1 = 0$$

임을 확인할 수 있다. $i^2 = -1$의 규칙을 활용하면 산술계산을 할 수는 있으나 이 기호의 사용은 허수가 실제로 무엇인지는 설명하지 않는다. ■

복소근을 가시화하기 위해서는 직선상의 실수를 평면상의 복소수로 확장하여야 한다. 유클리드 평면(Euclidean plane) 내에서 한 점을 두 좌표로 나타내듯이, **복소수**를 그림 6.1에 나타낸 바와 같이 **두 실수의 순서쌍**, (a, b)**로 정의한다**. 마찬가지로 **복소변수는 두 실수변수들의 순서쌍으로 정의한다**. 즉,

$$z \equiv (x, y). \tag{6.1}$$

표기 순서가 중요하고, x를 z의 **실수부**, y를 z의 **허수부**라 부른다. 일반적으로 (a, b)는 (b, a)와 같지 않고 (x, y)는 (y, x)와 같지 않다. 평소와 다름없이 실수$(x, 0)$을 단순히 x로 계속 쓰기로 하고, $i \equiv (0, 1)$을 허수단위로 부른다. x축이 복소수 평면의 실수축이고 y축이 허수축이다. 전기공학에서는 관습적으로 $j = \sqrt{-1}$로 쓰고 i는 전류를 나타내는 데 사용한다. 예제 6.1.1에서의 $\frac{1}{2}(-1 \pm i\sqrt{3})$은 점 $(-\frac{1}{2}, \pm\frac{\sqrt{3}}{2})$이다.

기하학적 표현은 복소수 또는 복소변수를 알아보는 강력한 수단이다. 그림 6.1에 나타낸 바

그림 6.1
복소 평면-아르강 도표

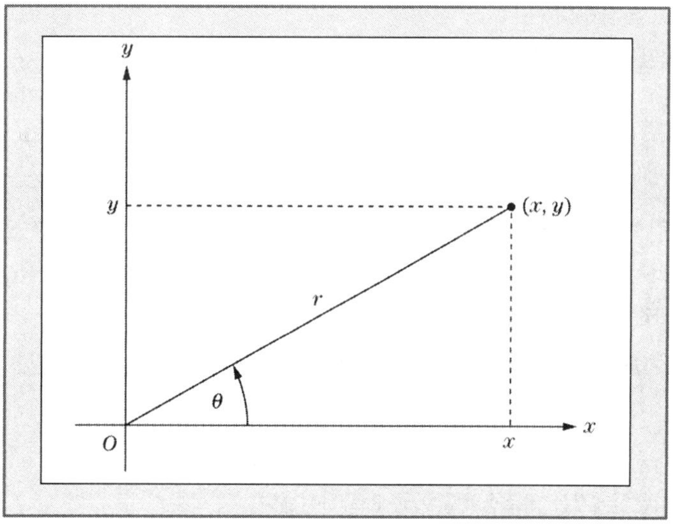

와 같이 x(z의 실수부)를 가로축, y(z의 허수부)를 세로축으로 하여 복소평면 또는 Argand 평면을 나타낸다. 만일 x와 y에 특정값을 부여하면 z는 평면 내의 한 점 (x, y)에 대응된다. 앞에서 언급한 배열순서로 나타내면 (x, y)는 $x=y$인 경우를 제외하고 (y, x)와 일치하지 않는 것이 명백하다.

복소수들은 평면 내의 점들이다. 이제 실수의 경우와 같이 복소수를 더하고, 빼고, 곱하고, 나누고자 한다. 이제 모든 복소변수의 분석은 수의 순서쌍 (a, b), 변수 순서쌍 (x, y) 및 함수의 순서쌍 $(u(x, y),\ v(x, y))$로 전개될 수 있다.[1]

복소수들의 **덧셈**을 데카르트 성분을 사용하여 정의한다:

$$z_1 + z_2 = (x_1, y_1) + (x_2, y_2) = (x_1 + x_2, y_1 + y_2) = z_2 + z_1. \tag{6.2}$$

즉, 2차원 벡터 덧셈으로 복소수 덧셈을 정의한다. 제1장에서 xy평면 내의 점들은 2차원 변위벡터 $\mathbf{r} = \hat{\mathbf{x}}x + \hat{\mathbf{y}}y$와 일치한다. 결과적으로, 2차원 벡터 유사체계(analogs)가 복소수 분석에 그대로 적용될 수 있다. 연습문제 6.1.2가 간단한 예이고; 코시 정리(6.3절)가 다른 예이다. 또한 $-z+z=(-x, -y)+(x, y)=0$이다. 따라서 한 복소수의 음은 유일하게 지정된다. 복소수의 **뺄셈**은 덧셈과 같이 진행된다: $z_1 - z_2 = (x_1 - x_2,\ y_1 - y_2)$.

복소수의 **곱셈**은

$$z_1 z_2 = (x_1, y_1) \cdot (x_2, y_2) = (x_1 x_2 - y_1 y_2,\ x_1 y_2 + x_2 y_1) \tag{6.3}$$

과 같이 정의된다. (6.3)식을 이용하면 $i^2 = (0,\ 1)\cdot(0,\ 1) = (-1,\ 0) = -1$임이 증명되므로 보통과 같이 $i=\sqrt{-1}$로 확인한다. 나아가 (6.1)식을 다음과 같이 다시 쓸 수 있다:

$$z = (x, y) = (x, 0) + (0, y) = x + (0, 1)\cdot(y, 0) = x + iy. \tag{6.4}$$

명백히 i**는 여기에서만 필요한 기호가 아니고, 정말로 편리하고 관습과 부합되는 기호인 것이다.** i는 순서쌍을 유지하는 기능을 하는데 그것은 제1장의 벡터분석에서 단위벡터들과 어느 정도 유사하다.

복소수를 자유자재로 취급할 수 있으므로 예제 6.1.1이 $z^2+z+1=0$의 복소근을

$$z^2 + z + 1 = \left(z + \frac{1}{2} - \frac{i}{2}\sqrt{3}\right)\left(z + \frac{1}{2} + \frac{i}{2}\sqrt{3}\right)$$

과 같이 완전히 인수분해 되도록 $z = -\frac{1}{2} \pm \frac{i}{2}\sqrt{3}$으로 정할 수 있다.

■ 복소공액

i를 $-i$로 바꾸는 작용을 "복소공액을 취한다"고 한다. z의 복소공액을 z^*로 나타낸다.[2] 즉

---

[1]이것은 컴퓨터가 복소수 산술을 하는 방법과 정확히 같다.
[2]수학문헌에서는 복소공액을 가끔 $\bar{z}$로 나타낸다.

그림 6.2
복소공액점들

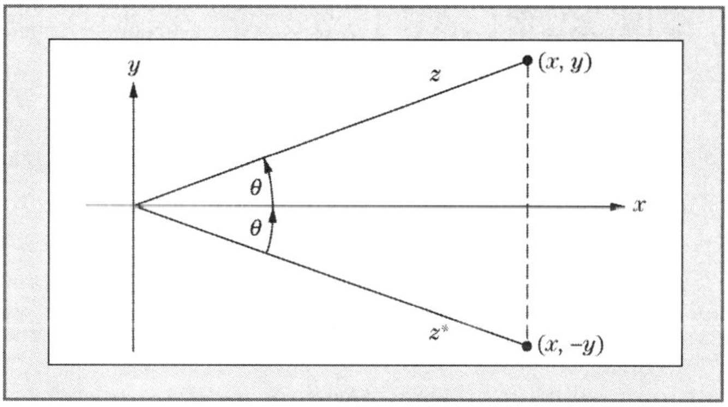

$$z^* = x - iy. \tag{6.5}$$

복소수 z와 복소공액 z^*는 서로 x축 상에서 반사하는 거울상(mirror image) 즉, y축 반전이다(그림 6.2). z와 z^*의 곱은

$$zz^* = (x+iy)(x-iy) = x^2 + y^2 = r^2 \tag{6.6}$$

이다. 따라서

$$(zz^*)^{1/2} = |z|$$

를 z의 **크기 또는 절대값(magnitude 또는 modulus)**으로 정의한다.

복소수의 **나눗셈**은 다음과 같이 분모를 실수로 바꾸어 매우 쉽게 수행할 수 있다:

$$\frac{z_1}{z_2} = \frac{x_1 + iy_1}{x_2 + iy_2} = \frac{(x_1+iy_1)(x_2-iy_2)}{(x_2+iy_2)(x_2-iy_2)} = \frac{(x_1x_2 + y_1y_2,\ x_2y_1 - x_1y_2)}{x_2^2 + y_2^2}. \tag{6.7}$$

(6.7)식은 복소수들의 실수부와 허수부를 양수인 분모에 대한 실수들의 비(ratio)로 나타낸다. 여기서 $|z_2|^2 = x_2^2 + y_2^2$은 z의 **절대치**의 제곱이고, $z_2^* = x_2 - iy_2$는 z_2의 **복소공액**이다. $|z_2|^2 = z_2^* z_2$로 쓰는데, 이것은 복소수 평면에서 (연관된) 데카르트 벡터 길이의 제곱이다.

그림 6.1의 극좌표에서

$$x = r\cos\theta, \quad y = r\sin\theta \tag{6.8}$$

와

$$z = r(\cos\theta + i\sin\theta) \tag{6.9}$$

로 쓸 수 있다. 이 표현에서 r은

$$z\,(r = |z| = (x^2 + y^2)^{1/2})$$

의 **절대값 또는 크기**이고, 각 $\theta(=\tan^{-1}(y/x))$를 z의 **편각(기움각) 또는 위상**이라 한다. 5.6절

에서 제시된 (엄밀하게 증명되지는 않았지만)[3] 결과를 이용하면 매우 유용한 극좌표 표현

$$z = re^{i\theta} \tag{6.10}$$

을 얻는다. 이 항등식을 증명하기 위해서는 지수함수와 삼각함수의 급수전개에서 $i^3 = -i$와 $i^4 = 1$ 등을 이용하고,

$$\begin{aligned} e^{i\theta} &= \sum_{n=0}^{\infty} \frac{(i\theta)^n}{n!} = \sum_{\nu=0}^{\infty} \frac{(i\theta)^{2\nu}}{(2\nu)!} + \sum_{\nu=0}^{\infty} \frac{(i\theta)^{2\nu+1}}{(2\nu+1)!} \\ &= \sum_{\nu=0}^{\infty}(-1)^{\nu} \frac{\theta^{2\nu}}{(2\nu)!} + i\sum_{\nu=0}^{\infty}(-1)^{\nu} \frac{\theta^{2\nu+1}}{(2\nu+1)!} = \cos\theta + i\sin\theta \end{aligned} \tag{6.11}$$

에서 짝수 거듭제곱(even power)과 홀수 거듭제곱(odd power)을 분리한다. 특수한 값들 $\theta = \pi/2$와 $\theta = \pi$에 대하여는 e, i와 π가 복잡하게 연결된 관계식

$$e^{i\pi/2} = \cos(\pi/2) + i\sin(\pi/2) = i, \quad e^{i\pi} = \cos(\pi) = -1$$

을 얻는다. 더구나 지수함수 $e^{i\theta}$는 $\sin\theta$와 $\cos\theta$처럼 주기가 2π인 주기함수이다. 이 결과를 곧바로 적용하여 삼각함수의 덧셈규칙

$$\begin{aligned} \cos(\theta_1 + \theta_2) + i\sin(\theta_1 + \theta_2) &= e^{i(\theta_1+\theta_2)} \\ &= e^{i\theta_1}e^{i\theta_2} = [\cos\theta_1 + i\sin\theta_1][\cos\theta_2 + i\sin\theta_2] \\ &= \cos\theta_1\cos\theta_2 - \sin\theta_1\sin\theta_2 \\ &\quad + i(\sin\theta_1\cos\theta_2 + \sin\theta_2\cos\theta_1) \end{aligned}$$

을 유도할 수 있다. 이제 복소수의 비들을 극 형태(polar form)로 명시적으로 전환하자.

예제 6.1.2 **극 형식으로 전환**

다음 비의 분모를 실수로 전환하는 것부터 시작한다:

$$\frac{2+i}{3-2i} = \frac{(2+i)(3+2i)}{3^2+2^2} = \frac{6-2+i(3+4)}{13} = \frac{4+7i}{13} = \sqrt{\frac{5}{13}}e^{i\theta_0}.$$

여기서 $\frac{4^2+7^2}{13^2} = \frac{65}{13^2} = \frac{5}{13}$이고 $\tan\theta_0 = \frac{7}{4}$이다. $\arctan(\theta)$는 0에서 2π의 범위에서 2개의 분지(branch)를 가지므로, $\theta_0 = 60.255°$, $0 < \theta_0 < \pi/2$를 해로 취한다. 왜냐하면 2번째 해 $\theta_0 + \pi$는 $e^{i(\theta_0+\pi)} = -e^{i\theta_0}$(즉, 부호가 틀림)이기 때문이다.

달리 말하면, $2+i = \sqrt{5}e^{i\alpha}$와 $3-2i = \sqrt{13}e^{i\beta}$를 $\tan\alpha = \frac{1}{2}$, $\tan\beta = -\frac{2}{3}$인 극좌표 형식으로 전환할 수 있으므로 서로 나누어서

[3] 엄밀히 말하면 제5장은 실수변수에만 국한된다. 그러나 복소수 z에 대하여 e^z를 $\sum_{n=0}^{\infty} z^n/n!$로 정의할 수 있다. 복소함수의 거듭제곱 급수전개(Laurent 전개)는 6.5절에서 취급한다.

$$\frac{2+i}{3-2i} = \sqrt{\frac{5}{13}}e^{i(\alpha-\beta)}$$

를 얻는다. ■

극좌표 표현 [(6.10)식] 또는 데카르트 좌표 표현[(6.1)식, (6.4)식]의 선택은 단지 편의상의 문제이다. 덧셈과 뺄셈에서 데카르트 표현이 더 쉽고 [(6.2)식], 곱셈과 나눗셈, 거듭제곱 계산, 근의 계산 등은 극좌표 표현[(6.8)~(6.10)식]이 더 취급하기 쉽다.

이제 상수 복소수와 함수의 곱의 기하학적 의미를 조사하여 보자.

예제 6.1.3 **복소수에 의한 곱**

예를 들어, 복소 변수 z에 $i = e^{i\pi/2}$를 곱하면 시계반대방향으로 90° 회전하여 $iz = ix - y = (-y, x)$가 된다. $z = re^{i\theta}$에 $e^{i\alpha}$를 곱하면 $re^{i(\theta+\alpha)}$가 되고 z가 α 만큼 회전한다.

마찬가지로, $f(z)$ = 상수로 정의된 곡선들에 상수 복소수를 곱하면 그 곡선들도 회전한다. 이제

$$f(z) = (x+iy)^2 = (x^2-y^2) + 2ixy = c = c_1 + ic_2 = \text{상수}$$

로 놓고, 두 쌍곡선

$$x^2 - y^2 = c_1, \quad 2xy = c_2$$

를 정의한다. $f(z) = c$에 복소수 $Ae^{i\alpha}$를 곱하여

$$\begin{aligned} Ae^{i\alpha} f(z) &= A(\cos\alpha + i\sin\alpha)(x^2 - y^2 + 2ixy) \\ &= A[i(2xy\cos\alpha + (x^2-y^2)\sin\alpha) - 2xy\sin\alpha + (x^2-y^2)\cos\alpha] \end{aligned}$$

를 얻는다. 쌍곡선들은 절대값 A와 각 α로 축척이 정해진다. ■

벡터와의 유사성을 이용하여 해석적 또는 기하학적으로 두 복소수 합의 절대값이 두 절대값의 합보다 크지 않고, 두 절대치의 차이보다는 작지 않다는 것을 보일 수 있다(연습문제 6.1.2):

$$|z_1| - |z_2| \le |z_1 + z_2| \le |z_1| + |z_2|. \tag{6.12}$$

이와 같은 관계를 벡터와의 유사성 때문에 **삼각** 부등식이라 한다.

복소수의 극좌표 형식[(6.8)식]을 이용하여 복소수 곱의 크기는 각 복소수 크기의 곱과 같다는 것을 알 수 있다:

$$|z_1 \cdot z_2| = |z_1| \cdot |z_2|. \tag{6.13}$$

또한,

$$\arg(z_1 \cdot z_2) = \arg z_1 + \arg z_2. \tag{6.14}$$

그림 6.3
함수 $w(z) = u(x, y) + iv(x, y)$는 xy평면 내의 점들을 uv평면 내의 점들로 사상한다.

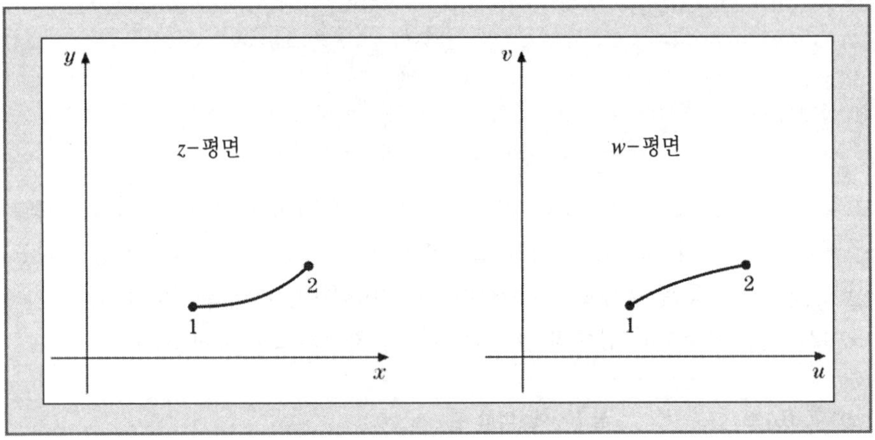

복소변수 z로부터 복소함수 $f(z)$ 또는 $w(z)$가 구성될 수 있고, 이들 복소함수들은 실수부와 허수부로 분해될 수 있다:

$$w(z) = u(x, y) + iv(x, y). \tag{6.15}$$

여기서 분리된 함수 $u(x, y)$와 $v(x, y)$는 순수한 실수이다. 예를 들면, $f(z) = z^2$이면

$$f(z) = (x + iy)^2 = x^2 - y^2 + 2ixy$$

이다.

$f(z)$의 **실수부**를 $\Re f(z)$, **허수부**를 $\Im f(z)$로 쓰면, (6.15)식에서

$$\Re w(z) = u(x, y), \qquad \Im w(z) = v(x, y) \tag{6.16}$$

이다. 독립변수 z와 종속변수 $f(z)$의 관계는 사상연산(mapping operation)에 의하여 (아마도) 가장 잘 묘사될 수 있다. 주어진 $z = x + iy$는 z평면 내의 한 점을 의미한다. $w(z)$의 복소수 값은 w평면 내의 한 점을 나타낸다. (따라서) z평면 내의 점들은 그림 6.3에 나타낸 바와 같이 w평면 내의 점들로 사상(mapping)된다.

■ 복소변수함수들

실수변수의 모든 기본 (실수) 함수들은 실수변수 x를 복소변수 z로 바꿈으로써 복소평면으로 확장될 수 있다. 이와 같은 방법이 6.5절에서 언급한 해석적 연속화의 한 예이다. 극히 중요한 관계식들, (6.4), (6.8)식과 (6.9)식은 그 예시들이다. (논의를) 복소수 평면으로 옮겨가면 새로운 분석의 기회가 열린다.

예제 6.1.4 **드 무아부르(De Moivre) 공식**

(6.11)식의 n차 거듭제곱을 취하여

$$e^{in\theta} = (\cos\theta + i\sin\theta)^n \tag{6.17}$$

을 얻고, 편각이 $n\theta$인 (6.11)식을 이용하여

$$\cos n\theta + i\sin n\theta = (\cos\theta + i\sin\theta)^n \tag{6.18}$$

을 얻는다. 이것이 De Moivre 공식이다.

이제 (6.18)식의 우변을 이항정리를 이용하여 전개하면, $\cos n\theta$는 $\cos\theta$와 $\sin\theta$의 거듭제곱 급수로 표현될 수 있다 (연습문제 6.1.5). 복소평면 내의 지수함수, 쌍곡선함수 및 삼각함수들 사이의 관계에 관한 많은 예들이 연습문제에 실려있다. ■

때때로, 복잡한 경우가 있다. 복소수 $z = re^{i\theta}$의 n차 **근**을 구하면 $z^{1/n} = r^{1/n}e^{i\theta/n}$이 된다. 그러나 이것이 유일한 근은 아니다. 왜냐하면 m이 임의의 정수일 때 $z = re^{i(\theta+2m\pi)}$도 $(n-1)$개의 또 다른 근 $z^{1/n} = r^{1/n}e^{i\theta/n+2im\pi/n}(m=1,\ 2,\ \ldots,\ n-1)$이 되기 때문이다. 따라서 주어진 복소수 z의 n차 **근은 다가함수(multivalued function)** 또는 n개의 값을 갖는 연산이다. 수치 예를 살펴보자.

예제 6.1.5　　제곱근

편각이 θ인 복소수의 제곱근을 취하여 $\theta/2$를 얻는다. $r=1$, $\theta = 180°$인 -1에서 출발하면, $r=1$, $\theta = 90°$인 i에서 끝내거나, $-1 = e^{-i\pi}$의 근을 취하는 경우, $-i$인 $\theta = 90°$에 이르게 된다. 보다 복잡한 복소수의 비가 있다. $n=0$, 1에 대해

$$\sqrt{\frac{3-i}{4+2i}} = \sqrt{\frac{(3-i)(4-2i)}{4^2+2^2}} = \sqrt{\frac{12-2-i(4+6)}{20}} = \sqrt{\frac{1}{2}(1-i)}$$
$$= \sqrt{\frac{1}{\sqrt{2}}e^{-i(\pi/4-2n\pi)}} = \frac{1}{2^{1/4}}e^{-i\pi/8+in\pi} = \frac{\pm 1}{2^{1/4}}e^{-i\pi/8}$$

이다. ■

다른 예가 극좌표 표현을 이용하여 전개되는, 복소수 함수의 대수이다:

$$\ln z = \ln re^{i\theta} = \ln r + i\theta. \tag{6.19}$$

또 다시, 역 탄젠트(inverse tangent)함수의 중복 분지(branch) 때문에 (6.19)식이 완전하지는 않다. 탄젠트 함수의 주기 2π 때문에 z를 변경하지 않고, π의 정수배를 위상각 θ에 더할 수 있다. 그러므로 (6.19)식은

$$\ln z = \ln re^{i(\theta+2n\pi)} = \ln r + i(\theta + 2n\pi) \tag{6.20}$$

로 쓰여져야 한다. 매개변수 n은 정수가 될 수 있다. 이와 같은 결과는 $\ln z$가 실수값을 갖는 r과 θ의 단일쌍에 대하여 무한히 많은 값을 갖는 **다가**함수임을 의미한다. 애매 모호함을 회피

[4] 위상에 관한 표준선택법은 없고 적절한 위상은 문제에 따라 달라진다.

하기 위하여 보통 $n=0$으로 하고, 위상은 $(-\pi,\ \pi)$와 같이 길이가 2π인 구간으로 제한한다.[4] z평면에서 교차되지 않는 선, 이 경우에는 음의 실수축을 **절단선(cut line)**이라 한다. $n=0$일 때 $\ln z$의 값을 $\ln z$의 **주치(principal value)**라 한다. 대수를 포함하는 이와 같은 함수들에 관한 논의를 6.6절에서 더 진행한다.

예제 6.1.6 전기회로

전압 V로 구동되어 저항체에 전류 I가 흐르는 전류회로는 옴(Ohm)의 법칙 $V=IR$의 지배를 받는다. 여기서 R은 저항값이다. 만일 저항 R을 인덕턴스 L로 바꾸면 전압과 전류의 관계는 $V=L\frac{dI}{dt}$이고, 만일 인덕턴스를 전기용량 C로 바꾸면 전압은 축전기의 전하 Q에 의존한다: $V=\frac{Q}{C}$. 이 관계식을 시간에 관하여 미분하면 $C\frac{dV}{dt}=\frac{dQ}{dt}=I$가 된다. 따라서 저항체, 코일, 축전기가 직렬로 연결된 회로는, 진동수가 ω인 교류전압으로 구동되면 보통의 미분방정식

$$L\frac{dI}{dt}+\frac{Q}{C}+IR=V=V_0\cos\omega t \tag{6.21}$$

를 만족한다. 전기공학에서는 같은 형태로 복소전압 $V=V_0e^{i\omega t}$와 복소전류 $I=I_0e^{i\omega t}$를 사용하는 것이 관습적이다. I와 V는 (6.21)식의 정상상태에서의 해이다. 이와 같은 복소 형태는 전류와 전압 사이의 위상차를 명확하게 해준다. 맨 마지막에 물리적으로 관측되는 값은 실수부분(예를 들면, $V_0\cos\omega t=V_0\Re e^{i\omega t}$ 등)을 취한다. 만일 시간의 지수 의존성을 대입하고, 즉 $dI/dt=i\omega I$를 이용하고 한번 적분하여 (6.21)식에서 $Q=I/i\omega$를 구하면, **복소수 형태의 옴(Ohm)의 법칙**

$$i\omega LI+\frac{I}{i\omega C}+RI=V\equiv ZI$$

를 얻는다. $Z=R+i(\omega L-\frac{1}{\omega C})$을 복소 임피던스로 정의하여 위에서 나타낸 바와 같이 $V=ZI$를 얻는다.

이제 (6.21)식을 더 이상 풀지 않고, 다음과 같은 결합규칙에 따라서 보다 복잡한 회로를 구성할 수 있다:

- 직렬 연결된 두 저항체의 저항 : $R=R_1+R_2$
- 직렬 연결된 두 인덕터의 인덕턴스 : $L=L_1+L_2$

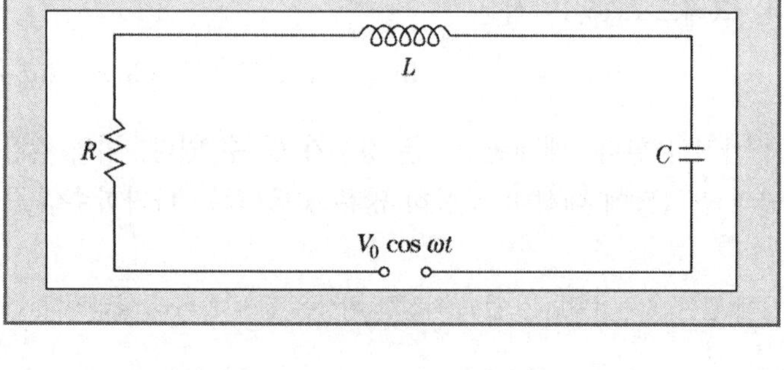

그림 6.4
RLC 교류 전기회로

- 병렬 연결된 두 저항체의 저항 : $\frac{1}{R} = \frac{1}{R_1} + \frac{1}{R_2}$
- 병렬 연결된 두 인덕터의 인덕턴스 : $\frac{1}{L} = \frac{1}{L_1} + \frac{1}{L_2}$
- 직렬 연결된 축전지의 전기용량 : $\frac{1}{C} = \frac{1}{C_1} + \frac{1}{C_2}$
- 병렬 연결된 축전지의 전기용량 : $C = C_1 + C_2$

의 규칙을 따른다.

이들 규칙은 다음과 같이 복소수 형태로 보다 완벽하게 나타낼 수 있다:

- 직렬 연결된 두 임피던스 : $Z = Z_1 + Z_2$;
- 병렬 연결된 두 임피던스 : $\frac{1}{Z} = \frac{1}{Z_1} + \frac{1}{Z_2}$. ■

요 약

복소수는 모든 다항식이 완전히 인수화될 수 있도록 실수축을 복소 평면으로 확장한다. 복소수의 덧셈과 뺄셈은 데카르트 좌표계에서 2차원 벡터의 덧셈, 뺄셈과 같다:

$$z_1 + z_2 = (x_1 + iy_1) + (x_2 + iy_2) = x_1 + x_2 + i(y_1 + y_2).$$

복소수는 복소평면의 극좌표에서 가장 쉽게 곱해지거나 나누어진다:

$$(x_1 + iy_1)(x_2 + iy_2) = r_1 e^{i\theta_1} r_2 e^{i\theta_2} = r_1 r_2 e^{i(\theta_1+\theta_2)},\ r_j^2 = x_j^2 + y_j^2,\ \tan\theta_j = y_j/x_j.$$

복소 지수함수는 $e^z = e^x(\cos y + i\sin y)$로 주어지고 $z = x + i0 = x$이면 $e^z = e^x$이다. 삼각함수들은

$$\cos z = \frac{1}{2}(e^{iz} + e^{-iz}) = \cos x \cosh y - i \sin x \sinh y,$$
$$\sin z = \frac{1}{2}(e^{iz} - e^{-iz}) = \sin x \cosh y + i \cos x \sinh y$$

가 되고, 쌍곡선 함수들은

$$\cosh z = \frac{1}{2}(e^z + e^{-z}) = \cos iz, \quad \sinh z = \frac{1}{2}(e^z - e^{-z}) = -i \sin iz$$

가 된다. 자연 대수는 $\ln z = \ln|z| + i(\theta + 2\pi n)$, $(n = 0, \pm 1, \ldots)$로 일반화되고, 일반적인 거듭제곱은 $z^p = e^{p \ln z}$로 정의된다.

연습문제

6.1.1 (a) 완전히 데카르트 좌표 표현을 활용하여 $x+iy$의 역을 구하여라.

(b) 극좌표 형식으로 (a)를 반복하고 최종결과를 데카르트 좌표 표현으로 나타내어라.

6.1.2 대수학적으로

$$|z_1| - |z_2| \le |z_1 + z_2| \le |z_1| + |z_2|$$

를 증명하고 이 결과를 벡터를 이용하여 해석하여라.

$$|z-1| < |\sqrt{z^2-1}| < |z+1|, \quad \text{for} \quad \Re(z) > 0$$

임을 증명하여라.

6.1.3 복소공액 연산자 K를 $Kz = z^*$로 정의할 수 있다. K가 선형연산자가 아님을 보여라.

6.1.4 복소수가 제곱근을 갖고, 그 제곱근이 복소 평면 내에 포함됨을 보여라. i의 제곱근은 무엇인가?

6.1.5 다음을 증명하여라.

(a) $\cos n\theta = \cos^n\theta - \binom{n}{2}\cos^{n-2}\theta\sin^2\theta + \binom{n}{4}\cos^{n-4}\theta\sin^4\theta - \cdots$

(b) $\sin n\theta = \binom{n}{1}\cos^{n-1}\theta\sin\theta - \binom{n}{3}\cos^{n-3}\theta\sin^3\theta + \cdots$.

단, $\binom{n}{m}$은 이항계수 $\binom{n}{m} = n!/[(n-m)!m!]$(제 5장)이다.

6.1.6 다음을 증명하여라.

(a) $\displaystyle\sum_{n=0}^{N-1}\cos nx = \frac{\sin(Nx/2)}{\sin x/2}\cos(N-1)\frac{x}{2}$,

(b) $\displaystyle\sum_{n=0}^{N-1}\sin nx = \frac{\sin(Nx/2)}{\sin x/2}\sin(N-1)\frac{x}{2}$.

힌트. (a)와 (b)를 결합하면 기하급수가 된다 (5.1절과 비교하여라).

6.1.7 $-1 < p < 1$일 때 다음을 증명하여라.

(a) $\displaystyle\sum_{n=0}^{\infty}p^n\cos nx = \frac{1-p\cos x}{1-2p\cos x+p^2}$,

(b) $\displaystyle\sum_{n=0}^{\infty}p^n\sin nx = \frac{p\sin x}{1-2p\cos x+p^2}$.

이 급수는 Fabry－Perot 간섭계 이론에서 등장한다.

6.1.8 삼각함수와 쌍곡선함수들이 복소변수에 대하여 적절한 급수들

$$\sin z = \sum_{n=1,\text{odd}}^{\infty}(-1)^{(n-1)/2}\frac{z^n}{n!} = \sum_{s=0}^{\infty}(-1)^s\frac{z^{2s+1}}{(2s+1)!},$$

$$\cos z = \sum_{n=0,\text{even}}^{\infty}(-1)^{n/2}\frac{z^n}{n!} = \sum_{s=0}^{\infty}(-1)^s\frac{z^{2s}}{(2s)!},$$

$$\sinh z = \sum_{n=1,\text{odd}}^{\infty}\frac{z^n}{n!} = \sum_{s=0}^{\infty}\frac{z^{2s+1}}{(2s+1)!},$$

$$\cosh z = \sum_{n=0,\text{even}}^{\infty} \frac{z^n}{n!} = \sum_{s=0}^{\infty} \frac{z^{2s}}{(2s)!}$$

로 정의된다고 가정하고

(a) 다음을 증명하여라.

$$i \sin z = \sinh iz, \ \sin iz = i \sinh z,$$
$$\cos z = \cosh iz, \ \cos iz = \cosh z.$$

(b) 다음과 같은 낯익은 함수관계가 복소수 평면에서도 성립함을 증명하여라.

$$\cosh z = \frac{e^z + e^{-z}}{2}, \ \sin(z_1 + z_2) = \sin z_1 \cos z_2 + \sin z_2 \cos z_1.$$

6.1.9 거듭제곱 급수들의 비교에서 확립된 항등식

$$\cos z = \frac{e^{iz} + e^{-iz}}{2}, \quad \sin z = \frac{e^{iz} - e^{-iz}}{2i}$$

을 이용하여 다음을 증명하여라.

(a) $\sin(x + iy) = \sin x \cosh y + i \cos x \sinh y,$
$\cos(x + iy) = \cos x \cosh y - i \sin x \sinh y.$

(b) $|\sin z|^2 = \sin^2 x + \sinh^2 y, \quad |\cos z|^2 = \cos^2 x + \sinh^2 y.$

이와 같은 결과는 복소수 평면에서 $|\sin z|$, $|\cos z| > 1$임을 예시한다.

6.1.10 연습문제 6.1.8과 6.1.9의 항등식을 이용하여 다음을 증명하여라.

(a) $\sinh(x + iy) = \sinh x \cos y + i \ \cosh x \sin y,$
$\cosh(x + iy) = \cosh x \cos y + i \sinh x \sin y.$

(b) $|\sinh z|^2 = \sinh^2 x + \sin^2 y, \quad |\cosh z|^2 = \sinh^2 x + \cos^2 y.$

6.1.11 다음을 증명하여라.

(a) $|\sin z| \geq |\sin x|$, (b) $|\cos z| \geq |\cos x|$.

6.1.12 지수함수 e^z는 주기가 순허수 $2\pi i$인 주기함수임을 보여라.

6.1.13 다음을 증명하여라.

(a) $\tanh(z/2) = \dfrac{\sinh x + i \sin y}{\cosh x + \cos y}$, (b) $\coth(z/2) = \dfrac{\sinh x - i \sin y}{\cosh x - \cos y}$.

6.1.14 다음 함수들의 근을 구하여라.

(a) $\sin z$, (b) $\cos z$, (c) $\sinh z$, (d) $\cosh z$.

6.1.15 다음을 증명하여라.

(a) $\sin^{-1} z = -i \ln(iz \pm \sqrt{1-z^2})$, (d) $\sinh^{-1} z = \ln(z + \sqrt{z^2+1})$,

(b) $\cos^{-1} z = -i \ln(z \pm \sqrt{z^2-1})$, (e) $\cosh^{-1} z = \ln(z + \sqrt{z^2-1})$,

(c) $\tan^{-1} z = \frac{i}{2} \ln\left(\frac{i+z}{i-z}\right)$, (f) $\tanh^{-1} z = \frac{1}{2} \ln\left(\frac{1+z}{1-z}\right)$.

힌트. 1. 삼각함수와 쌍곡선함수를 지수함수로 나타내어라. 2. 지수함수에 관하여 푼 후에 지수에 관하여 풀어라. $\sin^{-1} z = \arcsin z \neq (\sin z)^{-1}$임을 유의하여라.

6.1.16 각진동수가 ω인 빛의 평면파는

$$e^{i\omega(t-nx/c)}$$

로 표현된다. 어떤 물질에서는 단순한 실수 굴절률 n은 복소굴절률 $n-ik$로 대치된다. k가 파동에 미치는 영향은 무엇인가? k는 물리적으로 무엇에 대응하는가? 물리량을 실수에서 복소수로 바꾸는 일은 가끔 물리학에서 일어난다. 그 예들은 점성탄성물질의 복소영률에서 원자핵에 관한 구름 결정 모형(cloudy crystal ball model)에 이르기까지 들 수 있다. *Structure of the Nucleus*(M. A. Preston, Addison－Wesley, Reading, MA 1993) 광학모형에 관한 장을 보라.

6.1.17 복소 외부력 $Fe^{i\omega t}$로 강제되는 감쇠조화 진동자의 정상상태 진폭이

$$A = \frac{F}{m(\omega_0^2 - \omega^2) + i\omega b}$$

로 주어짐을 보여라. 공명조건을 설명하고 m, ω_0, b를 진동자의 매개변수와 관련지어라.

힌트. 상미분방정식의 복소수 해 $z(t) = A\,e^{i\omega t}$를 구하여라.

6.1.18 연습문제 2.5.10에서 정의한 각운동량 성분들에 대하여

$$L_x - iL_y \neq (L_x + iL_y)^*$$

임을 알 수 있다. 그 이유를 설명하여라.

6.1.19 $f(z) = u + iv$의 **위상**이 $\ln f(z)$의 허수부분과 같음을 보여라. 연습문제 10.2.13은 이 결과에 의존한다.

6.1.20 (a) $e^{\ln z}$는 항상 z임을 보여라.

(b) $\ln e^z$는 항상 z와 같지는 않다는 것을 보여라.

6.1.21 저항체만으로 된 회로를 고려하여 저항, 인덕턴스 및 전기용량으로 된 임피던스에 관한 결합법칙이 모순 없음을 입증하여라. Kirchhoff 법칙으로부터 결합법칙이 성립함을 보여라. Kirchhoff 법칙의 근원을 기술하여라.

6.1.22 음수가 복소수 평면에서는 로그값을 가짐을 보여라. 특히 $\ln(-1)$의 값을 구하여라.

답. $\ln(-1) = i\pi$.

6.2 코시-리만 조건들

복소수를 변수로 하는 복소함수를 설정하였으므로 이제 복소함수의 미분과정을 살펴보자. $f(x) = u(x, y) + iv(x, y)$의 도함수는 실수함수에서 처럼 극한값이 점 z에 접근하는 특정 방법에 **의존하지 않으면**

$$\lim_{\delta z \to 0} \frac{f(z+\delta z) - f(z)}{z + \delta z - z} = \lim_{\delta z \to 0} \frac{\delta f(z)}{\delta z} = \frac{df}{dz} = f'(z) \tag{6.22}$$

로 정의된다. 실수에서는 $x = x_0$에서 $df(x)/dx$가 존재하기 위해서는 오른쪽 극한값(위로부터 $x \to x_0$)과 왼쪽 극한값(아래로부터 $x \to x_0$)이 같을 것이 요구된다. 이제 평면에서 어떤 점을 z 또는 z_0라 하면, 극한값이 접근 방법에 의존하지 않아야 한다는 조건은 매우 제한적이다. x와 y 의 각각의 증분 δx와 δy를 생각하면

$$\delta z = \delta x + i\delta y \tag{6.23}$$

이고

$$\delta f = \delta u + i\delta v \tag{6.24}$$

이다. 그러므로

$$\frac{\delta f}{\delta z} = \frac{\delta u + i\delta v}{\delta x + i\delta y} \tag{6.25}$$

이다. 그림 6.5에 나타낸 바와 같이 두 접근 경로를 서로 다르게 하여 (6.23)식에 나타낸 극한을 취하자. 먼저 $\delta y = 0$일 때 $\delta x \to 0$이라 하자. 편도함수가 존재한다고 가정하면 (6.24)식은

$$\lim_{\delta z \to 0} \frac{\delta f}{\delta z} = \lim_{\delta x \to 0} \left(\frac{\delta u}{\delta x} + i\frac{\delta v}{\delta x} \right) = \frac{\partial u}{\partial x} + i\frac{\partial v}{\partial x} \tag{6.26}$$

이 된다. 두 번째로 $\delta x = 0$일 때 $\delta y \to 0$이면

$$\lim_{\delta z \to 0} \frac{\delta f}{\delta z} = \lim_{\delta y \to 0} \left(-i\frac{\delta u}{\delta y} + \frac{\delta v}{\delta y} \right) = -i\frac{\partial u}{\partial y} + \frac{\partial v}{\partial y} \tag{6.27}$$

가 된다. 도함수 df/dz가 존재하기 위해서는 (6.26)식과 (6.27)식이 같아야 한다. (벡터 성분에서와 같이) 실수 부분들끼리 같고 허수 부분들끼리 같게 하여

그림 6.5
z_0에의 서로 다른 접근 방법

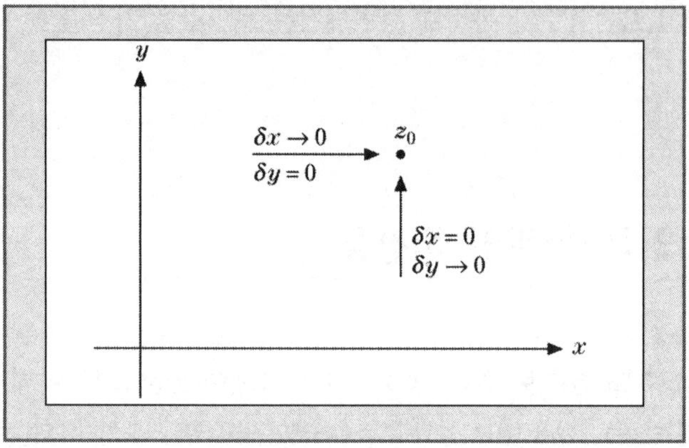

$$\frac{\partial u}{\partial x} = \frac{\partial v}{\partial y}, \quad \frac{\partial u}{\partial y} = -\frac{\partial v}{\partial x} \tag{6.28}$$

를 얻는다. 이것들이 유명한 **코시－리만(Cauchy－Riemann)** 조건들이다. 이 조건은 Cauchy에 의하여 발견되어 해석함수 이론에서 널리 사용되었다. 코시－리만 조건들은 $f(z)$의 도함수가 존재하기 위한 필요조건들이다. 즉, 만일 df/dz가 존재하면 코시－리만 조건이 성립하고, 다음과 같이 **기하학적으로 해석**된다. (6.28)식을 편도함수들의 비로 나타내면

$$\frac{u_x}{u_y} \cdot \frac{v_x}{v_y} = -1 \tag{6.29}$$

이다. 여기서 약식 표현

$$\frac{\partial u}{\partial x} \equiv u_x, \quad \frac{\partial u}{\partial y} \equiv u_y, \quad \frac{\partial v}{\partial x} \equiv v_x, \quad \frac{\partial v}{\partial y} \equiv v_y$$

로 사용하였다. 이제, $-u_x/u_y$가 각각의 곡선 $u(x, y) =$ 상수에 접하는 접선[(1.54)식을 보라]의 기울기라는 기하학적 의미를 기억하고, $v(x, y) =$ 상수에도 같은 의미를 부여하자(그림 6.6). 따라서, $\sin\beta = \sin(\alpha + 90°) = \cos\alpha$ 이고, $\cos\beta = -\sin\alpha$ 이므로 비를 취하면 $\tan\beta \cdot \tan\alpha = -1$을 의미하므로 (6.29)식은 $u =$ 상수, $v =$ 상수인 곡선들이 각 교차점에서 서로 직교한다는 것을 의미한다. 달리 말하면

$$u_x\,dx + u_y\,dy = 0 = v_y\,dx - v_x\,dy$$

는 (dx, dy)가 u곡선에 접하면, 이에 직각인 $(-dy, dx)$는 교차점 $z = (x, y)$에서 v곡선에 접한다는 것을 의미한다. 마찬가지로 $u_xv_x + u_yv_y = 0$은 **기울기(gradient) 벡터** (u_x, u_y)와 (v_x, v_y)가 수직임을 의미한다. 역으로, 코시－리만 조건들이 만족되고, 편미분들 $u(x, y)$와 $v(x, y)$가 연속이면 도함수 df/dz가 존재한다. 이것을

$$\delta f = \left(\frac{\partial u}{\partial x} + i\frac{\partial v}{\partial x}\right)\delta x + \left(\frac{\partial u}{\partial y} + i\frac{\partial v}{\partial y}\right)\delta y \tag{6.30}$$

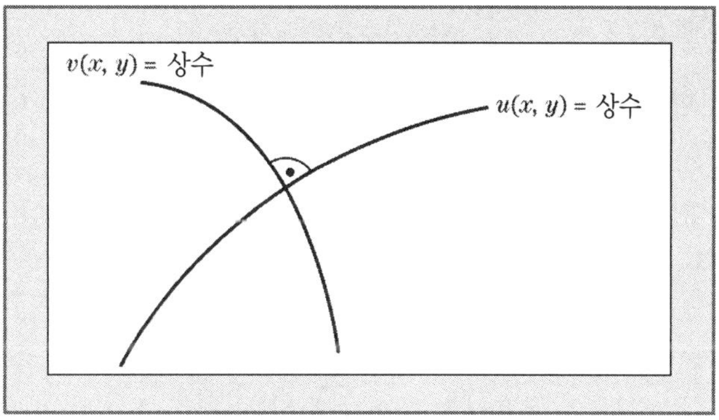

그림 6.6
$u(x, y)$ = 상수인 곡선과 $v(x, y)$ = 상수인 곡선에 직교하는 접선들

으로 쓸 수 있다. 이 표현의 정당성은 편도함수 u와 v의 연속성에 의존한다. (6.30)식을 δz로 나누어

$$\frac{\delta f}{\delta z} = \frac{(\partial u/\partial x + i(\partial v/\partial x))\delta x + (\partial u/\partial y + i(\partial u/\partial y))\delta y}{\delta x + i\delta y}$$
$$= \frac{(\partial u/\partial x + i(\partial v/\partial x)) + (\partial u/\partial y + i(\partial v/\partial y))\delta y/\delta x}{1 + i(\delta y/\delta x)} \tag{6.31}$$

를 얻는다.

만일 $\delta f/\delta z$가 유일한 값을 가지려면, $\delta y/\delta x$ 의존성은 제거되어야 한다. y 도함수에 Cauchy-Riemann 조건들을 적용하여

$$\frac{\partial u}{\partial y} + i\frac{\partial v}{\partial y} = -\frac{\partial v}{\partial x} + i\frac{\partial u}{\partial x} \tag{6.32}$$

를 얻는다. (6.32)식을 (6.30)식에 대입하고, δy와 δx 의존성을 $\delta z = \delta x + i\delta y$로 쓸 수 있으므로

$$\frac{\delta f}{\delta z} = \frac{\partial u}{\partial x} + i\frac{\partial v}{\partial x}$$

를 얻는다. 이 식은 편도함수들이 연속이기만 하면 $\delta f/\delta z$의 극한이 복소평면 내에서 접근방향에 무관함을 보여준다.

코시-리만 조건이 $u = c_1$ = 상수인 곡선들이 $v = c_2$ = 상수인 곡선들과 직교하리라는 것을 보장하는 것은 주목할만하다(2.1절과 비교하라). 이 성질은 다양한 물리학 분야의 퍼텐셜 문제에의 적용에 기본적이다. 만일 $u = c_1$이 전기력선이면 $v = c_2$는 등전위선(면)이고 그 역도 성립한다. 또한 (6.28)식으로부터 u와 v 모두가 라플라스 방정식을 만족함을 쉽게 보일 수 있다. 퍼텐셜 이론에 대한 더 발전된 의미는 6.2.1절에서 전개한다.

실수변수 x를 복소수 z로 바꿈으로써 기본함수들을 복소평면으로 이미 일반화하였다. 이제 복소함수들의 도함수들도 낯설지 않음을 검증해 보자.

예제 6.2.1 **기본함수들의 도함수**

기본함수들을 그 함수들의 테일러 전개($x \to z$로 바꾸어 5.6절과 6.5절을 참고하라)로 정의한다:

$$e^z = \sum_{n=0}^{\infty} \frac{z^n}{n!},$$

$$\sin z = \sum_{n=0}^{\infty} (-1)^n \frac{z^{2n+1}}{(2n+1)!}, \quad \cos z = \sum_{n=0}^{\infty} (-1)^n \frac{z^{2n}}{(2n)!},$$

$$\ln(1+z) = \sum_{n=1}^{\infty} (-1)^{n-1} \frac{z^n}{n}.$$

항별 미분[e^z, $\cos z$, $\sin z$는 z의 모든 값에 대하여, $\ln(1+z)$는 $|z|<1$에 대하여 절대 수렴하는 사실로 입증됨]하여

$$\frac{d}{dz} z^n = \lim_{\delta z \to 0} \frac{(z+\delta z)^n - z^n}{\delta z}$$
$$= \lim_{\delta z \to 0} [z^n + nz^{n-1}\delta z + \cdots + (\delta z)^n - z^n]/\delta z = nz^{n-1},$$

$$\frac{de^z}{dz} = \sum_{n=1} \frac{nz^{n-1}}{n!} = e^z,$$

$$\frac{d \sin z}{dz} = \sum_{n=0} (-1)^n \frac{(2n+1)z^{2n}}{(2n+1)!} = \cos z,$$

$$\frac{d \cos z}{dz} = \sum_{n=1} (-1)^n \frac{2n z^{2n-1}}{(2n)!} = -\sin z,$$

$$\frac{d \ln(1+z)}{dz} = \frac{d}{dz} \sum_{n=1} (-1)^{n-1} \frac{z^n}{n} = \sum_{n=1} (-1)^{n-1} z^{n-1} = \frac{1}{1+z}$$

임을 알게 된다. 즉, $x \to z$로 바꿈으로써 실수변수 미분의 모든 결과가 복소수체로 일반화된다. ■

인명 자료

Riemann, Bernhard Georg Friedrich. 독일 수학자. Riemann은 1826년에 Hannover에서 출생하여 1866년에 이태리 Selasca에서 결핵으로 서거하였다. 루터파 목사의 아들인 그는 1851년에 그의 박사학위 논문이 Gauss에 의하여 인정된 Göttingen대학에서 신학에서 수학으로 전향하였다. 그는 40세 이전에 사망하였음에도 불구하고 많은 수학분야에 기여하였고, 그 중에서 곡률과 같은 본질적인 기하학적 성질로부터 거리(굽은) 공간(metric space)의 전개가 가장 유명하다. 이 주제는 대학교수 자격논문의 주제였고, Gauss가 참석하여 그에게 깊은 감명을 주었다. 반세기 후에 Riemann 기하학은 Einstein의 일반상대성이론의 기초가 되었다. 복소수 제타(zeta)함수에 대한 Riemann의 심오한 분석은 1898년에 프랑스 수학자 J. Hadamard와 C. de la Vallée-Poussin이 처음으로 소수정리를 증명하고, 복소변수 해석함수 이론의 다른 중요한 발전의 기초를 세워주었다. 제타함수의 자명하지 않은 근의 분포에 관한 그의 가정은 많은 해석적 소수이론의 결과와 함께 오늘날 풀리지 않은 가장 유명한 수학문제로 남아있다.

■ 해석 함수

끝으로, 만일 $f(z)$가 $z=z_0$와 z_0부근의 작은 영역에서 미분가능하면 $f(z)$를 $z=z_0$에서 **해석적(analytic)**[5]이라 한다. 만일 $f(z)$가 복소 (유한) 평면 내의 모든 곳에서 해석적이면 $f(z)$를 **전해석 함수(entire function)**라 한다. 앞에서 살펴본 복소변수 이론은 복소변수 해석함수에 관한 이론중의 하나로서 코시-리만 조건의 중요성을 보여준다. 현대물리학의 고급이론에서 사용되는 해석성의 개념은 (소립자 또는 빛의) 분산이론에서 매우 중요한 역할을 한다. 만일 $z=z_0$에서 $f'(z)$가 존재하지 않으면 z_0을 특이점이라 하고 이에 관한 논의는 7.1절로 미루기로 한다.

코시-리만 조건들을 예시하기 위하여 두 가지 매우 간단한 예를 들어보자.

예제 6.2.2

$f(z)=z^2$이라 하면 실수부는 $u(x, y)=x^2-y^2$이고 허수부는 $v(x, y)=2xy$이다. (6.28)식에 따르면,

$$\frac{\partial u}{\partial x}=2x=\frac{\partial v}{\partial y}, \quad \frac{\partial u}{\partial y}=-2y=-\frac{\partial v}{\partial x}$$

이다. 모든 복소 평면에서 $f(z)=z^2$은 코시-리만 조건들을 만족함을 알 수 있다. 명백히 편도함수들이 연속이므로 $f(z)=z^2$은 해석적이라고 결론짓는다. ■

예제 6.2.3

$f(z)=z^*$라 하면 $u=x$이고 $v=-y$이다. 코시-리만 조건을 적용하여

$$\frac{\partial u}{\partial x}=1, \qquad \frac{\partial v}{\partial y}=-1$$

을 얻는다. 즉, 코시-리만 조건을 만족하지 않으므로 $f(z)=z^*$는 z의 해석함수가 아니다. $f(z)=z^*$가 연속이므로, 모든 곳에서 연속이지만 어느 곳에서나 미분가능하지 않은 함수의 예를 제공한다는 것이 흥미롭다. ■

요 약

실수변수의 실수함수 미분은 국소적 근방에서만 -예를 들면, 절단된 테일러 전개와 같이 함수에 관한 정보를 제공한다는 의미에서 국소적 특성을 지닌다. 복소변수함수의 도함수의 존재는 보다 넓은 포괄적 의미를 갖는다. 해석함수의 실수부와 허수부는 각각 라플라스 방정식을 만족해야 한다. 이에 관한 예가 연습문제 6.2.1이다. 더 나아가 해석함수는 그 함수의 모든

[5] 몇몇 저자들은 **정칙(holomorphic** 또는 **regular)**이라 한다.

차수의 도함수를 보장한다(6.4절). 이런 의미에서 도함수는 복소함수의 국소적 거동을 지배할 뿐만 아니라 먼 거리에서의 거동도 통제한다.

연습문제

6.2.1 함수 $u(x, y)$와 $v(x, y)$는 각각 해석함수 $w(z)$의 실수부와 허수부이다.

(a) 요구된 도함수가 존재한다고 가정하고

$$\nabla^2 u = \nabla^2 v = 0$$

임을 보여라. $u(x, y)$, $v(x, y)$와 같은 라플라스 방정식의 해를 **조화**함수(**harmonic** function)라 한다.

(b)

$$\frac{\partial u}{\partial x}\frac{\partial u}{\partial y} + \frac{\partial v}{\partial x}\frac{\partial v}{\partial y} = 0$$

임을 보이고 기하학적으로 해석하여라.

힌트. 1.5절의 기법을 이용하면 곡선 $u(x, y) = c_i$와 곡선 $v(x, y) = c_j$가 수직인 벡터들을 구성할 수 있다.

6.2.2 함수 $f(z) = \Re(z) = x$가 해석적인지 여부를 결정하여라.

6.2.3 해석함수 $w(z)$의 실수부 $u(x, y)$와 허수부 $v(x, y)$가 각각 라플라스 방정식을 만족한다고 하면, $u(x, y)$, $v(x, y)$ 모두 $w(z)$가 해석적인 모든 영역 내부에서 **극대값 또는 극소값을 가질 수 없음**을 보여라. ($u(x, y)$, $v(x, y)$는 **안장점(saddle points)**을 갖는다. 7.3절을 보아라.)

6.2.4 $A = \partial^2 w/\partial x^2, B = \partial^2 w/\partial x\partial y, C = \partial^2 w/\partial y^2$ 이라 하자. 두 변수에 관한 미적분학을 이용하여 $B^2 - AC > 0$ 이면 $w(x, y)$가 **안장점**을 갖는다. $f(z) = u(x, y) + iv(x, y)$에 코시–리만 조건들을 적용하고, 복소수 평면 내의 유한 영역에서 $u(x, y)$와 $v(x, y)$는 **극대값과 극소값**을 갖지 않음을 보여라(7.3절 참조).

6.2.5 만일 (a) $u(x, y) = x^3 - 3xy^2$, (b) $v(x, y) = e^{-y} \sin x$ 일 때 해석함수

$$w(z) = u(x, y) + iv(x, y)$$

를 구하여라.

6.2.6 $w_1 = u(x, y) + iv(x, y)$와 $w_2 = w_1^* = u(x, y) - iv(x, y)$가 모두 해석적인 어떤 영역이 존재하면 $u(x, y)$와 $v(x, y)$가 상수임을 증명하여라.

6.2.7 $f(z) = u(x, y) + iv(x, y)$가 해석함수이다. $f^*(z^*)$도 해석함수임을 보여라.

6.2.8 슈바르츠 부등식(9.4절)의 증명은

$$f = \psi_{aa} + \lambda\psi_{ab} + \lambda^*\psi_{ab}^* + \lambda\lambda^*\psi_{bb} \geq 0$$

의 극소화를 포함한다. ψ는 함수곱들의 적분이다; ψ_{aa}는 실수이고 ψ_{ab}는 허수이고 λ는 복소수 매개변수이다.

(a) 앞의 표현식을 λ^*에 관하여 미분하여라. λ를 λ^*와는 무관한 독립 매개변수로 취급하여라. 도함수 $\partial f/\partial\lambda^*$를 영으로 놓으면

$$\lambda = -\psi_{ab}^*/\psi_{bb}$$

가 됨을 보여라.

(b) $\partial f/\partial\lambda = 0$도 같은 결과에 도달함을 보여라.

(c) $\lambda = x+iy$, $\lambda^* = x-iy$라 하자. x, y의 도함수를 영으로 놓으면, 또 다시

$$\lambda = \psi_{ab}^*/\psi_{bb}$$

임을 보여라.

6.2.9 함수 $f(z)$가 해석적이다. $f(z)$가 상수가 아니면 z^*에 관한 $f(z)$의 도함수가 존재하지 않음을 보여라.

힌트. 사슬규칙(chain rule)을 이용하고, $x = (z+z^*)/2$, $y = (z-z^*)/2i$를 취하여라.

주의. 이 결과는 해석함수 $f(z)$가 두 실수변수 x, y의 복소함수가 아니라는 것을 강조한다. $f(z)$는 복소변수 $x+iy$의 함수이다.

6.3 코시 적분 정리

■ 경로적분

미분은 잘 수행할 수 있으므로, 이제 적분 문제로 돌아가자. 복소평면 내에서 복소변수의 경로적분은 x축 상의 실수함수의 리만 적분과 제1장에서의 벡터의 선적분과 매우 유사하게 정의될 수 있다. 점 (x_1, y_1)과 (x_2, y_2)를 연결하는 경로를 따르는 적분은

$$\begin{aligned}\int_{z_1}^{z_2} f(z)dz &= \int_{x_1,y_1}^{x_2,y_2} [u(x, y) + iv(x, y)][dx + i\,dy] \\ &= \int_{x_1,y_1}^{x_2,y_2} [u(x, y)dx - v(x, y)dy] + i\int_{x_1,y_1}^{x_2,y_2} [v(x, y)dx + u(x, y)dy] \quad (6.33)\end{aligned}$$

그림 6.7
적분경로

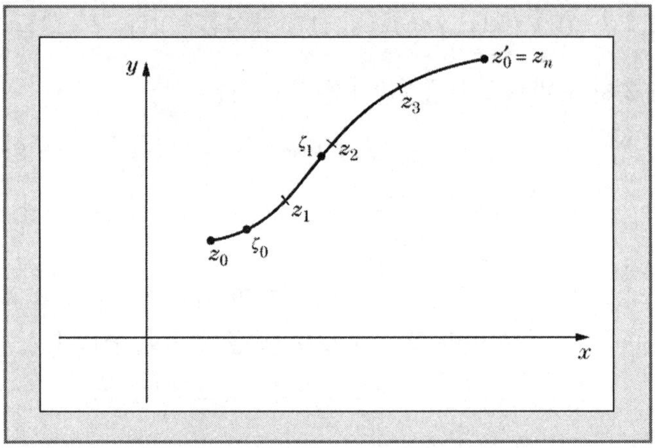

로 정의될 수 있다. 경로 C를 $x(s)$, $y(s)$로 매개변수화하면 $dx \to \frac{dx}{ds}ds$, $dy \to \frac{dy}{ds}ds$이고 복소적분은 실수적분들의 복소합으로 된다. 이것은 벡터적분을 스칼라적분의 벡터합으로 대치하는 것과 다소 유사하다 (1.9절).

경로상의 점 z_0와 z_0'사이에 $n-1$개의 중간점 z_1, z_2, …를 취하여 n개의 구간으로 나누어 진행할 수도 있다(그림 6.7). 합

$$S_n = \sum_{j=1}^{n} f(\zeta_j)(z_j - z_{j-1}) \tag{6.34a}$$

을 생각하자. 여기서 ζ_j는 z_j와 z_{j-1}사이의 곡선상의 점이다. 모든 j에 대하여

$$|z_j - z_{j-1}| \to 0$$

이 되도록 $n \to \infty$로 하자. 극한 $\lim_{n\to\infty} S_n$이 존재하고, 그 극한값이 z_j와 ζ_j점이 경로 상에 있는 한 그 점들을 선택하는 세부적인 방법에 따라 달라지지 않으면

$$\lim_{n\to\infty} \sum_{j=1}^{n} f(\zeta_j)(z_j - z_{j-1}) = \int_{z_0}^{z_0'} f(z)dz \tag{6.34b}$$

이다. (6.34b)식의 오른쪽을 ($z = z_0$에서 $z = z_0'$ 까지의 지정된 경로를 따르는) $f(z)$의 경로적분이라 부른다. **반대방향의 경로**를 따라 적분하면 dz의 부호가 바뀌고 **적분부호도 바뀐다**.

중요한 예가 다음의 경로적분이다.

예제 6.3.1 **거듭제곱에 대한 코시 적분**

경로적분 $\int_C z^n dz$를 계산하자. 경로 C는 원점 $z = 0$ 주위를 수학적으로 양의 방향(반시계방향)으로 도는 반경 $r > 0$인 원이다. (6.10)식의 극좌표에서 원을 $z = re^{i\theta}$, $dz = ire^{i\theta}d\theta$로 매개변수화한다. $n \neq -1$인 정수에 대하여 2π가 $e^{i(n+1)\theta}$의 주기이므로

그림 6.8
단순 연결 영역 R내의 닫힌 경로 C

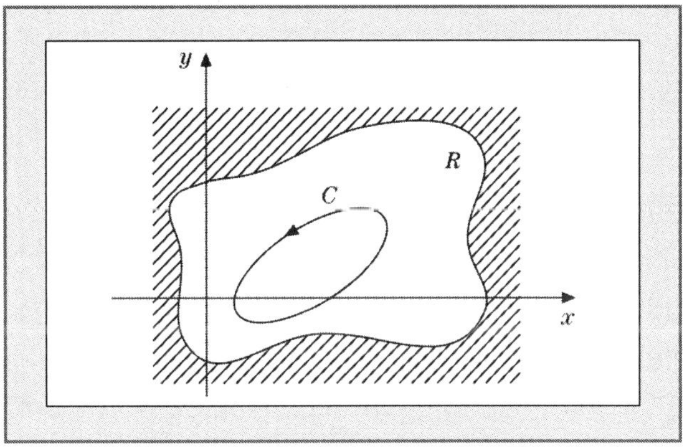

$$\int_C z^n dz = r^{n+1} \int_0^{2\pi} i \exp[i(n+1)\theta] d\theta$$
$$= (n+1)^{-1} r^{n+1} [e^{i(n+1)\theta}]|_{\theta=0}^{2\pi} = 0 \tag{6.35}$$

을 얻고, 반면에 $n=-1$일 때는

$$\int_C \frac{dz}{z} = \int_0^{2\pi} i d\theta = 2\pi i \tag{6.36}$$

이고 다시 r에 독립이다.

다른 방법으로는 모서리가 z_1, z_2, z_3, z_4인 **사각형 주위로 적분**하면 $n \neq -1$일 때, 각 모서리 점들은 한 번씩 상한과 하한으로 나타나므로

$$\int z^n dz = \left.\frac{z^{n+1}}{n+1}\right|_{z_1}^{z_2} + \left.\frac{z^{n+1}}{n+1}\right|_{z_2}^{z_3} + \left.\frac{z^{n+1}}{n+1}\right|_{z_3}^{z_4} + \left.\frac{z^{n+1}}{n+1}\right|_{z_4}^{z_1} = 0$$

을 얻는다. $n=-1$일 때는 대수항들의 서로 대응되는 실수부분이 상쇄된다. 그러나 허수부분은 z_1에서 z_4까지 점들의 편각은 증가하고, 첫 모서리 점 z_1로 복귀할 때는 대수의 다가성 때문에 2π만큼 증가하여 적분값으로는 $2\pi i$만 남게 된다. 따라서 **다가함수를 포함하는 적분값은 취해진 적분경로 상에서 연속적 방법으로 도달한 값과 같아야 한다.** 이 적분이 코시 적분 정리의 예이다. 일반함수들에 대하여는 다음 절에서 증명한다. ■

■ 스토크스 정리에 의한 코시 적분 정리 증명

코시 적분 정리는 복소변수함수들의 거동에 관한 이론에서 두 가지 기본적인 정리들 중 하나이다. 아름답고 추상적 이론을 개발하는 수학자들에게는 허용되지 않지만, 물리 문제에서는 보통 만족되는, 비교적 제한적인 물리적 응용조건 아래서 이 정리를 증명한다. 코시 정리는 다음 내용을 설명한다.

만일 $f(z)$가 해석적(그러므로 1가 함수)이고 단순 연결된 어떤 영역 R 전체에서 해석적이고,[6] 편도함수가 연속이면 R 내의 모든 닫힌 경로 C주위의 $f(z)$의 적분값은 영이다. 즉,

$$\oint_C f(z)dz = 0 \tag{6.37}$$

이다.

경로가 닫혀있음을 강조하기 위하여 기호 $\oint$가 사용된다.[7]

이와 같은 형식을 취하면 코시 적분 정리는 스토크스 정리(1.11절)를 직접 적용함으로써 증명될 수 있다. $f(z) = u(x, y) + iv(x, y)$이고 $dz = dx + idy$이므로

$$\begin{aligned}\oint_C f(z)dz &= \oint_C (u + iv)(dx + i\,dy) \\ &= \oint_C (u\,dx - v\,dy) + i\oint_C (v\,dx + u\,dy)\end{aligned} \tag{6.38}$$

이다. 이 두 적분들은 스토크스 정리에 의하여 면적분들로 전환될 수 있는데, 이는 C 내에서 편도함수들이 연속이면 증명되는 과정이다. 스토크스 정리의 적용에 있어서 (6.38)식의 최종 두 적분이 실수임을 유의하라.

$$\mathbf{V} = \hat{\mathbf{x}}V_x + \hat{\mathbf{y}}V_y$$

를 이용하면 스토크스 (또는 그린) 정리는

$$\oint_C (V_x\,dx + V_y\,dy) = \int_A \left(\frac{\partial V_y}{\partial x} - \frac{\partial V_x}{\partial y}\right) dx\,dy \tag{6.39}$$

이다 (A는 C에 의하여 둘러싸인 면적이다). (6.38)식의 마지막 부분의 첫 번째 적분을 하기 위해 $u = V_x$, $v = -V_y$라 하자.[8] 그러면

$$\begin{aligned}\oint_C (u\,dx - v\,dy) &= \oint_C (V_x\,dx + V_y\,dy) \\ &= \int_A \left(\frac{\partial V_y}{\partial x} - \frac{\partial V_x}{\partial y}\right) dx\,dy = -\int_A \left(\frac{\partial v}{\partial x} + \frac{\partial u}{\partial y}\right) dx\,dy\end{aligned} \tag{6.40}$$

이다. (6.38)식의 오른쪽 두 번째 부분을 적분하기 위하여 $u = V_y$, $v = V_x$라 하고, 스토크스 정리를 다시 이용하여

---

[6] 단순 연결 영역 또는 정의역은 그 영역내의 모든 닫힌 경로가 그 안에 포함된 점들만을 둘러싸는 영역을 말한다. 단순 연결 영역이 아닌 영역을 다중 연결 영역이라 한다. 다중 연결 영역의 한 예로서 단위원 내부가 **배제된** z평면을 생각하여라.

[7] 1.12절에서 힘이라고 한, 이와 같은 함수 $f(z)$를 보존적이라고 분류하였음을 상기하여라.

[8] 스토크스 정리(1.12절)의 증명에서 V_x와 V_y는 (연속 편도함수를 갖는) 임의의 2차원 함수들이다.

$$\oint_C (v\,dx + u\,dy) = \int_A \left(\frac{\partial u}{\partial x} - \frac{\partial v}{\partial y}\right) dx\,dy \qquad (6.41)$$

를 얻는다. $f(z)$가 해석적이라고 가정하므로 (반드시 성립되어야 하는) 코시 적분 정리를 적용하면 각 피적분함수는 사라지고

$$\oint f(z)dz = -\int_A \left(\frac{\partial v}{\partial x} + \frac{\partial u}{\partial y}\right) dx\,dy + i\int_A \left(\frac{\partial u}{\partial x} - \frac{\partial v}{\partial y}\right) dx\,dy = 0 \quad (6.42)$$

이 된다.

코시 적분 정리의 결과는 해석함수에 대한 선적분은 적분경로에 무관하고 적분의 양 끝점만의 함수라는 것이므로,

$$\int_{z_1}^{z_2} f(z)dz = F(z_2) - F(z_1) = -\int_{z_2}^{z_1} f(z)dz \qquad (6.43)$$

이고, 이 결과는 또 다시 보존력(1.12절)의 경우와 완전히 같다.

요약하면, $f(z)$가 경계가 닫힌 적분경로인 단순 연결 영역 내에서 해석적이면 닫힌 경로상의 코시 적분 $\oint f(z)dz = 0$이다. 코시 적분은 보존력에 관한 선적분을 2차원화한 것과 유사하다.

■ 다중 연결 영역

적분 정리에 대한 원래의 진술은 영역이 단순 연결 영역일 것이 요구되었다. 그러나 이러한 제한은 장벽이나 경로선의 생성에 의하여 쉽게 완화될 수 있다. 그림 6.9와 같은 다중 연결 영역을 생각하자. $f(z)$는 내부영역 R'내에서는 정의되지 않는다. 코시 적분 정리는 그림에 나타낸 경로 C에 대하여는 성립하지 않으나, 적분 정리가 성립하는 경로 C'을 구성할 수 있다. 그림 6.10에 나타낸 바와 같이 내부의 금지 영역 R'으로부터 R외부의 금지 영역까지 직선을 그어 새로운 경로 C'을 구성한다. $ABDEFGA$를 지나는 새로운 경로 C'은 R을 단순 연결 영역으로 전환하는 직선과 결코 교차하지 않는다.

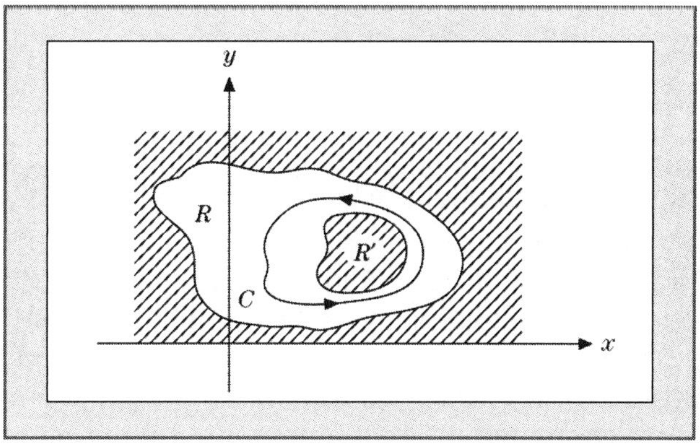

그림 6.9
다중 연결 영역안의 닫힌 경로 C

그림 6.10
다중 연결 영역의 단순 연결 영역으로의 전환

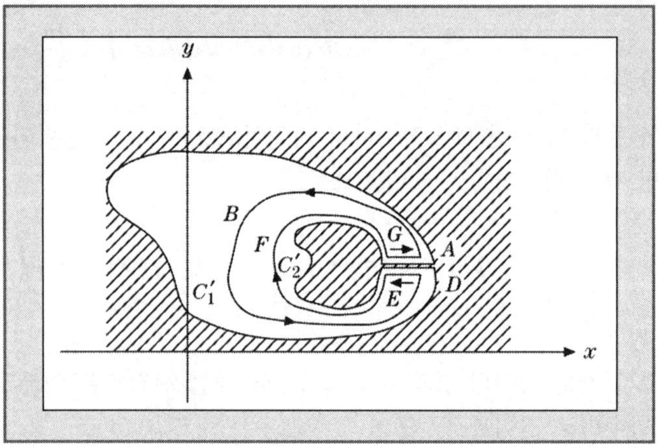

이와 유사한 3차원 기법은 1.13절에서 가우스 법칙을 증명하기 위해 사용되었다. (6.43)식에 의하여

$$\int_G^A f(z)dz = -\int_E^D f(z)dz \tag{6.44}$$

이다. $f(z)$는 직선과 임의적으로 가까워질 수 있는 선분 DE와 GA 상에서 연속이다. 이제 영역 R은 단순 연결 영역이므로 코시 적분 정리에 의하여

$$\oint_{C'} f(z)dz = \int_{ABD} f(z)dz + \int_{EFG} f(z)dz = 0 \tag{6.45}$$

이다. $ABD \to C_1'$, $EFG \to -C_2'$일 때, (6.43)식을 다시 적용하여

$$\oint_{C_1'} f(z)dz = \oint_{C_2'} f(z)dz \tag{6.46}$$

를 얻는다. 여기서 C_1'과 C_2'은 모두 같은 방향(반시계방향)을 가로지른다.

여기서 (적분) 경로선은 코시 적분 정리의 적용을 허용하기 위한 수학적 편의상의 문제라는 점을 강조한다. $f(z)$는 고리 영역에서 해석적이므로 1가이고 모든 이러한 경로선에 걸쳐 연속이다.

인명 자료

Cauchy, Augustin Louis, Baron. 프랑스 수학자 Cauchy는 1789년 파리에서 출생하여 1857년 프랑스 Sceaux에서 서거하였다. 1805년에 Ecole Polytechnique에 입학하였는데 Ampére가 그의 선생님들 중 한 사람이었다. 1816년에 Monge가 정치적 이유로 퇴출되자 과학아카데미(프랑스)내의 Monge의 자리에 취임하였다. 근대 복소 해석학의 아버지인 그의 가장 유명한 공헌은 해석함수와 그 도함수들에 대한 적분공식이지만, 그의 편미분방정식과 전기역학에서 에테르 이론에도 공헌하였다.

연습문제

6.3.1 $\int_{z_1}^{z_2} f(z)dz = -\int_{z_2}^{z_1} f(z)dz$임을 보여라.

6.3.2

$$\left| \int_C f(z)dz \right| \leq |f|_{\max} \cdot L$$

임을 증명하여라. 단, $|f|_{\max}$는 경로 C 상에서 $|f(z)|$의 최대값이고, L은 경로의 길이이다.

6.3.3 그림 6.11에 나타낸 두 경로에 대하여 적분값을 계산하여

$$\int_{0,0}^{1,1} z^* dz$$

가 경로에 의존함을 증명하여라. $f(z)=z^*$는 해석함수가 아니므로 코시 적분 정리가 적용되지 않는다는 것을 상기하여라.

6.3.4

$$\oint \frac{dz}{z^2+z} = 0$$

임을 보여라. 적분경로는 (i) $|z| = R > 1$로 정의된 원 (ii) 모서리가 $\pm 2 \pm 2i$인 사각형이다.

힌트. 코시 적분 정리를 직접 사용하는 것은 타당하지 않다. 그 이유는? 극좌표로

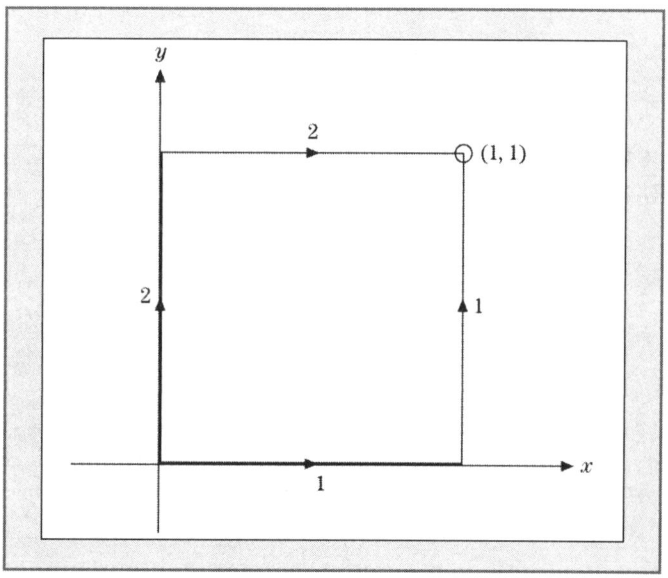

그림 6.11 적분 경로

바꾸고 적분표를 이용하면 적분값이 계산될 수 있다. 잉여항 계산(7.2절)이 더 좋은 방법이다. 결과는 $R>1$에 대해서는 0이고 $R<1$에 대해서는 $2\pi i$이다.

6.3.5 $\int_0^{2+i}|z|^2dz$를 원점에서 $2+i$까지 직선을 따라 적분하고, 실수축을 따라 원점에서 2까지 계속하고, 2에서 $2+i$까지 허수축에 평행한 경로에 따라 적분하여라. $|z|^2$을 z^2으로 바꾸어 같은 적분을 하고 그 결과들을 비교하여라. 한 경우는 적분이 경로에 의존하고, 다른 경우에는 경로에 의존하지 않은 이유에 대하여 논의하여라.

6.4 코시 적분 공식

앞 절에서와 같이 닫힌 경로 C와 그 경로에 의하여 둘러싸인 내부 영역에서 해석적인 함수 $f(z)$를 생각한다. 코시 적분 공식

$$\frac{1}{2\pi i}\oint_C \frac{f(z)}{z-z_0}dz = f(z_0) \tag{6.47}$$

을 증명하고자 한다. 여기서 z_0는 C에 의하여 둘러싸인 영역 내부의 한 점이다. 이 공식이 (복소 변수함수 이론에서의) 두 기본 정리 중 두 번째의 것이다. z가 경로 C상에 있고 z_0는 내부에 있으므로 $z-z_0\neq 0$이고, 적분 (6.47)식은 잘 정의된다. 피적분함수 $f(z)/(z-z_0)$를 보면 $f(z)$가 C 내에서 해석적이더라도 분모가 $z=z_0$에서 영이 된다는 것을 알 수 있다. 만일 $f(z_0)\neq 0$이고 z_0가 C 내에 있으면 **피적분함수는 특이성을 갖고, 이 특이성을 일차 또는 단순극 (simple pole)이라 한다**. 극의 존재는 코시 공식이 성립하는 데 필수적이다. 예제 6.3.1의 $n=-1$인 경우도 마찬가지이다. 만일 적분경로를 그림 6.12(또는 6.3절의 그림 6.10)와 같이 변형하면 코시 정리가 적용된다. (6.46)식에 의하여

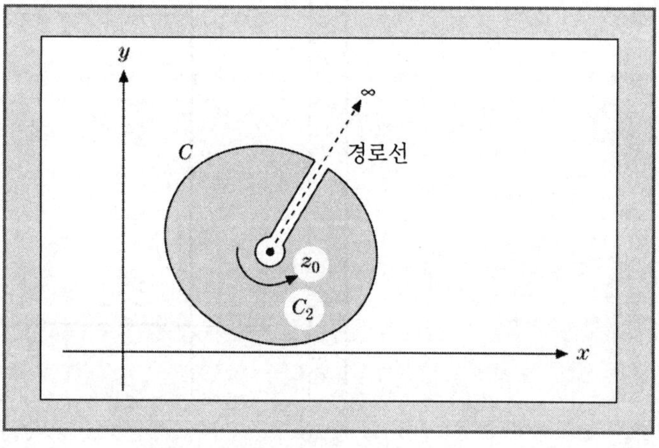

그림 6.12
특이점 제외

$$\oint_C \frac{f(z)}{z-z_0}dz - \oint_{C_2} \frac{f(z)}{z-z_0}dz = 0 \tag{6.48}$$

이다. C는 원래의 외부경로이고 C_2는 점 z_0을 **반시계방향(counterclockwise)**으로 도는 원이다. z_0 주위의 원형경로 때문에 극좌표를 사용하여 $z = z_0 + re^{i\theta}$라 하자. 여기서 r을 작게 하여 궁극적으로는 영에 접근하도록 한다:

$$\oint_{C_2} \frac{f(z)}{z-z_0}dz = \oint_{C_2} \frac{f(z_0 + re^{i\theta})}{re^{i\theta}} rie^{i\theta} d\theta.$$

$f(z)$가 해석적이고, 따라서 $z = z_0$에서 연속이므로, $r \to 0$의 극한을 취하면

$$\oint_{C_2} \frac{f(z)}{z-z_0}dz = if(z_0) \int_{C_2} d\theta = 2\pi i f(z_0). \tag{6.49}$$

이로써 코시의 적분 공식[(6.47)식]이 증명되었다.

여기에는 놀라운 결과가 있다. 해석함수 $f(z)$의 값은 경계 C 상에서 그 값들이 지정되기만 하면, 내부점 $z = z_0$에서의 값으로 주어진다. 이것은 가우스 법칙(1.13절)의 2차원 형식과 매우 유사하다. 가우스 법칙에 의하면, 내부의 선전하값의 크기가 전기장 **E**를 원통의 표면 상에서 적분한 값으로 주어진다. 더욱 유사한 것은 실수공간 내에서 함수가 그 함수에 대응하는 그린 함수의 유계 표면적분에 의하여 결정된다는 것이다. 키르히호프 회절이론은 이에 관한 예제이다.

z_0가 내부점이라는 점이 강조되었다. 만일 z_0가 C의 외부에 있다면 어떻겠는가? 이 경우에는 전체 피적분함수가 C 안에서 해석적이다. 코시의 적분 정리(6.3절)가 적용되고 적분값은 영이다:

$$\frac{1}{2\pi i}\oint_C \frac{f(z)dz}{z-z_0} = \begin{cases} f(z_0), & z_0 \quad \text{내부} \\ 0, & z_0 \quad \text{외부}. \end{cases}$$

■ 도함수

$f(z)$의 도함수를 얻는 데 코시 적분 공식이 이용될 수 있다. (6.47)식에서 $f(z)$가 해석적이면

$$\frac{f(z_0 + \delta z_0) - f(z_0)}{\delta z_0} = \frac{1}{2\pi i \delta z_0}\left(\oint \frac{f(z)}{z - z_0 - \delta z_0}dz - \oint \frac{f(z)}{z-z_0}dz\right)$$

이다. 정의에 의하면 [(6.22)식],

$$\begin{aligned} f'(z_0) &= \lim_{\delta z_0 \to 0} \frac{1}{2\pi i \delta z_0} \oint \frac{\delta z_0 f(z)}{(z - z_0 - \delta z_0)(z - z_0)}dz \\ &= \frac{1}{2\pi i}\oint \frac{f(z)}{(z-z_0)^2}dz \end{aligned} \tag{6.50}$$

이다. 이 결과는 (6.47)식을 적분기호 아래 z_0에 관하여 미분하여 얻을 수도 있었다. 이와 같은 형식적인 또는 기발한 접근 방법은 성립되지만 그 정당성에 관한 논의는 앞의 분석 내용에 포함되어 있다. 피적분함수 $f(z)/(z-z_0)^2$은 $z=z_0$에서 $f(z_0)\neq 0$이면 특이점을 갖고 **이 특이점을 2차극(second-order pole)**이라고 정의한다.

이렇게 도함수를 구하는 방법은 반복될 수 있다. $f'(z+\delta z_0)$, $f'(z_0)$에 (6.50)식을 이용하고, 서로 빼고, δz_0로 나누고, 최종적으로 $\delta z_0 \to 0$의 극한을 취하여

$$f^{(2)}(z_0) = \frac{2}{2\pi i}\oint \frac{f(z)dz}{(z-z_0)^3}$$

를 얻는다. $f^{(2)}(z_0)$는 당연히 δz_0의 방향에 의존하지 않아야 한다. 만일 $f(z_0)\neq 0$이면 $f(z)/(z-z_0)^3$은 **특이점**을 갖는데 **3차극(third-order pole)이라고 정의된다**. 계속 반복하여[9]

$$f^{(n)}(z_0) = \frac{n!}{2\pi i}\oint \frac{f(z)dz}{(z-z_0)^{n+1}} \tag{6.51}$$

를 얻는다. 즉, $f(z)$가 해석적이어야 한다는 것은 $f(z)$의 일차 도함수뿐만 아니라 **모든** 차수의 도함수 계산을 보장한다. $f(z_0)\neq 0$이면 **피적분함수**가 $z=z_0$**에서** $n+1$**차 극을 갖는다**는 점을 유의하여라. $f(z)$의 도함수들은 자동적으로 해석적이다. 이와 같은 진술은 코시 적분 정리에 대한 구어르사의 변형(version)을 가정한 것을 유의하라 [$f'(z)$가 존재한다고 가정하지만 연속이라고 가정할 필요는 없다; 이를 증명하기 위해서는 아푸켄과 외버의 *Math. Methods* 5th ed.를 보라]. 이것은 복소변수 이론의 전개에 구어르사의 기여가 왜 그렇게 중요한가를 말해준다.

■ 모레라 정리

코시 적분 공식을 적용하여 모레라 정리를 증명한다. 이 정리는 코시 적분 정리의 역이다. 이 정리는 다음과 같다:

> $f(z)$가 단일 연결 영역 R에서 연속이고 R 내의 모든 닫힌 경로 C에 대하여 $\oint_C f(z)dz=0$ 이면 $f(z)$는 R의 전체 영역에서 해석적이다.

$f(z)$를 z_1에서 z_2까지 적분하자. $f(z)$의 모든 닫힌 경로 적분값이 영이므로 적분은 경로에 의존하지 않고 양 끝점에만 의존한다. (원시) 적분함수 $F(z)$를

$$F(z_2)-F(z_1) = \int_{z_1}^{z_2} f(z)dz \tag{6.52}$$

---

[9] 이 표현은 **분수차** 도함수 정의의 출발점이다. *Tables of Integral Transforms* Vol. 2. (Erdelyi A.(Ed.) McGraw-Hill, New York(1954)를 보라. 수학적 해석학에의 최근의 적용을 알아보기 위해서는 Osler. T. J. (1972) An integral analogue of Taylor's series and its use in computing Fourier transforms. *Math. Comput.* **26**, 449를 보라.

로 나타낸다. 다른 복소변수 t를 사용하면 항등식

$$\frac{F(z_2)-F(z_1)}{z_2-z_1}-f(z_1)=\frac{\int_{z_1}^{z_2}[f(t)-f(z_1)]dt}{z_2-z_1} \tag{6.53}$$

를 얻는다. 이제 $z_2 \to z_1$의 극한을 취하면 $f(t)$가 연속이므로[10]

$$\lim_{z_2\to z_1}\frac{\int_{z_1}^{z_2}[f(t)-f(z_1)]dt}{z_2-z_1}=0 \tag{6.54}$$

이다. 그러므로 도함수의 정의[(6.22)식]에 의하여

$$\lim_{z_2\to z_1}\frac{F(z_2)-F(z_1)}{z_2-z_1}=F'(z)|_{z=z_1}=f(z_1) \tag{6.55}$$

이다. $z=z_1$에서 $F'(z)$가 존재하고 $f(z_1)$과 같다는 것을 증명하였다. z_1이 R 내의 임의의 점이므로 $F(z)$가 해석적임을 알 수 있다. 코시의 적분공식[(6.51)식과 비교하라]에 의하여 $F'(z)=f(z)$도 해석적이다. 따라서 모레라의 정리가 증명된다.

정전기와의 유사성을 다시 한번 언급하면 $f(z)$를 사용하여 정전기장 $\mathbf{E}$를 표현할 수 있다. 모든 닫힌 영역 R 내의 알짜전하가 영이면 (가우스 법칙), R 내의 모든 곳에서 전하밀도는 영이다. 1.12절의 분석을 이용하여 다시 표현하면 $f(z)$는 (보존력의 정의에 의하여) 보존력을 나타낸다. 그러면 보존력을 퍼텐셜함수 $F(z)$의 도함수로 표현하는 것이 언제나 가능하다.

코시 적분 공식의 중요한 적용이 다음의 코시 부등식이다. 만일 $f(z)=\sum a_n z^n$이 해석적이고 유계이면 즉, 원점 주위의 반경이 r인 원 상에서 $|f(z)|\le M$이면,

$$|a_n|r^n \le M \qquad \textbf{(코시 부등식)} \tag{6.56}$$

이고 테일러 전개계수의 상한을 제공한다. (6.56)식을 증명하기 위하여 $M(r)=\max_{|z|=r}|f(z)|$를 정의하고 a_n에 관하여 코시 적분을 이용한다:

$$|a_n|=\frac{1}{2\pi}\left|\int_{|z|=r}\frac{f(z)}{z^{n+1}}dz\right|\le M(r)\frac{2\pi r}{2\pi r^{n+1}}.$$

(6.56)식의 직접적인 결과가 **리우비 정리(Liouville theorem)이다**:

> 만일 $f(z)$가 복소수 평면에서 해석적이고 유계이면 $f(z)$는 상수이다.

사실, 모든 z에 대하여 $|f(z)|\le M$이면 코시 부등식[(6.56)식]은 $n>0$에 대하여, $r\to\infty$일

[10] 여기서 미적분학에서의 평균치 정리를 인용할 수도 있다.

때 $|a_n| \le Mr^{-n} \to 0$이다. 따라서, $f(z) = a_0$이다.

역으로, 해석함수가 상수에서 약간 벗어나면, 무한 복소평면 내의 적어도 하나의 특이점이 존재해야 한다는 것을 의미한다. 매우 사소한 상수함수들을 제외하면 특이점은 피할 수 없는 것이 현실이고 특이점과 함께 살아가는 법을 배워야 한다. 그러나, 그보다 더 많은 것을 하게 될 것이다. 다음으로 함수를 특이점에서 로랑 급수로 전개하고, 특이점을 이용하여 제7장에서 강력하고 유용한 유수 미적분법을 개발할 것이다.

리우비 정리의 유명한 적용은 **기본적인 대수학의 정리 (fundamental theorem of algebra)**에 이르게 하는데 (C. F. Gauss에 의한) 이 정리는 $n>0$이고 $a_n \neq 0$인 다항식 $P(z) = \sum_{\nu=0}^{n} a_\nu z^\nu$가 n개의 근을 갖는다는 것을 설명한다. 이를 증명하기 위하여 $P(z)$가 근을 갖지 않는다고 가정하자. 그러면 $f(z) = 1/P(z)$는 해석적이고 $|z| \to \infty$일 때 유계이다. 그러므로 $f(z)$는 상수이다. $f(z) = 1/P$는 리우비 정리에 의하여 상수가 되어 모순이다. 따라서 $P(z)$는 나눌 수 있는 근을 적어도 하나는 갖는다. 나머지 $n-1$차의 다항식에 대하여 같은 과정을 반복하면 $P(z)$가 정확히 n개의 근을 갖는다는 결론에 도달하게 된다.

요 약

요약하면 해석함수 $f(z)$가 단일 연결 영역 R의 경계 C 상에서 주어지면 영역 R 내의 임의의 점에서 그 함수값과 그 함수의 모든 도함수값은 코시 적분으로 알려진다:

$$f(z_0) = \frac{1}{2\pi i} \oint_C \frac{f(z)dz}{z - z_0}, \qquad f^{(n)}(z_0) = \frac{n!}{2\pi i} \oint_C \frac{f(z)dz}{(z - z_0)^{n+1}}.$$

이들 코시 적분들은 수 많은 물리학적 적용에서 지극히 중요하다.

연습문제

6.4.1 원점을 반시계방향으로 한번 둘러싸는 원형경로를 잡으면

$$\frac{1}{2\pi i} \oint z^{m-n-1} dz \quad (m,\ n\ :\ \text{정수})$$

가 δ_{mn}으로 표현됨을 보여라.

6.4.2 연습문제 6.3.4의 피적분함수를 부분분수로 분리하여 다중 연결 영역에 대한 코시 적분 공식을 적용하여 풀어라.

주의. 부분분수는 15.7절에 라플라스 변환과 연관하여 설명된다.

6.4.3 적분

$$\oint_C \frac{dz}{z^2 - 1}$$

을 계산하여라. C는 $|z|=2$인 원이다. 다른 방법으로 모서리가 $\pm 2 \pm 2i$인 사각형 둘레를 따라 적분하여라.

6.4.4 $f(z)$가 닫힌 경로 C 위와 내부에서 해석적이고 점 z_0가 C 내부에 있다고 가정하여

$$\oint_C \frac{f'(z)}{z-z_0} dz = \oint_C \frac{f(z)}{(z-z_0)^2} dz$$

임을 보여라.

6.4.5 $f(z)$가 닫힌 경로 C 위와 내부에서 해석적이라는 것을 알고 있지만 n차 도함수 $f^{(n)}(z_0)$가

$$f^{(n)}(z_0) = \frac{n!}{2\pi i} \oint_C \frac{f(z)}{(z-z_0)^{n+1}} dz$$

인지 의심할 수 있다. 수학적 귀납법을 이용하여 위의 표현이 옳다는 것을 증명하여라.

6.4.6 (a) 함수 $f(z)$는 닫힌 경로 C 내부에서 해석적(위에서는 연속)이다. C 내부에서 $f(z) \neq 0$이고 C 상에서 $|f(z)| \leq M$이면 C 안의 모든 점에서

$$|f(z)| \leq M$$

임을 보여라.

힌트. $w(z) = 1/f(z)$를 고려하여라.

(b) 경로 C 안에서 $f(z) = 0$이면 앞의 결과가 성립되지 않음을 보여라. – 즉, 경로 C 내부의 한 점 또는 많은 점에서 $|f(z)|=0$일 수 있고 전체 경계 경로 상에 $|f(z)|>0$일 수 있음을 보여라. 이와 같은 거동을 보이는 해석함수의 특정 예를 인용하여라.

6.4.7 n차 도함수에 관한 코시 적분 공식을 이용하여 다음의 로드리그의 공식들을 적절한 경로를 갖는 코시 적분으로 바꾸어라.

(a) 르장드르

$$P_n(x) = \frac{1}{2^n n!} \frac{d^n}{dx^n} (x^2-1)^n$$

답. $\dfrac{(-1)^n}{2^n} \cdot \dfrac{1}{2\pi i} \oint \dfrac{(1-z^2)^n}{(z-x)^{n+1}} dz.$

(b) 에르미트

$$H_n(x) = (-1)^n e^{x^2} \frac{d^n}{dx^n} e^{-x^2}$$

(c) 라게르

$$L_n(x) = \frac{e^x}{n!}\frac{d^n}{dx^n}(x^n e^{-x})$$

주의. 이 적분 표현으로부터 이들 특수함수에 대한 모함수들을 구할 수 있다. 11.4절, 13.1절과 13.2절을 비교하여라.

6.4.8 $\oint_C z^* dz$를 구하여라. 단 C는 1사분면 안의 단위원이다. 그 결과를 $z=1$에서 허수축에 평행하게 $1+i$까지 적분하고 그곳에서 실수축에 평행하게 i 까지 적분한 값과 비교하여라.

6.4.9 임의의 두 개의 다른 경로를 따라 $\int_{2\pi}^{2\pi+i\infty} e^{iz}dz$를 계산하여라.

6.5 로랑 전개

■ 테일러 전개

앞 절의 코시 적분 공식은 테일러 전개(5.6절)의 또 다른 유도 방법의 길을 열어준다. 그러나 이번에는 복소변수함수에 관한 것이다. $f(z)$를 $z=z_0$ 부근에서 전개하고자 한다. $z=z_1$ 을 $f(z)$가 그 점에서 해석적이 아닌 아르강 도표상에서 z_0에 가장 가까운 점이라고 하자. z_0 를 중심으로 반경이 $|z'-z_0|<|z_1-z_0|$인 원 C를 그린다 (그림 6.13). z_1이 $f(z)$가 해석적이 아닌 가장 가까운 점이라고 가정하였으므로 $f(z)$는 C 위와 그 내부에서 반드시 해석적이다.

그림 6.13
테일러 전개를 위한 원형 정의역

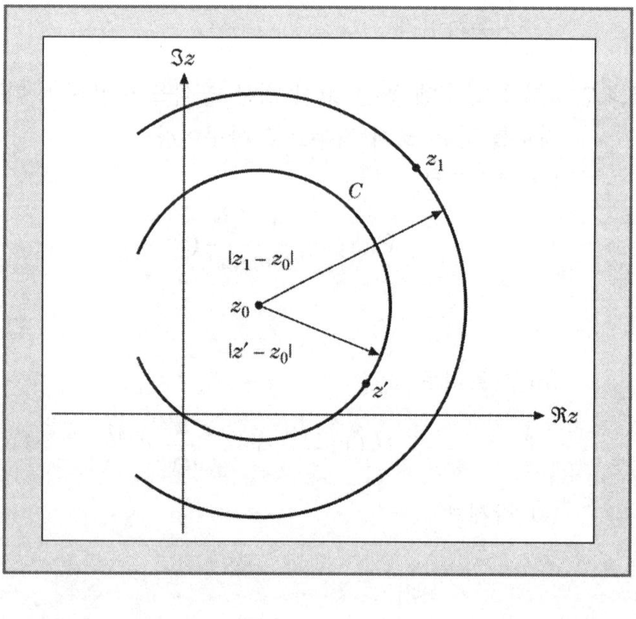

(6.47)식으로부터, 코시 적분 공식은

$$\begin{aligned} f(z) &= \frac{1}{2\pi i}\oint_C \frac{f(z')dz'}{z'-z} \\ &= \frac{1}{2\pi i}\oint_C \frac{f(z')dz'}{(z'-z_0)-(z-z_0)} \\ &= \frac{1}{2\pi i}\oint_C \frac{f(z')dz'}{(z'-z_0)[1-(z-z_0)/(z'-z_0)]} \end{aligned} \tag{6.57}$$

이다. 단, z'은 경로 C 상의 점이고 z는 C 내부의 임의의 점이다. (6.57)식의 피적분함수를 다른 기본 함수들에 대한 예제 6.2.1에서와 같이 복소변수로 일반화한 이항정리로 전개한다. 항등식 (복소수 t에 대하여)

$$\frac{1}{1-t} = 1+t+t^2+t^3+\cdots = \sum_{n=0}^{\infty} t^n \tag{6.58}$$

에 주목한다. 이 식은 양변에 $1-t$를 곱하면 쉽게 증명된다. 이 무한급수는 5.2절의 방법을 따르면 $|t|<1$에서 수렴한다. 실수 급수의 양의 항들 a_n을 복소수의 절대값 $|a_n|$으로 대치하면 제5장의 수렴조건이 복소수에 타당한 수렴조건으로 바뀐다.

이제 C의 내부점 z에 대하여 $|z-z_0|<|z'-z_0|$이고 (6.58)식을 이용하면 (6.57)식은

$$f(z) = \frac{1}{2\pi i}\oint_C \sum_{n=0}^{\infty} \frac{(z-z_0)^n f(z')dz'}{(z'-z_0)^{n+1}} \tag{6.59}$$

으로 된다. 적분과 합의 순서를 바꾸어 [$|t|<1$에서 고르게 수렴하므로 타당함]

$$f(z) = \frac{1}{2\pi i}\sum_{n=0}^{\infty}(z-z_0)^n \oint_C \frac{f(z')dz'}{(z'-z_0)^{n+1}} \tag{6.60}$$

을 얻는다. (6.51)식을 참조하여 테일러 급수전개

$$f(z) = \sum_{n=0}^{\infty}(z-z_0)^n \frac{f^{(n)}(z_0)}{n!} \tag{6.61}$$

를 얻는다. 이 급수전개는 $|z-z_0|<|z_1-z_0|$에 대하여 $f(z)$가 해석적이라는 가정에 기초하고 있다는 점에 유의하여라. 실수변수 거듭제곱 급수(5.7절)와 똑같이 이 전개는 주어진 z_0에 대하여 유일하다.

$f(z)$에 대한 테일러 전개로부터 이항정리가 유도될 수 있다(연습문제 6.5.2).

■ 슈바르츠 반사원리

n이 정수일 때 $g(z)=(z-x_0)^n$의 이항정리로부터 함수의 복소공액은 (변수의) 복소공액의 함수임을 알 수 있다. 실수 x_0에 대하여

그림 6.14
슈바르츠 반사

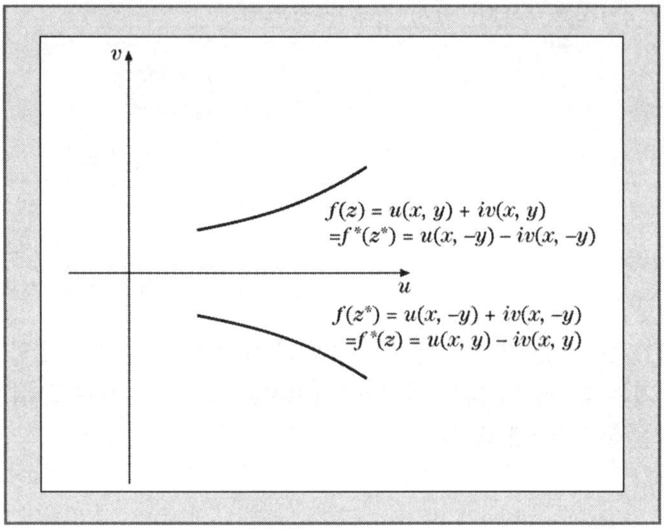

$$g^*(z) = (z - x_0)^{n*} = (z^* - x_0)^n = g(z^*) \tag{6.62}$$

이다. 이 결과는 슈바르츠 반사원리에 이르도록 한다 (그림 6.14).

> 만일 $f(z)$가 (1) 실수축을 포함한 어떤 영역에서 해석적이고 (2) z가 실수이면
>
> $$f^*(z) = f(z^*) \tag{6.63}$$
>
> 이다.

윗 식은 다음과 같이 증명된다. $f(z)$를 (특이점이 아닌) 실수축 상의 점 x_0에 관하여 전개하면 (6.60)식에 의하여 .

$$f(z) = \sum_{n=0}^{\infty}(z - x_0)^n \frac{f^{(n)}(x_0)}{n!} \tag{6.64}$$

이다. $z = x_0$에서 $f(z)$가 해석적이므로 이 함수의 테일러 전개가 존재한다. z가 실수일 때 $f(z)$가 실수이므로 모든 n에 대하여 $f^{(n)}(x_0)$가 실수이어야 한다. 그러면 (6.62)식을 이용하면 (6.63)(Schwarz reflection principle)식은 곧 바로 성립한다. 연습문제 6.5.6은 이 원리의 또 다른 형태이다. 슈바르츠 반사원리는 모든 기본함수들에 적용되고 예제 6.2.1의 함수들은 특수한 것들이다.

■ 해석적 연속화

해석함수 f의 값 $f(z)$를 복소 평면상의 제한된 어떤 영역 S_1내에서, 보통 예를 들면, 테일러 급수로 정의되는 개개의 실체라고 생각하는 것이 자연스럽다 (그림 6.15). 그러면 f는 **수렴원** C_1 내부에서 해석적이다. 이때 수렴반경(circle of convergence)은 C_1의 중심으로부터 f의 **가장**

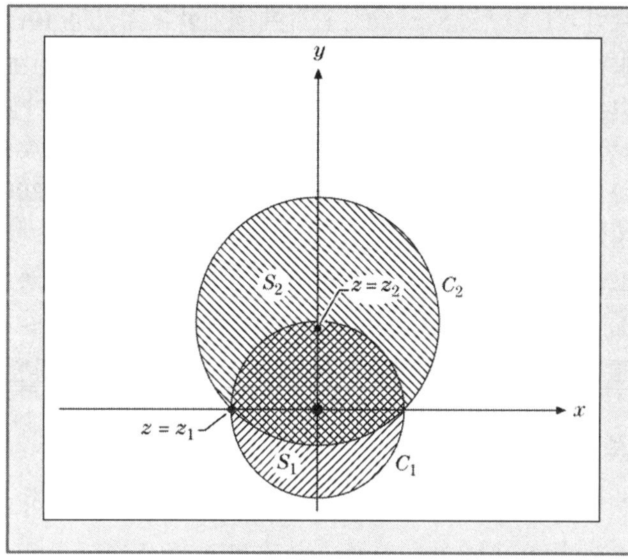

그림 6.15
해석적 연속화

가까운 **특이점(nearst singularity)** z_1(그림 6.15)까지의 거리 r_1으로 주어진다. 만일 특이점 z_1에서의 거리 r_1보다 더 먼 점(그림 6.15에서 z_2)을 C_1 내에서 택하여 그 점에 관하여 f를 테일러 전개하면, 수렴원 C_2는 보통 첫 번째 원 C_1의 범위 너머까지 확장된다. 두 원 C_1과 C_2가 중첩된 영역에서 f는 유일하게 정의된다. C_1을 넘어 확장된 원 C_2의 영역에서 비록 C_1의 중심에 관한 테일러 급수가 그 곳에서 결코 수렴하지 않지만, $f(z)$는 C_2의 중심에 관한 테일러 급수에 의하여 유일하게 정의되고 그 곳에서 해석적이다. 바이에르슈트라스의 견해에 따라서, 이 과정을 **해석적 연속화(analytic continuation)**라 하는데, 이것은 해석함수를 원래의 정의(예, C_1 내에서)와 그 정의의 모든 연속화로 정의함을 뜻한다.

특수한 예가 **유리형 함수(meromorphic function)**

$$f(z) = \frac{1}{1+z} \tag{6.65}$$

이다. 이 함수는 $z=-1$에서 단순극을 갖고, 그 밖의 모든 곳에서 해석적이다. (이 함수의) 기하급수 전개

$$\frac{1}{1+z} = 1 - z + z^2 + \cdots = \sum_{n=0}^{\infty}(-z)^n \tag{6.66}$$

은 $|z|<1$(즉, 그림 6.15의 원 C_1 내부)에서 수렴한다.

$|z-i|<|1+i|=\sqrt{2}$에 대하여

$$\begin{aligned} f(z) &= \frac{1}{1+z} = \frac{1}{1+i+(z-i)} = \frac{1}{(1+i)(1+(z-i)/(1+i))} \\ &= \left[1 - \frac{z-i}{1+i} + \frac{(z-i)^2}{(1+i)^2} - \cdots\right]\frac{1}{1+i} \end{aligned} \tag{6.67}$$

이 수렴하도록 $f(z)$를 $z=i$에 관하여 전개한다고 가정하여라. 수렴원은 그림 6.15의 C_2이다. 이제 $f(z)$는 S_1과 중첩되는 S_2 안에서 (6.67)식에 의한 전개로 정의되고, 복소평면에서 더 확장된다.[11] 이 확장이 해석적 연속화이고, 다루어야 할 특이점이 고립된 특이점들 뿐일 때는 그 함수가 무한히 확장된다. (6.65)~(6.67)식들은 같은 함수의 세 가지 다른 표현이고 각 표현은 각자의 수렴 정의역을 갖는다. (6.66)식은 매클로린 급수이고 (6.67)식은 $z=i$에 관한 테일러 전개식이다.

해석적 연속화는 많은 형태를 취할 수 있고, 방금 생각한 급수전개식이 반드시 가장 편리한 기법은 아니다. 다른 기법으로 10.1절에서는 회귀관계식을 이용하여 고립된 특이점들 $z=-n$, $n=1, 2, 3, \ldots$ 주위로 계승함수(factorial function)를 확장할 것이다.

■ 로랑급수

예를 들면, 그림 6.16에 나타낸 바와 같이 내부반경이 r이고 외부반경이 R인 고리로 된 영역에서 해석적인 함수들을 자주 접하게 된다. 영역을 단순 연결 영역으로 전환하기 위하여 가상 직선경로를 긋고, 코시 적분 공식을 적용한다. z_0를 중심으로 하고, 반경이 각각 r_1과 r_2 인 두 원 C_1과 C_2(단, $r<r_2<r_1<R$)에 대해

그림 6.16
$|z'-z_0|_{C_1}>|z-z_0|$;
$|z'-z_0|_{C_2}<|z-z_0|$

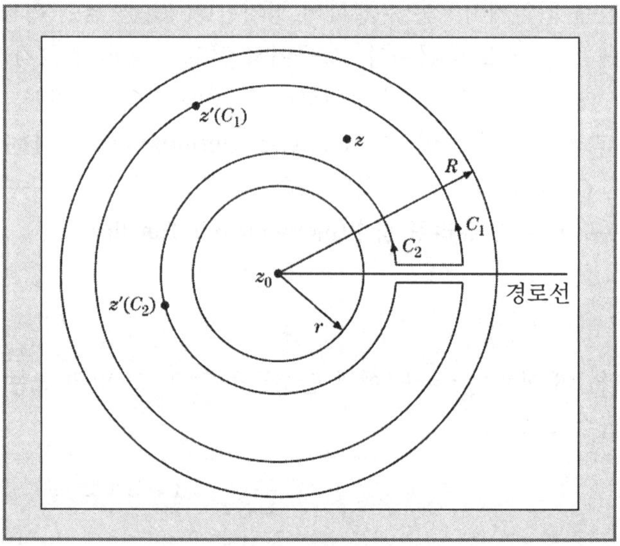

[11]복소변수함수에 관한 보다 추상적인 이론의 가장 강력하고 아름다운 결과들 중 하나는 두 해석함수들이, S_1과 S_2에서 겹치는 것과 같이, 어떤 영역에서 일치하거나 어떤 선분 상에서 일치하면, 두 함수가 잘 정의되는 한 모든 곳에서 일치된다는 의미에서 두 함수는 동일한 함수라는 것이다. 이 경우에, S_1과 S_2가 공동 영역에서의 전개식 (6.66)식과 (6.67)식들이 일치한다는 것은 이들 전개식들이 나타내는 함수들의 동일성을 확립하는 것이다. 그러면 (6.67)식은 $f(z)$의 해석적 연속화 또는 (6.66)식이 포함하지 않은 영역까지 $f(z)$의 확장을 나타낼 것이다. $f(z)=1/(1+z)$는 (6.66)식과 (6.67)식에 의하여 주어진 급수 어느 쪽의 해석적 연속화라고 해도 타당하다.

$$f(z)=\frac{1}{2\pi i}\oint_{C_1}\frac{f(z')dz'}{z'-z}-\frac{1}{2\pi i}\oint_{C_2}\frac{f(z')dz'}{z'-z} \tag{6.68}$$

을 얻는다.[12] (6.68)식에서 경로 C_2(C_1과 같이)가 양의 방향(반시계방향)으로 선회하도록 하기 위하여 명시적으로 음의 부호를 도입하였다. 이제 (6.68)식을 테일러 급수의 전개에서 (6.57)식을 취급하였던 것과 정확히 같은 방법으로 취급하여 진행한다. 각 분모를 $(z'-z_0)-(z-z_0)$와 같이 쓰고 이항정리로 전개한다. 이제 이 이항전개는 테일러 급수[(6.61)식]로부터 얻어진다.

C_1에 대하여는 $|z'-z_0|>|z-z_0|$인 반면에, C_2에 대하여는 $|z'-z_0|<|z-z_0|$인 점에 유의하면

$$\begin{aligned}f(z)&=\frac{1}{2\pi i}\sum_{n=0}^{\infty}(z-z_0)^n\oint_{C_1}\frac{f(z')dz'}{(z'-z_0)^{n+1}}\\&+\frac{1}{2\pi i}\sum_{n=1}^{\infty}(z-z_0)^{-n}\oint_{C_2}(z'-z_0)^{n-1}f(z')dz'\end{aligned} \tag{6.69}$$

임을 알게 된다. (6.68)식의 음의 부호는 이항전개 과정에서 흡수되었다. 첫 번째 급수를 S_1, 두 번째 급수를 S_2라 하면

$$S_1=\frac{1}{2\pi i}\sum_{n=0}^{\infty}(z-z_0)^n\oint_{C_1}\frac{f(z')dz'}{(z'-z_0)^{n+1}} \tag{6.70}$$

이다. 이 식은 정칙 테일러 전개로서 $|z-z_0|<|z'-z_0|=r_1$ 즉, 큰 원 C_1 **내부의** 모든 z에 대하여 수렴한다. (6.68)식의 두 번째 급수에 대하여

$$S_2=\frac{1}{2\pi i}\sum_{n=1}^{\infty}(z-z_0)^{-n}\oint_{C_2}(z'-z_0)^{n-1}f(z')dz' \tag{6.71}$$

을 얻는다. 이 급수는 $|z'-z_0|>|z'-z_0|=r_2$ 즉, 작은 원 C_2 **외부의** 모든 z에 대하여 수렴한다. C_2가 반시계방향으로 선회함을 기억하여라.

이들 두 급수는 하나의 급수 (로랑급수)[13]

$$f(z)=\sum_{n=-\infty}^{\infty}a_n(z-z_0)^n \tag{6.72}$$

으로 결합된다. 여기서

$$a_n=\frac{1}{2\pi i}\oint_C\frac{f(z)dz}{(z-z_0)^{n+1}} \tag{6.73}$$

---

[12] r_2를 r_1에 임의로 가까이 하고, r_1을 R에 임의로 가깝게 함으로써 C_1과 C_2로 둘러싸인 면적을 최소화할 수 있다.

[13] S_2에서 n을 $-n$으로 바꾸고 더하여라.

이다. (6.72)식에서 이항 전개식의 수렴여부는 문제가 되지 않으므로, C는 z_0를 반시계방향으로 한번 둘러싸는 고리영역, $r<|z-z_0|<R$ 내의 모든 경로가 될 수 있다. 적분은 경로와 무관하고, (6.72)식이 $f(z)$의 **로랑급수(Laurent series)** 또는 **로랑 전개식(Laurent expansion)** 이다.

고리형 영역을 단순 연결 영역으로 전환하는 데 경로 직선(그림 6.16)을 사용하는 것이 편리하다. 이 고리형 영역에서 함수가 해석적(그러므로 1가)이므로 경로선은 중요하지 않고, 실제로 최종 결과[(6.72)식]에도 나타나지 않는다. $n\geq 0$일 때 $f(z_0)\neq 0$이면 피적분함수 $f(z)/(z-z_0)^{n+1}$은 $z=z_0$에서 특이점을 갖는다. f가 $z=z_0$에서 일차 근을 가지면 $f(z)/(z-z_0)^{n+1}$은 n차 근을 갖는다. 극들의 존재는 로랑 공식의 증명에 매우 중요하다.

로랑급수의 계수를 경로적분으로부터 구할 필요는 없다(매우 다루기 어려울 수도 있다). 보통의 급수전개와 같은 기법으로 가끔 계수를 구할 수 있다.

로랑급수의 많은 예가 제7장에 제시된다. 여기서는 (6.72)식의 응용을 예시하기 위한 간단한 예제로 시작한다.

예제 6.5.1 **적분에 의한 로랑 전개**

$f(z)=[z(z-1)]^{-1}$이라 하자. $z_0=0$을 선택하면 $r=0$, $R=1$이며 $f(z)$는 $z=1$에서 발산한다. (6.73)식과 (6.72)식으로부터

$$a_n=\frac{1}{2\pi i}\oint\frac{dz'}{(z')^{n+2}(z'-1)}$$
$$=\frac{-1}{2\pi i}\oint\sum_{m=0}^{\infty}(z')^m\frac{dz'}{(z')^{n+2}} \tag{6.74}$$

이다. 다시 합과 적분의 순서를 바꾸어 (고른 수렴 급수)

$$a_n=-\frac{1}{2\pi i}\sum_{m=0}^{\infty}\oint\frac{dz'}{(z')^{n+2-m}} \tag{6.75}$$

을 얻는다. 앞의 (6.35)식과 같이 극좌표 형식을 취하면 (예제 6.3.1)

$$a_n=-\frac{1}{2\pi i}\sum_{m=0}^{\infty}\oint\frac{rie^{i\theta}d\theta}{r^{n+2-m}e^{i(n+2-m)\theta}}$$
$$=-\frac{1}{2\pi i}\cdot 2\pi i\sum_{m=0}^{\infty}\delta_{n+2-m,1} \tag{6.76}$$

이다. 달리 나타내면

$$a_n=\begin{cases}-1 & \text{for } n\geq -1,\\ 0 & \text{for } n<-1\end{cases} \tag{6.77}$$

이다. $z=0$에 관한 로랑 전개식[(6.72)식]은

$$\frac{1}{z(z-1)} = -\frac{1}{z} - 1 - z - z^2 - z^3 - \cdots = -\sum_{n=-1}^{\infty} z^n \tag{6.78}$$

이 된다. 이와 같은 간단한 함수의 로랑급수는 다음과 같이 직접적인 이항전개, 부분분수, 기하급수전개로부터 얻을 수도 있다. 부분분수

$$f(z) = \frac{1}{z(z-1)} = \frac{b_0}{z} + \frac{b_1}{z-1}$$

로 전개한다. 단, $z \to 0$에서 b_0를 정하고,

$$\lim_{z\to 0} zf(z) = \lim_{z\to 0}\frac{1}{z-1} = -1 = b_0 + \lim_{z\to 0}\frac{b_1 z}{z-1} = b_0.$$

같은 방법으로 $z \to 1$에서 b_1을 정한다:

$$\lim_{z\to 1}(z-1)f(z) = \lim_{z\to 1}\frac{1}{z} = 1 = b_1 + \lim_{z\to 1}\frac{b_0(z-1)}{z} = b_1.$$

$1/(z-1)$을 기하급수로 전개하면 Laurent 급수[(6.78)식]가 된다.

로랑급수는 $(z-z_0)$의 음의 거듭제곱의 두드러진 특징 때문에 테일러 급수와는 다르다. 이와 같은 이유 때문에 로랑급수는 적어도 $z=z_0$에서는 항상 발산하고, 아마도 어떤 거리 r까지도 발산할 것이다(그림 6.16). ■

예제 6.5.2 급수에 의한 로랑 전개

$f(z)=\exp(z)\exp(1/z)$를 원점에 관하여 로랑급수 $f(z)=\sum_n a_n z^n$으로 전개하여라.

이 함수는 $z=0$과 $z\to\infty$를 제외하고 복소평면 내에서 해석적이다. 더구나 $f(1/z)=f(z)$이므로 $a_{-n}=a_n$이다. 거듭제곱 급수를 곱하면

$$e^z e^{\frac{1}{z}} = \sum_{m=0}^{\infty}\frac{z^m}{m!}\sum_{n=0}^{\infty}\frac{1}{z^n n!}$$

이다. 상수항 a_0는 $m=n$의 항들의 곱으로부터 얻어진다:

$$a_0 = \sum_{m=0}^{\infty}\frac{1}{(m!)^2}.$$

z^k의 계수는 $\frac{z^{m+k}}{(m+k)!}$항과 $\frac{1}{z^m m!}$항의 곱으로부터 얻어진다;

$$a_k = a_{-k} = \sum_{m=0}^{\infty} \frac{1}{m!(m+k)!}.$$

비율판정법(ratio test) 또는 유한 복소평면 내에서 $z \neq 0$이면 특이점들이 존재하지 않는다는 사실로부터 로랑급수가 $|z| > 0$에 대하여 수렴한다는 것을 알 수 있다. ■

인명 자료

Laurent, Pierre-Alphonse. 프랑스 수학자. Laurent는 1813년에 출생하여 1854년에 서거하였다. 그는 복소수 해석학에 공헌하였으며, 그의 유명한 정리는 1843년에 발표되었다.

요 약

해석함수의 정칙점에 관한 테일러 전개는 코시 적분 공식들로부터 얻어진다. 한 정칙점에 관한 테일러 급수의 수렴반경은 가장 가까운 특이점까지의 거리로 주어진다. 해석함수는 임의의 점에 관하여 양과 음(정수)의 지수를 갖는 거듭제곱 급수로 전개될 수 있다. 이 급수를 로랑급수라 하고 이 급수는 특이점을 둘러싼 고리모양 영역에서 수렴하고, 정칙점을 둘러싼 영역에서는 테일러 급수가 된다. 로랑급수 내에 무한히 많은 음의 지수항들이 존재하면, 그 함수는 본질적 특이점(또는 진성 특이점)을 갖는다; 만일 로랑급수가 유한한 음의 지수항에서 단절되면, 그 전개점에서 해당 차수의 극을 갖는다. 연속적인 테일러 또는 로랑급수, 적분 표현 또는 범함수의 함수 방정식에 의한 어떤 정칙점 근방에서부터 자연 정의역(natural domain)까지의 해석함수의 해석적 연속화는 그 위력을 떨치는 해석함수 이론에 적용되는 독특한 개념이다.

연습문제

6.5.1 $\ln(1+z)$를 테일러 급수로 전개하여라.

답. $\displaystyle\sum_{n=1}^{\infty}(-1)^{n-1}\frac{z^n}{n}.$

6.5.2 이항전개식

$$(1+z)^m = 1 + mz + \frac{m(m-1)}{1\cdot 2}z^2 + \cdots = \sum_{n=0}^{\infty}\binom{m}{n}z^n$$

을 유도하여라. m은 실수이다. 전개식은 $|z| < 1$에 대하여 수렴한다.

6.5.3 함수 $f(z)$가 단위원 위 또는 그 내부에서 해석적이다. 또 $|z| \le 1$일 때 $|f(z)| < 1$이고 $f(0) = 0$이다. $|z| \le 1$일 때 $|f(z)| < |z|$임을 보여라.

힌트. 한 가지 접근법은 $f(z)/z$가 해석적임을 보이고 나서 코시 적분 공식에 의하여

$[f(z_0)/z_0]^n$을 표현하는 것이다. 끝으로 절대값을 생각하고 n차 근을 취한다. 이 연습문제(의 내용)를 가끔 **슈바르츠 정리(Schwarz's theorem)**라 한다.

6.5.4 만일 $f(z)$가 복소변수 $z=x+iy$의 실수함수[즉, $f(x)=f^*(x)$]이고 원점에 관한 로랑 전개식 $f(z)=\sum a_n z^n$이 $n<-N$에 대하여 $a_n=0$이면, 모든 계수 a_n이 실수임을 보여라.

힌트. $z^N f(z)$가 해석적임을 보여라(모레라 정리를 이용; 6.4절).

6.5.5 함수 $f(z)=u(x, y)+iv(x, y)$가 슈바르츠 반사원리의 조건들을 만족한다.

(a) u는 y의 짝수 함수이다. (b) v는 y의 홀수 함수이다.

6.5.6 함수 $f(z)$가 원점에 관하여 계수들 a_n이 실수인 로랑급수로 전개된다. 이 함수의 복소공액이 z가 복소공액인 함수와 같음을 보여라.

$$f^*(z)=f(z^*)$$

임을 보여라.

(a) $f(z)=z^n$(n : 정수) (b) $f(z)=\sin z$

에 대하여 이를 확인하여라. 만일 $f(z)=iz(a_1=i)$이면 앞의 진술이 옳지 않음을 보여라.

6.5.7 함수 $f(z)$가 실수축을 포함하는 정의역 안에서 해석적이다. z가 실수($z=x$)일 때 $f(x)$는 순허수이다.

(a) $f(z^*)=-[f(z)]^*$임을 보여라.

(b) 특수한 경우 $f(z)=iz$에 대하여 $f(z)$, $f(z^*)$ 및 $f^*(z)$의 데카르트 좌표에서의 표현을 구하여라. (a) 부분에서의 일반적 결과를 인용하지 말것.

6.5.8 원점에 관하여

$$f(z)=(e^z-1)^{-1}$$

의 로랑 전개식의 영이 아닌 처음 세 항을 구하여라.

6.5.9 주어진 함수의 주어진 점에 관한 로랑 전개식이 유일함을 증명하여라. 즉,

$$f(z)=\sum_{n=-N}^{\infty} a_n(z-z_0)^n=\sum_{n=-N}^{\infty} b_n(z-z_0)^n$$

이면 모든 n에 대하여 $a_n=b_n$임을 보여라.

힌트. 코시 적분공식을 이용하여라.

6.5.10 (a) $|z-1|$의 작은 값들에 대하여 성립하는, $z=1$에 관한 $f(z)=[z(z-1)]^{-1}$의 로랑 전개식을 구하여라. 전개식이 성립하는 정확한 범위를 지정하여라. 이 식은

(6.78)식의 해석적 연속화이다.

(b) $|z-1|$이 큰 경우를 제외하고 $z=1$에 관한 $f(z)$의 로랑 전개식을 결정하여라.

힌트. 이 함수의 부분함수와 기하급수를 사용하여라.

6.5.11 (a) $f_1(z)=\int_0^\infty e^{-zt}dt$($t$: 실수)가 주어질 때 $f_1(z)$가 존재하는 (해석적인) 정의역이 $\Re(z)>0$임을 보여라.

(b) $\Re(z)>0$인 영역에서 $f_2(z)=1/z$이 $f_1(z)$와 같고, 따라서 $z=0$을 제외한 전체 z 평면에 걸쳐 $f_1(z)$의 해석적 연속화임을 보여라.

(c) 점 $z=i$에 관하여 $1/z$을 전개하여라. $f_3(z)=\sum_{n=0}^{\infty}a_n(z-i)^n$을 얻게 될 것이다. $f_3(z)$의 정의역은 무엇인가?

답. $\dfrac{1}{z}=-i\sum\limits_{n=0}^{\infty}i^n(z-i)^n,\ |z-i|<1.$

6.5.12 $z=1$에 대하여 $f(z)=\sin(\frac{z}{1-z})$를 로랑급수로 전개하여라.

6.5.13 다음의 함수

$$f(z)=\frac{z^3-2z^2+1}{(z-3)(z^2+3)}$$

을 (i) $z=3$, (ii) $z=\pm i\sqrt{3}$, (iii) $z=1$ 및 (iv) $z=\frac{1}{2}(1\pm\sqrt{5})$에 관하여 Laurent 급수로 전개하여라.

6.5.14 $z=\infty$에서 $\ln((1+z^2)/(1-z^2))$의 로랑급수를 구하여라.

6.5.15 z를 극좌표로 나타내고, 매클로린 급수로 정의된 $\ln z=\ln|z|+i\arg z$와 $\ln(1+z)$가 모순이 없기 위하여 만족되어야 하는 관계식들을 설정하여라.

6.6 사상(Mapping)

앞 절들에서는 해석함수들을 정의하고 그 함수들의 주요한 특징들을 전개하였다. 이제 복소변수함수들의 몇 가지 보다 기하학적 측면들 즉, 제7장에서 적분연산을 가시화하는 데 유용하고, 그 자체로서 2차원계의 라플라스 방정식을 푸는 데 가치가 있는 측면들을 도입한다.

보통의 해석기하학에서는 $y=f(x)$를 취하고 y를 x의 함수로 작도하지만, z가 두 실수변수 x와 y의 함수이기 때문에 여기서는 문제가 보다 복잡해진다. 기호

$$w=f(z)=u(x,y)+iv(x,y) \tag{6.79}$$

를 사용한다. 그러면 z평면 내의 한 점(x, y의 특정값)과 w평면 내의 한 점을 나타내는 $u(x, y)$와 $v(x, y)$의 특정값이 서로 대응된다. z평면 내의 점들이 w평면 내의 점으로 변환 또는 사상되므로 z평면 내의 선들과 면적들은 w평면 내의 선들 또는 면들로 사상될 것이다. (이 절의) 직접적인 목적은 많은 간단한 함수들에 대하여 선들이나 면적들이 z평면에서 w평면으로 어떻게 사상되는가를 알아보는 것이나.

■ 평행이동(translation)

$$w = z + z_0. \tag{6.80}$$

함수 w는 변수 z에 상수 $z_0 = x_0 + iy_0$를 더한 것과 같다. (6.2)식과 (6.80)식에 의하여

$$u = x + x_0, \qquad v = y + y_0 \tag{6.81}$$

로서, 그림 6.17에 나타낸바와 같이, 좌표축들의 순수한 이동을 나타낸다.

■ 회전(rotation)

$$w = zz_0. \tag{6.82}$$

여기서는, 극좌표로 표현을 바꾸는 것이 편리하다.

$$w = \rho e^{i\varphi}, \quad z = re^{i\theta}, \quad \text{and} \quad z_0 = r_0 e^{i\theta_0} \tag{6.83}$$

을 이용하면

$$\rho e^{i\varphi} = rr_0 e^{i(\theta+\theta_0)} \tag{6.84}$$

또는

$$\rho = rr_0, \qquad \varphi = \theta + \theta_0 \tag{6.85}$$

이다.

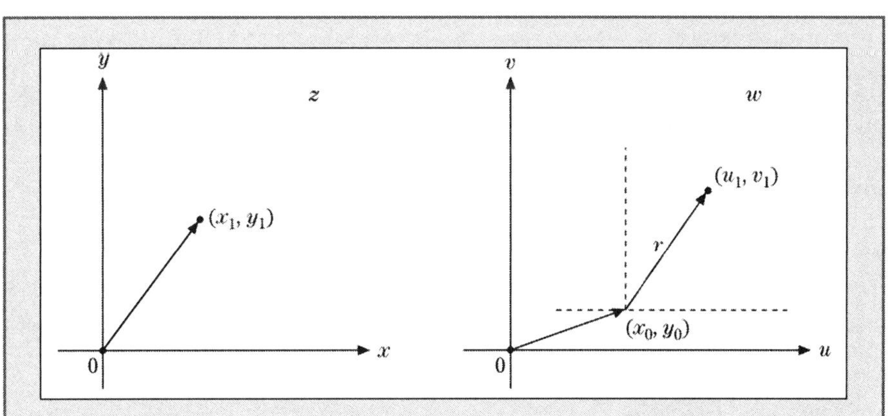

그림 6.17
평행이동

그림 6.18
회전

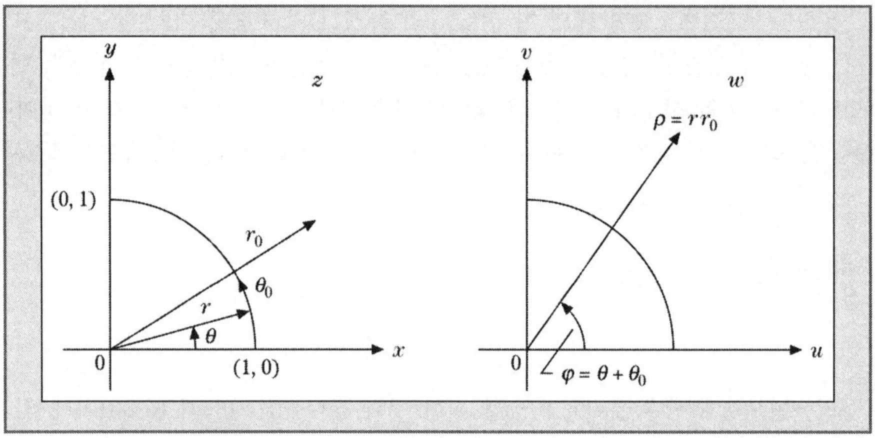

두 가지 경우가 생겼다. 첫째, 절대값이 r이 r_0 인자만큼 늘어나거나 줄어들어 수정되었고 둘째, 편각 θ가 상수 θ_0 만큼 더해져 증가하였다 (그림 6.18). 이것은 복소변수가 각 θ_0 만큼 회전한 것을 표현한다. $z_0 = i$인 특별한 경우에, $\pi/2$ 라디안만큼의 순수한 회전이 일어난다.

■ 반전(뒤집힘) (inversion)

$$w = \frac{1}{z}. \tag{6.86}$$

극좌표로 사용하여

$$\rho e^{i\varphi} = \frac{1}{re^{i\theta}} = \frac{1}{r}e^{-i\theta} \tag{6.87}$$

를 얻는다. 이것은

$$\rho = \frac{1}{r}, \qquad \varphi = -\theta \tag{6.88}$$

임을 나타낸다. (6.87)식의 지름부분은 반전을 명확히 보여준다. 단위원 내부는 외부로 사상되고 그 반대도 성립한다 (그림 6.19). 또, (6.87)식의 각 부분은 극각(polar angle)의 부호가 바뀜을 보여준다. 그러므로, (6.86)식은 y축 반사(복소공액 방정식과 같이)도 포함한다.

z평면 내의 선들이 어떻게 w평면으로 변환되는가를 알아보기 위하여, 간단히 데카르트 좌표로 되돌아간다:

$$u + iv = \frac{1}{x + iy}. \tag{6.89}$$

분자와 분모에 z^*를 곱하여 오른쪽을 실수화하고, 실수부와 허수부끼리 같게 놓아

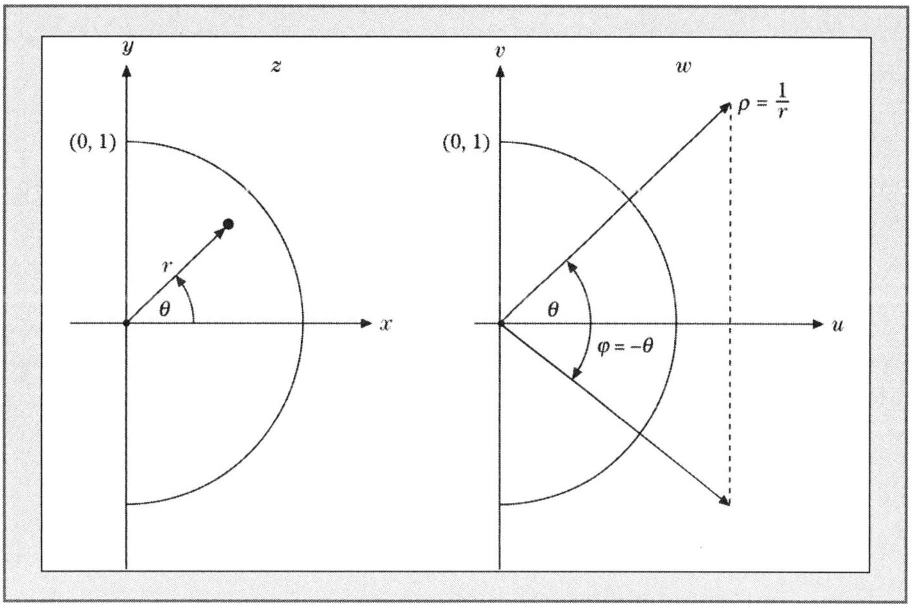

그림 6.19
반전

$$u = \frac{x}{x^2 + y^2}, \qquad x = \frac{u}{u^2 + v^2},$$
$$v = -\frac{y}{x^2 + y^2}, \qquad y = -\frac{v}{u^2 + v^2} \tag{6.90}$$

를 얻는다. z평면에서 원점에 중심을 둔 원은

$$x^2 + y^2 = r^2 \tag{6.91}$$

의 형태를 갖고 (6.90)식에 의하여

$$\frac{u^2}{(u^2 + v^2)^2} + \frac{v^2}{(u^2 + v^2)^2} = r^2 \tag{6.92}$$

으로 변환된다.

(6.92)식을 간단하게 하여

$$u^2 + v^2 = \frac{1}{r^2} = \rho^2 \tag{6.93}$$

을 얻는다. 이 식은 w평면 내에서도 원점에 중심을 둔 원을 나타낸다.

수평선 $y = c_1$은

$$\frac{-v}{u^2 + v^2} = c_1, \tag{6.94}$$

또는

그림 6.20
반전 선 ↔ 원

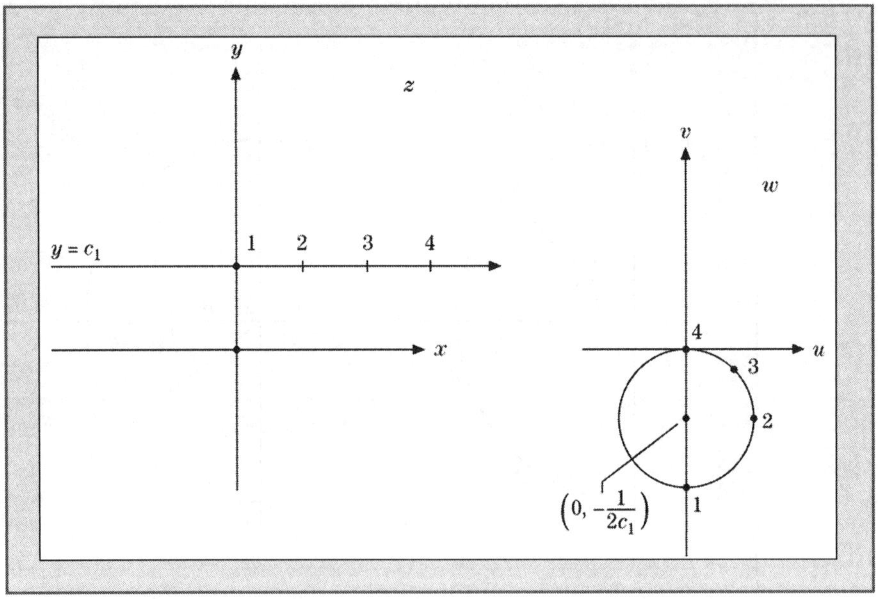

$$u^2 + \left(v + \frac{1}{2c_1}\right)^2 = \frac{1}{(2c_1)^2} \tag{6.95}$$

로 변환된다. 이 식은 w평면 내에서 반경이 $(\frac{1}{2})c_1$이고 중심을 $u=0$, $v=-\frac{1}{2}c_1$(그림 6.20)에 둔 원을 나타낸다. xy축들을 회전시켜 다른 세 가지 가능성, $x=\pm c_1$, $y=-c_1$을 택한다. 일반적으로 z평면 내의 직선 또는 원은 w평면 내의 직선 또는 원으로 변환된다(연습문제 6.6.1과 비교하여라).

■ 분지점과 다가함수들

방금 논의한 세 가지 변환은 모두 z평면 내의 점들과 w평면 내의 점들 사이의 1대1 대응을 포함하였다. 이제 가능한 다양한 변환들과 일어날 수 있는 문제들을 예시하기 위하여 2대1 대응을 도입하고 나서 다대1(many–to–one) 대응을 도입한다. 끝으로 이들 변환들의 반전을 취급한다.

먼저 변환

$$w = z^2 \tag{6.96}$$

을 생각하여라. 이 변환은

$$\rho = r^2, \qquad \varphi = 2\theta \tag{6.97}$$

에 도달한다. 이 변환은 절대값이 제곱이므로 명백히 비선형 변환이다. 그러나, (6.96)식의 중요한 특징은 위상각 즉, 편각이 2배가 된다는 것이다. 이것은

- z의 1사분면, $0 \le \theta < \frac{\pi}{2} \to w$의 위쪽 반평면, $0 \le \varphi < \pi$

그림 6.21
사상 – 쌍곡선 좌표

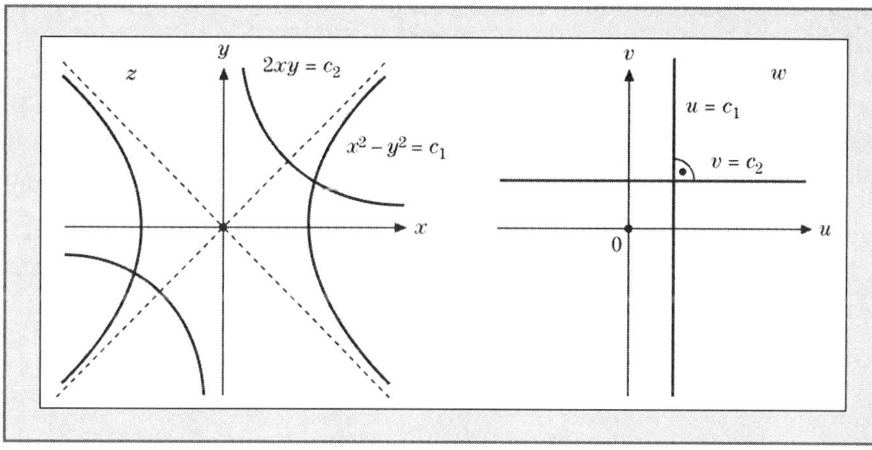

- z의 위쪽 반평면, $0 \leq \theta < \pi \rightarrow w$의 전체평면, $0 \leq \varphi < 2\pi$

로 사영되는 것을 의미한다. z의 아래쪽 반평면은 이미 포함된 w의 전체평면으로 사영된다. 따라서 w평면은 두 번 포함된다. 이것이 2대1 대응으로서 z평면 내의 서로 다른 두 점 z_0와 $z_0e^{i\pi} = -z_0$가 한 점 $w = z_0^2$에 대응한다.

데카르트 좌표 표현에서

$$u + iv = (x + iy)^2 = x^2 - y^2 + i2xy \tag{6.98}$$

는

$$u = x^2 - y^2, \qquad v = 2xy \tag{6.99}$$

에 이르게 된다. 그러므로 w평면 내의 $u = c_1$, $v = c_2$ 직선들은 z평면 내에서 직교하는 쌍곡선 $x^2 - y^2 = c_1$, $2xy = c_2$와 대응한다 (그림 6.21). 오른쪽 반평면 $x > 0$ 내의 쌍곡선 $x^2 - y^2 = c_1$ 상의 모든 점에 $u = c_1$ 직선상의 한 점이 대응되고, 역도 성립한다. 그러나 이미 설명한 바와 같이 $u = c_1$ 직선상의 모든 점들도 왼쪽 $x < 0$ 반평면 내의 쌍곡선 $x^2 - y^2 = c_1$상의 한 점에 대응한다.

6.7절에서 만일 변환이 해석적이기만 하면 w평면 내에서 선들이 직교하면 z평면 내의 대응하는 선들도 역시 직교한다는 것을 보일 것이다. $u = c_1$과 $v = c_2$가 서로 수직하므로 z평면 내에서 대응하는 쌍곡선들은 직교한다. 쌍곡선들이 직교하는 새로운 계를 구축하였다. 연습문제 2.3.3은 이러한 계의 분석이다. 만일 쌍곡선들이 전기력선 또는 자기력선이면, 고-에너지 입자빔의 초점을 맞추는 데 유용한 사중극 렌즈(quadrupole lens)를 얻는다.

네 번째 변환[(6.96)식]의 반전은

$$w = z^{1/2} \tag{6.100}$$

이다. 이 관계식으로부터

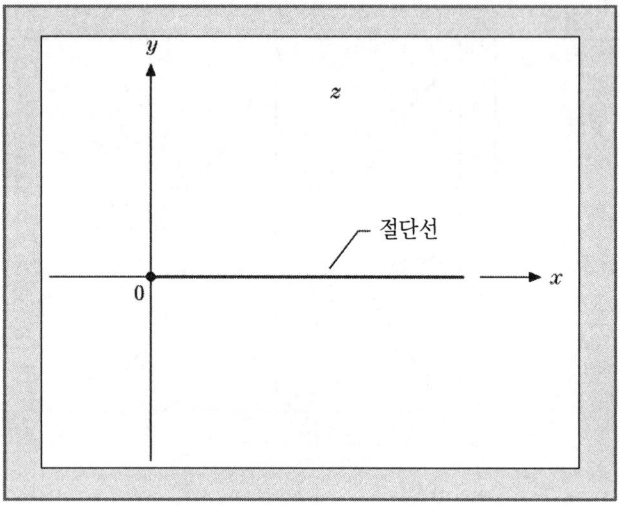

그림 6.22
절단선

$$\rho e^{i\varphi} = r^{1/2} e^{i\theta/2} \tag{6.101}$$

과

$$2\varphi = \theta \tag{6.102}$$

를 얻는다. 이제는 w평면 내의 두 점(편각 φ와 $\varphi+\pi$)이 z평면 내의 한 점($z=0$인 점을 제외하고)에 대응된다. 달리 말하면, θ와 $\theta+2\pi$는 w평면 내에서 서로 다른 두 점 φ와 $\varphi+\pi$에 대응한다. 이것은 간단한 실수 변수 방정식에서 y의 두 값(+와 −)이 x의 각 값에 대응하는 것과 유사한 복소변수 사이의 관계이다. (6.100)식에서 $z\to 0$일 때 $z\to 1/z$로 대치하는 것은 함수 $w(z)$가 무한 원점에서 비슷하게 거동한다는 것을 보여준다.

여기서 중요한 점은 θ의 범위를 $0\le\theta<2\pi$로 제한하면 (6.100)식의 함수 w를 2가 함수가 아닌 1이 함수로 만들 수 있다는 것이다. 이것은 z평면 내에서 $\theta=0$인 직선을 넘지 않도록(교차하지 않도록)하면 된다 (그림 6.22). 이러한 경계선을 **절단선(cut line)**이라 한다.

절단선은 함수가 명백히 해석적이 아닌 0과 ∞에서 두 분지점 특이점을 접합시킨다. $z=0$에서 무한대점까지의 어떠한 선도 같은 역할을 한다. 절단선의 목적은 z의 편각을 제한하는 것이다. 점 z와 $z\exp(2\pi i)$는 z평면에서 일치한다. 그러나 w평면에서는 서로 다른 점들 w와 $-w=w\exp(\pi i)$에 대응한다. 그러므로 절단선이 없으면 함수 $w=z^{1/2}$은 애매모호하다. 달리 말하면, 함수 $w=z^{1/2}$은 2가이므로 복소 z평면 두 장을 절단선을 따라 접착하여 z의 편각이 2π 이상으로 증가하도록 하고, 두 번째 평면 상에서 편각이 4π에서 (점차) 줄어들어 첫 번째 평면에서 출발하도록 할 수 있다. 이러한 작도를 $w=z^{1/2}$의 **리만 표면(Riemann surface)**이라 한다. 제7장에서 분지점과 절단선을 자주 접하게 될 것이다.

변환

$$w = e^z \tag{6.103}$$

은

$$\rho e^{i\varphi} = e^{x+iy} \tag{6.104}$$

또는

$$\rho = e^{x}, \qquad \varphi = y \tag{6.105}$$

에 도달한다. 만일 y의 범위가 $0 \le y < 2\pi$(또는 $-\pi < y \le \pi$)이면 φ는 같은 범위를 포함한다. 그러나 이 범위가 전체 w평면이다. 달리 말하면, 폭이 2π인 z평면 내의 수평띠(horizontal strip)는 전체 w평면으로 사상된다. 또 임의의 점 $x+i(y+2n\pi)$(n : 정수)는 [(6.104)식에 의하여] w평면 내의 같은 점으로 사상된다. 따라서 다대일(many-to-one) 대응관계가 이루어진다.

끝으로, 다섯 번째 변환[(6.103)식]의 반전은

$$w = \ln z \tag{6.106}$$

이고, 이를 전개하여

$$u + iv = \ln re^{i\theta} = \ln r + i\theta \tag{6.107}$$

를 얻는다. z평면 내의 주어진 점 z_0에 대하여 편각 θ는 2π의 정수배의 범위 내에서 지정되지 않는다. 이것은

$$v = \theta + 2n\pi \tag{6.108}$$

를 의미하고 지수변환에서와 같이 무한대 : 1의 대응관계를 갖게 된다.

(6.106)식은 좋은 물리적 표현을 갖는다. z평면 내에서 $r=1$인 단위원 주위를 선회하면 (6.107)식에 의하여 $u=\ln r=0$이다; 그러나 $v=\theta$이고, θ는 꾸준히 증가한다. 따라서 v는 θ가 증가함에 따라서 2π를 넘어서 계속 증가한다.

절단선은 원점과 무한대에서의 분지점을 접합시킨다. θ가 2π를 넘어 증가함에 따라서 새로운 복소 z평면 종이를 절단선을 따라 접착한다 등등. z평면 내에서 단위원을 선회하는 것은 나사가 회전함에 따라 앞으로 나아가는 것과 유사하고, 사람이 나선형 계단을 걸어서 올라가는 것과 같다 (그림 6.23). 이것이 $w=\ln z$의 **리만 표면**이다.

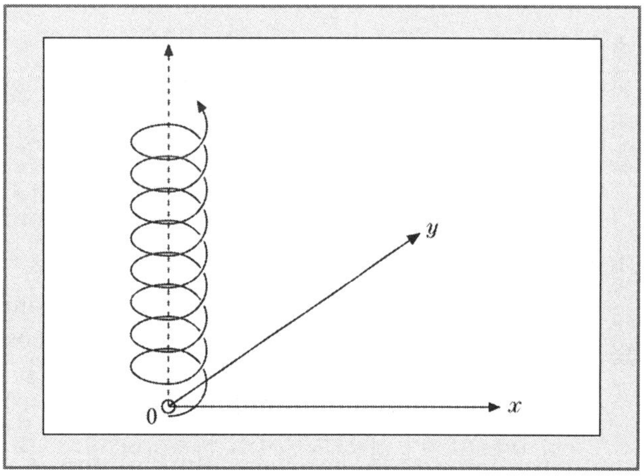

그림 6.23
다가함수 $\ln z$에 대한 리만 표면

앞의 보기에서와 같이 $\theta=0$선(양의 실수축)을 절단선으로 삼아 θ의 범위를 $0\le\theta<2\pi$로 제한함으로써 대응관계를 유일하게 [(6.106)식에서 모호함이 없게] 할 수 있다. 이것은 나선형 계단을 단 한번 완전히 도는 것과 동등하다.

$\ln z$가 다가함수인 특성 때문에, 경로적분을 원점 주위에서 구하면

$$\oint \frac{dz}{z} = 2\pi i \neq 0$$

이다. 이와 같은 성질은 연습문제 6.4.1에 나타나고, 유수(제7장)에 관한 미적분학 전체의 기초가 된다.

요 약

사상(mapping)은 수학에서 매우 넓고 유용한 개념이다. 복소 z평면에서 복소 w평면으로의 사상은 한 집합에서 원소 x를 다른 집합 내의 원소 y로 사상하는 함수의 정의를 단순히 일반화한 것이다.

보다 복잡한 사상 형태가 1.14절에 나타나는데 그 곳에서는 함수 $f(x)$를 점 a에서 그 함수의 값으로 사상하기 위하여 디락의 델타함수 $\delta(x-a)$를 사용한다. 제15장에서는 x공간 내의 함수 $f(x)$를 t공간 내의 다른 (관련) 함수 $F(t)$로 사상하는 데에 적분변환이 이용된다.

연습문제

6.6.1 z평면의 원점에 중심을 둔 원들은

(a) $w_1(z) = z + \dfrac{1}{z}$, (b) $w_2(z) = z - \dfrac{1}{z}$, for $z \neq 0$

에 대하여 어떻게 변환되는가? $|z|\to 1$일 때 어떤 일이 일어나는가?

6.6.2 만일

(a) $w = \dfrac{z-1}{z+1}$, (b) $w = \dfrac{z-i}{z+i}$

이면, z평면의 어떤 부분이 w평면 내의 단위원 내부에 대응하는가?

6.6.3 다음의 변환들을 논의하여라.

(a) $w(z) = \sin z$, (c) $w(z) = \sinh z$,
(b) $w(z) = \cos z$, (d) $w(z) = \cosh z$.

$x=c_1$, $y=c_2$선들이 w평면에 어떻게 사상되는가를 보여라. 끝의 세 변환들은 첫 번째 변환을 적절히 이동하거나 회전하여 얻을 수 있음을 유의하여라.

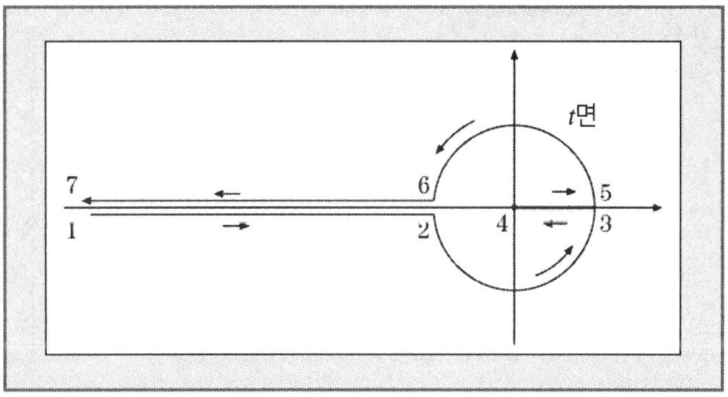

그림 6.24
베셀 함수 적분경로

6.6.4 만일 절단선으로 $-1 \le x \le 1$, $y=0$을 취하면 함수

$$w(z) = (z^2 - 1)^{1/2}$$

이 1가임을 보여라.

6.6.5 Bessel 함수의 적분 표현은 그림 6.24에 나타낸 t평면 내의 경로를 따른다. 이 경로를 $t=e^{\theta}$인 θ평면에 사상하여라. 더 많은 사상의 예들이 제 11~13장에 주어진다.

6.6.6 m이 정수가 아닐 때 연습문제 6.5.2의 이항 전개식이 함수 $(1+z)^m$의 적절히 정의된 분지(branch)에 대하여만 성립함을 보여라. z평면이 어떻게 절단되는지를 보여라. 이 분지의 전개식에 대한 수렴원으로 $|z|<1$을 택할 수 있는 이유를 선택된 절단(선)의 입장에서 설명하여라.

6.6.7 정수가 아닌 m에 대하여 함수 $(1+z)^m$의 적절히 정의된 분지가 아닌 다른 분지에 대해서는 연습문제 6.5.2와 6.6.6의 테일러 전개는 적절하지 **못하다**. [분지들은 구별되어야 하기 때문에 같은 테일러 전개식을 가질 수 없음을 유의하여라.] 앞의 연습문제들에서 이용한 같은 분지절단을 다른 모든 분지들에 이용하여 위상과 테일러 계수를 자세하게 정하는 테일러 전개식들을 구하여라.

6.7 등각사상(Conformal Mapping)

6.6절에서 쌍곡선은 직선으로 사상되고, 직선은 원으로 사상됨을 살펴보았다. 그러나 이들 모든 변환에서 하나의 특성 즉, 각도는 일정하게 유지되었다. 이제 이 점에 관하여 논의한다. 각도의 이 불변성은 6.6절의 모든 변환들이 해석적이었다는 사실의 결과이다.

$w=f(z)$가 해석적인 한,

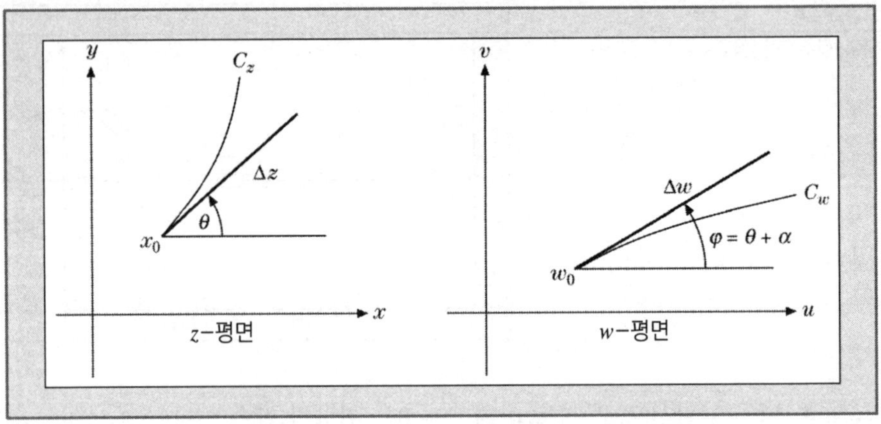

그림 6.25
등각사상 - 각 보존

$$\frac{df}{dz} = \frac{dw}{dz} = \lim_{\Delta z \to 0} \frac{\Delta w}{\Delta z} \tag{6.109}$$

이다. 이 방정식이 극좌표 형식이라고 가정하여 절대값끼리, 편각끼리 같게 놓을 수 있다. 후자의 경우 ($df/dz \neq 0$이라고 가정하여)

$$\begin{aligned} \lim_{\Delta z \to 0} \frac{\Delta w}{\Delta z} &= \lim_{\Delta z \to 0} \arg \frac{\Delta w}{\Delta z} \\ &= \lim_{\Delta z \to 0} \arg \Delta w - \lim_{\Delta z \to 0} \arg \Delta z = \arg \frac{df}{dz} = \alpha \end{aligned} \tag{6.110}$$

이다. 단, 도함수의 편각 α는 z에 의존할 수 있지만, 고정된 z에 대하여는 접근 방향에 관계없이 상수이다. 이것의 중요성을 알아보기 위하여 두 곡선 즉, z평면 내의 곡선 C_z와 이에 대응하는 w평면 내의 곡선 C_w를 생각한다 (그림 6.25). z평면에서는 실수(x)축과 각 θ를 이루는 방향에 증분 Δz를 표시하고, 반면에 w평면에서는 이에 대응하여 증분 Δw가 실수(u)축과 φ의 각을 이룬다. (6.110)식으로부터

$$\varphi = \theta + \alpha \tag{6.111}$$

이다. 즉, z평면 내의 모든 직선은, w가 해석적 변환이고 그 도함수가 영이 아닌 한, w평면 내에서 α만큼 회전한다.[14]

이 결과는 z_0를 지나는 모든 직선에 대하여 성립하므로 직선쌍에 대하여도 성립한다. 따라서 두 직선들 사이의 각에 대하여

$$\varphi_2 - \varphi_2 = (\theta_2 + \alpha) - (\theta_1 + \alpha) = \theta_2 - \theta_1 \tag{6.112}$$

이다. 이것은 해석적 변환 아래서 경사각이 보존된다는 것을 보여준다. 이와 같은 **각도-보존 변환을 등각사상(conformal mapping)이라고 한다**. 회전각 α는 일반적으로 z에 의존한다. 또

[14] $df/dz = 0$이면 편각 또는 위상은 정의되지 않고 (해석적) 변환이 반드시 각을 보존하는 것은 아니다.

$|f'(z)|$는 보통 z의 함수이다.

요 약

역사적으로, 등각변환들은 정전기학, 유체역학, 열흐름 등의 문제에 대한 라플라스 방정식을 푸는 데 있어서 과학자들과 공학자들에게 매우 중요했다. 불행히도 아무리 우아하더라도 등각변환 접근법은 2차원화될 수 있는 문제들에 국한되었다. 이 방법은 고도의 대칭성이 존재하면 아름다우나, 대칭성이 깨지거나 존재하지 않으면 (그 사용이) 불가능하다.

이러한 제한성과 고속 전자계산기가 유용한 대안(편미분방정식의 반복해)이 되는 주된 이유 때문에 등각사상에 관한 자세한 내용과 적용은 생략한다.

연습문제

6.7.1 $w(x)$를 점 $z = z_0$에 관하여 테일러 급수로 전개하여라. 단, $f'(z_0) = 0$이다 (각도들은 보존되지 않는다). 처음 $n-1$차까지의 도함수들의 값이 영이고, $f^{(n)}(z_0) \neq 0$이면 $z = z_0$에서 꼭지점을 갖는 z평면 내의 각들이 w평면 내에서는 n배가 됨을 보여라.

6.7.2 변환

$$e^z = \frac{a - w}{a + w}$$

에서 z평면 내의 좌표직선들은 어떻게 변환되는가? 어떤 좌표계를 설정하였는가?

6.7.3 z평면 내에서 원이 w평면 내의 원으로 사상되는 등각변환을 구하여라. 먼저 원점에 중심을 둔 원들을 생각하고 나중에 임의의 점에 중심을 갖는 원들을 생각하여라. 그림 소프트웨어를 이용하여 여러 가지 경우를 작도하여라.

6.7.4 z평면 내에서 좌표축들에 평행한 직선들이 w평면 내에서 쌍곡선들로 사상되는 등각변환을 구하여라. 그림 소프트웨어를 이용하여 여러 가지 경우를 작도하여라.

추가 읽을거리

Ahlfors, L. V. (1979). *Complex Analysis*, 3rd ed. McGraw–Hill, New York. 이 교재의 내용은 자세하고 완벽하고 엄격하고 광범위하다.

Churchill, R. V., Brown, J. W., and Verkey, R. F. (1989). *Complex Variables and Application*, 5th ed. McGraw–Hill, New York. 이 책은 초보 학생이나 숙련생 모두에

게 훌륭한 책이다. 이 책은 읽어볼 만하고 매우 완전하다. Cauchy-Goursat 정리의 자세한 증명이 5장에 수록되어 있다.

Greenleaf, F. P. (1972). *Introduction to Complex Variables*. Saunders, Philadelphia. 이 책은 매우 읽어 볼 만하고 설명이 자세하며 주의 깊게 편성되었다.

Kurala, A. (1972). *Applied Functions of a Complex Variable*. Wiley-Interscience, New York. 과학자나 공학자를 위한 중간수준의 책으로 많은 물리 응용문제가 포함되어 있다.

Levinson, N., and Redheffer, R. M. (1970). *Complex Variables*. Holden-Day. San Francisco. 이 책은 응용에 관심을 갖는 과학자나 공학자를 위하여 쓰여졌다.

Morse, P. M., and Feshbach, H. (1953). *Methods of Theoretical Physics*. McGraw-Hill, New York. 이 책의 4장은 이론 물리학자들에게 관심이 많은 복소변수함수 이론 부분을 다루고 있다.

Remmert, R. (1991). *Theory of Complex Functions*. Springer, New York.

Sokolnikoff. I. S., and Redheffer, R. M. (1966). *Mathematics of Physics and Modern Engineering*. 2nd ed. McGraw-hill, New York. 7장에서 복소수 변수를 다루고 있다.

Spiegel, M. R. (1985). *Complex Variables*. McGraw-Hill, New York. 과학자들을 위한 복소수 함수 이론에 관하여 요약한 훌륭한 책이다.

Titchmarsh. E. C. (1958). *The Theory of Functions*, 2nd ed. Oxford Univ. Press. New York. 고전적인 책이다.

Watson, G. N. (1917/1960). *Complex Integration and Cauchy's Theorem*. Hafner, New York. 적분 정리와 적분 공식을 엄밀하게 전개한 소책자이다. 유수 미적분학의 응용이 수록되어 있다. *Cambridge Tracts in Mathematics, and Mathematical Physics*, No. 15.

다른 참고문헌들은 제 15장 끝에 수록되어 있다.

복소변수함수 II
-유수 미적분학

7.1 특이점

이 장에서는 제6장에서 코시-리만 조건에서 출발하여 로랑 (6.5절) 전개에 도달했던 해석학으로 되돌아간다. 로랑 전개는 특이점들이 존재하는 경우에 테일러 급수를 일반화한 것이다. $f(z)$가 $z=z_0$에서는 해석적이지 않지만, 어떤 양의 R에 대하여 구멍이 뚫린 디스크 $0<|z-z_0|<R$ 내에서 해석적이고 1가이면 점 z_0을 $f(z)$의 **고립된 특이점(isolated singular point)**이라 한다. 다항식의 상(quotient)인 유리함수 $f(z)=P(z)/Q(z)$의 경우에는 분자가 영이 아니면 분모가 영이 되는 점에서, 즉 분모의 근들에서 유일한 특이점들이 발생한다. 예를 들면, 연습문제 6.5.13의 $f(z)=\frac{z^3-2z^2+1}{(z-3)(z^2+3)}$은 $z=\pm i\sqrt{3}$과 $z=3$에서 단순극을 갖고 그 밖의 모든 곳에서는 해석적이다. 고립극을 **제외**하고 유한 복소평면 전체에서 해석적인 함수를 **유리형 함수(meromorphic function)**라 한다. e^z, $\sin z$, $\cos z$와 같이 유한 복소평면에서 특이점을 갖지 않는 **전해석 함수(entire functions)**, 유한 개의 극을 갖는 유리함수, 또는 $z=n\pi$와 $z=(2n+1)\pi/2(n=0, \pm 1, \pm 2, \ldots)$에서 각각 무수히 많은 극을 갖는 $\tan z$, $\cot z$ 등이 유리형 함수의 예이다.

코시 적분으로부터 단순극 둘레의 닫힌 경로에 대한 적분이 영이 아니지만, 더 높은 차수의 극들은 적분에 기여하지 않는다는 것을 배웠다 (예제 6.3.1). 이 장에서는, 이러한 경우를 유리형 함수에 일반화시켜 유수 정리에 도달할 것이다. 유수 정리는 물리학자들과 공학자들이 접하는 많은 적분에 응용되는 중요한 정리로서, 그 일부를 여기서 논의할 것이다. 여기서는 특이점, 특히 단순극이 중요한 역할을 한다.

■ 극

z_0에 관한 $f(z)$의 로랑 전개식은

$$f(z) = \sum_{n=-\infty}^{\infty} a_n(z-z_0)^n \tag{7.1}$$

이다. 만일 $n<-m<0$에 대하여 $a_n=0$이고 $a_{-m}\neq 0$이면, z_0가 m차 극이라고 한다. 예를 들면, $m=1$ 즉, 로랑 전개식에서 $a_{-1}/(z-z_0)$가 첫 번째 영이 아닌 항이라면 $f(z)$는 차수 1인 극을 갖고, 가끔 단순극이라고 한다. 예제 6.5.1이 적절한 예이다. 함수

$$f(z) = [z(z-1)]^{-1} = -\frac{1}{z} + \frac{1}{z-1}$$

은 원점과 $z=1$에서 단순극을 갖는다. 이 함수의 제곱 $f^2(z)$은 같은 점들에서 이차 극을 갖고, $[f(z)]^m$은 차수가 $m=1, 2, 3, \ldots$인 극들을 갖는다. 이와는 대조적으로 예제 6.5.2의 함수

$$e^{\frac{1}{z}} = \sum_{n=0}^{\infty} \frac{1}{z^n n!}$$

은 $z=0$에서 모든 차수의 극들을 갖는다.

모든 차수의 극들이 존재하면 (즉, z_0에서 로랑 급수의 합은 $n=-\infty$까지 계속된다), z_0는 무한 차수의 극이고, **본질적 특이점(essential singularity)**이라 불리 운다. 이들 본질적 특이점들은 많은 병리적 특성을 갖는다. 예를 들면, 본질적 특이점의 모든 작은 근방에서 이 함수 $f(z)$는 미리 선택된 어떠한 (그러므로 모든) 복소량 w_0에 임의로 가까이 접근한다는 것을 보일 수 있다.[1] 실제로, 완전 w평면은 본질적 특이점 z_0 근방으로 사상된다. 유한 차수의 극과 본질적 특이점의 근본적 차이 하나는 차수 m인 극은 $f(z)$에 $(z-z_0)^m$을 곱하면 제거될 수 있지만, 본질적 특이점은 이와 같은 방법으로는 제거될 수 없다는 것이다.

$z\to\infty$일 때 $f(z)$의 거동은 $t\to 0$일 때 $f(1/t)$의 거동으로 정의된다. 함수

$$\sin z = \sum_{n=0}^{\infty} \frac{(-1)^n z^{2n+1}}{(2n+1)!} \tag{7.2}$$

을 생각하자. $z\to\infty$일 때 z를 $1/t$로 바꾸어

$$\sin\left(\frac{1}{t}\right) = \sum_{n=0}^{\infty} \frac{(-1)^n}{(2n+1)!\,t^{2n+1}} \tag{7.3}$$

을 얻는다. 정의로부터 $\sin z$가 무한 원점에서 본질적 특이점을 갖는 것이 명백하다. 이 결과는 연습문제 6.1.9에서 예측될 수 있었다. 왜냐하면 $x=0$일 때

$$\sin z = \sin iy = i \sinh y$$

가 $y\to\infty$에 따라 지수 함수적으로 무한대에 접근하기 때문이다. 따라서, 실수 x에 대한 $\sin x$

[1] 이 정리는 피카르에 기인한다. 증명은 E. C. Titchmarsh, *The Theory of Functions*, 2nd ed. Oxford Univ. Press, New York(1939)에 주어져 있다.

의 절대값은 1 또는 1보다 작을지라도 $\sin z$의 절대값은 유계가 아니다. $\cos z$에 대해서도 똑같이 적용된다.

■ 분지점

이 장의 뒷 절에서 중요하고 제6장에서 거듭제곱과 지수함수의 반전 즉, 근과 대수의 전환에서 접했던 다른 종류의 특이점이 존재한다.

$$f(z) = z^a$$

을 생각하자. 여기서 a는 **정수가 아니다**.[2] z가 단위원 주위를 e^0에서 $e^{2\pi i}$까지 변할 때, 영이 아닌 a에 대하여

$$f(z) \to e^{2\pi ai} \neq e^{0i}$$

이다. 6.6절에서와 같이 $f(z)$는 원점에서 하나의 분지점을 갖고, 무한대에서 다른 분지점을 갖는다. $z=1/t$로 놓고 $t \to 0$일 때 같은 논의를 하면 $t=0$; 즉, ∞도 역시 분지점임을 알 수 있다. e^{0i}점과 $e^{2\pi i}$는 z평면 내에서 일치하지만 이 일치점들에 대한 $f(z)$의 **값은 다르다**. 즉, $f(z)$는 **다가함수(multivalued function)**이다. 다가함수 문제는 z평면 내의 주어진 점에 대하여 $f(z)$가 하나의 값만을 갖도록 **두 분지점들을 연결하는 절단선**을 그음으로써 해결된다. z^a에 대한 절단선은 임의의 각도(방향)로 그을 수 있다. 여기서 무한원점이 포함되어야 한다는 것을 주목하여라. 즉, 절단선은 무한원점을 경유하여 유한 개수의 분지점들을 접합시킨다. 다음의 예가 중요한 경우이다. 만일 $a=p/q$가 유리수이면, q를 분지점의 차수라 부른다. 왜냐하면 출발점으로 되돌아가려면 분지점을 q번 돌아가야 하기 때문이다. 이것은 $z^{1/q}$과 $z^{p/q}$의 리만 표면이 제6장에서 논의한 바와 같이 q장(sheet)의 종이(z평면)로 되어있는 것과 동등하다. 만일 a가 무리수이면 대수에서와 같이 분지점의 차수는 무한대이다.

분지점과 필요한 절단선을 갖는 함수가 절단선을 넘어서 연속이 아님을 주목하여라. 일반적으로 절단선 양쪽에서 위상차가 있다. 연습문제 7.2.23이 이 경우이다. 그러므로 분지점의 절단선 양쪽의 선적분은 서로 상쇄되지 않는다. 이 경우에 관한 많은 예가 연습문제에 수록되어 있다.

다중 연결 영역을 단순 연결 영역으로 전환하기 위하여 이용하는 경로선(6.3절)은 (절단선과는) 완전히 다르다. 여기서 다루는 함수는 이 경로선을 가로지를 때 연속이고 위상차가 없다.

예제 7.1.1 **두 분지점을 갖는 함수**

다음과 같은 함수

---

[2] z^a은 유한 개수의 도함수만을 갖는 반면에 해석함수는 무한 개의 도함수를 보장하므로 $z=0$은 기술적으로는 특이점이다 (6.4절). $f(z)$가 원점을 둘러쌀 때 하나의 값만을 갖지 않는다는 것이 문제이다. 코시 적분 공식은 적용되지 않을 수도 있다.

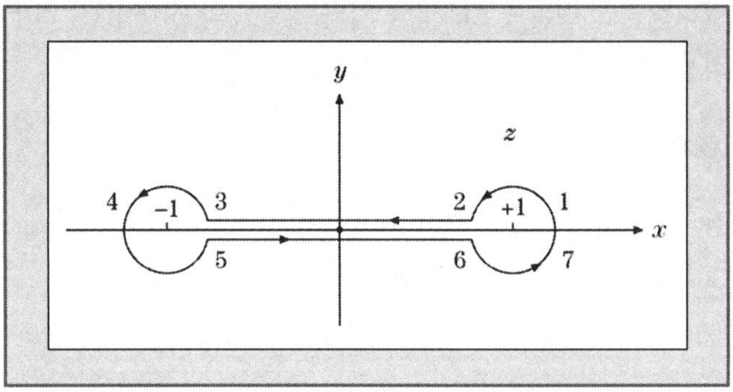

그림 7.1
두 분지점 ±1을 연결하는 절단선

$$f(z) = (z^2-1)^{1/2} = (z+1)^{1/2}(z-1)^{1/2} \tag{7.4}$$

을 생각한다. 우변의 첫 인자 $(z+1)^{1/2}$은 $z=-1$에서 분지점을 갖고, 두 번째 인자는 $z=+1$에서 분지점을 갖는다. 각 분지점은 리만 표면이 두 장으로 되어 있기 때문에 차수가 2이다. 무한대에서 $f(z)$는 단순극을 갖는다. 이것은 $z=1/t$을 대입하고 $t=0$에서 이항 전개함으로써 확인될 수 있다 :

$$(z^2-1)^{1/2} = \frac{1}{t}(1-t^2)^{1/2} = \frac{1}{t}\sum_{n=0}^{\infty}\binom{1/2}{n}(-1)^n t^{2n} = \frac{1}{t} - \frac{1}{2}t - \frac{1}{8}t^3 + \cdots.$$

절단선은 각 분지점을 완전히 둘러싸는 것이 불가능하도록 두 분지점들을 연결해야 한다. $z=+1$과 $z=-1$을 연결하는 선분이 절단선으로 선택할 가능성을 조사하기 위하여 그림 7.1에 나타낸 바와 같은 경로를 따라 움직일 때 이들 두 인자들의 위상을 추적해 보자.

위상추적을 편리하게 하기 위하여 $z+1=re^{i\theta}$, $z-1=\rho e^{i\varphi}$라 하자. 그러면 $f(z)$의 위상은 $(\theta+\psi)/2$이다. $z+1$과 $z-1$의 위상이 모두 영인 점 1에서 출발한다. 점 1에서 점 2로 이동하면 $z-1=\rho e^{i\varphi}$의 위상 ψ는 π만큼 증가하고 ($z-1$은 음이 된다), 점 6에서 점 7로 이동하여 원을 완전히 돌 때까지는 일정한 값을 유지한다. $z+1=re^{i\theta}$의 위상 θ도 유사한 거동을 보이고, 점 3에서 점 5로 이동할 때와 같이 2π 만큼 증가한다. 함수 $f(z)=(z+1)^{1/2}(z-1)^{1/2}=r^{1/2}\rho^{1/2}e^{i(\theta+\varphi)/2}$의 위상은 $(\theta+\psi)/2$이다. 이 결과를 표 7.1의 마지막 열에 나타냈다.

두 가지 특징이 나타난다.

표 7.1
위상각

점	θ	φ	$(\theta+\varphi)/2$
1	0	0	0
2	0	π	$\pi/2$
3	0	π	$\pi/2$
4	π	π	π
5	2π	π	$3\pi/2$
6	2π	π	$3\pi/2$
7	2π	2π	2π

1. 점 5와 점 6에서의 위상은 점 2와 점 3에서의 위상과 같지 않다. 이와 같은 거동은 분지점 절단선에서 예상될 수 있다.
2. 점 7에서의 위상은 점 1에서의 위상보다 2π 만큼 앞서고, 함수 $f(z)=(z^2-1)^{1/2}$은 그림에서 나타낸 바와 같이 **두** 분지점들을 둘러싸는 경로에 대하여 단가(single valued)이다.

만일 x축 상에서 $-1 \le x \le 1$을 절단선으로 택하면 $f(z)$값은 유일하게 지정된다. 다른 방법으로 $x>1$인 양의 x축과 $x<-1$인 음의 축을 절단선으로 택할 수도 있다. 이 경우에 ± 1에서의 분지점들은 무한 원점을 경유하는 절단선에 의하여 접합된다. 다시 분지점들을 원으로 둘러쌀 수 없고, 함수는 1가 상태를 유지한다. ■

이 예를 일반화하면 함수

$$f(z) = f_1(z) \cdot f_2(z) \cdot f_3(z) \cdots$$

의 위상은 각 인자들의 위상의 대수적 합이다:

$$\arg f(z) = \arg f_1(z) + \arg f_2(z) + \arg f_3(z) + \cdots$$

각 인자의 실수부에 대한 허수부 비율의 아크 탄젠트(arc tangent)값을 그 인자의 위상으로 취할 수 있다. 즉,

$$\arg f_i(z) = \tan^{-1}(v_i/u_i).$$

그러나 아크 탄젠트의 다른 분지들을 인지하여야 한다. 인자가

$$f_i(z) = (z - z_0)$$

의 형태인 경우에는, 위상은 $+z_0$에서 z까지의 2차원 벡터의 위상각에 대응하고, 절단선(그림 7.2a에서 $z_0=1$)을 교차하지 않고 측정하면 점 $+z_0$를 둘러쌈에 따라서 2π만큼씩 증가한다. 역으로, z_0를 둘러싸지 않는 닫힌 곡선을 횡단하면 $z-z_0$에서 위상은 변하지 않는다.

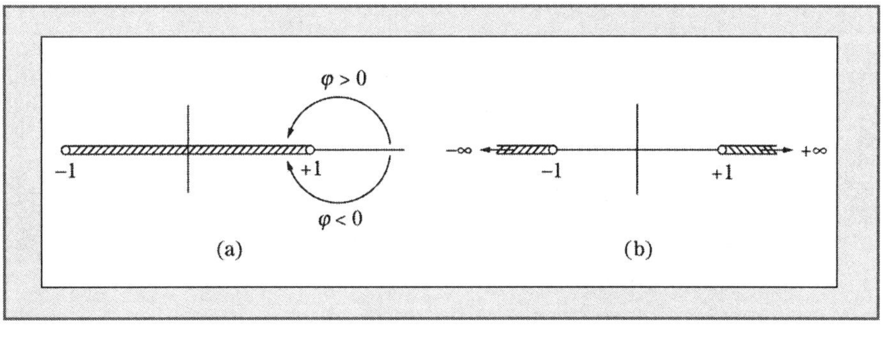

그림 7.2
(a) 유한 절단선과 (b) 무한 원점을 지나 단일 절단선을 이루는, 1에서 ∞까지와 −1에서 −∞까지의 두 절단선에 의하여 결합된 분지점들. 위상각들은 (a)에 보인 바와 같이 측정된다.

요 약

극은 가장 간단한 특이점이고, 정칙점 외에 극만을 갖는 함수를 유리형 함수라 한다. $\tan z$와 다항식들의 비(ratio)가 그 예들이다. 분지점들은 다가함수를 특징짓는 특이점들이다. 그 예가 복소변수 z의 분수 거듭제곱이다. 반면에 분수 거듭제곱의 대수는 복소평면의 원점과 무한대 점에서 무한대 차수의 분지점들을 갖는다. 본질적 특이점들은 가장 복잡한 특이점들이고, $\cos z$, $\sin z$와 같이 많은 함수들이 무한대 점에서 하나의 본질적 특이점을 갖는다.

연습문제

7.1.1 로랑 급수로 전개된 함수 $f(z)$가 $z=z_0$에서 m차의 극을 갖는다. $(z-z_0)^{-1}$의 계수 a_{-1}이

$$a_{-1} = \frac{1}{(m-1)!}\frac{d^{m-1}}{dz^{m-1}}[(z-z_0)^m f(z)]_{z=z_0}$$

로 주어짐을 보여라. 단, 극이 단순극($m=1$)일 때는

$$a_{-1} = [(z-z_0)f(z)]_{z=z_0}$$

이다. a_{-1}에 대한 이들 식은 다음 절의 유수 정리에서 사용될 유수를 정하는 데 극히 유용하다.

힌트. 거듭제곱 급수가 유일하다는 것을 증명하는 데 매우 성공적이었던 기법이 여기서도 효과적일 것이다.

7.1.2 함수 $f(z)$가

$$f(z) = \frac{f_1(z)}{f_2(z)}$$

로 표현될 수 있다. 단, $f_1(z)$와 $f_2(z)$는 해석적이다. $z=z_0$에서 분모 $f_2(z)$가 영이다. 이것은 $f(z)$가 $z=z_0$에서 극을 가짐을 보여준다. 그러나 $f_1(z_0)\neq 0$, $f_2'(z_0)\neq 0$이다. $f(z)$의 로랑 전개식에서 $(z-z_0)^{-1}$의 계수 a_{-1}이

$$a_{-1} = \frac{f_1(z_0)}{f_2'(z_0)}$$

로 주어짐을 보여라. 이 결과는 Heaviside 전개 정리(15.12절)에 도달한다.

7.1.3 예제 7.1.1과 유사하게, 그림 7.1과 비슷하지만 새로운 분지점들을 둘러싸는 경로를 따르는 $f(z)=(z^2+1)^{1/2}$의 각 인수의 위상과 모든 위상이 합해진 (전체) 위상을 자세히 고찰하여라.

7.1.4 본질적 특이점의 한 예로 z가 영에 접근할 때 $e^{1/z}$을 생각하자. $z \neq 0$인 모든 복소수 z_0에 대하여

$$e^{1/z} = z_0$$

가 무한히 많은 해를 가짐을 보여라.

7.1.5 만일 해석함수 $f(z)$가 $|z| \to \infty$일 때 영에 접근하면, 무한 원점에서 그 함수의 유수(연습문제 7.1.1에 정의된 것처럼 a_{-1})가 $-\lim_{z\to\infty} zf(z)$임을 보여라; $f(z)$가 무한 원점에서 유한 (영이 아닌) 극한값을 가지면 무한 원점에서 그 함수의 유수가 $-\lim_{z\to\infty} z^2 f'(z)$임을 보여라.

7.2 유수 미적분

■ 유수 정리

어떤 함수의 로랑 전개식 $f(z) = \sum_{n=-\infty}^{\infty} a_n(z-z_0)^n$이 고립된 특이점 z_0를 반시계방향으로 한번 둘러싸는 닫힌 경로를 이용하여 항별 적분된다면 다음 결과(예제 6.3.1)를 얻는다. 즉,

$$a_n \oint (z-z_0)^n dz = a_n \frac{(z-z_0)^{n+1}}{n+1}\bigg|_{z_1}^{z_1} = 0, \quad n \neq -1. \tag{7.5}$$

그러나 만일 $n = -1$이면, 극좌표형식 $z = z_0 + re^{i\theta}$을 이용하여,

$$a_{-1} \oint (z-z_0)^{-1} dz = a_{-1} \oint \frac{ire^{i\theta} d\theta}{re^{i\theta}} = 2\pi i a_{-1} \tag{7.6}$$

임을 알게 된다. 첫 번째 가장 간단한 유수 발생의 경우가 예제 6.3.1로서 적분 $\oint z^n dz = 2\pi i\delta_{n,-1}$을 포함하고 있는데, 이 적분은 반경이 r인 원둘레의 반시계방향으로 실행되었다. 모든 거듭제곱 z^n 중에서, 단지 $1/z$만이 (적분에) 기여한다.

(7.5)식과 (7.6)식을 요약하여

$$\frac{1}{2\pi i} \oint f(z)\, dz = a_{-1} \tag{7.7}$$

을 얻는다. 로랑 전개식에서 $(z-z_0)^{-1}$의 계수인 상수 a_{-1}을 $z = z_0$에서 $f(z)$의 유수라 부른다.

고립된 특이점들의 집합은 그림 7.3에 나타낸 바와 같이 경로를 변형하여 취급될 수 있다. 코시 적분 정리(6.3절)에 의하면

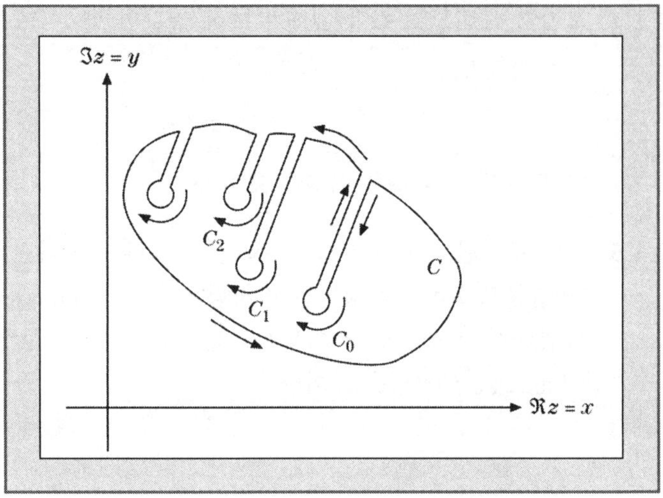

그림 7.3
고립된 특이점들의 배제

$$\oint_C f(z)\,dz + \oint_{C_0} f(z)\,dz + \oint_{C_1} f(z)\,dz + \oint_{C_2} f(z)\,dz + \cdots = 0 \qquad (7.8)$$

이다. 주어진 모든 특이점 주위의 원형 경로적분은 (7.7)식으로 주어진다. 특이점 $z = z_i$에 대한 로랑 전개를 가정하면,

$$\oint_{C_i} f(z)\,dz = -2\pi i a_{-1z_i} \qquad (7.9)$$

이다. 마이너스(−) 기호는 그림 7.3에 나타난 바와 같이 시계방향 적분에서 기인한다. (7.8)식과 (7.9)식을 결합하여

$$\begin{aligned}\oint_C f(z)\,dz &= 2\pi i(a_{-1z_0} + a_{-1z_1} + a_{-1z_2} + \cdots) \\ &= 2\pi i\ (\text{둘러싸인 유수들의 합}) \qquad (7.10)\end{aligned}$$

를 얻는다.

이것이 **유수 정리(residue theorem)**이다. 이제 하나 또는 그 이상의 경로적분을 계산하는 문제는 적분경로에 둘러싸인 특이점들(차수 1인 극)에서 유수를 계산하는 대수적 문제로 바꾸어진다. 이 절의 나머지 부분에서는 수학과 물리학적으로 관심이 많은 넓고 다양한 정적분에 유수 정리를 적용한다. 유수 정리는 제15장의 다양한 적분변환, 특히 라플라스 역변환에도 필요하다. 유수 정리를 코시 주치 개념의 전개에도 사용한다.

$w \to 0$일 때 변환 $z = 1/w$을 이용하면, $z \to \infty$에서의 특이점의 특성과 고립된 특이점들만을 갖고 분지점을 갖지 않은 함수 $f(z)$의 유수의 특성도 알아볼 수 있다. 이 경우에

$$\sum\{\text{유한 } z\text{평면 내의 유수}\} + \{z \to \infty\text{에서의 유수}\} = 0$$

임을 알 수 있다.

■ 정적분의 계산

유수 미적분은 물리학과 순수한 수학 문제에서 넓고 다양한 정적분을 계산하는 데 유용하다. 먼저 다음의 **적분 형태(integrals of form)**를 생각한다:

$$I = \int_0^{2\pi} f(\sin\theta, \cos\theta)\, d\theta. \tag{7.11}$$

단, f는 모든 θ값에 대하여 유한하다. 또 1가 함수가 되도록 f가 $\sin\theta$와 $\cos\theta$의 유리함수일 것이 요구된다. 이제

$$z = e^{i\theta}, \quad dz = ie^{i\theta} d\theta$$

라 하면,

$$d\theta = -i\frac{dz}{z}, \quad \sin\theta = \frac{z - z^{-1}}{2i}, \quad \cos\theta = \frac{z + z^{-1}}{2} \tag{7.12}$$

이고, 적분은

$$I = -i \oint f\left(\frac{z - z^{-1}}{2i}, \frac{z + z^{-1}}{2}\right)\frac{dz}{z} \tag{7.13}$$

가 된다. 여기서 적분경로는 단위원이다. 유수 정리[(7.10)식]에 의하면

$$I = (-i)2\pi i \sum (\text{단위원 안의 유수}) \tag{7.14}$$

이다. $f(z)/z$의 유수를 결정하고자 한다는 점을 주목하여라. 이와 같은 형태의 적분이 연습문제 7.2.6~7.2.9에 예시되었다.

예제 7.2.1 **역 코사인 (reciprocal cosine)**

(다음과 같은) 정적분 계산을 생각하자:

$$I = \int_0^{2\pi} \frac{d\theta}{1 + \varepsilon\cos\theta}, \quad |\varepsilon| < 1.$$

(7.13)식에 의하면 이 적분은

$$\begin{aligned} I &= -i \oint_{\text{단위원}} \frac{dz}{z[1 + (\varepsilon/2)(z + z^{-1})]} \\ &= -i\frac{2}{\varepsilon} \oint \frac{dz}{z^2 + (2/\varepsilon)z + 1} \end{aligned}$$

로 된다. 분모의 근이

$$z_- = -\frac{1}{\varepsilon} - \frac{1}{\varepsilon}\sqrt{1-\varepsilon^2} \qquad 와 \qquad z_+ = -\frac{1}{\varepsilon} + \frac{1}{\varepsilon}\sqrt{1-\varepsilon^2}$$

이므로 $(z-z_+)(z-z_-)$로 쓸 수 있다. 여기서 z_+는 단위원 내부에 있고, z_-는 (단위원) 외부에 있다. z_+ 가까이에서 분모는 다음과 같이 전개될 수 있다:

$$z^2 + \frac{2}{\epsilon}z + 1 = 0 + (z - z_+)\frac{d}{dz}\left(z^2 + \frac{2}{\epsilon}z + 1\right)\bigg|_{z_+} = (z - z_+)\left(2z_+ + \frac{2}{\epsilon}\right).$$

따라서 z_+에서 유수는 $\frac{1}{2z_+ + 2/\epsilon}$이다 (연습문제 7.1.1을 보라). 그러므로 (7.14)식에 의하여

$$I = -i\frac{2}{\varepsilon}\cdot 2\pi i \frac{1}{2z + 2/\varepsilon}\bigg|_{z=-1/\varepsilon+(1/\varepsilon)\sqrt{1-\varepsilon^2}}$$

이다. 따라서

$$\int_0^{2\pi} \frac{d\theta}{1+\varepsilon\cos\theta} = \frac{2\pi}{\sqrt{1-\varepsilon^2}}, \qquad |\varepsilon| < 1$$

이다. ■

이제 다음의 형태

$$I = \int_{-\infty}^{\infty} f(x)\,dx \tag{7.15}$$

를 갖고, 다음과 같은 두 가지 조건들을 만족하는 **정적분 족(class of definite integral)**을 생각한다.

- $f(z)$는 유한 개수의 극을 제외하고 위쪽 반평면에서 해석적이다. (실수축 상에는 극이 없다고 가정한다. 극이 실수축에 있으면 다른 곳에서 논하는 바와 같이 그 극은 포함되거나 제외된다.)
- $f(z)$는 $|z|\to\infty$, $0\le\arg z\le\pi$일 때 $1/z^2$과 같이 강하게 감소한다.[3]

이 조건들을 활용하여 적분경로를 그림 7.4에 나타낸 바와 같이 실수축과 위쪽 평면 내의 반원으로 구성할 수 있다. 반원의 반경 R이 무한히 크다고 가정한다. 그러면

$$\oint f(z)\,dz = \lim_{R\to\infty}\int_{-R}^{R} f(x)\,dx + \lim_{R\to\infty}\int_0^{\pi} f(Re^{i\theta})iRe^{i\theta}\,d\theta$$
$$= 2\pi i \sum \text{유수들 (위쪽 반평면)} \tag{7.16}$$

[3] $1/z$보다 더 빨리 줄어드는 $f(z)$를 사용할 수도 있다. 즉, 두 번째 조건은 매우 충분하다. 그리고 $f(z)$가 1가 이기를 바란다.

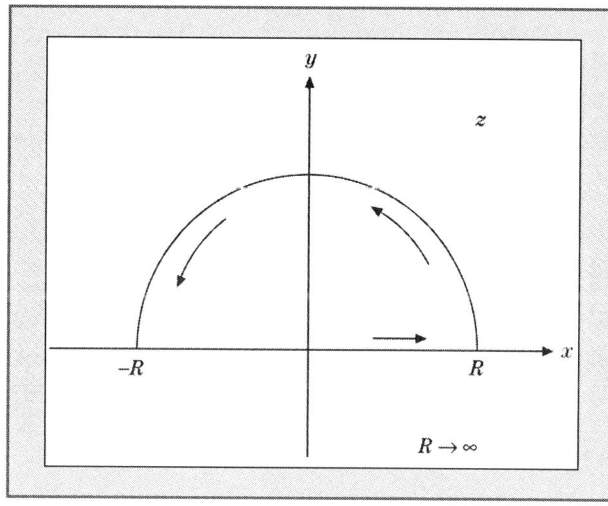

그림 7.4
적분경로는 위쪽 반평면 내의 반원이다.

이다. 두 번째 조건에 의하여 두 번째 적분(반원상의)은 0이 되므로

$$\int_{-\infty}^{\infty} f(x)\,dx = 2\pi i \sum \text{유수들 (위쪽 반평면)} \tag{7.17}$$

이다. f가 아래쪽 반평면 내에서 해석적이고 아래쪽 반평면 내의 적분경로를 이용할 때도 같은 결과가 얻어진다. 이 경우에는 적분경로의 방향은 시계방향이고 유수는 마이너스(−)부호가 붙는다.

예제 7.2.2 **역 다항식**

적분

$$I = \int_{-\infty}^{\infty} \frac{dx}{1+x^2} \tag{7.18}$$

을 계산하여라. (7.16)식을 이용하면

$$\int_{-\infty}^{\infty} \frac{dx}{1+x^2} = 2\pi i \sum \text{유수들 (위쪽 반평면)}$$

이다. 이 문제와 비슷한 다른 문제에서 극들이 어디에 있는가라는 문제에 부딪치게 된다.
피적분 함수를

$$\frac{1}{z^2+1} = \frac{1}{z+i} \cdot \frac{1}{z-i} \tag{7.19}$$

과 같이 다시 쓰면 $z=i$와 $z=-i$에서 단순극(차수 1)들이 존재한다는 것을 알 수 있다.

$z=z_0$에 단순극이 있는 경우에는 로랑 전개식은

$$f(z) = \frac{a_{-1}}{z - z_0} + a_0 + \sum_{n=1}^{\infty} a_n(z - z_0)^n \tag{7.20}$$

과 같은 형태를 갖고, 유수 a_{-1}은 다음과 같이 쉽게 고립된다 (연습문제 7.1.1):

$$a_{-1} = (z - z_0)f(z)\,|_{z=z_0}. \tag{7.21}$$

(7.21)식을 이용하면, $z=i$에서의 유수는 $1/2i$인 반면에 $z=-i$에서의 유수는 $-1/2i$임을 알 수 있다. 이것을 알아보는 다른 방법은 (피적분 함수의) 부분분수 분해이다:

$$\frac{1}{z^2+1} = \frac{1}{2i}\left(\frac{1}{z-i} - \frac{1}{z+i}\right).$$

그러면,

$$\int_{-\infty}^{\infty} \frac{dx}{1+x^2} = 2\pi i \cdot \frac{1}{2i} = \pi \tag{7.22}$$

이다. 여기서 (닫힌 적분경로에 의하여 둘러싸인 영역 안에) 포함된 극 $z=i$에서의 유수가 $a_{-1}=1/2i$임을 이용하였다. (이 책의) 독자들은 아래쪽 반평면 내의 반원을 이용할 수 있고, 이 경우에도 같은 결과: $I=\pi$에 도달한다는 것에 만족하여야 한다. 보다 섬세한 문제가 다음 예제에 주어져 있다. ■

예제 7.2.3 정적분 계산

다음과 같은 형태의 **정적분**

$$I = \int_{-\infty}^{\infty} f(x)e^{iax}dx \tag{7.23}$$

를 생각하여라. a는 양의 실수이다. 위 식은 푸리에 변환식(제15장)이다. 다음 두 가지 조건들을 가정한다.

- $f(z)$는 유한 개수의 극을 제외하고 위쪽 반평면 내부에서 해석적이다.
- $\lim_{|z|\to\infty} f(z) = 0, \quad 0 \le z$의 편각 $\le \pi$. (7.24)

이 조건들은 $\int_{-\infty}^{\infty} f(x)dx$의 적분에서 $f(z)$에 부과했던 두 번째 조건보다 덜 제한적이라는 점을 주목하여라.

지수인자가 위쪽 반평면에서 급속히 영에 접근하기 때문에 그림 7.4에 나타낸 경로를 도입한다. 유수 미적분의 적용은 방금 고려했던 것과 같으나, 이번에는 (무한히 큰) 반원상의 적분이 영으로 된다는 것을 밝히는 어려운 일을 해야 한다. 적분은 다음과 같이 된다:

$$I_R = \int_0^{\pi} f(Re^{i\theta})\, e^{iaR\cos\theta - aR\sin\theta} iRe^{i\theta}d\theta. \tag{7.25}$$

R이 매우 커서 $|f(z)| = |f(Re^{i\theta})| < \varepsilon$이라 하면

$$|I_R| \leq \varepsilon R \int_0^{\pi} e^{-aR\sin\theta}\, d\theta = 2\varepsilon R \int_0^{\pi/2} e^{-aR\sin\theta}\, d\theta \tag{7.26}$$

이다. $[0,\ \pi/2]$의 범위에서

$$\frac{2}{\pi}\theta \leq \sin\theta$$

이므로 (그림 7.5)

$$|I_R| \leq 2\varepsilon R \int_0^{\pi/2} e^{-aR2\theta/\pi}\, d\theta \tag{7.27}$$

이다. 이제 적분하여

$$|I_R| \leq 2\varepsilon R \frac{1 - e^{-aR}}{aR2/\pi}$$

을 얻는다. 최종적으로는

$$\lim_{R\to\infty} |I_R| \leq \frac{\pi}{a}\varepsilon \tag{7.28}$$

이고, (7.24)식의 조건에 의하여 $R\to\infty$일 때 $\varepsilon\to 0$이다. 그러므로

$$\lim_{R\to\infty} |I_R| = 0 \tag{7.29}$$

이다. 이 유용한 결과를 가끔 **조르단의 보조정리(Jordan's lemma)**라 한다. 위의 결과를 활용하면 (7.23)식과 같은 형태의 푸리에 적분을 취급할 수 있다.

그림 7.4에 나타낸 경로를 이용하여

$$\int_{-\infty}^{\infty} f(x)e^{iax}dx + \lim_{R\to\infty} I_R = 2\pi i \sum \text{유수들 (위쪽 반평면)}$$

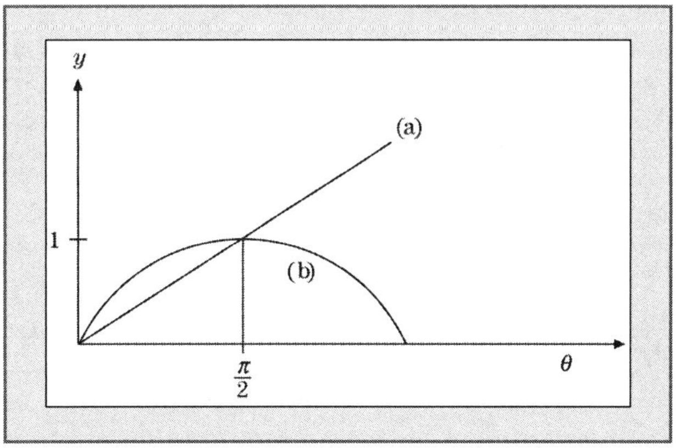

그림 7.5
(a) $y = (2/\pi)\,\theta$; (b) $y = \sin\theta$

을 얻는다. 위쪽 반원 상의 적분 I_R은 $R\to\infty$일 때 영이 되므로 (조르단의 보조 정리),

$$\int_{-\infty}^{\infty} f(x)e^{iax}dx = 2\pi i \sum \text{유수들 (위쪽 반평면)} \qquad (a>0) \qquad (7.30)$$

이다. 실제로 이 결과는 $\Re(a)>0$인 복소수 a에 대하여 보다 일반적으로 성립한다. ■

■ 코시 주치

때때로 적분경로 상에 고립된 1차극이 있을 수 있다. 이 경우에는 적분경로를 변형하여 **무한히 작은 반원형(infinitesimal radius)** 우회로를 (적분경로에) 포함시킴으로써 (그 고립극에서의) 유수를 (바라는 대로) 포함시키든지 또는 제외할 수 있다. 이 방법을 그림 7.6에 나타내었다. $z-x_0=\delta e^{i\varphi}, dz=i\delta e^{i\varphi}d\varphi$로 놓고, 반원 상에서 적분하면,

$$\int \frac{dz}{z-x_0} = i\int_{\pi}^{2\pi} d\varphi = i\pi, \text{ 즉, } \pi i a_{-1} \text{ (반시계방향)}$$
$$\int \frac{dz}{z-x_0} = i\int_{\pi}^{0} d\varphi = -i\pi, \text{ 즉, } -\pi i a_{-1} \text{ (시계방향)}$$

이다. (7.10)식의 좌변에 + 또는 －의 기여가 나타난다. 만일 우회로가 시계방향이면 유수항은 포함되지 않을 것이고, 따라서 (7.10)식의 우변에 이에 대응하는 항이 없을 것이다. 그러나 우회로가 반시계방향이면 유수가 적분경로 C에 포함되므로, (7.10)식의 우변에 $2\pi i a_{-1}$항이 포함될 것이다. 시계방향 또는 반시계방향 우회로에서의 알짜 결과는 경로 상에 있는 단순극의 유수는 단순극이 적분경로 내부에 포함된 경우의 반으로 계산된다는 것이다.

예를 들어, $z=x_0$에 단순극을 갖는 함수 $f(z)$를 전체 실수축 상에서 적분할 때 $|z|\to\infty$일 때 충분히 빨리 $|f(z)|\to 0$으로 되어 문제의 적분값이 유한하다고 가정하여라. 적분경로는 위쪽 반평면 내의 무한히 큰 반원을 포함한 닫힌 경로이다 (그림 7.7). 그러면

$$\begin{aligned}\oint f(z)\,dz &= \int_{-\infty}^{x_0-\delta} f(x)\,dx + \int_{C_{x_0}} f(z)\,dz \\ &\quad + \int_{x_0+\delta}^{\infty} f(x)\,dx + \int_{C} \text{무한히 큰 반원} \\ &= 2\pi i \sum \textbf{둘러싸인} \text{ 유수들}\end{aligned} \qquad (7.31)$$

이다. 만일 작은 반원 C_{x_0}가 x_0을 둘러싸면 (x축 아래로 지남; 반시계방향), x_0가 적분경로에

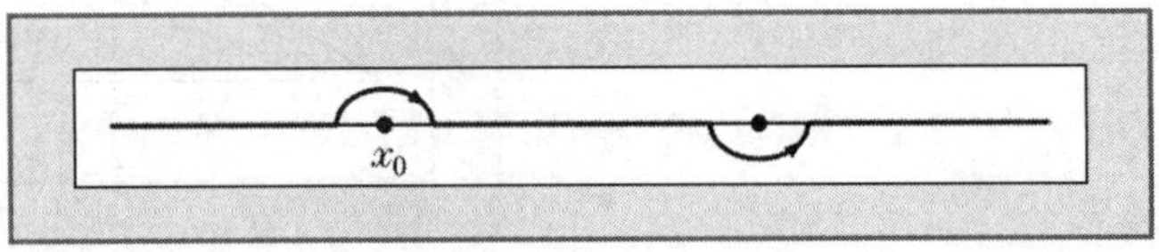

그림 7.6
특이점 우회

그림 7.7
반경이 무한히 큰 반원을 갖는 적분 경로 닫기

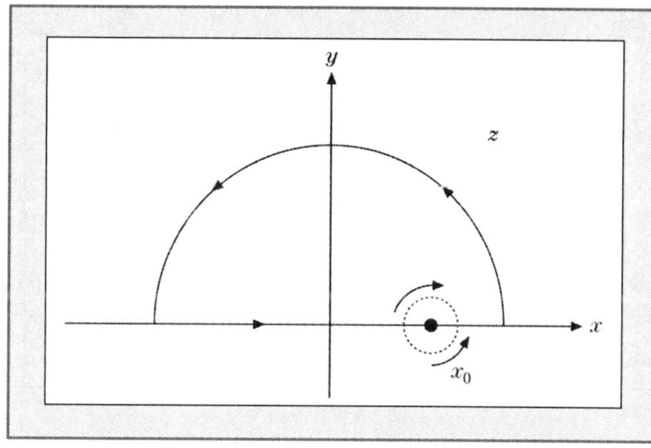

둘러싸이고 그 점의 기여는 **두 번** 나타난다. 한 번은 $\int_{C_{x_0}}$ 내에서 $\pi i a_{-1}$로 나타나고, 다른 한번은 $2\pi i \sum$(포함된 나머지)항에 $2\pi i a_{-1}$로 나타난다. 그러므로 (7.31)식에서 이 점의 알짜 기여는 $\pi i a_{-1}$이다. 만일 위쪽의 작은 반원이 선택되면 x_0은 적분경로에서 제외되고 C_{x_0} 상의 **시계 방향** 적분만이 $-\pi i a_{-1}$에 기여를 하게 된다. 이 값을 (7.11)식의 맨 오른쪽으로 옮기면 앞의 경우와 같이 $+\pi i a_{-1}$을 얻는다.

x축 상의 적분들이 결합될 수 있고, 반원의 반경은 영으로 접근될 수 있으므로 다음과 같이 정의한다:

$$\lim_{\delta\to 0}\left\{\int_{-\infty}^{x_0-\delta} f(x)\,dx + \int_{x_0+\delta}^{\infty} f(x)\,dx\right\} = P\int_{-\infty}^{\infty} f(x)\,dx. \tag{7.32}$$

P는 **코시 주치(Cauchy principal value)**를 나타내고 앞에서 논한 극한과정을 표현한다. 코시 주치가 균형화 과정 또는 상쇄화 과정을 나타낸다는 것을 주목하여라: 짝수 차수의 극들에 대하여는 $P\int_{-\infty}^{\infty} f(x)dx$가 유한하지 않다. 왜냐하면 상쇄가 되지 않기 때문이다. 특이점 $z = x_0$ 부근에서는

$$f(x) \approx \frac{a_{-1}}{x - x_0} \tag{7.33}$$

이고, x_0에 대하여 홀수 함수이다. 대칭적 또는 짝을 이루는 간격(x_0에 대하여)에서는 코시 주치가 상쇄된다 (그림 7.8의 어둡게 나타낸 영역). 특이점의 기여는 반원에 대한 적분 안에 포함된다.

때때로 같은 극한화 방법이 적분한계 $\pm\infty$에 적용된다. 만일 특이점이 없으면 다음과 같이 정의된다:

$$P\int_{-\infty}^{\infty} f(x)\,dx = \lim_{a\to\infty}\int_{-a}^{a} f(x)\,dx. \tag{7.34}$$

다른 취급법은 적분경로를 극에서 벗어나게 하고 난 후에 극한 거동을 되살리는 것이다. 이

그림 7.8
경로

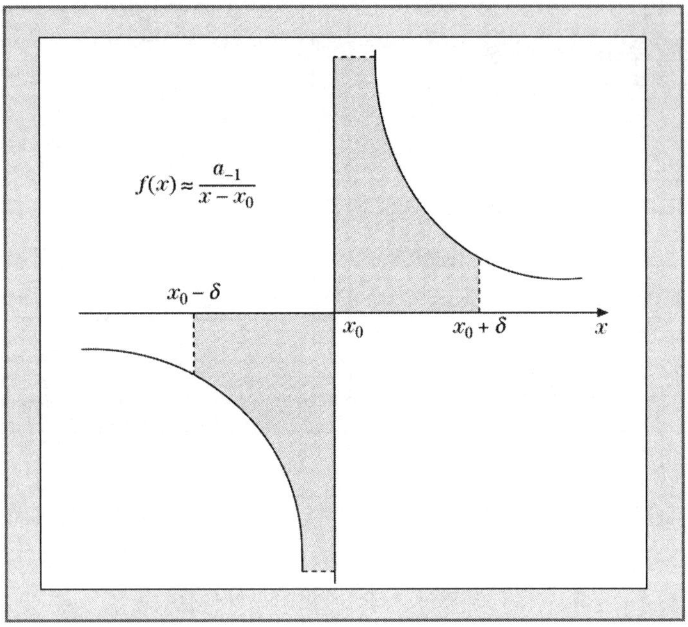

방법에서는 물리 문제의 경계조건들을 만족하는 형태로 적분을 강제하여 특이점을 벗어나게 한다 (그린 함수들의 경우에는 가끔 그렇게 한다. 예제 7.2.5와 16.3.2를 보라). 분자함수의 근에 의하여 극이 제거될 때에는 주치의 극한은 필요하지 않다. 다음의 적분

$$\int_{-\infty}^{\infty} \frac{\sin z}{z} dz = 2 \int_{0}^{\infty} \frac{\sin z}{z} dz = \pi$$

가 이 경우에 적합하다. 이 적분은 나중에 계산될 것이다.

예제 7.2.4 **적분경로 상의 특이점**

다음 적분을 계산하자:

$$I = \int_{0}^{\infty} \frac{\sin x}{x} dx. \tag{7.35}$$

위의 적분값은 다음 적분

$$I_z = P \int_{-\infty}^{\infty} \frac{e^{iz} dz}{z} \tag{7.36}$$

의 허수부분[4]의 반을 취하여 얻을 수도 있다. 이제, $z = 0$에서의 단순극이 유일한 극이고, (7.21)식에 의하면 그 곳에서의 유수는 $a_{-1} = 1$이다. (i) 극을 피하고, (ii) 실수축을 포함하고

[4] $\int[(e^{iz} - e^{-iz})/2iz]dz$를 이용할 수도 있으나, 두 개의 지수에 대하여 각각 다른 경로가 필요할 것이다.

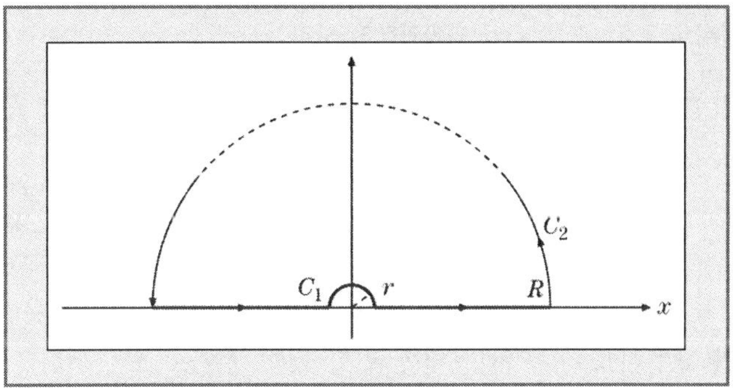

그림 7.9
경로상의 특이점

(iii) $z = iy$, $y \to \infty$일 때 피적분 함수가 영이 될 정도로 작게 하기 위하여, 그림 7.9에 나타낸 적분경로를 택한다. 이 경우에 아래쪽 반평면 내의 (무한히) 큰 반원은 적합하지 않다는 것을 유의하여라. 따라서

$$\oint \frac{e^{iz}dz}{z} = \int_{-R}^{-r} e^{ix}\frac{dx}{x} + \int_{C_1} \frac{e^{iz}dz}{z} + \int_{r}^{R} \frac{e^{ix}dx}{x} + \int_{C_2} \frac{e^{iz}dz}{z} = 0 \qquad (7.37)$$

을 얻는다. 마지막의 영은 유수 정리[(7.10)식]에 기인한다. 조르단의 보조 정리에 의하여

$$\int_{C_2} \frac{e^{iz}dz}{z} = 0 \qquad (7.38)$$

이고,

$$\oint \frac{e^{iz}dz}{z} = \int_{C_1} \frac{e^{iz}dz}{z} + P\int_{-\infty}^{\infty} \frac{e^{ix}dx}{x} = 0 \qquad (7.39)$$

이다. 작은 반원 위에서의 적분값은 유수 1의 $(-)\pi i$배이고, 마이너스 부호는 적분경로를 시계방향으로 택한 결과이다. 허수부분[5]을 취하면

$$\int_{-\infty}^{\infty} \frac{\sin x}{x}dx = \pi \qquad (7.40)$$

또는

$$\int_{0}^{\infty} \frac{\sin x}{x}dx = \frac{\pi}{2} \qquad (7.41)$$

이다. 그림 7.9의 경로는 편리하기는 하지만 유일한 경로는 아니다. (7.35)식을 계산하는 데 택할 수 있는 다른 경로가 연습문제 7.2.14에 수록되어 있다. ■

[5] 다른 방법으로는, (7.37)식의 적분을 다음과 같이 결합시킬 수도 있다.

$$\int_{-R}^{-r} e^{ix}\frac{dx}{x} + \int_{r}^{R} e^{ix}\frac{dx}{x} = \int_{r}^{R}(e^{ix} - e^{-ix})\frac{dx}{x} = 2i\int_{r}^{R} \frac{\sin x}{x}dx.$$

예제 7.2.5 양자역학적 산란

산란현상을 양자역학적으로 분석하면 다음 함수에 이르게 된다:

$$I(\sigma)=\int_{-\infty}^{\infty}\frac{x\sin x dx}{x^2-\sigma^2}. \tag{7.42}$$

단, σ는 양의 실수이다. 문제가 갖는 물리적 조건들 때문에 $I(\sigma)$가 밖으로 퍼져나가는 산란파를 표현하도록 $e^{i\sigma}$의 형태를 취할 것이 추가로 요구된다.

이제

$$\sin z=\frac{1}{2i}e^{iz}-\frac{1}{2i}e^{-iz} \tag{7.43}$$

을 이용하여, (7.42)식을 복소수 평면에서 다음과 같이 쓴다.

$$I(\sigma)=I_1+I_2. \tag{7.44}$$

여기서

$$I_1=\frac{1}{2i}\int_{-\infty}^{\infty}\frac{ze^{iz}}{z^2-\sigma^2}dz,$$

$$I_2=-\frac{1}{2i}\int_{-\infty}^{\infty}\frac{ze^{-iz}}{z^2-\sigma^2}dz \tag{7.45}$$

이다. 적분 I_1은 예제 7.2.2와 같다. 그 경우처럼, 그림 7.10a에 나타낸 바와 같이 위쪽 반평면 내에 무한히 큰 반원을 그려서 적분경로를 완성할 수 있다. I_2의 경우에는 지수가 음이다. 그러므로 그림 7.10b에 나타낸 바와 같이 아래쪽 반평면 내에 무한히 큰 원을 그려서 적분경로를 완성할 수 있다. 예제 7.2.2에서와 같이 어느 반원도 적분에 기여하지 않는다 – 조르단

그림 7.10
경로들

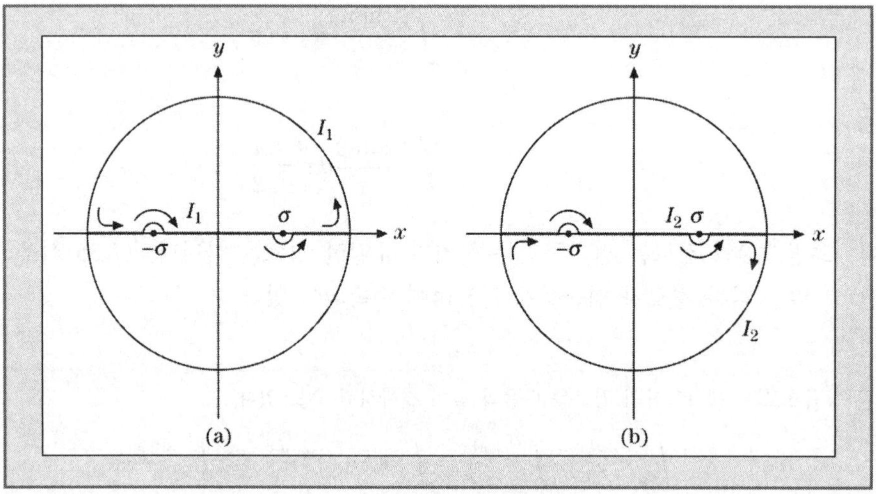

보조 정리.

극들의 위치를 찾고 유수를 계산하는 문제가 아직도 남아 있다. **적분경로 상의** $z=+\sigma$와 $z=-\sigma$에 극들이 있음을 알 수 있다. 유수들은 다음과 같다 (연습문제 7.1.1과 7.2.1).

	$z=\sigma$	$z=-\sigma$
I_1	$\frac{e^{i\sigma}}{2}$	$\frac{e^{-i\sigma}}{2}$
I_2	$\frac{e^{-i\sigma}}{2}$	$\frac{e^{i\sigma}}{2}$

그림 7.10에 나타낸 바와 같이 극들을 우회하면 (극을 위로 피하는가, 아래로 피하는가는 중요하지 않다), 유수 정리에 의하여

$$PI_1-\pi i\left(\frac{1}{2i}\right)\frac{e^{-i\sigma}}{2}+\pi i\left(\frac{1}{2i}\right)\frac{e^{i\sigma}}{2}=2\pi i\left(\frac{1}{2i}\right)\frac{e^{i\sigma}}{2} \tag{7.46}$$

임을 알게 된다. 왜냐하면 $z=\sigma$에서의 특이점은 포함하고, $z=-\sigma$에서의 특이점은 제외하였기 때문이다. 같은 방법으로 진행하되 적분경로가 시계방향이라는 것을 주목하여 I_2를 계산하면

$$PI_2-\pi i\left(\frac{-1}{2i}\right)\frac{e^{i\sigma}}{2}+\pi i\left(\frac{-1}{2i}\right)\frac{e^{-i\sigma}}{2}=-2\pi i\left(\frac{-1}{2i}\right)\frac{e^{i\sigma}}{2} \tag{7.47}$$

이다. (7.46)식과 (7.47)식을 합하여

$$PI(\sigma)=PI_1+PI_2=\frac{\pi}{2}(e^{i\sigma}+e^{-i\sigma})=\pi\cos\sigma \tag{7.48}$$

를 얻는다. 이것이 (7.42)식의 완벽한 계산이다. 그러나, 불행하게도 코사인 의존성은 정상파에는 적합하지만, 밖으로 산란되는 파에는 적합하지 않다.

바람직한 형태를 구하기 위하여 다른 기법을 시도한다. (7.42)식의 적분이 절대수렴하지 않고, 적분값이 계산 방법에 따라 달라진다는 점에 주목한다. 특이점들을 비켜가기보다는 그 특이점들을 실수축에서 떼어 놓는다. 특히, $\sigma\to\sigma+i\gamma$, $-\sigma\to-\sigma-i\gamma$라 하자. 단, γ는 양의 작은 수로서 맨 마지막에는 영에 접근하도록 한다; 즉, I_1에 한 극을 포함시키고, I_2에 다른 극을 포함시킨다:

$$I_+(\sigma)=\lim_{\gamma\to 0}I(\sigma+i\gamma). \tag{7.49}$$

이렇게 간단히 대입하여 나머지 정리를 직접 적용하면, 첫 번째 적분 I_1은

$$I_1(\sigma+i\gamma)=2\pi i\left(\frac{1}{2i}\right)\frac{e^{i(\sigma+i\gamma)}}{2} \tag{7.50}$$

이 된다. 같은 방법으로

$$I_2(\sigma + i\gamma) = -2\pi i\left(\frac{-1}{2i}\right)\frac{e^{i(\sigma+i\gamma)}}{2} \tag{7.51}$$

을 얻는다. (7.50)식과 (7.51)식을 더하고 $\gamma \to 0$으로 하면, 산란 문제의 경계조건들을 충족하는 다음 결과를 얻는다.

$$\begin{aligned} I_+(\sigma) &= \lim_{\gamma \to o}[I_1(\sigma + i\gamma) + I_2(\sigma + i\gamma)] \\ &= \lim_{\gamma \to 0} \pi e^{i(\sigma+i\gamma)} = \pi e^{i\sigma}. \end{aligned} \tag{7.52}$$

$\sigma \to \sigma - i\gamma$를 대입하였다면

$$I_-(\sigma) = \pi e^{-i\sigma} \tag{7.53}$$

에 이르게 되었을 것이라는 것을 주시하는 일은 흥미롭다. 이 식은 입사파를 표현한다. 앞에서의 결과 [(7.48)식]는 (7.52)식과 (7.53)식의 산술평균임을 알 수 있다. 이 평균이 적분의 코시 주치이다. 이용될 특정한 극한 과정(또는 평균)이 지정될 때까지는 적분이 유일하게 정의되지 않기 때문에 이와 같은 가능성들[(7.48)식, (7.52)식과 (7.53)식]이 있음을 주목하여라. ■

■ 유리형 함수들의 극 전개

특이점으로 분리된 단순극들만을 갖는 해석함수를 **유리형 함수(meromorphic function)**라 한다. 예를 들면, 다항식들의 비, $\cot z$ (예제 7.2.7을 보라), 전해석 함수의 $\frac{f'(z)}{f(z)}$ 등이 있다. 간단히 하기 위하여 $0 < |z_1| < |z_2| < \cdots$인 $z = z_n$에서의 극들이 모두 단순극들이고 유수가 b_n이라고 하자. 그러면 임의의 해석점에 대한 $f(z)$의 테일러 전개와 어떤 특이점에 대한 $f(z)$의 로랑 전개와는 대조적으로, $b_n(z-z_n)^{-1}$에 의한 $f(z)$의 전개는 $f(z)$의 **본질적 성질**에만 의존한다.

예제 7.2.6 유리함수

유리함수는 대수학의 기본 정리들에 따라 완전히 인수화될 수 있는 다항식들의 비이다. 따라서 부분분수 전개에 의하여 극 전개가 생성된다. 몇 가지 간단한 예를 생각하자. 유리형 함수

$$f(z) = \frac{1}{z(z+1)} = \frac{1}{z} - \frac{1}{z+1}$$

이 $z = 0$과 $z = -1$에서 단순극을 갖고 이 점들에서 각각의 유수가 $\frac{z}{z(z+1)}|_{z=0} = \frac{1}{z+1}|_{z=0} = 1$과 $\frac{z+1}{z(z+1)}|_{z=-1} = \frac{1}{z} = -1$이다. $z = \infty$에서 $f(z)$는 이차 근(second-orderroot)을 갖는다. 비슷하게, 유리형 함수

$$f(z) = \frac{1}{z^2-1} = \frac{1}{2}\left(\frac{1}{z-1} - \frac{1}{z+1}\right)$$

은 $z=\pm1$에서 단순극들을 갖고, 유수들은 $\frac{z-1}{z^2-1}|_{z=1} = \frac{1}{z+1}|_{z=1} = \frac{1}{2}$과 $\frac{z+1}{z^2-1}|_{z=-1} = \frac{1}{z-1}|_{z=-1} = -\frac{1}{2}$이다. 무한원점에서 $f(z)$는 이차 근을 갖는다. ■

원점을 중심으로 하는 동심원들의 급수 C_n을 생각하자. C_n은 $z_1,\ z_2,\ \ldots,\ z_n$을 포함하되 다른 극들은 포함하지 않고, $n\to\infty$일 때 반경들은 $R_n\to\infty$이다. 수렴성을 보장하기 위하여 임의의 작은 양의 상수 ε과 C_n 상의 모든 z에 대하여 $|f(z)|<\varepsilon R_n$이고 f가 원점에서 정칙이라고 가정한다. 그러면 급수

$$f(z) = f(0) + \sum_{n=1}^{\infty} b_n\left\{(z-z_n)^{-1} + z_n^{-1}\right\} \tag{7.54}$$

은 $f(z)$에 수렴한다.

이 정리(Mittag-Leffler에 기인)를 증명하기 위하여 유수 정리를 이용하여 $f(w)/w$의 특이점과 같지 않은 C_n의 내부점 z에 관한 다음의 경로적분을 수행한다:

$$\begin{aligned} I_n &= \frac{1}{2\pi i}\int_{C_n} \frac{f(w)}{w(w-z)}dw \\ &= \sum_{m=1}^{n} \frac{b_m}{z_m(z_m-z)} + \frac{f(z)-f(0)}{z}. \end{aligned} \tag{7.55}$$

분모 안의 w는 편의상 필요하고, $w-z$는 유수 정리에 의하여 $f(z)$를 얻기 위하여 필요하다. C_n 상에서 $n\to\infty$일 때,

$$|I_n| \le 2\pi R_n \frac{\max_{w \text{ on } C_n}|f(w)|}{2\pi R_n(R_n-|z|)} < \frac{\varepsilon R_n}{R_n-|z|} \le \varepsilon$$

이고, $R_n \gg |z|$이므로 $n\to\infty$일 때 $|I_n|\to 0$이다. (7.55)식에 $I_n\to 0$을 이용하면 (7.54)식이 증명된다.

만일 어떤 양의 정수 p에 대하여 $|f(z)|<\varepsilon R_n^{p+1}$이면, 비슷하게 다음 적분

$$I_n = \frac{1}{2\pi i}\int \frac{f(w)}{w^{p+1}(w-z)}dw \to 0 \quad \text{as} \quad n\to\infty$$

를 계산하여 유사한 극 전개식

$$f(z) = f(0) + zf'(0) + \cdots + \frac{z^p f^{(p)}(0)}{p!} + \sum_{n=1}^{\infty} \frac{b_n z^{p+1}/z_n^{p+1}}{z-z_n} \tag{7.56}$$

을 얻는다. $|z|\to\infty$에 대하여 $|f(z)|$가 **유계**(상 · 하한의 존재)이므로 (7.54)식과 (7.56)식에 **급수들의 수렴성**이 묵시적으로 함축되어 있음을 주목하여라.

예제 7.2.7 **코탄젠트의 극 전개**

유리형 함수 $f(z)=\pi\cot\pi z$는 $z=\pm n(n=0, 1, 2, \ldots)$에서 단순극들을 갖고 각 극에서 유수는 $\frac{\pi\cos\pi z}{d\sin\pi z/dz}|_{z=n}=\frac{\pi\cos\pi n}{\pi\cos\pi n}=1$이다. Mittag-Leffler 정리를 적용하기 전에 $z=0$에서의 극을 빼야 한다. 그러면 극 전개식은 다음과 같이 된다:

$$\pi\cot\pi z-\frac{1}{z}=\sum_{n=1}^{\infty}\left(\frac{1}{z-n}+\frac{1}{n}+\frac{1}{z+n}-\frac{1}{n}\right)=\sum_{n=1}^{\infty}\left(\frac{1}{z-n}+\frac{1}{z+n}\right)$$
$$=\sum_{n=1}^{\infty}\frac{2z}{z^2-n^2}.$$

이 결과를 사인(sine)에 대한 곱전개식[(7.60)식]의 대수를 취하고 미분하여 확인한다.

$$\pi\cot\pi z=\frac{1}{z}+\sum_{n=1}^{\infty}\left(\frac{-1}{n(1-\frac{z}{n})}+\frac{1}{n(1+\frac{z}{n})}\right)=\frac{1}{z}+\sum_{n=1}^{\infty}\left(\frac{1}{z-n}+\frac{1}{z+n}\right).$$

끝으로, 예제 7.2.6에서 유리함수의 극 전개식과 이 절의 부분분수 형태와 비교하자. Mittag-Leffler 정리로부터

$$\frac{1}{z^2-1}=-1+\frac{1}{2}\left(\frac{1}{z-1}+1\right)-\frac{1}{2}\left(\frac{1}{z+1}-1\right)$$

을 얻는다. 이 식은 이전의 결과와 일치한다. Mittag-Leffler 정리를 $\frac{1}{z(z+1)}$에 적용하기 위하여 먼저 $z=0$에서의 극을 빼야 한다. 그렇게 함으로써

$$\frac{1}{z(z+1)}-\frac{1}{z}=\frac{-1}{z+1}=-1-\left(\frac{1}{z+1}-1\right)$$

을 얻는데, 이것은 다시 예제 7.2.6과 일치한다. ■

■ 전해석 함수의 곱 전개

모든 유한한 z에 관하여 해석적인 함수 $f(z)$를 **전해석** 함수(**entire** function)라 한다. 대수 도함수 f'/f은 극 전개를 갖는 유리형 함수이고, $f(z)$의 곱 전개(product expansion)를 얻는 데 이용된다.

만일 $f(z)$가 $z=z_n$에서 단순극을 가지면, $f(z)=(z-z_n)g(z)$로 나타낼 수 있다. 여기서 $g(z)$는 해석적이고 $g(z_n)\neq 0$이다. 따라서 대수 도함수

$$\frac{f'(z)}{f(z)}=(z-z_n)^{-1}+\frac{g'(z)}{g(z)} \tag{7.57}$$

는 $z=z_n$에서 유수가 1인 단순극을 갖고, g'/g는 그 점에서 해석적이다. 만일 f'/f가 (7.54)식의 극 전개에 이르도록 한 조건들을 만족하면

$$\frac{f'(z)}{f(z)} = \frac{f'(0)}{f(0)} + \sum_{n=1}^{\infty}\left[\frac{1}{z_n} + \frac{1}{z - z_n}\right] \tag{7.58}$$

이 성립한다. (7.58)식을 적분하면

$$\begin{aligned}\int_0^z \frac{f'(z)}{f(z)}dz &= \ln f(z) - \ln f(0)\\ &= \frac{zf'(0)}{f(0)} + \sum_{n=1}^{\infty}\left\{\ln(z - z_n) - \ln(-z_n) + \frac{z}{z_n}\right\}\end{aligned}$$

로 되고 이 결과를 지수화하여 나타내면

$$f(z) = f(0)\exp\left(\frac{zf'(0)}{f(0)}\right)\prod_{n=1}^{\infty}\left(1 - \frac{z}{z_n}\right)e^{z/z_n} \tag{7.59}$$

을 얻는다. 다음과 같은 곱 전개의 예들을 들 수 있다:

$$\sin z = z\prod_{\substack{n=-\infty\\ n\neq 0}}^{\infty}\left(1 - \frac{z}{n\pi}\right)e^{z/n\pi} = z\prod_{n=1}^{\infty}\left(1 - \frac{z^2}{n^2\pi^2}\right),$$

$$\cos z = \prod_{n=1}^{\infty}\left\{1 - \frac{z^2}{(n-1/2)^2\pi^2}\right\}. \tag{7.60}$$

사인 곱 전개식은 (7.59)식을 $\sin z$에 적용하지 않고, $f(z) = \sin z/z$에 적용하여 유도되었음을 주목하여라. 따라서 $f(0) = 1$과

$$f'(0) = \left(\frac{\cos z}{z} - \frac{\sin z}{z^2}\right)\Bigg|_{z=0} = \left(\frac{1}{z} - \frac{z}{2} - \frac{1}{z} + \frac{z}{6} + \cdots\right)\Bigg|_{z=0} = 0$$

을 $\sin z$와 $\cos z$의 거듭제곱 전개에 삽입하였다. 또 다른 예는 제10장에서 논의할 감마함수의 곱 전개이다.

(7.57)식의 결과로서, 경로 C 내에서 $f(z)$의 근의 수 (중근을 포함해서) N_f를 세는 데 대수도함수의 경로적분을 이용할 수 있다:

$$\frac{1}{2\pi i}\int_C \frac{f'(z)}{f(z)}dz = N_f. \tag{7.61}$$

이 식은 z_0에서 f의 테일러 전개식의 선행항(leading term) $f(z) = (z - z_0)f'(z_0)$에서 얻어진다. 여기서 $f'(z_0) \neq 0$이다. 따라서

$$\frac{f'(z_0)}{f(z)} = \frac{1}{z - z_0} \quad \text{with} \quad \frac{1}{2\pi i}\oint \frac{dz}{z - z_0} = 1$$

이다. 여기서 적분은 z_0 주위의 작은 원에서 수행한다. $f^{(m)}(z_0)$가 영이 아닌 가장 낮은 차수의

도함수일 때 m(양의 정수)차 근에 대한 테일러 전개식의 선행항은

$$f(z) = \frac{(z-z_0)^m}{m!} f^m(z_0), \quad \frac{f'(z)}{f(z)} = \frac{m}{z-z_0}$$

이다. 따라서 대수 도함수로 중복도가 m인 근을 계산한다. 또

$$\int \frac{f'(z)}{f(z)} dz = \ln f(z) = \ln |f(z)| + i \arg \ f(z) \tag{7.62}$$

를 이용하면, z가 경로를 한바퀴 선회하면 (7.62)식의 실수부는 변하지 않지만, f의 편각 변화 ($\Delta_C \arg(f)$로 표시)가

$$\Delta_C \arg(f) = 2\pi N_f \tag{7.63}$$

임을 알 수 있다. 이 결과에 의하여 다음의 **루세 정리**에 도달한다:

> 만일 $f(z)$와 $g(z)$가 닫힌 경로 내부와 그 위에서 해석적이고, C 상에서 $|g(z)| < |f(z)|$이면 $f(z)$와 $f(z)+g(z)$는 C 내부에서 같은 수의 근을 갖는다.

이를 증명하기 위하여

$$2\pi N_{f+g} = \Delta_C \arg(f+g) = \Delta_C \arg(f) + \Delta_C \arg\left(1 + \frac{g}{f}\right)$$

를 이용한다. C 상에서 $|g| < |f|$이므로, 점 $w = 1 + g(z)/f(z)$는 항상 1에 중심을 둔 반경이 1인 w평면 내의 원의 내부점이다. 그러므로 $\arg(1+g/f)$는 z가 (원점의 오른쪽으로) C를 한 바퀴 돌면 다시 원점으로 되돌아가야 한다; 2π의 배수만큼 증가하거나 감소할 수 없다. 따라서 $\Delta_C \arg(1+g/f) = 0$이다.

루세의 정리는 다음의 대수학의 기본적인 정리를 다른 방법으로 증명하는 데 이용할 수 있다: $a_n \neq 0$인 다항식 $\sum_{m=0}^{n} a_m z^m$은 n개의 근을 갖는다. $f(z) = a_n z^n$으로 정의하면 f는 원점에서 n겹의 근을 갖고 다른 근을 갖지 않는다. $g(z) = \sum_0^{n-1} a_m z^m$이라 하고, 원점에 중심을 두고 반경 $R > 1$인 원 C에 루세의 정리를 적용한다. 경로 C 상에서 $|f(z)| = |a_n| R^n$이고

$$|g(z)| \leq |a_0| + |a_1| R + \cdots + |a_{n+1}| R^{n-1} \leq \left(\sum_{m=0}^{n-1} |a_m|\right) R^{n-1}$$

이다. 따라서, $R > (\sum_{m=0}^{n-1} |a_m|)/|a_n|$이면 C 상의 점 z에 대하여 $|g(z)| < |f(z)|$이다. 그러므로 충분히 큰 모든 원 C에 대하여 $f+g = \sum_{m=0}^{n} a_m z^m$은 루세 정리에 의하여 C 내부에서 n개의 근을 갖는다.

요 약 **유수 정리**

$$\oint_C f(z)dz = 2\pi i \sum_{z_j \in C} [a_{-1z_j}] = 2\pi i \sum (C\text{에 의해 둘러싸인 유수들})$$

와 이 정리의 정적분에의 응용은 수학과 물리학에서 매우 중요하다. 유수 정리를 유리형 함수들에 적용할 때, 그 함수들이 $|z| \to \infty$에서 합리적으로 거동하면 일차 극들의 위치와 유수에 의존하는 본질적인 극 전개식을 얻을 수 있다. 또 유수 정리를 전해석 함수의 대수 도함수에 적용하면 곱 전개식에 이르게 된다.

유수 정리는 적어도 물리학자와 공학자들에게는 정적분의 해결에서 강력한 일말(workhorse)의 역할을 한다. 그러나 수학자들은 이 정리를 유리형 함수의 극 전개와 전해석 함수의 곱 전개 유도에도 활용한다. 유수 정리는 모든 과학자의 공구 세트의 일부를 이룬다.

연습문제

7.2.1 다음 각 함수들의 특이점의 특성을 결정하고 유수를 계산하여라 $(a > 0)$:

(a) $\dfrac{1}{z^2 + a^2}$. (b) $\dfrac{1}{(z^2 + a^2)^2}$.

(c) $\dfrac{z^2}{(z^2 + a^2)^2}$. (d) $\dfrac{\sin 1/z}{z^2 + a^2}$.

(e) $\dfrac{ze^{+iz}}{z^2 + a^2}$. (f) $\dfrac{ze^{+iz}}{z^2 + a^2}$.

(g) $\dfrac{e^{+iz}}{z^2 - a^2}$. (h) $\dfrac{z^{-k}}{z+1}$, $0 < k < 1$.

힌트. 무한 원점에 대하여는 변환 $w = 1/z$, $|z| \to 0$을 이용하고, 유수를 계산하기 위하여 $f(z)dz$를 $g(w)dw$로 바꾸고 $g(w)$의 거동을 조사하여라.

7.2.2 어떤 특이점 주위 경로의 절반에 대한 적분값은 전체 경로에 대한 적분값의 $\frac{1}{2}$과 같다는 말은 단순극에 대하여만 성립된다. 특정한 예를 들어 적분이 고차의 극을 둘러싸는 경우에는

$$\int_{\text{반원}} f(z)\,dz = \frac{1}{2}\oint_{\text{원}} f(z)\,dz$$

가 반드시 성립하지는 않음을 보여라.
힌트. $f(z) = z^{-2}$을 활용하여라.

7.2.3 $f(z)$가 $z = x_0$에서의 3차극을 제외하고 실수축 상에서 해석적이다. $f(z)$의 로랑 전개식은 다음과 같다.

$$f(z) = \frac{a_{-3}}{(z-x_0)^3} + \frac{a_{-1}}{(z-x_0)} + g(z)$$

단, $g(z)$는 $z = x_0$에서 해석적이다. 다음과 같은 의미에서 코시 주치 계산법을 적용할 수 있음을 보여라.

(a) $\lim_{\delta \to 0} \left\{ \int_{-\infty}^{x_0 - \delta} f(x)\,dx + \int_{x_0+\delta}^{\infty} f(x)\,dx \right\}$는 잘 거동한다.

(b) $\int_{C_{x_0}} f(z)\,dz = \pm i\pi a_{-1}$,

단, C_{x_0}는 $z = x_0$을 중심으로 하는 **작은 반원**이다.

7.2.4 단위 계단함수는 다음과 같이 정의된다.

$$u(s-a) = \begin{cases} 0, & s < a \\ 1, & s > a \end{cases}$$

$u(s)$가 적분 표현

(a) $u(s) = \lim_{\varepsilon \to 0^+} \frac{1}{2\pi i} \int_{-\infty}^{\infty} \frac{e^{ixs}}{x - i\varepsilon} dx$, (b) $u(s) = \frac{1}{2} + \frac{1}{2\pi i} P \int_{-\infty}^{\infty} \frac{e^{ixs}}{x} dx$

를 가짐을 보여라.

주의. 매개변수 s는 실수이다.

7.2.5 수리물리학에서 대부분의 특수 함수들은 다음 형태의 모함수에 의하여 생성(정의)된다:

$$g(t, x) = \sum_n f_n(x) t^n.$$

다음과 같이 적분 표현이 주어졌을 때 대응하는 모함수들을 유도하여라.

(a) 베셀

$$J_n(x) = \frac{1}{2\pi i} \oint e^{(x/2)(t-1/t)} t^{-n-1} dt$$

(b) 르장드르

$$P_n(x) = \frac{1}{2\pi i} \oint (1 - 2tx + t^2)^{-1/2} t^{-n-1} dt$$

(c) 에르미트

$$H_n(x) = \frac{n!}{2\pi i} \oint e^{-t^2 + 2tx} t^{-n-1} dt$$

(d) 라게르

$$L_n(x) = \frac{1}{2\pi i} \oint \frac{e^{-xt/(1-t)}}{(1-t)t^{n+1}} dt$$

각 경로는 원점을 둘러싸고 다른 특이점들은 둘러싸지 않는다.

7.2.6 예제 7.2.1을 일반화하여

$$\int_0^{2\pi} \frac{d\theta}{a \pm b\cos\theta} = \int_0^{2\pi} \frac{d\theta}{a \pm b\sin\theta} = \frac{2\pi}{(a^2 - b^2)^{1/2}}, \quad \text{for } a > |b|$$

임을 보여라. 만일 $|b| > |a|$이면 어떻게 되는가?

7.2.7

$$\int_0^{\pi} \frac{d\theta}{(a + \cos\theta)^2} = \frac{\pi a}{(a^2 - 1)^{3/2}}, \quad a > 1$$

임을 보여라.

7.2.8

$$\int_0^{2\pi} \frac{d\theta}{1 - 2t\cos\theta + t^2} = \frac{2\pi}{1 - t^2}, \quad \text{for } |t| < 1$$

임을 보여라. $|t| > 1$이면 어떻게 되는가? $|t| = 1$이면 어떻게 되는가?

7.2.9 유수들을 계산하여

$$\int_0^{\pi} \cos^{2n}\theta d\theta = \pi \frac{(2n)!}{2^{2n}(n!)^2} = \pi \frac{(2n-1)!!}{(2n)}, \quad n = 0, 1, 2, \ldots$$

임을 보여라 (이중 계승(double factorial)은 제5장과 10.1절에서 정의된다).
힌트. $\cos\theta = \frac{1}{2}(e^{i\theta} + e^{-i\theta}) = \frac{1}{2}(z + z^{-1}), \quad |z| = 1$

7.2.10 적분

$$\int_{-\infty}^{\infty} \frac{\cos bx - \cos ax}{x^2} dx, \quad a > b > 0$$

을 계산하여라.

답. $\pi(a-b)$.

7.2.11 적분

$$\int_{-\infty}^{\infty} \frac{\sin^2 x}{x^2} dx = \frac{\pi}{2}$$

임을 보여라.
힌트. $\sin^2 x = \frac{1}{2}(1 - \cos 2x)$.

7.2.12 전이확률(transition probability)을 양자역학적으로 계산할 때 함수 $f(t, \omega) = 2(1 - \cos\omega t)/\omega^2$에 이르게 된다.

$$\int_{-\infty}^{\infty} f(t, \omega)\, d\omega = 2\pi t$$

임을 보여라.

7.2.13 $a > 0$일 때

(a) $\displaystyle\int_{-\infty}^{\infty} \frac{\cos x}{x^2 + a^2} dx = \frac{\pi}{a} e^{-a}$

임을 보여라. $\cos x$를 $\cos kx$로 바꾸면 우변은 어떻게 수정되는가?

(b) $\displaystyle\int_{-\infty}^{\infty} \frac{x \sin x}{x^2 + a^2} dx = \pi e^{-a}$

임을 보여라. 이 적분들은 푸리에 코사인, 푸리에 사인변환이라고 해석될 수 있다(제15장).

7.2.14 그림 7.11에 나타낸 경로를 이용하여 ($R \to \infty$)

$$\int_{-\infty}^{\infty} \frac{\sin x}{x} dx = \pi$$

임을 증명하여라.

7.2.15 원자충돌에 관한 양자론에서

$$I = \int_{-\infty}^{\infty} \frac{\sin t}{t} e^{ipt} dt$$

를 접하게 된다. p는 실수이다.

$$I = 0, \quad |p| > 1$$
$$I = \pi, \quad |p| < 1$$

임을 보여라. $p = \pm 1$이면 어떻게 되는가?

그림 7.11
적분경로

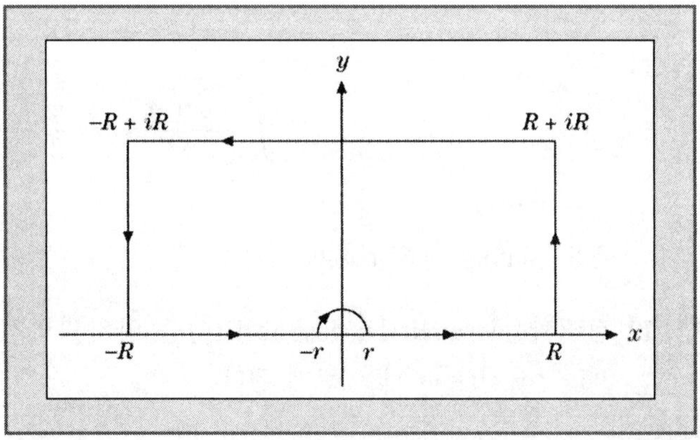

그림 7.12
(적분)경로

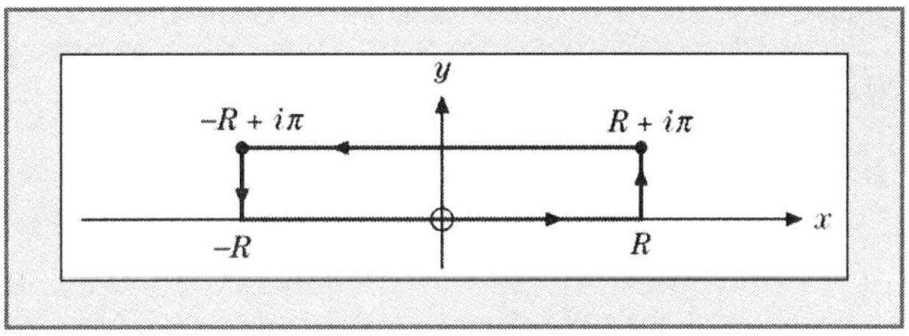

7.2.16 다음을 계산하여라.

$$\int_0^\infty \frac{(\ln x)^2}{1+x^2}dx$$

(a) 피적분 함수를 적당한 급수로 전개하여 적분하면

$$4\sum_{n=0}^{\infty}(-1)^n(2n+1)^{-3}$$

이고,

(b) 경로적분하면

$$\frac{\pi^3}{8}$$

임을 보여라.

힌트. $x \to z = e^t$. 그림 7.12($R \to \infty$)에 나타낸 적분경로를 활용하여라.

7.2.17 적분

$$\int_0^\infty \frac{dx}{(x^2+a^2)^2} = \frac{\pi}{4a^3}, \quad a > 0$$

임을 보여라.

7.2.18 적분

$$\int_{-\infty}^\infty \frac{x^2}{1+x^4}dx$$

를 계산하여라.

답. $\pi/\sqrt{2}$.

7.2.19 적분

$$\int_0^\infty \cos(t^2)dt = \int_0^\infty \sin(t^2)dt = \frac{\sqrt{\pi}}{2\sqrt{2}}$$

임을 보여라.

힌트. 그림 7.13에 나타낸 적분경로를 활용하여라.

그림 7.13
(적분)경로

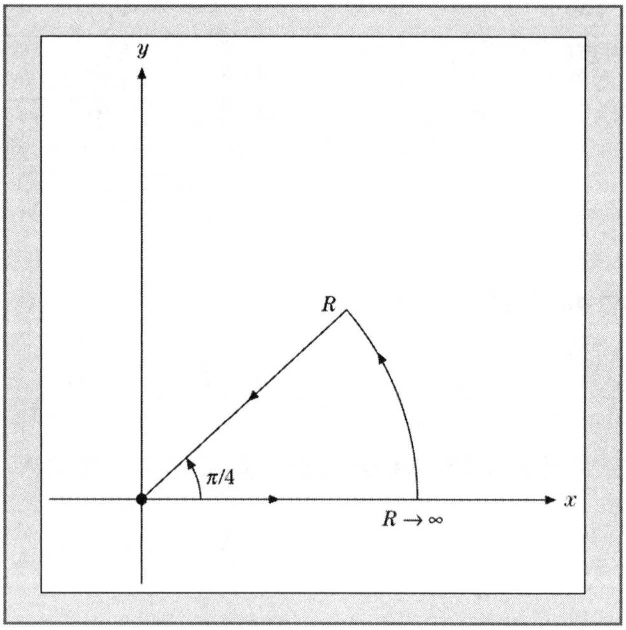

주의. 이 적분들이 적분상한이 무한대인 특별한 경우의 프레넬 적분들이다. 적분상한이 변하는 일반적인 경우에 대한 프레넬 적분의 점근 전개가 연습문제 5.10.2의 주제이고, 구면 베셀함수(Spherical Bessel function) 전개가 연습문제 12.4.13의 주제이다.

7.2.20 몇 가지 부롬위치 적분(15.12절)들은

$$I(y) = \int_{a-iy}^{a+iy} \frac{e^{zt}}{z^{1/2}} dz$$

로 근사되는 부분을 포함한다. 단, a와 t는 양이고 유한하다.

$$\lim_{y\to\infty} I(y) = 0$$

임을 보여라.

7.2.21

$$\int_0^\infty \frac{1}{1+x^n} dx = \frac{\pi/n}{\sin(\pi/n)}$$

임을 보여라.
힌트. 그림 7.14에 나타낸 적분경로를 활용하여라.

7.2.22 (a) $f(z) = z^4 - 2\cos 2\theta z^2 + 1$이 $e^{i\theta}$, $e^{-i\theta}$, $-e^{i\theta}$와 $-e^{-i\theta}$에서 근을 가짐을 보여라.

그림 7.14
(적분)경로

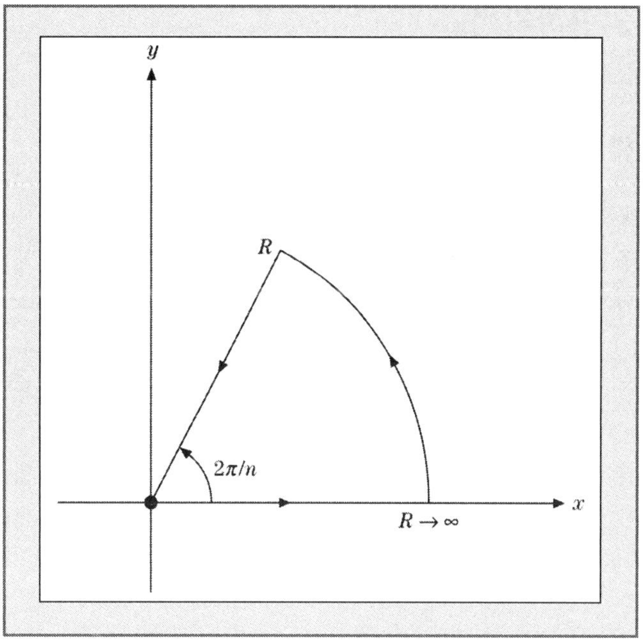

(b)

$$\int_{-\infty}^{\infty} \frac{dx}{x^4 - 2\cos 2\theta x^2 + 1} = \frac{\pi}{2\sin\theta} = \frac{\pi}{2^{1/2}(1-\cos 2\theta)^{1/2}}$$

임을 보여라. 연습문제 7.2.21($n = 4$)이 이 결과의 특별한 경우이다.

7.2.23 경로적분에 의하여

$$\int_{-\infty}^{\infty} \frac{x^2 dx}{x^4 - 2\cos 2\theta x^2 + 1}$$

를 계산하여라.

7.2.24 연습문제 7.2.16의 적분을

$$\int_0^{\infty} e^{-y} \frac{y^2}{1+e^{-2y}} dy = \frac{\pi^3}{16}$$

으로 변환할 수 있다. 가우스-라게르 구적법으로 이 적분을 계산하고 그 결과를 $\pi^3/16$과 비교하여라.

답. 적분값 = 1.93775.

7.3 급하강법

■ 해석적 조망도

수리물리학 문제들의 분석에서 변수 또는 어떤 매개변수의 값이 클 때 함수의 거동 즉, 함수의 점근거동을 파악하는 것이 바람직할 때가 종종 있다. 감마 함수(제10장)와 여러 가지 베셀 함수들(제12장)이 그 예를 제공한다. 이들 모든 해석함수들 [$I(s)$]은 적분

$$I(s) = \int_C F(z, s)\,dz \tag{7.64}$$

로 정의된다. F는 z에 대하여 해석적이고 실수 매개변수 s에 의존한다. $F(z, s)$를 가능할 때 마다 $F(z)$로 간단히 쓰기로 한다.

지금까지는 해석함수들의 실수축 (원래의 경로 C) 상의 이러한 정적분들을 복소 평면 내의 경로 C' 상의 모든 z에서 $|F|$가 작게 되도록 적분경로 C를 변형하여 계산하였다 [$I(a)$에 대하여는 예제 7.2.3을 보라]. 이러한 방법은 고립된 특이점들만이 C와 C'사이의 영역에 있는 한 성공적이고, 그 특이점들의 (적분에의) 기여는 7.2절의 유수 정리를 적용하여 계산할 수 있다 (단순극 부분으로부터). 유수들이 $|F|\to\infty$인 곳에서 특이점들을 계산해 주는데, 이 특이점들이 보통 적분값을 지배하고 결정한다.

(7.64)식에서와 같이 적분의 거동은 피적분 함수의 절대값 $|F|$에 명백히 의존한다. 더구나 상수 계단들 $\Delta|F|$에서 $|F|$의 적분경로들은 s가 커짐에 따라 가끔 간격이 보다 더 좁아진다. F의 실수부 $\Re F = U$와 허수부 $\Im F = V$보다는 $|F(x+iy)|^2 = U^2(x, y) + V^2(x, y)$의 그림(plot)에 주목하자. 복소평면 상에서 $|F|^2$의 그림을 Jensen이 부른 바와 같이 **해석적 조망도(analytic landscape)**라 한다. 그는 1912년에 해석적 조망도(analytic landscape)에는 **안장점(saddle point)들과 골(trough)들만이 있고 봉우리(peak)들이 없음**을 증명하였다. 또 골들은 복소평면까지 쭉 뻗어 내려간다. 즉, $|F|=0$을 향하여 퍼진다. **특이점들이 없으면 안장점들은 일렬로 나열되어 (7.64)식 내의 적분을 주도한다.** 옌슨 정리(Jensen's theorem)는 왜 안장점들(특이점들)이 적분에서 매우 중요한지 그 이유를 설명한다. 따라서 이제 $s\to\infty$일 때 $I(s)$의 점근거동을 파악하기 위한 안장점 방법에 대하여 기술한다. 한 안장점에서 F의 실수부 U는 국소적으로 극대이다. 예를 들면,

$$\frac{\partial U}{\partial x} = \frac{\partial U}{\partial y} = 0$$

이다. 그러므로 6.2절의 Cauchy-Riemann 조건들에 의하여

$$\frac{\partial V}{\partial x} = \frac{\partial V}{\partial y} = 0$$

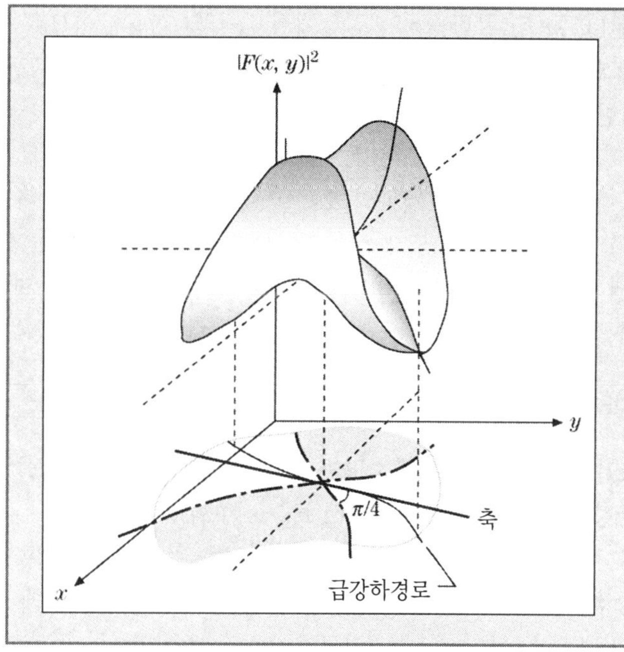

그림 7.15
안장점

이다. 따라서 V는 극소값을 갖고 그 역도 성립하고, $F'(z) = 0$이다. **옌슨의 정리는 U와 V가 모두 극대값 또는 극소값을 갖는 것을 금지한다.** 전형적인 형태로 그림 7.15를 보자 (연습문제 6.2.3과 6.2.4). 그 안장점이 $I(s)$의 값을 지배하도록 경로 C를 **안장점과 계곡 내의 다른 곳을 지나도록 취한다.** 경로의 변형은 극을 갖는 함수들에 유수 정리를 적용하는 것과 유사하다. 여러 개의 안장점들이 있는 드문 경우에는 각각을 같은 방법으로 취급하고, 큰 s에 대한 그들의 기여를 $I(s)$에 더한다.

봉우리가 존재하지 않는다는 것을 증명하기 위하여 z_0에 봉우리가 하나 있다고 가정하자. 즉, $|z-z_0| \le r$ 근방의 모든 z에 대하여 $|F(z_0)|^2 > |F(z)|^2$이라 하자. 만일

$$F(z) = \sum_{n=0}^{\infty} a_n (z - z_0)^n$$

이 z_0에서의 테일러 전개라면, 원 $z = z_0 + r\exp(i\psi)$ 상의 평균값 $m(F)$는 규격화 성질 $\frac{1}{2\pi}\int_0^{2\pi} \exp[i(n-m)\varphi]d\varphi = \delta_{nm}$을 이용하면

$$\begin{aligned} m(F) &\equiv \frac{1}{2\pi}\int_0^{2\pi} |F(z_0 + re^{i\varphi})|^2 d\varphi \\ &= \frac{1}{2\pi}\int_0^{2\pi} \sum_{m,n=0}^{\infty} a_m^* a_n r^{m+n} e^{i(n-m)\varphi} d\varphi \\ &= \sum_{n=0}^{\infty} |a_n|^2 r^{2n} \ge |a_0|^2 = |F(z_0)|^2 \end{aligned} \tag{7.65}$$

이 된다. $m(F)$가 반경 r인 원상에서 $|F|^2$의 평균값이므로 $|F(z_1)|^2 \geq m(F) \geq |F(z_0)|^2$을 만족하는 한 점 z_1이 반드시 그 원 위에 존재하여야 한다. 이 결과는 가정과 모순이 된다. 따라서 어떠한 봉우리도 존재할 수 없다.

다음으로 z_0 근방의 모든 점 z에 대하여 $0 < |F(z_0)|^2 < |F(z)|^2$인 극소점 z_0가 존재한다고 가정하자. 달리 말하면, 계곡의 오목한 점이 복소평면까지 내려가지 않는다고 가정하자. 그러면 $|F(z)|^2 > 0$이고, $1/F(z)$가 해석적이므로 테일러 전개식을 갖게 되고, z_0는 $1/|F(z)|^2$의 봉우리가 된다. 이것은 불가능하다. 이상으로 옌슨의 정리가 증명되었다. 이제 (7.64)식의 적분으로 주의를 돌리자.

■ 안장점 방법

$|F(z)|^2$의 안장점 z_0가 복소평면 위에 있으므로 즉, $|F(z_0)|^2 > 0$ 이고, 따라서 $F(z_0) \neq 0$이므로 일반성을 잃지 않고 z_0 부근에서 F를 지수함수 형태 $F(z) = e^{f(z,s)}$로 나타낸다. 복소평면 내에서 근을 갖지 않는 것이 지수함수의 특성임을 주목하여라. 또 $|F(z)|^2 \geq 0$이므로 $F(z) = 0$인 모든 안장점은 $|F(z)|^2$의 골이 된다. 적절한 경우가 $z = 0$에서 $2z = 0$인 함수 z^2이다. 여기서 $z^2 = (x+iy)^2 = x^2 - y^2 + 2ixy$이고 $2xy$는 $z = 0$에서 $x^2 - y^2$과 마찬가지로 안장점을 갖는다. 그러나, $|z|^4$은 그 점에서 골을 이룬다. $F(z_0)$의 위상은 $\Im F(z_0)$에 의하여 주어진다. z_0에서의 접평면(tangential plane)은 수평하다; 즉,

$$\left.\frac{\partial F}{\partial z}\right|_{z=z_0} = 0, \quad \text{또는 동등하게} \quad \left.\frac{\partial f}{\partial z}\right|_{z=z_0} = 0$$

이다. **이 조건에 의하여 안장점을 찾는다.**

다음의 목표는 **급하강의 방향(direction of steepest descent)**의 결정으로서 안장점 방법의 핵심 내용이다. 이 목적을 달성하기 위하여 z_0에서 f의 거듭제곱 급수전개

$$f(z) = f(z_0) + \frac{1}{2} f''(z_0)(z - z_0)^2 + \cdots, \tag{7.66}$$

또는

$$f(z) = f(z_0) + \frac{1}{2}(f''(z_0) + \varepsilon)(z - z_0)^2 \tag{7.67}$$

을 이용한다. 모든 높은 차수의 거듭제곱을 (작은) ε항에 모아서 나타내었다. 간단히 하기 위하여 $f''(z_0) \neq 0$이라 한다. 그러면

$$f''(z_0)(z - z_0)^2 = -t^2, \quad t : \text{실수} \tag{7.68}$$

는 z_0를 지나는 직선을 정의한다 (그림 7.15에서 **안장점 축**). 점 z_0에서 $t = 0$이다. (7.67)식에서 ε을 무시하면, $\Im$축 상에서는 $\Im f''(z_0)(z - z_0)^2$은 영이고, $v = \Im f(z) \approx \Im f(z_0)$는 상수이다.

따라서 F는 **그 축 상에서의 상수위상**을 갖는다. (7.68)식은 각도를 이용하여 표현될 수도 있다:

$$\arg(z - z_0) = \frac{\pi}{2} - \frac{1}{2}\arg f''(z_0) = \text{ 상수}. \qquad (7.69)$$

$|F(z)|^2 = \exp(2\Re f)$가 $\Re f$에 따라 단조롭게 변하므로 $|F(z)|^2 \sim \exp(-t^2)$은 $t=0$에서 극대값을 갖고 이 축을 따라 지수함수적으로 감소한다. 따라서 $s \to \infty$일 때 $I(s)$의 점근거동을 추출하는 이 방법에 **급하강(steepest descent)법**이라는 이름이 붙은 것이다.

$$f''(z_0)(z - z_0)^2 = +t^2 \qquad (7.70)$$

으로 정의된 z_0를 지나는 직선은 이 축(그림 7.15에서 **점선**)과 수직하다. 이 직선의 각도

$$\text{편각}\,(z - z_0) = -\frac{1}{2}\ \text{편각}\ f''(z_0) = \text{ 상수} \qquad (7.71)$$

를 (7.69)식과 비교하면 명백해 진다.

곡선들 $\Re f(z) = \Re f(z_0)$는 z_0를 지난다. 따라서, $\Re[(f''(z_0) + \varepsilon)(z - z_0)^2] = 0$ 또는 실수 t에 대하여 $(f''(z_0) + \varepsilon)(z - z_0)^2 = it$이다. 이것을 다음과 같이 각도

$$\arg(z - z_0) = \frac{\pi}{4} - \frac{1}{2}\arg(f''(z_0) + \varepsilon),\ t > 0 \qquad (7.72a)$$

$$\arg(z - z_0) = -\frac{\pi}{4} - \frac{1}{2}\arg(f''(z_0) + \varepsilon),\ t < 0 \qquad (7.72b)$$

으로 나타내고, (7.69)식과 (7.71)식을 비교하면, 이 곡선들(그림 7.15의 **점선**)이 안장점 영역을 네 개의 부채꼴 — 두 개는 $\Re f(z) > \Re f(z_0)$(그러므로 $|F(z)| > |F(z_0)|$)(그림 7.15에서 어둡게 나타낸 부분)이고, 두 개는 $\Re f(z) < \Re f(z_0)$(그러므로 $|F(z)| < |F(z_0)|$)로 나누는 것을 주목하게 된다. 부채꼴들의 축으로부터의 각은 $\pm\frac{\pi}{4}$이다. 따라서 적분경로는 $|F|$가 솟아오르는 그늘진 부분(그림 7.15)을 피해야 한다. 만일 적분경로를 안장점을 넘어 경사를 오르도록 선택하면 적분에 $f(z)$의 큰 허수부분이 포함되므로, $F(z) = e^{f(z)}$가 빠르게 진동함으로써 적분에의 기여가 상쇄된다. 지금까지는 일반적 경우를 취급하였지만, $f''(z_0) \neq 0$인 경우를 제외하고는 이런 일반적인 취급법을 완화할 수 있다.

이제 $s \to \infty$일 때 경로선택과 **점근거동**을 연계시키기 위하여 **피적분 함수 F를 보다 특수화**할 수 있다. 지수 내에서 s가 일차라고 가정하자. 즉, $\exp f(z, s) \to \exp(sf(z))$로 바꾼다. 이와 같은 s 의존성이 물리적 응용에 가끔 등장하고, [$\Re f(z_0) > 0$이면] $s \to \infty$일 때 z_0에서 안장점은 확실히 성장한다. 안장점에서 멀리 떨어진 s에 영향을 받지 않는 영역을 고려하기 위하여 안장점 부근에서 천천히 변하고, s에 의존하지 않는 다른 함수 $g(z)$를 포함시킨다. 이 모든 것을 고려하면, 적분은 보다 적합한 **특수한 형태**

$$I(s) = \int_C g(z)e^{sf(z)}dz \tag{7.73}$$

를 갖는다. 이제 **목표는 안장점 부근에서 적분을 추정하는 것이다**. 높은 차수항 ε을 무시하면 **급하강 경로는 안장점 축**이다. ε항들을 고려하면, 급하강 경로는 어둡게 표시하지 않은 부채꼴들 안의 축에 가까운 곡선이다. 그 곳에서 위상 $v = \Im f(z)$는 엄격히 상수이고, 반면에 축상에서는 $\Im f(z)$가 근사적으로 상수이다. $I(s)$를 그림 7.15 내의 여러 조각(patch)들 내부의 조각난 축들 상에서의 적분으로 근사시킨다. 그 축 조각에서 [(7.68)식과 비교하여라]

$$z = z_0 + xe^{i\alpha}, \quad \alpha = \frac{\pi}{2} - \frac{1}{2}\arg f''(z_0), \quad a \le x \le b \tag{7.74}$$

이다. 여기서 적분간격 $[a, b]$는 아래에 주어진다:

$$I(s) \approx e^{i\alpha}\int_a^b g(z_0 + xe^{i\alpha})\exp[sf(z_0 + xe^{i\alpha})]dx. \tag{7.75a}$$

생략된 부분은 그 값이 작고, $\Re(f(z) - f(z_0))$가 그림 7.15 내의 선택된 안장점 조각의 크기 [즉, (7.74)식에서 a, b의 값]에 의존하는, 음인 상한(예를 들면, $-R$)을 갖기 때문에 추정될 수 있다. (7.75a)식에 테일러 전개식들

$$\begin{aligned} f(z_0 + xe^{i\alpha}) &= f(z_0) + \frac{1}{2}f''(z_0)e^{2i\alpha}x^2 + \cdots, \\ g(z_0 + xe^{i\alpha}) &= g(z_0) + g'(z_0)e^{i\alpha}x + \cdots \end{aligned} \tag{7.75b}$$

를 이용하고, (7.74)식에서

$$\frac{1}{2}f''(z_0)e^{2i\alpha} = -\frac{1}{2}|f''(z_0)| < 0$$

임을 상기하면, 선행항이

$$I(s) = g(z_0)e^{sf(z_0)ti\alpha}\int_a^b e^{-\frac{1}{2}s|f''(z_0)|x^2}dx \tag{7.76}$$

임을 알 수 있다. x가 원점에서 상당히 멀어지면, (7.76)식의 피적분 함수가 실질적으로 영이 되므로, $b\to\infty$, $a\to-\infty$로 놓자. 이렇게 할 때 포함된 작은 오차는 곧 바로 추정된다. 남아 있는 적분이 바로 가우스 오차적분

$$\int_{-\infty}^{\infty} e^{-\frac{1}{2}c^2x^2}dx = \frac{1}{c}\int_{-\infty}^{\infty} e^{-\frac{1}{2}x^2}dx = \frac{\sqrt{2\pi}}{c}$$

이므로 하나의 안장점이 주도하는 경우에 대한 점근식

$$I(s) = \frac{\sqrt{2\pi}\, g(z_0) e^{sf(z_0)} e^{i\alpha}}{|sf''(z_0)|^{1/2}} \tag{7.77}$$

을 얻는다. 여기서 α는 (7.74)식과 (7.69)식에서 도입되었다.

한 가지 주의점: 안장점 $z = z_0$에 바로 가까운 근방점들이 적분에 유일하게 중요한 기여를 한다고 가정하였는데, 새로운 각 문제마다 (연습문제 7.3.3) 이러한 조건이 충족되는지를 확인해야 한다.

예제 7.3.1 **한켈 함수 $H_\nu^{(1)}(s)$의 점근형**

12.3절에서, 베셀 방정식을 만족하는, 한켈 함수가

$$H_\nu^{(1)}(s) = \frac{1}{\pi i} \int_{C_1(0)}^{\infty e^{i\pi}} e^{(s/2)(z-1/z)} \frac{dz}{z^{\nu+1}}, \tag{7.78}$$

$$H_\nu^{(2)}(s) = \frac{1}{\pi i} \int_{C_2(\infty e^{-i\pi})}^{0} e^{(s/2)(z-1/z)} \frac{dz}{z^{\nu+1}} \tag{7.79}$$

로 정의될 수 있음을 보였다. 단, $\infty e^{i\pi} = -\infty$이고, 경로 C_1은 그림 7.16의 위쪽 반평면 내에 있고, 원점에서 시작하여 $-\infty$ 점에서 끝난다. 경로 C_2는 아래쪽 반평면 내에 있고, $\infty e^{-i\pi}$에서 시작하여 원점에서 끝난다. 첫 번째 한켈 함수 $H_\nu^{(1)}(s)$에 급하강법을 적용한다. $g(z) = 1/(i\pi z^{\nu+1})$이고, $f(z)$가

$$f(z) = \frac{1}{2}\left(z - \frac{1}{z}\right) \tag{7.80}$$

로 주어지면, $H_\nu^{(1)}(s)$는 (7.73)식의 형태로 표시된다.

(7.80)식을 미분하여

$$f'(z) = \frac{1}{2} + \frac{1}{2z^2}, \quad f''(z) = -\frac{1}{z^3} \tag{7.81}$$

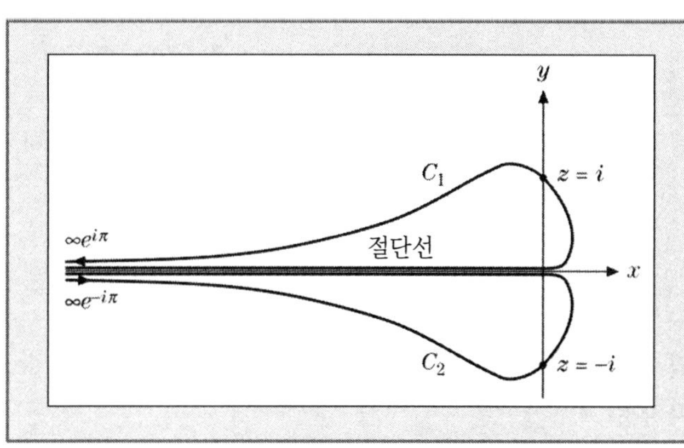

그림 7.16
한켈 함수 경로들

을 얻는다. $f'(z)=0$으로 놓아서

$$z=i,\ -i \tag{7.82}$$

를 얻는다. 따라서 안장점들은 $z=+i$와 $z=-i$이다. $z=i$에서 $f''(i)=-i$, $\arg f''(i)=-\pi/2$이다. 따라서 안장점의 방향은 (7.74)식에 의하여 $\alpha=\frac{\pi}{2}+\frac{\pi}{4}=\frac{3}{4}\pi$로 주어진다. $H_\nu^{(1)}(s)$를 적분하기 위하여 점 $z=+i$를 지나는 경로를 원점에서 출발하여, 양의 실수축에 접하여 이동하다가 $z=+i$에서의 안장점을 $\alpha=3\pi/4$의 방향으로 돌아서, 점근선인 음의 실수축을 따라 무한대로 계속하여 뻗어 나가도록 선택한다. 회피하여야 할 급하강 경로는 (7.71)식에 의하면 위상 $-\frac{1}{2}\arg f''(i)=\frac{\pi}{4}$를 갖고, 선택된 급하강 경로와 수직하다.

$\alpha=3\pi/4$를 (7.77)식에 직접 대입하면

$$\begin{aligned} H_\nu^{(1)}(s) &= \frac{1}{\pi i}\frac{\sqrt{2\pi}\, i^{-\nu-1}e^{(s/2)(i-1/i)}e^{3\pi i/4}}{|(s/2)(-2/i^3)|^{1/2}} \\ &= \sqrt{\frac{2}{\pi s}}e^{(i\pi/2)(-\nu-2)}e^{is}e^{i(3\pi/4)} \end{aligned} \tag{7.83}$$

이고, 항들을 결합하여 한켈 함수 $H_\nu^{(1)}(s)$의 점근 전개식의 선행항(주도항)으로

$$H_\nu^{(1)}(s)\approx\sqrt{\frac{2}{\pi s}}e^{i(s-\nu(\pi/2)-\pi/4)} \tag{7.84}$$

을 최종적으로 얻는다. 필요하다면 추가항들을 f와 g의 거듭제곱 급수 전개식 (7.75b)식에서 택할 수 있다. 다른 한켈 함수도 $z=-i$에서의 안장점을 이용하여 비슷한 방법으로 취급할 수 있다. ■

예제 7.3.2 계승함수의 점근형

많은 물리 문제에서, 특히 통계역학 분야에서 매우 큰 수에 대한 감마 또는 계승함수(factorial function)의 정확한 근사식을 얻는 것이 바람직하다. 10.1절에서 전개하였듯이 계승 함수는 오일러 적분

$$s!=\int_0^\infty \rho^s e^{-\rho}d\rho=s^{s+1}\int_0^\infty e^{s(\ln z-z)}dz \tag{7.85}$$

로 정의될 수 있다. 적분을 (7.73)식과 같이 나타내기 위하여 $\rho=zs$로 대치하였다. 앞에서와 같이 s를 양의 실수라 가정하면 극한점 0과 ∞에서 적분값이 영이 된다. 지수를 z로 미분하여

$$f'(z)=\frac{d}{dz}(\ln z-z)=\frac{1}{z}-1,\quad f''(z)=-\frac{1}{z^2} \tag{7.86}$$

을 얻는다. 이 식들은 점 $z=1$이 안장점이고, $\arg f''(1)=\arg(-1)=\pi$임을 보여준다. (7.74)식에 따라서

$$z-1=xe^{i\alpha}, \quad \alpha=\frac{\pi}{2}-\frac{1}{2}\text{편각 } f''(1)=\frac{\pi}{2}-\frac{\pi}{2} \tag{7.87}$$

라 하자. 안장점 부근에서 경로를 기술하기 위하여 x를 작게 잡는다. 이렇게 함으로써 급하강의 방향이 실수축 방향이라는 것을 알 수 있으며, 이것은 다소 직관적으로도 도달할 수 있는 결론이다.

$\alpha=0$을 (7.77)식에 직접 대입하면

$$s! \approx \frac{\sqrt{2\pi}s^{s+1}e^{-s}}{|s(-1^{-2})|^{1/2}} \tag{7.88}$$

이다. 따라서 계승함수의 점근 전개식의 첫 번째 항은

$$s! \approx \sqrt{2\pi s}s^{s}e^{-s} \tag{7.89}$$

이고, 이 결과가 계승함수의 스털링 전개식의 첫 번째 항이다. 아마도 급하강법이 이 첫 번째 항을 얻는 가장 쉬운 방법일 것이다. 전개식에 더 많은 항들이 필요하면 그 때에는 10.3절의 방법이 더 나을 것이다. ■

앞의 예에서 s가 실수라고 가정하여 계산하였으나 이 가정이 반드시 필요한 것은 아니다. w의 실수부가 크고 양이기만 하면 s를 복소변수 w로 바꾸어도 (7.89)식이 성립한다는 것을 보일 수 있다.

요 약

함수들의 적분표현의 점근 극한식은 물리학의 많은 근사식과 적용에서 극히 중요하다:

$$\int_C g(z)e^{sf(z)}dz \sim \frac{\sqrt{2\pi}g(z_0)e^{sf(z_0)}e^{i\alpha}}{\sqrt{|sf''(z_0)|}}.$$

안장점법은 이들 점근식을 유도하기 위하여 선택할 수 있는 한 가지 방법으로서 모든 물리학자와 공학자의 도구세트 내의 한 공구이다.

연습문제

7.3.1 급하강법을 이용하여 다음과 같이 주어지는 두 번째 한켈 함수를 계산하여라.

$$H_\nu^{(2)}(s)=\frac{1}{\pi i}\int_{-\infty C_2}^{0} e^{(s/2)(z-1/z)}\frac{dz}{z^{\nu+1}}$$

경로 C_2는 그림 7.16에 나타냈다.

답. $H_\nu^{(2)}(s) \approx \sqrt{\dfrac{2}{\pi s}} e^{-i(s-\pi/4-\nu\pi/2)}$.

7.3.2 푸레넬 적분 $\int_0^s \cos x^2 dx$, $\int_0^s \sin x^2 dx$ 에 대한 점근 전개식을 얻기 위한 급하강 경로를 구하여라.

힌트. $\int_0^1 e^{isz^2} dz$를 이용하여라.

7.3.3 (a) 급하강법을 한켈 함수 $H_\nu^{(1)}(s)$에 적용하는 과정에서

$$\Re[f(z)] < \Re[f(z_0)] = 0$$

임을 보여라. z는 경로 C_1 상에 있고 $z = z_0 = i$에서는 멀리 떨어져 있다.

(b) 다음을 증명하여라.

$$\Re[f(z)] > 0 \qquad \text{for} \quad 0 < r < 1, \qquad \begin{cases} \dfrac{\pi}{2} < \theta \le \pi \\ -\pi \le \theta < \dfrac{\pi}{2} \end{cases}$$

$$\Re[f(z)] < 0 \qquad \text{for} \quad r > 1, \quad -\frac{\pi}{2} < \theta < \frac{\pi}{2}$$

(그림 7.17). 이 내용은 왜 경로 C_1을 두 번째 안장점 $z = -i$를 지나도록 변형할 수 없는가를 보여준다. 이 경우에 그림 7.15에서의 점선과 비교, 확인하여라.

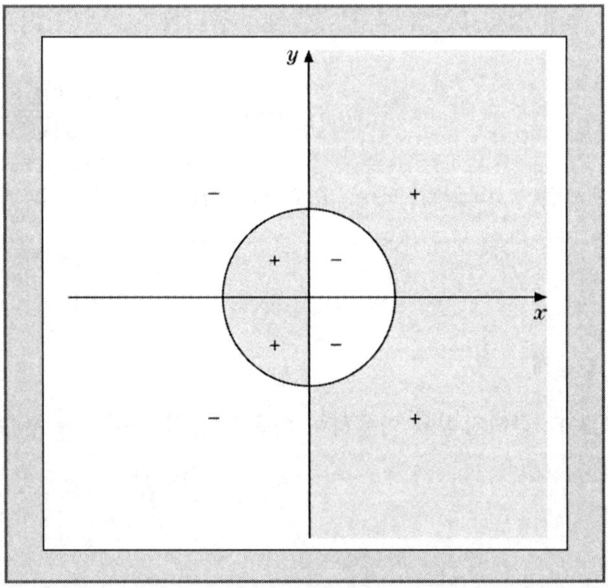

그림 7.17
한켈 함수의 안장점들

7.3.4 스털링 공식

$$s! \approx \sqrt{2\pi s}s^s e^{-s}$$

이 복소수 s에 대하여 성립함을 보여라 [단, $\Re(s)$는 큰 양수이다].
힌트. 이 식의 증명은 s에 위상을 부여하고 안장점 부근에서 $\Im[sf(z)]$ = 일정이라는 조건이 요구된다.

7.3.5 $H_\nu^{(1)}(s)$가 다음과 같은 형태의 음의 거듭제곱 급수 전개식을 갖는다고 가정하여라.

$$H_\nu^{(1)}(s) = \sqrt{\frac{2}{\pi s}} e^{i(s-\nu(\pi/2)-\pi/4)} \sum_{n=0}^{\infty} a_{-n} s^{-n},$$

합 기호내의 계수는 급하강법에 의해 구해진다. 베셀 방정식을 대입하여 12.3절에 주어진 $H_\nu^{(1)}(s)$의 점근급수를 다시 구하여라.

추가 읽을거리

Wyld, H. W. (1976). *Mathematical Methods for Physics*. Benjamin/Cummings, Reading, MA. Reprinted, Perseus, Cambridge, MA. (1999). 이 책은 비교적 고급 수준의 교과서이다.

미분방정식

8.1 서 론

물리학에서, 운동방정식 안의 힘을 알게 되면, 공간에서의 동력학적 변화를 지배하는, 시간을 독립변수로 하는 미분방정식을 얻게 된다. 이론 물리학의 거의 모든 기초 내용과 고급 내용이 미분방정식의 형태로 체계화되어 있다. 가끔 이들 미분방정식들은 변수가 하나인 **상미분방정식(ordinary differential equation : ODE)**이다. 보다 더 흔하게는, 그러한 방정식들이 공간과 시간변수가 결합된 **편미분방정식(partial differential equation : PDE)**이다. 사실, 편미분방정식이 상미분방정식에 대한 물리학자의 관심을 유발한다. 도함수들이 dy/dx, d^2y/dx^2, …처럼 완전미분일 때, 상미분방정식이라는 용어를 사용한다. 미지의 함수 $y(x)$의 일차 도함수들만 포함되고, 더 높은 차수의 도함수가 없을 때 상미분방정식은 **일차**이고, d^2y/dx^2이 포함되고 더 이상 높은 차수의 도함수가 없으면 **이차**이다.

미적분학에서 보통의 도함수를 취하는 연산이 **선형연산(linear operation)**($\mathcal{L}$)[1]임을 기억하자:

$$\frac{d(a\varphi(x) + b\psi(x))}{dx} = a\frac{d\varphi}{dx} + b\frac{d\psi}{dx}.$$

일반적으로,

$$\mathcal{L}(a\varphi + b\psi) = a\mathcal{L}(\varphi) + b\mathcal{L}(\psi) \tag{8.1}$$

이다. 여기서 a와 b는 상수이다. 방정식이 **미지의 함수와 그 도함수들에 관하여 일차**이면 상미분방정식을 **선형**이라고 부른다. 따라서 선형 상미분방정식은 선형 연산자방정식

[1] 양자역학에서 물리량들이 복소 무한 차원 Hilbert 공간에서 연산하는 선형연산자들로 표현되기 때문에 선형연산자에 특히 관심을 갖는다.

$$\mathcal{L}\psi = F$$

로 나타난다. 여기서 ψ는 미지의 함수 또는 일반해이고, 원천 F는 (상미분방정식에 대한) 알려진 1변수 함수로서 ψ에 독립이고, $\mathcal{L}$은 ψ에 작용하는 도함수들의 선형결합이다. $F \neq 0$이면, 상미분방정식을 **비동차(inhomogeneous)**라고 부른다; $F \equiv 0$이면, 상미분방정식을 **동차(homogeneous)**라고 부른다. 동차 상미분방정식의 해에 임의의 상수를 곱해도 해가 된다. ψ_p가 비동차 상미분방정식의 **특수해**이면, $\mathcal{L}(\psi - \psi_p) = F - F = 0$이므로 $\psi_h = \psi - \psi_p$가 비동차 상미분방정식의 해가 된다. 따라서 일반해는 $\psi = \psi_p + \psi_h$로 주어진다. 동차 상미분방정식에서 미분방정식이 미지의 함수 ψ_h에 관하여 일차이면, 해들의 모든 선형결합도 다시 하나의 해가 된다: 이것이 **중첩원리(superposition principle)**이다. 보통은 비동차 상미분방정식의 특수해를 찾기 전에 먼저 동차 상미분방정식을 풀어야 한다.

많은 물리계의 동력학은 이차 도함수(가령, 고전역학에서 가속도와 양자역학에서 운동에너지 연산자 $\sim \nabla^2$)를 포함하므로, **이차** 미분방정식이 물리학에 자주 등장한다. [Maxwell과 Dirac의 방정식은 일차이나 두 개의 미지함수를 포함하고 있다. 하나의 미지함수를 소거하면 다른 미지함수에 대한 이차 미분방정식이 유도된다 (1.9절 참조).] 비슷하게, 임의의 고차의 (선형) 상미분방정식은 결합된 일차 상미분방정식들의 계로 바꾸어질 수 있다.

그럼에도 불구하고, 일차 미분방정식을 포함하는 많은 물리 문제가 있다. 저항-인덕턴스 전기회로, 방사성 붕괴 및 일차 상미분방정식으로 바꾸어질 수 있는 특수한 이차 상미분방정식 등을 예로 들 수 있다. 이런 경우들과 **변수분리** 가능 **상미분방정식**을 먼저 논한다. 이차 상미분방정식들이 보다 흔하므로 다음 절들에서 **상수 계수 선형 상미분방정식**의 특수한 종류도 포함하여 논의한다. 상미분방정식을 푸는 데 중요한 거듭제곱 급수전개 방법은 이차 상미분방정식을 사용하여 예시된다.

8.2 일차 상미분방정식

어떤 물리 문제들은 일차 미분방정식을 포함한다. 더욱이, 가끔 이차 상미분방정식이 일차 상미분방정식으로 변형될 수 있으므로, 그 변형된 방정식의 해를 찾을 수 있어야 한다. 따라서 일차 상미분방정식으로 출발하는 것이 바람직하다. 여기서 일반적인 형태

$$\frac{dy}{dx} = f(x, y) = -\frac{P(x, y)}{Q(x, y)} \tag{8.2}$$

의 미분방정식을 고려한다. (8.2)식은 분명히 일차 상미분방정식이다; 이 상미분방정식이 **선형**이 아닐 수도 있다. 뒤에서는 (8.12)식부터 출발하여, 명백히 선형인 경우를 취급할 것이다.

■ 변수분리

자주, (8.2)식은 특수한 형태

$$\frac{dy}{dx} = f(x, y) = -\frac{P(x)}{Q(y)} \tag{8.3}$$

를 갖는다. 이 식을

$$P(x)dx + Q(y)dy = 0$$

으로 다시 쓸 수 있고, (x_0, y_0)로부터 (x, y)까지 적분하여

$$\int_{x_0}^{x} P(X)dX + \int_{y_0}^{y} Q(Y)dY = 0 \tag{8.4}$$

을 얻는다. 여기서 적분의 상한을 나타내는 변수 x와 구별하기 위해 적분변수를 대문자로 표시하였다. 앞으로는 특별히 언급하지 않고 계속 이렇게 사용하겠다. 적분하한 x_0와 y_0는 상수만큼만 기여하므로, 적분하한들을 무시하고 우변의 0 대신에 적분상수를 써도 된다. 이 적분상수는 초기조건을 만족하도록 이용할 수 있다. 이 변수분리법은 미분방정식이 선형이어야 함을 요구하지는 **않는다**.

예제 8.2.1 **방사성 붕괴(Radioactive Decay)**

방사성 시료의 붕괴는 일정한 비율 λ로 반복되는 사건을 포함한다. 관찰시간 dt가 충분히 작아서 둘 또는 그 이상의 입자의 방출이 무시될 수 있으면, 한 입자가 방출되는 확률은 λdt이고 $\lambda dt \ll 1$의 조건을 만족한다. 붕괴 법칙은

$$\frac{dN(t)}{dt} = -\lambda N(t) \tag{8.5}$$

로 주어진다. $N(t)$는 시각 t에서 시료 내의 방사성 원자들의 수이다. 이 상미분방정식은

$$dN/N = -\lambda dt \tag{8.6}$$

로 변수분리되며, 적분하여

$$\ln N = -\lambda t + \ln N_0, \qquad N(t) = N_0 e^{-\lambda t} \tag{8.7}$$

을 얻는다. 여기서 편리하게 하기 위하여 적분상수를 로그함수 형태로 나타냈다; N_0는 초기조건 $N(0) = N_0$에 의해 결정된다. ■

다음 고전역학의 예제에서 상미분방정식은 변수분리형이지만, 미지수에 관하여 일차가 아니다. 그러나, 이것은 문제가 되지 않는다.

예제 8.2.2 **낙하산 병사(Parachutist)**

지표면에 접근하고 있는 낙하산 병사의 속도를 시간의 함수로 구하고자 한다. 특히 속도의 제곱에 비례하고, 지구의 중력 mg와 반대방향으로 작용하는 저항에 기인하는 최종 속도 v_0에 관심을 갖는다. 중력이 양의 값이 되도록 아래 방향이 양인 좌표계를 선정한다. 간단히 하기 위해, 낙하산이 즉시 즉, $t=0$에서 열리고, 그 때의 속도가 $v(t=0)=0$이라는 초기조건을 가정한다. 낙하산 병사에게 뉴턴의 법칙을 적용하여

$$m\dot{v} = mg - bv^2$$

을 얻는다. 여기서 m은 낙하산의 질량도 포함한다.

$t \to \infty$일 때 가속도가 영이므로 ($\dot{v}=0$) 운동방정식으로부터 최종 속도를 얻을 수 있다:

$$bv_0^2 = mg, \qquad v_0 = \sqrt{mg/b}.$$

변수 t와 v는 분리되어

$$\frac{dv}{g - \frac{b}{m}v^2} = dt$$

가 되므로 분모를 부분분수로 분해하여 적분한다. 분모의 근은 $v = \pm v_0$이므로,

$$\left(g - \frac{b}{m}v^2\right)^{-1} = \frac{m}{2v_0 b}\left(\frac{1}{v+v_0} - \frac{1}{v-v_0}\right)$$

이다. 두 항을 적분하면

$$\int^v \frac{dV}{g - \frac{b}{m}V^2} = \frac{1}{2}\sqrt{\frac{m}{gb}} \ln \frac{v_0 + v}{v_0 - v} = t$$

이다. 이 식을 속도에 관해 풀어서

$$v = \frac{e^{2t/T} - 1}{e^{2t/T} + 1} v_0 = v_0 \frac{\sinh \frac{t}{T}}{\cosh \frac{t}{T}} = v_0 \tanh \frac{t}{T}$$

를 얻는다. 여기서 $T = \sqrt{\frac{m}{gb}}$은 속도가 최종 속도 v_0에 접근하는 것을 결정하는 상수이다.

수치 $g = 9.8\,\text{m/sec}^2$, $m = 70\,\text{kg}$을 대입하고 $b = 700\,\text{kg/m}$를 취하면, $v_0 = \sqrt{9.8/10} \sim 1\,\text{m/sec}$, $\sim 3.6\,\text{km/hr}$ 또는 $2.23\,\text{miles/hr}$로서 사람이 걷는 속도와 같으며, $T = \sqrt{\frac{m}{bg}} = 1/\sqrt{10 \cdot 9.8} \sim 0.1\,\text{sec}$이다. 따라서 1초 내에 일정한 속력 v_0에 도달한다. 끝으로, **해를 검토하는 것이 항상 중요**하기 때문에, 구한 해가 조건 즉, 뉴턴의 운동방정식을 만족하는지를 증명한다.

$$\dot{v} = \frac{\cosh t/T}{\cosh t/T}\frac{v_0}{T} - \frac{\sinh^2 t/T}{\cosh^2 t/T}\frac{v_0}{T} = \frac{v_0}{T} - \frac{v^2}{Tv_0} = g - \frac{b}{m}v^2.$$

낙하산이 열리기 전에 초기 속력 $v_i = v(0) \neq 0$으로 자유낙하하는, 보다 실질적인 경우는 연습문제 8.2.16에 수록되어 있다. ■

■ 완전 미분방정식

(8.2)식을

$$P(x, y)dx + Q(x, y)dy = 0 \tag{8.8}$$

으로 다시 써 보자. 이 식의 좌변을 미분

$$d\varphi = \frac{\partial\varphi}{\partial x}dx + \frac{\partial\varphi}{\partial y}dy \tag{8.9}$$

로 나타낼 수 있으면 이 방정식은 **완전(exact)**하다고 말한다. (8.8)식의 우변이 0이므로, 미지함수 $\varphi(x, y) =$ 상수와 $d\varphi = 0$을 구한다.

[이러한 함수 $\varphi(x, y)$가 존재하면]

$$P(x, y)dx + Q(x, y)dy = \frac{\partial\varphi}{\partial x}dx + \frac{\partial\varphi}{\partial y}dy \tag{8.10a}$$

와

$$\frac{\partial\varphi}{\partial x} = P(x, y), \qquad \frac{\partial\varphi}{\partial y} = Q(x, y) \tag{8.10b}$$

를 얻게 된다. 이 방정식이 완전하기 위한 필요 · 충분조건은 (연속이라고 가정되는) 함수 $\varphi(x, y)$의 혼합 이차 편도함수가 미분의 순서와 무관해야 한다는 것이다:

$$\frac{\partial^2\varphi}{\partial y\,\partial x} = \frac{\partial P(x, y)}{\partial y} = \frac{\partial Q(x, y)}{\partial x} = \frac{\partial^2\varphi}{\partial x\,\partial y}. \tag{8.11}$$

1.12절의 (1.124)식과의 유사성을 주목하여라. (8.8)식이 curl(0과 같음)에 대응하면, 퍼텐셜 $\varphi(x, y)$가 존재해야 한다.

다음에 $\varphi(x, y)$가 존재하면, (8.8)식과 (8.10a)식으로부터, 해는

$$\varphi(x, y) = C$$

이다. curl로부터 자기 벡터 퍼텐셜을 구하듯이, 편도함수로부터 $\varphi(x, y)$를 구해야 한다. 연습문제 8.2.7과 8.2.8을 보라. (8.8)식은 완전하지 않고, (8.11)식이 만족되지 않음이 당연히 밝혀진다. 그러나

$$\alpha(x, y)P(x, y)dx + \alpha(x, y)Q(x, y)dy = 0$$

이 완전미분이 되도록 하는 적어도 한 개 또는 더 많은 적분인자 $\alpha(x, y)$가 항상 존재한다. 불행하게도, 적분인자는 항상 금방 눈에 보이거나, 쉽게 찾을 수 있는 것은 아니다. 다음에 고

려하는 선형 일차 미분방정식의 경우와는 달리, (8.8)식에 대한 적분인자를 찾아 내는 체계적인 방법은 없다.

변수들이 분리된 미분방정식은 자동적으로 완전하다. 그러나 완전 미분방정식이 반드시 변수분리되는 것은 아니다.

■ 선형 일차 상미분방정식

(8.2)식의 $f(x, y)$가 $-p(x)y+q(x)$의 형태이면, (8.2)식은

$$\frac{dy}{dx} + p(x)y = q(x) \tag{8.12}$$

가 된다.

(8.12)식이 가장 일반적인 **선형** 일차 상미분방정식이다. $q(x) = 0$이면, (8.12)식은 (y에 관해) **동차**가 된다. 0이 아닌 $q(x)$를 **비동차 상미분방정식**에 대한 **원천**이나 **구동항**으로 간주할 수 있다. (8.12)식에서 각 항은 y 또는 dy/dx에 관해 선형이다. y^2과 같은 더 높은 차수의 항, $y(dy/dx)$와 같은 곱의 항이 없다. **선형**이라는 말은 y와 dy/dx에 관해 언급됨을 주목하여라: $p(x)$와 $q(x)$는 x에 관해 선형일 필요가 없다. 물리학에서 가장 중요한 일차 선형 상미분방정식은 정확하게 풀릴 수 있다.

이제

$$\alpha(x)\frac{dy}{dx} + \alpha(x)p(x)y = \alpha(x)q(x) \tag{8.13}$$

가

$$\frac{d}{dx}[\alpha(x)y] = \alpha(x)q(x) \tag{8.14}$$

로 다시 쓰여 질 수 있도록 **적분인자** $\alpha(x)$를 찾아보자. 이렇게 하는 목적은 곧 바로 적분될 수 있도록 (8.12)식의 좌변을 하나의 도함수로 만드는 것이다. 덧붙여 말하자면, (8.12)식을 완전 미분방정식으로 만드는 것이다. (8.14)식을 전개하여

$$\alpha(x)\frac{dy}{dx} + \frac{d\alpha}{dx}y = \alpha(x)q(x)$$

를 얻는다. 이 식을 (8.13)식과 비교하면

$$\frac{d\alpha}{dx} = \alpha(x)p(x) \tag{8.15}$$

이어야 함을 알게 된다. 이 식은 $\alpha(x)$에 대한 미분방정식이고 변수 α와 x는 **분리가능**하다. 변수들을 분리하고, 적분하여 적분인자

$$\alpha(x) = \exp\left[\int^x p(X)dX\right] \tag{8.16}$$

를 얻는다. 적분하한은 단지 α와 상미분방정식을 어떤 상수로 곱하기만 할 뿐이므로 표시하지 않았다.

$\alpha(x)$가 알려지면 (8.14)식의 적분을 진행한다. 물론, 이것이 처음에 α를 도입한 이유였다. 이제

$$\int^x \frac{d}{dX}[\alpha(X)y(X)]dX = \int^x \alpha(X)q(X)dX$$

를 얻게 된다. 이제 바로 적분하여

$$\alpha(x)y(x) = \int^x \alpha(X)q(X)dX + C$$

를 얻는다. 적분하한의 상수는 상수 C에 흡수되어 있다. $\alpha(x)$로 나누어

$$y(x) = [\alpha(x)]^{-1}\left\{\int^x \alpha(X)q(X)dX + C\right\}$$

를 얻는다. 최종적으로, α에 관한 (8.16)식을 대입하여

$$y(x) = \exp\left[-\int^x p(X)dX\right]\left\{\int^x \exp\left[\int^Z p(Y)dY\right]q(Z)dZ + C\right\} \tag{8.17}$$

를 얻는다. 여기서 명목상의(dummy) 적분변수를 대문자로 다시 표현하였다. (8.17)식은 선형 일차 상미분방정식 (8.12)식의 완전한 일반해이다. 그 중의 일부분

$$y_h(x) = C\exp\left[-\int^x p(X)dX\right] \tag{8.18}$$

는 $q(x) = 0$에 대응하는 해로서 적분상수를 포함하고 있기 때문에 **동차 상미분방정식의 일반해**이다. (8.17)식의 다른 항

$$y_p(x) = \exp\left[-\int^x p(X)dX\right]\int^x \exp\left[\int^Z p(Y)dY\right]q(Z)dZ \tag{8.19}$$

는 특정한 원천항 $q(x)$에 대응하는 **비동차 상미분방정식의 특수해**이다.

상수변화법(variation of constant)이라 불리는 방법으로 비동차 상미분방정식의 해를 다음과 같이 요약하자. 첫 단계로, 동차 상미분방정식을 앞에서와 같이 변수분리법으로 풀어서

$$\frac{y'}{y} = -p, \quad \ln y = -\int^x p(X)dX + \ln C, \quad y(x) = Ce^{-\int^x p(X)dX}$$

를 얻는다. 두 번째 단계로 적분상수를 x에 의존하도록 만든다. 즉, $C \to C(x)$. 이 방법이 비동차 상미분방정식을 푸는 데 이용되는 상수변화법이다. $y(x)$를 미분하여

$$y' = -pCe^{-\int p(x)dx} + C'(x)e^{-\int p(x)dx} = -py(x) + C'(x)e^{-\int p(x)dx}$$

을 얻고, 비동차 상미분방정식과 비교하여 C에 대한 상미분방정식을 구한다:

$$C'e^{-\int p(x)dx} = q, \quad \text{즉} \quad C(x) = \int^{x} e^{\int^{X} p(Y)dY} q(X)dX.$$

이 C를 $y = C(x)e^{-\int^{x} p(X)dX}$에 대입하면 (8.19)식을 다시 얻는다.

이제 **비동차 상미분방정식의 해는 동차 상미분방정식 해가 임의의 상수곱 까지는 유일하다**는 *정리*를 증명한다.

이것을 증명하기 위하여 y_1과 y_2가 비동차 상미분방정식 (8.12)식의 해라고 가정하자: 그러면 상미분방정식들을 빼서

$$y_1' - y_2' + p(x)(y_1 - y_2) = 0$$

을 얻게 되는데, 이것은 $y_1 - y_2$가 동차 상미분방정식의 해임을 나타낸다. 동차 상미분방정식의 해에 항상 임의의 상수를 곱해도 해가 된다. ■

또한 **일차 선형 동차 상미분방정식은 단 하나의 선형 독립인 해**를 갖는다는 *정리*를 증명한다. 이것은 다음의 의미로 설명되어 진다. 두 개의 해가 **선형 종속**이면, 정의에 의해, 그 두 해는 상수 a, b가 0이 아닐 때 x의 모든 값은 $ay_1(x) + by_2(x) = 0$을 만족한다. 만일 이 선형 관계식의 유일한 해가 $a = b = 0$이면, 해 y_1과 y_2를 **선형 독립**이라고 말한다.

이 정리를 증명하기 위해, y_1과 y_2를 동차 상미분방정식의 두 해라고 가정하자. 그러면

$$\frac{y_1'}{y_1} = -p(x) = \frac{y_2'}{y_2} \text{ 이면} \qquad W(x) \equiv y_1'y_2 - y_1y_2' \equiv 0 \tag{8.20}$$

이다. 범함수 행렬식 W를 함수쌍 y_1, y_2의 론스키(wronskian)라고 한다. 이제, $W \equiv 0$이 y_1, y_2가 선형 종속일 조건임을 보이자. 선형 종속, 즉 a, b가 0이 아닌 상수일 때 x의 모든 값에 대하여

$$ay_1(x) + by_2(x) = 0$$

임을 가정하고, 이 선형관계식을 미분하여 또 하나의 선형관계식

$$ay_1'(x) + by_2'(x) = 0$$

을 얻는다. 미지수 a, b에 관한 이 두 개의 동차 선형방정식이 자명하지 않은 해(nontrivial solution)를 갖기 위한 조건은 그들의 행렬식이 0 즉, $W = 0$이다.

역으로, 관계식

$$\frac{y_1'}{y_1} = \frac{y_2'}{y_2}$$

을 적분하여 자명하지 않은 해, 즉

$$\ln y_1 = \ln y_2 + \ln C, \quad \text{or} \quad y_1 = Cy_2$$

를 얻을 수 있기 때문에 $W=0$으로부터 선형 종속 관계가 뒤따른다. 8.3절에서 셋 또는 그 이상의 함수들에 대한 선형 종속과 론스키를 일반화한다. ■

예제 8.2.3 **선형 독립**

선형 진동자에 관한 운동방정식 $y''t+\omega^2 y(x)=0$의 해들은 $y_1=\sin\omega x$, $y_2=\cos\omega x$이다. 이를 미분하여 확인할 수 있다. 론스키는

$$\begin{vmatrix} \sin\omega x & \cos\omega x \\ \omega\cos\omega x & -\omega\sin\omega x \end{vmatrix} = -\omega \neq 0$$

이 된다. 그러므로 이 두 해 y_1과 y_2는 선형 독립이다. 선형 독립이라는 것은 한 함수가 다른 함수의 어떤 곱이 아님을 의미하고, 이 경우가 그렇다.

$$\sin\omega x = \pm(1-\cos^2\omega x)^{1/2}$$

이므로 이것은 **선형** 관계식이 **아니다**. ■

선형 일차 미분방정식이 동차이면($q=0$) 변수분리가 가능하다는 것에 주목하여라. 그렇지 않으면, $p=$상수, $q=$상수 또는 $q(x)=ap(x)$와 같은 특별한 경우를 제외하고, (8.12)식은 변수분리되지 않는다.

예제 8.2.4 **RL 회로**

저항 – 인덕턴스로 구성된 회로에 키르히호프의 제1법칙을 적용하면, 전류 $I(t)$에 대한 미분방

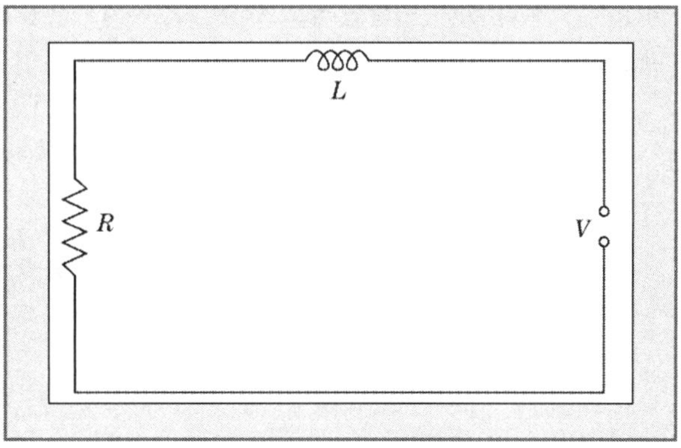

그림 8.1
저항 R과 인덕턴스 L인 직렬 연결된 회로

정식

$$L\frac{dI(t)}{dt} + RI(t) = V(t) \tag{8.21}$$

를 얻는다. 여기서 L은 인덕턴스이고 R은 저항으로 둘 다 상수이다. $V(t)$는 시간에 의존하는 입력 전압이다.

(8.16)식으로부터, 적분인자 $\alpha(t)$는

$$\alpha(t) = \exp\int^t \frac{R}{L}dT = e^{Rt/L}$$

이다. 따라서 (8.17)식에 의해

$$I(t) = e^{-Rt/L}\left[\int^t e^{RT/L}\frac{V(T)}{L}dT + C\right] \tag{8.22}$$

이고, 상수 C는 초기조건(경계조건)에 의해 결정된다.

$V(t) = V_0$(상수)인 특별한 경우에는

$$I(t) = e^{-Rt/L}\left[\frac{V_0}{L}\cdot\frac{L}{R}e^{Rt/L} + C\right] = \frac{V_0}{R} + Ce^{-Rt/L}$$

이다. 일차 상미분방정식에는 하나의 초기조건이 주어져야 한다. 초기조건이 $I(0) = 0$이면, $C = -V_0/R$이고

$$I(t) = \frac{V_0}{R}[1 - e^{-Rt/L}]$$

이다. ■

■ 특수한 형태의 상미분방정식

해석적으로 적분될 수 있는 좀더 많은 형태의 상미분방정식에 관하여 언급하자.

예제 8.2.5 ***y/x* 종속인 일차 상미분방정식**

상미분방정식 $y' = f(y/x)$는 일반적으로 (8.12)식의 형태가 아니지만, y에 관하여는 동차이다. 상미분방정식에서 제시한 대로 $z(x) = y(x)/x$로 치환하면 $y' = xz' + z$를 거쳐 $xz' + z = f(z)$ 가 되는데, 이 결과는 (8.12)식의 형태가 아니다. 그러나 이 방정식은 변수분리가 가능하고, 다음과 같이 적분될 수 있다.

$$z' = \frac{f(z) - z}{x}, \qquad \int\frac{dz}{f(z) - z} = \int\frac{dx}{x} = \ln x + \ln C.$$

분명한 경우의 하나가 상미분방정식

$$xyy' = y^2 - x^2, \quad \text{or} \quad y' = \frac{y}{x} - \frac{x}{y}$$

이다. $z(x) = y/x$로 치환하여 $xz' + z = z - 1/z$ 즉, $zdz = -dx/x$를 얻는데, 이 식은 변수분리가 되어 있다. 이것을 적분하여 $z^2 = C - 2\ln x$를 얻는다. C는 적분상수이다. 해 $y = x\sqrt{C - 2\ln x}$가

$$y' = \sqrt{C - 2\ln x} - 1/\sqrt{C - 2\ln x}, \quad \text{or} \quad \frac{yy'}{x} = \frac{y^2}{x^2} - 1$$

을 만족함을 확인할 수 있다. 상수 C는 초기조건에 의해 결정된다. 가령, $y(1) = 1$이면, $C = 1$을 얻는다. ■

클레로(Clairaut)의 상미분방정식

$y = xy' + f(y')$은 함수 f의 일반적인 특성에도 불구하고 닫힌 형태로 풀릴 수 있다.

y'을 상수로 대체하면, 각 직선 $y = Cx + f(C)$가 해임이 증명된다. 각 직선의 기울기는 상미분방정식에 의해 규정된 접선의 방향과 일치한다. 이런 종류의 해를 구하는 체계적인 방법은 상미분방정식에서 $y' = u(x)$로 놓고 시작하는 것이다. 그러면 $y = xu + f(u)$가 되고, 미분은 $udx = dy = udx + xdu + f'(u)du$가 된다. udx 항을 소거하여

$$[x + f'(u)]du = 0$$

을 얻는다. 각 인자를 0으로 놓으면, $du = 0$으로부터 $u = C =$ 상수 즉, 다시 직선을 얻게 된다. 다음에

$$x + f'(u) = 0, \qquad y = xu + f(u)$$

에서 u를 소거하면 Clairaut 상미분방정식의 해, 임의 상수 C를 포함하지 않은 곡선 $(x(u), y(u))$이 생성된다. $y' = u$로 놓았으므로 $y = xu + f(u) = xy' + f(y')$이 자명하다. 앞에서 주어진 좌표쌍 $x(u)$와 $y(u)$는 변수 u에 의하여 매개변수화된 곡선을 나타낸다; 이 좌표쌍은 C가 여러 가지 값을 가질 때, 이 곡선에 접하는 **직선족의 포락선(envelope)** $y = Cx + f(C)$를 나타낸다. 상미분방정식 해들의 포락선을 **특이해(singular solution)**라고 한다; 특이해는 적분상수를 포함하지 않는다 (초기조건을 적용할 수 없다).

일반적으로, **점 (x, y)에서의 접선의 성질들에 의하여 어떤 곡선이 결정되어야 하는 기하학적 문제를 취급할 때**, 다음과 같이 **클레로의 상미분방정식에 이르게 된다. 접선방정식은**

$$Y - y = y'(X - x), \qquad Y = y'X + (y - xy')$$

으로 주어진다. 여기서 X와 Y는 접선의 좌표이고, y'은 기울기이다. 접선의 성질은 어떤 범함수 관계 $F(y', y - xy') = 0$으로 표현될 수 있다. 이 관계식을 $y - xy'$에 대해 풀면 클레로의 상미분방정식을 얻게 된다. 다음의 예제를 살펴 보자.

예제 8.2.6 클레로의 상미분방정식의 특이해로서 접선들의 포락선

그림 8.2에서 좌표축 X, Y에 의해 잘려 나간 접선 선분 T_1T_2의 길이가 상수 a가 되도록 곡선을 결정하여라. 앞의 접선방정식에서 $X=0$으로 놓으면, 원점으로부터 Y축 상의 T_1까지의 길이 OT_1은 $y-xy'$이고, $Y=0$으로 놓으면, X축 상의 길이 OT_2는 $(xy'-y)/y'$이다. 따라서 직각삼각형 OT_1T_2로부터 접선조건

$$(y-xy')^2+\frac{(y-xy')^2}{y'^2}=a^2, \quad \text{or} \quad y=xy'\pm\frac{ay'}{\sqrt{y'^2+1}}$$

을 얻는다. 이 식은 클레로 상미분방정식이고, 그 해는 직선 $y=xC\pm\frac{aC}{\sqrt{C^2+1}}$이다. 이러한 직선족의 포락선은

$$y=xu\pm\frac{au}{\sqrt{u^2+1}}, \quad x\pm a\left(\frac{1}{\sqrt{u^2+1}}-\frac{u^2}{\sqrt{u^2+1}^3}\right)=0$$

에서 u를 소거하여 구해진다. 두 번째 방정식은 $x\pm\frac{a}{\sqrt{u^2+1}^3}=0$으로 간단하게 된다. $u=\tan\varphi$를 대입하면, 첫 번째 방정식으로부터 $x\pm a\cos^3\varphi=0$과

$$y=\mp a\cos^3\varphi\pm a\sin\varphi=\pm a\sin^3\varphi$$

를 얻는다. $x(\varphi)$와 $y(\varphi)$로부터 매개변수 φ를 소거하여, 그림 8.2에 그려진 별모양(astroid) $x^{2/3}+y^{2/3}=a^{2/3}$을 얻는다. ■

일차 미분방정식은 제15장에서 라플라스 변환과 관련하여, 제18장에서 변분해석의 오일러 방정식과 관련하여, 제19장에서 비선형(리카티와 베르누이의) 상미분방정식과 관련하여 다시

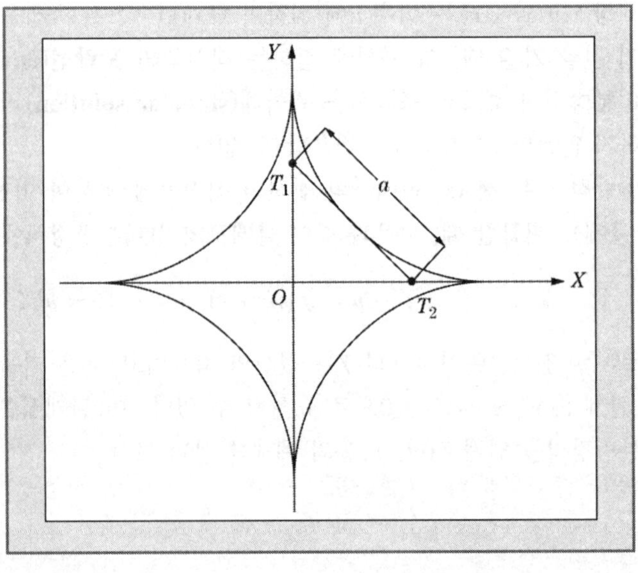

그림 8.2
길이가 일정한 접선 $T_1T_2=a$의 별모양 포락선

논의될 것이다. 일차 미분방정식의 수치 해법은 8.7절에서 고찰한다.

요 약

요약하면, 음함수 형태 $F(x, y, y') = 0$(클레로의 상미분방정식의 배경에서 논의됨) 또는 양함수 형태 $y' = f(x, y)$인 일차 상미분방정식은 변수 x, 미지의 함수 $y(x)$와 그 도함수 $\frac{dy}{dx} = y'(x)$를 포함한다. 일반해는 적분상수라고 부르는 하나의 임의 상수를 포함하고, 적분상수는 주어진 상수 x_0, y_0를 관련짓는 초기조건 $y(x_0) = y_0$에 의해 결정된다. 이러한 상미분방정식을 가끔 초기치 문제라고 부른다.

가장 간단한 상미분방정식은 8.2절의 변수분리형 방정식 $y' = f(x, y) = -\frac{P(x)}{Q(y)}$이고, 일반해는 적분 $\int_{x_0}^{x} P(X)dX + \int_{y_0}^{y} Q(Y)dY =$ 상수로 구해진다.

밀접하게 관련된 미분방정식은 보다 일반적인 완전 미분방정식

$$P(x, y)dx + Q(x, y)dy = d\varphi = \frac{\partial \varphi}{\partial x}dx + \frac{\partial \varphi}{\partial y}dy$$

이고, 적분가능 조건은 $\frac{\partial P}{\partial y} = \frac{\partial Q}{\partial x}$이다. 적분가능 조건이 만족되지 않으면, 해 $\varphi(x, y)$가 존재하지 않는다. 그 경우에 $\frac{\partial(\alpha P)}{\partial y} = \frac{\partial(\alpha Q)}{\partial x}$가 성립하는 **적분인자** $\alpha(x, y)$를 찾아야 한다.

선형 일차 방정식 $y' + p(x)y = q(x)$는 보통의 상미분방정식이다. 방사성 붕괴 법칙과 전기회로가 중요한 예이다. 동차 상미분방정식 $y' + py = 0$은 변수분리가 가능하고, 한번 적분하여 $\ln y + \int^{x} pdX = \ln C$를 얻는다; 그리고 나서 비동차 상미분방정식의 해를 구하기 위하여 적분상수를 $C \to C(x)$로 바꾼다.

연습문제

8.2.1 키르히호프의 법칙에서 RC (저항-전기용량) 회로[그림 8.1에서 L을 C로 바꾸고 $V(t)$를 소거한다; 즉, 회로를 단락시킨다]의 전류 I는 방정식

$$R\frac{dI}{dt} + \frac{1}{C}I = 0$$

에 따른다.

(a) $I(t)$를 구하여라.

(b) 100 V로 충전되어 있는 전기용량이 10,000 μF인 축전기가 1 mΩ의 저항을 통하여 방전되고 있다. $t = 0$, $t = 100$초일 때, 전류 I를 구하여라.

주의. 초기 전압은 I_0R 즉, Q/C이다. 단, $Q = \int_0^{\infty} I(t)dt$이다.

8.2.2 베셀의 방정식($n = 0$)의 라플라스 변환은

$$(s^2+1)f'(s)+sf(s)=0$$

이다. $f(s)$에 대해 풀어라.

8.2.3 치명적인 두 물체의 충돌에 의한 어떤 모집단의 붕괴는 $t \geq 0$일 때,

$$\frac{dN}{dt}=-kN^2$$

으로 기술된다. 이것은 일차 **비선형** 미분방정식이다. 이 방정식의 해

$$N(t)=N_0\left(1+\frac{t}{\tau_0}\right)^{-1}$$

을 유도하여라. 여기서 $\tau_0=(kN_0)^{-1}$이고 N_0는 시간 $t=0$에서의 모집단이다. 이 결과는 $t=-\tau_0$일 때 모집단이 무한히 크다는 것을 의미하지만, 이것은 $t=0$일 때 $N(0)=N_0$인 초기치 문제에서는 적절하지 않다.

8.2.4 특정한 화학반응 $A+B\rightarrow C$의 비율은 반응물 A와 B의 농도에 비례한다:

$$\frac{dC(t)}{dt}=\alpha[A(0)-C(t)][B(0)-C(t)],$$

여기서 $A(0)-C(t)$는 시간 t에서 반응하도록 남겨진 A의 양이고 B에 대해서도 같다.

(a) $A(0)\neq B(0)$일 때 $C(t)$를 구하여라.

(b) $A(0)=B(0)$일 때 $C(t)$를 구하여라.

초기조건은 $C(0)=0$이다.

8.2.5 물속을 항해하고 있는 배가 v^n에 비례하는 저항력을 받는다. 여기서 v는 배의 순간속도이고 n은 정수이다. 뉴턴의 제2법칙에 의하여

$$m\frac{dv}{dt}=-kv^n$$

에 도달한다. $v(t=0)=v_0$, $x(t=0)=0$일 때, 적분하여 시간의 함수로 v를 구하고, 거리의 함수로 v를 구하여라.

8.2.6 미분방정식

$$P(x,y)dx+Q(x,y)dy=0$$

은 **완전**하다.

$$\varphi(x,y)=\int_{x_0}^{x}P(X,Y)dX+\int_{y_0}^{y}Q(X,Y)dY=\text{ 상수}$$

가 하나의 해임을 증명하여라.

8.2.7 미분방정식

$$P(x, y)dx + Q(x, y)dy = 0$$

은 **완전**하다. 만일

$$\varphi(x, y) = \int_{x_0}^{x} P(X, Y)dX + \int_{y_0}^{y} Q(x, Y)dY$$

이면,

$$\frac{\partial\varphi}{\partial x} = P(x, y), \quad \frac{\partial\varphi}{\partial y} = Q(x, y)$$

임을 보여라. 그러므로 $\varphi(x, y) =$ 상수는 원래의 미분방정식의 해이다.

8.2.8 $\alpha(x)$가 (8.15)식을 만족한다고 가정하면, (8.13)식은 (8.8)식의 의미에서 완전함을 증명하여라.

8.2.9 어떤 미분방정식이

$$f(x)dx + g(x)h(y)dy = 0$$

의 형태를 갖는다. 함수 $f(x)$, $g(x)$, $h(y)$의 어느 것도 항등적으로 0이 아니다. 이 방정식이 완전하기 위한 필요 · 충분조건이 $g(x) =$ 상수임을 보여라.

8.2.10

$$y(x) = \exp\left[-\int^{x} p(t)dt\right]\left\{\int^{x} \exp\left[\int^{s} p(t)dt\right]q(s)ds + C\right\}$$

가

$$\frac{dy}{dx} + p(x)y(x) = q(x)$$

의 해라는 것을 $y(x)$의 표현식을 미분하고, 미분방정식에 대입하여 보여라.

8.2.11 저항성 매질 속에서 낙하하는 물체의 운동은 그 운동을 지연시키려는 힘이 속도 v에 비례할 때,

$$m\frac{dv}{dt} = mg - bv$$

로 기술될 수 있다. 속도를 구하여라. $v(0) = 0$으로 놓고 적분상수를 계산하여라. mg항과 bv항의 부호를 설명하여라.

8.2.12 특정한 구형 액체 방울(일정한 밀도)의 증발률은 그 표면적에 비례한다. 증발이 질량 손실의 유일한 메커니즘이라고 가정하여, 시간의 함수로서 방울의 반경을 구하여라.

8.2.13 선형 동차 미분방정식

$$\frac{dv}{dt} = -av$$

는 변수분리가 가능하다. 변수들이 분리될 때 방정식은 완전하다. $v(0) = v_0$의 조건에서 다음의 세 가지 방법에 따라 이 미분방정식을 풀어라.

(a) 변수분리하고 적분한다.

(b) 변수분리된 방정식을 완전하다고 취급한다.

(c) 선형 동차 미분방정식에 대한 결과를 사용한다.

답. $v(t) = v_0 e^{-at}$.

8.2.14 베르누이의 방정식

$$\frac{dy}{dt} + f(x)y = g(x)y^n$$

은 $n \neq 0$ 또는 $n \neq 1$일 때 선형이 아니다. $u = y^{1-n}$으로 치환하면 베르누이의 방정식이 선형 방정식이 됨을 보여라.

답. $\dfrac{du}{dx} + (1-n)f(x)u = (1-n)g(x)$.

8.2.15 $y(x) = u(x)v(x)$라고 가정하여 선형 일차 미분방정식 (8.12)식을 풀어라. 여기서 $v(x)$는 대응하는 동차방정식[$q(x) = 0$]의 해이다.

8.2.16 (a) 낙하산이 펴질 때의 초기 속력이 $v_i = 60$ 마일/시일 때, 예제 8.2.2를 다시 풀어라. $v(t)$를 구하여라.

(b) (낙하산 없이) 자유 낙하하는 스카이다이버는 훨씬 더 작은 마찰계수 $b = 0.25$ kg/m와 $m = 70$ kg을 이용한다. 이 경우에 극한 속도는 얼마인가?

답. $v_0 = 52$ m/sec $= 187$ km/hr.

8.2.17 어떤 유체의 유선이 쌍곡선 $xy = C =$ 상수로 주어진다. 직교궤적(등전위선)을 구하고, 그래픽용 소프트웨어를 사용하여 유선을 따라 그 궤적들을 작도하여라.
힌트. 쌍곡선에 대해 $y' = \tan\alpha$로 놓고 시작하여라.

8.2.18 xy평면의 얇은 판 내에서 쌍곡선 $xy =$ 상수를 따라 열이 흐르고 있다. 일정한 온도의 선들(등온선들)은 무엇인가?

8.2.19 a가 실수이고 초기조건이 $y(0) = 1$일 때, 상미분방정식 $y' = ay/x$를 풀어라.

8.2.20 $y(0) = 1$일 때, 상미분방정식 $y' = y + y^2$을 풀어라.

8.2.21 $y(0)=0$일 때, 상미분방정식 $y'=\frac{1}{x+y}$을 풀어라.

답. $x(y)=e^y-1-y$.

8.2.22 $y'^3-4xyy'+8y^2=0$의 일반해와 특이해를 구하여라. 그들을 작도하여라.

답. $y=C(x-C)^2$. 특이해는 $y=\frac{4}{27}x^3$이다.

8.3 이차 상미분방정식

이차 선형 상미분방정식은 동력학적 특성 때문에 물리학과 공학의 응용분야에서 가장 공통적으로 나타난다: 고전역학에서 가속도가 이차 도함수이고 양자역학에서는 운동에너지가 그러하다. 따라서 어떤 힘을 받는 입자의 운동을 기술하는 고전역학의 문제는 상미분방정식을 포함한다. 특별히, 힘 또는 구동항이 있을 경우에는 비동차 상미분방정식에 이르게 된다. 양자역학에서는 편미분방정식인 슈레딩거 방정식에 이르게 된다. **비동차 상미분방정식**의 **특수해**와 **동차 상미분방정식**의 **일반해**를 구하기 위하여 상수 변화법, 거듭제곱 급수전개, 그린 함수와 같은 방법을 전개한다. 특정한 부류의 상미분방정식은 RLC 전기회로와 양자역학에서 조화 진동자에서와 같이 상수 계수를 갖는 것들이다. 양자역학적 단조화 진동자는 제 13장에서 논의되고, 비선형 상미분방정식은 제 19장에서 논의된다. 이 절은 특정한 부류의 상미분방정식부터 시작한다. 표준 표기법[2] $dy/dx=y'$, $d^2y/dx^2=y''$을 사용한다.

예제 8.3.1과 8.3.2에서 일반적인 특징에 접하게 된다. **이차 상미분방정식의 해는 두 개의 적분상수를 갖기 때문에, 일반해도 초기 또는 경계조건에 적합한 두 개의 적분상수를 포함한다.**

상미분방정식에서 x 또는 y와 같은 하나의 변수가 없을 때, 그 상미분방정식은 일차 상미분방정식으로 변형될 수 있다.

예제 8.3.1 **변수 y가 없는 이차 상미분방정식**

$$y''=f(y',x) \tag{8.23}$$

에서와 같이 미지의 함수 y가 **상미분방정식에 없으면**, 그 방정식은 $z(x)=y'(x)$, $z'=f(z,x)$에 대한 일차 상미분방정식이 된다. 적분상수 C_1에 의존하는 $z(x, C_1)$이 이 상미분방정식의 해이면

$$y(x)=\int^x z(X,C_1)dX+C_2$$

[2] 18세기 말에 라그랑제에 의해 도입된 y'과 같이 프라임을 사용하는 표기법은 라이프니즈가 사용한것 보다 의미는 명백하지만 격식을 갖춘 표기 dy/dx에 대한 생략 표기법이다.

가 이차 상미분방정식의 일반해이다.

간단한 예가 경계조건이 $y(0)=1$, $y(-\infty)=0$인 상미분방정식 $y''=y'$이다. $z=y'$으로 놓고, $\frac{dz}{dx}=z$를 적분하여 푼다.

$$\int^z \frac{dZ}{Z} = \ln z = \int^x dX = x + \ln C_1.$$

지수함수로 나타내면

$$z = C_1 e^x = \frac{dy}{dx}$$

이다. 다시 적분하여

$$y = C_1 \int^x e^X dX + C_2 = C_1 e^x + C_2$$

를 얻는다. 해를 두 번 미분하여 해를 점검한다: $y'=C_1e^x$, $y''=C_1e^x=y'$. 경계조건 $y(0)=1$, $y(-\infty)=0$에 의하여 적분상수 C_1, C_2가 결정된다. 경계조건으로부터 $C_1+C_2=1$이고, $C_2=0$이므로 $C_1=1$을 얻는다. 따라서 해는 $y=e^x$이다.

다른 특별한 경우는 초기조건이 $y(0)=2$, $y'(0)=-1$인 $y''=y'^2$이다. $z'=z^2$의 적분부터 시작한다. 즉,

$$\int^z \frac{dZ}{Z^2} = -1/z = \int^x dX + C_1$$

이다. 따라서 $z=y'=\frac{-1}{x+C_1}$을 얻고. 다시 적분하여

$$y(x) = -\ln(x+C_1) + C_2$$

를 얻는다. 이 해를 이용하여 $y''=(x+C_1)^{-2}=y'^2$임을 점검할 수 있다. 초기조건에 의하여 $2=-\ln C_1+C_2$, $-1=-1/C_1$이므로 $C_1=1$과 $C_2=2$이다. 따라서 해는 $y=-\ln(x+1)+2$이다.

세 번째 예는 상미분방정식 $y''=(xy')^2$이다. $z'=(xz)^2$을 변수분리하여 푼다:

$$\int^z \frac{dZ}{Z^2} = \frac{-1}{z} = \int^x X^2\,dX = \frac{1}{3}(x^3 - C_1^3).$$

3차 다항식을 인수분해할 수 있도록 적분상수를 특수한 3차형으로 선택하였다:

$$x^3 - C_1^3 = (x - C_1)(x^2 + C_1 x + C_1^2).$$

상미분방정식

$$z = y' = \frac{-3}{x^3 - C_1^3}$$

의 다항식의 역을 부분분수로 분해하면

$$\frac{1}{x^3 - C_1^3} = \frac{1}{x - C_1} + \frac{i}{C_1\sqrt{3}}\left(\frac{1}{x + \frac{C_1}{2}(1 + i\sqrt{3})} - \frac{1}{x + \frac{C_1}{2}(1 - i\sqrt{3})}\right)$$

이다. 따라서, 상미분방정식을 적분하여 해

$$\begin{aligned} y(x) &= -3\ln(x - C_1) + \ln C_2 \\ &\quad -i\frac{\sqrt{3}}{C_1}[\ln(x + C_1(1 + i\sqrt{3})/2) - \ln(x + C_1(1 - i\sqrt{3})/2)] \end{aligned}$$

를 얻는다. ■

예제 8.3.2 변수 x가 없는 이차 상미분방정식

$$y'' = f(y', y) \tag{8.24}$$

에서 처럼, 변수 x가 상미분방정식에 나타나지 않으면, $y(x)$를 직접 구하지 않고 해 $y' = z(y)$를 찾는다. 연쇄법칙(chain rule)을 이용하여

$$y'' = \frac{dz}{dy}\frac{dy}{dx} = z\frac{dz}{dy} = f(z, y)$$

를 얻는데 이것은 $z(y)$에 대한 일차 상미분방정식이다. 해 $z(y, C_1)$을 찾을 수 있으면, $y' = z(y)$를 적분하여

$$\int^y \frac{dY}{z(Y, C_1)} = \int^x dX = x + C_2$$

를 얻을 수 있다. ■

예제 8.3.3 $y'' + f(x)y' + g(y)y'^2 = 0$

보다 일반적이고 비선형인 이 상미분방정식은 예제 8.3.1과 8.3.2에서 취급된 형태들의 결합이므로 앞의 해들을 혼합한 곱 형태의 해 $y' = v(x)w(y)$를 시도해 보자. 이런 시험해(ansatz)를 미분하고, 상미분방정식에 대입하여

$$y'' = v'w + v\frac{dw}{dy}y' = v'w + v^2w\frac{dw}{dy} = -fvw - gv^2w^2$$

을 얻는다. 여기서 시험해로서 $y' = 0$은 배제되기 때문에 일반성을 잃지 않고 전체 인자 v^2w로 나눈다. 결과로 얻은 상미분방정식

$$\frac{v' + f(x)v}{v^2} + \frac{dw}{dy} + g(y)w(y) = 0$$

은 첫 항만을 고려한 일차 상미분방정식 $v'+f(x)v(x)=0$의 해로 $v(x)$를 택하고, 둘째 항만을 고려한 일차 상미분방정식 $\frac{dw}{dy}+g(y)w(y)=0$의 해로 $w(y)$를 택하여 풀 수 있다. 두 상미분방정식은 변수분리하여 풀릴 수 있다:

$$\int^{v}\frac{dV}{V}=-\int^{x}f(X)dX=\ln v,\qquad \int^{w}\frac{dW}{W}=-\int^{y}g(Y)dY=\ln w.$$

또 다른 방법으로

$$\frac{y''}{y'}+f(x)+g(y)y'=0$$

의 형태로 쓰여진 상미분방정식을 적분하여

$$\ln y'+\int^{x}f(X)dX+\int^{y}g(Y)dY=C$$

를 얻는다. 여기서 C는 적분상수이다. 이 결과를 지수함수로 나타내면 동일한 해를 얻는다.

보다 특별한 예제를 살펴 보자:

$$xyy''+yy'-xy'^2=0.$$

여기서 $f(x)=\frac{1}{x}$, $g(y)=-\frac{1}{y}$이므로 $\ln v=-\ln x+\ln C_1$[즉, $v(x)=\frac{C_1}{x}$]이고 $\ln w=\ln y+\ln C_2$[즉, $w(y)=C_2y$]이다. 그러므로 $y'=C_1C_2y/x$이고, 적분하면

$$\ln y=C_1C_2\ln x+\ln C_3$$

이므로 최종적으로 $y(x)=C_{3x}x^{C_1C_2}$을 얻는데, 이 해는 실제로 상미분방정식을 만족하는 거듭제곱식이다. ■

예제 8.3.4 **Euler 상미분방정식**

$$ax^2y''+bxy'+cy=0 \tag{8.25}$$

은 거듭제곱 형태의 시험해 $y=x^p$으로 풀릴 수 있는 **동차 선형** 상미분방정식이다. 미분에 의한 지수 감소가 y'과 y''항의 계수 x, x^2에 의해 회복되어 각 항이 동일한 거듭제곱을 갖게 되기 때문에 이 거듭제곱 형태의 시험해가 자연스런 추정이다.

상미분방정식에 $y'=px^{p-1}$, $y''=p(p-1)x^{p-2}$을 대입하여

$$[ap(p-1)+bp+c]x^p=0$$

을 얻게 되는데 이 방정식은 동차 상미분방정식에 대해서만 성립하는 **지수에 대한 대수방정식**이다. 이제 인자 x^p을 떼어버리고 이차 방정식으로부터 두 개의 근 p_1, p_2를 구하자. 두 개의

지수 p_i가 실수이면, **일반해**는

$$C_1x^{p_1} + C_2x^{p_2}$$

이다. **지수들이 복소공액** $p_{1,2} = r \pm iq$이면, Euler 항등식 $x^{iq} = e^{iq\ln x}$을 이용하여 **일반해**

$$y(x) = x^r[C_1 \cos(q \ln x) + C_2 \sin(q \ln x)]$$

를 얻는다. 지수에 관한 대수방정식이 **중복**된 해 $p_1 = p_2 = p$를 가지면, $\varepsilon \to 0$일 때 상미분방정식의 해인, 선형 결합 $(x^{p+\varepsilon} - x^p)/\varepsilon$ 내에서 두 지수가 같게 하여 중복된 경우에 접근한다. 중복된 지수 p가 $p+\varepsilon$과 p로 분리되도록 상미분방정식의 계수 a, b, c를 약간 변화시키면 된다. 따라서 x^p을 p에 관해 미분하게 된다. 이렇게 하여 두 번째 해 $x^p \ln x$와 **일반해**

$$y = x^p(C_1 + C_2 \ln x)$$

를 얻는다.

특별한 예는 상미분방정식

$$x^2y'' + 3xy' + y = 0 \quad \text{여기서} \quad p(p-1) + 3p + 1 = 0 = (p+1)^2$$

이다. $p = -1$이 중복된 지수이다. 따라서 해는 $y(x) = \frac{C_1}{x} + C_2\frac{\ln x}{x}$이다. ■

예제 8.3.5 상수 계수를 갖는 상미분방정식

상수 계수를 갖는 미분방정식

$$ay'' + by' + cy = 0 \tag{8.26}$$

은 지수 시험해 $y = e^{px}$로 풀려진다. 미분하면 $y' = py$이고 $y'' = p^2y$이므로 상수 곱을 제외하고는 같은 지수가 재생성되기 때문에 $y = e^{px}$가 자연스런 추정이다. 그러므로 **지수 시험해를 대입하면, 상미분방정식으로부터 이차 방정식**

$$ap^2 + bp + c = 0$$

이 유도된다. **두 개의 실근** p_1, p_2가 존재하면

$$y = C_1e^{p_1x} + C_2e^{p_2x}$$

가 **일반해**이다. $p_1 > 0$이거나 $p_2 > 0$이면, 지수함수적으로 증가하는 해를 갖게 된다. $p_1 < 0$이고 $p_2 < 0$일 때는 그림 8.3에 나타낸 **과도감쇠(overdamped)** 해를 갖는다.

두 근이 복소공액이면, Euler의 **항등식**에 의하여 **일반적인 진동형 또는 미급감쇠(underdamped) 해**

$$p_{1,2} = r \pm iq, \quad y(x) = e^{rx}(C_1 \cos qx + C_2 \sin qx)$$

가 얻어진다 (그림 8.4).

그림 8.3
상수계수를 갖는 상미분방정식의 전형적인 해: 두 개의 음의 지수를 갖는 경우

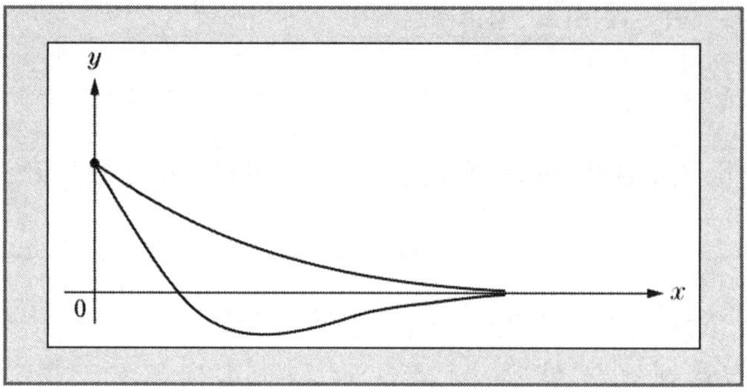

그림 8.4
상수계수를 갖는 상미분방정식의 전형적인 해: 두 개의 복소공액지수를 갖는 경우

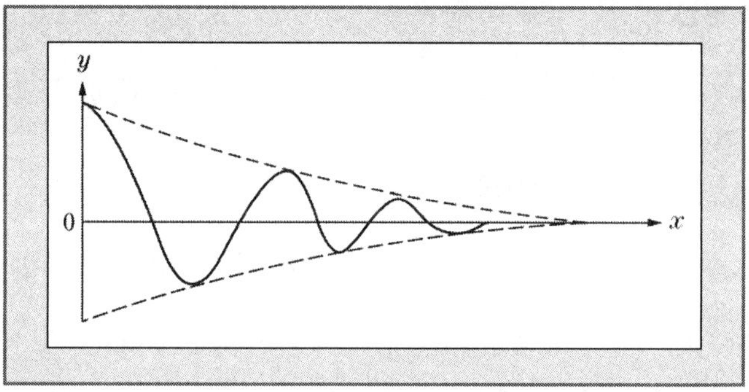

그림 8.5
상수계수를 갖는 상미분방정식의 전형적인 해: 두 개의 같은 지수를 갖는 경우

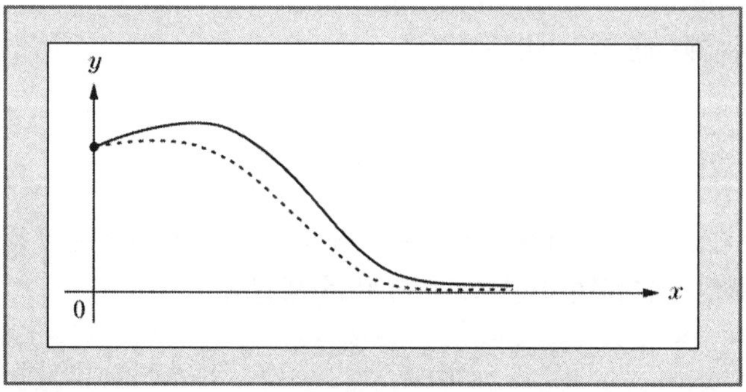

한 개의 중복된 지수가 있으면, 상미분방정식의 해 $[e^{(p+\varepsilon)x-e^{px}}]/\varepsilon$ 내에서 $\varepsilon \to 0$일 때, 두 개의 약간 다른 지수 $p+\varepsilon$과 p로 중복된 경우에 접근한다. 다시 예제 8.3.4에서처럼, e^{px}를 p에 관해 미분하여 **두 번째 해** xe^{px}을 구하고 이중근의 경우에 대한 일반적인 **임계감쇠 해 (critically damped)**$(y=e^{px}(C_1+C_2x))$(그림 8.5)를 얻게 된다. 라플라스 변환에 의한 해법에 대해서는 예제 15.8.1, 15.9.1과 15.10.1을 보아라. ■

상수계수를 갖는 상미분방정식과 오일러의 상미분방정식은 미지의 함수 y에 관해 선형이고 동차이므로, 예제 8.3.4과 8.3.5에서 **중첩원리**를 이용했다: y_1, y_2가 동차 상미분방정식의 두 해이면, 선형 결합 $C_1y_1+C_2y_2$도 해가 된다. 여기서 C_1과 C_2는 대개 초기 또는 경계조건에 의

해 결정된다.

동일한 지수형 $y(x) = e^{px}$을 이용하면 n차 상미분방정식

$$a_0 y^{(n)} + a_1 y^{(n-1)} + \cdots + a_{n-1} y' + a_n y = 0$$

의 해를 얻게 된다. 이때 상수 계수 a_i는 다항식

$$a_0 p^n + a_1 p^{n-1} + \cdots + a_{n-1} p + a_n = 0$$

의 근들인 p_i로 나타내진다. 일반해는 선형결합

$$y(x) = \sum_{i=1}^{n} b_i e^{p_i x}$$

이다. 여기서 상수 b_i는 초기 또는 경계조건에 의해 결정된다.

다른 일반화의 경우는 상수계수를 갖는 결합된 상미분방정식이다. 몇 가지 경우가 비선형 상미분방정식의 선형근사와 관련하여 제19장(예제 19.4.6~19.4.10)에서 다뤄진다.

■ 비동차 선형 상미분방정식과 특수해

이미 (8.12)식과 같은 비동차 일차 상미분방정식을 논의하였다. 일반해 $y(x) = y_h(x) + y_p(x)$는 동차 상미분방정식의 일반해 y_h와 비동차 상미분방정식의 특수해 y_p의 합이다. 이것은 비동차 상미분방정식에 y를 대입해 보면 금방 확인될 수 있다. 이 정리를 n차 선형 상미분방정식으로 일반화하면, 일반해는 $y(x) = y_p(x) + \sum_{i=1}^{n} c_i y_i(x)$가 된다. 여기서 y_i는 상수가 c_i인 동차 상미분방정식의 독립해이다. 이 해를 미분하면 $q(x)$에 들어 있는 함수들과 동일한 형태가 생성된다고 가정하면, 특수해 y_p는 대개 구동항 $q(x)$로부터 그 형태가 알려진다. 다음 몇 개의 예제는 그러한 경우에 관한 것으로 거듭제곱 법칙, 주기함수, 지수함수와 지수함수들의 결합과 같은 특별한 형태를 갖는 함수 $q(x)$를 취급한다.

■ 비동차 Euler 상미분방정식

거듭제곱 형의 구동항이 있는 비동차 오일러 상미분방정식

$$ax^2 y'' + bxy' + cy = Dx^d$$

을 살펴보자. 여기서 지수 d와 세기 D는 알려진 수이다. 각 항이 자신의 지수를 유지하기 때문에 거듭제곱 형식이 오일러 상미분방정식에 대한 시험해의 자연스런 형태이다. 시험해 $y_p = Ax^d$을 오일러 상미분방정식에 대입하면, 각 항이 동일한 거듭제곱 x^d을 포함하고 있음을 알게 되고, x^d을 생략할 수 있다. 그러면

$$A[ad(d-1) + bd + c] = D$$

를 얻게 되는데, d가 동차 상미분방정식의 지수가 아니라고 가정하면, A가 결정된다.

d가 동차 상미분방정식의 지수이면, 즉 $ad(d-1)+bd+c=0$이면, 해 $y_p=x^d(A+B\ln x)$는 예제 8.3.4의 중복된 경우의 두 기여를 선형 결합한 것이다. 이 시험해를 오일러의 상미분방정식에 대입하여

$$\begin{aligned} Dx^d &= ax^2y'' + bxy' + cy \\ &= x^d[a(d-1)dA + a(d-1)dB\ln x + a(2d-1)B + bdA \\ &\quad + bdB\ln x + bB + cA + cB\ln x] \\ &= x^d(A[a(d-1)d + bd + c] + B[a(2d-1) + b] \\ &\quad + B[a(d-1)d + bd + c]\ln x) \end{aligned}$$

를 얻는다. a를 포함하고 있는 항들은 y_p''으로부터 나온 것이고, b가 들어 있는 항들은 y_p'으로부터 나온 것이고, c가 들어 있는 항들은 y_p로부터 나온 것이다. 이제 x^d을 생략하고 $ad(d-1)+bd+c=0$을 이용하여

$$D = B[a(2d-1)+b]$$

를 얻는다. 이 식에 의해 B가 D의 식으로 주어진다. 반면에 A는 원천항에 의해 결정되지 않는다; A는 초기 또는 경계조건을 만족하도록 이용될 수 있다. 또한 원천은 중복된 경우에는 보다 일반적인 형태 $x^d(D+E\ln x)$를 가질 수 있다.

지수함수의 구동항에 대해서는

$$ax^2y'' + bxy' + cy = De^{-x}$$

이고 상미분방정식의 x에 관한 거듭제곱 때문에 시험함수는 보다 복잡한 형태 $y_p = e^{-x}\sum_{n=0}^{\infty} a_nx^n$을 갖게 된다. 이 시험해를 오일러 상미분방정식에 대입하여, 계수 a_n에 대한 회귀 관계식을 얻는다. 이러한 거듭제곱 급수해는 8.5절에서 보다 체계적으로 취급된다. 이 복잡성은 이 형태의 시험해가 오일러 상미분방정식에 대한 자연스런 형태가 아님을 보여준다. $\sin\omega x$와 같은 주기적인 구동항이 있어도 비슷하게 복잡해 진다.

■ 상수 계수를 갖는 비동차 상미분방정식

지수함수 형태의 자연스런 구동항부터 시작하자:

$$ay'' + by' + cy = De^{-dx}.$$

여기서 세기 D와 지수 d는 알려진 수이다. 도함수들의 형태가 보존되므로, 원천과 동일한 형태의 특수해 $y_p=Ae^{-dx}$을 택한다. 이 y_p를 상수 계수 a, b, c를 갖는 상미분방정식에 대입하면

$$A[ad^2 - bd + c] = D$$

가 되고, d가 동차 상미분방정식의 지수가 아니면 A가 D로 결정된다.

d가 동차 상미분방정식의 지수이면 즉, $ad^2 - bd + c = 0$이면, 예제 8.3.5의 중복된 경우에 적절했던 일반적인 형태 $y_p = e^{-dx}(A + Bx)$로부터 출발해야 한다. 이 y_p를 상미분방정식에 대입하면

$$\begin{aligned} D &= ad^2(A + Bx) - 2adB - bd(A + Bx) + bB + c(A + Bx) \\ &= A[ad^2 - bd + c] + Bx[ad^2 - bd + c] + B(b - 2ad) \end{aligned}$$

가 유도되는데, a가 들어 있는 항들은 y_p''으로부터 나온 것이고, b가 들어 있는 항들은 y_p'으로부터 나온 것이고, c가 들어 있는 항들은 y_p로부터 나온 것이다. 이제 $ad^2 - bd + c = 0$이 들어 있는 항들을 생략하여

$$B(b - 2ad) = D$$

를 얻는데 B가 D의 식으로 결정된다. 반면에 A는 초기 또는 경계조건에 따라 자유롭게 조정될 수 있다.

상미분방정식에서 y항의 계수가 0이 아니면 다항식 형태의 원천항이 차수가 같은 다항식의 특수해에 의해 풀려진다; 그렇지 않으면, y의 차수가 1만큼 줄어든다, 등등.

$\cos \omega x$나 $\sin \omega x$와 같은 주기함수도 자연스럽게 원천항에 포함될 수 있는데 이 경우에 특수해는 $y_p = A\cos \omega x + B\sin \omega x$ 형태가 된다. 사인과 코사인이 모두 포함되어야 하는데, 사인의 도함수가 코사인이 되고 그 역도 성립하기 때문이다. 다음 예제에서 그런 경우를 다룬다.

예제 8.3.6 전기회로

예제 8.2.4에 전기 용량 C와 외부의 교류 전압 $V(t) = V_0 \sin \omega t$가 직렬로 연결되어 RLC 회로를 구성하고 있다 (그림 8.6). 여기서 구동항 $\sin \omega t$ 때문에 특수해가 $y_p \sim \sin(\omega t - \varphi)$로 되는데, 이것은 구동항과 진동수가 동일한 사인함수 형태이다.

저항을 지나는 동안의 전압강하는 RI이고, 인덕터를 지나는 동안의 전압강하는 전류의 순간 변화율 $L\frac{dI}{dt}$로 주어진다. 축전기에서의 전압강하는 전하가 $Q(t)$일 때, Q/C로 주어진다. 따라서 회로방정식은

$$L\frac{dI}{dt} + RI + \frac{Q}{C} = V_0 \sin \omega t$$

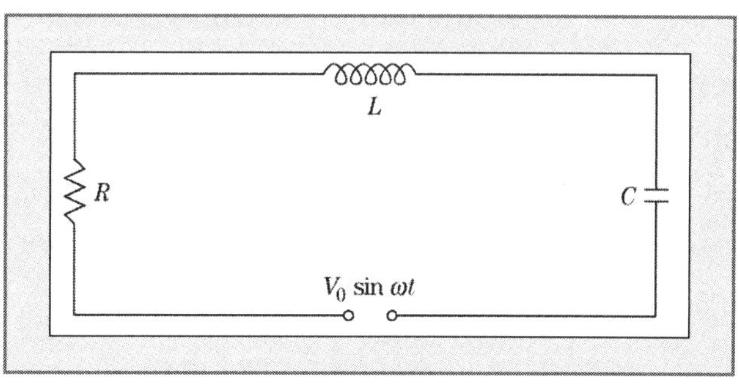

그림 8.6
전기회로: 저항, 인덕턴스, 전기 용량이 직렬연결되어 있음

가 된다. $I(t)=dQ/dt$이므로, 이 식의 양변을 미분하여 상수계수의 상미분방정식

$$L\frac{d^2I}{dt^2}+R\frac{dI}{dt}+\frac{I}{C}=\omega V_0\cos\omega t$$

를 얻는다. 이 상미분방정식을 고전역학에서의 조화진동자 상미분방정식과 비교하면, 인덕턴스 L이 질량에 해당하고, 저항 R이 감쇠력에 해당하고, 전기용량의 역수 $1/C$이 스프링상수에 해당하는 반면에, 전류 I가 역학적 변위 $x(t)$에 해당함을 알게 된다. 동차 상미분방정식의 일반해는

$$I_h=C_1e^{p_1t}+C_2e^{p_2t}$$

이다. 여기서 $p=p_1$과 $p=p_2$는 이차 방정식

$$p^2+\frac{R}{L}p+\frac{1}{LC}=0,\quad p=-\frac{R}{2L}\pm\frac{1}{2L}\sqrt{R^2-\frac{4L}{C}}$$

의 근이다. p에서 우세한 음의 항 $-R/2L$ 때문에 (근호 속에서 음의 부호를 주목), I_h는 **시간에 따라 지수함수적으로 감소하는 과도전류**이다.

이제 구동전압과 같은 조화함수 형태를 갖는 **특수해** $I_p=A\cos\omega t+B\sin\omega t$를 구한다. 이 전류는 입력전류와 동일한 진동수를 갖는 **정상전류(steady-state current)**로서 충분히 긴 시간 $(-p_2t\gg 1)$ 후에도 남아 있다. 이와 같은 현상은 일반해 $I=I_p+I_h$에서도 나타난다. 이런 의미에서 볼 때 정상전류는 점근적 형태이지만, 초기 시간으로부터 줄곧 존재하는 특수해이다. I_p를 두 번 미분하여 상미분방정식에 대입하고 $\sin\omega t$와 $\cos\omega t$ 항들의 계수들을 비교하여

$$-\omega^2L(A\cos\omega t+B\sin\omega t)+R\omega(-A\sin\omega t+B\cos\omega t)$$
$$+\frac{1}{C}(A\cos\omega t+B\sin\omega t)=\omega V_0\cos\omega t$$

를 얻는다. 따라서

$$-\omega^2LA+\omega RB+\frac{A}{C}=\omega V_0,\quad -\omega^2LB-\omega RA+\frac{B}{C}=0$$

을 얻는다. 이 식들 중 두 번째 식으로부터

$$A=-B\frac{S}{R},\quad S=\omega L-\frac{1}{\omega C}$$

을 구한다. 여기서 S는 전기 공학자에 의해 리액턴스로 정의되어 있다. 이 표현식 A를 첫 번째 식에 대입하면

$$B=\frac{V_0R}{R^2+S^2}\quad \text{이므로}\quad A=-\frac{V_0S}{R^2+S^2}$$

를 얻는다. 정상상태 전류는

$$I_p = I_0 \sin(\omega t - \varphi), \quad I_0 = \sqrt{A^2 + B^2} = \frac{V_0}{\sqrt{R^2 + S^2}}, \quad \tan\varphi = -\frac{A}{B} = \frac{S}{R}$$

로도 쓰여질 수 있다. 여기서 $\sqrt{R^2+S^2}$은 임피던스이다. ■

결합된 비선형 상미분방정식의 보다 많은 예제가 제19장 특히, 예제 19.4.6～19.4.10에 주어져 있다.

마지막으로 해의 **유일성**과 **일반성**을 설명해 보자. **선형 비동차 이차 상미분방정식**

$$y'' + P(x)y' + Q(x)y = f(x) \tag{8.27}$$

의 특수해를 구했으면, 그 특수해는 **동차 상미분방정식 해를 더할 때까지는 유일**하다. 이 정리를 증명하기 위해 y_1, y_2가 두 개의 해라고 하자. 두 개의 상미분방정식을 빼면 상미분방정식 내의 y, y', y''의 선형성 때문에 $y_1 - y_2$가 동차 상미분방정식

$$y'' + P(x)y' + Q(x)y = 0 \tag{8.28}$$

의 해가 되고 $f(x)$는 상쇄된다. ■

동차 선형 상미분방정식 [(8.28)식]의 **일반해는 두 선형 독립해의 선형 결합이다.** 이 정리를 증명하기 위하여 세 개의 해가 있고, 이들의 선형 결합이 존재한다고 가정하면, 8.2절에서의 일차 상미분방정식의 두 해로 구성된 론스키의 일반화에 이르게 된다. 그러므로, 이제 함수 집합의 선형 독립 문제를 생각한다.

■ 해들의 선형 독립

함수 φ_λ들의 집합이 주어지면, 선형 종속에 대한 기준은

$$\sum_\lambda k_\lambda \varphi_\lambda = 0 \tag{8.29}$$

형태의 관계식의 존재이다. 여기서 **모든 계수 k_λ가 0인 것은 아니다.** 반면에, 모든 λ에 대해 (8.29)식의 유일한 해가 $k_\lambda = 0$이면, 함수 φ_λ의 집합을 **선형 독립**이라고 말한다. 달리 말하면, 함수들이 모든 x에 대해 성립하는 일차 관계식의 해들로서 구해 질 수 없으면 이 함수들은 선형 독립이다.

벡터들의 선형 종속을 고려하는 것이 도움이 될 것이다. $\mathbf{A} \cdot \mathbf{B} \times \mathbf{C} \neq 0$인 3차원 공간에서의 벡터 **A**, **B**, **C**를 고려하자. 그러면

$$a\mathbf{A} + b\mathbf{B} + c\mathbf{C} = 0 \tag{8.30}$$

형태의 자명하지 않은 관계식이 존재하지 않는다. **A**, **B**와 **C**는 선형 독립이다. 반면에, 임의

의 네 번째 벡터 **D**는 **A**, **B**, **C**의 선형 결합으로 표현될 수 있다. 항상

$$\mathbf{D} - a\mathbf{A} - b\mathbf{B} - c\mathbf{C} = 0 \tag{8.31}$$

형태로 방정식을 쓸 수 있으므로, 네 번째 벡터는 선형 독립이 아니다. 세 개의 같은 평면에 있지 않은 벡터 **A**, **B**, **C**는 실제의 3차원 공간을 구성한다.

함수들 φ_λ가 요구되는 바와 같이 미분 가능하다고 가정하자. 그러면 (8.29)식을 반복해서 미분하면 일련의 방정식

$$\sum_\lambda k_\lambda \varphi'_\lambda(x) = 0, \tag{8.32}$$

$$\sum_\lambda k_\lambda \varphi''_\lambda(x) = 0, \tag{8.33}$$

등이 생성된다. 이 식들은 k_λ가 알려지지 않은 양들인 동차 선형방정식의 집합을 제공한다. 3.1절에 의해 k_λ들의 계수로 된 행렬식이 x의 모든 값에 대해 0이 될 때에만, $k_\lambda \neq 0$인 해가 존재한다. 이것은 x의 함수 $\varphi_1, \varphi_2, \ldots, \varphi_n$의 론스키

$$W(\varphi_1, \varphi_2, \ldots, \varphi_n) \equiv \begin{vmatrix} \varphi_1 & \varphi_2 & \cdots & \varphi_n \\ \varphi'_1 & \varphi'_2 & \cdots & \varphi'_n \\ \cdots & \cdots & \cdots & \cdots \\ \varphi_1^{(n-1)} & \varphi_2^{(n-1)} & \cdots & \varphi_n^{(n-1)} \end{vmatrix} \tag{8.34}$$

이 모든 x에 대해 0이 됨을 의미한다.

1. 론스키가 0이 아니면, (8.29)식은 $k_\lambda = 0$ 이외의 해를 갖지 않는다. 그러므로 함수들 φ_λ의 집합은 선형 독립이다.
2. 론스키가 고립된 편각 값들에서 0이 되더라도, 함수들이 반드시 선형 종속이라는 것을 입증하지는 않는다 (함수 집합이 단 두 개의 함수만으로 되지 않는한). 그러나 변수의 전체 범위에 대해 론스키가 0이면, 함수들 φ_λ는 이 범위에서 선형 종속이다.[3]

예제 8.3.7 선형 종속

세 함수의 선형 종속을 예시하기 위해, 1차원 확산방정식 $y'' = y$의 해를 고려하자. $\varphi_1 = e^x$과 $\varphi_2 = e^{-x}$을 알 수 있고, 이들을 더한 $\varphi_3 = \cosh x$도 해이다. 론스키는

$$\begin{vmatrix} e^x & e^{-x} & \cosh x \\ e^x & -e^{-x} & \sinh x \\ e^x & e^{-x} & \cosh x \end{vmatrix} = 0$$

[3] 증명을 위해서 H. Lass (1957), *Elements of Pure and Applied Mathematics*, p. 187. McGraw-Hill, New York을 보아라. 함수들은 연속인 도함수들을 갖고 (8.34)(Laplace 전개)식의 바닥 열의 소행렬 중의 적어도 하나는 고려하고 있는 구간 $[a, b]$에서 0이 되지 않는다고 가정한다.

이다. 제1열과 제3열이 똑같으므로 모든 x에 대해 행렬식이 0이 된다. 그러므로 e^x, e^{-x} 그리고 $\cosh x$는 선형 종속이고, 실제로 (8.29)식 형태의 관계식이 성립한다:

$$e^x + e^{-x} - 2\cosh x = 0 \quad \text{여기서} \quad k_\lambda \neq 0\,.$$

이제 **이차 동차 상미분방정식이 두 개의 선형 독립인 해를 갖는다**는 정리를 증명할 준비가 되었다.

y_1, y_2, y_3가 동차 상미분방정식 (8.28)식의 세 개의 해라고 하자. 그러면 그들의 임의의 쌍 y_j, y_k로 론스키 $W_{jk} = y_j y_k' - y_j' y_k$를 구성하고 $W'_{jk} = y_j y_k'' - y_j'' y_k$임을 기억한다. 다음에 각각의 상미분방정식을 y로 나누고 우변을 $-Q$로 놓으면

$$\frac{y_j''}{y_j} + P\frac{y_j'}{y_j} = -Q(x) = \frac{y_k''}{y_k} + P\frac{y_k'}{y_k}$$

을 얻는다. 이 식을 $y_j y_k$로 곱하면, 해들의 임의의 쌍에 대해,

$$(y_j y_k'' - y_j'' y_k) + P(y_j y_k' - y_j' y_k) = 0, \quad \text{또는} \quad W'_{jk} = -PW_{jk} \tag{8.35}$$

를 얻는다. 끝으로, 세 해의 론스키를 제2열을 따라 전개하고 W_{jk}에 대한 상미분방정식을 이용하여 론스키를 계산한다:

$$W = \begin{vmatrix} y_1 & y_2 & y_3 \\ y_1' & y_2' & y_3' \\ y_1'' & y_2'' & y_3'' \end{vmatrix} = -y_1' W'_{23} + y_2' W'_{13} - y_3' W'_{12}$$

$$= P(y_1' W_{23} - y_2' W_{13} + y_3' W_{12}) = -P\begin{vmatrix} y_1 & y_2 & y_3 \\ y_1' & y_2' & y_3' \\ y_1' & y_2' & y_3' \end{vmatrix} = 0.$$

두 열이 같기 때문에 $W=0$이고, 이것은 해들 y_j가 선형 종속일 조건이다. 따라서 동차 상미분방정식은 기껏해야 두 개의 선형 독립인 해를 갖는다. 비슷하게, n차 선형 동차 상미분방정식이 n개의 선형 독립인 해 y_j를 가지므로 일반해 $y(x) = \sum c_j y_j(x)$는 그들의 선형 결합임을 증명할 수 있다.

인명 자료

Wrónski, Jozef Maria. 폴란드의 수학자 Wrónski(1778～1853)는 이름을 Höne에서 Wrónski로 이름을 바꾸었고, 자신의 이름을 딴 행렬식을 도입하였다.

요 약

요약하면, 이차 상미분방정식은 두 번의 적분을 요구하므로 두 개의 적분상수를 포함하고, 두 개의 선형 독립인 해를 갖는다. 비동차 상미분방정식의 일반해 $y_p + c_1 y_1 + c_2 y_2$는 특수해 y_p와 동차 상미분방정식의 일반해로 구성된다. 어떤 상미분방정식 $y'' = f(y', y)$에 변수 x가 들어 있지 않으면 $y' = z(y)$ 형태의 해가 이차 상미분방정식을 일차 상미분방정식으로 변환한다. 미지의 함수 $y(x)$가 나타나지 않는 상미분방정식도 비슷하게 일차로 변환될 수 있고, 이런 형태들의 결합도 취급될 수 있다. x^2y'', xy', y를 선형적으로 포함하고 있는 오일러의 상미분방정식은 거듭제곱 x^p의 선형 결합으로 풀려진다. 여기서 지수 p는 상미분방정식으로부터 얻어진 이차 방정식의 해이다. 상수 계수를 갖는 상미분방정식은 지수함수 e^{px}로 풀려진다. 여기서 지수 p는 상미분방정식으로부터 얻어지는 이차 방정식의 해이다.

연습문제

8.3.1 세 개의 단위벡터 $\hat{\mathbf{x}}, \hat{\mathbf{y}}, \hat{\mathbf{z}}$이 수직하다고 알려져 있다. $\hat{\mathbf{x}}, \hat{\mathbf{y}}, \hat{\mathbf{z}}$이 선형 독립임을 보여라. 특히, $\hat{\mathbf{x}}, \hat{\mathbf{y}}, \hat{\mathbf{z}}$에 대해 (8.30)식 형태의 관계식이 존재하지 않음을 보여라.

8.3.2 세 벡터 $\mathbf{A}$, $\mathbf{B}$, $\mathbf{C}$가 선형 **독립**일 기준은 방정식

$$a\mathbf{A} + b\mathbf{B} + c\mathbf{C} = 0$$

[(8.30)식과 유사함]이 자명한 해 $a = b = c = 0$이외의 해를 갖지 않는다는 것이다. 성분 $\mathbf{A} = (A_1, A_2, A_3)$ 등을 사용하여 계수 a, b, c에 대한 자명하지 않은 해가 존재하는지 안하는지를 판정하는 행렬식 조건을 세워라. 그 조건이 스칼라곱 $\mathbf{A}\cdot\mathbf{B}\times\mathbf{C} \neq 0$과 동등함을 보여라.

8.3.3 행렬식을 사용하여 함수들의 집합

$$\left\{1, \frac{x^n}{n!}(n = 1, 2, \ldots, N)\right\}$$

이 선형 독립임을 보여라.

8.3.4 두 함수 y_1과 y의 론스키가 항등적으로 0이면, 직접 적분하여 $y_1 = cy_2$임을 즉, y_1과 y_2가 선형 종속임을 보여라. 함수들의 도함수가 연속이고 적어도 하나의 함수가 고려하고 있는 구간에서 0이 되지 않는다고 가정하여라.

8.3.5 두 함수의 론스키가 $x = x_0$와 x_0의 작은 근방의 모든 x에서 0이라고 알려져 있다. 이 론스키가 모든 x에 대해 0이 되고, 함수들이 선형 종속임을 보여라. x_0가 론스키의 고립된 근이면, 반증을 들어 두 함수가 독립이라고 확실한 결론을 일반적으로 내릴

그림 8.7
x와 $|x|$

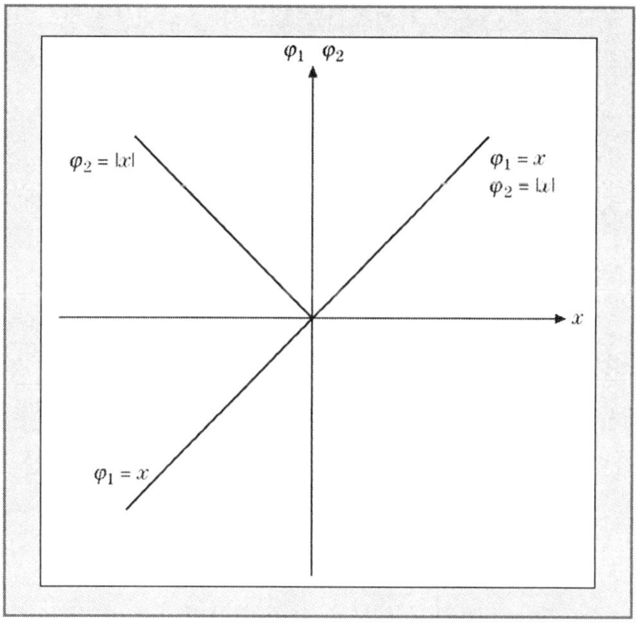

수 없음을 보여라.

8.3.6 세 함수 $\sin x$, e^x, e^{-x}는 선형 독립이다. 즉, 어떤 한 함수도 다른 두 함수의 선형 결합으로 나타낼 수 없다. $\sin x$, e^x, e^{-x}의 론스키가 고립된 점들에서만 0이 됨을 보여라.

답. $W = 4\sin x$
$W = 0,\ x = \pm n\pi,\ \ n = 0,\ 1,\ 2,\ \ldots.$

8.3.7 두 함수 $\varphi_1 = x$와 $\varphi_2 = |x| = x\,\mathrm{sgn}\,x$를 고려하자 (그림 8.7). 함수 $\mathrm{sgn}\,x$는 x의 부호이다. $\varphi'_1 = 1$이고 $\varphi'_2 = \mathrm{sgn}\,x$이므로, $[-1,\ +1]$을 포함하는 임의의 구간에 대해 $W(\varphi_1,\ \varphi_2) = 0$이다. 구간 $[-1,\ +1]$에서 론스키가 0이 되는 것이 φ_1과 φ_2가 선형 종속임을 증명하는가? 분명히 그렇지 않다. 무엇이 잘못 되었는가?

8.3.8 **선형 독립**이 어떤 종속 관계도 없음을 의미하지는 않음을 설명하여라. $y_1 = \cosh x$와 $y_2 = e^x$을 활용하여 여러분의 논지를 입증하여라.

8.3.9 다음의 주어진 초기조건을 만족하는 상미분방정식의 해를 구하고 작도하여라.
1. $y'' + 3y' - 4y = 0,\ \ y(0) = 1,\ \ y'(0) = 0$
2. $y'' + 2y' - 3y = 0,\ \ y(0) = 0,\ \ y'(0) = 1$
3. $y'' + 2y' + 3y = 0,\ \ y(0) = 0,\ \ y'(0) = 1$

8.3.10 연습문제 8.3.9에서 상미분방정식의 일반해를 구하여라.

8.3.11 다음 주어진 경계조건을 만족하는 상미분방정식의 해를 구하고 작도하여라:

1. $y'' + 3y' - 4y = 0, \qquad y(0) = 1,\ y(\infty) = 0$
2. $y'' + 2y' - 3y = 0, \qquad y(0) = 1,\ y(-\infty) = 0$
3. $y'' + 4y' - 12y = 0, \qquad y(0) = 1,\ y(1) = 2$

8.3.12 다음 비동차 상미분방정식의 특수해를 구하고 작도하여라:

1. $y'' + 3y' - 4y = \sin \omega x$
2. $y'' + 3y' - 4y = \cos \omega x$

8.3.13 n이 정수일 때 상미분방정식 $x^2y'' + xy' - n^2y = 0$의 일반해를 구하여라.

8.3.14 시험해 $y' = z(y)$를 이용하여 상미분방정식에 변수 x가 들어 있지 않은 상미분방정식 $y'' + 9y = 0$을 풀어라. 얻어진 결과를 상수계수를 갖는 상미분방정식의 표준해와 비교하여라.

8.3.15 다음 상미분방정식들의 특수해를 구하고 작도하여라. 또 대응하는 동차 상미분방정식들의 일반해를 모두 상세히 구하여라:

1. $y'' + 3y = 2\cos x - 3\sin 2x$
2. $y'' + 4y' + 20y = \sin x + \frac{1}{19}\cos x$
3. $y'' + y' - 2y = e^x/x$

8.3.16 태양이 일정한 속도 $c \neq 0$으로 x축을 따라 움직이고 있다. 한 행성이 그 속도가 태양으로부터 행성까지의 반경 벡터에 항상 수직하게 태양 주위를 운동하고 있다. 다른 힘은 작용하고 있지 않다 (즉, 중력이 없다). Kepler의 면적 법칙이 확실히 성립하고, 행성의 궤도가 태양을 하나의 초점으로 하는 타원임을 보여라.

8.3.17 원점에 탄성적으로 결합된 질량이 작은 공이 원점 주위를 일정한 각속도 ω로 회전하고 있는 질량이 없는 유리관 내의 원점을 통과하는 직선 내에서 운동하고 있다. 시간 $t = 0$에서 $r = a$이고 $\dot{r} = 0$일 때 공의 궤도를 기술하여라.

답. $\omega_0^2 = k/m$에 대해 rosetta 곡선 $r = a\cos N\varphi,\ N = \sqrt{(\omega_0/\omega)^2 - 1}$; $\omega_0 = \omega$에 대해 원, 그리고 $\omega_0 < \omega$에 대해 하이퍼블릭 코사인 나선 $r = a\cosh n\varphi,\ n = \sqrt{(1 - (\omega_0/\omega)^2}$.

8.3.18 질량이 m이고 전하가 e인 대전된 입자가 양의 x방향으로 일정한 전기장과 양의 z방향으로 일정한 자기장 내에서 운동하고 있다. 시간 $t = 0$에서 입자는 원점에 위치하고 y방향의 속도 v를 가진다. $B = 0,\ E \neq 0$; $B \neq 0,\ E = 0$; $B \neq 0,\ E \neq 0,\ v = 0$; $B \neq 0,\ E \neq 0,\ v \neq 0$의 경우에 대해 운동 $\mathbf{r}(t)$와 궤도들을 결정하고, 그 궤도들을 작도하여라.

8.3.19 두 개의 작은 질량 m_1, m_2가 도르레에 일정한 길이 L인 줄의 양 끝에 매달려 있다.

일정한 중력가속도 $g = 9.8\,\mathrm{m/sec^2}$의 영향 하에서 그들의 운동 $z_i(t)$를 구하여라. 여러 가지 초기조건들을 논하여라.

8.3.20 상미분방정식 $x^2y'' - 4xy' + 6y = 14x^{-4}$의 일반해를 구하여라. 계산의 전 과정을 보여라.

8.3.21 $R = 7\,\Omega$, $L = 10\,\mathrm{H}$, $C = 10^{-4}\,\mathrm{F}$, $V = 220\sin 60t\,V$에 대해 예제 8.3.6의 RLC 회로의 정상 전류를 구하여라.

8.3.22 연습문제 8.3.21에 대한 과도전류를 구하여라.

8.4 특이점

이 절에서는 (미분방정식에 적용되는) 특이점의 개념을 도입한다. 이 개념에 관심을 두는 것은 (i) 상미분방정식을 분류하고, (ii) 급수해의 타당성을 조사하는 데 있어서 유용하기 때문이다. 이런 타당성이 푸흐스 정리의 주제(8.5절)이다. 먼저 상미분방정식의 정상점(ordinary point)과 특이점(singular points)을 정의한다.

8.2절과 8.3절에 수록된 모든 상미분방정식은 d^2y/dx^2에 대해서 풀려질 수 있다.

$$y'' = f(x, y, y'). \tag{8.36}$$

이제 (8.36)식에서 y와 y'은 $x = x_0$에서 모든 유한한 값을 취할 수 있고, y''이 유한하면 점 $x = x_0$는 **정상점**이다. 반면에, y와 y'이 x_0에서 임의의 유한값을 가질 때 y''이 **무한**이면, $x = x_0$를 **특이점**이라고 한다. 해 $y(x_0)$가 이러한 점에서 여전히 잘 정의된 함수인지를 이해할 필요가 있다.

특이점의 이런 정의를 나타내는 다른 방법은 (y에 관한) 이차의 동차 선형 미분방정식을 다음과 같이

$$y'' + P(x)y' + Q(x)y = 0 \tag{8.37}$$

으로 쓰는 것이다. 함수 $P(x)$와 $Q(x)$가 $x = x_0$에서 유한하면, 점 $x = x_0$는 **정상점(ordinary point)**이다. 그러나 $x \to x_0$일 때 $P(x)$나 $Q(x)$(또는 둘 다)가 발산하면, 점 x_0는 **특이점**이다. (8.37)식을 이용하면 두 종류의 특이점을 구별할 수 있다.

1. $x \to x_0$일 때 $P(x)$나 $Q(x)$가 발산하지만 $x \to x_0$일 때 $(x - x_0)P(x)$와 $(x - x_0)^2Q(x)$가 유한하면, $x = x_0$는 **정칙점 또는 비본질적 특이점**이다. 정상점과 정칙 특이점에서 거듭제곱 급수해가 가능함을 보일 것이다.

2. $P(x)$가 $1/(x-x_0)$ 보다 더 빨리 발산하여 $x \to x_0$일 때 $(x-x_0)P(x)$가 무한대가 되면, 또는 $Q(x)$가 $1/(x-x_0)^2$보다 더 빨리 발산하여 $x \to x_0$일 때 $(x-x_0)^2Q(x)$가 무한대가 되면, $x = x_0$는 **비정칙점 또는 본질적 특이점**이다. 이러한 본질적 특이점에서는 보통 하나의 해가 존재하지 않음을 보일 것이다.

이러한 정의들은 x_0의 모든 유한한 값에 대해서 성립한다. 점 $x \to \infty$일 때의 분석은 복소변수함수의 취급(제6장과 제7장)과 비슷하다. $x = 1/z$로 놓고 미분방정식에 대입한 후 $z \to 0$으로 한다. 도함수 식들에서 변수를 변환하여

$$\frac{dy(x)}{dx} = \frac{dy(z^{-1})}{dz}\frac{dz}{dx} = -\frac{1}{x^2}\frac{dy(z^{-1})}{dz} = -z^2\frac{dy(z^{-1})}{dz} \tag{8.38}$$

$$\begin{aligned}\frac{d^2y(x)}{dx^2} = \frac{d}{dz}\left[\frac{dy(x)}{dx}\right]\frac{dz}{dx} &= (-z^2)\left[-2z\frac{dy(z^{-1})}{dz} - z^2\frac{d^2y(z^{-1})}{dz^2}\right] \\ &= 2z^3\frac{dy(z^{-1})}{dz} + z^4\frac{d^2y(z^{-1})}{dz^2}\end{aligned} \tag{8.39}$$

을 얻는다. 이 결과들을 이용하여 (8.37)식을

$$z^4\frac{d^2y}{dz^2} + [2z^3 - z^2P(z^{-1})]\frac{dy}{dz} + Q(z^{-1})y = 0 \tag{8.40}$$

과

으로 변환시킨다. 그러면 $z \to 0$일 때 $x = \infty(z = 0)$에서의 거동은 새로운 계수

$$\frac{2z - P(z^{-1})}{z^2} \qquad \frac{Q(z^{-1})}{z^4}$$

의 거동에 의존한다. 위의 두 표현식이 계속 유한하면, $x = \infty$는 보통점이다. 이들이 $1/z$과 $1/z^2$ 보다 더 빠르지 않게 발산하면, $x = \infty$는 **정칙 특이점**이고, 그렇지 않으면, **비정칙 특이점**(본질적 특이점)이다.

예제 8.4.1 **베셀 특이점**

베셀의 방정식은

$$x^2y'' + xy' + (x^2 - n^2)y = 0 \tag{8.41}$$

이다. 이 방정식을 (8.37)식과 비교하면

$$P(x) = \frac{1}{x}, \quad Q(x) = 1 - \frac{n^2}{x^2}$$

이고, $x = 0$이 정칙 특이점임을 알 수 있다. 조사해 보면 유한 범위에서 다른 특이점이 없음을 알 수 있다. $x \to \infty(z \to 0)$일 때 (8.41)식으로부터 계수

$$\frac{2z-z}{z^2} \quad \text{과} \quad \frac{1-n^2z^2}{z^4}$$

을 얻는다. 위의 두 번째 표현식은 z^4에 따라 발산하므로, 점 $x=\infty$는 비정칙 또는 본질적 특이점이다.

정칙과 비정칙 특이점을 갖는 상미분방정식들의 보다 많은 예제가 8.5절에서 논의된다. ■

연습문제

8.4.1 르장드르 방정식이 $x=-1$, 1과 ∞에서 정칙 특이점을 가짐을 보여라.

8.4.2 베셀의 방정식처럼 라게르의 방정식이 $x=0$에서 정칙 특이점과 $x=\infty$에서 비정칙 특이점을 가짐을 보여라.

8.4.3 치환

$$x \to \frac{1-x}{2}, \quad a=-l, \quad b=l+1, \quad c=1$$

을 통해 초기하 방정식(hypergeometric equation)이 르장드르의 방정식으로 전환됨을 보여라.

8.5 급수해-푸로베니우수(Frobenius) 방법

이 절에서는 선형 이차 동차 상미분방정식의 해를 구하는 한 가지 방법을 개발한다. 물리학에서 거의 항상 만족되는 완만한 조건 즉, 전개점이 정칙 특이점보다 나쁘지 않다고 가정하면, 거듭제곱 급수전개법은 항상 잘 적용된다.

선형 이차 동차 상미분방정식은

$$\frac{d^2y}{dx^2}+P(x)\frac{dy}{dx}+Q(x)y=0 \tag{8.42}$$

의 형태로 놓아질 수 있다. 이 방정식은 각 항이 $y(x)$ 또는 도함수를 갖고 있기 때문에 **동차**이고, 각각의 y, dy/dx 또는 d^2y/dx^2가 일차로 나타나고 어떤 곱 항도 없기 때문에 **선형**이다.

여기서, (8.42)식의 (적어도) 하나의 해를 구한다. 8.6절에서는 **독립인 두 번째 해**를 구한다. **세 번째의 독립인 해는 존재하지 않는다고 가정하였다.** 그러므로 **동차 상미분방정식** (8.42)식의 **가장 일반적인 해**는 선형 상미분방정식에 대한 중첩 원리의 결과로

$$y_h(x)=c_1y_1(x)+c_2y_2(x) \tag{8.43}$$

로 쓰여 질 수 있다. 물리 문제에는 구동항이 포함될 수도 있으므로 **비동차** 선형 이차 상미분방정식

$$\frac{d^2y}{dx^2} + P(x)\frac{dy}{dx} + Q(x)y = F(x) \tag{8.44}$$

에 이르게 될 수도 있다. 우변의 함수 $F(x)$는 (정전기 전하와 같은) 원천이나 (강제 진동자에서와 같은) 구동력을 나타낸다. 이들은 또한 Laplace 변환 방법으로 제 15장에서 상세히 탐구한다. 이 특수해를 y_p라고 하면, 대응하는 동차방정식[(8.42)식]의 임의의 해에 이 해를 더할 수 있다. 그러므로 **비동차 상미분방정식**[(8.44)식]의 **가장 일반적인 해**는

$$y(x) = c_1y_1(x) + c_2y_2(x) + y_p(x) \tag{8.45}$$

이다. 상수 c_1과 c_2는 최종적으로 경계조건 또는 초기조건에 의해 결정될 것이다.

현재로서는 $F(x) = 0$ 즉, 미분방정식이 동차라고 가정한다. 미정계수를 갖는 거듭제곱 급수를 대입하여 선형 이차 동차 미분방정식[(8.42)식]의 하나의 해를 구하고자 한다. 급수에서 0이 되지 않는 가장 낮은 항의 거듭제곱 항을 매개변수로서 활용할 수 있다. 이것을 입증하기 위해 두 개의 중요한 미분방정식에 그 방법을 적용한다. 먼저, 선형 진동자방정식

$$\frac{d^2y}{dx^2} + \omega^2y = 0 \tag{8.46}$$

을 고려한다. 알려진 해는 $y = \sin\omega x$, $\cos\omega x$이다. 이제

$$\begin{aligned} y(x) &= x^k(a_0 + a_1x + a_2x^2 + a_3x^3 + \cdots) \\ &= \sum_{\lambda=0}^{\infty} a_\lambda x^{k+\lambda}, \quad a_0 \neq 0 \end{aligned} \tag{8.47}$$

을 시험한다. 여기서 지수 k와 모든 계수 a_λ는 여전히 미정이다. k가 정수일 필요는 없음을 주목하여라. 두 번 미분하여

$$\begin{aligned} \frac{dy}{dx} &= \sum_{\lambda=0}^{\infty} a_\lambda(k+\lambda)x^{k+\lambda-1}, \\ \frac{d^2y}{dx^2} &= \sum_{\lambda=0}^{\infty} a_\lambda(k+\lambda)(k+\lambda-1)x^{k+\lambda-2} \end{aligned}$$

을 얻는다. y와 y''에 대한 급수를 상미분방정식[(8.46)식]에 대입하여

$$\sum_{\lambda=0}^{\infty} a_\lambda(k+\lambda)(k+\lambda-1)x^{k+\lambda-2} + \omega^2\sum_{\lambda=0}^{\infty} a_\lambda x^{k+\lambda} = 0 \tag{8.48}$$

을 갖는다. 거듭제곱 급수의 유일성의 분석(제 5장)으로부터, (8.48)식의 좌변의 x의 각 거듭제곱 항의 계수들은 0이 되어야 한다.

(8.48)식에 나타나는 x의 가장 낮은 거듭제곱 항은 첫 번째 합의 식에서 $\lambda=0$인 x^{k-2} 항이다. 계수가 0이 된다는 조건[4]으로부터

$$a_0 k(k-1)=0$$

을 얻는다. a_0를 급수[(8.48)식]의 가장 낮은 0이 되지 않는 항의 계수로 택했다; 그러므로, 정의에 의해, $a_0 \neq 0$이다. 따라서

$$k(k-1)=0 \tag{8.49}$$

을 얻는다. x의 가장 낮은 거듭제곱 항의 계수로부터 얻은 이 방정식을 **지표방정식(indicial equation)**이라고 부른다. 지표방정식과 그 근은 분석에서 결정적으로 중요하다. x^{k-1}의 계수 $a_1 k(k-1)$도 역시 0이 되어야 한다. $k=0$이면 이 조건이 만족된다; $k=1$이면, $a_1=0$이다. 분명히, 이 예제에서는 $k=0$이거나 $k=1$이어야 한다.

k에 대한 이 두 가지 가능성을 고려하기 전에 (8.48)식으로 돌아가서 남아 있는 계수들 즉, $x^{k+j}(j \geq 0)$의 계수가 0이 되어야 함을 고려한다. 첫 번째 합에서 $\lambda=j+2$, 두 번째 합에서 $\lambda=j$로 놓는다 (두 합은 독립적이고 λ는 명목상의 지수이다). 그 결과는

$$a_{j+2}(k+j+2)(k+j+1)+\omega^2 a_j=0$$

즉,

$$a_{j+2}=-a_j \frac{\omega^2}{(k+j+2)(k+j+1)} \tag{8.50}$$

이다. 이것은 2-항 **점화관계식**이다.[5] a_j가 주어지면 요구되는 대로 a_{j+2}, a_{j+3}, a_{j+4} 등을 계산할 수 있다. 이 예제에서, a_0에서 출발하면 (8.50)식에 의하여 짝수 계수 a_2, a_4, a_6 ⋯ 등이 얻어지고 a_1, a_3, a_5, ⋯ 등은 무시된다. $k=0$이면, a_1이 임의적이고, $k=1$이면 필연적으로 0이므로, a_1을 0으로 놓으면 (연습문제 8.5.3과 8.5.4를 비교하여라), (8.50)식에 의하여

$$a_3=a_5=a_7=\cdots=0.$$

즉, 모든 홀수 계수는 0이 된다. 지표방정식의 **두 번째** 근이 이용될 때는 x의 홀수 거듭제곱 항들이 실제로 다시 나타날 것이다.

지표방정식인 (8.49)식으로 돌아가서 먼저 $k=0$인 해를 시험한다. 회귀공식[(8.50)식]은

$$a_{j+2}=-a_j \frac{\omega^2}{(j+2)(j+1)} \tag{8.51}$$

[4] 거듭제곱 급수의 유일성을 보아라 (5.7절)

[5] 회귀공식은 3개 또는 그 이상의 항을 포함할 수도 있다; 즉, a_j와 a_{j-2} 등에 따라서 a_{j+2}가 포함될 수 있다. 보통의 경우는 항들이 1단계씩 달리는 데 반해 회귀관계식은 2단계씩 달린다. 이런 특징은 홀짝성이라고 부르는 상미분방정식의 대칭성에 의해 설명될 것이다.

이 된다. 이 회귀공식으로부터

$$a_2 = -a_0 \frac{\omega^2}{1 \cdot 2} = -\frac{\omega^2}{2!} a_0$$

$$a_4 = -a_2 \frac{\omega^2}{3 \cdot 4} = +\frac{\omega^4}{4!} a_0$$

$$a_6 = -a_4 \frac{\omega^2}{5 \cdot 6} = -\frac{\omega^6}{6!} a_0 \quad \text{등등}$$

을 얻는다. 조사해 보면 (또는 수학적 귀납법에 의하여)

$$a_{2n} = (-1)^n \frac{\omega^{2n}}{(2n)!} a_0 \tag{8.52}$$

이다. 따라서 해는

$$y(x)_{k=0} = a_0 \left[1 - \frac{(\omega x)^2}{2!} + \frac{(\omega x)^4}{4!} - \frac{(\omega x)^6}{6!} + \cdots \right] = a_0 \cos \omega x \tag{8.53}$$

이다. 지표방정식의 근 $k=1$[(8.49)식]을 택하면, 회귀공식은

$$a_{j+2} = -a_j \frac{\omega^2}{(j+3)(j+2)} \tag{8.54}$$

이 된다. $j=0$, 2, 4 등을 계속 대입하여

$$a_2 = -a_0 \frac{\omega^2}{2 \cdot 3} = -\frac{\omega^2}{3!} a_0$$

$$a_4 = -a_2 \frac{\omega^2}{4 \cdot 5} = +\frac{\omega^4}{5!} a_0$$

$$a_6 = -a_4 \frac{\omega^2}{6 \cdot 7} = -\frac{\omega^6}{7!} a_0 \quad \text{등등}$$

를 얻는다. 다시 조사해 보거나 수학적 귀납법에 의하여

$$a_{2n} = (-1)^n \frac{\omega^{2n}}{(2n+1)!} a_0 \tag{8.55}$$

를 얻는다. 따라서 $k=1$을 선택하면

$$\begin{aligned} y(x)_{k=1} &= a_0 x \left[1 - \frac{(\omega x)^2}{3!} + \frac{(\omega x)^4}{5!} - \frac{(\omega x)^6}{7!} + \cdots \right] \\ &= \frac{a_0}{\omega} \left[(\omega x) - \frac{(\omega x)^3}{3!} + \frac{(\omega x)^5}{5!} - \frac{(\omega x)^7}{7!} + \cdots \right] \\ &= \frac{a_0}{\omega} \sin \omega x \end{aligned} \tag{8.56}$$

그림 8.8 도식적으로 나타낸 거듭제곱 급수

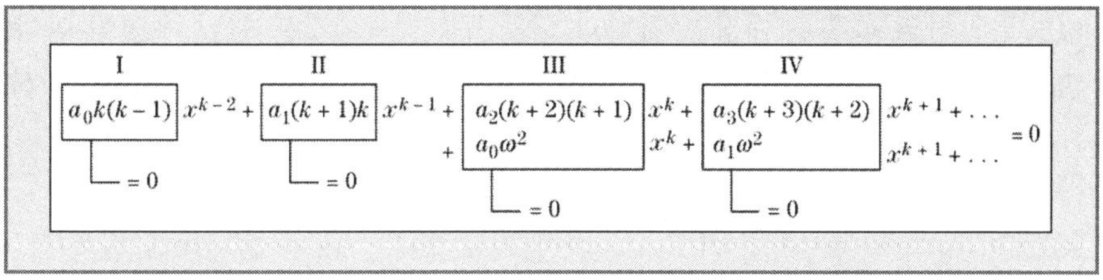

를 얻는다.

요 약

이 거듭제곱 급수 접근법을 요약하기 위해 그림 8.8에 보여진 바와 같이 (8.48)식을 도식화할 수 있다. 거듭제곱 급수의 유일성(5.7절)으로부터 x의 각 거듭제곱 항의 전체 계수는 모두 저절로 0이 된다. 첫 번째 계수가 0이 된다는 요구로부터 지표방정식[(8.49)식]이 유도된다. 두 번째 계수는 $a_1=0$으로 놓음으로써 처리된다. x^k(및 더 높은 차수의 거듭제곱 항들, 한 번에 하나씩 취함)의 계수가 0이 된다는 사실로부터 회귀공식[(8.50)식]이 유도된다.

프로베니우수의 방법으로 알려진, 이 급수대입법으로부터 선형 연산자방정식의 두 급수해를 얻는다. 그러나 이러한 급수해에 관해 꼭 강조되어야 하는 두 가지 문제점이 있다:

- 대수적 · 논리적 오류에 대한 예방책으로서, 급수해가 제대로 맞는지를 알아보기 위해, 급수해를 항상 미분방정식에 다시 대입해 보아야 한다.
- 급수해가 받아들여질 수 있는가의 문제는 (점근적 수렴을 포함해서) 그 수렴성에 달려 있다. 프로베니우수의 방법으로 원래의 미분방정식에 대입하면 그 방정식을 만족하는 급수해를 얻는 것이 가능하지만, 관심의 영역에서 수렴하지는 않는다.

■ x_0 주위의 전개

(8.47)식은 원점 $x_0=0$ 주위의 전개이다. (8.47)식을

$$y(x)=\sum_{\lambda=0}^{\infty}a_\lambda(x-x_0)^{k+\lambda},\quad a_0\neq 0 \tag{8.57}$$

로 대체하는 것이 완벽하게 가능하다. 점 x_0는 본질적 특이점에서는 선택되지 않아야 한다 – 그렇지 않으면, 프로베니우수 방법은 아마 실패할 것이다. 결과로 얻어진 급수(x_0는 보통점 혹은 정칙 특이점)는 그 급수가 수렴하는 곳에서 적절할 것이다. $|x-x_0|=|z_s-x_0|$일 때 어떤 종류의 발산을 기대할 수도 있다. 여기서 z_s는 복소 평면 내의 x_0에 가장 가까운 특이점이다.

■ 상미분방정식의 대칭성과 해

(8.46)식의 상미분방정식에서 $y_1(x)=y_1(-x)$로 정의된 **짝수 대칭**인 하나의 해와 $y_2(x)=$

$-y_2(-x)$로 정의된 **홀수 대칭**인 하나의 해를 구했다. 이것은 한낱 우연이 아니라 상미분방정식 형태의 직접적인 결과이다. $\mathcal{L}(x)$가 미분연산자일 때, 일반적인 상미분방정식을

$$\mathcal{L}(x)y(x) = 0 \tag{8.58}$$

으로 쓰면, 선형 진동자방정식[(8.46)식]이 좌표 반전 : $x \to -x$(패리티 변환)를 하면

$$\mathcal{L}(x) = \mathcal{L}(-x) \tag{8.59}$$

가 **패리티(parity) 연산 하에서 짝(even)**임을 알게 된다. 미분연산자가 특정한 패리티 즉, 짝수 대칭성 또는 홀수 대칭성을 가질 때마다, $+x$와 $-x$를 교환할 수 있다. 따라서 (8.58)식은

$$\pm\mathcal{L}(x)y(-x) = 0 \tag{8.60}$$

이 된다. $\mathcal{L}(x)$가 짝수 패리티이면 부호가 $+$이고 $\mathcal{L}(x)$가 홀수 패리티이면 $-$이다. 분명히 $y(x)$가 미분방정식의 해이면, $y(-x)$도 역시 해이다. 그러면 임의의 해는 짝수 부분과 홀수 부분으로 분해될 수 있다:

$$y(x) = \frac{1}{2}[y(x) + y(-x)] + \frac{1}{2}[y(x) - y(-x)]. \tag{8.61}$$

우변의 첫 번째 괄호는 짝수해를 나타내고 두 번째 괄호는 홀수해를 나타낸다. 명확한 패리티를 갖는 해들의 이러한 결합은 확정된 패리티를 갖지 않는다.

물리학에서 중요한 많은 다른 상미분방정식들은 이러한 짝수 패리티를 보인다; 즉, (8.42)식에서 $P(x)$는 홀수함수이고 $Q(x)$는 짝수함수이다. 이러한 모든 상미분방정식들의 해는 x의 짝수 거듭제곱 급수와 별도의 홀수 거듭제곱 급수로 나타내질 수 있다. 패리티는 양자역학에서 특히 중요하다. 파동함수들은 대개 짝수함수이거나 홀수함수인데 이것은 파동함수가 명확한 패리티를 가짐을 의미한다. 예를 들면, 수소에 대한 슈레딩거 방정식에서 쿨롱 퍼텐셜은 짝수 패리티를 갖는다. 그 결과 해는 확정된 패리티를 갖는다.

■ 급수 접근법의 제한들 - 베셀의 방정식

선형 진동자방정식에 대한 거듭제곱 급수해는 아마 너무 쉬웠을 것이다. 거듭제곱 급수[(8.47)식]를 미분방정식[(8.46)식]에 대입하여 아무런 문제없이 두 개의 독립적인 해를 얻었다.

(다른 경우에는) 어떤 일이 일어나는가에 대한 아이디어를 얻기 위해 베셀의 방정식

$$x^2y'' + xy' + (x^2 - n^2)y = 0 \tag{8.62}$$

을 풀어보자. 다시

$$y(x) = \sum_{\lambda=0}^{\infty} a_\lambda x^{k+\lambda}$$

형태의 해를 가정하여, 미분하고 (8.62)식에 대입한다. 그 결과는

$$\sum_{\lambda=0}^{\infty} a_\lambda (k+\lambda)(k+\lambda-1)x^{k+\lambda} + \sum_{\lambda=0}^{\infty} a_\lambda (k+\lambda)x^{k+\lambda} + \sum_{\lambda=0}^{\infty} a_\lambda x^{k+\lambda+2} - \sum_{\lambda=0}^{\infty} a_\lambda n^2 x^{k+\lambda} = 0 \tag{8.63}$$

이다. $\lambda=0$으로 놓아, 좌변에 나타나 있는 x의 가장 낮은 거듭제곱 항인 x^k의 계수로부터

$$a_0[k(k-1)+k-n^2]=0 \tag{8.64}$$

을 얻는다. 다시 정의에 의해 $a_0 \neq 0$이다. 그러므로 (8.64)식은 **지표**방정식

$$k^2-n^2=0 \tag{8.65}$$

이고, 그 해는 $k=\pm n$이다.

x^{k+1}의 계수를 조사하는 것이 흥미롭다. 여기서

$$a_1[(k+1)k+k+1-n^2]=0$$

즉,

$$a_1(k+1-n)(k+1+n)=0 \tag{8.66}$$

을 얻는다. $k=\pm n$일 때 $k+1-n$이나 $k+1+n$ 어느 것도 0이 되지 않으므로, $a_1=0$**이어야 한다.**[6]

$k=n$일 때, x^{k+j}의 계수로 옮겨서 (8.63)식의 제1, 제2, 제4항에서는 $\lambda=j$로 놓고 제3항에서는 $\lambda=j-2$로 놓는다. 그 결과로 얻어진 x^{k+1}의 계수가 0이므로

$$a_j[(n+j)(n+j-1)+(n+j)-n^2]+a_{j-2}=0$$

을 얻는다. j를 $j+2$로 대체하면, 이 식은 $j \geq 0$일 때

$$a_{j+2}=-a_j\frac{1}{(j+2)(2n+j+2)} \tag{8.67}$$

로 다시 쓰여 질 수 있다. 이것이 얻고자 하는 회귀공식이다. 이 회귀공식을 반복 적용하여

$$\begin{aligned}
a_2 &= -a_0\frac{1}{2(2n+2)} = -\frac{a_0 n!}{2^2 1!(n+1)!} \\
a_4 &= -a_2\frac{1}{4(2n+4)} = \frac{a_0 n!}{2^4 2!(n+2)!} \\
a_6 &= -a_4\frac{1}{6(2n+6)} = -\frac{a_0 n!}{2^6 3!(n+3)!} \quad \text{등등}
\end{aligned}$$

---

[6] $k=\pm n=-\frac{1}{2}$은 예외이다.

을 얻는다. 일반적으로,

$$a_{2p} = (-1)^p \frac{a_0 n!}{2^{2p} p!(n+p)!} \tag{8.68}$$

이다. 이 계수들을 가정한 급수해에 대입하면

$$y(x) = a_0 x^n \left[1 - \frac{n! x^2}{2^2 1!(n+1)!} + \frac{n! x^4}{2^4 2!(n+2)!} - \cdots \right] \tag{8.69}$$

을 얻는다. 합의 형태로 나타내면

$$\begin{aligned} y(x) &= a_0 \sum_{j=0}^{\infty} (-1)^j \frac{n! x^{n+2j}}{2^{2j} j!(n+j)!} \\ &= a_0 2^n n! \sum_{j=0}^{\infty} (-1)^j \frac{1}{j!(n+j)!} \left(\frac{x}{2}\right)^{n+2j} \end{aligned} \tag{8.70}$$

이다. 제 12장에서 마지막 합을 베셀 함수 $J_n(x)$로 정의한다. 베셀의 방정식으로부터 기대되는 바와 같이 해 $J_n(x)$는 짝수 또는 홀수의 대칭을 갖는다.[7]

$k = -n$이고 n이 정수가 아닐 때 $J_{-n}(x)$로 표기하는 두 번째의 다른 해를 얻을 수 있다. 그런데 $-n$이 음의 정수일 때는 문제가 발생한다. 계수 a_j에 대한 회귀공식은 여전히 (8.67)식으로 주어지지만, $2n$을 $-2n$으로 대체해야 한다. 그러면 $j+2 = 2n$ 즉, $j = 2(n-1)$일 때, 계수 a_{j+2}는 발산해 버리므로 급수해를 얻을 수 없다. 제 12장에서 실행되는 바와 같이, 이러한 사태는 (8.70)식에서 치유된다. 그 결과는

$$J_{-n}(x) = (-1)^n J_n(x), \qquad n\text{은 정수} \tag{8.71}$$

이다. 두 번째 해는 단지 첫 번째 해를 재생한 것 뿐이다. n이 정수일 때는 이러한 급수 해법으로 베셀의 방정식에 대한 두 번째의 독립적인 해를 얻을 수 없다.

요 약

무한급수를 대입하여 선형 진동자방정식에 대한 두 개의 해와 베셀의 방정식에 대한 하나의 해(n이 정수가 아니면 두 개의 해)를 얻었다. "이 방법이 항상 가능한가? 이 방법이 항상 적용되는가?"라는 질문에 대한 답은 '아니오' 이다. 나중에 설명하듯이, 이러한 거듭제곱 급수해법이 항상 적용되지는 않는다.

---

[7] $J_n(x)$는 n이 짝수이면 짝수 함수이고, n이 홀수이면 그것은 홀수 함수이다. n이 정수가 아닌 때는 x^n은 그러한 단순한 대칭성을 갖지 않는다.

인명 자료

Frobenius, Georg. 독일의 수학자. Frobenius(1849~1917)는 미분방정식 뿐만 아니라 행렬, 군론, 대수학에 기여하였다.

■ 정칙 및 비정칙 특이점

급수해법의 성공 여부는 지표방정식의 근과 미분방정식의 계수의 특이점의 차수에 달려 있다. 방정식 계수들이 이러한 고지식한 급수 대입 접근법에 미치는 효과를 보다 잘 이해하기 위해, 네 개의 간단한 방정식을 고려하자:

$$y'' - \frac{6}{x^2}y = 0, \tag{8.72a}$$

$$y'' - \frac{6}{x^3}y = 0, \tag{8.72b}$$

$$y'' + \frac{1}{x}y' - \frac{a^2}{x^2}y = 0, \tag{8.72c}$$

$$y'' + \frac{1}{x^2}y' - \frac{a^2}{x^2}y = 0. \tag{8.72d}$$

(8.72a)식의 지표방정식이

$$k^2 - k - 6 = 0$$

임을 보일 수 있다. 따라서 $k=3$, $k=-2$이다. 방정식이 x에 관하여 동차(d^2/dx^2은 x^{-2}으로 헤아림)이므로, 회귀공식이 존재하지 않는다. 그러나 두 개의 완벽한 해 x^3과 x^{-2}을 얻는다.

(8.72b)식은 (8.72a)식과 x의 거듭제곱이 1만큼만 다르다. 따라서 지표방정식은

$$-6a_0 = 0$$

으로 바꾸어진다. 그러나 $a_0 \neq 0$므로 해가 존재하지 않는다. 단 하나의 정칙 특이점을 갖는 (8.72a)식에 급수 대입법이 적용되지만, 원점에 **비정칙 특이점**을 갖는 (8.72b)식에는 적용되지 않는다.

(8.72c)식에는 하나의 항 y'/x이 더해져 있다. 지표방정식은

$$k^2 - a^2 = 0$$

이므로 회귀공식은 없다. 해는 $y = x^a$, x^{-a}이다 – 두 해는 모두 1항 급수로 완전히 받아들여질 수 있다. 원점에서의 정칙 특이점에도 불구하고 이 경우에는 두 개의 독립적인 해가 존재한다.

y'항 계수에서 x의 거듭제곱을 -1에서 -2로 바꾸면 [(8.72d)식], 해에 급격한 변화가 생긴다. (y'항만이 기여하는) 지표방정식은

$$k = 0$$

이 된다. 회귀공식은

$$a_{j+1} = +a_j \frac{a^2 - j(j-1)}{j+1}$$

이다. 급수가 어디에선가 끝나도록 매개변수 a가 선택되지 않으면

$$\lim_{j\to\infty} \left| \frac{a_{j+1}}{a_j} \right| = \lim_{j\to\infty} \frac{j(j+1)}{j+1}$$
$$= \lim_{j\to\infty} \frac{j^2}{j} = \infty$$

이다.

그러므로 모든 $x \neq 0$에 대하여 급수해가 발산한다. 다시 정칙 특이점이 있는 (8.72c)식에는 이 방법이 적용되지만, (8.72d)식처럼 비정칙 특이점이 있을 때는 이 방법은 실패한다.

■ 푸흐스 정리

기본적인 방정식에 급수 대입법이 적용될 수 있는가에 관한 답은 푸흐스의 정리로 주어진다. 이 정리는 **보통점 또는 최악의 경우 정칙 특이점인 한 점에 관하여 전개한다고 가정하면, 적어도 하나의 거듭제곱 급수해를 얻을 수 있다**고 단정한다.

비정칙 또는 본질적 특이점 주위에서 전개를 시도하면 (8.72b)식과 (8.72d)식에서 처럼 이 방법은 실패할 것이다. 다행히, 수리 물리학의 중요한 방정식에는 유한 평면에 비정칙 특이점이 없다. 푸흐스의 정리에 관한 보다 깊은 논의는 8.6절에 나타난다.

요 약

정상점 또는, 최악의 경우, 정칙 특이점에 관하여 전개하면, 급수 대입법으로부터 적어도 한 개의 해를 얻을 수 있다(**푸흐스 정리**).

한 개 또는 두 개의 다른 해가 존재하는지의 여부는 지표방정식의 근에 달려 있다:

- 지표방정식의 두 근이 같으면, 이 급수해 방법으로 단 하나의 해만을 얻을 수 있다.
- 두 근의 차가 정수가 아니면, 두 개의 독립적인 해가 얻어질 수 있다.
- 두 근이 정수만큼 다르면, 둘 중의 더 큰 근이 하나의 해에 도달할 것이다.

계수들의 거동에 따라 더 작은 근은 해를 제시할 수도 제시하지 않을 수도 있다. 선형 진동자방정식에서는 두 개의 해를 얻고, 베셀의 방정식에 대해서는 단 하나의 해만이 구해진다.

해가 어떤가라는 관점에서 볼 때, 급수해의 유용성은 급수의 수렴도와 계수들의 유효성에 따라 달라진다. 많은 상미분방정식들에서 계수들 사이에 대한 간단한 회귀공식을 얻을 수는

없을 것이다. 일반적으로, $|x|$(또는 $|x-x_0|$)가 아주 작을 때는 활용 가능한 급수가 아마도 유용할 것이다. Mathematica[8], Maple[9], 또는 Reduce[10]와 같이 기호 언어를 이용하여 부가적인 급수 계수를 결정하는 데 컴퓨터가 이용될 수 있다. 그러나, 가끔, 수치적 작업에는 직접적인 수치적분이 더 좋을 것이다 (8.7절).

연습문제

8.5.1 유일성 정리. 함수 $y(x)$가 이차 선형 동차 미분방정식을 만족한다. $x=x_0$에서 $y(x)=y_0$이고, $dy/dx=y_0'$이다. 이 미분방정식의 어떤 다른 해도 y_0'의 기울기로 점 (x_0, y_0)를 지나가지 않는다는 점에서 $y(x)$가 유일함을 보여라.

힌트. 이들 조건을 만족하는 제2의 해를 가정하고 테일러 급수 전개와 비교하여라.

8.5.2 점 $x=x_0$ 주위로 전개하여 (8.47)식의 급수해가 시도되고 있다. x_0가 정상점이면 지표방정식이 $k=0$, 1의 근을 가짐을 보여라.

8.5.3 단조화 진동자(SHO)방정식의 급수해를 유도할 때 두 번째 급수의 계수 a_1을 0으로 놓는 것을 제외하고는 무시되었다. x의 두 번째로 낮은 차수의 거듭제곱 x^{k-1}의 계수로부터 두 번째의 지표의 형태방정식을 유도하여라.

(a) $k=0$인 SHO 방정식 : a_1이 임의의 유한값(0 포함)으로 지정될 수 있음을 보여라.

(b) $k=1$인 SHO 방정식 : a_1이 0으로 놓여져야 함을 보여라.

8.5.4 다음 미분방정식들의 급수해를 분석하여, 언제 아무것도 회복할 수 없을 정도로 잃지 않고 a_1이 0으로 **놓여질 수도** 있는지, 그리고 언제 a_1이 0으로 **놓여져야** 하는지를 보여라.

(a) 르장드르 (b) 베셀 (c) 에르미트

답. (a) 르장드르와 (c) 에르미트 : $k=0$일 때 a_1이 0으로 놓여질 수도 있다. $k=1$일 때 a_1이 0으로 놓여져야 한다.
(b) 베셀 : a_1이 0으로 놓여져야 한다($k=\pm n=\frac{1}{2}$일 때 제외).

8.5.5 직접 급수 대입법으로 르장드르 방정식

$$(1-x^2)y''-2xy'+n(n+1)y=0$$

을 풀고, $n=0$, 1, 2, 3에 대한 해를 작도하여라.

[8] Wolfram, S. (1991). *Mathematica, A System for Doing Mathematics by Computer*. Addison Wesley, New York.

[9] Heck, A. (1993). *Introduction to Maple*. Springer, New York.

[10] Rayna, G. (1987). *Reduce Software for Algebraic Computation*. Springer, New York.

(a) 지표방정식이

$$k(k-1)=0$$

임을 보여라.

(b) $k=0$을 이용하여 x의 짝수 거듭제곱 급수를 구하여라 ($a_1=0$):

$$y_{\text{even}} = a_0\left[1-\frac{n(n+1)}{2!}x^2+\frac{n(n-2)(n+1)(n+3)}{4!}x^4+\cdots\right].$$

여기서

$$a_{j+2}=\frac{j(j+1)-n(n+1)}{(j+1)(j+2)}a_j$$

이다.

(c) $k=1$을 이용하여, x의 홀수 거듭제곱 급수를 유도하여라 ($a_1=0$).

$$y_{\text{odd}} = a_0\left[x-\frac{(n-1)(n+2)}{3!}x^3\right.$$
$$\left.+\frac{(n-1)(n-3)(n+2)(n+4)}{5!}x^5+\cdots\right].$$

여기서

$$a_{j+2}=\frac{(j+1)(j+2)-n(n+1)}{(j+2)(j+3)}a_j$$

이다.

(d) **급수가 무한대까지 연속이면** 두 해 y_{even}과 y_{odd}가 모두 $x=\pm 1$에 대하여 발산함을 보여라.

(e) 마지막으로 n을 적절히 선택하여 어떤 시간에 한 급수가 다항식으로 변환될 수도 있고, 그러므로 발산이라는 사태를 피할 수 있음을 보여라. 양자역학에서 n을 정수로 (이와 같이) 제한하는 것이 **각운동량의 양자화**에 대응한다.

8.5.6 에르미트의 미분방정식에 대한 급수해를 유도하여라.

(a) $y''-2xy'+2\alpha y=0$

답. 지표방정식 $k(k-1)=0$.

$k=0$일 때,

$$a_{j+2}=2a_j\frac{j-\alpha}{(j+1)(j+2)}\quad (j\text{는 짝수})$$
$$y_{\text{even}}=a_0\left[1+\frac{2(-\alpha)x^2}{2!}+\frac{2^2(-\alpha)(2-\alpha)x^4}{4!}+\cdots\right].$$

$k=1$일 때,

$$a_{j+2} = 2a_j \frac{j+1-\alpha}{(j+2)(j+3)} \quad (j\text{는 짝수})$$

$$y_{\text{even}} = a_0 \left[x + \frac{2(1-\alpha)x^3}{3!} + \frac{2^2(1-\alpha)(3-\alpha)x^5}{5!} + \cdots \right].$$

(b) 큰 지표에 대하여, 연속하는 계수의 비율이 $\exp(2x^2)$의 전개에서의 대응하는 계수의 비율처럼 거동하면, 두 급수해가 모든 x에 대해 수렴함을 보여라.

(c) α를 적절히 선택하여 급수해가 중간에서 절단되어 유한 다항식으로 변환될 수도 있음을 보여라 (적절히 규격화되면 이러한 다항식은 13.1절에서 Hermite 다항식이 된다).

8.5.7 라게르의 상미분방정식은

$$xL_n''(x) + (1-x)L_n'(x) + nL_n(x) = 0$$

이다. 급수가 다항식이 되도록 매개변수 n을 선택하여 급수해를 유도하고, 세 개의 가장 낮은 n 값에 대하여 수렴성을 보이기에 충분한 항들로 된 부분급수를 작도하여라.

8.5.8 슈타르크 효과(포물선 좌표)의 양자역학적 분석으로부터 미분방정식

$$\frac{d}{d\xi}\left(\xi \frac{du}{d\xi}\right) + \left(\frac{1}{2}E\xi + \alpha - \frac{m^2}{4\xi} - \frac{1}{4}F\xi^2\right)u = 0$$

이 유도된다. 여기서 α는 분리상수, E는 전체 에너지이고, F는 상수이다; Fz는 전기장의 도입으로 계에 더해지는 퍼텐셜 에너지이다.

지표방정식의 큰 근을 사용하여 $\xi=0$ 주위의 거듭제곱 급수해를 유도하여라. 아래의 $u(\xi)$에 대한 처음 3개의 계수를 거듭제곱 급수의 가장 낮은 계수 a_0의 식으로 계산하여라.

$$\text{지표방정식} \quad k^2 - \frac{m^2}{4} = 0,$$

$$u(\xi) = a_0 \xi^{m/2} \left\{ 1 - \frac{\alpha}{m+1}\xi + \left[\frac{\alpha^2}{2(m+1)(m+2)} - \frac{E}{4(m+2)} \right] \xi^2 + \cdots \right\}$$

a_3가 포함될 때까지는 섭동 F가 나타나지 않음을 주목하여라.

8.5.9 방위각에 의존하지 않는 특별한 경우에 수소분자 이온의 양자역학적 분석에서 방정식

$$\frac{d}{d\eta}\left[(1-\eta^2)\frac{du}{d\eta}\right] + \alpha u + \beta \eta^2 u = 0$$

이 유도된다. $u(\eta)$에 대한 거듭제곱 급수해를 구하여라. 0이 되지 않는 처음 3개의 계수를 a_0의 식으로 계산하여라.

$$\text{지표 방정식} \quad k(k-1)=0.$$

$$u_{k=1}=a_0\eta\left\{1+\frac{2-\alpha}{6}\eta^2+\left[\frac{(2-\alpha)(12-\alpha)}{120}-\frac{\beta}{20}\right]\eta^4+\cdots\right\}.$$

8.5.10 좋은 근사로, 두 핵자의 상호작용은 중간자 퍼텐셜(mesonic potential)

$$V=\frac{Ae^{-ax}}{x}$$

으로 기술될 수 있다. 이 식은 A가 음일 때 인력이 된다. 얻어진 슈레딩거 파동방정식

$$\frac{\hbar^2}{2m}\frac{d^2\psi}{dx^2}+(E-V)\psi=0$$

의 급수해를 0이 되지 않는 처음 3개의 계수를 활용하여 구하여라:

$$\psi_{k=1}=a_0\left\{x+\frac{1}{2}A'x^2+\frac{1}{6}\left[\frac{1}{2}A'^2-E'-aA'\right]x^3+\cdots\right\}$$

여기서 프라임 부호(′)는 $2m/\hbar^2$으로 곱하는 것을 의미한다. $a=0.7\ \text{fm}^{-1}$과 $A=-0.1$에 대한 해를 작도하여라.

8.5.11 복잡한 원자의 핵 근처에서 한 전자의 퍼텐셜 에너지는

$$V=-\frac{Ze^2}{r}(1+b_1r+b_2r^2)$$

으로 주어진다. 여기서 b_1과 b_2는 차폐효과(screening effect)에 기인한다. 각운동량이 0인 경우에 슈레딩거 방정식 해의 처음 세 항을 결정하여라; 즉, 파동함수의 급수전개에서 처음 세 항을 적어라. 퍼텐셜과 파동함수를 작도하여라.

8.5.12 (8.72d)식의 매개변수 a^2이 2이면, (8.72d)식이

$$y''+\frac{1}{x^2}y'-\frac{2}{x^2}y=0$$

이 된다. 지표방정식과 회귀공식으로부터 해 $y=1+2x+2x^2$을 **유도**하여라. 미분방정식에 다시 대입하여 이 식이 실제로 위의 미분방정식의 해임을 증명하여라.

8.6 두 번째 해

8.5절에서 거듭제곱 급수를 대입하여 이차의 동차 상미분방정식의 해를 구하였다. 거듭제곱 급수가 정상점 또는 비본질적 특이점에 관한 전개이면, 푸흐스의 정리에 의해 거듭제곱 급수 해를 구하는 일이 가능하다.[11] 그러나 이러한 접근법에 의하여 선형 이차 상미분방정식의 기대되는 두 개의 독립적인 해를 얻는다는 보장은 없다. 실제로, 이 방법은 베셀의 방정식(n; 정수)의 해를 하나만 제시한다. 이 절에서는 두 번째의 독립적인 해를 구하는 두 가지 방법을 개발한다: 적분 방법과 로그항을 포함하는 거듭제곱 급수.

선형 이차 동차 상미분방정식의 일반적인 형태

$$y'' + P(x)y' + Q(x)y = 0 \tag{8.73}$$

으로 돌아가서, y_1과 y_2가 두 개의 독립적인 해라고 하자. 그러면, 정의에 의해, 론스키는

$$W = y_1 y_2' - y_1' y_2 \tag{8.74}$$

이다. 론스키를 미분하여

$$\begin{aligned} W' &= y_1' y_2' + y_1 y_2'' - y_1'' y_2 - y_1' y_2' \\ &= y_1[-P(x)y_2' - Q(x)y_2] - y_2[-P(x)y_1' - Q(x)y_1] \\ &= -P(x)(y_1 y_2' - y_1' y_2) \end{aligned} \tag{8.75}$$

를 얻는다. 괄호 안의 양이 바로 론스키 W이므로

$$W' = -P(x)W \tag{8.76}$$

이다. $P(x) = 0$인 특별한 경우에는

$$y'' + Q(x)y = 0 \tag{8.77}$$

이고, 론스키는

$$W = y_1 y_2' - y_1' y_2 = \text{상수} \tag{8.78}$$

이다. 원래의 미분방정식이 동차이므로, 해 y_1과 y_2에 원하는 상수들을 곱하여 론스키가 1(또는 -1)이 되도록 배열할 수 있다. $P(x) = 0$인 경우가 기대되는 것보다 더 자주 나타난다. 직각 좌표에서 ∇^2이 일차 도함수를 포함하지 않음을 기억하여라. 비슷하게, 구면 극좌표에서 $\nabla^2(r\psi)$의 지름 성분도 일차 도함수를 갖지 않는다. 결국, 모든 선형 이차 미분방정식은 (8.77)식의 형태의 방정식으로 변환될 수 있다 (연습문제 8.6.3과 비교하여라).

[11] 이것이 8.4절에서 특이점의 분류가 대단히 중요한 이유이다.

일반적인 경우에, 급수 대입법에 의하여 (또는 추정에 의하여) (8.73)식의 한 해를 안다고 가정하자. 이제 $W \neq 0$인 두 번째의 독립적인 해를 구하고자 한다. (8.76)식을

$$\frac{dW}{W} = -P\,dx_1$$

으로 다시 쓰고, $x_1 = a$로부터 $x_1 = x$까지 적분하여

$$\ln\frac{W(x)}{W(a)} = -\int_a^x P(x_1)dx_1$$

즉,[12]

$$W(x) = W(a)\exp\left[-\int_a^x P(x_1)dx_1\right] \tag{8.79}$$

을 얻는다. 그런데

$$W(x) = y_1 y_2' - y_1' y_2 = y_1^2 \frac{d}{dx}\left(\frac{y_2}{y_1}\right) \tag{8.80}$$

이므로 (8.79)식과 (8.80)식을 결합하여

$$\frac{d}{dx}\left(\frac{y_2}{y_1}\right) = W(a)\frac{\exp\left[-\int_a^x P(x_1)dx_1\right]}{y_1^2(x)} \tag{8.81}$$

을 얻는다. 마지막으로, (8.81)식을 $x_2 = b$부터 $x_2 = x$까지 적분하여

$$y_2(x) = y_1(x)W(a)\int_b^x \frac{\exp\left[-\int_a^{x_2} P(x_1)dx_1\right]}{[y_1(x_2)]^2}dx_2 \tag{8.82}$$

를 얻는다. 여기서 a와 b는 임의 상수이고, $y_1(x)y_2(b)/y_1(b)$항은 새로운 내용을 주지 못하므로 생략되었다. $x = a$에서 계산된 론스키가 상수이고, 동차 미분방정식의 해들이 항상 미지의 규격화 인자를 포함하고 있기 때문에, $W(a) = 1$이라고 놓고

$$y_2(x) = y_1(x)\int^x \frac{\exp\left[-\int^{x_2} P(x_1)dx_1\right]}{[y_1(x_2)]^2}dx_2 \tag{8.83}$$

라고 쓴다. 적분하한 $x_1 = a$와 $x_2 = b$가 생략되어 있음을 주목하여라. 이들이 생략되지 않더라도 알려진 첫 번째 해 $y_1(x)$에 상수를 곱한 것과 같은 기여만 할 뿐이므로 더 이상 새로운 것이 없다.

[12] $P(x_1)$이 유한하고 $a \le x_1 \le x$이면, $W(a) = 0$이 아니면 $W(x) \neq 0$이다. 즉, 두 해의 론스키는 항등적으로 0이거나 결코 0이 아니다.

$P(x)=0$인 중요한 특별한 경우에 (8.83)식은

$$y_2(x)=y_1(x)\int^x \frac{dx_2}{[y_1(x_2)]^2} \tag{8.84}$$

가 된다. 이것은 (8.77)식이나 (8.78)식을 사용하여 알려진 하나의 해를 취할 수 있고, 적분하여 (8.73)식의 두 번째의 독립적인 해를 구할 수 있음을 의미한다. 나중에 알게 되듯이, 첫 번째 $y_1(x)$의 거듭제곱 급수로부터 두 번째 해를 구하는 이 방법은 지루할 뿐이다.

예제 8.6.1 **선형 진동자방정식의 두 번째 해**

$P(x)=0$일 때 $d^2y/dx^2+y=0$의 한 해를 $y_1=\sin x$라고 하자. (8.84)식을 적용하여

$$y_2(x)=\sin x\int^x \frac{dx_2}{\sin^2 x_2}=\sin x(-\cot x)=-\cos x$$

를 얻는다. 이것은 명백히 $\sin x$와 독립이다(선형 곱이 아니다).

■ 두 번째 해의 급수 형태

다음 일련의 연산에 의하여 미분방정식의 두 번째 해의 본질에 관한 직관을 얻을 수 있다:

1. (8.77)식의 $P(x)$와 $Q(x)$를

$$P(x)=\sum_{i=-1}^{\infty} p_i x^i, \qquad Q(x)=\sum_{j=-2}^{\infty} q_j x^j \tag{8.85}$$

   으로 나타낸다. 합 기호의 하한들은 가장 가능성이 높은 **정칙** 특이점(원점에서의)을 형성하도록 선정되었다. 이러한 조건들은 푸흐스의 정리를 꼭 만족한다. 따라서 그 정리를 더 잘 이해할 수 있게 한다.
2. 8.5절에서 처럼 거듭제곱 급수해의 처음 몇 항을 유도한다.
3. 이 해를 y_1으로 사용하고 (8.77)식을 항별로 적분하여 두 번째 급수형 해 y_2를 구한다.

1단계를 진행하여

$$y''+(p_{-1}x^{-1}+p_0+p_1x+\cdots)y'+(q_{-2}x^{-2}+q_{-1}x^{-1}+\cdots)y=0 \tag{8.86}$$

을 얻는다. 여기서 점 $x=0$은 최악의 경우에 정칙 특이점이다. $p_{-1}=q_{-1}=q_{-2}=0$이면, 그 점은 정상점이 된다.

$$y=\sum_{\lambda=0}^{\infty} a_\lambda x^{k+\lambda}$$

을 대입하여 (2단계)

$$\sum_{\lambda=0}^{\infty}(k+\lambda)(k+\lambda-1)a_\lambda k^{k+\lambda-2}+\sum_{i=-1}^{\infty}p_i x^i\sum_{\lambda=0}^{\infty}(k+\lambda)a_\lambda x^{k+\lambda-1}$$
$$+\sum_{j=-2}^{\infty}q_j x^j\sum_{\lambda=0}^{\infty}a_\lambda x^{k+\lambda}=0 \tag{8.87}$$

을 얻는다. 지표방정식은

$$k(k-1)+p_{-1}k+q_{-2}=0$$

으로서 x^{k-2}의 계수를 0으로 놓아서 얻을 것이다. 이 식은

$$a_j[(n+j)(n+j-1)+(n+j)-n^2]+a_{j-2}=0$$

으로 된다. 지표방정식의 두 근을 $k=\alpha$와 $k=\alpha-n$으로 나타내자. 여기서 n은 0이거나 양의 정수이다 (n이 정수가 아니면 8.6절의 방법으로 두 개의 독립적인 급수해를 기대하며 이미 해 보았다). 그러면

$$(k-\alpha)(k-\alpha+n)=0$$

즉,

$$k^2+(n-2\alpha)k+\alpha(a-n)=0 \tag{8.89}$$

이다. (8.88)식과 (8.89)식에서 k의 계수를 같게 놓아서

$$p_{-1}-1=n-2\alpha \tag{8.90}$$

를 얻는다. 큰 근 $k=\alpha$에 대응하는 알려진 급수해는

$$y_1=x^\alpha\sum_{\lambda=0}^{\infty}a_\lambda x^\lambda$$

으로 쓰여질 수 있다. 이 급수해를 (8.77)식에 대입하여 (3단계) 만만치 않아 보이는 식

$$y_2(x)=y_1(x)\int^x\frac{\exp\left(-\int_a^{x_2}\sum_{i=-1}^{\infty}p_i x_1^i\,dx_1\right)}{x_2^{2\alpha}\left(\sum_{\lambda=0}^{\infty}a_\lambda x_2^\lambda\right)^2}dx_2 \tag{8.91}$$

를 얻게 된다. 여기서 해 y_1과 y_2는 론스키 $W(a)=1$이 되도록 규격화되었다. 먼저 지수인자를 처리하여

$$\int_a^{x_2}\sum_{i=-1}^{\infty}p_i x_1^i\,dx_1=p_{-1}\ln x_2+\sum_{k=0}^{\infty}\frac{p_k}{k+1}x_2^{k+1}+f(a) \tag{8.92}$$

를 얻는다. 여기서 $i=-1$항으로부터 오는 적분상수 $f(a)=-p_{-1}\ln a$는 전혀 중요하지 않은 전체 인자에 이르게 하므로 생략할 수 있다. 그러므로

$$\exp\left(-\int_a^{x_2}\sum_i p_i x_1^i dx_1\right) = \exp[-f(a)]x_2^{-p_{-1}}\exp\left(-\sum_{k=0}^{\infty}\frac{p_k}{k+1}x_2^{k+1}\right)$$
$$= \exp[-f(a)]x_2^{-p_{-1}}\left[1-\sum_{k=0}^{\infty}\frac{p_k}{k+1}x_2^{k+1}+\frac{1}{2!}\left(-\sum_{k=0}^{\infty}\frac{p_k}{k+1}x_2^{k+1}\right)^2+\cdots\right] \quad (8.93)$$

이다. 계수 $P(x)$의 원래 전개식이 수렴했으면, 지수함수의 이 최종 급수전개는 확실히 수렴한다. $a_0 \neq 0$이면 (8.91)식의 분모를

$$\left[x_2^{2\alpha}\left(\sum_{\lambda=0}^{\infty}a_\lambda x_2^\lambda\right)^2\right]^{-1} = x_2^{-2\alpha}\left(\sum_{\lambda=0}^{\infty}a_\lambda x_2^\lambda\right)^{-2} = x_2^{-2\alpha}\sum_{\lambda=0}^{\infty}b_\lambda x_2^\lambda \quad (8.94)$$

로 써서 취급할 수 있다. $W(a)=1$이라는 조건에 의하여 (어떻게든) 꼬집어낼 수 있는 상수 인자들을 무시하여

$$y_2(x) = y_1(x)\int^x x_2^{-p_{-1}-2\alpha}\left(\sum_{\lambda=0}^{\infty}c_\lambda x_2^\lambda\right)dx_2 \quad (8.95)$$

를 얻는다. (8.90)식에 의해,

$$x_2^{-p_{-1}-2\alpha} = x_2^{-n-1} \quad (8.96)$$

이다. 여기서 $n \geq 0$은 정수이다. 이 결과를 (8.95)식에 대입하여

$$y_2(x) = y_1(x)\int^x \left(c_0 x_2^{-n-1}+c_1 x_2^{-n}+c_2 x_2^{-n+1}+\cdots+c_n x_2^{-1}+\cdots\right)dx_2 \quad (8.97)$$

를 얻는다. (8.97)식의 적분은 $y_1(x)$의 계수로서 두 부분으로 구성되어 있다:

1. x^{-n}으로 시작하는 거듭제곱 급수
2. ($\lambda=n$일 때) x^{-1}의 적분에 의한 로그항. c_n이 우연히 0이 되지 **않으면**, n이 정수일 때 이 항이 항상 나타난다.[13]

예제 8.6.2 **베셀의 방정식의 두 번째 해**

베셀의 방정식 (8.62)식으로부터 [x^2으로 나눠 (8.73)식과 일치시킴],

$$P(x) = x^{-1} \qquad Q(x) = 1 \qquad (n=0\text{일 때})$$

을 얻는다. 그러므로, (8.85)식에서 $p_{-1}=1$, $q_0=1$이다; 다른 모든 p_i와 q_j는 0이 된다. Bessel

[13] 패리티를 고려하여, $\ln x$는 $|x|$로 취해진다(짝수함수).

지표방정식은

$$k^2 = 0$$

이다 [(8.65)식에서 $n=0$인 경우]. 그러므로 n과 α가 0일 때 (8.88) ~ (8.90)식을 증명한다.

첫 번째 해는 (8.69)식을 활용할 수 있다. 이 해를 제12장과 일치하도록 이름을 새로 붙여 (그리고 $a_0 = 1$을 이용), 급수가 절대 수렴하므로 모든 x에 대하여 타당한

$$y_1(x) = J_0(x) = 1 - \frac{x^2}{4} + \frac{x^4}{64} - O(x^6) \tag{8.98a}$$

을 얻는다.[14] 이제, 이러한 모든 것을 (8.83)식에 대입하면 (8.91)식에 대응하는 구체적인 경우에 도달한다:

$$y_2(x) = J_0(x) \int^x \frac{\exp\left[-\int^{x_2} x_1^{-1} dx_1\right]}{\left[1 - x_2^2/4 + x_2^4/64 - \cdots\right]^2} dx_2. \tag{8.98b}$$

피적분함수의 분자로부터

$$\exp\left[-\int^{x_2} \frac{dx_1}{x_1}\right] = \exp[-\ln x_2] = \frac{1}{x_2}$$

을 얻는다. 이것은 (8.93)식의 x_2^{-p-1}에 대응한다. 피적분함수의 분모를 이항전개하여

$$\left[1 - \frac{x_2^2}{4} + \frac{x_2^4}{64}\right]^{-2} = 1 + \frac{x_2^2}{2} + \frac{5x_2^4}{32} + \cdots$$

을 얻는다. (8.85)식과 대응시키면,

$$\begin{aligned} y_2(x) &= J_0(x) \int^x \frac{1}{x_2}\left[1 + \frac{x_2^2}{2} + \frac{5x_2^4}{32} + \cdots\right] dx_2 \\ &= J_0(x)\left\{\ln x + \frac{x^2}{4} + \frac{5x^4}{128} + \cdots\right\} \end{aligned} \tag{8.98c}$$

을 얻는다.

이 결과를 점검하자. 두 번째 해의 표준형을 제시하는 (12.60)식과 (12.62)식으로부터

$$Y_0(x) = \frac{2}{\pi}[\ln x - \ln 2 + \gamma] J_0(x) + \frac{2}{\pi}\left\{\frac{x^2}{4} - \frac{3x^4}{128} + \cdots\right\} \tag{8.98d}$$

을 얻는다. 두 가지 문제점이 생긴다. 첫째, 베셀의 방정식이 동차이므로 $y_2(x)$를 임의의 상수로 곱해도 된다. $Y_0(x)$와 부합되도록 $y_2(x)$에 $2/\pi$를 곱한다. 둘째, 두 번째 해 $(2/\pi)y_2(x)$에 첫

[14] 여기서 내문자 O(…의 차수)는 x^6 또는 그보다 더 높은 x의 거듭제곱에 비례하는 항들을 의미한다.

번째 해에 임의의 일정한 상수를 곱한 것을 더해도 된다. 다시 $Y_0(x)$와 부합되도록

$$\frac{2}{\pi}[-\ln 2 + \gamma]J_0(x)$$

를 더한다. 여기서 γ는 오일러-마셰로니 상수(5.2절)이다.[15] 새로 수정된 두 번째 해는

$$y_2(x) = \frac{2}{\pi}[\ln x - \ln 2 + \gamma]J_0(x) + \frac{2}{\pi}J_0(x)\left\{\frac{x^2}{4} - \frac{5x^4}{128} + \cdots\right\} \qquad (8.98e)$$

이다. 이제 $Y_0(x)$와 비교하면 이 식의 뒷부분은 식 (8.98a)의 $J_0(x)$와 (8.98c)식 안의 양의 곱이 된다. x^2과 x^4 항까지의 곱셈 점검을 이미 실행하였다. 두 번째 해 (8.83)식과 (8.91)식은 표준형인 두 번째 해 즉, 노이만 함수 $Y_0(x)$와 일치한다.

앞의 분석에 의하면, (8.83)식의 두 번째 해 $y_2(x)$는

$$y_2(x) = y_1(x)\ln x + \sum_{j=-n}^{\infty} d_j x^{j+\alpha} \qquad (8.98f)$$

으로 쓰여질 수 있다. 이것은 첫 번째 해에 $\ln x$와 $x^{\alpha-n}$ 항부터 출발하는 또 다른 거듭제곱 급수를 곱한 것이다. 이것은 8.5절의 지표방정식이 단 하나의 해만을 제공할 때, 로그항을 찾을 수도 있음을 의미한다. (8.98f)식으로 지정된 두 번째 해의 형태를 원래의 미분방정식에 대입하여 8.5절에서와 똑같이 계수 d_j를 결정할 수 있다. $\ln x$의 급수전개가 필요치 않음을 주목할 만하다. 대입할 때 $\ln x$가 없어지겠지만, 그 도함수는 살아남을 것이다.

두 번째 해는, 급수 안의 로그 인자와 x의 음의 거듭제곱 때문에, 대개 원점에서 발산할 것이다. 이런 이유로, $y_2(x)$를 흔히 **비정칙 해**라고 언급한다. 대개 원점에서 수렴하는 첫 번째 급수해 $y_1(x)$는 정칙 해이다. 원점에서의 거동에 관한 문제는 르장드르 함수와 베셀 함수를 연구하는 제11장과 제12장에서 보다 상세히 논의된다.

요 약

(연습문제와 함께) 두 절에서 논의한 두 해는, 전개하는 점이 정칙 특이점보다 나쁘지 않다고 가정하면, 선형 동차 이차 상미분방정식의 **완비해(complete solution)**를 제공한다. 적어도 하나의 해는 급수해로 항상 구해진다 (8.5절). 론스키의 이중적분[(8.83)식]에 의하여 **두 번째의 선형 독립인 해**가 얻어질 수 있다. **선형 독립인 세 번째의 해는 존재하지 않는다.**

비동차 선형 이차 상미분방정식은 부가적인 해 즉, **특수해**를 갖는다. 이 특수해는 매개변수들의 변분법으로 구해질 수 있다.

[15] Neumann 함수 Y_0는 편리한 점근적 성질들을 갖도록 정의된다 (12.3절).

연습문제

8.6.1 르장드르의 미분방정식

$$(1-x^2)y'' - 2xy' + n(n+1)y = 0$$

이 정칙해 $P_n(x)$와 비정칙해 $Q_n(x)$를 갖는다. P_n과 Q_n의 론스키가

$$P_n(x)Q_n'(x) - P_n'(x)Q_n(x) = \frac{A_n}{1-x^2}$$

으로 주어짐을 보여라. 여기서 A_n은 x와 **무관**하다.

8.6.2 론스키를 이용하여

$$y''(x) + P(x)y'(x) + Q(x)y(x) = 0$$

형태의 선형 이차 동차 상미분방정식이 **3개의 독립적인 해를 가질 수 없음**을 보여라(세 번째 해를 가정하고 모든 x에 대하여 론스키가 0이 됨을 보여라).

8.6.3 선형 이차 상미분방정식

$$y'' + P(x)y' + Q(x)y = 0$$

을 치환

$$y = z\exp\left[-\frac{1}{2}\int^x P(t)\,dt\right]$$

에 의해 변환하고, 그 결과 얻어진, z에 대한 미분방정식이

$$z'' + q(x)z = 0$$

임을 보여라. 여기서

$$q(x) = Q(x) - \frac{1}{2}P'(x) - \frac{1}{4}P^2(x)$$

이다.

8.6.4 연습문제 8.6.3의 결과를 이용하여 $\varphi(r)$을 $r\varphi(r)$로 대치하면 구면 극좌표계의 라플라스 작용소(∇^2)에서 일차 도함수가 제거된다고 기대할 수 있음을 보여라. 또한 연습문제 2.5.15(b)를 보아라.

8.6.5 직접 미분하고 대입하여

$$y_2(x) = y_1(x) \int^x \frac{\exp\left[-\int^s P(t)\,dt\right]}{[y_1(s)]^2}\,ds$$

가

$$y_2''(x) + P(x)y_2'(x) + Q(x)y_2(x) = 0$$

을 만족함을 보여라.

주의. 적분의 도함수에 대한 라이브니즈 공식은

$$\frac{d}{d\alpha}\int_{g(\alpha)}^{h(\alpha)} f(x,\alpha)\,dx = \int_{g(\alpha)}^{h(\alpha)} \frac{\partial f(x,\alpha)}{\partial\alpha}\,dx + f[h(\alpha),\alpha]\frac{dh(\alpha)}{d\alpha} - f[g(\alpha),\alpha]\frac{dg(\alpha)}{d\alpha}$$

이다.

8.6.6 방정식

$$y_2(x) = y_1(x) \int^x \frac{\exp\left[-\int^s P(t)\,dt\right]}{[y_1(s)]^2}\,ds$$

에서 $y_1(x)$는

$$y_1'' + P(x)y_1' + Q(x)y_1 = 0$$

을 만족한다. 함수 $y_2(x)$는 같은 방정식의 **선형 독립**인 두 번째 해이다. 두 적분식에서 하한을 표시해도 새로운 것이 얻어지지 않는다. 즉, 적분하한을 표시해도 전체적인 인자가 더해지거나 또는 알려진 해 $y_1(x)$에 배수만이 곱해질 뿐이라는 것을 보여라.

8.6.7 방정식

$$R'' + \frac{1}{r}R' - \frac{m^2}{r^2}R = 0$$

의 한 해가 $R = r^m$이면, (8.83)식이 두 번째 해 $R = r^{-m}$을 예측함을 보여라.

8.6.8 선형 진동자방정식의 해로서 $y_1(x) = \sum_{n=0}^{\infty}(-1)^n x^{2n+1}/(2n+1)!$을 이용하고, (8.98f)식의 (완결된) 분석을 따르면 $c_1 = 0$이므로 두 번째 해가 이 경우에 로그항을 포함하지 않음을 보여라.

8.6.9 n이 정수가 **아닐** 때, (8.83)식으로부터 구해진 Bessel의 방정식의 두 번째 해가 로그항을 포함하지 **않음**을 보여라.

8.6.10 (a) $\alpha = 0$에 대한 에르미트의 미분방정식

$$y'' - 2xy' + 2\alpha y = 0$$

의 한 해가 $y_1(x) = 1$이다. (8.83)식을 이용하여 두 번째 해 $y_2(x)$를 구하여라. 두

번째 해가 $y_{홀수}$(연습문제 8.5.6)와 동등함을 보여라.

(b) $y_1(x) = x$일 때 (8.83)식을 이용하여 $\alpha = 1$에 대한 두 번째 해를 구하여라. 두 번째 해가 $y_{짝수}$(연습문제 8.5.6)과 동등함을 보여라.

8.6.11 $n = 0$에 대한 라게르의 미분방정식

$$xy'' + (1-x)y' + ny = 0$$

의 한 해가 $y_1(x) = 1$이다. (8.83)식을 이용하여 두 번째의 선형 독립인 해를 유도하여라. 로그항을 명백히 나타내 보여라.

8.6.12 $n = 0$인 라게르의 방정식에 대하여는

$$y_2(x) = \int^x \frac{e^s}{s}\,ds$$

이다.

(a) $y_2(x)$를 로그항에 거듭제곱 급수가 더해진 형태로 나타내어라.

(b) 적분식을 직접 미분하고 미분방정식에 대입하여 앞에 주어진 $y_2(x)$의 적분형이 라게르의 방정식($n = 0$)의 해임을 증명하여라.

(c) 급수를 미분하고 라게르의 방정식에 다시 대입하여 (a)에서 구한 $y_2(x)$의 급수형이 하나의 해임을 보여라.

8.6.13 지름 슈레딩거 파동방정식은

$$\left\{-\frac{\hbar^2}{2m}\frac{d^2}{dr^2} + l(l+1)\frac{\hbar^2}{2mr^2} + V(r)\right]y(r) = Ey(r)$$

의 형태를 갖는다. 퍼텐셜 에너지 $V(r)$을 원점 주위로 전개하면

$$V(r) = \frac{b_{-1}}{r} + b_0 + b_1 r + \cdots$$

이 된다.

(a) r^{l+1}으로 시작하는 하나의 (정칙) 해가 있음을 보여라.

(b) (8.83)식으로부터 비정칙 해가 원점에서 r^{-l}으로 발산함을 보여라.

8.6.14 두 번째 해 y_2가 $y_2(x) = y_1(x)f(x)$의 형태를 갖는다고 가정하여, 원래의 방정식

$$y_2'' + P(x)y_2' + Q(x)y_2 = 0$$

에 다시 대입하면, (8.83)식과 일치하는

$$f(x) = \int^x \frac{\exp\left[-\int^s P(t)\,dt\right]}{[y_1(s)]^2}\,ds$$

가 유도됨을 보여라.

8.6.15 선형 이차의 상미분방정식이 비동차이면 즉, (8.44)식의 형태이면, **가장 일반적인 해**가

$$y(x) = y_1(x) + y_2(x) + y_p(x)$$

이다 (y_1과 y_2는 동차방정식의 독립인 해들이다). 이 때

$$y_p(x) = y_2(x)\int^x \frac{y_1(s)F(s)\,ds}{W\{y_1(s),\, y_2(s)\}} - y_1(x)\int^x \frac{y_2(s)F(s)\,ds}{W\{y_1(s),\, y_2(s)\}}$$

임을 보여라. 여기서 $W\{y_1(x),\ y_2(x)\}$는 $y_1(s)$와 $y_2(s)$의 론스키이다.
힌트. $y_p(x) = y_1(x)v(x)$라고 하고 $v'(x)$에 대한 일차 상미분방정식을 유도하여라.

8.6.16 (a) 미분방정식

$$y'' + \frac{1-\alpha^2}{4x^2}y = 0$$

이 다음 두 개의 해를 가짐을 보여라:

$$y_1(x) = a_0 x^{(1+\alpha)/2}$$

$$y_2(x) = a_0 x^{(1-\alpha)/2}.$$

(b) $\alpha = 0$일 때 (a)부분의 두 개의 일차 독립인 해들은 $y_{10} = a_0 x^{1/2}$으로 된다. (8.83)식을 이용하여 두 번째 해

$$y_{20}(x) = a_0 x^{1/2}\ln x$$

를 유도하여라. y_{20}가 실제로 하나의 해임을 증명하여라.

(c) (b)부분의 두 번째 해가 (a)부분에서 구한 두 해의 극한의 경우에 구해질 수 있음을 보여라:

$$y_{20}(x) = \lim_{\alpha\to 0}\left(\frac{y_1 - y_2}{\alpha}\right)$$

8.7 수치 해

이 장과 다음 장들에서 미분방정식들의 해석적인 해와 근사해들은 당면한 문제의 해를 해결하는데, 특히 어떤 대칭이 있으면, 충분할 수도 있다. 거듭제곱 급수해는 그 해가 x의 작은 값에서 어떻게 거동하는지를 보여주고, 점근해들은 그 해가 x의 큰 값에서 어떻게 거동하는지를 보여준다. 이러한 극한적인 거동과 (또 풀고자 하는) 미분방정식과 해가 알려진 표준형(제 11 ~ 제 13장)사이의 가능한 유사성은 (구하고자 하는) 해의 일반적인 거동을 이해하는 데 아주 귀중한 도움이 된다.

그러나 실제 상황에서는, 슈레딩거 파동방정식에서 다른 퍼텐셜이 주어지는 것과 같이, **다른** 방정식을 취급하고, 또 방정식의 합리적이고 정확한 해를 구하고자 하는 것이 보통이다. 그래서 수치해석으로 방향을 바꾼다.

■ 일차 미분방정식

미분방정식은 점들의 연속성과 관련된다. 독립변수 x는 연속이다. (미지의) 종속변수 $y(x)$는 연속이라고 가정한다. 미분방정식의 개념은 연속성을 요구한다. 수치적 과정에서는 이런 연속적인 변수들을 불연속인 집합들로 대치한다. h가 어떤 작은 간격일 때, x가

$$x_0, \qquad x_0+h, \qquad x_0+2h, \qquad x_0+3h \quad \text{등등}$$

에서와 같은 균일한 격자 위의 특정한 값만을 갖도록 하자. h가 작아질수록 원리적으로는 근사가 좋아진다. 그런데, h가 너무 작아지면, 컴퓨터의 작동 시간에 관한 요구가 지나치게 높아질 것이고, 누적된 반올림 오차 때문에 실질적으로 정확도가 떨어질 것이다. 그러므로, 실질적으로, 시행착오로 단계의 크기를 선정하거나 (컴퓨터의) 코드가 반올림 오차를 최소화하도록 단계의 크기를 최적화한다. x의 잇따르는 불연속 값들을 x_n, x_{n+1} 등으로 나타내고, 이에 대응하는 $y(x)$의 값들을 $y(x_n)=y_n$으로 나타낸다. x_0와 y_0가 주어지면 y_1을 구하고, 다음에 y_2, 등등을 구하는 것이 문제이다.

■ 테일러 급수해

일차의 (아마도 비선형) 상미분방정식

$$\frac{d}{dx}y(x) = f(x, y) \tag{8.99}$$

를 고려하자. 여기서 초기조건은 $y(x_0)=y_0$이다. 원리적으로는 테일러 전개

$$y(x_0+h) = y(x_0) + hy'(x_0) + \frac{h^2}{2!}y''(x_0) + \cdots + \frac{h^n}{n!}y^{(n)}(x_0) + \cdots \tag{8.100}$$

로 임의의 정밀도를 갖는 이 미분방정식의 해를 단계별로 구할 수 있다. 여기서 도함수들이 존재하고 급수가 수렴한다고 가정한다. 초기값 $y(x_0)$가 알려지고 $y'(x_0)$는 $f(x_0, y_0)$로 주어진다. 원리적으로는, 높은 차수의 도함수들은 $y'(x) = f(x, y)$를 미분하여 얻을 수 있다. 그러나, 미분들은 Mathematica, Maple, 또는 Reduce와 같은 기호 소프트웨어 또는 수치 패키지들을 사용하여 컴퓨터로 실행될 수 있다. 이 장에서 마주치는 형태의 방정식들에서는 10개 또는 그 이상의 도함수들을 생성시키고 컴퓨터로 계산하는데는 문제가 없다.

테일러 급수해는 해석적 연속화의 한 형태이다. (8.100)식의 우변의 두 번째 항 이후의 항들을 생략하면, h^2 차수의 항들을 무시하여

$$y_1 = y_0 + hy_0' = y_0 + hf(x_0, y_0), \ldots, y_{n+1} = y_n + hf(x_n, y_n) \quad (8.101)$$

이 된다. (8.101)식을 가끔 **오일러 해**라고 한다. 분명히, 이 식은 h^2 차수의 항들을 무시함으로써 심각한 오차를 겪어야 한다. 특별한 경우를 논의하자.

예제 8.7.1 **일차 상미분방정식에 대한 테일러 급수 근사**

일차 상미분방정식을 푸는 일반적인 방법이 없기 때문에 흔히 수치적 근사에 의존한다. 상미분방정식 $y' = f(x, y)$를 미분하여

$$y'' = \frac{\partial f}{\partial x}(x, y) + \frac{\partial f}{\partial y}(x, y)y', \quad y''' = \frac{\partial^2 f}{\partial x^2}(x, y) + \cdots + \frac{\partial f}{\partial y}(x, y)y''$$

등을 얻는다. 점 (x_0, y_0)로부터 출발하여 상미분방정식의 이 도함수들로부터 $y(x_0)$, $y'(x_0)$, $y''(x_0)$, …을 결정하고 그 과정을 계속하는 근방점(neighboring point)을 구하기 위해 이들을 테일러 전개식에 대입한다.

구체적으로, 상미분방정식 $y' + y^2 = 0$을 고려하자. 점 $(x=1, y=1)$을 지나는 이 방정식의 해석적인 해는 쌍곡선 $y(x) = 1/x$이다. 방금 개략적으로 설명한 근사법을 따라

$$y'' = -2yy', \quad y''' = -2(yy'' + y'^2), \quad y^{(IV)} = -2(yy''' + 3y'y''), \ldots.$$

을 구한다. 결과로 얻은 $0 < x < 2$에 대한 테일러 급수

$$\begin{aligned} y(x) &= y(1) + (x-1)y'(1) + \frac{(x-1)^2}{2}y''(1) + \frac{(x-1)^3}{3!}y'''(1) + \cdots \\ &= 1 - (x-1) + (x-1)^2 - (x-1)^3 + (x-1)^4 + \cdots = \frac{1}{1+(x-1)} = \frac{1}{x} \end{aligned}$$

은 실제로 정확한 해임이 확인되고 그 타당성은 수렴구간 넘어까지 확장된다. ■

■ 룬게-쿠타(Runge-Kutta) 방법

룬게-쿠타 방법은 오일러의 근사[(8.101)식]를 정리한 것이다. 4차의 룬게-쿠타 근사는 h^5 차

수의 오차를 갖는다. 적절한 공식은

$$y_{n+1} = y_n + \frac{1}{6}[k_0 + 2k_1 + 2k_2 + k_3] \tag{8.102}$$

이다. 여기서

$$\begin{aligned} k_0 &= hf(x_n, y_n), \\ k_1 &= hf\left(x_n + \frac{1}{2}h,\ y_n + \frac{1}{2}k_0\right), \\ k_2 &= hf\left(x_n + \frac{1}{2}h,\ y_n + \frac{1}{2}k_1\right), \\ k_3 &= hf(x_n + h,\ y_n + k_2) \end{aligned} \tag{8.103}$$

이다. 룬게-쿠타 방법의 기본적인 개념은 오차 항들을 차례로 제거하는 것이다. 이런 방정식들의 유도는 Ralston & Wilf[16](M. J. Romanelli에 의한 9장을 보라)과 Press 등[17]의 문헌에 나타나 있다.

(8.102)식과 (8.103)식은 고전적인 4차 룬게-쿠타 방법(h^4 차수의 항들까지는 정확함)을 정의한다. 이것은 Press 등의 15.1절과 15.2절을 따른 형태이다. 다른 많은 룬게-쿠타 방법이 존재한다. Lapidus와 Seinfeld(추가 읽을거리를 보라)는 다른 가능성을 분석 비교하여 고전적인 방법보다 약간 더 우수한, Butcher에 기인하는, 5차형을 추천하고 있다. 그러나, 높은 정밀도를 요구하지 않는 응용과 그렇게 매끄럽지 않은 상미분방정식에서는 **적응성 단계 사이즈 통제(adaptive step size control)**가 가능한 4차 룬게-쿠타 방법(Press 등의 15장 참조)이 상미분방정식의 수치해의 선택 방법이다. 그러나 일반적으로, 항상 그렇지는 않지만, 4차 룬게-쿠타 법이 이차 및 **고차** 룬게-쿠타 법보다 우수하다. 이와 같은 테일러 전개의 관점에서 볼 때, 룬게-쿠타 방법도 해석적 연속화의 한 예이다.

dy/dx가 x만의 함수[(8.99)식에서 $f(x,\ y) \to f(x)$]인 특별한 경우에, (8.102)식의 마지막 항은 x_n부터 x_{n+1}까지의 심푸손 규칙을 따르는 수치적분이 된다.

룬게-쿠타 방법은 작은 오차들이 증폭되지 않는다는 의미에서 안정적이고, x_0와 y_0를 택하고 나서 이 값들에서 곧 바로 벗어난다는 의미에서 자체출발(self-starting) 특성을 갖는다. 그러나 단점도 갖고 있다. 각 단계에서 $f(x,\ y)$를 4번이나 개별적으로 계산해야 한다. 각 단계마다 h^5의 차수라 하더라도 오차는 알려지지 않는다. h의 크기를 반으로 줄이고 계산을 반복하여 수치해를 점검하여 두 번째 결과가 처음과 일치하면, h가 충분히 작다. 끝으로, 룬게-쿠타 방법은 요구되는 만큼 많은 **종속**변수를 갖는 결합된 일차 방정식들의 집합으로 확장될 수 있다:

$$\frac{du}{dx} = f_1(x, u, v), \qquad \frac{dv}{dx} = f_2(x, u, v), \quad \text{등등} \tag{8.104}$$

[16]Ralston, A., and Wilf, H. S. (Eds.) (1960). *Mathematical Methods for Digital Computers*. Wiley, New York.
[17]Press, W. H., Flannery, B.P., Teukolsky, S. A., and Vetterling, W. T. (1992). *Numerical Recipes*, 2nd ed. Cambridge Univ. Press, Cambridge, UK.

다시, (8.104)식은 비선형일 수 있는데, 이것은 수치해의 장점이다.

높은 정밀도로 적용하려면 벌리시-스터르 방법[18]과 연관된 리차드슨의 외삽법(extrapolation)이나, 바로 뒤에 논의될 예측-수정(predictor-corrector) 방법을 이용할 수 있다. 리차드슨의 외삽법은 수치해를 단계 크기 $h \to 0$의 극한에서 계산될 수 있는 유리함수로 근사시키는 것에 기초를 두고 있다. 이 방법은 자주 응용에서 커다란 실질적인 단계 크기를 허용한다.

■ 예측-수정 방법

(8.99)식을 공략하는 또 다른 방법으로서 y_{n+1}의 잠정값을

$$\bar{y}_{n+1} = y_{n-1} + 2hy'_n = y_{n-1} + 2hf(x_n, y_n) \tag{8.105}$$

으로 추정 또는 **예측**해 보는 것이다. 이 방법은 (8.101)식과 완전히 같지는 않고 오히려,

$$y'_n \approx \frac{\Delta y}{\Delta x} = \frac{y_{n+1} - y_{n-1}}{2h} \tag{8.106}$$

과 같이 도함수를 현으로 대체한 접선으로 해석할 수도 있다. 다음에,

$$y'_{n+1} = f(x_{n+1}, \bar{y}_{n+1}) \tag{8.107}$$

을 **계산한다**. 그리고, (8.105)식의 정교하지 못한 점을 교정하기 위해

$$y_{n+1} = y_n + \frac{h}{2}(\bar{y}_{n+1} + y'_n) \tag{8.108}$$

을 취한다. 따라서 유한한 차이의 비율 $\Delta y/h$는 두 도함수의 평균으로 근사된다. 이 기법-수정(일치될 때까지 반복)과 뒤따르는 예측-이 예측-수정 방법의 핵심이다. 앞의 방정식들의 집합은 예측-수정 방법을 예시하기 위한 것이었음을 강조한다. 이 집합의 정확도(h^3 차수까지)는 대개 적합하지는 않다.

컴퓨터의 반복작동 과정[(8.108)식의 y_{n+1}을 다시 (8.107)식에 대입하고, y_{n+1}이 어떤 극한에 이를 때까지의 반복순환]에서 시간이 소모된다. 결과적으로, 반복과정은 대개 (8.105)식과 (8.107)식 사이의 중간 단계(**수정**)로 대체된다. 이 수정된 예측-수정 방법은 (네 단계 대신에) 각 단계마다 두 번의 $f(x, y)$ 계산만을 요구하므로 룬게-쿠타 방법에 비해 커다란 장점을 갖는다. 불행하게도, 처음에 개발된 방법은 불안정하였다 – 작은 오차들(반올림과 생략에 의한)이 전파되어 증폭되는 경향이 있었다.

이 아주 심각한 불안정성의 문제는 해밍에 의해 개정된 예측-수정 방법의 분석으로 극복되었다. 편도함수 공식과 해를 구하기 시작하는 데 필요한 세부적인 지시 사항 등이 모두 랄스

---

[18] Section 15.4 of Press *et al*. and also Stoer, J., and Burlirsch, R.(1980). *Introduction to Numerical Analysis* (Chap. 7). Springer-Verlag, New York을 보라.

톤(Ralston & Wilf의 8장)에 의해 주어졌다. 해밍의 방법은 h^4 차수까지 정확하다. 이 방법은 h의 모든 합리적인 값들에 대하여 안정적이고 오차 추정법을 제공한다. 룬게-쿠타 방법과는 달리, 이 방법은 자체 출발성이 **아니다**. 예를 들어, (8.105)식은 y_{n-1}과 y_n을 모두 요구한다. 해밍 예측-수정 방법의 출발값들 (y_0, y_1, y_2, y_3)는 급수해법 (작은 x에 대한 거듭제곱 급수와 큰 x에 대한 점근 급수) 또는 룬게-쿠타 방법에 의하여 계산될 수 있다. 해밍 예측-수정 방법은 결합된 일차 상미분방정식들의 집합 즉, (8.104)식까지를 망라하도록 확장될 수 있다.

■ 이차 상미분방정식

모든 이차 미분방정식

$$y''(x) + P(x)y'(x) + Q(x)y(x) = F(x) \tag{8.109}$$

는

$$y'(x) = z(x) \tag{8.110}$$

로 놓으면 두 개의 일차 상미분방정식으로 분리될 수 있다.

$$z'(x) + P(x)z(x) + Q(x)y(x) = F(x). \tag{8.111}$$

이렇게 결합하면 일차 상미분방정식들은 앞에서 기술된 룬게-쿠타나 해밍 예측-수정 방법으로 풀릴 수 있다. 이차 상미분방정식에 대한 룬게-쿠타-니스트롬 방법은 중간 보조값 y'_{n+1}을 경유해 진행되며 보다 정확하게 개정된 것이다. (8.102)식과 (8.103)식의 형태를 가정하고, 매개변수들이 h^4 항까지 테일러 전개에 맞도록 조정한다.

마지막으로 주목할 것은 이 강력한 수치해석 기술을 무분별하게 함부로 사용하면 크게 실패한다는 것이다. 새롭고 다른 미분방정식의 해는 대개 해석적 해와 수치해의 결합을 포함하게 될 것이다. 룬게-쿠타 해를 그 해(또는 y' 또는 y'')가 발산해 버리는 특이점(8.4절을 보라)에까지 적용시킬려고 해서는 안 된다. 계산 방법을 보다 광범위하게 다루기 위해서는 Garcia(추가 읽을거리를 보라)를 참고하기 바란다.

연습문제

8.7.1 룬게-쿠타 방법, (8.102)식이 일차 상미분방정식 $dy/dx = f(x)$에 적용된다. 이 함수 $f(x)$가 y에 독립임을 주목하여라. 이와 같은 특별한 경우에 룬게-쿠타 방법이 수치 구적법(numerical quadrature)에 관한 심푸손의 법칙으로 전환됨을 보여라.

8.7.2 (a) 저항성 매질을 통해 낙하하는 물체의 (속도에 비례하는 지연력을 받을 때) 운동은

$$\frac{dv}{dt} = g - av$$

로 기술된다. 상수를 $g=9.80(\mathrm{m/sec^2})$, $a=0.2(\mathrm{sec^{-1}})$로 취한다. 초기조건은 $t=0$, $v=0$이다. 이 식을 0.1 sec의 간격으로 $t=20.0$ sec까지 적분하여라. 1초 간격으로 속도의 값 $v(1.0)$, $v(2.0)$ 등등을 표로 작성하여라. 작도 루틴(routine)이 활용 가능하면 $v(t)$대 t를 작도하여라.

(b) $v(20.0)$과 최종 속도 $v(\infty)$의 비를 계산하여라.

값을 점검하여라. $v(10)=42.369\ \mathrm{m/sec}$

답. 0.9817

8.7.3 초기조건이 $y(0)=1$, $y'(0)=0$(짝수 해)일 때, $x=0$에서 $x=1$까지 르장드르의 미분방정식(연습문제 8.5.5)을 적분하여라. 0.05의 구간 간격으로 $y(x)$와 dy/dx를 표로 작성하여라. $n=2$를 택한다.

8.7.4 천체물리학에서 레인-임덴 방정식은

$$\frac{d^2y}{dx^2}+\frac{2}{x}\frac{dy}{dx}+y^s=0$$

이다. $y(0)=1$, $y'(0)=0$을 취하고 $s=0, 1, 2, 3, 4, 5, 6$일 때 $y(x)$의 거동을 조사하여라. 특히 $y(x)$의 첫 번째 근의 위치를 구하여라.

힌트. 거듭제곱 급수해로부터 $y''(0)=-\frac{1}{3}$.

주의. $y(x)$는 $s=0$일 때 포물선; $s=1$일 때, 구면 베셀 함수 $j_0(x)$이다. $s\to 5$일 때, 첫 번째 근은 ∞로 이동하고, $s>5$일 때는 $y(x)$는 결코 양의 x축을 지나지 않는다.

답. $y(x_s)=0$일 때 $x_0=2.45(\approx\sqrt{6})$,
$x_1=3.14(\approx\pi)$, $x_2=4.35$, $x_3=6.90$.

8.7.5 연습문제 8.6.10(a)를 점검하는 예제로 에르미트의 방정식 ($x=0$)

$$\frac{d^2y}{dx^2}-2x\frac{dy}{dx}=0$$

을 $x=0$에서 $x=3$까지 적분하여라. 초기조건은 $y(0)=0$, $y'(0)=1$이다. $y(1)$, $y(2)$ 및 $y(3)$를 표로 작성하여라.

답. $y(1)=1.463$, $y(2)=16.45$, $y(3)=1445$.

8.7.6 오일러 방법을 이용하여 연습문제 8.3.15에 주어진 세 개의 상미분방정식의 수치해를 구하고, 룬게-쿠타 방법의 결과와 비교하여라. 여러 개의 고정된 x 값에 대하여, $|y(x)-y_{수}(x)|$대 단계 크기를 로그-로그 눈금으로 작도하여라. 여기서 $y(x)$는 문제의 해석적인 해이고 $y_{수}$은 수치해이다. 가장 좋은 단계의 크기를 구하여라.

8.7.7 $n=0, 1, 2$일 때 (8.62)식으로 주어진 베셀 상미분방정식의 수치해를 구하고,

$J_n(\alpha_{ns})=0$의 처음 두 근의 위치를 계산하여라.

값을 점검하여라. $\alpha_{12}=7.01559$

8.7.8 선회축(pivot)이 조화적으로 구동될 때, 진자에 관한 상미분방정식

$$l\frac{d^2\theta}{dt^2}=-(g+a\sin\omega t)\sin\theta$$

의 수치해를 구하여라. 구동 진동수 ω에 따라 단계 크기를 선정하고, 적절한 매개변수 $l,\ a,\ \omega$를 골라 내어라. $g \ll a$의 경우를 포함시켜서 논하여라.

8.7.9 연습문제 8.2.20의 상미분방정식의 수치해를 구하여라. 룬게-쿠타 결과와 비교하여라.

8.7.10 연습문제 8.2.21의 상미분방정식의 수치해를 구하여라.

8.7.11 연습문제 8.2.22의 상미분방정식의 수치해를 구하여라.

8.8 편미분방정식의 도입

많은 물리계의 동력학은 고전역학에서의 가속도와 양자역학에서의 운동에너지 $\sim\nabla^2$과 같이 이차 도함수들을 포함하므로 시간변수와 하나 또는 그 이상의 공간변수들에 관한 편미분방정식(PDE)으로 표현된다.

편도함수는 선형 연산자이다:

$$\frac{\partial(a\varphi(x,y)+b\psi(x,y))}{\partial x}=a\frac{\partial\varphi(x,y)}{\partial x}+b\frac{\partial\psi(x,y)}{\partial x}.$$

여기서 $a,\ b$는 상수이다. 비슷하게, $\mathcal{L}$이 (편)도함수들로 구성된 연산자이고, 선형 연산자이면

$$\mathcal{L}(a\psi_1+b\psi_2)=a\mathcal{L}\psi_1+b\mathcal{L}\psi_2$$

이고, 편미분방정식은

$$\mathcal{L}\psi=F$$

의 형태로 쓰여질 수 있다. 여기서 F는 미지의 함수 $\psi(t,\ \mathbf{r})$과 무관한 외부 원천이다. $F\equiv 0$이면, 그 편미분방정식을 **동차**라고 부르고, $F\neq 0$이면 편미분방정식은 **비동차**라 한다. 동차 편미분방정식에는 **중첩원리**가 성립된다: ψ_1과 ψ_2가 편미분방정식의 해이면, 임의의 선형 결합 $a\psi_1+b\psi_2$도 해이다. $\mathcal{L}$이 기껏해야 일차 편도함수를 포함하고 있으면 그 편미분방정식은

일차이다; $\mathcal{L}$이 ∇^2과 같은 이차 도함수를 포함하고 그 이상의 고차 도함수를 포함하지 않으면, 그 편미분방정식은 이차이다, 등등. 상수계수를 갖는 이차 편미분방정식이 물리학에 자주 나타난다. 편미분방정식이 ∇^2 또는 $\nabla^2 + c^{-2}\partial^2/\partial t^2$을 포함하고 있으면 **타원** 편미분방정식, $a\partial/\partial t + \nabla^2$을 포함하면 **포물선** 편미분방정식, $c^{-2}\partial^2/\partial t^2 - \nabla^2$과 같은 연산자를 포함하면 **쌍곡선** 편미분방정식으로 분류된다. 쌍곡선 (과 몇 가지 포물선) 편미분방정식은 파동을 해로 갖는다.

8.9 변수분리

편미분방정식을 푸는 첫 번째 기법은 변수가 n개인 편미분방정식을 n개의 상미분방정식으로 분리하는 것이다. 각각의 변수분리 과정에는 임의의 분리상수가 도입된다. 변수가 n개이면 $n-1$개의 상수를 도입해야 하고, 이 상수들은 풀어야 할 문제에 부과된 조건에 의해 결정되어야 한다. 직사각형 금속판에 대한 열흐름 방정식부터 시작하자. 이 문제의 기하학적 특성 때문에 데카르트 좌표를 사용한다.[19]

■ 데카르트 좌표

위치에 따라 변하는 온도가 $\psi(\mathbf{r})$인 균질한 매질에서 열은 온도가 높은 점에서 낮은 점으로 즉, 온도 기울기가 음인 방향으로 흐른다. 적절한 열원이 경계 상에 있어 경계조건을 형성한다고 가정한다. 열의 흐름은 분명히 $\mathbf{j} = -\kappa\nabla\psi$의 형태이어야 한다. 여기서 비례상수 κ는 직사각형 금속판 매질의 열전도도를 측정하는 양이다. 흐름밀도는 열흐름의 속도에 비례한다. 온도가 어디에선가 증가하면, 이것은 특정한 체적소 d^3r을 떠나는 열보다 흘러 들어오는 열이 더 많기 때문이다. 1.6절에서 그 차이는 열흐름의 음의 발산(divergence)으로 주어진다는 것을 알고 있다; 즉, $-\nabla\cdot\mathbf{j}d^3r = \kappa\nabla^2\psi d^3r$. 반면에, 시간에 따른 에너지의 증가는 온도의 시간적 변화, 비열 σ 및 질량 ρd^3r에 비례한다. 여기서 ρ는 밀도로서 공간과 시간적으로 일정하다고 간주한다. 원천이 없을 때, **열흐름 방정식(heat flow equation)**

$$\frac{\partial\psi}{\partial t} = \frac{\kappa}{\sigma\rho}\nabla^2\psi \tag{8.112}$$

를 얻는다. 이것은 포물선 편미분방정식이다. 가장 간단한 **시간-독립인 정상 상태**의 경우에는 $\partial\psi/\partial t = 0$이므로 라플라스 방정식을 얻게 된다. 데카르트 좌표계에서 (2.5)식의 라플라스 작용소를 사용하면, 라플라스 방정식은

[19] 경계조건들은 유클리드 기하학이라고 가정한 기하학의 일부로서, 뒤에 제16장에서 보다 상세히 논의될 것이다.

$$\frac{\partial^2\psi}{\partial x^2}+\frac{\partial^2\psi}{\partial y^2}+\frac{\partial^2\psi}{\partial z^2}=0 \tag{8.113}$$

이 된다. (8.113)식과 같은 편미분방정식을 취급하는 가장 간단한 방법은 아마 편미분방정식을 상미분방정식들의 집합으로 분리하는 것이다. 이 과정은 곱 형태의 시험함수

$$\psi(x, y, z)=X(x)Y(y)Z(z) \tag{8.114}$$

를 (8.113)식에 대입하여 실행될 수 있다. (8.114)식이 타당함을 어떻게 알 수 있는가? 시행착오 과정으로 진행한다. 이러한 시도가 성공하면, (8.114)식이 정당화될 것이고 성공하지 못하면, 재빨리 다른 공략을 시도한다. ψ가 (8.114)식으로 주어진다고 가정하면, (8.113)식은

$$YZ\frac{d^2X}{dx^2}+XZ\frac{d^2Y}{dy^2}+XY\frac{d^2Z}{dz^2}=0 \tag{8.115}$$

이 된다. 양변을 $\psi=XYZ$로 나누고 항들을 다시 정리하여

$$\frac{1}{X}\frac{d^2X}{dx^2}=-\frac{1}{Y}\frac{d^2Y}{dy^2}-\frac{1}{Z}\frac{d^2Z}{dz^2} \tag{8.116}$$

를 얻는다. (8.116)식은 하나의 변수가 분리된 것을 나타낸다. 좌변은 x만의 함수인 반면에 우변은 y와 z에 의존한다. 그러나 x, y 및 z는 독립좌표이다. 이 독립성은 (8.114)식의 방법이 적용됨을 의미한다; (8.116)식의 좌변은 x에만 의존한다, 등등. 즉, 독립변수로서 x의 거동이 y와 z에 의해 결정되지 않는다. 그러므로 좌변과 우변은 어떤 상수 – **분리상수** – 와 같아야 한다.

부호의 선택은 여기서는 완전히 임의적이지만, 특정한 문제에서는 **특정한 경계조건**을 만족하도록 확정될 것이다. 이제, 이 점에 관하여 논의할 필요가 있다. 좌표계의 원점에 한 모서리를 두고, 변들이 좌표축들에 나란하게 놓이고, 바닥이 $z=0$이면에 놓인 판의 온도 분포가 $\psi(x, y, z=0)=\psi_0(x, y)$로 주어져 있다고 하자. 문제를 더 간단하게 하기 위해, 판이 x와 y 방향으로는 유한하지만, z방향으로는 무한히 길고, $z\to+\infty$일 때 온도가 0이 된다고 하자. 판의 끝 ($z\to+\infty$) 근처의 온도에 관심을 갖지 않으면, 이것은 합리적인 가정이다. 횡단면 x, y 방향의 판의 길이를 똑같이 2π로 취한다. 이제

$$\frac{1}{X}\frac{d^2X}{dx^2}=-l^2 \tag{8.117}$$

으로 택한다. 그 이유는 경계조건에 의하여 l이 정수로 암시되므로 $\sin lx$, $\cos lx$ 해를 이용하여, $z=0$이고, y가 고정된 점에서의 온도 분포 ψ_0를 x 의존성에 맞도록 푸리에 전개할 수 있기 때문이다. [a가 x방향의 판의 길이이면, 분리상수를 $-(2\pi l/a)^2$(l은 정수)으로 쓴다. 이 경계조건은 해가 $a_l\sin(2\pi lx/a)+b_l\cos(2\pi lx/a)$로 된다는 것을 제시한다. $x=0$, $x=a$와 $z=0$에서 온도가 0이므로 모든 $b_l=0$이다. 코사인 해들은 제외된다.

(8.116)식의 나머지 부분으로 돌아가면,

$$-\frac{1}{Y}\frac{d^2Y}{dy^2}-\frac{1}{Z}\frac{d^2Z}{dz^2}=-l^2 \tag{8.118}$$

이 된다. 이것을 y와 z에 종속하는 부분으로 분리되도록 다시

$$\frac{1}{Y}\frac{d^2Y}{dy^2}=l^2-\frac{1}{Z}\frac{d^2Z}{dz^2} \tag{8.119}$$

로 쓴다. 두 번째 변수분리가 이뤄졌다. 여기서도 앞에서 처럼 y에 관한 함수가 z에 관한 함수와 같다. 각 변을 다른 (음의) 분리상수 $-m^2$과 같다고 놓아 상황을 해결한다:

$$\frac{1}{Y}\frac{d^2Y}{dy^2}=-m^2, \tag{8.120}$$

$$\frac{1}{Z}\frac{d^2Z}{dz^2}=l^2+m^2=n^2\,. \tag{8.121}$$

x, y에 관한 방정식들이 대칭성을 갖도록 양의 상수 n^2을 $n^2=l^2+m^2$의 형식으로 도입하였다. 결과적으로, z방향의 분리상수는 양이다. 이것은 z방향의 해가 지수함수 $e^{\pm nz}$임을 의미한다. e^{+nz}를 포함하는 해는 z값이 매우 클 때 온도가 0이 되어야 하는 경계조건을 위배하므로 버린다. 이제 편미분방정식[(8.113)식]을 대체할 세 개의 상미분방정식[(8.117)식, (8.120)식, 및 (8.121)식]을 얻었다. (8.114)식의 가정은 성공하였고, 그럼으로써 정당화되었다.

상수 l, m, n의 선택에 따라 해를 표시해야 한다. 즉, 풀어야 할 문제에 부과된 조건과 $n^2=l^2+m^2$의 조건을 만족한 해를

$$\psi_{lm}(x,y,z)=X_l(x)Y_m(y)Z_n(z) \tag{8.122}$$

와 같이 표시한다. l과 m을 원하는 대로 선택할 수 있으므로 $X_l(x)$가 (8.117)식의 해라고 가정하면 (8.122)식은 여전히 (8.113)식의 해가 될 것이다, 등등. 라플라스 방정식은 동차 방정식이고 선형이므로, **중첩원리에 의하여 해** ψ_{lm}들의 **일차 결합**[(8.123)식]을 취하여 (8.113)식의 **가장 일반적인 해**를 얻을 수 있다.

$$\Psi(x,y,z)=\sum_{l,m}a_{lm}\psi_{lm}. \tag{8.123}$$

상수계수 a_{lm}은 ψ가 $z=0$에서 **경계조건**을 만족하도록 선정된다. 모든 Z_n은 $Z_n(0)=1$로 규격화되므로

$$\psi_0(x,y)=\sum_{l,m}a_{lm}X_l(x)Y_m(y) \tag{8.124}$$

이다. 달리 말하면, (8.123)식으로 나타낸 해 ψ의 전개계수 a_{lm}은 금속판의 경계 $z=0$에서의 주어진 온도 분포의 푸리에 계수로서 유일하게 결정된다. 특별한 경우가 다음 예제에서 다뤄진다.

예제 8.9.1 **데카르트 경계조건**

$z=0$ 평면상의 영역 $-1<x<1$, $-1<y<1$에서 입력 온도분포 $\psi(x, y, 0) = \psi_0(x, y) =$ 100℃(물의 끓는 점)인 경우를 고려하자. 끝점들, 즉 $x=\pm 1$ 평면상의 모든 점과 $y=\pm 1$ 평면상의 모든 점에서 온도가 영도 즉, $\psi=0$(물의 어는 점)이 유지되고 있다. 이 경계조건은 한정된 판의 영역에서 x, y방향으로 온도가 확산되도록 제한한다. 또 모든 x, y에 대하여 $z\to\infty$일 때 $\psi(x, y, z)\to 0$이다. $z=0$ 평면을 제외하고는 전체 판은 온도가 일정한 열원과 접촉해 있다. 열원의 온도를 ψ의 근으로 택할 수도 있다: (8.113)식은 ψ에 상수를 더해도 불변이다.

채택된 경계조건 때문에 해 $\cos \pi lx/2$(l: $x=\pm 1$에서 영이 되는 정수)와, 이 해에 대응하는 y 방향의 해($l=0$은 제외)와 X, $Y=$ 일정인 해들을 택한다. 그러므로 구간 내부 $z=0$에서의 푸리에 전개

$$X(x) = \sum_{l=1}^{\infty} a_l \cos\left(\frac{\pi l x}{2}\right) = 1, \quad -1 < x < 1$$

을 얻는다. 여기서 계수들은 (14.1절을 보라.)

$$\begin{aligned} a_l &= \int_{-1}^{1} 100 \cdot \cos\frac{\pi l x}{2} dx = \frac{200}{l\pi} \sin\frac{\pi l x}{2}\bigg|_{x=-1}^{1} \\ &= \frac{400}{\pi l} \sin\frac{l\pi}{2} = \frac{400(-1)^{\mu}}{(2\mu+1)\pi}, \quad l = 2\mu+1; \\ a_l &= 0, \quad l = 2\mu \end{aligned}$$

이다. μ는 정수이다. $y-$방향에도 같은 푸리에 전개(이제 100의 인자가 없음)가 적용된다. $Y(y)$의 푸리에 전개에서는 합기호 내에 정수 첨자 ν가 사용되고, $z-$의존성은 (8.121)식으로 주어진다. 따라서 완전한 해는

$$\begin{aligned} \psi(x, y, z) = XYZ &= 100 \sum_{\mu=0}^{\infty} \frac{4(-1)^{\mu}}{(2\mu+1)\pi} \cos\left((2\mu+1)\frac{\pi x}{2}\right) \\ &\times \sum_{\nu=0}^{\infty} \frac{4(-1)^{\nu}}{(2\nu+1)\pi} \cos\left((2\nu+1)\frac{\pi y}{2}\right) e^{-\pi n z/2}, \\ n^2 &= (2\mu+1)^2 + (2\nu+1)^2 \end{aligned}$$

이 된다. $z>0$일 때 이 해는 절대수렴하지만, $z=0$일 때는 각 합이 $z=0$, $x=\pm 1$, $y=\pm 1$에서 불연속이므로 조건적으로만 수렴한다. ■

■ 원통좌표

이제 원점 주위의 원의 내부 영역안 $z=0$에서 주어진 정상상태 온도분포 $\psi_0(\rho, \varphi)=\psi(\rho, \varphi, 0)$을 일으키는 열원이 $z=0$점에 있고, 모든 ρ와 φ에 대하여 z 값이 큰 곳에서 온도가 영인 무한히 긴 원통형 금속 막대를 생각한다. 변수분리법을 적용하기 위해서는 지름방향의 경

계조건이 z와 φ에 무관해야 할 필요가 있다. 합리적인 물리적 상황에 이르게 하는 선택은 (i) $\rho=a$(온도가 일정한 열원에 잠겨 있는 막대의 반경)에서 온도가 0, (ii) $\rho=a$에서 온도의 기울기가 0(막대 측면으로 열이 흐름지 않음)인 것이다. 이와 같이 선택하면, z값이 클 때 측면 온도분포가, $z=0$면의 평균 온도와 같은, 균일한 값에 도달할 것이다. 그런 조건 아래에서 모든 ρ및 φ와 $z>0$에 대한 온도분포를 구하고자 한다.

ρ, φ 및 z에 의존하는, 미지의 함수 ψ에 대한 라플라스 방정식은

$$\frac{1}{\rho}\frac{\partial}{\partial\rho}\left(\rho\frac{\partial\psi}{\partial\rho}\right)+\frac{1}{\rho^2}\frac{\partial^2\psi}{\partial\varphi^2}+\frac{\partial^2\psi}{\partial z^2}=0 \tag{8.125}$$

이 된다 (∇^2에 대하여는 2.2절을 보라). 앞에서와 같이, ψ에 대한 인수분해된 형태

$$\psi(\rho,\varphi,z)=P(\rho)\Phi(\varphi)Z(z) \tag{8.126}$$

를 가정하여, (8.125)식에 대입하면

$$\frac{\Phi Z}{\rho}\frac{d}{d\rho}\left(\rho\frac{dP}{d\rho}\right)+\frac{PZ}{\rho^2}\frac{d^2\Phi}{d\varphi^2}+P\Phi\frac{d^2Z}{dz^2}=0 \tag{8.127}$$

를 얻게 된다. 각 함수가 하나의 변수에만 의존하기 때문에, 모든 편도함수가 보통의 도함수가 되었다. 양변을 $P\Phi Z$로 나누고, z 도함수를 우변으로 옮기면

$$\frac{1}{\rho P}\frac{d}{d\rho}\left(\rho\frac{dP}{d\rho}\right)+\frac{1}{\rho^2\Phi}\frac{d^2\Phi}{d\varphi^2}=-\frac{1}{Z}\frac{d^2Z}{dz^2} \tag{8.128}$$

를 얻는다.

다시, 우변의 z의 함수는 좌변의 ρ와 φ의 함수에 의존한다. (8.128)식의 좌변과 우변을 동일한 상수로 놓아 이 역설을 해결한다. 그 상수를 $-n^2$으로 택하면

$$\frac{d^2Z}{dz^2}=n^2Z \tag{8.129}$$

와

$$\frac{1}{\rho P}\frac{d}{d\rho}\left(\rho\frac{dP}{d\rho}\right)+\frac{1}{\rho^2\Phi}\frac{d^2\Phi}{d\varphi^2}=-n^2 \tag{8.130}$$

이 된다. (8.130)식으로부터 이미 친숙한 지수함수 해 $Z\sim e^{\pm nz}$를 구하는데, 다시 e^{+nz}은 $z\geq 0$인 큰 값에서는 온도가 0이 되기 때문에 버린다.

(8.130)식으로 돌아가서, 양변에 ρ^2을 곱하고, 항들을 다시 정리하여

$$\frac{\rho}{P}\frac{d}{d\rho}\left(\rho\frac{dP}{d\rho}\right)+n^2\rho^2=-\frac{1}{\Phi}\frac{d^2\Phi}{d\varphi^2} \tag{8.131}$$

을 얻는다[20]. 그리고, 우변을 양의 상수 m^2으로 놓아

$$\frac{d^2\Phi(\varphi)}{d\varphi^2} = -m^2\Phi(\varphi) \tag{8.132}$$

를 얻는다. 마지막으로, (8.132)식의 상수 m이 어떻게 제한되는지를 알아보자. 원통 좌표와 구면 극좌표에서 φ가 방위각임을 주목한다. 고전적인 문제에서 방위각 해 $\Phi(\varphi)$가 1가이어야 할 것이다; 즉,

$$\Phi(\varphi + 2\pi) = \Phi(\varphi). \tag{8.133}$$

이것으로부터 정수 m에 대한 주기적인 해 $\Phi(\varphi) \sim e^{\pm im\varphi}$를 얻을 수 있다. 이것은 방위각 해가 2π 또는 2π의 정수배의 주기를 가져야 하는 것과 동등하다.[21] 그러므로 m은 정수이어야 한다. 어떤 정수인지는 문제의 세부적인 경계조건에 따라 달라진다. 이 점에 대해서는 나중에 제9장에서 논의된다. 어떤 좌표가 방위각에 대응할 때마다 변수분리된 방정식은 항상 (8.132)식의 형태를 갖는다.

끝으로, ρ종속에 대하여는

$$\rho\frac{d}{d\rho}\left(\rho\frac{dP}{d\rho}\right) + (n^2\rho^2 - m^2)P = 0 \tag{8.134}$$

을 얻는다. 이 식은 베셀의 상미분방정식이다. 이 방정식의 해와 성질들은 제12장에서 논의된다. 여기서는, P가 $n\rho$의 함수이어야 하고 또 매개변수 m에 의존하도록 (8.134)식의 변수 ρ를 상수를 사용하여 다시 설정할 수 있음을 강조한다; 그러므로 $P_m(n\rho)$의 표현을 사용한다. 막대의 중심 $\rho=0$에서 온도가 유한하므로, P_m은 베셀 상미분방정식의 비정칙 해 즉, 노이만 함수 Y_m보다는 정칙 해 J_m이어야 한다. 경계조건 (i)의 경우에는 $J_m(na)=0$이므로 na가 베셀 함수의 근이어야 한다. 따라서 n은 불연속적인 값들의 집합으로 제한된다. 대신에 다른 경계조건 (ii)는 $dJ_m/d\rho|_{n\rho=a}=0$을 요구한다. 해를 $z=0$에서의 온도분포 ψ_0와 부합되도록 하기 위하여 베셀 함수를 전개할 필요가 있고, 관련된 직교 관계식을 사용해야 한다.

포물선 좌표에서 라플라스의 방정식을 변수분리하여도 베셀 방정식이 유도된다. 베셀 방정식은 여러 가지 형태를 가질 수 있기 때문에 악명이 높다. 베셀 방정식의 광범위한 형태들에 대해서는 젠크-엠드[22]의 *Table of Functions*를 참고하기 바란다.

3차원 편미분방정식인 원래의 라플라스 방정식이 3개의 상미분방정식[(8.129)식, (8.132)식과 (8.134)식]으로 대체되었다. 라플라스 방정식의 해는

---

[20] 분리상수의 부호 선택은 임의적이다. 그런데, $z \geq 0$에서 가능한 지수함수 의존을 예상하여 좌표 z의 부호를 음으로 취하였다. φ의 주기 의존성을 기대하여 방위각 좌표 φ의 부호가 양으로 취해진다.

[21] 이것은 대부분의 양자역학 문제에서도 적용되지만 논의가 훨씬 더 복잡하다. m이 정수가 아니거나, 또는 스핀이 1/2인 입자들에서와 같이 반정수이면, 회전군 관계식과 사다리 연산자 관계식(4.3절)이 실패한다. Merzbacher, E.(1962). Single valuedness of wave functions. *Am. J. Phys.* **30**, 237과 비교하여라.

[22] Jahnke, E., and Emde, F., (1945). *Tables of Functions*, 4th rev. ed. (p.146). Dover, New York; also, Jahnke, E., Emde, F., Lösch, F.(1960). *Tables of Higher Functions*, 6th ed. McGraw-Hill, New York.

$$\psi_{mn}(\rho, \varphi, z) = P_m(n\rho)\Phi_m(\varphi)Z_n(z) \tag{8.135}$$

이다. 구체적인 해 P, Φ, Z를 첨자로 식별하면, **라플라스 방정식의 가장 일반적인 해**가 이 해들의 곱의 일차 결합임을 안다:

$$\Psi(\rho, \varphi, z) = \sum_{m,n} a_{mn}P_m(n\rho)\Phi_m(\varphi)Z_n(z). \tag{8.136}$$

여기서 계수 a_{mn}은 $z=0$에서의 경계조건을 만족하는 베셀-푸리에 전개에 의해 결정된다. 모든 $Z_n(z=0)=1$이기 때문에, $z=0$에서의 주어진 온도분포 ψ_0는

$$\psi_0(\rho, \varphi) = \sum_{m,n} a_{mn}P_m(n\rho)\Phi_m(\varphi) \tag{8.137}$$

를 만족해야 한다. 지름 방향의 경계조건 때문에 na가 불연속적인 값들의 집합으로 제한되고, m은 정수임을 기억하자.

■ 구면 극좌표

반경이 $r=a$인 구의 표면에 있는 열원에 의하여, 표면 온도분포 $\psi(r=a, \theta, \varphi)=\psi_0(\theta, \varphi)$가 일어나는 큰 금속구와 구면 경계조건이 주어질 때, 구면 극좌표계에서의 라플라스 방정식을 변수분리하자. (2.77)식을 이용하면

$$\frac{1}{r^2\sin\theta}\left[\sin\theta\frac{\partial}{\partial r}\left(r^2\frac{\partial\psi}{\partial r}\right)+\frac{\partial}{\partial\theta}\left(\sin\theta\frac{\partial\psi}{\partial\theta}\right)+\frac{1}{\sin\theta}\frac{\partial^2\psi}{\partial\varphi^2}\right]=0 \tag{8.138}$$

을 얻는다. 이제 (8.114)식과 유사하게 곱 형태의 시험해

$$\psi(r, \theta, \varphi) = R(r)\Theta(\theta)\Phi(\varphi) \tag{8.139}$$

를 도입한다. (8.138)식에 대입하고, 양변을 $R\Theta\Phi$로 나누어

$$\frac{1}{Rr^2}\frac{d}{dr}\left(r^2\frac{dR}{dr}\right)+\frac{1}{\Theta r^2\sin\theta}\frac{d}{d\theta}\left(\sin\theta\frac{d\Theta}{d\theta}\right)+\frac{1}{\Phi r^2\sin^2\theta}\frac{d^2\Phi}{d\varphi^2}=0 \tag{8.140}$$

을 얻는다. 모든 도함수는 이제 편도함수가 아니고 보통의 도함수가 되었음을 주목한다. 양변을 $r^2\sin^2\theta$로 곱하고 $(1/\Phi)(d^2\Phi/d\varphi^2)$을 분리하여

$$\frac{1}{\Phi}\frac{d^2\Phi}{d\varphi^2}=r^2\sin^2\theta\left[-\frac{1}{r^2R}\frac{d}{dr}\left(r^2\frac{dR}{dr}\right)-\frac{1}{r^2\sin\theta\Theta}\frac{d}{d\theta}\left(\sin\theta\frac{d\Theta}{d\theta}\right)\right] \tag{8.141}$$

을 얻는다.[23] (8.141)식은 φ만의 함수를 r과 θ만의 함수와 연결시킨다. r, θ 및 φ는 독립변

---

[23] 여기서 변수들이 분리되는 순서는 유일하지 않다. 많은 양자역학 교재들은 r의존을 먼저 분리해 낸다.

수들이므로, (8.141)식의 좌변과 우변을 하나의 상수로 같다고 놓는다. 거의 모든 물리 문제에서 φ는 방위각으로 나타날 것이다. 이것은 Φ가 1가 함수이도록 지수함수보다는 주기적인 해이어야 함을 제시한다. 이것을 염두에 두고 분리상수로 $-m^2$을 이용하자. 그러면

$$\frac{1}{\Phi}\frac{d^2\Phi(\varphi)}{d\varphi^2} = -m^2 \tag{8.142}$$

과

$$\frac{1}{r^2 R}\frac{d}{dr}\left(r^2\frac{dR}{dr}\right) + \frac{1}{r^2\sin\theta\Theta}\frac{d}{d\theta}\left(\sin\theta\frac{d\Theta}{d\theta}\right) - \frac{m^2}{r^2\sin^2\theta} = 0 \tag{8.143}$$

을 얻는다. (8.143)식을 r^2으로 곱하고, 항들을 다시 정리하여

$$\frac{1}{R}\frac{d}{dr}\left(r^2\frac{dR}{dr}\right) = -\frac{1}{\sin\theta\Theta}\frac{d}{d\theta}\left(\sin\theta\frac{d\Theta}{d\theta}\right) + \frac{m^2}{\sin^2\theta} \tag{8.144}$$

을 얻는다. 다시 변수가 분리되어 있다. 각 변을 상수 Q로 같다고 하면, 마지막으로

$$\frac{1}{\sin\theta}\frac{d}{d\theta}\left(\sin\theta\frac{d\Theta}{d\theta}\right) - \frac{m^2}{\sin^2\theta}\Theta + Q\Theta = 0, \tag{8.145}$$

$$\frac{1}{r^2}\frac{d}{dr}\left(r^2\frac{dR}{dr}\right) - \frac{QR}{r^2} = 0 \tag{8.146}$$

을 얻는다. 한번 더 세 변수 편미분방정식을 세 개의 상미분방정식으로 대체하였다. 이 상미분방정식들의 해는 제11장과 제12장에서 논의된다. 예를 들면, 제11장에서 (8.145)식은 상수 Q가 $l(l+1)$이 되는 **버금르장드르 방정식(associated Legendre equation)**으로 식별된다. l은 양의 정수이다. 지름방정식 (8.146)식의 해는 $Q=l(l+1)$이 유지되도록 $R\sim r^l$, r^{-l-1}의 거듭제곱 형식을 취한다. 이 거듭제곱 해들은 물리 문제에서 가장 중요하게 적용되는 정전기와 중력 퍼텐셜의 다극 전개에서 나타난다. 양의 거듭제곱 해를 조화다항식이라 부르고, 음의 거듭제곱은 완전한 해를 위하여 요구된다. 음의 거듭제곱해가 (비정칙) 해로서 유지될 것인가 또는 유지되지 못할 것인가는 보통 경계조건에 의하여 결정된다.

다시 가장 일반적인 해는

$$\psi(r,\theta,\varphi) = \sum_{l,m} a_{lm}R_l(r)\Theta_{lm}(\theta)\Phi_m(\varphi) \tag{8.147}$$

로 쓰여질 수 있다.

구면 극좌표계에서 변수분리법의 최대 중요성은 이 방법이 수많은 물리 문제 – 중력이론, 정전기학, 원자물리, 핵물리, 입자물리의 많은 이론 – 를 해결해 준다는 사실로부터 비롯된다. 이들 문제에서 **각도 의존성**은 동일한 (8.142)식과 (8.145)식에 의하여 분리되며, 이 방정식들은 **완전히 풀린다**. 닫힌 형태의 해를 갖는 슈레딩거 파동방정식의 가장 중요한 예제 중의

하나인 수소원자 문제에서 (8.146)식과 유사한 방정식이 버금 라게르 방정식이 된다.

좌표 z가 평행이동 축에 대응할 때마다 변수분리된 방정식은 항상 원통형 좌표계에서

$$\frac{d^2 Z(z)}{dz^2} = \pm a^2 Z(z)$$

와 같은 형태를 갖는다. 물론 $-a^2$에 대한 해는 $\sin az$와 $\cos az$이고, $+a^2$에 대한 해는 쌍곡선 함수 (또는 지수함수) $\sinh az$와 $\cosh az$이다.

가끔 마주치게 되는 다른 상미분방정식들에는 양자역학에서 지극히 중요한 수소원자 문제에서의 라게르 방정식과 버금 라게르 방정식이 포함된다:

$$x\frac{d^2 y}{dx^2} + (1-x)\frac{dy}{dx} + \alpha y = 0, \tag{8.148}$$

$$x\frac{d^2 y}{dx^2} + (1+k-x)\frac{dy}{dx} + \alpha y = 0. \tag{8.149}$$

선형진동자의 양자역학 이론으로부터 에르미트의 방정식

$$\frac{d^2 y}{dx^2} - 2x\frac{dy}{dx} + 2\alpha y = 0 \tag{8.150}$$

을 얻는다. 마지막으로, 가끔 체비세프 미분방정식

$$(1-x^2)\frac{d^2 y}{dx^2} - x\frac{dy}{dx} + n^2 y = 0 \tag{8.151}$$

을 발견하게 된다.

보다 많은 상미분방정식들과 두 가지 일반화 방법이 제16장에서 조사되고 체계화된다. 미분방정식들의 형태로부터 유추되는 일반적인 성질들이 제9장에서 논의되고 각각의 해들은 제 11~13장에서 개발되고 적용된다.

꾸준히 연구하는 물리학자는 다른 형태의 상미분방정식들에 마주칠 것이고, 그 중의 일부는 여기에서 논의된 예제들로 변환될 수도 있을 것이다. 이런 상미분방정식들의 몇 가지는 8.5절과 8.6절의 기법으로 풀릴 수도 있다. 다른 방정식들은 수치해를 위해 컴퓨터를 필요로 할 수도 있다.

- 편미분방정식을 푸는 변수분리법에 대한 전망을 좋게 하기 위하여 그 방법을 편미분방정식이 갖는 대칭성의 결과로 간주하자. 예로서 지름 방향의 거리 r에만 의존하는 퍼텐셜 $V(r)$을 갖는 정상상태 방정식 $H\psi = E\psi$를 취한다. 그러면 이 편미분방정식은 SO(3)군을 구성하는 회전연산 하에서 불변이다. 이 군의 대각선 요소 생성원은 궤도 각운동량 연산자 $L_z = -i\frac{\partial}{\partial\varphi}$이고, 이 군의 이차(Casimir) 불변량은 $\mathbf{L}^2$이다. L_z와 $\mathbf{L}^2$은 모두 H와 가환(4.3절을 보라)이므로, 이 문제는 세 개의 독립적인 고유치 방정식으로 마무리된다;

$$H\psi = E\psi, \qquad \mathbf{L}^2\psi = l(l+1)\psi, \qquad L_z\psi = m\psi.$$

$\mathbf{L}^2$내의 L_z^2을 고유치 m^2으로 대체하면, $\mathbf{L}^2$ 편미분방정식은 르장드르의 상미분방정식이 되고 (연습문제 2.5.12를 보라), $\mathbf{L}^2$ 대신에 고유치 $l(l+1)$을 대입하면 $H\psi = E\psi$는 구면극좌표계에서 변수분리법에 의하여 지름방향의 상미분방정식이 된다.

- 원통 좌표에서 편미분방정식은 z축 주위의 회전연산 하에서만 불변이다. z축 주위의 회전연산은 SO(3)군의 부분군을 형성한다. 이 불변성은 전과 같이 생성원 $L_z = -i\partial/\partial\varphi$와 방위각 성분이 분리된 상미분방정식 $L_z\psi = m\psi$를 유도한다. 경계조건이 동일한 대칭을 따른다고 가정하면, 생성원이 $-i\partial/\partial z$인 z축 방향의 평행이동 불변성에 의하여 z변수에 관한 분리된 방정식을 얻게 된다. 퍼텐셜 $V=V(\rho)$ 또는 $V=V(z)$는 대체로 하나의 변수에 의존한다.
- 일반적으로 계수(rank)가 n인 (고전적인) Lie군 G에는 상호교환 가능한 n개의 생성원 H_i(고유치 m_i)와 이에 대응하는 n개의 카시미르 불변량 C_i(고유치 c_i)가 존재하고, 이들은 지름방향 성분의 상미분방정식 $H\psi = E\psi$ 외에, 독립적인 상미분방정식

$$H_i\psi = m_i\psi, \qquad C_i\psi = c_i\psi$$

를 만족한다.

연습문제

8.9.1 원자 (양자역학적) 입자가 변의 길이가 a, b 및 c인 직육면체 상자 내부에 속박되어 있다. 입자가 파동방정식

$$-\frac{\hbar^2}{2m}\nabla^2\psi = E\psi$$

을 만족하는 파동함수 ψ로 기술된다. 파동함수는 상자의 각 면에서 0이 되도록 요구된다 (그러나 항등적으로 0은 아님). 이 조건에 의하여 분리상수 에너지 E를 도입한다. 이러한 해가 얻어질 수 있는 E의 최소값은 무엇인가?

답. $E = \dfrac{\pi^2\hbar^2}{2m}\left(\dfrac{1}{a^2}+\dfrac{1}{b^2}+\dfrac{1}{c^2}\right).$

8.9.2 양자역학적 각운동량 연산자는 $L = -i(\mathbf{r}\times\nabla)$로 주어진다.

$$\mathbf{L}\cdot\mathbf{L}\psi = l(l+1)\psi$$

가 버금 르장드르 방정식으로 유도됨을 보여라.

힌트. 연습문제 1.8.6과 2.5.13이 도움이 될 수 있다.

8.9.3 퍼텐셜 장 $V = \frac{1}{2}kx^2$ 내의 한 입자에 대한 1차원 파동방정식은

$$-\frac{\hbar^2}{2m}\frac{d^2\psi}{dx^2} + \frac{1}{2}kx^2\psi = E\psi(x)$$

이다.

(a) $\xi = ax$와 상수 λ를 사용하면

$$a = \left(\frac{mk}{\hbar^2}\right)^{1/4}, \qquad \lambda = \frac{2E}{\hbar}\left(\frac{m}{k}\right)^{1/2}$$

을 얻는다.

$$\frac{d^2\psi(\xi)}{d\xi^2} + (\lambda - \xi^2)\psi(\xi) = 0$$

임을 보여라.

(b)

$$\psi(\xi) = y(\xi)e^{-\xi^2/2}$$

을 대입하여 $y(\xi)$가 에르미트 미분방정식을 만족함을 보여라.

8.9.4 다음 식이 라플라스의 방정식의 해임을 증명하여라:

(a) $\psi_1 = 1/r$, (b) $\psi_2 = \frac{1}{2r}\ln\frac{r+z}{r-z}$

주의. $1/r$의 z-도함수는 르장드르 다항식 $P_n(\cos\theta)$를 생성한다 (연습문제 11.1.7). $(1/2r)\ln[(r+z)/(r-z)]$의 z-도함수는 르장드르 함수 $Q_n(\cos\theta)$를 생성한다.

8.9.5 Ψ가 라플라스의 방정식 $\nabla^2\Psi = 0$의 해이면, $\partial\Psi/\partial z$도 하나의 해임을 보여라.

추가 읽을거리

Cohen, H.(1992). *Mathematics for Scientists and Engineers*. Prentice-Hall, Englewood Cliffs, NJ.

Davis, P. J., and Rabinowitz, P. (1967). *Numerical Integration*. Blaisdell, Waltham, MA. 이 책은 대단히 많은 자료를 비교적 읽기 쉬운 형태로 수록하고 있다. Appendix 1(*On the Practical Evaluation of Integrals* by M. Abramowitz)은 전반적으로 개관하는데 뛰어나다.

Garcia, A. L. (1994). *Numerical Methods for Physics*. Prentice-Hall, Englewood Cliffs, NJ.

Hamming, R. W.(1973). *Numerical Methods for Scientists and Engineers*, 2nd ed.

McGraw-Hill, New York. Reprinted, Dover(1987). 아주 잘 쓰여진 이 교재는 함수의 근에서부터 빠른 Fourier 변환까지 다양한 넓고 수치적인 방법을 거론하고 있다. 모든 주제는 현대적인 고속 컴퓨터에 맞게 선정되고 개발되어 있다.

Hubbard, J., and West, B. H. (1995). *Differential Equations*. Springer, Berlin.

Ince, E. L. (1956). *Ordinary Differential Equations*. Dover, New York. 상미분방정식의 이론에 관한 고전적인 저서.

Lapidus, L., and Seinfeld, J. H. (1971). *Numerical Solutions of Ordinary Differential Equations*. Academic Press, New York. Runge-Kutta와 예측-수정 방법을 강조하고 수치해석 기술을 자세하고 포괄적으로 논의한 책. 안정성과 같은 특성들의 개선에 관한 내용이 명확하게 제시되어 있다.

Margenau, H., and Murphy, G. M. (1956). *The Mathematics of Physics and Chemistry*, 2nd ed. Van Nostrand, Princeton, NJ. 5장은 곡선좌표를 설명하고, 13장은 특별한 좌표들을 설명하고 있다.

Miller, R. K., and Michel, A. N. (1982). *Ordinary Differential Equations*. Academic Press, New York.

Morse, P. M., and Feshbach, H. (1953). *Methods of Theoretical Physics*. McGraw-Hill, New York. 5장은 여러 가지 다른 좌표계를 설명하고 있다. 아주 뛰어난 (그 만큼 어려운) 이 책은 물리 문제를 풀 때 여러 좌표계를 사용하는 많은 예제를 담고 있다. 11개의 추가적인, 매력적이지만 거의 접하지 않는 직교 좌표계들은 *Mathematical Methods for Physicists* (1970)의 2판에서 논의됨.

Murphy, G. M. (1960). *Ordinary Differential Equations and Their Solutions*. Van Nostrand, Princeton, NJ. 선형 및 비선형 상미분방정식들을 철저하고 비교적 읽기 쉽게 취급하고 있다.

Press, W. H., Flannery, B. P., Teukolsky, S. A., and Vetterling, W. T. (1992). *Numerical Recipes*. 2nd ed. Cambridge Univ. Press, Cambridge, UK.

Ralston, A., and Wilf, H. (Eds.) (1960). *Mathematical Methods for Digital Computers*. Wiley, New York.

Ritger, P. D., and Rose, N. J. (1968). *Differential Equations with Applications*. McGraw-Hill, New York.

Stoer, J., and Burlirsch, R. (1992). *Introduction to Numerical Analysis*. Springer-Verlag, New York.

Stroud, A. H. (1974). *Numerical Quadrature and Solution of Ordinary Differential Equations*, Applied Mathematics Series Vol. 10. Springer-Verlag, New York. 미분방정식을 적분하는 다양한 방법을 균형감 있고, 읽기 쉽고 아주 많은 도움이 되도록 논의하고 있다. Stroud는 수많은 참고문헌을 제시한다.

c·h·a·p·t·e·r 9

슈트룸-리우비의 이론 -직교함수들

앞의 장에서 이차 선형 동차 미분방정식의 두 개의 선형 독립 해들을 전개하고 어느 세 번째 선형 독립 해가 존재하지 않음을 증명하였다. 이 장에서는 미분방정식을 푸는 데서 해들의 집합의 일반적인 성질을 전개하고 이해하는 데로 강조 점을 옮기고자 한다. 이 장에서 개념들과 제3장에서 **선형대수**의 개념들과 밀접한 유사점이 있다. 여기서의 함수들은 제3장에서 벡터의 구실을 하고 선형연산자들은 제3장에서 행렬의 구실을 한다. 제3장에서 실 대칭행렬의 대각화는 여기에서 그 고유함수의 항으로서 **자체-수반**연산자(**self-adjoint** operator) $\mathcal{L}$로 정의되는 상미분방정식(ODE)의 해에 해당된다. 그 고유함수란 제3장에서 고유벡터들의 "연속적" 유사물이고 고유값들은 실험실에서 물리적 관측량들에 해당된다. 마치 열 고유벡터와 같이 벡터 $\mathbf{a}$는 제3장의 디락 표시로서 $|a\rangle$로 쓰는 것과 같이 우리는 여기서 고유함수를 $|\varphi\rangle$로서 쓴다. 직각좌표 성분 $a_i = \hat{\mathbf{x}}_i \cdot \mathbf{a}$에서 좌표단위 벡터의 띄엄띄엄 지표 i는 여기서 $\varphi(x)$에서 연속 변수 x로 교체된다.

9.1절에서는 자체-수반연산자, 고유함수, 고유값과 에르미트 연산자(Hermitian operator)가 제시된다. 미분방정식들 항들로 처음 주어진 **수반연산자** 개념은 양자역학에서 사용법에 따라 재 정의된다. 고유값들이 실재성과 고유함수들의 직교성의 생생한 성질들은 9.2절에서 유도된다. 9.3절에서는 직교함수들이 체계적으로 구성하는 집합들에 대한 그램-슈미트(Gram-Schmidt) 계산법을 논의한다. 끝으로 9.4절에서 고유함수들의 집합의 완전성에 대한 일반적 성질을 탐구한다.

9.1 자체-수반 상미분방정식

제8장에서 우리는 $a \le x \le b$ 영역에서 정의되는 다음과 같은 일반형의 선형 이차 미분연산자

에 해당하는 선형, 이차 상미분방정식을 연구하고 분류하고 풀었다.

$$\mathcal{L} = p_0(x)\frac{d^2}{dx^2} + p_1(x)\frac{d}{dx} + p_2(x), \tag{9.1}$$

많은 제약조건이 가해진다. 계수들 $p_0(x)$, $p_1(x)$와 $p_2(x)$는 x의 실함수들이고 $p_i(x)$의 첫 $2-i$ 도함수들은 연속적이다. (8.42)식과 (8.44)식을 참고하면 $P(x) = p_1(x)/p_0(x)$이고 $Q(x) = p_2(x)/p_0(x)$이다. 그런 까닭에 $p_0(x)$는 $a < x < b$ 범위에서 영이 되어서는 안 된다. $p_0(x)$의 영값들은 특이점들(8.4절)이고 앞의 말은 $[a, b]$ 구간이란 그 안에서는 어떠한 특이점도 있어서는 안 된다는 뜻이다. 그러나 그 경계들에서는 아마도 그리고 자주 특이점들이 있다. 더구나 어떤 문제들에서는 $b \to \infty$와 또는 $a \to -\infty$이거나 특이점이 가능하다.

선형연산자 $\mathcal{L}$에 대해 제3장에서 행렬에 대한 이차 형식의 유사한 것은 3.2절의 디랙 표기로서 적분이다.

$$\langle u|\mathcal{L}|u\rangle \equiv \langle u|\mathcal{L}u\rangle \equiv \int_a^b u^*(x)\mathcal{L}u(x)\,dx = \int_a^b u(p_0u'' + p_1u' + p_2u)\,dx, \tag{9.2}$$

여기서 $u = u^*$를 실함수로 잡자. 이 적분은 제1장에서 벡터들의 **안쪽곱(내적)**의 연속 유사형이고 여기서는 u와 $\mathcal{L}u$의 안쪽곱이다. 두 벡터들 $u(x)$, $v(x)$는 그들의 안쪽곱이 다음과 같이 사라지면 **직교**한다고 한다.

$$\langle v|u\rangle \equiv \int_a^b v^*(x)u(x)\,dx = 0.$$

한 번 또는 두 번 부분적분함으로써 (9.2)식에서 도함수들을 첫 인자 u로 옮긴다면 우리는 동등한 표현에 도달한다.

$$\begin{aligned}\langle u|\mathcal{L}u\rangle &= [u(x)(p_1 - p_0')u(x)]_{x=a}^b \\ &\quad + \int_a^b \left[\frac{d^2}{dx^2}(p_0u) - \frac{d}{dx}(p_1u) + p_2u\right] u\,dx \\ &= [u(x)(p_1 - p_0')u(x)]_{x=a}^b + \left\langle\left[\frac{d^2}{dx^2}(p_0u) - \frac{d}{dx}(p_1u) + p_2u\right]\middle| u\right\rangle.\end{aligned} \tag{9.3}$$

모든 u에 대하여 (9.2)식과 (9.3)식을 일치시키면 피적분 함수들은 같아야 한다. 서로 비교하면 다음과 같다.

$$u(p_0'' - p_1')u + 2u(p_0' - p_1)u' = 0.$$

또는

$$p_0'(x) = p_1(x). \tag{9.4}$$

(9.3)식에서 경계 $x = a$와 $x = b$에 항들은 그 역시 사라진다.

제3장에서 자리바꿈 행렬과 유사하기 때문에 (9.3)식에서 선형연산자를 정의하기 편리하다.

모든 u에 대해서 $\langle u|\mathcal{L}u\rangle = \langle\bar{\mathcal{L}}u|u\rangle$가 되게끔 하는 **수반**[1]**연산자**로서

$$\begin{aligned}\bar{\mathcal{L}}u &= \frac{d^2}{dx^2}(p_0u) - \frac{d}{dx}(p_1u) + p_2u \\ &= p_0\frac{d^2u}{dx^2} + (2p_0' - p_1)\frac{du}{dx} + (p_0'' - p_1' + p_2)u \end{aligned} \tag{9.5}$$

이다. $\bar{\mathcal{L}} = \mathcal{L}$ 또는 $\langle u|\mathcal{L}u\rangle = \langle\mathcal{L}u|u\rangle$이 되는 필요충분 조건은 (9.4)식이 모든 u에 대하여 만족하는 경우이다. 이 조건이 만족될 때

$$\bar{\mathcal{L}}u = \mathcal{L}u = \frac{d}{dx}\left[p(x)\frac{du(x)}{dx}\right] + q(x)u(x), \tag{9.6}$$

여기서 $p(x) = p_0(x)$와 $q(x) = p_2(x)$이고 연산자 $\mathcal{L}$은 **자체-수반**이라 일컫는다. (9.6)식의 형태의 중요성은 (9.3)[2]식에서 두 적분을 부분적으로 수행할 수 있다는 것이다.

8.3절에서 소개한 상미분방정식들, 르장드르 방정식과 선형 진동방정식은 자체-수반이나, **라게르**와 에르미트 방정식과 같은 다른 식들은 자체-수반이 아니다. 그러나 선형 이차 자체-수반 미분방정식은 완전히 일반적이다. 왜냐하면 우리가 **항상** 비-자체-수반연산자를 원하는 자체-수반형으로 변환할 수 있기 때문이다. $p_0' \neq p_1$인 (9.1)식을 생각하자. 우리가 다음 식[3]을 $\mathcal{L}$에 곱한다면

$$\frac{1}{p_0(x)}\exp\left[\int^x \frac{p_1(t)}{p_0(t)}dt\right]$$

이고, 다음 식을 얻는다.

$$\begin{aligned}\frac{1}{p_0(x)}\exp\left[\int^x \frac{p_1(t)}{p_0(t)}dt\right]\mathcal{L}u(u) &= \frac{d}{dx}\left\{\exp\left[\int^x \frac{p_1(t)}{p_0(t)}dt\right]\frac{du(x)}{dx}\right\} \\ &\quad + \frac{p_2(x)}{p_0(x)}\cdot\exp\left[\int^x \frac{p_1(t)}{p_0(t)}dt\right]u, \end{aligned} \tag{9.7}$$

이 식은 분명히 자체-수반이다[(9.6)식을 보라]. $p_0(x)$가 분모에 있음을 유의하자. 이는 우리가 $a < x < b$에서 $p_0(x) \neq 0$이어야 함을 요하기 때문이다. 다음 전개에서 $\mathcal{L}$은 자체-수반형으

[1]**수반**연산자는 **자리바꿈**행렬에 어느 정도 강제된 관계를 띤다. 그 명칭의 더 나은 정당성은 **자체-수반연산자**(적절한 **경계조건**을 포함하여)와 대칭행렬을 비교함으로써 밝혀진다. 이 중요한 성질들은 9.2절에서 전개된다. 이러한 성질들 때문에 **자체-수반연산자**들에게 관심이 간다. 수반 또는 자체-수반연산자들이 힐베르트 공간의 관계에서 논의될 때는 그 공간의 모든 함수들은 경계조건들을 만족할 것이다.

[2]자체-수반형(경계조건을 더하여)의 중요성은 9.2절 (9.22)식과 그 다음 식에서 분명해 질 것이다.

[3]$f(x)/p_0(x)$로 $\mathcal{L}$을 곱하고 그리고 새 연산자가 자체-수반이 되도록 아래 식을 요구하면

$$f'(x) = \frac{fp_1}{p_0}.$$

우리는 다음 식을 얻는다.

$$f(x) = \exp\left[\int^x \frac{p_1(t)}{p_0(t)}dt\right].$$

로 놓았다고 가정한다.

■ 고유함수와 고유값

단일 입자계에 대한 **슈레딩거**(Schrödinger)의 시간-독립 파동방정식은

$$H\psi(x) = E\psi(x)$$

로서 물리학에서 고유방정식의 주요한 본보기이다; 여기서 미분연산자 $\mathcal{L}$은 해밀톤이안(Hamiltonian) H로 정의되고 고유값은 계의 전체에너지 E이다. 고유함수 $\psi(x)$는 보통 파동함수라 일컫는다. 이 슈레딩거 방정식의 변분법은 18.5절에서 나타난다. 구면, 원기둥, 또는 다른 대칭의 성질들을 기반으로 해서 3차원 또는 4차원의 편미분방정식(PDE), 또는 슈레딩거 방정식과 같은 고유값 방정식은 자주 세 개(또는 더)의 한 변수 고유값 방정식들로 분리된다. 이러한 맥락에서 이러한 고유값 방정식은 때로 다음과 같은 더 일반적인 자체-수반형을 취하게 된다.

$$\mathcal{L}u(x) + \lambda w(x)u(x) = 0, \quad \text{또는} \quad \mathcal{L}|u\rangle + \lambda w|u\rangle = 0, \tag{9.8}$$

여기서 상수 λ는 고유값이고 $\mathcal{L}$은 자체-수반, 그리고 $w(x)$는 **무게** 또는 밀도함수로 알려져 있다. $w(x)=0$인 고립된 점들에서는 제외하고 $w(x)>0$이다. 단순조화진동에 대한 슈레딩거 방정식은 $w=1$로써 (9.8)식의 특별한 경우이다. (9.6)식에서 정의된 $\mathcal{L}$로써 (9.8)식과 그 해들의 분석을 **슈트룸-리우비(Sturm-Liouville) 이론**이라 일컫는다. 매개변수 λ의 주어진 선택에 대해서 (9.8)식을 만족하는 함수 $u_\lambda(x)$와 나중에 논의되는 **부과된 경계조건**을 λ에 대응하는 **고유함수**라 일컫는다. 상수 λ는 이 때 고유값이라 부른다. 고유함수 $u_\lambda(x)$가 매개변수 λ의 아무 선택에 대해서도 존재할 것이란 보장은 없다. 실로 고유함수이어야 한다는 요건은 자주 λ의 얻을 수 있는 값들을 띄엄띄엄한 값들의 집합에 한정시킨다.

두 함수들의 내적(또는 스칼라곱)은

$$\langle v|u\rangle \equiv \int v^*(x)u(x)w(x)dx$$

이다. **무게함수**에 의존하고 $w=1$에서 $w\neq 1$까지 앞의 정의를 일반화한다. 뒤의 조건 역시 두 고유함수들의 **직교성**의 정의를 수정한다: 즉 그들 고유함수는 그것들의 겹치기 곱이 사라지면 $\langle u_{\lambda'}|u_\lambda\rangle = 0$에 직교한다. 르장드르(Legendre)와 에르미트(Hermite) 방정식에 대한 고유값들의 실례들은 8.5절의 연습문제에 있다. 여기서 우리는 양자역학에서 양자화 과정에 대해 수학적 접근을 시도하고 있다.

여분의 무게함수 $w(x)$는 때로 슈레딩거 방정식에서와 같이 편미분방정식의 모든 해에서 공통된 인자인 점근적 파동함수 ψ_∞를 얻는다. $w(x)$에 대한 또 하나의 출처는 편미분방정식에서 $l(l+1)/x^2$형의 영이 아닌 각운동량 장벽(가로막이)인 경우이다. 다시 말해서 이는 정칙 특이점을 가지고 $x\to 0$에서 우세한 분리 상미분방정식이다. 이 경우에 (8.65)식 또는 (8.88)식과

표 9.1

방정식	$p(x)$	$q(x)$	λ	$w(x)$
르장드르	$1-x^2$	0	$l(l+1)$	1
이동된 르장드르	$x(1-x)$	0	$l(l+1)$	1
버금 르장드르	$1-x^2$	$-m^2/(1-x^2)$	$l(l+1)$	1
베셀[a]	x	$-\frac{n^2}{x}$	a^2	x
라게르	xe^{-x}	0	α	e^{-x}
버금 라게르	$x^{k+1}e^{-x}$	0	$\alpha-k$	x^ke^{-x}
에르미트	e^{-x^2}	0	2α	e^{-x^2}
단순조화진동[b]	1	0	n^2	1

[a]베셀(Bessel)함수의 직교성은 특별하다. 상세한 것은 12.1절을 비교하여라.
[b]이것은 제14장 푸리에 급수에 대해 그 기반을 형성할 것이다.

같은 결정방정식은 파동함수가 전체에 걸친 인자로서 x^l을 가지고 있음을 보인다. 파동함수는 행렬 원소 $\langle v|Hu\rangle$와 직교성 관계 $\langle v|u\rangle$에 두 번 들어오기 때문에 표 9.1에서 무게함수들은 양쪽 지름 파동함수들의 이들 공통인자들로부터 온다. 이것이 왜 라게르(Laguerre) 다항식에 대해 $\exp(-x)$와 버금 라게르 다항식에 대한 $x^k\exp(-x)$가 일어나는지의 물리적 이유이고 다음 예에서 더 상세히 설명하게 된다. 수학적인 이유는 무게함수가 상미분방정식을 자체-수반이 되게 하는 데 필요하다는 것이다.

예제 9.1.1 **점근 거동, 무게함수**

구대칭 **퍼텐셜** $V(r)$에서 회전하는 질량 m인 알갱이에 대한 지름 슈레딩거 방정식의 작고 큰 r의 점근적 형태를 보자.

$$\left(-\frac{\hbar^2}{2m}\frac{d^2}{dr^2}+\frac{\hbar^2}{2m}\frac{l(l+1)}{r^2}+V(r)-E\right)u_l(r)=0,$$

여기서 $R_l(r)=u_l(r)/r$은 지름 파동함수, E는 에너지 고유값이고 l은 궤도 각운동량이다(연습문제 2.5.12와 2.5.14를 보라). 점근적 상미분방정식으로부터 우리는 지름 파동함수의 점근적 형태를 구한다. 경계조건들은 $u_l(0)=0$이고 큰 r에 대해서는 $u_l(r)\to 0$이다. $l=0$에 대한 이들 경계조건들을 설명하자. 우리는 만약 $u_0(0)$가 발산하면 파동함수가 틀 맞추어지지(정규화되지) 않기 때문에 $r\to 0$에 따라 $u_0\to 0$이 되는가 물어야 한다. 즉 $\langle u_0|u_0\rangle=1$이 강제될 필요는 없다. 만약에 $u_0(0)$가 한정된 0이 아닌 상수이면 $r\to 0$에 대해 $R_0(r)\sim 1/r$이다. 그 경우에 운동에너지 $\sim \nabla^2\frac{1}{r}\sim\delta(\mathbf{r})$은 슈레딩거 방정식에 원점에서 특이점을 생기게 한다.

먼저 $l\neq 0$일 때 어떻게 각운동량 가로막이(장벽)$(\sim\frac{l(l+1)}{r^2})$가 0에 가까운 r에 대해 그 해에 영향을 주는지 탐구한다. 우리는 작은 r에 대해 퍼텐셜과 에너지 고유값이 각운동량 가로막이에 비교해서 무시되도록 퍼텐셜이 쿨롱(Coulomb) 퍼텐셜보다 크지 않은 특이성 즉 $r\to 0$에 따라 $r^2V(r)\to 0$이어야 한다고 가정한다. 그러면 다음 점근적 (작은 r에 대한 근사를 의미) 지름 상미분방정식

$$\left(-\frac{\hbar^2}{2m}\frac{d^2}{dr^2}+\frac{\hbar^2}{2m}\frac{l(l+1)}{r^2}\right)u_l(r)=0$$

의 정칙 해는 작은 r에 대해 $u_l(r) \sim r^{l+1}$이고 반면에 비정칙 해는 $u_l(r) \sim r^{-1}$으로써 작은 r에 대해 유한하지 않아 받아들일 만한 풀이가 아니다. 그래서 $r \to 0$에 대해 가로막이(장벽) 때문에 지름 파동함수는 $R_l(r) \sim r^l$이다.

자 우리는 다음 점근 상미분방정식을 풀 수 있도록 $V(r) \to 0$이라 가정하여 큰 $r \to \infty$로 주의를 돌리자.

$$-\frac{\hbar^2}{2m}\frac{d^2u_l(r)}{dr^2}=Eu_l(r).$$

왜냐하면 각운동량 가로막이(장벽)는 큰 r에 대해 역시 무시되기 때문이다. 속박된 상태들 $E<0$에 대해 $E=-\hbar^2\kappa^2/2m$과 더불어 큰 r에 대해 그 해는 $u_l(r) \sim e^{-\kappa r}$인 반면에 다른 독립해는 큰 r에 대해 $e^{-\kappa r} \to \infty$이다.

이것이 파동함수들의 **점근 거동**을 해결해 준다. 즉 파동함수들은 작은 r에 대해 r^l 그리고 큰 r에 대해 $e^{-\kappa r}$인 극한 형들을 가져야 한다. 제13장에서 $R_l(r) \sim r^l e^{-\kappa r}L(r)$이 되도록 완전해가 버금 라게르 다항식 $L(r)$들의 항으로 주게됨을 알게 된다. 그러므로 직교성 적분 $\langle \psi | \psi \rangle$는 눈금잡기 $2\kappa r \to x$와 바꿔 쓰기 $2l+2 \to k$를 제외하고는 표 9.1에서 보이는 것과 같이 라게르 다항식 곱을 따라 무게함수 $r^{2l+2}e^{-2\kappa r}$를 가지게 되고 그에 해당되는 상미분방정식은 자체–수반이다. ■

예제 9.1.2 **르장드르 방정식**

르장드르 방정식은

$$(1-x^2)y''-2xy'+n(n+1)y=0, \tag{9.9}$$

범위 $-1 \le x \le 1$ 내에 있고 $y(\pm 1)$이 유한하도록 경계조건을 가지고 있다. (9.1), (9.8)식과 (9.9)식으로부터

$$\begin{aligned} p_0(x) &= 1-x^2 = p, \quad w(x)=1, \\ p_1(x) &= -2x = p', \quad \lambda = n(n+1), \\ p_2(x) &= 0 = q \end{aligned}$$

이다. 르장드르 방정식(연습문제 8.5.5)[4]의 급수 풀이는 n이 정수로 제한되지 않으면 발산하는 것을 기억하자. 이는 역시 고유값 λ의 양자화를 나타낸다. ■

제8장 방정식들이 자체–수반형으로 변환되면 계수들과 매개변수(표 9.1)의 값들을 찾는다.

[4] 역시 연습문제 5.2.11과 비교하여라.

곁수 $p(x)$는 고유함수의 두 번째 도함수의 곁수이다. 고유값 λ는 $\lambda w(x)y(x)$ 형태의 항으로 얻을 수 있는 매개변수이다; 즉 고유함수와는 별도로 어떤 x의 의존함이 무게함수 $w(x)$로 된다. 만약에 고유함수(도함수가 아닌)를 가지는 또 다른 항이 있다면 이 부가적인 항에서 고유함수의 계수는 $q(x)$로 확인된다. 만약 그러한 항이 있지 않으면, $q(x)$는 단지 0이다.

예제 9.1.3 **중양성자**

극히 간단한 중양성자 모형에서 고유함수와 고유값의 개념의 더 깊은 통찰력을 얻는다. 중성자-양성자 핵의 상호 작용은 직각 **우물 퍼텐셜**: $0 \le r \le a$에 대해서 $V = V_0 < 0$, $r \ge a$에 대해서 $V = 0$으로 표현된다. 슈레딩거 파동방정식은

$$-\frac{\hbar^2}{2M}\nabla^2\psi + V\psi = E\psi, \tag{9.10}$$

여기서 $\psi = \psi(r)$은 상대적 거리 r에서 중성자-양성자 짝을 발견하는 **확률 진폭**이다. 경계조건들로 $\psi(0)$는 유한하고 큰 r에 대해서는 $\psi(r) \to 0$이다.

우리는 $u(r) = r\psi(r)$로 써보고 연습문제 2.5.12와 2.5.14를 사용하여 지름 파동방정식은

$$\frac{d^2u}{dr^2} + k_1^2 u = 0 \tag{9.11}$$

이다. 여기서

$$k_1^2 = \frac{2M}{\hbar^2}(E - V_0) > 0. \tag{9.12}$$

이는 내부 범위, $0 \le r < a$ 안에서이다. 여기서 M은 중성자-양성자 계의 환산 질량이다. (9.11)식에서 k_1^2의 부호에 따르면 **속박 상태**에 대해서 $V_0 < E < 0$임을 주의하자. $a \le r < \infty$에 대해 우리는 다음 식을 얻는다.

$$\frac{d^2u}{dr^2} - k_2^2 u = 0, \tag{9.13}$$

여기서

$$k_2^2 = -\frac{2ME}{\hbar^2} > 0 \tag{9.14}$$

이다. 왜냐하면 $r \to \infty$에 따라 $V \to 0$으로써 속박 상태에 대한 $E < 0$이기 때문이다. ψ가 유한해야 한다는 조건으로부터, $u(0) = 0$이고

$$u_{\text{in}}(r) = \sin k_1 r, \quad 0 \le r < a. \tag{9.15}$$

퍼텐셜 우물 밖의 범위에서 우리는 두 지수의 선형 결합을 얻는다.

$$u_{\text{ex}}(r) = A\exp k_2 r + B\exp(-k_2 r), \quad a \le r < \infty. \tag{9.16}$$

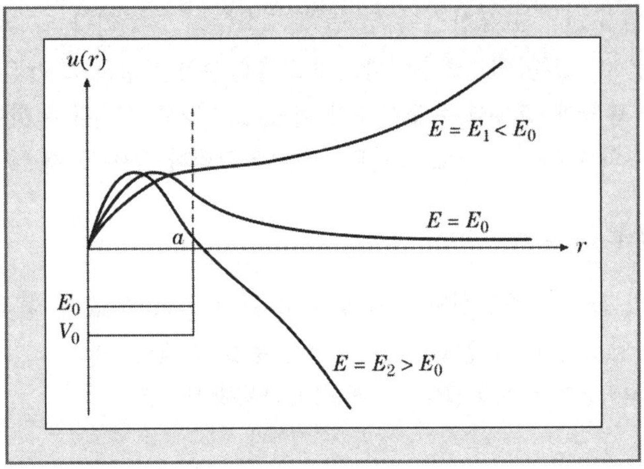

그림 9.1
중양성자 파동함수들; $E = E_0$에 대한 고유함수

$r = 0$에서 상미분방정식에 대한 해는 연속적인 도함수와 더불어 연속적이어야 한다. 즉 $u_{\text{in}}(a) = u_{\text{ex}}(a)$와 $u'_{\text{in}}(a) = u'_{\text{ex}}(a)$임이 요구된다. 이들 **연결 또는 짝 짓는 조건**들에서

$$\begin{aligned} \sin k_1 a \quad &= A \exp k_2 a + B \exp(-k_2 a), \\ k_1 \cos k_1 a &= k_2 A \exp k_2 a - k_2 B \exp(-k_2 a) \end{aligned} \tag{9.17}$$

이다. 큰 r에 대해 둘레 조건은 $A = 0$임을 의미한다. 앞의 짝의 방정식을 나누면 (B를 상쇄하기 위하여) 다음 식을 얻는다.

$$\tan k_1 a = -\frac{k_1}{k_2} = -\sqrt{\frac{E - V_0}{-E}} \tag{9.18}$$

이는 단지 어떤 띄엄띄엄 해로서 에너지 E에 대해서 초월방정식이다. 만약에 E가 (9.18)식이 만족할 수 있게 되면, 해들 $u_{\text{in}}(r)$과 $u_{\text{ex}}(r)$은 경계조건을 만족하게 된다. 만약에 (9.18)식이 만족되지 않으면 얻을 만한 해가 존재하지 않는다. (9.18)식이 만족되는 E의 값들 고유값들이다; $r < a$에 대해서 그에 해당하는 함수 $\psi(r) = u_{\text{in}}(r)/r$과 $r > a$에 대해서 $\psi(r) = u_{\text{ex}}/r$는 고유함수이다. 실제 중양성자 문제에 대해서 (9.18)식을 만족하는 하나(그리고 단지 하나)의 E의 음의 값을 가진다; 즉 중양성자는 하나 그리고 유일하게 한 속박 상태를 가진다.

자 만약에 E가 (9.18)식을 만족하지 않는다면 (즉 $E \neq E_0$가 고유값이 아니라면) 어떠한 일이 일어나는가? 그래프 형태에서 E가 즉, k_1이 조금 변한다고 생각해 보자. $E = E_1 < E_0$에 대해 k_1은 줄어들고 $\sin k_1 a$는 $\exp(-k_2 a)$에 어울릴 만큼 충분히 내려가지 않는다. 연결조건들 (9.17)식은 $A > 0$을 요구하고 파동함수는 $+\infty$를 향하여 지수적으로 올라간다. $E = E_2 > E_0$ 고유값에 대하여 k_1은 더 커지고 $\sin k_1 a$는 더 앞서 올라가다가 $r = a$에서 더 빨리 내려간다. 연결조건들은 $A < 0$을 요구하고 파동함수는 파동함수는 $-\infty$를 향하여 지수적으로 내려간다. 단지 $E = E_0$ 고유값에 대하여 요구된 음의 지수 적인 점근 거동(그림 9.1)을 가지게 된다. ■

■ 경계조건

고유함수의 앞의 정의에서 고유함수 $u_\lambda(x)$는 어떤 부과된 경계조건들을 만족시켜야 한다는 점을 주의하자. 경계조건들이란 말은 특별한 경우에 예를 들어 어떤 동역학 문제에서 초기 위치 x_0와 초기 속도 v_0를 열거하는 초기조건의 개념을 포함한다. 이들 일차원 문제에서 경계조건들의 현재 사용법에서 단지 차이는 자체-수반 상미분방정식을 확보하기 위하여 변수의 허용된 범위의 **양쪽** 끝점들에 대한 조건들을 적용하려는 데 있다.

보통 미분방정식의 형태나 고유함수에 대한 경계조건들은 간격의 끝점들(즉 경계점)에서 다음 곱들이 사라져야 함을 보증하고자 한다.

$$p(x)v^*(x)\frac{du(x)}{dx}\bigg|_{x=a} = 0 \qquad \text{and} \qquad p(x)v^*(x)\frac{du(x)}{dx}\bigg|_{x=b} = 0. \tag{9.19}$$

여기서 $u(x)$와 $v(x)$는 고려된 특수 미분방정식[(9.8)식]의 해들이다. (9.19)식의 특수 형태에 대한 타당성은 나중에 제시하겠다. 만약 우리가 예제 9.1.1에서 $u(0)=0$이고 $r\to\infty$에 따라 $du/dr\sim e^{-kr}\to 0$인 수소원자의 지름 파동함수 u를 상기한다면 양쪽 경계조건들이 만족됨을 안다. 비슷하게 $r\to 0$에 따라 $\sin k_1 r\to 0$이고 $r\to\infty$에 따라 $d(e^{-\kappa_2 r})/dr\to 0$인 중양자 예제 9.1.3에서 양쪽 경계조건들이 준수된다. 그러나 우리는 경계조건들이 덜 제약된 집합으로써 처리할 수 있다.

$$v^* pu' \,|_{x=a} = v^* pu' \,|_{x=b}, \tag{9.20}$$

여기서 $u(x)$와 $v(x)$는 같거나 다른 고유값들에 해당하는 미분방정식의 해들이다. (9.20)식은 우리가 결정 격자와 같이 주기적 물리계를 다루게 된다면 만족될 것이다.

방정식들 (9.19)과 (9.20)식은 v^* 즉 복소켤레(공액)로 적혔다. 해들이 실수일 때 $v=v^*$이고 별표(*)는 무시해도 된다. 그러나 푸리에 지수 전개와 양자역학에서는 함수들이 복소일 것이고 복소켤레(공액)가 필요하게 될 것이다.

■ 에르미트 연산자

우리는 이제 (9.20)식으로 주어진 경계조건들을 만족하는 함수 $u(x)$와 $v(x)$로서 연결 자체-수반 이차 미분연산자[(9.6)식]의 중요한 성질을 증명하고 후자의 특별 형태를 설명한다.

v^* (복소켤레(공액)) 곱하기 범위 $a\le x\le b$에서 이차 자체-수반 미분연산자 $\mathcal{L}$(u에 작용하는)를 곱한 것을 적분함으로써 다음 식을 얻는다.

$$\int_a^b v^*\mathcal{L}u\,dx = \int_a^b v^*(pu')'dx + \int_a^b v^*qu\,dx. \tag{9.21}$$

(9.6)식을 사용하고 또는 디락 표기법은

$$\langle v|\mathcal{L}u\rangle = \langle v|\left(\frac{d}{dx}p\frac{d}{dx}+q\right)u\rangle$$

이다. 부분적분을 해서 다음을 얻는다.

$$\int_a^b v^*(pu')'dx = v^*pu'\Big|_a^b - \int_a^b v'^*pu'dx. \tag{9.22}$$

적분된 부분은 경계조건들[(9.20)식]의 적용으로 사라진다. 남은 부분을 두 번째 부분적분하면 다음을 얻는다.

$$-\int_a^b v'^*pu'dx = -v'^*pu\Big|_a^b + \int_a^b u(pv'^*)'dx. \tag{9.23}$$

다시 적분된 부분은 (9.20)식을 적용해서 사라진다. (9.21)−(9.23)식들을 연결하면 다음 식을 얻는다.

$$\langle v|\mathcal{L}u\rangle = \int_a^b v^*\mathcal{L}u\,dx = \int_a^b u\mathcal{L}v^*dx = \langle \mathcal{L}v|u\rangle. \tag{9.24}$$

(9.24)식으로 주어진 이 성질은 (9.20)식으로 설명된 경계조건들을 만족하는 함수들 $u(x)$와 $v(x)$에 대하여 연산자 $\mathcal{L}$은 에르미트 연산자라고 말함으로써 표현된다. 만약에 이 에르미트 성질이 힐베르트(Hilbert) 공간에서 자체−수반성으로부터 따라 나오면 이는 경계조건들이 그 공간의 모든 함수들에게 부과된다는 것을 포함하고 있음을 유의하자. (9.24)식에서 적분은 역시 $|v\rangle$와 $|\mathcal{L}u\rangle$의 **안쪽곱** $\langle v|\mathcal{L}u\rangle$로 인정해도 된다.

이러한 성질들[(9.19)식이나 (9.20)식]은 에르미트 연산자의 개념(다음에 논의됨)과 그 결과들(9.2절)에 대해서 중요하기 때문에 그 간격(a, b)는 (9.19)식이나 (9.20)식이 **만족되어야** 하는 것을 확실히 해야 한다. 문제의 경계조건들은 적분의 범위를 결정한다. 해들이 다항식이면 결수 $p(x)$는 적분 범위를 정해야 한다. $p(x)$역시 미분방정식의 특이점들(8.4절)을 정한다는 것을 유의하자. 비다항성 해들에 대하여 예를 들면 $\sin nx$, $\cos nx$; $(p=1)$ 적분의 범위는 다음 예에서 설명되듯이 각각의 문제의 경계조건들에 의해서 결정된다.

예제 9.1.4 **적분 간격 $[a, b]$**

$\mathcal{L} = d^2/dx^2$에 대해서 가능한 고유값 방정식은

$$\frac{d^2}{dx^2}y(x) + n^2y(x) = 0 \tag{9.25}$$

이며, 고유함수들로서는

$$u_n = \cos nx, \qquad v_m = \sin mx$$

이다. (9.20)식은 다음과 같다.

$$-n\sin mx\sin nx\,|_a^b = 0, \qquad \text{or} \quad m\cos mx\cos nx\,|_a^b = 0,$$

표 9.2

방정식	a	b	$w(x)$
르장드르	-1	1	1
이동된 르장드르	0	1	1
버금 르장드르	-1	1	1
라게르	0	∞	e^{-x}
버금 라게르	0	∞	$x^k e^{-x}$
에르미트	$-\infty$	∞	e^{-x^2}
단순조화진동	0	2π	1
	$-\pi$	π	1

[1]직교성 간격$[a, b]$는 9.1절 경계조건들에 의해 결정된다. $p(x)$, $q(x)$는 표 9.1에 주어졌다.
[2]무게함수는 상미분방정식을 자체－수반형으로 놓으므로 구성된다.

여기서 u_n과 v_m은 상호 교환된다. $\sin mx$와 $\cos nx$는 주기 2π로서 (n과 m적분에 대하여) 주기적이기 때문에 (9.20)식은 $a=x_0$와 $b=x_0+2\pi$라면 분명히 만족된다. 만약에 문제가 다른 간격을 규정한다면 그 고유함수들과 고유값들은 경계조건들에 따라서 변하게 된다. 그 함수들은 경계조건들[(9.20)식 등등]이 만족되도록 항상 그래야 한다. 이러한 경우(푸리에 급수)에 대해 일상적인 경우들은 $(0,\ 2\pi)$가 되도록 $x_0=0$이고 $(-\pi,\ \pi)$가 되도록 $x_0=-\pi$이다. 여기서와 다음 몇 장을 통틀어서 관련된 함수들은 적분 간격[(9.20)식]에 의해서 규정되는 경계조건들을 만족하게 된다. 가장 공통적으로 만나는 이차 상미분방정식에 대한 간격 $[a, b]$와 무게함수들을 표 9.2에 실었다. ■

■ 양자역학에서 에르미트 연산자

앞의 논의는 수리물리학의 고전적 이차 미분연산자에 초점을 맞추었다. 양자역학에서 요구하는 바와 같이 에르미트 연산자 이론을 일반화하면 연산자들을 꼭 이차 미분연산자나 실수로 할 필요가 없이 확장하게 된다. 예를 들면 선형 운동량연산자 $p_x=-i\hbar(\partial/\partial x)$는 실수 물리적 관측량을 나타내고 에르미트 연산자가 될 것이다. 우리는 파동함수가 무한대에서 충분히 급하게 사라지거나 (결정 살창(격자)에서나 파에 대해 단위 세기와 같이) 주기성의 거동을 가짐으로써 일 또는 삼(또는 다른 수의)차원에서 적절한 경계조건들을 만족한다는 것을 (양자역학에서 관례적으로 하는 것과 같이) 단순히 가정한다. 실제로 이는 파동함수들은 주어진 힐베르트 공간에 있다는 것을 의미한다. 연산자 $\mathcal{L}$은 주어진 힐베르트 공간에서 모든 ψ_1, ψ_2에 대하여 다음 식이 성립한다면 **에르미트**라 일컫는다.

$$\langle\psi_1|\mathcal{L}\psi_2\rangle=\int\psi_1^*\mathcal{L}\psi_2 d\tau=\int(\mathcal{L}\psi_1)^*\psi_2 d\tau=\langle\mathcal{L}\psi_1|\psi_2\rangle. \qquad (9.26)$$

복소 양들로 단순히 확장을 한 것과는 별도의 문제로 하고 이 정의는 (9.24)식과 동등하다.

연산자 A의 **수반**연산자 $A^\dagger$는 다음과 같이 정의한다.

$$\langle\psi_1|A^\dagger\psi_2\rangle = \int \psi_1^* A^\dagger \psi_2 d\tau \equiv \int (A\psi_1)^* \psi_2 d\tau = \langle A\psi_1|\psi_2\rangle. \qquad (9.27)$$

$\bar{\mathcal{L}}$을 정의한 고전적 이차 도함수연산자로 지시한 (9.5)식과 비교해서 우리는 양자역학의 복소영역으로 수반연산자를 일반화함으로써 $\mathcal{L}^\dagger = \bar{\mathcal{L}}^*$인 것을 알게 된다. 여기서 그 수반은 피적분의 부분과 같은 $A^\dagger$로서 합친 적분항들로 정의된다. 분명히 만약 $A = A^\dagger$ (**자체-수반**)이고 그것이 작용하는 함수들(의 공간)이 이미 언급한 경계조건을 만족한다면 A는 에르미트 연산자이다.

연산자 $\mathcal{L}$의 **기대 값**은 다음과 같이 정의된다.

$$\langle\mathcal{L}\rangle = \int \psi^* \mathcal{L}\psi \, d\tau = \langle\psi|\mathcal{L}\psi\rangle. \qquad (9.28a)$$

양자역학의 체계에서 만약 물리계가 파동함수 ψ로 기술되는 상태에 있다면 $\langle\mathcal{L}\rangle$은 $\mathcal{L}$로 표시되는 물리적 관측량의 이론적 값에 해당된다. 이 성질이 실험적으로 측정될 때 $\langle\mathcal{L}\rangle$은 ψ 상태에서 물리계의 관측량 $\mathcal{L}$의 많은 측정치의 평균값으로써 얻게 되겠다.

만약에 $\mathcal{L}$이 에르미트적이면 $\langle\mathcal{L}\rangle$은 (물리 이론에서 측정으로부터 기대되는 것과 같이) 실수이다. (9.28a)식의 복소켤레(공액)를 취하면 다음과 같이 얻는다.

$$\langle\mathcal{L}\rangle^* = \left[\int \psi^* \mathcal{L}\psi \, d\tau\right]^* = \int \psi \mathcal{L}^* \psi^* d\tau.$$

피적분에서 인자들을 재배치하면 다음을 얻는다.

$$\langle\mathcal{L}\rangle^* = \int (\mathcal{L}\psi)^* \psi d\tau = \langle\mathcal{L}\psi|\psi\rangle.$$

그러면 에르미트 연산자[(9.26)식]의 정의를 적용하여 다음을 얻는다.

$$\langle\mathcal{L}\rangle \; = \int \psi \;\; \mathcal{L}\psi d\tau = \langle\mathcal{L}\rangle, \qquad (9.28b)$$

다시 말해 $\langle\mathcal{L}\rangle$은 실수이다. ψ는 꼭 $\mathcal{L}$의 고유함수일 필요는 없다는 것을 유의해야 한다.

연습문제

9.1.1 라게르 방정식은 e^{-x}으로 곱함으로써 자체-수반형으로 둘 수 있다는 것과 $w(x) = e^{-x}$은 무게함수인 것을 보여라.

9.1.2 에르미트 방정식은 e^{-x^2}으로 곱함으로써 자체-수반형으로 둘 수 있다는 것과 이는 적절한 밀도함수와 같은 $w(x) = e^{-x^2}$을 주는 것을 보여라.

9.1.3 선형 이차 미분방정식이 자체-수반형으로 표현될 때 다음을 보여라.

(a) 론스키 공식이 상수를 초기 계수 p로 나누는 것과 같다.

$$W[y_1, y_2] = \frac{C}{p(x)}.$$

(b) 두 번째 해는 다음과 같이 주어진다.

$$y_2(x) = Cy_1(x)\int^x \frac{dt}{p[y_1(t)]^2}.$$

9.1.4 아주 특별한 경우 $\lambda = 0$과 $q(x) = 0$에 대해서 자체-수반 고유값 방정식은

$$\frac{d}{dx}\left[p(x)\frac{du(x)}{dx}\right] = 0,$$

이 식은 다음 식에 의하여 만족된다.

$$\frac{du}{dx} = \frac{1}{p(x)}.$$

다음 방정식들의 "두 번째" 해를 구하기 위하여 이 식을 이용하여라.

(a) 르장드르 방정식

(b) 라게르 방정식과

(c) 에르미트 방정식

답. (a) $u_2(x) = \frac{1}{2}\ln\frac{1+x}{1-x}$,

(b) $u_2(x) - u_2(x_0) = \int_{x_0}^{x} e^t \frac{dt}{t}$,

(c) $u_2(x) = \int_0^x e^{t^2} dt$.

이들 두 번째 해들은 보통 두 번째 해에서 보이는 발산거동을 설명한다.

주의. 이들 세 경우에 $u_1(x) = 1$이다.

9.1.5 $\mathcal{L}u = 0$과 $g\mathcal{L}u$가 자체-수반인 것으로 주어지면 그 수반연산자 $\bar{\mathcal{L}}$는 $\bar{\mathcal{L}}(gu) = 0$이 됨을 보여라.

9.1.6 자체-수반인 이차 미분연산자 $\mathcal{L}$에 대하여 다음 식을 보여라.

$$\langle y_2|\mathcal{L}y_1\rangle - \langle y_1|\mathcal{L}y_2\rangle = \int_a^b [y_2\mathcal{L}y_1 - y_1\mathcal{L}y_2]dx = p(y_1'y_2 - y_1y_2')\,|_a^b.$$

9.1.7 만약에 함수 ψ가 공간의 유한 영역에서 라플라스(Laplace) 방정식을 만족하고 전체로 둘러싸인 공간에 걸쳐 디리클레(Dirichlet) 경계조건을 만족해야 한다면 ψ는 유일

함을 보여라.

힌트. 그린(Green)의 정리(1.10절)의 한 형태가 도움을 줄 것이다.

9.1.8 르장드르, 에르미트와 라게르 방정식들의 해들이 다항식임을 생각하자. 에르미트 연산자 경계조건들이 만족됨을 보장하는 적분 범위들이 다음과 같음을 보여라.

(a) 르장드르 $[-1, 1]$, (b) 에르미트 $(-\infty, \infty)$, (c) 라게르 $[0, \infty)$.

9.1.9 양자역학[(9.26)식과 그 다음] 체계 내에서 다음 연산자들이 에르미트 연산자들임을 보여라.

(a) 운동량 $\mathbf{p} = -i\hbar\nabla \equiv -i\dfrac{h}{2\pi}\nabla$, 그리고

(b) 각운동량 $\mathbf{L} = -i\hbar\mathbf{r} \times \nabla \equiv -i\dfrac{h}{2\pi}\mathbf{r} \times \nabla \cdot$

힌트. 직각 좌표형으로 **L**은 안 맞바꿈 (비교환) 에르미트 연산자들의 선형결합이다.

9.1.10 (a) A는 비-에르미트 연산자이다. (9.26)식과 (9.27)식의 의미로 다음 식이 에르미트 연산자임을 보여라.

$$A + A^{\dagger} \qquad 과 \qquad i(A - A^{\dagger}).$$

(b) 앞의 결과를 사용하여 모든 비-에르미트 연산자는 두 개의 에르미트 연산자의 선형결합으로 쓰여질 수 있음을 보여라.

9.1.11 U와 V는 꼭 에르미트일 필요성이 없는 두 개의 임의 연산자들이다. (9.27)식의 의미로 다음 관계를 보여라.

$$(UV)^{\dagger} = V^{\dagger}U^{\dagger}.$$

에르미트 수반행렬과 닮았음에 유의하자.

힌트. 수반연산자[(9.27)식]의 정의를 적용하여라.

9.1.12 오직 만약에 두 연산자가 맞바꿈(교환)될 경우에만 두 에르미트 연산자의 곱이 에르미트[(9.26)식]임을 증명하여라.

9.1.13 A와 B가 안맞바꿈 (비교환) 양자역학적 연산자이면 다음과 같다.

$$AB - BA = iC.$$

C가 에르미트임을 보여라. 적절한 경계조건들이 만족된다고 가정하여라.

9.1.14 연산자 $\mathcal{L}$이 에르미트이다. $\langle \mathcal{L}^2 \rangle \geq 0$임을 보여라.

9.1.15 양자역학적 기대값을 다음과 같이 정의된다.

$$\langle A \rangle = \int \psi^*(x) A \psi(x) dx = \langle \psi | A \psi \rangle,$$

여기서 A는 선형연산자이다. $\langle A\rangle$가 실수여야 한다는 요구는 A가 $\psi(x)$에 대하여 에르미트여야 한다는 것을 보여라.

9.1.16 수반[(9.27)식]의 정의로부터 $\int \psi_1^* A^{\dagger\dagger}\psi_2 d\tau = \int \psi_1^* A\psi_2 d\tau$ 란 의미에서 $A^{\dagger\dagger} = A$ 임을 보여라. 수반연산자의 수반은 그 본래 연산자이다.

힌트. (9.27)식의 함수들 ψ_1과 ψ_2는 함수들의 류를 나타낸다. 밑첨자 1과 2는 서로 바꿀 수 있거나 다른 첨자로 바뀌도 된다.

9.1.17 퍼텐셜 우물 $V(x) = \frac{1}{2}m\omega^2x^2$에서 움직이는 한 양자입자에 대해서 슈레딩거 파동방정식은

$$-\frac{\hbar^2}{2m}\frac{d^2\psi(x)}{dx^2} + \frac{1}{2}m\omega^2x^2\psi(x) = E\psi(x),$$

또는

$$\frac{d^2\psi(z)}{dz^2} - z^2\psi(z) = -\frac{2E}{\hbar\omega}\psi(z)$$

이다. 여기서 $z = (m\omega/\hbar)^{1/2}x$ 이다. 연산자가 짝수임으로 명확한 반전성(parity)의 해들을 기대한다. 딸린 초기조건에 대하여 원점으로부터 적분하고 각각의 경우에 $\psi(\infty) = 0$에 이르는 최소 상수 $2E/\hbar\omega$를 결정하여라 (당신은 무한대의 근사로서 $z = 6$으로 잡아도 된다).

(a) 짝수 고유함수에 대하여

$$\psi(0) = 1, \qquad \psi'(0) = 0.$$

(b) 홀수 고유함수에 대하여

$$\psi(0) = 0, \qquad \psi'(0) = 1.$$

주의. 해석적 해들은 13.1절에 나타난다.

9.2 에르미트 연산자

적절한 경계조건들을 가진 에르미트 또는 자체-수반연산자들은 고전과 양자역학에서 극히 중요한 다음 성질을 가진다.

1. 에르미트 연산자의 고유값은 실수이다
2. 에르미트 연산자의 고유함수들은 직교한다.

3. 에르미트 연산자의 고유함수들은 적당한 조건들 하에서 한 함수가 고유함수들의 급수로 써 전개할 수 있다는 의미로 완전 집합을 형성한다.[5]

■ 실수 고유값

이 세 성질들 중의 처음 두 성질을 증명하겠다. 다음과 같이 두자.

$$\mathcal{L}u_i + \lambda_i w u_i = 0, \quad \text{또는} \quad \mathcal{L}|u_i\rangle + \lambda_i w|u_i\rangle = 0. \tag{9.29}$$

이고, 두 번째 고유값과 고유함수가 존재한다고 가정하자.

$$\mathcal{L}u_j + \lambda_j w u_j = 0, \quad \text{또는} \quad \mathcal{L}|u_j\rangle + \lambda_j w|u_j\rangle = 0. \tag{9.30}$$

그래서 $\mathcal{L}^\dagger = \mathcal{L}$을 사용해서 에르미트 수반을 취하면

$$\mathcal{L}u_j^* + \lambda_j^* w u_j^* = 0, \quad \text{또는} \quad \langle u_j|\mathcal{L} + \langle u_j|\lambda_j^* w = 0 \tag{9.31}$$

이고, 여기서 p와 q는 x의 실수함수이고 $w(x)$는 실수함수이다. 그러나 우리는 고유값 λ_k와 고유함수 u_k를 복소로 허용한다. (9.29)식에 u_j^*(또는 $\langle u_j|$)를 곱하고 (9.31)식에 u_i(또는 $|u_i\rangle$)를 곱하고 나서 이들을 빼주면

$$u_j^* \mathcal{L}u_i - u_i \mathcal{L}u_j^* = (\lambda_j^* - \lambda_i) w u_i u_j^* \tag{9.32}$$

이다. 우리는 $a \le x \le b$ 범위에서 걸쳐 적분한다.

$$\int_a^b u_j^* \mathcal{L}u_i dx - \int_a^b u_i \mathcal{L}u_j^* dx = (\lambda_j^* - \lambda_i) \int_a^b u_i u_j^* w\, dx, \tag{9.33}$$

또는 디락 표기법으로

$$\langle u_j|\mathcal{L}u_i\rangle - \langle \mathcal{L}u_j|u_i\rangle = (\lambda_j^* - \lambda_i)\langle u_j|u_i\rangle$$

이다. $\mathcal{L}$이 에르미트이므로, 왼쪽 편은 (9.27)식에 의해서 사라지고 남은 식은

$$(\lambda_j^* - \lambda_i) \int_a^b u_i u_j^* w\, dx = (\lambda_j^* - \lambda_i)\langle u_j|u_i\rangle = 0 \tag{9.34}$$

이다. 만약에 $i=j$이면 뻔한 경우 $u_i=0$을 제외하고 적분은 사라질 수 없다 [고립된 점들은 별도로 하고 $w(x)>0$]. 그래서 그 결수 $(\lambda_i^* - \lambda_i)$는 0이 되어야 한다.

$$\lambda_i^* = \lambda_i, \tag{9.35}$$

---

[5]이 성질은 보편적이 아니다. 그것은 슈트룸-리우비(자체-수반)형에서 우리의 선형 이차 미분연산자에 대해서는 꼭 **성립한다**. 완전성은 9.4절에서 정의되고 더 상세히 논의된다. 우리의 선형 이차 자체-수반 미분방정식의 고유함수들은 완전집합으로 구성됨을 증명하는 것은 18.6절 변분법에서 전개된다.

이 식은 고유값이 실수임을 말하고 있다. λ_i는 고유값의 어떤 것이든 나타내기 때문에 이는 첫 성질을 증명한다. 이는 실 대칭(과 에르미트)행렬의 고유값들의 성질의 정확한 유사성을 나타낸다 (3.3절과 3.4절과 비교하라).

에르미트 연산자의 실 고유값은 양자역학에서 기본적인 중요성을 가진다. 양자역학에서는 고유값들이 마치 에너지과 각운동량과 같이 관측(정확히게 또는 예리하게 측정할 수 있는)량들에 해당한다. 한 관측량 $\mathcal{L}$을 단 한번 측정할 때 그 결과는 그 고유값들 중에 하나임에 틀림없다. 에르미트 연산자들의 항으로 공식화된 이론으로서 실수 고유값의 이러한 증명은 그 이론은 이들 측정 물리량들에 대해 실수량을 예측할 것이라 보장한다. 18.6절에서 해밀턴과 같은 어떤 연산자들에 대하여 실 고유값들의 집합은 낮은 속박을 가진다는 것을 알게 될 것이다. 물리적으로 중요한 에르미트 연산자들은 실 퍼텐셜 $V^* = V$와 운동량연산자 $-id/dx$이다. 나중 연산자는 부분적분을 사용하고 적분된 항을 버림으로써 다음 관계를 얻기 때문에 에르미트이다.

$$\left\langle \psi_1 \middle| -i\frac{d\psi_2}{dx} \right\rangle = \int_{-\infty}^{\infty} \psi_1^* \left(-i\frac{d\psi_2}{dx} \right) dx = -i\psi_2\psi_1^*|_{-\infty}^{\infty} + i\int_{-\infty}^{\infty} \frac{d\psi_1^*}{dx}\psi_2 dx$$
$$= \int_{-\infty}^{\infty} \left(-i\frac{d\psi_1}{dx} \right)^* \psi_2 dx = \left\langle -i\frac{d\psi_1}{dx} \middle| \psi_2 \right\rangle.$$

■ 직교 고유함수

만약에 (9.34)식에서 $i \neq j$이고 $\lambda_i \neq \lambda_j$라면 두 다른 고유함수들의 곱의 적분이 사라져야 한다.

$$\langle u_j | u_i \rangle = \int_a^b u_j^* u_i w \, dx = 0. \tag{9.36}$$

직교성이라고 부르는 이 조건은 **두 벡터의 스칼라(또는 안쪽)곱의 사라짐과의 연속 유사성**이다.[6] 고유함수들 $u_i(x)$와 $u_j(x)$는 간격 $[a, b]$에 걸쳐 무게함수에 대해 직교한다고 말한다. (9.36)식은 에르미트 연산자들의 두 번째 성질의 부분적 증명을 구성한다. 다시 행렬 분석법과 정확한 유사성에 유의해야 한다. 실로 미분방정식들이 이 슈트룸-리우비 이론과 에르미트 행렬의 취급과는 일-대-일 대응성을 세울 수 있다. 역사적으로 이 대응성은 하이젠베르그(Heisenberg)에 의해 전개된 행렬역학과 슈레딩거에 의해 전개된 파동역학의 수학적 동등성을 확립하는 데 중요하였다. 오늘날 두 다른 접근법은 양자역학의 이론으로 통합되었고 특별한 문제에 대한 더 편리하게 수학적 공식화는 그 문제에 대해서 선택하여 사용한다. 실제로 수학

---

[6] 리만적분의 정의로부터

$$\int_a^b f(x)g(x)dx = \lim_{N\to\infty} \left(\sum_{i=1}^{N} f(x_i)g(x_i)\Delta x \right),$$

여기서 $x_0 = a$, $x_N = b$, 그리고 $x_i - x_{i-1} = \Delta x$. 만약에 $f(x_i)$와 $g(x_i)$를 하나의 N 성분벡터의 i 번째 성분으로써 설명한다면 그 합(그러므로 이 적분)은 벡터들의 스칼라곱 (1.11)식에 직접적으로 대응된다. 스칼라곱의 사라짐은 벡터들 −또는 함수들의 **직교성**에 대한 조건이다.

적 양자택일은 여기서 끝나지 않는다. 적분방정식은 세 번째 동등성을 세우고 때로는 더 편리하거나 더 강력한 접근을 제시한다. 유사하게 어느 두 함수들 u, v는 필히 고유함수들이 아니라도 만약에 $\langle v|u\rangle = \int_a^b v^* uwdx = 0$이면 직교한다고 말한다.

직교성의 이 증명은 아주 완전한 것은 아니다. $u_1 \neq u_j$라도 역시 $\lambda_i = \lambda_j$일 수 있기 때문에 빠져나갈 구멍이 있다. 그러한 고유값들을 **겹친다**라고 칭한다. 겹침의 설명은 이 절 끝에서 제시하겠다. 만약에 $\lambda_i = \lambda_j$이면 (9.34)식에서 적분은 사라질 필요가 없다. 이는 같은 고유값에 대응하는 선형 독립 고유함수들은 자동적으로 직교하지 않고 직교집합을 구하기 위해서는 어떤 다른 방법을 찾아내야 함을 의미한다. 비록 이 겹친 경우에서 고유함수들이 직교되지 않을 지라도 그것들이 항상 직교되게 할 수 있다. 하나의 방법은 다음 절에서 전개된다. 또한 대칭 때문에 겹침에 대해서 (4.13)식 다음에 그 논의를 보라.

우리는 다음에 계속되는 장들에서 직교좌표계를 가지는 것만큼이나 직교함수들의 주어진 집합을 가지는 것이 바람직하다는 것을 알게 될 것이다. 우리는 비 직교함수들로 처리할 수 있다. 그러나 그것들은 마치 빗 좌표계와 같이 지저분한 것으로 밝혀질 것이다.

예제 9.2.1 **푸리에 급수-직교성**

$-\pi \leq x \leq \pi$ 간격으로 예제 9.1.4를 계속하기 위하여 (9.20)식에 속한 고유값 방정식[(9.25)식]은

$$\frac{d^2}{dx^2} y(x) + n^2 y(x) = 0$$

이고, 경계조건들 $\sin(\pm n\pi) = 0$에 예속한 $\sin nx$의 고유함수로서 진동하는 바이올린 선을 기술한다. 여기서 n은 정수이고 직교성 적분들은 다음과 같다.

$$\text{(a)} \quad \int_{x_0-\pi}^{x_0+\pi} \sin mx \sin nx \, dx = C_n \delta_{nm}, \quad x_0 = 0.$$

길이 2π의 간격에 대하여 앞의 분석은 (a)에서 크로네커 델타를 보장한다. 슈트룸-리우비 이론은 C_n 값에 대하여 언급하지 않는다.

비슷하게 상자 안에 있는 한 양자역학적 입자는 다시 정수 n을 주는 경계조건 $\frac{d \cos nx}{dx}\Big|_{x=\pm\pi} = 0$에 속한 고유함수들 $\cos nx$를 가질 수 있다. 그러면

$$\text{(b)} \quad \int_{x_0-\pi}^{x_0+\pi} \cos mx \cos nx \, dx = D_n \delta_{nm}, \quad x_0 = 0,$$

여기서 D_n은 정해지지 않은 채로 있다. 실제로 계산을 하면

$$C_n = \begin{cases} \pi, & n \neq 0, \\ 0, & n = 0, \end{cases} \qquad D_n = \begin{cases} \pi, & n \neq 0 \\ 2\pi, & n = 0 \end{cases}$$

이다. 끝으로 조사해 보면

(c) $\int_{x_0-\pi}^{x_0+\pi} \sin mx \cos nx\, dx = 0.$

이 식은 모든 적분 m과 n에 대하여 사라진다. ■

■ 직교 고유함수들에서 전개

어떤 해밀토니안과 그것의 고유값 방정식 $H|\psi\rangle = E|\psi\rangle$로부터 시작하여 그 방정식을 직교적으로 취하는 고유값들 E_j와 고유함수들 $|\varphi_j\rangle$의 집합을 결정한다; 즉

$$\langle\varphi_k|\varphi_j\rangle = \delta_{jk}$$

이다. 집합 $|\varphi_j\rangle$의 완전성의 성질은 (예를 들어 부분적으로 또는 따로 따로 연속적인) 함수들의 어떤 류(class)들은 어느 정도 원하는 정확도까지 직교 고유함수들이 급수로서 나타낼 수 있다는 것을 의미한다. 자 $|\psi\rangle$를 그 류(class)에서 가정하고 그것을 다음과 같이 전개한다.

$$|\psi\rangle = \sum_j a_j|\varphi_j\rangle.$$

우리는 투사법으로 계수 a_k를 정한다.

$$\left\langle\varphi_k\middle|H\sum_j a_j\varphi_j\right\rangle = E\left\langle\varphi_k\middle|\sum_j a_j\varphi_j\right\rangle = E\sum_j a_j\langle\varphi_k|\varphi_j\rangle = E\sum_j a_j\delta_{kj} = Ea_k.$$

$\langle\varphi_k|H\varphi_j\rangle \equiv H_{k,j}$를 **해밀토니안의 행렬 원소**들이라 부름으로써 고유값 방정식들을 얻는다.

$$\sum_j H_{k,j}a_j = Ea_k, \tag{9.37}$$

이 식으로부터 혼합계수 a_j의 열벡터는 고유값 E에 따라서 결정될 수 있다. 이러한 선형방정식들의 대개 무한 집합은 실제로 잘라서 줄인다.

고유함수의 선택은 편리한 기반 위에서 이루어진다. 전개 기술을 설명하기 위해서 예제 9.2.1의 고유함수들 $\cos nx$와 $\sin nx$를 선택하자. 고유함수 급수는 다음 푸리에 급수로써 편리하게 (그리고 통상적으로) 기술된다.

$$f(x) = \frac{a_0}{2} + \sum_{n=1}^{\infty}(a_n \cos nx + b_n \sin nx).$$

예제 9.2.1의 직교성 적분으로부터 그 계수들은 다음과 같이 주어진다.

$$a_n = \frac{1}{\pi}\int_{-\pi}^{\pi} f(t)\cos nt\, dt, \quad b_n = \frac{1}{\pi}\int_{-\pi}^{\pi} f(t)\sin nt\, dt,\ n=0,\ 1,\ 2\ldots.$$

예제 9.2.2 **네모파**

이제 네모파를 생각하자.

$$f(x)=\begin{cases}\dfrac{h}{2}, & 0<x<\pi,\\ -\dfrac{h}{2}, & -\pi<x<0.\end{cases}$$

$f(t)$에 대해 $\pm h/2$를 바꿔 놓음으로

$$a_n = 0$$

이며, 이 식은 반대칭 $f(-x)=-f(x)$이기 때문에 예상할 수 있고

$$b_n=\frac{h}{n\pi}(1-\cos n\pi)=\begin{cases}0, & n \text{ 짝수},\\ \dfrac{2h}{n\pi}, & n \text{ 홀수}.\end{cases}$$

그래서 네모파의 고유함수 (푸리에) 전개는

$$f(x)=\frac{2h}{\pi}\sum_{n=0}^{\infty}\frac{\sin(2n+1)x}{2n+1}. \tag{9.38}$$

다른 고유함수들을 사용함으로써 추가적인 예제들은 11 ~ 13장에서 나타난다. ■

■ 축퇴

축퇴의 개념은 앞에서 일찍 소개되었다. N개의 선형독립 고유함수들이 같은 고유값에 대응한다면, 그 고유값은 N– 겹친다라고 일컫는다. 특히 간단한 실례는 고전역학의 선형 떨개(진동자) 방정식(예제 9.2.1)의 고유값들과 고유함수들에 의해서 제시된다. 고유값 n의 각 값에 대하여 두 개의 해들 $\sin nx$와 $\cos nx$(그리고 어떤 선형결합)가 있다. 우리는 그 고유함수는 겹친다. 또는 그 고유값은 겹친다라고 말한다.

마치 회전 불변과 같이 기초적인 대칭이 겹침성들을 일으킬 때 같은 에너지 고유값에 속하는 상태들은 여러겹 또는 대칭군의 나타남을 형성한다고 한다. 강력한 군론적 방법들은 제4장에서 상세히 다루었다.

9.3절에서 그러한 함수들은 어떻게 직교시킬 수 있는지 또 다른 방법을 제시하겠다.

인명 자료

Sturm, Jacques Charles. 1803년 스위스 제네바에서 출생한 슈트룸은 소르본느 대학에서 푸아송(Poisson)의 후계자였고 그의 친구 리우비와 열흐름에 관해서 연구하였다. 두 사람으로부터 고유값 문제들이 그들이 칭한대로 제기되었다.

Liouville, Joseph. 리우비(1809–1882)는 꼴레그드 프랑스의 교수였고 타원함수, 해석적 함수와 이차형에 대해서 기여하였다.

연습문제

9.2.1 함수들 $u_1(x)$와 $u_2(x)$는 같은 에르미트 연산자의 고유함수들이나 각각 다른 고유값 λ_1과 λ_2를 가진다. $u_1(x)$와 $u_2(x)$가 선형 독립임을 보여라.

9.2.2 (a) 벡터들 $\mathbf{e}_n$들은 서로 직교한다: $n \neq m$에 대하여 $\mathbf{e}_n \cdot \mathbf{e}_m = 0$. 그들 벡터가 선형 독립임을 보여라.

(b) 함수 $\psi_n(x)$들을 간격 $[a, b]$에 걸쳐서 그리고 무게함수 $w(x)$에 대해서 서로 직교한다. $\psi_n(x)$가 선형 독립임을 보여라.

9.2.3 다음과 같이 주어졌다.

$$P_1(x) = x \qquad \text{와} \qquad Q_0(x) = \tfrac{1}{2}\ln\left(\frac{1+x}{1-x}\right).$$

이 식들은 다른 고유값들에 대응하는 르장드르 미분방정식의 해들이다.

(a) 그들이 직교성 적분인 다음 식을 계산하여라.

$$\int_{-1}^{1} \frac{x}{2}\ln\left(\frac{1+x}{1-x}\right) dx.$$

(b) 왜 이 두 함수들이 직교하지 않는지 설명하여라. 즉 왜 직교성의 증명이 적용되지 않는지 설명하여라.

9.2.4 $T_0(x) = 1$과 $V_1(x) = (1-x^2)^{1/2}$이 다른 고유값들에 대응하는 체비셰프(Chebyshev) 미분방정식의 해들이다. 왜 이 두 함수들이 직교하지 않는지 경계조건들의 식으로 설명하여라.

9.2.5 (a) 르장드르 다항식의 첫 도함수가 고유값 $\lambda = n(n+1) - 2$인 자체-수반 미분방정식을 만족함을 보여라.

(b) 이들 르장드르 다항식의 도함수들은 다음 작교성 관계식을 만족함을 보여라.

$$\int_{-1}^{1} P'_m(x)P'_n(x)(1-x^2)\,dx = 0, \qquad m \neq n.$$

주의. 11.5절에서 $(1-x^2)^{1/2}P'_n(x)$는 지금 르장드르 다항식, $P_n^1(x)$라 칭하게 될 것이다.

9.2.6 한 함수들 $u_n(x)$의 집합이 슈트룸-리우비 방정식을 만족한다.

$$\frac{d}{dx}\left[p(x)\frac{d}{dx}u_n(x)\right] + \lambda_n w(x)u_n(x) = 0.$$

함수들 $u_m(x)$와 $u_n(x)$는 직교성을 이끄는 경계조건들을 만족한다. 이에 대응하는 고유값들 λ_m과 λ_n은 구별된다. 적절한 경계조건들에 대해 $u'_m(x)$와 $u'_n(x)$는 무게함수와 같은 $p(x)$로써 직교함을 증명하여라.

9.2.7 한 선형연산자 A는 n개의 구별된 고유값들과 n에 대응된 고유 함수들: $A\psi_i = \lambda_i\psi_i$를 가진다. n개 고유함수들은 선형 독립임을 보여라. A는 꼭 에르미트 연산자일 필요는 없다.
힌트. 선형 종속 $\psi_n = \sum_{i=1}^{n-1} a_i\psi_i$ 임을 가정하여라. 이 관계식과 한 순서로 먼저 연산자-고유함수 방정식을 그리고 반대 순서로 사용하여라. 결과적으로 모순됨을 보여라.

9.2.8 $\mathcal{L}$로써 자체-수반이 **아닌** 것은 $\bar{\mathcal{L}} \neq \mathcal{L}$

$$\mathcal{L}u_i + \lambda_i w u_i = 0$$

과

$$\bar{\mathcal{L}}v_j + \lambda_j w v_j = 0.$$

(a) 다음 관계가 주어진다면

$$\int_a^b v_j \mathcal{L} u_i dx = \int_a^b u_i \bar{\mathcal{L}} v_j dx$$

와

$$u_i p_0 v'_j\Big|_a^b = v_j p_0 u'_i\Big|_a^b.$$

다음 관계가 성립함을 보여라.

$$u_i(p_1 - p'_0)v_j\Big|_a^b = 0.$$

(b) 고유함수 u_i와 v_j에 대하여 직교성 적분이 다음과 같이 됨을 보여라.

$$\int_a^b u_i v_j w\, dx = 0 \qquad (\lambda_i \neq \lambda_j).$$

9.3 그램-슈미트 직교화

그램-슈미트 직교화는 선형 독립함수들의 비직교집합을 택하고[7] 임의의 간격에 걸쳐서 기본 (9.8)식으로부터 비롯되거나, 비록 되지 않은 임의 무게 즉 밀도인자에 대해서 한 직교집합을

[7]그러한 함수들의 집합은 편미분방정식의 해들로부터 나온다. 이러한 방정식에서 고유값은 하나 또는 그 이상의 분리상수들에 대해 독립이다. 그러나 함수들의 그 집합의 출처는 그램-슈미트 직교화 과정과는 무관하다.

구성하는 방법이다. 이들 무게인자들의 선택은 끝에 가서는 **직교규격화** 함수들(직교와 아울러 단위 규격화)의 특별한 집합을 제시해 준다. 선형대수의 언어로서 이 과정은 기본 벡터들 (함수들) 직교집합에서 비직교집합으로 관계되는 행렬 변환과 동등하다. 관련된 함수들은 실수이거나 복소수이다. 여기서는 편의상 그것들이 실수이기를 가정한다. 일차원 이상으로 또는 복소 경우들을 일반화하는 데 어려움이 있다.

직교화를 택하기 전에 우리는 함수들의 규격화를 생각해야 한다. 아직까지는 규격화에 대해 명시하지 않았다. 이는 다음을 의미한다.

$$\langle\varphi_i|\varphi_i\rangle = \int_a^b \varphi_i^2 w\, dx = N_i^2,$$

그러나 N_i값에 대해서 주의하지 않았다. 이제 우리는 새롭게 규격화된 φ_i가 다음 식을 만족하도록 각 함수 $\varphi_i(x)$에 N_i^{-1}을 곱해야 한다고 요구하자.

$$\langle\varphi_i|\varphi_i\rangle = \int_a^b \varphi_i^2(x)w(x)dx = 1 \tag{9.39}$$

그리고

$$\langle\varphi_j|\varphi_i\rangle = \int_a^b \varphi_i(x)\varphi_j(x)w(x)dx = \delta_{ij}. \tag{9.40}$$

(9.39)식은 단위값으로 규격화되었다고 말한다. 직교화의 성질을 조합해서 우리는 (9.40)식을 가진다. 이 방정식을 만족하는 함수들은 **직교규격화**(직교와 아울러 규격화)된다고 일컫는다. 다른 직교규격화들도 분명히 가능하다. 그래서 역사적 관례로서 제12장과 제13장에서 다루는 수리물리학에서 특별 함수들의 각각은 다르게 규격화될 것이다.

함수들의 세 개의 집합들을 생각한다: 원래의 선형 독립인 주어진 집합 $u_n(x)$, $n=0, 1, 2, \ldots$; 구성된 직교집합 $\psi_n(x)$; 그리고 규격화된 ψ_n인 함수들의 최종 집합 $\varphi_n(x)$; 원래의 u_n은 겹친 고유함수들일 수 있으나 반드시 그럴 필요는 없다. 정리하면

$u_n(x)$	$\psi_n(x)$	$\varphi_n(x)$
선형 독립	선형 독립	선형 독립
비직교	직교	직교
비규격화	비규격화	규격화(직교규격화)

그램-슈미트 과정은 n번째 ψ함수, ψ_n를 $u_n(x)$에 앞의 φ의 알려지지 않은 선형 결합을 합치는 것이다. 새로운 $u_n(x)$가 있으므로 선형 독립이 보장된다. $\psi_n(x)$가 앞의 φ의 각각에 대해 직교이어야 한다는 요구 조건은 알려지지 않은 계수의 각각을 결정하는 데 충분한 제약들을

제시해 준다. 그러면 충분히 결정된 ψ_n은 단위 하나로 규격화되고 $\varphi_n(x)$를 내어놓는다. 그리고 $\psi_{n+1}(x)$에 대해 단계적인 절차가 반복된다.

아래와 같이 두면서 $n=0$에서 출발한다.

$$\psi_0(x) = u_0(x). \tag{9.41}$$

여기서 "먼저" φ는 염려할 필요 없다. 그리고 규격화되면

$$\varphi_0(x) = \frac{\psi_0(x)}{[\int_a^b \psi_0^2 w\, dx]^{1/2}}, \quad \text{또는} \quad |\varphi_0\rangle = \frac{|\psi_0\rangle}{[\langle\psi_0|\psi_0\rangle]^{1/2}}. \tag{9.42}$$

$n=1$에 대하여 다음과 같이 두자.

$$\psi_1(x) = u_1(x) + a_{10}\varphi_0(x). \tag{9.43}$$

$\psi_1(x)$는 $\varphi_0(x)$에 직교해야 한다 [이 단계에서 $\psi_1(x)$의 규격화는 무관하다]. 직교화의 요구는 다음과 같이 되게 한다.

$$\int_a^b \psi_1\varphi_0 w\, dx = \int_a^b u_1\varphi_0 w\, dx + a_{10}\int \varphi_0^2 w\, dx = 0. \tag{9.44}$$

φ_0가 1로 규격화되기 때문에 [(9.42)식] a_{10}의 값을 고정하는 다음 식을 얻는다.

$$a_{10} = -\int_a^b u_1\varphi_0 w\, dx = -\langle\varphi_0|u_1\rangle, \tag{9.45}$$

디락 표기로 (9.43)식을 다음과 같이 쓴다.

$$|\psi_1\rangle = |u_1\rangle - \langle\varphi_0|u_1\rangle|\varphi_0\rangle \tag{9.43a}$$

그리고 (9.44)식은 다음과 같다.

$$0 = \langle\varphi_0|\psi_1\rangle = \langle\varphi_0|u_1\rangle + a_{10}\langle\varphi_0|\varphi_0\rangle. \tag{9.44a}$$

이러한 형태에서 계수 a_{10}은 한 벡터 $\mathbf{u}$를 직교좌표 또는 기준 벡터들 $\hat{\mathbf{x}}_i$로서 다음과 같이 전개하는 것과 비슷하게 투영에 의해서 결정되는 것을 알 수 있다.

$$\mathbf{u} = (\mathbf{u}\cdot\hat{\mathbf{x}}_1)\hat{\mathbf{x}}_1 + (\mathbf{u}\cdot\hat{\mathbf{x}}_2)\hat{\mathbf{x}}_2 + (\mathbf{u}\cdot\hat{\mathbf{x}}_3)\hat{\mathbf{x}}_3 = \sum_i u_i\hat{\mathbf{x}}_i. \tag{9.45a}$$

규격화하면 다음과 같이 정의된다.

$$\varphi_1(x) = \frac{\psi_1(x)}{\left(\int \psi_1^2 w\, dx\right)^{1/2}}, \qquad |\varphi_1\rangle = \frac{|\psi_1\rangle}{[\langle\psi_1|\psi_1\rangle]^{1/2}}. \tag{9.46}$$

끝으로 다음이 되도록 일반화한다.

$$\varphi_i(x) = \frac{\psi_i(x)}{\left(\int \psi_i^2(x) w(x) dx\right)^{1/2}}, \tag{9.47}$$

여기서

$$\psi_i(x) = u_i + a_{i0}\varphi_0 + a_{i1}\varphi_1 + \cdots + a_{ii-1}\varphi_{i-1}. \tag{9.48}$$

결수 a_{ij}는 다시 (직교성을 사용하여) 투영에 의해 다음과 같이 주어진다.

$$a_{ij} = -\int u_i \varphi_j w\, dx = -\langle \varphi_j | u_i \rangle. \tag{9.49}$$

(9.49)식은 단위 규격화에 대해 유지한다. 어떤 다른 규격화를 선택한다면

$$\int_a^b [\varphi_j(x)]^2 w(x) dx = N_j^2$$

그러면 (9.47)식은 다음과 같이 대체된다.

$$\varphi_i(x) = N_i \frac{\psi_i(x)}{\left(\int \psi_i^2 w\, dx\right)^{1/2}}, \tag{9.47a}$$

그리고 a_{ij}는 다음 식이 된다.

$$a_{ij} = -\frac{\int u_i \varphi_j w\, dx}{N_j^2}. \tag{9.49a}$$

방정식 (9.48)과 (9.49)식은 **사영연산자** P_j로 다시 써도 된다. 만약에 $\varphi_n(x)$가 선형벡터 공간을 형성한다고 생각하면 (9.49)식에서 그 적분은 u_i를 φ_j "좌표"로 투명 또는 u_i의 j번째 성분으로서 설명해도 된다. 다음 식으로

$$P_j u_i(x) = \left\{\int u_i(t)\varphi_j(t) w(t) dt\right\} \varphi_j(x) = |\varphi_j\rangle\langle\varphi_j|u_i\rangle,$$

즉 $P_j = |\varphi_j\rangle\langle\varphi_j|$. (9.48)식은 다음 식이 된다.

$$\psi_i(x) = \left\{1 - \sum_{j=1}^{i-1} P_j\right\} u_i(x). \tag{9.48a}$$

j번째 성분 $j=1$부터 $i-1$까지 빼면 $\psi_i(x)$만 남긴다.

그램-슈미트 계산법은 한 직교 또는 직교규격화 집합을 구성하는 한 가능한 방법일지라도 함수들 $\varphi_i(x)$는 유일하지 않음에 유의하여라. 주어진 간격과 주어진 밀도함수에 대하여 무한한 수의 가능한 직교규격화 집합들이 있다. 개입된 자유도의 실례로서 xy평면에 두 (평행하지 않은) 벡터 **A**와 **B**를 생각하여라. **A**를 단위 크기로 규격화하고 **B**가 **A**에 수직하도록 $\mathbf{B}' = a\mathbf{A} + \mathbf{B}$를 구성해 본다. $\mathbf{B}'$을 규격화로 우리는 두 벡터에 대해서 그램-슈미트 직교화를 완결하였

다. 그러나 $\hat{\mathbf{x}}$와 $\hat{\mathbf{y}}$와 같이 어떠한 두 개의 직교한 단위벡터들을 직교규격화 집합으로 선택해도 된다. 다시 z축에 대해서 $\hat{\mathbf{x}}$와 $\hat{\mathbf{y}}$의 가능한 회전들의 무한한 개수로서 우리는 가능한 직교규격화 집합의 무한한 개수를 얻는다.

예제 9.3.1 **그램-슈미트 직교화에 의한 르장드르 다항식 함수**

$u_n(x) = x^n$, $n = 0, 1, 2, \ldots$의 집합으로부터 직교규격화(직교정규화)의 집합을 짜보자. 간격은 $-1 \le x \le 1$이고 밀도함수는 $w(x) = 1$이다.

기술된 그램-슈미트 직교화 과정에 의하면

$$u_0 = 1, \quad \text{여기서부터} \quad \varphi_0 = \frac{1}{\sqrt{2}}. \tag{9.50}$$

그러면

$$\psi_1(x) = x + a_{10}\frac{1}{\sqrt{2}} \tag{9.51}$$

그리고 대칭에 의해서

$$a_{10} = -\int_{-1}^{1} \frac{x}{\sqrt{2}}dx = 0 \tag{9.52}$$

다음을 얻기 위하여 ψ_1를 규격화시킨다.

$$\varphi_1(x) = \sqrt{\frac{3}{2}}x. \tag{9.53}$$

그리고 다음 식으로서 그램-슈미트 과정을 계속한다.

$$\psi_2(x) = x^2 + a_{20}\frac{1}{\sqrt{2}} + a_{21}\sqrt{\frac{3}{2}}x, \tag{9.54}$$

여기서 다시 대칭에 의하여

$$a_{20} = -\int_{-1}^{1} \frac{x^2}{\sqrt{2}}dx = -\frac{\sqrt{2}}{3}, \tag{9.55}$$

$$a_{21} = -\int_{-1}^{1} \sqrt{\frac{3}{2}}x^3 dx = 0, \tag{9.56}$$

그러므로

$$\psi_2(x) = x^2 - \frac{1}{3}, \tag{9.57}$$

일로 규격화시키면

$$\varphi_2(x) = \sqrt{\frac{5}{2}} \cdot \frac{1}{2}(3x^2 - 1). \tag{9.58}$$

다음 함수 $\varphi_3(x)$는

$$\varphi_3(x) = \sqrt{\frac{7}{2}} \cdot \frac{1}{2}(5x^3 - 3x). \tag{9.59}$$

제 11장을 참고하면 다음 식으로 보인다.

$$\varphi_n(x) = \sqrt{\frac{2n+1}{2}} P_n(x), \tag{9.60}$$

여기서 $P_n(x)$는 n번－차 르장드르 다항식이다. 그램－슈미트 과정은 르장드르 다항식을 생성할 가능성이 있으나, 매우 귀찮은 방법을 제시한다. 이는 직교하지 않는 $u_n(x) = x^n$인 멱급수 전개가 한정된 간격 $[-1, 1]$에 걸쳐 직교급수로 변환될 수 있음을 설명해 주고 있다.

그램－슈미트 규격화에 대한 방정식은 뺄셈 때문에 잘못 조절되는 경향이 있다. 해밍(Hamming)[8]이 다항식 되돌이 관계를 사용해서 이 어려움을 피하는기술을 논의했다.

예제 9.3.1에서 우리는 규격화 간격 $[-1, 1]$, 단위 무게함수 그리고 증가하는 순서로 x^n 함수들의 집합을 단번에 상세히 적었다. 모든 이러한 명세가 주어지면 그램－슈미트 과정은 유일하다[규격화(정규화) 인자와 이어서 논의된 부호들 내에 한해서]. 그렇게 이루어진 집합 P_0에서 P_n까지의 르장드르 다항식은 $[-1, 1]$에 걸쳐 $\le n$차의 다항식 기술에 대해 완전 집합을 형성한다. 완전성의 이 개념은 9.4절에서 상세하게 채택된다. 르장드르 다항식의 급수에서 함수들의 전개는 11.3절에서 논의된다. ▩

■ 직교 다항식

앞의 예제는 단지 그램－슈미트 과정을 설명하기 위해서 선정됐다. 그것은 르장드르 다항식을 소개하는 이득은 있었지만 초기함수들 $u_n = x^n$은 겹친 고유함수들은 아니었고 르장드르 방정식의 해가 아니다. 그것들은 단지 우리가 주어진 간격과 주어진 무게함수에 대해 직교규격화 집합을 창출하기 위해서 재배치해야 할 함수들의 한 집합이다. 우리가 르장드르 다항식을 얻었다는 사실은 대단한 마술이 아니라 간격과 무게함수의 선택의 직접적인 결과이다. $u_n(x) = x^n$을 사용하나 간격과 무게함수의 다른 선택이거나 함수들이 다른 배치를 하면 표 9.3에서 보이는 바와 같이 직교 다항식의 다른 집합을 이룬다. 우리는 특수 미분방정식의 풀이로써 이 다항식들을 제 11장과 제 13장에서 상세하게 고찰한다.

이 직교화 과정을 조사하면 두 개의 임의의 특성이 나타난다. 첫째는 이미 강조했듯이 그 함수들을 1로 규격화하기 위하여 필요한 것은 아니다. 바로 제시했던 실례에서 다음 관계식을

[8] Hamming. R. W.(1973), "*과학자들과 공학자들을 위한 수치방법*" 2nd ed. McGraw-Hill, New York. 27.2절과 그 곳에 주어진 참고서를 보라.

표 9.3
$u_n(x) = x^n$, $n = 0, 1, 2, \ldots$의 그램-슈미트 직교화에 의해서 생성된 직교 다항식

다항식	간 격	무게함수 $w(x)$	표준 규격화(정규화)
르장드르	$-1 \le x \le 1$	1	$\int_{-1}^{1} [P_n(x)]^2 dx = \frac{2}{2n+1}$
이동된 르장드르	$0 \le x \le 1$	1	$\int_{0}^{1} [P_n^*(x)]^2 dx = \frac{1}{2n+1}$
라게르	$0 \le x < \infty$	e^{-x}	$\int_{0}^{\infty} [L_n(x)]^2 e^{-x} dx = 1$
이동된 라게르	$0 \le x < \infty$	$x^k e^{-x}$	$\int_{0}^{\infty} [L_n^k(x)]^2 x^k e^{-x} dx = \frac{(n+k)!}{n!}$
에르미트	$-\infty < x < \infty$	e^{-x^2}	$\int_{\infty}^{\infty} [H_n(x)]^2 e^{-x^2} dx = 2^n \pi^{1/2} n!$

요구했어야 했고

$$\int_{-1}^{1} \varphi_n(x)\varphi_m(x)dx = \frac{2}{2n+1}\delta_{nm}, \tag{9.61}$$

결과적인 집합은 실제 르장드르 다항식이어야 했다. 두 번째 φ_n의 부호는 항상 정해지지 않는다. 실례로 다항식에서 x의 최고 지수계수를 양이 되게 요구함으로써 그 부호를 선택했다. 반면에 라게르 다항식에 대하여는 최고 지수의 계수는 $(-1)^n/n!$이 되게 요구했었다.

연습문제

9.3.1 $\varphi_n(x)$를 다음과 같은 통상적인 르장드르 다항식 $P_n(x)$로 바꾸어 놓고 예제 9.3.1의 식을 다시하여라.

$$\int_{-1}^{1} [P_n(x)]^2 dx = \frac{2}{2n+1}.$$

(9.47a)식과 (9.49a)식을 사용해서 P_0, $P_1(x)$와 $P_2(x)$를 구성하여라.

답. $P_0 = 1, \quad P_1 = x, \quad P_2 = \frac{3}{2}x^2 - \frac{1}{2}.$

9.3.2 그램-슈미트 과정을 따라서 집합 $[1, x]$로부터 $[0, 1]$의 범위에 걸쳐 직교하는 다항식의 집합 $P_n^*(x)$(단위 무게인자)를 구성하여라. $P_n^*(1) = 1$이 되도록 규격화시켜라.

답. $P_0^*(x) = 1,$
$P_1^*(x) = 2x - 1,$
$P_2^*(x) = 6x^2 - 6x + 1,$
$P_3^*(x) = 20x^3 - 30x^2 + 12x - 1.$

이 식들은 첫 4개의 **이동된** 르장드르 다항식들이다.

주의. 별표는 "이동된"의 표준 표시이다: $[-1, 1]$ 대신에 $[0, 1]$. 그것은 복소켤레

(공액)를 의미하지 **않는다**.

9.3.3 다음 식을 사용하여 첫 3개의 라게르 다항식을 형성하기 위하여 그램-슈미트 과정을 응용하여라.

$$u_n(x) = x^n, \qquad n = 0, 1, 2, \ldots, \quad 0 \le x < \infty, \quad w(x) - e^{-x}.$$

통상적인 규격화는 다음과 같다.

$$\langle L_m | L_n \rangle = \int_0^\infty L_m(x) L_n(x) e^{-x} dx = \delta_{mn}$$

답. $L_0 = 1, \quad L_1 = (1 - x), \quad L_2 = \dfrac{2 - 4x + x^2}{2}.$

9.3.4 다음 조건들이 주어졌다.

(a) 함수들의 집합 $u_n(x) = x^n$, $n = 0,\ 1,\ 2,\ \ldots,$

(b) 간격$(0,\ \infty)$과

(c) 무게 중심 $w(x) = xe^{-x}$ 간격과 무게 중심에 대해 $u_n(x)$ 집합으로부터 첫 **세 개의 직교규격화된** 함수들을 구성하기 위하여 그램-슈미트 과정을 사용하여라.

답. $\varphi_0(x) = 1, \quad \varphi_1(x) = (x-2)/\sqrt{2}, \quad \varphi_2(x) = (x^2 - 6x + 6)/2\sqrt{3}$.

9.3.5 다음 조건들을 사영하여 그램-슈미트 직교화 과정을 써서 가장 낮은 세 개의 에르미트 다항식을 구성하여라.

$$u_n(x) = x^n, \quad n = 0, 1, 2, \ldots, \quad -\infty < x < \infty, \quad w(x) = e^{-x^2}.$$

다항식의 이 집합에 대하여 보통 규격화는

$$\langle H_m | H_n \rangle = \int_{-\infty}^\infty H_m(x) H_n(x) w(x) dx = \delta_{mn} 2^m m! \pi^{1/2}$$

이다.

답. $H_0 = 1, \quad H_1 = 2x, \quad H_2 = 4x^2 - 2.$

9.3.6 연습문제 9.3.5의 변형으로써 집합 $u_n(x) = x^n$, $n = 0,\ 1,\ 2,\ \ldots,\ 0 \le x \le \infty$에 그램-슈미트 직교화 과정법을 적용하여라. $w(x)$를 $\exp[-x^2]$으로 택하여라. 처음 두 개의 남는 다항식을 찾아라. x의 최고 지수의 결수가 1이 되도록 규격화하여라. 연습문제 9.3.5에 간격$(-\infty,\ \infty)$은 에르미트 다항식이 되게 한다. 이 식들은 분명히 에르미트 다항식들이 아니다.

답. $\varphi_0 = 1, \quad \varphi_1 = x - \pi^{-1/2}.$

9.3.7 $u_n(x) = e^{-nx}$, $n = 1,\ 2,\ 3,\ \ldots$을 사용하여 간격 $0 \le x < \infty$에 걸처 직교집합을 형성하여라. 무게인자를 1이 되게 하자. 이 함수들은 $u_n'' - n^2 u_n = 0$의 풀이들인데 이 식은

분명하게 이미 슈트룸–리우비(자체–수반)형이다. 왜 슈트룸–리우비 이론은 이 함수들의 직교성을 보장하지 않는가?

9.4 고유함수들의 완전성

에르미트 연산자의 세 번째 중요성 성질은 그 고유함수들은 완전한 집합을 형성한다는 것이다. 이 완전성은 어느 단정한 (최소한 부분적으로 연속인) 함수 $F(x)$는 얼마든지 원하는 정확도[9]로 다음 함수로 접근시킬 수 있다는 것을 의미한다.

$$F(x) = \sum_{n=0}^{\infty} a_n \varphi_n(x). \tag{9.62}$$

더 정확히 말하면 집합 $\varphi_n(x)$는 평균 자승오차의 극한이 사라진다면 완전하다[10]라고 일컫는다:

$$\lim_{m\to\infty} \int_a^b \left[F(x) - \sum_{n=0}^{m} a_n \varphi_n(x) \right]^2 w(x)dx = 0. \tag{9.63}$$

우리는 그 오차가 간격 $[a, b]$에서 동등하게 사라지는 것을 요구하는 것이 아니고 단지 자승오차의 적분이 0으로 되는 것을 요구한다. 평균치[(9.63)식]에 있어서 이 수렴은 고른 수렴[5.5절, (5.43)식]과 비교해야만 된다. 분명하게 고른 수렴을 암시하나 그 반대는 성립하지 않는다; 평균치에서 수렴은 덜 제한적이다. 특히 (9.63)식은 단지 한정적 수의 한정된 불연속들을 가진 부분연속 함수들에 의해 전복되지는 않는다. (9.63)식은 확실하게 우리 목적에 부합되고 (5.43)식보다 더욱 편리하다. 실로 불연속적 함수들을 기술하기 위하여 우리는 고유함수들로 전개하는 것을 자주 사용하기 때문에 평균치에서 수렴은 우리가 기대할 수 있는 모든 것이다.

선형대수의 언어로서 우리는 선형 공간, 함수벡터 공간을 가진다. 선형적으로 독립, 직교규격화의 함수들 $\varphi_n(x)$는 이 (무한 차원의) 공간에 대한 기준을 형성한다. 방정식 (9.62)식은 함수들 $\varphi_n(x)$가 이 선형 공간을 메운다라고 설명한다. (9.36)식으로 정의되는 안쪽 곱으로 이 선형 공간은 기준 상태 $\varphi_n(x)$의 완전 집합에 의하여 메워지는 **힐베르트 공간**이다; 그것은 (9.63)식의 의미로 전개될 수 있는 모든 자승 적분가능 함수 F를 가진다.

함수들의 집합의 완전성에 대한 의문은 자주 로랑(Laurent)급수(6.5절)와 비교함으로써 정해진다. 14.1절에서 푸리에 급수에 대해서도 이 같이 행해져 푸리에(Fourier) 급수의 완전성

[9]만약 우리가 벡터들로서와 같이 유한한 집합을 가진다면 그 합은 그 집합의 선형 독립인 숫자들의 수에 걸쳐 있다.
[10]많은 저자들은 여기서 *닫혀진* 용어로 사용한다.

이 확립된다. 9.3절에서 언급된 모든 직교 다항식에 대해서 z의 각 지수의 다항식 전개를 찾을 수가 있다.

$$z^n = \sum_{i=0}^{n} a_i P_i(z), \tag{9.64}$$

여기서 $P_i(z)$는 i번째 다항식 항이다. 연습문제들 11.4.6, 13.1.8과 13.2.5는 (9.64)식의 특수 예들이다. (9.64)식을 사용해서 다항식 전개가 존재함 (그것이 존재할 때 그것은 유일하다; 연습문제 9.4.1)을 보임으로 $f(z)$의 로랑 전개를 다항식의 항들로 다시 표현할 수 있다. 이 로랑급수 전개의 한계는 함수가 해석적이어야 한다는 것이다. (9.62)식과 (9.63)식은 더 일반적이다. $F(x)$는 단지 부분적으로 연속적이어야 한다. 그러한 부분적 연속함수들을 표현하는 데 숫자적 실례는 제14장(푸리에 급수)에 나타난다. 우리의 슈트룸-리우비 고유함수들이 완전집합을 형성한다는 증명은 꾸랑과 힐베르트 책[11]에 나타난다.

(9.62)식에서 전개계수들 a_m은 다음 식에서 얻어 진다.

$$a_m = \int_a^b F(x)\varphi_m(x)w(x)dx = \langle \varphi_m | F \rangle. \tag{9.65}$$

이것은 (9.62)식을 $\varphi_m(x)w(x)$로 곱하고 적분함으로 얻어진다. 디락 표시로 하고 $|\varphi_n\rangle$은 1로 규격화된다고 보면 $|F\rangle = \sum_n a_n |\varphi_n\rangle$은 다음을 암시한다.

$$\langle \varphi_m | F \rangle = \sum_n a_n \langle \varphi_m | \varphi_n \rangle = \sum_n a_n \delta_{mn} = a_m.$$

고유함수들 $\varphi_n(x)$의 직교성으로부터 단지 m번째 항이 남는다. 여기서 우리는 직교성의 가치를 본다. (9.65)식은 벡터들(1.2절)의 점 또는 안쪽곱과 비교되고 a_m은 함수 $F(x)$의 m번째 투영으로 설명된다. 자주 계수 a_m은 일반화된 푸리에 계수로 일컫는다.

알려진 함수 $F(x)$에 대하여 (9.65)식은 해석적이 아니면 컴퓨터로 항상 계산될 수 있는 **정**적분으로서 a_m을 제공한다.

특수 고유함수 전개의 실례에 대하여 다음을 보자: 제14장에서 푸리에 급수; 11.3절에서 르장드르 급수; 11.6절에서 라프라스 급수(Laplace); 12.1절에서 베셀(Bessel)과 푸리에 - 베셀 전개; 13.1절에서 에르미트 급수; 그리고 13.2절에서 라게르 급수. 푸리에 전개의 뚜렷한 경우는 네모파(예제 9.2.2)이다. 그에 대응하는 힐베르트 공간은 단지 $\sin nx$, $\cos nx$ 급수로 전개할 수 있는 주기함수들만 가진다. 이는 적절한 경계조건 하에 양자 역학에서 1차원 네모우물 퍼텐셜의 고유함수들이다.

고유함수 전개[(9.62)식]는 알려지지 않은 계수들 a_n으로 알려진 고유함수들의 급수로서 모

[11] Courant, R., and Hilbert, D. (1953). *Methods of Mathematical Physics* (English translation), Vol 1. Interscience, New York, Reprinted, Wiley (1989), Chap. 6, Section 3.

르는 $F(x)$의 전개일 수도 있다. 한 예로는 (모르는) 분자 파동함수를 알려진 원자 파동함수들의 선형 결합으로서 기술하려는 양자 화학자들의 시도이다. 미정계수를 a_n은 변분법 기법, 레일리-리쯔(18.6절)에 의하여 결정된다.

■ 베셀의 부등식

만약에 함수들 $\varphi_n(x)$의 집합이 아마도 한 무한 집합의 구성 요소들의 무한수를 포함하지 않아서 완전집합을 형성하지 않는다면 부등성에 도달하게 된다. 첫째 성분들의 유한한 합의 경우에 대해서 생각하자. A를 n-성분의 벡터라 하자.

$$\mathbf{A} = \mathbf{e}_1 a_1 + \mathbf{e}_2 a_2 + \cdots + \mathbf{e}_n a_n, \tag{9.66}$$

여기서 $\mathbf{e}_i$는 직교규격화 단위벡터들의 집합을 형성하고 a_i는 $\mathbf{A}$의 그것에 대응하는 성분 (투영)이다; 즉

$$a_i = \mathbf{A} \cdot \mathbf{e}_i. \tag{9.67}$$

그러면

$$\left(\mathbf{A} - \sum_{i=1}^{n} \mathbf{e}_i a_i\right)^2 \geq 0. \tag{9.68}$$

만약에 모든 n 성분들을 합쳤다면 분명히 그 합은 (9.66)식에 의해 $\mathbf{A}$와 같고 등식이다. 그러나 그합이 모든 n 성분들을 포함하지 않는다면, 부등식이 성립된다. (9.68)식을 전개하고 직교 단위벡터들이 다음 직교성 관계를 만족시킨다는 것을 기억한다면

$$\mathbf{e}_i \cdot \mathbf{e}_j = \delta_{ij} \tag{9.69}$$

이고, 다음 관계식을 가진다.

$$A^2 \geq \sum_i a_i^2. \tag{9.70}$$

이것이 **베셀의 부등식**이다.

함수들에 대해서 다음 적분을 생각하자.

$$\int_a^b \left[f(x) - \sum_{i=1}^{n} a_i \varphi_i(x)\right]^2 w(x)\,dx \geq 0. \tag{9.71}$$

이 식은 $n \to \infty$로 놓고 합의 표시를 적분으로 바꿈으로써 (9.68)식의 연속 유사식이다. 다시 무게인자 $w(x) > 0$으로 놓음으로 피적분 함수는 음이 아니다. 우리가 **완전집합**을 가졌다면 (9.62)식에 의해서 이 적분은 사라진다. 그렇지 않으면 적분은 양이다. 제곱항을 전개하면 다음 식을 얻는다.

$$\int_a^b [f(x)]^2 w(x)dx - 2\sum_{i=1}^n a_i \int_a^b f(x)\varphi_i(x)w(x)dx + \sum_{i=1}^n a_i^2 \geq 0. \tag{9.72}$$

(9.65)식을 적용하면 다음 식을 얻는다.

$$\int_a^b [f(x)]^2 w(x)dx \geq \sum_{i=1}^n a_i^2. \tag{9.73}$$

그래서 전개계수 a_i의 자승의 합은 작거나 또는 $[f(x)]^2$의 무게적분과 같으며 전개가 완전해야지만 등식이 성립된다. 즉 함수들 $\varphi_n(x)$의 집합이 완전집합이고 $n\to\infty$인 조건을 말한다.

다음 장들에서 완전집합(마치 르장드르 다항식과 같이)을 형성하는 고유함수를 생각할 때에 등식부호를 붙인 (9.73)식을 파세발 관계식이라 일컫는다.

베셀 부등식은 푸리에 급수의 수렴을 증명하는 것을 포함해서 다양하게 사용을 한다.

■ 슈바르츠 부등식

자주 사용되는 슈바르츠(Schwarz) 부등식은 베셀 부등식과 비슷하다. 미지수 x를 가진 이차방정식을 생각하자.

$$\sum_{i=1}^n (a_i x + b_i)^2 = \sum_{i=1}^n a_i^2 \left(x + \frac{b_i}{a_i}\right)^2 = 0 \tag{9.74}$$

이면 그 해는 $x=-c$이다. 만약에 b_i/a_i가 상수가 아니면 모든 항들은 실수 x에 대하여 동시에 사라질 수 없다. 그러므로 풀이는 복소수이어야 한다. 전개하면 다음 식을 얻는다.

$$x^2 \sum_{i=1}^n a_i^2 + 2x\sum_{i=1}^n a_i b_i + \sum_{i=1}^n b_i^2 = 0, \tag{9.75}$$

그리고 x는 복소수(또는 $-b_i/a_i$)이므로 x에 대한 이차식 공식[12]은 다음 관계식으로 된다.

$$\left(\sum_{i=1}^n a_i b_i\right)^2 \leq \left(\sum_{i=1}^n a_i^2\right)\left(\sum_{i=1}^n b_i^2\right), \tag{9.76}$$

등식부호는 b_i/a_i가 상수와 같을 때 성립한다.

다시 한번 벡터들의 항으로 표현하면 다음 식이 된다.

$$(\mathbf{a}\cdot\mathbf{b})^2 = a^2 b^2 \cos^2\theta \leq a^2 b^2, \tag{9.77}$$

여기서 θ는 **a**와 **b** 사이에 포함되는 각이다.

---

[12] 음인 (또는 영인) 판별식 b^2-4ac로써

함수들에 대해 유사한 슈바르츠 부등식은 다음과 같다.

$$\left|\int_a^b f^*(x)g(x)w(x)dx\right|^2 \le \int_a^b f^*(x)f(x)w(x)dx \int_a^b g^*(x)g(x)w(x)dx, \quad (9.78)$$

등식부호는 α를 상수로 해서 단지 $g(x) = \alpha f(x)$인 경우에만 성립한다. 슈바르츠 부등식[13]의 이 함수적 형태를 증명하기 위해서 λ를 복소상수라고 하여 복소함수 $\psi(x) = f(x) + \lambda g(x)$를 생각하자. $f(x)$와 $g(x)$는 어느 두 함수(적분이 존재하는)이다. 복소켤레(공액)를 곱하고 적분하면

$$\int_a^b \psi^*\psi w(x)dx \equiv \int_a^b f^* f w(x)dx + \lambda \int_a^b f^* g w(x)dx + \lambda^* \int_a^b g^* f w(x)dx$$
$$+ \lambda\lambda^* \int_a^b g^* g w(x)dx \ge 0. \quad (9.79)$$

$\psi^*\psi$이 음이 아니기 때문에 ≥ 0 부호가 나타났고 등부호(=)는 $\psi(x)$가 한결같이 0일 때에만 성립한다. λ와 λ^*가 선형으로 독립임을 유의하면 이것들 중의 하나에 대해 미분하고 $\int_a^b \psi^*\psi dx$를 최소화하기 위하여 그 도함수를 0으로 놓는다:

$$\frac{\partial}{\partial\lambda^*}\int_a^b \psi^*\psi w(x)dx = \int_a^b g^* f w(x)dx + \lambda \int_a^b g^* g w(x)dx = 0.$$

이 식은 다음과 같다.

$$\lambda = -\frac{\int_a^b g^* f w(x)dx}{\int_a^b g^* g w(x)dx}. \quad (9.80a)$$

복소켤레(공액)를 취하면 다음 식을 얻는다.

$$\lambda^* = -\frac{\int_a^b f^* g w(x)dx}{\int_a^b g^* g w(x)dx}. \quad (9.80b)$$

이 λ와 λ^*를 다시 (9.79)식에 대입하면 (9.78)식 슈바르츠 부등식을 얻는다.

양자역학에서는 $f(x)$와 $g(x)$는 각각 물리적 계의 상태나 배열을 나타낼 수 있다. 그때 슈바르츠 부등식은 안쪽곱 $\int_a^b f^*(x)g(x)w(x)dx$가 존재함을 보증한다. 몇몇 교재에서는 슈바르츠 부등식이 하이젠베르그 불확정성 원리를 유도하는 데 핵심단계를 이루고 있다. (9.78)식과 (9.79)식의 함수 표기는 상대적으로 번거로워 보인다. 고급 수리물리에서와 특히 양자역학에서 디락의 브라-켓 표기를 사용하는 것이 보통이다:

[13] 또 다른 유도는 다음 부등식으로서 제시된다.
$\iint [f(x)g(y) - f(y)g(x)]^*[f(x)g(y) - f(y)g(x)]w(x)w(y)dxdy \ge 0$

$$\langle f|g\rangle \equiv \int_a^b f^*(x)g(x)w(x)dx.$$

이 새로운 표식을 사용하여 우리는 간단히 적분 범위 (a, b)와 어떤 무게함수를 이해한다. 이 표식으로서 슈바르츠 부등식은

$$|\langle f|g\rangle|^2 \le \langle f|f\rangle\langle g|g\rangle. \tag{9.78a}$$

만약에 $g(x)$가 규격화(정규화) 고유함수이면 $\varphi_i(x)$, (9.78)식은

$$a_i^* a_i \le \int_a^b f^*(x)f(x)w(x)dx, \tag{9.81}$$

이 결과는 (9.73)식으로부터 나온다.

■ 벡터 공간의 요약-완전성

여기서 우리는 먼저 제1장의 익숙한 실벡터들로 취급한 벡터로서 시작해서 다음으로는 보통 함수들 – 다항식들로 취한 벡터로서 벡터 공간의 몇 개의 성질들을 요약하겠다. 완전성의 개념은 유한한 벡터 공간에 대해서 발전시키고 무한 벡터 공간으로 넘어간다.

1v. 우리는 n 선형 독립벡터들 $\mathbf{e}_i$, $i = 1, 2, \ldots, n$의 집합으로 벡터 공간을 기술하고자 한다. $n = 3$이면 $\mathbf{e}_1 = \hat{\mathbf{x}}$, $\mathbf{e}_2 = \hat{\mathbf{y}}$, 그리고 $\mathbf{e}_3 = \hat{\mathbf{z}}$이다. $n\mathbf{e}_i$는 선형벡터 공간을 **메우고** **기준**으로서 정의된다.

1f. 우리는 n 선형으로 독립된 함수들 $\varphi_i(x)$, $i = 0, 1, \ldots, n-1$의 집합으로 벡터 (함수) 공간을 기술하겠다. 첨자 i는 고전적 다항식의 부호에 일치되게 0으로 시작한다. 여기서 $\varphi_i(x)$는 i등급의 다항식임을 가정한다. $n\varphi_i(x)$는 **기준**을 형성하는 선형벡터 (함수) 공간을 메운다.

2v. 벡터 공간에서 벡터들은 다음 관계들을 만족한다 (1.2절; 벡터 성분들은 숫자이다):

a. 벡터합은 맞바꿀 (교환) 수 있다.	$\mathbf{u} + \mathbf{v} = \mathbf{v} + \mathbf{u}$
b. 벡터합은 결합할 수 있다.	$[\mathbf{u} + \mathbf{v}] + \mathbf{w} = \mathbf{u} + [\mathbf{v} + \mathbf{w}]$
c. 0벡터가 있다.	$\mathbf{0} + \mathbf{v} = \mathbf{v}$
d. 스칼라양으로 곱하기	
분배적	$a[\mathbf{u} + \mathbf{v}] = a\mathbf{u} + a\mathbf{v}$
분배적	$(a + b)\mathbf{u} = a\mathbf{u} + b\mathbf{u}$
결합적	$a[b\mathbf{u}] = (ab)\mathbf{u}$
e. 곱하기	
단위 스칼라에 의해서	$1\mathbf{u} = \mathbf{u}$
0에 의해서	$0\mathbf{u} = 0$

f. 음의 벡터 $(-1)\mathbf{u} = -\mathbf{u}$.

2f. 선형함수 공간에서 함수들은 벡터들("벡터"에 대해 "함수"를 대입)에 열거한 성질들을 만족한다.

a. $f(x) + g(x) = g(x) + f(x)$

b. $[f(x) + g(x)] + h(x) = f(x) + [g(x) + h(x)]$

c. $0 + f(x) = f(x)$

d. $a[f(x) + g(x)] = af(x) + ag(x)$

$(a + b)f(x) = af(x) + bf(x)$

$a[bf(x)] = (ab)f(x)$

e. $1 \cdot f(x) = f(x)$

$0 \cdot f(x) = 0$

f. $(-1) \cdot f(x) = -f(x)$.

3v. $n-$차원 벡터 공간에서 임의의 벡터 $\mathbf{c}$는 그것의 성분들이 $(c_1, c_2, \ldots, c_n)$ 기술된다. 다시 쓰면

$$\mathbf{c} = \sum_{i=1}^{n} c_i \mathbf{e}_i, \quad c_i = \hat{\mathbf{e}}_i \cdot \mathbf{c}.$$

(i) $n\,\mathbf{e}_i$들이 선형 독립이고 (ii) $n-$차원 벡터 공간을 메울 때 $\mathbf{e}_i$는 기준들을 형성하고 **완전** 집합을 구성한다.

3f. $n-$차원 함수 공간에서 등급 $m \le n-1$의 다항식 항이 다음과 같이 기술된다.

$$f(x) = \sum_{i=0}^{n-1} c_i \varphi_i(x), \quad c_i = \frac{\langle \varphi_i | f \rangle}{\langle \varphi_i | \varphi_i \rangle}.$$

(i) $n\varphi_i(x)$들이 선형 독립이고 (ii) $n-$차원 함수 공간을 메울 때 $\varphi_i(x)$는 기준을 형성하고 **완전** 집합(등급 $m \le n-1$의 다항식들을 기술하는 데 대해)을 구성한다.

4v. 안쪽곱(스칼라, 점곱)은 다음과 같이 정의된다.

$$\mathbf{c} \cdot \mathbf{d} = \sum_{i=1}^{n} c_i d_i.$$

만약에 $\mathbf{c}$와 $\mathbf{d}$가 복소수 성분들을 가진다면 안쪽곱은 $\sum_{i=1}^{n} c_i^* d_i$ 로써 정의된다. 안쪽곱(내적)은 다음 성질들을 가진다.

a. 더하기의 분배 법칙 $\mathbf{c} \cdot (\mathbf{d} + \mathbf{e}) = \mathbf{c} \cdot \mathbf{d} + \mathbf{c} \cdot \mathbf{e}$

b. 스칼라와 곱하기 $\mathbf{c} \cdot a\mathbf{d} = a\mathbf{c} \cdot \mathbf{d}$

c. 복소켤레 (공액) $\mathbf{c} \cdot \mathbf{d} = (\mathbf{d} \cdot \mathbf{c})^*$.

4f. 안쪽곱(내적)은 다음과 같이 정의된다.

$$\langle f|g\rangle = \int_a^b f^*(x)g(x)w(x)dx.$$

무게함수 $w(x)$와 간격 (a, b)의 선택은 $\varphi_i(x)$와 경계조건(9.1절)으로 만족되는 미분방정식으로부터 따라 나온다. 행렬 용어(3.2절)로 $|g\rangle$는 세로줄 벡터이고 $|f\rangle$는 가로줄 행벡터로 $|f\rangle$의 수반행렬이다.

안쪽곱은 벡터들에 대해서 열거한 성질들을 가진다.

a. $\langle f|g+h\rangle = \langle f|g\rangle + \langle f|h\rangle$
b. $\langle f|ag\rangle = a\langle f|g\rangle$
c. $\langle f|g\rangle = \langle g|f\rangle^*$.

5v. 직교성:

$$\mathbf{e}_j \cdot \mathbf{e}_j = 0, \quad i \neq j.$$

만약 $n\,\mathbf{e}_i$가 이미 직교가 아니면, 직교집합을 만들기 위하여 그램-쉬미트 과정을 사용하면 된다.

5f. 직교성:

$$\langle \varphi_i|\varphi_j\rangle = \int_a^b \varphi_i^*(x)\varphi_j(x)w(x)dx = 0, \quad i \neq j.$$

만약 $n\varphi_i(x)$가 이미 직교가 아니면, 직교집합을 만들기 위하여 그램-슈미트 과정(9.3절)을 사용하면 된다.

6v. 크기의 정의:

$$|\mathbf{c}| = (\mathbf{c}\cdot\mathbf{c})^{1/2} = \left(\sum_{i=1}^{n} c_i^2\right)^{1/2}.$$

기준 벡터들 $\mathbf{e}_i$는 단위 크기 (길이) $\mathbf{e}_i \cdot \mathbf{e}_i = 1$이 되도록 취하나 $\mathbf{c}$의 성분들은 다음과 같이 주어진다.

$$c_i = \mathbf{e}_i \cdot \mathbf{c}, \quad i = 1, 2, \ldots, n.$$

6f. 크기의 정의:

$$\|f\| = \langle f|f\rangle^{1/2} = \left[\int_a^b |f(x)|^2 w(x)dx\right]^{1/2} = \left[\sum_{i=0}^{n-1} |c_i|^2\right]^{1/2},$$

$f(x)$가 한결같이 영이 아니라면 파세발의 등식: $\|f\| > 0$ 기준 함수들 $\varphi_i(x)$는 단위 크기(단위 규격화(정규화))를 가지도록 취해야 된다.

$$\|\varphi_i\| = 1.$$

르장드르 다항식은 1로 규격화(정규화)되지 않았다는 것을 유의하여라.

다항식 $f(x)$의 전개 계수는 다음과 같이 주어진다.

$$c_i = \langle\varphi_i|f\rangle, \quad i = 0, 1, \ldots, n-1.$$

7v. 베셀 부등식:

$$\mathbf{c}\cdot\mathbf{c} \geq \sum_i c_i^2 .$$

모든 **c**에 대해 등식 부호가 성립한다면 그것은 $\mathbf{e}_i$가 벡터 공간을 메운다는 즉, 완전하다는 것을 가리킨다.

7f. 베셀 부등식:

$$\langle f|f\rangle = \int_a^b |f(x)|^2 w(x)dx \geq \sum_i |c_i|^2 .$$

등식 부호가 모든 허용된 f에 대해서 적용된다면 그것은 $\varphi_i(x)$가 함수 공간을 메운다는 즉 그것들은 완전하다는 것을 가리킨다.

8v. 슈바르츠 부등식

$$\mathbf{c}\cdot\mathbf{d} \leq |\mathbf{c}|\cdot|\mathbf{d}|.$$

등식 부호는 **c**가 **d**의 배수일 때 성립된다. **c**와 **d** 사이의 각이 θ라면 $|\cos\theta| \leq 1$이다.

8f. 슈바르츠 부등식:

$$|\langle f|g\rangle| \leq \langle f|f\rangle^{1/2}\langle g|g\rangle^{1/2} = \|f\|\cdot\|g\|.$$

등식 부호는 $f(x)$와 $g(x)$가 선형 의존할 때 성립된다; 즉 $f(x)$가 $g(x)$의 배수일 때

9v. 이제 무한 차원 선형벡터 공간, l^2을 형성하게 $n\rightarrow\infty$로 두자.

무한 차원 공간에서 벡터 **c**는

$$\mathbf{c} = \sum_{i=1}^{\infty} c_i\mathbf{e}_i$$

이다. 다음 식을 요한다.

$$\sum_{i=1}^{\infty} c_i^2 < \infty .$$

c의 성분은 다음과 같이 주어진다.

$$c_i = \mathbf{e}_i\cdot\mathbf{c}, \quad i = 1, 2, \ldots, \infty,$$

유한한 차원의 벡터 공간에서와 똑같다.

9f. 무한 차원 벡터 (함수) 공간, L^2을 형성하게 $n \to \infty$로 놓자. 그러면 어깨글자 2는 제곱 크기를 나타낸다[즉, $|f(x)|^2$에서 2]. 함수들은 이미 다항식일 필요는 없으나 $f(x)$는 최소한 부분적 연속(푸리에 급수에 대한 디리클레(Dirichlet) 조건)이어야 하는 것과 $\langle f|f\rangle = \int_a^b |f(x)|^2 w(x)dx$가 존재하는 것이 요청된다. 이 나중 조건은 자주 $f(x)$는 제곱적분이어야 한다는 요선으로서 언급되고 있다.

코시수열: 다음과 같이 두자.

$$f_n(x) = \sum_{i=0}^{n} c_i \varphi_i(x) .$$

만약에 $n \to \infty$에 따라

$$\|f(x) - f_n(x)\| \to 0 .$$

다시

$$\lim_{n\to\infty} \int \left| f(x) - \sum_{i=0}^{n} c_i \varphi_i x \right|^2 w(x)dx = 0 ,$$

그러면 평균치에서 수렴한다. 이것은 무한급수의 수렴(5.1절)에 대한 부분합 – 코시수열 판정법과 유사하다.

허용되는 벡터들(제곱적분 가능한, 부분적으로 연속함수들)의 모든 코시수열이 선형 공간에서 한 극한벡터에 수렴한다면 그 공간은 완전하다라고 말한다. 그러면 평균으로서 수렴한다는 의미로

$$f(x) = \sum_{i=0}^{\infty} c_i \varphi_i(x) \quad (\text{거의 모든 곳에서})$$

이미 주의한 바와 같이 이것은 점적인 수렴(x의 고정된 값)이나 고른 수렴보다 더 약한 요구이다.

■ 전개(푸리에)계수

함수 f에 대하여 푸리에 계수는 다음과 같이 정의된다. 유한 차원 벡터 공간에서와 같이

$$c_i = \langle \varphi_i | f \rangle, \quad i = 0, 1, \ldots, \infty ,$$

그래서

$$f(x) = \sum_i \langle \varphi_i | f \rangle \varphi_i(x) .$$

(i) 정의된 안쪽곱 (내적), $\langle f|g\rangle$를 가지고 그리고 (ii) 완전한 선형 공간(유한 또는 무한 차원의)은 **힐베르트 공간**이다.

무한-차원 힐베르트 공간은 현대 양자역학에 대하여 자연적인 수학적 뼈대를 제공했다. 왜냐하면 속박-상태 파동함수는 규격화(정규화)되고 (제곱-적분 가능) 보통 힐베르트 공간의 기준을 (기저를) 제공하는 어떤 해밀토니안의 고유함수이기 때문이다. 한 물리 상태는 기준 벡터들의 집합으로 전개되는데, 이 기준 벡터는 어떤 관측할 수 있는 량의 고유 상태이다. 제곱된 전개계수들은 주어진 상태에서 관측량의 고유 상태이다. 제곱된 전개계수들은 주어진 상태에서 관측량의 다른 고유값들의 확률들을 나타낸다. 양자역학을 별도로 하고 힐베르트 공간은 그 추상적 수학적 위력과 아름다움을 보유하고 있으나 그 사용에 대한 필요성은 감소한다.

요 약

경계조건을 가진 이차 상미분방정식의 슈트룸-리우비 이론은 그 해들이 직교성 성질을 가진 고유함수들인 고유값 문제로 도달한다. 마치 르장드르 다항식, 베셀함수와 라게르 다항식과 같은 특수함수들이 이러한 맥락에서 나왔다. 고유함수 전개는 양자역학과 물리학과 공학의 많은 다른 분야들에서 중요하다.

인명 자료

Hilbert, David. 힐베르트는 1862년 프로시아(지금 러시아), 쾨니그스베르그에서 출생하여 1943년 독일, 괴팅겐에서 서거한 독일 수학자이다. 재판관의 아들로 그는 1885년 쾨니그스베르그 대학에서 수학으로 이학박사를 받고 1895년에 괴팅겐에서 교수가 되었다. 1899년에 그의 기하학의 기초에서 그는 기하학적 공리의 모순이 없는 집합을 처음으로 확립하였다. 이것은 일반적인 인식을 얻도록 수학의 토대에 대해 공리적 방법을 도와 주었다. 그는 수학의 가장 활발한 분과에 기여를 해서 푸앙카레와 더불어 20세기의 가장 위대한 수학자 중에 한 사람으로 생각된다. 그는 Waring's 문제를 숫자이론으로 풀었고 적분방정식에 대한 풀이들을 발전시켰으며 1900년 파리에 수학자들의 국제대회에서 제시한 풀려지지 않은 수학 문제들의 영향력 있는 목록으로 유명하다. 그 목록은 20세기에 수학발전에 깊은 영향을 주었다.

연습문제

9.4.1 함수 $f(x)$가 직교 고유함수의 급수로 전개된다.

$$f(x) = \sum_{n=0}^{\infty} a_n \varphi_n(x)\,.$$

급수전개가 $\varphi_n(x)$의 주어진 집합에 대하여 유일하다는 것을 보여라. 함수 $\varphi_n(x)$는 여기에서 무한 차원 힐베르트 공간에서 **기준** 벡터로 취하였다.

9.4.2 함수 $f(x)$ 기준 함수들 $\varphi_i(x)$의 유한한 집합으로 나타낸다.

$$f(x) = \sum_{i=1}^{N} c_i \varphi_i(x).$$

성분들 c_i는 유일하다는 것을 보여라; 다른 집합 c_i'는 존재하지 않는다.

주의. 당신의 기준 함수들은 자동적으로 선형 독립이다. 그것들이 필히 직교하지는 않는다.

9.4.3 함수 $f(x)$는 간격 [0, 1]에 걸쳐 지수급수 $\sum_{i=0}^{n-1} c_i x^i$에 의하여 어림된다. 평균제곱 오차를 최소화하며 다음 선형방정식들의 집합에 도달한다.

$$\mathsf{A}\mathbf{c} = \mathbf{b},$$

여기서

$$A_{ij} = \int_0^1 x^{i+j} dx = \frac{1}{i+j+1}, \quad i, j = 0, 1, 2, \ldots, n-1$$

그리고

$$b_i = \int_0^1 x^i f(x) dx, \quad i = 0, 1, 2, \ldots, n-1.$$

주의. A_{ij}는 n차 힐베르트 행렬의 원소이다. 이 힐베르트 행렬의 행렬식은 n에 대해 급하게 감소하는 함수이다. $n = 5$에 대하여 $\mathsf{A} = 3.7 \times 10^{-12}$이고 방정식 $\mathsf{A}\mathbf{c} = \mathbf{b}$의 집합은 이 조건을 잘 이루지 못하고 불안정하다.

9.4.4 다음과 같이 주어지는 함수 $F(x)$의 전개를 대신해서

$$F(x) = \sum_{n=0}^{\infty} a_n \varphi_n(x),$$

여기서

$$a_n = \int_a^b F(x) \varphi_n(x) w(x) dx.$$

다음과 같이 **유한**한 급수 근사(어림)를 취하자.

$$F(x) \approx \sum_{n=0}^{m} c_n \varphi_n(x).$$

다음 평균 제곱 오차식

$$\int_a^b \left[F(x) - \sum_{n=0}^{m} c_n \varphi_n(x) \right]^2 w(x) dx.$$

이 식은 $c_n = a_n$을 취함으로 최소가 됨을 보여라.

주의. 계수의 값들은 유한급수에서 항들의 수에 독립이다. 이 독립성은 직교성의 결과이고 x의 지수를 사용하는 최소 제곱법에는 성립하지 않는다.

9.4.5 예제 9.2.2로부터

$$f(x) = \left\{ \begin{array}{ll} h/2, & 0 < x < \pi \\ -h/2, & -\pi < x < 0 \end{array} \right\} = \frac{2h}{\pi} \sum_{n=0}^{\infty} \frac{\sin(2n+1)x}{2n+1} .$$

(a) 다음 식이 성립됨을 보여라.

$$\int_{-\pi}^{\pi} [f(x)]^2 dx = \frac{\pi}{2} h^2 = \frac{4h^2}{\pi} \sum_{n=0}^{\infty} (2n+1)^{-2} .$$

유한한 상한에 대하여 이 식은 베셀의 부등식이 된다. 상한 ∞에 대하여 이 식은 파세발의 등식이 된다.

(b) 급수를 전개하여 다음을 증명하여라.

$$\frac{\pi}{2} h^2 = \frac{4h^2}{\pi} \sum_{n=0}^{\infty} (2n+1)^{-2}.$$

힌트. 급수는 리만제타함수(Riemann zeta)로써 표현될 수 있다.

9.4.6 λ^*에 대하여 다음 식과 관련된 (9.79)식을 미분하여라.

$$\langle \psi | \psi \rangle = \langle f | f \rangle + \lambda \langle f | g \rangle + \lambda^* \langle g | f \rangle + \lambda \lambda^* \langle g | g \rangle ,$$

그리고 슈바르츠 부등식[(9.78)식]을 얻음을 보여라.

9.4.7 다음 등식으로부터 슈바르츠 부등식을 유도하여라.

$$\left[\int_a^b f(x) g(x) dx \right]^2 = \int_a^b [f(x)]^2 dx \int_a^b [g(x)]^2 dx$$
$$- \frac{1}{2} \int_a^b \int_a^b [f(x) g(y) - f(y) g(x)]^2 dx\, dy.$$

9.4.8 만약 슈바르츠 부등식[(9.78)식]의 함수 $f(x)$와 $g(x)$가 고유함수 $\varphi_i(x)$의 급수에서 전개된다면 (9.78)식이 (9.76)식(가능한 무한 n으로)으로 환원됨을 보여라.

$\varphi_i(x)$가 단위벡터 $\mathbf{e}_i$에 대응하는 함수 공간에서 벡터로서 $f(x)$의 묘사를 유의하여라.

9.4.9 연산자 H는 에르미트이고 양의 한 정수이다; 즉

$$\int_a^b f^* H f \, dx > 0.$$

다음 일반화된 슈바르츠 부등식을 증명하여라.

$$\left| \int_a^b f^* H g \, dx \right|^2 \le \int_a^b f^* H f \, dx \int_a^b g^* H g \, dx .$$

9.4.10 규격화 (정규화) 자동함수 $\psi(x) = \sum_{n=0}^{\infty} a_n \varphi_n(x)$ 전개계수 a_n은 확률 진폭으로 알려져 있다. 밀도행열 ρ를 원소들 $\rho_{ij} = a_i a_j^*$로서 정의한다. 다음 식을 보여라.

$$(\rho^2)_{ij} = \rho_{ij}$$

또는

$$\rho^2 = \rho$$

정의에 의하여 이 결과는 ρ를 투영 연산자로 만든다.
힌트. 다음식을 사용하여라.

$$\int \psi^* \psi \, dx = 1.$$

9.4.11 다음 관계를 보여라.

(a) 연산자

$$|\varphi_i\rangle\langle\varphi_i|$$

다음 식에 작용하면

$$f(t) = \sum_j c_j \langle t|\varphi_j\rangle$$

다음 관계가 된다.

$$c_i|\varphi_i(t)\rangle, \quad \langle t|\varphi_j\rangle \equiv \varphi_j(t)$$

(b) $\sum |\varphi_i\rangle\langle\varphi_i| = 1.$

(c) $\langle x|\varphi_i\rangle = e^{ipx}/\sqrt{2\pi}$에 대해 (a)로부터 함수 $f(t)$의 푸리에 적분을 유도하고 (b)로부터 디락의 δ함수의 푸리에 적분표시를 유도하여라(제1장을 보라). p는 띄엄 띄엄 지표 i를 대신하는 연속변수(운동량)임을 유의하자. 이 연산자는 $f(x)$의 i번째 성분 $c_i|\varphi_i\rangle$선택적으로 취함으로 $f(x)$를 i번째 좌표에 투영하는 **투영 연산자**이다.

힌트. 연산자는 잘 정의된 안쪽곱(내적)을 통하여 작용한다. 좌표 표현으로 실제로 $\langle x|\varphi_i\rangle\langle\varphi_i|t\rangle = \varphi_i(x)^\dagger \varphi_i(t)$로써 취급해야 한다.

추가 읽을거리

Byron. F. W., Jr., and Fuller, R. W. (1969). *Mathematics of Classical and Quantum Physics*. Addison-Wesley, Reading, MA.

Dennery, P., and Krzywicki, A. (1996). *Mathematics for Physicists*(reprinted). Dover, New York.

Hirsch, M. (1974). *Differential Equations, Dynamical Systems, and Linear A lgebra*. Academic Press, San Diego.

Miller, K. S. (1963). *Linear Differential Equations in the Real Domain*. Norton, New York.

Titchmareh. E. C. (1962). *Eigenfunction Expansions Associated with Second Order Differential Equations*, 2nd ed., Vol. 1, Oxford Univ. Press, London.

감마함수(계승함수)

감마함수는 쿨롱 파동함수의 규격화 또는 통계역학의 확률 계산과 같은 많은 물리 문제들과 관계되며 물리학에 직접 응용되는 다른 함수들을 전개 가능하게 하는 함수이다. 그러므로 감마함수를 이 장에 포함시키며, 감마함수의 수치 계산은 10.3절, 오차적분과 같은 밀접히 연관되어 있는 함수들은 10.4절에서 설명하였다.

10.1 정의와 간단한 특성

감마함수의 정의를 설명하는 데 사용되는 방법에는 서로 다른 세 가지가 있다. 이 절에서는 감마함수의 간결하고 명백한 결과와 세 가지 형식이 동등함을 나타내는 세 가지 정의를 설명하겠다.

■ 무한극한(오일러)

오일러가 제시한 첫 번째 정의는 다음과 같다.

$$\Gamma(z) \equiv \lim_{n\to\infty} \frac{1\cdot 2\cdot 3\cdots n}{z(z+1)(z+2)\cdots(z+n)} n^z, \quad z \neq 0, -1, -2, -3, \ldots. \tag{10.1}$$

이 정의는 바이에르슈트라스의 $\Gamma(z)$에 대한 무한곱 형태[(10.17)식]를 유도하고 $\Gamma(z)$의 미분(10.2절)을 구하는 데 유용하다. 이 장에서 z는 실수 또는 복소수이다.

z를 $z+1$로 바꾸면

$$\begin{aligned}\Gamma(z+1) &= \lim_{n\to\infty}\frac{1\cdot 2\cdot 3\cdots n}{(z+1)(z+2)(z+3)\cdots(z+n+1)}n^{z+1}\\ &= \lim_{n\to\infty}\frac{nz}{z+n+1}\cdot\frac{1\cdot 2\cdot 3\cdots n}{z(z+1)(z+2)\cdots(z+n)}n^{z}\\ &= z\Gamma(z)\end{aligned}\tag{10.2}$$

를 얻는다. 이 식은 감마함수에 대한 기본 함수 관계이다. 이 식은 **차분방정식(difference equation)**임에 유의하여라. 감마함수는 유리계수를 갖는 어떤 미분방정식도 만족시키지 않는 일반적인 함수들 중 하나이다. 특히 감마함수는 물리학에서 보통 볼 수 있는 어떤 상미분방정식(ODE)을 만족시키지 않는 수리물리학의 몇 안 되는 방정식들 중 하나이다. 사실 감마함수는 유용하게 많이 사용되는 미분방정식을 만족시키지 않는다.

정의로부터 감마함수 $\Gamma(1)$은

$$\Gamma(1) = \lim_{n\to\infty}\frac{1\cdot 2\cdot 3\cdots n}{1\cdot 2\cdot 3\cdots n(n+1)}n = 1 \tag{10.3}$$

이다. (10.2)식을 사용하면

$$\begin{aligned}&\Gamma(2) = 1,\\ &\Gamma(3) = 2\Gamma(2) = 2, \ldots\\ &\Gamma(n) = 1\cdot 2\cdot 3\cdots(n-1) = (n-1)!\end{aligned}\tag{10.4}$$

을 얻는다. 감마함수는 정수변수로 된 계승으로 되돌아오는 연속함수에 의해 계승을 채워가는 함수이다.

■ 정적분(오일러)

오일러 적분이라고 불려지는 두 번째 정의는

$$\Gamma(z) \equiv \int_0^\infty e^{-t}t^{z-1}dt, \quad \Re(z) > 0 \tag{10.5}$$

이다. 여기서 z는 $t=0$에서 적분값이 발산되지 않는 값을 갖도록 제한되어 있다. 감마함수가 물리 문제에서 취급될 때 다음과 같은 변형된 형식으로 주어진다.

$$\Gamma(z) = 2\int_0^\infty e^{-t^2}t^{2z-1}dt, \quad \Re(z) > 0 \tag{10.6}$$

혹은

$$\Gamma(z) = \int_0^1 \left[\ln\left(\frac{1}{t}\right)\right]^{z-1} dt, \quad \Re(z) > 0.$$

예제 10.1.1 **오일러 적분은 계승을 다음과 같이 채운다.**

양의 정수 $z=n+1(n>0)$에 대한 오일러 적분은 계승으로 표시되며 부분적분을 반복해 사용하고 $\int_0^\infty e^{-t}dt=1$을 이용하면

$$\begin{aligned}\int_0^\infty e^{-t}t^n dt &= -t^n e^{-t}\Big|_0^\infty + n\int_0^\infty e^{-t}t^{n-1}dt = n\int_0^\infty e^{-t}t^{n-1}dt \\ &= n\left[-t^{n-1}e^{-t}\Big|_0^\infty + (n-1)\int_0^\infty e^{-t}t^{n-2}dt\right] \\ &= n(n-1)\int_0^\infty e^{-t}t^{n-2}dt = \cdots = n!\end{aligned}$$

을 얻는다. 그러므로 오일러 적분은 역시 계승을 보간한다. ■

$z=\frac{1}{2}$일 때 (10.6)식은 가우스 오차적분을 포함하여 다음의 결과를 얻게 된다.

$$\Gamma\left(\tfrac{1}{2}\right)=\sqrt{\pi}. \tag{10.7}$$

$\Gamma(\frac{1}{2})$은 극좌표 $(x^2+y^2=\rho^2,\ dx\,dy=\rho\,d\rho\,d\varphi)$를 도입하여 (10.6)식 제곱으로부터 직접 유도할 수 있으며

$$\begin{aligned}\Gamma\left(\frac{1}{2}\right)^2 &= 4\int_0^\infty\int_0^\infty e^{-x^2-y^2}dx\,dy \\ &= 4\int_{\varphi=0}^{\pi/2}\int_{\rho=0}^\infty e^{-\rho^2}\rho\,d\rho\,d\varphi = -\pi e^{-\rho^2}\Big|_0^\infty = \pi\end{aligned}$$

와 같이 주어진다. 일반화된 (10.7)식, 즉 가우스 적분은

$$\int_0^\infty x^{2s+1}\exp(-ax^2)\,dx=\frac{s!}{2a^{s+1}}, \tag{10.8}$$

$$\int_0^\infty x^{2s}\exp(-ax^2)\,dx=\frac{(s-\frac{1}{2})!}{2a^{s+1/2}}=\frac{(2s-1)!!}{2^{s+1}a^s}\sqrt{\frac{\pi}{a}} \tag{10.9}$$

이며, 이 결과는 통계역학에서 유용하게 이용된다. 증명은 연습문제 10.1.11에 독자에게 남겨놓았다. 이 중 계승기호는 연습문제 5.2.12와 (10.33b)식에서 설명하였다.

(10.1)식과 (10.5)식의 정의가 동등함을 보이기 위해 두 개의 변수를 갖는 함수

$$F(z,n)=\int_0^n\left(1-\frac{t}{n}\right)^n t^{z-1}\,dt,\quad \Re(z)>0 \tag{10.10}$$

을 생각해 보자. 여기서 n은 양의 정수이다. (10.10)식의 적분 속의 괄호는

$$\lim_{n\to\infty}\left(1-\frac{t}{n}\right)^n\equiv e^{-t} \tag{10.11}$$

으로 표시되므로 (10.5)식과 지수함수의 정의로부터

$$\lim_{n\to\infty} F(z,n) = F(z,\infty) = \int_0^\infty e^{-t}t^{z-1}dt \equiv \Gamma(z) \tag{10.12}$$

를 얻는다.

(10.12)식을 연속 부분적분한 후에 $u=t/n$로 치환하면

$$F(z,n) = n^z \int_0^1 (1-u)^n u^{z-1}du \tag{10.13}$$

를 얻는다. $\Re(z)>0$에서 부분적분하면 (10.13)식은

$$\frac{F(z,n)}{n^z} = (1-u)^n \frac{u^z}{z}\bigg|_0^1 + \frac{n}{z}\int_0^1 (1-u)^{n-1}u^z du \tag{10.14}$$

가 된다. 부분적분을 반복하면 적분 부분은 적분 경계에서 영이 되어 다음과 같은 결과를 얻게 된다.

$$\begin{aligned} F(z,n) &= n^z \frac{n(n-1)\cdots 1}{z(z+1)\cdots(z+n-1)}\int_0^1 u^{z+n-1}du \\ &= \frac{1\cdot 2\cdot 3\cdots n}{z(z+1)(z+2)\cdots(z+n)}n^z. \end{aligned} \tag{10.15}$$

이 식은 (10.1)식의 오른쪽 표현과 일치하므로 다음과 같이 쓸 수 있다.

$$\lim_{n\to\infty} F(z,n) = F(z,\infty) \equiv \Gamma(z). \tag{10.16}$$

함수방정식인 (10.2)식을 사용하면 $\Gamma(z)$를 양의 변수에서 음의 변수로 확장할 수 있다. 예를 들면 (10.2)식에서 출발하여 다음 식

$$\Gamma\left(-\frac{1}{2}\right) = -\frac{1}{0.5}\Gamma\left(\frac{1}{2}\right) = -2\sqrt{\pi}$$

를 정의하고 $z\to 0$일 때 (10.2)식은 $\Gamma(z\to 0)\to\infty$를 의미한다. 더욱이 $z\to 0$[(10.2)식]일 때 $z\Gamma(z)\to 1$인 것은 원점에서 $\Gamma(z)$가 단순 극을 갖는다는 것을 말한다. 마찬가지로 모든 음의 정수에서 $\Gamma(z)$는 단순 극을 갖는다.

■ 무한곱(바이에르슈트라스)

바이에르슈트라스 형식인 제 삼의 정의는

$$\frac{1}{\Gamma(z)} \equiv ze^{\gamma z}\prod_{n=1}^{\infty}\left(1+\frac{z}{n}\right)e^{-z/n} \tag{10.17}$$

이며 여기서 γ는 오일러-마쉐로니 상수[(5.27)식]로 다음과 같다.

$$\gamma=\lim_{n\to\infty}\left(\sum_{m=1}^{n}\frac{1}{m}-\ln n\right)=0.5772156\cdots. \tag{10.18}$$

이 무한곱 형식은 반사항등식, (10.24a)식을 유도하는 데 사용되며 연습문제 10.1.17과 같은 문제를 푸는 데 응용된다. 이 형식은 원래의 정의식[(10.1)식]을 다음과 같이 다시 표현하여 유도될 수 있다.

$$\Gamma(z)=\lim_{n\to\infty}\frac{1\cdot 2\cdot 3\cdots n}{z(z+1)\cdots(z+n)}n^{z}=\lim_{n\to\infty}\frac{1}{z}\prod_{m=1}^{n}\left(1+\frac{z}{m}\right)^{-1}n^{z}. \tag{10.19}$$

(10.19)식을 역으로 표시하고 다음 식

$$n^{-z}=e^{-z\ln n} \tag{10.20}$$

을 사용하면

$$\frac{1}{\Gamma(z)}=z\lim_{n\to\infty}e^{(-\ln n)z}\prod_{m=1}^{n}\left(1+\frac{z}{m}\right) \tag{10.21}$$

를 얻는다. (10.21)식에 다음 식

$$\exp\left[\left(1+\frac{1}{2}+\frac{1}{3}+\cdots+\frac{1}{n}\right)z\right]=\prod_{m=1}^{n}e^{z/m} \tag{10.22}$$

을 분모 및 분자에 곱하여 계산하면

$$\begin{aligned}\frac{1}{\Gamma(z)}&=z\left\{\lim_{n\to\infty}\exp\left[\left(1+\frac{1}{2}+\frac{1}{3}+\cdots+\frac{1}{n}-\ln n\right)z\right]\right\}\\&\times\left[\lim_{n\to\infty}\prod_{m=1}^{n}\left(1+\frac{z}{m}\right)e^{-z/m}\right]\end{aligned} \tag{10.23}$$

이 된다. 5.2절에서 보인 바와 같이 지수함수의 무한급수는 수렴함과 동시에 오일러-마쉐로니 상수, γ를 정의한다. 따라서 (10.17)식으로 환원된다.

$\Gamma(z)$에 대한 바이에르슈트라스 무한곱 정의에 $\Gamma(z)\Gamma(1-z)$에 대한 무한곱 공식과 $\sin(z)$ [(7.60)식]을 사용하면 바로 중요한 항등식

$$\Gamma(z)\Gamma(1-z)=\frac{\pi}{\sin z\pi} \tag{10.24a}$$

를 얻는다.

다른 방법으로 오일러 적분곱 식에서 적분 안의 지수와 멱수를 결합시키는 변수 s와 t를 $u=s+t$ 및 $v=s/t$로 변환시킨 식

$$\Gamma(z+1)\Gamma(1-z) = \int_0^\infty s^z e^{-s} ds \int_0^\infty t^{-z} e^{-t} dt$$
$$= \int_0^\infty v^z \frac{dv}{(v+1)^2} \int_0^\infty e^{-u} u\, du = \frac{\pi z}{\sin \pi z}$$

를 이용한다. 자코비 행렬식은

$$J = -\begin{vmatrix} 1 & 1 \\ \frac{1}{t} & -\frac{s}{t^2} \end{vmatrix} = \frac{s+t}{t^2} = \frac{(v+1)^2}{u}$$

이며 여기서 $(v+1)t = u$이다. 적분 $\int_0^\infty e^{-u} u\, du = 1$이며 v에 대한 적분은 $\frac{\pi z}{\sin \pi z}$를 제공하는 경로적분을 사용하여 유도할 수도 있다. 마찬가지로 **르장드르의 중복 공식**

$$\Gamma(1+z)\Gamma\left(z+\tfrac{1}{2}\right) = 2^{-2z}\sqrt{\pi}\,\Gamma(2z+1)$$

을 유도할 수 있다. (10.24a)식에서 $z = \frac{1}{2}$ 및 양의 제곱근을 택하면 (10.7)식과 (10.9)식이 일치하는

$$\Gamma\left(\tfrac{1}{2}\right) = \sqrt{\pi} \qquad (10.24b)$$

를 얻게 된다.

바이에르슈트라스 정의는 $\Gamma(z)$의 다음과 같은 특성, 즉 $\Gamma(z)$는 $z = 0, -1, -2, -3, \ldots$에서 단순 극을 가지며 $[\Gamma(z)]^{-1}$는 유한한 복소 평면에서 극을 갖지 않는데 이것은 $\Gamma(z)$가 영의 값을 갖지 않는다는 것을 의미한다. 이와 같은 $\Gamma(z)$의 특성은 (10.24a)식에서도 볼 수 있는 데 $\pi/(\sin \pi z)$는 결코 영과 같을 수 없다는 것을 지적하여 둔다.

실제로 $\Gamma(z)$의 무한곱 정의는 $[\Gamma(z)]^{-1}$이 $z = 0, -1, -2, -3, \ldots$에서 단순 극을 갖는다는 특성을 가진 바이에르슈트라스 인수분해 정리로부터 유도될 수 있다. 오일러-마쉐로니 상수는 $\Gamma(1) = 1$ 조건에 의해 결정된다. 제7장의 함수의 곱 전개를 참조하여라.

수학적인 확률이론에서 감마 분포(확률 밀도)는 다음과 같이 주어진다.

$$f(x) = \begin{cases} \dfrac{1}{\beta^\alpha \Gamma(\alpha)} x^{\alpha-1} e^{-x/\beta}, & x > 0 \\ 0, & x \le 0. \end{cases} \qquad (10.25a)$$

상수 $[\beta^\alpha \Gamma(\alpha)]^{-1}$은 전체 적분확률이 1이 되도록 포함되었다. $x \to E$, 운동에너지 $\alpha \to \frac{3}{2}$ 및 $\beta \to kT$로 택하면 (10.25a)식은 고전 막스웰-볼츠만 통계를 나타낸다.

인명 자료

Weierstrass, Karl Theodor Wilhelm. 독일 수학자인 바이에르슈트라스는 1815년 독일, 오슈텐펠드에서 출생하여 1897년 베를린에서 서거하였다. 1841년 수학학위를 수여 받았으며 아벨과 자코비가 발전시킨 타원함수를 연구하였다. 그는 학교교사로서 생활하면서 이 연구를 해석함수로 발전시켰다. 현대 해석학의 시조로 인정받은 후 베를린 대학의 교수로 취임하였으며 1856년 과학학술원 회원이 되었다.

■ 계승 표기법

지금까지 위에서 설명한 수식들은 고전 표기법을 사용하였다. 제프리 및 다른 수학자들이 지적한 바와 같이 (10.5)식의 $z-1$지수의 -1은 방해가 되는 존재이다. 따라서 (10.5)식을 다음과 같이

$$\int_0^\infty e^{-t} t^z dt \equiv z!, \quad \Re(z) > 1 \tag{10.25b}$$

로 표시하여 계승함수 $z!$을 **정의**한다. 때로는 계승함수에 대한 가우스 표기법인 $\prod(z)$, 즉

$$\prod(z) = z! \tag{10.26}$$

을 사용하기도 한다.

Γ 표기는 르장드르가 사용하기 시작하였다. 물론 (10.25a)식으로 표기된 승수함수는 다음과 같은 관계식으로 감마함수와 연계되어 있다.

$$\Gamma(z) = (z-1)!, \qquad \text{또는} \qquad \Gamma(z+1) = z!. \tag{10.27}$$

$z=n$이면 양의 정수[(10.4)식]는

$$z! = n! = 1 \cdot 2 \cdot 3 \cdots n \tag{10.28}$$

임을 알 수 있다. 그러나 $z!$은 (10.25b)식[또는 (10.27)식]으로 정의되었으므로 **계승함수는 변수의 양의 정수값으로만 한정되어 있지 않다** (그림 10.1). 차분 관계[(10.2)식]는

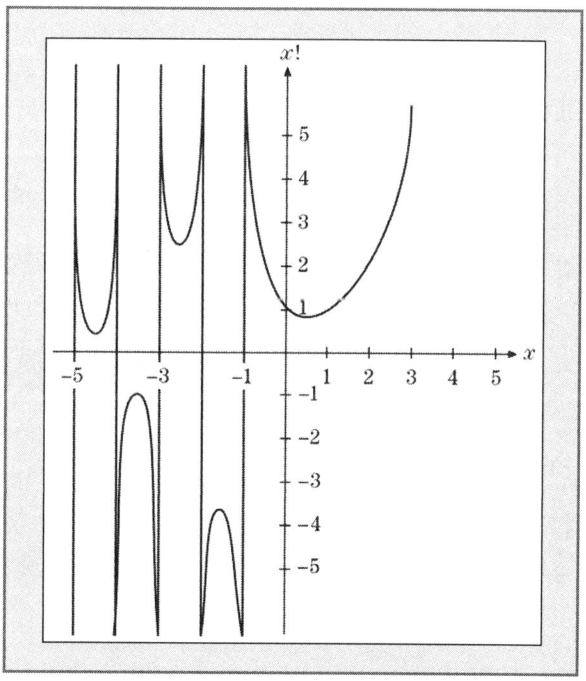

그림 10.1
계승함수 – 음의 변수로 확장

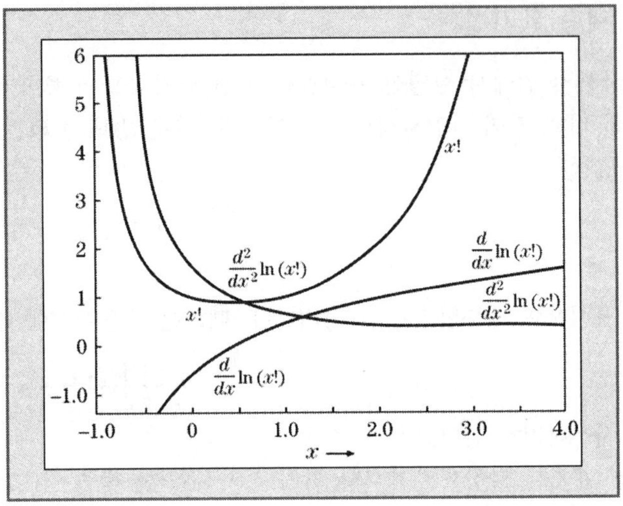

그림 10.2
계승함수와 $\ln(x!)$의 일차 및 이차 도함수

$$(z-1)! = \frac{z!}{z} \tag{10.29}$$

이 되며 여기서 다음과 같은 관계를 바로 알 수 있다.

$$0! = 1 \tag{10.30}$$

$$n! = \pm\infty \qquad n: \text{음의 정수}. \tag{10.31}$$

계승을 이용하면 (10.24a)식은

$$z!(-z)! = \frac{\pi z}{\sin \pi z} \tag{10.32}$$

로 표현할 수 있는데

$$\Gamma(z)\Gamma(1-z) = (z-1)!(1-z-1)! = (z-1)!(-z)! = \frac{1}{z}z!(-z)!$$

과 같은 결과 때문이다. 변수가 실수인 경우만을 고려하면 $x!$은 그림 10.2에 나타난 곡선을 정의한다. 그림 10.1에서 곡선의 최소치는 다음과 같다.

$$x! = (0.46163\cdots)! = 0.88560\cdots. \tag{10.33a}$$

■ 이중계승 표기법

르장드르 다항식 (제 11장)과 관계되는 수리물리학의 많은 문제들의 경우 양의 홀수 정수의 곱과 양의 짝수 정수의 곱을 볼 수 있다. 이 곱들은 이중계승으로 다음과 같이 주어진다.

$$1 \cdot 3 \cdot 5 \cdots (2n+1) = (2n+1)!!$$
$$2 \cdot 4 \cdot 6 \cdots (2n) = (2n)!!. \tag{10.33b}$$

이들은 명백히 정규 계승함수들로서 표시할 수 있다.

$$(2n)!! = 2^n n! \text{ 그리고 } (2n+1)!! = \frac{(2n+1)!}{2^n n!}. \tag{10.33c}$$

■ 적분 표현

베셀 함수에 대한 점근함수를 유도하는데 유용한 적분 표현 식은

$$\int_C e^{-z} z^\nu dz = (e^{2\pi i\nu} - 1)\nu! \tag{10.34}$$

이다. 여기서 C는 그림 10.3에 나타나 있는 경로이다. 이 경로적분 표현 식은 ν가 정수가 아니어서 $z=0$이 **분지점(branch point)**일 때만 유용하다. (10.34)식은 그림 10.4에서 $\nu > -1$인 경우 경로를 변형시켜 확인할 수 있다. 무한대(∞)부터 $\varepsilon > 0$까지 적분은 z의 위상이 영이 되어 $-(\nu!)$의 값을 갖는다. 네 번째 사분면에서 ε부터 ∞까지 적분은 $e^{2\pi i\nu}\nu!$의 값으로 주어지며 이 때 z의 위상은 2π로 커진다. 원점 주위의 반경이 ε인 원은 $\varepsilon \to 0$일 때 어떤 값도 갖지 못하므로 $\nu > -1$일 때 (10.34)식으로 된다.

이 결과를 다음과 같은 대칭형으로 표시하는 것이 편리하다.

그림 10.3
계승함수 경로

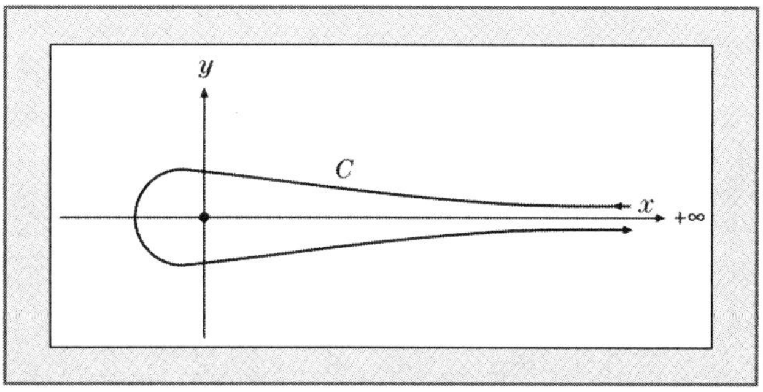

그림 10.4
변형된 그림 10.3의 경로

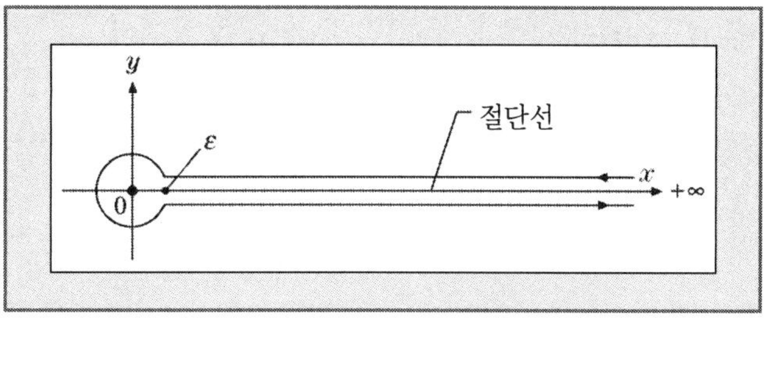

$$\int_C e^{-z}(-z)^\nu dz = 2i\sin(\nu\pi)\nu!, \tag{10.35}$$

이 식은 (10.34)식의 양변에 $(-1)^\nu = e^{-\pi i\nu}$를 곱하면 얻어진다.

위의 설명은 $\nu > -1$인 경우에도 (10.34)식과 (10.35)식이 성립함을 보여 준다. 이 식들을 모든 비정수 ν를 포함하는 영역으로 전개하는 것은 비교적 간단하다. 첫째로 원점을 택하지 않는 한 $\nu < -1$인 경우 적분값이 존재하며, 둘째로 부분적분을 하면 (10.35)식은 차분관계식 [(10.29)식]을 유도해 낼 수 있다. $\nu < -1$인 경우 계승함수를 정의하는 차분관계식을 택하면 (10.34)식과 (10.35)식은 모든 ν값(음의 정수는 제외)에 대해 성립된다.

연습문제

10.1.1 오일러 적분 [(10.5)식]

$$\Gamma(z+1) = z\Gamma(z)$$

로부터 다음 식을 유도하여라.

$$\Gamma(z) = \int_0^\infty e^{-t}t^{z-1}dt.$$

10.1.2 제2종의 르장드르 함수의 멱급수 해는 다음과 같은 식으로 표시된다.

$$\frac{(n+1)(n+2)(n+3)\cdots(n+2s-1)(n+2s)}{2\cdot4\cdot6\cdot8\cdots(2s-2)(2s)\cdot(2n+3)(2n+5)(2n+7)\cdots(2n+2s+1)},$$

여기서 s는 양의 정수이다. 이 식을 계승으로 표시하여라.

10.1.3 다음 식이 성립함을 보여라.

$$\frac{(s-n)!}{(2s-2n)!} = \frac{(-1)^{n-s}(2n-2s)!}{(n-s)!},$$

여기서 s와 n은 정수이며 $s<n$이다. 이 결과는 노이만 구면함수와 제2종 르장드르 함수의 급수로 유도된 식들에서 음의 승수를 제거하는 데 사용될 수 있다.

10.1.4 $\Gamma(z)$를 다음과 같이 쓸 수 있음을 보여라.

$$\Gamma(z) = 2\int_0^\infty e^{-t^2}t^{2z-1}dz, \quad \Re(z) > 0,$$

$$\Gamma(z) = \int_0^1 \left[\ln\left(\frac{1}{t}\right)\right]^{z-1} dt, \quad \Re(z) > 0.$$

10.1.5 막스웰 분포함수에서 v와 $v+dv$ 사이의 속도를 갖는 입자의 분포는 다음과 같이 주어진다.

$$\frac{dN}{N}=4\pi\left(\frac{m}{2\pi kT}\right)^{3/2}\exp\left(-\frac{mv^2}{2kT}\right)v^2dv,$$

여기서 N은 전체 입자 수이다. v^n의 평균값 또는 기대값은 $\langle v^n\rangle=N^{-1}\int v^n dN$으로 정의될 때 다음 식을 유도하여라.

$$\langle v^n\rangle=\left(\frac{2kT}{m}\right)^{n/2}\left(\frac{n+1}{2}\right)!\Big/\frac{1}{2}!.$$

10.1.6 적분을 감마함수로 변환하여 다음 식이 성립함을 보여라.

$$-\int_0^1 x^k \ln x\,dx=\frac{1}{(k+1)^2},\quad k>-1.$$

10.1.7 다음 식을 증명하여라.

$$\int_0^\infty e^{-x^4}dx=\left(\frac{1}{4}\right)!.$$

10.1.8 다음 식을 증명하여라.

$$\lim_{x\to 0}\frac{(ax-1)!}{(x-1)!}=\frac{1}{a}.$$

10.1.9 $\Gamma(z)$가 갖고 있는 극의 위치를 표시하여라. 이 극들은 단순 극이며 유수를 결정함을 보여라.

10.1.10 방정식 $x!=k$, $k\neq 0$은 무한 개의 실근을 갖고 있음을 증명하여라.

10.1.11 다음 식들이 성립함을 증명하여라.

(a) $\displaystyle\int_0^\infty x^{2s+1}\exp(-ax^2)\,dx=\frac{s!}{2a^{s+1}}.$

(b) $\displaystyle\int_0^\infty x^{2s}\exp(-ax^2)\,dx=\frac{(s-\frac{1}{2})!}{2a^{s+1/2}}=\frac{(2s-1)!!}{2^{s+1}a^s}\sqrt{\frac{\pi}{a}}.$

이들 가우시안 적분은 통계역학에서 중요하게 사용된다.

10.1.12 (a) $(2n)!!$과 $(2n+1)!!$의 점화관계식을 유도하여라.

(b) 이 점화관계식을 사용하여 $0!!$과 $(-1)!!$을 계산(또는 정의)하여라.

답. $0!!=1$, $(-1)!!=1$.

10.1.13 s가 음이 아닌 정수일 때 다음 식을 증명하여라.

$$(-2s-1)!! = \frac{(-1)^s}{(2s-1)!!} = \frac{(-1)^s 2^s s!}{(2s)!}.$$

10.1.14 $(1+x)^{1/2}$을 전개하여

(a) 정수로 된 계승 및

(b) 이중계승 (!!) 함수로 표시된 n 번째 항의 계수를 구하여라.

답. $a_n = (-1)^{n+1}\dfrac{(2n-3)!}{2^{2n-2}n!(n-2)!} = (-1)^{n+1}\dfrac{(2n-3)!!}{(2n)!!}, n = 2, 3, \cdots.$

10.1.15 $(1+x)^{1/2}$을 전개하여

(a) 정수로 된 계승 및

(b) 이중계승 (!!) 함수로 표시된 n 번째 항의 계수를 구하여라.

답. $a_n = (-1)^n \dfrac{(2n)!}{2^{2n}(n!)^2} = (-1)^n \dfrac{(2n-1)!!}{(2n)!!}, \quad n = 1, 2, 3 \cdots.$

10.1.16 르장드르 다항식은 다음과 같이 표현할 수 있다.

$$\begin{aligned} P_n(\cos\theta) = 2\frac{(2n-1)!!}{(2n)!!}\Big\{&\cos n\theta + \frac{1}{1}\cdot\frac{n}{2n-1}\cos(n-2)\theta \\ &+ \frac{1\cdot 3}{1\cdot 2}\frac{n(n-1)}{(2n-1)(2n-3)}\cos(n-4)\theta \\ &+ \frac{1\cdot 3\cdot 5}{1\cdot 2\cdot 3}\frac{n(n-1)(n-2)}{(2n-1)(2n-3)(2n-5)}\cos(n-6)\theta + \cdots\Big\}. \end{aligned}$$

$n = 2s+1$일 때 위 식은 아래와 같이 표현할 수 있다.

$$P_n(\cos\theta) = P_{2s+1}(\cos\theta) = \sum_{m=0}^{s} a_m \cos(2m+1)\theta.$$

계승 및 이중계승으로 표시한 계수 a_m을 구하여라.

10.1.17 (a) n이 정수일 때 다음 식을 증명하여라.

$$\Gamma\left(\frac{1}{2}-n\right)\Gamma\left(\frac{1}{2}+n\right) = (-1)^n\pi,$$

(b) $\Gamma(\frac{1}{2}+n)$과 $\Gamma(\frac{1}{2}-n)$을 $\pi^{1/2}$ 및 이중계승 (!!) 함수로 기술하여라.

답. $\Gamma\left(\dfrac{1}{2}+n\right) = \dfrac{(2n-1)!!}{2^n}\pi^{1/2}.$

10.1.18 승수 또는 감마함수 정의들 하나를 사용하여 다음 식을 유도하여라.

$$|(ix)!|^2 = \frac{\pi x}{\sinh \pi x}.$$

10.1.19 다음 식을 증명하여라.

$$|\Gamma(\alpha + i\beta)| = |\Gamma(\alpha)| \prod_{n=0}^{\infty} \left[1 + \frac{\beta^2}{(\alpha + n)^2} \right]^{-1/2}.$$

이 방정식은 베타붕괴 이론을 계산하는 데 유용하다.

10.1.20 n이 양의 정수일 때 다음 식이 성립함을 보여라.

$$|(n + ib)!| = \left(\frac{\pi b}{\sinh \pi b} \right)^{1/2} \prod_{s=1}^{n} (s^2 + b^2)^{1/2}.$$

10.1.21 변수 x 및 y가 실수일 때 모든 x에 대하여 다음 식이 성립함을 보여라.

$$|x!| \geq |(x + iy)!|.$$

10.1.22 다음 식이 성립함을 보여라.

$$\left| \left(-\frac{1}{2} + iy \right)! \right|^2 = \frac{\pi}{\cosh \pi y}.$$

10.1.23 통계학의 정규 분포와 관계되는 확률 밀도는 다음과 같이 주어진다.

$$f(x) = \frac{1}{\sigma(2\pi)^{1/2}} \exp\left[-\frac{(x-\mu)^2}{2\sigma^2} \right].$$

여기서 x의 범위는 $(-\infty, \infty)$이다.

(a) x의 평균치, $\langle x \rangle$는 μ이며

(b) 표준편차$(\langle x^2 \rangle - \langle x \rangle^2)^{1/2}$는 σ로 주어짐을 보여라.

10.1.24 감마 분포함수는 다음과 같이 주어진다.

$$f(x) = \begin{cases} \dfrac{1}{\beta^\alpha \Gamma(\alpha)} x^{\alpha-1} e^{-x/\beta}, & x > 0 \\ 0, & x \leq 0, \end{cases}$$

(a) $\langle x \rangle$ (평균) $= \alpha\beta$,

(b) σ^2 (분산) $\equiv \langle x^2 \rangle - \langle x \rangle^2 = \alpha\beta^2$으로 주어짐을 보여라.

10.1.25 쿨롱 퍼텐셜에 의해 산란된 입자의 파동함수는 $\psi(r, \theta)$이며 원점에서 $\psi(r, \theta)$는

$$\psi(0) = e^{-\pi\gamma/2}\Gamma(1+i\gamma)$$

로 표시된다. 여기서 $\gamma = Z_1 Z_2 e^2/\hbar v$이다. 위 식의 절대값의 제곱이 다음과 같이 쓸 수 있음을 보여라.

$$|\psi(0)|^2 = \frac{2\pi\gamma}{e^{2\pi\gamma}-1}.$$

10.1.26 (10.34)식에 대한 경로적분 표현식

$$(2i)\nu!\sin\nu\pi = \int_C e^{-z}(-z)^\nu dz$$

를 유도하여라.

10.2 쌍 감마함수와 다중 감마함수

■ 쌍 감마함수

10.1절의 정의에서 지적한 바와 같이 감마함수나 계승함수의 미분형을 직접 다루는 것은 불편하므로 대신에 (10.1)식, 즉 계승함수에 자연로그를 적용하여 곱을 합으로 바꾼 다음 미분을 한다. 다음 식에서부터 시작하여 보자.

$$z! = z\Gamma(z) = \lim_{n\to\infty} \frac{n!}{(z+1)(z+2)\cdots(z+n)} n^z. \tag{10.36}$$

극한에 로그를 적용한 것은 로그에 극한을 적용한 것과 같기 때문에 (10.36)식은

$$\begin{aligned}\ln(z!) = \lim_{n\to\infty}[&\ln(n!) + z\ln n - \ln(z+1)\\ &- \ln(z+2) - \cdots - \ln(z+n)]\end{aligned} \tag{10.37}$$

과 같이 쓸 수 있다. 이 식을 z로 미분하면

$$\frac{d}{dz}\ln(z!) \equiv \psi(z+1) = \lim_{n\to\infty}\left(\ln n - \frac{1}{z+1} - \frac{1}{z+2} - \cdots - \frac{1}{z+n}\right) \tag{10.38}$$

을 얻는다. 이 식은 쌍 감마함수 $\psi(z+1)$을 정의한다. 오일러–마쉐로니[1] 상수 정의로부터 (10.38)식은 다음과 같이

[1]5.2절의 (5.27)식과 비교하여 보아라. $\sum_{s=1}^{n} s^{-1}$을 더하고 빼준다.

$$\psi(z+1) = -\gamma - \sum_{n=1}^{\infty}\left(\frac{1}{z+n} - \frac{1}{n}\right) = -\gamma + \sum_{n=1}^{\infty}\frac{z}{n(n+z)} \tag{10.39}$$

로 표시할 수 있으며 $\psi(1)$은 아래와 같이 주어진다.

$$\psi(1) = -\gamma = -0.577\,215\,664\,901\cdots.^{2} \tag{10.40}$$

$\psi(z)$에 대한 보다 유용하게 사용할 수 있는 식은 10.3절에서 유도하겠다.

■ 다중 감마함수

쌍 감마함수를 연속적으로 미분하면 다중 감마함수를 유도할 수 있다.

$$\begin{aligned}\psi^{(m)}(z+1) &\equiv \frac{d^{m+1}}{dz^{m+1}}\ln(z!) \\ &= (-1)^{m+1}m!\sum_{n=1}^{\infty}\frac{1}{(z+n)^{m+1}}, \quad m=1,2,3,\ldots.\end{aligned} \tag{10.41}$$

$\psi(x+1)$과 $\psi'(x+1)$의 곡선은 그림 10.2에서 볼 수 있다. (10.41)식의 급수는 z를 영으로 택할 때 리만 제타함수[3]

$$\zeta(m) \equiv \sum_{n=1}^{\infty}\frac{1}{n^m} \tag{10.42}$$

을 정의하며

$$\psi^{(m)}(1) = (-1)^{m+1}m!\zeta(m+1), \quad m=1,2,3,\ldots \tag{10.43}$$

을 얻게 된다. 양의 정수를 갖는 다중 감마함수, $\psi^{(m)}(n)$은 연습문제 10.2.6을 사용하여 구할 수 있다.

보다 보편적인 Γ 표기법을 따르면

$$\frac{d^{n+1}}{dz^{n+1}}\ln\Gamma(z) = \frac{d^n}{dz^n}\psi(z) = \psi^{(n)}(z) \tag{10.44a}$$

와 같이 쓸 수 있다.

■ 매클로린 전개 및 계산

$\ln(z!)$의 매클로린 전개는 다음과 같이

---

[2] D. E. Knuth는 γ를 1271자리까지 (*Math. Comput.* **16**, 275 (1962)), D. W. Sweeney는 3566 소수자리까지 (*Math. Comput.* **17**, 170 (1963)) 계산하였다. 분수, 228/395은 6자리까지 정확한 γ값을 제공한다.

[3] 제5장을 참조하여라. $z \neq 0$인 경우, 이 급수는 일반화된 제타함수를 정의하는 데 사용될 수 있다.

$$\ln(z!) = \sum_{n=1}^{\infty} \frac{z^n}{n!} \psi^{(n-1)}(1) = -\gamma z + \sum_{n=2}^{\infty} (-1)^n \frac{z^n}{n} \zeta(n) \qquad (10.44b)$$

으로 쓸 수 있으며, 이 식은 $|z| < 1$의 경우 수렴하며 $z = x$일 때 그 범위는 $-1 < x \leq 1$이다. (10.44b)식은 z가 실수 또는 복소수일 때 $z!$을 계산하는 가능한 방법 중에 하나이나 스털링 급수(10.3절)를 이용하는 것이 보다 편리하다. 더욱이 스털링 급수와 점화관계식[(10.29)식][4]을 사용하여 복소변수에 대한 감마함수의 수치가 표로서 작성되어 있으며 이를 다른 Mathematica, Maple, Mathcad 또는 Reduce와 같은 소프트웨어를 사용할 수 있다.

■ 급수합

쌍 감마함수와 다중 감마함수는 급수의 합을 구하는 데 사용될 수 있다. 급수의 일반항이 유리분수 형식(분자의 가장 큰 멱지수가 분모의 가장 큰 멱지수와 비교하여 적어도 2보다 작을 때)으로 되어있다면 부분분수 방법을 사용하여 변환시킬 수 있다. 무한급수는 쌍 감마함수와 다중 감마함수의 유한한 합으로 표시할 수 있다. 이 방법의 장점은 쌍 감마함수와 다중 감마함수의 수치 표를 사용하는 것이다. 이와 같은 수치 표와 급수 합의 예는 AMS−55의 제6장에 주어져 있다.

예제 10.2.1 **케털런 상수**

연습문제 5.2.13에 주어진 케털런 상수, $\beta(2)$는 다음과 같이 주어진다.

$$K = \beta(2) = \sum_{k=0}^{\infty} \frac{(-1)^k}{(2k+1)^2}. \qquad (10.44c)$$

양수 항과 음수 항을 분리하여 묶고 (10.41)식인 $\psi^{(2)}$의 형식에 맞도록 단위 지표로 시작하면

$$K = 1 + \sum_{n=1}^{\infty} \frac{1}{(4n+1)^2} - \frac{1}{9} - \sum_{n=1}^{\infty} \frac{1}{(4n+3)^2}$$

을 얻는다. 이 식을 (10.41)식과 비교 검토하면 다음 식을 얻는다.

$$K = \tfrac{8}{9} + \tfrac{1}{16}\psi^{(1)}\left(1 + \tfrac{1}{4}\right) - \tfrac{1}{16}\psi^{(1)}\left(1 + \tfrac{3}{4}\right). \qquad (10.44d)$$

AMS−55의 표 6.1에서 $\psi^{(1)}$의 수치를 사용하면

$$K = 0.91596559\ldots$$

---

[4] *복소 변수에 대한 감마함수 표*는 Applied Mathematics Series No. 34, National Bureau of Standards, Washington DC(1954)를 참조하여라.

가 구하여 진다. 케털런 상수의 계산과 컴퓨터 혹은 리만 제타함수를 사용한 제5장의 계산과 비교해 보아라. ■

연습문제

10.2.1 x가 양의 정수일 때, 감마함수에 대한 두 가지 형식

$$\psi(x+1)=\sum_{r=1}^{x}\frac{1}{r}-\gamma$$

와

$$\psi(x+1)=\sum_{r=1}^{\infty}\frac{x}{r(r+x)}-\gamma$$

이 서로 같은 식임을 증명하여라.

10.2.2 $\psi(z+1)$은 다음과 같은 급수 전개형으로 표시됨을 증명하여라.

$$\psi(z+1)=-\gamma+\sum_{n=2}^{\infty}(-1)^{n}\zeta(n)z^{n-1}.$$

10.2.3 AMS−55는 $\ln(z!)$의 멱급수 전개를 다음과 같이 목록에 기록하여 놓았다.

$$\ln(z!)=-\ln(1+z)+z(1-\gamma)+\sum_{n=2}^{\infty}(-1)^{n}[\zeta(n)-1]z^{n}/n.$$

(a) $|z|<1$인 경우, 이 식은 (10.44b)식과 일치함을 보여라.
(b) 이 새로운 수식의 수렴 범위를 밝혀라.

10.2.4 (10.32)식을 참조하여 다음 식을 증명하여라.

$$\frac{1}{2}\ln\left(\frac{\pi z}{\sin\pi z}\right)=\sum_{n=1}^{\infty}\frac{\zeta(2n)}{2n}z^{2n},\quad |z|<1.$$

10.2.5 $z!$에 대한 슈트라우스 무한급수 정의를 써 보아라. 미분 과정을 거치지 않고 이 식이 $\ln(z!)$의 매클로린 전개식[(10.44b)식]을 바로 유도시킴을 보여라.

10.2.6 다중 감마함수의 차분관계식인

$$\psi^{(m)}(z+2)=\psi^{(m)}(z+1)+(-1)^{m}\frac{m!}{(z+1)^{m+1}},\quad m=0,1,2,\ldots$$

을 유도하여라.

10.2.7 Γ 함수가 다음과 같은 관계식

$$\Gamma(x+iy)=u+iv$$

를 만족한다면

$$\Gamma(x-iy)=u-iv$$

임을 증명하여라. 이것은 슈바르츠 반사원리(6.5절)의 특수 경우에 해당된다.

10.2.8 n이 정수일 때 포치햄머 기호 $(a)_n$은 다음과 같이 정의된다.

$$(a)_n=a(a+1)\cdots(a+n-1),\qquad (a)_0=1$$

(a) $(a)_n$을 계승으로 표현하여라.

(b) $(d/da)(a)_n$을 $(a)_n$과 쌍 감마함수로 표현하여라.

답. $\dfrac{d}{da}(a)_n=(a)_n[\psi(a+n)-\psi(a)].$

(c) 다음 식이 성립함을 증명하여라.

$$(a)_{n+k}=(a+n)_k\cdot(a)_n.$$

10.2.9 쌍 감마함수와 다중 감마함수의 ψ 형식이 다음과 같은 특수값을 가짐을 증명하여라.

$$\psi(1)=-\gamma,\qquad \psi^{(1)}(1)=\zeta(2),\qquad \psi^{(2)}(1)=-2\zeta(3).$$

10.2.10 다중 감마함수의 점화관계식을 유도하여라.

$$\psi^{(m)}(1+z)=\psi^{(m)}(z)+(-1)^m m!/z^{m+1},\quad m=0,1,2,\ldots.$$

10.2.11 다음의 적분 식들을 증명하여라.

(a) $\displaystyle\int_0^\infty e^{-r}\ln r\,dr=-\gamma.$

(b) $\displaystyle\int_0^\infty re^{-r}\ln r\,dr=1-\gamma.$

(c) $\displaystyle\int_0^\infty r^n e^{-r}\ln r\,dr=(n-1)!+n\int_0^\infty r^{n-1}e^{-r}\ln r\,dr,\quad n=1,2,3,\ldots.$

힌트. 이 결과들은 부분적분이나 $n!$의 적분 표현식을 n으로 미분하여 증명할 수 있다.

10.2.12 수소에 대한 상대론적 파동함수는 $[2(1-\alpha^2Z^2)^{1/2}]!$와 같은 인자를 포함한다. 여기서 α는 미세 구조상수로서 $\frac{1}{137}$이며 Z는 원자 번호이다. $[2(1-\alpha^2Z^2)^{1/2}]!$를 α^2Z^2의 멱급수로 전개하여라.

10.2.13 쿨롱 장에서 입자의 양자역학적 기술은 복소 승수함수의 위상에 대한 정보를 필요로 한다. b가 작은 값을 가질 때 $(1+ib)!$의 위상을 결정하여라.

10.2.14 흑체가 복사하는 총 에너지는 다음과 같이 주어진다.

$$u = \frac{8\pi k^4 T^4}{c^3 h^3} \int_0^\infty \frac{x^3}{e^x - 1} dx.$$

이 식에서 적분값은 $3!\zeta(4)[\zeta(4) = \pi^4/90 = 1.0823\ldots]$임을 보여라. 위 식의 결과는 바로 스테판-볼츠만 법칙이다.

10.2.15 연습문제 10.2.14의 결과를 일반화한 식이

$$\int_0^\infty \frac{x^s dx}{e^x - 1} = s!\zeta(s+1), \quad \Re(s) > 0$$

로 표시됨을 증명하여라.

10.2.16 태초의 우주에서 중성미자 에너지 밀도(페르미 분포)는

$$\rho_\nu = \frac{4\pi}{h^3} \int_0^\infty \frac{x^3}{\exp(x/kT) + 1} dx$$

로 주어지며 적분을 하여 그 결과가 아래와 같음을 보여라.

$$\rho_\nu = \frac{7\pi^5}{30h^3}(kT)^4.$$

10.2.17 다음 식을 증명하여라.

$$\int_0^\infty \frac{x^s dx}{e^x + 1} = s!(1 - 2^{-s})\zeta(s+1), \quad \Re(s) > 0.$$

연습문제 10.2.15와 10.2.17은 실제로 멜린 적분 변환을 정의한다.

10.2.18 다음 식을 증명하여라.

$$\psi^{(n)}(z) = (-1)^{n+1} \int_0^\infty \frac{t^n e^{-zt}}{1 - e^{-t}} dt, \quad \Re(z) > 0.$$

10.2.19 쌍 감마함수와 다중 감마함수를 사용하여 아래 급수의 합을 구하여라.

(a) $\displaystyle\sum_{n=1}^\infty \frac{1}{n(n+1)}$, (b) $\displaystyle\sum_{n=2}^\infty \frac{1}{n^2 - 1}$.

주의. 필요한 쌍 감마함수를 계산하려면 연습문제 10.2.6을 이용할 수 있다.

10.2.20 다음 식이 성립함을 보여라.

$$\sum_{n=1}^{\infty} \frac{1}{(n+a)(n+b)} = \frac{1}{(b-a)}\{\psi(a+1) - \psi(a+1)\},$$

여기서 $a \neq b$이며 a와 b는 음의 정수가 아니다. 이 식의 합과 아래의 적분을 비교하여라.

$$\int_1^{\infty} \frac{dx}{(x+a)(x+b)} = \frac{1}{b-a}\{\ln(1+b) - \ln(1+a)\}.$$

10.3 스털링 급수

z가 매우 큰 값을 가질 때와 (통계역학), z가 정수가 아닐 때 $\ln(z!)$의 계산은 z의 음의 멱수로 $\ln(z!)$를 급수 전개하는 것이 편리하다. 이와 같은 전개를 유도하는 데는 급강하 방법이 가장 좋다 (7.3절). 수치적분 공식에서 출발하는 다음 방법은 경로적분을 필요로 하지 않는다.

■ 오일러-매클로린 적분 공식을 이용한 유도

정적분[5]을 계산하는 오일러-매클로린 공식(5.9절)은

$$\begin{aligned}\int_0^n f(x)\,dx &= \tfrac{1}{2}f(0) + f(1) + f(2) + \cdots + \tfrac{1}{2}f(n) \\ &\quad - b_2[f'(n) - f'(0)] - b_4[f'''(n) - f'''(0)] - \cdots \end{aligned} \tag{10.45}$$

으로 주어진다. 여기서 b_{2n}은 베르누이 수 B_{2n}과 관계되며 아래와 같이 주어진다.

$$(2n)!b_{2n} = B_{2n}, \tag{10.46}$$

$$\begin{aligned} &B_0 = 1, && B_6 = \tfrac{1}{42}, \\ &B_2 = \tfrac{1}{6}, && B_8 = -\tfrac{1}{30}, \\ &B_4 = -\tfrac{1}{30}, && B_{10} = \tfrac{5}{66}, \text{ and so on.} \end{aligned} \tag{10.47}$$

(10.45)식에 기본 정적분

$$\int_0^{\infty} \frac{dx}{(z+x)^2} = \frac{1}{z}, \quad f(x) = \frac{1}{(z+x)^2} \tag{10.48}$$

[5] 이 식은 부분적분을 반복하면 얻는다.

에 적용하면 (z는 음의 실축 상에 있지 않음), $n \to \infty$인 경우 다음 식을 얻게 되며

$$\frac{1}{z} = \frac{1}{2z^2} + \psi^{(1)}(z+1) - \frac{2!b_2}{z^3} - \frac{4!b_4}{z^5} - \cdots \tag{10.49}$$

이것이 (10.48)식을 사용하는 이유이다. 오일러-매클로린 전개는 $\psi'(z+1)$을 수는 데 (10.41)식으로부터 그 값은 구하면 $d^2\ln(z!)/dz^2 = \sum_{n=1}^{\infty}\frac{1}{(z+n)^2}$이다.

(10.46)식을 이용하여 $\psi^{(1)}(z+1)$을 풀면

$$\begin{aligned}\psi'(z+1) = \frac{d}{dz}\psi(z+1) &= \frac{1}{z} - \frac{1}{2z^2} + \frac{B_2}{z^3} + \frac{B_4}{z^5} + \cdots \\ &= \frac{1}{z} - \frac{1}{2z^2} + \sum_{n=1}^{\infty}\frac{B_{2n}}{z^{2n+1}}\end{aligned} \tag{10.50}$$

을 얻는다. 베르누이 수는 급격히 발산하므로 이 급수는 수렴하지 않는다. 그러므로 이 식은 반 수렴 또는 점근급수(5.10절)이며 합은 항상 유한한 항수를 갖는다 (5.10절과 비교하여라).

한 번 적분하면 쌍 감마함수

$$\begin{aligned}\psi(z+1) &= C_1 + \ln z + \frac{1}{2z} - \frac{B_2}{2z^2} - \frac{B_4}{4z^4} - \cdots \\ &= C_1 + \ln z + \frac{1}{2z} - \sum_{n=1}^{\infty}\frac{B_{2n}}{2nz^{2n}}\end{aligned} \tag{10.51}$$

을 얻게 된다. (10.51)식을 $z-1$에서 z까지 z에 대해 적분한 다음 z를 ∞로 접근시키면 적분상수, C_1은 영이 됨을 알 수 있다. 이것은 (10.39)식 보다 더 유용한 쌍 감마함수의 제2 표현식을 제공한다.

■ 스털링 급수

쌍 감마함수[(10.51)식]의 부정적분은

$$\ln(z!) = C_2 + \left(z + \frac{1}{2}\right)\ln z - z + \frac{B_2}{2z} + \cdots + \frac{B_{2n}}{2n(2n-1)z^{2n-1}} + \cdots \tag{10.52}$$

이다. 여기서 C_2는 제2의 적분상수이다. C_2가 일정한 값으로 남도록 점근공식 [예제 7.3.2의 (7.89)식]

$$z! \sim \sqrt{2\pi}\, z^{z+1/2}e^{-z}$$

에서 출발하면 충분히 큰 $|z|$값의 경우

$$\ln(z!) \sim \tfrac{1}{2}\ln 2\pi + (z + 1/2)\ln z - z \tag{10.53}$$

를 얻으며 (10.52)식과 비교하면 C_2가 다음 값을 갖게 된다.

그림 10.5
스털링 공식의 정확도

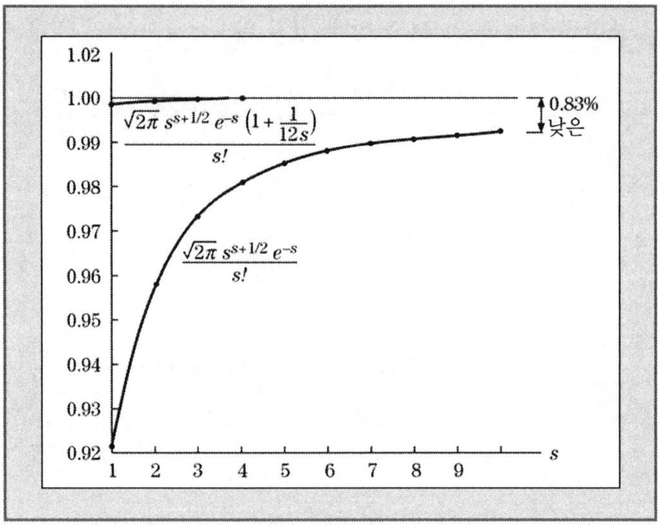

$$C_2 = \tfrac{1}{2}\ln 2\pi \tag{10.54}$$

$|z|\to\infty$이면

$$\ln(z!) = \frac{1}{2}\ln 2\pi + \left(z+\frac{1}{2}\right)\ln z - z + \frac{1}{12z} - \frac{1}{360z^3} + \frac{1}{1260z^5} - \cdots \tag{10.55}$$

이 된다. (10.55)식이 스털링 점근 전개급수이다. 오차의 절대값은 무시된 첫 항의 절대값보다 작다. 충분히 큰 $|z|$의 경우 $\ln(z!)$의 가장 간단한 근사는 $\sim z\ln(z)-z$로서 충분하다.

$s!$에 대한 스털링 급수의 정확성을 이해하는 데 도움이 되도록 $s!$에 대한 스털링 근사의 첫 항의 비를 그림 10.5에 수록하였다. $s!$에 대한 스털링 급수의 뛰어난 정확성을 이해하는 데 도움이 되도록 $s!$에 대한 스털링 근사에서 첫 항의 비를 그림 10.5에 그려 놓았다. 표 10.1은 $s!$로 전개한 첫 항의 비와 첫 번째 두 항의 비가 수록되어 있다. 이 비를 계산하는 데 사용한 식들은 연습문제 10.3.1로 주어져 있다.

표 10.1
$n=2$인 스털링 급수와 스털링 공식의 비교

s	$\frac{1}{s!}\sqrt{2\pi}s^{s+1/2}e^{-s}$	$\frac{1}{s!}\sqrt{2\pi}s^{s+1/2}e^{-s}\left(1+\frac{1}{12s}\right)$
1	0.92213	0.99898
2	0.95950	0.99949
3	0.97270	0.99972
4	0.97942	0.99983
5	0.98349	0.99988
6	0.98621	0.99992
7	0.98817	0.99994
8	0.98964	0.99995
9	0.99078	0.99996
10	0.99170	0.99998

■ 수치 계산

계승함수의 수치 계산에 대한 매클로린 전개식[(10.44b)식]의 사용 가능성은 10.2절에서 언급하였다. 그러나 큰 x값의 경우 스털링 급수[(10.55)식]는 훨씬 더 좋은 정확도를 제공한다. *복소변수에 대한 감마함수 표*(Applied Mathematics Series No. 34, National Bureau of Standards)는 복소변수 $z=x+iy$, $9 \le x \le 10$인 경우 스털링 급수를 사용하여 얻은 결과이다. 작은 값 x값의 경우 점화관계식[(10.29)식]을 사용한다. 이제 계산기 코드에 x의 특별한 값에 대한 $x!$의 수치 계산이 요구된다고 상상하여 보아라. 계산기가 $x!$을 계산하도록 어떻게 지시할 것인가? 점화 관계식을 가진 스털링 급수는 가능하다. 특히 다항식의 짧은 멱급수에서 $0 \le x \le 1$인 경우 $x!$을 계산하면 더 좋은 결과를 얻을 수 있다. 다항식의 계수값들이 계산기에 제공된다. 이와 같은 계산기의 계산은 여러 가지 정확도 요구에 맞추어 해이스팅[6]에 의해 계산되었다. 예를 들면

$$x! = 1 + \sum_{n=1}^{8} b_n x^n + \varepsilon(x), \tag{10.56a}$$

$$\begin{aligned} b_1 &= -0.57719\,1652 & b_5 &= -0.75670\,4078 \\ b_2 &= 0.98820\,5891 & b_6 &= 0.48219\,9394 \\ b_3 &= -0.89705\,6937 & b_7 &= -0.19352\,7818 \\ b_4 &= 0.91820\,6857 & b_8 &= 0.03586\,8343 \end{aligned} \tag{10.56b}$$

여기서 오차의 크기는 $|\varepsilon(x)| < 3 \times 10^{-7}$, $0 \le x \le 1$이다.

이 결과는 최소 제곱 계산은 **아니다**. 해이스팅은 (10.56a)식에서 $|\varepsilon(x)|$의 최대값을 최소화시키는 데 췌비쉐프 다항식 방법을 사용하였다.

요 약

오일러 적분

$$n! = \int_0^\infty e^{-t} t^n dt = \Gamma(n+1), \quad n = 0, 1, \ldots$$

은 감마함수를 다루는 가장 기본이 되는 식이다. 함수방정식 $\Gamma(z+1) = z\Gamma(z)$는 감마함수의 역을 표현하는 무한곱 표현식, 로그미분의 극 전개식인 유리형 함수를 유도하는 데 이용된다. 스털링 급수로 알려진 점근 전개는 통계역학에서 광범위하게 응용되며 오차적분 또는 이와 관계되는 함수들은 유사한 점근 전개를 가능하게 한다.

[6] Hastings, C., Jr. (1955). *Approximations for Digital Computers*. Princeton Univ. Press, Princeton, NJ.

연습문제

10.3.1 ln(z!)대신에 z!을 제공하는 스털링 급수를 다음과 같이 유도하여라.

$$답.\ z! = \sqrt{2\pi} z^{z+1/2} e^{-z}\left(1 + \frac{1}{12z} + \frac{1}{288z^2} - \frac{139}{51840z^3} + \cdots\right).$$

10.3.2 카드놀이에서 카드 한 벌을 재배열하는 수는 52!로 이 수를 스털링 공식을 이용하여 근사 계산하여라.

10.3.3 (10.51)식을 $z-1$에서 z까지 적분한 다음 $z\to\infty$를 택할 때 쌍 감마함수 $\psi(z+1)$ 점근급수의 상수 C_1을 계산하여라.

10.3.4 이중 공식의 로그를 사용하여 스털링 공식에서, (10.52)식, 상수 C_2가 $\frac{1}{2}\ln 2\pi$로 주어짐을 보여라.

10.3.5 직접 전개하여 $z = n + \frac{1}{2}$(n : 정수)에 대해 이중 공식을 증명하여라.

10.3.6 스털링 급수를 사용하지 않고 다음 식을 증명하여라.

$$\text{(a)} \ln(n!) < \int_1^{n+1} \ln x\,dx, \quad \text{(b)} \ln(n!) > \int_1^{n} \ln x\,dx; n \text{ is an integer} \geq 2.$$

두 적분들의 산술 평균은 스털링 급수에 대한 적합한 근사를 제공한다.

10.3.7 다음 식의 수렴을 검증하여라.

$$\sum_{p=0}^{\infty}\left[\frac{(p-\frac{1}{2})!}{p!}\right]^2 \cdot \frac{2p+1}{2p+2} = \pi \sum_{p=0}^{\infty} \frac{(2p-1)!!(2p+1)!!}{(2p)!!(2p+2)!!}.$$

이 급수는 전류 루프에 둘러싸인 영역 내에 생성되는 자기장을 기술하는 데 포함된다.

10.3.8 다음 식이 성립함을 보여라.

$$\lim_{x\to\infty} x^{b-a}\frac{(x+a)!}{(x+b)!} = 1.$$

10.3.9 다음 식이 성립함을 보여라.

$$\lim_{n\to\infty} \frac{(2n-1)!!}{(2n)!!} n^{1/2} = \pi^{-1/2}.$$

10.3.10 이항계수 $\binom{2n}{n} = \frac{(2n)!}{n!n!}$(제5장을 보라)을 $n = 10,\ 20,\ 30$인 경우 6자리까지 계산하여라. 이 값들을 다음 방법으로 계산한 결과와 비교 검토하여라.

(a) n^{-1}에 포함된 항들에 의한 스털링 급수 근사

(b) 배정 밀도 계산

답. $\binom{20}{10} = 1.84756 \times 10^5$, $\binom{40}{20} = 1.37846 \times 10^{11}$, $\binom{60}{30} = 1.18264 \times 10^{17}$.

10.3.11 오차가 $n > 1$일 때 10%, $n > 10$일 때 1% 및 $n > 100$일 때 0.1%보다 작도록 $\ln n!$에 대한 스털링 공식을 절단하여라.

10.3.12 스털링 공식에서 $\frac{d}{dz}\ln\Gamma(z) \sim \ln z - \frac{1}{2z}$을 유도하여라.

10.4 불완전 감마함수와 연관된 함수

감마함수[(10.5)식]에 대한 오일러 정의를 일반화시킴으로써 유한 변수적분으로 불완전 감마함수를 다음과 같이 정의한다.

$$\gamma(a, x) = \int_0^x e^{-t} t^{a-1} dt, \quad \Re(a) > 0 \tag{10.57}$$

및

$$\Gamma(a, x) = \int_x^\infty e^{-t} t^{a-1} dt. \tag{10.58}$$

이 함수들은 다음 관계식

$$\gamma(a, x) + \Gamma(a, x) = \Gamma(a) \tag{10.59}$$

에 의해 연관되어 있다. 이 함수들은 후에 논의할 오차적분에서 유용하게 사용될 것이다. $\gamma(a, x)$ 또는 $\Gamma(a, x)$를 선택하는 이유는 사용하기 편리하기 때문이다. 매개변수 a가 양의 정수라면 (10.58)식은 완전 적분되어 다음 식을 유도한다.

$$\begin{aligned} \gamma(n, x) - (n-1)! \left(1 - e^{-x} \sum_{s=0}^{n-1} \frac{x^s}{s!}\right) \\ \Gamma(n, x) = (n-1)! e^{-x} \sum_{s=0}^{n-1} \frac{x^s}{s!}, \quad n = 1, 2, \ldots. \end{aligned} \tag{10.60}$$

a가 정수가 아닐 때 작은 값 x에 대한 $\gamma(a, x)$의 멱급수 전개와 $\Gamma(a, x)$의 점근 전개는 5.10절에 주어진 오차함수[(10.70b)식 참조]에 의해 다음과 같이 구해진다.

$$\gamma(a, x) = x^a \sum_{n=0}^{\infty} (-1)^n \frac{x^n}{n!(a+n)},$$

$$\Gamma(a, x) = x^{a-1}e^{-x}\sum_{n=0}^{\infty}\frac{(a-1)!}{(a-1-n)!}\cdot\frac{1}{x^n} \tag{10.61}$$
$$= x^{a-1}e^{-x}\sum_{n=0}^{\infty}(-1)^n\frac{(n-a)!}{(-a)!}\cdot\frac{1}{x^n}.$$

이 불완전 감마함수는 합류 **초기하함수**를 이용하여 기술되어 질 수 있다.

■ 지수적분

일반형[(10.61)식]으로 주어진 불완전 감마함수 $\Gamma(a, x)$는 물리 문제에 자주 나타나지 않으나 특별한 경우에 아주 유용하게 이용된다. 지수적분을 다음과 같이

$$-\mathrm{Ei}(-x) \equiv \int_x^{\infty}\frac{e^{-t}}{t}dt = E_1(x) \tag{10.62}$$

와 같이 정의한다[7](그림 10.6). 작은 x에 대한 급수 전개를 구하기 위해 다음 식에서 출발하여 보자.

$$E_1(x) = \Gamma(0, x) = \lim_{a\to 0}[\Gamma(a) - \gamma(a, x)]. \tag{10.63}$$

$x\to 0$일 때 (10.62)식의 적분은 대수적으로 발산하기 때문에 주의가 필요하다. $\gamma(a, x)$에 대한 급수 전개식에서 발산항을

$$E_1(x) = \lim_{a\to 0}\left[\frac{a\Gamma(a) - x^a}{a}\right] - \sum_{n=1}^{\infty}\frac{(-1)^n x^n}{n\cdot n!} \tag{10.64a}$$

과 같이 분리할 수 있다. 로피탈 법칙(연습문제 5.6.7)과 다음 식

그림 10.6
지수적분, $E_1(x) = -\mathrm{Ei}(-x)$

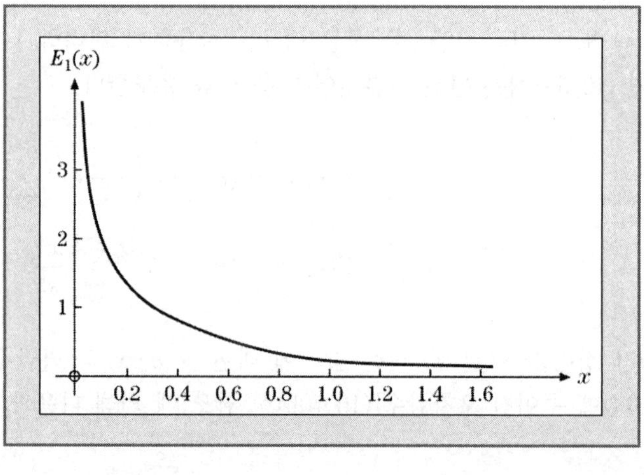

[7] $-\mathrm{Ei}(-x)$에 두 개의 - 사인이 나타나 있는데 이것은 역사적인 이유에 기인하는 것으로 이 적분은 일반적으로 $E_1(x)$로 인용된다.

그림 10.7
사인 및 코사인적분

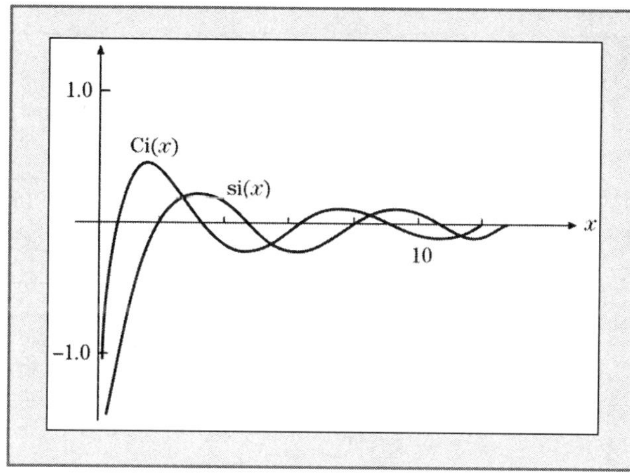

$$\frac{d}{da}\{a\Gamma(a)\} = \frac{d}{da}a! = \frac{d}{da}e^{\ln(a!)} = a!\psi(a+1) \qquad (10.64b)$$

및 (10.39)[8]식을 이용하면 신속히 수렴하는 수열

$$E_1(x) = -\gamma - \ln x - \sum_{n=1}^{\infty} \frac{(-1)^n x^n}{n \cdot n!} \qquad (10.65)$$

을 구할 수 있다 (그림 10.6). 점근 전개는 5.10절에 주어져 있다.

지수적분과 관계되는 다른 특별한 함수들은 사인, 코사인 (그림 10.7) 및 로그적분으로 다음과 같이 정의된다.[9]

$$\begin{aligned} \mathrm{si}(x) &= -\int_x^{\infty} \frac{\sin t}{t} dt \\ \mathrm{Ci}(x) &= -\int_x^{\infty} \frac{\cos t}{t} dt \\ \mathrm{li}(x) &= \int_0^x \frac{du}{\ln u} = \mathrm{Ei}(\ln x). \end{aligned} \qquad (10.66)$$

변수를 실변수에서 복소변수로 변환시키면 위 식들은

$$\mathrm{si}(x) = \frac{1}{2i}[\mathrm{Ei}(ix) - \mathrm{Ei}(-ix)] = \frac{1}{2i}[E_1(ix) - E_1(-ix)], \qquad (10.67)$$

$$\mathrm{Ci}(x) = \frac{1}{2}[\mathrm{Ei}(ix) + \mathrm{Ei}(-ix)] = -\frac{1}{2}[E_1(ix) + E_1(-ix)], \quad |\arg x| < \frac{\pi}{2} \qquad (10.68)$$

[8] $dx^a/da = x^a \ln x$.

[9] 다른 형태의 sine 적분은 $\mathrm{Si}(x) = \mathrm{si}(x) + \pi/2$로 주어진다.

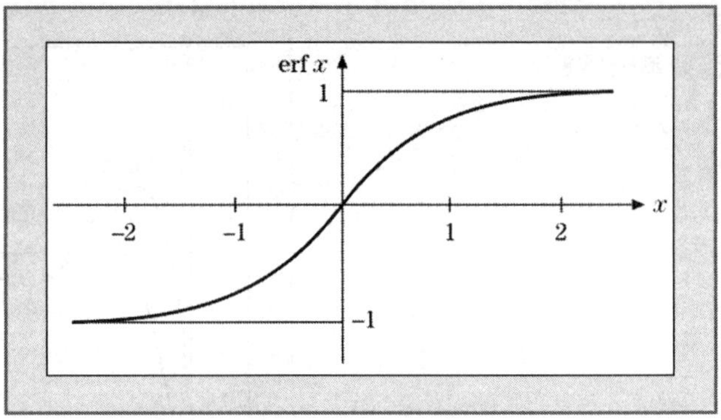

그림 10.8
오차함수 erf x

로 된다. 이 두 식들을 합하면

$$\mathrm{Ei}(ix) = \mathrm{Ci}(x) + i\,\mathrm{si}(x) \tag{10.69}$$

를 얻는다. 이 적분 사이의 관계는 e^{ix}, $\cos x$ 및 $\sin x$ 사이의 관계식과 같다. (10.69)식을 E_1로 표시하면 다음과 같다.

$$E_1(ix) = -\mathrm{Ci}(x) + i\,\mathrm{si}(x).$$

Ci(x) 및 Si(x)의 점근 전개는 5.10절에서 논의한 오차함수의 전개와 마찬가지로 전개할 수 있다. Ci(x), Si(x) 및 li(x)의 원점에 대한 멱급수 전개는 지수적분 $E_1(x)$ 또는 적분을 통해서 얻을 수 있다. 지수적분, sine 및 cosine 적분은 제 5장 AMS−55에 표로 주어져 있으며 Mathematica, Maple, 또는 Reduce에서 찾아 볼 수 있다.

■ 오차적분

다음의 오차적분은 (erf $\infty = 1$이 되도록 규격화되었음)

$$\mathrm{erf}\, z = \frac{2}{\sqrt{\pi}}\int_0^z e^{-t^2}dt, \qquad \mathrm{erfc}\, z = 1 - \mathrm{erf}\, z = \frac{2}{\sqrt{\pi}}\int_z^\infty e^{-t^2}dt \tag{10.70a}$$

는 5.10절(그림 10.8)에서 소개되었다. 점근형은 이미 5.10절에서 구하였다. 피적분 함수와 (10.6)식으로부터 erf z와 erfc z는 $a = \frac{1}{2}$인 불완전 감마함수로 나타낼 수 있다. 이 관계식들은 다음과 같이 주어진다.

$$\mathrm{erf}\, z = \pi^{-1/2}\gamma\left(\tfrac{1}{2}, z^2\right), \qquad \mathrm{erfc}\, z = \pi^{-1/2}\Gamma\left(\tfrac{1}{2}, z^2\right). \tag{10.70b}$$

erf z의 멱급수 전개는 바로 (10.61)식으로부터 얻어진다.

연습문제

10.4.1 다음 식을

$$\gamma(a, x) = e^{-x}\sum_{n=0}^{\infty}\frac{(a-1)!}{(a+n)!}x^{a+n}$$

(a) 부분적분하여 유도하고
(b) (10.61)식으로 변환하여라.

10.4.2 다음 식이 성립함을 보여라.

(a) $\dfrac{d^m}{dx^m}[x^{-a}\gamma(a, x)] = (-1)^m x^{-a-m}\gamma(a+m, x)$,

(b) $\dfrac{d^m}{dx^m}[e^{x}\gamma(a, x)] = e^{x}\dfrac{\Gamma(a)}{\Gamma(a-m)}\gamma(a-m, x)$.

10.4.3 $\gamma(a, x)$와 $\Gamma(a, x)$는 다음 점화관계식을 만족시킴을 보여라.

(a) $\gamma(a+1, x) = a\gamma(a, x) - x^a e^{-x}$,
(b) $\Gamma(a-1, x) = a\Gamma(a, x) + x^a e^{-x}$.

10.4.4 $1s$ 상태에 있는 수소전자(문제 10.4.11)가 만드는 퍼텐셜은

$$V(r) = \frac{q}{4\pi\varepsilon_0 a_0}\left\{\frac{1}{2r}\gamma(3, 2r) + \Gamma(2, 2r)\right\}$$

과 같이 주어진다.

(a) $r \ll 1$일 때, 위 식이 다음과 같이 됨을 보여라.

$$V(r) = \frac{q}{4\pi\varepsilon_0 a_0}\left\{1 - \frac{2}{3}r^2 + \cdots\right\}.$$

(b) $r \gg 1$일 때, 위 식이 다음과 같이 됨을 보여라.

$$V(r) = \frac{q}{4\pi\varepsilon_0 a_0}\cdot\frac{1}{r}.$$

여기서 r은 보어 반경 a_0의 곱수다.

주의. r의 중간 값에 대한 퍼텐셜을 계산하는 데에는 (10.60)식을 사용하는 것이 편리하다.

10.4.5 $2p$ 상태에 있는 수소전자의 퍼텐셜은 다음과 같이 주어진다.

$$\begin{aligned} V(r) &= \frac{1}{4\pi\varepsilon_0}\cdot\frac{q}{24a_0}\left\{\frac{1}{r}\gamma(5, r) + \Gamma(4, r)\right\} \\ &\quad - \frac{1}{4\pi\varepsilon_0}\cdot\frac{q}{120a_0}\left\{\frac{1}{r^3}\gamma(7, r) + r^2\Gamma(2, r)\right\}P_2(\cos\theta). \end{aligned}$$

여기서 r은 보어의 반경 a_0의 곱수로 주어진다. $P_2(\cos\theta)$는 르장드르 다항식(11.1절)이다.

(a) $r \ll 1$일 때 위의 퍼텐셜을 다음과 같이 쓸 수 있음을 보여라.

$$V(r) = \frac{1}{4\pi\varepsilon_0} \cdot \frac{q}{a_0} \left\{ \frac{1}{4} - \frac{1}{120} r^2 P_2(\cos\theta) + \cdots \right\}.$$

(b) $r \gg 1$일 때 위의 퍼텐셜을 다음과 같이 쓸 수 있음을 보여라.

$$V(r) = \frac{1}{4\pi\varepsilon_0} \cdot \frac{q}{a_0 r} \left\{ 1 - \frac{6}{r^2} P_2(\cos\theta) + \cdots \right\}.$$

10.4.6 지수적분 전개가 다음과 같이 됨을 증명하여라.

$$\int_x^\infty \frac{e^{-t}}{t} dt = -\gamma - \ln x - \sum_{n=1}^\infty \frac{(-1)^n x^n}{n \cdot n!}.$$

여기서 γ는 오일러-마쉐로니 상수이다.

10.4.7 $E_1(z)$는 다음과 같이 쓸 수 있음을 보여라.

$$E_1(z) = e^{-z} \int_0^\infty \frac{e^{-zt}}{1+t} dt.$$

이 식에는 $|\arg z| \le \pi/2$인 조건이 요구됨을 보여라.

10.4.8 지수적분[(10.62)식]에 관계되는 함수는

$$E_n(x) = \int_1^\infty \frac{e^{-xt}}{t^n} dt$$

이다. $E_n(x)$가 아래의 점화관계식을 만족시킴을 보여라.

$$E_{n+1}(x) = \frac{1}{n} e^{-x} - \frac{x}{n} E_n(x), \quad n = 1, 2, 3, \ldots .$$

10.4.9 연습문제 10.4.8에서 정의한 $E_n(x)$를 사용하여 $n > 1$일 때 $E_n(0) = 1/(n-1)$이 됨을 보여라.

10.4.10 다음 관계식

$$\Gamma(a) = \gamma(a, x) + \Gamma(a, x)$$

를 사용하여 $\gamma(a, x)$가 연습문제 10.4.2의 관계를 만족시킨다면 $\Gamma(a, x)$도 같은 관계를 만족시켜야 함을 보여라.

10.4.11 1s 상태에 있는 수소전자(연습문제 10.4.4)(그림 10.9)가 전자가 만드는 퍼텐셜을

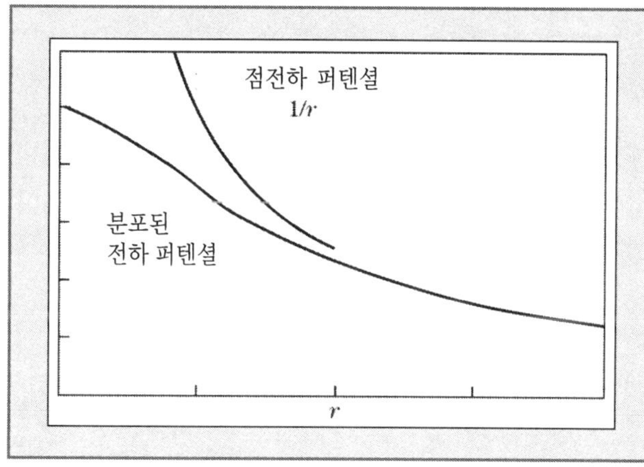

그림 10.9
1s 상태에 있는 수소전자가 만드는 분포된 전하 퍼텐셜 (연습문제 10.4.11)

계산하여라. x를 0.1씩 변화시켜 $0 \le x \le 4.0$ 범위에서 $V(r)/(q/4\pi\varepsilon_0 a_0)$ 값을 표로 작성하여라. 연습문제 10.4.4에 주어진 식을 계산하여 $r \ll 1$ 및 $r \gg 1$인 경우에 계산과 결과한 결과와 비교 검토하여라.

추가 읽을거리

Abramowitz, M., and Stegun, I. A. (Eds.) (1972). *Handbook of Mathematical Functions with Formulas, Graphs and Mathematical Tables* (AMS−55). National Bureau of Standards, Washington, DC. Reprinted, Dover (1974). 이 안내서는 감마함수, 불완전 감마함수, 지수적분, 오차함수 및 이와 관계되는 함수들에 대한 많은 정보를 포함하고 있다.

Artin, E. (1964). *The Gamma Function* (M. Butler, Trans.) Holt, Rinehart and Winston, New York. 이 책은 $x = n =$ 정수일 때 함수 $f(x)$가 매끄럽고 (로그형 볼록하게 나타나는) $(n-1)!$과 같다면 이 함수는 감마함수임을 설명한다.

Davis, H. T. (1933). *Tables of the Higher Mathematical Functions*. Principia, Bloomington, IN, Volume 1. 이 책은 감마함수와 다중 감마함수의 방대한 정보를 포함하고 있다.

Gradshteyn, I. S., and Ryzhik, I. M. (2000). *Table of Integrals, Series, and Products*, 6th ed. Academic Press, New York.

Luke, Y. L. (1969). *The Special Functions and Their Approximations*, Vol. 1. Academic Press, New York.

Luke, Y. L. (1975). *Mathematical Functions and Their Approximations*. Academic Press. New York. 이 책은 Abramowitz와 Stegun이 저술한 *첫 번째 참고문헌*(AMS−55)*인 안내서의 최신정보를 포함시킨 보충서*이다. 제1장은 감마함수를, 제4장은 불완전 감마함수와 이와 관계되는 주요 함수들을 취급하였다.

르장드르 다항식과 구조화 함수

11.1 서론

르장드르 다항식은 많은 수학과 물리의 중요한 문제들에 등장한다.

- 르장드르 다항식은 르장드르 상미분방정식의 해로서 라플라스 방정식과 구면 극좌표의 유사한 상미분방정식의 변수분리(8.9절)를 다룰 때, 이미 취급하였다.
- 르장드르 다항식은 구간 [−1, 1] 내에서 함수의 완전 직교집합을 필요로 하는 다항식이다 (그램−슈미트 직교화, 9.3절).
- 양자역학에서 르장드르 다항식(11.5절의 구조화 함수)은 각운동량의 고유함수를 나타낸다. 이 다항식은 또한 방위각 대칭 문제와도 관계된다.
- 르장드르 다항식은 모함수에 의해 정의된다. 모함수로서 행동하는 점전하가 만드는 정전기퍼텐셜을 이용하여 르장드르 다항식을 소개한다.

■ 물리학의 기초: 정전기학

르장드르 다항식은 역반경 거듭제곱으로 주어지는 정전기퍼텐셜을 전개할 때 나타난다. z축의 $z=a$점에 전하 q가 놓여 있다고 하자. 그림 11.1에서와 같이 전하 q의 정전기퍼텐셜은

$$\varphi = \frac{1}{4\pi\varepsilon_0}\cdot\frac{q}{r_1} \quad \text{(SI 단위)} \tag{11.1}$$

로 주어진다. (11.1)식으로 주어진 정전기퍼텐셜은 구면 극좌표인 r, θ(φ축은 방위각 대칭으로 인해 여기서는 필요치 않다. 즉 z축에 대한 회전은 아무런 변화를 일으키지 않는다)로 기술하고자 한다. 그림 11.1에서 코사인 법칙을 사용하면 다음 식을 얻는다.

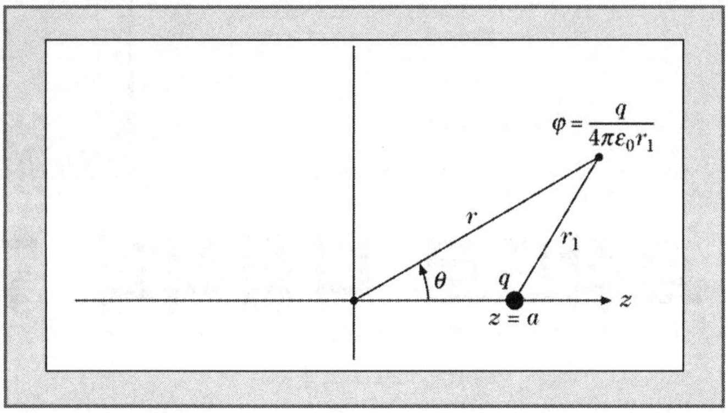

그림 11.1
정전퍼텐셜 전하 q가 원점으로부터 $z=a$점에 놓여 있다.

$$\varphi = \frac{q}{4\pi\varepsilon_0}(r^2 + a^2 - 2ar\cos\theta)^{-1/2}. \tag{11.2}$$

■ 모함수

$r>a$인 경우를 생각해 보자. (11.2)식의 뿌리수는 $r^2 > |a^2 - 2ar\cos\theta|$일 때, 이항급수로 전개하여 (a/r)의 멱으로 정리할 수 있다. 이 때, $(a/r)^0$의 계수는 1이며 (a/r)의 계수로서 $\cos\theta$를 택할 수 있다. **르장드르 다항식(Legendre polynomial)** $P_n(\cos\theta)$(그림 11.2)는 $\left(\frac{a}{r}\right)^n$**의 계수**로서 다음과 같이 정의한다.

$$\varphi = \frac{q}{4\pi\varepsilon_0 r}\sum_{n=0}^{\infty} P_n(\cos\theta)\left(\frac{a}{r}\right)^n. \tag{11.3}$$

$q/4\pi\varepsilon_0 r$ 인자를 떼어내고 $x=\cos\theta$ 및 $t=a/r$로 표기하면

$$g(t,x) = (1 - 2xt + t^2)^{-1/2} = \sum_{n=0}^{\infty} P_n(x)t^n, \quad |t| < 1 \tag{11.4}$$

이라는 식을 얻는다. 여기서 $g(t,\ x)$를 $P_n(x)$의 **모함수(generating function)**로 정의한다. 표 11.1에 수록된 다항식 $P_n(x)$는 예제 9.3.1에서 유도한 결과와 같은데 이것은 $-1 \le x \le 1$ 구간에서 x^n 급수의 그램-슈미트 직교화에 의해 구해진 것이다. $\cos\theta$는 ± 1 한계에서 변하므로 일치하지는 않는다. 다음 절에서 $|P_n(\cos\theta)| \le 1$을 증명하였으며, 이것은 급수전개[(11.4)식]를 $|t| < 1$[1]일 때 수렴한다. 사실 $|P_n(\pm 1)| = 1$인 $x = \pm 1$을 제외한 $|t| = 1$에서 급수는 수렴한다.

쿨롱 또는 중력퍼텐셜과 같은 물리 문제를 다룰 때에는 (11.4)식은 종종 벡터형

$$\frac{1}{|\mathbf{r}_1 - \mathbf{r}_2|} = \left[r_1^2 + r_2^2 - 2\mathbf{r}_1 \cdot \mathbf{r}_2\right]^{-1/2} = \frac{1}{r_1}\left[1 + \left(\frac{r_2}{r_1}\right)^2 - 2\left(\frac{r_2}{r_1}\right)\cos\theta\right]^{-1/2}$$

[1] $r^2 > a^2 + 2ar$, $(r-a)^2 > 2a^2$ 또는 $r > a(1+\sqrt{2})$가 성립되도록 하는 $r > (a^2+2ar)^{1/2} \ge |a^2 - 2ar\cos\theta|^{1/2}$인 경우 여기에 관계된 이항진개가 성립한다 힐지라도 급수 (11.3)식은 $r>a$ 경우에 수렴한다.

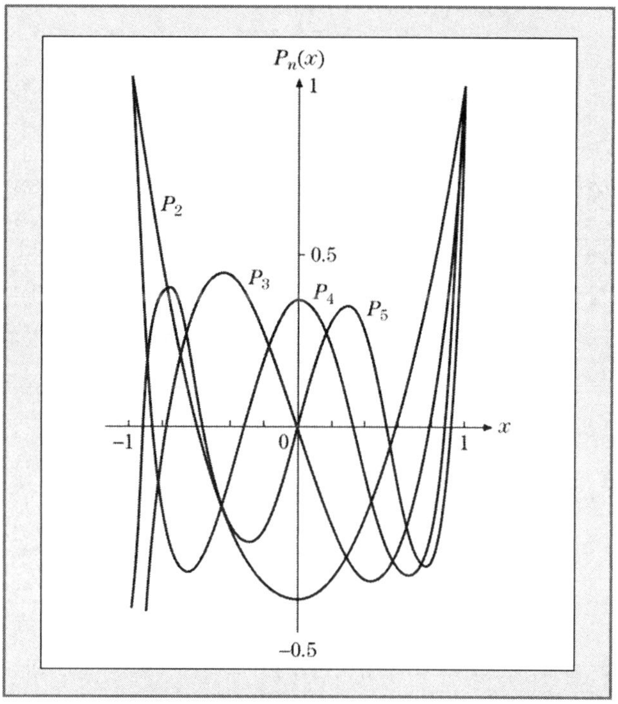

그림 11.2
르장드르 다항식 $P_2(x)$, $P_3(x)$, $P_4(x)$ 및 $P_5(x)$

표 11.1
르장드르 다항식

$$
\begin{aligned}
P_0(x) &= 1\\
P_1(x) &= x\\
P_2(x) &= \tfrac{1}{2}(3x^2 - 1)\\
P_3(x) &= \tfrac{1}{2}(5x^3 - 3x)\\
P_4(x) &= \tfrac{1}{8}(35x^4 - 30x^2 + 3)\\
P_5(x) &= \tfrac{1}{8}(63x^5 - 70x^3 + 15x)\\
P_6(x) &= \tfrac{1}{16}(231x^6 - 315x^4 + 105x^2 - 5)\\
P_7(x) &= \tfrac{1}{16}(429x^7 - 693x^5 + 315x^3 - 35x)\\
P_8(x) &= \tfrac{1}{128}(6435x^8 - 12012x^6 + 6930x^4 - 1260x^2 + 35)
\end{aligned}
$$

으로 표시된다. 오른쪽 끝 등식은 $r_1 = |\mathbf{r}_1|$을 분모에서 인수분해하여 얻어지는데 $r_1 > r_2$일 때 (11.4)식으로 전개할 수 있으며

$$\frac{1}{|\mathbf{r}_1 - \mathbf{r}_2|} = \frac{1}{r_>}\sum_{n=0}^{\infty}\left(\frac{r_<}{r_>}\right)^n P_n(\cos\theta) \tag{11.4a}$$

를 얻는다. 여기서

$$\left.\begin{aligned} r_> &= |\mathbf{r}_1| \\ r_< &= |\mathbf{r}_2| \end{aligned}\right\} \quad \text{for} \quad |\mathbf{r}_1| > |\mathbf{r}_2| \tag{11.4b}$$

및

$$\left.\begin{array}{l} r_> = |\mathbf{r}_2| \\ r_< = |\mathbf{r}_1| \end{array}\right\} \quad \text{for} \quad |\mathbf{r}_2| > |\mathbf{r}_1|. \tag{11.4c}$$

예제 11.1.1 특수값

모함수 g의 간단하고도 중요한 응용은 g를 정확히 계산할 수 있는 특별한 값(즉 $x = \pm 1$)에 사용하는 경우이다. $x = 1$로 택하면 z는 $+z$축 상의 $z = a$에 있게 되어 퍼텐셜 (11.4)식은 간단한 형태로 되며 이항전개 또는 기하급수를 사용하면 다음과 같이 표현된다.

$$\frac{1}{(1-2t+t^2)^{1/2}} = \frac{1}{1-t} = \sum_{n=0}^{\infty} t^n, \tag{11.5}$$

그러나 $x = 1$일 때 (11.4)식은

$$\frac{1}{(1-2t+t^2)^{1/2}} = \sum_{n=0}^{\infty} P_n(1) t^n$$

으로 되며 이 두 급수전개(멱급수의 유일성; 5.7절)를 비교하면 다음 결론에 이른다.

$$P_n(1) = 1. \tag{11.6}$$

(11.4)식에서 $x = -1$로 택하면 그림 11.1에서 음의 z축 상의 $z = -a$에 해당되며 퍼텐셜은 간단해져서 유사한 결과를 얻는다.

$$\frac{1}{(1+2t+t^2)^{1/2}} = \frac{1}{1+t} = \sum_{n=0}^{\infty} (-t)^n. \tag{11.7}$$

따라서

$$P_n(-1) = (-1)^n. \tag{11.8}$$

위의 일반적인 결과들을 르장드르 다항식과 관계되는 다른 공식들에서 유도하기는 그리 쉽지 않다.

(11.4)식에서 $x = 0$으로 택하고 이항전개를 사용하면

$$(1+t^2)^{-1/2} = 1 - \tfrac{1}{2}t^2 + \tfrac{3}{8}t^4 + \cdots + (-1)^n \frac{1 \cdot 3 \cdots (2n-1)}{2^n n!} t^{2n} + \cdots \tag{11.9}$$

을 얻으며 다음식도 성립한다.[2]

---

[2]이중 계승 표시는 10.1절에서 아래와 같이 정의하였다:

$$(2n)!! = 2 \cdot 4 \cdot 6 \cdots (2n), \quad (2n-1)!! = 1 \cdot 3 \cdot 5 \cdots (2n-1).$$

$$P_{2n}(0) = (-1)^n \frac{1 \cdot 3 \cdots (2n-1)}{2^n n!} = (-1)^n \frac{(2n-1)!!}{(2n)!!} = \frac{(-1)^n (2n)!}{2^{2n}(n!)^2} \tag{11.10}$$

$$P_{2n+1}(0) = 0, \quad n = 0, 1, 2 \ldots. \tag{11.11}$$

이 결과들은 표 11.1을 참고하여 확인할 수 있다. ■

예제 11.1.2 **반전성**

x를 $-x$ 및 t를 $-t$로 바꾸면 모함수는 변하지 않으므로

$$\begin{aligned} g(t, x) = g(-t, -x) &= [1 - 2(-t)(-x) + (-t)^2]^{-1/2} \\ &= \sum_{n=0}^{\infty} P_n(-x)(-t)^n = \sum_{n=0}^{\infty} P_n(x) t^n \end{aligned} \tag{11.12}$$

이 된다. 이 두 급수를 비교하면 다음 결과를 얻게 된다.

$$P_n(-x) = (-1)^n P_n(x); \tag{11.13}$$

즉 첨수 n이 짝수 또는 홀수에 따라 다항함수는 짝수 또는 홀수($x=0$일 때)이다. 이것은 반전성[3] 또는 반사성으로 양자역학에서 중요한 역할을 한다. 축이 $\mathbf{r} \to -\mathbf{r}$로 반사될 때 해밀토니안이 불변량이면 반전성은 보존된다. 중심력의 경우 첨수 n은 궤도 각운동량 [$n(n+1)$은 $\mathbf{L}^2$의 고유치]을 나타내므로 반전성과 궤도 각운동량은 상호관계가 있다. 이 반전성은 급수해와 표 11.1에 수록된 특수 경우들에서 확인된다. ■

■ 멱급수

이항정리(5.6절)와 연습문제 10.1.15를 이용하여 모함수를

$$\begin{aligned} (1 - 2xt + t^2)^{-1/2} &= \sum_{n=0}^{\infty} \frac{(2n)!}{2^{2n}(n!)^2} (2xt - t^2)^n \\ &= 1 + \sum_{n=1}^{\infty} \frac{(2n-1)!!}{(2n)!!} (2xt - t^2)^n \end{aligned} \tag{11.14}$$

과 같이 전개한다. $(2xt-t^2)^n$을 전개하기 전에 t의 가장 낮은 멱수를 조사하여 보자.

예제 11.1.3 **첨수가 가장 낮은 르장드르 다항식**

첫 번째 둘 또는 셋의 르장드르 다항식(즉 P_0, P_1 및 P_2)의 경우 (11.14)식에서 t^0, t^1 및 t^2의

---

[3] 구면 극좌표에서 [$r \to r, \theta \to \pi - \theta$ 및 $\varphi \to \varphi \pm \pi$]로 변환시키면 원점에 대하여 (r, θ, φ)는 반전된다. 따라서 $\cos\theta \to \cos(\pi - \theta) = -\cos\theta$ 이며 이것은 $x \to -x$에 해당된다.

계수가 필요하다. t의 멱수들은 $n=0$, 1 및 2에 의해 표현되므로 무한급수 중 첫 번째 세 항들만을 다루겠다.

$$\frac{0!}{2^0(0!)^2}(2xt-t^2)^0+\frac{2!}{2^2(1!)^2}(2xt-t^2)^1+\frac{4!}{2^4(2!)^2}(2xt-t^2)^2$$
$$=1t^0+xt^1+\left(\frac{3}{2}x^2-\frac{1}{2}\right)t^2+\mathcal{O}(t^3).$$

(11.4)식(과 멱급수의 유일성)으로부터

$$P_0(x)=1,\quad P_1(x)=x,\quad P_2(x)=\frac{3}{2}x^2-\frac{1}{2} \tag{11.15}$$

을 얻으며 표 11.1에서 이 항들을 확인할 수 있다. 그리고 이 절의 끝에서 르장드르 다항식의 벡터 구조에 대한 부분적인 고찰을 하겠다.

$(2xt-t^2)^n$ 인자의 이항전개는 이중급수

$$(1-2xt+t^2)^{-1/2}=\sum_{n=0}^{\infty}\frac{(2n)!}{2^{2n}(n!)^2}t^n\sum_{k=0}^{n}(-1)^k\frac{n!}{k!(n-k)!}(2x)^{n-k}t^k$$
$$=\sum_{n=0}^{\infty}\sum_{k=0}^{n}(-1)^k\frac{(2n)!}{2^{2n}n!k!(n-k)!}\cdot(2x)^{n-k}t^{n+k} \tag{11.16}$$

으로 표시되며 합하는 순서를 조정(절대 수렴에 의해 확인)하면 (11.16)식은 다음과 같은 식으로 표시할 수 있다.

$$(1-2xt+t^2)^{-1/2}=\sum_{n=0}^{\infty}\sum_{k=0}^{[n/2]}(-1)^k\frac{(2n-2k)!}{2^{2n-2k}k!(n-k)!(n-2k)!}\cdot(2x)^{n-2k}t^n, \tag{11.17}$$

여기서 t^n은 첨수 k와 무관하다.[4] 이제 두 멱급수 [(11.4)식과 (11.17)식] 등식으로 놓고 각 항들을 비교하면[5]

$$P_n(x)=\sum_{k=0}^{[n/2]}(-1)^k\frac{(2n-2k)!}{2^nk!(n-k)!(n-2k)!}x^{n-2k} \tag{11.18}$$

을 얻는다. $k=0$일 때 $P_n(x)$의 가장 높은 멱항은 x^n이며 n이 짝수일 때 가장 낮은 멱항은 $x^0=1$, n이 홀수일 때 x임을 쉽게 확인할 수 있다. 이 결과는 예제 11.1.3 및 표 11.1과 일치한다. 또한 n이 짝수인 경우 P_n은 x의 짝수 멱항들과 짝수 반전성을 가지며 [(11.13)식을 보라] n이 홀수 인 경우 홀수 멱항들과 홀수 반전성을 갖는다.

[4] n이 홀수일 때 $[n/2]=(n-1)/2$, 짝수 일 때 $[n/2]=n/2$이다.

[5] (11.18)식은 x^n으로 시작한다. 첨수를 바꾸면 이 급수가 n이 홀수이면 x^1 및 n이 짝수이면 x^0으로 시작하도록 변환시킬 수 있다.

인명 자료

Legendre, Adrien Marie. 르장드르는 불란서 수학자로 1752년 파리에서 출생하여 1833년 파리에서 서거하였다. 르장드르는 Abel과 Jacobi 이전에 정수론과 타원적분, 그리고 해석학에 큰 기여를 하였다. 그는 유클리드 기하학의 평행선 공리를 증명하려고 하였으나 실패하였다. 연구 문제를 선택하는 그의 취향은 같은 시기의 가우스 취향과 놀랍게도 유사하였으나 아무도 가우스의 학문적인 심원함과 완전성을 따라갈 수는 없었다. 그의 유명한 교재는 굉장한 영향을 주었다.

■ 선형전기 다중극

그림 11.3에서와 같이 z축 상에 있는 전자 문제에서 $z=-a$에 전하 $-q$를 첨가할 때 모함수의 멱과 그 유용성을 알아보자. 전기장의 중첩원리를 이용하면 전기퍼텐셜은

$$\varphi = \frac{q}{4\pi\varepsilon_0}\left(\frac{1}{r_1}-\frac{1}{r_2}\right) \tag{11.19}$$

으로 주어지며 $r>a$인 경우에 코사인 법칙을 사용하면 (11.19)식은 아래와 같이 쓸 수 있다.

$$\varphi = \frac{q}{4\pi\varepsilon_0 r}\left\{\left[1-2\frac{a}{r}\cos\theta+\left(\frac{a}{r}\right)^2\right]^{-1/2}-\left[1+2\frac{a}{r}\cos\theta+\left(\frac{a}{r}\right)^2\right]^{-1/2}\right\}.$$

여기서 두 번째 추상근은 a를 $-a$로 바꾼 것을 제외하곤 첫 번째 추상근과 같다. (11.4)식을 이용하면

$$\begin{aligned}\varphi &= \frac{q}{4\pi\varepsilon_0 r}\left[\sum_{n=0}^{\infty}P_n(\cos)\left(\frac{a}{r}\right)^n-\sum_{n=0}^{\infty}P_n(\cos\theta)(-1)^n\left(\frac{a}{r}\right)^n\right]\\ &= \frac{2q}{4\pi\varepsilon_0 r}\left[P_1(\cos\theta)\frac{a}{r}+P_3(\cos\theta)\left(\frac{a}{r}\right)^3+\cdots\right]\end{aligned} \tag{11.20}$$

을 얻는다. 첫 항($r\gg a$인 경우 주요한 항)은 **전기 쌍극자 (electric dipole)**퍼텐셜

$$\varphi = \frac{2aq}{4\pi\varepsilon_0}\cdot\frac{P_1(\cos\theta)}{r^2} \tag{11.21}$$

이며 $2aq$는 **전기 쌍극자 모먼트 (electric dipole moment)**(그림 11.3)이다. (11.19)식에서 퍼텐셜이 쌍극자 퍼텐셜 모양으로 택해지면 (11.21)식은 큰 r값에 대한 근사적인 거동을 나타낸다. z축 상에 추가 전하를 놓아 P_0(홀극)의 경우와 같이 P_1항이 상쇄되도록 위의 설명을 이용할 수 있다. 예를 들면 $z=\pm a$에 q 및 $z=0$에 $-2q$가 놓여 있을 때 급수전개는 $P_2(\cos\theta)$로 시작되는 퍼텐셜을 제공한다. 두 개의 선형 사중극은 사중극항이 상쇄되도록 배치되어 질 수 있으나 전기 오중극항인 P_3은 남게 된다. 이와 같은 전개는 전기 퍼텐셜의 일반 다중극 전개의 특별한 경우에 해당된다.

그림 11.3
전기 쌍극자

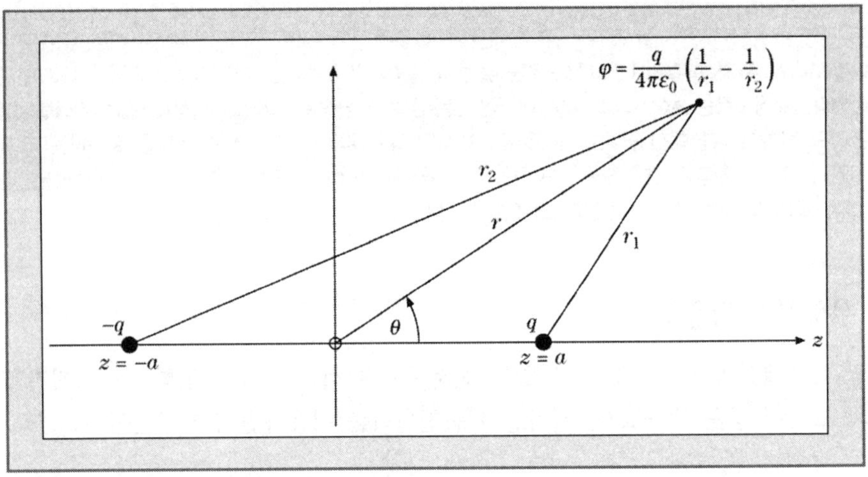

■ 벡터전개

분포된 전하 $\rho(\mathbf{r}_2)$에 의해 생성된 정전기퍼텐셜

$$\varphi(\mathbf{r}_1) = \frac{1}{4\pi\varepsilon_0}\int\frac{\rho(\mathbf{r}_2)}{|\mathbf{r}_1 - \mathbf{r}_2|}d\tau_2 \tag{11.22a}$$

를 생각하여 보자. 코사인 법칙과 이항전개를 사용하면 적분항의 분모는 다음과 같이 쓸 수 있다.

$$\begin{aligned}\frac{1}{|\mathbf{r}_1 - \mathbf{r}_2|} &= \left(r_1^2 - 2\mathbf{r}_1\cdot\mathbf{r}_2 + r_2^2\right)^{-1/2} \\ &= \frac{1}{r_1}\left[1 + \left(-\frac{2\mathbf{r}_1\cdot\mathbf{r}_2}{r_1^2} + \frac{r_2^2}{r_1^2}\right)\right]^{-1/2}, \quad \text{for } r_1 > r_2 \\ &= \frac{1}{r_1}\left[1 + \frac{\mathbf{r}_1\cdot\mathbf{r}_2}{r_1^2} - \frac{1}{2}\frac{r_2^2}{r_1^2} + \frac{3}{2}\frac{(\mathbf{r}_1\cdot\mathbf{r}_2)^2}{r_1^4} + \mathcal{O}\left(\frac{r_2}{r_1}\right)^3\right].\end{aligned} \tag{11.22b}$$

$r_1 = 1$, $r_2 = t$ 및 $\mathbf{r}_1\cdot\mathbf{r}_2 = xt$일 때, (11.22b)식은 모함수인 (11.4)식으로 환원된다.

네모 괄호 내의 첫 항은 다음의 퍼텐셜에 해당된다.

$$\varphi_0(\mathbf{r}_1) = \frac{1}{4\pi\varepsilon_0}\frac{1}{r_1}\int\rho(\mathbf{r}_2)d\tau_2. \tag{11.22c}$$

적분은 전체 전하량을 포함하며 전체 퍼텐셜에서 이 부분은 전기 **홀극**에 해당된다.

제2항은 다음과 같이 표현된다.

$$\varphi_1(\mathbf{r}_1) = \frac{1}{4\pi\varepsilon_0}\frac{\mathbf{r}_1\cdot}{r_1^3}\int\mathbf{r}_2\rho(\mathbf{r}_2)d\tau_2 \tag{11.22d}$$

여기서 적분은 전하 밀도 $\rho(\mathbf{r}_2)$가 모멘트의 팔 $\mathbf{r}_2$로 분포된 쌍극자 모멘트이다. 이것이 바로 전기 쌍극자 퍼텐셜이다. 정확한 반전성을 갖는 원자 또는 핵의 상태에 있어서 $\rho(\mathbf{r}_2)$는 짝수 함수이며 따라서 쌍극자 적분은 영이다. 그러나 외부의 전기장이 걸리면 홀수/짝수 반전성의 중첩이 생겨서 유도 쌍극자 모멘트는 영이 되지 않는다. $(r_2/r_1)^2$으로 주어지는 마지막 두 항은 직교 좌표계를 사용하여 다음과 같이 쓸 수 있다.

$$(\mathbf{r}_1 \cdot \mathbf{r}_2)^2 = \sum_{i=1}^{3} x_{1i}x_{2i} \sum_{j=1}^{3} x_{1j}x_{2j}.$$

적분 내의 x_2를 변수로 택하면 적분은 다음과 같이 표시된다.

$$\varphi_2(\mathbf{r}_1) = \frac{1}{4\pi\varepsilon_0}\frac{1}{2r_1^5}\sum_{i,j=1}^{3} x_{1i}x_{1j}\int \left[3x_{2i}x_{2j} - \delta_{ij}r_2^2\right]\rho(\mathbf{r}_2)d\tau_2. \tag{11.22e}$$

이 식은 전기 **사중극항**이다. 피적분함수의 네모 괄호는 대각 합이 영인 대칭텐서를 이룬다.

일반적인 정전기 **다중극 전개**는 퍼텐셜 $\varphi(r_1)$에 대한 (11.22a)식을 사용하여 구할 수 있으며 $1/(4\pi|\mathbf{r}_1-\mathbf{r}_2|)$ 대신 푸아송 방정식(8.9절의 라플라스 방정식과 같음)의 각축에 대한 해인 이중 급수를 사용하여 얻을 수도 있다.

다중극 장을 마치면서 다음 세 가지 점을 강조하여 둔다.

- 첫째, 전기 (또는 자기) 다중극은 첨수가 낮은 항들이 없다면 원점과 관계없는 값을 가진다. 예를 들면, $z=a$에 놓여있는 한 전하의 퍼텐셜은 르장드르 다항식으로 전개되었다. 이 전개에서 $P_1(\cos\theta)$는 쌍극자 항이라고 하지만 좌표축 선택으로 인해 존재한다는 것을 유의하여라. 실제로 중요한 크기를 갖는 홀극 $P_0(\cos\theta)$가 있다.
- 둘째, 물리 문제에서 순수한 다중극은 아주 보기 힘들다. 예를 들어 유한한 쌍극자 퍼텐셜($z=a$에 q, $z=-a$에 $-q$가 놓인 경우)은 $P_3(\cos\theta)$항을 포함한다. 이 첨수가 큰 항들은 다중극을 점 다중극으로 축소시켜 제거할 수 있다. 이 경우에는 같은 쌍극자 모멘트를 갖도록 $qa(a\to 0,\ q\to\infty)$를 상수로 택한다.
- 셋째, 다중극 전개는 전기 현상에만 국한된 것은 아니다. 행성의 배치도 질량 다중극으로 기술한다.

다중극 전개는 실제로 회전군(4.2절)의 기약분해로 분해시키는 것임을 지적하여 둔다. l번째 다중극은 다중극 l(제4장을 보라)의 m개의 각 성분 중의 하나인 궤도 각운동량, $|lm\rangle$의 고유함수와 관련되어 있다. 고유함수 $|ll\rangle$에 낮춤 연산자 L_-를 계속 연산하면 $m=-l$로 내려갈 때까지 다른 모든 고유함수를 만들어 내기 때문에 다중극의 $(2l+1)$개의 성분은 기약분해를 이룬다. 높힘 및 낮춤 연산자 $L_\pm$은 고유치가 m이며 L_z와 함께 회전군의 생성원이다.

연습문제

11.1.1 그림 11.4에 배열된 전하가 만드는 정전기퍼텐셜을 구하여라. 이 퍼텐셜은 선형전기 사중극이다.

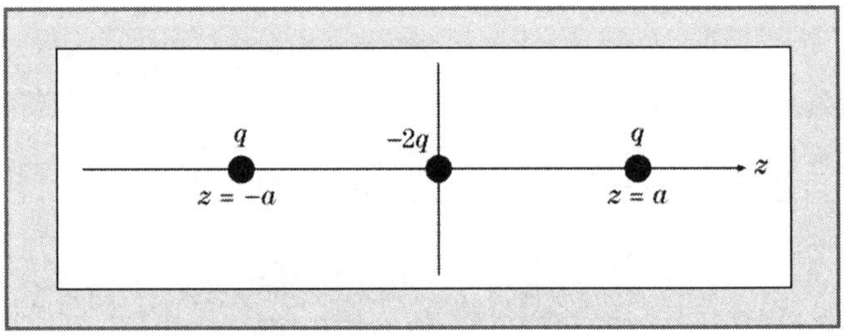

그림 11.4
선형전기 사중극

11.1.2 그림 11.5에 배열된 전하가 만드는 정전기퍼텐셜을 구하여라. 이것은 두 개의 부호가 다른 전하들이 반대로 향해 있는 예이다. 쌍극자 기여는 상쇄되나 오중극항들은 남는다.

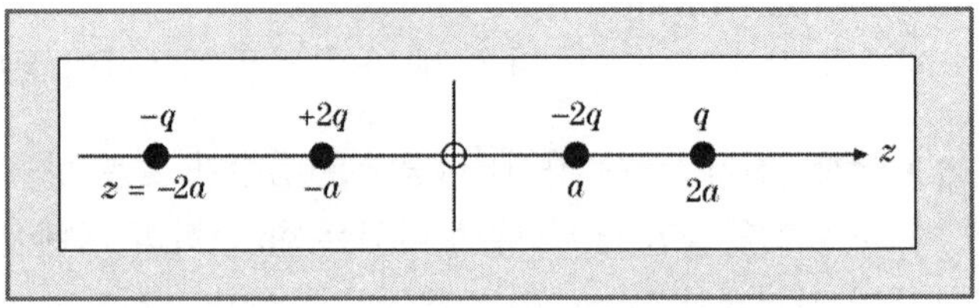

그림 11.5
선형전기 오중극

11.1.3 $r<a$인 경우 $z=a$에 있는 전하 q가 만드는 정전기퍼텐셜이 다음과 같이 주어짐을 보여라.

$$\varphi(\mathbf{r})=\frac{q}{4\pi\varepsilon_0 a}\sum_{n=0}^{\infty}\left(\frac{r}{a}\right)^n P_n(\cos\theta).$$

11.1.4 공식 $\mathbf{E}=-\nabla\varphi$를 사용하여 전기 쌍극자 퍼텐셜

$$\varphi(\mathbf{r})=\frac{2aqP_1(\cos\theta)}{4\pi\varepsilon_0 r^2}$$

에 맞는 전기장의 성분들을 구하여라. 여기서 $r\gg a$라고 가정한다.

답. $E_r=+\dfrac{4aq\cos\theta}{4\pi\varepsilon_0 r^3},\qquad E_\theta=+\dfrac{2aq\sin\theta}{4\pi\varepsilon_0 r^3},\quad E_\varphi=0.$

11.1.5 세기가 $p^{(1)}$인 점전기 쌍극자가 $z=a$에 위치해 있다. 크기는 같고 부호가 반대인 점전기 쌍극자가 원점에 있을 때 $p^{(1)}a$ 곱에서 $a\to 0$으로 택하면 점전기 사중극이 얻어짐을 보여라.

11.1.6 점전하 q가 반경 r_0인 속이 빈 도체구 속, 중심으로부터 a거리에 놓여있다. 도체구가 접지되어 있을 때 전하 q와 분포된 유도전하가 만드는 퍼텐셜은 전하 q와 영상전하 q'이 만드는 퍼텐셜과 같음을 보여라. 영상전하는 원점과 전하를 연결하는 직선 상에 원점으로부터 $a' = r_0^2/a$ 거리에 있다(그림 11.6).

그림 11.6
영상전하 q'

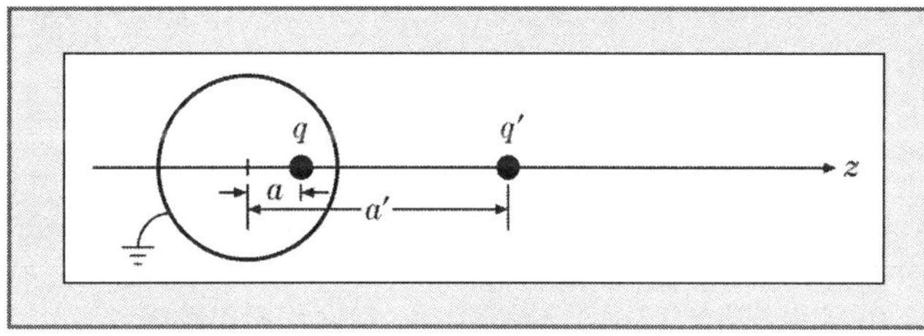

힌트. $a < r_0 < a'$의 범위에서 정전기퍼텐셜을 계산하여라. $q' = -qr_0/a$에서 퍼텐셜은 영이 된다.

11.1.7 다음 식을 증명하여라.

$$P_n(\cos\theta) = (-1)^n \frac{r^{n+1}}{n!} \frac{\partial^n}{\partial z^n}\left(\frac{1}{r}\right).$$

힌트. 모함수의 르장드르 다항식 전개($a \to \Delta z$; 그림 11.1)를 $1/r$에 대한 테일러 급수전개와 비교하여 보아라. r의 z 의존도는 z로부터 $z - \Delta z$이다(그림 11.7).

그림 11.7
z가 $z - \Delta z$로 변할 때 기하학적인 구조

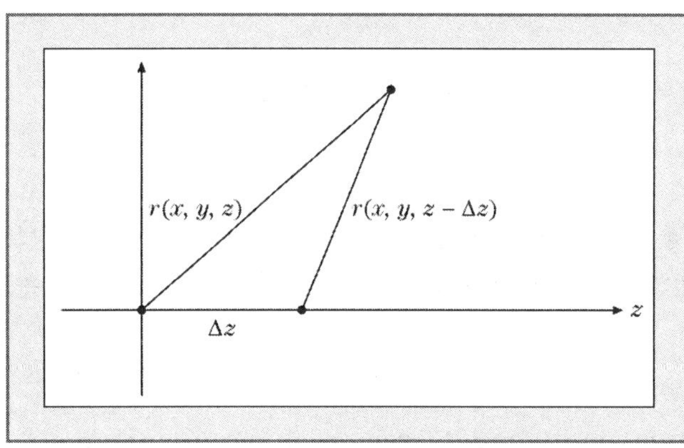

11.1.8 (11.18)식에서 미분과 급수로 치환하여 $P_n(x)$가 르장드르 상미분방정식을 만족시킨다는 것을 보여라. 이 경우 x는 $-\infty < x < \infty$와 z는 전유한 복소 공간의 값을 택할 수 있다.

11.2 점화관계식과 특성

■ 점화관계식

르장드르 다항식을 만들어내는 함수는 점화관계식[6]과 이 다항식의 특성을 유도하는 편리한 방법을 제공한다. 모함수[(11.4)식]를 t로 미분하면

$$\frac{\partial g(t,x)}{\partial t} = \frac{x-t}{(1-2xt+t^2)^{3/2}} = \sum_{n=0}^{\infty} nP_n(x)t^{n-1} \tag{11.23}$$

을 얻는다. 위 식에 (11.4)식을 대입하여 정리하면

$$(1-2xt+t^2)\sum_{n=0}^{\infty} nP_n(x)t^{n-1} + (t-x)\sum_{n=0}^{\infty} P_n(x)t^n = 0 \tag{11.24}$$

이 된다. (11.24)식의 왼쪽은 t의 멱급수로 t의 모든 값에 영이 되므로 t의 각각의 첨수에 해당되는 계수도 영이다. 즉 이 멱급수는 유일하다 (5.7절). 이 계수들은 각각의 합으로 분리시켜 적절한 첨수를 사용하면 다음과 같은 식을 얻게 된다.

$$\sum_{m=0}^{\infty} mP_m(x)t^{m-1} - \sum_{n=0}^{\infty} 2nxP_n(x)t^n + \sum_{s=0}^{\infty} sP_s(x)t^{s+1} + \sum_{s=0}^{\infty} P_s(x)t^{s+1} - \sum_{n=0}^{\infty} xP_n(x)t^n = 0. \tag{11.25}$$

$m=n+1$ 및 $s=n-1$로 택하면 다음 식을 얻는다.

$$(2n+1)xP_n(x) = (n+1)P_{n+1}(x) + nP_{n-1}(x), \quad n=1,2,3,\ldots. \tag{11.26}$$

3항으로 된 이 점화관계식을 이용하여 첨수가 큰 르장드르 다항식을 만들 수 있다. $n=1$ 로 택하고 $P_0(x)$와 $P_1(x)$의 값을 대입[연습문제 11.1.7 또는 (11.18)식]하면 아래식

$$3xP_1(x) = 2P_2(x) + P_0(x), \quad \text{or } P_2(x) = \frac{1}{2}(3x^2-1)$$

을 얻는다. 이 과정을 되풀이하여 이용하면 표 11.1에 수록된 르장드르 다항식의 값을 얻을 수 있다.

이와 같은 계산은 처음 여기서 취급하여 귀찮기는 하나 급수[(11.18)식]를 직접 계산하는 것보다 계산기의 경우에는 보다 능률적이다. (11.26)식은

$$P_{n+1}(x) = 2xP_n(x) - P_{n-1}(x) - [xP_n(x) - P_{n-1}(x)]/(n+1) \tag{11.26a}$$

[6] (11.18)식으로 주어진 정확한 식을 사용할 수도 있다.

과 같이 나타낼 수 있다. $P_0(x)=1$ 및 $P_1(x)=x$로부터 시작하여 주어진 x값에 대하여 $P_N(x)$까지 모든 $P_n(x)$의 수치 계산을 할 수 있다. $0 \le n \le N$ 범위에서 $P_n(x)$ 값은 유용하게 사용될 수 있다. 연습으로 모함수로부터 다른 형태의 점화관계식을 유도하여 보자.

예제 11.2.1 **점화공식**

다음과 같은 두 식의 곱을 생각하여 보자.

$$g(t,x)g(t,-x) = (1-2xt+t^2)^{-1/2}(1+2xt+t^2)^{-1/2}$$
$$= [(1+t^2)^2 - 4x^2t^2]^{-1/2} = [t^4 + 2t^2(1-2x^2)+1]^{-1/2}$$

여기서 $t^2 \to t$, $2x^2-1 \to x$로 치환하면 모함수가 된다. (11.4)식을 이용하여 t급수의 계수들을 비교하면

$$g(t,x)g(t,-x) = \sum_{m,n} P_m(x)P_n(-x)t^{m+n} = \sum_N P_N(2x^2-1)t^{2N}$$

이 유도된다. $m+n=2N$ 및 $m+n=2N-1$로 택하면 위 식은

$$P_N(2x^2-1) = \sum_{n=0}^{2N} P_{2N-n}(x)P_n(-x), \tag{11.27a}$$

$$\sum_{n=0}^{2N-1} P_{2N-n-1}(x)P_n(-x) = 0 \tag{11.27b}$$

으로 된다. 첫째로 $N=1$인 경우에

$$\sum_{n=0}^{1} P_{1-n}(x)P_n(-x) = x\cdot 1 - 1\cdot x = 0$$

이 되며 둘째로

$$P_1(2x^2-1) = \sum_{n=0}^{2} P_{2-n}(x)P_n(-x) = x - x - x^2 + 2\left(\frac{3}{2}x^2 - \frac{1}{2}\right) = 2x^2-1$$

임을 확인할 수 있다. ■

■ 미분방정식

르장드르 다항식의 성질에 대한 다른 정보는 (11.4)식에 x로 미분하여 얻을 수 있다. 미분하면 다음과 같다.

$$\frac{\partial g(t,x)}{\partial x} = \frac{t}{(1-2xt+t^2)^{3/2}} = \sum_{n=0}^{\infty} P_n'(x)t^n \tag{11.28}$$

혹은

$$(1-2xt+t^2)\sum_{n=0}^{\infty} P_n'(x)t^n - t\sum_{n=0}^{\infty} P_n(x)t^n = 0. \tag{11.29}$$

t의 멱수에 대한 계수를 영으로 놓으면

$$P_{n+1}'(x) + P_{n-1}'(x) = 2xP_n'(x) + P_n(x) \tag{11.30}$$

를 얻는다.

(11.26)식을 x로 미분하여 2를 곱한 다음 (11.30)식에 $(2n+1)$을 곱하여 더하고 P_n'항을 소거하면 아주 유용한 다음의 관계식을 얻게 된다.

$$P_{n+1}'(x) - P_{n-1}'(x) = (2n+1)P_n(x). \tag{11.31}$$

(11.30)식과 (11.31)식으로부터 다음 식들을 유도해 낼 수 있다.[7]

$$P_{n+1}'(x) = (n+1)P_n(x) + xP_n'(x), \tag{11.32}$$

$$P_{n-1}'(x) = -nP_n(x) + xP_n'(x), \tag{11.33}$$

$$(1-x^2)P_n'(x) = nP_{n-1}(x) - nxP_n(x), \tag{11.34}$$

$$(1-x^2)P_n'(x) = (n+1)xP_n(x) - (n+1)P_{n+1}(x). \tag{11.35}$$

(11.34)식을 미분하고 (11.33)식을 사용하여 $P_{n-1}'(x)$를 소거하면 $P_n(x)$의 선형 이차 상미분방정식

$$(1-x^2)P_n''(x) - 2xP_n'(x) + n(n+1)P_n(x) = 0$$

또는

$$\frac{d}{dx}\left[(1-x^2)\frac{dP_n(x)}{dx}\right] + n(n+1)P_n(x) = 0 \tag{11.36}$$

이 유도된다. (11.36)식의 두 번째 형태로 기술된 상미분방정식은 자체 수반이다. 앞에서 기술한 (11.30)~(11.35)식들은 모두 일차 상미분방정식이나 서로 다른 두 개의 지표를 가진 다항식이다. 모든 지표들이 같은 값을 가지면 이 식들은 이차 미분방정식이다. (11.36)식이 **르장드르** 상미분방정식이다. $(1-2xt+t^2)^{-1/2}$의 멱급수로 기술되는 다항식 $P_n(x)$는 르장드르 방정식을 만족시키며 이 때문에 르장드르 다항식이라 부른다.

(11.36)식에서의 미분은 $x(=\cos\theta)$에 대한 미분을 표시한다. 그러나 때때로 θ에 대한 미분

---

[7] (11.32) ~ (11.35)식들에서 왼쪽의 르장드르 다항식의 미분은 아래와 같이 쓸 수 있다.

$$2\cdot\tfrac{d}{dx}(11.26) + (2n+1)\cdot(11.30) \Rightarrow (11.31)$$

$$\tfrac{1}{2}\{(11.30)+(11.31)\} \Rightarrow (11.32)$$

$$\tfrac{1}{2}\{(11.30)-(11.31)\} \Rightarrow (11.33)$$

$$(11.32)_{n\to n-1} + x\cdot(11.33) \Rightarrow (11.34)$$

$$\tfrac{d}{dx}(11.34) + n\cdot(11.33) \Rightarrow (11.36).$$

으로 표시된 르장드르 방정식을 보게 된다. 즉,

$$\frac{1}{\sin\theta}\frac{d}{d\theta}\left(\sin\theta\frac{dP_n(\cos\theta)}{d\theta}\right)+n(n+1)P_n(\cos\theta)=0. \tag{11.37}$$

■ $P_n(\cos\theta)$의 상하 경계

위의 결과들에 첨가하여 모함수는 $|P_n(\cos\theta)|$의 상극한을 정하여 준다. 모든 **양**의 계수에 대하여

$$\begin{aligned}(1-2t\cos\theta+t^2)^{-1/2}&=(1-te^{i\theta})^{-1/2}(1-te^{-i\theta})^{-1/2}\\&=\left(1+\tfrac{1}{2}te^{i\theta}+\tfrac{3}{8}t^2e^{2i\theta}+\cdots\right)\\&\quad\cdot\left(1+\tfrac{1}{2}te^{-i\theta}+\tfrac{3}{8}t^2e^{-2i\theta}+\cdots\right)\end{aligned} \tag{11.38}$$

이 성립한다. t^n의 계수인 르장드르 다항식 $P_n(\cos\theta)$는 다음과 같은 형태의 항의 합

$$\tfrac{1}{2}a_m(e^{im\theta}+e^{-im\theta})=a_m\cos m\theta \tag{11.39a}$$

로 쓸 수 있으며 이 때 모든 a_m은 **양**수이며 따라서

$$P_n(\cos\theta)=\sum_{m=0\text{ or }1}^{n}a_m\cos m\theta \tag{11.39b}$$

이다. 이 급수 즉, (11.39b)식은 $\theta=0$일 때 최대값을 가지며 모든 $\cos m\theta=1$일 때 극대치를 갖는다. 그러나 $x=\cos\theta=1$인 경우에 (11.6)식은 $P_n(1)=1$이므로

$$|P_n(\cos\theta)|\le P_n(1)=1 \tag{11.39c}$$

이 성립한다. **르장드르 다항식**은 $\cos m\theta$의 **선형 결합**임을 (11.39b)식에서 알 수 있으며 또한 **르장드르 다항식은** $[0,\pi]$ **구간에서** $\cos m\theta$**로 전개될 수 있는 함수들의 완전 집합**을 이룬다.

요 약

이 절에서는 모함수 (11.4)식으로부터 르장드르 다항식의 여러 가지 특성을 유도하였다. 명확한 급수 표현식인 (11.18)식은 르장드르 다항식을 다루는 하나의 방법을 제시한다.

연습문제

11.2.1 아래에 주어진 급수

$$\alpha_0 + \alpha_2 \cos^2\theta + \alpha_4 \cos^4\theta + \alpha_6 \cos^6\theta = a_0P_0 + a_2P_2 + a_4P_4 + a_6P_6$$

은 열벡터 $\boldsymbol{\alpha}$의 계수 α_i와 열벡터 $\mathbf{a}$의 계수 a_i를 표시하며

$$\mathsf{A}\boldsymbol{\alpha} = \mathbf{a} \qquad \text{및} \qquad \mathsf{B}\mathbf{a} = \boldsymbol{\alpha}$$

가 되는 행렬 A와 B를 결정한다. AB = I(단위행렬)을 보여라. 기수 승수인

$$\alpha_1 \cos\theta + \alpha_3 \cos^3\theta + \alpha_5 \cos^5\theta + \alpha_7 \cos^7\theta = a_1P_1 + a_3P_3 + a_5P_5 + a_7P_7$$

인 경우에도 확인하여라.

주의. $P_n(\cos\theta)$와 $\cos^n\theta$는 AMS−55의 표에 수록되어 있다.

11.2.2 모함수 $g(t, x)$를 t로 미분하여 $2t$를 곱한 다음 $g(t, x)$를 대입하면 아래와 같은 식

$$\frac{1-t^2}{(1-2tx+t^2)^{3/2}} = \sum_{n=0}^{\infty}(2n+1)P_n(x)t^n$$

을 얻게 됨을 보여라. 이 결과는 전하 q에 의해 접지된 금속구 표면에 유도된 전하량을 계산하는 데 이용된다.

11.2.3 (*a*) (11.35)식을 유도하여라.

$$(1-x^2)P_n'(x) = (n+1)xP_n(x) - (n+1)P_{n+1}(x).$$

(b) (11.31)~(11.34)식과 유사한 형식으로 바로 앞 방정식에 대한 (11.35)식의 관계를 기술하여라.

11.2.4 점전기 사중극(z방향의 극 크기를 $P^{(2)}$로 표시)을 $z=a$, 그리고 부호가 반대인 점전기 사중극을 $z=0$에 배치하고 $P^{(2)}a=$상수가 되도록 $a\to 0$을 택하면 점전기 오중극을 만들 수 있다. 점전기 오중극에 만드는 정전기퍼텐셜을 구하여라. 점전기 사중극을 미분하여 점전기 오중극을 얻을 수 있다는 것을 점전기 사중극 구조를 이용하여 보여라.

11.2.5 **구면 극좌표(spherical polar coordinates)**를 이용하여 다음 식

$$\frac{\partial}{\partial z}\left[\frac{P_n(\cos\theta)}{r^{n+1}}\right] = -(n+1)\frac{P_{n+1}(\cos\theta)}{r^{n+2}}.$$

가 성립됨을 보여라. 한 다중극을 미분한 것이 한 승수 높은 다중극을 유도하는 수학적인 논리에 중요한 역할을 한다.

힌트. 연습문제 2.5.12와 비교하여라.

11.2.6 다음 식

$$P_L(\cos\theta) = \frac{1}{L!}\frac{\partial^L}{\partial t^L}(1-2t\cos\theta+t^2)^{-1/2}\Big|_{t=0}$$

를 이용하여

$$P_L(1) = 1, \quad P_L(-1) = (-1)^L$$

이 성립됨을 보여라.

11.2.7 다음 식을 증명하여라.

$$P_n'(1) = \frac{d}{dx}P_n(x)\Big|_{x=1} = \frac{1}{2}n(n+1)$$

11.2.8 P_n, P_{n+1} 및 P_{n-1}의 점화관계식과 P_0 및 P_1을 이용하여 $P_n(\cos\theta) = (-1)^n P_n(-\cos\theta)$가 성립됨을 보여라.

11.2.9 (11.38)식에서 $\cos n\theta$, $n \le 2$를 사용하여 t^2의 계수를 구하여라. 이 계수는 $P_2(\cos\theta)$이다.

11.3 직교성

르장드르 상미분방정식[(11.36)식]은 다음과 같은 형태 (9.1절)

$$\frac{d}{dx}[(1-x^2)P_n'(x)] + n(n+1)P_n(x) = 0 \tag{11.40}$$

으로 쓸 수 있다. 이 식은 자체 수반이라는 것을 분명히 나타내고 있다. 경계조건을 만족시키는 범위에서 고유함수 해인 $P_n(x)$는 서로 직교한다. (11.40)식을 (9.6) 및 (9.8)식과 비교하면 무게 함수는 $w(x) = 1$, $\mathcal{L} = (d/dx)(1-x^2)(d/dx)$, $p(x) = 1-x^2$이며 고유치는 $\lambda = n(n+1)$임을 알 수 있다. x의 적분 범위는 ± 1이며 $p(\pm 1) = 0$이다. 따라서 $m \ne n$인 경우 (9.34)식은

$$\int_{-1}^{1} P_n(x)P_m(x)\,dx = 0,^8 \tag{11.41}$$

[8] 9.4절에서 이 적분은 선형벡터(함수) 공간에서 내적분으로 설명하였다. 다른 기법으로 표현한다면 아래와 같이 쓸 수 있다.

$$\int_{-1}^{1} P_n(x)P_m(x)\,dx \equiv \langle P_n(x)|P_m(x)\rangle \equiv (P_n(x), P_m(x)).$$

여기서 디락에 의해 널리 알려진 ⟨ ⟩형식은 물리학에서 널리 사용되며 (,)형식은 수학에서 더 일반적으로 사용되고 있다.

$$\int_0^\pi P_n(\cos\theta)P_m(\cos\theta)\sin\theta\, d\theta = 0 \tag{11.42}$$

으로 표시되어 $[-1,\ 1]$ 구간에서 $P_n(x)$와 $P_m(x)$는 서로 직교함이 증명된다.

$n=m$일 때 적분[(11.41)식]을 구하여 보자. 분명히 이 적분은 영이 아니며 모함수로부터

$$(1-2tx+t^2)^{-1} = \left[\sum_{n=0}^{\infty} P_n(x)t^n\right]^2 \tag{11.43}$$

이며 $x=-1$에서부터 $x=+1$까지 적분하면

$$\int_{-1}^{1} \frac{dx}{1-2tx+t^2} = \sum_{n=0}^{\infty} t^{2n} \int_{-1}^{1} [P_n(x)]^2\, dx \tag{11.44}$$

를 얻는다. (11.41)식에 의해 급수의 두 항의 곱은 영이 되며 $y=1-2tx+t^2$을 사용하여 다음 식을 얻는다.

$$\int_{-1}^{1} \frac{dx}{1-2tx+t^2} = \frac{1}{2t}\int_{(1-t)^2}^{(1+t)^2} \frac{dy}{y} = \frac{1}{t}\ln\left(\frac{1+t}{1-t}\right). \tag{11.45}$$

이 식의 멱급수 전개(연습문제 5.4.1)는 다음과 같다.

$$\frac{1}{t}\ln\left(\frac{1+t}{1-t}\right) = 2\sum_{n=0}^{\infty} \frac{t^{2n}}{2n+1}. \tag{11.46}$$

(11.44)식과 (11.46)식의 멱급수 계수를 비교하면 다음 식

$$\int_{-1}^{1} [P_n(x)]^2\, dx = \frac{2}{2n+1} \tag{11.47}$$

가 성립되어야 하며 (11.41)식과 (11.47)식을 비교하면 직교 조건

$$\int_{-1}^{1} P_m(x)P_n(x)\, dx = \frac{2\delta_{mn}}{2n+1} \tag{11.48}$$

을 얻게 된다. 그러므로 P_n는 **1로 규격화되어 있지 않다**. 직교 구조화 함수를 취급하는 11.5절에서 규격화를 다루겠다.

■ 함수의 전개, 르장드르 급수

슈트름-리우빌루 이론에 의하면 직교성에 부과해서 르장드르 다항식은 완전 집합을 이룬다. 다음의 급수

$$\sum_{n=0}^{\infty} a_n P_n(x) = f(x), \quad \text{or} \quad |f\rangle = \sum_n a_n |P_n\rangle \tag{11.49}$$

은 [−1, 1] 구간에서 평균(9.4절)으로 수렴하는 $f(x)$를 정의한다고 가정하자. 이 조건은 $f(x)$와 $f'(x)$가 이 구간에서 적어도 연속이어야 함을 요구한다. 계수 a_n은 급수에 $P_m(x)$를 곱하여 항마다 적분하면 얻게 된다. (11.42)식과 (11.48)식으로 기술된 직교 성질을 이용하면

$$\frac{2}{2m+1} a_m = \int_{-1}^{1} P_m(x) f(x)\, dx = \langle P_m | f\rangle = \sum_n a_n \langle P_m | P_n\rangle \tag{11.50}$$

을 얻게 된다. 적분변수 x를 t 및 지수 m을 n으로 치환하고 (11.49)식을 대입하면 다음과 같이 표시된다.

$$f(x) = \sum_{n=0}^{\infty} \frac{2n+1}{2} \left(\int_{-1}^{1} f(t) P_n(t)\, dt \right) P_n(x). \tag{11.51}$$

이와 같은 르장드르 다항식의 급수 전개는 르장드르 급수[9]로 알려져 있다. 이 급수의 특성은 푸리에 급수(제 14장)와 아주 유사하다. 특히 급수가 유일하다는 것을 보이는 직교성[(11.48)식]을 사용할 수 있다.

보다 추상적인 면에서 (11.51)식은 르장드르 다항식(힐베르트 공간, 9.4절)의 선형벡터 공간에서 $f(x)$가 어떻게 표현되는지를 보여준다.

(11.51)식은 양자이론의 사영연산자로 설명될 수 있다. **사영연산자**를 다음과 같이 정의한다.

$$\mathcal{P}_m \equiv P_m(x) \frac{2m+1}{2} \int_{-1}^{1} P_m(t)[\;]dt.$$

위 식은 적분연산자로 $f(t)$에 조작할 수 있다. [$f(t)$는 피적분인자로 사각 괄호 안에 들어간다.] 따라서 (11.50)식으로부터

$$\mathcal{P}_m f = a_m P_m(x).^{10}$$

연산자 $\mathcal{P}_m$은 함수 f의 m 번째 성분을 투영해 낸다.

예제 11.3.1 **르장드르 전개**

$-1 \le x \le 1$ 구간에서 $f(x) = x(x+1)(x-1)$을 전개하여라.

$f(x)$는 반전성에서 보면 홀수이며 삼차 다항식이기 때문에 P_1과 P_3만이 관계될 것이다. 그러나 모든 계수들을 검토하여 보자. 반전성에 의해

---

[9] (11.50)식은 정적분, 즉 주어진 $f(x)$의 수, 즉 부정적분으로 a_m의 값을 제공한다.

[10] 여기에 관계되는 변수들은 임의이며 여기서는 $\mathcal{P}_m$에 포함된 x에서 온 것이다.

$$2a_0 = \int_{-1}^{1}(x^3 - x)\,dx = \left[\frac{1}{4}x^4 - \frac{1}{2}x^2\right]\Bigg|_{-1}^{1} = 0,\ \text{(반전성에 의해)}$$

$$\frac{2}{3}a_1 = \int_{-1}^{1}(x^4 - x^2)\,dx = \left[\frac{1}{5}x^5 - \frac{1}{3}x^3\right]\Bigg|_{-1}^{1} = \frac{2}{5} - \frac{2}{3} = -\frac{4}{15},$$

$$\frac{2}{5}a_2 = \frac{1}{2}\int_{-1}^{1}(x^3 - x)(3x^2 - 1)\,dx = 0,\ \text{반전성에 의해;}$$

$$\frac{2}{7}a_3 = \frac{1}{2}\int_{-1}^{1}(x^3 - x)(5x^3 - 3x)\,dx = \frac{1}{2}\int_{-1}^{1}(5x^6 - 8x^4 + 3x^2)\,dx$$

$$= \frac{1}{2}\left[\frac{5}{7}x^7 - \frac{8}{5}x^5 + x^3\right]\Bigg|_{-1}^{1} = \frac{5}{7} - \frac{8}{5} + 1 = \frac{4}{35}.$$

결국 a_1과 a_3를 사용하여 $-\frac{2}{5}x + \frac{1}{5}(5x^3 - 3x) = x(x^2 - 1)$을 확인할 수 있다. ■

르장드르 다항식의 모함수 정의를 이끌어 내는 (11.3)식은 $1/r_1$의 르장드르 전개이다. 간단한 쿨롱장 외에 $1/r_{12}$는 때때로 퍼텐셜 $V(|\mathbf{r}_1 - \mathbf{r}_2|)$로 대체되며 문제의 해는 역시 르장드르 전개에 의해 설명된다.

르장드르 급수인 (11.49)식은 르장드르 다항식 급수로 전개하도록 임의로 선택한 **알려진** 함수 $f(x)$로 취급되어 왔다. 때때로 르장드르 급수의 근원과 특성은 다르다. 다음 예제에서 미지의 함수가 만족하는 미분방정식 때문에 미지의 함수가 르장드르 급수로 표현될 수 있음을 다루어 보자. 앞에서와 같이 문제는 급수 전개에서 **알려지지 않은** 계수들을 결정하여야 한다. 그러나 이들 계수들은 (11.50)식에 의해 구해지지는 않는다. 오히려 르장드르 급수가 한 경계에서 알려진 해와 비교될 때 결정된다. 이것이 경계값 문제들이다.

예제 11.3.2 균일장 내에 있는 구

르장드르 다항식을 사용하는 다른 예로서 균일한 전기장(그림 11.8) 내에 있는 중성 도체구(반경 r_0) 문제이다. 문제는 교란된 새로운 정전기퍼텐셜을 구하는 것이다. 전기퍼텐셜[11] V는 라플라스 방정식

$$\nabla^2 V = 0 \tag{11.52}$$

을 만족시킨다. 도체가 구면이기 때문에 구면 극좌표를 택한다. (이 선택은 도체의 표면에서 경계조건을 다루는 데 편리하다.) 구 외부 영역에서 미지의 퍼텐셜 $V(r, \theta)$를 조화 다항식이라고 부르는 라플라스 방정식 해의 일차 결합으로 표시할 수 있다 (제2장의 구면 극좌표에서 라플라스 방정식을 어떻게 응용하는지 참조하여라).

---

[11] V는 알려진 $V(\cos\theta)$의 르장드르 급수 전개를 표현하는 식이 아니라는 것을 강조하여 둔다. 여기서는 단지 편미분방정식의 **경계값** 문제(8.9절)를 다룬다.

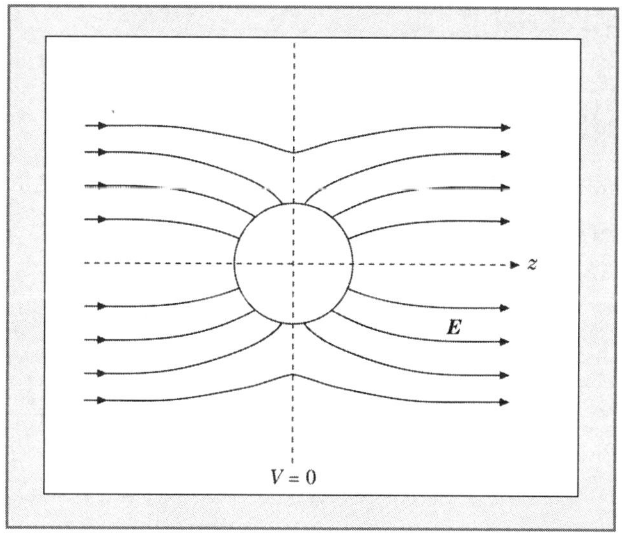

그림 11.8
균일한 자기장 내의 도체구

$$V(r,\theta)=\sum_{n=0}^{\infty}a_n r^n P_n(\cos\theta)+\sum_{n=0}^{\infty}b_n\frac{P_n(\cos\theta)}{r^{n+1}}. \qquad (11.53)$$

여기서 이 문제의 **축(방위각) 대칭**으로 인해 φ함수는 나타나지 않는다. (도체구의 중심을 원점으로 택하고 z축은 균일한 자기장과 평행하게 택한다.)

n은 정수로서 적분의 경우 $\cos\theta=\pm1$ 범위에 속하는 θ에 의존한다. n이 정수가 아닌 경우에 르장드르 다항식의 해는 구간 $[-1,\ 1]$ 극점인 구의 $\theta=0,\ \pi$에서 발산한다 (연습문제 5.2.11 및 8.5.5와 비교하여라). 이와 같은 이유로 르장드르 방정식의 비정칙 해는 제외된다.

이제 급수해 (11.53)식의 미지의 a_n과 b_n을 결정하기 위해 (디리클레) 경계조건을 다루어 보자. 교란되지 않은 원래 전기장을 $E_0=|\mathbf{E}_0|$라면 다음과 같은 경계조건이 요구된다.

$$V(r\to\infty)=-E_0 z=-E_0 r\cos\theta=-E_0 r P_1(\cos\theta). \qquad (11.54)$$

르장드르 급수는 유일하므로 (11.53)식 $(r\to\infty)$ 및 (11.54)식에서 $P_n(\cos\theta)$의 계수들을 풀면

$$a_n=0,\quad n>1 \quad \text{and} \quad n=0,\qquad a_1=-E_0 \qquad (11.55)$$

를 얻는다. $n>1$일 때 $a_n\neq0$이면 이 항들은 큰 r값에서 지배적이며 경계조건[(11.54)식]은 만족될 수 없다.

둘째 경계조건으로 도체구와 $\theta=\pi/2$인 면에서 퍼텐셜이 영이 되도록 선택하면 (11.53)식은

$$V(r=r_0)=\frac{b_0}{r_0}+\left(\frac{b_1}{r_0^2}-E_0 r_0\right)P_1(\cos\theta)+\sum_{n=2}^{\infty}b_n\frac{P_n(\cos\theta)}{r_0^{n+1}}=0 \qquad (11.56)$$

으로 된다. 이 식이 모든 θ값에서 성립되기 위해서는 $P_n(\cos\theta)$의 각각의 계수가 영이 되어야

한다.[12] 따라서

$$b_0 = 0,^{13} \qquad b_n = 0, \quad n \geq 2 \tag{11.57}$$

가 되는 반면에

$$b_1 = E_0 r_0^3 \tag{11.58}$$

을 얻는다. 따라서 정전기퍼텐셜(구 외부)은

$$V = -E_0 r P_1(\cos\theta) + \frac{E_0 r_0^3}{r^2} P_1(\cos\theta) = -E_0 r P_1(\cos\theta)\left(1 - \frac{r_0^3}{r^3}\right) \tag{11.59}$$

이다. 전체 경계에서 경계조건들을 만족시키는 라플라스 방정식 해는 유일함을 증명할 수 있다. 이 해는 경계조건을 만족시키므로 이 문제의 라플라스 방정식의 해이다. 여기에 부과하여 구면 상에서 유도 표면 전하 밀도(연습문제 11.3.13)가 다음과 같이

$$\sigma = -\varepsilon_0 \frac{\partial V}{\partial r}\bigg|_{r=r_0} = 3\varepsilon_0 E_0 \cos\theta \tag{11.60}$$

로 주어짐을 알 수 있으며 유도전기 쌍극자 모멘트는

$$P = 4\pi r_0^3 \varepsilon_0 E_0 \tag{11.61}$$

로 주어진다. ■

예제 11.3.3 대전된 고리의 정전기퍼텐셜

전하량 q를 가진 도체고리가 만드는 정전기퍼텐셜을 생각하여 보자 (그림 11.9). 정전기학(과 1.14절)에서 퍼텐셜 ψ는 라플라스 방정식을 만족시키며 구면 극좌표에서 변수를 분리시켜 방정식을 풀면 퍼텐셜 ψ는

$$\psi(r, \theta) = \sum_{n=0}^{\infty} c_n \frac{a^n}{r^{n+1}} P_n(\cos\theta), \quad r > a \tag{11.62a}$$

로 주어진다. 여기서 a는 $\theta = \pi/2$인 면에 놓여 있는 고리의 반경이다. 고리의 원통 대칭성 때문에 φ(방위각)는 ψ에 나타나지 않는다. 동경함수에서 양의 지수를 가진 항들은 퍼텐셜이 근사 거동인

$$\psi \sim \frac{q}{4\pi\varepsilon_0} \cdot \frac{1}{r}, \quad r \gg a \tag{11.62b}$$

로 나타내야 되므로 제거되었다. 문제는 (11.62a)식에서 계수를 결정하는 것이다. $\theta = 0$ 및

---

[12] 르장드르 다항식(혹은 어떤 완전 직교 집합)에서 급수 전개가 유일하다고 이야기 하는 것과 동등하다.

[13] P_0의 계수는 b_0/r_0이다. 구면에 알짜전하는 영이므로 $b_0 = 0$이 되도록 택한다. 알짜전하 q가 존재한다면 $b_0 \neq 0$이다.

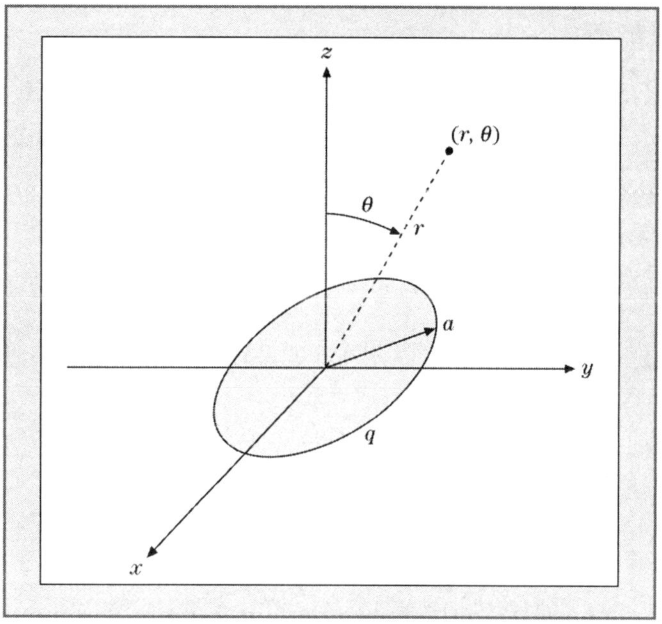

그림 11.9
대전된 도체 고리

$r = z$에서 $\psi(r, \theta)$를 계산하여 쿨롱 법칙에서 퍼텐셜을 계산하여 비교하면 계수들을 결정할 수 있다. z축 상의 경계조건을 사용한다. 쿨롱 법칙(등거리에 있는 모든 전하)으로부터

$$\psi(r,\theta) = \frac{q}{4\pi\varepsilon_0}\cdot\frac{1}{(z^2+a^2)^{1/2}}, \quad \begin{cases}\theta = 0\\ r = z,\end{cases}$$

$$= \frac{q}{4\pi\varepsilon_0 z}\sum_{s=0}^{\infty}(-1)^s\frac{(2s)!}{2^{2s}(s!)^2}\left(\frac{a}{z}\right)^{2s}, \quad z > a \qquad (11.62c)$$

로 표시할 수 있다. 마지막 표현식은 연습문제 10.1.15의 결과를 사용하였다. $\theta = 0$ 및 $r = z[P_n(1) = 1$과 함께$]$에서 구한 (11.62a)식은

$$\psi(r,\theta) = \sum_{n=0}^{\infty} c_n\frac{a^n}{z^{n+1}}, \quad r = z \qquad (11.62d)$$

로 된다. (11.62c)식과 (11.62d)식을 비교하면 홀수 n의 경우 $c_n = 0$이다. $n = 2s$로 놓으면

$$c_{2s} = \frac{q}{4\pi\varepsilon_0}(-1)^s\frac{(2s)!}{2^{2s}(s!)^2} \qquad (11.62e)$$

을 얻으며 정전기퍼텐셜 $\psi(r, \theta)$는 다음과 같이 주어진다.

$$\psi(r,\theta) = \frac{q}{4\pi\varepsilon_0 r}\sum_{s=0}^{\infty}(-1)^s\frac{(2s)!}{2^{2s}(s!)^2}\left(\frac{a}{r}\right)^{2s}P_{2s}(\cos\theta), \quad r > a. \qquad (11.62f)$$

연습문제

11.3.1 구간 $-1 \le x \le 1$에서 $w(x)=1$인 증가하는 차수를 가진 $u_m(x)=x^n$, $n=1, 2, 3, \ldots$을 택하여 그램-슈미트 과정을 거쳐 직교함수들을 구하였다 (9.3절). 이렇게 얻어진 n 번째 함수는 $P_n(x)$에 비례함을 증명하여라.
힌트. 수학적 귀납법을 이용하여라.

11.3.2 디락의 델타함수를 $-1 \le x \le 1$ 구간에서 르장드르 다항식 급수를 전개하여라.

11.3.3 디락의 델타함수 전개가 다음과 같이 주어짐을 확인하여라.

$$\delta(1-x) = \sum_{n=0}^{\infty} \frac{2n+1}{2} P_n(x),$$

$$\delta(1+x) = \sum_{n=0}^{\infty} (-1)^n \frac{2n+1}{2} P_n(x).$$

이 식들은 들어오고 나가는 구면파로 레일리 평면파가 분해되는 과정에서 볼 수 있다 (연습문제 11.4.7).
주의. $[-1, 1]$ 구간에서 적분할 때 디락함수 **전체**가 포함된다.

11.3.4 중성자(질량 1)는 질량 $A\,(A>1)$인 핵에 의해 산란된다. 질량 중심계에서 산란은 모든 방향으로 같게 일어난다. 실험실 좌표계에서 중성자의 편향각의 코사인 평균은 다음과 같이 주어진다.

$$\langle \cos\psi \rangle = \frac{1}{2} \int_0^{\pi} \frac{A\cos\theta + 1}{(A^2 + 2A\cos\theta + 1)^{1/2}} \sin\theta \, d\theta.$$

분모를 전개하여 $\langle \cos\psi \rangle = 2/3A$임을 보여라.

11.3.5 구간 $[-1, 1]$에서 정의된 특수함수 $f(x)$가 같은 구간 내에서 르장드르 급수로 전개된다. 이 전개는 유일하다는 것을 보여라.

11.3.6 함수 $f(x)$가 르장드를 급수 $f(x) = \sum_{n=0}^{\infty} a_n P_n(x)$로 전개된다. 다음 식이 성립함을 보여라.

$$\int_{-1}^{1} [f(x)]^2 \, dx = \sum_{n=0}^{\infty} \frac{2a_n^2}{2n+1}.$$

이 식은 푸리에 급수 파세발 항등식의 르장드르 형식이다 (연습문제 14.4.2). 또한 이 식은 베셀 부등식[(9.73)식]이 완전 집합의 경우 항등식이 됨을 확인할 수 있다.

11.3.7 르장드르 다항식의 모함수로부터 다음 식을 유도하여라.

$$(1-x^2)P_n'(x) = nP_{n-1}(x) - nxP_n(x).$$

11.3.8 $\int_0^1 P_n(x)\,dx$를 계산하여라.

답. $n = 2s;\quad 1 \text{ for } s = 0, 0 \text{ for } s > 0,$
$n = 2s+1;\quad P_{2s}(0)/(2s+2) = (-1)^s(2s-1)!!/1(2s+2)!!.$

힌트. $P_n(x)$를 미분형으로 대치한 점화관계식을 사용하여 적분하여라. 다른 방법으로 모함수를 적분할 수도 있다.

11.3.9 (a) 함수 $f(x)$가

$$f(x) = \begin{cases} +1, & 0 < x < 1 \\ -1, & -1 < x < 0 \end{cases}$$

으로 주어질 때 다음 식을 증명하여라.

$$\int_{-1}^{1} [f(x)]^2\,dx = 2\sum_{n=0}^{\infty}(4n+3)\left[\frac{(2n-1)!!}{(2n+2)!!}\right]^2.$$

(b) 급수가 수렴한다는 것을 검증을 통해 증명하여라.

11.3.10 다음 적분 결과를 증명하여라.

$$\begin{aligned}\int_{-1}^{1} x(1-x^2)P_n'P_m'\,dx &= 0, \text{ unless } m = n \pm 1, \\ &= \frac{2n(n^2-1)}{4n^2-1}\delta_{m,n-1}, \qquad \text{if } m < n. \\ &= \frac{2n(n+2)(n+1)}{(2n+1)(2n+3)}\delta_{m,n+1}, \quad \text{if } m > n.\end{aligned}$$

11.3.11 산란파의 진폭은

$$f(\theta) = \frac{1}{k}\sum_{l=0}^{\infty}(2l+1)\exp[i\delta_l]\sin\delta_l P_l(\cos\theta)$$

와 같이 주어진다. 여기서 θ는 산란각, l은 각운동량, $\hbar k$는 입사운동량, 및 δ_l은 산란을 일으키는 중심퍼텐셜에 의해 생기는 위상 이동이다. 전체 단면적은 $\sigma_{\text{tot}} = \int |f(\theta)|^2 d\Omega$이다. 전체 단면적이 다음과 같이 주어짐을 증명하여라.

$$\sigma_{\text{tot}} = \frac{4\pi}{k^2}\sum_{l=0}^{\infty}(2l+1)\sin^2\delta_l.$$

11.3.12 감마-감마각 상관실험에서 동시수셈률 $W(\theta)$는 다음과 같은 형태로 주어진다.

$$W(\theta) = \sum_{n=0}^{\infty} a_{2n} P_{2n}(\cos\theta).$$

$\pi/2 \le \theta \le \pi$ 범위에서 데이터는 원리적으로 함수 $W(\theta)$(와 계수 a_{2n}을 결정하도록 되어 있다)를 정의한다. 이것은 $0 \le \theta \le \pi/2$ 범위에서 데이터가 유용하나 기본적인 것이 아님을 의미한다.

11.3.13 반경 r_0인 도체구가 전기장이 $\mathbf{E}_0$인 공간에 놓여있다. 아래에 주어진 값들을 증명하여라.

(a) 유도 표면 전하 밀도는 아래와 같다.

$$\sigma = 3\varepsilon_0 E_0 \cos\theta.$$

(b) 유도 전기 쌍극자 모멘트는

$$P = 4\pi r_0^3 \varepsilon_0 E_0$$

로 주어진다. 전기 쌍극자 모멘트는 표면전하 [(*a*)] 또는 최종 전기장 $\mathbf{E}$는 쌍극자장과 전기장 $\mathbf{E}_0$의 중첩으로 주어진다는 사실로부터 유도할 수 있다.

11.3.14 전하 q가 반경이 R인 공동구 중심으로부터 z축 방향으로 거리 a에 있다.

(a) $a \le r \le R$인 체적 내에서 평균 전기장이 영임을 보여라.

(b) $0 \le r \le a$인 체적 내에서 평균 전기장은

$$\mathbf{E} = \hat{\mathbf{z}} E_z = -\hat{\mathbf{z}} \frac{q}{4\pi\varepsilon_0 a^2} \quad \text{(SI units)} = -\hat{\mathbf{z}} \frac{nqa}{3\varepsilon_0}$$

로 주어짐을 보여라. 여기서 n은 단위 체적당 분포된 전하수이다. 이것은 유전체의 분극에 관계되는 기본 계산이다.

힌트. $\mathbf{E} = -\nabla\varphi$

11.3.15 전하가 분포된 반경 a인 원형 고리가 만드는 정전기장($r < a$)을 계산하여라.

11.3.16 다음에 대하여 연습문제 11.3.15의 대전된 원형 고리가 만드는 전기장을 계산하여라.

(a) $r > a$, (b) $r < a$.

11.3.17 반경이 a인 대전된 도체판이 만드는 퍼텐셜 $\psi(r, \theta)$를 $r > a$인 영역에서 구하여라(그림 11.10). 전하밀도(판의 양면) σ는

$$\sigma(\rho) = \frac{q}{4\pi a(a^2 - \rho^2)^{1/2}}, \quad \rho^2 = x^2 + y^2$$

과 같이 주어진다.

힌트. 베타함수로 정적분을 계산할 수 있다. Smythe in Additional Reading의 5.3절을 참조하여라.

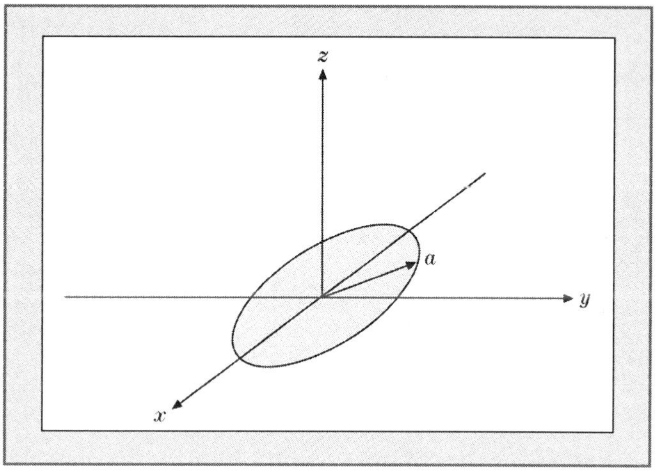

그림 11.10
대전된 도체판

$$\text{답. } \psi(r,\theta) = \frac{q}{4\pi\varepsilon_0 r}\sum_{l=0}^{\infty}(-1)^l \frac{1}{2l+1}\left(\frac{a}{r}\right)^{2l} P_{2l}(\cos\theta).$$

11.3.18 연습문제 11.3.17의 결과로부터 퍼텐셜을 구하여라. $r>a$ 조건을 거슬러 계산하였으므로 주의 깊게 확인하여라.

힌트. 연습문제 5.2.9에 주어진 초기하급수를 취급할 수 있다.

11.3.19 $r=a$ 및 $0\le\theta<\pi/2$로 정의되는 반구는 $+V_0$인 정전기퍼텐셜, $r=a$ 및 $\frac{\pi}{2}<\theta\le\pi$인 반구는 $-V_0$ 정전기퍼텐셜이 걸려 있다. 구 내부에 있는 점에서의 퍼텐셜이 다음과 같이 주어짐을 보여라.

$$\begin{aligned} V &= V_0\sum_{n=0}^{\infty}\frac{4n+3}{2n+2}\left(\frac{r}{a}\right)^{2n+1} P_{2n}(0)P_{2n+1}(\cos\theta) \\ &= V_0\sum_{n=0}^{\infty}(-1)^n\frac{(4n+3)(2n-1)!!}{(2n+2)!!}\left(\frac{r}{a}\right)^{2n+1} P_{2n+1}(\cos\theta). \end{aligned}$$

힌트. 연습문제 11.3.8을 참조하여라.

11.3.20 반경이 a인 구가 얇은 절연판이 중심을 통해 전기적으로 분리된 두 개의 반구로 나뉘어져 있다. 위쪽 반구는 퍼텐셜 V_0, 아래쪽 반구는 $-V_0$의 퍼텐셜이 걸려 있다.

(a) 두 반구의 **밖에서** 정전기퍼텐셜이 다음과 같이 주어짐을 보여라.

$$V(r,\theta) = V_0\sum_{s=0}^{\infty}(-1)^s(4s+3)\frac{(2s-1)!!}{(2s+2)!!}\left(\frac{a}{r}\right)^{2s+2} P_{2s+1}(\cos\theta).$$

(b) 표면에 생긴 전하밀도를 구하여라. 이 계의 무한대의 전기용량에서 예측하는 바와 같이 $\cos\theta=\pm1$에서 급수는 발산한다(절연판의 두께는 영이다).

$$\text{답. } \sigma = \varepsilon_0 E_n = -\varepsilon_0 \frac{\partial V}{\partial r}\bigg|_{r=a}$$
$$= \varepsilon_0 V_0 \sum_{s=0}^{\infty} (-1)^s (4s+3) \frac{(2s-1)!!}{(2s)!!} P_{2s+1}(\cos\theta).$$

11.3.21 9.4절의 표기에서 $\langle x|\varphi_s\rangle = \sqrt{(2s+1)/2}P_s(x)$, 즉 르장드르 다항식은 1로 규격화되어 있다. $|\varphi_s\rangle\langle\varphi_s|$가 어떻게 사영연산자 역할을 하는지 설명하여라. 특히, $|f\rangle = \sum_n a'_n|\varphi_n\rangle$이라면 다음 식이 성립함을 보여라.

$$|\varphi_s\rangle\langle\varphi_s|f\rangle = a'_s|\varphi_s\rangle.$$

11.3.22 x^8을 르장드르 급수로 전개하여라. (11.50)식을 사용하여 르장드르 계수

$$a_m = \frac{2m+1}{2}\int_{-1}^{1} x^8 P_m(x)\, dx$$

를 구하여라. 그 결과를 AMS-55 표 22.9와 비교하여라. 이것은 간단한 함수의 전개를 의미한다. 실제로 $f(x)$가 멱급수로 표시되어 진다면, 반복함수 (11.26)식은 더욱 쉽게 다룰 수 있고 보다 정확하다.

힌트. 이 적분을 구하는 데 가우스 구접법을 사용할 수 있다.

11.3.23 $\sin^{-1}x$를 르장드르 다항식으로 전개하여라.

11.3.24 다항식 $2+5x$, $1+x+x^3$을 르장드르 급수로 전개하고, $-2 \le x \le 2$ 범위에서 그 결과와 다항식을 그려보아라.

11.4 르장드르 다항식의 제2의 정의

■ 로드리그의 공식

11.1절의 르장드르 다항식[(11.18)식]의 급수공식은 다음과 같이 변형시킬 수 있다. (11.18)식을

$$P_n(x) = \sum_{r=0}^{[n/2]} (-1)^r \frac{(2n-2r)!}{2^n r!(n-2r)!} x^{n-2r} \tag{11.63}$$

으로 쓸 수 있으며 n이 정수일 때

$$P_n(x) = \sum_{r=0}^{[n/2]} (-1)^r \frac{1}{2^n r!(n-r)!} \left(\frac{d}{dx}\right)^n x^{2n-2r}$$
$$= \frac{1}{2^n n!} \left(\frac{d}{dx}\right)^n \sum_{r=0}^{n} \frac{(-1)^r n!}{r!(n-r)!} x^{2n-2r} \tag{11.64}$$

이 된다. 상극한의 확장에 유의하여라. 연습문제 11.4.1에서 독자에게 이 문제를 풀도록 요청한 바 있다. $[n/2]+1$로부터 n까지의 부가된 항들은 합을 구하는 데 전혀 기여하지 않는다. 그러나 이 항들로 인해서 $(x^2-1)^n$의 새로운 합으로 대체할 수 있다(이항 이론). 이 결과에 따르면 (11.64)식은

$$P_n(x) = \frac{1}{2^n n!} \left(\frac{d}{dx}\right)^n (x^2-1)^n \tag{11.65}$$

으로 쓸 수 있으며 로드리그 공식이라고 한다. 이 식은 직교성과 같은 르장드르 다항식의 많은 특성을 증명하는 데 널리 사용된다. 이와 관계되는 응용은 연습문제 11.4.3에 주어져 있다. 로드리그 정의는 버금 르장드르 함수를 정의하는 데 이용된다.

예제 11.4.1 **차수가 가장 낮은 르장드르 다항식**

$n=0$인 경우 $P_0=1$은 (11.65)식에서 직접 구해진다. 마찬가지로 $P_1(x) = \frac{2x}{2} = x$이다. $n=2$인 경우에 $P_2(x)$는

$$P_2(x) = \frac{1}{8}\frac{d^2}{dx^2}(x^4-2x^2+1) = \frac{1}{8}(12x^2-4) = \frac{3}{2}x^2 - \frac{1}{2}$$

이며 $n=3$이면 표 11.1의 결과와 일치하는 $P_3(x)$는

$$P_3(x) = \frac{1}{48}\frac{d^3}{dx^3}(x^6-3x^4+3x^2-1) = \frac{1}{48}(120x^3-72x) = \frac{5}{2}x^3 - \frac{3}{2}x$$

를 얻게 된다. ■

연습문제

11.4.1 다음 합의 각 항

$$\sum_{r=[n/2]+1}^{n} \left(\frac{d}{dx}\right)^n \frac{(-1)^r n!}{r!(n-r)!} x^{2n-2r}$$

은 영이 됨을 보여라(r과 n은 정수임).

11.4.2 로디리그 공식을 사용하여 $P_n(x)$는 직교하며 다음 식

$$\int_{-1}^{1} [P_n(x)]^2 \, dx = \frac{2}{2n+1}$$

가 성립됨을 보여라.

힌트. 로드리그 공식을 사용하여 부분적분을 하여라.

11.4.3 $m < n$일 때 다음 식이 성립함을 보여라.

$$\int_{-1}^{1} x^m P_n(x) dx = 0.$$

힌트. 르장드르 다항식에 로드리그 공식을 사용하거나 또는 x^m을 전개하여라.

11.4.4 다음 식이 성립함을 보여라.

$$\int_{-1}^{1} x^n P_n(x) dx = \frac{2^{n+1} n! n!}{(2n+1)!}.$$

주의. 로드리그 공식을 사용하여 부분적분을 하리라 기대된다. (11.18)식으로부터 그 결과를 얻을 수 있는지도 알게 된다.

11.4.5 다음 식이 성립함을 보여라.

$$\int_{-1}^{1} x^{2r} P_{2n}(x) dx = \frac{2^{2n+1}(2r)!(r+n!)}{(2r+2n+1)!(r-n)!}, \quad r \geq n.$$

11.4.6 연습문제 11.4.4 및 11.4.5의 일반화된 결과로서 x^s의 르장드르 표현식이 다음과 같이 주어짐을 보여라.

(a) $x^{2r} = \sum_{n=0}^{r} \frac{2^{2n}(4n+1)(2r)!(r+n)!}{(2r+2n+1)!(r-n)!} P_{2n}(x), \quad s = 2r,$

(b) $x^{2r+1} = \sum_{n=0}^{r} \frac{2^{2n+1}(4n+3)(2r+1)!(r+n+1)!}{(2r+2n+3)!(r-n)!} P_{2n+1}(x),$
$s = 2r+1.$

11.4.7 평면파는 레일리 방정식에 의해 구면파 급수로

$$e^{ikr\cos\gamma} = \sum_{n=0}^{\infty} a_n j_n(kr) P_n(\cos\gamma)$$

와 같이 전개될 수 있다. $a_n = i^n(2n+1)$로 주어짐을 보여라.

힌트. 1. $a_n j_n(kr)$을 풀기 위해 P_n의 직교성을 사용하여라.

2. kr로 n번 미분하여 r의 의존성을 제거하기 위해 $r=0$을 택하여라.

3. 연습문제 11.4.4를 이용하여 나머지 적분을 구하여라.

주의. 이 문제는 방정식의 양변이 헬름홀쯔 방정식을 만족시킨다는 것에 유의하여 다룰 수 있다. 해가 원점과 먼 거리에서 동일하게 거동한다는 것을 보임으로서 등식이 성립함을 보일 수 있다.

11.4.8 다음 단계를 밟아 연습문제 11.4.7의 레일리 방정식을 증명하여라.

(a) kr로 미분하여 다음 식을 유도하여라.

$$\sum_n a_n j_n'(kr)P_n(\cos\gamma) = i\sum_n a_n j_n(kr)\cos\gamma\, P_n(\cos\gamma).$$

(b) 점화관계식을 사용하여 $\cos\gamma\, P_n(\cos\gamma)$를 P_{n-1}과 P_{n+1}의 선형 결합으로 대체하여라.

(c) 점화관계식을 사용하여 j_n'을 j_{n-1}과 j_{n+1}의 선형 결합으로 대체하여라.

11.4.9 수치 계산(가우스-르장드르 구적법)에서 $P_n(x)$가 구간 $[-1, 1]$에서 n개의 영을 갖도록 만드는 것이 아주 유용하다. 이것이 사실임을 보여라.

힌트. 롤의 정리에 의하면 $(x^2-1)^{2n}$의 첫 번째 미분은 $[-1, 1]$ 구간에서 하나의 영을 갖는다. 이 논리를 제이차, 제삼차 및 더 나아가 n차 미분에 까지 적용하여라.

11.5 버금 르장드르 함수

라플라스 방정식을 구면 극좌표로 변수분리할 때 분리된 상미분방정식들 중의 하나가 버금 르장드르 방정식

$$\frac{1}{\sin\theta}\frac{d}{d\theta}\left(\sin\theta\frac{dP_n^m(\cos\theta)}{d\theta}\right)+\left[n(n+1)-\frac{m^2}{\sin^2\theta}\right]P_n^m(\cos\theta)=0 \quad (11.66)$$

이다. $x=\cos\theta$로 놓으면 위 식은 다음과 같이 표현된다.

$$(1-x^2)\frac{d^2}{dx^2}P_n^m(x)-2x\frac{d}{dx}P_n^m(x)+\left[n(n+1)-\frac{m^2}{1-x^2}\right]P_n^m(x)=0. \quad (11.67)$$

방위각 분리상수가 $m^2=0$이면 르장드르 방정식, (11.36)식을 얻는다. 이 방정식의 해(m이 영일 필요는 없음)를 $P_n^m(x)$로 표시하면 다음과 같이 주어진다.

$$P_n^m(x)=(1-x^2)^{m/2}\frac{d^m}{dx^m}P_n(x). \quad (11.68)$$

이 식이 버금 르장드르 함수[14]이다. $P_n(x)$에서 x의 가장 큰 멱수는 x^n이므로 $m \le n$(혹은 m번 미분은 이 함수를 영으로 만든다)이어야 한다. 양자역학에서 $m \le n$의 조건은 물리학적 해석을 필요로 한다. 즉 각운동량의 z축 성분의 제곱 기대치는 각운동량 $\mathbf{L}$(4.3절)의 제곱 기대치보다 작거나 같다. 환언하면 다음과 같다.

$$\langle L_z^2 \rangle \le \langle L^2 \rangle \equiv \int \psi_{nm}^* \mathbf{L}^2 \psi_{nm} d^3r,$$

여기서 m은 L_z의 고유치이며 $n(n+1)$은 $\mathbf{L}^2$의 고유치이다. (11.68)식이 형태로 보아 m은 음수가 아니라고 예측되나 $P_n(x)$가 로드리그 공식으로 표현되면 m의 범위는 커지며 허용된 m의 값은 양의 값에서 음의 값에 속하는 $-n \le m \le n$일 수 있다. 라이브니츠 미분공식을 사용하면 $P_n^m(x)$와 $P_n^{-m}(x)$가 다음과 같은 관계식

$$P_n^{-m}(x) = (-1)^m \frac{(n-m)!}{(n+m)!} P_n^m(x) \tag{11.69}$$

로 연결되어 있음을 알 수 있다. 버금 르장드르 함수 $P_n^m(x)$의 정의로부터 다음 식이 성립됨을 알 수 있다.

$$P_n^0(x) = P_n(x). \tag{11.70}$$

르장드르 다항식에서와 같이 버금 르장드르 함수의 모함수는 르장드를 다항식의 경우와 같이 (11.67)식을 이용하여 얻으면

$$\frac{(2m)!(1-x^2)^{m/2}}{2^m m!(1-2tx+t^2)^{m+1/2}} = \sum_{s=0}^{\infty} P_{s+m}^m(x) t^s \tag{11.71}$$

과 같이 주어진다. 이 공식에서 $(1-x^2)^{m/2} = \sin^m \theta$인자를 제거하고 **다항식** $\mathcal{P}_{s+m}^m(x) = P_{s+m}^m(x)(1-x^2)^{-m/2}$을 정의하면 유용한 모함수

$$g_m(x,t) \equiv \frac{(2m)!}{2^m m!(1-2tx+t^2)^{m+1/2}} = \sum_{s=0}^{\infty} \mathcal{P}_{s+m}^m(x) t^s \tag{11.72}$$

을 얻는다.

미분을 하여 (11.23)식과 (11.26)식과 유사한 버금 르장드르 함수의 점화관계식

$$(1-2tx+t^2)\frac{\partial g_m}{\partial t} = (2m+1)(x-t) g_m(x,t)$$

---

[14] AMS-55에서와 같이 버금 르장드르 함수는 $(-1)^m$인 추가인자가 포함되어 정의되었다. 이 위상, $(-1)^m$은 현 위치에서는 불필요한 복잡성으로 보인다. 이 위상은 구조화함수 $Y_n^m(\theta, \varphi)$의 정의에 포함된다. **위의 지표 m은 지수는 아니다.**

를 유도할 수 있다. 버금 르장드르 다항식의 전개식을 대입하면

$$(1-2tx+t^2)\sum_s s\mathcal{P}^m_{s+m}(x)t^{s-1} = (2m+1)\sum_s \left[x\mathcal{P}^m_{s+m}t^s - \mathcal{P}^m_{s+m}t^{s+1}\right]$$

식을 얻는다. 멱급수에서 t의 멱수들의 계수를 비교하면 점화관계식

$$(s+1)\mathcal{P}^m_{s+m+1} - (2m+1+2s)x\mathcal{P}^m_{s+m} + (s+2m)\mathcal{P}^m_{s+m-1} = 0 \tag{11.73}$$

을 얻는다. $m=0$ 및 $s=n$일 때 이 관계식은 바로 (11.26)식이 된다.

이 점화식을 사용하기 전에 $m=1$인 버금 르장드르 다항식과 보통 르장드르 다항식과의 관계를 조사할 필요가 있다. 다음 식

$$(1-2xt+t^2)g_1(x,t) = (1-2xt+t^2)^{-1/2} = \sum_s P_s(x)t^s \tag{11.74}$$

에 (11.72)식을 대입하면 점화식은

$$\mathcal{P}^1_{s+1} - 2x\mathcal{P}^1_s + \mathcal{P}^1_{s-1} = P_s(x) \tag{11.75}$$

가 된다. 보다 일반화시키기 위해 아래의 등식

$$(1-2xt+t^2)g_{m+1}(x,t) = (2m+1)g_m(x,t) \tag{11.76}$$

에서 점화식을 유도하면

$$\mathcal{P}^{m+1}_{s+m+1} - 2x\mathcal{P}^{m+1}_{s+m} + \mathcal{P}^{m+1}_{s+m-1} = (2m+1)\mathcal{P}^m_{s+m}(x) \tag{11.77}$$

이다. 이 식은 위 지수 $m+1$과 m 사이의 버금 르장드르 다항식 관계를 제공한다. $m=0$이면 (11.75)식인 처음 점화식으로 환원된다.

예제 11.5.1 차수가 가장 낮은 버금 르장드르 다항식

이제 표 11.2에 들어있는 함수를 유도할 수 있다. $m=1$ 및 $s=0$인 경우에 (11.75)식은 $\mathcal{P}^1_1 = 1$이 되는데 버금 르장드르 다항식의 정의식, (11.72)식에는 $\mathcal{P}^1_0 = 0 = \mathcal{P}^1_{-1}$이 나타나지 않기 때문이다. $(1-x^2)^{1/2} = \sin\theta$를 곱하면 표 11.2의 첫째 줄이 된다. $s=1$일 때 (11.75)식에서

$$\mathcal{P}^1_2(x) = P_1 + 2x\mathcal{P}^1_1 = x + 2x = 3x$$

가 됨을 알 수 있고 표 11.2의 두 번째 줄에는 $3\cos\theta\sin\theta$가 있는데 $\sin\theta$를 곱하여 주면 된다. $s=2$인 경우에는

$$\mathcal{P}^1_3(x) = P_2 + 2x\mathcal{P}^1_2 - \mathcal{P}^1_1 = \frac{1}{2}(3x^2-1) + 6x^2 - 1 = \frac{15}{2}x^2 - \frac{3}{2}$$

표 11.2
버금 르장드르 함수

$$P_1^1(x) = (1-x^2)^{1/2} = \sin\theta$$
$$P_2^1(x) = 3x(1-x^2)^{1/2} = 3\cos\theta\sin\theta$$
$$P_2^2(x) = 3(1-x^2) = 3\sin^2\theta$$
$$P_3^1(x) = \tfrac{3}{2}(5x^2-1)(1-x^2)^{1/2} = \tfrac{3}{2}(5\cos^2\theta-1)\sin\theta$$
$$P_3^2(x) = 15x(1-x^2) = 15\cos\theta\sin^2\theta$$
$$P_3^3(x) = 15(1-x^2)^{3/2} = 15\sin^3\theta$$
$$P_4^1(x) = \tfrac{5}{2}(7x^3-3x)(1-x^2)^{1/2} = \tfrac{5}{2}(7\cos^3\theta-3\cos\theta)\sin\theta$$
$$P_4^2(x) = \tfrac{15}{2}(7x^2-1)(1-x^2) = \tfrac{15}{2}(7\cos^2\theta-1)\sin^2\theta$$
$$P_4^3(x) = 105x(1-x^2)^{3/2} = 105\cos\theta\sin^3\theta$$
$$P_4^4(x) = 105(1-x^2)^2 = 105\sin^4\theta$$

과 같이 되는데 이것은 표 11.2의 넷째 줄과 일치한다. 표 11.2의 세 번째 식을 구하려면 (11.76)식을 이용한다. $m=1$, $s=0$일 때 $\mathcal{P}_2^2(x) = 3\mathcal{P}_1^1(x) = 3$이며 $1-x^2 = \sin^2\theta$를 곱하여 얻게 된다. 다섯째, 여덟째 및 아홉째 식들은 (11.72)식을 사용하여 얻을 수 있는데 연습문제로 남겨둔다. ■

예제 11.5.2　　특수값

$x=1$인 경우 (11.72)식에 다음 식

$$(1-2t+t^2)^{-m-1/2} = (1-t)^{-2m-1} = \sum_{s=0}^{\infty} \binom{-2m-1}{s} t^s$$

을 사용하면

$$\mathcal{P}_{s+m}^m(1) = \frac{(2m)!}{2^m m!} \binom{-2m-1}{s} \tag{11.78}$$

을 얻는다. $m=1$, $s=0$일 때 $\mathcal{P}_1^1(1) = \binom{-3}{0} = 1$이며 $s=1$일 때 $\mathcal{P}_2^1(1) = -\binom{-3}{1} = 3$이고, $s=2$일 때 $\mathcal{P}_3^1(1) = \binom{-3}{2} = \frac{(-3)(-4)}{2} = 6 = \frac{3}{2}(5-1)$이다. 이 결과는 표 11.2의 결과와 일치한다.

$x=0$인 경우에는 이항전개를 이용할 수 있으며 이 문제는 연습문제로 남겨 놓았다. ■

예제 11.5.3　　반전성

항등식 $g_m(-x, -t) = g_m(x, t)$로부터 반전성 관계식

$$\mathcal{P}_{s+m}^m(-x) = (-1)^s \mathcal{P}_{s+m}^m(x) \tag{11.79}$$

가 구해진다. ■

직교적분(orthogonality integral)은

$$\int_{-1}^{1} P_p^m(x)P_q^m(x)\,dx = \frac{2}{2q+1}\cdot\frac{(q+m)!}{(q-m)!}\delta_{pq} \tag{11.80}$$

또는 구면 극좌표에서

$$\int_{0}^{\pi} P_p^m(\cos\theta)P_q^m(\cos\theta)\sin\theta\,d\theta = \frac{2}{2q+1}\cdot\frac{(q+m)!}{(q-m)!}\delta_{pq} \tag{11.81}$$

로 주어진다.

르장드르 다항식의 직교성은 (11.80)식이 (11.47)식과 (11.48)식으로 환원되는 $m=0$의 경우에 얻어지는 특별한 경우에 해당된다. (11.80)식과 (11.81)식에서 제9장의 슈투름-리우비 이론은 크로네커 델타를 유도한다. 규격화 상수를 구하는 데에는 특수 계산이 요구된다.

■ 구조화 함수

방위각 φ로 적분할 때에 함수 $\Phi_m(\varphi) = e^{im\varphi}$은 직교하며 반면에 극각 θ로 적분할 때에는 $P_n^m(\cos\theta)$가 직교한다. 이 두 함수를 곱하여 구면에서 정규직교가 되는 두각(과 좌표)의 함수

$$Y_n^m(\theta,\varphi) \equiv (-1)^m\sqrt{\frac{2n+1}{4\pi}\frac{(n-m)!}{(n+m)!}}P_n^m(\cos\theta)e^{im\varphi} \tag{11.82}$$

을 정의한다. $Y_n^m(\theta,\ \varphi)$는 구조화 함수이다. 완전 직교적분은

$$\int_{\varphi=0}^{2\pi}\int_{\theta=0}^{\pi} Y_{n_1}^{m_1 *}(\theta,\varphi)Y_{n_2}^{m_2}(\theta,\varphi)\sin\theta\,d\theta\,d\varphi = \delta_{n_1 n_2}\delta_{m_1 m_2} \tag{11.83}$$

이며 (11.82)식에 복잡한 규격화 상수가 포함되어 있음을 암시한다.

$Y_n^m(\theta,\ \varphi)$를 정의하는 식$(-n \le m \le n)$에 포함되어 있는 $(-1)^m$ 인자에는 약간의 설명이 필요하다. (11.68)식은 선형동차이므로 결함이 없다. 각운동량 이론과 같은 양자역학을 계산하는 데 주저할 필요는 없다. $(-1)^m$ 인자는 위상인자로서 원자분광학의 고전 원문 저자 이름을 택하여 콘돈-쇼틀리 위상인자라고 부른다. $P_n^{-m}(\cos\theta)$에 대한 (11.82)식과 (11.69)식의 $(-1)^m$ 효과는 양의 정수 m에 대한 구조화 함수의 엇갈리는 부호를 도입하게 만들며 표 11.3에 표시되어 있다.

함수 $Y_n^m(\theta,\ \varphi)$는 구의 표면에서 극각 θ와 방위각 φ로 정의되어지므로 구조화 함수라는 이름이 붙여졌다. 라플라스 방정식 해를 조화함수라고 부르며 $Y_n^m(\theta,\ \varphi)$는 이와 같은 해의 각 부분에 해당되기 때문에 "조화"라는 단어가 포함되었다.

예제 11.5.4 **차수가 가장 낮은 구조화 함수**

(11.82)식에서 $n=0$이면 $m=0$ 및 $Y_0^0 = \frac{1}{\sqrt{4\pi}}$이다. $n=1$인 경우에는 $m=\pm1,\ 0$ 및 $Y_1^0 =$

표 11.3
구조화 함수(콘돈 - 쇼틀리 위상)

$$Y_0^0(\theta, \varphi) = \frac{1}{\sqrt{4\pi}}$$
$$Y_1^1(\theta, \varphi) = -\sqrt{\frac{3}{8\pi}} \sin\theta e^{i\varphi}$$
$$Y_1^0(\theta, \varphi) = \sqrt{\frac{3}{4\pi}} \cos\theta$$
$$Y_1^{-1}(\theta, \varphi) = +\sqrt{\frac{3}{8\pi}} \sin\theta e^{-i\varphi}$$
$$Y_2^2(\theta, \varphi) = \sqrt{\frac{5}{96\pi}} 3\sin^2\theta e^{2i\varphi}$$
$$Y_2^1(\theta, \varphi) = -\sqrt{\frac{5}{24\pi}} 3\sin\theta\cos\theta e^{i\varphi}$$
$$Y_2^0(\theta, \varphi) = \sqrt{\frac{5}{4\pi}} \left(\frac{3}{2}\cos^2\theta - \frac{1}{2}\right)$$
$$Y_2^{-1}(\theta, \varphi) = +\sqrt{\frac{5}{24\pi}} 3\sin\theta\cos\theta e^{-i\varphi}$$
$$Y_2^{-2}(\theta, \varphi) = \sqrt{\frac{5}{96\pi}} 3\sin^2\theta e^{-2i\varphi}$$

$\sqrt{\frac{3}{4\pi}}\cos\theta$인 반면에 $m=\pm1$을 택하면 표 11.2에서 $\cos\theta$는 $\sin\theta$로 대체되고 추가인자 $(\mp1)\frac{e^{\pm i\varphi}}{\sqrt{2}}$를 표 11.3에서 볼 수 있다. ■

양자역학 이론에서 (11.67)식은 궤도 각운동량 방정식이 되며 해 $Y_L^M(\theta, \varphi)$(n과 m 대신에 L과 M으로 대체)는 각운동량 양자수 L와 L의 z축 상의 사영 M을 포함하는 각운동량 고유함수가 된다. 이 관계는 4.3절에서 보다 깊게 다루었다.

예제 11.5.5 **원자 상태에서 확률밀도의 구대칭**

주양자수가 $n=2$인 축퇴된 원자 상태에 있어서 확률밀도의 각의존 관계는 어떻게 주어지는가?

여기서 파동함수의 절대 제곱의 합을 구해야 한다. 이 때 $n=2$이므로 궤도 각운동량 $l=0$, $m=0$; $l=1$, $m=-1$, 0, $+1$이며 이것은 각각 s 상태 및 세 개의 p 상태에 해당된다. 동경 의존도는 무시한다. s 상태는 궤도 각운동량이 $l=0$ 및 $m=0$이며 각과 무관하다. p 상태의 경우 $l=1$ 및 $m=\pm1$, 0이므로 파동함수는

$$\psi_{200} \sim Y_0^0 = \frac{1}{\sqrt{4\pi}}, \quad \psi_{21m} \sim Y_1^m$$

으로 주어진다. 이 파동함수의 절대 제곱의 합은 표 11.3에서 구조화 함수를 대입하면

$$\sum_{m=-1}^{1} |Y_1^m|^2 = \frac{3}{4\pi}\left[2\left(\frac{1}{\sqrt{2}}\sin\theta\right)^2 + \cos^2\theta\right] = 1$$

을 얻는다. 이 결과는 구면상 대칭이므로 s 상태 자체나 세 개의 p 상태합도 구면상 대칭이다. 이 결과는 큰 l 값을 갖는 각운동량 상태로 일반화시킬 수 있다. ■

요 약

르장드르 나항식은 쿨롱퍼텐셜의 다중극 전개에서 등장하는 모함수에 의해 정의된다. 르장드르 다항식은 방위각을 포함하는 물리계와 직결되어 있다. 이차 상미분방정식을 다르는 슈투름-리우비 이론의 구면, 원통 또는 직교 고유함수 해로 갖는 편미분방정식의 변수분리에서 나타난다. 버금 르장드르 다항식은 방위각 대칭이 빠진 구조화 함수의 한 부분을 차지한다.

연습문제

11.5.1 $Y_L^M(\theta,\ \varphi)$의 반전성은 $(-1)^L$임을 보여라. M 의존성은 나타나지 않음에 유의하여라.
힌트. 극면 극좌표에서 반전성 연산은 2.5절 및 11.2절을 참조하여라.

11.5.2 다음 식이 성립함을 증명하여라.

$$Y_L^M(0,\varphi)=\left(\frac{2L+1}{4\pi}\right)^{1/2}\delta_{M0}.$$

11.5.3 핵의 쿨롱 들뜸 이론에서 $Y_L^M(\pi/2,\ 0)$을 다루게 된다. 이 식은 아래와 같이 주어짐을 보여라.

$$Y_L^M\left(\frac{\pi}{2},0\right)=\left(\frac{2L+1}{4\pi}\right)^{1/2}\frac{[(L-M)!(L+M)!]^{1/2}}{(L-M)!!(L+M)!!}(-1)^{(L+M)/2}\qquad L+M:\text{짝수}$$

$$=0\qquad L+M:\text{홀수}$$

여기서

$$(2n)!!=2n(2n-2)\cdots 6\cdot 4\cdot 2,$$
$$(2n+1)!!=(2n+1)(2n-1)\cdots 5\cdot 3\cdot 1.$$

11.5.4 (a) 구조화 함수 Y_2^m(과 Y_0^0)의 선형 결합으로 사중극 모멘트 텐서 x_ix_j 성분을 기술하여라.
주의. 텐서 x_ix_j는 약분 가능하다. Y_0^0는 스칼라 성분이 있음을 나타낸다.
(b) 사중극 모멘트 텐서는 보통

$$Q_{ij}=\int(3x_ix_j-r^2\delta_{ij})\rho(\mathbf{r})\,d\tau$$

와 같이 정의된다. 여기서 $\rho(\mathbf{r})$은 전하 밀도이다. $(3x_ix_j-r^2\delta_{ij})$ 성분을 $r^2Y_2^M$으

로 기술하여라.

(c) $-r^2\delta_{ij}$ 항의 의미를 설명하여라.

힌트. 지수 i 및 j의 범위를 줄여라.

11.5.5 직교 방위각함수는 디락의 델타함수를 유용한 표현식

$$\delta(\varphi_1 - \varphi_2) = \frac{1}{2\pi}\sum_{m=-\infty}^{\infty} \exp[im(\varphi_1 - \varphi_2)]$$

로 표시할 수 있음을 보여라.

11.5.6 구조화 함수의 닫힘 관계식

$$\sum_{l=0}^{\infty}\sum_{m=-l}^{+l} Y_l^m(\theta_1, \varphi_1) Y_l^{m*}(\theta_2, \varphi_2) = \frac{1}{\sin\theta_1}\delta(\theta_1 - \theta_2)\delta(\varphi_1 - \varphi_2)$$
$$= \delta(\cos\theta_1 - \cos\theta_2)\delta(\varphi_1 - \varphi_2)$$

를 유도하여라.

11.5.7 양자역학의 각운동량 연산자 $L_x \pm iL_y$는 다음과 같이 주어진다.

$$L_x + iL_y = e^{i\varphi}\left(\frac{\partial}{\partial\theta} + i\cot\theta\frac{\partial}{\partial\varphi}\right),$$
$$L_x - iL_y = -e^{-i\varphi}\left(\frac{\partial}{\partial\theta} - i\cot\theta\frac{\partial}{\partial\varphi}\right).$$

이 식들을 이용하여 다음 식이 성립함을 보여라.

(a) $(L_x + iL_y)Y_L^M(\theta, \varphi), = \sqrt{(L-M)(L+M+1)}\,Y_L^{M+1}(\theta, \varphi),$

(b) $(L_x - iL_y)Y_L^M(\theta, \varphi), = \sqrt{(L-M)(L-M+1)}\,Y_L^{M-1}(\theta, \varphi).$

11.5.8 연산자 $L_\pm$는

$$L_\pm = L_x \pm iL_y = \pm e^{\pm i\varphi}\left[\frac{\partial}{\partial\theta} \pm i\cot\theta\frac{\partial}{\partial\varphi}\right]$$

과 같이 주어진다. 이 식으로부터 다음 식이 성립함을 보여라.

(a) $Y_l^m = \sqrt{\dfrac{(l+m)!}{(2l)!(l-m)!}}(L_-)^{l-m}Y_l^l,$

(b) $Y_l^m = \sqrt{\dfrac{(l-m)!}{(2l)!(l+m)!}}(L_+)^{l+m}Y_l^{-l}.$

11.5.9 상황에 따라 구조화 함수의 허수로 표시된 지수함수를 사인이나 코사인으로 표시할 필요가 있을 수 있다. 모스와 회스바흐는 아래 식들

$$Y^e_{mn} = P^m_n(\cos\theta)\cos m\varphi,$$
$$Y^o_{mn} = P^m_n(\cos\theta)\sin m\varphi$$

로 정의하였다. 여기서

$$\int_0^{2\pi}\int_0^{\pi}[Y^{e\text{ 또는 }o}_{mn}(\theta,\varphi)]^2\sin\theta\,d\theta\,d\varphi = \frac{4\pi}{2(2n+1)}\frac{(n+m)!}{(n-m)!},\quad n=1,2,\ldots$$
$$= 4\pi \qquad n=0\ (Y^o_{00}\text{ 는 정의되지 않는다}).$$

이 구조화 함수는 양 또는 음 영역의 도형에 따라 $m=0$일 때 구띠조화함수, $m=n$일 때 부채꼴 조화함수 $0<m<n$일 때 쪽 맞추기 조화함수로 명명된다. Y^e_{mn}에서 $n=4$, $m=0$, 2, 4는 구조화 함수가 양인 영역 즉 반구의 도표에 해당된다(하나의 구조화 함수에 해당되는 도표).

11.5.10 함수 $f(r,\theta,\varphi)$는 라플라스 급수

$$f(r,\theta,\varphi) = \sum_{l,m} a_{lm} r^l Y^m_l(\theta,\varphi)$$

로 표현될 수 있다. $\langle\ \rangle_{구}$는 구내에서 평균을 나타낸다 (원점에 중심이 있는). 다음 식이 성립함을 보여라.

$$\langle f(r,\theta,\varphi)\rangle_{구} = f(0,0,0).$$

추가 읽을거리

Hobson, E. W. (1955). *The Theory of Spherical and Ellipsoidal Harmonics*. Chelsea, New York. 이 책은 아주 완벽한 참고 문헌으로 르장드르 다항식과 이와 관계되는 모든 함수를 나룬 고전 원문임.

Smythe, W. R. (1989). *Static and Dynamic Electricity*, 3rd ed. McGraw-Hill, New York. 4.4절과 제13장 끝 부분에 수록된 참고 문헌을 참조하여라.

c·h·a·p·t·e·r 12

베셀함수

12.1 제1종의 베셀함수, $J_\nu(x)$

베셀함수는 다양한 물리 문제들에 나타난다. 북의 음파 진동을 분석할 때 원통 좌표계를 사용하여 편미분 파동방정식(PDE)을 푼다. 지름과 각을 $R(r)e^{in\varphi}$로 변수분리하면 매개변수로 정수 n을 포함하는 $R(r)$에 대한 베셀 상미분방정식(ODE)을 얻게 된다 (예제 12.1.4). 양자역학에서의 벤첼-크라머스-부릴루앙(WKB) 근사는 베셀함수와 관련된다. 양자역학에서 구면 대칭 네모 우물 퍼텐셜 문제는 구면 베셀함수로 해를 구할 수 있다. 또한 원자와 핵의 산란 데이터로부터 위상 이동을 구하는 데에는 구면 베셀함수를 필요로 한다. 8.5절과 8.6절에서 베셀방정식의 급수해를 다룬 바 있다. 8.9절에서 원통 좌표계에서 라플라스 방정식을 베셀 방정식형으로 유도됨을 보았다. 베셀함수는 또한 적분 표현식으로도 나타낼 수 있는데 이것은 적분 변환 (제5장) 결과이다.

베셀함수는 많은 표현식, 특성, 및 상호 관계를 갖는 많은 수학 해석 분야의 함수들과 연관되어 있다. 중요 상호 관계의 일부는 12.1절 및 그 다음 절에서 다루며 베셀함수는 제12장에만 국한되어 있지는 않다. 점근 형식들은 12.3절에서와 같이 7.3절에서도 다루었으며 급수해는 8.5절 및 8.6절에서 논의하였다.

인명 자료

Bessel, Friedrich Wilhelm. 독일 천문학자인 베셀은 1784년 푸루시아 민덴에서 출생하여 1846년 푸루시아(현재 러시아) 쾨니스버그에서 서거하였다. 20세에 헬리의 살별 궤도를 다시 계산하여 당대에 잘 알려진 천문학자 올버를 크게 자극하여 1806년 천문대의 직장을 얻게 되었다. 이 곳에서 베셀은 천체 계산을 더 정교하게 할 수 있는 함수를 개발하였으며 후에 그의 이름이 붙여졌다. 1838년 베셀이 추진한 지구에서 6광년 떨어져 있는 별, 61 사이그니에 대한 최초의 시차 측정은 지구가 코페르니크스 이론에 따라 운동하고 있다는 것을 극명하게 입증하였다. 천왕성 궤도의 불규칙성에 대한 베셀의 계산은 후에 래베리에르와 아담스가 해왕성을 발견하는 길을 열어 놓았으며 이 모든 결과는 뉴턴의 중력 이론에 따른다는 것을 입증하였다.

■ 적분차수에 대한 모함수

베셀함수는 $J_\nu(x)$가 베셀 미분방정식, (8.62)식

$$x^2\frac{d^2J_\nu}{dx^2}+x\frac{dJ_\nu}{dx}+(x^2-\nu^2)J_\nu=0$$

의 해로서 관심을 끌지만 제11장[1]의 르장드르 다항식의 경우와 마찬가지로 모함수로부터 이 함수를 유도하는 것이 매우 중요하고 편리하다. 이와 같은 취급 방법은 점화관계식, 특수값, 규격화 적분을 찾아내고 이 함수가 만족시키는 미분방정식보다 오히려 함수 자체를 조사하는 데 큰 도움을 준다. 제11장에서 르장드르 다항식에 대한 정전기퍼텐셜의 경우와 같이 물리학적인 응용이 닫힌 형식으로 된 모함수를 제공하지는 않으므로 적절한 미분방정식으로부터 모함수를 찾아야 한다.

따라서 모함수를 유도하기 위해 정수지수 $\nu=n$인 베셀급수 [(8.70)식]

$$J_n(x)=\sum_{s=0}^{\infty}\frac{(-1)^s}{s!(s+n)!}\left(\frac{x}{2}\right)^{2s+n}$$

으로부터 출발하여 보자. 이 식은 모든 x에 대해 수렴하며 점화관계식은

$$\frac{d}{dx}(x^{-n}J_n(x))=-x^{-n}J_{n+1}(x) \tag{12.1}$$

로 주어진다. 이 식은 다음과 같이 쓸 수 있다.

$$\frac{n}{x}J_n(x)-J_{n+1}(x)=J_n'(x). \tag{12.2}$$

이 식을 유도하려면 $J_{n+1}(x)$에 대한 베셀함수 급수 [(8.70)식]

$$J_{n+1}(x)=\sum_{s=0}^{\infty}\frac{(-1)^s}{s!(s+n+1)!}\left(\frac{x}{2}\right)^{2s+n+1} \tag{12.3}$$

에서 합지수 s를 $s-1$로 대체시키면 분모가 $(s+n+1)!$에서 $(s+n)!$로 바뀌므로 아래 급수를 얻게 된다.

$$J_{n+1}(x)=-\frac{1}{x}\sum_{s=0}^{\infty}\frac{(-1)^s 2s}{s!(s+n)!}\left(\frac{x}{2}\right)^{n+2s}, \tag{12.4}$$

(12.4)식은 인수 s를 제외하면 거의 $J_n(x)$에 대한 급수와 같다. x^n으로 나누고 미분하면 (12.4)식으로부터

[1]제5장에서도 모함수를 사용하였다. 5.6절에서 모함수 $(1+x)^n$은 이항계수를 정의하며 $x/(e^x-1)$은 같은 의미에서 베르누이 수를 제공한다.

$$x^{-n}J_{n+1}(x) = -\frac{d}{dx}\sum_{n}\frac{(-1)^s}{s!(s+n)!}\left(\frac{x}{2}\right)^{2s}2^{-n} = -\frac{d}{dx}[x^{-n}J_n(x)] \quad (12.5)$$

를 얻게 되어 인자 s를 결정할 수 있다. 즉 (12.1)식을 유도한다.

J_{n-1}에서 s를 $s-n$로 대체한 다음 $s \to s+1$로 대체하고 위의 과정을 밟으면

$$\frac{d}{dx}(x^n J_n(x)) = x^n J_{n-1}(x) \quad (12.6)$$

이 유도되어 다음과 같이 쓸 수 있다.

$$J_{n-1}(x) - \frac{n}{x}J_n(x) = J_n'(x). \quad (12.7)$$

(12.2)식 및 (12.7)식으로부터 J_n'을 소거하면 점화관계식

$$J_{n-1}(x) + J_{n+1}(x) = \frac{2n}{x}J_n(x) \quad (12.8)$$

를 얻으며 이 식을 **생성급수(generating function)** (또는 모급수)

$$g(x, t) = \sum_{n=-\infty}^{\infty} J_n(x)t^n \quad (12.9)$$

에 대입한다. 이 식은 t(x를 매개변수로 가진)의 상미분방정식

$$\sum_{n=-\infty}^{\infty} t^n\left(J_{n-1}(x) + J_{n+1}(x)\right) = \left(t + \frac{1}{t}\right)g(x, t) = \frac{2t}{x}\frac{\partial g}{\partial t} \quad (12.10)$$

를 제공하며 다음과 같이

$$\frac{1}{g}\frac{\partial g}{\partial t} = \frac{x}{2}\left(1 + \frac{1}{t^2}\right) \quad (12.11)$$

로 표시할 수 있으며 적분하면

$$\ln g = \frac{x}{2}\left(t - \frac{1}{t}\right) + \ln c$$

로 되며 지수함수로 표현하면

$$g(x, t) = e^{(x/2)(t-1/t)}c(x) \quad (12.12)$$

와 같이 된다. 여기서 c는 적분상수로 매개변수 x와 관계된다. (12.9)식에서 $x=0$으로 택하고 $J_n(0) = \delta_{n0}$ (예제 12.1.1) 이용하면 $g(0,\ t) = 1$ 및 $c(0) = 1$을 얻는다. **모든** x에 대한 $c(x)$를 구하려면 (12.12)식의 지수함수를 전개한다. $1/t$ 항은 로랑급수를 제공한다 (6.5절). 여기에 부과하여 (12.9)식에 나타난 합이 왜 음의 정수까지 진행되어야 하는지를 이해할 수 있다. 그

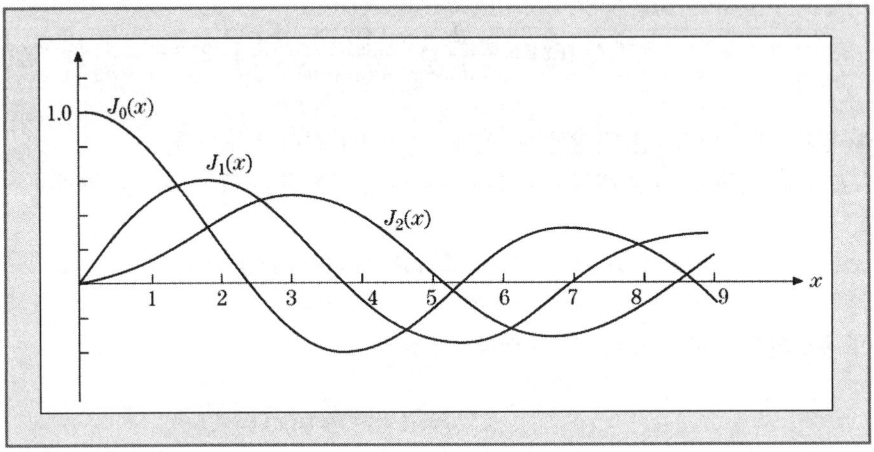

그림 12.1
베셀함수 $J_0(x)$, $J_1(x)$와 $J_2(x)$

러므로 $xt/2$와 $-x/2t$에 대한 매클로린 급수의 곱을 택하면 다음과 같다.

$$e^{xt/2} \cdot e^{-x/2t} = \sum_{r=0}^{\infty} \left(\frac{x}{2}\right)^r \frac{t^r}{r!} \sum_{s=0}^{\infty} (-1)^s \left(\frac{x}{2}\right)^s \frac{t^{-s}}{s!}. \tag{12.13}$$

s가 주어진 경우 $r=n+s$에서 $t^n (n \geq 0)$을 택하면

$$\left(\frac{x}{2}\right)^{n+s} \frac{t^{n+s}}{(n+s)!} (-1)^s \left(\frac{x}{2}\right)^s \frac{t^{-s}}{s!} \tag{12.14}$$

이 되며 t^n의 계수는[2]

$$J_n(x) = \sum_{s=0}^{\infty} \frac{(-1)^s}{s!(n+s)!} \left(\frac{x}{2}\right)^{n+2s} = \frac{x^n}{2^n n!} - \frac{x^{n+2}}{2^{n+2}(n+1)!} + \cdots \tag{12.15}$$

이다. $n=-1$일 때 t^0, $J_0(x)$의 계수를 (12.3)식과 비교하면 (12.12)식에서 모든 x에 대해 $c(x) \equiv 1$이다. 따라서 모함수는

$$g(x, t) = e^{(x/2)(t-1/t)} = \sum_{n=-\infty}^{\infty} J_n(x) t^n \tag{12.16}$$

과 같이 주어진다. (12.15)식의 급수 형태는 모든 x에 대하여 수렴하는 베셀함수 $J_n(x)$의 거동을 보여주며 $J_n(x)$의 수치 계산도 가능하다. J_0, J_1 및 J_2 함수의 결과가 그림 12.1에 주어져 있다. 5.3절에서 수치 계산을 하는 데 유한한 항들을 사용하는 경우의 오차는 첫 항을 삭제하였을 때보다 작다. 예를 들면 $J_n(x)$를 $\pm 1\%$의 정확도로 구하고 싶다면 (12.15)식의 첫 항만으로 충분하다. 단 첫 항과 둘째 항의 비가 1% (크기에서) 보다 작거나 $x < 0.2(n+1)^{1/2}$이라고

[2]이 급수를 유도하는 단계와 급수의 절대수렴 특성으로부터 x를 유한한 복소 평면 내의 한 점 z로 대체하여도 이 급수는 수렴하여야 함은 분명하다.

가정한다. 베셀함수는 진동하지만 **주기적은 아니다**. 그러나 $x \to \infty$인 극한에서 함수가 영의 값을 갖는 간격 사이의 거리는 같게 된다(12.3절). $J_n(x)$의 진폭은 상수가 아니며 점근적으로 $x^{-1/2}$에 따라 감소한다. [(12.106)식의 함수 앞에 붙어 있는 항을 참조하여라.]

(12.15)식은 $n<0$의 경우에도 성립하며

$$J_{-n}(x) = \sum_{s=0}^{\infty} \frac{(-1)^s}{s!(s-n)!}\left(\frac{x}{2}\right)^{2s-n} \tag{12.17}$$

으로 주어진다. 이 식은 (12.15)식에서 n을 $-n$으로 대체시켜 얻어진 것이다. n은 정수(이 경우에)이므로 $s=0, \ldots, (n-1)$일 때 $(s-n)! \to \infty$이다. 그러므로 급수는 $s=n$으로 시작한다고 생각할 수 있다. s를 $s+n$으로 대체시키면

$$J_{-n}(x) = \sum_{s=0}^{\infty} \frac{(-1)^{s+n}}{s!(s+n)!}\left(\frac{x}{2}\right)^{n+2s}$$

을 얻으며 $J_n(x)$와 $J_{-n}(x)$는 서로 독립된 함수가 아니고

$$J_{-n}(x) = (-1)^n J_n(x) \qquad (\text{정수 } n) \tag{12.18}$$

로 연결되어 있다. 이 급수 표현식[(12.15)식과 (12.17)식]은 비정수 ν로 주어지는 $J_\nu(x)$와 $J_{-\nu}(x)$를 **정의**하는 데 사용될 수 있다 (연습문제 12.1.11과 비교하여라).

예제 12.1.1 **특수값**

(12.12)식에서 $x=0$으로 택하고 급수[(12.9)식]를 사용하면 다음 식

$$1 = \sum_{n=-\infty}^{\infty} J_n(0)t^n$$

이 유도되며 로랑전개의 유일성을 적용하면

$$J_0(0) = 1, \qquad J_n(0) = 0 = J_{-n}(0), \quad n \ge 1$$

을 얻게 된다. $t=1$로 놓고 대칭 관계[(12.18)식]를 사용하면 항등식

$$1 = \sum_{n=-\infty}^{\infty} J_n(x) = J_0(x) + 2\sum_{n=1}^{\infty} J_n(x)$$

가 성립한다. 결과적으로 항등식 $g(-x, t) = g(x, -t)$는

$$\sum_{n=-\infty}^{\infty} J_n(-x)t^n = \sum_{n=-\infty}^{\infty} J_n(x)(-t)^n$$

을 의미하며 반전성 관계식 $J_n(-x) = (-1)^n J_n(x)$도 성립한다. 항등식 $g(-x, 1/t) = g(x, t)$를 풀어 얻을 수도 있다. ■

■ 점화관계식 응용

우리들은 이미 모함수를 이끌어 내는 점화관계식 (12.1)식, (12.2)식, (12.6) 및 (12.7)식을 유도하였다. 아래와 같은 많은 다른 식들을 유도해 낼 수 있다.

예제 12.1.2 **가법 정리**

지수 x에 대한 모함수의 선형 특성은 항등식

$$g(u+v, t) = e^{(u+v)/2(t-1/t)} = e^{(u/2)(t-1/t)} e^{(v/2)(t-1/t)} = g(u, t)g(v, t)$$

를 제시하며 베셀 전개

$$\sum_{n=-\infty}^{\infty} J_n(u+v)t^n = \sum_{l=-\infty}^{\infty} J_l(u)t^l \cdot \sum_{k=-\infty}^{\infty} J_k(v)t^k = \sum_{k,l=-\infty}^{\infty} J_l(u)J_k(v)t^{l+k}$$

$$= \sum_{m=-\infty}^{\infty} t^m \sum_{l=-\infty}^{\infty} J_l(u)J_{m-l}(v)$$

를 필연적으로 나타내고 있다. 여기서 $m = k + l$이다. 계수들을 비교하면 **가법 정리(addition theorem)**

$$J_m(u+v) = \sum_{l=-\infty}^{\infty} J_l(u)J_{m-l}(v) \tag{12.19}$$

가 도출된다.

(12.16)식을 x에 대하여 편미분하면

$$\frac{\partial}{\partial x} g(x, t) = \frac{1}{2}\left(t - \frac{1}{t}\right) e^{(x/2)(t-1/t)} = \sum_{n=-\infty}^{\infty} J_n'(x)t^n \tag{12.20}$$

을 얻는다. 다시 (12.16)식을 대입하고 t의 같은 멱수의 계수들을 풀면

$$J_{n-1}(x) - J_{n+1}(x) = 2J_n'(x) \tag{12.21}$$

를 구한다. 이 식은 (12.2)식 및 (12.7)식을 더하여 얻어질 수 있다. 다음 식은 이 점화관계식의 특별한 경우이다.

$$J_0'(x) = -J_1(x). \tag{12.22}$$

■ 베셀 미분방정식

기본 점화관계식[(12.8)식과 (12.21)식]을 만족시키는 함수들 $Z_\nu(x)$를 고려하여 보자. J_ν에서

ν는 정수일 필요는 없으며 Z_ν 역시 급수 [(12.15)식] 형태로 주어질 필요는 없다. n을 ν로 바꾸면 (12.7)식은

$$xZ'_\nu(x) = xZ_{\nu-1}(x) - \nu Z_\nu(x) \tag{12.23}$$

와 같이 다시 표현할 수 있으며 x로 미분하면

$$xZ''_\nu(x) + (\nu+1)Z'_\nu - xZ'_{\nu-1} - Z_{\nu-1} = 0 \tag{12.24}$$

을 얻는다. 이 식에 x를 곱한 다음 ν를 곱한 (12.23)식을 빼면 다음 식이 된다.

$$x^2Z''_\nu + xZ'_\nu - \nu^2 Z_\nu + (\nu-1)xZ_{\nu-1} - x^2Z'_{\nu-1} = 0. \tag{12.25}$$

(12.2)식에 n 대신 $\nu-1$을 대입하고 정리하면

$$xZ'_{\nu-1} = (\nu-1)Z_{\nu-1} - xZ_\nu \tag{12.26}$$

가 유도된다. (12.25)식에서 $Z_{\nu-1}$과 Z'_{n-1}을 소거하기 위해 (12.26)식을 사용하면 결과적으로 다음 식을 얻는다.

$$x^2Z''_\nu + xZ'_\nu + (x^2-\nu^2)Z_\nu = 0. \tag{12.27}$$

이 식은 **베셀의 상미분방정식(ODE)** 이다. 점화관계식[(12.2)식, (12.7)식, (12.8)식 및 (12.21)식 혹은 (12.1)식과 (12.6)식]을 만족시키는 어떠한 함수 $Z_\nu(x)$는 베셀 방정식을 만족시키며 알려지지 않은 Z_ν는 바로 베셀함수이다. 특히 모함수에 의해 정의된 함수 $J_n(x)$는 베셀의 상미분방정식을 만족시킨다. 반전성 변환, $x \to -x$에서 베셀의 상미분방정식은 불변으로 남아 $Z_\nu(-x)$와 $Z_\nu(x)$를 위상인자로 연결시켜 준다. 변수가 x가 아니고 $k\rho$라면 (12.27)식은 다음과 같이 표현된다.

$$\rho^2\frac{d^2}{d\rho^2}Z_\nu(k\rho) + \rho\frac{d}{d\rho}Z_\nu(k\rho) + (k^2\rho^2 - \nu^2)Z_\nu(k\rho) = 0. \tag{12.28}$$

■ 적분 표현

베셀함수를 다루는 데 특히 유용하고 강력한 방법은 적분 표현식을 사용하는 것이다. 모함수 [(12.16)식]에 $t = e^{i\theta}$을 대입하면

$$\begin{aligned} e^{ix\sin\theta} &= J_0(x) + 2[J_2(x)\cos 2\theta + J_4(x)\cos 4\theta + \cdots] \\ &\quad + 2i[J_1(x)\sin\theta + J_3(x)\sin 3\theta + \cdots] \end{aligned} \tag{12.29}$$

를 얻게 되는데, 이 식을 유도하는 데 다음 식을 사용하였다.

$$\begin{aligned} J_1(x)e^{i\theta} + J_{-1}(x)e^{-i\theta} &= J_1(x)(e^{i\theta} - e^{-i\theta}) \\ &= 2iJ_1(x)\sin\theta, \\ J_2(x)e^{2i\theta} + J_{-2}(x)e^{-2i\theta} &= 2J_2(x)\cos 2\theta, \end{aligned} \tag{12.30}$$

합 표시에서 (12.29)식의 실수 및 복소 부분을 풀면

$$\cos(x \sin\theta) = J_0(x) + 2\sum_{n=1}^{\infty} J_{2n}(x)\cos(2n\theta),$$

$$\sin(x\sin\theta) = 2\sum_{n=1}^{\infty} J_{2n-1}(x)\sin[(2n-1)\theta] \tag{12.31}$$

가 성립된다. 각 θ(라디안)는 x와 같이 차원을 갖지 않는다. 마찬가지로 $\sin\theta$도 차원을 갖지 않으므로 함수 $\cos(x\sin\theta)$는 차원 관점에서 본다면 아주 적절하다.

n과 m인 **양**의 정수라면 (영은 제외)[3] 사인과 코사인 함수[4]의 직교 특성은 다음과 같이 재고할 수 있다.

$$\int_0^{\pi} \cos n\theta \cos m\theta \, d\theta = \frac{\pi}{2}\delta_{nm}, \tag{12.32}$$

$$\int_0^{\pi} \sin n\theta \sin m\theta \, d\theta = \frac{\pi}{2}\delta_{nm}. \tag{12.33}$$

(12.31)식의 각각에 $\cos n\theta$와 $\sin n\theta$를 곱하여 적분하면

$$\frac{1}{\pi}\int_0^{\pi} \cos(x\sin\theta)\cos n\theta \, d\theta = \begin{cases} J_n(x) & n \text{ 짝수}, \\ 0, & n \text{ 홀수}, \end{cases} \tag{12.34}$$

$$\frac{1}{\pi}\int_0^{\pi} \sin(x\sin\theta)\sin n\theta \, d\theta = \begin{cases} 0, & n \text{ 짝수}, \\ J_n(x), & n \text{ 홀수} \end{cases} \tag{12.35}$$

를 얻는데 여기에는 직교 관계식 즉 (12.32)식과 (12.33)식을 적용하였다. (12.34)식과 (12.35)식을 합하면

$$\begin{aligned} J_n(x) &= \frac{1}{\pi}\int_0^{\pi} [\cos(x\sin\theta)\cos n\theta + \sin(x\sin\theta)\sin n\theta] d\theta \\ &= \frac{1}{\pi}\int_0^{\pi} \cos(n\theta - x\sin\theta) d\theta, \quad n = 0, 1, 2, 3, \ldots \end{aligned} \tag{12.36}$$

와 같이 표현할 수 있다. 특별한 경우로 $n=0$을 택하면 다음 식을 얻는다.

$$J_0(x) = \frac{1}{\pi}\int_0^{\pi} \cos(x\sin\theta) d\theta. \tag{12.37}$$

$\cos(x\sin\theta)$는 네 개의 사분면 $(\theta_1 = \theta,\ \theta_2 = \pi - \theta,\ \theta_3 = \pi + \theta,\ \theta_4 = -\theta)$에서 변하지 않는다

[3] (12.32)식과 (12.33)식은 m 혹은 $n=0$인 경우에도 성립한다. $m=n=0$이면 (12.32)식의 상수는 π가 되며 (12.33)식의 상수는 영이 된다.

[4] 이 함수는 자체 수반 고유함수(고전역학의 진동자 상미분방정식)이며 적절한 경계조건을 만족시킨다 (9.2절과 비교하여라).

그림 12.2
후라운호퍼 회절-원형 구멍

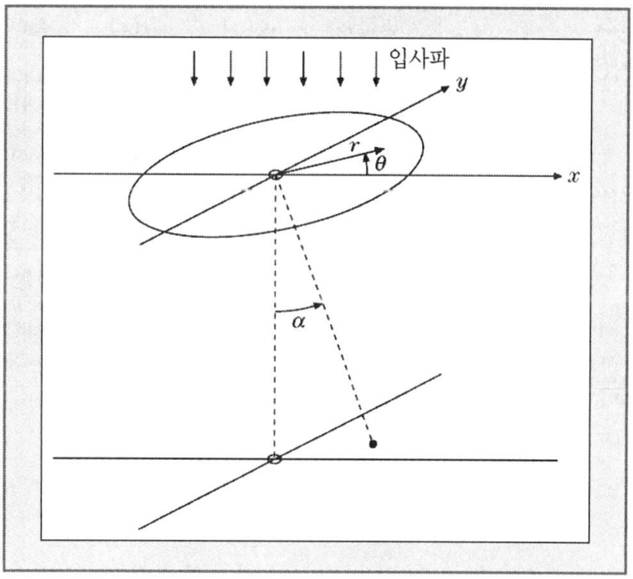

는 것, 즉 $\cos(x\sin\theta_2) = \cos(x\sin\theta)$, 등등임을 감안하면 (12.37)식을 다음과 같이 쓸 수 있다.

$$J_0(x) = \frac{1}{2\pi}\int_0^{2\pi} \cos(x\sin\theta)d\theta. \tag{12.38}$$

환언하면 $\sin(x\sin\theta)$는 삼사분면과 사사분면에서

$$\frac{1}{2\pi}\int_0^{2\pi} \sin(x\sin\theta)d\theta = 0 \tag{12.39}$$

이 성립하도록 부호가 바뀐다. (12.38)식과 i를 곱한 (12.39)식을 더하면 복소 지수함수 표현식

$$J_0(x) = \frac{1}{2\pi}\int_0^{2\pi} e^{ix\sin\theta}d\theta = \frac{1}{2\pi}\int_0^{2\pi} e^{ix\cos\theta}d\theta \tag{12.40}$$

라는 식을 얻는나.

이 적분 표현식[(12.40)식]은 경로적분을 통해서 직접 구할 수 있다.[5] 이 식에 대한 여러 가지 적분 표현식이 있음을 지적하여 둔다.

예제 12.1.3 **후라운호퍼 회절, 원형 구멍**

원형 구멍에서 일어나는 회절 이론에서 다음의 적분

[5] $n = 0$일 때 0에서 2π까지의 θ에 대한 간단한 적분은 (12.29)식을 (12.40)식으로 변형시킨다.

표 12.1
베셀함수와 일차 미분 함수의 영점값

영점수	$J_0(x)$	$J_1(x)$	$J_2(x)$	$J_3(x)$	$J_4(x)$	$J_5(x)$
1	2.4048	3.8317	5.1356	6.3802	7.5883	8.7715
2	5.5201	7.0156	8.4172	9.7610	11.0647	12.3386
3	8.6537	10.1735	11.6198	13.0152	14.3725	15.7002
4	11.7915	13.3237	14.7960	16.2235	17.6160	18.9801
5	14.9309	16.4706	17.9598	19.4094	20.8269	22.2178
	$J_0'(x)^a$	$J_1'(x)$	$J_2'(x)$	$J_3'(x)$		
1	3.8317	1.8412	3.0542	4.2012		
2	7.0156	5.3314	6.7061	8.0152		
3	10.1735	8.5363	9.9695	11.3459		

$^a J_0'(x) = -J_1(x)$.

$$\Phi \sim \int_0^a \int_0^{2\pi} e^{ibr\cos\theta} d\theta r\, dr \tag{12.41}$$

과 만나게 되는데 Φ의 경우 회절된 파동의 진폭이다. 여기서 매개변수 b는

$$b = \frac{2\pi}{\lambda} \sin\alpha \tag{12.42}$$

로 정의되며 λ는 입사파의 파장, α는 중심점을 통하는 수직선과 원형 구멍 아래 스크린 위의 점을 중심과 연결한 선 사이의 각[6] 및 θ는 반경 r인 원형 구멍 면 상의 방위각이다. 다른 기호들은 그림 12.2에 설명되어 있다. (12.40)식으로부터

$$\Phi \sim 2\pi \int_0^a J_0(br) r\, dr \tag{12.43}$$

을 얻는다. (12.6)식을 이용하여 (12.43)식을 바로 적분하면

$$\Phi \sim \frac{2\pi ab}{b^2} J_1(ab) \sim \frac{\lambda a}{\sin\alpha} J_1\left(\frac{2\pi a}{\lambda} \sin\alpha\right) \tag{12.44}$$

를 얻는다. 회절 무늬로 나타나는 빛의 강도는 Φ^2에 비례하며 이 양은 아래와 같이 주어진다.

$$\Phi^2 \sim \left\{\frac{J_1[(2\pi a/\lambda)\sin\alpha]}{\sin\alpha}\right\}^2. \tag{12.45}$$

표 12.1에서 베셀함수의 영점값과 일차미분[7]값들이 수록되어 있으며 가장 작은 영점값을 (12.45)식에 대입하면

[6] 지수 $ibr\cos\theta$는 구멍 면 상 (r, θ) 점에 입사한 파동의 위상에 대하여 떨어져 있는 스크린 상 α각에 해당되는 점에 도달하는 파의 상대적인 위상을 제공한다. 이 피적분함수의 허수로 이루어진 지수는 적분이 푸리에 변환(제15장)임을 암시한다. 일반적으로 후라운호퍼 회절 무늬는 구멍의 푸리에 변환에 의해 주어진다.

[7] 베셀함수의 추가 근과 일차미분은 C. L. Beattie, Table of first 700 zeros of Bessel functions. *Bell Syst. Tech. J.* **37**, 689 (1958), and *Bell Monogr.* **3055**. 에서 찾아 볼 수 있다.

$$\frac{2\pi a}{\lambda}\sin\alpha = 3.8317\ldots \tag{12.46}$$

혹은

$$\sin\alpha = \frac{3.8317\lambda}{2\pi a} \tag{12.47}$$

를 얻는다. 초록빛의 파장은 $\lambda = 5.5\times10^{-7}$ m이며 $a = 0.5$ cm를 택하면 α의 값은 다음과 같다.

$$\alpha \approx \sin\alpha = 6.7\times10^{-5}(\text{radian}) \approx 14 \text{ sec of arc}, \tag{12.48}$$

(12.48)식은 빛의 휨이나 퍼짐은 아주 작음을 보여 주고 있다. 이것은 빛의 강도 대부분이 주극대에 속해 있기 때문이다. 이와 같은 분석이 17세기에 알려져 있다면 빛의 파동론에 대한 논쟁은 없었을 것이다. 20세기 중엽에 이와 같은 회절 무늬가 원자핵에 의한 핵입자의 산란에서 나타났다. 이것은 핵입자의 파동 성질을 극명하게 보여주는 실험이었다. ■

■ 직교성

베셀 방정식[(12.28)식]을 ρ로 나누면 이 식은 자체 수반이 되며 따라서 9.2절의 슈투름-리우비 이론에 의해 그 해들은 서로 직교하리라 예상된다. 여기서 물론 서로 직교하도록 충족되는 적절한 경계조건을 도입할 수 있다. 유한한 구간 [0, a]에서 경계조건을 찾기 위해 J_v의 변수에 매개변수 a와 α_{vm}을 도입하여 $J_v(\alpha_{vm}\rho/a)$가 되도록 한다. 여기서 a는 원통동경좌표 ρ의 상극한이다. (12.28)식은 다음과 같이

$$\rho\frac{d^2}{d\rho^2}J_\nu\left(\alpha_{\nu m}\frac{\rho}{a}\right)+\frac{d}{d\rho}J_\nu\left(\alpha_{\nu m}\frac{\rho}{a}\right)+\left(\frac{\alpha_{\nu m}^2\rho}{a^2}-\frac{\nu^2}{\rho}\right)J_\nu\left(\alpha_{\nu m}\frac{\rho}{a}\right)=0 \tag{12.49}$$

이 되며 매개변수를 α_{vm}에서 α_{vn}으로 바꾸면 $J_v(\alpha_{vn}\rho/a)$는

$$\rho\frac{d^2}{d\rho^2}J_\nu\left(\alpha_{\nu n}\frac{\rho}{a}\right)+\frac{d}{d\rho}J_\nu\left(\alpha_{\nu n}\frac{\rho}{a}\right)+\left(\frac{\alpha_{\nu n}^2\rho}{a^2}-\frac{\nu^2}{\rho}\right)J_\nu\left(\alpha_{\nu n}\frac{\rho}{a}\right)=0 \tag{12.50}$$

을 만족시킨다. 9.2절에서 진행시킨 과정과 같이 (12.49)식에 $J_v(\alpha_{vn}\rho/a)$를 곱하고 (12.50)식에 $J_v(\alpha_{vm}\rho/a)$를 곱하여 빼면

$$\begin{aligned}&J_\nu\left(\alpha_{\nu n}\frac{\rho}{a}\right)\frac{d}{d\rho}\left[\rho\frac{d}{d\rho}J_\nu\left(\alpha_{\nu m}\frac{\rho}{a}\right)\right]-J_\nu\left(\alpha_{\nu m}\frac{\rho}{d\rho}\right)\frac{d}{d\rho}\left[\rho\frac{d}{d\rho}J_\nu\left(\alpha_{\nu n}\frac{\rho}{a}\right)\right]\\&=\frac{\alpha_{\nu n}^2-\alpha_{\nu m}^2}{a^2}\rho J_\nu\left(\alpha_{\nu m}\frac{\rho}{a}\right)J_\nu\left(\alpha_{\nu n}\frac{\rho}{a}\right)\end{aligned} \tag{12.51}$$

를 얻는다. $\rho=0$에서 $\rho=a$까지 적분하면 (12.51)식은 다음과 같이 표시된다.

$$\int_0^a J_\nu\left(\alpha_{\nu n}\frac{\rho}{a}\right)\frac{d}{d\rho}\left[\rho\frac{d}{d\rho}J_\nu\left(\alpha_{\nu m}\frac{\rho}{a}\right)\right]d\rho$$
$$-\int_0^a J_\nu\left(\alpha_{\nu m}\frac{\rho}{a}\right)\frac{d}{d\rho}\left[\rho\frac{d}{d\rho}J_\nu\left(\alpha_{\nu n}\frac{\rho}{a}\right)\right]d\rho$$
$$=\frac{\alpha_{\nu n}^2-\alpha_{\nu m}^2}{a^2}\int_0^a J_\nu\left(\alpha_{\nu m}\frac{\rho}{a}\right)J_\nu\left(\alpha_{\nu n}\frac{\rho}{a}\right)\rho\,d\rho \tag{12.52}$$

(12.52)식의 왼쪽 항을 부분적분하면

$$\rho J_\nu\left(\alpha_{\nu n}\frac{\rho}{a}\right)\frac{d}{d\rho}J_\nu\left(\alpha_{\nu m}\frac{\rho}{a}\right)\Bigg|_0^a-\rho J_\nu\left(\alpha_{\nu m}\frac{\rho}{a}\right)\frac{d}{d\rho}J_\nu\left(\alpha_{\nu n}\frac{\rho}{a}\right)\Bigg|_0^a \tag{12.53}$$

이 된다. $\nu \geq 0$인 경우에 인수 ρ는 하한에서 $\rho=0$인 한 개의 영값을 보장한다. 실제로 지표 ν하한은 $\nu > -1$까지 확대될 수 있다.[8] $\rho=a$에서 매개변수 $\alpha_{\nu n}$과 $\alpha_{\nu m}$이 영이 되도록 택하거나 또는 J_ν의 근이 $J_\nu(\alpha_{\nu m})=0$으로 택하면 각 식들은 영이 된다. 이제 기호에 붙인 첨자는 의미를 갖게 되며 $\alpha_{\nu m}$은 J_ν의 m 번째 영이다.

매개변수의 선택에 따라 왼쪽 변은 영이 되며 (슈투름-리우비 경계조건이 만족됨), $m \neq n$인 경우에

$$\int_0^a J_\nu\left(\alpha_{\nu m}\frac{\rho}{a}\right)J_\nu\left(\alpha_{\nu n}\frac{\rho}{a}\right)\rho\,d\rho=0 \tag{12.54}$$

이 된다. 이 식은 $[0,\ a]$ 구간에서 직교성이 성립됨을 나타낸다.

■ 규격화

규격화 적분은 (12.53)식에서 $\alpha_{\nu n}=\alpha_{\nu m}+\varepsilon$으로 놓고 $\varepsilon\to 0$인 극한을 택하여 계산할 수 있다. (12.2)식의 점화관계식을 사용하면 그 결과는 다음과 같다.

$$\int_0^a\left[J_\nu\left(\alpha_{\nu m}\frac{\rho}{a}\right)\right]^2\rho\,d\rho=\frac{a^2}{2}[J_{\nu+1}(\alpha_{\nu m})]^2. \tag{12.55}$$

■ 베셀급수

베셀함수, $J_\nu(\alpha_{\nu m}\rho/a)$($\nu$는 고정, $m=1,\ 2,\ 3,\ \ldots$)의 세트가 완비되었다면 임의의 함수 $f(\rho)$는 베셀함수(베셀-후리에 또는 후리에-베셀)로 전개될 수 있다. 즉

$$f(\rho)=\sum_{m=1}^{\infty}c_{\nu m}J_\nu\left(\alpha_{\nu m}\frac{\rho}{a}\right),\qquad 0\leq\rho\leq a,\quad \nu>-1. \tag{12.56}$$

---

[8] $\nu=-1$인 경우는 (12.18)식에서 $\nu=+1$로 되돌아 간다.

(12.55)식을 사용하면 계수 c_{vm}을 다음과 같이 결정할 수 있다.

$$c_{vm} = \frac{2}{a^2[J_{v+1}(\alpha_{vm})]^2}\int_0^a f(\rho)J_v\left(\alpha_{vm}\frac{\rho}{a}\right)\rho\, d\rho. \qquad (12.57)$$

베셀함수와 근은 예제 12.1.4의 북의 진동 분석에 응용할 수 있다. 이 외에도 예제 12.1.5인 전자기 공명 공동 및 12.1절의 연습문제에도 응용된다.

예제 12.1.4 원형 평면 막의 진동

진동 막은 북 뿐만 아니라 전화, 송화기, 펌프 및 다른 장치들에 나타나기 때문에 실제 문제에서 아주 중요하다. 이 문제들은 이차원 파동방정식으로 취급되며 변수분리에 의한 베셀함수의 편미분방정식(PDE)을 풀면 된다.

막은 약간 휘는데 저항하지 않으며 단위 면적당 일정한 질량이 ρ인 탄성 물질로 구성되어 있다고 가정한다. 막은 xy평면 경계면으로 늘어난다. 막이 진동하는 동안 모든 방향으로 단위 길이당 **일정한 장력** T가 생기며 변하지 않는다. 어느 쪽으로 쏠린 막면은 $z = z(x, y, t)$로 표시되고 $|z|$, $|\partial z/\partial x|$, $|\partial z/\partial y|$는 어떤 시간 t에서나 **북가죽의 반경** a에 비하여 작다. **얇은 탄성막**의 작은 횡파 (막면에 대한) 진동에 관한한 이 가정들은 확실하며 북가죽의 정확한 정보를 제공한다.

편미분방정식을 유도하기 위해 길이가 dx, dy이고 면적이 $dxdy$인 작은 사각형 조각을 분석한다. 조각의 끝면에 작용하는 힘은 Tdx 및 Tdy이다. 이 힘은 조각 끝 면에 접선 방향으로 작용하는 반면에 막은 수평 평형 위치로부터 약간 편향된다 (그림 12.3). 편향된 막의 반대 끝쪽에서 각 α와 β는 $\cos\alpha \sim \cos\beta \sim 1$이 되도록 작아서 α와 관계되는 항들을 선형으로 택한다. 따라서 **수평 이동은 무시될 수 있도록** 수평 방향의 힘 성분인 $T\cos\alpha$, $T\cos\beta \sim T$들은 실제로 서로 같다.

이 힘들의 z 성분은 y축의 양 방향과 x축의 양 방향으로 각각 $T\,dy\sin\alpha$ 및 $-T\,dy\sin\beta$로 주어진다. 이 힘들의 합은

그림 12.3
진동하는 막의 사각형 조각

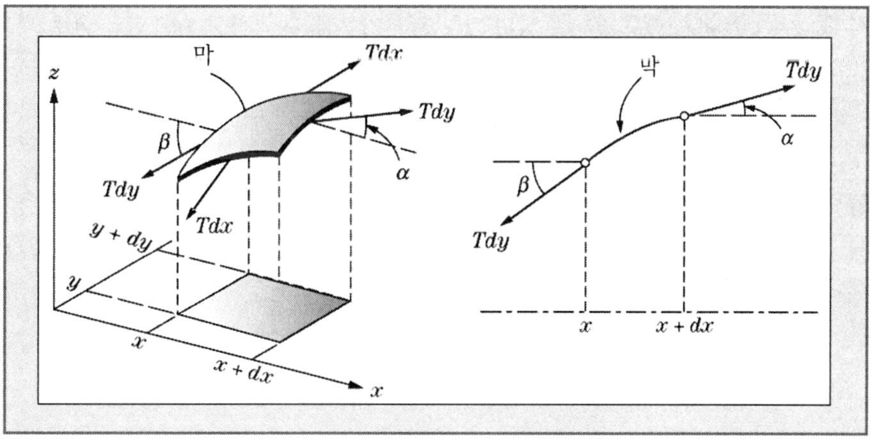

$$T\,dy(\sin\alpha - \sin\beta) \sim T\,dy(\tan\alpha - \tan\beta)$$
$$= T\,dy\left[\frac{\partial z(x+dx,\, y,\, t)}{\partial x} - \frac{\partial z(x,\, y,\, t)}{\partial x}\right]$$

이다. $\tan\alpha$, $\tan\beta$는 x 및 $x+dx$에서 x 방향으로 휘어진 막의 경사이다. 마찬가지로 서로 반대 방향으로 향한 힘의 합은 다음과 같다.

$$T\,dx\left[\frac{\partial z(x,\, y+dy,\, t)}{\partial y} - \frac{\partial z(x,\, y,\, t)}{\partial y}\right].$$

뉴턴의 힘 법칙을 따르면 이들 힘의 합은 휘지 않은 막의 질량 $\rho\,dx dy$에 가속도를 곱한

$$\rho\,dx\,dy\frac{\partial^2 z}{\partial t^2} = T\,dx\left[\frac{\partial z(x,\, y+dy,\, t)}{\partial y} - \frac{\partial z(x,\, y,\, t)}{\partial y}\right]$$
$$+ T\,dy\left[\frac{\partial z(x+dx,\, y,\, t)}{\partial x} - \frac{\partial z(x,\, y,\, t)}{\partial x}\right]$$

이다. 조각 면적 $dxdy$로 나누면 이차 편미분방정식

$$\frac{\rho}{T}\frac{\partial^2 z}{\partial t^2} = \frac{\frac{\partial z(x,y+dy,t)}{\partial y} - \frac{\partial z(x,y,t)}{\partial y}}{dy} + \frac{\frac{\partial z(x+dx,y,t)}{\partial x} - \frac{\partial z(x,y,t)}{\partial x}}{dx}$$

를 얻게 되며 상수 $c^2 = T/\rho$ 및 극한값 dx, $dy \to 0$을 택하면 위 식은

$$\frac{1}{c^2}\frac{\partial^2 z}{\partial t^2} = \frac{\partial^2 z}{\partial x^2} + \frac{\partial^2 z}{\partial y^2} \tag{12.58}$$

로 표시할 수 있으며 이 식을 **이차원 파동방정식(two-dimensional wave equation)**이라고 부른다.

위 식에서 $\frac{\partial^2 z}{\partial t \partial x}$와 같은 혼합된 미분은 포함되어 있지 않으므로 t 함수를 분리시켜 **해의 곱형식** 즉 $z = v(t)w(x,\, y)$로 쓸 수 있다. z와 z의 미분을 대입하고 $v(t)w(x,\, y)$로 나누면

$$\frac{1}{c^2 v(t)}\frac{\partial^2 v}{\partial t^2} = \frac{1}{w(x,\, y)}\left(\frac{\partial^2 w}{\partial x^2} + \frac{\partial^2 w}{\partial y^2}\right)$$

를 얻는다. 여기서 왼쪽은 변수 t만의 함수인 반면에 오른쪽은 공간 좌표만을 포함한다. 양변을 상수 $-k^2$과 같이 놓으면 t함수의 경우 조화진동자의 상미분방정식(ODE)과 x와 y의 경우 이차원 헬름홀쯔 미분방정식

$$\frac{d^2 v}{dt^2} + k^2 c^2 v(t) = 0, \qquad \frac{\partial^2 w}{\partial x^2} + \frac{\partial^2 w}{\partial y^2} + k^2 w(x,\, y) = 0 \tag{12.59}$$

이 된다. 이 방정식을 푸는 다음 단계는 경계조건과 대칭성에 관계된다. **분리상수** $-k^2$에 음의 부호를 붙였는데 이것은 진동해

$$v(t) = A\cos(kct) + B\sin(kct)$$

에 해당되기 때문이다. 양의 부호를 택한다면 시간에 따라 지수함수로 감쇠하는 해를 얻게 된다. 위의 파동방정식을 유도하는 데 보다 복잡한 편미분방정식을 제공하는 막의 **감쇠진동**은 일어나지 않는다고 가정하였다. 역학적인 문제 이외에도 분리상수의 선택은 다음에 자세히 논의하게 될 **경계조건(boundary condition)**과도 직결된다.

막이 원형인 경우에는 원통좌표계 즉 $z = z(t, \rho, \varphi)$를 사용해야 한다. z축에 대한 회전의 불변은 막의 휨이 방위각 φ와는 무관함을 암시한다. 그러므로 $z = z(t, \rho)$로 표시될 수 있으며 **초기** 휨(눌린 곳)과 $t = 0$에서 휜 점의 속도가 주어진다면 (편미분방정식은 시간에 이차)

$$z(0, \rho) = f(\rho), \qquad \frac{\partial z}{\partial t}(0, \rho) = g(\rho)$$

는 방위각의 함수가 되지 않는다. 더욱이 **막이 언제나** $\rho = a$**인 원형 경계에서 고정**되어 있어서 $z(t, a) \equiv 0$이다.

원통좌표계에서 (2.21)식을 사용하면 이차원 라플라시안에 대한 파동방정식은

$$\frac{1}{c^2}\frac{\partial^2 z}{\partial t^2} = \frac{\partial^2 z}{\partial \rho^2} + \frac{1}{\rho}\frac{\partial z}{\partial \rho} + \frac{1}{\rho^2}\frac{\partial^2 z}{\partial \varphi^2} \tag{12.60}$$

가 된다. 여기서 방위각함수를 삭제하면 파동방정식은

$$\frac{1}{c^2}\frac{\partial^2 z}{\partial t^2} = \frac{\partial^2 z}{\partial \rho^2} + \frac{1}{\rho}\frac{\partial z}{\partial \rho}$$

로 간결한 형태로 표현된다.

이제 $z = v(t)w(\rho)$형의 해를 찾으려면 변수분리를 하여야 한다. z와 z의 미분을 위 식[(12.60)식]에 대입하고 $v(t)w(\rho)$로 나누면 (12.59)식 대신에 $v(t)$에 대한 동일한 조화진동자 상미분방정식

$$\frac{d^2 w}{d\rho^2} + \frac{1}{\rho}\frac{dw}{d\rho} + k^2 w(\rho) = 0$$

을 얻는다. 척도를 $\rho \to r = k\rho$로 바꾸고 k^2으로 나누면 위 식은 다음과 같이 쓸 수 있다.

$$\frac{d^2 w}{dr^2} + \frac{1}{r}\frac{dw}{dr} + w(r) = 0,$$

여기서 이 식은 $\nu = 0$일 때 베셀 상미분방정식에 해당된다.

r은 유한함으로 해로 $J_0(r)$을 택하고 제2의 독립된 해는 원점에서 특이점을 갖는데 이것은

초기조건과 경계조건을 사용하여 제거한다.

경계조건 $w(a)=0$은 $J_0(ka)=0$을 만족되어야 함으로

$$k = k_n = \gamma_n/a, \quad \text{with} \quad J_0(\gamma_n) = 0, \ n = 1, 2, \ldots$$

가 되며 영값들, $\gamma_1 = 2.4048, \ldots$은 표 12.1에 수록되어 있다. 따라서 일반해는 중첩 원리에 의해 다음과 같이 주어진다.

$$z(t, \rho) = \sum_{n=1}^{\infty}[A_n \cos(\gamma_n ct/a) + B_n \sin(\gamma_n ct/a)]J_0(\gamma_n \rho/a). \tag{12.61}$$

$t=0$에서 초기조건은 아래와 같은 전개를 필요로 한다.

$$f(\rho) = \sum_{n=1}^{\infty} A_n J_0(\gamma_n \rho/a), \quad g(\rho) = \sum_{n=1}^{\infty} \frac{\gamma_n c}{a} B_n J_0(\gamma_n \rho/a), \tag{12.62}$$

여기서 A_n 및 B_n은 주어진 함수 $f(\rho)$ 및 $g(\rho)$의 베셀급수 전개에 의해 얻어진다. 일반적인 경우로 베셀함수의 직교성[(12.57)식을 참조하여라]을 사용하면 A_n은

$$A_n = \frac{2}{a^2[J_1(\gamma_n)]^2} \int_0^a f(\rho) J_0(\gamma_n \rho/a) \rho \, d\rho \tag{12.63}$$

로 구해지며 $g(\rho)$ 전개에 나타나는 계수 B_n도 같은 방법으로 구할 수 있다.

그림 12.4
북가죽의 중심타

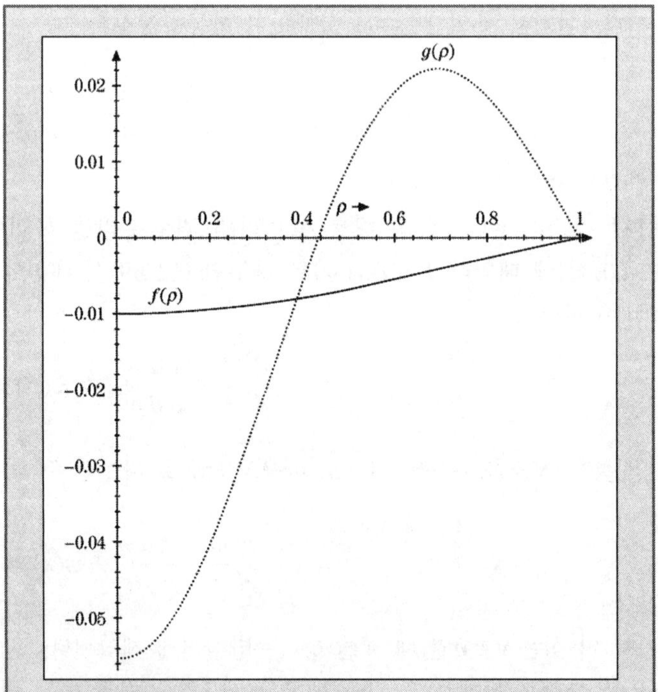

가장 간단한 예를 들어 초기조건이

$$f(\rho) = -0.01aJ_0(\gamma_1\rho/a), \quad g(\rho) = -0.1\frac{\gamma_2 c}{a}J_0(\gamma_2\rho/a)$$

와 같다고 가정하자. 이것은 $t=0$에서 북가죽의 중심타격에 해당된다(그림 12.4참조). 이에 해당되는 완전해 ($c^2 = T/\rho$)

$$z(t, \rho) = -0.01aJ_0\left(2.4048\frac{\rho}{a}\right)\cos\frac{2.4048ct}{a} - 0.1J_0\left(5.5201\frac{\rho}{a}\right)\sin\frac{5.5201ct}{a}$$

는 초기조건에 따라 $n=1$ 및 $n=2$ 항만을 포함한다 (그림 12.5). ■

예제 12.1.5 **원통공명 공동**

속이 빈 금속 원통 내에서 전자기파동의 전파는 많은 장치에서 중요하다. 원통이 끝면을 갖는다면 공동이라고 부른다. 공명 공동은 많은 입자 가속기에서 결정적인 역할을 한다.

길이 $z=0$에서 $z=l$에 끝면을 가진 공동 중심을 따라 z축을 택하고 원통좌표를 사용한다. 공동의 벽면은 면 상에서 접선 전기장이 영이되는 완전 도체이다 (그림 12.6에서와 같이).

$$E_z = 0 \qquad \rho = a, \quad E_\rho = 0 = E_\varphi \qquad z = 0, l. \tag{12.64}$$

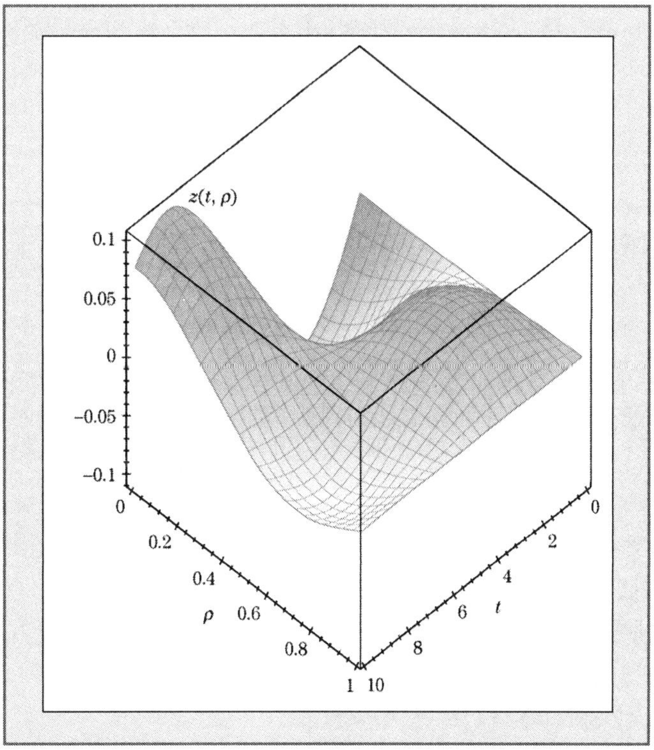

그림 12.5
$a=1$ 및 $c=0.1$에서 북가죽의 해

그림 12.6
원통공명 공동

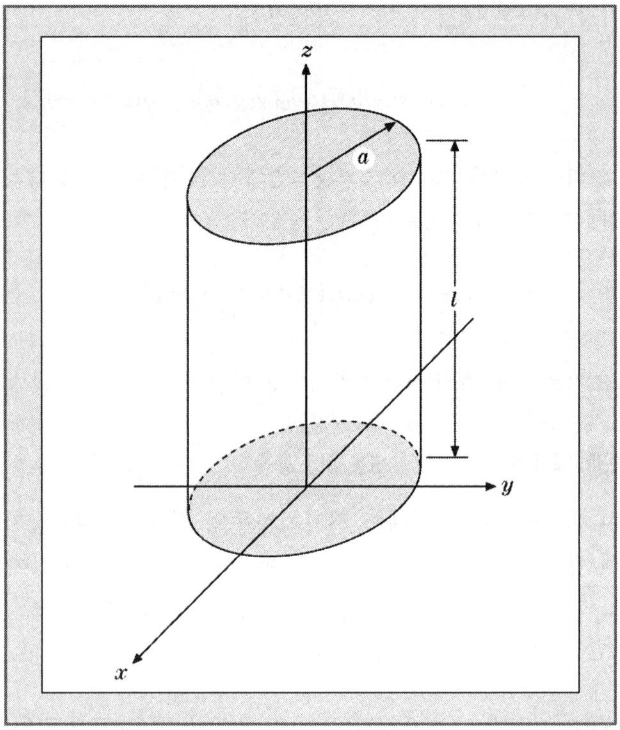

공동 내에서는 $\varepsilon_0\mu_0 = 1/c^2$이도록 진공으로 되어 있다. 공명 공동 내부에서 전자기파는 조화 시간 의존 즉, $e^{-i\omega t}$로 진동하며 이 결과는 막스웰 방정식(1.8절)의 공간변수에서 시간을 분리시켜 얻어진 것이다. 이 때의 시간 미분방정식은 다음과 같이 주어진다.

$$\nabla \times \nabla \times \mathbf{E} = -\frac{1}{c^2}\frac{\partial^2 \mathbf{E}}{\partial t^2} = k_0^2\mathbf{E}, \quad k_0^2 = \omega^2/c^2.$$

전하가 없는 진공에서 $\nabla \cdot \mathbf{E} = 0$이며 전기장의 공간좌표에 대한 (1.96)식은

$$\nabla^2\mathbf{E} + k_0^2\mathbf{E} = 0$$

으로 주어지는데 벡터 헬름홀쯔 편미분방정식(PDE)이라고 부른다. z성분(공간좌표계의 E_z 성분)은 스칼라 헬름홀쯔 방정식[예제 12.1.4에서 (12.59)식]을 3차원으로 일반화시킨 식

$$\nabla^2 E_z + k_0^2 E_z = 0 \tag{12.65}$$

을 만족시킨다. 가로 전기장 성분 $\mathbf{E}_\perp = (E_\rho, E_\varphi)$는 같은 편미분방정식을 만족시키나 앞에서 주어진 다른 경계조건을 따른다.

예제 12.1.4에서와 같이 혼합된 미분 $\frac{\partial^2 E_z}{\partial z \partial \rho}$가 없으므로 변수 z를 ρ 및 φ에서 분리시킬 수 있다. 원통좌표계에서 ∇^2을 나타내는 (2.21)식을 사용하여 곱으로 표시되는 해 $E_z = v(\rho, \varphi)w(z)$를 (12.65)식에 대입하면

$$-\frac{1}{w(z)}\frac{d^2w}{dz^2}=\frac{1}{v(\rho,\varphi)}\left(\frac{\partial^2 v}{\partial\rho^2}+\frac{1}{\rho}\frac{\partial v}{\partial\rho}+\frac{1}{\rho^2}\frac{\partial^2 v}{\partial\varphi^2}+k_0^2 v\right)=k^2$$

을 얻는다. 여기서 k^2은 왼쪽 및 오른쪽 변이 다른 함수와 관계되기 때문에 분리상수이다. $w(z)$에 있어서 정상파 해는

$$w(z)=A\sin kz+B\cos kz$$

를 갖는 조화진동자의 상미분방정식임을 알 수 있으며 여기서 A와 B는 상수이다. $v(\rho,\ \varphi)$의 경우에는

$$\frac{\partial^2 v}{\partial\rho^2}+\frac{1}{\rho}\frac{\partial v}{\partial\rho}+\frac{1}{\rho^2}\frac{\partial^2 v}{\partial\varphi^2}+\gamma^2 v=0,\quad \gamma^2=k_0^2-k^2$$

으로 주어지는 편미분방정식을 얻게 된다. 이 편미분방정식에서 혼합된 미분 $\frac{\partial^2 v}{\partial\rho\partial\varphi}$가 없으므로 ρ와 φ를 변수분리시켜 곱으로 표시되는 해 $v=u(\rho)\Phi(\varphi)$를 사용하면

$$\frac{\rho^2}{u(\rho)}\left(\frac{d^2u}{d\rho^2}+\frac{1}{\rho}\frac{du}{d\rho}+\gamma^2 u\right)=-\frac{1}{(\varphi)}\frac{d^2}{d\varphi^2}=m^2$$

을 얻는다. 여기서 **분리상수 m^2은 정수이어야 하며** 이것은 상미분방정식

$$\frac{d^2\Phi}{d\varphi^2}+m^2\Phi=0$$

의 방위각 해 $\Phi=e^{im\varphi}$가 방위각 φ에 따라 주기적으로 변한다.

위의 변수분리에서 동경 상미분방정식은

$$\frac{d^2u}{d\rho^2}+\frac{1}{\rho}\frac{du}{d\rho}+\left(\gamma^2-\frac{m^2}{\rho^2}\right)^u=0$$

으로 주어진다. 척도를 $\rho\to r=\gamma\rho$로 바꾸고 γ^2으로 나누면

$$\frac{d^2u}{dr^2}+\frac{1}{r}\frac{du}{dr}+\left(1-\frac{m^2}{r^2}\right)^u=0$$

과 같은 식이 된다. 이 식은 $\nu=m$인 베셀 상미분방정식이다.

비정칙 제이 독립해는 원점에서 받아들일 수 없는 특이점을 갖기 때문에 정상적인 해 $J_m(\gamma\rho)$를 사용한다. 완전해는

$$E_z=J_m(\gamma\rho)e^{im\varphi}(A\sin kz+B\cos kz) \tag{12.66}$$

로 주어진다. 여기서 상수 γ는 공동면 $\rho=a$ (즉 γa는 베셀함수 J_m의 근이 되어야 하는) 상에서 $E_z=0$인 **경계조건**으로부터 결정된다. 이 결과는 띄엄띄엄한 값들, $\gamma=\gamma_{mn}$을 주며 n은 J_m의 n 번째 근(표 12.1)이다.

$H_z = 0$인 진동모드를 갖는 가로자기파(TM)의 경우 막스웰 방정식(J. D. Jackson의 *Electrodynamics*의 공명 공동을 참조하여라)은 다음과 같이 주어진다.

$$\mathbf{E}_\perp \sim \boldsymbol{\nabla}_\perp \frac{\partial E_z}{\partial z}, \quad \boldsymbol{\nabla}_\perp = \left(\frac{\partial}{\partial \rho}, \frac{1}{\rho}\frac{\partial}{\partial \varphi}\right).$$

이 결과는 $A = 0$으로 놓은 $E_z \sim \cos kz$해를 예시하며 따라서 $z = 0$, l에서 $\mathbf{E}_\perp \sim \sin kz = 0$은

$$k = \frac{p\pi}{l}, \quad p = 0, 1, 2, \ldots \tag{12.67}$$

와 같을 때 만족될 수 있다. 그러므로 **접선** 전기장 E_ρ와 E_φ는 $z = 0$ 및 $z = l$에서 영이 된다. 환언하면 TM 모드의 경우 $z = 0$ 및 $z = a$에서 $dE_z/dz = 0$은 $A = 0$에 해당된다.

위의 설명을 종합하면

$$\gamma^2 = \frac{\omega^2}{c^2} - k^2 = \frac{\omega^2}{c^2} - \frac{p^2\pi^2}{l^2}, \tag{12.68}$$

$$\gamma = \gamma_{mn} = \frac{\alpha_{mn}}{a} \tag{12.69}$$

과 같은 결과를 얻으며 여기서 α_{mn}은 J_m의 n 번째 영이다. 일반해는

$$E_z = \sum_{m,n,p} J_m(\gamma_{mn}\rho) e^{\pm im\varphi} B_{mnp} \cos \frac{p\pi z}{l} \tag{12.70}$$

로 쓸 수 있으며 B_{mnp}는 중첩 원리에 의한 상수이다.

두 경계조건과 분리상수 m^2의 결과는 이 진동의 각 진동수는 세 개의 띄엄띄엄 떨어진 매개변수

$$\omega_{mnp} = c\sqrt{\frac{\alpha_{mn}^2}{a^2} + \frac{p^2\pi^2}{l^2}}, \quad \begin{cases} m = 0, 1, 2, \ldots \\ n = 1, 2, 3, \ldots \\ p = 0, 1, 2, \ldots \end{cases} \tag{12.71}$$

에 의존함을 드러내고 있다. 이 진동수는 TM 모드에 허용된 공명진동수이다. 파인만과 공저자[9]들은 공동 공명 연구에서 베셀함수를 개발하였다. ■

■ 비정수 차수를 갖는 베셀함수

모함수 이용 방법은 두 점화 공식, 베셀 미분방정식, 적분 표현식, 가법 정리(예제 12.1.2)와 상하경계(연습문제 12.1.1)를 유도하는 데 아주 편리하다. 그러나 모함수는 단지 정수차수를

[9] Feynman, R. P., Leighton, R. B., and Sands, M. (1964). *The Feynman Lectures on Physics*, Vol. 2, Chap. 23. Addison-Wesley, Reading, MA.

갖는 베셀함수 J_0, J_1, J_2 등을 정의할 뿐이다. 경로적분을 사용할 수 없는 것이 모함수 이용 방법의 한계이다 (12.3절). 그러나 제1종 베셀함수 $J_v(x)$는 급수[(12.15)식]를 사용하여 v가 비정수일 때 새로운 정의로서 다룰 수 있다.

$J_v(x)$의 급수를 대입하여 점화관계식을 확인하였다. 이 관계식으로부터 베셀 방정식을 구할 수 있다. 사실 v가 정수가 아니라면 실제로 베셀함수의 중요하고도 간단한 형식이 있나. (12.18)식의 형식적인 관계가 존재하지 않기 때문에 J_v와 J_{-v}는 서로 독립되어 있다. 환언하면 $v = n$이 정수인 경우 또 하나의 해를 필요로 한다. 제2종의 해를 구하는 것과 그 특성을 조사하는 것이 12.2절의 과제이다.

연습문제

12.1.1 모함수의 곱 $g(x, t) \cdot g(x, -t)$로부터 다음 식

$$1 = [J_0(x)]^2 + 2[J_1(x)]^2 + 2[J_2(x)]^2 + \cdots$$

이 성립됨을 보이고 $|J_0(x)| \le 1$과 $|J_n(x)| \le 1/\sqrt{2}, n = 1, 2, 3, \ldots$임을 보여라.
힌트. 멱급수의 유일성을 이용하여라.

12.1.2 야코비-앵거 전개식

$$e^{iz\cos\theta} = \sum_{m=-\infty}^{\infty} i^m J_m(z) e^{im\theta}$$

을 유도하여라. 이 식은 원통파동의 급수에 포함되는 평면파의 전개이다.

12.1.3 다음 식이 성립함을 보여라.

(a) $\cos x = J_0(x) + 2\sum_{n=1}^{\infty}(-1)^n J_{2n}(x)$,

(b) $\sin x = 2\sum_{n=1}^{\infty}(-1)^{n+1} J_{2n+1}(x)$.

12.1.4 다음 식을 증명하여라.

$$\frac{\sin x}{x} = \int_0^{\pi/2} J_0(x\cos\theta)\cos\theta\, d\theta, \qquad \frac{1-\cos x}{x} = \int_0^{\pi/2} J_1(x\cos\theta)\, d\theta.$$

힌트. 다음의 정적분은 이 식을 증명하는 데 유용하다.

$$\int_0^{\pi/2} \cos^{2s+1}\theta\, d\theta = \frac{2\cdot 4\cdot 6\cdots(2s)}{1\cdot 3\cdot 5\cdots(2s+1)}.$$

12.1.5 다음 식이 성립함을 보여라.

$$J_0(x) = \frac{2}{\pi}\int_0^1 \frac{\cos xt}{\sqrt{1-t^2}}\,dt.$$

이 적분은 푸리에 코사인 변환이다 (15.4절과 비교하여라). 푸리에 사인변환

$$J_0(x) = \frac{2}{\pi}\int_1^\infty \frac{\sin xt}{\sqrt{t^2-1}}\,dt$$

는 한켈함수의 적분 표현식을 사용하여 유도할 수 있다.

12.1.6 다음 식을 유도하여라.

$$J_n(x) = (-1)^n x^n \left(\frac{1}{x}\frac{d}{dx}\right)^n J_0(x).$$

힌트. 수학적 귀납법으로 n에서 $n+1$ 단계에서 사용될 점화식을 다시 써 보아라.

12.1.7 $J_n(x)$의 연속된 영 사이에 $J_{n+1}(x)$의 영이 단 하나들어 있음을 보여라.
힌트. (12.1)식과 (12.6)식을 이용하여라.

12.1.8 원형 구멍을 가진 계에서 방출되는 안테나 복사 무늬의 분석은 다음 식

$$g(u) = \int_0^1 f(r)J_0(ur)r\,dr$$

과 관계된다. $f(r) = 1-r^2$이라면 위 식은 다음과 같이 쓸 수 있음을 보여라.

$$g(u) = \frac{2}{u^2}J_2(u).$$

12.1.9 핵산란 실험에서 미분 단면적은 $d\sigma/d\Omega = |f(\theta)|^2$으로 주어진다. 근사 계산은

$$f(\theta) = \frac{-ik}{2\pi}\int_0^{2\pi}\int_0^R \exp[ik\rho\sin\theta\sin\varphi]\rho\,d\rho\,d\varphi$$

로 주어지며 여기서 θ는 산란입자가 산란되는 각도이며 R은 핵의 반지름이다. 다음 식이 성립됨을 보여라.

$$\frac{d\sigma}{d\Omega} = (\pi R^2)\frac{1}{\pi}\left[\frac{J_1(kR\sin\theta)}{\sin\theta}\right]^2.$$

12.1.10 함수 $C_n(x)$군은 점화관계식

$$C_{n-1}(x) - C_{n+1}(x) = \frac{2n}{x}C_n(x),$$
$$C_{n-1}(x) + C_{n+1}(x) = 2C_n'(x)$$

를 만족시킨다.

(a) $C_n(x)$가 만족시키는 선형 이차 상미분방정식을 구하여라.

(b) 변수를 바꾸어 이 상미분방정식을 베셀 방정식으로 변환시켜라. 이것은 $C_n(x)$를 변형된 변수를 갖는 베셀함수로 표시될 수 있음을 암시한다.

12.1.11 (a) 잘 정의된 경로를 따르는 식

$$J_\nu(x) = \frac{1}{2\pi i}\left(\frac{x}{2}\right)^\nu \int t^{-\nu-1} e^{t-x^2/4t} dt$$

로부터 다음 점화관계식을 유도하여라.

$$J_\nu'(x) = \frac{\nu}{x} J_\nu(x) - J_{\nu+1}(x).$$

(b) 같은 경로를 따르는 식

$$J_\nu(x) = \frac{1}{2\pi i}\int t^{-\nu-1} e^{(x/2)(t-1/t)}\, dt$$

로부터 다음 점화관계식을 유도하여라.

$$J_\nu'(x) = \frac{1}{2}[J_{\nu-1}(x) - J_{\nu+1}(x)].$$

12.1.12 점화관계식

$$J_n'(x) = \frac{1}{2}[J_{n-1}(x) - J_{n+1}(x)]$$

는 아래식

$$J_n(x) = \frac{1}{\pi}\int_0^\pi \cos(n\theta - x\sin\theta)\, d\theta$$

를 미분하여 직접 구할 수 있음을 보여라.

12.1.13 다음 식을 계산하여라.

$$\int_0^\infty e^{-ax} J_0(bx)\, dx, \quad a, b > 0.$$

실제로 이 결과는 $a \geq 0$, $-\infty < b < \infty$에서 성립한다. 이것은 J_0의 라플라스 변환이다.

힌트. J_0의 적분 표현식, 급수전개 또는 베셀 상미분방정식의 라플라스 변환을 이용하는 것이 문제 해결에 도움이 된다.

12.1.14 삼각함수형 공식[(12.29)식]을 사용하여 다음 식을 증명하여라.

$$J_0(br) = \frac{1}{2\pi}\int_0^{2\pi} e^{ibr\sin\theta}d\theta.$$

12.1.15 원형 구멍에 입사하여 투과되는 입사파의 일부(수직입사)는

$$T = \int_0^{2ka} J_2(x)\left(\frac{2}{x} - \frac{1}{2ka}\right)dx$$

와 같이 주어진다. 여기서 a는 구멍의 반경, k는 파수, $2\pi/\lambda$이다. 다음 식이 성립함을 보여라.

(a) $T = 1 - \frac{1}{ka}\sum_{n=0}^{\infty} J_{2n+1}(2ka)$, (b) $T = 1 - \frac{1}{2ka}\int_0^{2ka} J_0(x)\,dx$.

12.1.16 다음 식을 정의하여 아래의 문제들이 성립함을 보여라.

$$I_{m,n}(a) \equiv \int_0^a x^m J_n(x)\,dx, \quad m \ge n \ge 0,$$

(a) $I_{3,0}(x) = \int_0^x t^3 J_0(t)\,dt = x^3 J_1(x) - 2x^2 J_2(x)$;

(b) $m+n$이 기수인 경우 베셀함수와 x의 멱수$[a^p J_q(a)]$로 적분 가능하다.

(c) $m+n$이 우수인 경우 적분항과 $\int_0^a J_0(x)dx$로 풀 수 있다.

12.1.17 $y(x) = x^{-n}v(x)$를 대입하여 상미분방정식 $x^2y''(x) + axy'(x) + (1+b^2x^2)y(x) = 0$을 풀어라. 여기서 a 및 b는 실 매개변수이다. v에 대한 상미분방정식이 J_0에 대한 베셀 상미분방정식이 되도록 n과 a를 조절하여라. 이 a값에 대한 일반해 $y(x)$를 구하여라.

12.2 노이만 함수와 제2종 베셀함수

상미분방정식 이론에서 베셀 이차 상미분방정식에는 서로 독립된 두 해가 존재함이 확인되었다. 사실 ν가 정수가 아닌 경우에도 무한급수[(12.15)식]를 사용하여 두 해 $J_\nu(x)$와 $J_{-\nu}(x)$를 구하였다. ν가 정수일 때 (12.18)식이 성립되며 단지 하나의 독립된 해를 갖는다는 것이 문제이다. 두 번째 해는 8.6절의 방법으로 구해질 수 있다. 이 방법은 완전하게 베셀 방정식의 두 번째 해를 제공하지만 표준형은 아니다.

■ 정의와 급수형

이 문제를 다루는 한 가지 방법으로 $J_\nu(x)$와 $J_{-\nu}(x)$의 특이한 일차 결합

$$Y_\nu(x) = \frac{\cos(\nu\pi)J_\nu(x) - J_{-\nu}(x)}{\sin \nu\pi} \tag{12.72}$$

를 택한다. 이 식은 노이만 함수(그림 12.7)[10]이다. ν가 정수가 아닌 경우 $Y_\nu(x)$는 이미 알려진 해 $J_\nu(x)$와 $J_{-\nu}(x)$의 일차 결합이므로 베셀 방정식을 만족시킨다. $n\rightarrow\nu$인 경우 멱급수[(12.15)식]를 대입하면 $\nu>0$일 때

$$Y_\nu(x) = -\frac{(\nu-1)!}{\pi}\left(\frac{2}{x}\right)^\nu + \cdots \tag{12.73}$$

식을 얻는다. 그러나 ν가 정수인 경우에 (12.18)은 적용되나 (12.58)식[11]은 부적절하다. $Y_\nu(x)$의 정의는 막연한 특성에 대해 신중히 선택되었다. 다시 멱급수를 대입하고 로피탈 법칙을 따라 $\nu\rightarrow 0$에 대해 $Y_\nu(x)$를 계산하면 극한값

$$Y_0(x) = \frac{2}{\pi}(\ln x + \gamma - \ln 2) + \mathcal{O}(x^2) \tag{12.74}$$

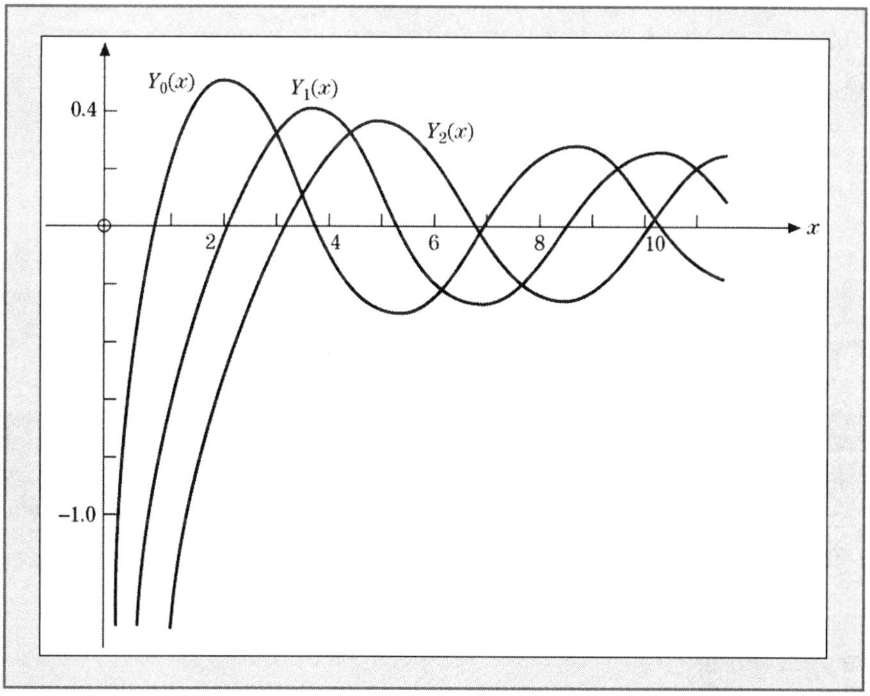

그림 12.7
노이만 함수 $Y_0(x)$, $Y_1(x)$ 및 $Y_2(x)$

[10] AMS−55와 대부분의 수학표에 나온 기호를 사용한다.
[11] 이 극한 형태는 지수 ν에 대한 정수 및 비정수에 적용된다.

을 얻는다. 이 식을 구하는데 $n=0$ 및 $x \to 0$을 택하고 (10.32)식으로부터

$$\nu!(-\nu)! = \frac{\pi\nu}{\sin\pi\nu} \tag{12.75}$$

를 사용하였다. (12.74)식의 첫째 및 셋째 항은 $(d/d\nu)(x/2)^\nu = (x/2)^\nu \ln(x/2)$를 사용하여 도출되는 반면에 γ는 (10.38)식과 (10.40)식을 사용하여 $\nu \to 0$ 경우에 $(d/d\nu)\nu!$로부터 계산된다. $n>0$인 경우에 마찬가지로

$$Y_n(x) = -\frac{(n-1)!}{\pi}\left(\frac{2}{x}\right)^n + \cdots + \frac{2}{\pi}\left(\frac{x}{2}\right)^n \frac{1}{n!}\ln\left(\frac{x}{2}\right) + \cdots \tag{12.76}$$

를 얻는다. (12.74)식과 (12.76)식은 기대하였던 것과 같이 로그에 의존함을 보인다. 물론 이 식은 J_n과 Y_n이 서로 독립되어 있음을 확인시켜 준다.

■ 그 이외의 형식

모든 다른 베셀함수에서와 같이 $Y_\nu(x)$도 적분 표현식을 갖고 있다. $Y_0(x)$의 경우 다음 식을 소개한다.

$$Y_0(x) = -\frac{2}{\pi}\int_0^\infty \cos(x\cosh t)\,dt = -\frac{2}{\pi}\int_1^\infty \frac{\cos(xt)}{(t^2-1)^{1/2}}\,dt, \quad x>0.$$

이와 같은 형식은 12.3절에서 다룬 한켈 표현식의 허수 부분으로 유도될 수 있다. 위의 두 번째 형식은 푸리에 코사인 변환이다.

임의의 ν에 대한 베셀 상미분방정식의 가장 일반적인 해는 다음과 같이 쓸 수 있다.

$$y(x) = AJ_\nu(x) + BY_\nu(x). \tag{12.77}$$

(12.74)식과 (12.76)식에서 Y_n은 적어도 대수적으로 발산하다. 원점에서 유한한 값을 갖는 베셀함수 해를 문제의 해로 요구하는 경계조건은 자동적으로 $Y_n(x)$를 배제시킨다. 역으로 이와 같은 조건이 없는 경우에는 $Y_n(x)$가 고려되어야 한다.

인명 자료

Neumann, Karl. 독일의 수학자 및 물리학자인 노이만은 1832년 출생하여 1925년 서거하였다. 1868년 노이만은 라이프치히대학 수학과 교수로 임명되었다. 그의 주요 업적은 퍼텐셜 이론과 편미분과 적분방정식에 대한 연구였다.

■ 점화관계식

$Y_\nu(x)$를 표시하는 (12.72)식 (비정수 ν) 또는 (12.76)식(정수 ν)을 $J_n(x)$에 대한 점화관계식 [(12.8)식과 (12.21)식]에 대입하면 $Y_\nu(x)$가 같은 점화관계식을 만족시킨다는 것을 바로 알 수

가 있다. 이것은 실제로 Y_ν가 해라는 것을 증명하는 것이다. 모든 해는 같은 점화관계식을 만족시킬 필요는 없는데 이것은 비정수 ν를 포함하는 $Y_\nu(x)$는 $\nu \to -\nu$로 되는 점화관계를 따르는 $J_{-\nu} \neq J_\nu$를 포함하고 있기 때문이다.

■ 론스키 공식

8.6절과 연습문제 9.1.3에서 베셀 방정식에 대한 론스키 공식[12]

$$u_\nu(x)v_\nu'(x) - u_\nu'(x)v_\nu(x) = \frac{A_\nu}{x} \tag{12.78}$$

를 다루었다. 이 식에서 A_ν는 앞으로 다루게 될 베셀함수 $u_\nu(x)$와 $v_\nu(x)$와 관계되는 매개변수이다. A_ν와 x는 무관하며 상수이다. 특별한 경우

$$u_\nu(x) = J_\nu(x), \quad v_\nu(x) = J_{-\nu}(x), \tag{12.79}$$

$$J_\nu J_{-\nu}' - J_\nu' J_{-\nu} = \frac{A_\nu}{x} \tag{12.80}$$

를 고려하여 보자. A_ν는 상수이므로 급수전개[(12.15)식과 (12.17)식]식의 선행 항들을 사용하여 확인하여 보자. 모든 다른 x의 멱수는 삭제하면

$$\begin{aligned} J_\nu &\to x^\nu/(2^\nu \nu!), & J_{-\nu} &\to 2^\nu x^{-\nu}/(-\nu)!, \\ J_\nu' &\to \nu x^{\nu-1}/(2^\nu \nu!), & J_{-\nu}' &\to -\nu 2^\nu x^{-\nu-1}/(-\nu)! \end{aligned} \tag{12.81}$$

을 얻는다. 위 식을 (12.80)식에 대입하면

$$J_\nu(x)J_{-\nu}'(x) - J_\nu'(x)J_{-\nu}(x) = \frac{-2\nu}{x\nu!(-\nu)!} = -\frac{2\sin\nu\pi}{\pi x} \tag{12.82}$$

가 된다. 론스키가 영이 아님은 두 해가 서로 독립이라는 것을 나타내므로 ν가 정수인 경우 A_ν는 영임에 유의하여라. (12.18)식에 따르면 J_n과 J_{-n}은 분명히 일차종속이다.

점화관계식을 사용하면 여러 가지 다른 형태의 형식

$$J_\nu J_{-\nu+1} + J_{-\nu}J_{\nu-1} = \frac{2\sin\nu\pi}{\pi x}, \tag{12.83}$$

$$J_\nu J_{-\nu-1} + J_{-\nu}J_{\nu+1} = -\frac{2\sin\nu\pi}{\pi x}, \tag{12.84}$$

$$J_\nu Y_\nu' - J_\nu' Y_\nu = \frac{2}{\pi x}, \tag{12.85}$$

$$J_\nu Y_{\nu+1} - J_{\nu+1}Y_\nu = -\frac{2}{\pi x} \tag{12.86}$$

[12]이 결과는 9.1절의 자체 수반 형식의 계수 $p'(x)/p(x)$와 같은 8.5절의 $P(x)$에 의존한다.

를 구할 수 있다. 추가자료에서 많은 형식들을 찾아볼 수 있다.

제8장에서 론스키는 두 가지 관점에서 큰 가치를 갖는다: 즉 (i) 미분방정식 해가 서로 독립 또는 일차종속임을, (ii) 두 번째 해의 적분 형식을 결정하는 데 큰 역할을 한다. 여기서 론스키의 특별한 형식과 론스키와 유도된 베셀함수의 결합은 여러 종류의 베셀함수의 일반적인 거동을 설명하는 데 아주 유용하다. 론스키는 베셀함수의 표를 수치 확인하는 데 많이 이용된다.

예제 12.2.1 **동축 도파관**

반경이 $\rho = a$ 및 $\rho = b$인 동심 전도 원통면 사이에 국한되어 있는 전자기파를 생각해 보자. 여기에 필요한 대부분의 수학은 이미 예제 12.1.5에서 계산하였다. 즉 원통좌표계를 택하여 전과 같이 시간변수를 분리하면 예제 12.1.5의 정상파 대신에 진행파 형식인 $e^{i(kz-\omega t)}$를 얻게 된다. 이 조건이 만족되도록 방정식의 해 $w(z) = A\sin kz + B\cos kz$에 $A = iB$로 놓으면

$$E_z = \sum_{m,n} b_{mn} J_m(\gamma\rho) e^{\pm im\varphi} e^{i(kz-\omega t)} \tag{12.87}$$

을 얻는다. 동축 도파관에서는 베셀과 노이만 함수도 모두 기여하는데 원점 $\rho = 0$은 물리 영역$(0 < a \le \rho \le b)$의 부분이 아니며 노이만 함수를 배제하고는 그 이상 사용되어질 수 없기 때문이다. 이제 $\rho = a$ 및 $\rho = b$에서 두 개의 경계조건이 있음이 분명하다. 노이만 함수 $Y_m(\gamma\rho)$로 $E_z(\rho, \varphi, z, t)$를 기술하면

$$E_z = \sum_{m,n} [b_{mn} J_m(\gamma_{mn}\rho) + c_{mn} Y_m(\gamma_{mn}\rho)] e^{\pm im\varphi} e^{i(kz-\omega t)} \tag{12.88}$$

이 된다. 여기서 γ_{mn}은 경계조건으로부터 결정된다. 모든 곳에서 가로 자기장 조건

$$H_z = 0 \tag{12.89}$$

을 택하면 TM 모드에 대한 기본 방정식을 얻는다.

전기장(접선)은 전도 표면에서 영이 되어야 하며 (디리클레 경계조건) 수식으로 표현하면 다음과 같다.

$$b_{mn} J_m(\gamma_{mn} a) + c_{mn} Y_m(\gamma_{mn} a) = 0, \tag{12.90}$$

$$b_{mn} J_m(\gamma_{mn} b) + c_{mn} Y_m(\gamma_{mn} b) = 0. \tag{12.91}$$

이들 동차 선형방정식의 자명하지 않은 해의 b_{mn} 및 c_{mn}이 존재하려면 이들의 행렬식이 영이 되어야 한다. 여기서 얻어지는 초월방정식 $J_m(\gamma_{mn}a)Y_m(\gamma_{mn}b) = J_m(\gamma_{mn}b)Y_m(\gamma_{mn}a)$를 풀어 γ_{mn}을 구할 수 있으며 따라서 c_{mn}/b_{mn}이 결정될 수 있다. 예제 12.1.5로부터 다음 식을 얻는다.

$$k^2 = \omega^2 \mu_0 \varepsilon_0 - \gamma_{mn}^2 = \frac{\omega^2}{c^2} - \gamma_{mn}^2, \tag{12.92}$$

여기서 c는 광속도 및 k^2은 진동해에 있어서 양이어야 하며 전파되는 최소 진동수(TM 모드)는

$$\omega = \gamma_{mn} c \tag{12.93}$$

이며 γ_{mn}은 (12.90)식 및 (12.91)식으로 주어지는 경계조건에 의해 확정된다. 일반적으로 진동수가 주어질 때 유한 개의 모드가 전파될 수 있다. 주어진 진동수에서 단지 가장 낮은 모드 k만이 전파될 수 있도록 원통관($a<b$)의 크기가 선택된다.

또한 (12.88)식으로 주어지는 H_z와 $E_z=0$인 가로전기 모드도 존재한다. ■

요 약

노이만 함수에 대한 검토를 끝내도록 다음과 같은 논리를 노이만 함수 $Y_\nu(x)$에 도입한다:

1. 노이만 함수는 베셀 방정식의 두 번째 독립된 함수로서 일반해를 이룬다.
2. 노이만 함수는 양자역학의 산란 이론이나 동축 케이블에서 전파되는 전자기파와 같은 특별한 물리 문제를 다루는 데 필요하다.
3. 노이만 함수는 두 가지 한켈함수를 등장시킨다 (12.3절).

연습문제

12.2.1 노이만 함수 Y_n(n은 정수)은 다음의 점화관계식

$$Y_{n-1}(x) + Y_{n+1}(x) = \frac{2n}{x} Y_n(x)$$

$$Y_{n-1}(x) - Y_{n+1}(x) = 2Y_n'(x)$$

를 만족시킴을 증명하여라.

힌트. 이 관계는 J_ν에 대한 점화관계식을 미분하거나 영으로 나눠지지 않는 Y_ν의 극한 형식을 사용하여 증명할 수 있다.

12.2.2 다음 관계식이 성립함을 보여라.

$$Y_{-n}(x) = (-1)^n Y_n(x).$$

12.2.3 다음 관계식이 성립함을 보여라.

$$Y_0'(x) = -Y_1(x).$$

12.2.4 Y와 Z가 베셀함수의 두 해라면 다음 식이 성립함을 보여라.

$$Y_\nu(x) Z_\nu'(x) - Y_\nu'(x) Z_\nu(x) = \frac{A_\nu}{x},$$

여기서 A_ν는 ν에 의존하나 x와는 무관하다. 이것은 연습문제 9.1.3의 특별한 경우

에 해당된다.

12.2.5 론스키 공식

$$J_\nu(x)J_{-\nu+1}(x) + J_{-\nu}(x)J_{\nu-1}(x) = \frac{2\sin\nu\pi}{\pi x},$$

$$J_\nu(x)Y_\nu'(x) - J_\nu'(x)Y_\nu(x) = \frac{2}{\pi x}$$

를 증명하여라.

12.2.6 론스키 상수를 구하는데 x를 영으로 근접시키는 대신에 멱급수의 유일성을 추구할 수 있다. $u_\nu(x)v_\nu'(x) - u_\nu'(x)v_\nu(x)$의 급수 전개에서 x^{-1}의 계수는 A_ν이다 급수 전개를 통해서 $J_\nu(x)J'_{-\nu}(x) - J_\nu'(x)J_{-\nu}(x)$의 x^0 및 x^1의 계수가 각각 영임을 보여라.

12.2.7 (a) 아래 식

$$\int_0^\infty \cos(x\cosh t)\,dt$$

를 미분하고 베셀 상미분방정식에 대입하여 이 식이 해라는 것을 보여라.
힌트. 위의 적분을 다음과 같이 재정리하여라.

$$\int_0^\infty \frac{d}{dt}\{x\sin(x\cosh t)\sinh t\}\,dt.$$

(b) 다음 식이 $J_0(x)$의 일차 독립임을 보여라.

$$Y_0(x) = -\frac{2}{\pi}\int_0^\infty \cos(x\cosh t)\,dt.$$

12.3 점근적 전개

물리 문제에서는 때때로 주어진 베셀함수가 변수의 큰 값에 따라 어떻게 거동하는지 즉 점근 거동을 알 필요가 있다. 수치해를 이미 알려진 점근공식에 맞혀볼 필요가 없거나 또는 수치 예측을 할 필요가 없어서 계산기가 도움이 되지 않을 때가 바로 이런 경우에 해당된다. 한 가지 가능한 해결 방법은 8.5절에서와 같이 미분방정식의 멱급수 해를 구하는 것이다. 그러나 음의 멱수를 사용하여야 하는데 이것은 소토크스 방법을 사용하면 된다. 급수가 수렴하려면 변수가 양의 값으로 시작한다는 한계에 직면하며 주어진 해들이 어떻게 혼합되어 있는지 또는 주어진 해의 중복을 모른다. 문제는 점근급수(변수가 큰 값을 가질 때 유용한)가 멱급수 또는 이와 관계되는 정의(변수가 작은 값을 가질 때 유용한)와 어떻게 연관되어 있는지에 달려있다. 이 관계는 적절한 **적분 표현식**과 급강하 방법 (7.3절) 또는 이 절에서 공부할 직접 전개를 도입하여 정립될 수 있다.

적분 표현식은 $\Gamma(z)$의 (10.35)식과 12.1절에서의 $J_\nu(z)$의 여러 가지 표현식에서 제시되었다. 베셀(과 한켈)함수의 적분 표현식을 고려하면 왜 우리가 적분 표현식에 관심이 있는지 논의하는 것은 타당하다. 여기에는 적어도 네 가지 이유가 있다. 첫째 단순한 흥미, 둘째 적분 표현식은 일차 독립인 두 해를 식별하는 데 도움이 된다 (7.3절). 셋째 적분 표현식은 함수의 조작, 분석과 다양한 특수함수 사이의 관계를 전개시키는 데 편리하다. 넷째로 아마도 가장 중요한 것으로 적분 표현식은 점근 전개를 유도하는 데 매우 유용하다. 한 가지 해결 방법인 급강하 방법은 7.3절에서 포함되어 있으며 이 절에서도 다룬다.

한켈함수는 다음과 같은 이유에서 여기에 소개된다.

- $e^{\pm ix}$의 베셀함수 유사형으로서 진행파를 기술하는 데 유용하다.
- 한켈함수는 또 하나의 (경로적분) 베셀함수의 세련된 정의를 제시한다.

■ 적분 표현식의 전개

직접적인 해결 방법으로 다음의 적분식 (슈레플리 적분)

$$J_\nu(z) = \frac{1}{2\pi i}\int_C e^{(z/2)(t-1/t)}t^{-\nu-1}dt \tag{12.94}$$

를 고려하여 보자. 여기서 그림 12.8에서와 같이 C는 원점 주위의 경로이다. 이 공식은 코시 정리에서 유도된 것으로 적분 내의 지수로서 (12.16)식으로 주어진 모함수의 (12.9)식을 정의하는 데 사용되었다. 이 식은 $-\pi <$ 편각 $z < 2\pi$ 범위에서 (12.94)식을 증명하나 단지 ν가 정수일 때만 성립한다. ν가 정수가 아니면 피적분 함수는 한 값이 아니며 복소 t 면에 절단선이 필요해 진다. 절단선으로 음의 실축을 택하고 그림 12.8에 표시된 경로를 사용하면 (12.94)식을 비정수 ν로 확장시킬 수 있다. 이 경우에 적분 표현식[(12.94)식]을 대입하여 베셀 상미분

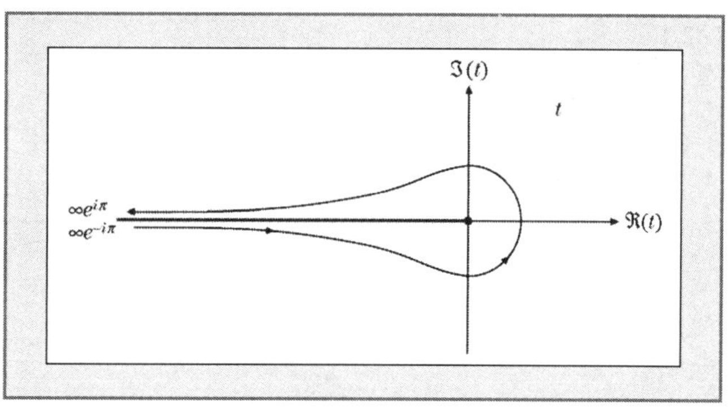

그림 12.8
베셀함수 경로

방정식

$$z^2 J''(z)_\nu + zJ'_\nu(z) + (z^2 - \nu^2)J_\nu(z)$$
$$= \frac{1}{2\pi i}\int_C e^{(z/2)(t-1/t)} t^{-\nu-1}\left[\frac{z^2}{4}\left(t+\frac{1}{t}\right)^2 + \frac{z}{2}\left(t-\frac{1}{t}\right) - \nu^2\right]dt \quad (12.95)$$

를 확인할 필요가 있다. 여기서 피적분 함수는 $t \to \infty e^{\pm i\pi}$일 때 영이 되는 다음의

$$\frac{d}{dt}\left\{\exp\left[\frac{z}{2}\left(t-\frac{1}{t}\right)\right]t^{-\nu}\left[\nu+\frac{z}{2}\left(t+\frac{1}{t}\right)\right]\right\} \quad (12.96)$$

이 완전 도함수임을 확인할 수 있다. 따라서 (12.95)식의 적분은 영이 되며 베셀 상미분방정식을 만족시킨다.

이제 그림 12.9에서와 같이 경로가 양의 실축을 따라 원점에 접근하도록 경로를 변경시킨다. 이 특별한 시도는 (12.96)식의 완전 도함수가 $e^{-z/2t}$인자로 인해 $t \to 0$일 때 영이 됨을 보장한다. 따라서 $\infty e^{-i\pi}$에서 0까지와 0에서 $\infty e^{i\pi}$에 해당되는 분리된 두 부분의 각각은 베셀 상미분방정식의 해이다. 다음 식

$$H_\nu^{(1)}(z) = \frac{1}{\pi i}\int_0^{\infty e^{i\pi}} e^{(z/2)(t-1/t)}\frac{dt}{t^{\nu+1}}, \quad (12.97)$$

$$H_\nu^{(2)}(z) = \frac{1}{\pi i}\int_{\infty e^{-i\pi}}^{0} e^{(z/2)(t-1/t)}\frac{dt}{t^{\nu+1}}, \quad (12.98)$$

$$J_\nu(z) = \frac{1}{2}\left[H_\nu^{(1)}(z) + H_\nu^{(2)}(z)\right] \quad (12.99)$$

가 성립되도록 정의한다. 이 표현식들은 급강하 방법으로 다룰 수 있기 때문에 아주 편리하다 (7.3절). $H_\nu^{(1)}(z)$는 $t = +i$에서 안정점을 가지는 반면에 $H_\nu^{(2)}(z)$는 $t = -i$에서 안정점을 갖는다. 큰 $|z|$ 값을 택할 때 $-\pi <$ 편각 $z < 2\pi$ 범위에서 (7.84)식은 다음과 같이 주어진다.

$$H_\nu^{(1)}(z) \sim \sqrt{\frac{2}{\pi z}}\exp\left(i\left[z - \left(\nu+\frac{1}{2}\right)\frac{\pi}{2}\right]\right). \quad (12.100)$$

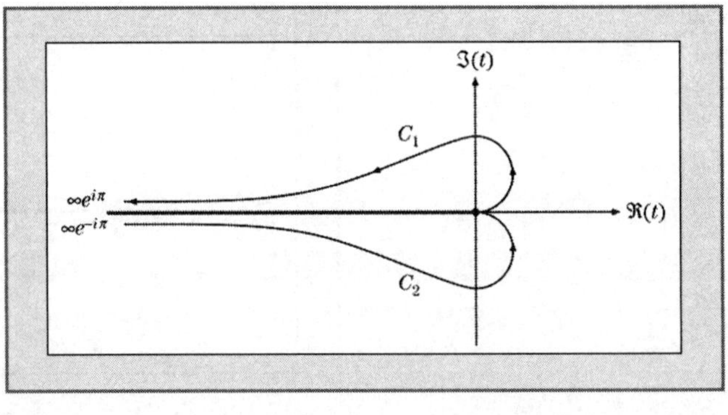

그림 12.9
한켈함수 경로

두 번째 한켈함수는 첫 번째 한켈함수(실수 z)의 공액 복소수이므로 큰 $|z|$값을 택할 때 $-2\pi <$ 편각 $z < \pi$ 범위에서 아래와 같이 주어진다.

$$H_\nu^{(2)}(z) = \sqrt{\frac{2}{\pi z}} \exp\left(-i\left[z - \left(\nu + \frac{1}{2}\right)\frac{\pi}{2}\right]\right). \tag{12.101}$$

(12.99)식에 첨가해서 다음 식이 성립됨을 볼 수 있다.

$$Y_\nu(z) = \frac{1}{2i}\left[H_\nu^{(1)}(z) - H_\nu^{(2)}(z)\right]. \tag{12.102}$$

위의 설명은 다음 단계를 거쳐 종결지을 수 있다:

1. (12.97)식의 $H_\nu^{(1)}$에 $t = e^{i\pi}/s$ 및 (12.98)식의 $H_\nu^{(2)}$에 $t = e^{-i\pi}/s$를 각각 대입하면 다음 식을 얻는다.

$$H_\nu^{(1)}(z) = e^{-i\nu\pi} H_{-\nu}^{(1)}(z), \tag{12.103}$$

$$H_\nu^{(2)}(z) = e^{i\nu\pi} H_{-\nu}^{(2)}(z). \tag{12.104}$$

2. (12.99)식 $(\nu \to -\nu)$, (12.103)식 및 (12.104)식으로부터

$$J_{-\nu}(z) = \frac{1}{2}\left[e^{i\nu\pi} H_\nu^{(1)}(z) + e^{-i\nu\pi} H_\nu^{(2)}(z)\right] \tag{12.105}$$

를 얻는다.

3. 마지막으로 Y_ν를 정의하는 식 (12.72)식에 J_ν[(12.99)식]와 $J_{-\nu}$[(12.105)식]를 대입하면 (12.102)식을 얻으며 표준 한켈함수를 나타내는 경로적분[(12.97)식과 (12.98)식]을 제시한다.

J_ν는 $-\pi <$ 편각 $z < \pi$ 범위에 속하는 큰 $|z|$의 경우 실수 z에 대한 $H_\nu^{(1)}(z)$의 실수 부분

$$J_\nu(z) \sim \sqrt{\frac{2}{\pi z}} \cos\left[z - \left(\nu + \frac{1}{2}\right)\frac{\pi}{2}\right] \tag{12.106}$$

이다.

노이만 함수는 $-\pi <$ 편각 $z < \pi$ 범위에 속하는 큰 $|z|$의 경우 $H_\nu^{(1)}(z)$의 허수 부분으로 다음과 같다.

$$Y_\nu(z) \sim \sqrt{\frac{2}{\pi z}} \sin\left[z - \left(\nu + \frac{1}{2}\right)\frac{\pi}{2}\right]. \tag{12.107}$$

(12.106)식의 첫 항만을 택하여 점근 공식의 정확성을 확인하여 보자. 예로서 그림 12.10에서 볼 수 있다. 분명히 (12.106)식의 정확성을 확인하는 조건은 (12.106)식에서 다음 (중요한 항이 아닌 사인) 항 즉 $8x \gg 4n^2 - 1$로 평가되는 항을 무시할 수 있다는 것이다.

노이만 함수 $Y_n(x)$의 정의는 다소 임의로 정해진다. (12.72)식과 (12.76)식은 $a_n J_n(x)$형의

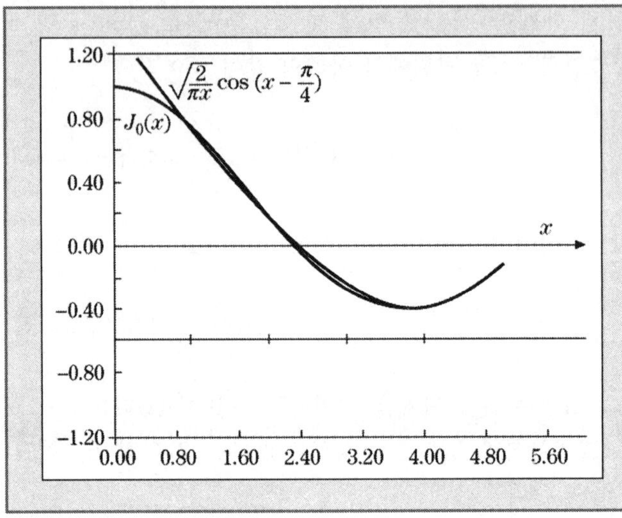

그림 12.10
$J_0(x)$의 점근 근사

항들을 포함한다. 명백히 상수 a_n의 유한한 값은 베셀 방정식의 둘째 해를 제공한다. a_n은 왜 (12.72)식과 (12.76)식에서 특별한 값을 가져야 하는가? 이 절에서 설명한 점근 의존성이 해답을 준다. J_n이 근사적으로 코사인파[(12.106)식]에 해당된다면 Y_n은 사인파[(12.107)식]에 해당된다. 이 간단하고 편리한 점근 위상 관계는 J_n과 Y_n의 특별한 뒤섞임 결과이다.

이와 같은 결과는 점근 전개의 정당성을 확인해 준다. 그러나 중요한 특성을 지적하여 두는 것은 가치가 있다. $z^{-1/2}$의 일반적인 특성을 제쳐놓으면, $J_\nu(z)$와 $Y_\nu(z)$는 각각 코사인과 사인으로 거동한다. 이들 함수들이 영이 되는 z값은 π구간마다 **거의** 균등한 간격을 두고 배치되어 있다. 그리고 이 간격은 $z\to\infty$인 극한에서 정확하게 π가 된다. 한켈함수는 허수 지수함수처럼 거동한다고 정의되었다. 이 점근 거동은 물리 문제의 해로서 이 함수들의 하나를 제거하는데 충분할 수 있다. 이 문제는 다음 예제에서 설명하겠다.

예제 12.3.1 원통 진행파

한켈함수를 사용하는 예로서 예제 12.1.4의 진동 원형막과 유사한 이차원 파동 문제를 생각해 보자. 파가 $\rho=0$에서 생성되어 외부 무한대로 이동한다고 상상하여라. 정상파를 진행파로 대체시킨다. 미분방정식은 동일하지만 경계조건이 달라진다. ρ가 큰 값을 가질 때 해가 나가는 파를 기술하려면

$$U \to e^{i(k\rho-\omega t)} \qquad (12.108)$$

과 같은 거동을 필요로 한다. 앞에서와 같이 k는 파수이다. 문제를 단순화시키기 위해 이 식은 각운동량이 영, 혹은 $m=0$인 방위각에 종속되어 있지 않다고 가정한다. 7.4절 및 12.3절에서 $H_0^{(1)}(k\rho)$는 점근 거동($\rho\to\infty$인 경우)이

$$H_0^{(1)}(k\rho) \to e^{ik\rho} \qquad (12.109)$$

로 주어짐이 밝혀졌다. 무한대에서 경계조건은 파동의 해가

$$U(\rho,t) = H_0^{(1)}(k\rho)e^{-i\omega t} \tag{12.110}$$

임을 결정한다. 이 해는 $\rho \to 0$이 될 때 발산한다. 이것은 특이점인 원점에 있는 파동 발생 원천에서 기대되는 거동으로 해의 특이한 거동을 반영해 준다. ■

한켈함수 $H_0^{(1)}$을 설명하기 위한 이차원 파동 문제 선택이 우연은 아니다. 베셀함수는 원추좌표의 변수분리 같은 다양한 부분에 나타날 수 있다. 그러나 한켈함수는 보편적으로 원통좌표와 구면 극좌표에서 헬름홀쯔 방정식의 변수분리에 속하는 동경방정식으로 나타난다. 이 경우에 원통좌표계의 축퇴된 형식을 사용하였다. 구면 극좌표계(구면파)를 사용한다면 지표 $\nu = n + \frac{1}{2}$, $n =$ 정수를 택해야 한다. 이 특별한 값은 12.4절에서 논의할 구 베셀함수를 이끌어 낸다.

마지막으로 12.2절에서 지적한 바와 같이 점근 형식은 여러 가지 론스키 공식(연습문제 12.3.2와 비교하여라)을 계산하는 데 사용될 수 있다.

■ 수치 계산

계산기 프로그램이 베셀 또는 변경된 베셀함수를 필요로 할 때 프로그래머는 모든 베셀함수를 저장하여 계산기에게 요구되는 값을 어떻게 알아내는지 지시하거나 단순히 필요로 하는 값을 계산하도록 계산기에 지시하는 두 가지 선택이 가능하다. 첫 번째 선택은 비교적 천천히 진행될 것이며 저장 용량에 적절치 않은 크기의 계산이 부과될 수도 있다. 그러므로 프로그래머는 "네 스스로 알아서 계산하여라"라는 선택을 해야 된다.

점화관계식[(12.8)식]을 사용하여 $J_n(x)$를 계산하여 보자. J_0와 J_1이 주어졌을 때 예를 들면 J_2(과 다른 정수 J_n)는 (12.8)식으로부터 계산될 수 있다. 계산기가 제공하는 기화로 인해 (12.8)식은 흥미 있는 새로운 응용에 사용된다. x_0가 주어진 경우 $J_N(x_0)$의 수치 계산을 하는 데 작은 x 값의 경우 (12.15)식의 급수 형식을 큰 x값의 경우에는 점근 공식[(12.106)식]을 사용할 수 있다. 정확도와 기계 활용에 따라 보다 좋은 방법은 점화관계식[(12.8)식]을 사용하여 **계산**하는 것이다.[13] $n \gg N$ 및 $n \gg x_0$일 때 다음

$$J_{n+1}(x_0) = 0 \quad \text{and} \quad J_n(x_0) = \alpha$$

와 같이 가정하여라. 여기서 α는 작은 수이다. 그러면 (12.8)식은 $J_{n-1}(x_0)$, $J_{n-2}(x_0)$ 등을 그리고 최종적으로 $J_0(x_0)$를 유도한다. α는 임의 수이므로 J_n은 공통인수로 인해 α와 무관하게 된다. 이 인수는 다음의 조건

[13]Stegun, I. A., and Abramowitz, M. (1957). Generation of Bessel functions on computers. *Math. Tables Aids Comput.* **11**, 255–257.

표 12.2
노이만함수를 계산하는 데 필요한 방정식
주석: 실제로 급수(멱 또는 점근)로 제한하며 $n=0$, 1에서 $Y_n(x)$를 계산하는 것이 편리하다. 그런 다음 점화공식 (12.8)식을 사용하여 $Y_n(x)$, $n \geq 2$를 계산한다.

	멱급수	점근급수
$Y_n(x)$	(12.76) 식, $x \leq 4$	(12.107) 식, $x > 4$

$$J_0(x_0) + 2\sum_{m=1}^{\infty} J_{2m}(x_0) = 1$$

에 의해 결정된다 (예제 12.1.1을 보아라). 이 계산의 정확도는 $n' = n+3$으로 시도하면 확인된다. 이 계산법은 바라던 $J_N(x_0)$ 값은 또한 모든 낮은 정수지수를 갖는 J_n에서부터 J_0까지의 값을 제공하며 **점화관계식에 나타나는 반올림 오차의 치명적인 집적**을 피할 수 있다. 높은 정밀도를 필요로 하는 수치 계산은 거의 예술이다. 위에서 설명한 또는 그 이외의 수치 계산 기술의 수정과 정밀성이 매년 제기되고 있다. 현재 알려진 "예술의 상태"에 이른 이들 계산에 대한 정보를 얻으려면 추가 도서 목록에 기록된 *Numerical Recipes*의 제8장, *Atlas for Computing Mathematical Functions*의 제13장, 또는 the journal *Mathematics of Computation* 등의 도움을 받아야 할 것이다.

Y_n을 수치 계산할 때 x가 작은 경우에는 급수, x가 큰 경우에는 점근공식(음의 멱수를 갖는 급수의 많은 항을 포함)이 사용하는 것이 적절한 방법이다. x값의 크고 작은 판정 기준은 표 12.2에 제시한 바와 같이 바뀔 수도 있다.

연습문제

12.3.1 $J_\nu(z)$[(12.94)식]에서 적분 표현식의 규격화를 확인함에 있어서 $Y_\nu(z)$는 존재하지 않는다고 가정하였다. 적분 표현식[(12.94)식]이 비록 ε이 작기는 하지만 $J_\nu(z) + \varepsilon Y_\nu(z)$ 해를 산출한다는 것을 어떻게 아는가?

12.3.2 점근 전개를 사용하여 다음의 론스키 공식이 성립함을 증명하여라.

(a) $J_\nu(x)J_{-\nu-1}(x) + J_{-\nu}(x)J_{\nu+1}(x) = -2\sin \nu\pi/\pi x$,
(b) $J_\nu(x)Y_{\nu+1}(x) - J_{\nu+1}(x)Y_\nu(x) = -2/\pi x$,
(c) $J_\nu(x)H_\nu^{(2)}(x) - J_{\nu-1}(x)H_\nu^{(2)}(x) = 2/i\pi x$.

12.3.3 스토크스 방법

(a) 베셀 방정식의 해인 베셀함수를 $x^{-1/2}y(x)$로 대체하여라. 그 다음 $y(x)$가 다음 식을 만족시킴을 보여라.

$$y''(x) + \left(1 - \frac{\nu^2 - \frac{1}{4}}{x^2}\right) y(x) = 0.$$

(b) 다음의 가정된 형식

$$y(x) = e^{ix} \sum_{n=0}^{\infty} a_n x^{-n}$$

으로 출발하여 x의 음의 멱수를 가진 멱급수 해를 구하여라. a_{n+1}을 a_n으로 기술하는 점화관계식을 결정하고 그 결과 점근공식 (12.106)식과 비교 확인하여라.

(c) 7.3절의 결과로부터 초기 계수 a_0를 결정하여라.

12.3.4 (a) 베셀함수를 생성할 즉, x와 n이 주어졌을 때 $J_n(x)$의 수치값을 이끌어 낼 부수적인 과정을 기술하여라.

(b) Maple이나 Mathematica와 같은 소프트웨어를 사용하여 부수적인 과정을 확인하여라. 가능하다면 몇 개의 n과 x에 대한 확인을 하는 데 필요한 기계 작동시간과 지금 개발한 부수적인 과정이 요구하는 시간을 비교하여라.

12.4 구면 베셀함수

구면 좌표계에서 헬름홀쯔 방정식이 분리되어지면 동경방정식은 다음과 같은

$$r^2 \frac{d^2R}{dr^2} + 2r\frac{dR}{dr} + [k^2r^2 - n(n+1)]R = 0 \tag{12.111}$$

의 형식을 갖는다. 이 식은 8.5절의 (8.62)식이다. 매개변수 k는 본래의 헬름홀즈 방정식에 포함되어 있는 반면에 $n(n+1)$은 분리상수이다. 극좌표 각함수(르장드르 방정식; 4.3절, 8.9절과 11.2절)의 거동에서 분리상수는 음의 정수가 아닌 n을 가진 위와 같은 형식이어야 한다. (12.111)식은 자체 수반인 장점을 구비하고 있으나 명백히 베셀 상미분방정식은 아니다. 그러나 다음 식

$$R(kr) = \frac{Z(kr)}{(kr)^{1/2}}$$

을 대입시키면 (12.111)식은 베셀 미분방정식

$$r^2 \frac{d^2Z}{dr^2} + r\frac{dZ}{dr} + \left[k^2r^2 - \left(n + \frac{1}{2}\right)^2\right] Z = 0 \tag{12.112}$$

이 된다. Z는 차수가 $n + \frac{1}{2}$(n은 정수)인 **베셀함수**이다. 구면 좌표계의 중요성 때문에 이 결합

$$\frac{Z_{n+1/2}(kr)}{(kr)^{1/2}}$$

은 자주 물리 문제에 등장한다.

■ 정의

이 함수들을 다음과 같이 정의되는 방정식들과 더불어 구면 베셀함수라고 명명한다.

$$\begin{aligned} j_n(x) &= \sqrt{\frac{\pi}{2x}} J_{n+1/2}(x), \\ y_n(x) &= \sqrt{\frac{\pi}{2x}} Y_{n+1/2}(x) = (-1)^{n+1} \sqrt{\frac{\pi}{2x}} J_{-n-1/2}(x),^{14} \\ h_n^{(1)}(x) &= \sqrt{\frac{\pi}{2x}} H_{n+1/2}^{(1)}(x) = j_n(x) + i y_n(x), \\ h_n^{(2)}(x) &= \sqrt{\frac{\pi}{2x}} H_{n+1/2}^{(2)}(x) = j_n(x) - i y_n(x). \end{aligned} \tag{12.113}$$

이 구면 베셀함수[그림 12.11과 12.12]는 n을 $n+\frac{1}{2}$로 대체한 J_n의 급수[(12.15)식]를 사용하여 급수 형식으로 다음과 같이 표시할 수 있다.

$$J_{n+1/2}(x) = \sum_{s=0}^{\infty} \frac{(-1)^s}{s!(s+n+\frac{1}{2})!} \left(\frac{x}{2}\right)^{2s+n+1/2}. \tag{12.114}$$

르장드르 중복공식 (10.1절)

$$z!\left(z+\frac{1}{2}\right)! = 2^{-2z-1} \pi^{1/2} (2z+1)! \tag{12.115}$$

을 사용하여 아래 식을 얻게 된다.

$$\begin{aligned} j_n(x) &= \sqrt{\frac{\pi}{2x}} \sum_{s=0}^{\infty} \frac{(-1)^s 2^{2s+2n+1}(s+n)!}{\pi^{1/2}(2s+2n+1)!s!} \left(\frac{x}{2}\right)^{2s+n+1/2} \\ &= 2^n x^n \sum_{s=0}^{\infty} \frac{(-1)^s (s+n)!}{s!(2s+2n+1)!} x^{2s}. \end{aligned} \tag{12.116}$$

이제 (12.72)식으로부터

$$Y_{n+1/2}(x) = (-1)^{n+1} J_{-n-1/2}(x) = (-1)^{n+1} j_{-n-1}(x) \sqrt{\frac{2x}{\pi}} \tag{12.117}$$

---

[14] n이 정수인 경우 $\cos(n+\frac{1}{2})\pi = 0$ 이므로 가능하다.

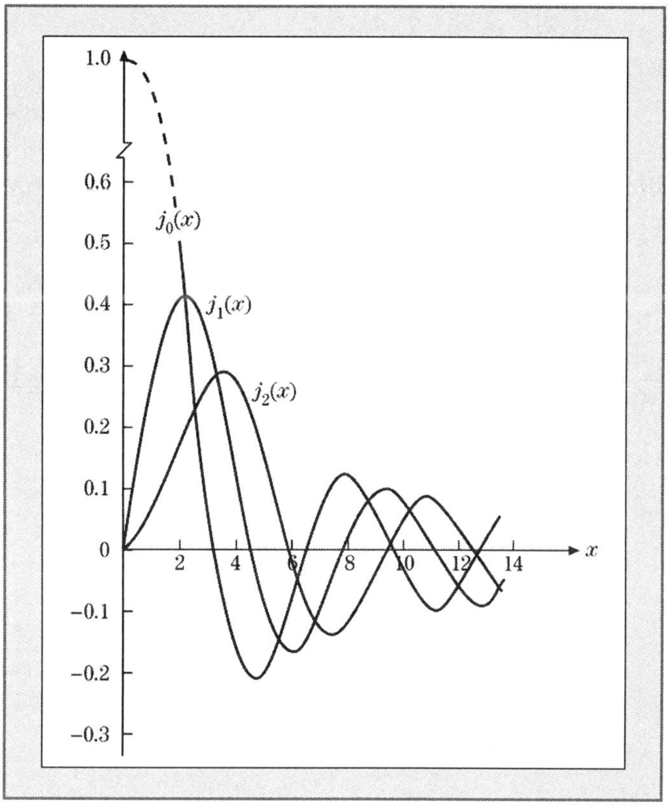

그림 12.11
구면 베셀함수

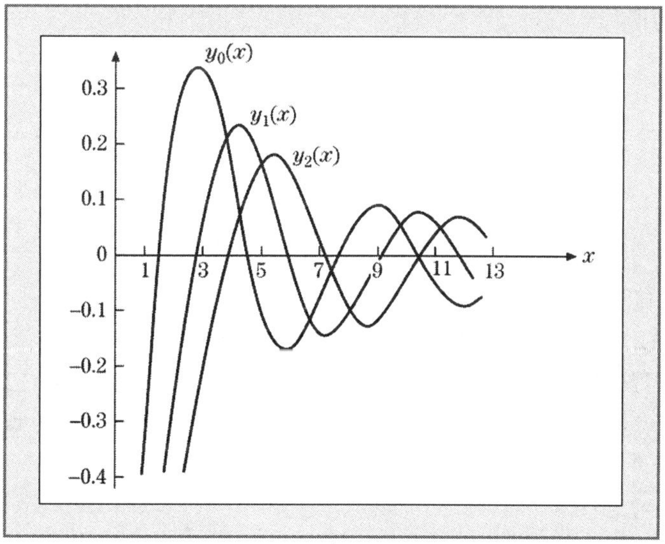

그림 12.12
구면 노이만함수

라는 식을 유도하고 (12.15)식을 이용하면

$$J_{-n-1/2}(x) = \sum_{s=0}^{\infty} \frac{(-1)^s}{s!\left(s-n-\frac{1}{2}\right)!}\left(\frac{x}{2}\right)^{2s-n-1/2} \tag{12.118}$$

이라는 식을 얻게 된다. 이 식으로부터

$$y_n(x) = (-1)^{n+1}\frac{2^n\pi^{1/2}}{x^{n+1}}\sum_{s=0}^{\infty}\frac{(-1)^s}{s!\left(s-n-\frac{1}{2}\right)!}\left(\frac{x}{2}\right)^{2s} \tag{12.119}$$

을 얻는다. (12.116)식에서 $n \to -n-1$로 대체시켜 (12.117)식을 사용하여 다음 식을 유도할 수 있다.

$$y_n(x) = \frac{(-1)^{n+1}}{2^n x^{n+1}}\sum_{s=0}^{\infty}\frac{(-1)^s(s-n)!}{s!(2s-2n)!}x^{2s}. \tag{12.120}$$

이 급수형인 (12.116)식과 (12.120)식은 다음의 두 가지 점에서 유용하다.

- $x \to 0$일 때 극한값
- $n=0$일 때 닫힌 형의 표현식

특별한 경우인 $n=0$일 때 (12.116)식에서

$$j_0(x) = \sum_{s=0}^{\infty}\frac{(-1)^s}{(2s+1)!}x^{2s} = \frac{\sin x}{x} \tag{12.121}$$

를 찾을 수 있는 반면에 y_0인 경우 (12.120)식은

$$y_0(x) = -\frac{\cos x}{x} \tag{12.122}$$

로 환원된다. 구면 한켈함수[(12.113)식]의 정의로부터

$$\begin{aligned} h_0^{(1)}(x) &= \frac{1}{x}(\sin x - i\cos x) = -\frac{i}{x}e^{ix} \\ h_0^{(2)}(x) &= \frac{1}{x}(\sin x + i\cos x) = \frac{i}{x}e^{-ix} \end{aligned} \tag{12.123}$$

과 같이 표현할 수 있다.

(12.121)식과 (12.122)식은 모든 구면 베셀함수를 사인, 코사인과 x의 역수 멱의 결합으로 표시할 수 있음을 암시한다. 적절한 결합은 (12.116)식과 (12.120)식의 멱급수 해로 구성될 수 있으나 이와 같은 점근 방법은 약간 다루기기 힘들다. 그 대신 점화공식을 사용할 것이다.

■ 극한값

$x \ll 1$인[15] 경우에 (12.116)식과 (12.120)식은 다음과 같이 표현할 수 있다.

[15] 급수에서 제1항과 비교하여 무시할 수 있는 조건은 $j_n(x)$에서 실제로 $x \ll 2[(2n+2)(2n+3)/(n+1)]^{1/2}$이다.

$$j_n(x) \approx \frac{2^n n!}{(2n+1)!} x^n = \frac{x^n}{(2n+1)!!} \tag{12.124}$$

$$\begin{aligned} y_n(x) &\approx \frac{(-1)^{n+1}}{2^n} \cdot \frac{(-n)!}{(-2n)!} x^{-n-1} \\ &= -\frac{(2n)!}{2^n n!} x^{-n-1} = -(2n-1)!! x^{-n-1}. \end{aligned} \tag{12.125}$$

$y_n(x)$에 포함된 계승을 변형시키려면 연습문제 10.1.3을 채택한다. 구면 한켈함수의 극한값은 $\pm i y_n(x)$로 주어진다.

j_n, y_n, $h_n^{(2)}$, $h_n^{(1)}$의 점근값은 베셀 점근 형식(12.3절)으로부터 얻을 수 있으며 다음과 같이 주어진다.

$$j_n(x) \sim \frac{1}{x} \sin\left(x - \frac{n\pi}{2}\right), \tag{12.126}$$

$$y_n(x) \sim -\frac{1}{x} \cos\left(x - \frac{n\pi}{2}\right), \tag{12.127}$$

$$h_n^{(1)}(x) \sim (-i)^{n+1} \frac{e^{ix}}{x} = -i \frac{e^{i(x-n\pi/2)}}{x}, \tag{12.128a}$$

$$h_n^{(2)}(x) \sim i^{n+1} \frac{e^{-ix}}{x} = i \frac{e^{-i(x-n\pi/2)}}{x}. \tag{12.128b}$$

이들 구면 베셀함수가 갖는 조건은 $x \gg n(n+1)/2$이다. 이 점근값으로부터 $j_n(x)$와 $y_n(x)$는 **정상구면파**를 기술하기에 적절하다. $h_n^{(1)}(x)$와 $h_n^{(2)}(x)$는 **진행구면파**에 해당된다. 진행파의 시간 의존이 $e^{-i\omega t}$의 형식을 취한다면 $h_n^{(1)}(x)$는 나가는 진행구면파를 생기게 하며 $h_n^{(2)}(x)$는 들어오는 파를 만든다. 전자기학의 복사 이론과 양자역학의 산란 이론은 이 분야를 많이 이용한다.

예제 12.4.1 구 속의 입자

구면 베셀함수를 사용하는 실예로서 반경 a인 구 안에 있는 양자역학적인 입자를 들 수 있다. 양자역학에서 입자를 기술하는 파동함수 ψ는

$$-\frac{\hbar^2}{2m} \nabla^2 \psi = E\psi \tag{12.129}$$

를 만족시켜야 하며 경계조건은 (i) $\psi(r \le a)$는 유한하며 (ii) $\psi(a) = 0$이다. 이것은 $r \le a$에서 $V = 0$ 및 $r > a$에서 $V = \infty$인 네모 우물 퍼텐셜에 해당된다.

여기서 $\hbar$는 플랑크 상수를 2π로 나눈 것이며 m은 입자의 질량 및 E는 입자의 에너지이다. 파동방정식이 받아드릴 수 있는 해를 갖도록 에너지의 **최소값**을 결정하여 보자. (12.129)식은 동경 부분을 나타내는 헬름홀쯔 방정식 (예제 12.1.4와 비교하여라.)

$$\frac{d^2R}{dr^2}+\frac{2}{r}\frac{dR}{dr}+\left[k^2-\frac{n(n+1)}{r^2}\right]R=0 \tag{12.130}$$

이다. 여기서 $k^2=2mE/\hbar^2$이다. (12.111)식에 의해 $n=0$이면

$$R=A\,j_0(kr)+By_0(kr)$$

과 같은 해를 얻는다. $n=0$인 궤도 각운동량을 택한다. 반발 각운동량 장벽 [$n(n+1)>0$을 포함해서] 때문에 어떤 각 의존은 에너지를 증가시킨다. 구면 노이만 함수는 원점에서 발산하는 특성 때문에 합당치 않다. 두 번째 경계조건(모든 각에 대한)을 만족시키려면

$$ka=\frac{\sqrt{2mE}}{\hbar}a=\alpha \tag{12.131}$$

가 요구된다. 여기서 α는 j_0의 근, 즉 $j_0(\alpha)=0$이다. 이 조건은 허용될 수 있는 에너지가 이산적(띄엄띄엄 떨어져 있는)인 값만을 주는 효과가 있다. 환언하면 경계조건 (ii)의 적용은 에너지 E를 양자화시킨다. 가장 작은 α는 j_0의 첫 번째 영이다. 즉

$$\alpha=\pi$$

이므로

$$E_{\min}=\frac{\pi^2\hbar^2}{2ma^2}=\frac{h^2}{8ma^2} \tag{12.132}$$

을 얻는다. 이것은 어떤 유한한 구에 있어서 입자 에너지는 양의 최소 에너지 혹은 영점 에너지를 가짐을 의미한다. 이 에너지를 길이가 a, b 및 c인 무한대 사각 네모 우물이 갖는 에너지 $E=\frac{h^2}{8m}(\frac{1}{a^2}+\frac{1}{b^2}+\frac{1}{c^2})$과 비교하여라. 이 예제는 하이젠버그 원리의 본보기로서 드브로이 물질파의 $\Delta p\sim\hbar\pi/a$와 $\Delta r\sim a$로부터 $\Delta p\,\Delta r\sim h/2$가 성립된다. ■

■ 점화관계식

이제 우리가 다룰 점화관계식은 고차수 구면 베셀함수를 전개하는 데 편리한 방법을 제공한다. 이 점화관계식들은 급수를 사용하여 유도될 수 있으나 변형 베셀함수의 경우와 같이 이미 알고 있는 점화관계식[(12.8)식과 (12.21)식]에 대입하는 것이 쉽다. 이 과정은

$$f_{n-1}(x)+f_{n+1}(x)=\frac{2n+1}{x}f_n(x), \tag{12.133}$$

$$nf_{n-1}(x)-(n+1)f_{n+1}(x)=(2n+1)f_n'(x) \tag{12.134}$$

를 제공한다.

이 관계식은 재배열[또는 (12.1)식과 (12.6)식에 대입]하면

$$\frac{d}{dx}[x^{n+1}f_n(x)] = x^{n+1}f_{n-1}(x), \tag{12.135}$$

$$\frac{d}{dx}[x^{-n}f_n(x)] = -x^{-n}f_{n+1}(x) \tag{12.136}$$

를 얻는다. 여기서 f_n은 j_n, y_n, $h_n^{(1)}$ 또는 $h_n^{(2)}$를 의미한다.

(12.133)식과 (12.134)식으로부터 아래와 같은 특별한 관계식들을 얻을 수 있다.

$$h_1^{(1)}(x) = e^{ix}\left(-\frac{1}{x} - \frac{i}{x^2}\right), \tag{12.137a}$$

$$h_2^{(1)}(x) = e^{ix}\left(\frac{i}{x} - \frac{3}{x^2} - \frac{3i}{x^3}\right), \tag{12.137b}$$

$$\begin{aligned} j_1(x) &= \frac{\sin x}{x^2} - \frac{\cos x}{x}, \\ j_2(x) &= \left(\frac{3}{x^3} - \frac{1}{x}\right)\sin x - \frac{3}{x^2}\cos x, \end{aligned} \tag{12.138}$$

$$\begin{aligned} y_1(x) &= -\frac{\cos x}{x^2} - \frac{\sin x}{x}, \\ y_2(x) &= -\left(\frac{3}{x^3} - \frac{1}{x}\right)\cos x - \frac{3}{x^2}\sin x. \end{aligned} \tag{12.139}$$

수학적 귀납법을 이용해 레일리공식

$$j_n(x) = (-1)^n x^n \left(\frac{1}{x}\frac{d}{dx}\right)^n \left(\frac{\sin x}{x}\right), \tag{12.140}$$

$$y_n(x) = -(-1)^n x^n \left(\frac{1}{x}\frac{d}{dx}\right)^n \left(\frac{\cos x}{x}\right), \tag{12.141}$$

$$\begin{aligned} h_n^{(1)}(x) &= -i(-1)^n x^n \left(\frac{1}{x}\frac{d}{dx}\right)^n \left(\frac{e^{ix}}{x}\right), \\ h_n^{(2)}(x) &= i(-1)^n x^n \left(\frac{1}{x}\frac{d}{dx}\right)^n \left(\frac{e^{-ix}}{x}\right) \end{aligned} \tag{12.142}$$

을 유도할 수 있다.

■ 수치 계산

구면 베셀함수는 12.1절 및 12.3절에서 베셀함수를 계산할 때 사용한 같은 기법으로 계산될 수 있다. $j_n(x)$의 경우에는 (12.133)식을 사용하면 편리하고 $J_n(x)$의 계산에서 하였던 것과 같이 계산한다. 규격화는 (12.121)식과 연습문제 12.4.11에서 이미 알려진 j_0의 형식과 비교하여 이루어진다. $y_n(x)$의 경우에는 (12.120)식을 다시 사용하나 이미 알려진 $y_0(x)$와 $y_1(x)$ [(12.122)식과 (12.139)식] 형식에서 출발하여 거꾸로 계산해 올라간다.

예제 12.4.2 **위상 이동**

구대칭 퍼텐셜 $V(r)$에서 산란을 다룰 때에는 구면 베셀함수에 산란 정의가 필요하다. 슈레딩거 방정식의 지름 파동함수 $R_l(r) = u(r)/r$은 상미분방정식

$$\left[-\frac{1}{r^2}\frac{d}{dr}\left(r^2\frac{d}{dr}\right)+\frac{l(l+1)}{r^2}+\frac{2m}{\hbar^2}V(r)-k^2\right]R_l(r)=0 \qquad (12.143)$$

을 만족시킨다. 여기서 m은 환산질량, $E=\hbar^2k^2/2m$은 에너지 고유값이며 산란퍼텐셜 V는 $r\to\infty$일 때 영(지수함수 형식으로)이 된다. V가 무시될 수 있는 큰 r값 경우에 위의 상미분방정식은 (12.111)식과 동일하며 일반해로서 정칙 및 비정칙해의 결합인

$$R_l(r) = A_l j_l(kr) + B_l y_l(kr), \quad r\to\infty \qquad (12.144)$$

을 갖는다. (12.126)식과 (12.127)식의 점근전개를 사용하면 위 식은

$$R_l(r) \sim A_l\frac{\sin(kr-l\pi/2)}{kr} - B_l\frac{\cos(kr-l\pi/2)}{kr}, \quad r\to\infty \qquad (12.145)$$

로 쓸 수 있다. 산란이 없는 즉 $V(r)=0$이라면 입사 평면파는 바로 해이며 모든 곳이 유한하여 y_l의 기여는 없기 때문에 $B_l=0$이다. 그러므로 $B_l/A_l \equiv -\tan\delta_l(k)$는 운동량 $\hbar k$일 때 산란량에 대한 측정치이다.

(12.145)식을 다음과 같이

$$R_l(r) \sim C_l\frac{\sin(kr-l\pi/2+\delta_l)}{kr}, \quad C_l=\frac{A_l}{\cos\delta_l} \qquad (12.146)$$

로 표현할 수 있기 때문에 δ_l을 위상 이동이라고 부르며 이 양은 입사에너지와 관계된다.

산란 파동함수 ψ를 검출기 위치 $\mathbf{r}$로 정의된 산란각 θ로 기술되는 르장드르 다항식 $P_l(\cos\theta)$로 전개한다 (그림 12.13). 입사평면파에 레일리 전개(연습문제 12.4.21)를 대입하고 점근형으로 전개된 구면 베셀함수를 대체한 파동함수의 점근 표현식

그림 12.13
입사 평면파가 퍼텐셜 V에 의해 산란되어 나가는 지름파동이 된다.

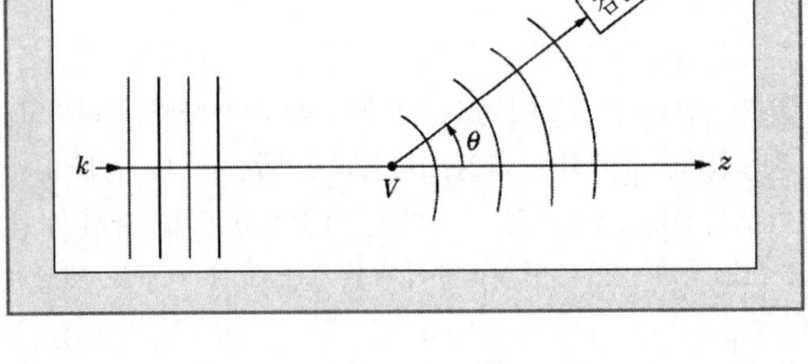

$$\psi(\mathbf{r}) \sim e^{ikz} + f(\theta)\frac{e^{ikr}}{r}$$

과 비교 검토한다. 더 자세한 과정은 Griffiths, Introduction to Quantum Mechanics, Prentice-Hall, New York(1994)의 제11.2절을 참조하여라. 이 결과에 의하면 나가는 지름파의 계수로 산란진폭의 부분파 전개식

$$f(\theta) = \frac{1}{k}\sum_{l=0}^{\infty}(2l+1)e^{i\delta_l(k)}\sin\delta_l P_l(\cos\theta) \tag{12.147}$$

를 얻게 된다. 르장드르 다항식의 직교성을 이용하여 산란각으로 $|f(\theta)|^2$을 적분하면 총산란 단면적은 다음과 같이 주어진다.

$$\sigma = \int |f(\theta|^2\, d\Omega = \frac{4\pi}{k}\sum_{l=0}^{\infty}(2l+1)\sin^2\delta_l. \tag{12.148}$$

요 약

정수계수를 갖는 베셀함수는 모함수

$$e^{(x/2)(t-1/t)} = \sum_{n=-\infty}^{\infty} J_n(x)t^n$$

의 멱급수 전개로 정의된다. 베셀과 노이만 함수는 베셀 상미분방정식의 정칙 및 비정칙 해이다. 베셀 상미분방정식은 구면과 원통 대칭, 열과 헬름홀쯔 방정식을 포함하는 라플라스 방정식과 같은 탁월한 편미분방정식의 변수 분리에서 나타난다. 베셀함수의 많은 특성들은 미분방정식의 슈투름-리우빌 이론의 결과이다.

연습문제

12.4.1 $y_n(x)$가

$$y_n(x) = \sqrt{\frac{\pi}{2x}}Y_{n+1/2}(x)$$

로 주어진다면 이 식은 자동적으로

$$(-1)^{n+1}\sqrt{\frac{\pi}{2x}}J_{-n-1/2}(x)$$

와 같음을 보여라.

12.4.2 $j_n(z)$와 $y_n(z)$[16]의 삼각 다항식 형태인

$$j_n(z) = \frac{1}{z}\sin\left(z - \frac{n\pi}{2}\right)\sum_{s=0}^{[n/2]}\frac{(-1)^s(n+2s)!}{(2s)!(2z)^{2s}(n-2s)!}$$
$$+ \frac{1}{z}\cos\left(z - \frac{n\pi}{2}\right)\sum_{s=0}^{[(n-1)/2]}\frac{(-1)^s(n+2s+1)!}{(2s+1)!(2z)^{2s}(n-2s-1)!}$$
$$y_n(z) = \frac{(-1)^{n+1}}{z}\cos\left(z + \frac{n\pi}{2}\right)\sum_{s=0}^{[n/2]}\frac{(-1)^s(n+2s)!}{(2s)!(2z)^{2s}(n-2s)!}$$
$$+ \frac{(-1)^{n+1}}{z}\sin\left(z + \frac{n\pi}{2}\right)\sum_{s=0}^{[(n-1)/2]}\frac{(-1)^s(n+2s+1)!}{(2s+1)!(2z)^{2s+1}(n-2s-1)!}$$

을 유도하여라.

12.4.3 $J_\nu(x)$의 적분식

$$J_\nu(x) = \frac{1}{\pi^{1/2}\left(\nu - \frac{1}{2}\right)!}\left(\frac{x}{2}\right)^\nu \int_{-1}^{1} e^{\pm ixp}(1-p^2)^{\nu-1/2}\,dp$$

를 사용하여 구면 베셀함수 $j_n(x)$는 삼각함수로 표시하면 다음과 같이 표현할 수 있음을 보여라.

$$j_0(x) = \frac{\sin x}{x}, \qquad j_1(x) = \frac{\sin x}{x^2} - \frac{\cos x}{x}.$$

12.4.4 (a) 구면 베셀함수 $j_n(x)$, $y_n(x)$, $h_n^{(1)}(x)$ 및 $h_n^{(2)}(x)$가 만족시키는 점화관계식

$$f_{n-1}(x) + f_{n+1}(x) = \frac{2n+1}{x}f_n(x),$$

$$n f_{n-1}(x) - (n+1)f_{n+1}(x) = (2n+1)f_n'(x)$$

를 유도하여라.

(b) 위의 두 점화관계식으로부터 구면 베셀함수 $f_n(x)$는 미분방정식

$$x^2 f_n''(x) + 2xf_n'(x) + [x^2 - n(n+1)]f_n(x) = 0$$

을 만족시킴을 보여라.

12.4.5 수학적 귀납법을 사용하여 다음 식을 증명하여라.

$$j_n(x) = (-1)^n x^n \left(\frac{1}{x}\frac{d}{dx}\right)^n \left(\frac{\sin x}{x}\right).$$

---

[16]합 $[n/2]$의 상한은 $n/2$을 넘지 않는 가장 큰 **정수**를 의미한다.

여기서 n은 음이 아닌 임의의 정수이다.

12.4.6 구면 베셀함수의 직교성으로부터 $j_n(x)$와 $y_n(x)$ 사이의 론스키 관계식이

$$j_n(x)y_n'(x) - j_n'(x)y_n(x) = \frac{1}{x^2}$$

임을 보여라.

12.4.7 다음 식을 증명하여라.

$$h_n^{(1)}(x)h_n^{(2)\prime}(x) - h_n^{(1)\prime}(x)h_n^{(2)}(x) = -\frac{2i}{x^2}.$$

12.4.8 구면 베셀함수의 푸아송 적분 표현식

$$j_n(z) = \frac{z^n}{2^{n+1}n!}\int_0^\pi \cos(z\cos\theta)\sin^{2n+1}\theta\, d\theta$$

를 증명하여라.

12.4.9 다음 식이 성립됨을 보여라.

$$\int_0^\infty J_\mu(x)J_\nu(x)\frac{dx}{x} = \frac{2}{\pi}\frac{\sin[(\mu-\nu)\pi/2]}{\mu^2-\nu^2}, \quad \mu+\nu>0.$$

12.4.10 다음 식을 유도하여라.

$$\int_{-\infty}^\infty j_m(x)j_n(x)\,dx = 0, \quad \begin{matrix} m\neq n \\ m,n\geq 0. \end{matrix}$$

12.4.11 다음 식을 유도하여라.

$$\int_{-\infty}^\infty [j_n(x)]^2\,dx = \frac{\pi}{2n+1}.$$

12.4.12 경계조건이

$$j_l(kR) = 0$$

으로 주어지는 반경 R인 구에서 $j_l(kr)$에 대한 직교관계 적분을 만들어 보아라. 이 결과는 각운동량이 l인 전자기 파동을 분류하는 데 이용된다.

12.4.13 회절 이론에 나오는 프레넬 적분(그림 12.14)은

$$x(t) = \int_0^t \cos(v^2)\,dv, \qquad y(t) = \int_0^t \sin(v^2)\,dv$$

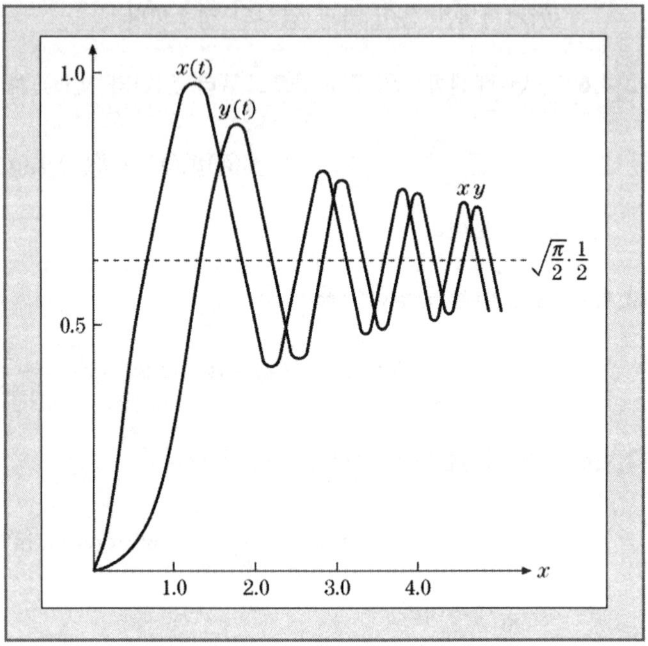

그림 12.14
프레넬 적분

와 같이 주어진다. 이 적분은 구면 베셀함수의 급수로

$$x(s) = \frac{1}{2}\int_0^s j_{-1}(u)u^{1/2}\,du = s^{1/2}\sum_{n=0}^{\infty} j_{2n}(s),$$

$$y(s) = \frac{1}{2}\int_0^s j_0(u)u^{1/2}\,du = s^{1/2}\sum_{n=0}^{\infty} j_{2n+1}(s)$$

와 같이 전개될 수 있음을 보여라.

힌트. 적분과 합의 동등성을 입증하려면 이들의 미분을 사용할 수 있다. (12.7)식과 (12.21)식으로 주어진 구면 베셀함수가 유용하다.

12.4.14 반경 a인 속이 빈 구(헬름홀쯔 공명기)에 정상 음파가 포함되어 있다. 반경 a와 음속도 v로 진동의 최소 진동수를 구하여라. 음파는 다음 파동방정식

$$\nabla^2\psi = \frac{1}{v^2}\frac{\partial^2\psi}{\partial t^2}$$

와 경계조건

$$\frac{\partial\psi}{\partial r} = 0, \quad r = a$$

을 만족시킨다. 이것은 노이만 경계조건이다. 예제 12.4.1은 같은 편미분방정식을 다루었으나 디리클레 경계조건을 만족시킨다.

답. $\nu_{\min} = 0.3313v/a, \quad \lambda_{\max} = 3.018a.$

12.4.15 반경이 a인 구면 대칭 우물에 양자 입자가 갇혀있다. 슈레딩거 방정식 퍼텐셜은

$$V(r) = \begin{cases} -V_0, & 0 \le r < a \\ 0, & r > a \end{cases}$$

로 주어지며 입자의 에너지 E는 음의 고유치를 갖는다.

(a) 파동함수의 지름 부분은 $0 \le r < a$에서 $j_l(k_1r)$ 및 $r > a$에서 $j_l^{\text{out}}(k_2r)$로 주어짐을 증명하여라. [$\psi(0)$와 $\psi(\infty)$는 유한함이 요구된다.] 여기서 $k_1^2 = 2M(E+V_0)/\hbar^2$, $k_2^2 = -2ME/\hbar^2$ 및 l은 각운동량 [(12.111)식에서 n]이다.

(b) $r = a$에서 경계조건은 파동함수 $\psi(r)$과 그 미분이 연속이어여 한다. 이것은 다음과 같이 표현할 수 있음을 보여라.

$$\left.\frac{(d/dr)j_l(k_1r)}{j_l(k_1r)}\right|_{r=a} = \left.\frac{(d/dr)j_l^{\text{out}}(k_2r)}{j_l^{\text{out}}(k_2r)}\right|_{r=a}.$$

이 방정식은 에너지 고유치를 결정한다.

주의. 이것은 예제 9.1.3의 중양성자의 일반화에 해당된다.

12.4.16 산란된 파동의 양자역학적 지름 파동함수는

$$\psi_k = \frac{\sin(kr + \delta_0)}{kr}$$

로 주어진다. 여기서 k는 파수로서, $k = \sqrt{2mE/\hbar}$이며 δ_0는 위상 이동이다. 규격화 적분이 다음과 같이 주어짐을 증명하여라.

$$\int_0^\infty \psi_k(r)\psi_{k'}(r)r^2\,dr = \frac{\pi}{2k}\delta(k-k').$$

힌트. 디락의 델타함수에 대한 사인 표현식을 사용할 수 있다.

12.4.17 구면 베셀함수의 닫힘 관계식

$$\frac{2a^2}{\pi}\int_0^\infty j_n(ar)j_n(br)r^2\,dr = \delta(a-b)$$

를 유도하여라.

주의. 푸리에 변환, 레일리 평면파 전개 및 구조화 함수를 포함한 이 식의 유도는 P. Ugincius, *Am. J. Phys.* **40**, 1690 (1972)에 포함되어 있다.

12.4.18 각운동량이 l인 구 속에 있는 입자의 파동함수는 $\psi(r,\theta,\varphi) = Aj_l((\sqrt{2ME})r/\hbar)$

$Y_l^m(\theta, \varphi)$이다. $Y_l^m(\theta, \varphi)$는 11.5절에서 기술한 구조화함수이다. $\psi(a, \theta, \varphi) = 0$ 또는 $j_l((\sqrt{2ME})a/\hbar) = 0$인 경계조건으로부터 가장 낮은 10개의 에너지 상태를 계산하여라. m 축퇴(l의 값에 따라 m은 $2l+1$값을 가짐)를 무시하여라. Maple, Mathematica 등을 참조하여 계산 결과를 확인하여라.

검사치.

$$j_l(\alpha_{ls}) = 0$$
$$\alpha_{01} = 3.1416$$
$$\alpha_{11} = 4.4934$$
$$\alpha_{21} = 5.7635$$
$$\alpha_{02} = 6.2832.$$

12.4.19 예제 12.4.1을 수정하여 퍼텐셜이 외부($r > a$)에서 유한한 V_0가 되도록 만든다. 소프트웨어를 사용하여

(a) $E < V_0$일 때 외부에서 파동함수가

$$\psi_{\text{out}}(r, \theta, \varphi) \sim j_l^{\text{out}}\left(\frac{r}{\hbar}\sqrt{2M(V_0 - E)}\right)$$

이 됨을 증명하여라.

(b) $r = a$에서 만족되는 새로운 경계조건은

$$\psi_{\text{in}}(a, \theta, \varphi) = \psi_{\text{out}}(a, \theta, \varphi)$$
$$\frac{\partial}{\partial r}\psi_{\text{in}}(a, \theta, \varphi) = \frac{\partial}{\partial r}\psi_{\text{out}}(a, \theta, \varphi)$$

혹은

$$\frac{1}{\psi_{\text{in}}}\frac{\partial \psi_{\text{in}}}{\partial r}\bigg|_{r=a} = \frac{1}{\psi_{\text{out}}}\frac{\partial \psi_{\text{out}}}{\partial r}\bigg|_{r=a}$$

이다. $l = 0$일 때 $r = a$에서 경계조건으로부터 다음과 같은 식

$$f(E) = k\left\{\cot ka - \frac{1}{ka}\right\} + k'\left\{1 + \frac{1}{k'a}\right\} = 0$$

을 유도하여라. 여기서 $k = \sqrt{2ME}/\hbar$ 및 $k' = \sqrt{2M(V_0 - E)}/\hbar$이다.

(c) $a = \hbar^2/Me^2$(보어의 반경) 및 $V_0 = 4Me^4/2\hbar^2$으로 가능한 속박 상태 $(0 \le E \le V_0)$를 계산하여라.

힌트. $f(E) = 0, \quad (0 \le E \le V_0)$가 가지는 근의 대략적인 위치를 확인한 후에 근을 구하는 컴퓨터 서부루틴을 사용하여 구하여라.

(d) $a = \hbar^2/Me^2$일 때 속박 상태가 존재하는 V_0의 최소값이 $V_0 = 2.4674Me^4/2\hbar^2$임을 증명하여라.

12.4.20 핵 벗기기 반응에서 미분단면적은 $j_l(x)^2$에 비례하며 l은 각운동량이다. 실험 데이터 곡선의 극대점 위치로부터 각운동량 l을 결정할 수 있다. $j_1(x)$, $j_2(x)$ 및 $j_3(x)$의 첫 번째 극대 위치를 구하여라.

주의. 보다 좋은 정확성을 유지하려면 $j_l'(x)$의 첫 번째 영을 찾아라. 극대점의 위치보다 왜 이것이 더 정확한가?

12.4.21 평면파는 레일리 방정식

$$e^{ikr\cos\gamma} = \sum_{n=0}^{\infty} a_n j_n(kr) P_n(\cos\gamma)$$

에 의해 구면파 급수로 전개될 수 있다. $a_n = i^n(2n+1)$임을 증명하여라.

힌트.

- $a_n j_n(kr)$을 풀려면 P_n의 직교성을 이용하여라.
- r의 의존성을 제거하려면 kr로 n번 미분한 후 $r=0$을 택하여라.
- 연습문제 11.4.4에 의한 나머지 적분을 계산하여라.

12.4.22 아래에 주어진 단계에 따라 연습문제 12.4.21의 레일리 전개를 증명하여라.

- kr로 미분하여 다음 식을 유도하여라.

$$\sum_n j_n'(kr) P_n(\cos\gamma) = i \sum_n a_n j_n(kr) \cos\gamma\, P_n(\cos\gamma).$$

- $\cos\gamma P_n(\cos\gamma)$를 P_{n-1}과 P_{n+1}의 일차 결합으로 대체하기 위해 점화관계식을 사용하여라.
- j_n'을 j_{n-1}과 j_{n+1}의 일차 결합으로 대체하기 위해 점화관계식을 사용하여라.

12.4.23 르장드르 다항식과 구면 베셀함수는

$$j_n(z) = \frac{1}{2}(-1)^n \int_0^{\pi} e^{iz\cos\theta} P_n(\cos\theta)\sin\theta\, d\theta, \quad n = 0, 1, 2 \ldots$$

와 같이 연결되어 있다. 오른쪽을 연습문제 12.4.21을 사용하여

$$\frac{z^n}{2^{n+1} n!} \int_0^{\pi} \cos(z\cos\theta) \sin^{2n+1}\theta\, d\theta$$

로 변환시켜 위의 관계식을 증명하여라.

추가 읽을거리

McBride, E. B.(1971). *Obtaining Generating Functions*. Springer−Verlag, New York. An introduction to methods of obtaining generating functions.

Watson, G. N.(1952). *A Treatise on the Theory of Bessel Functions*. Cambridge Univ. Press, Cambridge, UK.

Watson, G. N.(1952). *A Treatise on the Theory of Bessel Functions*, 2nd ed. Cambridge Univ. Press, Cambridge, UK. This is the definitive text on Bessel functions and their properties. Although difficult reading, it is invaluable as the ultimate reference.

에르미트와 라게르 다항식

이 장에서는 두 종류의 직교 다항식인 에르미트와 라게르 다항식을 공부한다. 이 다항식들은 수리물리학에서 제 11장 및 제 12장의 르장드르와 베셀 다항식 보다는 덜 사용되지만 에르미트 다항식은 양자역학의 단조화 진동자의 해와 수소원자의 파동방정식에 라게르 다항식이 등장한다.

일반적인 수학 기법은 앞의 두 장에서 취급하였던 것과 유사하기 때문에 이 함수들 취급은 단지 개요만 언급하겠다. 제 11장 및 제 12장 내용에 따라 자세한 증명은 독자에게 맡긴다. 에르미트 다항식으로 시작한다.

13.1 에르미트 다항식

■ 양자역학의 단조화 진동자

물리학자들에게 에르미트 다항식은 양자역학의 일차원 (즉, 단) 조화진동자와 같은 의미를 갖는다. 퍼텐셜 에너지가

$$V=\frac{1}{2}Kz^2=\frac{1}{2}m\omega^2z^2, \qquad \underset{\text{force}}{\text{힘}} \quad F_z=-\partial V/\partial z=-Kz$$

일 때 양자역학계의 슈레딩거 방정식은

$$-\frac{\hbar^2}{2m}\frac{d^2}{dz^2}\Psi(z)+\frac{1}{2}Kz^2\Psi(z)=E\Psi(z) \tag{13.1}$$

이다. 진동하는 입자는 질량이 m이며 전체 에너지 E를 갖는다. 속박 상태에서 경계조건

$$\lim_{z\to\pm\infty} \Psi(z) = 0 \tag{13.2}$$

은 에너지 고유치 E를 띄엄띄엄한 값 $E_n = \lambda_n \hbar\omega$ 로 제한한다. 여기서 ω 는 대응되는 고전 진동자의 각진동수이다. 좌표축 z를 무차원 x로 바꾸어 매개변수를

$$\begin{aligned} x = \alpha z \quad \text{with} \quad \alpha^4 \equiv \frac{mK}{\hbar^2} \equiv \frac{m^2\omega^2}{\hbar^2}, \\ 2\lambda_n \equiv \frac{2E_n}{\hbar}\left(\frac{m}{K}\right)^{1/2} = \frac{2E_n}{\hbar\omega} \end{aligned} \tag{13.3}$$

과 같이 변환시킨다. (13.1)식은 $[\Psi(z) = \Psi(x/\alpha) = \psi(x)]$ 상미분방정식

$$\frac{d^2\psi_n(x)}{dx^2} + (2\lambda_n - x^2)\psi_n(x) = 0 \tag{13.4}$$

이 된다. (13.4)식에 $\psi_n(x) = e^{-x^2/2}H_n(x)$를 대입하면 연습문제 8.5.6의 상미분방정식

$$H_n'' - 2xH_n' + (2\lambda_n - 1)H_n = 0 \tag{13.5}$$

을 얻는다. 멱급수 해인 (13.5)식은 $\lambda_n = n + 1/2$, $n = 0, 1, 2, \ldots$가 아니라면 큰 x값의 경우 $H_n(x)$는 e^{x^2}으로 거동할 것임을 나타낸다. 그러므로 $\psi_n(x)$와 $\Psi_n(z)$는 무한대에서 무한히 커지며

$$E_n = \lambda_n \hbar\omega = \left(n + \frac{1}{2}\right)\hbar\omega, \quad n = 0, 1, 2\ldots \tag{13.6}$$

의 조건이 아니라면 파동함수 $\Psi(z)$는 경계조건[(13.2)식)]을 만족시킨다는 것은 불가능하다. 이것이 바로 조화진동자 스펙트럼의 중요한 특성이다. 따라서 에너지는 양자화되며 최소에너지 혹은 영점에너지

$$E_{\min} = E_0 = \frac{1}{2}\hbar\omega$$

가 존재한다. 영점에너지는 진정 양자 현상인 불확정성 원리의 특성이다. $2\lambda_n - 1 = 2n$으로 택하면 (13.5)식은 에르미트 상미분방정식이 되며 $H_n(x)$는 에르미트 다항식이다. (13.4)식의 해인 그림 13.1의 ψ_n은 에르미트 다항식[1] $H_n(x)$에 비례한다.

이것은 미분방정식 해법으로 대표적인 양자역학적인 해결 방법이다. 그러나 다음 사다리 연산자 방법을 고용하여 이 설명을 증명하겠다.

■ 생성 및 소멸연산자

다음의 전개는 4.3절에서 제시한 각운동량 연산자에 대한 생성 및 소멸연산자 사용과 유사

[1] 제 12장에서 관계가 없는 한켈함수와 에르미트 다항식을 구별할 수 있는 어깨 글사가 없음에 유의하여라.

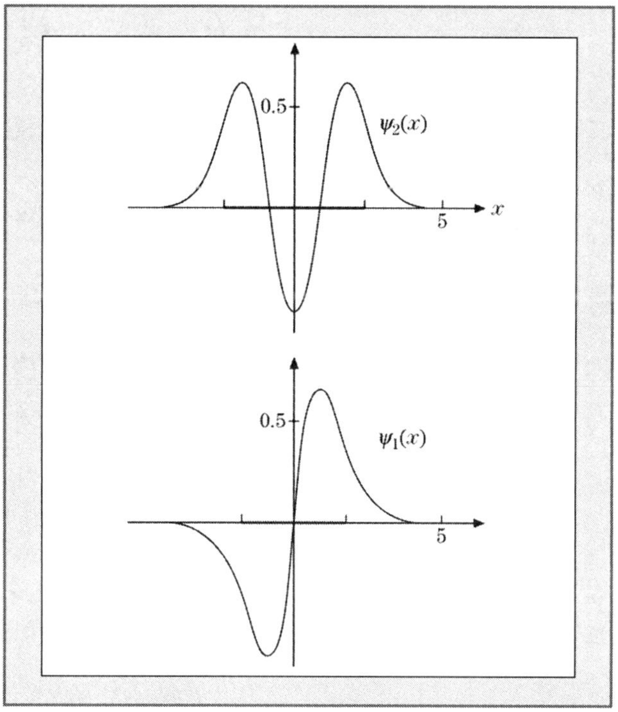

그림 13.1
양자역학적인 진동자의 파동함수. x축 상의 굵은 줄은 같은 총 에너지를 가진 고전 진동자의 운동이 허용된 범위이다.

하다. (13.4)식의 중요한 특성은 이 식의 해밀토니안이 다음과 같이 거의 인수분해 된다는 것이다.

$$-2\mathcal{H} \equiv \frac{d^2}{dx^2} - x^2 = \left(\frac{d}{dx} - x\right)\left(\frac{d}{dx} + x\right) + \left[x, \frac{d}{dx}\right]. \tag{13.7}$$

간단히 $a^2 - b^2 = (a-b)(a+b)$를 사용하면 양자역학의 기본 교환자 $[p_x, x] = \hbar/i$[운동량 $p_x = (\hbar/i)d/dx$]가 (13.7)식에 보정으로 들어간다. [p_x는 에르미트이며 d/dx는 반-에르미트, $(d/dx)^\dagger = -d/dx$이기 때문이다.] 이 교환자는 다음과 같이 계산될 수 있다. 미분연산자 d/dx는 (13.4)식에서와 같이 파동함수 $\psi(x)$에 왼쪽에서 오른쪽으로 작용하여 곱 법칙을 적용하면 다음과 같이 표시된다.

$$\frac{d}{dx}(x\psi) = x\frac{d}{dx}\psi + \psi. \tag{13.8}$$

(13.8)식에서 파동함수 ψ를 제거하고 (13.8)식을 다시 쓰면

$$\frac{d}{dx}x - x\frac{d}{dx} \equiv \left[\frac{d}{dx}, x\right] = 1 \tag{13.9}$$

이 되어 상수가 된다. 따라서 (13.7)식의 곱을 전개하면 (13.7)식이 정확함을 확인할 수 있다. (13.7)식의 곱의 형식은 상수 교환자에 이르기까지 비에르미트 연산자

$$\hat{a}^\dagger \equiv \frac{1}{\sqrt{2}}\left(x - \frac{d}{dx}\right), \qquad \hat{a} \equiv \frac{1}{\sqrt{2}}\left(x + \frac{d}{dx}\right) \tag{13.10}$$

를 도입하게 만든다. 여기서 $(\hat{a})^\dagger = \hat{a}^\dagger$이다. 이 연산자들은 교환관계

$$[\hat{a}, \hat{a}^\dagger] = \left[\frac{d}{dx}, x\right] = 1, \qquad [\hat{a}, \hat{a}] = 0 = [\hat{a}^\dagger, \hat{a}^\dagger] \tag{13.11}$$

를 따르며 이것은 이들 연산자의 특성으로 (13.9)식과 다음 관계를 바로 증명할 수 있다.

$$[d/dx, d/dx] = 0 = [x, x] \text{ 그리고 } [x, d/dx] = -[d/dx, x].$$

(13.7)식에 (13.10)식을 사용하면 해밀토니안을

$$\mathcal{H} = \hat{a}^\dagger\hat{a} + \frac{1}{2} = \hat{a}^\dagger\hat{a} + \frac{1}{2}[\hat{a}, \hat{a}^\dagger] = \frac{1}{2}(\hat{a}^\dagger\hat{a} + \hat{a}\hat{a}^\dagger) \tag{13.12}$$

와 같이 다시 표현하고 $\mathcal{H} = N + 1/2$이 되도록 에르미트 **수연산자(number operater)** $N = \hat{a}^\dagger\hat{a}$을 도입한다. 이제 간단한 기호 $\psi_n = |n\rangle$을 사용하면 (13.4)식은

$$\mathcal{H}|n\rangle = \lambda_n|n\rangle$$

이 된다. 이제 N은 음이 아닌 정수 고유치

$$N|n\rangle = \left(\lambda_n - \frac{1}{2}\right)|n\rangle = n|n\rangle, \quad n = 0, 1, 2, \ldots \tag{13.13}$$

을 갖는다는 중요한 특성을 증명한다. $\lambda_n = n + 1/2$이다. 다음 식

$$|\hat{a}|n\rangle|^2 = \langle n|\hat{a}^\dagger\hat{a}|n\rangle = \left(\lambda_n - \frac{1}{2}\right) \geq 0 \tag{13.14}$$

으로부터 N는 음이 아닌 고유치임을 알 수 있다.

(13.11)식을 따르는 교환 관계식

$$[N, \hat{a}^\dagger] = \hat{a}^\dagger, \qquad [N, \hat{a}] = -\hat{a} \tag{13.15}$$

에서 N을 고유 상태 $|n\rangle$에서 진동자의 양자수를 세는 수연산자임을 보게 된다. 마지막으로 상태 $\hat{a}^\dagger|n\rangle$과 $\hat{a}|n\rangle$의 고유치 N을 결정한다. $\hat{a}\hat{a}^\dagger = N + 1$을 사용하면 다음과 같은 결과를 얻는다.

$$N(\hat{a}^\dagger|n\rangle) = \hat{a}^\dagger(N+1)|n\rangle = \left(\lambda_n + \frac{1}{2}\right)\hat{a}^\dagger|n\rangle = (n+1)\hat{a}^\dagger|n\rangle, \tag{13.16}$$

$$N(\hat{a}|n\rangle) = (\hat{a}\hat{a}^\dagger - 1)\hat{a}|n\rangle = \hat{a}(N-1)|n\rangle = \left(\lambda_n - \frac{1}{2}\right)\hat{a}|n\rangle$$
$$= (n-1)\hat{a}|n\rangle.$$

환언하면 $\hat{a}^\dagger|n\rangle$에 작용하는 N는 $\hat{a}^\dagger$가 $|n\rangle$의 고유치 n을 한단위 높여 준다는 것을 볼 수 있어 그 이름을 **상승 또는 생성연산자(rasing or creation operator)**로 부른다. $\hat{a}^\dagger$를 계속 작용시키면 높은 들뜸에 도달한다. 고유치의 수열에 상한은 존재하지 않는다. 마찬가지로 $\hat{a}$는 고유치 n의 값을 한단위 낮추므로 **하향 또는 소멸연산자(lowering or annihilation operator)**이다. 그러므로 다음과 같이 쓸 수 있나.

$$\hat{a}^\dagger|n\rangle \sim |n+1\rangle, \qquad \hat{a}|n\rangle \sim |n-1\rangle. \tag{13.17}$$

$\hat{a}$를 반복하여 작용시키면 고유치 λ_0를 갖는 가장 낮은 또는 바닥 상태 $|0\rangle$에 도달할 수 있다. $\lambda_0 \geq 1/2$이므로 더 낮출 수 없다. 그러므로 $\hat{a}|0\rangle \equiv 0$이며 (인수분해 된) **일차** 상미분방정식

$$\sqrt{2}\hat{a}\psi_0 = \left(\frac{d}{dx} + x\right)\psi_0 = 0 \tag{13.18}$$

으로부터 $\psi_0 = |0\rangle$을 유도하여 보자. 적분하면

$$\frac{\psi_0'}{\psi_0} = -x \tag{13.19}$$

가 되므로 다음 식을 얻는다.

$$\ln\psi_0 = -\frac{1}{2}x^2 + \ln c_0, \tag{13.20}$$

여기서 c_0는 적분상수이다. 따라서 해

$$\psi_0(x) = c_0 e^{-x^2/2} \tag{13.21}$$

은 오차적분을 이용하여 $c_0 = \pi^{-1/4}$을 구하여 규격화된다. ψ_0를 (13.4)식에 대입하면

$$\mathcal{H}|0\rangle = \left(\hat{a}^\dagger\hat{a} + \frac{1}{2}\right)|0\rangle = \frac{1}{2}|0\rangle \tag{13.22}$$

을 얻게 되므로 에너지 고유치는 $\lambda_0 = 1/2$이며 이에 해당되는 수 고유치는 $n = 0$이다.

또한 $\hat{a}^\dagger$를 반복해서 $\psi_0 = |0\rangle$에 작용시키면 (13.13)식을 입증하는 모든 다른 고유치가 $\lambda_n = n + 1/2$이 됨을 확인할 수 있다. (13.17)식의 규격화는 (13.14)식과 (13.16)식으로부터

$$|\hat{a}^\dagger|n\rangle|^2 = \langle n|\hat{a}\hat{a}^\dagger|n\rangle = \langle n|\hat{a}^\dagger\hat{a} + 1|n\rangle = n + 1 \tag{13.23}$$

이 유도되며 이 식에서 아래의 규격화 상수

$$\sqrt{n+1}|n+1\rangle = \hat{a}^\dagger|n\rangle, \qquad \sqrt{n}|n-1\rangle = \hat{a}|n\rangle \tag{13.24}$$

을 구할 수 있다. 그러므로 들뜬 상태의 파동함수, ψ_1, ψ_2 등은 생성연산자에 의해

$$|1\rangle = \hat{a}^\dagger|0\rangle = \frac{1}{\sqrt{2}}\left(x - \frac{d}{dx}\right)\psi_0(x) = \frac{x\sqrt{2}}{\pi^{1/4}}e^{-x^2/2} \tag{13.25}$$

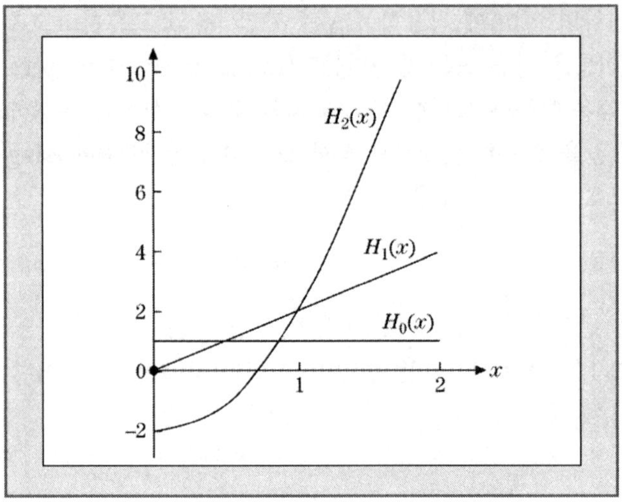

그림 13.2
에르미트 다항식

이 유도되고 또한 (13.5)식을 이끌어내며 (13.25)식에 대응되는 파동함수는

$$\psi_n(x) = N_n H_n(x) e^{-x^2/2}, \qquad N_n = \pi^{-1/4}(2^n n!)^{-1/2} \tag{13.26}$$

과 같이 주어진다. 여기서 H_n은 에르미트 다항식이다 (그림 13.2).

인명 자료

Hermite, Charles. 불란서 수학자인 에르미트는 1822년 디에우즈에서 출생하여 1902년 파리에서 서거하였다. 그의 가장 유명한 업적은 *e*는 초월수, 즉 *e*는 정수계수를 가진 어떤 다항식의 근이 아님을 최초로 증명하였다. 에르미트는 또한 타원 및 보형함수를 발전시키는 데 기여하였다. 그는 뒤늦게 인정받아 1870년 소로본느 대학의 교수가 되었다.

■ 점화관계식과 모함수

이제 다음의 점화관계식을 유도할 수 있다.

$$2xH_n(x) - H_n'(x) = H_{n+1}(x), \qquad H_n'(x) = 2nH_{n-1}(x). \tag{13.27}$$

위 식들을 더하면

$$H_{n+1}(x) = 2xH_n(x) - 2nH_{n-1}(x) \tag{13.28}$$

를 얻는다. (13.27)식을 증명하기 위해 아래 식

$$x - \frac{d}{dx} = -e^{x^2/2}\frac{d}{dx}e^{-x^2/2} \tag{13.29}$$

을 $\psi_n(x)$에 적용하고 (13.24)식을 고려하면

$$N_{n+1}H_{n+1}e^{-x^2/2} = -\frac{N_n}{\sqrt{2(n+1)}}e^{-x^2/2}(-2xH_n + H_n') \tag{13.30}$$

을 얻는다. 환언하면 (13.27)식의 첫 부분을 얻게 된다. $x+d/dx$를 사용하면 (13.27)식의 후반 공식을 얻게 된다.

예제 13.1.1 **첫 번째 몇 개의 에르미트 다항식**

첫 번째 에르미트 다항식은 규격화된 상수, $H_0(x) = 1$임을 예상한다. 점화관계식[(13.28)식]에서 $n=0$이면 $H_1 = 2xH_0 = 2x$, $n=1$이면 $H_2 = 2xH_1 - 2H_0 = 4x^2 - 2$이며 $n=2$일 때는

$$H_3(x) = 2xH_2(x) - 4H_1(x) = 2x(4x^2 - 2) - 8x = 8x^3 - 12x$$

와 같은 식을 얻게 된다. $n=0, 1, 2$일 때 (13.27)식과 비교하면 위에서 구한 결과는 $2xH_0 - H_0' = H_1 = 2x \cdot 1 - 0$과 같음으로 확실하다. 편리한 참고자료로 첫 번째 몇 개의 에르미트 다항식들을 표 13.1에 수록하여 놓았다. ■

에르미트 다항식 $H_n(x)$는 **모함수**

$$g(x, t) = e^{-t^2+2tx} = \sum_{n=0}^{\infty} H_n(x)\frac{t^n}{n!} \tag{13.31}$$

을 유도하기 위해 합산될 수 있다. 이 식은 점화관계식[(13.28)식]으로부터

$$0 \equiv \sum_{n=1}^{\infty} \frac{t^n}{n!}(H_{n+1} - 2xH_n + 2nH_{n-1}) = \frac{\partial g}{\partial t} - 2xg + 2tg \tag{13.32}$$

가 유도된다. 이 상미분방정식에서 t와 g를 변수분리하여 t로 적분하면

$$\frac{1}{g}\frac{\partial g}{\partial t} = 2(x - t) \tag{13.33}$$

가 되며 이 식은 다음 식으로 표현된다.

$$\ln g = 2xt - t^2 + \ln c, \qquad g(x, t) = e^{-t^2+2xt}c(x), \tag{13.34}$$

표 13.1
에르미트 다항식

$$\begin{aligned}
H_0(x) &= 1\\
H_1(x) &= 2x\\
H_2(x) &= 4x^2 - 2\\
H_3(x) &= 8x^3 - 12x\\
H_4(x) &= 16x^4 - 48x^2 + 12\\
H_5(x) &= 32x^5 - 160x^3 + 120x\\
H_6(x) &= 64x^6 - 480x^4 + 720x^2 - 120
\end{aligned}$$

여기서 c는 매개변수 x와 관계되는 적분상수이다. (13.34)식에서 지수항을 직접 전개하면 $H_0(x) = 1$ 및 $H_1(x) = 2x$이며 $c(x) \equiv 1$이다.

예제 13.1.2 **특수값**

에르미트 다항식의 특수값들은 $x = 0$인 모함수

$$g(x=0, t) = e^{-t^2} = \sum_{n=0}^{\infty} H_n(0)\frac{t^n}{n!} = \sum_{n=0}^{\infty}(-1)^n \frac{t^{2n}}{n!}$$

에서 유도된다. 멱급수의 계수들을 비교하면 다음 결과를 얻는다.

$$H_{2n}(0) = (-1)^n \frac{(2n)!}{n!}, \quad H_{2n+1}(0) = 0. \tag{13.35}$$

예제 13.1.3 **반전성**

마찬가지로 모함수 항등식

$$g(-x, t) = e^{-t^2-2tx} = g(x, -t) \tag{13.36}$$

로부터 다음의 멱급수 항등식을 얻을 수 있다.

$$\sum_{n=0}^{\infty} H_n(-x)\frac{t^n}{n!} = \sum_{n=0}^{\infty} H_n(x)\frac{(-t)^n}{n!},$$

이 식은 중요한 **반전성 관계식**

$$H_n(x) = (-1)^n H_n(-x) \tag{13.37}$$

를 포함하고 있다.

양자역학 문제에서도 특히 분자분광학에서 아래와 같은 다수의 적분

$$\int_{-\infty}^{\infty} x^r e^{-x^2} H_n(x) H_m(x) dx$$

가 요구된다. $r = 1$과 $r = 2$($n = m$인 경우)일 때의 예제가 이 절의 마지막에 있는 연습문제에 포함되어 있다. 그 이외의 많은 문제들은 윌슨과 공동 저자들[2]의 저서에 들어있다. 진동자 퍼텐셜은 핵 구조(핵 껍질 모형)와 하드론의 쿼크 모형 계산에 널리 사용되었다.

[2] Wilson, E. B., Jr., Decius, J. C., and Cross, P. C. (1955). *Molecular Vibrations*. McGraw–Hill, New York. Reprinted, Dover, New York (1980).

(13.4)식은 제2의 독립된 해를 갖는다. 이 에르미트 함수는 무한급수(8.5절과 8.6절)이며 물리학에 이용되고 있지는 않다.

■ 제2의 표현식

모함수[3]를 t에 대해 n번 미분하고 t를 영으로 놓으면

$$H_n(x) = (-1)^n e^{x^2} \frac{d^n}{dx^n} e^{-x^2} \tag{13.38}$$

을 얻는다. 이 식은 $H_n(x)$의 로드리그 표현식이다. 제2의 표현식은 유수 계산(제7장)을 통해서 얻어질 수 있다. (13.31)식에 t^{-m-1}을 곱하고 원점 주위로 적분하면 $H_m(x)$를 가진 항만이

$$H_m(x) = \frac{m!}{2\pi i} \oint t^{-m-1} e^{-t^2+2tx} dt \tag{13.39}$$

와 같이 남는다. (13.31)식으로부터 에르미트 다항식 $H_n(x)$를 급수 형식

$$\begin{aligned} H_n(x) &= (2x)^n - \frac{2n!}{(n-2)!2!}(2x)^{n-2} + \frac{4n!}{(n-4)!4!}(2x)^{n-4} 1 \cdot 3 \cdots \\ &= \sum_{s=0}^{[n/2]} (-2)^s (2x)^{n-2s} \binom{n}{2s} 1 \cdot 3 \cdot 5 \cdots (2s-1) \\ &= \sum_{s=0}^{[n/2]} (-1)^s (2x)^{n-2s} \frac{n!}{(n-2s)!s!} \end{aligned} \tag{13.40}$$

으로 쓸 수 있다. 이 급수는 n값에 따라 유한해지며 에르미트 다항식을 제공한다.

예제 13.1.4 차수가 가장 낮은 에르미트 다항식

(13.40)식에서 $n=0$일 때 $H_0(x) = (-1)^0(2x)^0 \frac{0!}{0!0!} = 1$; $n=1$일 때 $H_1(x) = (-1)^0(2x)^1 \frac{1!}{1!0!} = 2x$ 이며 $n=2$일 때 (13.40)식의 $s=0$과 $s=1$인 항들은 다음과 같이 주어진다.

$$H_2(x) = (-1)^0(2x)^2 \frac{2!}{2!0!} - (2x)^0 \frac{2!}{0!1!} = 4x^2 - 2.$$

■ 직교성

점화관계식[(13.27)식과 (13.28)식]은 이차 상미분방정식

$$H_n''(x) - 2xH_n'(x) + 2nH_n(x) = 0 \tag{13.41}$$

[3] 모함수를 $g(x,t) = e^{x^2}e^{-(t-x)^2}$ 형으로 써라. $\frac{\partial}{\partial t}e^{-(t-x)^2} = -\frac{\partial}{\partial x}e^{-(t-x)^2}$ 임에 유의하여라.

을 이끌어 내는데 이 식은 분명히 자체 수반은 **아니다.**

(13.41)식에 자체 수반형이 되도록 $\exp(-x^2)$을 곱한다 (연습문제 9.1.2). 이 결과는 무게함수 $\exp(-x^2)$을 포함한 직교적분

$$\int_{-\infty}^{\infty} H_m(x)H_n(x)e^{-x^2}dx = 0, \quad m \neq n \tag{13.42}$$

을 제공한다. 이것은 미분방정식을 자체 수반형에 넣는 결과가 된다. 구간 $(-\infty, \infty)$은 조화진동자의 경계조건으로 에르미트 연산자의 경계조건과 일치한다 (9.1절). 때때로 무게함수를 에르미트 다항식 안에 포함시키는 것이 편리하다. 다음 식

$$\varphi_n(x) = e^{-x^2/2}H_n(x) \tag{13.43}$$

를 정의한다. $\varphi_n(x)$는 이미 다항식이 아니다.

$H_n = e^{x^2/2}\varphi_n$을 (13.41)식에 대입하면 $\varphi_n(x)$에 대한 양자역학적 조화진동자의 상미분방정식 [(13.4)식]

$$\varphi_n''(x) + (2n+1-x^2)\varphi_n(x) = 0 \tag{13.44}$$

을 얻는데 이 식은 자체 수반이다. 그러므로 (13.44)식의 해 $\varphi_n(x)$는 단위 무게함수를 가지며 구간$(-\infty < x < \infty)$에서 직교한다. 이 함수의 규격화 문제는 남겨 놓는다. 11.3절에서 행한 바와 같이 (13.31)식에 그 자체를 곱한 다음 e^{-x^2}을 곱하면 다음 식이 유도된다.

$$e^{-x^2}e^{-s^2+2sx}e^{-t^2+2tx} = \sum_{m,n=0}^{\infty} e^{-x^2}H_m(x)H_n(x)\frac{s^m t^n}{m!n!}. \tag{13.45}$$

x를 $-\infty$에서 $+\infty$까지 적분할 때 이중합의 교차항들은 직교성[4] 때문에 떨어져나가 적분은 다음과 같이 표현된다.

$$\begin{aligned}\sum_{n=0}^{\infty}\frac{(st)^n}{n!n!}\int_{-\infty}^{\infty} e^{-x^2}[H_n(x)]^2dx &= \int_{-\infty}^{\infty} e^{-x^2-s^2+2sx-t^2+2tx}\,dx \\ &= \int_{-\infty}^{\infty} e^{-(x-s-t)^2}e^{2st}\,dx = \pi^{1/2}e^{2st} = \pi^{1/2}\sum_{n=0}^{\infty}\frac{2^n(st)^n}{n!}.\end{aligned} \tag{13.46}$$

st의 같은 멱수들의 계수들을 풀면

$$\int_{-\infty}^{\infty} e^{-x^2}[H_n(x)]^2\,dx = 2^n\pi^{1/2}n! \tag{13.47}$$

을 얻게 되며 (13.26)식의 규격화를 얻는다.

---

[4] 교차항$(m \neq n)$은 남을 수도 있다. 그러면 $s^\alpha t^\beta$의 계수들을 등식으로 놓으면 직교성은 명백해 질 것이다.

요 약

에르미트 다항식은 양자역학에서 단조화 진동자의 해이다. 이 다항식의 특성은 생성과 소멸연산자의 곱으로 상미분방정식을 쓰거나 슈투름-리우빌 이론으로 쓰면 직접 보게 된다.

연습문제

13.1.1 에르미트 다항식의 특성을 전개하는 데 다음과 같은 여러 가지 다른 요점에서 출발하여 보아라.

(1) 에르미트 다항식, (13.5)식과 (13.44)식;
(2) 로드리그 공식, (13.38)식;
(3) 적분 표현식, (13.39)식;
(4) 모함수, (13.31)식;
(5) 9.3절에서 논한 $(-\infty, \infty)$에서 무게인자 e^{-x^2}을 포함한 직교 다항식 완전집합을 다루는 그램-슈미트 작도.

이들 중 한 요점에서 시작하여 어떻게 다른 요점으로 연결시킬 수 있는지 개요를 설명하여라.

13.1.2 모함수로부터 다음 식이 성립함을 증명하여라.

$$H_n(x) = \sum_{s=0}^{[n/2]}(-1)^s \frac{n!}{(n-2s)!s!}(2x)^{n-2s}.$$

13.1.3 모함수를 사용하여 다음 점화관계식을 유도하여라.

$$H_{n+1}(x) = 2xH_n(x) - 2nH_{n-1}(x),$$

$$H_n'(x) = 2nH_{n-1}(x).$$

13.1.4 다음 식을 증명하여라.

$$\left(2x - \frac{d}{dx}\right)^n 1 = H_n(x).$$

힌트. 첫 번째 한두 개의 예를 조사한 다음 수학적 귀납법을 사용하여라.

13.1.5 다음 식을 증명하여라.

$$|H_n(x)| \le |H_n(ix)|.$$

13.1.6 $H_n(x)$[(13.40)식]의 급수형을 **오름** 멱급수 형으로 써 보아라.

$$답.\quad H_{2n}(x) = (-1)^n \sum_{s=0}^{n} (-1)^{2s}(2x)^{2s} \frac{(2n)!}{(2s)!(n-s)!},$$
$$H_{2n+1}(x) = (-1)^n \sum_{s=0}^{n} (-1)^{s}(2x)^{2s+1} \frac{(2n+1)!}{(2s+1)!(n-s)!}.$$

13.1.7 (a) x^{2r}을 우수 차수 에르미트 다항식의 급수로 전개하여라.
(b) x^{2r+1}을 기수 차수 에르미트 다항식의 급수로 전개하여라.

$$답.\ \text{(a)}\ x^{2r} = \frac{(2r)!}{2^{2r}} \sum_{n=0}^{r} \frac{H_{2n}(x)}{(2n)!(r-n)!},$$
$$\text{(b)}\ x^{2r+1} = \frac{(2r+1)!}{2^{2r+1}} \sum_{n=0}^{r} \frac{H_{2n+1}(x)}{(2n+1)!(r-n)!}, \qquad r = 0, 1, 2, \ldots.$$

힌트. $H_{2n}(x)$에 대한 로드리그 표현식을 사용하여 부분적분을 하여라.

13.1.8 다음 식이 성립함을 보여라.

$$\text{(a)}\ \int_{-\infty}^{\infty} H_n(x)\exp[-x^2/2]dx \begin{cases} 2\pi n!/(n/2)!, & n \text{ 짝수}, \\ 0, & n \text{ 홀수}. \end{cases}$$

$$\text{(b)}\ \int_{-\infty}^{\infty} xH_n(x)\exp[-x^2/2]dx \begin{cases} 0, & n \text{ 짝수}, \\ 2\pi \dfrac{(n+1)!}{((n+1)/2)!}, & n \text{ 홀수}. \end{cases}$$

13.1.9 다음 식이 성립함을 보여라.

$$\int_{-\infty}^{\infty} x^m e^{-x^2} H_n(x)\, dx = 0 \qquad m \text{ 정수}, \qquad 0 \le m \le n-1.$$

13.1.10 상태가 m과 n인 두 진동자 사이의 전이확률은

$$\int_{-\infty}^{\infty} xe^{-x^2} H_n(x)H_m(x)dx$$

와 관계된다. 이 적분은 $\pi^{1/2}2^{n-1}n!\,\delta_{m,n-1} + \pi^{1/2}2^n(n+1)!\,\delta_{m,n+1}$과 같음을 보여라. 이 결과는 인접된 에너지 준위 $m = n \pm 1$ 사이에서만 이와 같은 전위가 일어난다는 것을 제시한다.

힌트. 변수가 (x, s) 및 (x, t)인 두 개의 서로 다른 세트를 이용하여 모함수 [(13.31)식]에 모함수를 곱하여라. 아니면 (13.27)식의 점화관계식에서 x 인자를 제거할 수도 있다.

13.1.11 다음 식이 성립함을 증명하여라.

$$\int_{-\infty}^{\infty} x^2 e^{-x^2} H_n(x) H_n(x) dx = \pi^{1/2} 2^n n! \left(n + \frac{1}{2}\right).$$

이 적분은 양자 진동자의 평균 제곱변위 계산에 등장한다.
힌트. 점화관계식 (13.27)식과 직교적분을 이용하여라.

13.1.12 첨수 m과 n 및 적절한 크로네커 델타함수를 사용하여 다음 식을 계산하여라.

$$\int_{-\infty}^{\infty} x^2 e^{-x^2} H_n(x) H_m(x) dx.$$

답. $2^{n-1}\pi^{1/2}(2n+1)n!\delta_{n,m} + 2^n\pi^{1/2}(n+2)!\delta_{n+2,m} + 2^{n-2}\pi^{1/2}n!\delta_{n-2,m}$.

13.1.13 다음 식이 성립함을 보여라.

$$\int_{-\infty}^{\infty} x^r e^{-x^2} H_n(x) H_{n+p}(x) dx = \begin{cases} 0, & p > r \\ 2^n \pi^{1/2}(n+r)!, & p = r. \end{cases}$$

여기서 n, p와 r은 음이 아닌 정수이다.
힌트. 점화관계식 (13.27)식을 p번 사용하여라.

13.1.14 (a) 코시 적분공식을 사용하여 점 $z = -x$를 감싸는 경로를 통하여 (13.31)식에 의한 $H_n(x)$의 적분표현식을 구하여라.

답. $H_n(x) = \dfrac{n!}{2\pi i} e^{x^2} \oint \dfrac{e^{-z^2}}{(z+x)^{n+1}} dz.$

(b) 직접 대입하여 이결과가 에르미트 방정식을 만족시킨다는 것을 보여라.

13.1.15 (a) 다음의 연산자 항등식을 증명하여라.

$$x - \frac{d}{dx} = -\exp[x^2/2] \frac{d}{dx} \exp[-x^2/2].$$

(b) 규격화된 단조화 진동자의 파동함수는 다음과 같다.

$$\psi_n(x) = (\pi^{1/2} 2^n n!)^{-1/2} \exp[-x^2/2] H_n(x).$$

이 식은 아래와 같이 쓸 수 있음을 입증하여라.

$$\psi_n(x) = (\pi^{1/2} 2^n n!)^{-1/2} \left(x - \frac{d}{dx}\right)^n \exp[-x^2/2].$$

주의. 이것은 생성연산자를 n번 작용시킨 것에 해당된다.

13.1.16 에르미트 다항식 $H_n(x) = \sum_{s=0}^{n} a_s x^s$의 다항식 형식에서 계수 a_s를 구하는 프로그

램을 써 보아라.

13.1.17 함수 $f(x)$를 에르미트 급수

$$f(x) = \sum_{n=0}^{\infty} a_n H_n(x)$$

로 전개되었다. 에르미트 다항식의 직교성과 규격화로부터 계수 a_n은 다음과 같이 주어진다.

$$a_n = \frac{1}{2^n \pi^{1/2} n!} \int_{-\infty}^{\infty} f(x) H_n(x) e^{-x^2}\, dx.$$

$f(x) = x^8$일 때 가우스-에르미트 구적법을 사용하여 에르미트 계수 a_n을 결정하여라. 이 결과를 AMS-55, 표 22.12와 비교하여 확인하여라.

13.1.18 규격화된 선형 진동자의 파동함수

$$\psi_n(x) = 2^{-n/2} \pi^{-1/4} (n!)^{-1/2} H_n(x) \exp(-x^2/2) \qquad x = 0.0\text{에서 } 5.0\text{까지}$$

를 0.1씩 변화시키면서 그 값을 구하여 표로 만들어 보아라. $n = 0, 1, \ldots, 5$까지 변화시켜라. 이 결과를 그림으로 그려 보아라.

13.1.19 퍼텐셜 $V = cx_1x_2$, $|c| < m\omega^2$으로 상호 작용하는 두 진동자를 생각해 보자. 여기서 x_1과 x_2는 진동자의 변수, m은 질량 및 ω는 진동자의 진동수이다. 정확한 에너지 준위를 구하여라. $c > m\omega^2$일 때 퍼텐셜 면을 그리고 이 경우에는 왜 바닥 상태가 없는지 그 이유를 설명하여라.

13.2 라게르 함수

■ 미분방정식-라게르 다항식

적절한 모함수에서 시작한다면 에르미트 다항식의 경우와 유사하게 라게르 다항식을 유도하는 것이 가능하다. 다른 방법으로 8.5절의 방법을 사용하여 급수해를 구할 수도 있다. 그 대신에 다른 기법을 설명하기 위해 라게르 상미분방정식에서 출발하여 경로적분 형식의 해를 구하여 보자. 이 적분 표현식에서 모함수가 유도된다. 구간이 $0 < x < \infty$이고 정수가 $n \geq 0$일 때 라게르 상미분방정식

$$xy''(x) + (1 - x)y'(x) + ny(x) = 0 \qquad (13.48)$$

을 사용하여 보자. 이 방정식은 수소원자에 대한 슈레딩거 편미분방정식의 지름 상미분방정식에서 유래된 것이다.

y는 n과 관계되므로 y보다 y_n으로 표시하면 경로적분에 의해

$$y_n(x) = \frac{1}{2\pi i}\oint \frac{e^{-xz/(1-z)}}{(1-z)z^{n+1}}dz \tag{13.49}$$

로 주어지며 이 식은 라게르 상미분방정식을 만족시킨다. 경로는 원점을 포함하나 점 $z=1$ 을 감싸지는 않는다. (13.49)식의 지수함수를 미분하면 다음 식을 얻는다.

$$y_n'(x) = -\frac{1}{2\pi i}\oint \frac{e^{-xz/(1-z)}}{(1-z)^2 z^n}dz, \tag{13.50}$$

$$y_n''(x) = \frac{1}{2\pi i}\oint \frac{e^{-xz/(1-z)}}{(1-z)^3 z^{n-1}}dz. \tag{13.51}$$

위의 두 식을 (13.48)식에 대입하면

$$\frac{1}{2\pi i}\oint \left[\frac{x}{(1-z)^3 z^{n-1}} - \frac{1-x}{(1-z)^2 z^n} + \frac{n}{(1-z)z^{n+1}}\right] e^{-xz/(1-z)}dz$$

를 얻으며 이 식은 다음 식과 동등하다.

$$-\frac{1}{2\pi i}\oint \frac{d}{dz}\left[\frac{e^{-xz/(1-z)}}{(1-z)z^n}\right]dz. \tag{13.52}$$

최종값이 초기값과 같도록 선택된 경로를 따라 완전 미분방정식을 적분하면 (그림 13.3), 적분은 영이 되며 $y_n(x)$[(13.49)식]는 라게르 방정식의 해임을 입증하게 된다. 또한 (13.52)식과

그림 13.3
라게르 함수 경로

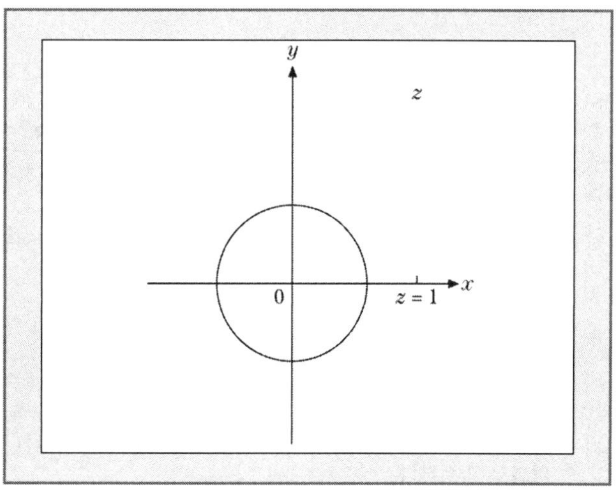

그림 13.4
라게르 다항식

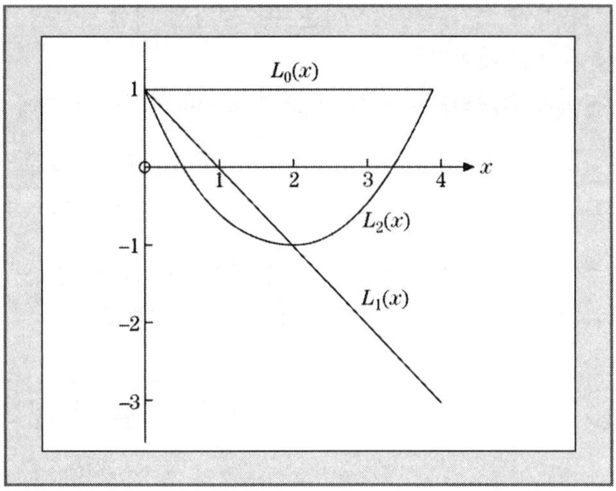

비교하면 라게르 상미분방정식[(13.48)식]의 계수가 모함수의 지수를 어떻게 결정하는지를 알게 된다. 따라서 (13.49)식의 가정이 어쩌다 들어맞는 것인지도 모른다.

관례상 라게르 다항식 $L_n(x)$를 다음과 같이 정의한다[5] (그림 13.4).

$$L_n(x) = \frac{1}{2\pi i} \oint \frac{e^{-xz/(1-z)}}{(1-z)z^{n+1}} dz. \tag{13.53}$$

이 식은 정확히 급수

$$g(x, z) = \frac{e^{-xz/(1-z)}}{1-z} = \sum_{n=0}^{\infty} L_n(x) z^n, \quad |z| < 1 \tag{13.54}$$

으로부터 구한 것이다. 이 식에 z^{-n-1}을 곱하고 원점 주위를 회전하여 적분한다. 유수 정리(7.2절)를 적용하면 급수의 z^{-1}항 만이 남는다. 이 바탕에서 라게르 다항식의 **모함수**로서 $g(x, z)$를 확인한다.

다음과 같은 변환

$$\frac{xz}{1-z} = s - x \quad \text{or} \quad z = \frac{s-x}{s}, \tag{13.55}$$

$$L_n(x) = \frac{e^x}{2\pi i} \oint \frac{s^n e^{-s}}{(s-x)^{n+1}} ds \tag{13.56}$$

를 사용하여 s 평면의 점 $s = x$를 감싸는 새로운 경로를 고려한다. 코시 적분공식 (미분형)

$$L_n(x) = \frac{e^x}{n!} \frac{d^n}{dx^n} (x^n e^{-x}) \quad (\text{정수 } n) \tag{13.57}$$

---

[5] $L_n(x)$의 다른 기호도 사용되고 있다. 라게르 다항식 $L_n(x)$과 버금라게르 다항식 $L_n^k(x)$의 정의는 AMS-55(제22장)의 결과와 일치한다.

표 13.2
라게르 다항식

$$
\begin{aligned}
&L_0(x) = 1 \\
&L_1(x) = -x + 1 \\
&2!L_2(x) = x^2 - 4x + 2 \\
&3!L_3(x) = -x^3 + 9x^2 - 18x + 6 \\
&4!L_4(x) = x^4 - 16x^3 + 72x^2 - 96x + 24 \\
&5!L_5(x) = -x^5 + 25x^4 - 200x^3 + 600x^2 - 600x + 120 \\
&6!L_6(x) = x^6 - 36x^5 + 450x^4 - 2400x^3 + 5400x^2 - 4320x + 720
\end{aligned}
$$

에 의해 라게르 다항식에 대한 로드리그 공식이 주어진다. $L_n(x)$에 대한 표현식들로부터 다음과 같은 급수형(정수 n)을 얻게 된다.

$$
\begin{aligned}
L_n(x) &= \frac{(-1)^n}{n!}\left[x^n - \frac{n^2}{1!}x^{n-1} + \frac{n^2(n-1)^2}{2!}x^{n-2} - \cdots + (-1)^n n!\right] \\
&= \sum_{m=0}^{n} \frac{(-1)^m n! x^m}{(n-m)!m!m!} = \sum_{s=0}^{n} \frac{(-1)^{n-s} n! x^{n-s}}{(n-s)!(n-s)!s!}. \qquad (13.58)
\end{aligned}
$$

예제 13.2.1 가장 차수가 낮은 라게르 다항식

$n=0$일 때 (13.57)식은 $L_0 = \frac{e^x}{0!}(x^0 e^{-x}) = 1$이며, $n=1$이면 $L_1 = e^x \frac{d}{dx}(xe^{-x}) = e^x(e^{-x} - xe^{-x}) = 1 - x$ 이다. $n=2$일 때에는

$$
\begin{aligned}
L_2 &= \frac{1}{2}e^x \frac{d^2}{dx^2}(x^2 e^{-x}) = \frac{1}{2}e^x \frac{d}{dx}(2xe^{-x} - x^2 e^{-x}) \\
&= \frac{1}{2}e^x(2 - 2x - 2x + x^2)e^{-x} = 1 - 2x + \frac{1}{2}x^2
\end{aligned}
$$

과 같이 주어진다. 몇 개의 다항식을 표 13.2(연습문제 13.2.1)에 수록하여 놓았다. ■

예제 13.2.2 점화관계식

(13.57)식에 포함된 미분을 이행하면

$$
L_n(x) = \frac{e^x}{n!}\frac{d^{n-1}}{dx^{n-1}}(nx^{n-1} - x^n)e^{-x} = L_{n-1}(x) - \frac{e^x}{n!}\frac{d^{n-1}}{dx^{n-1}}x^n e^{-x}
$$

을 얻는다. 이 식은 점화관계식 $L'_n = L'_{n-1} - L_{n-1}$을 유도할 수 있는 공식이다. 위 방정식의 마지막 항에서 L_n을 유도하기 위해 이 식에 e^{-x}을 곱하여 미분하면

$$
\frac{d}{dx}(e^{-x}L_n(x)) = \frac{d}{dx}(e^{-x}L_{n-1}(x)) - \frac{1}{n!}\frac{d^n}{dx^n}(x^n e^{-x})
$$

이 유도되며 이 식을 다음과 같이 쓸 수 있다.

$$e^{-x}(-L_n + L'_n + L_{n-1} - L'_{n-1}) = -\frac{1}{n!}\frac{d^n}{dx^n}(x^n e^{-x}).$$

이 식에 e^x을 곱하고 정의식[(13.57)식)]을 사용하면

$$L'_n(x) = L'_{n-1}(x) - L_{n-1}(x) \tag{13.59}$$

가 유도된다. ■

모함수 (13.54)식을 x로 미분하면 다음과 같은 점화관계식

$$(1-z)\frac{\partial g}{\partial x} = -\frac{z}{1-z}e^{-xz/(1-z)} = -zg(x, z)$$

를 다시 유도할 수 있다. 모함수, (13.54)식의 정의에 따라 이 결과를 전개하면

$$\sum_n L'_n(z^n - z^{n+1}) = \sum_{n=0}^{\infty}(L'_n - L'_{n-1})z^n = -\sum_{n=1}^{\infty} L_{n-1}z^n$$

이 되며 이 식은 점화관계식[(13.59)식]을 의미한다.

모함수 (13.54)식을 x와 z로 미분하면 그 이외의 점화관계식

$$\begin{aligned}(n+1)L_{n+1}(x) &= (2n+1-x)L_n(x) - nL_{n-1}(x),\\ xL'_n(x) &= nL_n(x) - nL_{n-1}(x)\end{aligned} \tag{13.60}$$

를 구할 수 있다. 이 식을 수치 계산에 편리하도록 다시 쓰면

$$\begin{aligned}L_{n+1}(x) = 2L_n(x) - L_{n-1}(x)\\ - [(1+x)L_n(x) - L_{n-1}(x)]/(n+1)\end{aligned} \tag{13.61}$$

로 표시할 수 있으며 $L_n(x)$의 수치 계산에 사용된다. 계산기는 이미 알려진 $L_0(x)$와 $L_1(x)$(표 13.2)값에서 출발하여 단계적으로 계산해 간다. 이 방법은 11.2절에서 르장드르 다항식 계산에서 설명한 방법과 동일하다.

예제 13.2.3 **특수값**

(13.45)식에서 $x=0$ 및 임의의 z값에 대하여

$$g(0, z) = \frac{1}{1-z} = \sum_{n=0}^{\infty} z^n = \sum_{n=0}^{\infty} L_n(0)z^n$$

을 얻는다. 멱급수의 계수를 비교함으로써 특별값

$$L_n(0) = 1 \tag{13.62}$$

을 구할 수 있다. ■

모함수의 형식, 라게르 상미분방정식의 형태 또는 표 13.2에서 알 수 있듯이 라게르 다항식은 기수 또는 우수 대칭이 아니다 (반전성).

리게르 상미분방정식은 자체 수반이 이니며 리게르 방정식은 그 자체로 직교 집합을 이루지 않는다. 그러나 9.1절의 방법에 맞추어 (13.48)식에 e^{-x}을 곱하면 (연습문제 9.1.1)

$$\int_0^\infty e^{-x} L_m(x) L_n(x) dx = \delta_{mn} \tag{13.63}$$

이라는 식을 얻는다. 이 직교성은 슈투름-리우빌 이론의 결과이다 (9.1절). 규격화는 모함수를 사용하여 구한다. 직교 라게르 함수(단위 무게함수를 가지는)를 다음과 같이 정의하는 것이 때때로 편리하다.

$$\varphi_n(x) = e^{-x/2} L_n(x). \tag{13.64}$$

예제 13.2.4 특수한 적분

모함수 (13.54)식에서 $z = 1/2$로 택하면 아래와 같은 관계식

$$g\left(x, \frac{1}{2}\right) = 2e^{-x} = \sum_{n=0}^{\infty} L_n(x) 2^{-n}$$

이 주어진다. $e^{-x}L_m(x)$를 곱하고 적분하여 직교성을 적용하면

$$2\int_0^\infty e^{-2x} L_m(x) dx = 2^{-m}$$

이 도출된다. $z = -1/2$, $\pm 1/3$ 등으로 놓으면 여러 종류의 특수적분을 유도할 수 있다. ■

새로운 직교 규격화 함수 $\varphi_n(x)$는 상미분방정식

$$x\varphi_n''(x) + \varphi_n'(x) + \left(n + \frac{1}{2} - \frac{x}{4}\right)\varphi_n(x) = 0 \tag{13.65}$$

이라는 식을 만족시킨다. 이 식은 자체 수반 슈투름-리우빌 형식을 이루고 있다. 이 방정식의 구간을 $0 \le x < \infty$로 규정하는 것은 (자체 수반) 슈투름-리우빌 형식의 경계조건임에 유의하여라.

인명 자료

Laguerre, Edmond Nicolas. 불란서 수학자인 라게르는 1834년 바-르-듀크에서 출생하여 1886년 고향에서 서거하였다. 그는 연분수 및 대수방정식 이론 개발에 기여하였으며 현대 논증기하학의 창시자들 중 한 사람이었다.

■ 버금 라게르 방정식

많은 응용 문제에서 특히 양자이론에의 수소원자 파동함수에서 다음과 같이[6] 정의되는

$$L_n^k(x) = (-1)^k \frac{d^k}{dx^k} L_{n+k}(x). \tag{13.66}$$

예제 13.2.5의 버금 라게르 다항식을 필요로 한다. $L_n(x)$의 급수형으로부터 다음 식을 얻을 수 있다.

$$\begin{aligned} L_0^k(x) &= 1 \\ L_1^k(x) &= -x + k + 1 \\ L_2^k(x) &= \frac{x^2}{2} - (k+2)x + \frac{(k+2)(k+1)}{2}. \end{aligned} \tag{13.67}$$

일반적으로 라게르 다항식은

$$L_n^k(x) = \sum_{m=0}^{n} (-1)^m \frac{(n+k)!}{(n-m)!(k+m)!m!} x^m, \quad k > -1 \tag{13.68}$$

로 표현된다. 모함수는 라게르 모함수를 k번 미분하면 구할 수 있다. L_{n+k}의 인수를 조정하면

$$\frac{e^{-xz/(1-z)}}{(1-z)^{k+1}} = \sum_{n=0}^{\infty} L_n^k(x) z^n, \quad |z| < 1 \tag{13.69}$$

을 얻는다. 이 식에서 $x=0$을 택하면 이항 전개식

$$L_n^k(0) = \frac{(n+k)!}{n!k!} \tag{13.70}$$

이 유도된다. 점화관계식은 모함수 또는 라게르 다항식 점화관계식을 미분하여 유도할 수 있다. 여러 방식을 통해서 다음 식을 구할 수 있다.

$$(n+1)L_{n+1}^k(x) = (2n+k+1-x)L_n^k(x) - (n+k)L_{n-1}^k(x), \tag{13.71}$$

$$x\frac{dL_n^k(x)}{dx} = nL_n^k(x) - (n+k)L_{n-1}^k(x). \tag{13.72}$$

이 식들이나 또는 라게르 상미분방정식을 k번 미분하면 버금 라게르 상미분방정식

$$x\frac{d^2L_n^k(x)}{dx^2} + (k+1-x)\frac{dL_n^k(x)}{dx} + nL_n^k(x) = 0 \tag{13.73}$$

---

[6] 어떤 저자들은 $\mathcal{L}_{n+k}^k(x) = (d^k/dx^k)[L_{n+k}(x)]$와 같은 기호를 사용한다. 따라서 우리의 표기를 사용하면 $L_n^k(x) = (-1)^k \mathcal{L}_{n+k}^k(x)$이다.

이 유도된다. 버금 라게르 다항식이 물리 문제에서 제기될 때에는 보통 물리 문제가 상미분방정식[(13.73)식]을 포함하고 있기 때문이다.

버금 라게르 다항식의 로드리그 표현식은

$$L_n^k(x) = \frac{e^x x^{-k}}{n!} \frac{d^n}{dx^n}(e^{-x} x^{n+k}) \tag{13.74}$$

이다. $g(x)$에 대한 모든 표현식은 $k=0$일 때 $L_n(x)$에 대응되는 표현식들로 모두 환원됨에 유의하여라.

버금 라게르 방정식[(13.73)식]은 자체 수반은 아니나 무게함수(9.1절)인 $e^{-x}x^k$을 곱하여 자체 수반 형식을 부여하면

$$\int_0^\infty e^{-x} x^k L_n^k(x) L_m^k(x) dx = \frac{(n+k)!}{n!}\delta_{mn} \tag{13.75}$$

이 된다. 라게르 다항식의 구간에서와 같이 $[0, \infty)$의 동일한 직교 구간임을 입증한다. 그러나 새로운 무게함수로 인해 새로운 직교 다항식인 버금 라게르 다항식을 갖게 된다.

$\psi_n^k(x) = e^{x/2} x^{k/2} L_n^k(x)$로 놓으면 $\psi_n^k(x)$는 자체 수반방정식

$$x\frac{d^2\psi_n^k(x)}{dx^2} + \frac{d\psi_n^k(x)}{dx} + \left(-\frac{x}{4} + \frac{2n+k+1}{2} - \frac{k^2}{4x}\right)\psi_n^k(x) = 0 \tag{13.76}$$

을 만족시킨다. $\psi_n^k(x)$는 때때로 **라게르 함수**라고 불리 운다. (13.65)식은 $k=0$인 특수 경우에 해당된다.

그 이외의 유용한 공식은 다음과 같이 정의[7]되는 식이다.

$$\Phi_n^k(x) = e^{-x/2} x^{(k+1)/2} L_n^k(x). \tag{13.77}$$

위 식을 버금 라게르 방정식에 대입하면

$$\frac{d^2\Phi_n^k(x)}{dx^2} + \left(-\frac{1}{4} + \frac{2n+k+1}{2x} - \frac{k^2-1}{4x^2}\right)\Phi_n^k(x) = 0 \tag{13.78}$$

을 얻는다. 이에 대응되는 규격화 적분은

$$\int_0^\infty e^{-x} x^{k+1} \left[L_n^k(x)\right]^2 dx = \frac{(n+k)!}{n!}(2n+k+1) \tag{13.79}$$

이다. $\Phi_n^k(x)$는 직교세트(무게함수로 x^{-1}을 제외하면)를 이루지 **않는데** $(2n+k+1)/2x$항의 x^{-1} 때문이다.

[7]이것은 (13.76)식에서 첫 번째 미분을 소거하기 위해 함수 ψ를 수정한 것에 해당된다.

예제 13.2.5 수소원자

가장 중요한 라게르 다항식의 응용은 수소원자에 대한 슈레딩거 방정식의 해를 구하는 것이다. 이 방정식은

$$-\frac{\hbar^2}{2m}\nabla^2\psi - \frac{Ze^2}{4\pi\epsilon_0 r}\psi = E\psi \tag{13.80}$$

로 주어진다. 여기서 수소의 경우 $Z=1$, 단순히 이온화 된 헬륨의 경우에는 2이다. 변수를 분리시키면 ψ의 각의존 함수는 구조화함수 $Y_L^M(\theta,\ \varphi)$(11.5절을 보라)이다. 지름부분 $R(r)$은 방정식

$$-\frac{\hbar^2}{2m}\frac{1}{r^2}\frac{d}{dr}\left(r^2\frac{dR}{dr}\right) - \frac{Ze^2}{4\pi\epsilon_0 r}R + \frac{\hbar^2}{2m}\frac{L(L+1)}{r^2}R = ER \tag{13.81}$$

을 만족시킨다. 속박 상태에서 $r\to\infty$일 때 $R\to 0$이며 $r=0$인 원점에서 R은 유한하다. 이와 같은 조건들이 바로 경계조건이다. 양의 에너지를 갖는 연속 상태는 무시한다. 연속상태가 포함될 때에만 수소 파동함수는 완전집합을 이룬다. 기호를 간단히 표기(r을 무차원 지름변수 ρ로 바꿈)하기 위해

$$\rho = \beta r, \qquad \beta^2 = -\frac{8mE}{\hbar^2}, \qquad E<0, \qquad \lambda = \frac{mZe^2}{2\pi\epsilon_0\beta\hbar^2} \tag{13.82}$$

을 도입하면 (13.81)식은 다음과 같이 쓸 수 있다.

$$\frac{1}{\rho^2}\frac{d}{d\rho}\left(\rho^2\frac{d\chi(\rho)}{d\rho}\right) + \left(\frac{\lambda}{\rho} - \frac{1}{4} - \frac{L(L+1)}{\rho^2}\right)\chi(\rho) = 0, \tag{13.83}$$

여기서 $\chi(\rho) = R(\rho/\beta)$이다. $\Phi_n^k(x)$를 만족시키는 (13.78)식과 비교하면 다음 식

$$\chi(\rho) = e^{-\rho/2}\rho^L L_{\lambda-L-1}^{2L+1}(\rho) \tag{13.84}$$

가 (13.83)식을 만족시킨다는 것을 알 수 있다. 여기서 k는 $2L+1$ 및 n는 $\lambda-L-1$로 대체되었다.

매개변수 λ가 정수 n, $n=1, 2, 3, \dots$[8]이 되도록 제한하여야 한다. 비정수 n을 가진 라게르 함수는 $\rho^n e^\rho$으로서 발산하기 때문에 이와 같은 제한이 필요하다. $\rho^n e^\rho$은 경계조건

$$\lim_{r\to\infty} R(r) = 0$$

을 포함하는 물리 문제에서는 허용될 수 없다. 경계조건이 내포하고 있는 λ에 대한 제한은 에너지의 양자화 효과

[8] 이것은 λ에 대한 습관적인 표시이다. $\Phi_n^k(x)$에서 사용한 첨수 n과는 다르다.

$$E_n = -\frac{Z^2 m}{2n^2\hbar^2}\left(\frac{e^2}{4\pi\epsilon_0}\right)^2 \qquad (13.85)$$

을 가져온다. $E=0$은 쿨롱퍼텐셜이 영이되는 무한대에서 전자가 탈출할 수 있다는 것을 제시하는 바와 같이 이 식의 음의 부호는 속박 상태를 다룬 다는 것을 제시한다.

E_n에 대한 이 결과를 이용하면

$$\beta = \frac{me^2}{2\pi\epsilon_0\hbar^2}\cdot\frac{Z}{n} = \frac{2Z}{na_0}, \quad \rho = \frac{2Z}{na_0}r \qquad (13.86)$$

$$a_0 = \frac{4\pi\epsilon_0\hbar^2}{me^2}, \qquad \text{보어 반경}$$

을 얻는다. 그러므로 최종 규격화된 수소 파동함수는 아래와 같이 기술한다.

$$\psi_{nLM}(r,\theta,\varphi) = \left[\left(\frac{2Z}{na_0}\right)^3 \frac{(n-L-1)!}{2n(n+L)!}\right]^{1/2} e^{-\beta r/2}(\beta r)^L L_{n-L-1}^{2L+1}(\beta r) Y_L^M(\theta,\varphi). \qquad (13.87)$$

요 약

라게르 다항식은 양자역학에서 쿨롱퍼텐셜의 해로서 나타난다. 구면 극좌표 계에서 슈레딩거 방정식을 변수분리시키면 지름 상미분방정식을 정의하게 되며 이 상미분방정식의 슈투름-리우빌 이론이 바로 이 상미분방정식의 특성을 나타낸다.

연습문제

13.2.1 $L_n(x)$의 급수 전개[(13.58)식]가 로드리그 표현식으로부터 유도됨을 라이브니즈 공식을 이용하여 증명하여라.

13.2.2 (a) 명시된 급수 형식[(13.58)식]을 이용하여 다음 식을 증명하여라.

$$L_n'(0) = -n$$
$$L_n''(0) = \frac{1}{2}n(n-1).$$

(b) $L_n(x)$의 급수 형식을 사용하지 않고 증명하여라.

13.2.3 모함수로부터 로드리그 표현식

$$L_n^k(x) = \frac{e^x x^{-k}}{n!}\frac{d^n}{dx^n}(e^{-x}x^{n+k})$$

을 유도하여라.

13.2.4 버금 라게르 다항식에 대한 규격화 관계식[(13.75)식]을 유도하여라.

13.2.5 x^r을 버금 라게르 다항식식 $L_n^k(x)$의 급수로 전개하여라. 여기서 k는 고정되어 있으며 n의 범위는 0에서 r까지이다 (또는 r이 정수가 아니면 ∞로 연장된다).
힌트. $L_n^k(x)$의 로드리그 형식이 유용하다.

$$\text{답. } x^r = (r+k)!r!\sum_{n=0}^{r}\frac{(-1)^n L_n^k(x)}{(n+k)!(r-n)!}, \quad 0 \le x \le \infty.$$

13.2.6 e^{-ax}를 버금 라게르 다항식 $L_n^k(x)$의 급수로 전개하여라.
여기서 k는 고정되어 있으며 n의 범위는 0에서 ∞까지이다. 수렴을 확인하기 위하여 상한 $N=1, 2, 3, \ldots, 10$인 함수의 부분합을 그려 보아라.
(a) 위의 가정된 전개식에서 계수들을 직접 구하여라.
(b) 모함수로부터 원하는 전개를 구하여라.

$$\text{답. } e^{-ax} = \frac{1}{(1+a)^{1+k}}\sum_{n=0}^{\infty}\left(\frac{a}{1+a}\right)^n L_n^k(x), \quad 0 \le x \le \infty.$$

13.2.7 다음 식을 증명하여라.

$$\int_0^\infty e^{-x}x^{k+1}L_n^k(x)L_n^k(x)\,dx = \frac{(n+k)!}{n!}(2n+k+1).$$

힌트. 다음 식을 참조하여라.

$$xL_n^k = (2n+k+1)L_n^k - (n+k)L_{n-1}^k - (n+1)L_{n+1}^k.$$

13.2.8 양자역학의 어떤 특이한 문제는 다음과 같은

$$\frac{d^2y}{dx^2} - \left[\frac{k^2-1}{4x^2} - \frac{2n+k+1}{2x} + \frac{1}{4}\right]y = 0.$$

상미분방정식과 연관되어 있다. 아래의 요구 조건에 따라 이 상미분방정식의 해를

$$y(x) = A(x)B(x)C(x)$$

의 형태로 써 보아라.
(a) $A(x)$는 $y(x)$가 필요로 하는 점근 거동을 제공하는 **음의** 지수이며
(b) $B(x)$는 구간 $0 \le x \ll 1$에서 $y(x)$의 거동을 기술하는 x의 **양의** 멱수이다.
$A(x)$와 $B(x)$를 구하여라. $C(x)$와 라게르 다항식 사이의 관계를 구하여라.

답. $A(x) = e^{-x/2}$, $B(x) = x^{(k+1)/2}$, $C(x) = L_n^k(x)$.

13.2.9 (13.87)식에서 수소파동함수의 규격화된 지름 부분은

$$R_{nL}(r) = \left[\beta^3 \frac{(n-L-1)!}{2n(n+L)!}\right]^{1/2} e^{-\beta r}(\beta r)^L L_{n-L-1}^{2L+1}(\beta r)$$

과 같이 주어진다. 여기서 $\beta = 2Z/na_0 = Zme^2/(2\pi\epsilon_0\hbar^2)$이다. 다음 값들을 구하여라.

(a) $\langle r\rangle = \int_0^\infty rR_{nL}(\beta r)R_{nL}(\beta r)r^2\,dr,$

(b) $\langle r^{-1}\rangle = \int_0^\infty r^{-1}R_{nL}(\beta r)R_{nL}(\beta r)r^2\,dr.$

$\langle r\rangle$은 핵으로부터 전자의 평균 이동 거리인 반면에 $\langle r^{-1}\rangle$은 역이동 거리의 평균이다.

답. $\langle r\rangle = \dfrac{a_0}{2}[3n^2 - L(L+1)]$ $\qquad \langle r^{-1}\rangle = \dfrac{1}{n^2 a_0}.$

13.2.10 수소파동함수의 기대치에 대한 점화관계식

$$\frac{s+2}{n^2}\langle r^{s+1}\rangle - (2s+3)a_0\langle r^s\rangle + \frac{s+1}{4}[(2L+1)^2-(s+1)^2]a_0^2\langle r^{s-1}\rangle = 0$$

을 유도하여라. 여기서 $s \geq -2L-1$과 $\langle r^s\rangle$는 연습문제 13.2.9(a)에서 정의하였다. *힌트.* (13.83)식을 (13.78)식과 유사한 형으로 변환시켜라. 그리고 $\rho^{s+2}u' - c\rho^{s+1}u$를 곱하여라. 여기서 $u = \rho\Phi$이다. 기대치를 산출하지 않는 항들이 소거되도록 c를 조절하여라.

13.2.11 수소파동함수, (13.87)식은 상호 직교한다. 이 파동함수는 자체 수반 슈레딩거 방정식

$$\int \psi^*_{n_1L_1M_1}\psi_{n_2L_2M_2}r^2 dr d\Omega = \delta_{n_1n_2}\delta_{L_1L_2}\delta_{M_1M_2}$$

의 고유함수이므로 서로 직교하여야 한다. 그러나 지름적분은 다음과 같은 형 (잘못 유도됨)

$$\int_0^\infty e^{-\beta r/2}(\beta r)^L L_{n_1-L-1}^{2L+1}(\beta r)e^{-\beta r/2}(\beta r)^L L_{n_2-L-1}^{2L+1}(\beta r)r^2 dr$$

로 표시되었다. 이 식은 (13.79)식과 대응되는 식이며 버금 라게르 직교 관계식 [(13.75)식]은 아니다. 이 역설적인 면을 어떻게 해결하겠는가?

답. 매개변수 β는 n과 관계된다. 과거에 나타난 첫 번째 세 개의 β는 $2Za/n_1a_0$이다. 마지막 셋은 $2Z/n_2a_0$이다. $n_1 = n_2$일 때 (13.79)식을 사용하여라. $n_1 \neq n_2$일 때에는 (13.75)식과 (13.79)식도 사용할 수 없다.

13.2.12 슈타르크 효과에 대한 양자역학적 분석(포물선 좌표)은 상미분방정식

$$\frac{d}{d\xi}\left(\xi\frac{du}{d\xi}\right)+\left(\frac{1}{2}E\xi+L-\frac{m^2}{4\xi}-\frac{1}{4}F\xi^2\right)u=0$$

을 제공한다. 여기서 F는 외부 전기장에 의해 도입된 섭동 에너지 값이다. 버금 라게르 다항식으로 기술된 교란되지 않은 파동함수($F=0$)를 구하여라.

답. $u(\xi)=e^{-\varepsilon\xi/2}\xi^{m/2}L_p^m(\varepsilon\xi)$, with $\varepsilon=\sqrt{-2E}>0$, $p=\alpha/\varepsilon-(m+1)/2$, a nonnegative integer.

13.2.13 삼차원 조화 진동자의 파동방정식은

$$-\frac{\hbar^2}{2M}\nabla^2\psi+\frac{1}{2}M\omega^2r^2\psi=E\psi$$

음이 아닌 정수.

이다. 여기서 ω는 이에 대응되는 고전 진동자의 진동수이다. ψ의 지름 부분(구면 극좌표)은 변수(βr^2)를 갖는 버금 라게르 함수로 기술될 수 있음을 보여라. 여기서 $\beta=M\omega/\hbar$이다.

힌트. 연습문제 13.2.8에서와 같이 r^l과 $e^{-\beta r^2/2}$으로 지름인자를 분리시켜라. 버금 라게르 함수는 $L_{(n-l-1)/2}^{l+1/2}(\beta r^2)$의 형식으로 표시된다.

13.2.14 라게르 다항식, $L_n(x)=\sum_{s=0}^{n}a_sx^s$인 다항식 내의 계수 a_s를 생성하는 프로그램(베이직, 포트란 또는 기호 소프트웨어)을 써라.

13.2.15 유한급수 $\sum_{n=0}^{N}a_nx^n$을 라게르 급수 $\sum_{n=0}^{N}b_nL_n(x)$로 변환시키는 서브루틴을 써라. 점화관계식 (13.60)식을 사용하여라.

13.2.16 0.1씩 변화를 주어 $x=0.0$에서 $x=30.0$의 값에서 $L_{10}(x)$의 일람표를 작성하여라. $x=30$ 보다 커지면 $L_{10}(x)$는 단조롭게 증가한다. 계산 결과를 도면에 그려 보아라.

검증치. 여덟 번째 근 = 16.279.

추가 읽을거리

Abramowitz, M., and Stegun, I. A. (Eds.)(1964). *Handbook of Mathematical Functions*, Applied Mathematics Series-55(AMS-55). National Bureau of Standards, Washington, DC. Paperback edition, Dover, New York (1974). 제22장은 직교다항식의 특성과 표현식을 자세히 요약을 포함하고 있다. 다른 장들은 베셀함수, 르장드르함수, 합류 초기하함수 및 그 이외의 함수들의 특성을 종합하여 설명하고 있다.

Erdelyi, A., Magnus, W., Oberhettinger, F., and Tricomi, F. G. (1953). *Higher Transcendental Functions*. McGraw-Hill, New York. Reprinted, Krieger, Melbourne,

FL (1981). 수리물리에 나오는 특수함수들의 특성을 총망라하여 자세히 수록하고 있다.

Lebedev, N. N. (1965). *Special Functions and Their Applications* (R. A. Silverman, Trans.). Prentice−Hall, Englewood Cliffs, NJ. Paperback, Dover, New York (1972).

Luke, Y. L. (1969). *The Special Functions and Their Approximations*. Academic Press, New york. 제1권은 감마함수, 초기하함수, 합류 초기하함수와 관계되는 함수의 완벽하게 이론적으로 다루고 있으며 제2권은 수치 계산을 위한 근사 계산과 그 이외의 기술을 제공한다.

Luke, Y. L. (1975). *Mathematical Functions and Their Approximations*. Academic Press, New York. This is an update supplement to *Handbook of Mathematical Functions with Formulas, Graphs and mathematical Tables* (AMS−55).

Magnus, W., Oberhettinger, F., and Soni, R. P. (1966). *Formulas and Theorems for the Special Functions of Mathematical Physics*. Springer, New York. 제10장～제13장의 제목을 포함하여 표제가 설명하는 것과 같은 뛰어난 요약이 포함되어 있다.

Rainville, E. D. (1960). *Special Functions*. Macmillan, New York. Reprinted, Chelsea, New York (1971). 이 책은 독자들이 쉽게 만날 수 있는 수리물리학에 나오는 모든 특수함수들을 일관성 있고 포괄적인 설명을 포함하고 있다.

Sansone, G. (1959). *Orthogonal Functions* (A. H. Diamond, Trans.). Interscience, New York. Reprinted, Dover, New York (1991).

Sneddon, I. N. (1980). *Special Functions of Mathematical Physics and Chemistry*, 3rd ed. Longman, New York.

Thompson, W. J. (1997). *Atlas for Computing Mathematical Functions: An Illustrated Guidebook for Practitioners with Programs in Fortran 90 and Mathematica*. Wiley, New York.

Whittaker, E. T., and Watson, G. N. (1997). *A Course of Modern Analysis*(reprint). Cambridge Univ. Press, Cambridge, UK. 이 책은 특수함수와 실수 및 복소수 해석학을 다룰 수 있는 고전 원문임.

푸리에 급수

14.1 일반적인 성질

파동(가령 물결파를 적당히 근사하면 $\sin(2\pi x/\lambda)$가 되는 것처럼)이나, 전동기, 돌고 있는 기계장치 (조화운동), 혹은 구동력의 반복적인 되풀이에서 볼 수 있는 주기적인 현상들은 모두 주기함수로 묘사된다. 푸리에 급수는 상미분방정식(상미방, ordinary differential equations)이나, 주기적인 경계조건(boundary condition)을 갖는 편미분방정식(편미방, partial differential equations)을 풀려고 할 때 기본적인 도구이다. 주기적이지 않은 현상들을 묘사할 때 쓰이는 푸리에 적분은 제 15장에서 다룬다. 이런 모든 것들을 통틀어 흔히 **푸리에 해석법(Fourier analysis)**이라 부른다.

푸리에 급수란 어떤 함수 혹은 그 함수의 수학적인 표현을 아래와 같이 사인함수와 코사인 함수들로 전개하는 것을 말한다, 즉

$$f(x) = \frac{a_0}{2} + \sum_{n=1}^{\infty} a_n \cos nx + \sum_{n=1}^{\infty} b_n \sin nx \tag{14.1}$$

이다. 계수 a_0, a_n, b_n은 주기함수 $f(x)$와 관계되어 있는데, 그 관계식은 아래와 같은 적분식으로 주어진다:

$$a_n = \frac{1}{\pi}\int_0^{2\pi} f(x)\cos nx\,dx, \tag{14.2}$$

$$b_n = \frac{1}{\pi}\int_0^{2\pi} f(x)\sin nx\,dx, \quad n = 0, 1, 2, \ldots. \tag{14.3}$$

물론 이 결과는 적분이 존재한다는 조건을 만족할 때만 의미가 있을 것이다. 위의 각 적분은 함수 $f(x)$가 조각적으로 연속일 때 (혹은 제곱함수 $f^2(x)$가 적분 가능할 때) 존재한다. 주의할

것은 계수 a_0는 여분의 인수 $\frac{1}{2}$과 함께 쓰이고 있어서 n이 1이상인 계수 a_n과는 구분된다는 것이다. 이것은 (14.2)식이 n이 0이거나 0보다 크거나 상관없이 성립하도록 하기 위해서이다.

이렇게 주어진 함수를 푸리에 급수로 전개할 수 있는 근거는 예제 9.1.4에서 본 조화진동(harmonic oscillation)에 관한 스텀-리우빌 정리(Sturm-Liouville theory)에 의해서 뒷받침되고 있다. 직교성(예제 9.2.1)에서 기인한 (14.2)식과 (14.3)식을 이용하여 우리는 푸리에 급수 전개에 필요한 계수들을 모두 구할 수 있다. 지금 우리가 하고 있는 일을 달리 표현한다면, $f(x)$가 $\cos nx$와 $\sin nx$를 직교기저(orthogonal basis)로 갖는 무한차원의 힐베르트 공간(Hilbert space)의 한 원소라고 생각할 수 있다. $\cos nx$와 $\sin nx\,(n = 0, 1, 2, \ldots)$가 힐베르트 공간을 생성한다(span)는 말은 이 함수들이 완전집합(complete set)을 이룬다는 말과 같다. 그리고, **전개 계수 a_n과 b_n은 $f(x)$의 투영(projection)에 해당**하는데, 이 때 적분 내적[(14.2)식과 (14.3)식]이 1.2절에서 본 점곱(dot product) 역할을 하는 것이다. 이 내용은 9.4절에서 살펴보았다.

(14.1)식이 성립하고 급수가 수렴하기 위해서는 함수 $f(x)$가 일정한 조건을 만족시켜야 한다. $f(x)$가 구간 $[0, 2\pi]$ 내에서 유한한 개수의 점에서만 불연속이어야 하며, 극값, 최대값, 및 최소값을 갖는 점의 수도 유한해야 한다.[1] 이런 조건들을 만족하는 함수를 조각적으로 **정칙(piecewise regular)**이라 한다. 이 조건들을 **디리클레 조건(Dirichlet conditions)**이라 부른다. 디리클레 조건을 만족하지 않는 함수들도 있지만, 이런 함수들은 푸리에 전개상 병적(pathological)이라 분류한다. 푸리에 급수와 관련된 많은 물리 문제에서 보게 될 함수들은 이 조건을 만족한다. 많은 경우 우리는 제곱이 적분 가능한 함수들을 다루게 될 것이며, 이 경우 사인 및 코사인함수가 완전한 직교 기저함수를 이룬다. 이 말은 다시 (14.1)식이 평균 수렴이라는 관점에서도 타당하다는 뜻이다[(9.63)식 참조].

■ 완비성(completeness)

푸리에 전개와 그 완비성은 $\sin nx$ 및 $\cos nx$, e^{inx}가 모두 자기수반(self-adjoint) 선형 상미분 방정식,

$$y'' + n^2 y = 0 \tag{14.4}$$

의 고유함수(eigenfunction)라는 점에서 이미 예측되었던 사실이다.

스텀-리우빌 정리(제9장)에 의해, 구간 $[0, 2\pi]$에서 일정한 경계조건을 만족하며 서로 다른 고유값(eigenvalues)에 해당하는 직교하는 고유함수들 구할 수 있다. 즉, 다음과 같은 성질을 얻을 수 있다:

$$\int_0^{2\pi} \sin mx \sin nx\, dx = \begin{cases} \pi\,\delta_{mn}, & m \neq 0, \\ 0, & m = 0, \end{cases} \tag{14.5}$$

---

[1]이 조건은 **충분조건**이며 **필요조건**은 아니다.

$$\int_0^{2\pi} \cos mx \cos nx\,dx = \begin{cases} \pi\,\delta_{mn}, & m \neq 0, \\ 2\pi, & m = n = 0, \end{cases} \tag{14.6}$$

$$\int_0^{2\pi} \sin mx \cos nx\,dx = 0, \quad \text{for all integral } m \text{ and } n. \tag{14.7}$$

여기서 $x_0 \le x \le x_0 + 2\pi$와 같은 어떤 구간이라도 상관없다. 흔히, 우리는 $x_0 = -\pi$에 해당하는 구간 $-\pi \le x \le \pi$를 고려할 것이다. 복소 고유함수 $e^{\pm inx}$에 대해서는 직교성은 보통 두 인수 중의 하나의 켤레복소수(complex conjugate)를 써서 **정의된다**:

$$\int_0^{2\pi} (e^{imx})^* e^{inx}\,dx = 2\pi\,\delta_{mn}. \tag{14.8}$$

이 정의는 구면조화함수(11.5절)를 다룰 때와 상통한다.

예제 14.1.1 **톱니파**

(14.2)식과 (14.3)식을 사용하여 그림 14.1과 같은 톱니 모양의 함수의 푸리에 전개를 구해보자. 톱니 모양의 함수는 아래와 같은 식으로 표현할 수 있다:

$$f(x) = \begin{cases} x, & 0 \le x < \pi, \\ x - 2\pi, & \pi \le x \le 2\pi, \end{cases}$$

이 함수는 변수 x에 대한 홀함수(odd function)이다. 따라서 순전히 사인함수만으로 전개할 수 있을 것이다. 실제로, 부분적분을 이용하면, a_n은

$$\begin{aligned} a_n &= \frac{1}{\pi}\int_{-\pi}^{\pi} x \cos nx\,dx = \frac{x}{n\pi}\sin nx\Big|_{-\pi}^{\pi} - \frac{1}{n\pi}\int_{-\pi}^{\pi} \sin nx\,dx \\ &= \frac{1}{n^2\pi}\cos nx\Big|_{-\pi}^{\pi} = \frac{1}{n^2\pi}[(-1)^n - (-1)^n] = 0 \end{aligned}$$

그림 14.1
톱니파

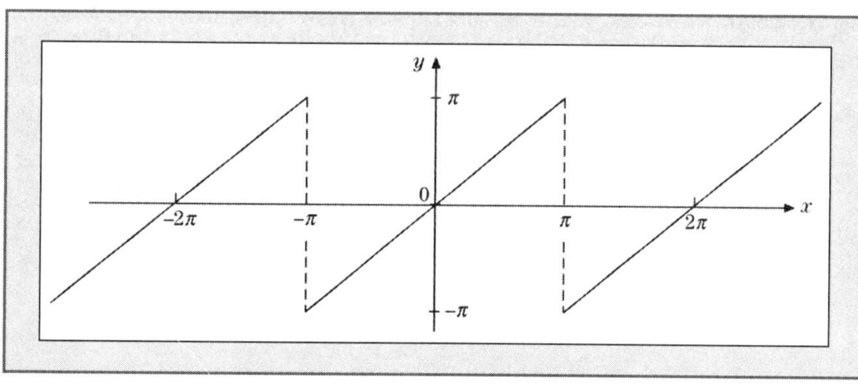

과 같이 주어지는 데에 비하여

$$b_n = \frac{1}{\pi}\int_{-\pi}^{\pi} x \sin nx\,dx = -\frac{x}{n\pi}\cos nx\Big|_{-\pi}^{\pi} + \frac{1}{n\pi}\int_{-\pi}^{\pi}\sin nx\,dx$$
$$= -\frac{2}{n}(-1)^n - \frac{1}{n^2\pi}\cos nx\Big|_{-\pi}^{\pi} = -\frac{2}{n}(-1)^n$$

과 같이 얻어진다. 이렇게 해서 아래와 같이 푸리에 전개를 얻을 수 있다:

$$f(x) = 2\left[\sin x - \frac{\sin 2x}{2} + \frac{\sin 3x}{3} - \cdots + (-1)^{n+1}\frac{\sin nx}{n} + \cdots\right]$$
$$= 2\sum_{n=1}^{\infty}(-1)^{n+1}\frac{\sin nx}{n} = x, \quad -\pi < x < \pi, \tag{14.9}$$

이 급수는 절대적(absolutely)이 아니라, 조건적(conditionally)으로만 수렴하는 급수인데, 이것은 함수 $f(x)$가 $x = \pm\pi$에서 불연속이기 때문이다. 불연속 점이 구간의 경계에 있건 내부에 있건 마찬가지이다. 변수 x가 주파수 ω에 해당하는 경우, 조건부수렴은 주어진 파가 **고주파수 성분**이 우세함을 뜻한다. ■

■ 불연속점에서의 성질

앞에서 살펴본 $x = n\pi$에서의 성질은 유한한 불연속점에서는 급수가 산술적인 평균에 수렴하는 한 예이다. 불연속점 $x = x_0$에서 급수에서 얻어지는 값은

$$f(x_0) = \frac{1}{2}[f(x_0 + 0) + f(x_0 - 0)] \tag{14.10}$$

이다. 여기서 평균은 점 x_0의 오른쪽과 왼쪽에서 각각 접근할 때의 값들 간의 평균이다. 부분합을 이용한 일반적인 증명은 Jeffrey나 Carslaw(참고문헌 참조)에서 찾을 수 있다.

푸리에 급수의 수렴이나 급수의 부분합만을 구했을 때의 오차에 대한 성질을 알아보기 위하여 그림 14.1의 톱니 모양 함수를 살펴보자. 그림 14.2는 함수 $f(x)$가 푸리에 급수 중 각가 4

그림 14.2
톱니파의 푸리에 표현

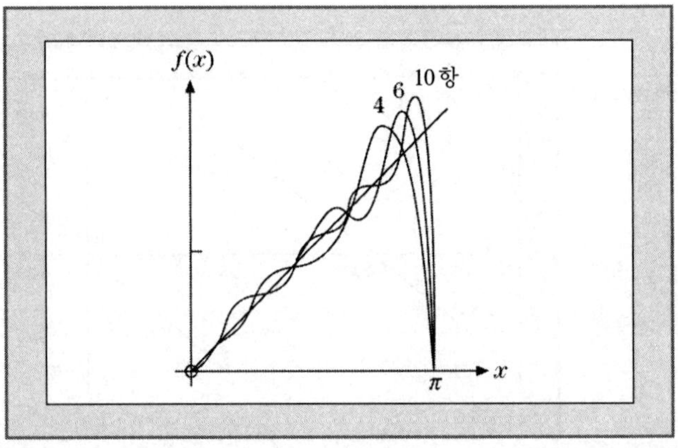

개, 6개, 10개의 항만을 더했을 때, 구간 $0 \le x < \pi$에서 갖는 값들을 표시한 것이다. 다음과 같은 세 가지 사실에 유의할 필요가 있다.

1. 더하는 항의 수를 증가시킴에 따라 정확도가 점차 증가한다.
2. 모든 곡선이 $x=\pi$에서 중점 $f(x)=0$을 지난다.
3. 점 $x=\pi$ 근처에서는 항상 **넘침(overshoot)**이 있고 줄어들 기미가 보이지 않는다. 이러한 넘침은 **깁스 현상(Gibbs phenomenon)**이라 불리며, 푸리에 급수의 전형적인 성질이다. 더하는 항의 개수를 늘린다고 해서 이 넘침을 막을 수는 없고, 다만 넘침이 일어나는 지역을 불연속점 근처로 줄일 수는 있다. 깁스 현상은 푸리에 급수에만 국한된 것은 아니다. 다른 고유함수 전개에서도 일어난다. 좀더 자세한 것은 W. J. Thomson, Fourier series and the Gibbs Phenomenon, *Am. J. Phys*. **60**, 425(1992)를 보기 바란다.

푸리에 전개가 테일러 전개와 같은 다른 방법에 비하여 나은 점은 불연속 함수를 전개할 수 있다는 것이다. 앞에서 살펴보았고 예제 14.1.3에서 다시 보게 될 톱니파가 그 예이다. 다른 예들도 연습문제에서 다루게 될 것이다.

예제 14.1.2 전체 파동정류기

그림 14.3에 보이는 것 같은 연속적인 주기함수에 해당하는 절대적으로 수렴하는 푸리에 급수의 경우를 생각해 보자. 전체 파동정류기의 출력이 직류전류에 얼마나 잘 접근하는 지를 알아보자. 여기서 정류기는 양의 방향의 뾰족점은 통과시키고 음의 방향의 뾰족점은 부호를 반대로 (즉 양의 부호로) 바꾸어 주는 역할을 한다고 하자. 이렇게 해서 우리는 다음과 같은 식을 얻는다:

$$\begin{aligned} f(t) &= \sin\omega t, & 0 < \omega t < \pi, \\ f(t) &= -\sin\omega t, & -\pi < \omega t < 0. \end{aligned} \tag{14.11}$$

이렇게 정의된 $f(t)$는 짝함수(even function)이므로 sin $n\omega t$와 같은 항은 나오지 않을 것이다.

그림 14.3
전체 파동정류기

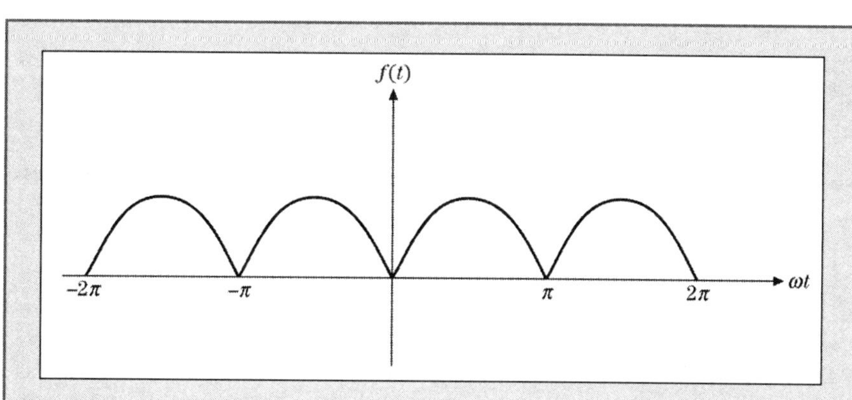

다시 한 번 (14.2)식과 (14.3)식을 이용하면, 아래와 같은 결과를 얻는다:

$$\begin{aligned} a_0 &= -\frac{1}{\pi}\int_{-\pi}^{0} \sin\omega t\, d(\omega t) + \frac{1}{\pi}\int_{0}^{\pi} \sin\omega t\, d(\omega t) \\ &= \frac{2}{\pi}\int_{0}^{\pi} \sin\omega t\, d(\omega t) = \frac{4}{\pi}, \end{aligned} \tag{14.12}$$

짝함수(even function)이므로

$$\begin{aligned} a_n &= \frac{2}{\pi}\int_{0}^{\pi} \sin\omega t \cos n\omega t\, d(\omega t) \\ &= -\frac{2}{\pi}\frac{2}{n^2-1}, \quad n\text{은 짝수}, \\ &= 0, \quad n\text{은 홀수} \end{aligned} \tag{14.13}$$

여기서 $(0, \pi)$는 직교 구간(orthogonality interval)이 아니며, n이 짝수일 때는 계수가 영이 안 됨에 주의하여라. 위의 계산 결과 얻는 급수는 다음과 같다:

$$f(t) = \frac{2}{\pi} - \frac{4}{\pi}\sum_{n=2,4,6,\dots}^{\infty} \frac{\cos n\omega t}{n^2-1}. \tag{14.14}$$

원래 주파수 ω는 빠졌다. 가장 낮은 주파수는 2ω이다. 고주파수 성분은 n^{-2}으로 감소하고, 이것으로 볼 때 전체 파동정류기가 직류전류를 꽤 잘 근사한다 할 수 있다. 이 근사가 충분한가는 그 사용처에 달려있다. 아직도 교류성분이 남아있다고 판단될 경우, 거르개(filter)를 사용하여 없앨 수 있을 것이다. 위에서 살펴 본 두 예는 푸리에 전개의 두 가지 특징을 잘 보여주고 있다:[2]

- 만약 함수 $f(x)$가 (예제 14.1.1의 톱니파처럼) 불연속이면, 대체로 n번째 푸리에 성분의 크기가 $\mathcal{O}(1/n)$으로 감소한다. 급수는 조건적으로만 수렴한다.[3]
- 만약 함수 $f(x)$가 (예제 14.1.2의 전체 파동정류기에서 처럼 미분이 불연속인 점은 있더라도) 연속이면, n번째 성분은 대개 $1/n^2$로 감소한다. 급수는 절대적으로 수렴한다. ■

예제 14.1.3 **네모파 고주파 영역**

푸리에 급수의 한 예인, 푸리에 성분에 의한 네모파(그림 14.4)의 분석법은 가파르게 올라가는 펄스를 만드는 전자회로에서 널리 쓰인다. 이 예는 조건부 수렴의 물리적인 의미를 보여준다. 문제의 파형이 다음과 같은 함수로 정의되어 있다고 하자.

---

[2]Raisbeek, G. (1995). Order of magnitude of Fourier coefficients. *Am. Math. Mon.* **62**, 149–155.
[3]A technique for improving the rate of convergence is developed in the exercises of Section 5.9.

그림 14.4
네모파

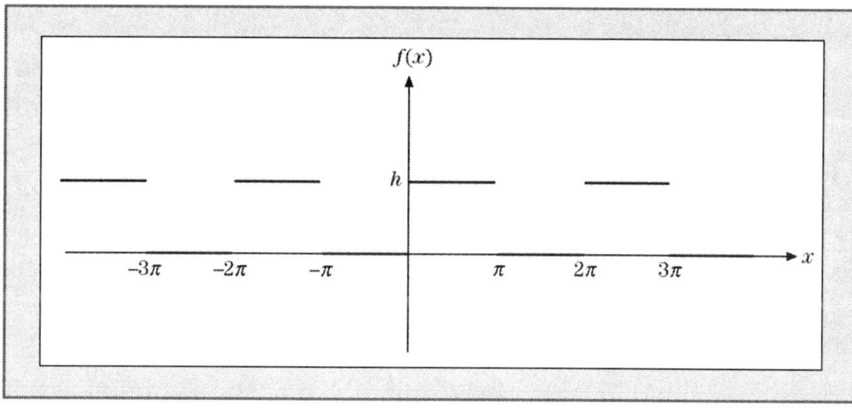

$$f(x) = 0, \quad -\pi < x < 0,$$
$$f(x) = h, \quad 0 < x < \pi. \tag{14.15}$$

(14.2)식과 (14.3)식으로부터

$$a_0 = \frac{1}{\pi}\int_0^{\pi} h\,dt = h, \tag{14.16}$$

$$a_n = \frac{1}{\pi}\int_0^{\pi} h\cos nt\,dt = 0, \quad n = 1, 2, 3, \ldots, \tag{14.17}$$

$$b_n = \frac{1}{\pi}\int_0^{\pi} h\sin nt\,dt = \frac{h}{n\pi}(1-\cos n\pi); \tag{14.18}$$

$$b_n = \frac{2h}{n\pi}, \quad n\text{은 홀수}, \tag{14.19}$$

$$b_n = 0, \quad n\text{은 짝수}. \tag{14.20}$$

그 결과는 다음과 같다.

$$f(x) = \frac{h}{2} + \frac{2h}{\pi}\left(\frac{\sin x}{1} + \frac{\sin 3x}{3} + \frac{\sin 5x}{5} + \cdots\right). \tag{14.21}$$

구간 $[-\pi, \pi]$에서 함수 $f(x)$의 평균을 나타내는 첫 항을 제외하고는, 코사인 항은 모두 사라졌다. $f(x)-h/2$가 기함수이기 때문에, 푸리에 사인급수만 나오는 것이다. 비록 사인급수에서 홀수 번째 항만 나오지만, 각 항의 계수의 크기가 n^{-1}으로 줄어든다. 이 **조건부 수렴**은 조화급수에서와 같다. 물리적으로 이것은 우리가 고려하고 있는 네모파가 **고주파 성분**을 많이 포함하고 있음을 뜻한다. 만약 전자장치가 이런 고주파 성분을 통과시키지 못한다면, 입력된 네모파는 두리뭉실하게 되어서 나오게 될 것이다. ■

인명 자료

Fourier, Jean Baptiste Joseph, Baron. 프랑스 수학자 푸리에는 1768년 프랑스의 옥세르(Auxerre)에서 출생하여 1830년 파리에서 서거하였다. 파리의 한 군사학교를 졸업한 후, 1795년 같은 학교에서 교수가 되었다. 그의 이름이 붙게된 급수와 적분을 포함한 수학적 대업적을 이룬 후인 1808년 나폴레옹에 의해 남작의 작위를 받게 된다. 그 전에는 로베스피에르(Robespierre) 사건과 시민혁명을 겪었다.

요 약

푸리에 급수는 주기적인 함수를 기술하기 위해 사인이나 코사인함수들의 유한한 혹은 무한한 합이다. 이 때 주기함수는 불연속점을 가질 수 있어서 우리가 지금까지 고려해 왔던 것보다 폭넓은 함수들을 포함한다. $\sin nx$와 $\cos nx$는 고전적인 조화진동자 방정식 즉 자기수반 상미분방정식의 고유함수이기 때문에 푸리에 급수의 힐베르트 공간 성질은 스텀-리우빌 정리의 결과이다.

연습문제

14.1.1 함수 $f(x)$(제곱적분 가능)를 **유한한** 푸리에 급수로 나타내려고 한다. 급수의 정확도에 대한 편리한 척도는 편차의 제곱의 적분이다.

$$\Delta_p = \int_0^{2\pi} \left[f(x) - \frac{a_0}{2} - \sum_{n=1}^{p} (a_n \cos nx + b_n \sin nx) \right]^2 dx.$$

Δ_p를 최소화하면, 즉 모든 n에 대해

$$\frac{\partial \Delta_p}{\partial a_n} = 0, \quad \frac{\partial \Delta_p}{\partial b_n} = 0$$

이라 하면, a_n과 b_n이 (14.2)식과 (14.3)식으로 주어짐을 보여라.

주의. 계수 a_n과 b_n은 p에 달려있지 않다. 이 무관성은 직교성 때문이다. 따라서 곡선을 다항식으로 맞출 때, x의 거듭제곱에 대해서는 성립하지 않는다.

14.1.2 복잡한 파동(이를테면, 해양의 파도, 지진파, 음악의 음조 등)을 분석할 때, 푸리에 급수를 다음과 같이 쓰면 더 편리할 수 있다:

$$f(x) = \frac{a_0}{2} + \sum_{n=1}^{\infty} \alpha_n \cos(nx - \theta_n).$$

위 식이 (14.1)식과 동등함을 보여라. 이 때 계수가

$$a_n = \alpha_n \cos\theta, \quad \alpha_n^2 = a_n^2 + b_n^2,$$
$$b_n = \alpha_n \sin\theta, \quad \tan\theta_n = b_n/a_n$$

임을 보여라.

주의. n의 함수 α_n^2은 수위 **파워스펙트럼(power spectrum)**이라 불리는 양이다. α_n^2은 위상 θ_n의 변화에 무관하기 때문에 중요하다.

14.1.3 $\int_{-\pi}^{\pi}[f(x)]^2dx$가 유한하다고 가정하고, 다음을 보여라:

$$\lim_{m\to\infty} a_m = 0, \quad \lim_{m\to\infty} b_m = 0.$$

힌트. $[f(x)-s_n(x)]^2$을 적분하여라. 여기서 $s_n(x)$는 n차 부분합이다. 그리고 베셀 부등식(9.4절)을 이용하여라. 주어진 유한한 구간에 대하여, $f(x)$가 제곱적분이 가능하다($\int_{-\pi}^{\pi}|f(x)|^2dx$가 유한하다)는 가정은 $\int_{-\pi}^{\pi}|f(x)|\,dx$가 유한하다는 말과 같다. 그 역은 성립하지 않는다.

14.1.4 이 절의 합의 공식을 이용하여

$$\sum_{n=1}^{\infty}\frac{\sin nx}{n} = \begin{cases} \frac{1}{2}(\pi - x), & 0 < x \le \pi \\ -\frac{1}{2}(\pi + x), & -\pi \le x < 0 \end{cases}$$

을 보여라 (그림 14.5).

14.1.5 삼각함수 급수

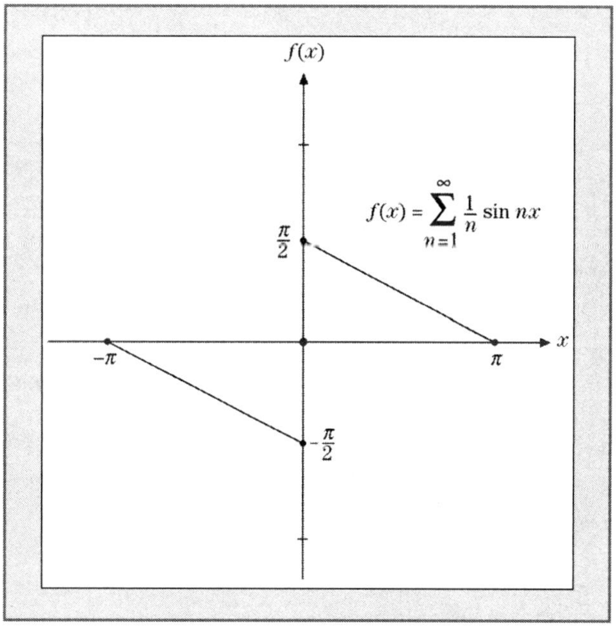

그림 14.5
거꾸로된 톱니파

$$\sum_{n=0}^{\infty} \frac{\sin(2n+1)x}{2n+1}$$

를 합하여, 결과가

$$\begin{cases} \pi/4, & 0 < x < \pi \\ -\pi/4, & -\pi < x < 0 \end{cases}$$

과 같음을 보여라.

14.2 푸리에 급수의 장점과 유용성

■ 주기함수

주기함수를 푸리에 급수를 써서 나타낼 때 편리하다는 사실은 불연속 함수를 기술하려 할 때 갖는 장점과 관계가 있다. $f(x)$의 주기가 2π라면 이 함수를 주기가 2π, $2\pi/2$, $2\pi/3$, ...인 함수들로 전개하는 것이 자연스러울 것이다. 이것은 만약 주기함수 $f(x)$를 $[0, 2\pi]$ 혹은 $[-\pi, \pi]$ 한 구간에서만 나타내면 이미 전 구간에 대해서 나타내게 됨을 의미한다.

여기서, **대칭성**을 생각해 보는 것이 좋겠다. 구간 $[-\pi, \pi]$에서 x에 대하여 $\sin x$는 홀함수, $\cos x$는 짝함수이다. 그러므로 (14.2)식과 (14.3)식[4]에 의하여, $f(x)$가 홀함수이면 모든 $a_n = 0$이며, $f(x)$가 짝함수이면 모든 $b_n = 0$. 다시 말해,

$$f(x) = \frac{a_0}{2} + \sum_{n=1}^{\infty} a_n \cos nx, \quad f(x)\text{는 짝수}, \tag{14.22}$$

$$f(x) = \sum_{n=1}^{\infty} b_n \sin nx, \quad f(x)\text{는 홀수} \tag{14.23}$$

이다. 이 성질은 함수를 전개할 때 자주 유용하게 쓰인다.

우리는 늘 푸리에 급수가 주기적인 점을 염두에 두었다. 이것은 (14.1)식이 처음 구간 밖에서도 성립하는가를 가름하는 데 중요하다. 우리에게 오직

$$f(x) = x, \quad 0 \le x < \pi \tag{14.24}$$

와 같은 조건만이 주어져 있고 함수 $f(x)$를 급수 전개에 의하여 나타내려고 한다. 무한히 많은 전개 방법 중에서 다음과 같은 세 가지 방법을 택하자:

---

[4] 적분구간은 $[-\pi \le x \le \pi]$

1. 테일러 전개를 가정하면,

$$f(x) = x \tag{14.25}$$

와 같은 식을 얻는다. 이것은 항이 하나 뿐인 전개이며 이 전개는 모든 유한한 x에 대하여 정의되어 있다.

2. 푸리에 코사인 급수[(14.22)식]를 이용하여, 다음과 같은 결과를 예측할 수 있다:

$$\begin{aligned} f(x) &= -x, \qquad -\pi < x \le 0, \\ f(x) &= 2\pi - x, \quad \pi < x \le 2\pi. \end{aligned} \tag{14.26}$$

3. 끝으로, 푸리에 사인 급수[(14.23)식]로부터

$$\begin{aligned} f(x) &= x, \qquad -\pi < x \le 0, \\ f(x) &= x - 2\pi, \quad \pi < x \le 2\pi. \end{aligned} \tag{14.27}$$

이 세 가지 가능성 – 테일러 급수, 푸리에 코사인 급수, 푸리에 사인 급수 – 은 각각 원래의 구간 $[0, \pi]$에서 모두 타당하다. 그러나, 밖에서는 이들의 성질은 사뭇 다르다(그림 14.6). 그럼 셋 중의 어느 것이 맞는가? 그 질문은 함수 $f(x)$에 대한 정보가 더 주어지지 않는 한 답할 수 없다. 셋 모두 일 수도 있고, 어느 것도 아닐 수도 있다. 푸리에 전개는 주어진 기본 구간에서 타당하다. 함수 $f(x)$가 기본 구간과 같은 주기 혹은 $1/n$ 주기를 갖는 주기함수라는 사실이 알려져 있는 않다면, 함수의 푸리에 전개에 의한 표시[(14.1)식]가 이 구간 밖에서 맞는다는 보장은 전혀 없다. 푸리에 전개를 정의하는 길이 2π인 구간은 주기적이지 않은 함수에 대하여는 분명 큰 차이를 준다. 왜냐하면 푸리에 급수는 기본 구간의 형태를 이웃하는 구간에 반복하기 때문이다. 이것은 그림 14.6을 보아도 알 수 있다.

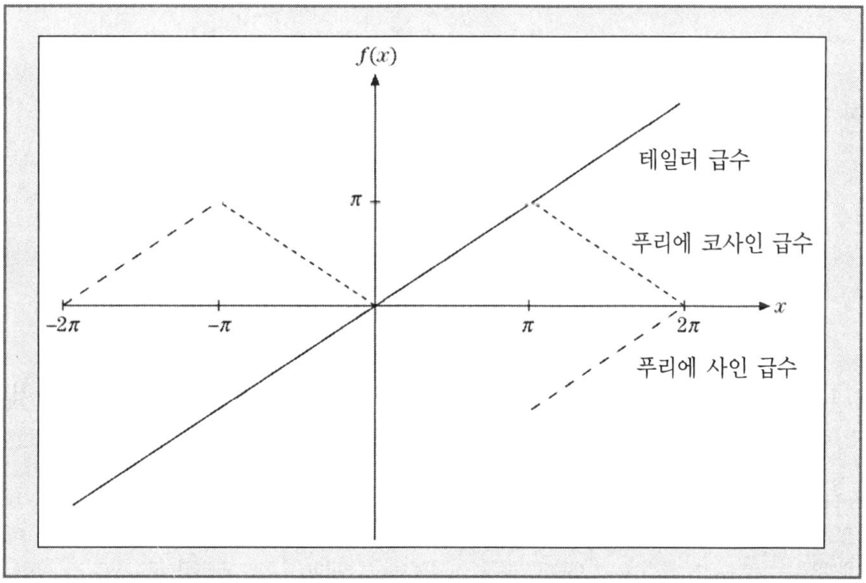

그림 14.6 푸리에 코사인급수, 푸리에 사인급수 및 테일러급수의 비교

불연속이면서 주기적인 함수를 나타낼 수 있다는 장점 외에도 푸리에 급수의 중요한 세 번째 장점이 있다. 주기적인 외부 힘을 받고 있는 진동하는 알갱이의 운동방정식을 푼다고 하자. 외부 힘을 푸리에 전개하면 기본 항과 일련의 조화함수(harmonics function)를 얻는다. 선형 상미분방정식은 이렇게 얻어진 조화함수 하나 하나에 대하여 따로 따로 풀 수가 있다. 이 방법은 원래의 힘을 직접 다루는 것보다 훨씬 쉽다. 따라서 상미분방정식이 선형이기만 하면 각각의 해를 합하여 궁극적으로 원하는 해를 얻게 된다.[5] 이것은 단지 재기 넘치는 수학적 재주 이상의 가치가 있다, 즉,

- 이것이 바로 계의 기본 주기와 그 조화주기(harmonic frequencies)에 대한 반응을 구하는 일, 즉 푸리에 해석법인 것이다.

다음과 같은 질문을 할 수 있다: 조화함수들이 모두 정말로 있는 것인가, 혹은 이들은 단지 푸리에 해석법에 의해 만들어지는 것이가? 한 가지 답은 함수를 조화함수들로 분해하는 것과 벡터를 각 성분으로 분해하는 것을 비교하면 얻을 수 있다. 각 성분이 따로 따로 존재하고 관측 가능하다는 점에서는 성분이 존재한다고 말할 수 있을 것이다. 그러나, 성분으로 분해하는 방법은 유일하지 않다. 그래서, 많은 사람들이 조화함수들은 전개 방법의 선택에 의해 만들어진다고 말한다. 다른 직교함수들을 써서 전개하면 다른 성분들을 얻게 될 것이다. 이에 대한 좀 더 깊은 논의에 대하여는 "*American Journal of Physics*"에 발표된 일련의 논문을 보기로 하자.[6]

■ 구간 변환

지금까지는 길이 2π인 구간에 대해서만 살펴보았다. 이런 제한은 쉽게 없앨 수 있다. 함수 $f(x)$가 주기 $2L$인 주기함수라면 다음과 같이 쓸 수 있다:

$$f(x) = \frac{a_0}{2} + \sum_{n=1}^{\infty}\left[a_n \cos\frac{n\pi x}{L} + b_n \sin\frac{n\pi x}{L}\right], \qquad (14.28)$$

이 때

$$a_n = \frac{1}{L}\int_{-L}^{L} f(t)\cos\frac{n\pi t}{L}\,dt, \quad n = 0, 1, 2, 3, \ldots, \qquad (14.29)$$

$$b_n = \frac{1}{L}\int_{-L}^{L} f(t)\sin\frac{n\pi t}{L}\,dt, \quad n = 1, 2, 3, \ldots, \qquad (14.30)$$

(14.1)식에서 x 대신 $\pi x/L$를 (14.2)식과 (14.3)식에서 t 대신에 $\pi t/L$를 대입하는 것과 같다.

---

[5]비선형 미분방정식의 가장 나쁜 성질 중의 하나가 이 중첩의 원리가 성립하지 않는다는 사실이다.

[6]Robinson, B. L. (1953). Concerning frequencies resulting from distortion. *Am. J. Phys.* **21**, 391; Van Name, F. W., Jr. (1954). Concerning frequencies resulting from distortion. *Am. J. Phys.* **22**, 94.

[편의를 위해, (14.2)식과 (14.3)식의 구간을 $-\pi \le t \le \pi$로 옮겼다.] 대칭적인 구간 $[-L, L]$을 선택한 것은 중요하지 **않다**. 주기가 $2L$이기만 하면 (x_0, x_0+2L) 형태의 어떤 구간이라도 마찬가지이다. 선택은 순전히 편의에 따라 개인적인 기호에 따라 달라질 수 있다.

함수 $f(x)$가 x에 대하여 짝함수이면, 즉 $f(x)=f(-x)$이면, 코사인만의 급수이다. 왜냐하면, t 대신에 $-t$를 대입하여,

$$\int_{-L}^{0} f(t)\cos\frac{n\pi t}{L}dt = \int_{0}^{L} f(t)\cos\frac{n\pi t}{L}dt,$$
$$\int_{-L}^{0} f(t)\sin\frac{n\pi t}{L}dt = -\int_{0}^{L} f(t)\sin\frac{n\pi t}{L}dt$$

따라서 모든 n에 대해 $b_n=0$이며

$$a_n = \frac{2}{L}\int_{0}^{L} f(t)\cos\frac{n\pi t}{L}dt.$$

마찬가지로 $-f(x)=f(-x)$라면 $f(x)$는 사인만의 급수로 전개된다. 이 때 계수는

$$b_n = \frac{2}{L}\int_{0}^{L} f(t)\sin\frac{n\pi t}{L}dt$$

이다.

예제 14.2.1 **비대칭 네모파**

그림 14.7에 있는 네모파의 푸리에 전개를 구해보자:

$$f(x) = h, \quad 0 < x < 1,$$
$$f(x) = 0, \quad 1 < x < 2L$$

이 때 $L \ge 1$이고 $h>0$이다. 전개 구간은 $[-L, L]$이다.

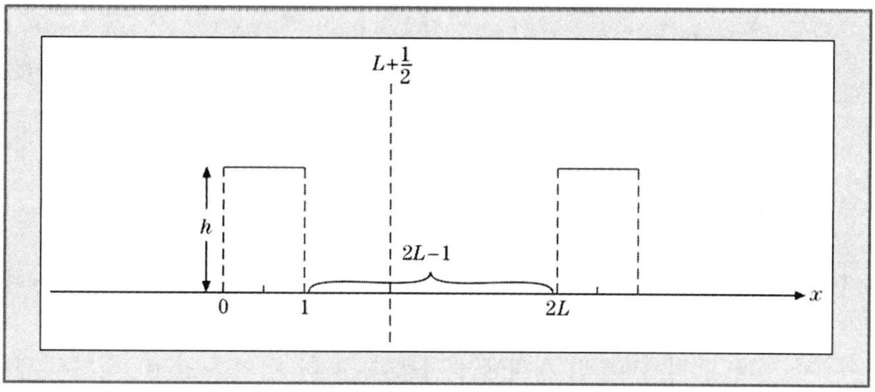

그림 14.7
비대칭 네모파

네모파의 모양으로부터 푸리에 전개 계수들이 (14.29)식과 (14.30)식에 의해 다음과 같이 주어짐을 알 수 있다:

$$a_n = \frac{h}{L}\int_0^1 \cos\frac{n\pi x}{L}dx = \frac{h}{n\pi}\sin\frac{n\pi x}{L}\Big|_0^1 = \frac{h}{n\pi}\sin\frac{n\pi}{L}, \quad n=0,1,\ldots,$$

$$b_n = \frac{h}{L}\int_0^1 \sin\frac{n\pi x}{L}dx = -\frac{h}{n\pi}\cos\frac{n\pi x}{L}\Big|_0^1 = \frac{h}{n\pi}\left(1-\cos\frac{n\pi}{L}\right), \quad n=1,2,\ldots.$$

결국 얻어지는 푸리에 급수는 다음과 같다:

$$f(x) = \frac{h}{\pi}\sum_{n=1}^{\infty}\frac{1}{n}\left[\sin\frac{n\pi}{L}\cos\frac{n\pi x}{L} + \left(1-\cos\frac{n\pi}{L}\right)\sin\frac{n\pi x}{L}\right].$$

$L=1$이면 예제 14.1.3의 네모파의 푸리에 급수와 일치한다. 이것은 $\sin n\pi = 0$이며 $\cos n\pi = (-1)^n$이기 때문이다.

함수 $f(x)$가 $x=\frac{2L+1}{2}$(그림 14.7에서 수직 점선)에 대해 대칭이므로 좌표의 영점을 $x=0$에서 이 대칭점으로 옮기기로 하자. 그리고 새로운 변수 $\xi = x - \frac{2L+1}{2}$을 정의하자. 코사인만의 급수가 얻어질 것임을 짐작할 수 있다:

$$\begin{aligned} A_n &= \frac{h}{L}\int_{L-1/2}^{L+1/2}\cos\frac{n\pi\xi}{L}d\xi = \frac{h}{n\pi}\sin\frac{n\pi\xi}{L}\Big|_{L-1/2}^{L+1/2} \\ &= \frac{h}{n\pi}\left(\sin\frac{n\pi(2L+1)}{2L} - \sin\frac{n\pi(2L-1)}{2L}\right) = (-1)^n\frac{2h}{n\pi}\sin\frac{n\pi}{2L}, \end{aligned}$$

그리고 $B_n=0$. 푸리에 급수

$$f(x) = \frac{2h}{\pi}\sum_{n=1}^{\infty}\frac{(-1)^n}{n}\sin\frac{n\pi}{2L}\cos\frac{n\pi(x-L-1/2)}{L}$$

는 삼각함수의 덧셈 정리를 이용하여 처음 결과와 같음을 보일 수 있다:

$$\cos\frac{n\pi(x-L-1/2)}{L} = (-1)^n\left[\cos\frac{n\pi}{2L}\cos\frac{n\pi x}{L} + \sin\frac{n\pi}{2L}\sin\frac{n\pi x}{L}\right].$$

■

연습문제

14.2.1 가령 $\psi(0)=\psi(l)=0$과 같은 경계조건으로부터, 코사인 꼴은 나타나지 않고, $\sin(n\pi x/l)$ 꼴의 해가 될 것이라는 것을 짐작할 수 있다.

(a) 스텀-리우빌 정리에서 사용한 경계조건이 구간 $(0, l)$에서 만족됨을 보여라.

보통의 푸리에 적분의 절반에 해당됨에 주의하여라.

(b) 함수 $\varphi_n(x) = \sin(n\pi x/l)$, $n = 1, 2, 3, \ldots$ 은 직교관계

$$\int_0^l \varphi_m(x)\varphi_n(x)dx = \frac{l}{2}\delta_{mn}, \quad n > 0$$

을 만족함을 보여라.

14.2.2 (a) $f(x) = x$를 구간 $[0, 2L]$에서 전개하여라. 얻어진 급수를 구간 $[-2L, 2L]$에서 그려 보아라.

답. $x = L - \dfrac{2L}{\pi}\displaystyle\sum_{n=1}^{\infty}\frac{1}{n}\sin\left(\frac{n\pi x}{L}\right)$.

(b) $f(x) = x$를 $(0, L)$에서 사인급수로 전개하여라. 얻어진 급수를 구간 $[-2L, 2L]$에서 그려 보아라.

답. $x = \dfrac{4}{\pi}\displaystyle\sum_{n=0}^{\infty}\frac{1}{2n+1}\sin\frac{(2n+1)\pi x}{L}$.

14.2.3 어떤 문제에서는, 구간 $[0, 1]$에서 $\sin \pi x$를 포물선 $ax(1-x)$로 근사하는 것이 편리할 때가 있다. 여기서 a는 상수이다. 이 근사의 정확도에 대한 감을 얻기 위해, $4x(1-x)$를 푸리에 사인 급수

$$f(x) = \begin{Bmatrix} 4x(1-x), & 0 \le x \le 1 \\ 4x(1+x), & -1 \le x \le 0 \end{Bmatrix} = \sum_{n=1}^{\infty} b_n \sin n\pi x$$

로 전개하여라.

답. $b_n = \dfrac{32}{\pi^3}\cdot\dfrac{1}{n^3}$, n은 홀수

$b_n = 0$, n은 짝수.

14.2.4 구간 $-\pi \le x \le \pi$를 함수 $f(x) = x$의 기본 구간으로 하여, (14.25)식~(14.27)식을 유도하였던 논의를 반복하여라. 결과를 그림 14.6과 비교하고, 그래프를 그려라.

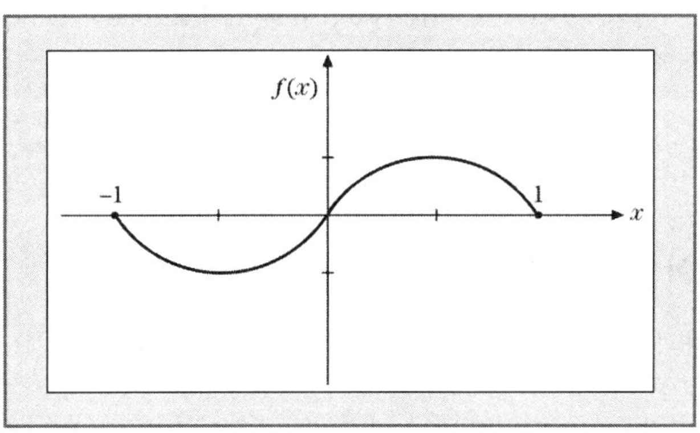

그림 14.8
포물선 사인파

14.3 복소수 푸리에 급수

삼각함수를 더하는 한 방법은 먼저 지수함수로 바꾸고 로랑 급수(6.5절 참조)와 비교하는 것이다. $f(z)$를 로랑 급수로 전개하면 [$f(z)$가 해석적이라고 가정할 때]

$$f(z) = \sum_{n=-\infty}^{\infty} c_n z^n \tag{14.31}$$

이고, 오일러 등식 $z = e^{i\theta} = \cos\theta + i\sin\theta$에 의해 다음과 같은 식을 얻는다:

$$f(z) = f(e^{i\theta}) = \sum_{n=-\infty}^{\infty} c_n e^{in\theta}. \tag{14.32}$$

$\cos nx$와 $\sin nx$를 지수함수 형태로 바꾸고 $x = \theta$로 놓으면

$$\cos nx = \frac{1}{2}(e^{inx} + e^{-inx}), \qquad \sin nx = \frac{1}{2i}(e^{inx} - e^{-inx}),$$

일반적인 푸리에 급수[(14.1)식]를 다음과 같이 다시 쓸 수 있다:

$$\begin{aligned} f(x) &= \frac{a_0}{2} + \sum_{n=1}^{\infty}\left[a_n\frac{1}{2}(e^{inx} + e^{-inx}) + b_n\frac{1}{2i}(e^{inx} - e^{-inx})\right] \\ &= \sum_{n=-\infty}^{\infty} c_n e^{inx}, \end{aligned} \tag{14.33}$$

여기서

$$c_n = \frac{1}{2}(a_n - ib_n), \quad c_{-n} = \frac{1}{2}(a_n + ib_n), \quad n > 0, \quad c_0 = \frac{1}{2}a_0 \tag{14.34}$$

이다. 단위원에서의 로랑 급수[(14.32)식]와 복소수 푸리에 급수[(14.33)식]는 같은 형태임을 알 수 있다. 따라서 두 급수는 동등하다.

함수 $f(z)$가 알려져 있을 때는, 직교 관계를 이용하여 투영하면 복소 푸리에 전개 계수를 다음과 같이 직접 구할 수 있다 [(14.8)식]:

$$c_n = \frac{1}{2\pi}\int_0^{2\pi} e^{-inx} f(x)dx, \quad -\infty < n < \infty.$$

■ 아벨의 정리

다음과 같은 거듭제곱 급수로 나타낼 수 있는 함수 $f(z)$를 생각해 보자:

$$f(z) = \sum_{n=0}^{\infty} c_n z^n = \sum_{n=0}^{\infty} c_n r^n e^{in\theta}. \tag{14.35}$$

이것은 복소 푸리에 급수[(14.32)식]이다. 실수부와 허수부는 다음과 같이 각각 푸리에 코사인 급수와 사인 급수에 해당한다:

$$u(r,\theta) = \sum_{n=0}^{\infty} c_n r^n \cos n\theta, \qquad v(r,\theta) = \sum_{n=1}^{\infty} c_n r^n \sin n\theta, \tag{14.36}$$

만약 $u(1,\theta)$와 $v(1,\theta)$가 주어진 θ에 대하여 수렴하면 다음과 같은 등식이 성립한다:

$$u(1,\theta) + iv(1,\theta) = \lim_{r\to 1} f(re^{i\theta}). \tag{14.37}$$

이것이 아벨의 정리이다. 이 정리의 응용의 한 예를 연습문제 14.3.11과 다음 예제에서 볼 수 있다.

예제 14.3.1 **복소 푸리에 급수의 합**

급수 $\sum_{n=1}^{\infty}(1/n)\cos nx,\, x \in (0, 2\pi)$를 생각하자. 이 급수는 조건적으로만 수렴하며 (예제 5.3.1 참조) $x=0$에서 발산한다. 따라서 디리클레 조건이 만족되지 않으므로, 다음과 같이 쓰자:

$$\sum_{n=1}^{\infty} \frac{\cos nx}{n} = \lim_{r\to 1} \sum_{n=1}^{\infty} \frac{r^n \cos nx}{n}. \tag{14.38}$$

이 급수는 $|r|<1$에서 절대수렴한다. 여기서 다시 삼각함수를 지수함수로 바꿈으로써 다음과 같이 거듭제곱 급수로 나타내자.

$$\sum_{n=1}^{\infty} \frac{r^n \cos nx}{n} = \frac{1}{2}\sum_{n=1}^{\infty} \frac{r^n e^{inx}}{n} + \frac{1}{2}\sum_{n=1}^{\infty} \frac{r^n e^{-inx}}{n}. \tag{14.39}$$

이제 이 급수는 $-\ln(1-z)$, $z=re^{ix}$, re^{-ix}의 매클로린 전개와 같음을 상기하자. 그럼 다음과 같은 결과를 얻을 수 있다:

$$\begin{aligned}\sum_{n=1}^{\infty} \frac{r^n \cos nx}{n} &= -\frac{1}{2}[\ln(1-re^{ix}) + \ln(1-re^{-ix})] \\ &= -\ln[(1+r^2) - 2r\cos x]^{1/2}. \end{aligned} \tag{14.40}$$

아벨의 정리에 의해 $r=1$로 놓으면 표 14.1의 네 번째 등식인 다음과 같은 식을 얻을 수 있다:

표 14.1

	푸리에 급수	찾아보기
1.	$\sum_{n=1}^{\infty} \frac{1}{n}\sin nx = \begin{cases} -\frac{1}{2}(\pi + x), & -\pi \le x < 0 \\ \frac{1}{2}(\pi - x), & 0 \le x < \pi \end{cases}$	연습문제 14.1.4 연습문제 14.3.3
2.	$\sum_{n=1}^{\infty}(-1)^{n+1}\frac{1}{n}\sin nx = \frac{1}{2}x, \quad -\pi < x < \pi$	예제 14.1.1 연습문제 14.3.2
3.	$\sum_{n=0}^{\infty}\frac{1}{2n+1}\sin(2n+1)x = \begin{cases} -\pi/4, & -\pi < x < 0 \\ +\pi/4, & 0 < x < \pi \end{cases}$	연습문제 14.1.5 (14.52)식
4.	$\sum_{n=1}^{\infty}\frac{\cos nx}{n} = -\ln\left[2\sin\left(\frac{\lvert x\rvert}{2}\right)\right], \quad -\pi < x < \pi$	(14.38)식
5.	$\sum_{n=1}^{\infty}(-1)^n\frac{1}{n}\cos nx = -\ln\left[2\cos\left(\frac{x}{2}\right)\right], \quad -\pi < x < \pi$	연습문제 14.3.11
6.	$\sum_{n=0}^{\infty}\frac{1}{2n+1}\cos(2n+1)x = \frac{1}{2}\ln\left[\cot\frac{\lvert x\rvert}{2}\right], \quad -\pi < x < \pi$	(제5항 − 제4항)
7.	$\sum_{n=1}^{\infty}(-1)^n\frac{\cos nx}{n^2} = \frac{x^2}{4} - \frac{\pi^2}{12}, \quad -\pi < x < \pi$	예제 14.4.2
8.	$\sum_{n=0}^{\infty}\frac{\cos(2n+1)x}{(2n+1)^2} = \frac{\pi}{4}\left(\frac{\pi}{2} - \lvert x\rvert\right), \quad -\pi < x < \pi$	연습문제 14.3.4

$$\sum_{n=1}^{\infty}\frac{\cos nx}{n} = -\ln(2 - 2\cos x)^{1/2}$$

$$= -\ln\left(2\sin\frac{x}{2}\right), \quad x \in (0, 2\pi).^7 \tag{14.41}$$

양변의 급수 모두 $x\to 0,\ 2\pi$로 갈 때 발산한다.

연습문제

14.3.1 함수

$$f(t) = \begin{cases} 0, & -\pi \le \omega t \le 0, \\ \sin\omega t, & 0 \le \omega t \le \pi \end{cases}$$

의 푸리에 급수를 찾아라. 이것은 간단한 반파정류기의 출력이다. 대기에 "파도"를 만들어 내는 태양의 열효과를 근사한 것이기도 하다.

답. $f(t) = \frac{1}{\pi} + \frac{1}{2}\sin\omega t - \frac{2}{\pi}\sum_{n=2,4,6,\ldots}^{\infty}\frac{\cos n\omega t}{n^2 - 1}.$

14.3.2 톱니파는 다음과 같이 주어진다:

[7] The limits may be shifted to $(-\pi, \pi)$ (and $x \neq 0$) using $|x|$ on the right-hand side.

$$f(x) = x, \quad -\pi < x < \pi.$$

다음을 보여라:

$$f(x) = 2\sum_{n=1}^{\infty} \frac{(-1)^{n+1}}{n} \sin nx.$$

14.3.3 또 다른 톱니파는

$$f(x) = \begin{cases} -\frac{1}{2}(\pi + x), & -\pi \le x < 0 \\ +\frac{1}{2}(\pi - x), & 0 < x \le \pi \end{cases}$$

로 기술된다. $f(x) = \sum_{n=1}^{\infty}(\sin nx/n)$을 보여라.

14.3.4 세모파(그림 14.9)는 아래 함수로 표시된다:

$$f(x) = \begin{cases} x, & 0 \le x \le \pi \\ -x, & -\pi \le x \le 0. \end{cases}$$

$f(x)$를 푸리에 급수로 표시하여라.

답. $f(x) = \dfrac{\pi}{2} - \dfrac{4}{\pi} \displaystyle\sum_{n=1,3,5,\ldots} \dfrac{\cos nx}{n^2}.$

그림 14.9
세모파

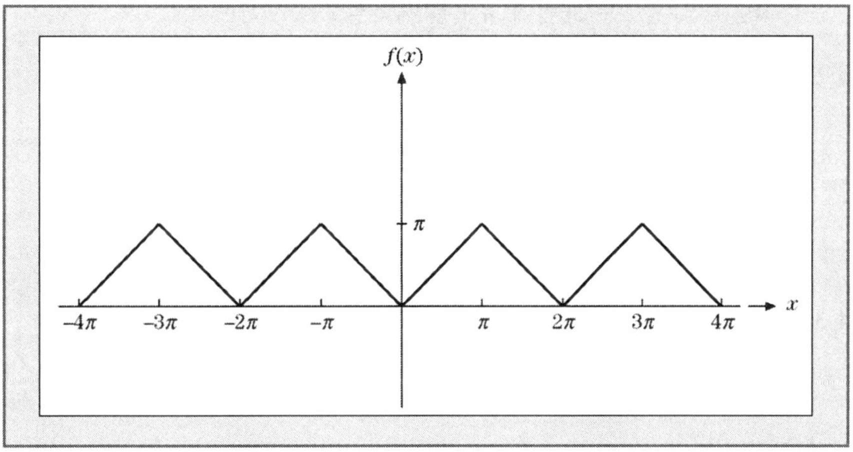

14.3.5 함수

$$f(x) = \begin{cases} 1, & x^2 < x_0^2 \\ 0, & x^2 > x_0^2 \end{cases}$$

를 구간 $[-\pi, \pi]$에 대해 전개하여라.

주의. 폭이 변하는 이 네모파는 전자음악에서 중요하다.

그림 14.10
둘로 나뉜 원통의 자름면

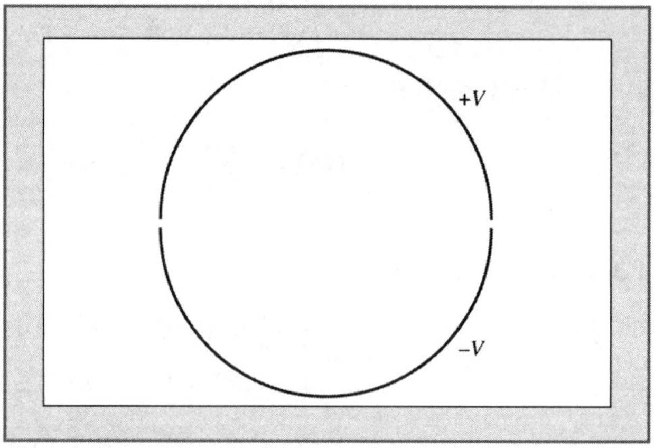

14.3.6 반지름이 a인 도체 원통을 서로 닿지 않도록 길이 방향으로 자른다. 위 절반은 퍼텐셜 $+V$로, 아래 절반은 $-V$로 유지한다 (그림 14.10). 라플라스 방정식에서 변수분리를 이용하여, $r \le a$에 대해 정전기 퍼텐셜을 구하여라. $r=a$에 대한 해와 네모파에 대한 푸리에 급수가 비슷하다는 것을 확인하여라.

14.3.7 금속 원통이 (원래는) 균일한 전기마당, E_0에 놓여있다고 한다. 원통의 축은 전기마당의 방향에 수직이다.

(a) 바뀐 정전기 퍼텐셜을 구하여라.

(b) 각의 함수로 표면에 유도된 전하밀도를 구하여라.

14.3.8 $\delta(x-t)$를 푸리에 전개하여라.

답. $$\delta(x-t) = \frac{1}{2\pi} + \frac{1}{\pi}\sum_{n=1}^{\infty}(\cos nx \cos nt + \sin nx \sin nt)$$
$$= \frac{1}{2\pi} + \frac{1}{\pi}\sum_{n=1}^{\infty}\cos n(x-t).$$

14.3.9 식

$$\delta(\varphi_1 - \varphi_2) = \frac{1}{2\pi}\sum_{m=-\infty}^{\infty} e^{im(\varphi_1-\varphi_2)}$$

가 디랙 델타함수가 됨을 디랙 델타함수의 정의식

$$\int_{-\pi}^{\pi} f(\varphi_2)\frac{1}{2\pi}\sum_{m=-\infty}^{\infty} e^{im(\varphi_1-\varphi_2)}d\varphi_2 = f(\varphi_1)$$

을 만족함을 보임으로써 증명하여라.

힌트. $f(\varphi_2)$를 지수 푸리에 급수로 나타내어라.

주의. 연속적인 경우 이와 비슷한 함수를 15.2절에서 볼 수 있다.

14.3.10 (a) 다음 함수의 푸리에 급수를 구하여라:

$$f(x)=\begin{cases}0, & -\pi < x \le 0\\ x, & 0 \le x < \pi.\end{cases}$$

(b) 푸리에 전개로부터 다음을 보여라:

$$\frac{\pi^2}{8}=1+\frac{1}{3^2}+\frac{1}{5^2}+\cdots.$$

14.3.11 $f(z)=\ln(1+z)=\sum_{n=1}^{\infty}(-1)^{n+1}z^n/n$ 이라 하자. (이 급수는 $|z|\le 1$에서 수렴한다.)

(a) 허수부(표 14.1의 5번째)로부터 다음을 보여라:

$$\ln\left(2\cos\frac{\theta}{2}\right)=\sum_{n=1}^{\infty}(-1)^{n+1}\frac{\cos n\theta}{n},\quad -\pi < \theta < \pi.$$

(b) 변수 변환을 이용하여 (a)의 결과를 다음과 같이 변환하여라:

$$-\ln\left(2\sin\frac{\theta}{2}\right)=\sum_{n=1}^{\infty}(-1)^{n+1}\frac{\cos n\theta}{n},\quad 0 < \theta < 2\pi.$$

14.3.12 대칭적인 세모파는 다음과 같은 함수로 기술된다:

$$f(x)=\begin{cases}a(1-x/b), & 0 \le |x| \le b\\ 0, & b \le |x| \le \pi.\end{cases}$$

(a) 푸리에 계수가

$$a_0=\frac{ab}{\pi},\quad a_n=\frac{2ab}{\pi}(1-\cos nb)/(nb)^2$$

임을 보여라. $x/\pi=0(l/9)1$에 대하여 유한한 푸리에 급수를 $n=10$, $n=100$까지 합하여라. $a=1$, $b=\pi/2$라 놓아라.

(b) (갖고 있으면) 푸리에 분석 서브루틴을 불러서 $f(x)$의 푸리에 급수를 a_0에서 a_{10}까지 구하여라.

14.3.13 (a) 푸리에 분석 서브루틴을 이용하여, 아래 함수의 푸리에 코사인(cosine) 계수를 a_0에서 a_{10}까지 구하여라:

$$f(x)=[1-(x/\pi)^2]^{1/2},\quad x\in[-\pi,\pi].$$

(b) 수치적인 구적법을 직접 써서 위에서 구한 계수 몇 개를 골라 확인하여라.

추정치. $a_0=0.785$, $a_2=0.284$.

14.3.14 함수 $f(x)$가 지수 푸리에 급수로 다음과 같이 전개된다:

$$f(x) = \sum_{n=-\infty}^{\infty} c_n e^{inx}.$$

$f(x)$가 실수라면, 즉 $f(x)=f^*(x)$라면, 계수 c_n에 어떤 제한 조건이 붙겠는가?

14.4 푸리에 급수의 성질

■ 수렴성

푸리에 급수가 불연속함수를 나타낼 경우 이 급수가 고르게(uniformly) 수렴할 것이라 기대하는 것은 잘못이다. 고르게 수렴하는 연속함수들의 ($\sin nx$, $\cos nx$) 급수가 나타내는 함수 $f(x)$는 언제나 연속이다 (5.5절과 대조). 그러나 만일 (i) $f(x)$가 $-\pi \le x \le \pi$에서 연속이고, (ii) $f(-\pi) = f(+\pi)$이며, (iii) $f'(x)$가 조각 조각 연속이면, $f(x)$에 대한 푸리에 급수는 고르게 수렴할 것이다. 그 조건들에 $f(x)$가 주기함수여야 한다는 조건은 포함되어 있지 않다. 그러나, 연속이고, 미분 가능하며, 주기적인 (주기 2π) 함수들은 이 조건들을 만족한다. 고른 수렴성에 대한 증명은 문헌을 참고하기 바란다.[8] 불연속점이 있건 없건 푸리에 급수는 평균적으로 수렴할 것이다 (9.4절).

어떤 함수가 그 제곱이 적분 가능하면 스텀-리우빌 정리에 의해 베셀 부등식이 성립한다:

$$2a_0^2 + \sum_{n=1}^{\infty} (a_n^2 + b_n^2) \le \frac{1}{\pi}\int_{-\pi}^{\pi} f^2(x)dx. \tag{14.42}$$

그러므로 적어도 푸리에 계수의 제곱의 합은 수렴한다.

예제 14.4.1 절대적으로 수렴하는 푸리에 급수

함수 $f(x)$의 이차 미분 $f''(x)$가 유한하면 함수 $f(x)$의 푸리에 급수는 절대적으로 수렴한다. 그 역은 성립하지 않는다. 전체 파동(예제 14.1.2)이 바로 그 반례이다.

이것을 보기 위해, 푸리에 계수를 부분적분 방법으로 적분해 보자:

$$a_n = \frac{1}{\pi}\int_{-\pi}^{\pi} f(x)\cos nx\,dx = \frac{f(x)\sin nx}{n\pi}\bigg|_{-\pi}^{\pi} - \frac{1}{n\pi}\int_{-\pi}^{\pi} f'(x)\sin nx\,dx,$$

[8] 가령, Churchill, R. V. (1993). *Fourier Series and Boundary Value Problem*, 5th ed., Section 38, McGraw-Hill, New York.

여기서 적분항은 영이다. 일차 미분 $f'(x)$는 처음부터 유한하기 때문에 $|a_n| = \mathcal{O}(\frac{1}{n})$이다. 마찬가지로 $n \to \infty$일 때 $b_n \to 0$이다. 적어도 $1/n$만큼 빠르게 감소할 것이다. 이것은 절대수렴의 조건으로는 충분치 않다. 그러나 다른 부분적분을 하게 되면

$$a_n = \frac{f'(x)\cos nx}{n^2\pi}\bigg|_{-\pi}^{\pi} - \frac{1}{n^2\pi}\int_{-\pi}^{\pi} f''(x)\cos nx\,dx \tag{14.43}$$

를 얻는다. 여기서 f'이 연속이고 주기적이기 때문에 적분항들은 서로 상쇄되어 사라진다. 즉 $f'(\pi) = f'(-\pi)$. $|f''(x)| \le M$이므로 윗 한계(upper bound)는

$$|a_n| \le \frac{M}{n^2\pi}\int_{-\pi}^{\pi} dx = \frac{2M}{n^2} \tag{14.44}$$

이다. 이것은 절대수렴을 의미한다 (제5장 참조). 이것은 b_n에 대해서도 마찬가지이다. ■

만일 $0 < \alpha \le 1$인 α에 대하여 $|a_n|$, $|b_n| \le n^{-\alpha}$이면 적어도 조건적으로 수렴한다. $f(x)$가 불연속점을 포함하고 있을 수도 있다. $\alpha > 1$이면 제5장의 적분 판정법에 의해 절대수렴함을 알 수 있다.

■ 적분

푸리에 급수

$$f(x) = \frac{a_0}{2} + \sum_{n=1}^{\infty} a_n \cos nx + \sum_{n=1}^{\infty} b_n \sin nx \tag{14.45}$$

의 각 항을 적분하면 아래와 같은 식을 얻는다:

$$\int_{x_0}^{x} f(x)dx = \frac{a_0 x}{2}\bigg|_{x_0}^{x} + \sum_{n=1}^{\infty}\frac{a_n}{n}\sin nx\bigg|_{x_0}^{x} - \sum_{n=1}^{\infty}\frac{b_n}{n}\cos nx\bigg|_{x_0}^{x}. \tag{14.46}$$

적분의 결과, 각 계수의 분모에 n이 더 곱해지게 된다. 이것은 급수가 더 빨리 수렴하게 한다. 따라서 수렴하는 급수는 항상 적분 가능하고, 적분된 급수는 원래 함수의 적분값에 고르게 수렴할 것으로 기대된다. 과연, 원래 급수[(14.45)식]가 수렴하지 않아도 각 항을 따로 따로 적분할 수 있을 때도 있다. 함수 $f(x)$가 적분 가능하기만 하면 된다. 이 점에 관한 논의는 참고문헌의 Jeffreys and Jeffreys의 14.6절을 참고하기 바란다.

엄격히 말하면, (14.46)식은 푸리에 급수가 아닐 수 있다. 즉, $a_0 \neq 0$, $\frac{1}{2}a_0 x$ 항이 나타난다. 그러나

$$\int_{x_0}^{x} f(x)dx - \frac{1}{2}a_0 x \tag{14.47}$$

는 언제나 푸리에 적분이다.

예제 14.4.2 **푸리에 급수의 적분**

톱니파 함수

$$f(x) = x, \quad -\pi < x < \pi \tag{14.48}$$

를 생각하자. 연습문제 14.1.1과 비교해 보면, 푸리에 급수는

$$x = 2\sum_{n=1}^{\infty}(-1)^{n+1}\frac{\sin nx}{n}, \quad -\pi < x < \pi$$

이다. 이 급수는 조건수렴하지만 절대수렴하지는 않는다. 그것은 조화급수는 발산하기 때문이다. 이제 연습문제 14.4.1을 이용하여 적분을 하면 표 14.1의 일곱 번째 식:

$$\begin{aligned} 2\int_0^x \sum_{n=1}^{\infty}(-1)^{n-1}\frac{\sin nx}{n}dx &= 2\sum_{n=1}^{\infty}\frac{(-1)^{n-1}}{n}\int_0^x \sin nx\,dx \\ &= 2\sum_{n=1}^{\infty}\frac{(-1)^{n-1}}{n^2}(1-\cos nx) \\ &= \frac{\pi^2}{6} + 2\sum_{n=1}^{\infty}(-1)^n\frac{\cos nx}{n^2} = \frac{x^2}{2} \end{aligned}$$

을 얻는다. $|\cos nx| \le 1$은 유한하고 급수 $\sum_n 1/n^2$이 수렴하기 때문에 푸리에 급수의 적분이 극한값 $\int_0^x x\,dx = x^2/2$에 절대수렴한다. ■

■ 미분

미분 가능성에 관한 조건은 적분 가능성과는 상당한 차이가 있다. 주의가 필요하다.

예제 14.4.3 **푸리에 급수의 미분**

예제 14.4.2의 급수를 다시 생각하자. 각 항을 따로 따로 미분하면

$$1 = 2\sum_{n=1}^{\infty}(-1)^{n+1}\cos nx \tag{14.49}$$

를 얻는데, 이것은 어떤 x에 대해서도 수렴하지 않는다. **주의**: 미분의 수렴성을 확인하여라.

훨씬 더 빠르게 그리고 고르게 수렴하는 세모파(예제 14.3.4)에 대해서는 급수가 다음과 같이 주어진다:

$$f(x) = \frac{\pi}{2} - \frac{4}{\pi}\sum_{n=1,\mathrm{odd}}^{\infty}\frac{\cos nx}{n^2}. \tag{14.50}$$

각 항별로 미분하면

$$f'(x) = \frac{4}{\pi} \sum_{n=1,\text{odd}}^{\infty} \frac{\sin nx}{n}, \tag{14.51}$$

이것은 네모파

$$f'(x) = \begin{cases} 1, & 0 < x < \pi, \\ -1, & -\pi < x < 0 \end{cases} \tag{14.52}$$

의 푸리에 급수에 해당한다. 그림 14.4를 살펴보면 이것이 정말로 세모파의 미분임을 확인할 수 있을 것이다. ■

- 적분의 역에 해당하므로, 미분은 각 항의 계수의 분자에 n을 하나 더 곱하게 만든다. 이것은 급수를 좀더 느리게 수렴하게 만든다. 따라서, 첫 예에서 보았던 것처럼, 급수를 발산하게 할 수도 있다.
- 일반적으로, 각 항별 미분은 제5장의 고른수렴 조건과 같은 조건에서 허용된다.

x나 x^n의 전개로부터 다른 많은 급수를 계산해 볼 수 있다. 이 중의 몇 가지는 아래 연습문제에 포함되어 있다.

연습문제

14.4.1 $f(x) = x$, $-\pi < x < \pi$의 푸리에 전개를 적분하면

$$\frac{\pi^2}{12} = \sum_{n=1}^{\infty} \frac{(-1)^{n+1}}{n^2} = 1 - \frac{1}{4} + \frac{1}{9} - \frac{1}{16} + \cdots$$

가 됨을 보여라.

14.4.2 파세발의 항등식.

(a) $f(x)$의 푸리에 전개가 고르게 수렴한다고 가정한다고 한다. 다음을 증명하여라:

$$\frac{1}{\pi} \int_{-\pi}^{\pi} [f(x)]^2 \, dx = \frac{a_0^2}{2} + \sum_{n=1}^{\infty} (a_n^2 + b_n^2).$$

이것이 파세발의 항등식이다. 사실은, 완비성 관계식(completeness relation)의 특수한 경우이다 [(9.73)식].

(b) 다음과 같이 주어져 있다고 하자:

$$x^2 = \frac{\pi^2}{3} + 4 \sum_{n=1}^{\infty} \frac{(-1)^n \cos nx}{n^2}, \quad -\pi \le x \le \pi,$$

파세발의 항등식을 이용하여 $\zeta(4)$를 닫힌 꼴로 구하여라.

(c) 고른수렴에 대한 가정은 필요하지 않다. 이 사실을 다음과 같은 네모파에 적용함으로써 보여라:

$$f(x) = \begin{cases} -1, & -\pi < x < 0 \\ 1, & 0 < x < \pi \end{cases}$$
$$= \frac{4}{\pi} \sum_{n=1}^{\infty} \frac{\sin(2n-1)x}{2n-1}.$$

14.4.3 디락 델타함수의 푸리에 전개(연습문제 14.3.8)를 적분하면 네모파의 푸리에 전개가 됨을 보여라 $(h = 1)$.

주의. 상수항 $1/2\pi$을 적분하면 $x/2\pi$를 얻는다. 이 항을 어떻게 하겠는가?

14.4.4 단위 계단함수

$$f(x) = \begin{cases} 0, & -\pi < x < 0 \\ x, & 0 \le x < \pi \end{cases}$$

의 푸리에 전개를 적분하여라. 결과가 연습문제 14.3.12와 일치함을 보여라.

14.4.5 구간 $[-\pi, \pi]$에서

$$\delta_n(x) = n, \quad \text{for } |x| < 1/(2n),$$
$$0, \quad \text{for } |x| > 1/(2n)$$

(그림 14.11)

(a) $\delta_n(x)$를 푸리에 코사인 급수로 전개하여라.

(b) 위 결과가 $n \to \infty$에 대해, $\delta(x)$의 푸리에 전개와 일치함을 보여라.

그림 14.11
네모펄스

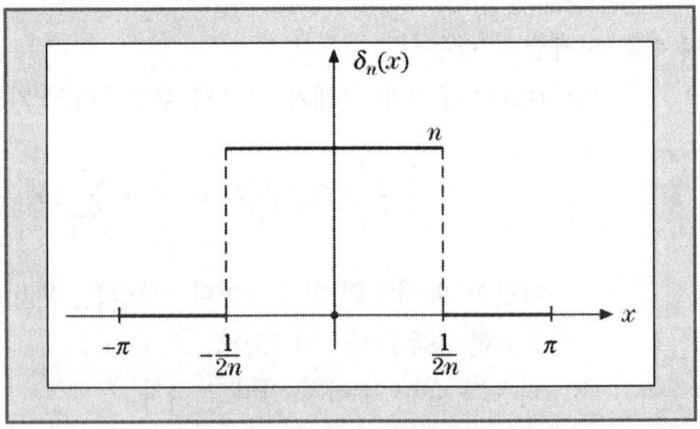

14.4.6 구간 $[-\pi, \pi]$에서 유한하고 $x = 0$에서 연속인 임의의 함수 $f(x)$에 대하여

$$\int_{-\pi}^{\pi} f(x)[\text{푸리에 전개식 } \delta_\infty(x)]\, dx = f(0)$$

이 성립함을 보임으로써, 연습문제 14.4.5에서 구한 푸리에 급수가 델타함수의 성질을 갖고 있음을 확인하여라.

14.4.7 연습문제 14.3.6의 반원의 표면의 전하분포를 구하여라.
주의. 급수는 발산하므로 푸리에 방법은 쓸 수 없다. 등각사상(conformal mapping)을 이용하여, 전하분포가 csc θ에 비례함을 보일 수 있다. csc θ가 푸리에 전개를 가질까?

14.4.8 식

$$\varphi_1(x) = \sum_{n=1}^{\infty} \frac{\sin nx}{n} = \begin{cases} -(\pi + x)/2, & -\pi \le x < 0 \\ (\pi - x)/2 & 0 < x \le \pi \end{cases}$$

가 주어져 있다고 할 때, 적분하여 다음을 보여라:

$$\varphi_2(x) \equiv \sum_{n=1}^{\infty} \frac{\cos nx}{n^2} = \begin{cases} (\pi + x)^2/4 - \pi^2/(12), & -\pi \le x \le 0 \\ (\pi - x)^2/4 - \pi^2/(12), & 0 \le x \le \pi. \end{cases}$$

추가 읽을거리

Carslaw, H. S. (1921). *Introduction to the Theory of Fourier's Series and Integrals*, 2nd ed. Macmillan, London. Paperback, 3rd ed., Dover, New York (1952). 자세한 내용을 담고 있는 고전이다.

Hamming, R. W. (1973), *Numerical Methods for Scientists and Engineers*, 2nd ed. McGraw−Hill, New York. Reprinted, Dover, New York (1987).

Jeffreys, H., and Jeffreys, B. S. (1972). *Methods of Mathematical Physics*, 3rd ed. Cambridge Univ. Press, Cambridge, UK.

Kufner, A., and Kadlec, J. (1971). *Fourier Series*. Iliffe, London. 이 책은 푸리에 급수를 힐베르트 공간의 관점에서 명백하게 설명하고 있다.

Lanczos, C. (1956). *Applied Analysis*. Prentice−Hall, Englewood Cliffs, NJ. Reprinted, Dover, New York (1988). 이 책은 깁스 떨림현상을 줄여주는 랑쵸스 방법을 잘 서술하고 있다. 이 주제와 관련된 주제를 단지 존재성에 대한 정리만이 아니라 수치적인 결과를 원하는 수학자의 관점에서 기술한다.

Oberhettinger, F. (1973). *Fourier Expansions, A Collection of Formulas*. Academic Press, New York.

Zygmund, A. (1988). *Trigonometric Series*. Cambridge Univ. Press, Cambridge, UK. 이 책은, 순수수학 분야에서의 최근 결과들과 함께, 매우 자세한 설명을 포함하고 있다.

적분 변환

15.1 소개 및 정의

물리학에서는 다음과 같은 적분에 의해 서로 연관된 한 쌍의 함수들을 흔히 보게 된다:

$$F(\alpha) = \int_a^b f(t)K(\alpha, t)dt. \tag{15.1}$$

함수 $F(\alpha)$를 핵함수(Kernel) $K(\alpha, t)$에 대한 함수 $f(t)$의 적분 변환이라 부른다. 이 변환은 $t-$공간의 함수 $f(t)$를 $\alpha-$공간의 함수 $F(\alpha)$로의 본뜨기(mapping)이기도 하다. 이런 해석은 예제 15.4.4와 같은 푸리에 변환의 시간-주파수 관계에서 특히 의미를 갖는다.

■ 선형성

적분 변환은 선형연산자이다. 즉,

$$\begin{aligned}\int_a^b &[c_1 f_1(t) + c_2 f_2(t)]K(\alpha, t)dt \\ &= c_1 \int_a^b f_1(t)K(\alpha, t)dt + c_2 \int_a^b f_2(t)K(\alpha, t)dt, \\ &= c_1 F_1(\alpha) + c_2 F_2(\alpha),\end{aligned} \tag{15.2}$$

$$\int_a^b cf(t)K(\alpha, t)dt = c\int_a^b f(t)K(\alpha, t)dt, \tag{15.3}$$

여기서 c_1, c_2, c는 상수이고 $f_1(t)$, $f_2(t)$는 적분 변환이 잘 정의되는 함수들이다. 적분 변환을 선형연산자 $\mathcal{L}$으로 나타내면

그림 15.1
적분 변환의 개형도

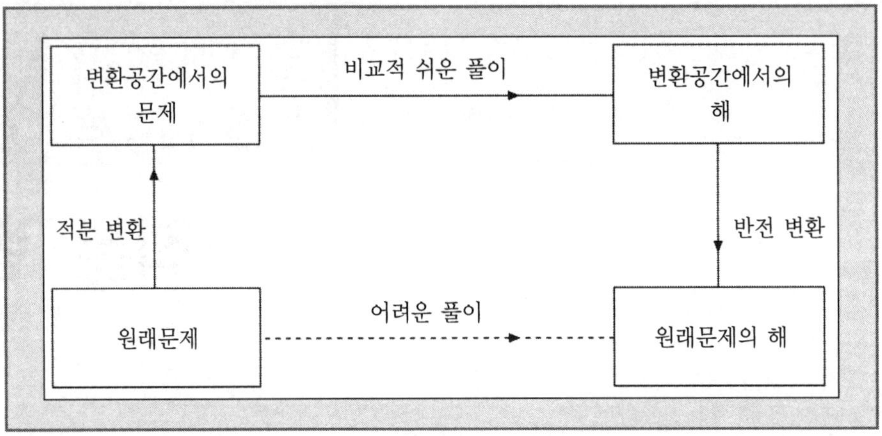

$$F = \mathcal{L}f. \tag{15.4}$$

와 같이 쓴다. 아래와 같이 반전연산자 $\mathcal{L}^{-1}$가 존재할 것으로 기대할 수 있다:[1]

$$f = \mathcal{L}^{-1}F. \tag{15.5}$$

세 가지 푸리에 변환에 대하여 반전연산자 $\mathcal{L}^{-1}$을 15.4절에서 보게 될 것이다. 일반적으로 반전연산자를 구하는 것이 적분 변환을 이용하는 데 있어서 가장 중요한 문제이다. 반전 라플라스 변환은 15.12절에서 다룰 것이다.

앞으로 이 장에서 살펴보듯이 적분 변환은 물리학에서 다양하게 응용되고 있으며 흥미로운 해석을 제공하기도 한다. 가장 보편적인 응용 분야를 그림 15.1에 나타내었다. 주어진 문제를 원래의 좌표공간에서는 풀 수가 없거나, 풀 수가 있다 하더라고 굉장히 어려울 때가 있다. 같은 문제를 적분 변환하게 되면 비교적 쉽게 풀 수 있는 경우가 흔히 있다. 그런 경우 얻어진 해를 반전연산자를 이용하여 변환좌표공간에서 원래 좌표공간으로 본뜨기를 하면 된다. 예제 15.5.2와 15.5.4에서 이 방법의 예이다.

15.2 푸리에 변환

무한히 많은 적분 변환 중에 가장 유용한 것 중의 하나가 푸리에 변환이다. 푸리에 변환은 다음과 같이 주어진다:

---

[1] 기대할 수 있다고 해서 증명할 수 있다는 것은 아니다. 여기서 존재성의 증명은 복잡하다. 왜냐하면 차원이 **무한한** 공간을 다루고 있기 때문이다. 몇 가지 흥미로운 특수한 경우에 대하여는 직접 반전연산자를 구함으로써 존재성을 증명할 것이다.

$$F(\omega)=\frac{1}{\sqrt{2\pi}}\int_{-\infty}^{\infty}f(t)e^{i\omega t}dt. \tag{15.6}$$

모양이 조금 다른 두 가지가 15.4절에서 살펴 볼 푸리에 코사인 변환과 푸리에 사인 변환이다. 각각은 다음과 같이 주어진다.

$$F_c(\omega)=\sqrt{\frac{2}{\pi}}\int_0^{\infty}f(t)\cos\omega t\,dt, \tag{15.7}$$

$$F_s(\omega)=\sqrt{\frac{2}{\pi}}\int_0^{\infty}f(t)\sin\omega t\,dt. \tag{15.8}$$

위의 모든 적분은 $\int_{-\infty}^{\infty}|f(t)|dt<\infty$이면 존재한다. 이 조건은 수학에서 흔히 $f\in L(-\infty, \infty)$로 표시하는데 f가 절대적분 가능한 함수공간에 속한다는 뜻이다. 더욱이, 리만(lemma)의 도움 정리가 성립한다:

$$\int_{-\infty}^{\infty}f(t)\cos\omega t\,dt\to 0, \qquad \int_{-\infty}^{\infty}f(t)\sin\omega t\,dt\to 0, \quad \text{as}\ \omega\to\infty.$$

푸리에 변환은 핵함수 $e^{i\omega t}$에 대한 적분 변환이며, 실수부와 허수부를 따로 변환한다. 그 주기성 때문에 이 핵함수는 파동을 기술하는 데 자주 쓰이는데, 그래서 푸리에 변환은 파동을 공부하거나 파동에 대한 정보, 특히, 위상과 관련된 정보를 구하고자 할 때 많이 쓰인다. 예를 들면, 별빛 간섭계는 별빛의 밝기를 푸리에 변환하여 주는 장치이다. 원자내의 전하 분포는 산란된 엑스선의 강도를 푸리에 변환하여 얻을 수 있다. 양자역학에서는 15.7절의 푸리에 관계식은 물질의 파동성과 우리가 물질을 파동으로 기술하는 것에 기인하고 있다.

푸리에 변환을 아래와 같이 미분하면

$$\frac{dF(\omega)}{d\omega}=\frac{i}{\sqrt{2\pi}}\int_{-\infty}^{\infty}tf(t)e^{i\omega t}dt,$$

원래의 함수 $f(t)$에 it가 곱해진다. 이것이 새로운 푸리에 변환을 만들어 내는 한 방법이다.

코사인 변환을 ω에 대해 미분하면, 사인 변환을 얻는다. 그 반대도 성립한다. 추가 읽을거리의 Titchmarsh를 보면 많은 예를 찾을 수 있다.

예제 15.2.1 네모 펄스

그림 15.2에 나타낸 모양의 푸리에 변환을 찾아보자:

$$f(t)=\begin{cases}1, & |t|<1,\\ 0, & |t|>1,\end{cases}$$

이 함수는 t에 대한 짝함수이다. 광학에서는 이 문제가 단일 슬릿 회절 문제에 해당된다. $f(t)$

그림 15.2
네모펄스

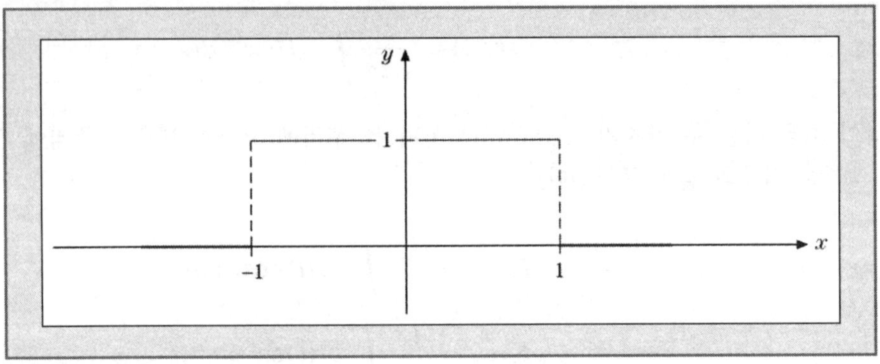

가 슬릿을 나타낸다. **회절** 무늬의 강도는 푸리에 변환 $F(\omega)$로 주어진다. (15.6)식으로 부터

$$F(\omega) = \frac{1}{\sqrt{2\pi}} \int_{-\infty}^{\infty} f(t) e^{i\omega t} dt = \frac{1}{\sqrt{2\pi}} \int_{-1}^{1} e^{i\omega t} dt = \frac{1}{\sqrt{2\pi}} \frac{e^{i\omega t}}{i\omega}\bigg|_{-1}^{1}$$
$$= \frac{e^{i\omega} - e^{-i\omega}}{i\omega\sqrt{2\pi}} = \sqrt{\frac{2}{\pi}} \frac{\sin\omega}{\omega},$$

이것도 ω에 대해 짝함수이다. ■

예제 15.2.2 가우스 함수의 푸리에 변환

가우스 함수의 푸리에 변환

$$F(\omega) = \frac{1}{\sqrt{2\pi}} \int_{-\infty}^{\infty} e^{-a^2t^2} e^{i\omega t} dt \tag{15.9}$$

를 구하기 위해 우선 지수를 완전제곱꼴로 고친다:

$$-a^2t^2 + i\omega t = -a^2\left(t - \frac{i\omega}{2a^2}\right)^2 - \frac{\omega^2}{4a^2},$$

위 식을 대입하고 적분변수를 $t \to t + \frac{i\omega}{2a^2}$로 바꾸면 푸리에 변환을 아래와 같이 다시 쓸 수 있다:

$$F(\omega) = \frac{1}{\sqrt{2\pi}} e^{-\omega^2/4a^2} \int_{-\infty}^{\infty} e^{-a^2t^2} dt.$$

이 결과가 올바르다는 것은 코시의 정리를 $-T$, T, $T + \frac{i\omega}{2a^2}$, $-T + \frac{i\omega}{2a^2}$ $(T \to \infty)$에 대해 적용함으로써 확인할 수 있다. 이 때 피적분함수가 이 사각형의 내부나 네 변 위에서 특이점을 갖지 않는다는 점에 유의하자. 끝으로, 적분변수를 $\xi = at$로 바꾸고 나면,

$$\int_{-\infty}^{\infty} e^{-a^2t^2} dt = \frac{1}{a} \int_{-\infty}^{\infty} e^{-\xi^2} d\xi = \frac{\sqrt{\pi}}{a}$$

이다. 위 식을 대입하면 아래와 같은 푸리에 변환을 얻는다:

$$F(\omega) = \frac{1}{a\sqrt{2}} \exp\left(-\frac{\omega^2}{4a^2}\right), \tag{15.10}$$

이것 역시 가우스 함수이다. 그러나 이번엔 $\omega-$공간에 속해있다. a가 작을수록 (즉, 원래 가우스 함수 $e^{-a^2t^2}$의 폭이 넓을수록), 푸리에 변환의 폭은 좁아진다. $F(\omega)$를 미분해서 보듯이 $i\omega e^{-\omega^2/4a^2}$의 푸리에 변환은 $\sim te^{-a^2t^2}$이 된다. ■

■ 라플라스 변환

푸리에 변환만큼 중요한 적분 변환이 라플라스 변환이다. 라플라스 변환은 푸리에 변환과 밀접한 관계가 있는데, 푸리에 변환의 ω를 허수로 바꾸고, 즉 $\exp(i\omega x) \to \exp(-sx)$, 적분 구간을 적당히 바꾼 것에 해당한다. 이것에 관한 논의는 15.8~15.12절에서 할 것이다. 라플라스 변환

$$F(s) = \int_0^\infty f(t)e^{-st}dt \tag{15.11}$$

는 핵함수가 e^{-st}이다. 라플라스 변환은 물리학이나 공학적인 응용뿐만 아니라 수학적 분석에서도 유용하게 사용된다. 라플라스 변환과 푸리에 변환은 다른 어떤 적분 변환보다도 널리 사용되고 있다. 멜린(Mellin), 한켈(Hankel), 베셀(Bessel), 그리고 다른 변환들에 대해서는 추가 읽을거리를 보기 바란다.

푸리에 변환의 피적분함수가 해석적이면 유수 정리(residue theorem)를 써서 (7.30)식에 따라 적분을 계산할 수 있다. 예제 7.2.3과 연습문제 7.2.4 및 7.2.15를 보기 바란다. 이 방법은 라플라스 변환에도 적용된다.

예제 15.2.3 **라플라스 변환과 오일러 적분**

오일러 적분[(10.5)식]을 아래와 같이 일반화해 보자:

$$\int_0^\infty e^{-st}t^z dt = \frac{1}{s^{z+1}} \int_0^\infty e^{-st}(st)^z d(st) = \frac{\Gamma(z+1)}{s^{z+1}},$$

이 때 z는 $\Re(z) > -1$인 복소 맺음변수이다. 위 식으로부터 거듭제곱 t^z의 라플라스 변환은, 틀맞춤 계수 $\Gamma(z+1)$을 제외하고는, s^{-z-1}에 해당됨을 알 수 있다. ■

라플라스 변환은 15.8절에서 더 자세히 살펴볼 것이다.

연습문제

15.2.1 (a) $F(-\omega)=F^*(\omega)$는 푸리에 변환 $f(t)$가 실수이기 위한 필요충분조건임을 보여라.
(b) $F(-\omega)=-F^*(\omega)$는 $f(t)$가 순허수이기 위한 필요충분조건임을 보여라.

15.2.2 $F(\omega)$는 $f(t)$의, $G(\omega)$는 $g(t)=f(t+a)$의 푸리에 변환이라 하자. 다음을 보여라:

$$G(\omega)=e^{-ia\omega}F(\omega).$$

15.2.3 연습문제 6.5.15에 있는 항등식을 증명하여라.

15.2.4 $e^{-a|t|}$의 푸리에 사인 및 코사인 변환을 구하여라.

15.2.5 $e^{-a|t|}\cos bt$와 $e^{-a|t|}$의 푸리에 지수, 코사인, 사인 변환을 구하여라.

15.2.6 $n=2, 3$에 대해 $1/(a^2+t^2)^n$의 푸리에 지수, 코사인, 사인 변환을 구하여라.

15.3 반전 푸리에 변환구하기

앞 장에서 공부한 $\sum_n a_n\cos(n\pi t/L)$과 같은 푸리에 급수는 기본 주파수 $\omega=n\pi/L$의 배수 $n\Delta\omega$를 갖는 항들의 합이다. 한 주기의 길이 L을 극한 $L\to\infty$로 보내면, $n\Delta\omega$는 연속적인 주파수 ω가 된다. 동시에 푸리에 급수는 푸리에 적분 $A(t)=\int_{-\infty}^{\infty}a(\omega)\cos\omega t\,d\omega$가 된다. 이 때 $A(t)$는 주기함수가 아니다. 이제 푸리에 급수에서 푸리에 적분으로의 전환을 좀더 자세히 살펴보자.

제14장에서 푸리에 급수는 함수가 주기함수일 때 함수를 $[0, 2\pi]$, $[-L, L]$ 등 일정한 구간에서 나타내는 데 편리하다는 것을 보았다. 이제 **주기적이지 않은 함수**를 실수 전체 구간에서 나타내는 것을 살펴보자. 구간의 길이는 당연히 무한히 길다, 즉 $L\to\infty$. 물리적으로는 어떤 펄스를 사인파형으로 분해하거나, $\pm\infty$에서 감쇠하는 온도 분포를 파형으로 분해하는 등에 해당한다.

우리는 이미 (14.2절) 구간 $[-L, L]$에 대해 푸리에 계수 a_n과 b_n이 다음과 같이 주어진다는 것을 보았다:

$$a_n=\frac{1}{L}\int_{-L}^{L}f(t)\cos\frac{n\pi t}{L}dt, \tag{15.12}$$

$$b_n=\frac{1}{L}\int_{-L}^{L}f(t)\sin\frac{n\pi t}{L}dt. \tag{15.13}$$

푸리에 급수는

$$f(x) = \frac{1}{2L}\int_{-L}^{L} f(t)dt + \frac{1}{L}\sum_{n=1}^{\infty}\cos\frac{n\pi x}{L}\int_{-L}^{L} f(t)\cos\frac{n\pi t}{L}dt$$
$$+\frac{1}{L}\sum_{n=1}^{\infty}\sin\frac{n\pi x}{L}\int_{-L}^{L} f(t)\sin\frac{n\pi t}{L}dt \qquad (15.14)$$

혹은 (14.28)식과 같은

$$f(x) = \frac{1}{2L}\int_{-L}^{L} f(t)dt + \frac{1}{L}\sum_{n=1}^{\infty}\int_{-L}^{L} f(t)\cos\frac{n\pi}{L}(t-x)dt \qquad (15.15)$$

이다. 이제 L이 무한대에 가까워진다고 하자. 구간 $[-L, L]$은 $(-\infty, \infty)$가 된다. 아래와 같이 새 변수를 정의하자:

$$\frac{n\pi}{L} = \omega, \qquad \frac{\pi}{L} = \Delta\omega, \quad \text{with } L \to \infty.$$

그러면

$$f(x) \to \frac{1}{\pi}\sum_{n=1}^{\infty}\Delta\omega\int_{-\infty}^{\infty} f(t)\cos\omega(t-x)dt \qquad (15.16)$$

혹은

$$f(x) = \frac{1}{\pi}\int_{0}^{\infty} d\omega\int_{-\infty}^{\infty} f(t)\cos\omega(t-x)dt \qquad (15.17)$$

를 얻는다. 즉, 무한 합을 ω에 대한 적분으로 바꾸었다. a_0에 해당하는 첫 번째 항은, 적분 $\int_{-\infty}^{\infty} f(t)dt$가 존재한다는 가정아래, $\omega = 0$에 흡수되었다. 이 **푸리에 코사인 공식**은 f가 모든 x에서 연속이면 성립한다. 만일 f가 조각씩 연속이면 $f(x)$를, x의 왼쪽과 오른쪽 극한값의 평균인, $\frac{1}{2}[f(x+0)+f(x-0)]$으로 바꾸어야 한다. 적분 $\int_{-\infty}^{\infty} f(t)dt$도 극한값으로 극한값 $\lim_{T\to\infty}\int_{-T}^{T} f(t)dt$로 이해해야 한다.

강조할 것은 $f(x)$[(15.17)식]를 푸리에 적분으로 표시하는 것은 순전히 형식에 지나지 않는다는 점이다. 엄격한 유도가 아니다. 엄격하게 유도할 수도 있다 (추가 읽을거리의 I. N. Sneddon, *Fourier Transforms*, 3.2절 참조). 이 때 함수 $f(x)$가 갖추어야 할 조건은:

- 조각씩 연속이고;
- 거의 모든 곳에서 미분 가능이며;
- 절대적분 가능($\int_{-\infty}^{\infty}|f(x)|dx$)이어야 한다.

■ 반전 푸리에 변환 – 지수함수 모양

$\cos\omega(t-x)$는 ω에 대하여 짝함수이다. 그래서

$$f(x) = \frac{1}{2\pi}\int_{-\infty}^{\infty} d\omega\int_{-\infty}^{\infty} f(t)\cos\omega(t-x)dt \qquad (15.18)$$

이다. 반면에 $\sin \omega(t-x)$는 ω에 대하여 홀함수이므로,

$$\frac{1}{2\pi}\int_{-\infty}^{\infty} d\omega \int_{-\infty}^{\infty} f(t)\sin\omega(t-x)dt = 0 \tag{15.19}$$

이다. 위의 두 식을 이용하면 푸리에 적분[(15.18)식과 (15.19)식]을 지수함수 모양으로 아래와 같이 쓸 수 있다:

$$f(x) = \frac{1}{\sqrt{2\pi}}\int_{-\infty}^{\infty} e^{-i\omega x}d\omega \frac{1}{\sqrt{2\pi}}\int_{-\infty}^{\infty} f(t)e^{i\omega t}dt, \tag{15.20}$$

혹은 $f(t)$의 푸리에 변환 $F(\omega)$를 써서,

$$f(x) = \frac{1}{\sqrt{2\pi}}\int_{-\infty}^{\infty} F(\omega)e^{-i\omega x}d\omega, \qquad F(\omega) = \frac{1}{\sqrt{2\pi}}\int_{-\infty}^{\infty} f(t)e^{i\omega t}dt \tag{15.21}$$

처럼 쓸 수도 있다. 여기에 사용한 변수 ω는 임의의 수학적인 변수이다. 그러나 만은 물리 문제에서 t와 x는 시간을 나타내는 변수이고, ω는 주파수에 해당한다. 따라서 (15.18)식이나 (15.20)식을 **연속적인** 주파수 ω를 갖는 무한히 많은 사인파의 분포로 해석할 수 있다.

예제 15.3.1 **네모펄스의 반전**

예제 15.2.1의 푸리에 변환을 이용하여 네모펄스를 아래와 같이 반전시킬 수 있다:

$$f(t) = \frac{1}{\sqrt{2\pi}}\int_{-\infty}^{\infty}\sqrt{\frac{2}{\pi}}\frac{\sin\omega}{\omega}e^{-i\omega t}d\omega = \frac{1}{\pi}\int_{-\infty}^{\infty}\frac{\sin\omega}{\omega}e^{-i\omega t}d\omega.$$

적분 구간을 $(-\infty, 0)$과 $(0, \infty)$로 나누면 반전 코사인 변환인

$$f(t) = \frac{1}{\pi}\int_{0}^{\infty}\frac{\sin\omega}{\omega}(e^{-i\omega t} + e^{i\omega t})d\omega = \frac{2}{\pi}\int_{0}^{\infty}\frac{\sin\omega}{\omega}\cos\omega t\, d\omega$$

가 얻어진다.

다른 방법으로는, 헤비사이드 계단함수를 미분하여 얻을 수 있다. 즉,

$$f(t) = u(t+1) - u(-1+t) \quad \text{giving} \quad \frac{df(t)}{dt} = \delta(t+1) - \delta(-1+t)$$

이다. 이렇게 하면 아래 결과를 얻는다:

$$\begin{aligned}\frac{df(t)}{dt} &= \frac{1}{2\pi}\int_{-\infty}^{\infty} e^{-i\omega t}d\omega \int_{-\infty}^{\infty}[\delta(t'+1) - \delta(t'-1)]e^{-i\omega t'}dt' \\ &= \frac{1}{2\pi}\int_{-\infty}^{\infty} e^{-i\omega t}(e^{i\omega} - e^{-i\omega})d\omega = \frac{i}{\pi}\int_{-\infty}^{\infty} e^{-i\omega t}\sin\omega\, d\omega,\end{aligned}$$

끝으로, 연습문제 7.2.15에서 처럼

$$f(t) = \frac{1}{\pi}\int_{-\infty}^{\infty} \frac{\sin\omega}{\omega} e^{-i\omega t} d\omega = \begin{cases} 0, & |t| > 1, \\ 1, & |t| < 1 \end{cases}$$

을 확인할 수 있다.

■ 디락 델타함수의 유도

(15.20)식의 적분 순서를 바꾸면 적분을 아래처럼 쓸 수 있다:

$$f(x) = \int_{-\infty}^{\infty} f(t)\left\{\frac{1}{2\pi}\int_{-\infty}^{\infty} e^{i\omega(t-x)} d\omega\right\} dt. \tag{15.22}$$

분명히 괄호 안의 양이 델타함수 $\delta(t-x)$처럼 작용한다. (15.22)식을 델타함수의 적분 표현이라 생각할 수 있다. 다른 말로 푸리에 적분 정리를 유도할 수 있는 열쇠를 제공해 준다고도 하겠다.

(1.160)식으로부터 (특이점을 $t=0$에서 $t=x$로 옮겨서)

$$f(x) = \lim_{n\to\infty}\int_{-\infty}^{\infty} f(t)\delta_n(t-x)dt, \tag{15.23}$$

여기서 $\delta_n(t-x)$는 분포 $\delta(t-x)$를 정의하는 수열이다. (15.23)식에서 $f(t)$가 $t=x$에서 연속이라는 것을 가정했다는 점에 주의하여라. (1.156)식에 의해 $\delta_n(t-x)$로 다음을 택하자:

$$\delta_n(t-x) = \frac{\sin n(t-x)}{\pi(t-x)} = \frac{1}{2\pi}\int_{-n}^{n} e^{i\omega(t-x)} d\omega, \tag{15.24}$$

(15.24)식을 (15.23)식에 대입하면

$$f(x) = \lim_{n\to\infty}\frac{1}{2\pi}\int_{-\infty}^{\infty} f(t)\int_{-n}^{n} e^{i\omega(t-x)} d\omega\, dt \tag{15.25}$$

를 얻는다. 적분 순서를 바꾸고 극한 $n\to\infty$을 취하면 푸리에 적분 정리식 (15.20)을 얻는다. 언제나 적분 기호 안에 놓인다는 점을 유념하면 등식

$$\delta(t-x) = \frac{1}{2\pi}\int_{-\infty}^{\infty} e^{i\omega(t-x)} d\omega \tag{15.26}$$

는 **델타함수의 매우 편리한 적분 표현을 준다**. 이 공식은 15.6절과 15.7절에서 아주 유용하게 이용될 것이다.

연습문제

15.3.1 다음을 증명하여라:

$$\frac{\hbar}{2\pi i}\int_{-\infty}^{\infty}\frac{e^{-i\omega t}d\omega}{E_0 - i\Gamma/2 - \hbar\omega} = \begin{cases} \exp(-\Gamma t/2\hbar)\exp(-iE_0 t/\hbar), & t > 0, \\ 0, & t < 0. \end{cases}$$

이 푸리에 적분은 양자역학의 여러 문제에 나온다: 벤첼, 크라머스 및 부릴루앙 (WKB) 가로막이 통과, 산란, 시간의존성 섭동 이론 등.
힌트. 경로적분을 해 보아라.

15.3.2 세모펄스 (그림 15.3)

$$f(t) = \begin{cases} h(1 - a|t|), & |t| < 1/a, \\ 0, & |t| > 1/a \end{cases}$$

의 푸리에 변환을 구하여라.
주의. 이 함수는 $h = a$, $a \to \infty$인 델타수열의 또 다른 한 꼴에 해당한다.

그림 15.3
세모펄스

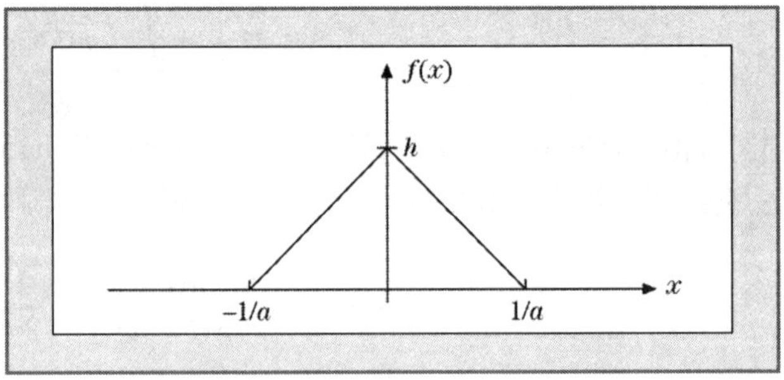

15.3.3 적당한 경로를 선택하고 유수 정리를 써서, 다음을 증명하여라:

$$\int_0^{\infty}\frac{\cos\omega t\, d\omega}{a^2 + \omega^2} = \frac{\pi}{2a}e^{-a|t|}.$$

15.3.4 $e^{-a^2x^2}$의 푸리에 코사인, 사인, 복소 변환을 구하여라.

15.3.5 수열

$$\delta_n(x) = \begin{cases} n, & |x| < 1/2n, \\ 0, & |x| > 1/2n \end{cases}$$

을 정의하자 [이것은 (1.153)식이다]. $\delta_n(x)$를 푸리에 적분으로 표시하고

$$\delta(x) = \lim_{n\to\infty}\delta_n(x) = \frac{1}{2\pi}\int_{-\infty}^{\infty}e^{-ikx}dk$$

로 쓸 수 있음을 보여라.

15.3.6 수열

$$\delta_n(x) = \frac{n}{\sqrt{\pi}} \exp(-n^2x^2)$$

을 이용하여

$$\delta(x) = \frac{1}{2\pi} \int_{-\infty}^{\infty} e^{-ikx} dk$$

를 보여라.

주의. $\delta(x)$는 적분의 일부로서 정의됨을 기억하여라 [1.14절, 특히 (1.151)식 및 (1.152)식].

15.4 푸리에 변환-반전 정리

함수 $f(t)$의 푸리에 변환 $F(\omega)$를 아래와 같이 **정의**하자:

$$F(\omega) \equiv \frac{1}{\sqrt{2\pi}} \int_{-\infty}^{\infty} f(t) e^{i\omega t} dt. \tag{15.27}$$

■ 지수 변환

(15.20)식으로부터 반전 변환

$$f(t) = \frac{1}{\sqrt{2\pi}} \int_{-\infty}^{\infty} F(\omega) e^{-i\omega t} d\omega \tag{15.28}$$

를 얻는다. (15.27)식과 (15.28)식이 거의 모든 면에서 대칭적이다. 단, i의 부호가 다르다는 점에 유의하여라.

여기서 두 가지를 언급할 필요가 있겠다. 첫째, $1/\sqrt{2\pi}$로 대칭적인 것은 선택의 문제일 뿐, 꼭 필요한 것은 아니다. 많은 사람들이 (15.20)식의 전체 인수 $1/2\pi$을 (15.27)식이나 (15.28)식의 한 곳에 붙인다. 둘째, 푸리에 적분[(15.20)식]도 많은 수학 문헌의 논의 대상이지만, 우리는 주로 푸리에 변환과 반전 변환을 다룰 것이다. 물리적인 의미가 크기 때문이다.

푸리에 변환 쌍을 3차원 공간으로 확대하면,

$$F(\mathbf{k}) = \frac{1}{(2\pi)^{3/2}} \int f(\mathbf{r}) e^{i\mathbf{k}\cdot\mathbf{r}} d^3r, \tag{15.29}$$

$$f(\mathbf{r})=\frac{1}{(2\pi)^{3/2}}\int F(\mathbf{k})e^{-i\mathbf{k}\cdot\mathbf{r}}d^3k \tag{15.30}$$

가 된다. 적분은 전 공간을 다 포함한다. 올바른가를 확인하고 싶으면, 윗 식 중 하나의 좌변을 다른 식의 우변에 대입하고 3차원 델타함수를 이용하면 된다.[2] (15.30)식은 함수 $f(\mathbf{r})$을 평면파의 연속체로 전개한 것으로 해석할 수 있다. 이 때 $F(\mathbf{k})$는 파동 $\exp(-i\mathbf{k}\cdot\mathbf{r})$의 세기에 해당한다.

■ 코사인 변환

$f(x)$가 홀함수 혹은 짝함수이면, 이 변환들은 다른 모양으로 표현할 수 있다. 우선 $f_c(x)=f_c(-x)$, 즉 짝함수를 생각하자. (15.27)식의 지수함수를 삼각함수로 나타내면

$$\begin{aligned}F_c(\omega)&=\frac{1}{\sqrt{2\pi}}\int_{-\infty}^{\infty}f_c(t)(\cos\omega t+i\sin\omega t)dt\\&=\sqrt{\frac{2}{\pi}}\int_0^{\infty}f_c(t)\cos\omega t\,dt\end{aligned}\tag{15.31}$$

를 얻는다. 여기서 $\sin\omega t$에 해당하는 항은 대칭성에 의해 상쇄되었다. 비슷한 이유로, $\cos\omega t$가 짝함수이므로, (15.27)식은 아래 식으로 바뀐다:

$$f_c(t)=\sqrt{\frac{2}{\pi}}\int_0^{\infty}F_c(\omega)\cos\omega t\,d\omega. \tag{15.32}$$

(15.31)식과 (15.32)식은 푸리에 코사인 변환이라 불린다.

예제 15.4.1 **푸리에 코사인 변환의 계산**

$a>0$에 대하여 e^{-ax}의 푸리에 코사인 적분을 계산해 보자. 부분적분을 두 번함으로써, 아래 결과를 얻는다:

$$\begin{aligned}\int_0^{\infty}e^{-ax}\cos\omega x\,dx&=-\frac{1}{a}e^{-ax}\cos\omega x\Big|_0^{\infty}-\frac{\omega}{a}\int_0^{\infty}e^{-ax}\sin\omega x\,dx\\&=\frac{1}{a}-\frac{\omega}{a}\left[-\frac{1}{a}e^{-ax}\sin\omega x\Big|_0^{\infty}+\frac{\omega}{a}\int_0^{\infty}e^{-ax}\cos\omega x\,dx\right].\end{aligned}$$

이제 우변과 좌변에 있는 적분을 합하면

$$\left(1+\frac{\omega^2}{a^2}\right)\int_0^{\infty}e^{-ax}\cos\omega x\,dx=\frac{1}{a}$$

[2] $\delta(\mathbf{r}_1-\mathbf{r}_2)=\delta(x_1-x_2)\delta(y_1-y_2)\delta(z_1-z_2)$이며, 적분 표현은 $\delta(x_1-x_2)=\frac{1}{2\pi}\int_{-\infty}^{\infty}\exp[ik_1(x_1-x_2)]dk_1$ 등이다.

이나

$$\int_0^\infty e^{-ax}\cos\omega x\,dx = \frac{a}{a^2+\omega^2}$$

를 얻는다. ■

■ 사인 변환

홀함수 $f_s(x) = -f_s(-x)$에 대해서는 비슷한 방법으로 사인 변환을 얻을 수 있다. 그 결과 얻은 식은

$$F_s(\omega) = \sqrt{\frac{2}{\pi}}\int_0^\infty f_s(t)\sin\omega t\,dt,^3 \tag{15.33}$$

$$f_s(t) = \sqrt{\frac{2}{\pi}}\int_0^\infty F_s(\omega)\sin\omega t\,d\omega \tag{15.34}$$

이다. 바로 위 식에서 $f(t)$를 사인파의 연속체로 해석할 수 있다. $\sin\omega t$의 세기는 $\sqrt{2/\pi}F_s(\omega)$이며, 이 때 $F_s(\omega)$는 $f(t)$의 푸리에 사인 변환이다. (15.34)식은 합[(14.23)식]에 대응된다. 비슷한 해석을 코사인 변환이나 지수 변환에도 내릴 수 있다.

예제 15.4.2 **푸리에 사인 변환의 계산**

$\frac{\omega}{a^2+\omega^2}$의 푸리에 사인 적분을 계산해 보자. 여기서 a는 양의 상수이다. 분모는 $\omega = \pm ia$에서 극을 갖는다. 복소 ω-공간에서 경로적분을 해야 함을 짐작하게 하는 점이다. 이 점을 생각하면서 $\omega \to -\omega$로 바꾸면

$$-\int_0^\infty \frac{\omega e^{-i\omega t}d\omega}{a^2+\omega^2} = \int_{-\infty}^0 \frac{\omega e^{i\omega t}d\omega}{a^2+\omega^2}$$

를 얻는다. 그래서 푸리에 사인적분은

$$\int_0^\infty \frac{\omega\sin\omega t\,d\omega}{a^2+\omega^2} = \frac{1}{2i}\int_0^\infty \frac{\omega(e^{i\omega t}-e^{-i\omega x})}{a^2+\omega^2} = \frac{1}{2i}\int_{-\infty}^\infty \frac{\omega e^{i\omega t}}{a^2+\omega^2}$$

와 같은 꼴이 된다. $t>0$에 대해서는 경로를 큰 반원을 ω-평면의 위쪽으로 닫는다. 이 반원은 반지름이 무한히 크므로 적분에 기여하지 않는다. 극 $\omega = ia$에서는 유수(residue) $iae^{-at}/2ia$를 얻으므로 결과적으로

$$\int_0^\infty \frac{\omega\sin\omega t\,d\omega}{a^2+\omega^2} = \frac{\pi}{2}e^{-at}$$

을 얻는다. ■

---

[3] $F_s(\omega)$에 인수 $-i$가 포함되어 있음.

(15.27)식, (15.31)식, (15.33)식을 (15.4)식에서 $\mathcal{L}$로 기술된 적분 변환이라고 한다면, 대응되는 반전 적분 변환, 즉 (15.5)식의 $\mathcal{L}^{-1}$은 (15.28)식, (15.32)식, (15.34)식으로 주어진다.

예제 15.4.3 **양성자 전하 형태인자**

입자의 전하 형태인자

$$G_E(\mathbf{q}^2) = \int \rho(\mathbf{r}) e^{i\mathbf{q}\cdot\mathbf{r}} d^3r$$

은 전하밀도 ρ의 푸리에 변환으로 정의된다. 단, 인수 $(2\pi)^{-3/2}$만큼의 차이가 있다. G_E는 전자의 탄성 산란으로 측정할 수 있다. 왜냐하면 점입자의 (소위 모트) 산란 자름넓이는 유한한 크기를 갖는 입자에 대해서는 전하 형태인자의 제곱만큼 수정되기 때문이다. 단, 이 때 자기적 산란은 무시했다. 이것은 산란각 θ가 작을 경우 좋은 근사가 된다. 운동량의 주고받음 $\mathbf{q} = \mathbf{p}' - \mathbf{p}$는 $\hbar$ 단위로 나타내었다. 여기서 $\mathbf{p}$는 들어오는 전자의 운동량이며 $\mathbf{p}'$은 산란된 (scattered) 전자의 운동량이다. 운동량은 실험실 기준틀(정지된 기준틀)에서 측정한 것이다. 되튀김을 무시하면 탄성 산란에 대해서는 $p = |\mathbf{p}| = |\mathbf{p}'| = \mathbf{p}'$이다. 그림 15.4는 $q = |\mathbf{q}| = 2p \sin\theta/2$임을 보여준다.

전하가 Q인 **점입자**에 대해 $\rho(\mathbf{r}) = Q\delta(\mathbf{r})$이며, 전하 형태인자는

$$G_E(\mathbf{q}^2) = Q \int \delta(\mathbf{r}) e^{i\mathbf{q}\cdot\mathbf{r}} = Q$$

로서 상수이다.

$q = 0$일 때, $G_E(0) = \int \rho\, d^3r = Q$는 기본 전하량 $|e|$단위로 총전하량이다. 양성자는 $Q = 1$이다. 공대칭적이면 극좌표 r, θ, φ를 사용한다. 전하 형태인자는 아래와 같은 모양을 띤다:

$$\begin{aligned} G_E(q^2) &= \int_0^\infty \rho(r) r^2 dr \int_{-1}^{1} e^{iqr\cos\theta} d\cos\theta \int_0^{2\pi} d\varphi \qquad (15.35) \\ &= \frac{2\pi}{iq} \int_0^\infty \rho(r) r dr e^{iqr\cos\theta}\Big|_{\cos\theta=-1}^{1} = \frac{4\pi}{q} \int_0^\infty \rho(r)\sin(qr) r\, dr. \end{aligned}$$

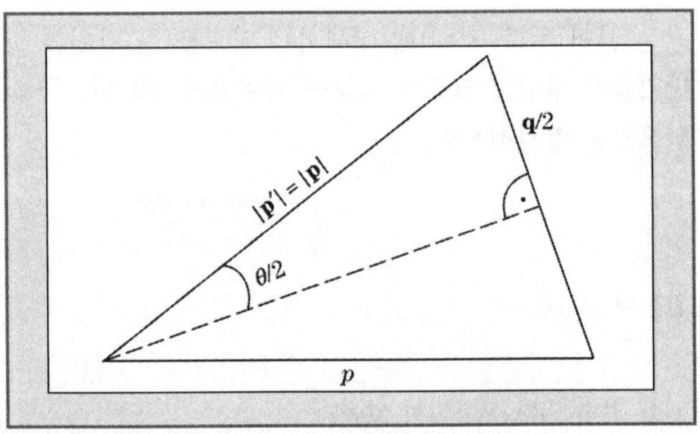

그림 15.4
양성자 전하 형태인자

이 변환의 반전을 구해서 측정된 전하 형태인자 $G_E(q^2)$으로부터 전하밀도를 얻을 수 있다. 이렇게 해서 양성자, 중성자의 반지름과 원자 및 분자의 크기를 알아낼 수 있다.

양성자의 반지름의 역수에 비하여 작은 q에서는 $\sin qr$의 거듭제곱 급수를 사용하여

$$G_E(q^2) = 4\pi \int_0^\infty \rho(r) r^2\, dr - \frac{q^2}{6} \int_0^\infty \rho(r) r^4\, dr + \cdots = 1 - \frac{q^2}{6}\langle r^2 \rangle + \cdots$$

을 얻을 수 있다. 여기서 첫 번째 항은 전하 $Q = 1$이며 두 번째 항의 적분은 양성자의 반지름의 제곱의 평균 $\langle r^2 \rangle$이다. 왜냐하면 양성자를 이루고 있는 쿼크의 파동함수 ψ가 밀도 $\rho = |\psi|^2$을 결정하기 때문이다. 그러므로, 양성자의 크기는 측정된 전하 형태인자의 기울기로부터 얻을 수 있다:

$$\langle r^2 \rangle = -6 \frac{dG_E(q^2)}{dq^2}\bigg|_{q=0}.$$

양성자의 크기는 대략 $1\,\text{fm} = 10^{-13}\,\text{cm}$이므로, 공대칭인 모형을 생각하자 (그림 15.5A 참조):

$$\rho(r) = \frac{N}{r}[e^{-r/R_1} - e^{-r/R}],$$

여기서 $R \ll R_1$는 앞으로 결정해야 할 맺음변수이다. 틀맞춤변수 N은 양성자의 전하 $Q = 1$(기본 전하량 e의 단위로)에서 온 것이다. 즉 $G_E(0) = 1$. 이 모형은 ^{3}He의 핵의 전하밀도에도 적

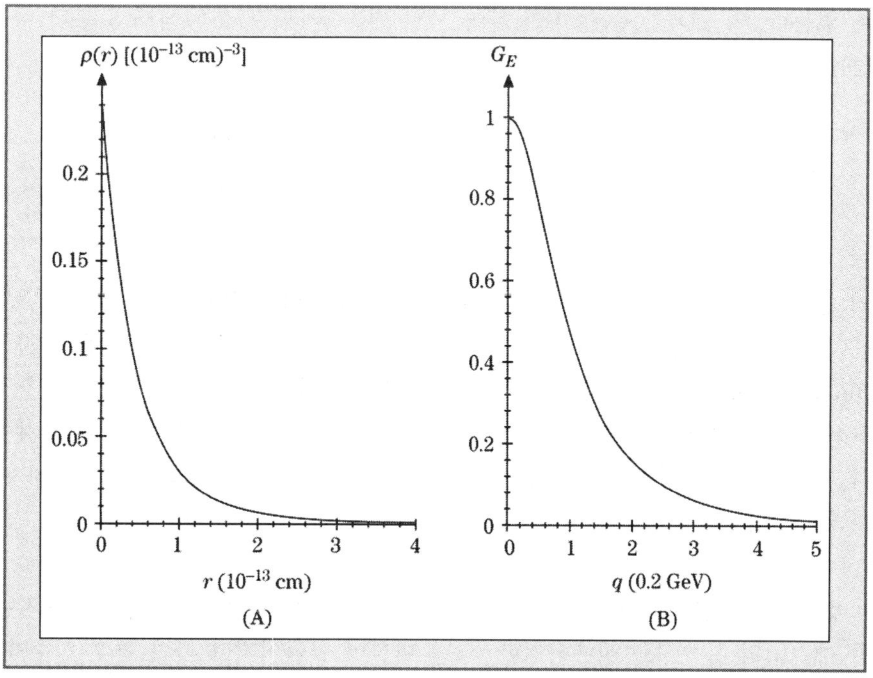

그림 15.5 양성자의 전하밀도(A) 및 형태인자(B)

용된다. 단, 이 핵은 두 개의 양성자와 한 개의 중성자로 이루어져 있기 때문에, 전하는 $G_E(0)=2$이고 반지름은 좀더 크다.

우선 $G_E(0)=1$로부터 N을 구하는 것부터 시작하자. 부분적분을 해서 다음과 같은 식을 얻는다:

$$\begin{aligned}1&=4\pi\int_0^\infty \rho(r)r^2\,dr=4\pi N\int_0^\infty [e^{-r/R_1}-e^{-r/R}]r\,dr\\&=4\pi N[-rR_1e^{-r/R_1}+rRe^{-r/R}]\Big|_0^\infty+4\pi N\int_0^\infty [R_1e^{-r/R_1}-Re^{-r/R}]dr\\&=4\pi N\left(R_1^2-R^2\right),\quad N=\frac{1}{4\pi\left(R_1^2-R^2\right)}.\end{aligned}$$

$G_E(q)$에 대한 사인 변환[(15.35)식]을 보면 알 수 있듯이, 적분

$$\begin{aligned}\int_0^\infty e^{-r/R}\sin qr\,dr&=-Re^{-r/R}\sin qr\Big|_0^\infty+qR\int_0^\infty e^{-r/R}\cos qr\,dr\\&=qR\left[-Re^{-r/R}\cos qr\Big|_0^\infty-qR\int_0^\infty e^{-r/R}\sin qr\,dr\right]\end{aligned}$$

을 계산할 필요가 있다. 부분적분을 두 번 이용한다. 그러면, 우변과 똑같은 적분을 얻게 되고 좌변의 적분과 합하여

$$\int_0^\infty e^{-r/R}\sin qr\,dr=\frac{qR^2}{1+q^2R^2}$$

을 얻는다. 이 결과를 G_E에 대입하여 사인 변환 공식[(15.35)식]으로부터 다음과 같은 식을 얻는다:

$$\begin{aligned}G_E(q^2)&=\frac{4\pi N}{q}\int_0^\infty [e^{-r/R_1}-e^{-r/R}]\sin qr\,dr\\&=\frac{1}{R_1^2-R^2}\left(\frac{R_1^2}{1+q^2R_1^2}-\frac{R^2}{1+q^2R^2}\right).\end{aligned}$$

이 전하 형태인자는 $q=0$에서 1로 올바르게 틀맞춤되어 있음에 주의하여라. 반면 큰 q에서는 q^{-4} 모양으로 줄어든다. 이렇게 줄어드는 모양을 쿼크 셈이라 부르는데, 양자색역학(quantum chromodynamics)에 의해 예측되었다. 양자색역학이란 양성자 안에 쿼크들을 묶는 강한 상호작용에 대한 양자장 이론이다. 여기서 살펴본 비상대론적 모형은 이런 추세를 흉내내고 있다. 이제 대략 양성자의 크기에 해당하는 $R_1=1\,\text{fm}$과 $R=1/4\,\text{fm}$을 선택하자. 그림 15.5를 보라. ■

푸리에 코사인 변환 및 사인 변환은 각각 인수가 양의 값(그리고 영)만을 갖는다. 변환을 만들 때 $f(t)$의 홀짝성을 이용하지만, 일단 변환이 만들어지고 나면 함수 인수가 음수일 때의 f

와 g의 성질은 상관이 없다. 실제로는 변환식은 **분명한 홀짝성**을 부여한다. **푸리에 코사인 변환이나 사인 변환**까지도.

예제 15.4.4 **유한한 파동열차**

푸리에 변환의 중요한 한 쓰임은 유한한 펄스를 사인파로 분해하는 것이다. 무한한 파동열차 $\sin \omega_0 t$가 케르용기(Kerr cell)나 물감용기(dye cell) 여닫개에 의해 아래와 같이 잘려졌다고 상상해 보자:

$$f(t) = \begin{cases} \sin \omega_0 t, & |t| < \frac{N\pi}{\omega_0}, \\ 0, & |t| > \frac{N\pi}{\omega_0}. \end{cases} \tag{15.36}$$

이것은 원래의 파동열차(그림 15.6)의 N 되풀이에 해당된다. $f(t)$가 홀함수이므로 푸리에 사인 변환[(15.33)식]을 이용하자. 그럼,

$$F_s(\omega) = \sqrt{\frac{2}{\pi}} \int_0^{N\pi/\omega_0} \sin \omega_0 t \sin \omega t \, dt \tag{15.37}$$

를 얻는다. 적분을 해서 세기함수

$$F_s(\omega) = \sqrt{\frac{2}{\pi}} \left[\frac{\sin[(\omega_0 - \omega)(N\pi/\omega_0)]}{2(\omega_0 - \omega)} - \frac{\sin[(\omega_0 + \omega)(N\pi/\omega_0)]}{2(\omega_0 + \omega)} \right] \tag{15.38}$$

을 구한다. $F_s(\omega)$가 주파수에 대해 어떻게 행동하는 지를 보면 매우 흥미롭다. ω_0가 크고, $\omega \approx \omega_0$일 때 분모 때문에 첫 항만 생각하면 된다. 이것을 그림 15.7에 나타내었다. 이것은 단일 슬릿 회절 무늬의 세기함수와 같다.

다음 값들에서 세기함수가 영이 된다:

$$\frac{\omega_0 - \omega}{\omega_0} = \frac{\Delta\omega}{\omega_0} = \pm\frac{1}{N}, \pm\frac{2}{N}, \text{ 등등} \tag{15.39}$$

N이 클 때, $F_s(\omega)$는 디락 델타함수로도 해석할 수 있다. 1.14절을 보라. 중앙의 최대값 부근에서 벗어나면 그 값이 작으므로 파동펄스의 주파수의 확산 정도를

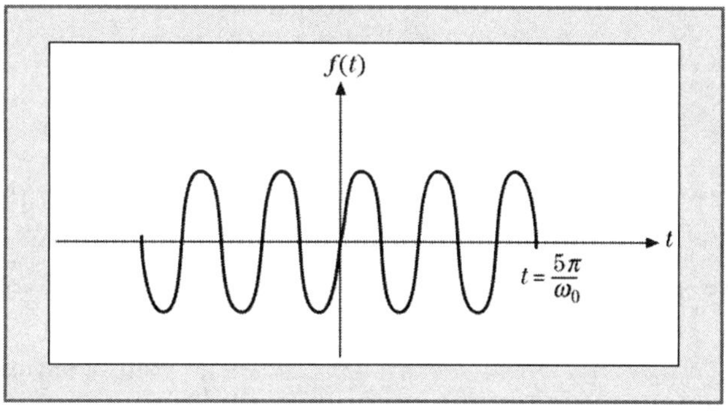

그림 15.6
유한한 파동열차

그림 15.7
유한한 파동열차의 푸리에 변환

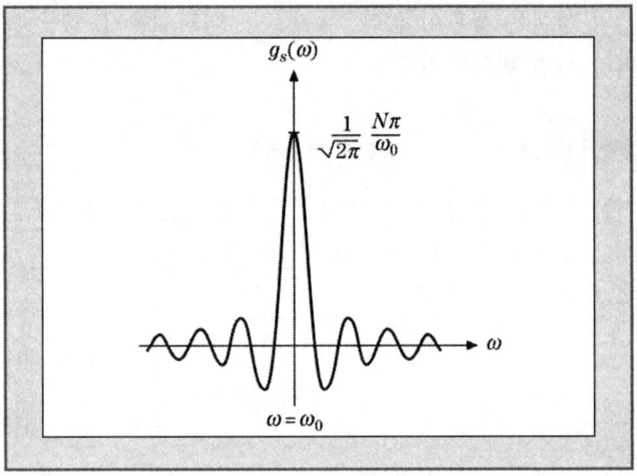

$$\Delta\omega = \frac{\omega_0}{N} \tag{15.40}$$

로 택하면 좋은 근사가 된다. 분명, N이 크면 (펄스가 길면), 주파수의 확산이 작을 것이다. 한편, 펄스가 짧게 잘리면 (N이 작으면), 주파수 분포가 넓을 것이고 두 번째 극대값도 중요해진다. ■

연습문제

15.4.1 함수

$$f(t) = \begin{cases} 1, & |t| < 1 \\ 0, & |t| > 1 \end{cases}$$

은 대칭적인 계단함수이다.

(a) $f(t)$의 코사인 변환 $F_c(\omega)$를 구하여라.

(b) 코사인 반전 변환을 구하여, 다음을 보여라:

$$f(t) = \frac{2}{\pi}\int_0^\infty \frac{\sin\omega\cos\omega t}{\omega}d\omega.$$

(c) (b)를 이용하여 다음을 보여라:

$$\int_0^\infty \frac{\sin\omega\cos\omega t}{\omega}d\omega = \begin{cases} 0, & |t| > 1, \\ \frac{\pi}{4}, & |t| = 1, \\ \frac{\pi}{2}, & |t| < 1. \end{cases}$$

15.4.2 지수 표현[(15.26)식]에 비길 수 있는, $\delta(t-x)$의 사이 및 코사인 표현을 구하여라.

답. $\frac{2}{\pi}\int_0^\infty \sin\omega t\sin\omega x\, d\omega,\quad \frac{2}{\pi}\int_0^\infty \cos\omega t\cos\omega x\, d\omega.$

15.4.3 공명 빈구멍(resonant cavity)에서, 주파수 ω_0의 전자기파는

$$A(t) = A_0 e^{-\omega_0 t/2Q} e^{-i\omega_0 t}, \quad t > 0$$

과 같이 감쇠한다. ($t<0$에 대해서는 $A(t)=0$이라 한다.)
맺음변수 Q는 단위 주기(cycle)당 손실되는 에너지에 대한 저장되는 에너지의 비율을 나타내는 척도이다. 진동의 주파수 분포, $a^*(\omega)a(\omega)$를 구하여라. 여기서 $a(\omega)$는 $A(t)$의 푸리에 변환이다.
주의. Q가 크면 클수록, 공명 선의 모양이 더 뾰족하다.

답. $a^*(\omega)a(\omega) = \dfrac{A_0^2}{2\pi}\dfrac{1}{(\omega-\omega_0)^2+(\omega_0/2Q)^2}$.

15.4.4 (a) $n=1, 2, 3$에 대해 $f(t)=t^n e^{-a|t|}$의 푸리에 지수 변환을 구하여라.
(b) 유수 정리(7.2절)를 이용하여 반전 변환을 구하여라.

15.5 미분의 푸리에 변환

그림 15.1에 푸리에 변환과 반전 변환의 쓰임을 도식적으로 나타냈다. 여기서는 **미분방정식을 푸는** 첫 번째 단계를 택한다. 즉 미분의 푸리에 변환을 구해보자.

함수 $f(t)$의 푸리에 변환은 지수함수 형태로 아래와 같이 주어진다:

$$F(\omega) = \frac{1}{\sqrt{2\pi}}\int_{-\infty}^{\infty} f(t)e^{i\omega t}dt, \tag{15.41}$$

마찬가지로 $df(t)/dt$에 대해서는

$$F_1(\omega) = \frac{1}{\sqrt{2\pi}}\int_{-\infty}^{\infty} \frac{df(t)}{dt}e^{i\omega t}dt \tag{15.42}$$

루 주어진다. (15.42)식을 부분적분으로 적분하면

$$F_1(\omega) = \frac{e^{i\omega t}}{\sqrt{2\pi}}f(t)\bigg|_{-\infty}^{\infty} - \frac{i\omega}{\sqrt{2\pi}}\int_{-\infty}^{\infty} f(t)e^{i\omega t}dt \tag{15.43}$$

를 얻는다. 만일 $f(t)$가 $t\to\pm\infty$로 갈 때 영으로 가면[4]

$$F_1(\omega) = -i\omega F(\omega) \tag{15.44}$$

[4] 연습문제 15.3.5와 15.3.6과는 달리, $f(t)$의 푸리에 변환이 존재하기 위해서는 $t\to\pm\infty$일 때 $f(t)$가 영이 되어야 한다.

이다. 다시 말하면 미분의 변환은 원래 함수의 변환 곱하기 $(-i\omega)$이다. 이것은 n차 미분으로 일반화할 수 있다. 그래서, (15.43)식의 적분 부분이 $t \to \pm\infty$로 갈 때 영으로 가기만 하면,

$$F_n(\omega) = (-i\omega)^n F(\omega) \tag{15.45}$$

이다. 이것이 바로 푸리에 변환의 강점이며, 미분방정식을 풀 때 편리한 이유이다. **좌표공간에서 미분이 ω공간에서 곱하기로 대체**되었다. 핵함수에 이런 성질들이 바로 상미분방정식과 편미분방정식을 풀기 위해 적분 변환을 이용할 때 가장 중요한 요소이다.

예제 15.5.1 **감쇠 조화진동자**

푸리에 적분 $y(t) = \frac{1}{\sqrt{2\pi}}\int_{-\infty}^{\infty} Y(\omega)e^{i\omega t}dt$를 조화진동자 상미분방정식 $\frac{d^2y}{dt^2} + \Omega^2 y = A\cos(\omega_0 t)$에 대입한다. 여기서 t는 시간이다. 이렇게 하면 방정식의 해 $y(t)$의 푸리에 변환 $Y(\omega)$에 대한 **대수**방정식

$$\frac{1}{\sqrt{2\pi}}\int_{-\infty}^{\infty} Y(\omega)(\Omega^2 - \omega^2)e^{i\omega t}d\omega = \frac{A}{2}\int_{-\infty}^{\infty} e^{i\omega t}[\delta(\omega-\omega_0) + \delta(\omega+\omega_0)]d\omega$$

를 얻는다. 여기서 이차 미분방정식은 $Y(\omega)$에 $(i\omega)^2$을 곱한 것에 해당되고 구동항은 주파수 $\pm\omega_0$만의 푸리에 적분으로 표현되는 점을 이용하였다. 좌변과 우변의 피적분함수들을 비교하여

$$Y(\omega) = \sqrt{\frac{\pi}{2}}\frac{A}{\Omega^2 - \omega^2}[\delta(\omega-\omega_0) + \delta(\omega+\omega_0)]$$

를 얻는다. 이런 과정이 올바른 것은 좌변과 우변의 적분이 같은 변수 ω, 같은 구간에 대한 적분이기 때문이다. 이렇게 해서 얻어진 적분

$$y(t) = \frac{A}{2}\int_{-\infty}^{\infty}\frac{e^{i\omega t}}{\Omega^2 - \omega^2}[\delta(\omega-\omega_0) + \delta(\omega+\omega_0)]d\omega = \frac{A}{\Omega^2 - \omega_0^2}\cos(\omega_0 t)$$

가 주어진 비등차 상미분방정식의 정상 상태 특수해이다. (15.43)식에서 **부분적으로 적분된 항의 양끝점이 영이라는 가정 때문에 등차 조화진동자 상미분방정식의 해가 나타나지 않는다**는 점에 주의하여라. (이 해들은 소위 과도현상이라 불리며, 여기서는 비감쇠함수 $\sin\Omega t$와 $\cos\Omega t$를 가리킨다.)

또 다른 방법으로는 상미분방정식의 푸리에 변환을 아래와 같이 쓴다:

$$\begin{aligned}\frac{1}{\sqrt{2\pi}}\int_{-\infty}^{\infty}\left(\frac{d^2y}{dt^2} + \Omega^2 y\right)e^{i\omega t}dt &= \frac{A}{2\sqrt{2\pi}}\int_{-\infty}^{\infty}(e^{i\omega_0 t} + e^{-i\omega_0 t})e^{i\omega t}dt \\ &= A\sqrt{\pi}2[\delta(\omega-\omega_0) + \delta(\omega+\omega_0)].\end{aligned}$$

부분적분을 두 번하면

$$\int_{-\infty}^{\infty} \frac{d^2y}{dt^2} e^{i\omega t} dt = \frac{dy}{dt} e^{i\omega t} \Big|_{-\infty}^{\infty} - i\omega \int_{-\infty}^{\infty} \frac{dy}{dt} e^{i\omega t} dt$$
$$= -i\omega \left[y e^{i\omega t} \Big|_{-\infty}^{\infty} - i\omega \int_{-\infty}^{\infty} y e^{i\omega t} dt \right] = -\omega^2 \int_{-\infty}^{\infty} y e^{i\omega t} dt$$

를 얻는다. 이 때 $t \to \pm\infty$로 갈 때 충분히 빨리 $\frac{dy(t)}{dt} \to 0$으로 간다는 가정이 필요하다. 이전과 마찬가지로 양변의 적분을 비교하여 아래와 같은 결과를 얻는다.

$$(\Omega^2 - \omega^2) Y(\omega) = \sqrt{\frac{\pi}{2}} A[\delta(\omega - \omega_0) + \delta(\omega + \omega_0)].$$

비슷한 방법을 이용하면 편미분방정식이 상미분방정식으로 바뀐다. 다음 열 흐름 편미분방정식을 다룬 다음 예제에서 이것을 보도록 하자.

예제 15.5.2 **열 흐름 편미분방정식**

편미분방정식을 상미분방정식으로 바꾸는 것을 설명하기 위하여 아래와 같은 열 흐름 편미분방정식을 푸리에 변환해 보도록 하자:

$$\frac{\partial \psi}{\partial t} = a^2 \frac{\partial^2 \psi}{\partial x^2},$$

여기서 해 $\psi(x, t)$는 온도로서 공간과 시간의 함수이다. 푸리에 적분해

$$\psi(x, t) = \frac{1}{\sqrt{2\pi}} \int_{-\infty}^{\infty} \Psi(\omega, t) e^{-i\omega x} d\omega$$

를 대입하면 ψ의 푸리에 변환 Ψ의 시간변수 t에 대한 상미분방정식

$$\frac{\partial \Psi}{\partial t} = -a^2 \omega^2 \Psi(\omega, t)$$

를 얻게 된다. 다른 방법으로는 반전 푸리에 변환을 열 흐름 편미분방정식의 양변에 적용한다. 적분하면 식

$$\ln \Psi = -a^2 \omega^2 t + \ln C, \quad \text{or} \quad \Psi = C e^{-a^2 \omega^2 t}$$

을 얻을 수 있고 이 때 적분상수 C는 일반적으로 여전히 ω에 의존할 수 있으며 초기조건에 의해 결정된다. 이 해를 반전 푸리에 변환

$$\psi(x, t) = \frac{1}{\sqrt{2\pi}} \int_{-\infty}^{\infty} C(\omega) e^{-i\omega x} e^{-a^2 \omega^2 t} d\omega$$

에 다시 대입하면 x와 t가 분리된다. 간단히 하기 위해 여기서는 C가 ω에 의존하지 않는다고

가정하고 ω에 대한 완전 제곱꼴로 바꾸어 적분하자. 이 때 변수들을 적절히 치환해야 한다 ($a^2 \to a^2 t$, $\omega \to x$, $t \to -\omega$). 이렇게 해서 편미분방정식의 특수해

$$\psi(x, t) = \frac{C}{a\sqrt{2t}} \exp\left(-\frac{x^2}{4a^2 t}\right)$$

을 얻게 된다. 이 해는 16.2절에서 재치있는 가설 풀이로 사용될 것이다. 실질적으로, ψ가 $C\exp(-a^2\omega^2 t)$의 반전 푸리에 변환이라는 것을 보인 것이다. ■

예제 15.5.3 편미분방정식의 반전

푸아송 편미분방정식의 그린함수, 즉

$$\nabla^2 G_0(\mathbf{r}, \mathbf{r}') = \delta(\mathbf{r} - \mathbf{r}')$$

의 해 G_0에 대한 푸리에 적분을 구해보자. 일단 G_0가 알려지면 정전기학의 푸아송 방정식

$$\nabla^2 \Phi = -4\pi\rho(\mathbf{r})$$

의 일반해는

$$\Phi(\mathbf{r}) = \int G_0(\mathbf{r}, \mathbf{r}') 4\pi\rho(\mathbf{r}') d^3 r'$$

으로 주어진다. ∇^2을 Φ에 적용하고 그린함수가 만족하는 편미분방정식을 이용하여 아래 식을 확인할 수 있다:

$$\nabla^2 \Phi(\mathbf{r}) = \int \nabla^2 G_0(\mathbf{r}, \mathbf{r}') 4\pi\rho(\mathbf{r}') d^3 r' = \int \delta(\mathbf{r} - \mathbf{r}') 4\pi\rho(\mathbf{r}') d^3 r' = 4\pi\rho(\mathbf{r}).$$

이제 델타함수와 G_0의 푸리에 변환을 사용하여

$$\nabla^2 \int g_0(\mathbf{p}) e^{i\mathbf{p}\cdot(\mathbf{r}-\mathbf{r}')} \frac{d^3 p}{(2\pi)^3} = \int e^{i\mathbf{p}\cdot(\mathbf{r}-\mathbf{r}')} \frac{d^3 p}{(2\pi)^3}$$

와 같이 쓴다. 반전 푸리에 변환으로부터, 푸리에 적분이 같으면 피적분함수도 모든 곳에서 같아야 한다. 이런 이유 때문에 등식

$$\nabla e^{i\mathbf{p}\cdot(\mathbf{r}-\mathbf{r}')} = i\mathbf{p} e^{i\mathbf{p}\cdot(\mathbf{r}-\mathbf{r}')}$$

을 이용하면 위 결과로 부터 $-\mathbf{p}^2 g_0(\mathbf{p}) = 1$. 이 해를 G_0에 대한 반전 푸리에 변환에 대입하면

$$G_0(\mathbf{r}, \mathbf{r}') = -\int e^{i\mathbf{p}\cdot(\mathbf{r}-\mathbf{r}')} \frac{d^3 p}{(2\pi)^3 \mathbf{p}^2} = -\frac{1}{4\pi|\mathbf{r} - \mathbf{r}'|}$$

을 얻는다. 위 식에서 마지막 등식은 G_0에 ∇^2을 다시 한 번 적용하고 제1장에서 본 항등식 $\nabla^2 \frac{1}{|\mathbf{r}-\mathbf{r}'|} = -4\pi\delta(\mathbf{r} - \mathbf{r}')$을 이용하여 증명할 수 있다.

반전 푸리에 변환은 예제 15.4.3에서 공대칭성을 가진 전하밀도에 대한 전하 형태인자에서와 마찬가지로 $\mathbf{p}^2$의 공대칭성을 감안하여 극좌표를 이용해 계산할 수 있다. 간단히 하기 위해, $\mathbf{R}=\mathbf{r}-\mathbf{r}'$이라 쓰고 θ를 $\mathbf{R}$과 $\mathbf{p}$의 사이각이라 부르자. 그러면 아래와 같은 식을 얻는다:

$$\begin{aligned}\int e^{i\mathbf{p}\cdot\mathbf{R}}\frac{d^3p}{p^2} &= \int_0^\infty dp\int_{-1}^{1} e^{ipR\cos\theta}d\cos\theta\int_0^{2\pi}d\varphi \\ &= \frac{2\pi}{iR}\int_0^\infty \frac{dp}{p}e^{ipR\cos\theta}\Big|_{\cos\theta=-1}^{1} = \frac{4\pi}{R}\int_0^\infty \frac{\sin pR}{p}dp \\ &= \frac{4\pi}{R}\int_0^\infty \frac{\sin pR}{pR}d(pR) = \frac{2\pi^2}{R},\end{aligned}$$

여기서 θ와 φ는 $\mathbf{p}$의 각이며, 예제 7.2.4로부터 $\int_0^\infty \frac{\sin x}{x}dx = \frac{\pi}{2}$임을 이용하였다. $-(2\pi)^3$으로 나누면 예측한 대로 $G_0(R) = -1/(4\pi R)$을 얻게 된다. 이 푸리에 변환을 경로적분을 이용해 얻는 방법이 예제 16.3.2에 소개될 것이다. ■

예제 15.5.4 파동방정식

푸리에 변환 방법은 계수가 상수인 편미분방정식을 다룰 때 유리하다. 이 방법의 장점을 좀더 보기 위해 기초물리의 잘 알려진 공식을 유도해 보자. 무한히 긴 끈이 자유롭게 진동하고 있다. 진동너비 y는 파동방정식

$$\frac{\partial^2 y}{\partial x^2} = \frac{1}{v^2}\frac{\partial^2 y}{\partial t^2} \tag{15.46}$$

를 만족시킨다. 초기조건

$$y(x, 0) = f(x) \tag{15.47}$$

를 가정하자. 여기서 f는 x가 클 때 영으로 줄어든다. 즉 한 곳에 모여있다.

푸리에 변환을 편미분방정식[(15.46)식]의 양변에 적용하자. 이것은 $e^{i\alpha x}/\sqrt{2\pi}$을 곱하고,

$$Y(\alpha, t) = \frac{1}{\sqrt{2\pi}}\int_{-\infty}^{\infty} y(x, t)e^{i\alpha x}dx \tag{15.48}$$

에 따라 x에 대해 적분하고, 이차 미분에 대해 (15.43)식을 이용하는 것과 같다. $\frac{\partial Y}{\partial x}$와 $\frac{\partial^2 Y}{\partial x^2}$가 영임에 주의하라: 시간에 대해 앞으로 퍼져나갈 때, 파동이 아직은 $\pm\infty$까지는 도달하지 않았고, 무한히 먼 곳에는 샘(source)이 없다 $[f(\pm\infty)=0]$. 이렇게 해서

$$\int_{-\infty}^{\infty}\frac{\partial^2 y(x, t)}{\partial x^2}e^{i\alpha x}dx = \frac{1}{v^2}\int_{-\infty}^{\infty}\frac{\partial^2 y(x, t)}{\partial t^2}e^{i\alpha x}dx \tag{15.49}$$

혹은

$$(-i\alpha)^2 Y(\alpha, t) = \frac{1}{v^2}\frac{\partial^2 Y(\alpha, t)}{\partial t^2} \tag{15.50}$$

를 얻는다. α에 관한 미분이 없으므로 (15.50)식은 실제로는 상미분방정식이다. 사실은, 이것은 선형 진동자 방정식이다. 편미분방정식에서 상미분방정식으로 바뀜으로써 문제가 굉장히 간단해졌다. 적당한 초기조건과 함께 (15.50)식을 풀어보자. $t=0$에서 (15.47)식을 적용하여 (15.48)식으로부터

$$Y(\alpha, 0) = \frac{1}{\sqrt{2\pi}} \int_{-\infty}^{\infty} f(x) e^{i\alpha x} dx = F(\alpha) \tag{15.51}$$

를 얻는다. 여기서 $F(\alpha)$는 초기조건 $f(x)$의 푸리에 변환이다. (15.50)식의 일반해는 지수함수 형태로

$$Y(\alpha, t) = F(\alpha) e^{\pm i v \alpha t} \tag{15.52}$$

이다. 반전공식[(15.28)식]을 이용하여

$$y(x, t) = \frac{1}{\sqrt{2\pi}} \int_{-\infty}^{\infty} Y(\alpha, t) e^{-i\alpha x} d\alpha \tag{15.53}$$

를 얻고, (15.52)식에 의해

$$y(x, t) = \frac{1}{\sqrt{2\pi}} \int_{-\infty}^{\infty} F(\alpha) e^{-i\alpha(x \mp vt)} d\alpha \tag{15.54}$$

를 얻을 수 있다. $f(x)$는 $F(\alpha)$의 반전 푸리에 변환이기 때문에

$$y(x, t) = f(x \mp vt) \tag{15.55}$$

이다. 각각은 $+x$와 $-x$ 방향으로 진행하는 파동에 해당한다.

(15.47)식의 경계조건은 파동의 이들 특정한 조합에 이미 들어있다. ■

지금까지 공부한 푸리에 변환에 관하여 특히 강조할 점이 있다:

- 푸리에 변환은 편미분방정식을 상미분방정식으로 바꾸고, 이 과정에서 문제의 어려움이 훨씬 줄어 들었다.

15.10절에서는 라플라스 변환을 이용하여 상미분방정식을 대수방정식으로 바꾸는 것을 보게 될 것이다. 마찬가지로 문제가 훨씬 쉬워진다. 그림 15.1에 나타낸 것처럼 문제가 간단해진다.

연습문제

15.5.1 (15.45)식은 $f(x)$의 이차 미분의 푸리에 변환에 대하여

$$F_2(\omega) = -\omega^2 F(\omega)$$

를 준다. 조건 $f(x) \to 0$, $x \to \pm\infty$는 조금 완화할 수 있다. $F_2(\omega)$에 대한 위 식이 성립하기 위한 가장 덜 제한적인 조건을 찾아라.

답. $\left[\dfrac{df(x)}{dx} - i\omega f(x)\right]e^{i\omega x}\Big|_{-\infty}^{\infty} = 0.$

15.5.2 (a) $F(\mathbf{k})$가 $f(\mathbf{r})$의, $F_1(\mathbf{k})$가 $\nabla f(\mathbf{r})$의 3차원 푸리에 변환이라 한다. 다음을 보여라:

$$F_1(\mathbf{k}) = (-i\mathbf{k})F(\mathbf{k}).$$

이것은 (15.45)식을 $n=1$에 대해 3차원으로 확장한 것이다.

(b) $\nabla \cdot \nabla f(\mathbf{r})$의 3차원 푸리에 변환이

$$F_2(\mathbf{k}) = (-i\mathbf{k})^2 F(\mathbf{k})$$

로 주어짐을 보여라.

주의. 벡터 $\mathbf{k}$는 변환공간에 있다. 15.7절에서는 $\hbar\mathbf{k} = \mathbf{p}$가 선형운동량이 될 것이다.

15.5.3 경로적분과 유수 정리를 이용하여 다음을 보여라:

$$\int e^{i\mathbf{k}\cdot(\mathbf{r}-\mathbf{r}')}\frac{d^3k}{(2\pi)^3\mathbf{k}^2} = \frac{1}{4\pi|\mathbf{r}-\mathbf{r}'|}.$$

힌트. k-공간에서 구면극좌표를 사용하여라.

15.5.4 푸리에 변환을 이용하여 아래 편미분방정식을 풀어라:

$$\frac{\partial y}{\partial t} = \frac{\partial^2 y}{\partial x^2} - a^2 y,$$

여기서, $y(x, t=0) = 0$, $x > 0$, $y(x=0, t) = f(t)$, $t > 0$, 그리고 a는 상수이다.

15.5.5 공대칭인 함수의 3차원 푸리에 지수 변환은 다음과 같이 푸리에 사인 변환으로 다시 쓸 수 있음을 보여라:

$$\frac{1}{(2\pi)^{3/2}}\int_{-\infty}^{\infty} f(r)e^{i\mathbf{k}\cdot\mathbf{r}}\,d^3x = \frac{1}{k}\sqrt{\frac{2}{\pi}}\int_{-\infty}^{\infty}[rf(r)]\sin kr\,dr.$$

15.6 포갬 정리

미분방정식을 풀고 운동량 차동함수를 틀맞춤하기 위하여 포갬(convolution)을 이용해 보자.

그림 15.8
포갬

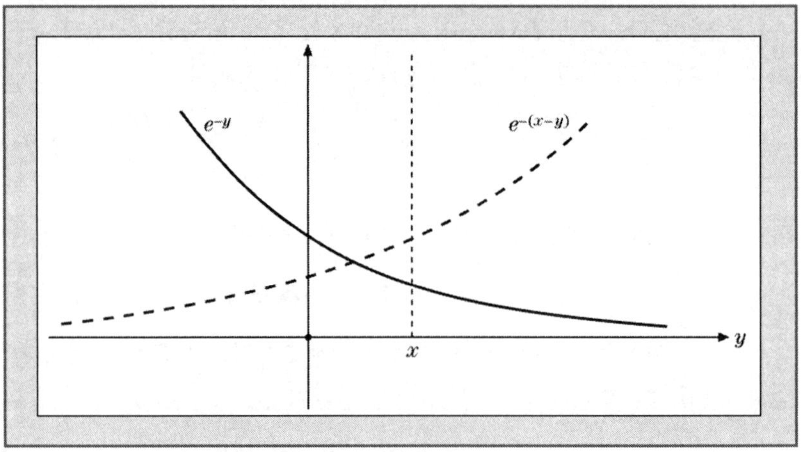

두 함수 $f(x)$와 $g(x)$를 생각하자. 각각의 푸리에 변환은 $F(\omega)$와 $G(\omega)$이다. 연산

$$f * g \equiv \frac{1}{\sqrt{2\pi}} \int_{-\infty}^{\infty} g(y) f(x-y)\, dy \tag{15.56}$$

를 두 함수 f와 g의 구간 $(-\infty, \infty)$에서의 **포갬**이라 정의한다. 이런 형태의 적분은 확률 이론에서 서로 독립적인 두 막변수의 확률밀도를 결정하고자 할 때 흔히 볼 수 있다. 푸아송 방정식의 해(즉, 쿨롱 퍼텐셜)는 전하 분포 $\rho(\mathbf{r}_2)$와 무게함수 $(4\pi\varepsilon_0|\mathbf{r}_1-\mathbf{r}_2|)^{-1}$의 포갬[5]으로 볼 수 있다. 이제 (15.56)식에 있는 적분을 변환해 보자. 방법은 푸리에 변환을 도입하고, 적분 순서를 바꾸고, $g(y)$를 변환하는 것이다. 이런 식으로

$$\begin{aligned}\int_{-\infty}^{\infty} g(y) f(x-y) dy &= \frac{1}{\sqrt{2\pi}} \int_{-\infty}^{\infty} g(y) \int_{-\infty}^{\infty} F(\omega) e^{-i\omega(x-y)}\, d\omega\, dy \\ &= \frac{1}{\sqrt{2\pi}} \int_{-\infty}^{\infty} F(\omega) \left[\int_{-\infty}^{\infty} g(y) e^{i\omega y}\, dy \right] e^{-i\omega x}\, d\omega \\ &= \int_{-\infty}^{\infty} F(\omega) G(\omega) e^{-i\omega x} d\omega \end{aligned} \tag{15.57}$$

를 얻는다. (15.56)식과 비교하면

$$f * g = \mathcal{L}^{-1}(FG).$$

임을 알 수 있다. 즉, 두 푸리에 변환의 **곱**의 푸리에 반전 변환이 원래 함수들의 포갬 $f*g$이다.

---

[5] $f(y) = e^{-y}$에 대하여, $f(y)$와 $f(x-y)$를 그림 15.8에 그래프로 나타내었다. 분명 $f(y)$와 $f(x-y)$는 수직선 $y = x/2$에 대하여 서로 거울 대칭적인 모양을 하고 있다. 즉, $f(y)$를 선 $y = x/2$를 따라 접으면 $f(x-y)$가 얻어진다.

예제 15.6.1 **포갬적분**

포갬 (15.57)식을 예제 15.2.2의 f, F 그리고 예제 15.4.1의 g, G에 대해 적용해 보자. 즉,

$$f(x) = e^{-a^2x^2}, \qquad F(\omega) = \frac{1}{a\sqrt{2}} \exp\left(-\frac{\omega^2}{4a^2}\right);$$
$$g(y) = \sqrt{\frac{\pi}{2b^2}} e^{-b|y|}, \qquad G(\omega) = \frac{1}{b^2+\omega^2}.$$

예제 15.4.1로부터

$$\int_{-\infty}^{\infty} \frac{e^{i\omega y}\, dt}{b^2+\omega^2} = 2\int_0^{\infty} \frac{\cos \omega y\, d\omega}{b^2+\omega^2} = \frac{\pi}{b} e^{-by}, \quad y > 0$$

임을 기억하여라. 여기서 오일러의 항등식 $e^{i\omega y} = \cos \omega y + i \sin \omega y$를 이용하였다. 그리고 사인 적분은 피적분함수가 t에 대해 홀함수이므로 상쇄되나, 피적분함수 코사인은 짝함수이다.

이제 포갬 공식[(15.57)식]을 적용하면

$$\frac{\mathcal{I}}{b}\sqrt{\frac{\pi}{2}} \equiv \int_{-\infty}^{\infty} \sqrt{\frac{\pi}{2}} \frac{1}{b} e^{-b|y|} \exp(-a^2(x-y)^2) dy = \frac{1}{a\sqrt{2}} \int_{-\infty}^{\infty} \frac{e^{-i\omega x}}{b^2+\omega^2} e^{-\omega^2/4a^2} d\omega$$

를 얻는다. 적분 $\mathcal{I}$는 적분구간을 나누고 구간 $(-\infty, 0)$ 부분에서 $y \to -y$를 대입하여 에러함수 (10.4절) 모양으로 다시 쓴다:

$$\begin{aligned}\mathcal{I} &= \int_{-\infty}^{\infty} e^{-b|y|} \exp(-a^2(x-y)^2) dy \\ &= \int_0^{\infty} e^{-by} \exp(-a^2(x-y)^2) dy + \int_0^{\infty} e^{-by} \exp(-a^2(x+y)^2) dy.\end{aligned}$$

이제 $\xi = y - x$를 첫 번째 적분에, $\xi = y + x$는 두 번째 적분에 각각 대입하고 나면 아래와 같은 결과를 얻게 된다:

$$\mathcal{I} = e^{-bx} \int_{-x}^{\infty} e^{-b\xi - a^2\xi^2} d\xi + e^{bx} \int_x^{\infty} e^{-b\xi - a^2\xi^2} d\xi.$$

예제 15.2.2에서와 같이

$$a^2\xi^2 + b\xi = a^2\left(\xi + \frac{b}{2a^2}\right)^2 - \frac{b^2}{4a^2}$$

을 써서 완전제곱꼴로 바꾸면,

$$\mathcal{I} = \frac{1}{a} e^{-bx + b^2/4a^2} \int_{-ax+b/2a}^{\infty} e^{-\eta^2} d\eta + \frac{1}{a} e^{bx+b^2/4a^2} \int_{ax+b/2a}^{\infty} e^{-\eta^2} d\eta$$

를 얻는다. 여기서 $a\eta = \xi + b/2a^2$를 대입하였다. 이렇게 해서 결국 얻어지는 식은

$$\sqrt{\frac{\pi}{2b^2}}\mathcal{I} = \frac{\pi}{2ab\sqrt{2}}e^{b^2/4a^2}\left[e^{-bx}\,\mathrm{erfc}\left(\frac{b}{2a}-ax\right)+e^{bx}\mathrm{erfc}\left(\frac{b}{2a}+ax\right)\right] \tag{15.58}$$

이다.

또 다른 예로, 앞의 예에서 $g(y)$를 $|y|<1$에 대해 $g(y)=1$이고 그 밖에서는 영인 네모펄스로 바꾸자. 이 함수의 푸리에 변환은 예제 15.2.1에서

$$G(\omega) = \frac{1}{\sqrt{2\pi}}\int_{-\infty}^{\infty} g(y)e^{i\omega y}\,dy = \sqrt{\frac{2}{\pi}}\frac{\sin\omega}{\omega}$$

와 같이 주어졌었다. $f(x)$와 포갬은

$$\int_{-1}^{1}\exp(-a^2(x-y)^2)dy = \frac{1}{a\sqrt{\pi}}\int_{-\infty}^{\infty} e^{-\omega^2/4a^2}\frac{\sin\omega}{\omega}e^{-i\omega x}d\omega$$

와 같은 재미있는 모양을 띤다. 여기서 좌변은 다시 에러적분의 차로 바꿀 수 있다:

$$\int_{-1}^{1}\exp(-a^2(x-y)^2)dy = \frac{\sqrt{\pi}}{2a}[\mathrm{erfc}(-a(1+x)) - \mathrm{erfc}(a(1-x))].$$

예제 15.6.2 포갬에 의한 쿨롱 퍼텐셜

복합계의 퍼진 전하 분포에 대한 쿨롱 퍼텐셜

$$V(\mathbf{r}) = \int \frac{\rho(\mathbf{r}')}{|\mathbf{r}-\mathbf{r}'|}d^3r'$$

은 3차원 포갬적분에 해당한다. 예제 15.4.3에서

$$\frac{1}{(2\pi)^{3/2}}\int \rho(\mathbf{r})e^{i\mathbf{p}\cdot\mathbf{r}}d^3r = \frac{G_E(\mathbf{p}^2)}{(2\pi)^{3/2}}$$

과 같이 전하 형태인자 G_E가 전하 밀도의 푸리에 변환이고, 예제 15.5.3에서

$$\frac{(2\pi)^{3/2}}{4\pi|\mathbf{r}-\mathbf{r}'|} = \int \frac{e^{i\mathbf{p}\cdot(\mathbf{r}-\mathbf{r}')}}{(2\pi)^{3/2}\mathbf{p}^2}d^3p$$

와 같이 $1/\mathbf{p}^2$이 $1/|\mathbf{r}-\mathbf{r}'|$의 푸리에 변환임을 보았다. 물론, 적절한 틀맞춤을 사용하였다. 이 사실들로부터 포갬 정리를 써서

$$V(\mathbf{r}) = \int \rho(\mathbf{r}')\frac{d^3r'}{|\mathbf{r}-\mathbf{r}'|} = 4\pi\int \frac{G_E(\mathbf{p}^2)}{\mathbf{p}^2}e^{-i\mathbf{p}\cdot\mathbf{r}}\frac{d^3p}{(2\pi)^3} \tag{15.59}$$

를 구할 수 있다. 이제 예제 15.4.3의 양성자의 정전기 퍼텐셜에 대하여 위 식을 계산해 보자:

$$
\begin{aligned}
V(\mathbf{r}) &= \frac{4\pi}{R_1^2 - R^2}\int\left(\frac{R_1^2}{1+p^2R_1^2} - \frac{R^2}{1+p^2R^2}\right)\frac{e^{-i\mathbf{p}\cdot\mathbf{r}}}{\mathbf{p}^2}\frac{d^3p}{(2\pi)^3} \\
&= \frac{4\pi}{R_1^2 - R^2}\int\left[\left(-\frac{R_1^2}{1+p^2R_1^2} + \frac{1}{p^2}\right)R_1^2 - R^2\left(\frac{1}{p^2} - \frac{R^2}{1+p^2R^2}\right)\right] \\
&\quad \times e^{-i\mathbf{p}\cdot\mathbf{r}}\frac{d^3p}{(2\pi)^3} \\
&= \frac{R_1^2}{R_1^2 - R^2}\left(\frac{1}{r} - \frac{e^{-r/R_1}}{r}\right) - \frac{R^2}{R_1^2 - R^2}\left(\frac{1}{r} - \frac{e^{-r/R}}{r}\right) \\
&= \frac{1}{r}\left[1 - \frac{1}{R_1^2 - R^2}\left(R_1^2 e^{-r/R_1} - R^2 e^{-r/R}\right)\right]
\end{aligned}
$$

점샘의 쿨롱 퍼텐셜이 $r \to 0$으로 갈 때 유한한 값을 갖는 유카와 퍼텐셜 모양과 결합되어 있다. ■

■ 파세발의 관계식

(15.57)식과 비슷한 결과를 푸리에 사인 및 코사인 변환(연습문제 15.6.1과 15.6.2)에 대해서도 얻을 수 있다.

$x = 0$인 특별한 경우에는 (15.57)식이

$$\int_{-\infty}^{\infty} F(\omega)G(\omega)d\omega = \int_{-\infty}^{\infty} f(-y)g(y)dy \tag{15.60}$$

가 된다. (15.60)식과 사인 및 코사인 포갬에 대해 대응하는 비슷한 관계식들을 흔히 파세발의 관계식이라 부른다. 푸리에 급수(제14장의 연습문제 14.4.2)에 대한 파세발의 정리와 비슷하기 때문이다. 그런데, $-y$에 있는 음의 부호가 약간의 수정할 여지를 남기고 있다. 이제 다른 방법을 써서 g대신에 g^*을 가지고 이 일을 해보자.

파세발의 관계식[6,7]

$$\int_{-\infty}^{\infty} F(\omega)G^*(\omega)d\omega = \int_{-\infty}^{\infty} f(t)g^*(t)dt \tag{15.61}$$

를 디락 델타함수의 표현[(15.26)식]을 써서 멋지게 유도할 수 있다. 먼저 관계식

$$\int_{-\infty}^{\infty} f(t)g^*(t)dt = \int_{-\infty}^{\infty} \frac{1}{\sqrt{2\pi}}\int_{-\infty}^{\infty} F(\omega)e^{-i\omega t}d\omega \cdot \frac{1}{\sqrt{2\pi}}\int_{-\infty}^{\infty} G^*(x)e^{ixt}dx\,dt \tag{15.62}$$

를 보자. $g^*(t)$의 변환에 켤레복소수 $G^*(x)$가 된 것에 주의하자. t에 대하여 먼저 적분을 하고 (15.26)식을 이용하면 원하던 파세발의 관계식

[6] (15.60)식과는 달리 모든 인수가 양수임에 주의하여라.

[7] 어떤 사람들은 파세발의 이름을 급수에만 국한해서 사용하고 (15.61)식은 레일리 정리라 부르기를 좋아한다.

$$\int_{-\infty}^{\infty} f(t)g^*(t)\,dt = \int_{-\infty}^{\infty} F(\omega)\int_{-\infty}^{\infty} G^*(x)\delta(x-\omega)dx\,d\omega$$
$$= \int_{-\infty}^{\infty} F(\omega)G^*(\omega)d\omega \tag{15.63}$$

를 얻는다. (f와 F의 켤레복소수를 취해도 비슷하다.) $f(t)=g(t)$이면 파세발 관계식에 나오는 적분들은 틀맞춤 적분(9.4절)이 된다. (15.63)식은 $f(t)$가 1로 틀맞춤되어 있으면 $F(\omega)$도 1로 틀맞춤된다는 사실을 보여준다. 다음 절에서 보겠지만, 이 사실은 양자역학에서 매우 중요하다.

푸리에 변환은 (제곱이 적분 가능한 함수들로 이루어진 힐베르트 공간 L^2에 대한) 유니타리 연산임을 보일 수 있다. 파세발의 관계식은 이 유니타리 성질을 반영하고 있다. 이것은 행렬에 관한 연습문제 3.4.14과 비슷하다.

프라운호퍼 회절 광학에서는 회절 무늬는 빛이 통과하는 틈을 나타내는 함수의 변환이다 (예제 15.2.1 참조). 빛의 밝기는 진동 너비의 제곱에 비례하므로, 파세발의 관계식을 보면 마치 틈을 통과하는 에너지가 회절 무늬의 어디엔가 있는 것처럼 보인다. 에너지 보존법칙을 표현한다고 할 수 있다.

파세발의 관계식은 푸리에 반전 변환을 쓰지 않고 유도할 수 있다. 이런 경우 반전 변환을 엄격히 유도하는 데 사용할 수 있다. 자세한 것은 모르스와 페슈바흐,[8] 4.8절을 보라 (연습문제 15.6.3도 참조).

예제 15.6.3 파세발의 관계식을 이용한 적분

적분 $\int_{-\infty}^{\infty}\frac{d\omega}{(a^2+\omega^2)^2}$를 계산해 보자. 우선, 예제 15.4.1에서 구한

$$\frac{1}{\sqrt{2\pi}}\int_{-\infty}^{\infty}\frac{e^{i\omega x}d\omega}{a^2+\omega^2} = \frac{2}{\sqrt{\pi}}\int_0^{\infty}\frac{\cos\omega x\,d\omega}{a^2+\omega^2} = \sqrt{\frac{\pi}{2a^2}}e^{-ax}, \quad x>0$$

을 상기하자. 이제 파세발의 관계식을 적용하면

$$\int_{-\infty}^{\infty}\frac{d\omega}{(a^2+\omega^2)^2} = \frac{\pi}{2a^2}\int_{-\infty}^{\infty}e^{-2a|x|}dx = \frac{\pi}{a^2}\int_0^{\infty}e^{-2ax}dx$$
$$= -\frac{\pi}{2a^3}e^{-2ax}\Big|_0^{\infty} = \frac{\pi}{2a^3}$$

를 얻는다. ■

[8]Morse, P. M., and Feshbach, H. (1953). *Methods of Theoretical Physics*. McGraw–Hill, New York.

연습문제

15.6.1 다음의 경우에 (15.57)식에 해당하는 포갬방정식을 만들어라:

(a) 푸리에 사인 변환

$$\frac{1}{2}\int_0^\infty g(y)[f(y+x)+f(y-x)]dy = \int_0^\infty F_s(t)G_s(t)\cos tx\,dt,$$

여기서 f, g는 홀함수이다.

(b) 푸리에 코사인 변환

$$\frac{1}{2}\int_0^\infty g(y)[f(y+x)+f(|x-y|)]dy = \int_0^\infty F_c(t)G_c(t)\cos tx\,dt,$$

여기서 f, g는 짝함수이다.

15.6.2 푸리에 사인 및 코사인 변환에 대해, 파세발의 관계식은 다음과 같은 꼴을 가짐을 증명하여라:

$$\int_0^\infty F(t)G(t)dt = \int_0^\infty f(y)g(y)dy.$$

15.6.3 파세발의 관계식[(15.61)식]으로부터, $0 \le y \le \alpha$에 대해 $g(y)=1$이고 다른 곳에서는 영이라고 하자. 이 사실로부터 푸리에 반전 변환[(15.28)식]을 구하여라.
힌트. α에 대하여 미분하여라.

15.6.4 다음 과정을 따라 푸아송 방정식 $\nabla^2\psi(\mathbf{r}) = -\rho(\mathbf{r})/\varepsilon_0$를 풀어라:

(a) 이 방정식의 양변의 푸리에 변환을 각각 구하여라. $\psi(\mathbf{r})$의 푸리에 변환에 대해 풀어라.

(b) 포갬 정리[(15.57)식]의 3차원 꼴을 이용하여 반전 변환을 구하여라.

15.6.5 $F(\omega)$와 $G(\omega)$를 각각 $f(t)$와 $g(t)$의 푸리에 변환이라 한다. 다음을 증명하여라:

$$\int_{-\infty}^\infty |f(t)-g(t)|^2\,dt = \int_{-\infty}^\infty |F(\omega)-G(\omega)|^2\,d\omega.$$

$g(t)$가 $f(t)$의 근사라면, 위 관계식은 ω-공간에서의 평균 제곱편차가 t-공간의 그것과 같음을 뜻한다.

15.6.6 파세발의 관계식을 이용하여 $\int_{-\infty}^\infty \frac{\omega^2 d\omega}{(\omega^2+a^2)^2}$를 계산하여라.
힌트. 예제 15.4.2와 비교하여라.

답. $\dfrac{\pi}{2a}$.

15.7 운동량 표현

고급 과정의 역학이나 양자역학에서는 선형운동량과 공간상의 변위가 동등한 역할을 한다. 이 절에서는 공간상의 분포로부터 운동량 분포를 구해보자. 1차원에서는 슈레딩거 방정식의 해인 파동함수 $\psi(x)$가 다음과 같은 성질들을 갖고 있다:

1. $\psi^*(x)\psi(x)dx$가 양자역학적 입자를 x와 $x+dx$ 사이에서 발견할 확률이다.
2. 따라서 등식

$$\int_{-\infty}^{\infty} \psi^*(x)\psi(x)dx = 1 \tag{15.64}$$

   이 성립한다. 이것은 입자가 **하나**란 뜻이다(x축을 따라서).
3. 또, 입자의 **평균**위치는

$$\langle x \rangle = \int_{-\infty}^{\infty} \psi^*(x)x\psi(x)dx \tag{15.65}$$

   로 주어진다. 이것은 흔히 기대값이라 불린다.

원하는 함수 $g(p)$도 운동량에 관한 같은 정보를 줄 수 있어야 한다:

1. $g^*(p)g(p)dp$가 양자역학적 입자가 p와 $p+dp$ 사이의 운동량을 가질 확률이다.
2.
$$\int_{-\infty}^{\infty} g^*(p)g(p)dp = 1. \tag{15.66}$$
3.
$$\langle p \rangle = \int_{-\infty}^{\infty} g^*(p)p\, g(p)dp. \tag{15.67}$$

아래에서 곧 보이겠지만, 이 함수는 공간상의 함수 $\psi(x)$의 푸리에 변환으로 주어진다. 구체적으로[9]

$$g(p) = \frac{1}{\sqrt{2\pi\hbar}} \int_{-\infty}^{\infty} \psi(x)e^{-ipx/\hbar}dx \tag{15.68}$$

$$g^*(p) = \frac{1}{\sqrt{2\pi\hbar}} \int_{-\infty}^{\infty} \psi^*(x)e^{ipx/\hbar}dx \tag{15.69}$$

로 주어진다. 3차원일 경우에는

$$g(\mathbf{p}) = \frac{1}{(2\pi\hbar)^{3/2}} \iiint_{-\infty} \psi(\mathbf{r})e^{-i\mathbf{r}\cdot\mathbf{p}/\hbar}d^3r$$

---

[9]상수 $\hbar$는 파동수 k를 사용함으로써 피할 수 있다. $p = k\hbar$ ($\mathbf{p} = \mathbf{k}\hbar$)이므로 다음 식과 같다:

$$\varphi(k) = \frac{1}{(2\pi)^{1/2}} \int \psi(x)e^{-ikx}dx.$$

이다. (15.68)식과 (15.69)식을 보이기 위하여 성질 2와 3을 확인해 보자.

성질 2, 즉 틀맞춤 성질은 파세발의 관계식[(15.61)식]에 의해 자동적으로 만족된다. 공간상의 함수 $\psi(x)$가 1로 틀맞춤되어 있으면, 운동량 함수 $g(p)$도 1로 틀맞춤되어 있다.

성질 3을 확인하기 위하여 등식

$$\langle p\rangle=\int_{-\infty}^{\infty}g^*(p)pg(p)dp=\int_{-\infty}^{\infty}\psi^*(x)\frac{\hbar}{i}\frac{d}{dx}\psi(x)dx \tag{15.70}$$

를 보여야 한다. 여기서 $(\hbar/i)(d/dx)$는 공간좌표 표현에서 운동량 작용소이다. 운동량 함수를 공간함수의 푸리에 변환으로 바꾼다. 그럼, 첫 번째 적분은

$$\frac{1}{2\pi\hbar}\iiint_{-\infty}^{\infty}pe^{-ip(x-x')/\hbar}\psi^*(x')\psi(x)dp\,dx'\,dx \tag{15.71}$$

가 된다. 따라서 등식

$$pe^{-ip(x-x')/\hbar}=\frac{d}{dx}\left[-\frac{\hbar}{i}e^{-ip(x-x')/\hbar}\right] \tag{15.72}$$

을 얻는다. (15.71)식에 대입하고, x'과 p를 상수로 놓고 부분적분을 하면 아래와 같은 결과를 얻는다:

$$\langle p\rangle=\iint_{-\infty}^{\infty}\left[\frac{1}{2\pi\hbar}\int_{-\infty}^{\infty}e^{-ip(x-x')/\hbar}dp\right]\cdot\psi^*(x')\frac{\hbar}{i}\frac{d}{dx}\psi(x)dx'\,dx. \tag{15.73}$$

여기서 $x\to\pm\infty$로 갈 때 $\psi(x)$가 영으로 줄어든다는 가정아래 적분된 부분을 없앴다. 다시한 번 디락 델타함수[(15.23)식]를 이용하면 (15.73)식이 (15.70)식과 같다는 것을 보일 수 있다. 기술적으로, (15.68)식의 푸리에 반전 변환을 이용하였다. 이렇게 선택한 이유는 (15.73)식이 적절한 부호를 갖도록 하기 위한 것이다.

예제 15.7.1 수소원자

수소원자의 바닥 상태는[10] 공간상의 파동함수

$$\psi(\mathbf{r})=\left(\frac{1}{\pi a_0^3}\right)^{1/2}e^{-r/a_0} \tag{15.74}$$

으로 기술된다. 여기서 a_0는 보어 반지름, 즉 $\hbar^2/me^2$이다. 이번엔 3차원 파동함수이다. (15.68)식에 대응되는 변환은

[10]수소원자의 $l=0$ 상태를 운동량 함수로 기술하는 방법에 대해서는 Ivash, E. V. (1972). A momentum representation treatment of the hydrogen atom problem. *Am. J. Phys.* **40**, 1095를 보라.

$$g(\mathbf{p}) = \frac{1}{(2\pi\hbar)^{3/2}} \int \psi(\mathbf{r}) e^{-i\mathbf{p}\cdot\mathbf{r}/\hbar} d^3 r \tag{15.75}$$

이다. (15.74)식을 (15.75)식에 대입하고 등식

$$\int e^{-ar+i\mathbf{b}\cdot\mathbf{r}} d^3 r = \frac{8\pi a}{(a^2+b^2)^2} \tag{15.76}$$

를 이용하면 수소원자 운동량 파동함수

$$g(\mathbf{p}) = \frac{2^{3/2}}{\pi} \frac{a_0^{3/2}\hbar^{5/2}}{\left(a_0^2 p^2 + \hbar^2\right)^2} \tag{15.77}$$

을 얻는다. ■

운동량 파동함수는, 원자 안의 전자로부터 흐트러지는 빛의 파장의 분포를 기술하는, 컴퓨턴 산란과 같은 문제에서 유용하다. 흐트러지는 빛의 파장은 표적이 되는 전자의 운동량의 분포에 의존하기 때문이다.

보통의 위치 표현과 운동량 표현의 관계는 양자역학의 맞바꿈 관계를 보면 좀더 분명해진다. 고전적인 해밀턴 방정식에서 양자역학의 슈레딩거 방정식으로 바꾸려면 위치 x와 운동량 p가 맞바꿀 수 있는 양이 **아니다**. 대신 아래와 같은 맞바꿈 관계식을 만족시켜야 한다:

$$[p, x] \equiv px - xp = -i\hbar. \tag{15.78}$$

2차원 이상에서는 (15.78)식을

$$[p_k, x_j] = -i\hbar\delta_{kj} \tag{15.79}$$

로 대체한다. 슈레딩거 표현(위치 표현)은 운동량을 편미분방정식으로 바꾸는 것에 해당한다. 즉,

$$(x): \qquad p_k \to -i\hbar\frac{\partial}{\partial x_k},$$

쉽게 다음 등식을 확인할 수 있다:

$$[p, x]\psi(x) = -i\hbar\psi(x). \tag{15.80}$$

그러나 (15.78)식은 아래와 같이 대입하여도 성립한다:

$$(p): \qquad x_j \to i\hbar\frac{\partial}{\partial p_j}.$$

이것이 운동량 표현이다. 즉,

$$[p, x]g(p) = -i\hbar g(p). \tag{15.81}$$

그러므로, 표현 (x)뿐만 아니라 표현 (p)도 가능한 한 가지 방법이다.

일반적으로 슈레딩거 방정식을 주는 슈레딩거 표현 (x)가 더 편리하다. 퍼텐셜 V가 공간의 함수 $V(x, y, z)$로 주어지기 때문이다. 운동량 표현 (p)은 보통 적분방정식을 준다. 예외적인 경우로 조화진동자를 보자.

예제 15.7.2 **단조화진동자**

고전적인 헤밀토니안(전체 에너지 = 운동에너지 + 퍼텐셜 에너지)은

$$H(p, x) = \frac{p^2}{2m} + \frac{1}{2}kx^2 = E \tag{15.82}$$

이다. 여기서 k는 후크의 법칙상수이다.

슈레딩거 표현에서 방정식은

$$-\frac{\hbar^2}{2m}\frac{d^2\psi(x)}{dx^2} + \frac{1}{2}kx^2\psi(x) = E\psi(x) \tag{15.83}$$

이다. 전체 에너지 E가 $\sqrt{(k/m)}\hbar/2$일 때, 해(13.1절)는

$$\psi(x) = e^{-(\sqrt{mk}/(2\hbar))x^2} \tag{15.84}$$

이다. 운동량 표현에서는

$$\frac{p^2}{2m}g(p) - \frac{\hbar^2 k}{2}\frac{d^2 g(p)}{dp^2} = Eg(p) \tag{15.85}$$

와 같이 쓸 수 있고, 역시

$$E = \sqrt{\frac{k}{m}}\frac{\hbar}{2} \tag{15.86}$$

에 대해서는 운동량 파동방정식 (15.85)식은 해

$$g(p) = e^{-p^2/(2\hbar\sqrt{mk})} \tag{15.87}$$

를 갖는다. 두 표현 중 어느 것이라도 (혹은 무한히 많은 다른 어떤 표현이라도) 상관없다. 문제에 따라 편리한 것을 사용하면 된다.

$g(p)$가 (15.83)식에 해당하는 운동량 파동함수라는 것 – 즉, (15.83)식의 푸리에 반전 변환이라는 것 – 은 연습문제 15.7.3으로 남겨둔다. ■

요 약

푸리에 적분의 중요성을 양자역학의 운동량 표현에서 찾아 볼 수 있다. 계수가 상수인 상미분방정식의 푸리에 변환 다항식으로, 계수가 상수인 편미분방정식의 변환은 상미분방정식으로 바뀐다.

연습문제

15.7.1 선형 양자진동자는 바닥 상태에서 파동함수

$$\psi(x) = a^{-1/2}\pi^{-1/4}e^{-x^2/2a^2}$$

을 갖는다. 이에 대응하는 운동량 함수는

$$g(p) = a^{1/2}\pi^{-1/4}\hbar^{-1/2}e^{-a^2p^2/2\hbar^2}$$

임을 보여라.

15.7.2 선형 양자진동자의 n번째 들뜬 상태는 다음 파동함수로 기술된다:

$$\psi_n(x) = a^{-1/2}2^{-n/2}\pi^{-1/4}(n!)^{-1/2}e^{-x^2/2a^2}H_n(x/a),$$

여기서 $H_n(x/a)$는 n차 에르미트 다항식(13.1절)이다. 연습문제 15.7.1을 확장하여, $\psi_n(x)$에 해당하는 운동량 함수를 찾아라.

힌트. $\mathcal{L}_+$가 올림작용소(raising operator)라 할 때, $\psi_n(x)$를 $\mathcal{L}_+^n\psi_0(x)$로 나타낼 수 있다.

15.7.3 양자역학에서 자유 입자는 평면파

$$\psi_k(x, t) = e^{i[kx-(\hbar k^2/2m)t]}$$

에 의해 기술된다. 진동너비 무게인수 $\varphi(k)$에 대하여 이웃하는 운동량에 해당하는 파동을 합성하여, 파동묶음

$$\Psi(x, t) = \int_{-\infty}^{\infty}\varphi(k)e^{i[kx-(\hbar k^2/2m)t]}dk$$

를 만들었다고 한다.

(a) 다음 식이 주어졌다고 할 때, $\varphi(k)$를 구하여라:

$$\Psi(x, 0) = e^{-x^2/2a^2}.$$

(b) 위에서 얻은 $\varphi(k)$를 써서 적분하여 $\Psi(x, t)$의 구체적인 꼴을 구하여라. 이 파동묶음은 시간에 대하여 확산된다는 점에 주목하여라.

답. $\Psi(x, t) = \dfrac{e^{-\{x^2/2[a^2+(i\hbar/m)t]\}}}{[1+(i\hbar t/ma^2)]^{1/2}}.$

주의. 시간변화 작용소(time evolution operator)의 관점에서 본 재미있는 논의를 S. M. Blinder, Evolution of a Gaussian wave-packet. *Am. J. Phys.* **36**, 525(1968)에서 볼 수 있다.

15.7.4 연습문제 15.7.3의 $\Psi(x, t)$에 해당하는 시간의존성 운동량 파동함수 $g(k, t)$를 찾아라. 운동량 파동묶음 $g^*(k, t)g(k, t)$는 시간에 **무관함**을 보여라.

15.7.5 중양성자 (예제 9.1.2) 훌텐(Hulthén) 함수

$$\psi(\mathbf{r}) = A[e^{-\alpha r} - e^{-\beta r}]/r$$

을 이용하여 비교적 잘 기술할 수 있다. 여기서 A, α, β는 상수이다. 위 식에 해당하는 운동량 파동함수 $g(\mathbf{p})$를 구하여라.

주의. 푸리에 변환은 푸리에 사인, 푸리에 코사인, 또는 라플라스 변환(15.8절)으로 다시 쓸 수 있다.

15.7.6 핵 형태인자 $F(k)$와 전하분포 $\rho(r)$은 서로의 3차원 푸리에 변환이다:

$$F(k) = \frac{1}{(2\pi)^{3/2}} \int \rho(r) e^{i\mathbf{k}\cdot\mathbf{r}} d^3r.$$

측정된 형태인자가

$$F(k) = (2\pi)^{-3/2}\left(1 + \frac{k^2}{a^2}\right)^{-1}$$

이라 할 때, 전하분포를 구하여라.

답. $\rho(r) = \dfrac{a^2}{4\pi}\dfrac{e^{-ar}}{r}$.

15.7.7 수소원자 운동량 파동함수

$$g(\mathbf{p}) = \frac{2^{3/2}}{\pi} \frac{a_0^{3/2}\hbar^{5/2}}{\left(a_0^2 p^2 + \hbar^2\right)^2}$$

의 틀맞춤을 확인하되, 다음 적분을 직접 적분하여라:

$$\int g^*(\mathbf{p}) g(\mathbf{p}) d^3p.$$

15.7.8 $\psi(\mathbf{r})$과 $\varphi(\mathbf{p})$가 각각 좌표공간 및 운동량 공간에서의 파동함수라 할 때 다음을 보여라:

(a) $$\frac{1}{(2\pi\hbar)^{3/2}} \int \mathbf{r}\psi(\mathbf{r}) e^{-i\mathbf{r}\cdot\mathbf{p}/\hbar} d^3r = i\hbar \nabla_p \varphi(\mathbf{p}),$$

(b) $$\frac{1}{(2\pi\hbar)^{3/2}} \int \mathbf{r}^2\psi(\mathbf{r}) e^{-i\mathbf{r}\cdot\mathbf{p}/\hbar} d^3r = (i\hbar \nabla_p)^2 \varphi(\mathbf{p}).$$

주의. ∇_p는 운동량 공간에서의 그래디언트(gradient)이다:

$$\hat{\mathbf{x}}\frac{\partial}{\partial p_x} + \hat{\mathbf{y}}\frac{\partial}{\partial p_y} + \hat{\mathbf{z}}\frac{\partial}{\partial p_z}.$$

이 결과들은 r에 대한 임의의 거듭제곱으로 확장할 수 있다. 따라서, 매클로린 급수를 갖는 임의의 함수에 대해 확장할 수 있다.

15.7.9 좌표공간 파동함수 $\psi(\mathbf{r}, t)$가 시간의존성 슈레딩거 방정식

$$i\hbar\frac{\partial\psi(\mathbf{r}, t)}{\partial t} = -\frac{\hbar^2}{2m}\nabla^2\psi + V(\mathbf{r})\psi$$

를 만족한다고 한다. 대응하는 시간의존성 운동량 파동함수도 비슷한 방정식

$$i\hbar\frac{\partial\varphi(\mathbf{p}, t)}{\partial t} = \frac{p^2}{2m}\varphi + V(i\hbar\nabla_p)\varphi$$

를 만족함을 보여라.

주의. $V(\mathbf{r})$을 매클로린 급수로 전개할 수 있다고 가정하고, 연습문제 15.7.10을 이용하여라. $V(\mathbf{r})$이 $\mathbf{r}$의 함수인 것과 똑같이, $V(i\hbar\nabla_p)$는 $i\hbar\nabla_p$의 함수이다.

15.7.10 시간에 무관한 1차원 슈레딩거 방정식은

$$-\frac{\hbar^2}{2m}\frac{d^2\psi(x)}{dx^2} + V(x)\psi(x) = E\psi(x)$$

이다. $V(x)$가 해석함수인 특별한 경우에 대하여, 대응하는 운동량 파동방정식은 다음과 같이 주어진다:

$$V\left(i\hbar\frac{d}{dp}\right)g(p) + \frac{p^2}{2m}g(p) = Eg(p).$$

이 운동량 파동방정식을 푸리에 변환 [(15.68)식] 및 반전 변환을 이용하여 유도하여라. $x \to i\hbar(d/dp)$를 직접 대입하려 하지 말라.

15.8 라플라스 변환

■ 정의

함수 $F(t)$의 라플라스 변환 $f(s)$ 혹은 $\mathcal{L}$는 아래와 같이 정의된다:[11]

$$f(s) = \mathcal{L}\{F(t)\} = \lim_{a\to\infty}\int_0^a e^{-st}F(t)dt = \int_0^\infty e^{-st}F(t)dt. \qquad (15.88)$$

적분 가능성에 대해 몇 가지 언급하기로 한다. 적분

[11] 이것은 간혹 한쪽 라플라스 변환이라 불린다. 적분 구간이 $-\infty$에서 $+\infty$인 적분을 양쪽 라플라스 변환이라 부른다. 어떤 사람들은 인수 s를 하나 더 도입하기도 한다. 추가로 도입된 이 인수 s는 그다지 장점이 많지 않고 오히려 귀찮게 계속해서 식에 나타난다 (참고문헌의 Jeffreys and Jeffreys, 14.13절). 일반적으로 s는 양의 실수라고 가정한다. 그러나 $\Re(s)>0$인 한은 복소수이어도 상관없다.

$$\int_0^\infty F(t)dt$$

는 **꼭 존재할 필요는 없다**. 예를 들면, $F(t)$가 t가 증가할 때 지수적으로 발산한다고 하자. 그러나 만약에 충분히 큰 t, 즉 $t > t_0$에 대하여

$$|e^{-s_0 t}F(t)| \le M \tag{15.89}$$

을 만족하는 어떤 상수가 존재하기만 하면, 라플라스 변환[(15.88)식]은 $s > s_0$에 대하여 존재한다. $F(t)$를 지수차라 한다. 반례로, $F(t) = e^{t^2}$은 조건식 (15.89)식을 만족시키지 않는다. 그래서 지수차가 **아니다**. $\mathcal{L}\{e^{t^2}\}$이 존재하지 **않는다**.

함수 $F(t)$가 $t \to 0$으로 갈 때 강하게 특이하면 라플라스 변환이 존재하지 않을 수도 있다. 예를 들면,

$$\int_0^\infty e^{-st}t^n\, dt$$

가 $n \le -1$에 대해 원점에서 발산한다. 라플라스 변환 $\mathcal{L}\{t^n\}$은 $n \le -1$에 대해 존재하지 않는다.

라플라스 변환이 존재하는 두 함수 $F(t)$와 $G(t)$에 대해 등식

$$\mathcal{L}\{aF(t) + bG(t)\} = a\mathcal{L}\{F(t)\} + b\mathcal{L}\{G(t)\} \tag{15.90}$$

가 성립하므로 라플라스 변환은 **선형**이다.

예제 15.8.1 기본함수

라플라스 변환을 쉽게 설명하기 위해, 이 변환을 몇 가지 기본함수에 대하여 적용해 보자. 만약

$$F(t) = 1, \quad t > 0$$

이면

$$\mathcal{L}\{1\} = \int_0^\infty e^{-st}dt = \frac{1}{s}, \quad \text{for} \quad s > 0 \tag{15.91}$$

이다. 이번엔

$$F(t) = e^{kt}, \quad t > 0$$

이라 하자. 라플라스 변환은

$$\mathcal{L}\{e^{kt}\} = \int_0^\infty e^{-st}e^{kt}dt = \frac{1}{s-k}, \quad \text{for}\, s > k \tag{15.92}$$

과 같이 주어진다. 위 식을 이용하여 다른 함수들의 라플라스 변환을 구할 수 있다. 등식

$$\cosh kt = \frac{1}{2}(e^{kt} + e^{-kt}), \qquad \sinh kt = \frac{1}{2}(e^{kt} - e^{-kt}) \tag{15.93}$$

이 성립하므로

$$\begin{aligned}\mathcal{L}\{\cosh kt\} &= \frac{1}{2}\left(\frac{1}{s-k}+\frac{1}{s+k}\right)=\frac{s}{s^2-k^2},\\ \mathcal{L}\{\sinh kt\} &= \frac{1}{2}\left(\frac{1}{s-k}-\frac{1}{s+k}\right)=\frac{k}{s^2-k^2}\end{aligned}\tag{15.94}$$

를 얻는다. 위 두 식은 $s>k$에 대해 성립한다. 위 결과들은 s에 대한 해석함수이므로 $s-$복소평면으로 analytic continuation할 수 있다. 이것은 15.12절에서 살펴볼 라플라스 반전 변환을 구할 때 편리하다. (15.94)식에서 k대신 ik를 대입하고 관계식

$$\cos kt=\cosh ikt, \qquad \sin kt=-i\sinh ikt$$

를 이용하면 $s>0$에 대한 라플라스 변환

$$\begin{aligned}\mathcal{L}\{\cos kt\} &= \frac{s}{s^2+k^2},\\ \mathcal{L}\{\sin kt\} &= \frac{k}{s^2+k^2}\end{aligned}\tag{15.95}$$

를 얻는다. 위의 두 번째 식은 다른 방법으로도 구할 수 있는데 다음 절에서 다룬다. $\lim_{s\to 0}\mathcal{L}\{\sin kt\}=1/k$임에 주의하여라. 이것은 $1/k$이 라플라스 변환 $\lim_{s\to 0}\int_0^\infty e^{-st}\sin kt\,dt$의 값이라고 정할 수 있다는 뜻이다.

끝으로, $F(t)=t^n$에 대해, 사다리곱 함수인

$$\mathcal{L}\{t^n\}=\int_0^\infty e^{-st}t^n\,dt$$

를 얻는다. 따라서 다음과 같다:

$$\mathcal{L}\{t^n\}=\frac{n!}{s^{n+1}}, \quad s>0, n>-1. \tag{15.96}$$

우리가 지금까지 구한 모든 변환은 변수 s가 음의 거듭제곱으로 (즉 분모에) 나타난다는 점에 유의하여라. 특히, $\lim_{s\to\infty} f(s)=0$. 이것이 중요한 이유는, 만일 s의 양의 거듭제곱이었다면 $\lim_{s\to\infty} f(s)\to\infty$이고 라플라스 반전 변환이 존재하지 않는다는 사실이다.

■ 반전 변환

푸리에 변환에서 처럼 반전 변환을 구할 수 없다면 라플라스 변환은 별로 중요하지 않을 것이다. 라플라스 변환

$$\mathcal{L}\{F(t)\}=f(s)$$

에 대해 반전 변환은

$$\mathcal{L}^{-1}\{f(s)\}=F(t)$$

이다. 문자 그대로 한다면, 이런 반전 변환은 유일하지 **않다**. 그러나 물리학자나 공학자들에게 있어서는 실질적인 문제에서 거의 유일하다고 여겨진다.

반전 변환은 여러 가지 방법으로 얻을 수 있다. 로그표를 찾아 이용하듯이 반전 변환도 변환 표를 만들어 놓도 찾아가며 이용할 수 있다. 앞에서 예로 든 변환들은 이런 표의 한 자리를 차지할 것이다. 좀더 완성된 표는 AMS-55, 제29장을 보라. 앞으로 살펴볼 부분분수 전개법이나 다른 정리들을 이용하면 이 표를 좀더 잘 이용할 수 있다. 이런 표가 실제 문제를 푸는 데 보다는 교과서 문제를 푸는 데 더 유용하게 쓰인다는 주장에도 일리는 있다.

$\mathcal{L}^{-1}$을 구하기 위한 일반적인 방법을 15.12절에서 유수 정리를 써서 개발해 보자. 반전 변환을 수치적으로 구하고자 할 때 그 가능성 및 어려움을 이 절의 끝에서 살펴본다.

■ 부분분수 전개

$f(s)$를 **부분분수**로 전개하면 변환표를 좀더 편리하게 이용할 수 있다.

흔히 라플라스 변환 $f(s)$는 다항식 $g(s)$, $h(s)$에 대해 $g(s)/h(s)$와 같은 꼴을 띤다. 두 다항식 간의 공약수는 없으며 $g(s)$의 차수가 $h(s)$보다 낮다. 만일 $h(s)$의 약수들이 모두 일차이고 서로 다르면 부분분수 정리에 의해

$$f(s) = \frac{c_1}{s-a_1} + \frac{c_2}{s-a_2} + \cdots + \frac{c_n}{s-a_n}, \qquad (15.97)$$

과 같이 전개할 수 있다. 여기서 c_i는 s와 무관한 상수이다. a_i는 $h(s)$의 근이다. 만일 근 중의 하나(가령, a_1)가 다중근(m중근)이면 $f(s)$는 다음과 같이 쓸 수 있다:

$$f(s) = \frac{c_{1,m}}{(s-a_1)^m} + \frac{c_{1,m-1}}{(s-a_1)^{m-1}} + \cdots + \frac{c_{1,1}}{s-a_1} + \sum_{i=2}^{n} \frac{c_i}{s-a_i}. \qquad (15.98)$$

끝으로, 약수 중의 하나가 이차이면, 즉 (s^2+ps+q)이면, 분자가 간단한 상수가 아니며,

$$\frac{as+b}{s^2+ps+q}$$

와 같은 형태를 갖게 된다.

여기 나오는 상수들을 결정할 수 있는 방법은 여러 가지 있다. 예를 들면, (15.97)식에 $(s-a_i)$를 곱하면

$$c_i = \lim_{s\to a_i}(s-a_i)f(s) \qquad (15.99)$$

를 얻을 수 있다. 기본적인 경우에는 직접 계산하는 방법이 가장 쉬울 수 있다.

예제 15.8.2 **부분분수 전개**

$$f(s) = \frac{k^2}{s(s^2+k^2)} \qquad (15.100)$$

이라 하자. $f(s)$가 아래와 같은 꼴이 되기를 원한다:

$$f(s) = \frac{c}{s} + \frac{as+b}{s^2+k^2}.$$

분모를 통분하고 분자를 같은 차수끼리 모으면

$$\frac{k^2}{s(s^2+k^2)} = \frac{c(s^2+k^2)+s(as+b)}{s(s^2+k^2)} \tag{15.101}$$

를 얻는다.

$$c+a=0, \quad s^2; \qquad b=0, \quad s^1; \qquad ck^2=k^2, \quad s^0.$$

위 식들을 풀면 ($s \neq 0$)

$$c=1, \quad b=0, \quad a=-1$$

을 얻고 다시 이것은

$$f(s) = \frac{1}{s} - \frac{s}{s^2+k^2} \tag{15.102}$$

와

$$\mathcal{L}^{-1}\{f(s)\} = 1 - \cos kt \tag{15.103}$$

를 준다. (15.91)식과 (15.95)식을 이용하였다. ■

예제 15.8.3 **계단함수**

라플라스 변환의 응용의 한 예로서 아래 적분을 생각해 보자:

$$F(t) = \int_0^\infty \frac{\sin tx}{x} dx. \tag{15.104}$$

이 정적분을 라플라스 변환한다고 해보자:

$$\mathcal{L}\left\{\int_0^\infty \frac{\sin tx}{x} dx\right\} = \int_0^\infty e^{-st} \int_0^\infty \frac{\sin tx}{x} dx\, dt. \tag{15.105}$$

이 적분은 사인함수가 부호를 주기적으로 바꾸기 때문에 유한한다. 이제 적분의 순서를 바꾸고 (이것이 올바르다는 것은 쉽게 보일 수 있다),[12] 예제 15.4.1에서와 같이 부분적분을 하여

$$\int_0^\infty \frac{1}{x}\left[\int_0^\infty e^{-st} \sin tx\, dt\right] dx = \int_0^\infty \frac{dx}{s^2+x^2} \tag{15.106}$$

를 얻는다. 네모괄호 안의 수식은 (15.95)식에 의해 $\sin tx$의 라플라스 변환이다. 따라서

[12] Jeffreys and Jeffreys (1996), 제1장 참조.

그림 15.9

계단함수, $F(t)=\int_0^\infty \frac{\sin tx}{x}dx$

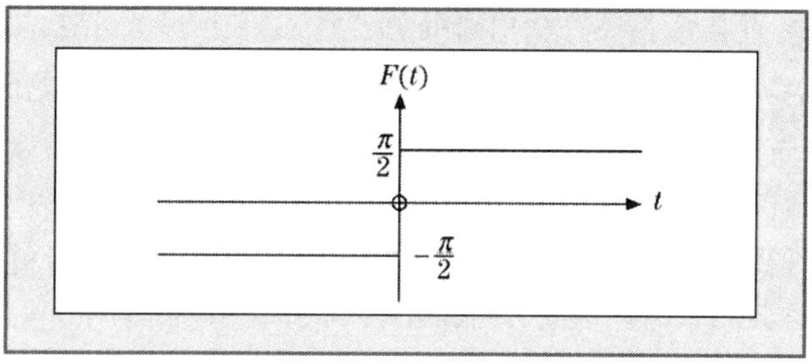

$$\int_0^\infty \frac{dx}{s^2+x^2} = \frac{1}{s}\tan^{-1}\left(\frac{x}{s}\right)\bigg|_0^\infty = \frac{\pi}{2s} = f(s). \tag{15.107}$$

(15.91)식에 의해 반전 변환을 구하면 아래와 같은 결과를 얻게 된다:

$$F(t) = \frac{\pi}{2}, \quad t > 0, \tag{15.108}$$

이 결과는 유수 정리(7.2절)에 의해 계산한 것과 일치한다. 지금까지 $t>0$이라고 가정하였다. $F(-t)$에 대해서는 사인함수가 홀함수라는 것을 상기하기만 하면 된다: $F(-t)=-F(t)$. 끝으로, $t=0$에서 분명히 $F(0)=0$. 그러므로,

$$\int_0^\infty \frac{\sin tx}{x}dx = \frac{\pi}{2}[2u(t)-1] = \begin{cases} \frac{\pi}{2}, & t>0 \\ 0, & t=0 \\ -\frac{\pi}{2}, & t<0, \end{cases} \tag{15.109}$$

여기서 $u(t)$는 헤비사이드 계단함수이다. $\int_0^\infty (\sin tx/x)dx$를 시간 t의 함수로 생각했을 때, $t=0$에서 높이가 π인 계단함수이다. ■

앞의 예제에서

- 새로운 변환, 즉 라플라스 변환을 소개하였고,
- 적분의 순서를 바꾸는 방법을 소개하였으며,
- 라플라스 반전 변환을 구하는 법을 알아보았다.

적분의 순서를 바꾸는 방법은 매우 편리하다는 것을 보여주는 예는 많다. 연습문제 15.8.6이 그중 하나이다.

■ 수치적 반전 변환

일종의 적분으로서 라플라스 변환은 매우 안정적인 변환이다. 여기서 안정적이라는 말은 $F(t)$에 있을 수 있는 요동이나 혹은 오차가 곡선의 아래 면을 계산하는 과정에서 상쇄되어 없어진다는 뜻이다. 또, 무게인수 e^{-st} 때문에 t가 클 때 $F(t)$의 행동는 무시해도 된다. 이런 두 가지

효과 때문에 t가 큰 영역에서 $F(t)$가 크게 변화하여도 $f(s)$에 미치는 영향은 작다. 라플라스 변환과는 정반대로, $f(s)$에서 $F(t)$로의 변환은 매우 불안정하다. $f(s)$의 미미한 변화도 $F(t)$에는 큰 영향를 끼칠 수 있다. 모든 유효숫자를 다 잃어버릴 수도 있다. 행렬로 나타내면 행렬이 반전에 대하여 불량 조건적(ill−conditioned)이다 라는 말이다.

라플라스 반전 변환을 구할 수 있는 아주 만족스러운 일반적인 방법은 없다. 그러나, 비교적 완만한 함수에만 국한시킨다면 가능성은 열려있다. Bellman, Kalaba, 그리고 Lockett[13]는 라플라스 변환을 멜린 변환($x=e^{-t}$)으로 바꾸고, 옮겨진 르장드르 다항식, $P_n^*(x)=P_n(1-2x)$를 기반으로 하는 수치적 구적법을 이용한다. 가장 중요한 단계가 이렇게 얻어진 행렬의 반전을 해석적으로 구하는 것이다. Krylov와 Skoblya[14]는 브롬비치 적분(15.12절)을 구하는 데 초점을 둔다. 피적분함수를 사이채움 다항식의 음의 거듭제곱으로 대체하고 적분을 해석적으로 한다.

연습문제

15.8.1 다음을 증명하여라:

$$\lim_{s\to\infty} sf(s) = \lim_{t\to+0} F(t).$$

힌트. $F(t)$를 $F(t)=\sum_{n=0}^{\infty} a_n t^n$과 같이 나타낼 수 있다고 가정하여라.

15.8.2 다음을 증명하여라:

$$\frac{1}{\pi}\lim_{s\to 0}\mathcal{L}\{\cos xt\} = \delta(x).$$

15.8.3 아래 식이 성립함을 보여라:

$$\mathcal{L}\left\{\frac{\cos at - \cos bt}{b^2-a^2}\right\} = \frac{s}{(s^2+a^2)(s^2+b^2)}, \quad a^2 \neq b^2.$$

15.8.4 부분분수 전개를 이용하여, 다음을 보여라:

(a) $\mathcal{L}^{-1}\left\{\dfrac{1}{(s+a)(s+b)}\right\} = \dfrac{e^{-at}-e^{-bt}}{b-a}, \quad a \neq b.$

(b) $\mathcal{L}^{-1}\left\{\dfrac{s}{(s+a)(s+b)}\right\} = \dfrac{ae^{-at}-be^{-bt}}{a-b}, \quad a \neq b.$

15.8.5 부분분수 전개를 이용하여, $a^2 \neq b^2$에 대하여 다음을 보여라:

---

[13] Bellman, R., Kalaba, R. E., and Lockett, J. A. (1966). *Numerical Inversion of the Laplace Transforms*. Elsevier, New York.

[14] Krylov, V. I., and Skoblya, N. S. (1969). *Handbook of Numerical Inversion of Laplace Transforms* (D. Louvish, Trans.). Israel Program for Scientific Translations, Jerusalem.

$$\text{(a)}\ \mathcal{L}^{-1}\left\{\frac{1}{(s^2+a^2)(s^2+b^2)}\right\} = -\frac{1}{a^2-b^2}\left\{\frac{\sin at}{a} - \frac{\sin bt}{b}\right\},$$

$$\text{(b)}\ \mathcal{L}^{-1}\left\{\frac{s^2}{(s^2+a^2)(s^2+b^2)}\right\} = \frac{1}{a^2-b^2}\{a\sin at - b\sin bt\}.$$

15.8.6 대전된 도체 원판의 정전기 퍼텐셜이 미지의 함수 $f(k)$에 대하여 다음과 같은 꼴로 주어져 있다고 한다:

$$\Phi(\rho, z) = \int_0^\infty e^{-k|z|} J_0(k\rho) f(k)\, dk,$$

먼 거리($z \to \infty$)에서는 이 퍼텐셜이 쿨롱퍼텐셜, $Q/4\pi\varepsilon_0 z$에 접근해야 한다. 다음을 보여라:

$$\lim_{k\to 0} f(k) = \frac{q}{4\pi\varepsilon_0}.$$

힌트. $\rho = 0$이라 둘 수 있다. $f(k)$의 매클로린 전개가 존재한다고 가정하거나, e^{-kz}을 이용하여 델타수열을 만들어 보아라.

15.8.7 $F(t)$가 거듭제곱 급수(매클로린 급수)로 전개된다고 한다:

$$F(t) = \sum_{n=0}^{\infty} a_n t^n.$$

즉

$$\mathcal{L}\{F(t)\} = \int_0^\infty e^{-st} \sum_{n=0}^{\infty} a_n t^n\, dt = \sum_{n=0}^{\infty} a_n \int_0^\infty e^{-st} t^n\, dt.$$

$F(t)$의 라플라스 변환 $f(s)$는 s^{-1}보다 높은 차수의 거듭제곱을 포함하지 않음을 보여라. $\mathcal{L}\{\delta(t)\}$를 계산하여 결과가 맞는지 확인하여라. 무엇이 잘못인가?

15.9 미분의 라플라스 변환

아마도 라플라스 변환의 주요한 쓰임은 미분방정식을 좀더 쉽게 풀 수 있는 간단한 꼴로 바꾸는 데 있을 것이다. 예를 들어, **서로 연결된 미분방정식은, 계수가 상수일 경우, 일차 연립 대수방정식으로 바뀐다.**

$F(t)$의 일차 미분을 라플라스 변환해 보자:

$$\mathcal{L}\{F'(t)\} = \int_0^\infty e^{-st} \frac{dF(t)}{dt} dt.$$

부분적분을 하면

$$\begin{aligned}\mathcal{L}\{F'(t)\} &= e^{-st}F(t)\Big|_0^\infty + s\int_0^\infty e^{-st}F(t)dt \\ &= s\mathcal{L}\{F(t)\} - F(0) \qquad (15.110)\end{aligned}$$

을 얻는다. 엄격히 말하면, $F(0) = F(+0)$,[15] dF/dt는 영역 $0 \le t < \infty$에서 적어도 조각씩 연속이어야 한다. 당연히, $F(t)$와 그 미분 둘다 적분이 발산하지 않도록 적절히 정의되어야 한다. 부언하면, (15.110)식은 연습문제 15.8.7을 증명하는 또 하나의 방법을 제공해 준다. 좀더 일반화하자면,

$$\mathcal{L}\{F^{(2)}(t)\} = s^2\mathcal{L}\{F(t)\} - sF(+0) - F'(+0), \qquad (15.111)$$

$$\mathcal{L}\{F^{(n)}(t)\} = s^n\mathcal{L}\{F(t)\} - s^{n-1}F(+0) - \cdots - F^{(n-1)}(+0). \qquad (15.112)$$

푸리에 변환처럼, 라플라스 변환도 미분을 곱하기로 대체한다. 뒤에 나오는 예들에서, 상미분방정식은 대수방정식이 된다. 여기에 라플라스 변환의 장점과 편리함이 있는 것이다. 미분의 계수가 상수가 아닐 때는, 일반적으로 라플라스 변환으로 상미분방정식이 더이상 간단하게 되지 않는다.

초기조건 $F(+0)$, $F'(+0)$ 등이 어떻게 라플라스 변환에 함축되어 있는지에 주의하여라. (15.111)식을 이용하여 $\mathcal{L}\{\sin kt\}$를 구할 수 있다. 항등식

$$-k^2 \sin kt = \frac{d^2}{dt^2}\sin kt \qquad (15.113)$$

를 이용한다. 그리고 나서 라플라스 변환하면 아래 식을 얻는다:

$$\begin{aligned}-k^2\mathcal{L}\{\sin kt\} &= \mathcal{L}\left\{\frac{d^2}{dt^2}\sin kt\right\} \\ &= s^2\mathcal{L}\{\sin kt\} - s\sin(0) - \frac{d}{dt}\sin kt|_{t=0}. \qquad (15.114)\end{aligned}$$

$\sin(0) = 0$이고 $d/dt\ \sin kt|_{t=0} = k$이므로

$$\mathcal{L}\{\sin kt\} = \frac{k}{s^2+k^2}, \qquad (15.115)$$

이것으로 (15.95)식이 증명되었다.

[15] 양의 방향에서 영으로 접근함.

예제 15.9.1 **고전 조화 진동자**

물리적인 예로서, 질량 m이 용수철 상수가 k인 용수철의 영향으로 진동하고 있다고 하자. 마찰은 무시한다. 뉴턴의 제2법칙에 의해

$$m\frac{d^2X(t)}{dt^2}+kX(t)=0. \tag{15.116}$$

초기조건으로

$$X(0)=X_0, \qquad X'(0)=0$$

을 택하자. 라플라스 변환을 적용하면

$$m\mathcal{L}\left\{\frac{d^2X}{dt^2}\right\}+k\mathcal{L}\{X(t)\}=0 \tag{15.117}$$

을 얻는다. 다시 (15.111)식을 이용하면 위 식은 아래와 같이 다시 쓸 수 있다:

$$ms^2x(s)-msX_0+kx(s)=0, \tag{15.118}$$

$$x(s)=X_0\frac{s}{s^2+\omega_0^2}, \quad \text{with } \omega_0^2\equiv\frac{k}{m}. \tag{15.119}$$

(15.95)식으로부터, 이것이 $\cos\omega_0 t$의 변환임을 알 수 있고, 따라서 예측한 대로

$$X(t)=X_0\cos\omega_0 t \tag{15.120}$$

이다. ■

■ 디락 델타함수

미분방정식과 관련하여 또 하나의 변환이 큰 도움이 된다. 그것이 바로 디락 델타함수의 변환이다:[16]

$$\mathcal{L}\{\delta(t-t_0)\}=\int_0^\infty e^{-st}\delta(t-t_0)dt=e^{-st_0}, \quad \text{for } t_0\geq 0, \tag{15.121}$$

특히 t_0-0에 대해서는

$$\mathcal{L}\{\delta(t)\}=1 \tag{15.122}$$

이다. 이 때, 라플라스 변환에 대해서는, $\delta(0)$은

$$\delta(0)=\lim_{t_0\to 0^+}\delta(t-t_0) \tag{15.123}$$

로 이해한다. 다른 방법으로는, $\delta(t)$를 $\varepsilon\to 0$으로 갈 때 $F(t)$의 극한으로 간주한 것이다. 여기서

[16] 엄격히 말해 디락 델타함수는 정의가 되지 않는다. 그러나 이 함수를 포함하는 적분은 잘 정의된다. 이 방법은 1.14절에서 살펴보았다.

그림 15.10
용수철

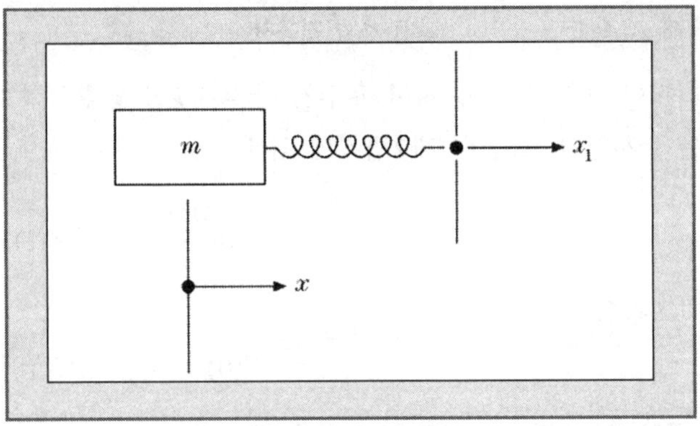

$$F(t) = \begin{cases} 0, & t < 0, \\ \varepsilon^{-1}, & 0 < t < \varepsilon, \\ 0, & t > \varepsilon \end{cases} \tag{15.124}$$

이다. 직접 계산하면

$$\mathcal{L}\{F(t)\} = \frac{1 - e^{-\varepsilon s}}{\varepsilon s} \tag{15.125}$$

을 얻는다. 적분의 극한(극한의 적분이 아니라)을 택함으로써,

$$\lim_{\varepsilon \to 0} \mathcal{L}\{F(t)\} = 1$$

이나, 혹은 (15.122)식

$$\mathcal{L}\{\delta(t)\} = 1$$

을 얻는다. 이 델타함수를 흔히 충격함수라 부른다. 왜냐하면 충격힘, 즉 짧은 시간 동안에만 지속되는 힘을 기술하는 데 매우 편리하기 때문이다.

예제 15.9.2 충격힘

질량이 m인 입자에 작용하는 충격힘에 대한 뉴턴의 제2법칙은 아래와 같이 표현된다:

$$m\frac{d^2X}{dt^2} = P\delta(t), \tag{15.126}$$

여기서 P는 상수이다. 변환하면

$$ms^2x(s) - msX(0) - mX'(0) = P \tag{15.127}$$

이다. 정지해 있다가 출발하는 입자에 대해서는, $X'(0) = 0$.[17] 또 다른 조건은 $X(0) = 0$이다.

[17] 사실은, $X'(+0)$이어야 한다. 충격량의 영향을 포함하기 위해서는, 충격이 $t = \varepsilon(\varepsilon \to 0)$에서 일어난다고 생각하사.

결국 얻는 식은

$$x(s) = \frac{P}{ms^2}, \tag{15.128}$$

그리고

$$X(t) = \frac{P}{m}t, \tag{15.129}$$

$$\frac{dX(t)}{dt} = \frac{P}{m}, \text{ 상수} \tag{15.130}$$

이다.

충격량 $P\delta(t)$의 효과는 P 단위 만큼의 운동량을 입자에 (순간적으로) 전해주는 것이다. ■

연습문제

15.9.1 이차 미분의 변환을 이용하여 $\cos kt$의 변환을 구하여라.

15.9.2 용수철 상수가 k이고 늘려지지 않는 용수철의 한 끝에 질량 m이 매달려 있다. 시간 $t=0$에 용수철의 다른 끝이 일정한 가속도 a로 질량으로 부터 멀어지기 시작한다. 라플라스 변환을 이용하여

(a) 시간의 함수로 질량의 위치 x를 구하여라; 그리고

(b) 시간 t가 작을 때 $x(t)$의 극한 꼴을 구하여라.

답. (a) $x = \frac{1}{2}at^2 - \frac{a}{\omega^2}(1-\cos\omega t), \quad \omega^2 = \frac{k}{m},$

(b) $x = \frac{a\omega^2}{4!}t^4, \quad \omega t \ll 1.$

15.10 기타 성질

■ 인수 바꿈

라플라스 변환[(15.88)식]의 변수 s를 $s-a$로 바꾸면,

$$f(s-a) = \int_0^\infty e^{-(s-a)t}F(t)dt = \int_0^\infty e^{-st}e^{at}F(t)dt$$
$$= \mathcal{L}\{e^{at}F(t)\} \tag{15.131}$$

가 된다. 따라서, s를 $s-a$로 바꾸는 것은 $F(t)$에 e^{at}을 곱하는 것과 같다. 그 역도 성립한다. 이 결과는 변환표를 늘리는 데 큰 도움이 된다. (15.95)식으로부터 쉽게 아래 결과들을 얻을

수 있다:

$$\mathcal{L}\{e^{at}\sin kt\} = \frac{k}{(s-a)^2+k^2}; \tag{15.132}$$

$$\mathcal{L}\{e^{at}\cos kt\} = \frac{s-a}{(s-a)^2+k^2}, \quad s > a. \tag{15.133}$$

예제 15.10.1 **감쇠 조화진동자**

위 식들은 속도에 비례하는 감쇠력을 받는 진동자를 기술하는 데 편리하게 사용된다. (15.116)식에 감쇠항을 더하면 방정식

$$mX''(t) + bX'(t) + kX(t) = 0 \tag{15.134}$$

이 된다. 여기서 b는 비례상수이다. 입자가 초기에 정지하고 있었다고 가정하자: $X(0) = X_0$, $X'(0) = 0$. 변환된 방정식은

$$m[s^2x(s) - sX_0] + b[sx(s) - X_0] + kx(s) = 0 \tag{15.135}$$

따라서

$$x(s) = X_0\frac{ms+b}{ms^2+bs+k} \tag{15.136}$$

이다. 분모를 아래와 같이 완전제곱꼴로 바꾸면 편리하다:

$$s^2 + \frac{b}{m}s + \frac{k}{m} = \left(s + \frac{b}{2m}\right)^2 + \left(\frac{k}{m} - \frac{b^2}{4m^2}\right). \tag{15.137}$$

감쇠가 약하면, 즉 $b^2 < 4km$이면, 끝항이 양수이므로, ω_1^2이라 놓자. $x(s)$의 분자를 $(s+b/2m)+b/2m$으로 나누면,

$$\begin{aligned} x(s) &= X_0\frac{s+b/m}{(s+b/2m)^2+\omega_1^2} \\ &= X_0\frac{s+b/2m}{(s+b/2m)^2+\omega_1^2} + X_0\frac{(b/2m\omega_1)\omega_1}{(s+b/2m)^2+\omega_1^2} \end{aligned} \tag{15.138}$$

이다. (15.132)식과 (15.133)식에 의해서

$$\begin{aligned} X(t) &= X_0e^{-(b/2m)t}\left(\cos\omega_1 t + \frac{b}{2m\omega_1}\sin\omega_1 t\right) \\ &= X_0\frac{\omega_0}{\omega_1}e^{-(b/2m)t}\cos(\omega_1 t - \varphi), \end{aligned} \tag{15.139}$$

여기서

$$\tan\varphi = \frac{b}{2m\omega_1}, \qquad \omega_0^2 = \frac{k}{m} \tag{15.140}$$

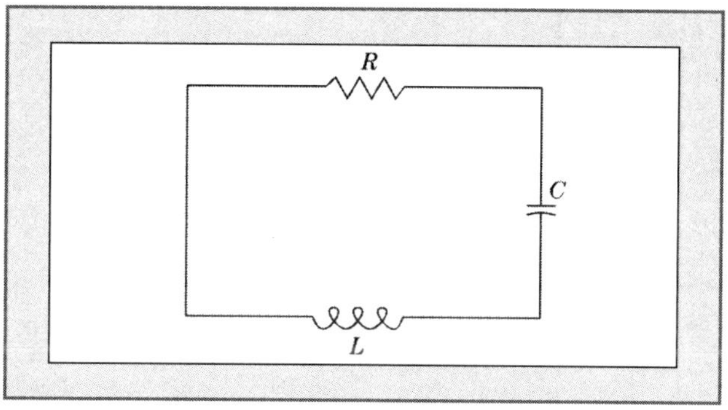

그림 15.11
RLC 회로

이다. 물론, $b \to 0$일 때, 이 풀이는 감쇠력을 받지 않는 진동자와 같아진다(15.9절). ■

■ RLC 회로와 비교

용수철에 끝에 매달려 있는 질량의 감쇠 조화진동자와 저항(resistance), 인덕턴스(inductance), 전기들이(capacitance) 회로, 줄여서 RLC 회로의 비슷한 점을 눈여겨 볼 필요가 있다 (그림 15.11). 어느 한 순간 고리의 퍼텐셜 차를 모두 합하면 영이 되어야 한다 (키르히호프 법칙, 에너지 보존법칙). 즉, 아래 방정식이 성립한다:

$$L\frac{dI}{dt} + RI + \frac{1}{C}\int_0^t I\,dt = 0. \qquad (15.141)$$

I를 시간 t로 (적분을 없애기 위하여) 미분하면,

$$L\frac{d^2I}{dt^2} + R\frac{dI}{dt} + \frac{1}{C}I = 0 \qquad (15.142)$$

이다. $I(t)$를 $X(t)$로, L을 m으로, R을 b로, 그리고 C^{-1}을 k로 바꾸면, (15.142)식은 역학 문제와 같아진다. 이것은 물리학의 방대한 여러 분야가 수학에 의해 통합되는 단 하나의 예에 불과하다. 좀 더 자세한 논의는 올슨[18]을 보라.

■ 평행이동

이번엔 $f(s)$에 e^{-bs}를 곱하자 ($b>0$):

$$\begin{aligned} e^{-bs}f(s) &= e^{-bs}\int_0^\infty e^{-st}F(t)dt \\ &= \int_0^\infty e^{-s(t+b)}F(t)dt. \end{aligned} \qquad (15.143)$$

그 다음 $t+b=\tau$라 두면, (15.143)식을

[18]Olson, H. F. (1943). *Dynamical Analogies*. Van Nostrand, New York.

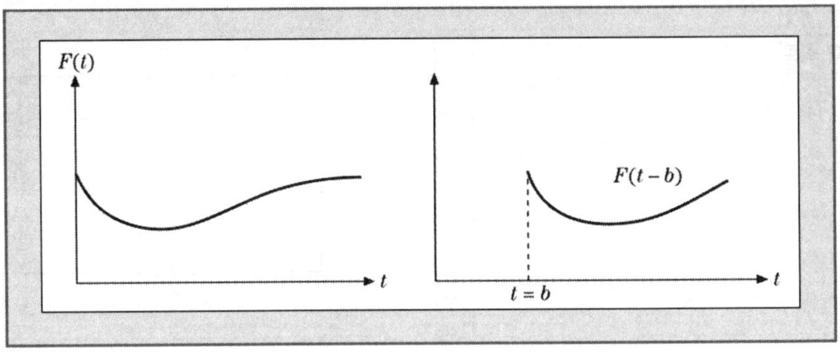

그림 15.12
평행이동

$$e^{-bs}f(s) = \int_b^\infty e^{-s\tau}F(\tau - b)d\tau$$
$$= \int_0^\infty e^{-s\tau}F(\tau - b)d\tau \tag{15.144}$$

와 같이 다시 쓸 수 있다. $t<0$에 대해 $F(t)=0$이라 가정하면 $0\le\tau<b$에 대해 $F(\tau-b)=0$이다. 이 경우 적분의 아래 끝을 영으로 바꾸어도 적분값은 변하지 않는다. 이 관계식은 흔히 헤비사이드 이동정리라 불린다. 결국

$$e^{-bs}f(s) = \mathcal{L}\{F(t-b)\}, \quad F(t)=0,\ t<0 \tag{15.145}$$

을 얻는다.

예제 15.10.2 **전자기파**

x방향으로 진행하는 전자기 가로파동, $E=E_y$나 E_z에 대한 파동방정식은

$$\frac{\partial^2 E(x,t)}{\partial x^2} - \frac{1}{v^2}\frac{\partial^2 E(x,t)}{\partial t^2} = 0 \tag{15.146}$$

이다. 시간 t에 대해 라플라스 변환하여

$$\frac{\partial^2}{\partial x^2}\mathcal{L}\{E(x,t)\} - \frac{s^2}{v^2}\mathcal{L}\{E(x,t)\} + \frac{s}{v^2}E(x,0) + \frac{1}{v^2}\left.\frac{\partial E(x,t)}{\partial t}\right|_{t=0} = 0 \tag{15.147}$$

이라 쓴다. 초기조건이 $E(x,0)=0$이고,

$$\left.\frac{\partial E(x,t)}{\partial t}\right|_{t=0} = 0$$

이면,

$$\frac{\partial^2}{\partial x^2}\mathcal{L}\{E(x,t)\} = \frac{s^2}{v^2}\mathcal{L}\{E(x,t)\}. \tag{15.148}$$

이것은 **상미분방정식**으로 그 풀이는

$$\mathcal{L}\{E(x,t)\} = c_1 e^{-(s/v)x} + c_2 e^{+(s/v)x} \tag{15.149}$$

이다. 상수 c_1, c_2는 경계조건에 의해 결정된다. 이 상수들은 x에 대해서는 상수이지만 s에는 의존할 수 있다. $x\to\infty$일 때 피동이 유한히게 남아 있으면, $\mathcal{L}[E(x, t)]$도 마찬가지이다. 따라서 $c_2=0$이다.

$E(0, t)$를 $F(t)$라 놓으면 $c_1=f(s)$이고

$$\mathcal{L}\{E(x,t)\} = e^{-(s/v)x} f(s) \tag{15.150}$$

이다. 평행이동 성질[(15.144)식]로부터 금방 아래와 같은 결과를 얻는다:

$$E(x,t) = \begin{cases} F\left(t-\frac{x}{v}\right), & t \ge \frac{x}{v}, \\ 0, & t < \frac{x}{v}, \end{cases} \tag{15.151}$$

그리고 이 식은 초기조건과도 잘 일치한다. 미분을 한 다음 (15.146)식에 대입하면 (15.151)식을 얻는다. 위 해는 양의 x방향으로 속도 v로 진행하는 파동(펄스)을 나타낸다. $x>vt$인 영역은 여전히 방해받지 않고 남아있다. 펄스가 아직 이 영역에 도달하지 않은 것이다. 또 다른 독립해는 $c_1=0$이다. 이것은 음의 x방향으로 진행하는 파동에 해당한다. ■

■ 변환의 미분

$F(t)$가 적어도 조각씩 연속이고, $e^{-st}F(t)$가 큰 s에 대하여 지수적으로 수렴하도록 s의 영역이 설정되어 있다고 하자. 이 때 적분

$$f(s) = \int_0^\infty e^{-st} F(t) dt$$

는 고르게 수렴하고, s에 대하여 미분 가능할 수도 있다. 그러면

$$f'(s) = \int_0^\infty (-t) e^{-st} F(t) dt = \mathcal{L}\{-tF(t)\} \tag{15.152}$$

이다. 이 과정을 반복하면 등식

$$f^{(n)}(s) = \mathcal{L}\{(-t)^n F(t)\} \tag{15.153}$$

를 얻는다. 이렇게 얻어진 적분은, $e^{-st}F(t)$의 지수함수적인 성질이 점점 강해져서, 모두 고르게 수렴할 것이다.

이 방법은 좀더 많은 변환을 만들어 내는 데 사용할 수 있다. 예를 들면,

$$\mathcal{L}\{e^{kt}\} = \int_0^\infty e^{-st} e^{kt} dt = \frac{1}{s-k}, \quad s > k \tag{15.154}$$

을 생각해 보자. s(또는 k)에 대해 미분하면,

$$\mathcal{L}\{te^{kt}\} = \frac{1}{(s-k)^2}, \quad s > k. \tag{15.155}$$

이다.

■ 변환의 적분

다시 $F(t)$가 적어도 조각씩 연속이고, x가 충분히 커서 $e^{-xt}F(t)$가 지수적으로 감소하는 경우를 생각하자. 적분

$$f(x) = \int_0^\infty e^{-xt}F(t)dt \tag{15.156}$$

는 x에 대해 고르게 수렴한다. 따라서 아래 식에서 적분의 순서를 바꾸어도 된다:

$$\begin{aligned}\int_s^b f(x)dx &= \int_s^b \int_0^\infty e^{-xt}F(t)dt\,dx \\ &= \int_0^\infty \frac{F(t)}{t}(e^{-st} - e^{-bt})dt.\end{aligned} \tag{15.157}$$

아래 끝 s는 $f(s)$가 고르게 수렴하도록 충분히 크게 잡는다. 이제 $b \to \infty$로 보내면

$$\int_s^\infty f(x)dx = \int_0^\infty \frac{F(t)}{t}e^{-st}dt = \mathcal{L}\left\{\frac{F(t)}{t}\right\} \tag{15.158}$$

를 얻는다. 이 때 $F(t)/t$가 $t=0$에서 유한하거나 t^{-1}보다 약하게 발산한다는 가정이 필요하다 [그렇 않으면 $\mathcal{L}\{F(t)/t\}$가 존재하지 않는다].

■ 적분의 극한-단위 계단함수

라플라스 변환의 적분의 실제 극한을 헤비사이드 계단함수

$$u(t-k) = \begin{cases} 0, & t < k \\ 1, & t \geq k \end{cases}$$

로 나타낼 수 있다. 예를 들면,

$$\mathcal{L}\{u(t-k)\} = \int_k^\infty e^{-st}dt = \frac{1}{s}e^{-ks}$$

을 생각하자. 폭이 k이고 높이가 1인 네모펄스를 $F(t) = u(t) - u(t-k)$와 같다. 라플라스 변환하면,

$$\mathcal{L}\{u(t) - u(t-k)\} = \int_0^k e^{-st}\,dt = \frac{1}{s}(1 - e^{-ks})$$

이다. 계단함수는 밖으로 들어나지는 않지만 (15.144)식에 함축되어 있다. 연습문제 15.10.13 에서도 이것을 볼 수 있다.

연습문제

15.10.1 감쇠단조화진동자를 기술하는 (15.134)식을 풀되, 초기조건 $X(0)=X_0$, $X'(0)=0$과 다음 조건을 가정하여라:
(a) $b^2=4\,\text{km}$ (아슬아슬하게 감쇠)
(b) $b^2>4\,\text{km}$ (과도한 감쇠)

답. (a) $X(t) = X_0 e^{-(b/2m)t}\left(1+\frac{b}{2m}t\right)$.

15.10.2 감쇠단조화진동자를 기술하는 (15.134)식을 풀되, 초기조건 $X(0)=0$, $X'(0)=v_0$와 다음 조건을 가정하여라:
(a) $b^2<4\,\text{km}$ (약한 감쇠)
(b) $b^2=4\,\text{km}$ (아슬아슬하게 감쇠)

답. (a) $X(t) = \frac{v_0}{\omega_1} e^{-(b/2m)t} \sin\omega_1 t$,
(b) $X(t) = v_0 t e^{-(b/2m)t}$.

(c) $b^2>4\,\text{km}$ (과도한 감쇠)

15.10.3 마찰이 있는 매질 속을 떨어지는 물체의 운동은, 쓸림힘이 속도에 비례한다고 할 때, 다음 방정식으로 기술된다:

$$m\frac{d^2X(t)}{dt^2} = mg - b\frac{dX(t)}{dt}.$$

$X(t)$ 및 $dX(t)/dt$를 초기조건

$$X(0) = \left.\frac{dX}{dt}\right|_{t=0} = 0$$

에 대하여 구하여라.

15.10.4 $J_0(t)$를 경로적분으로 나타내고, 라플라스 변환을 한 다음, 적분 순서를 바꾸어 아래 사실을 보여라:

$$\mathcal{L}\{J_0(t)\} = (s^2+1)^{-1/2}, \quad \text{for} \quad s>0.$$

15.10.5 베셀함수의 점화식을 이용하여 $J_n(t)$의 라플라스 변환 $\mathcal{L}\{J_0(t)\}$를 구하여라.
힌트. 수학적 연역법을 이용할 좋은 기회이다.

15.10.6 원모양의 고리에 흐르는 전류 주변의 자기마당을 원통극좌표를 써서 계산하려고

할 때, 다음과 같은 꼴의 적분을 접하게 된다:

$$\int_0^\infty e^{-kz} kJ_1(ka)dk, \quad \Re(z) \geq 0.$$

이 적분이 $a/(z^2+a^2)^{3/2}$과 같음을 보여라.

15.10.7 다음 라플라스 변환을 보여라:

(a) $\mathcal{L}\{j_0(at)\} = \mathcal{L}\left\{\dfrac{\sin at}{at}\right\} = \dfrac{1}{a}\cot^{-1}\left(\dfrac{s}{a}\right)$,

(b) $\mathcal{L}\{y_0(at)\}$는 존재하지 않는다.

15.10.8 라게르 상미분방정식

$$tF''(t) + (1-t)F'(t) + nF(t) = 0$$

의 라플라스 변환 해를 구하여라. 변환의 미분 및 미분의 변환이 필요함에 주의하여라. 할 수 있는 데까지 임의의 n에 대하여 구하고, 그 다음에 $n=0$이라 놓아라.

15.10.9 라게르 다항식 $L_n(at)$의 라플라스 변환이 다음과 같이 주어짐을 보여라:

$$\mathcal{L}\{L_n(at)\} = \frac{(s-a)^n}{s^{n+1}}, \quad s > 0.$$

15.10.10 다음 사실을 증명하여라:

$$\mathcal{L}\{E_1(t)\} = \frac{1}{s}\ln(s+1), \quad s > 0,$$

여기서

$$E_1(t) = \int_t^\infty \frac{e^{-\tau}}{\tau}d\tau = \int_1^\infty \frac{e^{-xt}}{x}dx$$

는 지수적분함수이다.

15.10.11 (a) (15.158)식으로부터, 적분이 존재하면

$$\int_0^\infty f(x)dx = \int_0^\infty \frac{F(t)}{t}dt$$

임을 보여라.

(b) 위 결과로부터 (15.109)식과 (7.41)식과 합치되는 아래 식을 증명하여라:

$$\int_0^\infty \frac{\sin t}{t}dt = \frac{\pi}{2}.$$

15.10.12 (a) 다음을 보여라:

$$\mathcal{L}\left\{\frac{\sin kt}{t}\right\} = \cot^{-1}\left(\frac{s}{k}\right).$$

(b) 위 결과($k=1$)를 이용하여,

$$\mathcal{L}\{\text{si}(t)\} = -\frac{1}{s}\tan^{-1} s$$

를 증명하여라. 단,

$$\text{si}(t) = -\int_t^{\infty} \frac{\sin x}{x} dx$$

는 사인적분이다.

15.10.13 $F(t)$가 주기 a인 주기함수라고 한다 (그림 15.13), 즉 모든 $t \ge 0$에 대해 $F(t+a) = F(t)$이다. 다음을 보여라:

$$\mathcal{L}\{F(t)\} = \frac{\int_0^a e^{-st} F(t)\,dt}{1-e^{-as}}.$$

그림 15.13
주기함수

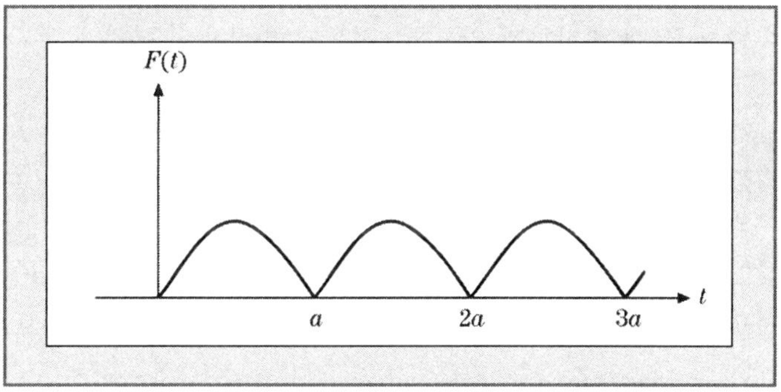

15.10.14 다음과 같은 네모함수(주기 a)의 라플라스 변환을 구하여라:

$$F(t) = \begin{cases} 1, & 0 < t < a/2 \\ 0, & a/2 < t < a. \end{cases}$$

답. $f(s) = \dfrac{1}{s} \cdot \dfrac{1-e^{-as/2}}{1-e^{-as}}$.

15.10.15 다음을 보여라:

(a) $\mathcal{L}\{\cosh at \cos at\} = \dfrac{s^3}{s^4+4a^4}$, (c) $\mathcal{L}\{\sinh at \cos at\} = \dfrac{as^2-2a^3}{s^4+4a^4}$,

(b) $\mathcal{L}\{\cosh at \sin at\} = \dfrac{as^2+2a^3}{s^4+4a^4}$, (d) $\mathcal{L}\{\sinh at \sin at\} = \dfrac{2a^2 s}{s^4+4a^4}$.

15.10.16 다음을 보여라:

(a) $\mathcal{L}^{-1}\{(s^2+a^2)^{-2}\} = \frac{1}{2a^3}\sin at - \frac{1}{2a^2}t\cos at,$

(b) $\mathcal{L}^{-1}\{s(s^2+a^2)^{-2}\} = \frac{1}{2a}t\sin at,$

(c) $\mathcal{L}^{-1}\{s^2(s^2+a^2)^{-2}\} = \frac{1}{2a}\sin at + \frac{1}{2}t\cos at,$

(d) $\mathcal{L}^{-1}\{s^3(s^2+a^2)^{-2}\} = \cos at - \frac{a}{2}t\sin at.$

15.11 포갬 정리 또는 활통 정리

라플라스 변환의 가장 중요한 성질 중의 하나를 포갬 정리에서 찾을 수 있다.[19] 다음과 같은 두 변환을 택하여 서로 곱하자:

$$f_1(s) = \mathcal{L}\{F_1(t)\} \quad \text{and} \quad f_2(s) = \mathcal{L}\{F_2(t)\}. \tag{15.159}$$

변수를 바꿀 때 복잡하지 않도록, 적분의 위끝을 유한하게 두자:

$$f_1(s)\cdot f_2(s) = \lim_{a\to\infty}\int_0^a e^{-sx}F_1(x)dx\int_0^{a-x} e^{-sy}F_2(y)dy. \tag{15.160}$$

적분의 위끝들은 적분 영역이 그림 15.14a에 나타낸 삼각형(사각형 전체가 아니라)이 되도록 정했다. $x=t-z$, $y=z$를 대입하면, 적분 영역이 그림 15.14b에 보인 삼각형으로 바뀐다. $xy-$평면의 직사각형 영역을 적분했다면, $tz-$평면의 평행사변형으로 바뀌었을 것이다. 그러나 이

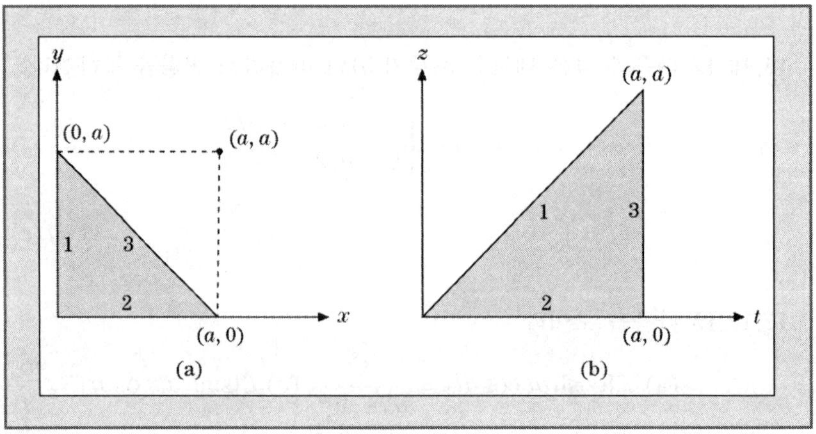

그림 15.14
변수 변환: (*a*) $xy-$평면과 (*b*) $zt-$평면.

[19]다른 증명 방법으로 브롬비치 적분(15.12절)을 쓸 수 있다. 연습문제 15.12.3을 보라.

것은 복잡함만 더할 뿐이다. 이렇게 바꾸는 것이 가능한 이유는 두 피적분함수가 지수적으로 감소하기 때문이다. $a \to \infty$ 극한에서 빗금치지 않은 부분은 적분에 전혀 기여하지 않는다. 영역의 변환을 확인하고 싶으면, 각 꼭지점이 어떻게 옮겨지는지 보라. 야코비안(제 2장)을 이용해 면적원소를 변환하면

$$dx\,dy = \begin{vmatrix} \dfrac{\partial x}{\partial t} & \dfrac{\partial y}{\partial t} \\ \dfrac{\partial x}{\partial z} & \dfrac{\partial y}{\partial z} \end{vmatrix} dt\,dz = \begin{vmatrix} 1 & 0 \\ -1 & 1 \end{vmatrix} dt\,dz, \tag{15.161}$$

즉 $dx\,dy = dt\,dz$. 이것을 대입하면 (15.160)식은

$$\begin{aligned} f_1(s) \cdot f_2(s) &= \lim_{a\to\infty} \int_0^a e^{-st} \int_0^t F_1(t-z)F_2(z)dz\,dt \\ &= \mathcal{L}\left\{ \int_0^t F_1(t-z)F_2(z)dz \right\} \end{aligned} \tag{15.162}$$

가 된다. 편의상, 이 적분을 기호를

$$\int_0^t F_1(t-z)F_2(z)dz \equiv F_1 * F_2 \tag{15.163}$$

로 나타내고, 이를 푸리에 **포갬(convolution)** (15.6절)과 비슷하게 포갬이라 부른다. $f_1 \to f_2$, $F_1 \to F_2$처럼 바꾸면 (혹은 $z \to t-z$), 등식

$$F_1 * F_2 = F_2 * F_1 \tag{15.164}$$

을 얻는다. 이것은 포갬이 대칭적임을 보여 준다.

반전 변환하면,

$$\mathcal{L}^{-1}\{f_1(s) \cdot f_2(s)\} = \int_0^t F_1(t-z)F_2(z)dz. \tag{15.165}$$

이것은 새 변환을 찾을 때 유용하고, 부분분수 전개 방법의 대용으로도 쓰인다. 쉽게 떠올릴 수 있는 예로, 이 방법을 적분방정식를 푸는 데 쓸 수 있다. 적분구간의 위끝 t가 변수이므로, 이 라플라스 포갬은 볼테라 적분을 다루는 데 편리하다. 푸리에 포갬은 위끝이 무한대로 상수인데, 그래서 이것은 프레드홈 적분방정식에 편리하다.

예제 15.11.1 감쇠 구동 진동자

포갬 정리의 쓰임을 보기 위해, 용수철 끝에 매달린 질량 m을 다시 생각해 보자. 외부의 구동힘 $F(t)$를 받고, 감쇠도 일어난다. 운동방정식[(15.134)식]이 이제

$$mX''(t) + bX'(t) + kX(t) = F(t) \tag{15.166}$$

와 같이 쓰여진다. 편의상 간단한 초기조건 $X(0) = X'(0) = 0$을 생각하자. 변환된 방정식은

$$ms^2x(s) + bs\,x(s) + kx(s) = f(s) \tag{15.167}$$

혹은

$$x(s) = \frac{f(s)}{m} \cdot \frac{1}{(s + b/2m)^2 + \omega_1^2} \tag{15.168}$$

이다. 여기서 전과 마찬가지로 $\omega_1^2 \equiv k/m - b^2/4m^2$이다. 관계식

$$\frac{\omega_1}{(s + b/2m)^2 + \omega_1^2} = \mathcal{L}(e^{-bt/2m}\sin\omega_1 t)$$

를 상기하자.

포갬 정리[(15.160)식 혹은 (15.165)식]를 이용하면 아래 식을 얻는다:

$$X(t) = \frac{1}{m\omega_1}\int_0^t F(t-z)e^{-(b/2m)z}\sin\omega_1 z\,dz. \tag{15.169}$$

만일 힘이 순간적, 즉 $F(t) = P\delta(t)$이면,[20]

$$X(t) = \frac{P}{m\omega_1}e^{-(b/2m)t}\sin\omega_1 t \tag{15.170}$$

이다. P는 순간적인 힘에 의해 전달된 운동량을 나타내며, P/m이 초기속도 $X'(0)$자리를 차지하고 있다.

$F(t) = F_0\sin(\omega t)$이면, (15.168)식도 사용할 수 있으나, 부분분수 전개 방법이 더 편리하다. 등식

$$f(s) = \frac{F_0\omega}{s^2 + \omega^2}$$

에 의해 (15.168)식은

$$\begin{aligned} x(s) &= \frac{F_0\omega}{m} \cdot \frac{1}{s^2+\omega^2} \cdot \frac{1}{(s+b/2m)^2+\omega_1^2} \\ &= \frac{F_0\omega}{m}\left[\frac{a's+b'}{s^2+\omega^2} + \frac{c's+d'}{(s+b/2m)^2+\omega_1^2}\right] \end{aligned} \tag{15.171}$$

이 된다. 계수 a', b', c', d'은 s에 무관하다. 직접 계산하면

$$\begin{aligned} -\frac{1}{a'} &= \frac{b}{m}\omega^2 + \frac{m}{b}(\omega_0^2 - \omega^2)^2, \\ -\frac{1}{b'} &= -\frac{m}{b}(\omega_0^2 - \omega^2)\left[\frac{b}{m}\omega^2 + \frac{m}{b}(\omega_0^2 - \omega^2)^2\right] \end{aligned}$$

[20] $\delta(t)$가 구간 $[0, t]$ **안에** 놓여있음에 주의하여라.

이 된다. $c's+d'$항은 지수적으로 감소하는 항이므로, 여기서는 무시한다. 반전 변환을 하면, 정상 상태 해

$$X(t)=\frac{F_0}{\left[b^2\omega^2+m^2\left(\omega_0^2-\omega^2\right)^2\right]^{1/2}}\sin(\omega t-\varphi) \tag{15.172}$$

를 얻는다. 여기서

$$\tan\varphi=\frac{b\omega}{m\left(\omega_0^2-\omega^2\right)}$$

이다. 분모를 미분함으로써,

$$\omega^2=\omega_0^2-\frac{b^2}{2m^2}=\omega_1^2-\frac{b^2}{4m^2} \tag{15.173}$$

일 때 진폭이 최대가 됨을 알 수 있다. 이것이 공명(resonance) 조건이다.[21] 공명에서는 진폭이 $F_0/b\omega_1$이 된다. 이것은 질량이 감쇠항이 없다면 질량이 무한히 크게 진동한다는 것을 보여준다. 세 개의 다른 특성주파수가 있다는 것에 주목할 필요가 있다. 강제 감쇠조화진동자의 공명 주파수는

$$\omega_2^2=\omega_0^2-\frac{b^2}{2m^2}$$

이고, 자유감쇠진동자(free damped oscillator)의 공명 주파수

$$\omega_1^2=\omega_0^2-\frac{b^2}{4m^2};$$

그리고 비감쇠자유진동자(free oscillator with no damping)의 고유주파수

$$\omega_0^2=\frac{k}{m}$$

가 그것이다. 감쇠항이 없을 때($b=0$)만 이 세 주파수는 서로 일치한다.

(15.166)식과 (15.167)식으로 되돌아 가서, (15.167)시은 동력하계가 임의의 외부 힘에 어떻게 반응하는가에 대한 상미분방정식이다. 외부 힘과 주어진 계의 특성 둘다 반응에 궁극적인 반응에 영향을 미친다. 이 두 영향이 변환된 공간에서는 분리되어 나타난다. (15.168)식에서 반응(출력)의 변환은 두 인수의 곱으로 나타난다. 하나는 외부 힘(입력)을, 다른 하나는 동력학계를 기술한다. 입력을 바꾸고 출력을 만들어 내는 이 두 번째 부분을 **전달함수**라 한다. 구체적으로, $[(s+b/2m)^2+\omega_1^2]^{-1}$은 이 감쇠조화진동자에 해당하는 전달함수이다. 전달함수의 개념은 자동귀환제어(servomechanism)에서 매우 유용하다. 흔히, 자동귀환제어의 특성을 기술

[21] 진폭(혹은 그 제곱)은 전형적인 공명 분모, 즉 로렌츠 선 모양을 갖는다.

할 때 전달함수를 사용하게 된다. 포갬 정리(convolution theorem)는 주어진 특정 입력에 대하여 출력이 무엇인지를 말해준다. ■

연습문제

15.11.1 포갬 정리로부터, 다음을 증명하여라:

$$\frac{1}{s}f(s) = \mathcal{L}\left\{\int_0^t F(x)dx\right\},$$

여기서 $f(s) = \mathcal{L}\{f(t)\}$이다.

15.11.2 포갬적분을 이용하여,

$$\mathcal{L}^{-1}\left\{\frac{s}{(s^2+a^2)(s^2+b^2)}\right\}, \quad a^2 \neq b^2$$

을 계산하여라.

15.11.3 약한 감쇠진동자(undamped oscillator)가 힘 $F_0 \sin \omega t$를 받고 있다. 위치를 시간의 함수로 구하여라. 구하는 해는 두 가지 간단한 조화 운동의 선형합성임에 주목하여라. 하나는 외부 힘의 주파수에 해당하고, 다른 하나는 자유진동자의 주파수에 해당한다. [$X(0) = X'(0) = 0$이라 가정하여라.]

답. $X(t) = \dfrac{F_0/m}{\omega^2 - \omega_0^2}\left(\dfrac{\omega}{\omega_0}\sin\omega_0 t - \sin\omega t\right).$

15.12 라플라스 반전 변환

■ 브롬비치 적분

등식

$$F(t) = \mathcal{L}^{-1}\{f(s)\} \tag{15.174}$$

에 나오는 라플라스 반전 변환, $\mathcal{L}^{-1}$에 대한 식을 찾아보자. 한 가지 방법은 이미 반전 관계식을 알고 있는 푸리에 변환에 찾을 수 있다. 그러나 어려운 점이 있다. 푸리에 변환이 가능한 함수는 디리클레 조건을 만족해야 한다. 특히, 무한구간에 대한 적분이 잘 정의되도록

$$\lim_{\omega\to\infty} G(\omega) = 0 \tag{15.175}$$

을 만족시켜야 한다.[22] 지금은 지수적으로 발산하는 함수 $F(t)$를 다루려고 한다. 이런 어려움을 극복하기 위하여 (발산할 지도 모르는) 라플라스 함수에서 지수인수 $e^{\gamma t}$를 빼내어 아래와 같이 쓴다:

$$F(t) = e^{\gamma t} G(t). \tag{15.176}$$

만약 $F(t)$가 $e^{\alpha t}$와 같이 발산하면, γ가 α보다 크도록 잡아준다. **그러면 $G(t)$는 수렴한다**. 이제 $t<0$에 대해 $G(t)=0$이므로 푸리에 변환[(15.20)식]에 의해 다음과 같이 쓰여진다:

$$G(t) = \frac{1}{2\pi}\int_{-\infty}^{\infty} e^{iut} du \int_0^{\infty} G(v) e^{-iuv} dv. \tag{15.177}$$

(15.177)식을 이용하여 (15.176)식을

$$F(t) = \frac{e^{\gamma t}}{2\pi}\int_{-\infty}^{\infty} e^{iut} du \int_0^{\infty} F(v) e^{-\gamma v} e^{-iuv} dv \tag{15.178}$$

와 같이 다시 쓴다. 이제 변수를

$$s = \gamma + iu \tag{15.179}$$

로 바꾸고 v에 대한 적분을 라플라스 변환 꼴로 이렇게 바꾼다:

$$\int_0^{\infty} F(v) e^{-sv} dv = f(s); \tag{15.180}$$

s는 이제 복소수이며 수렴을 보장하기 위해 $\Re(s) \ge \gamma$이다. 라플라스 변환이 양의 실수 축에서 정의된 함수를 $\Re(s) \ge \gamma$인 복소 평면으로 본뜨기(mapping)를 했다는 점에 주의하여라.[23]

γ가 상수이고, $ds = idu$이므로, (15.180)식을 (15.178)식에 대입하면

$$F(t) = \frac{1}{2\pi i}\int_{\gamma - i\infty}^{\gamma + i\infty} e^{st} f(s) ds \tag{15.181}$$

를 얻는다. 이것이 라플라스 **반전 변환**이다. 적분경로가 ($ds = idu$에 의해) 90도 만큼 회전되었다. 경로가 복소 평면 위의 무한히 뻗은 수직선이 되었다. γ는 $f(s)$의 모든 특이점이 선 $\gamma + is$의 왼쪽에 놓이도록 (그림 15.15) 잡았다.

라플라스 반전 변환 (15.181)식은 브롬비치 적분이라 알려져 있다. 가끔은 푸리에-멜린 정리 혹은 푸리에-멜린 적분이라고도 불린다. 가지자름이 없다면, 즉 $f(s)$가 일가 해석함수이

---

[22] 만약 델타함수가 포함되어 있으면, $G(\omega)$는 코사인이 된다. 비록 이것은 (15.175)식을 만족시키지는 못하지만, $G(\omega)$는 여전히 유한하다.

[23] 실수만을 이용하여 라플라스 반전 변환을 유도하는 방법에 대해서는 C. L. Bohn and R. W. Flynn, Real variable inversion of Laplace transforms: An application in plasma physics. *Am. J. Phys.* **46**, 1250(1978)을 참조하여라.

그림 15.15
$e^{st}f(s)$의 특이점

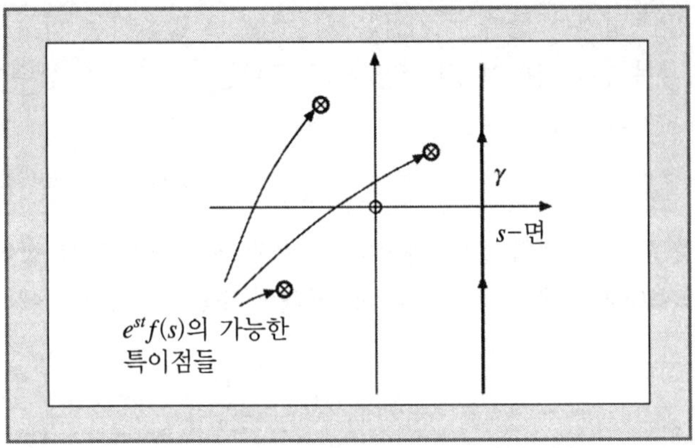

면, 이 적분은 이제 보통의 경로적분(제7장) 방법으로 계산할 수 있다. $t>0$일 때는, 적분경로를 왼쪽 반평면 상의 반원으로 (이 반원 위에서의 적분이 무시할 수 있을 정도로 작다면) 닫을 수 있다. 유수 정리(7.2절)에 의해

$$F(t) = \Sigma(\Re(s) < \gamma \text{ 인 경우에 포함되는 유수들}) \tag{15.182}$$

이다. 이 방법으로 계산하는 과정에서 $\Re(s)$가 음수가 될 수 있다. 앞서 필요로 했던 조건 $\Re(s) \geq \gamma$ 입장에서 보면, 어쩌면 이것은 역설적으로 보일 수도 있다. 그러나, 조건 $\Re(s) \geq \gamma$는 $f(s)$ 정의했던 라플라스 변환적분이 수렴하도록 하기 위한 것이라는 점에 주목하면 이 역리는 사라진다. 일단, $f(s)$가 얻어지고 나면, 복소평면 위의 어디든 원하는 영역에 대해 해석함수로서의 성질을 조사할 수 있다.[24] 실제상, $\mathcal{L}\{f(t)\}$를 왼쪽 반평면으로 해석적 이음(analytic continuation)을 한 것이다. 이것은 오일러 적분 정의[(10.5)식]를 왼쪽 반평면으로 해석적 이음을 하기 위하여 사다리곱에 대한 되돌이 관계식을 이용했던 것과 정확히 같다.

아마도 다음 두 예가 (15.182)식의 계산을 분명하게 할 것이다.

예제 15.12.1 유수 정리에 의한 반전 변환

$f(s) = a/(s^2 - a^2)$이면,

$$e^{st} f(s) = \frac{ae^{st}}{s^2 - a^2} = \frac{ae^{st}}{(s+a)(s-a)} \tag{15.183}$$

이다. 유수는 연습문제 7.1.1이나 여러 가지 다른 방법을 써서 구할 수 있다. 첫 단계는 특이점을 찾아내는 것이다. 여기서는 단순극이 $s = a$와 $s = -a$에 하나씩 있다. 연습문제 7.1.1에 따라 $s = a$에서의 유수는 $(\frac{1}{2})e^{at}$이고 $s = -a$에서는 $(-\frac{1}{2})e^{-at}$이다. 그래서,

[24]수치해석 방법에서는, $f(s)$는 s가 띄엄띄엄 있는 양의 실수에 대해서만 잘 정의될 수도 있다. 그럴 경우, 수치적인 방법이 알려져 있다. 15.8절이나 참고문헌의 Krylov와 Skoblya를 보라.

$$\text{유수} = \left(\frac{1}{2}\right)(e^{at} - e^{-at}) = \sinh at = F(t) \tag{15.184}$$

이고, 이것은 (15.94)식과 일치한다. ■

예제 15.12.2 **또 다른 반전 변환**

만일

$$f(s) = \frac{1 - e^{-as}}{s}, \quad a > 0$$

이면 $t < a$에 대해 왼쪽 반평면 위에 놓은 반원 위에서 $e^{s(t-a)}$가 지수적으로 증가한다. 따라서 경로적분이나 유수 정리를 쓸 수 없다. 그러나 적분을 다음과 같은 방법으로 구체적으로 계산할 수 있다. $\gamma \to 0$으로 보내고 $s = iy$를 대입한다. 그 결과

$$F(t) = \frac{1}{2\pi i}\int_{\gamma - i\infty}^{\gamma + i\infty} e^{st} f(s) = \frac{1}{2\pi}\int_{-\infty}^{\infty} [e^{iyt} - e^{it(t-a)}]\frac{dy}{y} \tag{15.185}$$

가 된다. 오일러 항등식을 이용하면, y에 대하여 홀함수인 사인함수만 살아남아서, 아래 등식을 얻는다:

$$F(t) = \frac{1}{\pi}\int_{-\infty}^{\infty} \left[\frac{\sin ty}{y} - \frac{\sin(t-a)y}{y}\right]. \tag{15.186}$$

$k > 0$이면 $\int_0^\infty \frac{\sin ky}{y} dy$는 $\pi/2$를 주고, $k < 0$이면 $-\pi/2$를 준다. 따라서 $t > a > 0$이거나 $t < 0$이면 $F(t) = 0$이다. 만일 $0 < t < a$이면 $F(t) = 1$. 이것은 다음과 같이 헤비사이드 계단함수 $u(t)$를 써서 압축적으로 표현할 수 있다:

$$F(t) = u(t) - u(t - a) = \begin{cases} 0, & t < 0, \\ 1, & 0 < t < a, \\ 0, & t > a. \end{cases} \tag{15.187}$$

그래서 $F(t)$는 길이가 a이고 높이가 1인 계단함수이다 (그림 15.16). ■

그림 15.16
유한한 길이의 계단함수 $u(t) - u(t-a)$

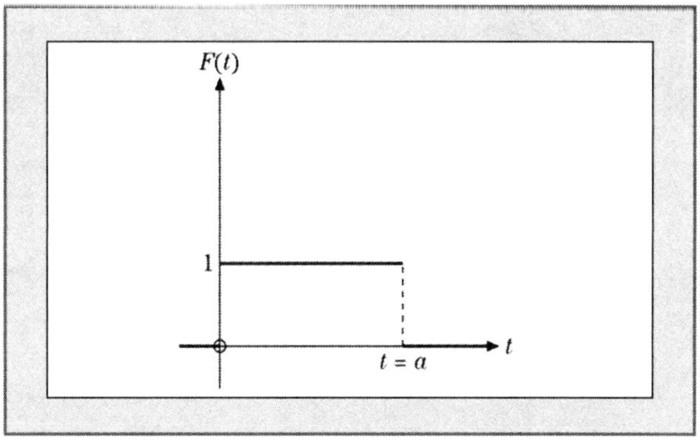

두 가지 일반적인 점을 집고 넘어가자: 첫째, 두 예로는 아직도 브롬비치 적분의 유용성을 보기 어렵다. 변환표로는 불충분할 때는 복잡한 변환의 반전 변환을 구하고자 할 때 언제나 사용할 수 있는 방법이다.

둘째, 지금까지 설명한 유도 방법은 엄밀하지 않다. 엄밀하게 보일 수도 있지만, 그럴듯한 논의였을 뿐이다. 반전 변환을 구하는 문제는 미분방정식을 푸는 것과 같다. 해를 어떻게 얻었느냐는 중요하지 않다. 원하면 답을 추측하여라. 추측한 답의 옳고 그름은 주어진 미분방정식에 대입해 보면 쉽게 알아 낼 수 있다. 마찬가지로, $F(t)$도 등식

$$\mathcal{L}\{F(t)\} = f(s)$$

가 성립하는 지를 보면 옳고 그름을 확인할 수 있다. 브롬비치 적분을 유도하는 다른 두 방법이 연습문제 15.12.1과 15.12.2에 있다.

라플라스 변환의 응용의 마지막 예로 부릴루앙과 좀머펠트(1914)의 전자기학에 관한 연구 결과를 생각해 보자.

예제 15.12.3 **분산매질에서의 전자기파의 속도**

진행하는 파동의 **무리속도(group velocity)** u는 위상 속도(phase velocity) v와 관계식

$$u = v - \lambda \frac{dv}{d\lambda} \tag{15.188}$$

를 만족한다. 여기서 λ는 파장이다. 흡수선 (공명) 근처에서는 $dv/d\lambda$가 $u > c$가 되기에 충분하도록 절대값이 큰 음수가 된다 (그림 15.17). 금방 떠오르는 질문은, 진공에서의 빛의 속도 c보다 신호가 더 빨리 전달될 수 있는가이다. 그러한 무리 속도가 의미가 있다고 가정하고 있는 이 질문은 상대성 이론에서 근본적인 중요성을 띤다. 아래 파동방정식의 해를 구할 필요가 있다:

$$\frac{\partial^2 \psi}{\partial x^2} = \frac{1}{v^2}\frac{\partial^2 \psi}{\partial t^2}. \tag{15.189}$$

그림 15.17
광학적 분산

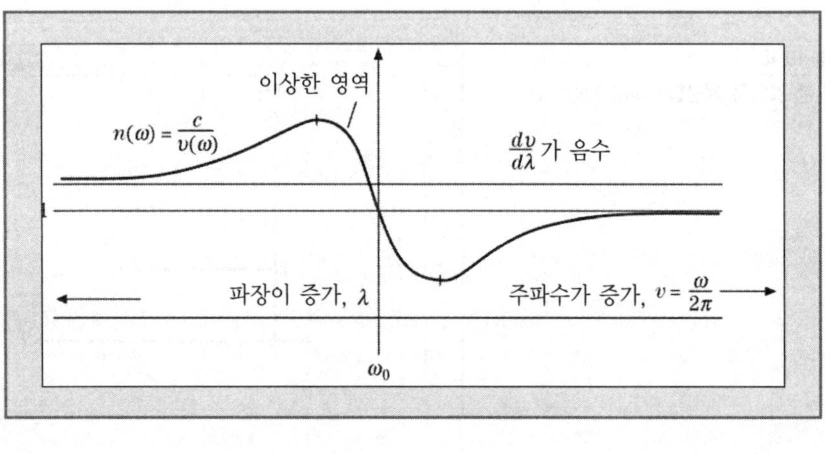

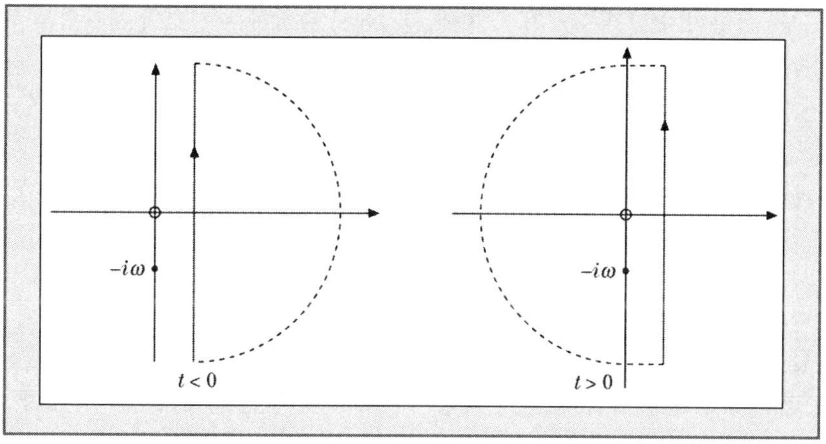

그림 15.18
선택 가능한 닫힌 적분경로

이 방정식은 처음 원점에서 시작하는 조화진동에 해당한다. 매질은 **분산적(dispersive)**이다. 즉, v가 각진동수(angular frequency)의 함수다. 예를 들어, 각 진동수 ω인 평면파가 원점에 위치한 여닫개에 들어온다고 하자. $t=0$에 여닫개가 (순간적으로) 열리고, 파동이 양의 $x-$방향으로 진행해 간다.

$x=0$에서 시작하는 해를 구성해 보자. 코시의 적분공식 [(6.37)식]

$$\psi(0, t) = \frac{1}{2\pi i}\oint \frac{e^{-izt}}{z - z_0}dz = e^{-iz_0 t}$$

을 이용하는 것이 편리하다 (경로는 $z=z_0$를 양의 방향으로 감싸고 있다). $s=-iz$, $z_0=\omega$라 놓으면,

$$\psi(0, t) = \frac{1}{2\pi i}\int_{\gamma-i\infty}^{\gamma+i\infty} \frac{e^{st}}{s+i\omega}ds = \begin{cases} 0, & t<0, \\ e^{-i\omega t}, & t>0 \end{cases} \tag{15.190}$$

이다. 고리는 그림 15.18에서 보이는 것처럼 $\Re(s)=\gamma$에 해당하는 수직선과 무한히 큰 반원으로 이루어져 있다. 반원의 위치는 반원을 따라하는 적분은 영이 되도록 잡았다. 즉, $t>0$일 때는 반원이 왼쪽 반평면에 놓여있고, 유수들을 감싼다. $t<0$일 때는 오른쪽 반평면에 놓여있어서 특이점이 포함되어있지 않다. 이것이 브롬비지 적분이라는 것은 함수

$$F(t) = \begin{cases} 0, & t<0, \\ e^{-i\omega t}, & t>0 \end{cases} \tag{15.191}$$

에 라플라스 변환을 해보면 금방 알 수 있다. 변환된 함수 $f(s)$는

$$f(s) = \frac{1}{s+i\omega} \tag{15.192}$$

이다.

코시–브롬비치 적분은 시간 $t=0$에 원점에서 출발하는 신호의 시간의존성(time dependence)을 알려준다. 공간의존성(space dependence)을 포함하려면,

$$e^{s(t-x/v)}$$

이 파동방정식을 만족한다는 점에 주목한다. t를 $t-x/v$로 바꾸고 해를

$$\psi(x,t)=\frac{1}{2\pi i}\int_{\gamma-i\infty}^{\gamma+i\infty}\frac{e^{s(t-x/v)}}{s+i\omega}ds \tag{15.193}$$

와 같이 쓴다.

브롬비치 적분을 유도하는 위 과정에서 푸리에 변환의 ω 대신 변수 s가 들어왔다. 따라서 파동의 속도 v가 s의 함수, $v(s)$가 된다. 여기서는 위의 특정한 꼴은 중요하지 않다. 관심이 있는 성질은

$$\lim_{|s|\to\infty} v(s)=c,\ \text{상수} \tag{15.194}$$

라는 점이다. 이것은 그림 15.17의 오른쪽 곡선의 점근 형태에서도 볼 수 있다.[25] 만일

$$t-\frac{x}{c}<0$$

이면, 적분 경로를 오른쪽 반평면 위의 반원으로 이어 닫아, (15.193)식을 유수 정리로부터 계산할 수 있다. 따라서,

$$\psi(x,t)=0, \qquad t-\frac{x}{c}<0, \tag{15.195}$$

표 15.1

	작 용	식
라플라스 변환	$f(s)=\mathcal{L}\{F(t)\}=\int_0^\infty e^{-st}F(t)\,dt$	(15.88)
미분의 변환	$sf(s)-F(+0)=\mathcal{L}\{F'(t)\}$	(15.110)
	$s^2f(s)-sF(+0)-F'(+0)=\mathcal{L}\{F''(t)\}$	(15.111)
적분의 변환	$\frac{1}{s}f(s)=\mathcal{L}\left\{\int_0^t F(x)dx\right\}$	연습문제 15.11.1
대입	$f(s-a)=\mathcal{L}\{e^{at}F(t)\}$	(15.131)
평행이동	$e^{-bs}f(s)=\mathcal{L}\{F(t-b)u(t-b)\}$	(15.145)
변환의 미분	$f^{(n)}(s)=\mathcal{L}\{(-t)^nF(t)\}$	(15.153)
변환의 적분	$\int_s^\infty f(x)\,dx=\mathcal{L}\left\{\frac{F(t)}{t}\right\}$	(15.158)
포갬	$f_1(s)f_2(s)=\mathcal{L}\left\{\int_0^t F_1(t-z)F_2(z)\,dz\right\}$	(15.162)
반전 변환, 브롬비치 적분	$\frac{1}{2\pi i}\int_{\gamma-i\infty}^{\gamma+i\infty}e^{st}f(s)ds=F(t)$	(15.181)

[22] (15.193)식은 비정상 분산과 크로니그–크레이머 광학 분산방정식으로부터 임밀히 유도된다.

이것은 신호가 진공에서의 빛의 속도 c를 넘지 못한다는 뜻이다. 좀머펠트(Sommerfeld)와 브릴루앙(Brillouin)이 이 간단하면서도 중요한 결론을 일반화하여, 분산매질에서 파동이 어떻게 진행하는가를 보였다. ■

연습문제

15.12.1 코시의 적분공식으로부터 브롬비치 적분공식을 유도하여라.
힌트.

$$f(s) = \frac{1}{2\pi i} \lim_{\alpha \to \infty} \int_{\gamma - i\alpha}^{\gamma + i\alpha} \frac{f(z)}{s - z} dz$$

에 반전 변환을 적용하여라. 여기서 $f(z)$는 $\Re(z) \geq \gamma$인 영역에서 해석적이다.

15.12.2 식

$$\frac{1}{2\pi i} \int_{\gamma - i\infty}^{\gamma + i\infty} e^{st} f(s) ds$$

로부터 시작하여

$$f(s) = \int_0^\infty e^{-sz} F(z) dz$$

를 도입하여, 적분을 디락 델타함수의 푸리에 표현으로 바꿀 수 있음을 보여라. 이 결과를 이용하여, 라플라스 반전 변환을 구하여라.

15.12.3 브롬비치 적분을 이용하여 라플라스 변환 포갬 정리를 유도하여라.

15.12.4 라플라스 반전 변환

$$\mathcal{L}^{-1}\left\{\frac{s}{s^2 - k^2}\right\}$$

를 다음과 같은 방법으로 구하여라:
(a) 부분분수 전개를 이용하여라;
(b) 브롬비치 적분을 이용하여라.

15.12.5 라플라스 반전 변환

$$\mathcal{L}^{-1}\left\{\frac{k^2}{s(s^2 + k^2)}\right\}$$

을 다음과 같은 방법으로 구하여라:
(a) 부분분수 전개를 이용하여라;

(b) 포갬 정리를 이용하여라;

(c) 브롬비치 적분을 이용하여라.

답. $F(t) = 1 - \cos kt$.

15.12.6 브롬비치 적분을 이용하여 변환이 $f(s) = s^{-1/2}$인 함수를 찾아라. $f(s)$는 $s = 0$에서 분지점(branch point)을 갖는다. 음의 $x-$축을 분지자름선(branch cut line)으로 간주할 수 있다.

답. $F(t) = (\pi t)^{-1/2}$.

15.12.7 라플라스 반전 변환

$$\mathcal{L}^{-1}\left\{(s^2 - a^2)^{-1/2}\right\}$$

을 다음과 같은 방법으로 각각 구하여라:

(a) 급수로 전개하고 각 항별로 반전 변환하여라.

(b) 브롬비치 적분을 직접 계산하여라.

(c) 브롬비치 적분에서 $s = (a/2)(z + z^{-1})$으로 변수 변환하여라.

15.12.8 $\gamma = 0.5772\ldots$를 오일러－마쉐로니 상수라 할 때,

$$\mathcal{L}^{-1}\left\{\frac{\ln s}{s}\right\} = -\ln t - \gamma$$

임을 보여라.

15.12.9 함수

$$f(s) = \frac{s}{(s^2 + a^2)^2}$$

에 대한 브롬비치 적분을 계산하여라.

15.12.10 헤비사이드 전개 정리. 변환 $f(s)$가

$$f(s) = \frac{g(s)}{h(s)}$$

와 같은 두 해석함수 $g(s)$와 $h(s)$의 비율 꼴로 쓰여진다고 한다. $h(s)$는 간단하고 (simple) 고립된(isolated) 영을 $s = s_i$를 갖는다. 다음을 보여라:

$$F(t) = \mathcal{L}^{-1}\left\{\frac{g(s)}{h(s)}\right\} = \sum_i \frac{g(s_i)}{h'(s_i)} e^{s_i t}.$$

힌트. 연습문제 7.1.2 참조.

15.12.11 브로비치 적분을 이용하여 $f(s) = s^{-2}e^{-ks}$의 반전 변환을 구하여라. $F(t) = \mathcal{L}^{-1}$

$\{f(s)\}$를 (평행이동된) 계단함수 $u(t-k)$를 써서 나타내어라.

답. $F(t) = (t-k)u(t-k)$.

15.12.12 라플라스 변환

$$f(s) = \frac{1}{(s+a)(s+b)}, \quad a \neq b$$

가 주어져 있다. 위 식의 반전 변환을 다음과 같은 방법으로 각각 구하여라:

(a) 부분분수 전개;

(b) 포갬 정리; 그리고

(c) 브롬비치 적분.

답. $F(t) = \dfrac{e^{-bt} - e^{-at}}{a-b}, \quad a \neq b$

추가 읽을거리

Champeney, D. C. (1973). *Fourier Transforms and Their Physical Applications*. Academic Press, New York. 푸리에 변환을 따라가기 쉬우면서도 주의 깊게 다루고 있다. 60% 이상을 물리적 혹은 공학적인 응용에 할애하고 있다.

Erdelyi, A., Magnus, W., Oberthettinger F., and Tricomi, F. G.(1954). *Tables of Integral Transforms*. McGraw-Hill, New York. 이 책은 푸리에 사인, 코사인, 지수 변환, 라플라스 변환, 라플라스 반전 변환, 멜린 변환, 멜린 반전 변환, 한켈 변환 외 많은 특수한 변환들에 대한 표를 제공한다.

Hanna, J. R.(1990). *Fourier Series and Integrals of Boundary Value Problems*. Wiley, Somerset, NJ. 경계조건 문제에 대한 푸리에 풀이 방법을 폭넓게 다룬다. 특히, 수렴성 및 완전성에 세심한 주의를 기울였다.

Jeffreys, H., and Jeffreys, B. S. (1972). *Methods of Mathematical Physics*, 3rd ed. Cambridge Univ. Press, Cambridge, UK.

Krylov, V. I., and Skoblya, N. S.(1969). *Handbook of Numerical Inversion of Laplace Transform*. Israel Program for Scientific Translations, Jerusalem.

Lepage, W. R. (1961). *Complex Variables and the Laplace Transform for Engineers*. McGraw-Hill, New York. Reprinted, Dover, New York (1980). 복소함수론을 푸리에 변환 및 라플라스 변환에 응용하기 편하도록 기술하고 있다. 깊이 있게 공부하고 싶어 하는 학생들에게 적당하다.

McCollum, P. A., and Brown, B. F. (1965). *Laplace Transform Tables and Theorems*. Holt, Rinehart and Winston, New York.

Miles J. W. (1971). *Integral Transforms in Applied Mathematics*. Cambridge Univ. Press, Cambridge, UK. 이 책은 간단하지만, 학부생에게는 유익하고 재미있을 것이다. 추상

적인 수학 이론보다는 응용에 중점을 두고 있다.

Papoulis, A. (1962). *The Fourier Integral and Its Applications*. McGraw−Hill, New York. 이 책은 푸리에 및 라플라스 변환을 엄밀하게 다루고 있다. 과학 및 공학 분야에 많은 응용의 예를 포함하고 있다.

Roberts, G. E., and Kaufman, H. (1966). *Table of Laplace Transforms*. Saunders, Philadelphia.

Sneddon, I. N. (1951). *Fourier Transforms*. McGraw−Hill, New York. Reprinted, Dover, New York (1955). 자세하고 포괄적인 이 책은 현대 물리학뿐만 아니라 고전 물리의 다양한 분야에 걸쳐 적용한 예를 포함하고 있다.

Sneddon, I. H. (1972). *The Use of Integral Transforms*. McGraw−Hill, New York. 과학 및 공학을 공부하는 학생들을 위해 쓰여진 이 책은, 이 장에 있는 모든 적분 변환뿐만 아니라 다른 예도 기술하고 있다. 많은 응용의 예들이 포함되어 있다.

Van der Pol, B., and Bremmer, H. (1987). *Operational Calculus Based on the Two−Sided Laplace Integral*, 3rd ed. Cambridge Univ. Press, Cambridge, UK. 이 책에서는 적분 구간을 0부터 ∞보다는 −∞부터 ∞까지를 택하였다. 제5장에서는 디락 델타함수를 자세하게 다루고 있다.

Wolf, K. B. (1979). *Integral Transforms in Science and Engineering*. Plenum, New York. 이 책에서는 적분 변환 및 그 응용을 매우 포괄적으로 다루고 있다.

Titchmarsh, E. C. (1937). *Introduction to the Theory of Fourier Integrals*, 2nd ed. Oxford Univ. Press, New York.

편미분방정식

16.1 편미분방정식과 경계조건의 예

물리학에서 접할 수 있는 편미분방정식의 예들을 살펴보면서 편미분방정식에 대한 논의를 계속하기로 하자. 가장 흔히 볼 수 있는 예들 중 다음과 같은 것들이 있다:

1. 라플라스 방정식, $\nabla^2\psi(\mathbf{r}) = 0$.
   굉장히 흔히 보이면서 중요한 이 방정식은 아래와 같은 현상들을 연구할 때 나타난다:
   (a) 전자기 현상, 특히 전하를 포함하지 않은 영역에서의 정전기학, 유전기학, 정상 상태 전류, 정자기학 등;
   (b) 유체역학(완전유체와 표면파의 비회전 흐름);
   (c) 열의 흐름이나 확산(diffusion); 그리고
   (d) 질량이 없는 영역에서 중력.
2. 푸아송 방정식, $\nabla^2\psi(\mathbf{r}) = -\rho/\varepsilon_0$.
   동차(homogeneous) 라플라스 방정식과는 달리, 푸아송 방정식은 전자기학이나 뉴턴 중력학에서 샘(source) 항을 포함하고 있다.
3. 파동(헬름홀쯔)방정식과 민시간(time-independent) 확산방정식, $\nabla^2\psi(\mathbf{r}) \pm k^2\psi = 0$.
   이 방정식들은 아래와 같은 다양한 현상들에서 볼 수 있다:
   (a) 떠는 줄, 막대, 막 등을 포함한 고체에서의 탄성파;
   (b) 음향학;
   (c) 전자기파동; 그리고
   (d) 핵반응로.
4. 확산방정식 혹은 열흐름방정식,

$$\nabla^2\psi(t, \mathbf{r}) = \frac{1}{a^2}\frac{\partial\psi}{\partial t}.$$

5. 미코프스키 공간(제2장과 제4장)에서의 4차원 라플라스 방정식

$$\partial^\mu\partial_\mu\varphi(x) = \partial^2\varphi = \left[\frac{1}{c^2}\frac{\partial^2}{\partial t^2} - \nabla^2\right]\varphi = 0$$

으로 달랑베르시암을 포함하는 4차원 공간에서의 전자기 파동방정식.

6. 시간의존성(time−dependent) 스칼라 퍼텐셜방정식, $\partial^2\psi(x) = \rho/\varepsilon_0$.
7. 질량 μ에 대한 클라인−골든 방정식, $\partial^2\psi(x) = -\mu^2\psi(x)$, 그리고 스칼라함수 ψ 대신 벡터장을 대입한 벡터방정식이다. 좀더 복잡한 모양도 흔히 볼 수 있다.
8. 슈레딩거 파동방정식

$$-\frac{\hbar^2}{2m}\nabla^2\psi + V\psi = i\hbar\frac{\partial\psi}{\partial t}$$

와 시간과 무관한 경우에는 다음 식과 같다:

$$-\frac{\hbar^2}{2m}\nabla^2\psi + V\psi = E\psi.$$

9. 탄성파와 점성이 있는 점성 흐름체(viscous fluid)에 대한 방정식 및 전신방정식(telegraphy equation).
10. 막스웰의 전자기 파동방정식 및 상대론적 전자의 파동방정식인 디락 방정식. 막스웰 방정식에 관하여는 1.8절을 보기 바란다.

이차 편미분방정식을 풀기 위한 일반적인 방법들에 대하여 이미 제8장에서 어느 정도 논하였다. 이 장에서는 아래와 같은 점에 주목하면서 좀더 논의를 계속할 것이다:

1. 변수분리 (8.9절). 편미분방정식을 상미분방정식들로 나누는데, 이 방정식들은 선형 작용소의 고유값($\mathcal{L}\psi = l\psi$)에 해당하는 상수들에 의해 결합되어 있다. 이 방법은 **편미분방정식의 대칭성과 그에 해당하는 변환군**(4.2절)과 밀접하게 관련되어 있다. 위의 3번에 예를 든, 헬름홀쯔 방정식은 이 형태를 띠고 있다. 즉, 상수 k^2 시간 t를 변수분리할 때 나온다. 마찬가지로, 예 8번의 에너지 E는 슈레딩거 방정식에서 t를 $\mathbf{r}$로부터 분리해 낼 때 나오는 고유값이다. 이렇게 해서 얻어진 상미분방적식에 대해서는 제9장에서 자세히 살펴 보았다.
2. 편미분방정식을 **그린함수**를 이용하여 적분방정식으로 바꿀 수 있는데, 이 방법은 위의 예 2, 7과 같은 **비동차(inhomogeneous)** 편미분방정식에 적용된다. 그린함수 방법은 16.3절에서 소개한다.
3. 적분 변환과 같은 다른 해석적인 방법들은 제15장에서 살펴 보았다.
4. 수치 계산법 : 컴퓨터의 발달은 유한차 방법을 이용한 여러 가지 방법들을 가능하게 했

다.[1]

때때로, 고차방정식을 접하게 된다. 탄성체 이론이나 점성을 가진 흐름체의 느린 운동에 관한 이론에서

$$(\nabla^2)^2\psi = 0$$

과 같은 방정식을 보게 된다. 이런 고차 방정식은 드물어서, 여기서는 다루지 않기로 한다.

비록 자주 나오지도 않고, 이차 상미분방정식만큼 중요하지는 않지만, 일차 상미분방정식은 이론물리학이나 이차 상미분방정식의 중간 단계에서 나타날 수 있다. 몇 가지 중요한 일차 상미분방정식의 해는 8.2절에서 논하였다. 일차 편미분방정식은 항상 상미분방정식으로 바꿀 수 있다. 이것은 어렵지는 않지만 그 과정은 길 수 있다.

■ 경계조건

보통, 물리계의 상태와 시간 변화에 대한 법칙을 알고 있으면, 그 계의 나중 상태를 예측할 수 있다. 이런 초기조건들이 가장 흔히 볼 수 있는 상미분방정식이나 편미분방정식의 경계조건들이다. 주어진 점, 선, 혹은 면과 일치하는 해를 찾는 문제를 경계조건 문제라 부른다. 고유함수는 보통 경계조건을 만족해야 한다. 이런 경계조건은 세 가지 유형으로 나뉜다:

- 코시 경계조건: 경계에서의 함수의 값과 수직 미분값이 주어진다. 가령, 정전기학에서는 퍼텐셜 φ와 전기장의 수직성분 E_n을 말한다.
- 디리클레 경계조건: 함수값이 경계에서 주어진다.
- 노이만 경계조건: 함수의 수직미분이 주어진다. 가령 정전기학에서는 E_n, 즉 표면 전하밀도 σ가 주어진다.

이 세 가지 경계조건과 세 가지 꼴의 2차원 편미분방정식의 관계를 표 16.1에 요약하였다.

표 16.1

경계조건	편미분방정식의 유형 타 원	 쌍곡선	 포물선
	(x, y)에 대한 라플라스, 푸아송	(x, t)에 대한 파동방정식	(x, t)에 대한 확산방정식
코시 열린 면	물리적이지 않음 (불안정)	**유일하고 안정된 해**	너무 제한적임
코시 닫힌 면	너무 제한적임	너무 제한적임	너무 제한적임
디리클레 열린 면	충분치 않음	충분치 않음	**유일하고 안정된 해**
디리클레 닫힌 면	**유일하고 안정된 해**	해가 유일하지 않음	너무 제한적임
노이만 열린 면	충분치 않음	충분치 않음	**유일하고 안정된 해**
노이만 닫힌 면	**유일하고 안정된 해**	해가 유일하지 않음	너무 제한적임

[1]For further details of numerical computation, see R. W. Hamming's *Numerical Methods for Scientists and Engineers* (McGraw-Hill, New York, 1973) and proceed to specialized references.

표 16.2
구면극좌표계에서의 해[a]

$$\psi = \sum_{l,m} a_{lm}\psi_{lm}$$

$$\nabla^2\psi = 0 \quad \psi_{lm} = \begin{Bmatrix} r^l \\ r^{-l-1} \end{Bmatrix} \begin{Bmatrix} P_l^m(\cos\theta) \\ Q_l^m(\cos\theta) \end{Bmatrix} \begin{Bmatrix} \cos m\varphi \\ \sin m\varphi \end{Bmatrix}^b$$

$$\nabla^2\psi + k^2\psi = 0 \quad \psi_{lm} = \begin{Bmatrix} j_l(kr) \\ y_l(kr) \end{Bmatrix} \begin{Bmatrix} P_l^m(\cos\theta) \\ Q_l^m(\cos\theta) \end{Bmatrix} \begin{Bmatrix} \cos m\varphi \\ \sin m\varphi \end{Bmatrix}^b$$

$$\nabla^2\psi - k^2\psi = 0 \quad \psi_{lm} = \begin{Bmatrix} i_l(kr) \\ k_l(kr) \end{Bmatrix} \begin{Bmatrix} P_l^m(\cos\theta) \\ Q_l^m(\cos\theta) \end{Bmatrix} \begin{Bmatrix} \cos m\varphi \\ \sin m\varphi \end{Bmatrix}^b$$

[a]함수 $P_l^m(\cos\theta)$에 대해서는 $m=0$일 때 11.1절을, $m\neq 0$일 때 11.5절을 참고하여라. $Q_l^m(\cos\theta)$는 불규칙적인 르장드르 해이다. 또, $i_l(kr) \equiv i^{-l}j_l(ix)$, $k_l(kr) \equiv -i^l h_l^{(1)}(ix)$.
[b]$\cos m\varphi$와 $\sin m\varphi$는 $e^{\pm im\varphi}$로 대신할 수 있다.

표 16.3
원통좌표계에서의 해[a]

$$\psi = \sum_{m,\alpha} a_{m\alpha}\psi_{m\alpha}, \qquad \nabla^2\psi = 0$$

$$\psi_{m\alpha} = \begin{Bmatrix} J_m(\alpha\rho) \\ Y_m(\alpha\rho) \end{Bmatrix} \begin{Bmatrix} \cos m\varphi \\ \sin m\varphi \end{Bmatrix} \begin{Bmatrix} e^{-\alpha z} \\ e^{\alpha z} \end{Bmatrix}$$

$$\psi_{m\alpha} = \begin{Bmatrix} I_m(\alpha\rho) \\ K_m(\alpha\rho) \end{Bmatrix} \begin{Bmatrix} \cos m\varphi \\ \sin m\varphi \end{Bmatrix} \begin{Bmatrix} \cos\alpha z \\ \sin\alpha z \end{Bmatrix}$$

$$\alpha = 0(\text{즉, } z\text{에 무관하면}),\ \psi_m = \begin{Bmatrix} \rho^m \\ \rho^{-m} \end{Bmatrix} \begin{Bmatrix} \cos m\varphi \\ \sin m\varphi \end{Bmatrix}$$

[a]반지름 함수 $J_m(\alpha\rho)$에 대해서는 12.1절을, $Y_m(\alpha\rho)$에 대해서는 12.2절을 보아라. $I_m(\alpha\rho) \equiv i^{-m}J_m(ix)$, $K_m(\alpha\rho) \equiv \pi/2i^{m+1}H_m^{(1)}(ix)$.

이런 편미분방정식에 대한 자세한 논의는 Sommerfeld (제2장), Morse and Feshbach (제6장), 혹은 R. Courant and D. Hilbert, *Methods of Mathematical Physics* (Interscience, New York, 1989)를 보기 바란다.

표 16.1의 일부는 자체모순이 없고 상식에 맞도록 하기 위한 것이다. 예를 들어, 닫힌 면에 대한 푸아송 방정식은 디리클레 조건에 대해 유일하고 안정된 해를 갖는다. 노이만 조건도 마찬가지로 디리클레 조건에 상관없는 유일하고 안정된 해를 준다. 그러므로, 코시 조건(디리클레 조건과 노이만 조건을 동시에 만족시킴)은 모순일 수 있다.

경계조건이란 용어는 초기조건을 포함한다. 예를 들어, 어떤 동역학 문제에서 초기 위치 x_0와 초기 속도 v_0를 지정하는 것은 코시 경계조건에 해당된다. 유일한 차이는 허용된 변수의 영역 **양** 끝에서 이 조건을 적용한다는 점이다.

편의상, 라플라스 방정식, 헬름홀쯔 방정식, 확산방정식을 구면극좌표에 대해 표 16.2에 요약하였다. 라플라스 방정식의 원통좌표에서의 해는 표 16.3에 나타내었다.

헬름홀쯔 방정식이나 확산방정식(16.2절)에 대해서는, 상수 $\pm k^2$을 변수분리상수 $\pm \alpha^2$에 대하여 새로운 변수 γ^2나 $-\gamma^2$을 정의하였다. $\gamma^2(\gamma^2>0)$을 택하면, 베셀함수 $J_m(\gamma\rho)$와 $Y_m(\gamma\rho)$를 얻고, $-\gamma^2(\gamma^2>0)$을 택하면 베셀함수 $I_m(\gamma\rho)$와 $K_m(\gamma\rho)$를 얻는다.

이 방정식들과 이것들을 일반화한 두 방정식을 다음 절에서 살펴본다. 미분방정식의 꼴과 관련되 일반적인 성질은 제9상에서 살펴보았나. 각각의 해는 제11장~제13장에서 구하거나 응용되었다.

연습을 하고 있는 사람이라면, 다른 이차 상미분방정식들도 보게 될 것이다. 이들 중 많은 수가 여기서 고려한 예들로 변환 가능하다. 어떤 것들은 8.5, 8.6절에 소개한 방법들로 풀 수 있다. 다른 것들은 컴퓨터를 써서 수치적으로 계산해야 한다.

16.2 열흐름 방정식 또는 확산방정식

등방성 매질에 대한 시간의존성 확산방정식를 생각해 보자. 등방성에 대한 가정은 그리 큰 제한이 아니다. 방향에 따라 확산율이 다른 경우 (예를 들어 나무), 열흐름 방정식은

$$\frac{\partial\psi}{\partial t}=a^2\frac{\partial^2\psi}{\partial x^2}+b^2\frac{\partial^2\psi}{\partial y^2}+c^2\frac{\partial^2\psi}{\partial z^2} \tag{16.1}$$

꼴이 된다. 여기서 좌표축을 비등방 주축과 나란하도록 잡았다. 이제 $x=a\xi$, $y=b\eta$, $z=c\zeta$와 같이 좌표 눈금을 조정하면, 온도 분포함수 $\Phi(\xi,\eta,\zeta,t)=\psi(\frac{x}{a},\frac{y}{b},\frac{z}{c},t)$에 대한 원래의 등방성 방정식

$$\frac{\partial\Phi}{\partial t}=\frac{\partial^2\Phi}{\partial\xi^2}+\frac{\partial^2\Phi}{\partial\eta^2}+\frac{\partial^2\Phi}{\partial\zeta^2} \tag{16.2}$$

을 다시 얻는다.

편의상, 먼저 가령 긴 금속 막대 같은 균질한 1차원 매질에 대한 시간과 무관한 편미분방정식을 풀어 보자:

$$\frac{\partial\psi}{\partial t}=a^2\frac{\partial^2\psi}{\partial x^2}, \tag{16.3}$$

여기서 상수 a는 매질의 확산도(diffusivity)나 열전도도를 나타낸다. 계수가 상수인 이 선형 편미분방정식을 풀기 위해 **지수곱** 가설풀이 $\psi=e^{\alpha x}\cdot e^{\beta t}$를 써 보자. 이 가설풀이를 (16.3)식에 직접 대입하면 알 수 있듯이, 조건 $\beta=a^2\alpha^2$만 만족하면 해가 된다. 오랜 시간이 지난 후에 지수적으로 감쇠하는 해를 찾는다. 즉, β가 음수인 해여야 한다. 따라서 실수 ω에 대하여 $\alpha=i\omega$, $\alpha^2=-\omega^2$ 이라 두면,

$$\psi = e^{i\omega x}e^{-\omega^2 a^2 t} = (\cos\omega x + i\sin\omega x)e^{-\omega^2 a^2 t}$$

을 얻는다. 실수 선형 결합을 형성하면 A, B, ω의 값에 상관없이 해

$$\psi(\mathbf{x}, t) = (A\cos\omega x + B\sin\omega x)e^{-\omega^2 a^2 t}$$

을 얻는다. 여기서 A, B, ω는 경계조건에 의해 결정된다. 주기적인 경계조건에 대해서는 기본 주기의 배수 $n\omega$들에 대해 합하고, 일반적인 경계조건에 대해서는 ω에 대해 **적분한다**. 그럼, 해는

$$\psi(x, t) = \int [A(\omega)\cos\omega x + B(\omega)\sin\omega x]e^{-a^2\omega^2 t}d\omega \tag{16.4}$$

가 된다. 이 해는 일반적이어서 시간 $t=0$에서의 경계조건에 부합한다. 경계조건이 영이 아닌 온도 ψ_0를 준다면, 경계조건을 푸리에 전개하는 방법을 쓸 수 있다. 공간이 제한되어 있지 않다면 (무한히 긴 막대처럼) 푸리에 적분이 쓰인다.

- 이렇게 푸리에 전개 혹은 푸리에 적분를 하는 방법은 특정한 편미분방정식 해를 일반화하여 경계조건에 맞도록 만드는 대표적인 방법이다.

예제 16.2.1 특정한 경계조건

1차원에서 특별한 경우를 풀어보자. 시간 $t=0$일 때, $x=1$과 $x=-1$사이의 구간에서는 온도가 $\psi_0(x)=1=$상수이고, $x>1$이거나 $x<1$인 구간에서는 영이다. 끝($x=\pm 1$)에서는 온도가 항상 영으로 유지된다.

유한한 구간에 대해서는 (16.3)식의 해로 $\cos(l\pi x/2)$을 택한다. 여기서 l은 정수이다. 왜냐하면 $x=\pm 1$에서 영이 되어야 하기 때문이다. 따라서, 시간 $t=0$에서 해는 푸리에 급수 (예제 8.9.1)

$$\psi(x, 0) = \sum_{l=1}^{\infty} a_l \cos(\pi l x/2) = 1, \quad -1 < x < 1$$

로 주어진다. 이 때 계수(14.1절)는

$$\begin{aligned} a_l &= \int_{-1}^{1} 1\cdot\cos\frac{\pi l x}{2} = \frac{2}{l\pi}\sin\frac{\pi l x}{2}\Big|_{x=-1}^{1} \\ &= \frac{4}{\pi l}\sin\frac{l\pi}{2} = \frac{4(-1)^m}{(2m+1)\pi}, \quad l = 2m+1; \\ a_l &= 0, \quad l = 2m \end{aligned}$$

이다. 시간의존성을 포함하면, 전체 해는 다음 급수에 의해 주어진다:

$$\psi(x, t) = \frac{4}{\pi}\sum_{m=0}^{\infty}\frac{(-1)^m}{2m+1}\cos\left[(2m+1)\frac{\pi x}{2}\right]e^{-t((2m+1)\pi a/2)^2}, \tag{16.5}$$

이 급수는 $t>0$에 대해 절대수렴하지만, $x=\pm1$에서 불연속이기 때문에 $t=0$일 때는 조건수렴한다.

앞에서는 양끝점의 온도가 영이라고 놓았다. 이 조건을 없애면 푸리에 급수대신 푸리에 적분이 된다. 일반해는 (16.4)식과 같은 꼴이 된다. $t=0$에서는 주어진 온도분포 $\psi_0=1$에 대해 계수(15.2절)가 아래와 같이 주어진다:

$$A(\omega)=\frac{1}{\pi}\int_{-1}^{1}\cos\omega x\,dx=\frac{1}{\pi}\frac{\sin\omega x}{\omega}\bigg|_{x=-1}^{1}=\frac{2\sin\omega}{\pi\omega},\qquad B(\omega)=0.$$

그러므로,

$$\psi(x,t)=\frac{2}{\pi}\int_0^\infty\frac{\sin\omega}{\omega}\cos(\omega x)e^{-a^2\omega^2t}d\omega \tag{16.6}$$

이다. ■

삼차원에서는 해당하는 가설풀이 $\psi=e^{i\mathbf{k}\cdot\mathbf{r}/a+\beta t}$으로부터 관계식 $\beta=-\mathbf{k}^2=-k^2$을 얻게 된다. (16.3)식의 3차원 꼴은

$$\frac{\partial^2\psi}{\partial x^2}+\frac{\partial^2\psi}{\partial y^2}+\frac{\partial^2\psi}{\partial z^2}+k^2\psi=0 \tag{16.7}$$

이다. 이것은 **헬름홀쯔** 방정식이라 불리고 직각좌표계, 원통좌표계, 혹은 구면좌표계에 대한 라플라스 방정식에서와 마찬가지로 변수분리 방법으로 풀 수 있다.

직각좌표계에 대해서는, 곱 가설풀이, (8.114)식을 써서 변수분리를 한다. x, y에 대한 상미분방정식은 (8.117)식과 (8.120)식과 같고, z에 대한 상미분방정식[(8.121)식]은 아래와 같이 일반화된다:

$$\frac{1}{Z}\frac{d^2Z}{dz^2}=-k^2+l^2+m^2=n^2>0, \tag{16.8}$$

여기서 새로운 변수분리상수 n^2을 도입하였으며, 다음 관계식을 만족한다:

$$k^2=l^2+m^2-n^2. \tag{16.9}$$

이런 식으로 대칭적인 방정식들을 얻었다. 이제 헬름홀쯔 방정식, (16.7)식의 해들을 관계(16.9)식을 만족하는 세 개의 변수분리상수 l, m, n으로 표시한다. 앞에서와 같이, z 상미분방정식[(16.8)식]은 지수적으로 감쇠하는 해를 준다, $\sim e^{-nz}$. $z=0$에서의 경계조건에 의해 같은 (8.123)식으로부터 전개 계수 a_{lm}이 결정된다.

원통좌표를 쓰면, z 상미분방정식에 대해 변수분리상수 l^2을 이용한다. 지수적으로 감쇠하는 해를 염두에 두면

$$\frac{d^2Z}{dz^2}=l^2Z>0 \tag{16.10}$$

이고, 따라서 z가 커지면 온도는 영으로 가야하므로 $Z \sim e^{-lz}$이다. $k^2+l^2=n^2$ 이라 하면 (8.131)식 ~ (8.132)식은 변함이 없다. 그러므로, 앞에서와 똑같은 푸리에-베셀 전개[(8.137)식]를 얻는다.

구면좌표를 쓰면, 각에 대한 상미분방정식은 (8.142)와 (8.145)식과 같다. 반면, 반지름 상미분방정식은 이번엔 (8.146)식 대신

$$\frac{1}{r^2}\frac{d}{dr}\left(r^2\frac{dR}{dr}\right)+k^2R-\frac{QR}{r^2}=0, \quad Q=l(l+1) \tag{16.11}$$

이 된다. 이 해들은 12.4절의 구면 베셀함수들이다. 표 16.2에 나열되어 있다.

k^2이 상수이어야 한다는 제한은 필요이상으로 심각하다. 변수분리 과정은 k^2이

$$k^2=f(r)+\frac{1}{r^2}g(\theta)+\frac{1}{r^2\sin^2\theta}h(\varphi)+k'^2 \tag{16.12}$$

만큼이나 일반적인 헬름홀쯔 방정식에도 적용된다. 수소원자에서는 $k^2=f(r)$이다. 이 때문에 라귀에르 다항식을 써서 구체적인 해를 얻을 수 있는 것이다.

인명 자료

Helmholtz, Hermann Ludwig Ferdinand von. 독일의 생리학자이며 물리학자인 헬름홀쯔는 1821년 베를린 근처의 포츠담에서 출생하여 1894년 지금의 베를린인 샬로텐부르그(Charlottenburg)에서 서거하였다. 베를린에서 의학을 공부하고 1842년 졸업하였다. 1849년 훔볼트의 도움으로 지금의 러시아인 프러시아의 쾨니그스베르그 대학의 생리학 교수로 임명되었다. 그는 사람의 눈과 귀의 기능을 연구하였으며, 음의 질을 정의하였다. 그러나, 그는 물리학에 대한 기여, 특히 에너지 보존법칙으로 더 잘 알려져 있다. 그는 태양의 에너지가 중력수축에서 오는 것이라면 지구의 나이가 2억5천만년 이하여라는 걸 보였다. 그는 그의 학생이었던 하인리히 헤르쯔(Heinrich Hertz)에게 전자기파의 스펙트럼이 가시광선 영역 보다 훨씬 넓다는 것을 증명하여라고 제안하였다.

■ 다른 풀이

실험 사실로부터 열흐름 편미분방정식에 대한 새로운 접근 방법이 제안되었다. 이 방법을 살펴보기 위해 다시 1차원 편미분방정식[(16.3)식]을 보자. 예제 15.2.2에서 제안되었던 새로운 함수 꼴 $\psi(x,t)=u(x/\sqrt{t})$를 갖는 해를 찾아 보자. $u(\xi), \xi=x/\sqrt{t}$를 (16.3)식에 대입하고,

$$\frac{\partial\psi}{\partial x}=\frac{u'}{\sqrt{t}}, \quad \frac{\partial^2\psi}{\partial x^2}=\frac{u''}{t}, \quad \frac{\partial\psi}{\partial t}=-\frac{x}{2\sqrt{t^3}}u' \tag{16.13}$$

을 이용하면 편비분방정식에 다음과 같은 상미분방정식으로 바뀐다:

$$2a^2u''(\xi)+\xi u'(\xi)=0. \tag{16.14}$$

여기서 $u'(\xi) \equiv \frac{du}{d\xi}$. 위의 상미분방정식을

$$\frac{u''}{u'} = -\frac{\xi}{2a^2},$$

로 다시 쓰고 이를 적분하여 $\ln u' = -\frac{\xi^2}{4a^2} + \ln C_1$을 얻는다. 여기서 C_1은 적분상수이다. 지수함수로 바꾸고 다시 한 번 적분하면, 두 개의 적분상수 C_i를 포함하는 해

$$u(\xi) = C_1 \int_0^{\xi} e^{-\frac{\xi^2}{4a^2}} d\xi + C_2, \tag{16.15}$$

를 얻는다. 경계조건, 즉 $x>0$에서는 온도가 $+1$, $x<0$에서는 -1이 되도록 맞추어 주면, 상수 C_i가 결정된다. 해는

$$\psi = \frac{1}{a\sqrt{\pi}} \int_0^{\frac{x}{\sqrt{t}}} e^{-\frac{\xi^2}{4a^2}} d\xi = \frac{2}{\sqrt{\pi}} \int_0^{\frac{x}{2a\sqrt{t}}} e^{-v^2} dv = \Phi\left(\frac{x}{2a\sqrt{t}}\right), \tag{16.16}$$

가 된다. 여기서 Φ는 가우스의 오차함수(연습문제 5.10.4)이다. 예제 15.2.2에서는 푸리에 변환을 이용한 유도 방법을 살펴 보았었다. 이 특정한 해를 경계조건에 맞도록 일반화할 필요가 있다.

이것을 위해 특수해[(16.16)식]를 **미분하여 계수가 상수인 편미분방정식의 새로운 해들을 만들어 낸다**. 다시 말해, $\psi(x, t)$가 편미분방정식 (16.3)의 해라면, $\frac{\partial\psi}{\partial t}$와 $\frac{\partial\psi}{\partial x}$도 해이다. 왜냐하면 이 미분과 편미분방정식에 있는 미분 작용소는 작용 순서에 상관없기 때문이다. 이 방법은 계수가 x나 t의 함수이면 더이상 적용할 수 없음에 주의하여라. 그러나 계수가 상수인 편미분방정식에 보다 압도적으로 많다. 고전역학에서 뉴턴의 운동방정식, 전자기학의 파동방정식, 정전기학 및 중력장 이론에서 푸아송 방정식 및 라플라스 방정식이 그 예이다. 일반 상대성이론의 아인슈타인 비선형 장방정식(field equation)도 국소적인 지름길좌표에 대해 이런 특수한 꼴을 갖는다.

그러므로, (16.16)식을 x에 대해 미분함으로써 좀더 간단하고 기본적인 해

$$\psi_1(x, t) = \frac{1}{a\sqrt{t\pi}} e^{-\frac{x^2}{4a^2 t}} \tag{16.17}$$

을 얻는다. 이 과정을 되풀이 하면 또 다른 기본적인 해

$$\psi_2(x, t) = \frac{x}{2a^3\sqrt{t^3\pi}} e^{-\frac{x^2}{4a^2 t}} \tag{16.18}$$

을 얻는다. 이 해들도 경계조건을 만족하도록 일반화해야 한다. 게다가, 계수가 상수인 편미분방정식의 새로운 해를 만들어내는 방법이 또 있다. 주어진 해를 평행**이동**시킬 수 있다. $\psi_1(x, t) \to \psi_1(x-\alpha, t)$. 그리고 나서 **평행이동 변수 α에 대해 적분한다**. 그러면

$$\psi(x, t) = \frac{1}{2a\sqrt{t\pi}} \int_{-\infty}^{\infty} C(\alpha) e^{-\frac{(x-\alpha)^2}{4a^2 t}} d\alpha \tag{16.19}$$

가 다시 해가 된다. 위 식에

$$\xi = \frac{x-\alpha}{2a\sqrt{t}}, \quad \alpha = x - 2a\xi\sqrt{t}, \quad d\alpha = -2ad\xi\sqrt{t} \tag{16.20}$$

를 대입하여 정리하면 해

$$\psi(x, t) = \frac{1}{\sqrt{\pi}} \int_{-\infty}^{\infty} C(x - 2a\xi\sqrt{t}) e^{-\xi^2} d\xi \tag{16.21}$$

를 얻는다. 위 식에서 평행이동 방법으로부터 얻은 무게함수 $C(x)$의 중요성을 볼 수 있다. 시간 $t=0$일 땐, $\psi(x, 0) = C(x) = \psi_0(x)$가 경계조건으로부터 결정이 되고, $\int_{-\infty}^{\infty} e^{-\xi^2} d\xi = \sqrt{\pi}$이다. 그러므로, 위의 해를 경계조건이 분명히 보이도록 아래와 같이 다시 쓸 수 있다:

$$\psi(x, t) = \frac{1}{\sqrt{\pi}} \int_{-\infty}^{\infty} \psi_0(x - 2a\xi\sqrt{t}) e^{-\xi^2} d\xi, \tag{16.22}$$

(16.22)식으로부터 초기 온도분포 $\psi_0(x)$가 시간에 대해 퍼지면서 가우스 무게함수에 의해 감쇠함을 알 수 있다.

예제 16.2.2 **다시 특수한 경계조건**

예제 16.2.1의 해를 (16.16)식의 오차함수 꼴로 다시 써보자. $t=0$에서의 경계조건은 $-1<x<1$에서 $\psi_0(x)=1$, $|x|>1$에서 영이다. (16.22)식으로부터 $x-2a\xi\sqrt{t}=\pm 1$이라 두면 적분변수 ξ의 구간을 결정할 수 있다. 적분구간의 양끝은 $\xi = (\pm 1 + x)/2a\sqrt{t}$이다. 그러므로, 해는 다음과 같은 꼴이 된다:

$$\psi(x, t) = \frac{1}{\sqrt{\pi}} \int_{\frac{x-1}{2a\sqrt{t}}}^{\frac{x+1}{2a\sqrt{t}}} e^{-\xi^2} d\xi.$$

(16.16)식에 정의된 오차함수를 이용하여 위 해를 아래와 같은 꼴로도 쓸 수 있다:

$$\psi(x, t) = \frac{1}{2}\left[\Phi\left(\frac{x+1}{2a\sqrt{t}}\right) - \Phi\left(\frac{x-1}{2a\sqrt{t}}\right)\right]. \tag{16.23}$$

위 해와 예제 16.2.1에서 구한 해의 꼴을 비교해 보면 (16.23)식을 예제 16.2.1의 푸리에 적분으로 표현할 수 있다. 이 항등식은 푸리에 적분[(16.6식)]을 오차함수를 써서 구체적으로 표현한다. ■

끝으로, **공대칭성**을 갖는 매질에 대한 열흐름 방정식의 경우를 생각해 보자. 구면극좌표 r, θ, φ를 선택하는 것이 자연스럽다. (2.77)식을 이용하여

$$\frac{\partial u}{\partial t} = a^2 \left(\frac{\partial^2 u}{\partial r^2} + \frac{2}{r} \frac{\partial u}{\partial r} \right) \tag{16.24}$$

를 얻는다. 위의 방정식에

$$u = \frac{v(r,t)}{r}, \quad \frac{\partial u}{\partial r} = \frac{1}{r}\frac{\partial v}{\partial r} - \frac{v}{r^2}, \quad \frac{\partial u}{\partial t} = \frac{1}{r}\frac{\partial v}{\partial t},$$

$$\frac{\partial^2 u}{\partial r^2} = \frac{1}{r}\frac{\partial^2 v}{\partial r^2} - \frac{2}{r^2}\frac{\partial v}{\partial r} + \frac{2v}{r^3} \tag{16.25}$$

를 대입하면 1차원 열흐름 편미분방정식으로 바꿀 수 있다. 즉, 다음과 같다:

$$\frac{\partial v}{\partial t} = a^2 \frac{\partial^2 v}{\partial r^2}. \tag{16.26}$$

예제 16.2.3 원대칭적 열흐름

(16.16)식을 해로 갖는 1차원 열흐름 방정식을 공대칭적 열흐름에 적용해 보자. 경계조건은 흔히 볼 수 있는 것으로, x대신 반지름 변수를 대입한 것에 해당된다. 초기에 모든 곳의 온도가 영이다. $t=0$에 일정량의 열 Q가 원점에서 방출되어 모든 방향으로 골고루 퍼진다. 공간상, 시간상 온도의 분포가 어떻게 될까?

(16.18)식에 해를 살펴보면 $t \to 0$일 때 온도

$$\frac{v(r,t)}{r} = \frac{C}{\sqrt{t^3}} e^{-\frac{r^2}{4a^2 t}} \tag{16.27}$$

은 위치에 상관없이 $(r \neq 0)$ 영으로 접근한다. 이것은 초기조건과 일치한다. $t \to \infty$일 때 원점을 포함한 모든 지점에서 온도가 $v/r \to 0$을 보여주며, 이것도 경계조건과 부합한다. 에너지 보존법칙으로부터 아래와 같은 관계식이 주어진다:

$$Q = \sigma\rho \int \frac{v}{r} d^3 r = \frac{4\pi\sigma\rho C}{\sqrt{t^3}} \int_0^\infty r^2 e^{-\frac{r^2}{4a^2 t}} dr = 8\sqrt{\pi^3}\sigma\rho a^3 C, \tag{16.28}$$

여기서 ρ는 매질의 균일한 밀도이며 σ는 견줌열(specific heat)이다. (16.27)식의 상수 C는 위 관계식으로부터 결정된다. 이제 적분변수를 눈금조절(rescale)하고 부분적분하면

$$\int_0^\infty e^{-\frac{r^2}{4a^2 t}} r^2 dr = (2a\sqrt{t})^3 \int_0^\infty e^{-\xi^2} \xi^2 d\xi$$

$$\int_0^\infty e^{-\xi^2} \xi^2 d\xi = -\frac{\xi}{2} e^{-\xi^2} \Big|_0^\infty + \frac{1}{2} \int_0^\infty e^{-\xi^2} d\xi = \frac{\sqrt{\pi}}{4}$$

를 얻는다. 어떤 한 순간 (16.27)식에 의해 주어지는 온도는 가우스 분포를 보이며, 그 폭이 $\sqrt{t}$에 비례하므로 시간이 지남에 따라 점점 평평해진다. 온도는 시간에 대해 $t^{-3/2} e^{-T/t} (T \equiv$

$r^2/4a^2$)에 비례한다. 처음에는 최대값을 향해 증가하다가 시간이 더 지나면 다시 영으로 줄어든다. 최대값을 구하려면,

$$\frac{d}{dt}(t^{-3/2}e^{-T/t}) = t^{-5/2}e^{-T/t}\left(\frac{T}{t} - \frac{3}{2}\right) = 0 \tag{16.29}$$

으로 놓으면 된다. 즉, 시간 $t = 2T/3$일 때 최대값을 갖는다. ■

원통대칭성의 경우 ($z = 0$인 평면에서 극좌표 $\rho = \sqrt{x^2 + y^2}, \varphi$를 사용), 함수꼴 $\psi = u(\rho, t)$를 갖는 온도를 찾는다. 이 함수는 상미분방정식 [(2.21)식]

$$\frac{\partial u}{\partial t} = a^2\left(\frac{\partial^2 u}{\partial \rho^2} + \frac{1}{\rho}\frac{\partial u}{\partial \rho}\right) \tag{16.30}$$

를 만족한다. 이 방정식은 (16.26)식에 비길 수 있으며, $\rho/\sqrt{t} \equiv r$에 대한 함수이다. (16.30)식에

$$u = v\left(\frac{\rho}{\sqrt{t}}\right), \quad \frac{\partial u}{\partial t} = -\frac{\rho v'}{2t^{3/2}}, \quad \frac{\partial u}{\partial \rho} = \frac{v'}{\sqrt{t}}, \quad \frac{\partial^2 u}{\partial \rho^2} = \frac{v'}{t} \tag{16.31}$$

을 대입하면 ($v' \equiv \frac{dv}{dr}$), 상미분방정식

$$a^2 v'' + \left(\frac{a^2}{r} + \frac{r}{2}\right)v' = 0 \tag{16.32}$$

을 얻는다. 위 식은 v'에 대한 일차 상미분방정식이다. 변수 v와 r을 변수분리하면

$$\frac{v''}{v'} = -\left(\frac{1}{r} + \frac{r}{2a^2}\right) \tag{16.33}$$

이다. 이 식으로부터

$$v(r) = \frac{C}{r}e^{-\frac{r^2}{4a^2}} = C\frac{\sqrt{t}}{\rho}e^{-\frac{\rho^2}{4a^2 t}} \tag{16.34}$$

을 얻는다. 원통대칭인 이 특수해도 공대칭 경우와 마찬가지로 경계조건을 만족하도록 일반화할 수 있다. 끝으로, z좌표에 대한 의존성은 반지름 극좌표 r로부터 변수분리할 수 있으므로 인수로 추가해 넣을 수 있다.

요 약

편미분방정식은 상미분방정식과 마찬가지로 초기조건을 만족하도록 하거나, 혹은 면, 곡선, 점 등 경계에서의 값이나 미분을 지정하는 해를 찾을 수 있다. 해의 값이 경계에서 주어질 때, 이 편미분방정식을 **디리클레** 문제, 수직미분이 주어지면 **노이만** 문제라 부른다.

초기 온도가 1차원 혹은 3차원 열흐름방정식에 주어지면, 그것이 일반적인 가우스 해에 곱해 적분하는 무게함수가 된다. 공대칭 혹은 원통대칭 열흐름방정식은 변수분리 방법으로 풀 수 있으면, 이 때 각 변수마다 고유함수가 나타나며, 그에 해당하는 고유값이 변수분리상수로 들어온다. 각 공간 좌표의 경계구간이 유한하면 변수분리상수에 대한 합이 푸리에 급수 해가 된다. 경계구산이 무한하면 푸리에 적분 해가 된다. 변수분리 방법은 편미분방정식의 해를 각 변수의 곱으로 표현한다. 변수분리 방법을 쓸 수 있으려면 적절한 대칭성이 있어야 하는데 이 때 연속군 이론을 적용할 수 있다.

연습문제

16.2.1 작용소 ∇^2+k^2을 일반적인 형태 $a_1\psi_1(x, y, z)+a_2\psi_2(x, y, z)$에 작용하여, 이 작용소가 선형임을 보여라.

16.2.2 k^2을 $k^2+f(\rho)+(1/\rho^2)g(\varphi)+h(z)$로 일반화하더라도, 헬름홀쯔 방정식

$$\nabla^2\psi+k^2\psi=0$$

은 원통형극좌표에서 변수분리할 수 있음을 보여라.

16.2.3 헬름홀쯔 방정식을 구면극좌표를 써서 변수분리하여라. 반지름을 **먼저** 분리하여라. 변수분리된 방정식들이 (8.142)식과 (8.145)식과는 같은 꼴이고, (8.146)식은 수정됨을 보여라. 이 연습문제가 말하는 것이 무엇인지 자신의 언어로 말해 보아라.

16.2.4 방정식

$$\nabla^2\psi(r,\theta,\varphi)+\left[k^2+f(r)+\frac{1}{r^2}g(\theta)+\frac{1}{r^2\sin^2\theta}h(\varphi)\right]\psi(r,\theta,\varphi)=0$$

이 (구면극좌표에서) 변수분리됨을 보여라. 함수 f, g, h는 표시된 인수만의 함수이며, k^2은 상수이다.

16.2.5 일성한 열확산상수 K를 갖는 균일한 공모양의 고체가 있다. 열샘(heat sourcc)은 없다. 열전달방정식은

$$\frac{\partial T(r,t)}{\partial t}=K\nabla^2T(r,t)$$

이다.

$$T=R(r)T(t)$$

와 같은 꼴의 해를 가정하고 변수분리하여라. 반지름 방정식은 다음과 같은 표준꼴을 가짐을 보여라:

$$r^2\frac{d^2R}{dr^2}+2r\frac{dR}{dr}+[\alpha^2r^2-n(n+1)]R=0;\quad n=\text{정수}$$

이 방정식의 해를 구면 베셀함수라 부른다.

16.2.6 열확산방정식, (8.112)식을 원통형극좌표를 써서 변수분리하여라. 끝점의 효과를 무시할 수 있다고 가정하여라. 또 $\psi=T(\rho,\ t)$라고 놓아라.

16.3 비동차 편미분방정식-그린함수

8.5절의 급수 방법과 8.6절의 론스키안 이중적분 방법이 이차 선형 **동차** 상미분방정식의 해를 구하는 가장 일반적인 방법이다. 특정한 해 y_p는 샘항[source term, (8.44)식의 $F(x)$]에 선형적으로 달린 함수이므로, 변수변분 방법으로 쉽게 만들어 낼 수 있다. 이 절에서는 편미분방정식을 푸는 다른 방법, 즉 그린함수 방법을 소개한다.

비동차 편미분방정식에 적용하는 그린함수 방법에 대한 간단한 소개로, 먼저 정전기학의 그린함수를 보도록 하자. 전하가 있을 때, 정전기 퍼텐셜 ψ는 푸아송 비동차 방정식 (1.13절과 비교),

$$\nabla^2\psi=-\frac{\rho}{\varepsilon_0}\quad(\text{mks 단위})\tag{16.35}$$

을 만족한다. 전하가 없을 때는, 라플라스 동차 방정식

$$\nabla^2\psi=0\tag{16.36}$$

을 만족한다. 만일 전하가 점전하 $\mathbf{r}_i$에 위치한 q_i이면, 해가

$$\psi(\mathbf{r})=\frac{1}{4\pi\varepsilon_0}\sum_i\frac{q_i}{|\mathbf{r}-\mathbf{r}_i|}\tag{16.37}$$

와 같이 주어짐을 기억할 것이다. 이것은 거리 r만큼 떨어진 두 점전하 q_1, q_2 사이의 힘에 관한 쿨롱의 법칙,

$$\mathbf{F}=\frac{q_1q_2\hat{\mathbf{r}}}{4\pi\varepsilon_0r^2}\tag{16.38}$$

에 의해 주어지는 단일 전하 해를 포갠 것이다. 띄엄띄엄 놓여있는 점전하를 완만하게 연속적으로 분포, 즉 전하밀도 ρ[(16.37)식]로 대체하면,

$$\psi(r=0)=\frac{1}{4\pi\varepsilon_0}\int\frac{\rho(\mathbf{r})}{r}d\tau\tag{16.39}$$

가 되고, 위치 $\mathbf{r}$에서의 퍼텐셜은 아래와 같이 주어진다:

$$\psi(\mathbf{r}) = \frac{1}{4\pi\varepsilon_0}\int \frac{\rho(\mathbf{r}_2)}{|\mathbf{r}-\mathbf{r}_2|}d\tau_2. \tag{16.40}$$

ψ는 주어진 전하분포에 해당하는 퍼텐셜이며 따라서 푸아송 방정식[(16.35)식]을 만족한다. 반면, 그린함수라 불리는 함수 G는 위치 $\mathbf{r}_2$에 놓인 점전하샘에 대한 푸아송 방정식

$$\nabla_1^2 G = -\delta(\mathbf{r}_1 - \mathbf{r}_2) \tag{16.41}$$

를 만족하도록 정한다. 물리적으로, G는 $\mathbf{r}_2$에 놓인 단위 전하에 해당하는 $\mathbf{r}_1$에서의 퍼텐셜이다. 그린 정리(1.10절)에 의해,

$$\int(\psi\nabla^2 G - G\nabla^2\psi)d\tau_2 = \int(\psi\nabla G - G\nabla\psi)\cdot d\boldsymbol{\sigma}_2 \tag{16.42}$$

이다. 피적분함수가 r^{-2}보다 빨리 감소한다고 가정하면, 표면적분이 영이되도록 부피(적분 영역)를 충분히 잡아 적분을 간단히 만들 수 있다:

$$\int \psi\nabla^2 G d\tau_2 = \int G\nabla^2\psi d\tau_2, \tag{16.43}$$

혹은, (16.35)식과 (16.41)식에 대입하여

$$-\int \psi(\mathbf{r}_2)\delta(\mathbf{r}_1-\mathbf{r}_2)d\tau_2 = -\int \frac{G(\mathbf{r}_1,\mathbf{r}_2)\rho(\mathbf{r}_2)}{\varepsilon_0}d\tau_2 \tag{16.44}$$

를 얻을 수 있다. 디랙 델타함수의 적분 정의[(1.151)식]를 이용하여 적분하면, 다음 식과 같다:

$$\psi(\mathbf{r}) = \frac{1}{\varepsilon_0}\int G(\mathbf{r},\mathbf{r}_2)\rho(\mathbf{r}_2)d\tau_2. \tag{16.45}$$

$\nabla^2 G$를 없애기 위해 (16.41)식을 이용하였다. 그러나 아직 G를 모른다. 1.14절에서 가우스 법칙을 이용하여

$$\int \nabla^2\left(\frac{1}{r}\right)d\tau = \begin{cases} 0, \\ -4\pi \end{cases} \tag{16.46}$$

를 구했었다. 여기서 부피가 원점을 포함하면 0이고 그렇지 않으면 -4π이다. 1.14절의 이 결과는 (1.148)식이나, 혹은

$$\nabla^2\left(\frac{1}{4\pi r}\right) = -\delta(\mathbf{r}) \text{ 또는 } \nabla^2\left(\frac{1}{4\pi r_{12}}\right) = -\delta(\mathbf{r}_1-\mathbf{r}_2) \tag{16.47}$$

와 같이 다시 쓸 수 있다. 위 식은 전하를 원점에서 $\mathbf{r}=\mathbf{r}_2$로 옮긴 것에 해당한다. 이 때, $r_{12}=|\mathbf{r}_1-\mathbf{r}_2|$, 그리고 디락 델타함수 $\delta(\mathbf{r}_1-\mathbf{r}_2)$는 $\mathbf{r}_1=\mathbf{r}_2$이면 영이다. 따라서, (16.47)식과 (16.41)식을 비교하면 그린함수 G는 아래와 같이 주어진다:

$$G(\mathbf{r}_1, \mathbf{r}_2) = \frac{1}{4\pi|\mathbf{r}_1 - \mathbf{r}_2|}. \tag{16.48}$$

주어진 미분방정식(푸아송 방정식)의 해는

$$\psi(\mathbf{r}_1) = \frac{1}{4\pi\varepsilon_0}\int \frac{\rho(\mathbf{r}_2)}{|\mathbf{r}_1 - \mathbf{r}_2|}d\tau_2 \tag{16.49}$$

이며, (16.40)식과 완전히 일치한다. 실제로, $\psi(\mathbf{r})$[(16.49)식]은 푸아송 방정식의 실질적인 해이다. 라플라스 방정식 해[(8.113)식과 비교]를 더해도 된다. 그런 해는 외부 마당(field)을 기술한다. 이 결과들은 이차 비동차 미분방정식,

$$\mathcal{L}y(\mathbf{r}_1) = -f(\mathbf{r}_1) \tag{16.50}$$

에도 일반화할 수 있다. 여기서 $\mathcal{L}$는 선형미분 작용소이다. 그린함수는 방정식

$$\mathcal{L}G(\mathbf{r}_1, \mathbf{r}_2) = -\delta(\mathbf{r}_1 - \mathbf{r}_2) \tag{16.51}$$

의 해이다 [(16.41)식과 비교]. 특수해 $y(\mathbf{r}_1)$은

$$y(\mathbf{r}_1) = \int G(\mathbf{r}_1, \mathbf{r}_2)f(\mathbf{r}_2)d\tau_2 \tag{16.52}$$

가 된다. 윗 식이 해가 된다는 것은 $\mathcal{L}$를 $y(\mathbf{r})$에 직접 적용시켜보면 알 수 있다. (주어진 조건에 따라 유한한 경계면에 대한 적분항이 있을 수 있다.)

요 약

$G(\mathbf{r}_1,\ \mathbf{r}_2)$라 쓰여지는 그린함수는 (16.41)식, 혹은 좀더 일반적으로 (16.51)식의 해이다. 이 함수는 (16.45)식에서와 같이 적분방정식의 적분해에 들어간다. 간단하지만 중요한 정전기학의 경우 가우스 법칙으로부터 (16.41)식과 (16.47)식을 비교하여 그린함수를 구할 수 있다. 끝으로, 마직막 해[(16.49)식]로부터 그린함수의 물리적인 의미를 찾을 수 있다. 그린함수는 전하량 $\rho(\mathbf{r}_2)d\tau_2$의 효과를 마당을 재는 지점 $\mathbf{r}_1$으로부터의 거리에 따라 줄여주는 무게함수 혹은 전파인자(propagator) 역할을 한다. 이 사실은 (16.41)식이나 (16.49)식에서 어떻게 이 함수가 도입되었는 지를 보면 분명해 진다.

예제 16.3.1 양자역학적 산란-노이만 급수해

산란에 대한 양자이론은 적분방정식 방법과 그린함수의 응용을 잘 보여준다. 산란에 대한 물

그림 16.1
평면파가 들어와 퍼텐셜 V에 의해 산란되어 구면파로 퍼져나간다.

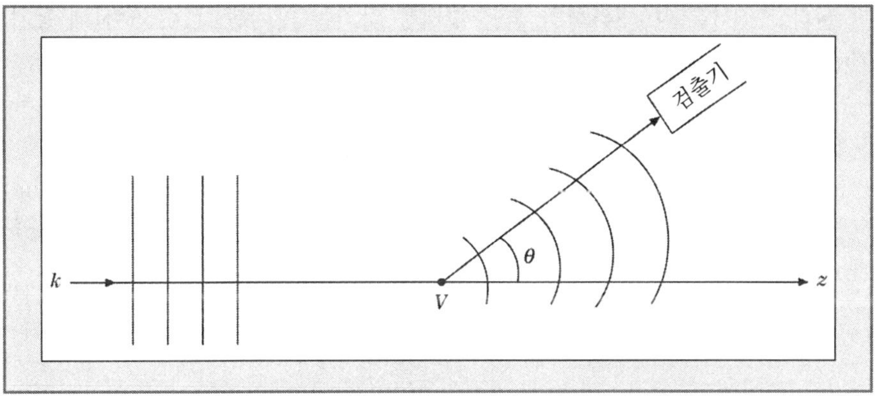

리적인 그림은 다음과 같다. 입자 선속(beam)이 음의 z축을 따라 원점을 향해 접근한다. 입자의 일부는 퍼텐셜 $V(\mathbf{r})$로부터 산란되어, 그림 16.1에 도식적으로 나타낸 것처럼 구면파동 꼴로 멀어진다. 파동함수 $\psi(\mathbf{r})$은 슈레딩거 방정식

$$-\frac{\hbar^2}{2m}\nabla^2\psi(\mathbf{r}) + V(\mathbf{r})\psi(\mathbf{r}) = E\psi(\mathbf{r}) \tag{16.53a}$$

혹은

$$\nabla^2\psi(\mathbf{r}) + k^2\psi(\mathbf{r}) = -\left[-\frac{2m}{\hbar^2}V(\mathbf{r})\psi(\mathbf{r})\right], \qquad k^2 = \frac{2mE}{\hbar^2} \tag{16.53b}$$

를 만족해야 한다. 방금 설명한 물리적 그림으로부터 다음과 같은 **점근** 형태를 갖는 해를 추측하자:

$$\psi(\mathbf{r}) \sim e^{i\mathbf{k}_0\cdot\mathbf{r}} + f_k(\theta,\varphi)\frac{e^{ikr}}{r}, \tag{16.54}$$

위 식을 슈레딩거 방정식과 동일한 적분방정식으로부터 유도할 것이다. 여기서 $e^{i\mathbf{k}_0\cdot\mathbf{r}}$은 들어오는 평면파이다.[2] 이 때 $\mathbf{k}_0$는 진행파 벡터이며 아래첨자 0은 $\theta=0$($z-$축 방향)임을 나타내기 위한 것이다. 크기 k_0와 k는 같다 (과녁의 되튐을 무시한 탄성충돌). e^{ikr}/r은 밖으로 퍼져 나가는 구면파이고 $f_k(\theta,\ \varphi)$가 산란각 및 에너지에 달린 산란 진폭(scattering amplitude)이다.[3] 양자역학 교과서를 보면, 미분산란확률(differential probability scattering), 즉 단위 입체각당 산란 자름넓이, $d\sigma/d\Omega$는 $|f_k(\theta,\ \varphi)|^2$으로 주어진다.

$[-(2m/\hbar^2)V(\mathbf{r})\psi(\mathbf{r})]$을 (16.50)식의 $f(\mathbf{r})$로 놓으면, (16.52)식에 의해

$$\psi(\mathbf{r}) = -\frac{2m}{\hbar^2}\int V(\mathbf{r}_2)\psi(\mathbf{r}_2)G(\mathbf{r},\mathbf{r}_2)d^3r_2 \tag{16.55}$$

---

[2] 편의상, 연속적으로 들어오는 선속을 가정한다. 좀더 복잡하고 현실적인 취급 방법에서는, (16.54)식 푸리에 파동묶음의 한 성분이다.

[3] $V(\mathbf{r})$이 중심퍼텐셜이면, f_k는 방위각에 관계없이 θ만의 함수이다.

가 된다. 윗 식은 (16.54)식의 점근 형태를 갖지는 않지만, (16.55)식에 동차 방정식의 해인 $e^{i\mathbf{k}_0\cdot\mathbf{r}}$을 더하고, $\psi(\mathbf{r})$을 원하는 꼴로 바꿀 수 있다:

$$\psi(\mathbf{r}) = e^{i\mathbf{k}_0\cdot\mathbf{r}} - \frac{2m}{\hbar^2}\int V(\mathbf{r}_2)\psi(\mathbf{r}_2)G(\mathbf{r},\mathbf{r}_2)d^3r_2. \tag{16.56}$$

그린함수는 작용소 $\mathcal{L} = \nabla^2 + k^2$[(16.53)식]의 반전이며 나가는 파동에 해당하는 경계조건을 만족한다. 예제 16.3.2로부터

$$G(\mathbf{r}_1,\mathbf{r}_2) = \frac{\exp(ik|\mathbf{r}_1-\mathbf{r}_2|)}{4\pi|\mathbf{r}_1-\mathbf{r}_2|}$$

이고

$$\psi(\mathbf{r}) = e^{i\mathbf{k}_0\cdot\mathbf{r}} - \frac{2m}{4\pi\hbar^2}\int V(\mathbf{r}_2)\psi(\mathbf{r}_2)\frac{e^{ik|\mathbf{r}-\mathbf{r}_2|}}{|\mathbf{r}-\mathbf{r}_2|}d^3r_2 \tag{16.57}$$

이다. 이 적분방정식은 원래의 슈레딩거 방정식과 **정확히** 똑같다.

이제 점근 형태[(16.54)식]를 증명하기 위해, $r\to\infty$로 보내고, 적분변수 r_2는 과녁부피 내에 한정시킨다. 분모는 $|\mathbf{r}-\mathbf{r}_2|\sim r$로 근사한다. 그러나, 절대값의 크기가 1이면서 진동하는 분자는 좀더 정확한 취급이 필요하다. 아래와 같이 전개한다:

$$|\mathbf{r}-\mathbf{r}_2|^2 = (\mathbf{r}-\mathbf{r}_2)^2 = \mathbf{r}^2 - 2\mathbf{r}\cdot\mathbf{r}_2 + \mathbf{r}_2^2 \sim r^2\left(1-\frac{2}{r}\hat{\mathbf{r}}\cdot\mathbf{r}_2\right)$$

그러면

$$|\mathbf{r}-\mathbf{r}_2| \sim r - \hat{\mathbf{r}}\cdot\mathbf{r}_2, \quad r\to\infty.$$

이 점근 형태를 (16.57)식에 대입하면,

$$\psi(\mathbf{r}) \sim e^{i\mathbf{k}_0\cdot\mathbf{r}} - \frac{2m}{4\pi\hbar^2}\frac{e^{ikr}}{r}\int V(\mathbf{r}_2)\psi(\mathbf{r}_2)e^{-ik\hat{\mathbf{r}}\cdot\mathbf{r}_2}d^3r_2, \tag{16.58}$$

이 식이 원하던 점근 형태[(16.54)식]이다. 이 때

$$f_k(\theta,\varphi) = -\frac{2m}{4\pi\hbar^2}\int V(\mathbf{r}_2)\psi(\mathbf{r}_2)e^{-ik\hat{\mathbf{r}}\cdot\mathbf{r}_2}d^3r_2 \tag{16.59}$$

이고, 충분히 큰 r에 대해 $\mathbf{r}=(r,\ \theta,\ \varphi)$는 산란된 파동을 측정하는 곳이고 θ가 산란각이 된다.

반복적인 (노이만) 급수 방법을 이용하여 (산란확률이 매우 작다는 것을 기억하여라),

$$\psi_0(\mathbf{r}) = e^{i\mathbf{k}_0\cdot\mathbf{r}} \tag{16.60a}$$

을 얻는다. 이것은 산란이 없다는 뜻이다.

$\psi_0(\mathbf{r}_2) = e^{i\mathbf{k}_0\cdot\mathbf{r}_2}$을 적분에 대입하면, 첫 번째 고침항

$$\psi_1(\mathbf{r}) = e^{i\mathbf{k}_0\cdot\mathbf{r}} - \frac{2m}{4\pi\hbar^2}\int V(\mathbf{r}_2)\frac{e^{ik|\mathbf{r}-\mathbf{r}_2|}}{|\mathbf{r}-\mathbf{r}_2|}e^{i\mathbf{k}_0\cdot\mathbf{r}_2}d^3r_2 \tag{16.60b}$$

를 얻는다. 이것이 유명한 **본(Born) 근사**이다. 이 근사는 약한 퍼텐셜과 높은 입사에너지에 대해 가장 정확하다. 좀더 정확한 근사가 필요할 경우, 섭동(perturbation) 급수를 계속한다.[4] 입사평면파를 산란 진폭에 대입하면, (16.59)식으로부터 일차 본 근사

$$f_k(\theta, \varphi) = -\frac{m}{2\pi\hbar^2}\int V(\mathbf{r}_2)e^{i(\mathbf{k}_0-\mathbf{k})\cdot\mathbf{r}_2}d^3r_2 \tag{16.61}$$

를 얻는다. 여기서 $\mathbf{k} \equiv k\hat{\mathbf{r}}$은 산란된 파동벡터이며 $\mathbf{q} = \mathbf{k}_0 - \mathbf{k}$는 운동량 전달이다. 다시 말해, 일차 본 근사에서는 산란 진폭이 푸리에 변환의 $\mathbf{q}$성분에 비례한다. ■

예제 16.3.2 양자역학적 산란–그린함수

다시 한 번 산란에 대한 슈레딩거 파동방정식[(16.53b)식]을 생각해 보자. 이번에는 푸리에 변환 방법을 이용해서 원하는 그린함수를 경로적분으로 구해보자.

편미분방정식을 풀어서 (16.53b)식에 해당하는 그린함수

$$(\nabla^2 + k^2)G(\mathbf{r}, \mathbf{r}_2) = -\delta(\mathbf{r}-\mathbf{r}_2) = -\int \frac{d^3p}{(2\pi)^3}e^{i\mathbf{p}\cdot(\mathbf{r}-\mathbf{r}_2)} \tag{16.62}$$

을 푸리에 적분

$$G(\mathbf{r}, \mathbf{r}_2) = \int \frac{d^3p}{(2\pi)^3}g_0(\mathbf{p})e^{i\mathbf{p}\cdot(\mathbf{r}-\mathbf{r}_2)} \tag{16.63}$$

으로 나타낸다. 이것은 델타함수가 구동항일 때와 같은 형태이다. 푸리에 적분을 편미분방정식에 대입하면

$$\nabla e^{i\mathbf{p}\cdot(\mathbf{r}-\mathbf{r}_2)} = i\mathbf{p}e^{i\mathbf{p}\cdot(\mathbf{r}-\mathbf{r}_2)}$$

이 되어 편미분방정식이 평범한 대수방정식, $(k^2 - \mathbf{p}^2)g_0(\mathbf{p}) = -1$이 된다. G를 구하기 위해 푸리에 적분,

$$\int d^3p\frac{e^{ip\rho\cos\theta}}{\mathbf{p}^2 - k^2} \tag{16.64}$$

을 계산해야 한다. 여기서 $p^2/(p^2-k^2)$은 반지름적분의 일부이며, $d^3p = p^2dp\sin\theta d\theta d\varphi$이다. $p\rho\cos\theta$가 $\mathbf{p}\cdot(\mathbf{r}-\mathbf{r}_2)$를 대체했다. $x = \cos\theta$, $dx = -\sin\theta d\theta$를 대입하면, 운동량 공간에서 각 적분은 기본적인 꼴이 된다. φ에 대해 적분하면 2π를 얻는다. θ 적분은

[4]이것은 반복적인 (노이만) 급수가 수렴한다는 가정을 내포하고 있다. 어떤 물리 상황에서는 수렴하지 않을 수도 있어, 이런 경우 다른 방법을 이용해야 한다.

$$\int_0^{2\pi} d\varphi \int_{\theta=0}^{\pi} e^{ip\rho\cos\theta}\sin\theta d\theta = 2\pi\int_{-1}^{1} e^{ip\rho x}dx = \frac{2\pi}{ip\rho}(e^{ip\rho} - e^{-ip\rho}) \tag{16.65}$$

를 준다. 나머지 반지름적분은 아래와 같이 주어진다:

$$G(\mathbf{r}, \mathbf{r}_2) = \frac{1}{4\pi^2\rho i}\int_0^{\infty}\frac{e^{ip\rho} - e^{-ip\rho}}{p^2 - k^2}pdp, \tag{16.66}$$

피적분함수가 p에 대해 짝함수이므로,

$$G(\mathbf{r}, \mathbf{r}_2) = \frac{1}{8\pi^2\rho i}\int_{-\infty}^{\infty}\frac{(e^{i\kappa} - e^{-i\kappa})}{\kappa^2 - \sigma^2}\kappa d\kappa \tag{16.67}$$

로 놓을 수 있다. 위와 같이 나타낸 이유는 $G_k(\mathbf{r},\ \mathbf{r}_2)$를 경로적분으로 계산하려 하기 때문이다. 기호 κ와 $\sigma(\sigma>0)$은 각각 $p\rho$와 $k\rho$를 나타낸다.

만일 (16.67)식의 적분을 리만 적분으로 해석한다면, 적분이 존재하지 않는다. 즉, $\mathcal{L}^{-1}$이 존재하지 않는다. $\mathcal{L} = \nabla^2 + k^2$은 특이하다(singular). 왜냐하면, 동차방정식 $\mathcal{L}\psi = 0$에 대해 평범치 않은 해 ψ이 존재하기 때문이다. 이런 어려운 점을 극복하기 위해 새 변수 γ를 도입하여 작용소 $\mathcal{L}_\gamma^{-1}$을 정의하고, 나중에 극한 $\gamma \to 0$을 취한다.

적분을 각각이 적당한 경로적분으로 쓰여지는 두 부분으로 나누면,

$$G(\mathbf{r}, \mathbf{r}_2) = \frac{1}{8\pi^2\rho i}\oint_{C_1}\frac{\kappa e^{i\kappa}d\kappa}{\kappa^2 - \sigma^2} + \frac{1}{8\pi^2\rho i}\oint_{C_2}\frac{\kappa e^{-i\kappa}d\kappa}{\kappa^2 - \sigma^2} \tag{16.68}$$

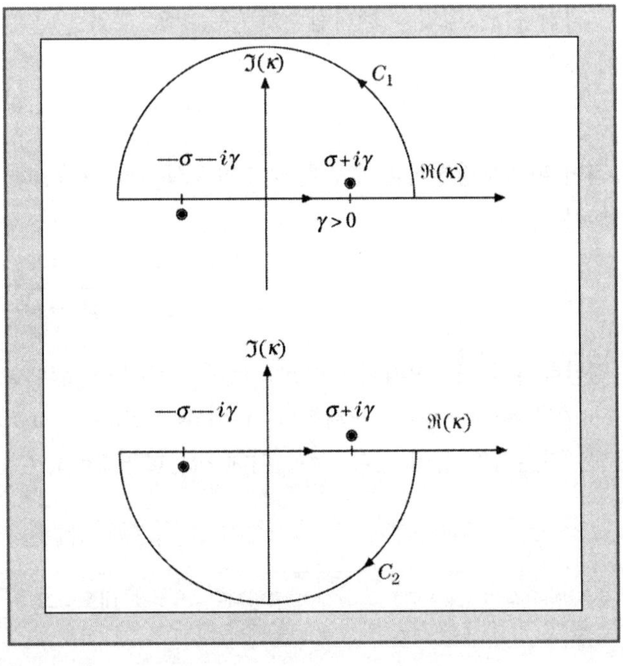

그림 16.2
적분을 할 때 선택할 수 있는 그린함수 경로

를 얻는다. 적분경로 C_1은 위 반평면에 놓인 반원으로 닫혀져 있고, C_2는 아래 반평면에 놓은 반원으로 닫혀있다. 제7장에서는 이 적분을 무한히 작은 반원들이 특이점 $\kappa = \pm\sigma$를 돌아가도록 잡아서 계산했다. 다른 방법으로는, 우선 특이점을 실수축으로부터 약간 옮기고 (즉, $\sigma \to \sigma + i\gamma$), 계산 후에 극한 $\gamma \to 0$을 취한다 (그림 16.2).

γ가 양수인 경우, 경로 C_1은 특이점 $\kappa = \sigma + i\gamma$를 포함하고 첫 번째 적분은

$$2\pi i \cdot \frac{1}{2} e^{i(\sigma + i\gamma)}$$

을 준다. 특이점 $\kappa = -(\sigma + i\gamma)$를 포함하는 두 번째 적분도 마찬가지로

$$2\pi i \cdot \frac{1}{2} e^{i(\sigma + i\gamma)}$$

을 준다. (16.68)식으로 돌아가서, $\gamma \to 0$을 취하면, 시간에 대해 앞으로 진행하는 뒤쳐진 (retarded) 그린함수

$$G(\mathbf{r}, \mathbf{r}_2) = \frac{1}{4\pi\rho} e^{i\sigma} = \frac{e^{ik|\mathbf{r}-\mathbf{r}_2|}}{4\pi|\mathbf{r} - \mathbf{r}_2|} \tag{16.69}$$

을 얻는다. 이것은 예제 16.3.15와 완벽히 일치한다. 점샘에 대한 헬름홀쯔 방정식의 이 해는 γ가 양수이었다는 점에 달려있다. 만약, γ가 음수였더라면, 그린함수는 $e^{i\sigma}$를 포함했을 것이며, 이것은 **들어오는** 파동에 해당한다. γ로 양수를 선택하는 것은 원하는 경계조건을 만족시키도록 하기 위한 것이다.

(16.57)식과 (16.69)식은 다시 (16.53b)식의 산란된 파동을 주며, (16.53b)식의 근사에 해당하는 정확한 해이기도 하다. 연습문제 16.3.17과 16.3.18, 16.3.19는 이 결과를 확장한 것이다. ■

연습문제

16.3.1 (16.42)식

$$\int (v\mathcal{L}_2 u - u\mathcal{L}_2 v) d\tau_2 = \int p(\nabla_2 u - u\nabla_2 v) \cdot d\sigma_2$$

가 올바름을 보여라.

16.3.2 헬름홀쯔 작용소의 $+k^2$과 변형된 헬름홀쯔 작용소의 $-k^2$은 $\mathbf{r}_1 = \mathbf{r}_2$ 바로 근처에서 $G(\mathbf{r}_1, \mathbf{r}_2)$의 형태에 영향을 미치지 않음을 보여라. 특히,

$$\lim_{|\mathbf{r}_1 - \mathbf{r}_2| \to 0} \int k^2 G(\mathbf{r}_1, \mathbf{r}_2) d\tau_2 = 0$$

임을 보여라.

16.3.3 식

$$\frac{\exp(ik|\mathbf{r}_1 - \mathbf{r}_2|)}{4\pi|\mathbf{r}_1 - \mathbf{r}_2|}$$

가 두 개의 조건을 만족시키며, 따라서 헬름홀쯔 방정식의 그린함수임을 보여라.

16.3.4 (a) 파동이 정상파일 때, 연습문제 16.3.3의 3차원 헬름홀쯔 방정식의 그린함수를 구하여라.

(b) 이 그린함수는 구면 베셀함수와 어떤 관계가 있는가?

16.3.5 동차 헬름홀쯔 방정식

$$\nabla^2\varphi + \lambda^2\varphi = 0$$

은 공유값 λ_i^2과 고유함수 φ_i를 갖는다. 방정식

$$\nabla^2 G(\mathbf{r}_1, \mathbf{r}_2) + \lambda^2 G(\mathbf{r}_1, \mathbf{r}_2) = -\delta(\mathbf{r}_1 - \mathbf{r}_2)$$

를 만족하는 그린함수를 아래와 같이 쓸 수 있음을 보여라:

$$G(\mathbf{r}_1, \mathbf{r}_2) = \sum_{i=1}^{\infty} \frac{\varphi_i(\mathbf{r}_1)\varphi_i(\mathbf{r}_2)}{\lambda_i^2 - \lambda^2}.$$

이런 꼴의 전개를 겹선형 전개라 부른다. 그린함수가 **닫힌** 형식(closed form)으로 주어지면, 이것은 모함수(generating function)를 준다 (예를 들어 제 11장을 보라).

16.3.6 정전기 퍼텐셜(MKS 단위)은

$$\varphi(\mathbf{r}) = \frac{Z}{4\pi\varepsilon_0} \cdot \frac{e^{-ar}}{r}$$

이다. 이 퍼텐셜을 주는 전하 분포를 구하여라. $\varphi(r)$이 큰 r에 대하여 지수적으로 감쇠하며, 따라서 총 전하는 영임에 주의하여라.

답. $\rho(r) = Z\delta(r) - \dfrac{Za^2}{4\pi}\dfrac{e^{-ar}}{r}.$

16.3.7 상미분방정식

$$\frac{d^2y(r)}{dr^2} - k^2 y(r) + V_0 \frac{e^{-r}}{r} y(r) = 0$$

과 경계조건 $y(0) = y(\infty) = 0$을 프레드홈 적분방정식

$$y(r) = \lambda \int_0^{\infty} G(r, t) \frac{e^{-t}}{t} y(t) dt$$

의 꼴로 바꾸어라. $V_0 = \lambda$와 k^2은 상수이다. 이 상미분방정식은 메존 퍼텐셜

$$G(r,t) = \begin{cases} \frac{1}{k}e^{-kt}\sinh kr, & 0 \le r < t, \\ \frac{1}{k}e^{-kr}\sinh kt, & t < r < \infty \end{cases}$$

에 대한 슈레딩거 방정식으로부터 유도된다.

16.3.8 반지름 a인 도체 고리가 대전되어 있다 (연습문제 11.3.3). 이 고리는 전하밀도

$$\rho(\mathbf{r}) = \frac{q}{2\pi a^2}\delta(r-a)\delta(\cos\theta)$$

로 기술된다. 이 계에 대해 알려진 그린함수를 이용하여 정전기 퍼텐셜을 구하여라.
힌트. 연습문제 11.3.3

16.3.9 변수분리상수를 k^2에서 $-k^2$으로 바꾸고 일차 미분의 불연속점을 z- 의존성에 넣어, 아래 등식을 증명하여라:

$$\frac{1}{4\pi|\mathbf{r}_1-\mathbf{r}_2|} = \frac{1}{4\pi}\sum_{m=-\infty}^{\infty}\int_0^\infty e^{im(\varphi_1-\varphi_2)}J_m(k\rho_1)J_m(k\rho_2)e^{-k|z_1-z_2|}dk.$$

힌트. 연습문제 15.5.3으로부터 $\delta(\rho_1-\rho_2)$를 구하여라.

16.3.10 아래 전개식을 유도하여라:

$$\frac{\exp[ik|\mathbf{r}_1-\mathbf{r}_2|]}{4\pi|\mathbf{r}_1-\mathbf{r}_2|} = ik\sum_{l=0}^{\infty}\begin{Bmatrix} j_l(kr_1)h_l^{(1)}(kr_2), & r_1 < r_2 \\ j_l(kr_2)h_l^{(1)}(kr_1), & r_1 > r_2 \end{Bmatrix}.$$
$$\times\sum_{m=-l}^{l}Y_l^m(\theta_1\varphi_1)Y_l^{m*}(\theta_2,\varphi_2).$$

힌트. 좌변은 알려진 그린함수이다. 구면조화 전개(spherical harmonic expansion)를 가정하고, 나머지 반지름 의존성을 구하여라. 구면조화 전개의 닫힘 관계식은 각의존성을 기술한다.

16.3.11 변형된 헬름홀쯔 작용소 그린함수

$$\frac{\exp(-k|\mathbf{r}_1-\mathbf{r}_2|)}{4\pi|\mathbf{r}_1-\mathbf{r}_2|}$$

가 구면극좌표 전개

$$\frac{\exp(-k|\mathbf{r}_1-\mathbf{r}_2|)}{4\pi|\mathbf{r}_1-\mathbf{r}_2|} = ik\sum_{l=0}^{\infty}i_l(kr_<)k_l(kr_>)\sum_{m=-l}^{l}Y_l^m(\theta_1,\varphi_1)Y_l^{m*}(\theta_2,\varphi_2)$$

를 가짐을 보여라.

주의. 수정 구면 베셀함수 $i_l(kr)$과 $k_l(kr)$은 표 16.2에 정의되어 있다.

16.3.12 질량 m인 점입자가 유가와 퍼텐셜 $V = -Ge^{-r/\lambda}(mr)$을 만들어내고 있다. 이런 입자들이 총질량 M이고 반지름 R인 공모양의 분포를 이루고 있을 때, 이 분포의 바깥에서 퍼텐셜을 구하여라.

16.3.13 연습문제 16.3.10의 구면 그린함수로부터, 평면파 전개

$$e^{i\mathbf{k}\cdot\mathbf{r}} = \sum_{l=0}^{\infty} i^l(2l+1)j_l(kr)P_l(\cos\gamma)$$

를 구하여라. 여기서 γ는 $\mathbf{k}$와 $\mathbf{r}$의 사이각이다. 이것이 연습문제 11.4.7의 레이라이 방정식이다.

힌트. $\mathbf{r}_2 \gg \mathbf{r}_1$이라 놓아라. 그러면,

$$|\mathbf{r}_1 - \mathbf{r}_2| \to r_2 - \mathbf{r}_{20}\cdot\mathbf{r}_1 = r_2 - \frac{\mathbf{k}\cdot\mathbf{r}_1}{k}$$

에서 $r_2 \to \infty$로 보내고 인수 e_2^{ikr}/r_2를 상쇄시켜라.

16.3.14 연습문제 16.3.10과 16.3.13으로부터 아래 등식을 증명하여라:

$$e^{ix} = \sum_{l=0}^{\infty} i^l(2l+1)j_l(x).$$

16.3.15

$$\psi_k(\mathbf{r}) = \frac{1}{(2\pi)^{3/2}}e^{i\mathbf{k}\cdot\mathbf{r}}$$

이

$$(\boldsymbol{\nabla}^2 + k^2)\psi_k(\mathbf{r}) = 0$$

의 고유함수임에 주목하면서, $\mathcal{L} = \boldsymbol{\nabla}^2$의 그린함수를 다음과 같이 전개할 수 있음을 보여라:

$$\frac{1}{4\pi|\mathbf{r}_1 - \mathbf{r}_2|} = \frac{1}{(2\pi)^3}\int e^{i\mathbf{k}\cdot(\mathbf{r}_1-\mathbf{r}_2)}\frac{d^3k}{k^2}.$$

16.3.16 푸리에 변환을 이용하여, 비동차 헬름홀쯔 방정식

$$(\boldsymbol{\nabla}^2 + k_0^2)G(\mathbf{r}_1, \mathbf{r}_2) = -\delta(\mathbf{r}_1 - \mathbf{r}_2)$$

를 만족하는 그린함수가

$$G(\mathbf{r}_1, \mathbf{r}_2) = \frac{1}{(2\pi)^3} \int \frac{e^{i\mathbf{k}\cdot(\mathbf{r}_1-\mathbf{r}_2)}}{k^2 - k_0^2} d^3k$$

임을 보여라.

16.3.17 키르히호프 회절 이론의 기본 방정식은

$$\psi(\mathbf{r}_1) = \frac{1}{4\pi} \int_{S_2} \left[\frac{e^{ikr}}{r} \nabla\psi(\mathbf{r}_2) - \psi(\mathbf{r}_2)\nabla\left(\frac{e^{ikr}}{r}\right) \right] \cdot d\sigma_2$$

이다. 여기서 ψ는 동차 헬름홀쯔 방정식을 만족시키며, $r = |\mathbf{r}_1 - \mathbf{r}_2|$이다. 위의 식을 유도하여라. $\mathbf{r}_1$은 닫힌 면 S_2 안에 놓여있다고 가정하여라.
힌트. 그린 정리를 이용하여라.

16.3.18 산란된 파동의 본 근사는 (16.54)[그리고 (16.61)식]식으로 주어진다. 점근 형태 [(16.58)식]로부터,

$$f_k(\theta, \varphi)\frac{e^{ikr}}{r} = -\frac{2m}{\hbar^2} \int V(\mathbf{r}_2) \frac{e^{ik|\mathbf{r}-\mathbf{r}_2|}}{4\pi|\mathbf{r}-\mathbf{r}_2|} e^{i\mathbf{k}_0\cdot\mathbf{r}_2} d^3r_2.$$

각도에 무관한 산란 퍼텐셜 $V(\mathbf{r}_2)$에 대하여, $r \gg r_2$일 때, 다음을 보여라:

$$f_k(\theta, \varphi) = -\frac{2m}{\hbar^2} \int_0^\infty r_2 V(\mathbf{r}_2) \frac{\sin(|\mathbf{k}_0 - \mathbf{k}|r_2)}{|\mathbf{k}_0 - \mathbf{k}|} dr_2.$$

여기서 $\mathbf{k}_0$는 $\theta = 0$ 방향으로 놓여있으며, $\mathbf{k}$는 (θ, φ) 방향이다. 크기는 같다: $|\mathbf{k}_0| = |\mathbf{k}|$. m은 환산질량이다.
힌트. 지수함수를 간단히 하기 위해 연습문제 16.3.13을 보아라. 3차원 푸리에 지수 변환을 1차원 푸리에 사인 변환으로 바꾸기 위해 예제 15.5.3을 참고하여라.

16.3.19 메존 퍼텐셜 $\mathbf{V}(r) = V_0(e^{-\alpha r}/\alpha r)$에 대하여 산란 진폭 $f_k(\theta, \varphi)$를 계산하여라. V_0는 상수이다.
힌트. 특정한 이 퍼텐셜에 대해서는 본 적분(연습문제 16.3.18)을 라플라스 변환으로 구할 수 있다.

답. $f_k(\theta, \varphi) = -\dfrac{2mV_0}{\hbar^2\alpha} \dfrac{1}{\alpha^2 + (\mathbf{k}_0 - \mathbf{k})^2}$.

16.3.20 메존 퍼텐셜 $V(r) = V_0(e^{-\alpha r}/\alpha r)$을 두 전하 q_1과 q_2의 쿨롱 산란을 기술하는 데 사용할 수 있다. 극한 $\alpha \to 0$, $V_0 \to 0$을 취하되, V_0/α가 $q_1q_2/4\pi\varepsilon_0$로 유지되도록 한다.(가우스 단위계에서는 $4\pi\varepsilon_0$를 없앤다.) 미분산란 단면적 $d\sigma/d\Omega = |f_k(\theta, \varphi)|^2$이 다음과 같이 주어짐을 보여라:

$$\frac{d\sigma}{d\Omega}=\left(\frac{q_1q_2}{4\pi\varepsilon_0}\right)^2\frac{1}{16E^2\sin^4(\theta/2)},\quad E=\frac{p^2}{2m}=\frac{\hbar^2k^2}{2m}.$$

(적당한 조건 아래) 위의 본 근사가 양자역학이나 고전적인 러더포드 방법으로 계산한 결과와 정확히 일치할 때도 있다.

추가 읽을거리

Bateman, H.(1944). *Partial Differential Equations of Mathematical Physics*. Dover, New York. 고전 물리학에서 편미분방적식의 예를 많이 다루고 있다. 타원, 포물선, 원환 좌표 등 여러 가지 다른 좌표계를 사용하는 좋은 예들을 담고 있다.

Cohen, H.(1992). *Mathematics for Scientists and Engineers*. Prentice-Hall, Englewood Cliffs, NJ.

Courant, R., and Hilbert, D. (1953). *Methods of Mathematical Physics*, Vol. 1 (영어판). Interscience, New York. 재판, Wiley, New York (1989). 수리물리의 고전이다. 원래 1924년 독일어로 출판되었다. 영어 개정판은 그린함수나 수리물리의 다른 주제들을 엄밀하게 다루고 있는 훌륭한 참고서이다.

Davis, P. J., and Rabinowitz, P. (1967). *Numerical Integration*. Blaisdell, Waltham, MA. 이 책은 상당히 다양한 주제를 읽기 쉽게 기술하고 있다. 부록 1(M. Abramowitz가 쓴 "실재로 적분을 계산하는 법")은 전체적인 맥락을 훌륭하게 보여준다.

Garcia, A. L. (1994). *Numerical Methods for Physics*. Prentice-Hall, Englewood Cliffs, NJ.

Hamming, R. W. (1973). *Numerical Methods for Scientists and Engineers*, 2nd ed. McGraw-Hill, New York. Reprinted, Dover, New York (1987). This well-written text discusses a wide variety of numerical methods from zeros of functions to the fast Fourier transform. All topics are selected and developed with a modern a high-speed computer in mind.

Hubbard, J., and West, B. H. (1995). *Differential Equations*. Springer, Berlin.

Margenau, H., and Murphy, G. M.(1956). *The Mathematics of Physics and Chemistry*, 2nd ed. Van Nostrand, Princeton, NJ. 이 책의 제5장에서는 곡선좌표와 13개의 구체적인 좌표계를 다루고 있다.

Morse, P. M., and Feshbach, H. (1953). *Methods of Theoretical Physics*. McGraw-Hill, New York. 제5장에서 몇 개의 좌표계를 소개하고 있다. 이 책의 저자들은 하다못해 직각좌표에 대해서도, 왼손좌표계를 사용하는 것을 꺼리지 않는다는 점에 주목할 필요가 있다. 훌륭하지만 난해한 이 책의 다른 부분에서는 물리 문제를 푸는 데 있어서 여러 가지 좌표계를 사용하는 예들을 담고 있다. "*Mathematical Methods for*

Physicists"의 제2판(1970년)에서는 11개의 매혹적이지만 잘 쓰이지 않는 직각좌표계들을 추가로 기술하고 있다. 제7장에서는 수리물리적인 관점에서 그린함수를 자세하게 논하고 있다. 그러나, 이 저자들은 $\delta(\mathbf{r}-\mathbf{r}')$ 대신에 $4\pi\delta(\mathbf{r}-\mathbf{r}')$을 샘으로 택하고 있음에 주의하여라. 유한한 영역에 상당한 주의를 기울였다.

Press, W. H., Flannery, B. P., Teukolsky, S. A., and Vetterling, W. T. (1992). *Numerical Recipes*, 2nd ed. Cambridge Univ. Press, Cambridge, UK.

Ralston, A., and Wilf, H. (Eds.) (1960). *Mathematical Methods for Digital Computers*. Wiley, New York.

Ritger, P. D., and Rose, N. J. (1968). *Differential Equations with Applications*. McGraw−Hill, New York.

Stakgold, I. (1997). *Green's Functions and Boundary Value Problems*, 2nd ed. Wiley, New York.

Stoer, J., and Burlirsch, R. (1992). *Introduction to Numerical Analysis*. Springer−Verlag, New York.

확 률

확률은 마구잡이 사건이나 마구잡이 변수를 정의하는 많은 입자들을 다루는 많은 문제들에서 나타난다. 초기 상태로부터 다음 상태를 실질적으로 추측할 수 없을 때 주어진 사건을 **마구잡이**라 부른다. 통계역학에서 주어진 에너지에 해당하는 미시적인 짜임새가 매우 많아, 각각의 결과를 안다는 것은 실질적으로 불가능하다. 이처럼, 초기 상태나 동역학에 대해 단순히 충분한 정보를 갖고 있지 않을 때가 그 한 예이다. 양자역학에서 처럼, 흔히 비슷한 사건의 평균은 예측 가능하다. 확률 이론이 개발된 이유가 여기에 있다.

마구잡이 변수는 날씨나 주가같이 데이터가 우연에 달려있을 경우에 나타난다. 확률 이론은 우연에 의해 결정되는 과정에 대한 수학적 모형을 확률분포를 통해 기술한다. 확률분포는 왜 어떤 마구잡이 사건이 다른 사건에 비해 자주 일어나는 가를 기술한다. 어떤 의미로는, 확률은 우리가 얼마나 모르는 가에 대한 척도이며, "내일은 비가 올 것같다"라거나, "하트 퀸을 뽑을 것같지 않다"와 같은 정성적인 표현에 정량적인 의미를 부여한다. 확률은 양자역학과 통계역학에서 근본적으로 중요하며, 기상, 경제, 게임 등 일상생활의 많은 영역에 응용된다.

수학자에게는 확률은 공리에 기반을 두고 있다. 그러나 여기서는 마구잡이 사건에 대한 확률을 계산하는 실질적인 방법들을 논의한다. 과학 실험은 항상 오차를 포함하기 때문에, 오차나 그 전파에 대한 이론은 확률을 다룬다. 통계학에서는 실험 데이터에 확률 이론을 적용한다.

17.1 정의 및 간단한 성질

우연성을 내포하고는 있는 실험의 모든 **상호 배타적**[1] 결과들이 사건 혹은 **표본공간** S의 점을 나타낸다. 예를 들어, 동전을 던질 때 마다 $i = 1, 2, \ldots$와 같이 번호를 붙이고, 결과 x_i를 관찰

[1]이것은 어떤 특정한 사건이 일어났다고 하면 다른 사건은 일어나지 않았다는 뜻이다.

한다고 하자. 표본은 두 사건, 즉 앞면 혹은 뒷면으로 이루져 있으며, x_i는 그 값으로 앞면 혹은 뒷면을 갖는 마구잡이 변수를 나타낸다. 동전 두 개를 던질 경우, 표본은 두 동전 모두 앞면, 하나는 앞면 다른 하나는 뒷면, 두 동전 모두 뒷면 등의 사건을 포함한다. 앞면의 수는 마구잡이 변수에 부여할 수 있는 적절한 값이다. 그리고 이 때 값은 2, 1, 0 중 하나를 갖는다. 네 개의 결과가 서로 같은 확률로 일어난다. 결과 중 하나는 값 2를, 두 개는 값 1을, 나머지 하나는 값 0을 같는다. 그러므로 마구잡이 변수가 세 개의 값을 가질 확률은 두 앞면(값 2)에 대해 1/4, 두 뒷면(값 0)에 대해 1/4, 그리고 값 1에 대해서는 1/2이다. 다시 말해, 표본의 한 점 x_i로 표시되는 사건의 이론적인 확률 P는

$$P(x_i) \equiv \frac{i\text{번째의 결과 } x_i\text{가 나타나는 횟수}}{\text{모든 결과의 총수}} \tag{17.1}$$

와 같이 정의된다. 실험적인 정의는 사건의 수가 잘 정의되어 있지 않을 때, 혹은 똑같이 자주 일어날 것 같은 사건들이 항상 일어나지는 않을 때 적용한다. 이 경우,

$$P(x_i) \equiv \frac{\text{시간 } x_i\text{가 일어나는 횟수}}{\text{시도한 총횟수}} \tag{17.2}$$

가 더 적당하다. 큰 모래 더미에 크기가 같은 흰색과 검은색의 모래 알갱이가 같은 비율로 잘 섞여 있는 경우가 적절한 예이다. 모래를 세는 것은 비현실적이다. 그러나, 작은 표본을 추출하여 알갱이들을 셀 수 있다. 이런 방법으로, 모래를 세고 나서 그때마다 다시 모래 더미에 넣고 잘 섞는다면, 흰색과 검은색 알갱이가 대략 같은 확률 1/2로 나타난다는 것을 확인할 수 있을 것이다. 표본의 크기가 크면 클수록, 1/2을 중심으로 퍼지는 것이 작을 것이다. 이런 과정을 자주 되풀하면 할 수록, 검은색 혹은 하얀색 알갱이를 셀 평균확률이 점점 1/2에 가까워질 것이다. 아예 알갱이 하나 하나를 추출할 수도 있다. 이 때 검은색 알갱이를 두 개 연속 꺼낼 확률이 1/4로 하얀색 알갱이를 연속 두 개 꺼낼 확률과 같음을 확인할 수 있을 것이다. 생각할 수 있는 통계적 질문은 많다. 그래서, 색깔을 칠한 모래 더미는 꽤 교육적인 실험이다.

다음과 같은 공리(axions)는 스스로 분명하다:

- 확률은 $0 \le P \le 1$이다. 확률 1은 반드시 일어난다는 뜻이며, 확률 0은 결코 일어나지 않음을 의미한다.
- 전체 표본은 확률 1을 갖는다. 예를 들어, 아무 카드나 뽑을 확률은 1이다.
- 서로 배타적인 사건의 확률은 더해진다. 두 개의 동전을 던져 앞면이 한 개 나올 확률은 $1/2 = 1/4 + 1/4$이다. 첫 번째 동전이 앞면 두 번째 동전이 뒷면일 확률 1/4과 그 반대일 확률 1/4을 더하면 1/2이 된다.

예제 17.1.1 **A 또는 B의 확률**

잘 섞여진 카드를 여러 번 뽑을 때, 클럽 또는 잭을 뽑을[2] 확률은 얼마일까? 52개의 카드가

[2]이것이 상호 배타적이지 않는 사건의 예이다.

있고, 4개의 잭과 각 짝패마다 13개의 카드가 있으며, 클럽 잭과 3개의 다른 잭을 포함한 13개의 클럽이 있다. 따라서, 52개 중 16개의 가능한 카드가 있고, 확률은 $(13+3)/52 = 16/52 = 4/13$이다. ■

표본공간을 점들의 집합, S라 하면, 사건은 S의 부분집합 A, B, ...이며 $A \subset S$ 등으로 나타낸다. A가 B에 포함되고 $(A \subset B)$ B도 A에 포함되면 $(B \subset A)$, 두 집합 A, B가 같다. 합집합 $A \cup B$는 집합 A 혹은 B 또는 두 집합에 모두 속하는 점(사건)들의 모임이다. **교집합** $A \cap B$는 집합 A와 B에 동시에 속하는 점들로 이루어진다. A와 B에 동시에 속하는 점이 없으면, 교집합은 **공집합**이다. $A \cap B = \emptyset$. 집합 A는 속하나 집합 B에는 속하지 않는 점들의 집합은 $A - A \cap B$로 나타내고, **집합의 차**를 이렇게 정의한다. 예제 17.1.1의 클럽 짝패를 집합 A라 하고 4개의 잭을 집합 B라 하면, 합집합은 모든 클럽과 잭들로 이루어지며, 교집합은 클럽잭으로만 이루어진다.

각 부분집합 A는 확률 $P(A) \geq 0$을 갖는다. 집합 이론적인 이런 개념으로 볼 때, 지금까지 살펴 본 확률법칙은

$$0 \leq P(A) \leq 1$$

이 된다. 전체 표본공간은 $P(S) = 1$을 갖는다. 서로 배타적인 사건의 합집합은 확률이 합으로 주어진다:

$$P(A \cup B) = P(A) + P(B), \quad A \cap B = \emptyset.$$

임의의 집합에 대한 확률 **덧셈공식**은 다음과 같은 법칙으로 주어진다:

$$P(A \cup B) = P(A) + P(B) - P(A \cap B). \tag{17.3}$$

이것을 증명하기 위해, 합집합을 두 개의 서로 배타적인 집합으로 나눈다: $A \cup B = A \cup (B - B \cap A)$. 이들의 확률은 각각 $P(A)$, $P(B) - P(B \cap A)$이고 이들은 그냥 더하면 된다. $A \cup B = (A - A \cap B) \cup B$로 나눌 수도 있었다. 이 경우에도 마찬가지로 $P(A \cup B) = [P(A) - P(A \cap B)] + P(B)$이다. $A \cap B = B \cap A$임을 상기하여라 (그림 17.1).

그러나, 어떤 경우에는 위에서 언급한 확률의 덧셈공식과 정의가 충분치 않을 때도 있다.

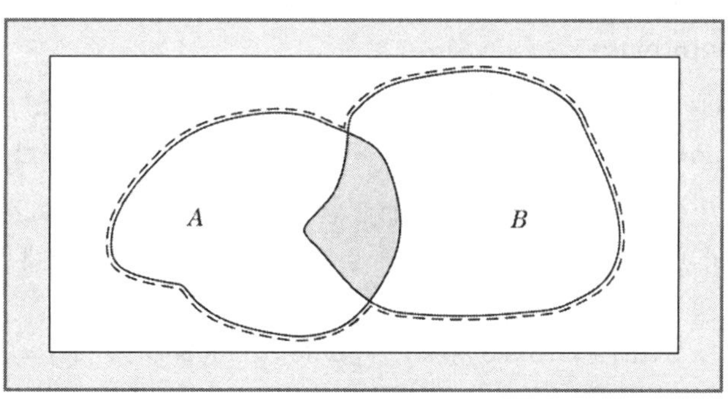

그림 17.1
빗금친 부분은 사건 A 그리고 B에 해당하는 교집합 $A \cap B$이다. 점선은 사건 A 또는 B에 해당하는 합집합 $A \cup B$를 감싸고 있다

예제 17.1.2 **조건확률**

간단한 예를 생각해 보자. 10개의 동일한 빨간색 연필과 20개의 동일한 파란색 연필이 마구잡이 순서로 섞여있는 상자가 있다. 상자로부터 연필을 하나씩 꺼내서 보고 다시 넣지는 않는다. 처음에 사건 A, 즉 빨간색 연필을 꺼냈다고 하자. 이것이 일어날 확률은, 연필이 잘 섞여 있다고 하면, $P(A)=10/30=1/3$. 다음에 파란색 연필을 꺼낼, 즉 사건 B가 일어날 확률은 처음에 어떤 연필을 꺼냈느냐에 영향을 받는다. 이것은 $P(B|A)=20/29$으로 주어진다. 두 번에 걸쳐 꺼낼 때 10×20개의 가능한 표본점이 있고, 전체 표본에는 30×29의 사건이 있다. 따라서 결합된 확률은 $P(A\cap B)=\frac{10}{30}\frac{20}{29}=\frac{10\cdot20}{30\cdot29}=\frac{20}{87}$이다. ■

일반적으로, A와 B가 일어날 확률 $P(A\cap B)$는 A가 일어날 확률 $P(A)$와 A가 일어났다고 가정할 때 B가 일어날 확률 $P(B|A)$의 곱으로 주어진다:

$$P(A\cap B)=P(A)P(B|A). \tag{17.4}$$

다시 말해, **조건확률** $P(B|A)$는 다음과 같은 비율로 주어진다:

$$P(B|A)=\frac{P(A\cap B)}{P(A)}. \tag{17.5}$$

조건확률 $P(B|A)=P(B)$가 A와 무관하면, 사건 A와 B는 **독립적이다**라고 말하고, **결합확률**은 단순한 곱

$$P(A\cap B)=P(A)P(B) \tag{17.6}$$

이다.

예제 17.1.3 **SAT 시험**

대학에서는 학생들이 과목을 성공적으로 이수하여 졸업할 것인가를 판단할 자료로 다른 것도 있지만, SAT 시험성적에 크게 의존한다. 어느 대학에서 어휘 및 수학 성적 합계가 1400점을 넘으면 통과시키는 것으로 알려져 있다. 95%가 졸업하고, 나머지 5%는 낙제를 하거나 전학을 한다. 졸업생 중 97%가 1400점 이상의 SAT 점수를 받고, 낙제생 중 80%가 1400점 이하의 SAT 성적을 받는다. 한 학생이 1400보다 낮은 SAT 점수를 받았다. 이 학생이 졸업할 확률은 얼마인가?

A를 1400점보다 낮은 SAT 점수를 받는 사건이라 하고, B를 1400점 이상을 받을 경우라 하자. 이 둘은 서로 배타적이며, 따라서 $P(A)+P(B)=1$이다. C는 졸업하는 경우라 한다. 조건확률 $P(C|A)$와 $P(C|B)$를 구해야 한다. (17.5)식을 적용하기 위해 $P(A)$ 및 $P(B)$를 알아야 한다. 졸업생 97% 중 1400점 이하를 받은 학생이 3%이다. 낙제생 5% 중에는 80%가 있다. 그러므로

$$P(A)=0.03\cdot0.95+\frac{4}{5}0.05=0.0685,\quad P(B)=0.97\cdot0.95+0.05/5=0.9315,$$

또한

$$P(C \cap A) = 0.03 \cdot 0.95 = 0.0285 \quad \text{와} \quad P(C \cap B) = 0.97 \cdot 0.95 = 0.9215$$

이다. 따라서,

$$P(C|A) = \frac{P(C \cap A)}{P(A)} = \frac{0.0285}{0.0685} \sim 41.6\%,$$
$$P(C|B) = \frac{P(C \cap B)}{P(B)} = \frac{0.9215}{0.9315} \sim 98.9\%$$

이다. 즉, 특정한 이 대학에서 1400점 이하를 받은 학생이 졸업할 확률은 42%보다 약간 낮다.

조건확률의 정의[(17.5)식]로부터 따름 정리로서, $P(A|B) = P(A \cap B)/P(B)$와 $P(B|A) = P(A \cap B)/P(B)$를 비교해 보자. 다음과 같은 베이즈(Bayes) 정리를 얻는다:

$$P(A|B) = \frac{P(A)}{P(B)} P(B|A). \tag{17.7}$$

이것을 일반화하여 다음과 같은 정리를 얻을 수 있다: 마구잡이 사건 A_i가 확률 $P(A_i) > 0$으로 일어나며 서로 배타적이고, 합집합이 전체 표본공간 S와 같다. 그러면, 임의의 사건 $B \subset S$가 일어날 확률은

$$P(B) = \sum_{i=1}^{n} P(A_i) P(B|A_i) \tag{17.8}$$

이다.

이 분해 정리는 벡터를 단위벡터 성분으로 분해하는 것과 비슷하다. 위 관계식은 자명한 항등식 $B = \cup_i (B \cap A_i)$(그림 17.2)에서 나온 것이다. $B \cap A_i$는 서로 배타적이므로, $P(B) = \sum_i P(B \cap A_i)$. 각 i에 대해 (17.5)식으로부터 $P(B \cap A_i) = P(A_i)P(B|A_i)$이다. 이것으로 정리가 증명되었다.

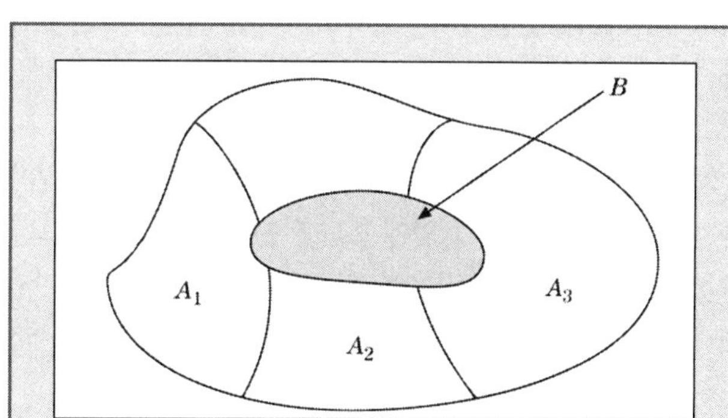

그림 17.2
빗금친 영역 B는 서로 배타적인 A_1, A_2, A_3에 속하면서 B에 속하는 배타적인 부분집합들로 이루어져 있다

■ 경우의 수, 순열과 조합

통계역학에서 처럼, 표본안의 시료안의 입자를 세면 확률을 계산하는 데 도움이 된다.

n개의 분자가 있다. 이 분자들을 한 줄로 늘어 놓는 방법, 즉 **순열**로 배치할 경우의 수는 얼마나 될까? 이 수를 **순열의 수**라 한다. 정의상, 순서가 중요하다. 첫 번째 자리에 선택할 수 있는 분자는 n개가 있고, 두 번째 자리에는 $n-1$개 등이 있다. n개의 서로 **다른** 분자를 순서대로 늘어 놓는 방법은 모두 $n!$개이다.

일반화하여, n명의 사람이 있는데, $k<n$개의 의자만이 있다고 하자. k명의 사람을 의자에 앉히는 경우의 수는 얼마나 될까? 앞에서와 같이 세면, n개의 서로 다른 대상 중 k개를 뽑아 순서대로 늘어놓는 경우의 수는

$$n(n-1)\cdots(n-k+1)=\frac{n!}{(n-k)!}$$

으로 주어진다.

이제 **정의상 순서**가 중요하지 않는 **조합**의 경우의 수를 생각해 보자. 예를 들어, 세 개의 글자 가, 나, 다 중 두 개를 뽑아 순서에 상관없이 조합하는 방법은, 가나, 가다, 나다, $3=\frac{3!}{2!}$가지이다. 글자를 반복할 수 있다면, 가가, 나나, 다다를 포함하여 여섯 가지가 된다. 그래서, 서로 다른 알갱이의 조합은 것은 **순서가 중요하지 않다**는 점에서 순열과 다르다. **조합**은 반복을 허용할 (구별할 수 없는 대상을 수학적으로 다루는 방법) 수도 있고 허용하지 않을 수도 있다.

n개의 대상 중 중복을 허용하지 않고 k를 뽑아 순서에 상관없이 늘어놓는 방법의 수는 이항계수

$$\frac{n(n-1)\cdots(n-k+1)}{k!}=\binom{n}{k}$$

로 주어진다. 중복이 허용되면, 방법의 수는

$$\binom{n+k-1}{k}$$

이다. n개의 대상 중에 k를 뽑아 순서대로 늘어 놓은 방법의 수 $n!/(n-k)!$를 k개의 대상을 순서대로 늘어놓는 방법의 수 $k!$으로 나누어 주어야 한다. 왜냐하면 조합에서는 순서를 상관하지 않기 때문이다. 이것으로 첫 번째 주장이 증명되었다. 두 번째 명제는 수학적 연역법으로 증명한다.

통계역학에서는 n개의 입자를 k개의 상자에 넣는 방법을 자주 다룬다. i번째 상자에 n_i개의 입자가 들어가고 각 상자 안에서 순서는 중요치 않다. 그리고 $\sum_{i=1}^{k} n_i = n$. 앞에서와 마찬가지로 세면, 처음 n개를 자유롭게 선택할 수 있고, 그 다음에는 $n-1$개, ..., 그러나 이 때 첫 번째 상자 안의 $n_1!$개의 순열의 수는 세서는 않되며, 마찬가지로 두 번째 상자의 $n_2!$도 세지 않도록 한다. 이렇게 계속하면, 조합의 수는

$$\frac{n!}{n_1!n_2!\cdots n_k!}, \qquad n_1+n_2+\cdots+n_k=n$$

이 된다.

통계역학에서는 입자들이 다음과 같은 규칙을 따른다:

- 막스웰–볼츠만(MB) 통계는 구별 가능한 입자들을 각 상태에 제한없이 채우는 경우에 쓴다;
- 보스–아인슈타인(BE) 통계는 구별 불가능한 입자들을 각 상태에 제한없이 채우는 경우에 사용한다; 그리고
- 페르미–디락(FD) 통계는 구별 불가능한 입자들을 각 상태에 최대 1개 까지만 허용하여 채울 때 사용한다.

예를 들어, 3개의 입자를 4개의 상자에 넣을 때, MB 통계의 경우 4^3개의 가능한 방법이 있다. 왜냐하면 각 입자는 4개의 상자 중 아무 상자에나 들어갈 수 있기때문이다. BE 통계의 경우, 중복을 허용하는 조합의 수 $\binom{3+4-1}{3}=\binom{6}{3}$과 같다. FD 통계의 경우에는, $\binom{3+1}{3}=\binom{4}{3}$이다. 좀 더 일반적으로, MB 통계의 경우, n개의 입자를 k개의 상태(상자)에 놓은 방법의 수는 k^n이며, BE 통계의 경우에는 $\binom{n+k-1}{n}(k>n)$, FD 통계의 경우에는 $\binom{k}{n}$이다.

연습문제

17.1.1 잘 섞인 카드 묶음으로부터 카드 한 장을 뽑는다고 하자.
(a) 검은색 카드가 나올 확률은 얼마인가?
(b) 빨간색 카드가 나올 확률은?
(c) 퀸이나 스페이드가 나올 확률은?

17.1.2 다음과 같은 상황에서, 잘 섞인 카드 묶음으로부터 두 장의 퀸을 뽑을 확률을 각각 구하여라:
(a) 두 번째 카드를 뽑기 전에 첫 번째 카드를 다시 넣는다;
(b) 첫 번째 카드를 다시 넣지 않는다.

17.1.3 두 개의 주사위를 던질 때, 다음 확률을 각각 구하여라:
(a) 4보다 작은 눈을 관찰할 확률.
(b) 4보다 크거나 같고 6보다 작은 눈이 나올 확률.

17.1.4 세 개의 주사위를 던져서, 6의 눈이 나올 확률은 얼마인가?

17.1.5 확률 $P(A\cap B\cap C)$를 $P(A)$, $P(B)$, $P(C)$로 표현하여라.

17.1.6 N개의 (막스웰–볼츠만) 입자를 k개의 상자에 넣는다고 하자. 상자 1에는 N_1, 상자

2에는 N_2, ..., 상자 k에는 N_k개의 입자가 들어갈 확률을 구하여라. $k<N$이고, $N_1+N_2+\cdots+N_k=N$을 만족하는 한 $N_j \geq 1$에는 제한이 없다. 같은 문제를 페르미-디락 및 보스-아인슈타인 입자에 대하여 각각 풀어라.

17.1.7 다음을 보여라:

$$P(A \cup B \cup C) = P(A) + P(B) + P(C) - P(A \cap B) - P(A \cap C) - P(B \cap C) + P(A \cap B \cap C).$$

17.1.8 $n \leq 100$인 양수 n이 $p \leq 100$인 소수로 나누어 떨어질 확률을 구하여라. $p=3, 5, 7$에 대하여 결과를 확인하여라.

17.1.9 막스웰-볼츠만 (혹은, 페르미-디락, 보스-아인슈타인) 입자 두 개를 세 개의 상자에 넣는다. 각각의 경우에 몇 가지 방법이 가능하겠는가?

17.2 마구잡이 변수

주사위를 던질 때마다, 각 시행에 번호 $i=1, 2, \ldots$를 붙이고, 눈의 수 $x_i=1, 2, 3, 4, 5, 6$이 각각 확률 1/6로 나오는 것을 관찰한다. i가 시행번호를 나타낸다면, x_i는 확률 $P(x_i)=1/6$로 1부터 6까지 띄엄띄엄 값을 갖는 띄엄띄엄 마구잡이 변수이다.

예제 17.2.1 **띄엄띄엄 마구잡이 변수**

두 개의 주사위를 던지고 그때마다 나오는 눈의 수를 합하여 기록하면, 이 합도 마구잡이 변

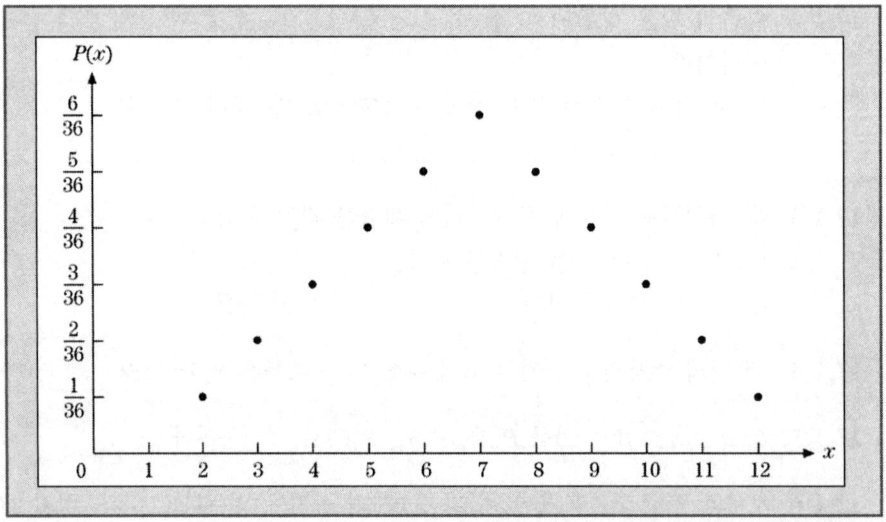

그림 17.3 주사위 두 개를 던졌을 때 나오는 눈의 합에 대한 확률분포 $P(x)$의 그래프

수가 된다. 이 변수는 두 개의 주사위가 모두 1일 때 값 2를 갖고, 이 때 확률은 $(1/6)^2$이다. 주사위 하나는 1이고 다른 하나는 2일 때, 즉 확률 $(1/6)^2+(1/6)^2=1/18$로 값 3을 갖는다. 마찬가지로, 값 4를 가지려면 두 주사위 모두 2이거나 하나는 1, 다른 하나는 3이어야 하므로 확률은 $(1/6)^2+(1/6)^2+(1/6)^2=1/12$이고, 5를 가질 확률은 $4\times(1/6)^2=1/9$, 6을 가질 확률은 $5/36$, 7을 가질 확률은 $6(1/6)^2=1/6$로 최대값이 된다. 이 확률분포는 7을 중심으로 대칭적이다. 이 대칭성은 그림 17.3을 보면 분명하다. 대수적으로도 확인할 수 있는데, 증가하거나 감소하는 선형 부분을 아래와 같이 쓰면 된다:

$$P(x)=\frac{x-1}{36}=\frac{6-(7-x)}{36},\quad x=2,3,\ldots,7,$$
$$P(x)=\frac{13-x}{36}=\frac{6+(7-x)}{36},\quad x=7,8,\ldots,12.$$
■

요 약

마구잡이 변수 X가 갖는 서로 다른 값 x_i는 표본공간의 사건들을 나타낸다. 각 사건은 마구잡이 변수 X의 함수인 확률분포 $P(X=x_i)=p_i\geq 0$에 따라 마구잡이로 일어난다. 확률변수 $X(e_i)=x_i$는 사건 $e_i\in S$에 대해 표본공간에서 정의된다.

연속적인 마구잡이 변수 X의 확률밀도함수 $f(x)$를 아래와 같이 정의한다:

$$P(x\leq X\leq x+dx)=f(x)dx \tag{17.9}$$

즉, $f(x)dx$는 X가 구간 $x\leq X\leq x+dx$ 안에 놓일 확률이다. $f(x)$가 확률밀도가 되기 위해서는 $f(x)\geq 0$과 $\int f(x)dx=1$을 만족시켜야 한다. 두 개 이상의 마구잡이 변수에 달린 확률분포를 정의하는 것은 간단하다. 양자역학은 한 예이다.

예제 17.2.2 연속적인 마구잡이 변수-수소원자

양자역학에 의하면, 수소원자에서 $1s$ 전자를 부피 d^3r에서 발견할 확률은 $|\psi|^2d^3r$이다.[3] 여기서 $\psi=Ne^{-r/a}$은 전자의 파동함수이며, 다음과 같이 틀맞춤되어 있다:

$$1=\int|\psi|^2\,dV=4\pi N^2\int_0^\infty e^{-2r/a}r^2\,dr=\pi a^3N^2,\quad dV=r^2\,drd\cos\theta\,d\varphi$$

이 때 a는 보어 반지름이다. 반지름에 대한 적분은 부분적분을 반복하거나, 감마함수로 바꾸어서 계산할 수 있다:

$$\int_0^\infty e^{-2r/a}r^2\,dr=\left(\frac{a}{2}\right)^3\int_0^\infty e^{-x}x^2\,dx=a^3\Gamma(3)/8=a^3/4.$$

[3] $|\psi|^2 4\pi r^2dr$이 각도에 상관없이 반지름 r과 $r+dr$ 사이에 있을 확률이다.

여기서 공간상의 모든 점이 표본공간을 이루며, 세 개의 마구잡이 변수를 표시한다. 그러나 확률밀도 $|\psi|^2$은 이 경우 반지름에만 달려있다. 그것은 1s 상태의 대칭성 때문이다.

중심에 있는 프로톤으로부터 평균거리가 수소원자의 크기에 대한 척도가 된다. 평균거리는 양자역학에서 흔히 기대값이라 부르는

$$\langle 1s|r|1s\rangle = \int r|\psi|^2 dV = 4\pi N^2 \int_0^\infty re^{-2r/a}r^2\,dr = \frac{3}{2}a$$

로 주어진다. 이 개념을 임의의 확률분포에 적용할 것이다. ■

- 마구잡이 변수가 각각 확률 p_1, p_2, ..., p_n으로 띄엄띄엄 값 x_1, x_2, ..., x_n을 취할 때 이 변수를 띄엄띄엄 마구잡이 변수라 부른다. 그리고 $\sum_i p_i = 1$. 즉, 실험 혹은 시행을 하게 되면, 어떤 사건이건 확률 1로 (반드시) 일어난다.
- 구간 $a \le x \le b$ 안에서 연속적인 값을 취하면, 이 변수를 연속적인 마구잡이 변수라 부른다. 이 때 확률분포는 연속함수일 수도 있고 아닐 수도 있다.

어떤 양 x를 n번 측정해서 값 x_j를 얻는다면, 각 시행의 **평균값**을

$$\bar{x} \equiv \frac{1}{n}\sum_{j=1}^{n} x_j \tag{17.10}$$

로 정의한다. 이 값은, 각 값이 똑같은 확률로 일어나는 경우, **기대값**이라고도 부른다. 이 부분이 실험과 확률 이론이 만나는 곳이다. 위 사실과 실생활의 경험으로 볼 때, 띄엄띄엄 마구잡이 변수 X의 **평균값**을

$$\langle X\rangle \equiv \sum_i x_i p_i \tag{17.11}$$

로, **연속적인 마구잡이 변수**의 평균값을

$$\langle X\rangle \equiv \int xf(x)dx \tag{17.12}$$

로 정의하는 것이 자연스럽다. 이것들은 선형평균이다. 다른 문헌에서는 $\bar{X}$나 $E(X)$같은 기호를 사용하기도 한다.

n번의 측정값의 산술평균 $\bar{x}$를 평균값으로 사용하는 것은 각 값이 같은 확률로 나온다는 가정을 염두에 둔, 간단하고 평이한 경험을 바탕으로 하고 있다. 기하평균

$$x_g = (x_1 \cdot x_2 \cdots x_n)^{1/n} \tag{17.13}$$

이나 조화평균

$$\frac{1}{x_h} = \frac{1}{n}\left(\frac{1}{x_1} + \frac{1}{x_1} + \cdots + \frac{1}{x_n}\right) \tag{17.14}$$

이나 $|x_i - \bar{x}|$를 최소화하는 $\bar{x}$를 사용하면 안 될까? 여기서 x_i가 증가하는 순서로 나열되어

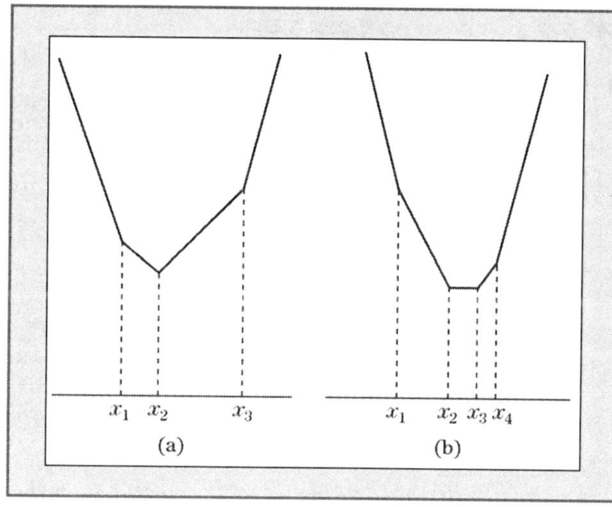

그림 17.4
(a) 점의 수가 홀수일 때 $\sum_{i=1}^{3}|x_i-x|$
(b) 점의 수가 짝수일 때 $\sum_{i=1}^{4}|x_i-x|$

있다고 하자. $O(x)=\sum_{i=1}^{2n+1}|x_i-x|$의 그래프를 홀수 개의 점에 대해 그려보면 [그림 17.4(a)], 중심값 $i=n$에서 최소값을 갖는다는 것을 알 수 있다. 반면, 짝수 개의 점에 대해서는 $E(x) = \sum_{i=1}^{2n}|x_i-x|$는 중심부분에서 평평하다 [그림 17.4(b)]. 이러한 성질 때문에 이 함수를 평균값을 정의하는 데 사용할 수 없는 것이다. 대신, 이차 편차들의 합

$$\sum_{i=1}^{n}(x-x_i)^2 = \text{최소} \tag{17.15}$$

를 최소화해 보자. x에 대한 미분이 영이 되도록하면, $E(x) = \sum_{i=1}^{2n}|x|$, 즉

$$x=\frac{1}{n}\sum_i x_i=\bar{x};$$

를 얻는다. 이것은 산술평균이다. 또 하나 중요한 성질이 있다: 편차를 $v_i=x_i-\bar{x}$라 나타내면, $\sum_i v_i=0$. 즉, 양의 편차들의 합과 음의 편차들의 합이 같다. 이차 편차들의 합을 최소화하는 이런 원리를 **최소제곱법(methods of least square)**이라 부른다. 이 방법은 가우스 등에 의해 개발되었다.

평균이 데이터에 얼마나 잘 맞는가는 데이터가 평균으로부터 얼마나 확산되어 있는 가에 달려있다. 마찬가지로, 편차들의 평균합 $\sum_{i=1}^{n}|x_i-\bar{x}|/n$을 확산에 대한 척도로 사용할 수 없다. 항상 중간 측정값을 선호하기 때문이다. 확산에 대한 좀더 좋은 척도는 평균으로부터의 편차의 제곱의 합, 즉 **표준편차**

$$\sigma=\sqrt{\frac{1}{n}\sum_{i=1}^{n}(x_i-\bar{x})^2}$$

이다. 여기서 제곱근은 차원을 맞추기 위한 것이다.

예제 17.2.3 **측정값의 표준편차**

측정값 $x_1=7$, $x_2=9$, $x_3=10$, $x_4=11$, $x_5=13$으로부터, 평균은 $\bar{x}=10$이고 표준편차는 $E(x)$ $E(x) = \sum_{i=1}^{2n}|x_i-x|$ 이다. 여기서는, 확률이 알려져 있지 않으므로, 실험식[(17.2)식]을 이용하였다.

측정값의 차의 제곱의 합

$$\sum_{i<k}(x_i-x_k)^2 = \frac{1}{2}\sum_{i=1}^{n}\sum_{k=1}^{n}(x_i^2+x_k^2-2x_ix_k)$$
$$= \frac{1}{2}(2n^2\langle x^2\rangle - 2n^2\langle x\rangle^2) = n^2\sigma^2 \tag{17.16}$$

으로서의 분산은 또 다른 의미를 갖는다. 위 식에서 제곱을 먼저 계산하면

$$\sigma^2 = \frac{1}{n}\sum_i(x_i-\langle x\rangle)^2 = \frac{1}{n}\sum_i x_i^2 - \frac{2\langle x\rangle}{n}\sum_i x_i + \langle x\rangle^2$$
$$= \frac{1}{n}\sum_i x_i^2 - \langle x\rangle^2 = \langle x^2\rangle - \langle x\rangle^2 \tag{17.17}$$

을 얻는다. 이 공식은 분산 σ^2에 널리 응용되며 자주 사용된다.

이제 같은 확률 $1/n$으로 주어지는 n개의 측정값의 **확산**에 관한 개념을 임의의 확률분포에 확장해 보자. $X=x_i$일 확률이 p_i인 띄엄띄엄 마구잡이 변수 X에 대하여, **분산**을

$$\sigma^2 = \sum_j(x_j-\langle X\rangle)^2 p_j \tag{17.18}$$

와 같이 정의하고, 마찬가지로 연속적 마구잡이 변수에 대하여

$$\sigma^2 = \int_{-\infty}^{\infty}(x-\langle X\rangle)^2 f(x)dx \tag{17.19}$$

라 정의한다.

이 정의식들은 다음과 같은 정리를 만족한다: 마구잡이 변수 $Y=aX+b$가 X에 선형적으로 관계되어 있으면, 평균 $\langle Y\rangle = a\langle X\rangle + b$와 분산 $\sigma^2(Y)=a^2\sigma^2(X)$를 위 정의식으로부터 금방 구할 수 있다.

이 정리를 연속적 마구잡이 변수에 대해서만 증명한다. 띄엄띄엄 변수에 대해서는 연습문제로 남겨둔다. 미소확률에 대하여 $y=ax+b$일 때 $f(x)dx=g(y)dy$임을 알고 있다. 왜냐하면 선형변환은 확률을 보존해야 하기 때문이다. 따라서,

$$\langle Y\rangle = \int_{-\infty}^{\infty} yg(y)dy = \int_{-\infty}^{\infty}(ax+b)f(x)dx = a\langle X\rangle + b$$

이며, 여기서 $\int f(x)dx = 1$을 이용하였다. 분산에 대해서도 같은 방법으로

$$\begin{aligned}\sigma^2(Y) &= \int_{-\infty}^{\infty} (y - \langle Y \rangle)^2 g(y)dy = \int_{-\infty}^{\infty} (ax + b - a\langle X \rangle - b)^2 f(x)dx \\ &= a^2\sigma^2(X)\end{aligned}$$

임을 보일 수 있다.

끝으로, 일반적인 **체비쉐프 부등식**

$$P(|x - \langle X \rangle| \geq k\sigma) \leq \frac{1}{k^2} \tag{17.20}$$

을 증명해 보자. 이 부등식은 표준편차가 왜 임의의 확률분포가 평균값 $\langle X \rangle$로부터 확산 정도를 나타내는 좋은 척도가 되는 지를 보여준다. 또, 실험값이나 다른 데이터의 특성을 표준편차를 통해 나타내는 것이 좋은가를 보여주기도 한다. 먼저, 좀더 간단한 부등식

$$P(Y \geq K) \leq \frac{\langle Y \rangle}{K}$$

부터 증명해 보자. 여기서 Y는 값 $y \geq 0$을 갖는 연속적 마구잡이 변수이다 (띄엄띄엄 변수에 대해서도 비슷한 방법으로 증명할 수 있다). 이 부등식은

$$\begin{aligned}\langle Y \rangle &= \int_0^{\infty} yf(y)dy = \int_0^{K} yf(y)dy + \int_K^{\infty} yf(y)dy \\ &\geq \int_K^{\infty} yf(y)dy \geq K\int_K^{\infty} f(y)dy = KP(Y \geq K)\end{aligned}$$

로부터 유도된다. 다음으로, 같은 방법을 양의 분산적분에 이용할 수 있다:

$$\begin{aligned}\sigma^2 &= \int (x - \langle X \rangle)^2 f(x)dx \geq \int_{|x-\langle X \rangle| \geq k\sigma} (x - \langle X \rangle)^2 f(x)dx \\ &\geq k^2\sigma^2 \int_{|x-\langle X \rangle| \geq k\sigma} f(x)dx = k^2\sigma^2 P(|x - \langle X \rangle| \geq k\sigma),\end{aligned}$$

$|x - \langle X \rangle| \leq k\sigma$인 양의 저분을 없애면서 우변을 한 번 줄였고, 나머지 적분에서 $(x - \langle X \rangle)^2$을 최소값 $k^2\sigma^2$으로 대체해서 한 번 더 줄였다. 이것으로 체비쉐프 부등식이 증명되었다. $k = 3$일 경우, 보통의 3배의 표준편자 추정값

$$P(|x - \langle X \rangle| \geq 3\sigma) \leq \frac{1}{9} \tag{17.21}$$

을 얻는다.

평균을 고차 모멘트(moment)로 쉽게 확장할 수 있다.

$$\langle (X - \langle X \rangle)^k \rangle = \sum_j (x_j - \langle X \rangle)^k p_j, \text{ 이산 분포} \tag{17.22}$$

$$\langle (X-\langle X\rangle)^k\rangle = \int_{-\infty}^{\infty}(x-\langle X\rangle)^k f(x)dx, \text{ (연속적 분포)}$$

모멘트 모함수

$$\langle e^{tX}\rangle = \int e^{tx}f(x)dx = 1 + t\langle X\rangle + \frac{t^2}{2!}\langle X^2\rangle + \cdots \tag{17.23}$$

는 연속적 마구잡이 변수 X의 모멘트들의 무게합(weighted sum)이다. 이것은 지수함수의 테일러 전개에 모멘트를 대입한 것에 해당한다. 그러므로 $\langle X\rangle = \frac{d\langle e^{tX}\rangle}{dt}|_{t=0}$. 여기서 모멘트는 평균을 중심으로 한 것이 아니라는 점에 주의하여라. 이들을 중심 모멘트라 부른다. n차 중심 모멘트는 모멘트 모함수의 $t=0$에서 n차 미분 $\langle X^n\rangle = \frac{d^n\langle e^{tX}\rangle}{dt^n}|_{t=0}$로 주어진다. 변수를 $t \to it$로 바꾸면, 모멘트 모함수는 **특성함수** $\langle e^{itX}\rangle$이 된다. 이 함수는 확률밀도 $f(x)$의 푸리에 변환이다.

평균, 모멘트, 분산 등을 2개 이상의 마구잡이 변수에 달린 확률분포에 대해서도 정의할 수 있다. 편의상, 두 개의 마구잡이 변수 X, Y의 경우에 집중해 보자. 각 양을 나열하면 다음과 같다:

$$\langle X\rangle = \int_{-\infty}^{\infty}\int_{-\infty}^{\infty} xf(x,y)dx\,dy,$$

$$\langle Y\rangle = \int_{-\infty}^{\infty}\int_{-\infty}^{\infty} yf(x,y)dx\,dy, \tag{17.24}$$

$$\sigma^2(X) = \int_{-\infty}^{\infty}\int_{-\infty}^{\infty}(x-\langle X\rangle)^2 f(x,y)dx\,dy,$$

$$\sigma^2(Y) = \int_{-\infty}^{\infty}\int_{-\infty}^{\infty}(y-\langle Y\rangle)^2 f(x,y)dx\,dy. \tag{17.25}$$

확률밀도 $f(x, y)$가 곱 $f(x)g(y)$로 **분해되면 두 마구잡이 변수가 독립적**이라고 말한다.

공분산

$$\text{cov}(X,Y) = \langle (X-\langle X\rangle)(Y-\langle Y\rangle)\rangle \tag{17.26}$$

는 두 마구잡이 변수 X, Y가 서로 상관되어 있는가에 대한 척도가 된다. 독립적인 두 마구잡이 변수의 공분산은 영이다. 왜냐하면,

$$\begin{aligned}\text{cov}(X,Y) &= \int (x-\langle X\rangle)(y-\langle Y\rangle)f(x,y)dx\,dy \\ &= \int (x-\langle X\rangle)f(x)dx\int (y-\langle Y\rangle)g(y)dy \\ &= (\langle X\rangle - \langle X\rangle)(\langle Y\rangle - \langle Y\rangle) = 0\end{aligned}$$

이다. 틀맞춤된 공분산 $\frac{\text{cov}(X,Y)}{\sigma(X)\sigma(Y)}$는 -1과 1사이의 값을 갖고, 흔히 **상관도(correlation)**라 불린다.

공분산이

$$-1 \leq \frac{\mathrm{cov}(X, Y)}{\sigma(X)\sigma(Y)} \leq 1$$

와 같이 제한되어 있다는 것을 증명하기 위해 아래 양의 평균값을 분석해 보자:

$$\begin{aligned} Q &= \langle [u(X - \langle X \rangle) + v(Y - \langle Y \rangle)]^2 \rangle \\ &= u^2 \langle [X - \langle X \rangle]^2 \rangle + 2uv \langle [X - \langle X \rangle][Y - \langle Y \rangle] \rangle + v^2 \langle [Y - \langle Y \rangle]^2 \rangle \\ &= u^2 \sigma(X)^2 + 2uv \, \mathrm{cov}(X, Y) + v^2 \sigma(Y)^2 \geq 0, \end{aligned} \tag{17.27}$$

여기서 u, v는 함수가 아닌 숫자이다. 이 제곱꼴이 음수가 아니기 위해서는 판별식 $(X, Y)^2 - \sigma(X)^2\sigma(Y)^2 \leq 0$를 만족해야 한다. 이것으로 원하는 부등식이 증명되었다.

상관도가 정량적인 척도로서 편리하다는 것을 강조하기 위해 다음 정리를 살펴보자: $P(Y = aX + b) = 1$은 상관도가 ± 1일 때만 성립한다. 이 정리는 상관도가 $\pm 100\%$이면 두 마구잡이 변수 사이에 함수적인 상관관계가 있을 뿐만 아니라 **선형관계**도 있음을 의미한다. 조건확률분포 $P(B|A)$의 기대값을 $\langle B|A \rangle$라 표시한다.

이 강한 상관도 성질을 증명하기 위해 베이즈의 분해법칙 식[(17.8)식]을 마구잡이 변수 Y의 평균값과 분산의 적용해 보자. 여기서 먼저 $P(Y \neq aX + b) = 0$이 되도록 $P(Y = aX + b) = 1$을 가정한다. 이렇게 하면

$$\begin{aligned} \langle Y \rangle &= P(Y = aX + b)\langle Y|Y = aX + b \rangle \\ &\quad + P(Y \neq aX + b)\langle Y|Y \neq aX + b \rangle \\ &= \langle aX + b \rangle = a\langle X \rangle + b, \end{aligned}$$

$$\begin{aligned} \sigma(Y)^2 &= P(Y = aX + b)\langle [Y - \langle Y \rangle]^2 | Y = aX + b \rangle \\ &\quad + P(Y \neq aX + b)\langle [Y - \langle Y \rangle]^2 | Y \neq aX + b \rangle \\ &= \langle [aX + b - \langle Y \rangle]^2 \rangle = \langle a^2 [X - \langle X \rangle]^2 \rangle = a^2 \sigma(X)^2, \end{aligned}$$

여기서 $\langle Y \rangle = a\langle X \rangle + b$를 대입했다. 마찬가지로 $\mathrm{cov}(X, Y) = a^2\sigma(X)^2$을 얻을 수 있다. 이것은 상관도가 ± 1임을 보여준다.

역으로 $\mathrm{cov}(X, Y)^2 = \sigma(X)^2\sigma(Y)^2$으로부터 시작하자. 그러면 (17.27)식의 제곱꼴은 어떤 $(u_0, v_0) \neq (0, 0)$에 대해 거의 모든 x에 대하여 영이여야 한다:

$$\langle [u_0(X - \langle X \rangle) + v_0(Y - \langle Y \rangle)]^2 \rangle = 0.$$

이 평균값의 인수가 항상 양수이기 때문에 이 관계의 식은 $P(u_0(X - \langle X \rangle) + v_0(Y - \langle Y \rangle) = 0) = 1$이기만 하면 만족된다. 이 조건은 X와 Y가 선형적으로 관계되어 있음을 의미한다.

마구잡이 변수 하나를 적분하고 나면 다른 마구잡이 변수의 확률분포를 얻게 된다:

$$F(x) = \int f(x, y)dy, \quad \text{or} \quad G(y) = \int f(x, y)dx. \tag{17.28}$$

띄엄띄엄 확률분포에 대해서도 비슷하다. 한 개 또는 그 이상의 마구잡이 변수를 적분할 때 나머지 확률분포를 **주변분포**라 부른다. 이것은 투영의 기하학적 면에서 유리한 것이다. 주변분포가 알맞게 틀 맞춤된 확률분포의 조건을 모두 만족한다는 것은 쉽게 증명할 수 있다. 만약 다른 마구잡이 변수가 특정한 값 $y=y_0$를 가질 때 마구잡이 변수 X의 분포를 알고자 하면 **조건확률분포** $P(X=x|Y=y_0)$를 다루면 된다. 대응되는 연속확률밀도는 $f(x,\ y_0)$이다.

예제 17.2.4 **카드뽑기**

카드를 반복해서 뽑을 때 카드묶음을 자주 섞는다. 그것은 모든 사건이 독립적이 되도록 하기 위함이다. 52장의 카드가 들어있는 묶음으로부터 뽑고 다시 마구잡이 위치에 집어 넣는다. 이제 두 번째 카드에 대하여 되풀이 한다. 그러면 카드묶음은 다시 섞인다. 이제 마구잡이 변수를 다음과 같이 정의한다.

- X = 소위 귀족의 수; 즉 10, 잭, 퀸, 킹, 에이스;
- $Y=2$ 또는 3의 수.

한 번 뽑을 때 10부터 에이스가 나올 확률은 $a=5\cdot 4/52=5/13$이고 2 또는 3이 나올 확률은 $b=2\cdot 4/52=2/13$ 그리고 그외 다른 것이 나올 확률은 $c=(13-5-2)/13=6/13$이다. 그리고 $a+b+c=1$.

두 번 뽑을 때 10부터 에이스나 2 또는 3이 나오지 않으면 X와 Y는 $x=0=y$이다. 이 경우의 확률은 c^2이다. 일반적으로 X, Y는 0, 1 또는 2의 임의의 결합이 될 수 있으며 따라서 $0\le x+y\le 2$이다. 왜냐하면, 결국 두 장의 카드를 쥘 것이기 때문이다. $(X=x,\ Y=y)$의 확률함수는 세 개의 확률 a^x, b^y, c^{2-x-y} 및 확률 a, b, c를 갖는 세 경우에 대한 두 장의 카드의 순열의 경우의 수를 곱한 꼴로 주어진다. 후자는 $2!/[x!y!(2-x-y)!]$이다. 이 숫자는 지수 $a^xb^yc^{2-x-y}$를 이항전개했을 때 계수에 해당된다:

$$1=(a+b+c)^2=\sum_{0\le x+y\le 2}\frac{2!}{x!y!(2-x-y)!}a^xb^yc^{2-x-y} \tag{17.29}$$

$$=a^2+b^2+c^2+2(ab+ac+bc).$$

그러므로 띄엄띄엄 마구잡이 변수의 확률은 아래와 같이 주어진다:

$$f(X=x,Y=y)=\frac{2!}{x!y!(2-x-y)!}\left(\frac{5}{13}\right)^x\left(\frac{2}{13}\right)^y\left(\frac{6}{13}\right)^{2-x-y},$$

$$x,y=0,1,2;\ 0\le x+y\le 2. \tag{17.30}$$

혹은 좀더 구체적으로,

$$f(0,0)=\left(\frac{6}{13}\right)^2,\quad f(1,0)=2\cdot\frac{5}{13}\cdot\frac{6}{13}=\frac{60}{13^2},$$

$$f(2,0) = \left(\frac{5}{13}\right)^2, \quad f(0,1) = 2 \cdot \frac{2}{13} \cdot \frac{6}{13} = \frac{24}{13^2},$$
$$f(0,2) = \left(\frac{2}{13}\right)^2, \quad f(1,1) = 2 \cdot \frac{5}{13} \cdot \frac{2}{13} = \frac{20}{13^2}$$

이다. 확률분포는 (17.29)식에 의해 적당히 틀 맞춤되어 있다. 기대값은 아래와 같이 주어진다:

$$\begin{aligned}\langle X\rangle &= \sum_{0\le x+y\le 2} xf(x,y) = f(1,0) + f(1,1) + 2f(2,0)\\ &= \frac{60}{13^2} + \frac{20}{13^2} + 2\left(\frac{5}{13}\right)^2 = \frac{130}{13^2} = \frac{10}{13} = 2a\,.\end{aligned}$$

그리고 예상했던 대로

$$\begin{aligned}\langle Y\rangle &= \sum_{0\le x+y\le 2} yf(x,y) = f(0,1) + f(1,1) + 2f(0,2)\\ &= \frac{24}{13^2} + \frac{20}{13^2} + 2\left(\frac{2}{13}\right)^2 = \frac{52}{13^2} = \frac{4}{13} = 2b,\end{aligned}$$

왜냐하면 카드를 두 번 뽑기 때문이다. 분산은

$$\begin{aligned}\sigma^2(X) &= \sum_{0\le x+y\le 2}\left(x - \frac{10}{13}\right)^2 f(x,y)\\ &= \left(\frac{10}{13}\right)^2 [f(0,0) + f(0,1) + f(0,2)]\\ &\quad + \left(\frac{3}{13}\right)^2 [f(1,0) + f(1,1)] + \left(\frac{16}{13}\right)^2 f(2,0)\\ &= \frac{10^2\cdot 64 + 3^2\cdot 80 + 16^2\cdot 5^2}{13^4} = \frac{4^2\cdot 5\cdot 169}{13^4} = \frac{80}{13^2},\end{aligned}$$

$$\begin{aligned}\sigma^2(Y) &= \sum_{0\le x+y\le 2}\left(y - \frac{4}{13}\right)^2 f(x,y)\\ &= \left(\frac{4}{13}\right)^2 [f(0,0) + f(1,0) + f(2,0)]\\ &\quad + \left(\frac{9}{13}\right)^2 [f(0,1) + f(1,1)] + \left(\frac{22}{13}\right)^2 f(0,2)\\ &= \frac{4^2\cdot 11^2 + 9^2\cdot 44 + 22^2\cdot 2^2}{13^4} = \frac{11\cdot 4\cdot 169}{13^4} = \frac{44}{13^2}.\end{aligned}$$

이다. Y는 그 값으로 2 또는 3만을 취하는 데 반해 X는 5개의 값을 가질 수 있으므로 $\sigma^2(Y) <$

$\sigma^2(X)$가 되는 것이 당연하다. 공분산은 아래와 같이 주어진다:

$$\begin{aligned}\operatorname{cov}(X, Y) &= \sum_{0\le x+y\le 2}\left(x-\frac{10}{13}\right)\left(y-\frac{4}{13}\right)f(x, y)\\ &= \frac{10\cdot 4}{13^2}\cdot\frac{6^2}{13^2}-\frac{10\cdot 9}{13^2}\cdot\frac{24}{13^2}-\frac{10\cdot 22}{13^2}\cdot\frac{4}{13^2}-\frac{3\cdot 4}{13^2}\cdot\frac{60}{13^2}\\ &\quad+\frac{3\cdot 9}{13^2}\cdot\frac{20}{13^2}-\frac{16\cdot 4}{13^2}\cdot\frac{5^2}{13^2}=-\frac{20\cdot 169}{13^4}=-\frac{20}{13^2}.\end{aligned}$$

그러므로 두 마구잡이 변수의 상관도는

$$\frac{\operatorname{cov}(X, Y)}{\sigma(X)\sigma(Y)}=-\frac{20}{8\sqrt{5\cdot 11}}=-\frac{1}{2}\sqrt{\frac{5}{11}}=-0.3371$$

이고, 이것은 카드가 귀족이면 2 또는 3이 아니기 때문에 두 마구잡이 변수 사이에 작은 의미 상관도가 있음을 의미한다.

끝으로 주변분포,

$$F(X=x)=\sum_{y=0}^{2}f(x, y) \tag{17.31}$$

를 구해보자. 또는 구체적으로

$$\begin{aligned}F(0) &= f(0,0)+f(0,1)+f(0,2)=\left(\frac{6}{13}\right)^2+\frac{24}{13^2}+\left(\frac{2}{13}\right)^2=\left(\frac{8}{13}\right)^2,\\ F(1) &= f(1,0)+f(1,1)=\frac{60}{13^2}+\frac{20}{13^2}=\frac{80}{13^2},\\ F(2) &= f(2,0)=\left(\frac{5}{13}\right)^2\end{aligned}$$

이고, 이것은 적당히 틀 맞춤되어 있다. 왜냐하면

$$F(0)+F(1)+F(2)=\frac{64+80+25}{13^2}=\frac{169}{13^2}=1$$

이다. 평균값은

$$\langle X\rangle_F=\sum_{x=0}^{2}xF(x)=F(1)+2F(2)=\frac{80+2\cdot 25}{13^2}=\frac{130}{13^2}=\frac{10}{13}=\langle X\rangle$$

이고 분산은

$$\begin{aligned}\sigma_F^2 &= \sum_{x=0}^{2}\left(x-\frac{10}{13}\right)^2F(x)=\left(\frac{10}{13}\right)^2\cdot\left(\frac{8}{13}\right)^2+\left(\frac{3}{13}\right)^2\frac{80}{13^2}+\left(\frac{16}{13}\right)^2\cdot\left(\frac{5}{13}\right)^2\\ &= \frac{80\cdot 169}{13^4}=\frac{80}{13^2}=\sigma^2(X)\end{aligned}$$

이다. 정의로부터 이 결과가 일반적으로 성립함을 알 수 있다. ■

끝으로, 두 마구잡이 변수 X, Y의 변환 $U(X, Y)$, $V(X, Y)$를 생각해 보자. 띄엄띄엄 변수는 연습문제로 남겨놓고, 여기서는 연속적인 변수의 경우만 살펴본다. 만일

$$u = u(x, y), \quad v = v(x, y); \quad x = x(u, v), \quad y = y(u, v) \qquad (17.32)$$

기 변환과 그 반전을 기술한다고 하면, 확률은 불변이며 그 밀도는 제2장의 규칙에 따라 변환된다. 따라서 변환된 확률밀도는

$$g(u, v) = f(x(u, v), y(u, v))|J| \qquad (17.33)$$

가 된다. 이 때 야코비안은

$$J = \frac{\partial(x, y)}{\partial(u, v)} = \begin{vmatrix} \frac{\partial x}{\partial u} & \frac{\partial x}{\partial v} \\ \frac{\partial y}{\partial u} & \frac{\partial y}{\partial v} \end{vmatrix} \qquad (17.34)$$

이다.

예제 17.2.5 **마구잡이 변수의 합, 곱, 그리고 비율**

세 개의 예를 생각해 보자. **첫 번째로 합** $Z = X + Y$를 생각하자. 이 경우 다음과 같은 변환이 가능하며

$$x = x, \quad z = x + y, \quad J = \begin{vmatrix} 1 & 1 \\ 0 & 1 \end{vmatrix}$$

이 때

$$\frac{\partial x}{\partial x} = 1, \quad \frac{\partial(z-y)}{\partial z} = 1, \quad \frac{\partial y}{\partial x} = 0, \quad \frac{\partial(z-x)}{\partial z} = 1$$

을 이용하였다. 따라서 확률은 아래와 같이 주어진다:

$$F(Z) = \int_{-\infty}^{Z} \int_{-\infty}^{\infty} f(x, z-x)\, dx\, dz. \qquad (17.35)$$

마구잡이 변수 X, Y가 각각 확률밀도 f_1, f_2로 서로 독립적이면

$$F(Z) = \int_{-\infty}^{Z} \int_{-\infty}^{\infty} f_1(x) f_2(z-x)\, dx\, dz. \qquad (17.36)$$

두 번째로 곱 $Z = XY$를 생각해 보자. 이 경우에는 X, Z가 새 변수이며 야코비안은

$$J = \begin{vmatrix} 1 & \frac{1}{y} \\ 0 & \frac{1}{x} \end{vmatrix} = \frac{1}{x}$$

이고, 이 때

$$\frac{\partial x}{\partial x} = 1, \quad \frac{\partial\left(\frac{z}{y}\right)}{\partial z} = \frac{1}{y}, \quad \frac{\partial y}{\partial x} = 0, \quad \frac{\partial\left(\frac{z}{x}\right)}{\partial z} = \frac{1}{x}$$

을 이용하였다. 따라서 확률은 아래와 같이 주어진다:

$$F(Z)=\int_{-\infty}^{Z}\int_{-\infty}^{\infty} f\left(x, \frac{z}{x}\right)\frac{dx}{|x|}dz. \tag{17.37}$$

마구잡이 변수 X, Y가 각각 밀도 f_1, f_2로 서로 독립적이면

$$F(Z)=\int_{-\infty}^{Z}\int_{-\infty}^{\infty} f_1(x)f_2\left(\frac{z}{x}\right)\frac{dx}{|x|}dz \tag{17.38}$$

이다. **세 번째로 비율** $Z=\frac{X}{Y}$를 생각해 보자. 이 때 X, Z를 새 변수라 여긴다. 야코비안은

$$J=\begin{vmatrix} z & y \\ 1 & 0 \end{vmatrix}=-y$$

이며, 이 때

$$\frac{\partial(yz)}{\partial y}=z, \quad \frac{\partial(yz)}{\partial z}=y, \quad \frac{\partial y}{\partial y}=1, \quad \frac{\partial y}{\partial z}=0$$

을 이용하였다. 따라서 확률은 아래와 같이 주어진다:

$$F(Z)=\int_{-\infty}^{Z}\int_{-\infty}^{\infty} f(yz, y)|y|dy\,dz. \tag{17.39}$$

마구잡이 변수 X, Y가 각각 밀도 f_1, f_2로 서로 독립적이면 다음과 같다.

$$F(Z)=\int_{-\infty}^{Z}\int_{-\infty}^{\infty} f_1(yz)f_2(y)|y|dy\,dz. \tag{17.40}$$

연습문제

17.2.1 마구잡이 변수 X에 상수 c를 더하면, 기대값 $\langle X\rangle$는 같은 양만큼 변하는 데 반하여 분산은 변하지 않음을 보여라. 마구잡이 변수를 상수로 곱하면 평균과 분산 모두 그 상수만큼 곱해짐을 보여라. 마구잡이 변수 $X-\langle X\rangle$는 평균이 영임을 보여라.

17.2.2 $\langle X\rangle$, $\langle Y\rangle$를 각각 두 마구잡이 변수 X, Y의 평균값이라 할 때, 변수 $X\cdot Y$의 평균은 얼마인가?

17.2.3 속도 $v_j=x_j/t_j$는 시간 t_j에 거리 x_j를 기록하여 측정한다. $\bar{x}/\bar{t}$가 평균속도 v의 좋은 근사됨을 보여라. 단, 모든 오차 $|x_j-\bar{x}|\ll|\bar{x}|$, $|t_j-\bar{t}|\ll|\bar{t}|$가 충분히 작다고 한다.

17.2.4 예제 17.2.4의 마구잡이 변수 Y를 4, 5, 6, 7, 8, 또는 9가 나온 수로 정의하자. 변수 X와 Y의 상관도를 구하여라.

17.2.5 X와 Y가 서로 다른 확률밀도를 갖는 독립적인 마구잡이 변수이며, 함수 $f(x, y)$는 무한히 미분 가능하다고 한다. $\langle f(X, Y)\rangle$를 $\langle X\rangle$와 $\langle Y\rangle$로 나타내어라. 공분산 및 상관도에 대하여도 같은 일을 반복하여라.

17.2.6 $f(x, y)$가 두 마구잡이 변수 X, Y의 연계확률(joint probability)이라 한다. 상수 a, b에 대하여, 분산 $\sigma^2(aX+bY)$를 구하여라. X, Y가 서로 독립이면 어떻게 되겠는가?

17.2.7 이상기체의 한 입자가 충돌 간에 짧은 거리 dx를 움직일 확률은 $\sim e^{-x/f}$이다. 이 때 f는 평균자유거리이다. f가 충돌간 평균거리임을 보여라. 자유거리가 $l \geq 3f$일 확률을 구하여라.

17.2.8 구간 $-A \leq x \leq A$에서 단조화 진동운동을 하는 입자의 위치의 확률밀도를 결정하여라.

힌트. 입자가 x와 $x+dx$ 사이에 있을 확률은 그 구간을 지나가는 데 걸린 시간에 비례한다.

17.3 이항분포

예제 17.3.1 **주사위 여러 번 던지기**

각각의 시행이 독립적이라 할 때 주사위를 네 번 던져서 6이 세 번 나올 확률은 얼마일까? 한 번 던져서 6이 나올 확률은 $a=1/6$, 그리고 다른 눈이 나올 확률은 $b=5/6$이며 $a+b=1$이 성립하다. 그리고 이 때 마구잡이 변수 $X=x$를 6이 나온 횟수라 한다. 네 번의 시행에서 $0 \leq x \leq 4$이다. 확률분포 $f(X)$는 두 가지 가능성, a^x 그리고 b^{4-x}의 곱에 다시 각각의 확률이 a, b인 두 가지 경우에 대해 네 번 시행의 조합의 수를 곱한 것으로 주어진다. 이 숫자는 모두 합해 확률이 1인 네 번의 시행에서의 모든 가능성을 이항전개 했을 때 지수 $a^x b^{4-x}$의 계수이다:

$$\begin{aligned} 1 = (a+b)^4 &= \sum_{x=0}^{4} \frac{4!}{x!(4-x)!} a^x b^{4-x} \\ &= a^4 + b^4 + 4a^3b + 4ab^3 + 6a^2b^2. \end{aligned} \tag{17.41}$$

따라서 주어진 띄엄띄엄 마구잡이 변수의 확률분포는 다음과 같이 주어진다:

$$f(X=x)=\frac{4!}{x!(4-x)!}a^x b^{4-x}, \quad 0 \le x \le 4.$$

또는 좀더 구체적으로

$$f(0)=b^4,\ f(1)=4ab^3,\ f(2)=6a^2b^2,\ f(3)=4a^3b,\ f(4)=a^4$$

이다. 확률분포는 (17.41)식에 따라 적절히 틀 맞춤되어 있다. 네 번의 시행에서 6이 세번 나올 확률은 $4a^3b=4\frac{5/6}{6^3}=\frac{5}{4\cdot3^4}$이며 상당히 작은 양이다. ■

이 경우는 각각의 시행에서 두 가지 결과가 나오는 독립적인 시행을 여러 번 반복하는 상황을 다룬다. 각 시행에서 성공할 확률이 p이고 실패할 확률은 $q=1-p$이다. 이런 상황은 결함이 있는 제품이나 과녁을 맞추거나 못 맞추는 것 혹은 방사성 원소의 붕괴 등과 같은 많은 응용분야에서 전형적으로 나타난다. 일반화하여, n의 시행에서 $X=x$번 성공하는 경우엔, 이항계수(제5장을 보라)를 이용하여 **이항분포**

$$f(X=x)=\frac{n!}{x!(n-x)!}p^x q^{n-x}=\binom{n}{x}p^x q^{n-x} \tag{17.42}$$

으로 주어지는 확률밀도함수를 얻는다. 이 분포는 n번 시행에 모든 가능성에 대한 확률이 1이 되도록 틀 맞춤되어 있다. 이것은 이항전개

$$1=(p+q)^n=p^n+np^{n-1}q+\cdots+npq^{n-1}+q^n \tag{17.43}$$

을 보면 알 수 있다. 그림 17.5는 전형적인 히스토그램을 보여준다. 마구잡이 변수 X는 0, 1, 2, …, n의 값을 띄엄띄엄 갖는다. 이 변수는 n개의 마구잡이 변수 x_i의 결합 $\sum_i x_i$로도 볼 수 있다. 이 때 각 변수는 각 시행에 대응되며 성공했을 때 1 실패했을 때 0의 값을 갖는다.

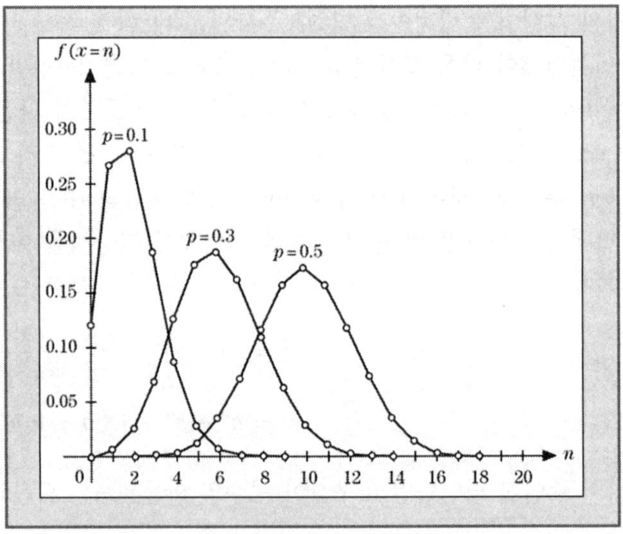

그림 17.5
$n=20$, $p=0.1$, 0.3, 0.5에 대한 이항분포

위 사실로 볼 때 모멘트 모함수를

$$\langle e^{tX_i} \rangle = P(X_i = 0) + e^t P(X_i = 1) = q + pe^t \tag{17.44}$$

이라 쓰고 다시 이것은 아래와 같은 꼴로 쓸 수 있다:

$$\langle e^{tX} \rangle = \prod_i \langle e^{tX_i} \rangle = (pe^t + q)^n, \tag{17.45}$$

위 식으로부터 평균값 및 고차 모멘트를 추출해 낼 수 있다 ($t = 0$). 관계식

$$\begin{aligned}
\frac{\partial \langle e^{tX} \rangle}{\partial t} &= npe^t (pe^t + q)^{n-1}, \\
\left. \frac{\partial \langle e^{tX} \rangle}{\partial t} \right|_{t=0} &= \langle X \rangle = \sum_i x_i f(x_i) = np, \\
\frac{\partial^2 \langle e^{tX} \rangle}{\partial t^2} &= npe^t (pe^t + q)^{n-1} + n(n-1)p^2 e^{2t} (pe^t + q)^{n-2}, \\
\langle X^2 \rangle = \left. \frac{\partial^2 \langle e^{tX} \rangle}{\partial t^2} \right|_{t=0} &= \sum_i x_i^2 f(x_i) = np + n(n-1)p^2
\end{aligned}$$

을 사용하여 (17.17)식과 함께

$$\begin{aligned}
\sigma^2(X) &= \langle X^2 \rangle - \langle X \rangle^2 = np + n(n-1)p^2 - n^2 p^2 \\
&= np(1 - p) = npq
\end{aligned} \tag{17.46}$$

를 얻는다. 그림 17.5는 이 결과를 예증하여 보여주고 있다. 봉우리는 $\langle X \rangle = np = 2,\ 6,\ 10$에 있으며 p가 증가함에 따라 넓어진다.

연습문제

17.3.1 동전을 n번 던져서 앞면이 나온 횟수를 $X = x$라 할 때, X가 마구잡이 변수임을 보이고, 확률분포를 구하여라. 표본공간을 기술하여라. 평균값, 분산, 표준편차는 얼마인가? $n = 10,\ 20,\ 30$에 대하여 확률함수 $f(x) = n!/[x!(n-x)!2^n]$의 그래프를 그려라.

17.3.2 $n = 6$개의 주사위를 던질 때, $p = 1/6$, $q = 5/6$에 대한 이항분포함수의 그래프를 그려라.

17.3.3 못을 만드는 공장에서 결함이 있는 못이 생산될 확률이 $p = 0.03$이라 한다. 100개의 못이 들어있는 상품상자에서 2개의 결함이 있는 못이 발견될 확률은 얼마인가?

17.3.4 4개의 카드를 뽑는다고 하자. 모두 빨간색일 확률은 얼마인가? 모두 하트일 확률

은? 모두 귀족일 확률은? 카드가 마구잡이 위치에 다시 넣어질 경우와 넣지 않을 경우를 비교하여라.

17.3.5 (17.42)식의 이항분포에서 가장 확률이 높은 값은 $x = np$임을 보여라.

17.4 푸아송 분포

푸아송 분포는 단위 시간당 어떤 사건이 일어날 평균비율이 일정한 상황에서 전형적으로 나타난다. 방사성 물질의 붕괴가 그 예이다. 관찰 시간 dt가 충분히 짧으면 두 개 혹은 그 이상의 입자가 방출될 가능성은 무시할 정도로 작다. 그 때 입자 (α붕괴에서 He^4 또는 β붕괴에서 전자) 하나가 방출될 확률은 μdt이다. 이 때 μ는 상수이며 $\mu dt \ll 1$이다. 시간 dt동안 n번의 붕괴를 관찰할 확률 $Pn(t)$에 대한 점화식을 만들 수 있다. $n > 0$에 대하여, 확률 $P_n(t+dt)$는 서로 배타적인 두 사건으로 이루어져 있다: (i) n 입자가 시간 t동안 방출되고 dt동안에는 하나도 방출되지 않는 경우와 (ii) $n-1$ 입자가 시간 t동안 방출되고 dt동안에는 하나가 방출되는 경우이다. 그러므로

$$P_n(t+dt) = P_n(t)P_0(dt) + P_{n-1}(t)P_1(dt)$$

이다. 여기서 시간 dt동안 입자 하나를 관측할 확률 $P_1(dt) = \mu dt$와 그렇지 못할 확률 $P_0(dt) = 1 - P_1(dt)$를 대입한다. 이렇게 해서

$$P_n(t+dt) = P_n(t)(1 - \mu\, dt) + P_{n-1}(t)\mu\, dt$$

를 얻는다. 항들을 재배열하고 dt로 나누어 주고나면,

$$\frac{dP_n(t)}{dt} = \frac{P_n(t+dt) - P_n(t)}{dt} = \mu P_{n-1}(t) - \mu P_n(t) \tag{17.47}$$

이다. $n = 0$에 대해서는, 시간 t 및 dt동안에 입자가 하나도 없기 때문에, 이 미분 점화식이 간단하게 된다:

$$\frac{dP_0(t)}{dt} = -\mu P_0(t). \tag{17.48}$$

이 상미분방정식은, 시간이 영일 때 입자가 하나도 방출되지 않는다. 즉 $P_0(0) = 1$을 이용하면 해가 $P_0(t) = e^{-\mu t}$이다.

이제 (17.47)식으로 되돌아 가서 $n = 1$에 대해

$$\dot{P}_1 = \mu(e^{-\mu t} - P_1), \quad P_1(0) = 0 \tag{17.49}$$

그림 17.6
$\mu = 3/2$에 대한 푸아송 분포와 $p = 3/20$, $n = 10$에 대한 이항분포의 비교

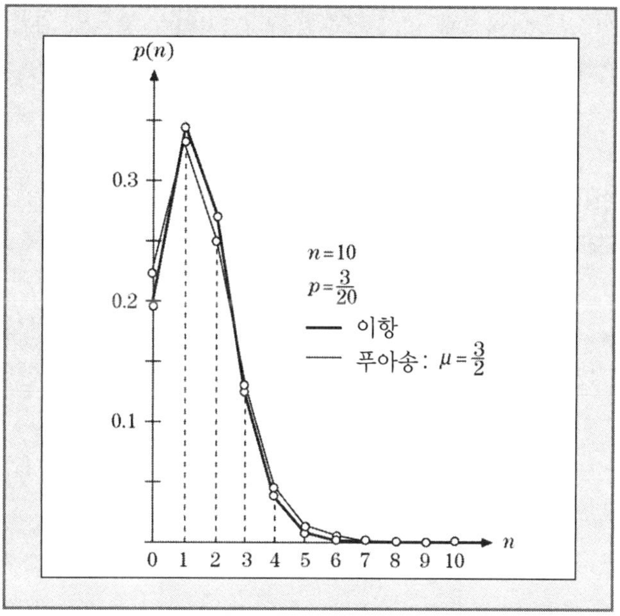

이며, 먼저 동차방정식을 (17.48)식과 같은 방법으로 푼다. 그 해는 $P_1(t) = \mu_1 e^{-\mu t}$이다. 그리고 나서, 비동차방정식[(17.49)식]을 상수 μ_1을 변화시켜 가면서 푼다. 얻어진 방정식은 $\mu_1 = \mu$이며, 따라서 $P_1(t) = \mu t e^{-\mu t}$이다. 일반적인 해는 푸아송 분포

$$P_n(t) = \frac{(\mu t)^n}{n!} e^{-\mu t} \tag{17.50}$$

이다. 위 식은 (17.47)식에 대입해서 확인할 수 있다. 초기조건 $P_n(0) = 0(n > 0)$도 만족함을 쉽게 확인할 수 있다.

푸아송 분포는 확률

$$p(n) = \frac{\mu^n}{n!} e^{-\mu}, \quad X = n = 0, 1, 2, \ldots \tag{17.51}$$

로 정의되며 그림 17.6에 그 모양을 나타내었다. 마구잡이 변수 X는 띄엄띄엄 변수이다. 이 확률은 적절히 틀 맞춤되어 있다. $e^{-\mu} \sum_{n=0}^{\infty} \frac{\mu^n}{n!} = 1$임을 상기하여라. 평균값과 분산은 각각

$$\begin{aligned} \langle X \rangle &= e^{-\mu} \sum_{n=1}^{\infty} n \frac{\mu^n}{n!} = \mu e^{-\mu} \sum_{n=0}^{\infty} \frac{\mu^n}{n!} = \mu, \\ \sigma^2 &= \langle X^2 \rangle - \langle X \rangle^2 = \mu(\mu + 1) - \mu^2 = \mu \end{aligned} \tag{17.52}$$

로 주어진다. 이것은 특성함수

$$\langle e^{itX} \rangle = \sum_{n=0}^{\infty} e^{itn-\mu} \frac{\mu^n}{n!} = e^{-\mu} \sum_{n=0}^{\infty} \frac{(\mu e^{it})^n}{n!} = e^{\mu(e^{it}-1)}$$

을 (17.17)식에서와 같이 미분한 후 $t=0$이라 놓으면 얻을 수 있다.

푸아송 분포는 시행회수 n이 크고 성공 확률 $p \sim \mu/n(\mu)$이 충분히 작은 이항 분포의 좋은 어림이 된다.

정리

평균값 $np \rightarrow \mu$는 일정하게 유지하면서 극한 $n \rightarrow \infty$와 $p \rightarrow 0$을 취하면, 이항 분포는 푸아송 분포가 된다.

이 정리를 증명하기 위해 충분히 큰 n에 대한 스털링의 공식 $n! \sim \sqrt{2\pi n}(n/e)^n$을 이용한다. (17.42)식의 사다리곱에서 x는 일정하게 유지하면서 극한 $n \rightarrow \infty$를 취한다. 즉,

$$\frac{n!}{(n-x)!} \sim \left(\frac{n}{e}\right)^n \left(\frac{e}{n-x}\right)^{n-x} \sim \left(\frac{n}{e}\right)^x \left(\frac{n}{n-x}\right)^{n-x}$$
$$\sim \left(\frac{n}{e}\right)^x \left(1+\frac{x}{n-x}\right)^{n-x} \sim \left(\frac{n}{e}\right)^x e^x \sim n^x,$$

$n \rightarrow \infty$, $p \rightarrow 0$, $np \rightarrow \mu$에 대해:

$$(1-p)^{n-x} \sim \left(1-\frac{pn}{n}\right)^n \sim \left(1-\frac{\mu}{n}\right)^n \sim e^{-\mu}.$$

끝으로, $p^x n^x \rightarrow \mu^x$; 즉,

$$\frac{n!}{x!(n-x)!} p^x (1-p)^{n-x} \rightarrow \frac{\mu^x}{x!} e^{-\mu}, \quad n \rightarrow \infty, \tag{17.53}$$

이것은 구간 $0 \le x < \infty$의 값을 갖는 마구잡이 변수 X의 푸아송 분포이다. 이 극한 정리는 **큰 수 정리**의 한 예이다.

연습문제

17.4.1 방사성 붕괴는 푸아송 분포로 기술된다. 러더포드–가이거 실험에서 n_i개의 α입자 각각이 7.5초인 $n=2608$시간 간격에 관측되었다. 표 17.1에서 n_i는 i개의 입자가 방출될 시간간격의 수이다. 방출된 입자의 평균수를 구하여라. 표 17.1의 n_i와 평균이 λ가 푸아송 분포로부터 계산한 np_i를 비교하여라.

표 17.1

$i \rightarrow$	0	1	2	3	4	5	6	7	8	9	10
$n_i \rightarrow$	57	203	383	525	532	408	273	139	45	27	16

17.4.2 평균이 μ인 푸아송 분포의 표준편차를 구하여라.

17.4.3 라듐에서 방출되는 알파입자의 수를 매분마다 40시간 동안 센다. 총 개수가 5000이다. α입자 (a) 2, (b) 5개가 한 1분-시간간격 안에 관측되었을 확률은 얼마인가?

17.4.4 방사성 물질에서 100초 동안 평균 10번의 붕괴가 관측된다고 한다. 푸아송 분포를 이용하여 10초 동안 3번의 붕괴를 관측할 확률을 구하여라.

17.4.5 ^{238}U는 반감기가 4.51×10^9년이다. 붕괴하여 안정된 동위원소 ^{206}Pb가 된다. 바위에 남아 있는 ^{206}Pb의 수와 ^{238}U의 수의 비율이 0.0058이었다고 한다. 바위에 있는 납이 모두 우라늄 ^{238}U 붕괴로부터 생성된 것이라고 가정하고 바위의 나이를 추정하여라.
힌트. 붕괴법칙 $N(t) = Ne^{-\lambda t}$의 붕괴상수 λ는 반감기 T와 관계식 $T = \ln 2/\lambda$에 의해 관련되어 있다.

답. 3.8×10^7년.

17.4.6 한 번 쏴서 과녁을 맞출 확률은 20%라 한다. 독립적으로 5번을 쏴서 적어도 1번 과녁을 명중시킬 확률은 얼마인가?

17.4.7 우라늄에는 1그램 당 0.80 g의 $^{206}_{82}$Pb외에도 동위원소 $^{235}_{92}$U와 $^{238}_{92}$U를 포함하고 있다. 이 광물의 나이(즉 지구의 나이)를 추정하여라.
힌트. 우선 어떤 동위원소가 납으로 붕괴하는가를 알아보아라. 그런 다음, 연습문제 17.4.5의 붕괴상수를 이용하여라.

17.5 가우스의 정규분포(Normal Distribution)

종모양의 가우스 분포는 확률밀도

$$f(x) = \frac{1}{\sigma\sqrt{2\pi}} \exp\left(-\frac{[x-\mu]^2}{2\sigma^2}\right), \quad -\infty < x < \infty \tag{17.54}$$

에 의해 정의되고, 이 때 평균은 μ, 분산은 σ^2이다. 이 분포는 의심의 여지없이 가장 중요한 연속 확률분포이다. 그 모양은 그림 17.7과 같다.

이것은 올바르게 틀 맞춤되어 있다. $y = \frac{x-\mu}{\sigma\sqrt{2}}$를 대입하면

$$\frac{1}{\sigma\sqrt{2\pi}} \int_{-\infty}^{\infty} e^{-\frac{(x-\mu)^2}{2\sigma^2}} dx = \frac{1}{\sqrt{\pi}} \int_{-\infty}^{\infty} e^{-y^2} dy = \frac{2}{\sqrt{\pi}} \int_0^{\infty} e^{-y^2} dy = 1$$

을 쉽게 확인할 수 있을 것이다. 비슷한 방법으로, $y = x - \mu$를 대입하고, 피적분함수가 y에 대

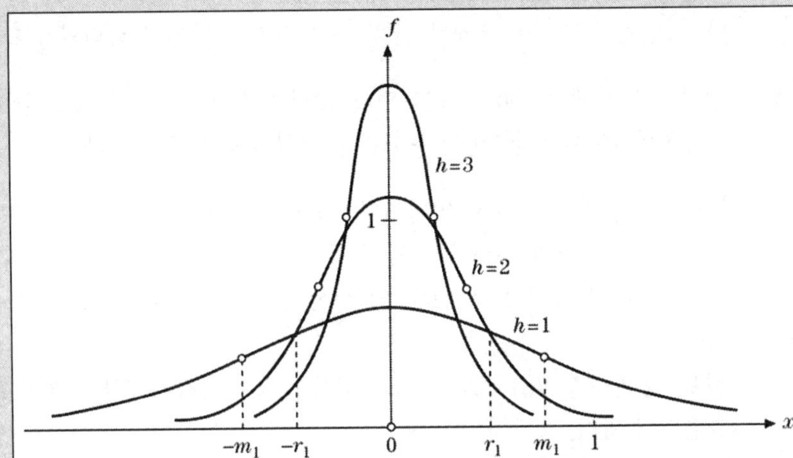

그림 17.7 평균이 영일 때 여러 표준편차 $h = 1/\sigma\sqrt{2}$에 대한 가우스 정규분포

해 홀함수여서 $y>0$적분과 $y<0$적분이 상쇄됨을 상기하면,

$$\langle X\rangle - \mu = \int_{-\infty}^{\infty} \frac{x-\mu}{\sigma\sqrt{2\pi}} e^{-\frac{(x-\mu)^2}{2\sigma^2}} dx = \int_{-\infty}^{\infty} \frac{y}{\sigma\sqrt{2\pi}} e^{-\frac{y^2}{2\sigma^2}} dy = 0$$

이 성립함을 알 수 있다. 마찬가지로, 표준편차가 σ이라는 것도 확인할 수 있다.

정규분포로부터 ($y = \frac{x-\langle X\rangle}{\sigma}$를 대입함으로써)

$$P(|X - \langle X\rangle| > k\sigma) = P\left(\frac{|X-\langle X\rangle|}{\sigma} > k\right) = P(|Y| > k)$$
$$= \sqrt{\frac{2}{\pi}} \int_k^{\infty} e^{-y^2/2} dy = \sqrt{\frac{4}{\pi}} \int_{k/\sqrt{2}}^{\infty} e^{-z^2} dz = \operatorname{erfc}\frac{k}{\sqrt{2}},$$

$k = 1, 2, 3$에 대해 적분을 계산하여, 다음과 같이 정규분포에 따르는 마구잡이 변수에 관한 수치적 관계식들을 구할 수 있다:

$$P(|X-\langle X\rangle| \geq \sigma) \sim 0.3173, \qquad P(|X-\langle X\rangle| \geq 2\sigma) \sim 0.0455,$$
$$P(|X-\langle X\rangle| \geq 3\sigma) \sim 0.0027, \tag{17.55}$$

위의 마지막 식을 체비쉐프 부등식[(17.21)식]과 비교하면 재미있다. 정규분포에서는 3σ 규칙에 대해 ~ 0.0027임에 비하여, 체비쉐프 부등식은 **임의의** 확률분포에 대해 $\leq 1/9$을 준다.

정리

덧셈정리 마구잡이 변수 X, Y가 평균과 분산이 같은 정규분포를 가지면, $Z = X+Y$는 평균과 분산이 각각 X, Y의 두배인 정규분포를 갖는다.

이 정리를 증명하기 위하여, 일반성을 잃지 않고 가우스 밀도를 아래와 같은 꼴로 쓴다:

$$f(x) = \frac{1}{\sqrt{2\pi}}e^{-x^2/2}, \quad \text{with } \frac{1}{\sqrt{2\pi}}\int_{-\infty}^{\infty} e^{-x^2/2}dx = 1,$$

그러면, (X, Y)의 확률밀도는 곱으로 주어진다:

$$f(x, y) = \frac{1}{\sqrt{2\pi}}e^{-x^2/2}\frac{1}{\sqrt{2\pi}}e^{-y^2/2} = \frac{1}{2\pi}e^{-(x^2+y^2)/2}.$$

또, (17.36)식으로부터 $Z = X + Y$의 밀도는

$$g(z) = \int_{-\infty}^{\infty} \frac{1}{\sqrt{2\pi}}e^{-x^2/2}\frac{1}{\sqrt{2\pi}}e^{-(x-z)^2/2}dx$$

로 주어진다. 지수를 완전제곱꼴로 바꾸면, 즉

$$2x^2 - 2xz + z^2 = \left(x\sqrt{2} - \frac{z}{\sqrt{2}}\right)^2 + \frac{z^2}{2}$$

이고, 아래와 같은 식을 얻는다:

$$g(z) = \frac{1}{2\pi}e^{-z^2/4}\int_{-\infty}^{\infty} \exp\left(-\frac{1}{2}\left(x\sqrt{2} - \frac{z}{\sqrt{2}}\right)^2\right)dx.$$

$u = x - \frac{z}{2}$를 대입하면, 적분은

$$\int_{-\infty}^{\infty} \exp\left(-\frac{1}{2}\left(x\sqrt{2} - \frac{z}{\sqrt{2}}\right)^2\right)dx = \int_{-\infty}^{\infty} e^{-u^2}du = \sqrt{\pi}$$

와 같은 꼴이 되고, 따라서 $Z = X + Y$의 밀도는

$$g(z) = \frac{1}{2\sqrt{\pi}}e^{-z^2/4} \tag{17.56}$$

이다. 위 식에서 알 수 있듯이, 평균값은 영이고, 분산은 2, 즉 X, Y의 두배이다.

특정한 극한에서는, 띄엄띄엄 푸아송 분포는 연속적인 가우스 분포와 밀접하게 관련되어 있다. 이 극한 정리는, 종모양의 정규분포에 귀착하는, **큰수 정리**의 또 하나의 예이다.

정리

n과 평균값 μ가 클 때, 푸아송 분포는 가우스 분포와 비슷해진다.

위 정리를 $n \to \infty$에 대해 증명하기 위해, (17.51)식의 푸아송 확률밀도 $p(n)$에서 사다리곱을 스털링의 점근공식(제5장 참조)으로 근사(어림)한다:

$$n! \sim \sqrt{2n\pi}\left(\frac{n}{e}\right)^n, \quad n \to \infty,$$

그리고 평균값으로부터 편차 $v = n - \mu$를 새로운 변수로 택한다. 평균값이 크다고 놓고 ($\mu \to \infty$), v/μ는 작으나 v^2/μ은 유한하다고 본다. $n = \mu + v$를 대입하고, 두 항을 유지하면서 로그함수를 매클로린 급수로 전개하면, 아래와 같은 결과를 얻는다:

$$\begin{aligned}
\ln p(n) &= -\mu + n\ln\mu - n\ln n + n - \ln\sqrt{2n\pi} \\
&= (\mu + v)\ln\mu - (\mu + v)\ln(\mu + v) + v - \ln\sqrt{2\pi(\mu + v)} \\
&= (\mu + v)\ln\left(1 - \frac{v}{\mu + v}\right) + v - \ln\sqrt{2\pi\mu} \\
&= (\mu + v)\left(-\frac{v}{\mu + v} - \frac{v^2}{2(\mu + v)^2}\right) + v - \ln\sqrt{2\pi\mu} \\
&\sim -\frac{v^2}{2\mu} - \ln\sqrt{2\pi\mu},
\end{aligned}$$

이 때 $|v| \ll \mu$이므로 $\ln\sqrt{2\pi v}$는 무시하였다. 결과를 지수로 올리면, 충분히 큰 n과 μ에 대해

$$p(n) \to \frac{1}{\sqrt{2\pi\mu}}e^{-\frac{v^2}{2\mu}} \tag{17.57}$$

을 얻는다. 이것은 연속변수 v에 대한 평균값 영, 표준편차 $\sigma = \sqrt{\mu}$를 갖는 가우스 분포이다.

특정한 극한에서는, 띄엄띄엄 이항분포도 연속적인 가우스 분포와 밀접하게 관련되어 있다. 이 극한정리도 **큰수 정리**의 또 다른 예이다.

> **정리**
> 극한 $n \to \infty$, 따라서 평균값 $np \to \infty$에서 이항분포는 가우스의 정규분포와 비슷해진다. 17.4절에서 $np \to \mu < \infty$일 때, 이항분포가 푸아송 분포가 됨을 상기하여라.

큰 시행횟수 x대신, 큰 평균값 pn으로부터의 편차 $v = x - pn$을 새로운 연속적 마구잡이 변수로 이용한다. 이 때 $|v| \ll pn$이지만, v^2/n은 유한하다는 조건을 염두에 두어야 한다 ($n \to \infty$). (17.42)식에서 x를 $v + pn$으로, $n - x$를 $qn - v$로 대체하고, $n \to \infty$에 대해 $f(x) \to W(v)$라 근사한다. 그리고 나서 스털링의 공식을 적용한다. 이렇게 해서

$$W(v) = \frac{p^x q^{n-x} n^{n+1/2} e^{-n+x+(n-x)}}{\sqrt{2\pi}(v + pn)^{x+1/2}(qn - v)^{n-x+1/2}}$$

을 얻는다. 여기서 n의 주요한 거듭제곱을 인수로 꺼내고, p와 q의 거듭제곱을 상쇄하면

$$W(v) = \frac{1}{\sqrt{2\pi pqn}}\left(1 + \frac{v}{pn}\right)^{-(v+pn+1/2)}\left(1 - \frac{v}{qn}\right)^{-(qn-v+1/2)}$$

을 얻게 된다. 로그함수 꼴로 쓰면,

$$\begin{aligned}\ln W(v) &= \ln \frac{1}{\sqrt{2\pi pqn}} - (v + pn + 1/2)\ln\left(1 + \frac{v}{pn}\right) \\ &\quad - (qn - v + 1/2)\ln\left(1 - \frac{v}{qn}\right) \\ &= \ln \frac{1}{\sqrt{2\pi pqn}} - (v + pn + 1/2)\left(\frac{v}{pn} - \frac{v^2}{2p^2n^2} + \cdots\right) \\ &\quad - (qn - v + 1/2)\left(-\frac{v}{qn} - \frac{v^2}{2q^2n^2} + \cdots\right) \\ &= \ln \frac{1}{\sqrt{2\pi pqn}} - \left[\frac{v}{n}\left(\frac{1}{2p} - \frac{1}{2q}\right) + \frac{v^2}{n}\left(\frac{1}{2p} + \frac{1}{2q}\right) + \cdots\right],\end{aligned}$$

여기서

$$v/n \to 0, \quad v^2/n$$

은 유한하고

$$\left(\frac{1}{2p} + \frac{1}{2q}\right) = \frac{p+q}{2pq} = \frac{1}{2pq}$$

이다. v^2/p^2n^2이나 v^2/q^2n^2같이 v/n에 대한 고차항들은 무시하면, n이 큰 극한에서

$$W(v) = \frac{1}{\sqrt{2\pi pqn}} e^{-\frac{v^2}{2pqn}} \tag{17.58}$$

을 얻게 된다. 이것은 평균값이 영이고 표준편차가 $\sigma = \sqrt{npq}$인 편차 $x - pn$에 대한 가우스 분포이다. 평균값 pn이 크다는 조건 때문에 이 정리는 종모양의 가우스 분포의 중심부분에서만 성립한다. 꼬리부분에는 적용할 수 없다.

연습문제

17.5.1 정규분포를 따르는 마구잡이 변수가 평균값으로부터 4σ 보다 더 떨어져 있을 확률은 얼마인가? 결과를 체비쉐프 부등식으로 구한 확률과 비교하여라. 차이를 설명하여라.

17.5.2 $X_1, X_2, \ldots, X_n$을 각각 같은 평균 $\bar{x}$ 및 분산 σ^2에 대한 정규분포를 따르는 독립적인 마구잡이 변수라 한다. $\frac{\sum_i X_i/n - \bar{x}}{\sqrt{n}\sigma}$는 평균 0, 분산 1인 정규분포를 따름을 보여라.

17.5.3 어떤 강사가 큰 학급의 평점을, 점수의 평균 M과 분산 σ^2에 따라 준다고 한다. M이 정규분포를 따른다고 가정하고, $M < m - 3\sigma/2$일 때 F, $m - 3\sigma/2 < M < m - \sigma/2$일 때 D, $m - \sigma/2 < M < m + \sigma/2$일 때 C, $m + \sigma/2 < M < m + 3\sigma/2$일 때 B, $M > m + 3\sigma/2$일 때 A를 주기로 했다. A, B, C, D, F의 백분율은 얼마인가? A와

F의 백분율이 각각 5%로 같고, B와 D가 각각 25%, C가 40%가 되도록 끊어버림(cutoff)을 재조정하여라.

17.5.4 마구잡이 변수 X의 분포가 평균 29, 표준편차가 3인 정규분포라면, $2X-1$과 $3X+2$의 분포는 어떤 것일까?

17.5.5 평균 m, 분산이 σ^2인 정규분포가 있다. 종모양의 곡선과 x축 및 $m-r$과 $m+r$을 지나는 수직선들로 둘러쌓인 면적이 곡선과 x축으로 둘러쌓인 전체 면적의 절반이 되도록 r을 결정하여라.

17.6 통 계

통계에서는 마구잡이 실험으로부터 데이터의 값을 구하기 위해 또는 어떤 가설을 검증하기 위해 확률 이론을 적용한다. 그 이유는 실험 상황에 대한 제어가 완벽하지 않아서 데이터가 마구잡이 요동을 보이기 때문이다. 전형적으로, 표본이 보이는 분포로부터 평균값과 분산을 계산하고, 표본의 이 성질을 일정한 신뢰도를 갖고 전체 사건으로 일반화하게 된다. 알려지지 않은 확률분포에 대한 가정을, 그것이 어떤 것이든 상관없이, 통계적 가설이라 부른다. 검증과 신뢰도 구간의 개념은 통계학의 가장 중요한 진전이다.

■ 오차전파

어떤 양 x를 여러 번 반복하여 측정하여 마구잡이로 값 x_j를 얻을 때, 혹은 검증을 위하여 표본을 추출할 때, 평균값[(17.10)식]과 분산

$$\bar{x} = \frac{1}{n}\sum_{j=1}^{n} x_j, \qquad \sigma^2 = \frac{1}{n}\sum_{j=1}^{n}(x_j - \bar{x})^2$$

을 결정하고 분산을 평균값 $\bar{x}$로부터의 퍼짐, 즉 오차의 척도로 사용한다. $x_j = \bar{x} + e_j$라 쓰면, e_j는 평균값으로부터의 편차이며, $\sum_j e_j = 0$이다. [(17.15)식 아래의 논의를 보라.]

이제 이 측정값들로부터 알려진 함수 $f(x)$를 계산한다고 해 보자. 즉, x의 측정값들로부터 $f_j = f(x_j)$의 집합이 주어져 있다. $x_j = \bar{x} + e_j$를 대입하고,

$$\begin{aligned}\bar{f} &= \frac{1}{n}\sum_j f(x_j) = \frac{1}{n}\sum_j f(\bar{x} + e_j) \\ &= f(\bar{x}) + \frac{1}{n} f'(\bar{x}) \sum_j e_j + \frac{1}{2n} f''(\bar{x}) \sum_j e_j^2 + \cdots\end{aligned}$$

$$= f(\bar{x}) + \frac{1}{2}\sigma^2 f''(\bar{x}) + \cdots \tag{17.59}$$

로부터 평균값을 계산하면, 예측한 대로 가장 낮은 차수에서는 평균값 $\bar{f}$가 $f(\bar{x})$로 주어진다는 것을 알게 된다. 그러나 이차에서는 분산의 반에 눈금변환인수(scale factor) $f''(\bar{x})$가 곱해진 보정항이 나타난다. 이 평균값의 보정항과 f의 분산, 즉 평균값 $\bar{f}$로부터 f_j가 얼마나 퍼져있는가를 비교하면 재미있다. 이 때 $f_j \approx \bar{f} + f'(\bar{x})e_j$로 근사하고,

$$\sigma^2(f) \equiv \frac{1}{n}\sum_j (f_j - \bar{f})^2 = (f'(\bar{x}))^2 \frac{1}{n}\sum_j e_j^2 = (f'(\bar{x}))^2 \sigma^2 \tag{17.60}$$

을 얻는다. 요약하면, 변수 하나에 대한 함수의 오차전파의 가장 간단한 꼴로 다소 기호적으로 나타낸 다음과 같은 공식을 쓸 수 있다:

$$f(\bar{x} \pm \sigma) = f(\bar{x}) \pm f'(\bar{x})\sigma.$$

두 측정량 $x_j = \bar{x} + u_j,\ \ y_k = \bar{y} + v_k$에 대한 함수에 대해서는,

$$\begin{aligned}\bar{f} &= \frac{1}{rs}\sum_{j=1}^{r}\sum_{k=1}^{s} f_{jk} = \frac{1}{rs}\sum_{j=1}^{r}\sum_{k=1}^{s} f(\bar{x} + u_j, \bar{y} + v_k) \\ &= f(\bar{x}, \bar{y}) + \frac{1}{r} f_x \sum_j u_j + \frac{1}{s} f_x \sum_k v_k + \cdots\end{aligned}$$

를 얻는다. 여기서 $\sum_j u_j = 0 = \sum_k v_k$이고, 가장 낮은 차수에서 $\bar{f} = f(\bar{x}, \bar{y})$이다. 그리고

$$f_x = \frac{\partial f}{\partial x}(\bar{x}, \bar{y}), \qquad f_y = \frac{\partial f}{\partial y}(\bar{x}, \bar{y}) \tag{17.61}$$

는 각각 편미분을 나타낸다. 평균값으로부터 편차의 제곱의 합은

$$\sum_{j=1}^{r}\sum_{k=1}^{s}(f_{jk} - \bar{f})^2 = \sum_{j,k}(u_j f_x + v_k f_y)^2 = s f_x^2 \sum_j u_j^2 + r f_y^2 \sum_k v_k^2$$

로 주어진다. 왜냐하면 $\sum_{j,k} u_j v_k = \sum_j u_j \sum_k v_k = 0$이다. 그러므로 분산은 (17.61)식의 f_x와 f_y를 이용하면

$$\sigma^2(f) = \frac{1}{rs}\sum_{j,k}(f_{jk} - \bar{f})^2 = f_x^2 \sigma_x^2 + f_y^2 \sigma_y^2 \tag{17.62}$$

이고,

$$\sigma_x^2 = \frac{1}{r}\sum_j u_j^2, \qquad \sigma_y^2 = \frac{1}{s}\sum_k v_k^2$$

은 x와 y의 분산이다. 기호적으로는, 두 측정변수에 대한 함수에 대한 오차전파는 다음과 같

은 식으로 요약된다:

$$f(\bar{x} \pm \sigma_x, \bar{y} \pm \sigma_y) = f(\bar{x}, \bar{y}) \pm \sqrt{f_x^2 \sigma_x^2 + f_y^2 \sigma_y^2}.$$

위 결과를 응용하고 일반화한 한 예로, n개의 측정값으로 이루어진 표본의 평균값 $\bar{x} = \frac{1}{n}\sum_{j=1}^{n} x_j$의 오차를 계산해 보자. 각각의 측정값은 표준편차가 σ이다. 이 경우, 편미분은 $f_x = \frac{1}{n} = f_y = \cdots$이며, $\sigma_x = \sigma_y = \cdots = \sigma$. 따라서, 오차전파에 대한 위 공식으로부터 변수들의 합의 오차는 제곱의 합으로 주어진다. 그러므로, 산술평균의 오차는

$$\bar{\sigma} = \frac{1}{n}\sqrt{n\sigma^2} = \frac{\sigma}{\sqrt{n}} \tag{17.63}$$

로 주어진다. 이 값은 측정횟수 n이 증가하면 감소한다.

측정횟수 n이 증가함에 따라, 산술평균 $\bar{x}$가 참값에 수렴하리라 기대한다. $\bar{x}$가 x와 α만큼 다르다고 하고, $v_j = x_j - x$라 놓으면,

$$\sum_j (x_j - \bar{x})^2 = \sum_j e_j^2 = \sum_j v_j^2 + n\alpha^2$$

이고 산술평균의 오차를 고려하면, 알려지지 않은 참값으로부터 각 점의 편차는 아래와 같이 주어진다:

$$\sigma^2 = \frac{1}{n}\sum_j e_j^2 = \frac{1}{n}\sum_j v_j^2 + \alpha^2.$$

(17.63)식에 이르는 논의에 따르면, $\alpha^2 = \frac{1}{n}\sigma^2$이다. 하나의 규칙으로서,

$$\sigma^2 = \frac{1}{n}\sum_j v_j^2 + \frac{\sigma^2}{n}$$

이다. 위 식으로부터 **표본의 표준편차**는 다음과 같이 주어짐을 알 수 있다:

$$\sigma = \sqrt{\frac{\sum_j v_j^2}{n-1}} = \sqrt{\frac{\sum_j (x_j - x)^2}{n-1}}, \tag{17.64}$$

이 때 $n-1$은 표본의 제어측정의 횟수이다. 이 보정된 평균오차는 산술평균에 예상되는 오차를 포함하고 있다.

비교할 수 있는 측정값이 없으면 ($n=1$), 퍼짐이 정의되지 않기 때문에, 가끔 분산이 (17.64)식에 의해 정의된다. 여기서 측정횟수 n이 제어측정횟수 $n-1$로 대체되었다.

■ 데이터에 곡선 맞추기

알려진 시각 t_j에 측정된 값 y_j로 이루어진 표본이 주어져 있다고 하자. y_j는 가령 자유롭게, 즉

그림 17.8
t_j가 알려져 있고 y_j가 측정값인 점 (t_j, y_j)에 맞추기한 직선

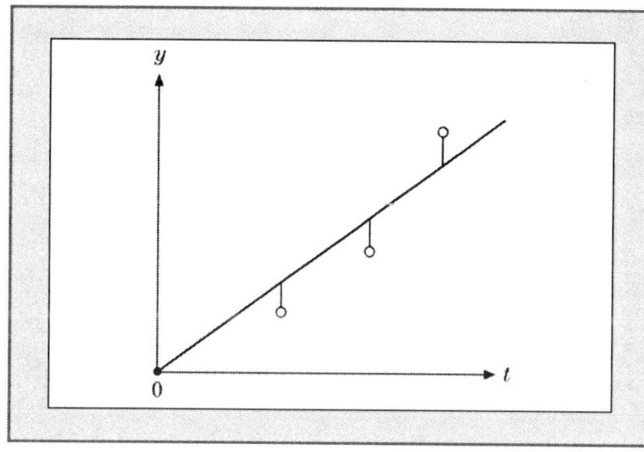

외부 힘이 없이, 운동하고 있는 입자의 위치라 여길 수 있다. 시각 t_j에는 오차가 없다고 가정한다; 즉, t는 보통의 독립적인 변수이다. 가설상, 시간과 위치는 $y=at$와 같이 선형적으로 관련되어 있다고 기대한다. 이 선을 데이터에 맞추려고 한다.

먼저, 기울기 a를 결정하기 위해 편차의 제곱의 합, $\sum_j(at_j-y_j)^2$을 최소화한다. 맺음변수 a는 소위 회귀계수(regression coefficient)라 불리며, 이런 방법을 최소제곱법이라 한다. a에 대해 미분하면,

$$2\sum_j(at_j - y_j)t_j = 0$$

을 얻고, 이 식으로부터 다시

$$a = \frac{\sum_j t_j y_j}{\sum_j t_j^2} \tag{17.65}$$

를 얻는다. 분자가 마치 두 변수 t, y의 공분산 혹은 스칼라곱과 비슷한 꼴이라는 점에 주목하여라. 그림 17.8에 보인 것처럼 측정값 y_j는 보통 선 위에 놓여있지 않다. 선으로부터 퍼져있는데 평균 확산은

$$\sigma = \sqrt{\frac{\sum_j(y_j - at_j)^2}{n-1}}$$

이다.

다른 방법으로, y_j값이 (오차없이) 알려져 있다고 해보자. 시간 t_j가 측정값이다. 그림 17.9에서 예상되듯이, 이 경우에는 t와 y의 역할을 바꿔서 $t=by$ 선을 데이터에 맞추어야 한다. $\sum_j(by_j-t_j)^2$을 최소화하면, 앞에서와 마찬가지로 기울기 맺음변수를 다음과 같이 결정할 수 있다:

$$b = \frac{\sum_j t_j y_j}{\sum_j y_j^2}. \tag{17.66}$$

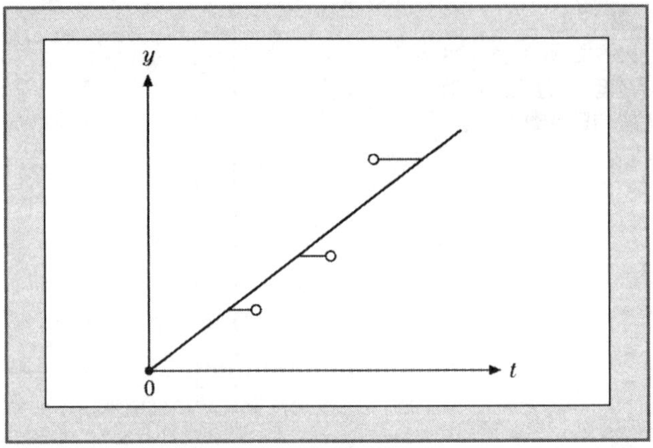

그림 17.9
y_j가 알려져 있고 t_j가 측정값인 점 (t_j, y_j)에 맞추기한 직선

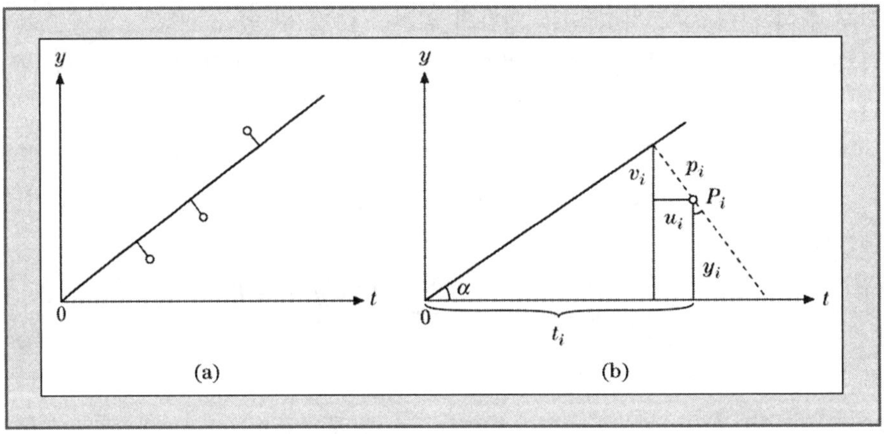

그림 17.10
(a) 점 (t_j, y_j)에 맞추기한 직선. (b) 편차 u_j, v_j, d_j의 기하학적 관계

t_j와 y_j 둘다 오차를 포함하고 있는 경우 (t와 y가 같은 단위를 갖는다고 하자), 두 변수의 편차의 제곱의 합을 최소화하고 맺음변수로 표시한 선 $t\sin\alpha - y\cos\alpha = 0$에 맞추어야 한다. t와 y가 이 경우엔 동등한 입장이다. 그림 17.10a에 보이는 것처럼, 기하학적으로 선과 점 (t_j, y_j) 사이의 거리 d_j의 제곱의 합이 최소가 되도록 선을 그어야 함을 의미한다. (그림 17.10b와 제1장 참조.) 여기서 $d_j = t_j\sin\alpha - y_j\cos\alpha$, 따라서 "$\sum_j d_j^2 =$ 최소"를 각 α에 대해 풀어야 한다. 각도에 대한 미분을 영으로 놓으면, 즉

$$\sum_j (t_j \sin\alpha - y_j \cos\alpha)(t_j \cos\alpha + y_j \sin\alpha) = 0$$

으로부터

$$\sin\alpha\cos\alpha \sum_j \left(t_j^2 - y_j^2\right) - (\cos^2\alpha - \sin^2\alpha) \sum_j t_j y_j = 0$$

이다. 그러므로, 맞춤선의 각은

$$\tan 2\alpha = \frac{2\sum_j t_j y_j}{\sum_j (t_j^2 - y_j^2)} \tag{17.67}$$

로 주어진다.

요 약

최소제곱 맞추기는 측정오차가 알려져 있지 않을 때 적용된다. 이 방법으로 적어도 측정값에 해당되는 점에 일종의 오차막대를 부여할 수 있게 된다. 각 점에 오차를 사용하지 않는다는 점에 주의하여라. 이런 상황에서 맺음변수 a(혹은 α)는 데이터를 적절히 짐작하게 해준다. 좀 더 정확히 말하면, 최소제곱 맞추기 방법은 **모든 점에 대해 오차가 독립적**이고 정규분포에 따른다고 말할 수 있을 때 맞춤맺음변수에 대한 **가장 그럴싸한** 추정값을 준다. 이것은 꽤 강한 가정이다. 카이제곱 맞추기라 부르는 무게최소제곱 맞추기에서는 이를 피할 수 있다.[4] (예제 17.6.1 참조.)

■ χ^2 분포

이 분포는 편차의 제곱의 **무게**합을 포함하는 최소제곱 방법으로 데이터 t_j에 맺음변수 a, … 를 갖는 곡선 $y(t, a, \ldots)$를 맞추려고 할 때 전형적으로 나타난다. 즉, N을 점의 수, r을 맺음변수 a, …의 수라 할 때,

$$\chi^2 = \sum_{j=1}^{N} \left(\frac{y_j - y(t_j, a, \ldots)}{\Delta y_j} \right)^2$$

을 최소화한다. 이 이차 감도함수(merit function)는 편차 Δy_j가 작은 점에 무게를 더 둔다.

각 점을 평균값이 영이고 분산이 $\sigma^2 = 1$인 정규분포를 따르는 마구잡이 변수 X로 기술한다. 후자는 χ^2함수의 가중치(weights)를 염두에 둔 것이다. 첫 단계로, 각 점에 대해 마구잡이 변수 $Y = X^2$의 확률밀도를 결정한다. 평균값을 영이라 놓는다고 해서 일반성을 잃지는 않는다. 왜냐하면, 만일 $\langle X \rangle = m \neq 0$이라면, 평행이동된 변수 $Y = X - m$을 생각하면 된다. 이 변수의 평균은 영이다. X가 가우스 정규분포

$$f(x) = \frac{1}{\sigma\sqrt{2\pi}} e^{-\frac{x^2}{2\sigma^2}}, \quad -\infty < x < \infty$$

를 따르면, 마구잡이 변수 Y의 확률은, $y \leq 0$에 대해서는 영이고,

$$P(Y < y) = P(X^2 < y) = P(-\sqrt{y} < X < \sqrt{y}) \quad \text{if} \quad y > 0$$

[4]좀더 자세한 사항은 제8장의 추가 읽을거리의 Press 외의 제14장을 참고하여라.

이다. 연속적인 정규분포 $P(y) = \int_{-\infty}^{y} f(x)dx$로부터, 미분을 이용하여 확률밀도 $g(y)$를 얻을 수 있다:

$$g(y) = \frac{d}{dy}[P(\sqrt{y}) - P(-\sqrt{y})] = \frac{1}{2\sqrt{y}}(f(\sqrt{y}) + f(-\sqrt{y}))$$
$$= \frac{1}{\sigma\sqrt{2\pi y}} e^{-\frac{y}{2\sigma^2}}, \quad y > 0. \tag{17.68}$$

이 밀도($\sim e^{-\frac{y}{2\sigma^2}}/\sqrt{y}$)는 감마함수의 오일러 적분의 피적분함수에 해당한다. 그런 확률분포

$$g(y) = \frac{y^{p-1}}{\Gamma(p)(2\sigma^2)^p} e^{-\frac{y}{2\sigma^2}}$$

을 맺음변수 p와 σ를 갖는 **감마분포**라 부른다. $p = 1/2$인 경우, 그 특성함수는 푸리에 변환에 의해 다음과 같이 주어진다:

$$\langle e^{itY} \rangle = \frac{1}{\sigma\sqrt{2\pi}} \int_0^\infty e^{-y(\frac{1}{2\sigma^2} - it)} \frac{dy}{\sqrt{y}} = \frac{1}{\sigma\sqrt{2\pi}\left(\frac{1}{2\sigma^2} - it\right)^{1/2}} \int_0^\infty e^{-x} \frac{dx}{\sqrt{x}}$$
$$= (1 - 2it\sigma^2)^{-1/2}.$$

χ^2 표본함수가 제곱의 합을 포함하고 있으므로, 감마분포의 **덧셈 정리**가 필요하다: 두 독립적인 마구잡이변수 Y_1과 Y_2가 $p = 1/2$인 감마분포를 따르면, $Y_1 + Y_2$는 $p = 1$인 감마분포를 따른다. Y_1과 Y_2가 서로 독립이므로, 특성함수는 각 밀도의 곱 [(17.36)식]

$$\langle e^{it(Y_1+Y_2)} \rangle = \langle e^{itY_1} e^{itY_2} \rangle = \langle e^{itY_1} \rangle \langle e^{itY_2} \rangle = (1 - 2it\sigma^2)^{-1} \tag{17.69}$$

으로 주어진다. 이제 두 번째 단계로 넘어가 보자. 맞추기의 정확성은 마구잡이 변수 $Y = \sum_{j=1}^{n} X_j^2$으로 판단할 수 있다. 여기서 $n = N - r$은 N개의 데이터 점과 r개의 맞춤변수에 대한 자유도의 수이다. 독립 마구잡이 변수 X_j는 분산이 σ^2인 정규분포를 따른다. (우리의 경우 $r = 1$, $\sigma = 1$이다.) χ^2 분석법은 정규분포나 독립성을 검증하지는 않는다. 그러나 이 가정들이 대체로 성립하지 않으면, 맞춤선 바깥에 놓이는 점들이 많을 것이다. 덧셈 정리로부터 Y의 확률밀도(그림 17.11)는

$$g_n(y) = \frac{y^{\frac{n}{2}-1}}{2^{n/2}\sigma^n \Gamma\left(\frac{n}{2}\right)} e^{-y/2\sigma^2}, \quad y > 0$$

이고, $y < 0$이면 $g_n(y) = 0$이다. 이것은 n 자유도에 대한 χ^2분포이다. 특성함수는

$$\langle e^{itY} \rangle = (1 - 2it\sigma^2)^{-n/2}$$

이다. 미분하고 나서 $t = 0$이라 놓으면, 평균값과 분산을 얻을 수 있다:

$$\langle Y \rangle = n\sigma^2, \qquad \sigma^2(Y) = 2n\sigma^4. \tag{17.70}$$

그림 17.11
χ^2 확률밀도 $g_n(y)$

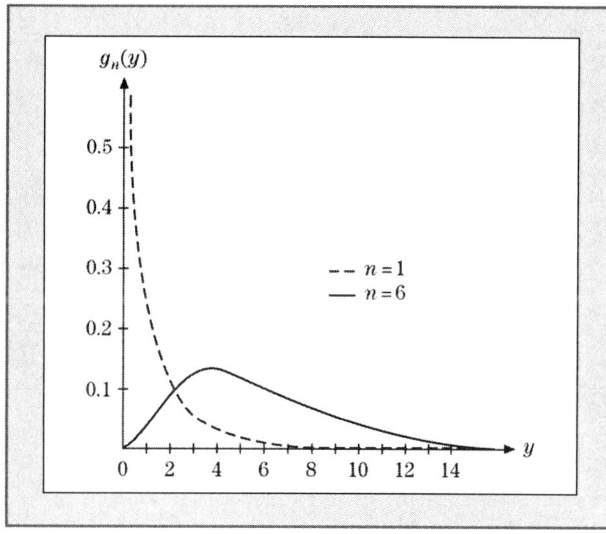

표 17.2
χ^2 분포[a]

n	v = 0.8	v = 0.7	v = 0.5	v = 0.3	v = 0.2	v = 0.1
1	0.064	0.148	0.455	1.074	1.642	2.706
2	0.446	0.713	1.386	2.408	3.219	4.605
3	1.005	1.424	2.366	3.665	4.642	6.251
4	1.649	2.195	3.357	4.878	5.989	7.779
5	2.343	3.000	4.351	6.064	7.289	9.236
6	3.070	3.828	5.348	7.231	8.558	10.645

[a] 표의 각 칸의 수는 확률 $v = P(\chi^2 \geq \chi_v^2) = \frac{1}{2^{n/2}\Gamma(n/2)} \int_{\chi_v^2}^{\infty} e^{-y/2} y^{(n/2)-1} dy$, $\sigma = 1$에 대한 χ_v의 값들이다.

표는 $\sigma = 1$이고 $y_0 > 0$일 때, n 자유도에 대한 χ^2 확률

$$P(\chi^2 \geq y_0) = \frac{1}{2^{n/2}\sigma^n \Gamma\left(\frac{n}{2}\right)} \int_{y_0}^{\infty} y^{\frac{n}{2}-1} e^{-\frac{y}{2\sigma^2}} dy$$

이 값을 나열하고 있다. $\sigma \neq 1$일 때 표 17.2를 이용하기 위해서는 $y_0 = v_0 \sigma^2$으로 재조정하여 $P(\chi^2 \geq v_0 \sigma^2)$이 표 17.2의 $P(\chi^2 \geq v_0)$에 해당되도록 한다. 다음 예제는 지금까지 설명한 과정을 잘 보여줄 것이다.

예제 17.6.1

χ^2 함수를 그림 17.8에 보인 맞추기에 적용해 보자. 오차 Δy_j를 갖는 측정점 $(t_j, y_j \pm \Delta y_j)$는

$$(1, 0.8 \pm 0.1), \quad (2, 1.5 \pm 0.05), \quad (3, 3 \pm 0.2)$$

이다. 비교해 보기 위해, 최대로 유사한 맞추기[(17.65)식]는

$$a = \frac{1\cdot 0.8 + 2\cdot 1.5 + 3\cdot 3}{1+4+9} = \frac{12.8}{14} = 0.914$$

를 준다. 대신

$$\chi^2 = \sum_j \left(\frac{y_j - at_j}{\Delta y_j}\right)^2$$

을 최소화하면,

$$0 = \frac{\partial \chi^2}{\partial a} = -2\sum_j \frac{t_j(y_j - at_j)}{(\Delta y_j)^2}$$

또는

$$a = \frac{\sum_j \frac{t_j y_j}{(\Delta y_j)^2}}{\sum_j \frac{t_j^2}{(\Delta y_j)^2}}$$

이다. 우리 경우에는

$$a = \frac{\frac{1\cdot 0.8}{0.1^2} + \frac{2\cdot 1.5}{0.05^2} + \frac{3\cdot 3}{0.2^2}}{\frac{1^2}{0.1^2} + \frac{2^2}{0.05^2} + \frac{3^2}{0.2^2}} = \frac{1505}{1925} = 0.782$$

는 가장 작은 오차 $\Delta y_2 = 0.05$를 갖는 중간 점에 의해 지배된다. 오차전파 공식[(17.62)식]으로부터 a의 추정값의 분산 σ_a^2를 얻을 수 있다:

$$\sigma_a^2 = \sum_j (\Delta y_j)^2 \left(\frac{\partial a}{\partial y_j}\right)^2 = \sum_j \frac{\frac{t_j^2}{(\Delta y_j)^2}}{\left(\sum_k \frac{t_k^2}{(\Delta y_k)^2}\right)^2} = \frac{1}{\sum_j \frac{t_j^2}{(\Delta y_j)^2}}$$

이 때

$$\frac{\partial a}{\partial y_j} = \frac{\frac{t_j}{(\Delta y_j)^2}}{\sum_k \frac{t_k^2}{(\Delta y_k)^2}}$$

를 이용하였다. 우리 경우에는, $\sigma_a = 1/\sqrt{1925} = 0.023$이다. 즉, 기울기 맺음변수 $a = 0.782 \pm 0.023$이다.

a의 정확성을 추정하기 위해, 독립적인 두 점이 두배의 표준편차 만큼 맞춤선에서 떨어져 있을 χ^2 확률, 즉 각 점이 평균적으로 표준편차 만큼 떨어져 있을 확률을 계산한다. $N = 3$, $r = 1$, 즉 $n = 3 - 1 = 2$개의 자유도에 대한 맞추기에 χ^2분포를 적용한다. (17.70)식으로부터, χ^2분포는 평균값이 2, 분산이 4이다. 경험적으로 볼 때, 대체로 좋은 맞추기에 대해 $\chi^2 \approx n$이다. $P(\chi^2 \geq 2) \sim 0.496$은 표 17.2에서 $P(\chi^2 \geq 1.386^2) = 0.50$과 $P(\chi^2 \geq 2.408^2) = 0.30$사이를 속채움(interpolation)하여 얻을 수 있다:

$$P(\chi^2 \geq 2) = P(\chi^2 \geq 1.386^2) - \frac{2 - 1.386^2}{2.408^2 - 1.386^2} \times [P(\chi^2 \geq 1.386^2) - P(\chi^2 \geq 2.408^2)] = 0.5 - 0.02 \cdot 0.2 = 0.496.$$

따라서, 각 점이 평균적으로 표준편차만큼 맞춤선에서 벌어져 있을 χ^2확률은 50%로 꽤 크다.

■ 학생 t 분포

언제나 측정값의 산술평균을 계산하므로, 표본함수

$$\bar{X} = \frac{1}{n}\sum_{j=1}^{n} X_j$$

를 생각해 보자. 여기서, X_j는 평균값 m, 분산 σ^2을 갖는 정규분포를 따르는 독립적인 마구잡이 변수들이라 가정한다. 가우스 분포에 대한 덧셈 정리로부터 $X_1+X_2+\cdots+X_n$은 평균이 nm, 분산이 $n\sigma^2$이다. 그러므로, $(X_1+X_2+\cdots+X_n)/n$은 평균 m, 분산 $n\sigma^2/n^2=\sigma^2/n$인 정규분포를 따른다. 변수 $\bar{X}-m$의 확률밀도는 가우스 분포

$$\bar{f}(\bar{x}-m) = \frac{\sqrt{n}}{\sigma\sqrt{2\pi}} \exp\left(-\frac{n(\bar{x}-m)^2}{2\sigma^2}\right) \tag{17.71}$$

이다. 학생 t 분포로 풀 수 있는 가장 중요한 문제는 σ가 **알려져 있지 않을 때** 평균값 m의 추정값을 σ에 달리지 않는 표본함수로 나타내는 것이다. 그래서 눈금조절된 표본함수 t를 다음과 같이 정의한다:

$$t = \frac{\bar{X}-m}{S}\sqrt{n-1}, \qquad S^2 = \frac{1}{n}\sum_{j=1}^{n}(X_j - \bar{X})^2. \tag{17.72}$$

t와 S가 서로 독립적인 마구잡이 변수임을 보일 수 있다. χ^2분포에서와 마찬가지로, 분모변수 S의 확률밀도는 감마함수에 의해 다음과 같이 주어진다:

$$d(s) = \frac{n^{\frac{n-1}{2}} s^{n-2} e^{-\frac{ns^2}{2\sigma^2}}}{2^{\frac{n-3}{2}}\Gamma\left(\frac{n-1}{2}\right)\sigma^{n-1}}. \tag{17.73}$$

정규분포 $\bar{f}$를 따르는 두 마구잡이 변수의 비율 $Z=X/Y$의 확률[(17.40)식]은

$$R(z) = \int_{-\infty}^{z}\int_{-\infty}^{\infty} \bar{f}(yz)d(y)|y|dydz \tag{17.74}$$

로 주어진다. 여기서 d는 (17.73)식과 같다. 따라서 변수 $V=(\bar{X}-m)/S$는 확률밀도

$$r(v) = \int_0^\infty \frac{\sqrt{n}}{\sigma\sqrt{2\pi}} \exp\left(-\frac{nv^2s^2}{2\sigma^2}\right) \frac{n^{\frac{n-1}{2}} s^{n-2} e^{-\frac{ns^2}{2\sigma^2}}}{2^{\frac{n-3}{2}}\Gamma\left(\frac{n-1}{2}\right)\sigma^{n-1}} sds$$
$$= \frac{n^{n/2}}{\sigma^n\sqrt{\pi}2^{\frac{n-2}{2}}\Gamma\left(\frac{n-1}{2}\right)} \int_0^\infty e^{-\frac{ns^2(v^2+1)}{2\sigma^2}} s^{n-1} ds$$

를 갖는다. 다시 $z = s^2$을 대입하면

$$r(v) = \frac{n^{n/2}}{\sigma^n\sqrt{\pi}2^{n/2}\Gamma\left(\frac{n-1}{2}\right)} \int_0^\infty e^{-\frac{nz(v^2+1)}{2\sigma^2}} z^{\frac{n-2}{2}} dz$$

이다. $\Gamma(1/2) = \sqrt{\pi}$를 기억하자.

$$a = \frac{n(v^2+1)}{2\sigma^2}$$

이라 정의하고 적분을 $\Gamma(n/2)/a^{n/2}$으로 바꾸면,

$$r(v) = \frac{\Gamma(n/2)}{\sqrt{\pi}\Gamma\left(\frac{n-1}{2}\right)(v^2+1)^{n/2}}, \quad -\infty < v < \infty$$

를 얻는다. 끝으로, 위 식을 확률밀도 (그림 17.12)

$$g(t) = \frac{\Gamma(n/2)}{\sqrt{\pi(n-1)}\Gamma\left(\frac{n-1}{2}\right)\left(1+\frac{t^2}{n-1}\right)^{n/2}}, \quad -\infty < t < \infty \tag{17.75}$$

를 따르는 t[(17.72)식]로 눈금조절한다. 이 학생 t 분포는 m이나 σ에 의존하지 않는다. $t_1 \le t \le t_2$에 대한 확률은 적분식

$$P(t_1, t_2) = \frac{\Gamma(n/2)}{\sqrt{\pi(n-1)}\Gamma\left(\frac{n-1}{2}\right)} \int_{t_1}^{t_2} \frac{dt}{\left(1+\frac{t^2}{n-1}\right)^{n/2}} \tag{17.76}$$

로 주어지고, $P(z) \equiv P(-\infty, z)$는 표 17.3에 나타내었다. 또, $P(\infty, -\infty) = 1$, $P(-z) = 1 - P(z)$.

그림 17.12
$n = 3$에 대한 학생 t 확률밀도 $g_n(t)$

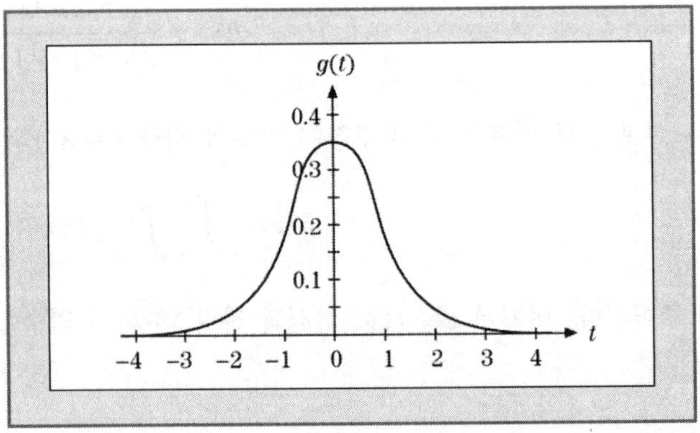

표 17.3
학생 t 분포[a]

p	$n=1$	$n=2$	$n=3$	$n=4$	$n=5$
0.8	1.38	1.06	0.98	0.94	0.92
0.9	3.08	1.89	1.64	1.53	1.48
0.95	6.31	2.92	2.35	2.13	2.02
0.975	12.7	4.30	3.18	2.78	2.57
0.99	31.8	6.96	4.54	3.75	3.36
0.999	318.3	22.3	10.2	7.17	5.89

[a]표의 각 칸의 수는 C in $P(C) = K_n \int_{-\infty}^{C} (1+\frac{t^2}{n})^{-(n+1)/2} dt = p$를 만족하는 C의 값들이다. 이 때 n은 자유도이다.

왜냐하면, (17.76)식의 피적분함수는 t에 대해 짝함수이기 때문이다. 즉,

$$\int_{-\infty}^{-z} \frac{dt}{(1+\frac{t^2}{n-1})^{n/2}} = \int_{z}^{\infty} \frac{dt}{(1+\frac{t^2}{n-1})^{n/2}}$$

이고

$$\int_{z}^{\infty} \frac{dt}{(1+\frac{t^2}{n-1})^{n/2}} = \int_{-\infty}^{\infty} \frac{dt}{(1+\frac{t^2}{n-1})^{n/2}} - \int_{-\infty}^{z} \frac{dt}{(1+\frac{t^2}{n-1})^{n/2}}$$

이다. 위 식을 (17.76)식의 적분 앞에 붙은 인수로 곱하면 $P(-z) = 1 - P(z)$를 확인할 수 있다. 다음 예제에서는 예제 17.6.1에서 본 맞추기에 학생 t분포를 어떻게 적용하는 지를 보여준다.

예제 17.6.2 신뢰도 구간

그림 17.8에 보인 $y = at$ 선형맞추기의 기울기 a의 신뢰도 구간을 구해보자. 다음을 가정한다:

- 표본 점 (t_j, y_j)는 마구잡이이며 독립적이다; 그리고
- 정해진 t에 대하여, 마구잡이 변수 Y는 평균이 $\mu(t) = at$이고 분산 σ^2은 t에 달려있지 않은 정규분포를 따른다.

값 y_j는 변수 Y의 측정값이다. 그러나, 이 값들이 Y와 같은 정규분포를 따르는 독립변수들 Y_j를 한 번에 측정한 값이라고 여긴다.

예를 들어 신뢰도 $p = 95\%$를 선택해 보자. $P(-C) = 1 - P(C)$를 이용하여, 관계식

$$P(-C, C) = P(C) - P(-C) = p = -1 + 2P(C), \qquad P(C) = \frac{1}{2}(1+p)$$

를 보일 수 있고, 학생 t 확률은

$$P(C) = \frac{1}{2}(1+p) = 0.975 = K_n \int_{-\infty}^{C} \left(1+\frac{t^2}{n}\right)^{-(n+1)/2} dt$$

로 주어진다. 여기서 K_{n+1}은 (17.76)식의 적분 앞에 붙은 인수이다. 표 17.3으로부터 $n = N-$

$r=3-1=2$ 자유도에 대한 해 $C=4.3$을 얻는다. $(1+p)/2$가 표 17.3의 p에 해당됨에 주의하여라.

이제 표본의 크기 $N=3$에 대해 $A=C\sigma_a/\sqrt{N}$을 구해보자. 신뢰도 구간은

$$a-A \le a \le a+A, \qquad p=95\% \text{ (신뢰도)}$$

로 주어진다. 예제 17.6.1의 χ^2 분석으로부터 기울기 $a=0.782$, 분산 $\sigma_a^2=0.023^2$을 이용한다. 그러면, $A=4.3\frac{0.023}{\sqrt{3}}=0.057$, 그리고 신뢰도 구간은 $a-A=0.782-0.057$, $a+A=0.839$, 혹은

$$0.725 < a < 0.839 \qquad \text{신뢰도 } 95\%$$

로 주어진다. σ_a에 비해 a의 불확정성은 높은 신뢰도 때문에 증가하였다. 표 17.3은 신뢰도 p를 줄이면, 불확정성 구간이 줄고, 자유도 n을 늘려도 역시 불확정성 영역이 줄어듦을 보여준다. ■

연습문제

17.6.1 ΔA를 A의 측정값의 오차라 한다; 다른 양에 대해서도 마찬가지로 정의한다. 오차 전파법칙을 이용하여 $C=AB$ 및 $C=A/B$에 대하여 $(\frac{\sigma(C)}{C})^2=(\frac{\sigma(A)}{A})^2+(\frac{\sigma(B)}{B})^2$이 성립함을 보여라.

17.6.2 표본 측정값 $x_1=6.0$, $x_2=6.5$, $x_3=5.9$, $x_5=6.2$의 평균값과 분산을 구하여라. $x_6=6.1$이 이 표본에 추가된다면, 평균 및 분산에 어떤 영향을 미치겠는가?

17.6.3 (a) 그림 17.9의 b 경우의 맞추기에 대하여 χ^2분석을 하여라. 단, t_i, $\Delta t_i=y_i$에 대한 오차가 그림 17.8의 맞추기의 χ^2분석에 사용되었던 y_i에 대한 오차와 같다고 가정하여라.

(b) 신뢰도 95%에 대하여 신뢰도 구간을 구하여라.

17.6.4 측정값 x_1, x_2, …, x_n은 표본 측정값이고, 평균값은 산술평균 $\bar{x}$이다. 값 x_j를 같은 확률로 택할 마구잡이 변수 X_j는 서로 독립이고 각각의 평균은 μ, 분산은 σ^2이라

인명 자료

Pascal, Blaise 프랑스의 수학자 파스칼은 1623년에 출생하여 1662년에 서거하였다. 수학의 천재였던 그는 12살의 나이에 유클리드(Euclide) 기하학을 통달하였으며, 후에 데사그(Desargues)의 방법을 이용해 원뿔곡선(conic section) 이론에 기여하였다. 1645년 덧셈, 뺄셈 및 곱셈을 할 수 있는 기계적인 계산기를 처음 발명하고 개발하였다. 그는 만성 질환을 잊기 위해 파리에서 카드게임을 즐겼는데, 이 때 나타나는 여러 가지 이상한 일들을 계산하는 데 관심을 가졌던 것이 확률 이론에 기여하는 계기가 되었다. 수도원에서 한동안 종교적인 기간을 가진 후, 수학을 계속했고, 삐에르 드 페르마(Pierre de Fermat)와 같이 일하기도 했다.

한다. $\sigma^2(\bar{x}) = \sigma^2/n$임을 보여라. $\bar{\sigma}^2 = \frac{1}{n}\sum_j(x_j - \bar{x})^2$이 표본의 분산이라 할 때, $\langle\bar{\sigma}^2\rangle = \frac{n-1}{n}\sigma^2$임을 보여라.

추가 읽을거리

Bevington, P. R., and Robinson, D. K. (2003). *Data Reduction and Error Analysis for the Physical Sciences*, 3rd ed. McGraw-Hill, New York.

Chung, K. L. (2000). *A Course in Probability Theory Revised*, 3rd ed. Academic Press, New York.

Degroot, M. H. (1986). *Probability and Statistics*, 2nd ed. Addison-Wesley, New York.

Devore, J. L. (1999). *Probability and Statistics for Engineering and the Sciences*, 5th ed. Duxbury, New York.

Kreyszing, E. (1970). *Introductory Mathematical Statistics. Principles and Methods*. Wiley, New York.

Montgomery, D. C., and Runger, G. C. (1998). *Applied Statistics and Probability for Engineers*, 2nd ed. Wiley, New York.

Papoulis, A. (1991). *Probability, Random Variables, and Stochastic Processes,* 3rd ed. McGraw-Hill, New York.

Ross, S. M. (1997). *First Course in Probability*, 5th ed., Vol. A. Prentice-Hall, New York.

Ross, S. M. (1999). *Introduction to Probability and Statistics for Engineers and Scientists*, 2nd ed. Academic Press, New York.

Ross, S. M. (2000). *Introduction to Probability Models*, 7th ed. Academic Press, New York.

Suhir, E. (1997). *Applied Probability for Engineers and Scientists*. McGraw-Hill, New York.

c·h·a·p·t·e·r 18

변분법

■ 변분법의 사용

이 장에서 우리는 어떤 변수의 값보다는 오히려 적절한 함수나 곡선을 찾고자 최소/최대 문제의 다른 류를 착수하고자 한다. 그것은 주어진 양, 즉 보통 에너지나 작용적분을 정상화시킨다. 함수가 변하기 때문에 이 문제들을 변분이라 부른다. 달랑베르(D'Alembert)나 해밀턴(Hamilton)과 같이 변분 원리는 고전역학에서 발전되었고 라그랑지 기교법은 양자역학과 장이론에서 일어났으나 그것들은 역시 전기동역학(예로 최소 광 경로의 페르마(Fermat) 원리)에서도 나타난다. 이렇게 다른 수리물리학의 분과에 빠져들기 전에 물리학과 수학의 양 분야에서 그 사용처의 몇몇을 요약해 보자.

1. 존재하는 물리학 이론들 중에서:
   a. 핵심 개념으로서 에너지와 작용량을 사용하는 물리학의 다양한 분야의 통일
   b. 분석에 있어서 편리성 – 라그랑지(Lagrange) 방정식, 18.2절
   c. 구속들의 정교한 취급, 18.5절
2. 물리학과 공학의 새롭고 복잡한 분야에 대한 출발점: 일반 상대성 이론에서 지름길은 빛의 펄스의 최소 경로를 잡거나 곡선의 리만 공간에서 입자의 자유낙하 경로로 잡는다. 변분 원리는 양자장 이론에서 나타나고 제어 이론에서 넓게 응용되고 있다.
3. 수학적 통일 : 변분 분석은 슈트룸–리우비(Sturm–Liouville) 고유함수들의 완전성의 입증을 제시(제9장)하고 고유값에 대한 낮은 한계를 설정한다.
4. 계산기법 (18.6절): 슈트룸–리우비 방정식의 고유함수와 고유값 계산

18.1 종속변수와 독립변수

■ 변분의 개념

변분법은 최소(또는 최대)가 되어야 할 양이 정상적분, 함수 $y(x)$가 정해져야 할 필요가 있기 때문에, 즉 범함수(functional)로 나타내야 하는 문제점들을 포함하고 있다. 간단한 경우로써 다음과 같이 두자.

$$J = \int_{x_1}^{x_2} f\left(y, \frac{dy}{dx}, x\right)dx, \tag{18.1}$$

여기서 J는 정상값으로 취하게 될 양이다. 적분부호 안에서 f는 제시한 변수들 $y(x)$, $dy(x)/dx$, x의 알려진 함수이다. 그러나 x에 의한 y의 의존성은 아직 알려지지 않았다. 즉 $y(x)$는 **안 알려져 있다**. 이는 적분이 x_1에서 x_2까지 일지라도 적분의 정확한 경로는 알려져 있지 않다는 것을 의미한다 (그림 18.1). 우리는 J를 최소화시키기 위하여 점들 (x_1, y_1)과 (x_2, y_2)를 통하는 적분경로를 선택해야 한다. 엄밀히 말해서 J의 정상값: 즉 최소, 최대나 안장점들을 정한다. 물리학적인 관심의 거의 모든 경우에 있어서 정상값은 최소가 될 것이다.

이 문제는 미분법에서 함수 $y(x)$의 그 대응되는 문제보다도 상당히 더 어렵다. 실로 해가 없을 수도 있다. 미분법에서 최소는 $y(x_0)$를 $y(x)$와 비교함으로써 정해진다. 여기서 x는 주변점들이다. 여기서 우리는 최적경로－즉 J가 정상이 되게 받아들여지는 경로－의 존재를 가정하고 (안 알려진) 최적경로에 대한 J를 주변경로로부터 얻는 것과 비교한다. 그림 18.1에서 두 개의 가능한 경로들을 보였다. (무한이 많다.) 주어진 x에 대해서 이들 둘 사이의 차이를 y의 변분, δy라고 부르고 경로의 임의의 변형을 정의하기 의한 새로운 함수 $\eta(x)$와 변동의 크기를 주는 눈금 인자 α를 도입함으로써 편리하게 기술될 수 있다. 함수 $\eta(x)$는 다음 두 제한을 제

그림 18.1
변화된 경로

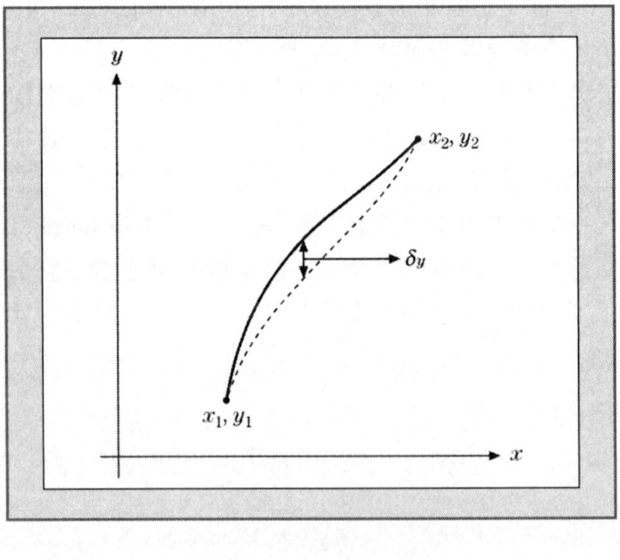

외하고는 임의적이다. 첫째

$$\eta(x_1) = \eta(x_2) = 0, \tag{18.2}$$

이 식은 모든 변화된 경로들은 고정된 끝점들을 통과해야만 한다는 의미를 나타낸다. 둘째, 곧 보게 될 것으로 $\eta(x)$는 미분 가능해야만 된다; 즉 다음 관계를 사용해서는 **안 된다**.

$$\begin{aligned}\eta(x) &= 1, \quad x = x_0,\\ &= 0, \quad x \neq x_0,\end{aligned} \tag{18.3}$$

그러나 우리는 $\eta(x)$가 0으로부터 단지 미소 영역에 걸쳐서 다르게 되도록 $\eta(x)$를 디락 델타 함수(제1장)를 나타내는 함수들과 유사한 형을 가지도록 선택할 수 있다.[1] 그래서 α와 $\eta(x)$로 묘사되는 경로로써

$$y(x, \alpha) = y(x, 0) + \alpha\eta(x) \tag{18.4}$$

와

$$\delta y = y(x, \alpha) - y(x, 0) = \alpha\eta(x). \tag{18.5}$$

J를 최소화하거나 최대화하려는 알려지지 않는 경로로 $y(x, 0)$을 선택하자. 그러면 $\alpha \neq 0$인 $y(x, \alpha)$는 이웃하는 경로로 표현된다. (18.1)식에서 J는 이제 우리의 매개변수 α[와 $\eta(x)$의]의 함수이다.

$$J(\alpha) = \int_{x_1}^{x_2} f[y(x, \alpha), y_x(x, \alpha), x]dx, \tag{18.6}$$

여기서 $y_x = \partial y/\partial x$이고 우리는 우리의 극한값에 대한 조건은

$$\left[\frac{\partial J(\alpha)}{\partial \alpha}\right]_{\alpha=0} = 0 \tag{18.7}$$

으로써 미분법에서 도함수 dy/dx의 사라짐과 유사하다.

이제 적분의 $\alpha-$의존 성분은 $y(x, \alpha)$와 $y_x(x, \alpha) = (\partial/\partial x)y(x, \alpha)$ 안에 들어 있다. 그러므로[3]

$$\frac{\partial J(\alpha)}{\partial \alpha} = \int_{x_1}^{x_2}\left[\frac{\partial f}{\partial y}\frac{\partial y}{\partial \alpha} + \frac{\partial f}{\partial y_x}\frac{\partial y_x}{\partial \alpha}\right]dx \tag{18.8}$$

이다. (18.4)식으로부터

$$\frac{\partial y(x, \alpha)}{\partial \alpha} = \eta(x) \tag{18.9}$$

---

[1] 다음 책과 비교하여라. H. Jeffreys and B. S. Jeffreys, *수리물리학의 방법*, 3rd ed. Cambridge Univ. Press, Cambridge, UK (1966), 이 점의 더 완전한 논의는 제10장에서 하였다.

[2] 기술적으로 함수들 $y(x, \alpha)$와 $\partial y/\partial x = y_x(x, \alpha)$에 의존해서 J는 **범함수**이다: $J[y(x, \alpha), y_x(x, \alpha)]$

[3] y와 y_x는 **독립**변수로서 취급되었음에 유의하여라.

$$\frac{\partial y_x(x,\alpha)}{\partial\alpha} = \frac{d\eta(x)}{dx} \tag{18.10}$$

이다. 그래서 (18.8)식은

$$\frac{\partial J(\alpha)}{\partial\alpha} = \int_{x_1}^{x_2}\left(\frac{\partial f}{\partial y}\eta(x) + \frac{\partial f}{\partial y_x}\frac{d\eta(x)}{dx}\right)dx. \tag{18.11}$$

$\eta(x)$를 공통적이고 임의의 사라지지 않는 인자로서 얻기 위하여 둘째 항을 부분적분하면 다음을 얻는다.

$$\int_{x_1}^{x_2}\frac{d\eta(x)}{dx}\frac{\partial f}{\partial y_x}\,dx = \eta(x)\frac{\partial f}{\partial y_x}\bigg|_{x_1}^{x_2} - \int_{x_1}^{x_2}\eta(x)\frac{d}{dx}\frac{\partial f}{\partial y_x}\,dx. \tag{18.12}$$

(18.2)식에 의해서 적분된 부분은 사라지고 $\alpha=0$에서 $\partial J(\alpha)/\partial\alpha=0$으로 놓으면 (18.11)식은 다음과 같이 된다.

$$\int_{x_1}^{x_2}\left[\frac{\partial f}{\partial y} - \frac{d}{dx}\frac{\partial f}{\partial y_x}\right]\eta(x)\,dx = 0. \tag{18.13}$$

때때로 (18.13)식은 α로 곱해지면 아래 식으로 된다.

$$\int_{x_1}^{x_2}\left(\frac{\partial f}{\partial y} - \frac{d}{dx}\frac{\partial f}{\partial y_x}\right)\delta y\,dx = \delta J = 0. \tag{18.14}$$

$\eta(x)$는 임의적이므로 그것을 나머지 부분이 0과 다를 때 마다 (18.13)식의 피적분의 나머지 부분과 같이 같은 부호를 가지도록 선택해도 된다. 그래서 피적분 함수는 음이 아니다. (18.13)식 정상값의 존재에 대한 조건은 오직 다음 과정에서만[4] 만족할 수 있다.

$$\frac{\partial f}{\partial y} - \frac{d}{dx}\frac{\partial f}{\partial y_x} = 0. \tag{18.15}$$

이 편미분방정식은 오일러(Euler) 방정식이라 알려져 있고 여러 다른 형으로 표현될 수 있다. 가끔 해들이 그 함수가 (18.15)식에서 요구하는 데로 두 번 미분 가능하지 않으면 구해지지 않는다. J가 정상값을 가지는 데 대해서 즉 (18.14)식이 만족하는데 (18.15)식이 만족해야만 한다는 것이분명하다. 방정식 (18.15)는 필요하나 그것은 결코 충분하지 않다[5]. 꾸랑과 로빈

---

[4] $\partial/\partial x$와 d/dx의 의미를 면밀히 주의해 보는 것이 중요하다. 예로 만약 $f=f[y(x),\ y_x,\ x]$라면

$$\frac{df}{dx} = \frac{\partial f}{\partial x} + \frac{\partial f}{\partial y}\frac{dy}{dx} + \frac{\partial f}{\partial y_x}\frac{d^2y}{dx^2}.$$

오른쪽에서 첫째 항은 **양적인** x-의존성을 준다. 둘째와 셋째 항들은 y와 y_x를 통해서 음적인 x-의존성을 준다.

[5] 충분조건의 논의와 수학의 일부로서 변분법의 발전에 대해서는 다음 책을 보라. G. M. Ewing, "응용으로서 변분법" [Norton, New York (1969)]. 충분조건은 역시 Sagan에 의해서 취급된다(추가 읽을거리를 보라).

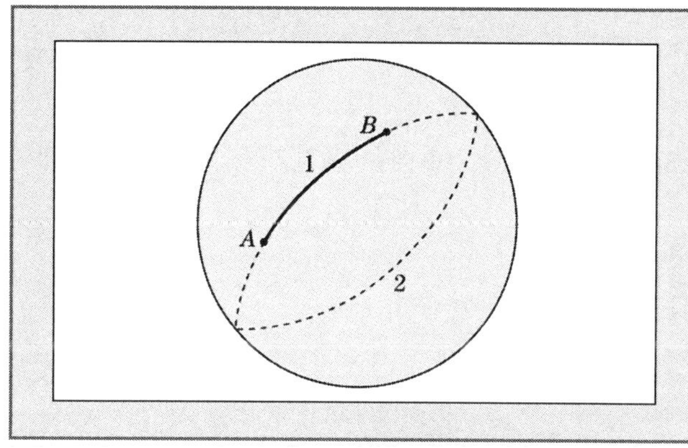

그림 18.2
구면위의 정상경로

스(Courant and Robbins)는 구체 표면의 두점 A와 B 사이의 거리(그림 18.2)를 생각함으로써 이것을 매우 잘 설명했다. 경로 1, 큰 원은 (18.15)식으로부터 발견된다. 그러나 경로 2는 점들 A와 B를 통한 큰 원의 나머지도 역시 오일러 방정식을 만족한다. 경로 2는 최대이나 오직 그것이 큰 원이고 그리고 오직 그것이 한 순회보다 작게 할 가정에 한해서다; 즉 경로 2 더하기 n 완전 회전도 역시 해가 된다. 만약에 그 경로가 큰 원 위에로 통과하지 않으면 경로 2로부터 벗어나는 것은 길이를 증가시킨다. 이것은 거의 국소적 최대의 성질이 아니다. 그리고 그것이 바로 그것들이 주어진 문제의 물리적 조건들을 만족하는지 여부를 보기 위하여 (18.15)식의 해들의 성질을 점검하는 것이 중요하다는 이유가 된다.

예제 18.1.1 직선

아마 오일러 방정식의 가장 간단한 응용이 직선으로써 유크리드 $xy-$평면에서 두 점들 사이의 최소 거리를 정하는 데 있다. 길이의 요소가 다음 식이기 때문에

$$ds = [(dx)^2 + (dy)^2]^{1/2} = \left[1 + y_x^2\right]^{1/2} dx, \qquad (18.16)$$

거리 J는 다음과 같이 써도 된다.

$$J = \int_{(x_1, y_1)}^{(x_2, y_2)} ds = \int_{x_1}^{x_2} \left[1 + y_x^2\right]^{1/2} dx. \qquad (18.17)$$

(18.1)식과 비교해서 보면

$$f(y, y_x, x) = \left(1 + y_x^2\right)^{1/2} \qquad (18.18)$$

인 이 식은 단지 $y_x = \partial y / \partial x$에만 의존하지 y나 x에는 의존하지 않는다. (18.15)식에 대입하고 $\partial f / \partial y \equiv 0$임을 사용하면

$$\frac{d}{dx}\frac{\partial f}{\partial y_x} = 0,$$

이 식을 다음과 같이 적분할 수 있다.

$$\frac{\partial f}{\partial y_x} = \frac{y_x}{\left(1+y_x^2\right)^{1/2}} = C, \tag{18.19}$$

여기서 C는 상수이다. 이 식은 단지 다음 식으로 만족할 수 있다.

$$y_x = a, \text{ 상수 } a\text{와 함께} \tag{18.20}$$

이 식은 다음 풀이를 가진다.

$$y = ax + b, \tag{18.21}$$

직선에 대해 익숙한 방정식이다. 적분상수들 a와 b는 이 때 그 선이 두 점들 $(x_1,\ y_1)$과 $(x_2,\ y_2)$를 통하여 지나가게끔 선택한다. 그래서 오일러 방정식은 유클리드 공간에서 두 고정된 점들 사이에 최소 거리는 일직선인 것을 예측한다.

구부러진 4−차원의 공간−시간에서 이 예제의 일반화는 일반 상대론과 그 미분방정식(제2장을 보라)에서 측지선의 중요한 개념에 도달하게 한다. ■

예제 18.1.2 검은 구멍(블랙홀)의 대사건 지평근처 광학상의 경로

빛의 속도가 높이에 비례하는 $v(y) = y/b$의 식을 따르는 대기권에서 광의 경로를 결정한다. 여기서 b는 $b>0$인 광 속력을 기술하는 어떤 매개변수이다. 그러므로 $y=0$에서 $v=0$인데 이는 대사건 지평(event horizon)이라 일컫는 검은 구멍의 표면에서 조건을 흉내낸 것으로 여기서는 중력이 너무 강해서 빛의 속도가 0이 되어 빛을 덫에 걸리게 한다.

빛은 최소 시간을 취해야 하기 때문에 변분 문제는 다음 형을 가진다.

$$\Delta t = \int_{t_1}^{t_2} dt = \int_{s_1}^{s_2} \frac{ds}{v} = b\int_{t_1}^{t_2} \frac{\sqrt{dx^2+dy^2}}{y} dt = \text{최소},$$

여기서 $v = ds/dt = y/b$는 y좌표를 높이로 하고 이러한 상황에서 빛의 속도이다. 변분함수에서 보면 x는 피적분에서 나타나지 않기 때문에 y를 독립변수로 선택해야 함을 암시한다. dy를 근밖에서 끄집어내고 (18.1)식의 J에서 x와 y의 구실을 바꾸면 결과적으로 오일러 방정식을 얻는다. $x = x(y)$, $x' = dx/dy$로 다음 식을 얻는다.

$$b\int_{y_1}^{y_2} \frac{\sqrt{x'^2+1}}{y} dy = \text{최소}$$

그리고 오일러 방정식은

$$\frac{\partial f}{\partial x} - \frac{d}{dy}\frac{\partial f}{\partial x'} = 0. \tag{18.22}$$

[6]기술적으로 정상값을 가진다. α^2 항들로부터 그것은 최소로 알려질 수 있다 (연습문제 18.1.5).

그림 18.3
매질에서 원형 광학경로

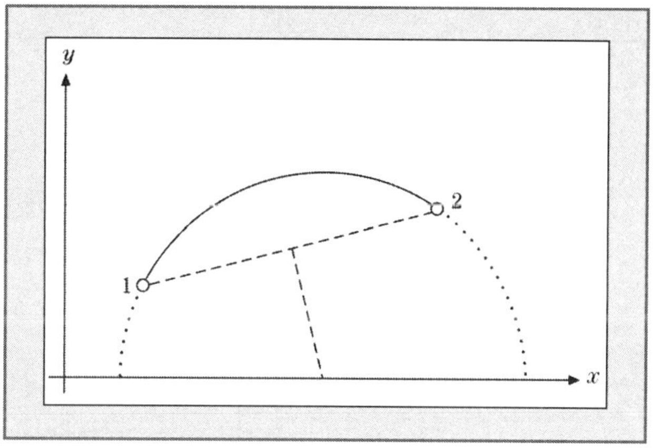

$\partial f/\partial x=0$이므로 다음 식을 주며 이것은 적분할 수 있다.

$$\frac{x'}{y\sqrt{x'^2+1}}=C_1=\text{const.}\quad\text{또는}\quad x'^2=C_1^2y^2(x'^2+1).$$

이 일차 상미분방정식에서 dx와 dy를 분리하면 다음 적분을 발견한다.

$$\int^x dx=\int^y\frac{C_1y\,dy}{\sqrt{1-C_1^2y^2}},$$

이 식은 다음과 같이 된다.

$$x+C_2=\frac{-1}{C_1}\sqrt{1-C_1^2y^2}\quad\text{또는}\quad (x+C_2)^2+y^2=\frac{1}{C_1^2}.$$

이것은 대사건 지평(그림 18.3)을 따라 x축에 중심으로서 원형 광경로이다. 이 예는 땅바닥 근처에는 더운 공기 위에는 찬 공기(굴절률은 차고 더운 공기에서 높이에 따라 변한다)로 되어있는 사막에서 신기루(Fata Morgana)에 적용시켜도 된다. 그래서 $v=y/b\to v_0-y/b$로서 속도 법칙을 변화시킨다. 이 경우에 원형광로는 x축에 중심을 둔 볼록 원형이 아니고 오히려 오목 원형이 된다. ■

예제 18.1.3 **비누막**

두 번째 실례(그림 18.4)로서 $x-$축 주위로 곡선 $y(x)$를 돌림으로써 생기는 최소 면적의 표면으로 연결된 두 개의 나란하고 $x-$축에 동심원 철사 원들을 생각하자. 물리적으로 이것은 표면장력 때문에 에너지를 최소화할 것이다. 그 곡선은 고정 끝점들 (x_1, y_1)과 (x_2, y_2) 통해서 지나가야 한다. 변분 문제는 결과로 된 표면이 면적이 최소화되도록 곡선 $y(x)$를 선택하게 된다.

그림 18.4에서 보이는 면적소에 대하여

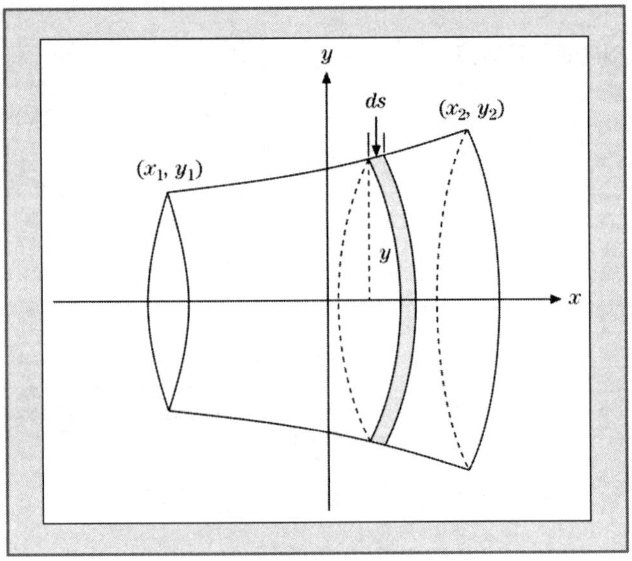

그림 18.4
회전-비누막 문제의 표면

$$dA = 2\pi y ds = 2\pi y(dx^2 + dy^2)^{1/2}, \tag{18.23}$$

여기서 x를 독립변수로 유지하고 dx를 근 밖으로 옮긴다. 그러면, 변분함수는

$$A = J = \int_{x_1}^{x_2} 2\pi y\left(1 + y_x^2\right)^{1/2} dx, \quad y_x = \frac{dy}{dx}$$

이다. 2π를 무시하면 다음 식을 얻는다.

$$f(y, y_x, x) = y\left(1 + y_x^2\right)^{1/2}.$$

$\partial f / \partial x = 0$이므로 예제 18.1.2에서와 같이 y를 독립변수로 선택하는 대신에 그것은 여기서 불편하지만, 우리는 오일러 (18.15)식의 다음 분산을 응용한다.

$$\frac{\partial f}{\partial x} - \frac{d}{dx}\left(f - y_x \frac{\partial f}{\partial y_x}\right) = 0. \tag{18.24}$$

이것을 증명하기 위하여 먼저 양 함수적으로 미분을 수행한다.

$$\begin{aligned}\frac{d}{dx}\left(f - y_x \frac{\partial f}{\partial y_x}\right) &= \frac{\partial f}{\partial x} + y_x \frac{\partial f}{\partial y} + y_{xx} \frac{\partial f}{\partial y_x} - y_{xx} \frac{\partial f}{\partial y_x} - y_x \frac{d}{dx} \frac{\partial f}{\partial y_x} \\ &= \frac{\partial f}{\partial x} + y_x\left(\frac{\partial f}{\partial y} - \frac{d}{dx} \frac{\partial f}{\partial y_x}\right) = \frac{d}{dy} \frac{\partial f}{\partial x'}.\end{aligned}$$

f_x를 왼쪽으로 옮기면 다음 식을 얻는다.

$$-\frac{\partial f}{\partial x} + \frac{d}{dx}\left(f - y_x \frac{\partial f}{\partial y_x}\right) = y_x\left(\frac{\partial f}{\partial y} - \frac{d}{dx} \frac{\partial f}{\partial y_x}\right).$$

그래서 $y_x \neq 0$에 대하여 오일러 분산식[(18.24)식]과 (18.15)식의 동등성을 증명하였다. 그러면 맨 마지막 등식에서 우리는 오일러 (18.22)식과 (18.15)식의 동등성을 강조한다. 그것은 다음과 같이 쓸 수 있다.

$$\frac{\partial f}{\partial x} - \frac{d}{dy}\frac{\partial f}{\partial x'} = -y_x\left(\frac{\partial f}{\partial y} - \frac{d}{dx}\frac{\partial f}{\partial y_x}\right).$$

$y_x \neq 0$에 대해 둘다 오일러 방정식의 동등성이 분명하다. 이 형[(18.24)식]으로부터 $\frac{\partial f}{\partial x} = 0$으로 놓고

$$\frac{d}{dx}\left(f - y_x\frac{\partial f}{\partial x}\right) = 0,$$

위 식을 적분해서 다음 식이 된다.

$$f - y_x\frac{\partial f}{\partial x} = c_1 = \text{상수}.$$

우리의 경우에서 이 식은

$$y(1+y_x^2)^{1/2} - yy_x^2\frac{1}{(1+y_x^2)^{1/2}} = c_1. \tag{18.25}$$

또는

$$\frac{y}{(1+y_x^2)^{1/2}} = c_1. \tag{18.26}$$

제곱하면 다음 식을 얻는다.

$$\frac{y^2}{1+y_x^2} = c_1^2. \tag{18.27}$$

$y_x^2 \geq 0$이므로 (18.26)식은 $y^2 \geq c_1^2$을 의미해 다음 식이 된다.

$$(y_x)^{-1} = \frac{dx}{dy} = \frac{c_1}{\sqrt{y^2 - c_1^2}}. \tag{18.28}$$

이 식은 다음 식으로 적분된다.

$$x = c_1 \cosh^{-1}\frac{y}{c_1} + c_2. \tag{18.29}$$

y에 대해서 풀면

$$y = c_1 \cosh\left(\frac{x - c_2}{c_1}\right). \tag{18.30}$$

상수 c_1과 c_2는 이 곡선이 점들(x_1, y_1)과 (x_2, y_2)를 통해서 지나가야 한다는 요건에 의해서 결정된다. 우리의 최소 면적 표면은 회전의 현수선의 특별한 경우, 즉 **현수면**이다.

비누막의 수학적 문제들과 실험의 탁월한 논의에 대해서는 추가 읽을거리에 꾸랑(Courant)과 로빈스(Robbins)의 책을 참고하기 바란다. ■

인명 자료

d'Alembert, Jean Le Rond. 달랑베르는 프랑스의 물리학자이며 수학자로서 1717년 파리에서 출생하여 1783년 파리에서 서거하였다. 파리의 쌀롱 여주인과 기병장교 사이의 사생아로서 장르 롱교회(그의 이름을 얻음)에 유기 되었고 양부모에 의해 성장했다. 그의 교육은 그의 부친에 의하여 지원 받았다. 그의 이름을 딴 해석역학의 그 유명한 변분법 외에도 그는 천체역학에서 분점의 세차운동, 유체역학 변수분리를 도입하여 진동하는 현들에 대해 발전시켰다.

연습문제

18.1.1 다음 식의 피적분 함수를 전개해서 오일러 방정식을 유도하여라.

$$J(\alpha) = \int_{x_1}^{x_2} f[y(x, \alpha), y_x(x, \alpha), x]dx$$

y와 y_x를 두 변수(5.6절)로서 테일러(매클로린) 전개를 사용해서 α의 지수로서 전개한다.

주의. 정상 조건은 $\alpha = 0$에서 계산하여 $\partial J(\alpha)/\partial\alpha = 0$이다. α로써 이차항들은 정상 해(최대, 최소 또는 안장점)의 성질을 확립하는 데 유용할 수 있다.

18.1.2 $f = f(y_{xx}, y_x, y, x)$라면 (18.15)식에 해당하는 오일러 방정식을 찾아라.

답.
$$\frac{d^2}{dx^2}\left(\frac{\partial f}{\partial y_{xx}}\right) - \frac{d}{dx}\left(\frac{\partial f}{\partial y_x}\right) + \frac{\partial f}{\partial y} = 0,$$
$$\eta(x_1) = \eta(x_2) = 0, \quad \eta_x(x_1) = \eta_x(x_2) = 0.$$

18.1.3 (18.1)식의 피적분함수 $f(y, y_x, x)$는 다음 형을 가진다.

$$f(y, y_x, x) = f_1(x, y) + f_2(x, y)y_x.$$

(a) 오일러 방정식이 다음과 같이 됨을 보여라.

$$\frac{\partial f_1}{\partial y} - \frac{\partial f_2}{\partial x} = 0.$$

(b) 이것은 경로를 선택하는데 적분 J의 의존성에 대하여 무엇을 의미하는가?

18.1.4 다음 식이 정상값을 가지는 조건을 보여라.

$$J = \int f(x, y)dx$$

그 정상값은

(a) y의 독립인 $f(x, y)$에 도달하고

(b) 어떤 $x-$의존도에 내해서는 아무 정보도 주시 않는다. 우리는 (연속석, 미분 가능한) 해를 얻지 못한다. 의미 있는 변분 문제가 되기 위해서 y 또는 그 이상 도함수의 의존도는 필수적이다.

주의. 구속 조건들이 도입될 때 상태가 변할 것이다.

18.1.5 예제 18.1.1에서 $J[y(x, \alpha)] - J[y(x, 0)]$을 α의 지수로서 전개하여라. α에서 선형인 항은 오일러 방정식과 직선식 해[(18.21)식]에 도달한다. α^2항을 조사하여 J의 정상값, 직선식 거리는 **최소**임을 보여라.

18.1.6 (a) 다음 적분의 극값이 **없음**을 보여라.

$$J = \int_{x_1}^{x_2} f(y, y_x, x)\, dx, \quad \text{with} \quad f = y(x).$$

(b) $f(y, y_x, x) = y^2(x)$라면 불연속적인 해를 찾아라.

18.1.7 광학의 페르마 원리는 광선은 다음 식의 경로 $y(x)$를 따를 것이라 말한다.

$$\int_{x_1, y_1}^{x_2, y_2} n(y, x)ds$$

이 식은 n이 굴절률일 때 최소이다.

$y_2 = y_1 = 1$, $-x_1 = x_2 = 1$에 대하여 n이 다음과 같이 주어질 때 광선경로를 찾아라.

(a) $n = e^y$, (b) $n = a(y - y_0)$, $y > y_0$.

18.1.8 마찰이 없는 입자가 중력 하에서 지구표면의 A점에서 굴을 통하여 미끄러짐으로 B점으로 움직인다. 경과시간을 최소로 잡는다고 가정하여 만족하는 미분방정식을 찾아라.

주의. 지구는 균일한 밀도의 회전하지 않는 구이고 굴의 깊이는 지구의 반경에 비해서 작다고 가정하여라.

답. [(18.15)식] $r_{\varphi\varphi}(r^3 - ra^2) + r_\varphi^2(2a^2 - r^2) + a^2r^2 = 0,$
$r(\varphi = 0) = r_0,\ r_\varphi(\varphi = 0) = 0,\ r(\varphi = \varphi_A) = a,$
$r(\varphi = \varphi_B) = a.$ Or: $r_\varphi^2 = \dfrac{a^2r^2}{r_0^2} \cdot \dfrac{r^2 - r_0^2}{a^2 - r^2}.$

이 방정식들의 해는 반경이 $\frac{1}{2}(a - r_0)$인 원이 반경이 a인 원 내부를 굴러가서 만드

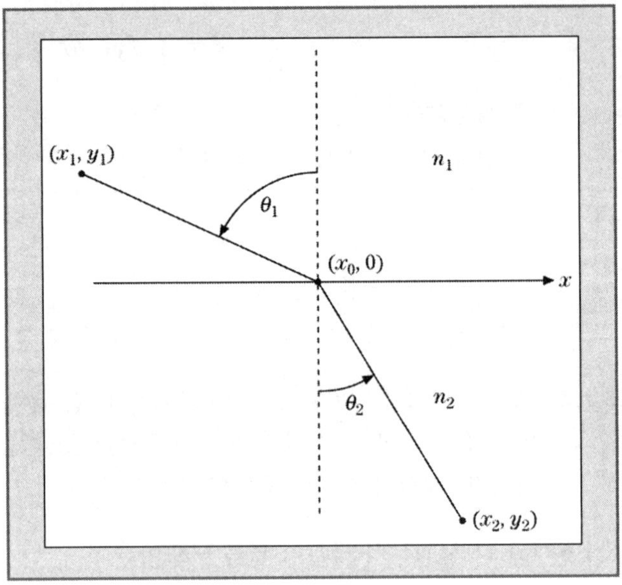

그림 18.5
스넬의 법칙

는 안쪽 굴렁쇠선이다. 경과 시간이 다음과 같음을 보이기 바란다.

$$t = \pi \frac{(a^2 - r_0^2)^{1/2}}{(ag)^{1/2}}.$$

상세한 것은 다음 책을 보라. P. W. Cooper, *Am. J. Phys*. **34**, 68 (1966); G. Veneziano *et al*., *Am. J. Phys*. **34**, 701−704 (1966).

18.1.9 광선이 첫 번째 균일한 매질에서 일직선을 따라 가다가 경계면에서 굴절하고 그리고 두 번째 매질에서 새로운 일직선을 따라 간다. 다음 굴절의 스넬(Snell)의 법칙을 유도하기 위하여 페르마 정리를 사용하여라.

$$n_1 \sin\theta_1 = n_2 \sin\theta_2.$$

힌트. 점들 (x_1, y_1)과 (x_2, y_2)를 고정시키고 페르마(그림 18.5)를 만족시키기 위하여 x_0를 변화시켜라. 이것은 오일러 방정식 문제가 **아니다**. (광경로는 x_0에서 미분가능하지 않다.)

18.1.10 중력 하에서 마찰 없이 미끄러지는 입자에 대해서 (0, 0)에서 (x_0, y_0)로 가장 빨리 내려가는 곡선을 찾아라. 두 점을 연결하는 일직선 상을 따라가는 입자가, 제일 빨리 내려가는 곡선을 따라가는 것과 비교하여 걸리는 시간비가 $(1+4/\pi^2)^{1/2}$인 것을 보여라.
힌트. 아래쪽으로 증가하기 위해서 y를 택하여라. $y_x^2 = (1-c^2y)/c^2y$를 얻어라, 여기서 c는 적분상수이다. 그리고 굴렁쇠 선을 매개변수화하기 위하여 $y = (\sin^2\varphi/2)/c^2$

을 대입하고 $(x_0, y_0) = (\pi/2c^2, 1/c^2)$을 택하여라.

18.1.11 원기둥 위에서 두 점들 사이에 가장 짧은 거리는 얼마인가?

18.2 몇 개의 종속변수들

우리의 본래 변분 문제 (18.1)식은 몇 개의 종속변수들 $y_1(x)$, $y_2(x)$, $y_3(x)\ldots$,의 함수로 일반화할 수 있다. 이들 변수들은 독립변수 x에 **의존**한다. 18.3절에서 f가 다시 한 개의 미지함수 y만을 가지나 y는 몇 개의 독립변수들(그것들에 대해 적분하는)의 함수로 될 것이다. 18.4절에서 이들 두 개의 일반화를 연결한다. 끝으로 18.5절에서 정상값은 하나나 그 이상 구속들에 의하여 제한된다.

한 종속변수 보다 많은 경우에 대하여 (18.1)식은

$$J = \int_{x_1}^{x_2} f[y_1(x), y_2(x), \ldots, y_n(x), y_{1x}(x), y_{2x}(x), \ldots, y_{nx}(x), x]dx \quad (18.31)$$

이다.

18.1절에서와 같이 주위의 경로들과 비교함으로써 J의 극값을 결정한다. 다음과 같이 놓자.

$$y_i(x, \alpha) = y_i(x, 0) + \alpha\eta_i(x), \quad i = 1, 2, \ldots, n, \quad (18.32)$$

위 식에서 서로 독립인 η_i나 18.1절에서 논의된 제약들에 매어있다. (18.31)식을 α에 대해서 미분하고 (18.6)식이 역시 적용되므로 $\alpha = 0$으로 놓음으로써 다음 식을 얻는다.

$$\int_{x_1}^{x_2} \sum_i \left(\frac{\partial f}{\partial y_i}\eta_i + \frac{\partial f}{\partial y_{ix}}\eta_{ix} \right) dx = 0, \quad (18.33)$$

여기서 아래 첨자 x는 x에 대해서 편미분하는 것을 나타낸다; 즉 $y_{ix} = \partial y_i / \partial x$ 등등. 다시 $(\partial f / \partial y_{ix})\eta_{ix}$ 항들의 각각은 부분적으로 적분한다. 적분된 부분은 사라져서 (18.33)식은 다음과 같다.

$$\sum_i \int_{x_1}^{x_2} \left(\frac{\partial f}{\partial y_i} - \frac{d}{dx}\frac{\partial f}{\partial y_{ix}} \right) \eta_i \, dx = 0. \quad (18.34)$$

η_i가 임의적이고 서로 **독립적**이므로[7] 합에서 항들의 각각은 **독립적**으로 사라져야만 한다. 그래서

[7] 실례로 합에서 한 항만 제외하고 모두 제거하고자 $\eta_2 = \eta_3 = \eta_4 \cdots = 0$으로 놓고 18.1절에서와 똑같이 η_1을 다룬다.

$$\frac{\partial f}{\partial y_i} - \frac{d}{dx}\frac{\partial f}{\partial(\partial y_i/\partial x)} = 0, \quad i = 1, 2, \ldots, n, \tag{18.35}$$

오일러 방정식의 전체집합에서 각각은 극한값에 대해 만족해야 한다.

예제 18.2.1 **빠진 종속변수들**

변분 문제 $\int f(\dot{\mathbf{r}})dt =$ 최소를 생각하자. 여기서 $\dot{\mathbf{r}} = d\mathbf{r}/dt$이고 $\mathbf{r}$은 피적분 함수에서 빠져 있다. 그러므로 오일러 방정식들은

$$\frac{d}{dt}\frac{\partial f}{\partial \dot{x}} = 0, \qquad \frac{d}{dt}\frac{\partial f}{\partial \dot{y}} = 0, \qquad \frac{d}{dt}\frac{\partial f}{\partial \dot{z}} = 0$$

이며, 이 식에서 $f_{\dot{\mathbf{r}}} = (\frac{\partial f}{\partial \dot{x}}, \frac{\partial f}{\partial \dot{y}}, \frac{\partial f}{\partial \dot{z}}) = \mathbf{c} =$ 상수가 되도록 $\mathbf{r} = (x, y, z)$이어야 한다. 세 개의 미지수 $\dot{x}$, $\dot{y}$, $\dot{z}$에 대해서 이들 세 방정식을 풀면 $\dot{\mathbf{r}} = c_1 =$ 상수가 된다. 이 일정 속도를 적분하면 $\mathbf{r} = \mathbf{c}_1 t + \mathbf{c}_2$이다. 풀이들은 함수 f의 일반 성질임에도 불구하고 일직선들이다.

이 경우를 묘사하는 물리적 실례는 결정에서 빛의 전파이다. 여기서 빛의 속도는 비등방성 **균등질 매질**이기 때문에 (결정) 방향에 의존하나 위치에는 의존하지 않는다. 변분

$$\int \frac{ds}{v} = \int \frac{\sqrt{\dot{\mathbf{r}}^2}}{v(\dot{\mathbf{r}})}dt = \text{최소}$$

에서 이 문제는 예제의 형태를 가지고 있다. t는 시간일 필요는 없으나 빛의 경로를 매개변수라 하고 있음을 유의하여라. ■

■ 가로지름 (횡단성) 조건

여기까지 우리의 변분 문제에서 우리는 변하는 곡선의 끝점들을 고정시켰다 (그림 18.1을 보라). 이제 이 조건을 완화하고 한 끝점을 다음 이유로 주어진 경로 위로 움직이게 한다: 예제 1.2.2와 1.3.1과 같은 문제들을 다루기 위해서 변분법을 사용한다고 예상해 본다. 여기서 우리는 관측자로부터 날아가는 로켓까지와 자유롭게 날아가는 두 로켓사이의 최단거리를 찾는다. 최단거리는 로켓 경로에 수직이 된다는 것을 이들 예제의 결과에서 알고 확인하게 될 것이고, 이것은 가로지름 조건이라 일컫는다. 그것은 끝점의 위치를 정하는 데 사용한다.

$\mathbf{r} = \bar{\mathbf{r}}(\tau)$를 일반적으로 직선이 아닌 로켓의 경로라고 하고 $\mathbf{r}_0$는 관측자의 위치이다. $\mathbf{r} = \mathbf{r}_1(t, \tau)$를 $\mathbf{r}_1(t=0, \tau) = \mathbf{r}_0$(모든 τ값에 대하여)는 관측자의 위치이고 $\mathbf{r}_1(t=1, \tau) = \bar{\mathbf{r}}(\tau)$는 로켓 경로(그림 18.6)에 교차되는 위치가 되도록 로켓 경로의 어떤 점 τ로부터 표면 면적을 걸치는 관측자까지의 곡선들의 군이라고 하자. $\tau = \tau_0$를 $\mathbf{r}_1(t=1, \tau_0) = \mathbf{r}_s$는 로켓 경로와 가장 짧은 거리곡선의 가로지름이 되도록 가장 짧은 거리(극 값 해)의 곡선을 나타낸다고 하자. 이제 $\mathbf{r}_1(t, \tau_0)$가 충분히 작은 α에 대해서 $\mathbf{r}_1(t, \tau_0) + \alpha\mathbf{T}(t)$가 되도록 가로지름 점 $\mathbf{r}_s$를 변화시키자. 여기서 $\mathbf{T} = \partial\mathbf{r}_1/\partial\tau$이고 $t = 1$, $\tau = \tau_0$에 대하여 그것은 $\mathbf{r}_s$에서 로켓 경로의 접선벡터

그림 18.6
가로지름 (횡단성) 조건

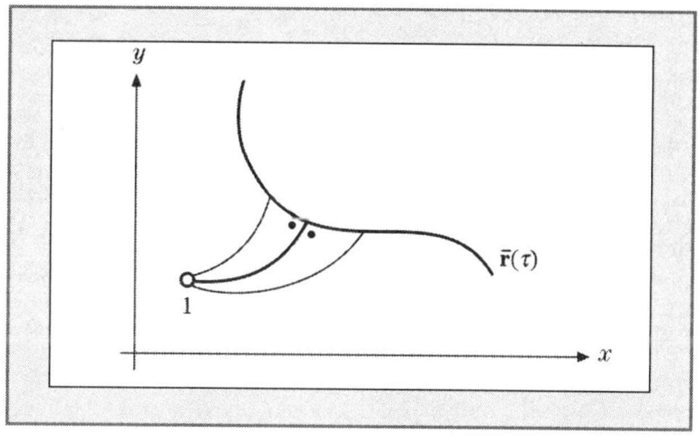

$\mathbf{T} = d\bar{\mathbf{r}}/d\tau = \mathbf{T}_0$이다. 관측자의 점에서 이 점은 고정되어 있기 때문에 $\mathbf{T}\to 0$이다. 이제 이 곡선을 변분적분에 대입하자.

$$J(\alpha) = \int_0^1 f(\mathbf{r}_1 + \alpha\mathbf{T}, \dot{\mathbf{r}}_1 + \alpha\dot{\mathbf{T}})dt$$

와 $\frac{\partial J(\alpha)}{\partial\alpha}|_{\alpha=0} = 0$[(18.7)식을 보라]이라 놓고 α에서 일차 전개하고 그리고 보통 다음 식이 나오게 부분적분한다.

$$0 = J'(0) = \int_0^1 [f_{\mathbf{r}} \cdot \mathbf{T} + f_{\dot{\mathbf{r}}} \cdot \dot{\mathbf{T}}]dt = \int_0^1 \left[f_{\mathbf{r}} - \frac{d}{dt}f_{\dot{\mathbf{r}}}\right] \cdot \mathbf{T}dt + f_{\dot{\mathbf{r}}} \cdot \mathbf{T}\Big|_{t=0}^1,$$

여기서 $f_{\mathbf{r}} = (\partial f/\partial x, \partial f/\partial y, \partial f/\partial z)$와 $f_{\dot{\mathbf{r}}} = (\partial f/\partial \dot{x}, \partial f/\partial \dot{y}, \partial f/\partial \dot{z})$이다. 여기서 $\alpha = 0$에 대하여 $\tau = \tau_0$이기 때문에 적분은 사라지고 가장 짧은 거리의 곡선은 오일러 방정식을 만족한다. 그래서 부분적분으로서의 항은 역시 사라져야 한다. $t = 0$(관측자의 위치)에서 $\mathbf{T} = 0$이고 $t = 1$(로켓 경로와 교차되는 위치)에서 $\mathbf{T} = \mathbf{T}_0$는 로켓 경로의 접선벡터이므로 **가로지름 조건**으로 다음과 같이 마무리된다.

$$f_{\dot{\mathbf{r}}}|_{\mathbf{r}_s} \cdot \mathbf{T}_0 = 0 = f_{\dot{\mathbf{r}}}|_{\mathbf{r}_s} \cdot \frac{d\bar{\mathbf{r}}}{d\tau}.$$

두 곡선들 사이에서 최단거리를 찾을 때 가로조건이 양쪽 끝에서 성립한다. 왜냐하면 우리가 한 끝점을 정하고 두 번째 끝점을 비슷하게 취급하는 동안 한끝을 고정해서 유지해도 되기 때문이다.

예제 18.2.2 **로켓으로부터 관측자의 최단거리**

이제 우리는 변분법을 사용하여 예제 1.2.2를 다시 생각할 준비가 되어있다. 관측자는 $\mathbf{r}_0 = (2, 1, 3)$에 있고 로켓 경로는 다음 선에 있다.

$$\bar{\mathbf{r}}(\tau) = \mathbf{r}_1 + \mathbf{v}\tau, \quad \mathbf{r}_1 = (1, 1, 1), \quad \mathbf{v} = (1, 2, 3).$$

우리는 다음 거리를 최소화하기를 원한다.

$$s = \int \sqrt{\dot{x}^2 + \dot{y}^2}\, dt = \text{최소},$$

이 식은 $t = 0$에서 관측자로부터 로켓의 경로에 있는 점 $\mathbf{r}_s$까지 일직선 $\mathbf{r} = t\mathbf{d} + \mathbf{r}_0$가 되게 예상한다. 이는 이 문제에 예제 18.2.1을 적용함으로 확인된다. 왜냐하면 변분 피적분함수는 단지 관측자로부터 로켓 경로까지 선의 기울기에 의존하기 때문이다. $f = \sqrt{\dot{x}^2 + \dot{y}^2}$ 으로써 $f_{\dot{\mathbf{r}}} \sim \dot{\mathbf{r}} = (\dot{x}, \dot{y}) = \mathbf{d}$ 가로지름 조건은 $d\bar{\mathbf{r}}/d\tau = \mathbf{v}$이므로 $\mathbf{d} \cdot \mathbf{v} = 0$이 된다. 우리는 $\mathbf{r}_s = \mathbf{v}\tau_s + \mathbf{r}_1$로써 로켓 경로와 최단거리의 교차를 표시한다. 여기서 τ_s는 가로지름 조건 $(\mathbf{r}_1 - \mathbf{r}_0 + \mathbf{v}\tau_s) \cdot \mathbf{v} = 0$으로부터 정해지게 된다. 그래서,

$$\tau_s = \frac{(\vec{\mathbf{r}}_0 - \vec{\mathbf{r}}_1) \cdot \vec{\mathbf{v}}}{\vec{\mathbf{v}}^2} = \frac{(1, 0, 2) \cdot (1, 2, 3)}{14} = \frac{7}{14} = \frac{1}{2},$$

예제 1.2.2와 일치한다. 이것은 다음 식을 준다.

$$\mathbf{r}_s = \mathbf{r}_1 + \mathbf{v}\tau_s = (1, 1, 1) + \frac{1}{2}(1, 2, 3) = \left(\frac{3}{2}, 2, \frac{5}{2}\right)$$

또는

$$\mathbf{r}_s - \mathbf{r}_0 = \left(\frac{3}{2} - 2, 2 - 1, \frac{5}{2} - 3\right) = \left(-\frac{1}{2}, 1, -\frac{1}{2}\right).$$

가장 짧은 거리는 $|\mathbf{r}_s - \mathbf{r}_0| = \sqrt{\frac{2}{4} + 1} = \sqrt{3/2}$.

예제 1.3.1에서 자유롭게 항해는 두 로켓사이에 가장 짧은 거리는 비슷하게 취급할 수 있다. 여기서 두 개의 가로 조건은

$$(\mathbf{r}_{10} - \mathbf{r}_{20}) \cdot \mathbf{t}_1 = 0 = (\mathbf{r}_{10} - \mathbf{r}_{20}) \cdot \mathbf{t}_2$$

이며, 다음의 접선벡터들과 함께

$$\mathbf{t}_1 = \mathbf{r}_2 - \mathbf{r}_1 = (2 - 1, 3 - 1, 4 - 1) = (1, 2, 3),$$
$$\mathbf{t}_2 = \mathbf{r}_4 - \mathbf{r}_3 = (4 - 5, 1 - 2, 2 - 1) = (-1, -1, 1)$$

이다. 그러므로 가장 짧은 거리 $\mathbf{r}_{10} - \mathbf{r}_{20}$의 방향은

$$\mathbf{n} = \frac{\mathbf{t}_1 \times \mathbf{t}_2}{|\mathbf{t}_1 \times \mathbf{t}_2|} = \frac{1}{\sqrt{42}}(5, -4, 1)$$

이다. 가장 짧은 거리는 로켓 경로들 각 경로에 하나로 $\mathbf{n}$으로 두 점 사이에 거리를 투영함으로 얻는다. 즉

$$d = (\mathbf{r}_3 - \mathbf{r}_1) \cdot \mathbf{n} = \frac{1}{\sqrt{42}}(5 - 1, 2 - 1, 1 - 1) \cdot (5, -4, 1)$$
$$= \frac{1}{\sqrt{42}}(4, 1, 0) \cdot (5, -4, 1) = \frac{16}{\sqrt{42}}.$$

■

■ 해밀턴 원리

(18.31)식의 가장 중요한 응용은 그 피적분함수 f가 라그랑지안 L로 택해질 때 일어난다. 라그랑지안(비상대론적 계에 대하여; 상대론적 입자에 대하여는 연습문제 18.2.5를 보라)은 계의 운동과 퍼텐셜 에너지들의 **차이**로써 정의된다:

$$L \equiv T - V. \tag{18.36}$$

x 대신에 독립변수로서 시간을, $x_i(t)$를 종속변수로 사용하면

$$x \to t, \quad y_i \to x_i(t), \quad y_{ix} \to \dot{x}_i(t);$$

$x_i(t)$는 위치 그리고 $\dot{x}_i = dx_i/dt$ 시간의 함수로서 입자 i의 속도이다. 방정식 $\delta J = 0$은 고전역학의 해밀턴의 원리의 수학적 진술이다.

$$\delta \int_{t_1}^{t_2} L(x_1, x_2, \ldots, x_n, \dot{x}_1, \dot{x}_2, \ldots, \dot{x}_n; t)dt = 0. \tag{18.37}$$

말로써 해밀턴의 원리는 시간 t_1에서 t_2로 계의 운동이 라그랑지안 L의 시간적 적분, 즉 작용이 정상값을 가지게끔 하는 것이라고 주장하는 것이다. 결과적인 오일러 방정식들은 보통 운동의 라그랑지안 방정식이라 일컫는다.

$$\frac{d}{dt}\frac{\partial L}{\partial \dot{x}_i} - \frac{\partial L}{\partial x_i} = 0, \tag{18.38}$$

여기서 첫 번째 항은 운동부분이고 두 번째 항은 일반화된 힘성분이다. 이들 라그랑지안 방정식들은 뉴턴 방정식으로부터 유도될 수 있고 뉴턴 방정식들은 라그랑지안으로부터 유도될 수 있다. 두 방정식들은 동등하게 "기본적"이라고 말할 수 있다.

라그랑지안 수식화는 통상적인 뉴턴의 법칙들보다 유리한 점을 가진다. 뉴턴의 방정식들은 벡터 방정식인 반면에 라그랑지 방정식들은 단지 스칼라 방정식들만으로 관련된다. 좌표들 x_1, x_2, ...는 좌표들이나 길이의 어떤 표준적 집합일 필요가 없다. 그것들은 물리 문제의 조건들에 맞게 선택될 수 있다. 라그랑지 방정식들은 좌표계의 선택에 대해서 불변이다. 뉴턴의 방정식들은 (성분 형태로) 명백하게 불변이 아니다. 연습문제 2.5.6은 구면 극좌표에서 분해된 $\mathbf{F} = m\mathbf{a}$에 대해서 어떻게 차이가 나는지 보여준다.

작용의 개념을 이용하면 우리는 쉽게 라그랑지안 수식화를 역학으로부터 전기 회로망과 음향 계들과 같은 여러 분야로 확장할 수 있다. 전자기학으로 확장은 연습문제에 나타내었다. 결과적으로 물리학의 다른 분리된 분야를 단일화한다. 새로운 영역의 발달에 있어서 라그랑지안 입자 역학의 양자화는 전자기장들의 양자화에 대한 모형을 제시하고 양자 전기동역학의 게이지 이론에 도달하게 한다.

해밀턴 원리－라그랑지안 방정식 수식화의 가장 가치 있는 편리성의 하나는 대칭과 보존법

칙 사이의 관계를 용이하게 볼 수 있다는 점이다. 예를 들면 $x_i = \varphi$ 방위각이라 두자. 만약에 라그랑지안이 φ의 독립이라면 (즉, φ는 무시하는 좌표이다). 두 가지 결과가 나온다: (i) $\partial L/\partial\varphi = 0$이 따라 나오는 축 (회전의) 대칭이고 (ii) (18.38)식으로부터 $\partial L/\partial\dot{\varphi} =$ 상수이다. 물리학적으로 이는 각 좌표에 대응하는 (18.38)식의 운동 부문이 돌림힘(회전력)을 나타내기 때문에 각운동량 성분의 보존성 또는 불변성에 해당한다. 비슷하게 병진운동 하의 불변성은 선형운동량 보존에 이르게 한다. 네터(Noether)의 정리(제4장에서 추가 읽을거리를 보라)는 이 불변성(대칭) – 보존 법칙 관계를 일반화한 것이다.

인명 자료

Hamilton, William R. 영국의 수학자이자 물리학자인 해밀턴은 1805년 아일랜드 더블린에서 출생하고 1865년 더불린 근처에서 서거하였다. 22세에 아직 학부생으로 있는 동안 그는 더블린의 트리니티 대학의 천문학교수가 되었다. 1843년 (비교환) 사원수(quaternion)들을 발견하고 그의 이름을 딴 해석역학의 그 유명한 변분 원리를 추가해서 일생동안 사원수들을 발전시켰다.

예제 18.2.3 운동하는 입자–직교좌표

다음 운동에너지를 가지는 한 입자에 대하여 (18.36)식을 생각하자.

$$T = \frac{1}{2}m\dot{x}^2 \tag{18.39}$$

그리고 퍼텐셜 에너지 $V(x)$, 이 에너지에서 보통 힘은 퍼텐셜의 음의 물매(기울기)로서 주어진다.

$$F(x) = -\frac{dV(x)}{dx}. \tag{18.40}$$

(18.38)식으로부터

$$\frac{d}{dt}(m\dot{x}) - \frac{\partial(T-V)}{\partial x} = m\ddot{x} - F(x) = 0, \tag{18.41}$$

이 식은 뉴턴의 운동의 제2법칙이다. ■

예제 18.2.4 운동하는 입자–원형 원기둥 좌표

원기둥 좌표에서 기술된 xy–평면에서 알갱이를 생각하자. 운동에너지는

$$T = \frac{1}{2}m(\dot{x}^2 + \dot{y}^2) = \frac{m}{2}(\dot{\rho}^2 + \rho^2\dot{\varphi}^2) \tag{18.42}$$

이며, 우리는 간단히 $V = 0$으로 하자.

원기둥 좌표로 $\dot{x}^2 + \dot{y}^2$의 변환은 $x(\rho, \varphi)$와 $y(\rho, \varphi)$[(2.7)식]를 시간에 대하여 미분하고 제곱함으로써 얻어진다. 그러면 $\dot{x}^2 + \dot{y}^2$이 v^2으로 또 $\mathbf{v}$의 성분들을 $\hat{\rho}(ds_\rho/dt) = \hat{\rho}\dot{\rho}$로 하는 것

등이 훨씬 쉬워진다. (ds_ρ는 ρ를 $d\rho$만큼 변화시키고 φ를 일정하게 유지할 때의 **길이**의 증가이다. 예제 2.2.1을 보라.)

ρ와 φ에 대한 라그랑지안 방정식들은 각각 다음과 같다.

$$\frac{d}{dt}(m\dot{\rho}) - m\rho\dot{\varphi}^2 = 0, \qquad \frac{d}{dt}(m\rho^2\dot{\varphi}) = 0. \tag{18.43}$$

두 번째 방정식은 각운동량의 보존에 관한 것이다. 첫째 식은 원심력("일반화된 힘")과 같게 둔 지름 가속도[8]로 설명된다. ■

연습문제

18.2.1 (a) 다음 라그랑지안에 대해 운동방정식을 전개하여라.

$$L = \tfrac{1}{2}m(\dot{x}^2 + \dot{y}^2).$$

(b) 당신의 풀이는 어떤 의미에서 적분 $\int_{t_1}^{t_2} L\,dt$를 최소화한다는 것인가? x = 일정, y = 일정의 경우에 대한 당신의 풀이 결과들을 비교하여라.

18.2.2 운동의 라그랑지 방정식[(18.38)식]으로부터 안정평형 상태에 있는 계는 최소 퍼텐셜 에너지를 가지는 것을 보여라.

18.2.3 퍼텐셜이 일정한 경우에 대해 구면 극좌표에서 한 입자의 운동의 라그랑지 방정식을 써라. (a) 원심력과 (b) 코리올리(Coriolis) 힘에 대응하는 항들을 쓰라.

18.2.4 **구면추**는 철사 길이 l에 극성각이 θ, 방위각이 φ(그림 18.7)로 자유롭게 움직이는

그림 18.7
구면추

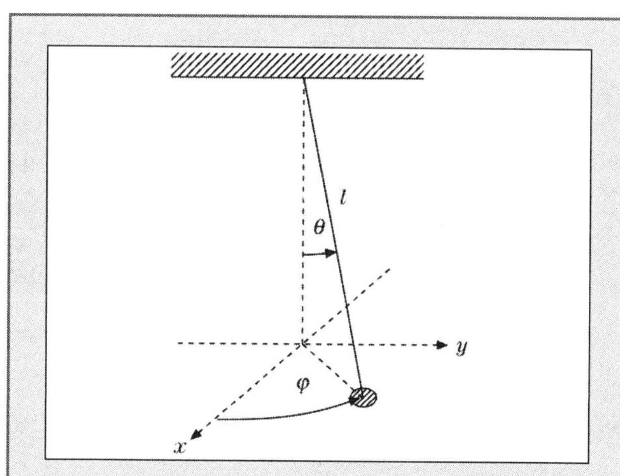

[8] 여기서는 연습문제 2.2.8을 다루는 두 번째 방법이다.

물체로 되어있다.

(a) 이 물리계에 대해서 라그랑지안을 세워라.

(b) 운동의 라그랑지 방정식을 전개하여라.

18.2.5 다음 라그랑지안이

$$L = m_0c^2\left(1 - \sqrt{1 - \frac{v^2}{c^2}}\right) - V(\mathbf{r})$$

이다. 아래와 같이 뉴턴의 운동 제2법칙의 상대론적 형태에 도달함을 보여라.

$$\frac{d}{dt}\left(\frac{m_0 v_i}{\sqrt{1 - v^2/c^2}}\right) = F_i,$$

여기서 힘의 성분들은 $F_i = -\partial V/\partial x_i$. (제4장의 민코스키(Minkowski) 공간-시간에서 벡터해석과 비교하여라.)

18.2.6 전자기장 내에서 전하 q인 입자에 대한 라그랑지안은 스칼라 퍼텐셜 φ와 벡터 퍼텐셜 $\mathbf{A}$로서 다음과 같이 기술된다.

$$L = \tfrac{1}{2}mv^2 - q\varphi + q\mathbf{A}\cdot\mathbf{v}.$$

이 대전된 입자의 운동방정식을 찾아라.

힌트. $(d/dt)A_j = \partial A_j/\partial t + \sum_i(\partial A_j/\partial x_i)\dot{x}_i$.힘의 장들 **E**와 **B**의 퍼텐셜 φ와 **A**에 대한 의존성은 1.12절에서 전개된다 (연습문제 1.12.6과 비교하여라).

답. $m\ddot{x}_i = q[\mathbf{E} + \mathbf{v}\times\mathbf{B}]_i.$

18.2.7 다음과 같은 라그랑지안으로 주어진 계를 생각하여라.

$$L(q_i, \dot{q}_i) = T(q_i, \dot{q}_i) - V(q_i),$$

여기서 q_i와 $\dot{q}_i$는 한 벌의 변수들을 나타낸다. 퍼텐셜 에너지 V는 속도에 독립이고 T와 V가 어떤 명시된 시간 의존성을 가지지 않는다.

(a) 다음을 보여라.

$$\frac{d}{dt}\left(\sum_j \dot{q}_j\frac{\partial L}{\partial \dot{q}_j} - L\right) = 0.$$

(b) 상수 양

$$\sum_j \dot{q}_j\frac{\partial L}{\partial \dot{q}_j} - L$$

은 해밀토니안 H를 정의한다. 앞의 가정된 조건 하에서 $H = T + V$ 즉, 총에너지임을 보여라.

주의. 운동에너지 T는 $\dot{q}_i$의 이차함수이다.

18.3 몇 개의 독립변수들

때로는 (18.1)식의 피적분함수 f는 한 개의 알려지지 않은 함수 u를 가질 것이다. 예를 들면 이런 함수는 3차원의 경우에 대해서 몇 개의 독립변수들의 함수, $u = u(x, y, z)$이다. 방정식 (18.1)은

$$J = \iiint f[u, u_x, u_y, u_z, x, y, z] dx\, dy\, dz, \tag{18.44}$$

여기서 $u_x = \partial u / \partial x$이며 등등... 변분 문제는 J가 다음과 같이 극값일 경우에 함수 $u(x, y, z)$를 찾아내는 것이다.

$$\delta J = \alpha \left.\frac{\partial J}{\partial \alpha}\right|_{\alpha=0} = 0. \tag{18.45}$$

18.1절을 일반화해서 다음과 같이 두면

$$u(x, y, z, \alpha) = u(x, y, z, 0) + \alpha\eta(x, y, z), \tag{18.46}$$

여기서 $u(x, y, z, \alpha = 0)$는 (18.45)식을 만족되게 (알려지지 않은) 함수를 나타내고 반면에 다시 $\eta(x, y, z)$는 변하는 함수 $u(x, y, z, \alpha)$를 기술하는 임의의 편차이다. 이 편차, $\eta(x, y, z)$는 미분 가능해야 하고 끝점들에서 없어지도록 해야 한다. 그러면 (18.46)식으로부터

$$u_x(x, y, z, \alpha) = u_x(x, y, z, 0) + \alpha\eta_x, \tag{18.47}$$

그리고 u_y와 u_z에 대해서도 비슷하다.

적분 (18.44)식을 매개변수 α에 대해서 미분하고, 그 다음에 $\alpha = 0$으로 놓으면 다음 식을 얻는다.

$$\left.\frac{\partial J}{\partial \alpha}\right|_{\alpha=0} = \iiint \left(\frac{\partial f}{\partial u}\eta + \frac{\partial f}{\partial u_x}\eta_x + \frac{\partial f}{\partial u_y}\eta_y + \frac{\partial f}{\partial u_z}\eta_z\right) dx\, dy\, dz = 0. \tag{18.48}$$

다시 $(\partial f / \partial u_i)\eta_i$항들의 각각을 부분적분한다. 적분된 부분은 끝점들에서 사라지고 (왜냐하면 편차 η는 끝점들에서 영이 되어야 하기 때문에) 그리고[9]

[9] $\partial / \partial x$는 편도함수다. 여기서 y와 z는 상수로 취급한다. 그러나 $\partial / \partial x$는 역시 **양적(explicit)** x-의존도일 뿐만 아니라 **음적(implicit)** x-의존도로 작용한다는 의미에서 전체 도함수이기도 하다. 이러한 의미에서

$$\frac{\partial}{\partial x}\left(\frac{\partial f}{\partial u_x}\right) = \frac{\partial^2 f}{\partial x \partial u_x} + \frac{\partial^2 f}{\partial u \partial u_x} u_x + \frac{\partial^2 f}{\partial u_x^2} u_{xx} + \frac{\partial^2 f}{\partial u_y \partial u_x} u_{xy} + \frac{\partial^2 f}{\partial u_z \partial u_x} u_{xz}.$$

$$\iiint\left(\frac{\partial f}{\partial u}-\frac{\partial}{\partial x}\frac{\partial f}{\partial u_x}-\frac{\partial}{\partial y}\frac{\partial f}{\partial u_y}-\frac{\partial}{\partial z}\frac{\partial f}{\partial u_z}\right)\eta(x, y, z)dx\,dy\,dz=0 \tag{18.49}$$

이다. 변분 $\eta(x, y, z)$가 임의적이므로 큰 괄호 안에 항은 영으로 놓는다. 이것은 (3개) 독립 변수들에 대해 다음 오일러 방정식을 내놓는다.

$$\frac{\partial f}{\partial u}-\frac{\partial}{\partial x}\frac{\partial f}{\partial u_x}-\frac{\partial}{\partial y}\frac{\partial f}{\partial u_y}-\frac{\partial}{\partial z}\frac{\partial f}{\partial u_z}=0. \tag{18.50}$$

예제 18.3.1 라플라스 방정식

변분 문제의 이러한 유의 한 예는 정전기에서 제기된다. 정전기장의 에너지는

$$\text{에너지밀도}=\tfrac{1}{2}\varepsilon\mathbf{E}^2 \tag{18.51}$$

이며, 여기서 $\mathbf{E}$는 보통 정전기 힘의 장이다. **정전기 퍼텐셜** φ의 항으로써 나타내면

$$\text{에너지밀도}=\tfrac{1}{2}\varepsilon(\nabla\varphi)^2 \tag{18.52}$$

이 된다. 여기에서 주어진 부피에 정전기 에너지(전기장과 연합된)가 최소가 되어야 한다는 조건을 부과하자. ($\mathbf{E}$와 φ에 둘레 조건들이 아직 만족되어야 한다.) 다음 부피 적분식[10]을 생각하면

$$J=\iiint(\nabla\varphi)^2\,dx\,dy\,dz=\iiint(\varphi_x^2+\varphi_y^2+\varphi_z^2)dx\,dy\,dz \tag{18.53}$$

이다. 다음 식과 더불어

$$f(\varphi, \varphi_x, \varphi_y, \varphi_z, x, y, z)=\varphi_x^2+\varphi_y^2+\varphi_z^2 \tag{18.54}$$

이고, (18.50)식의 u를 대신한 함수가 φ이며 오일러 방정식[(18.50)식]은 다음 식을 내 놓는다.

$$-2(\varphi_{xx}+\varphi_{yy}+\varphi_{zz})=0 \tag{18.55}$$

또는

$$\nabla^2\varphi(x, y, z)=0, \tag{18.56}$$

이 식이 정전기의 라플라스 방정식이다.

자세히 조사해 보면 이 정상값이 실로 최소임을 알게 된다. 그래서 장에너지가 최소화되는 요구는 라플라스 편미분방정식에 도달케 한다. ■

[10] 밑의 첨자 x는 x-성분이 아니라 x의 편도함수를 나타낸다.

연습문제

18.3.1 진동하는 현(줄)(작은- 진폭진동)에 대한 라그랑지안은

$$L = \int \left(\tfrac{1}{2}\rho u_t^2 - \tfrac{1}{2}\tau u_x^2\right)dx$$

이며, 여기서 ρ는 (일정한) 선형 질량 밀도이고 τ는 (일정한) 장력이다. x-적분은 현(줄)의 길이 전반에 대해서이다. 두 독립변수로서 라그랑지안 밀도(피적분함수)에 대해 해밀톤의 원리를 적분하면 다음 고전 파동방정식에 귀결됨을 보여라.

$$\frac{\partial^2 u}{\partial x^2} = \frac{\rho}{\tau}\frac{\partial^2 u}{\partial t^2}.$$

18.3.2 예제 18.3.1의 정전기장의 총 에너지의 정상값은 **최소임**을 보여라.
힌트. (18.48)식을 사용하고 α^2항들을 조사하여라.

18.4 몇 개의 종속 및 독립변수들

어떤 경우에는 피적분함수 f가 하나 이상의 종속변수와 하나 이상의 독립변수를 가진다. 다음을 생각하여라.

$$f = f[p(x, y, z), p_x, p_y, p_z, q(x, y, z), q_x, q_y, q_z, r(x, y, z), r_x, r_y, r_z, x, y, z]. \quad (18.57)$$

우리가 먼저와 같이 진행한다.

$$\begin{aligned} p(x, y, z, \alpha) &= p(x, y, z, 0) + \alpha\xi(x, y, z), \\ q(x, y, z, \alpha) &= q(x, y, z, 0) + \alpha\eta(x, y, z), \\ r(x, y, z, \alpha) &= r(x, y, z, 0) + \alpha\zeta(x, y, z), \qquad \text{등등}. \end{aligned} \quad (18.58)$$

18.3절에서 η_i였던 것과 같이 ξ와 η와 ζ는 서로 간의 독립인 것에 유의하고 같은 미분과 부분 적분을 하면 다음 식에 도달한다.

$$\frac{\partial f}{\partial p} - \frac{\partial}{\partial x}\frac{\partial f}{\partial p_x} - \frac{\partial}{\partial y}\frac{\partial f}{\partial p_y} - \frac{\partial}{\partial z}\frac{\partial f}{\partial p_z} = 0, \quad (18.59)$$

함수들 q와 r에 대해서는 비슷한 방정식에 이른다. $p, q, r, \ldots$을 y_i로, 그리고 $x, y, z, \ldots$를 x_i로 교체하면 (18.59)식을 더 간결한 형으로 쓸 수 있다:

$$\frac{\partial f}{\partial y_i} - \sum_j \frac{\partial}{\partial x_j}\left(\frac{\partial f}{\partial y_{ij}}\right) = 0, \quad i = 1, 2, \ldots, \tag{18.60}$$

이 식에서

$$y_{ij} \equiv \frac{\partial y_i}{\partial x_j}.$$

(18.59)식의 응용은 18.5절에서 나타난다.

■ 물리학에 관련성

이렇게 발전된 변분법은 폭넓은 다양성 있는 물리 현상들의 정교한 기술법을 제시한다. 물리학은 18.2절에서 고전역학; 연습문제 18.2.5에서는 상대론 역학; 예제 18.3.1에서는 정전기학; 그리고 연습문제 18.4.1에서는 전자기 이론을 포함하였다. 편리성을 최소화시켜서는 안 되나 동시에 이들 경우들에서 변분법이 우리가 이미 알고 있는 것들을 단지 다른 기술법을 제시했던 것을 알아야 한다. 양자역학에서 변분 문제들은 본질적이고 높은 유용성의 변분법을 응용하였다. 상황은 완전하지 않은 이론들로 변한다.

- 만약 기본 물리학이 아직 알려지지 않았다면 가정된 변분 원리가 유용한 출발점이 될 수 있다.

연습문제

18.4.1 전하밀도 ρ를 가진 전자기장의 (단위체적당) 라그랑지안은 다음과 같이 주어진다.

$$\mathcal{L} = \frac{1}{2}\left(\varepsilon_0 \mathbf{E}^2 - \frac{1}{\mu_0}\mathbf{B}^2\right) - \rho\varphi + \rho\mathbf{v}\cdot\mathbf{A}.$$

라그랑지 방정식이 두 개의 막스웰(Maxwell) 방정식으로 되는 것을 보여라. (나머지 둘은 **A**와 φ의 항으로써 **E**와 **B**의 정의에 의한 결과이다.)

힌트. A_1, A_2, A_3와 φ는 **종속변수**들 x, y, z와 t는 **독립변수**들로 취하여라. **E**와 **B**를 **A**와 φ항으로 표시하여라.

18.5 라그랑지안의 곱수들: 구속들로 변분

이 절에서 구속 개념이 도입된다. 취급을 간단히 하기 위하여 구속은 먼저 적분으로서 보다 간단한 함수로 나타난다. 이 절의 처음 부분에서 변분법에 관여하지 않고 새로 전개되는 라그랑지안의 곱수들로서 구속들이 변분법 안으로 합동되어 들어간다. 세 개의 독립변수들의 함수, $f(x, y, z)$를 생각하자. 극값 또는 안장점이 되는 함수에 대하여

$$df = 0 \tag{18.61}$$

이다. 이에 대한 필요하고 충분한 조건은

$$\frac{\partial f}{\partial x} = \frac{\partial f}{\partial y} = \frac{\partial f}{\partial z} = 0 \tag{18.62}$$

$$df = \frac{\partial f}{\partial x}dx + \frac{\partial f}{\partial y}dy + \frac{\partial f}{\partial z}dz \tag{18.63}$$

이며, 여기서 dx, dy, dz는 독립적으로 변한다.

자주 물리학 문제에서 변수 x, y, z들이 구속들에 예속되어 있어 이미 모두 독립이 아니다. 한 변수를 제거하기 위하여 각 구속을 사용하고 새롭고 독립변수들의 더 적은 집합으로 진행하는 것은 최소한 원리적으로 가능하다.

라그랑지안의 곱수들을 사용하는 것은 예제 1.5.4에서 보이는 바와 같이 변수들의 이러한 제거가 불편하거나 바람직하지 않을 때 응용될 수 있는 또 다른 기법이다. 우리의 **구속의 방정식**을 다음과 같이 두자.

$$\varphi(x, y, z) \equiv 0, \tag{18.64}$$

여기서 $z(x, y)$는 만약에 x, y를 독립 좌표들로 취하면 x, y의 함수로 뺄 수 있다. (18.61)식으로 돌아가서 (18.62)식은 단지 두 독립변수들만 있기 때문에 이미 따르지 않는다. 만약에 x와 y를 이들 독립변수로 취한다면 dz는 이미 임의적이다. 전미분 $d\varphi = 0$에서 다음을 얻는다.

$$-\frac{\partial \varphi}{\partial z}dz = \frac{\partial \varphi}{\partial x}dx + \frac{\partial \varphi}{\partial y}dy \tag{18.65}$$

그러므로

$$df = \frac{\partial f}{\partial x}dx + \frac{\partial f}{\partial y}dy + \lambda\left(\frac{\partial \varphi}{\partial x}dx + \frac{\partial \varphi}{\partial y}dy\right), \quad \lambda = -\frac{f_z}{\varphi_z},$$

$\varphi_z \equiv \partial\varphi/\partial z \neq 0$이라 가정하여라. 여기서 f_z, φ_z로 편도함수를 썼다. f가 정상석이란 소선 $df = 0$은 다음과 같이 쓸 수 있다.

$$\left(\frac{\partial f}{\partial x} + \lambda\frac{\partial \varphi}{\partial x}\right)dx + \left(\frac{\partial f}{\partial y} + \lambda\frac{\partial \varphi}{\partial y}\right)dy = 0. \tag{18.66}$$

다르게 말하면 만약의 라그랑지안의 곱수 λ가 다음이 되도록 선택한다면

$$\frac{\partial f}{\partial z} + \lambda\frac{\partial \varphi}{\partial z} = 0 \tag{18.67}$$

이고, 그러면 dx와 dy는 임의적이고 (18.66)식의 괄호 안의 양들은 영이 되어야만 한다.

$$\frac{\partial f}{\partial x}+\lambda\frac{\partial \varphi}{\partial x}=0, \qquad \frac{\partial f}{\partial y}+\lambda\frac{\partial \varphi}{\partial y}=0. \tag{18.68}$$

방정식 (18.67)과 (18.68)식은 다음과 동등하다.

$$df+\lambda d\varphi=\left(\frac{\partial f}{\partial x}+\lambda\frac{\partial \varphi}{\partial x}\right)dx+\left(\frac{\partial f}{\partial y}+\lambda\frac{\partial \varphi}{\partial y}\right)dy+\left(\frac{\partial f}{\partial z}+\lambda\frac{\partial \varphi}{\partial z}\right)dz=0. \tag{18.69}$$

(18.67) ~ (18.69)식이 만족될 때, $df=0$이고 f는 극값이다. 지금 4개의 미지수 x, y, z와 λ가 있다고 유의하여라. 4번째 방정식은 물론 구속방정식 (18.64)식이다. 우리는 λ가 정해질 필요가 없으므로 단지 x, y와 z만을 원한다 (그러나 λ는 문제에 의존된 실제 물리적 의미를 가진다). 이런 이유로 λ는 때에 따라 라그랑지안의 미정곱수라고 일컫는다. 이 방법은 만약의 모든 λ의 계수가 극값 $\partial\varphi/\partial x$, $\partial\varphi/\partial y$, $\partial\varphi/\partial z=0$에서 사라진다면 실패하게 될 것이다. 그때는 λ에 대해서 푸는 것은 불가능하다.

예제 18.5.1 상자 안에 입자

라그랑지안의 곱수들의 사용의 한 실례로서 상자 안에 있는 한 입자 (질량 m)의 양자역학 문제를 생각하자. 그 상자는 각변이 a, b와 c인 직각 평행 육면체이다. 입자의 바닥상태 에너지는 다음과 같이 주어진다.

$$E=\frac{h^2}{8m}\left(\frac{1}{a^2}+\frac{1}{b^2}+\frac{1}{c^2}\right). \tag{18.70}$$

부피가 일정해야 한다는 구속에 지배 하에 에너지를 최소화할 수 있는 상자의 모양을 찾는다.

$$V(a,b,c)=abc=k. \tag{18.71}$$

$f(a, b, c)=E(a, b, c)$와 $\varphi(a, b, c)=abc-k=0$으로써 다음을 얻는다.

$$\frac{\partial E}{\partial a}+\lambda\frac{\partial \varphi}{\partial a}=-\frac{h^2}{4ma^3}+\lambda bc=0. \tag{18.72}$$

또한

$$-\frac{h^2}{4mb^3}+\lambda ac=0, \qquad -\frac{h^2}{4mc^3}+\lambda ab=0.$$

이들 표현들의 첫째에서 a를 곱하고 둘째에 b를 그리고 셋째에 c를 곱하여 다음을 얻는다.

$$\lambda abc=\frac{h^2}{4ma^2}=\frac{h^2}{4mb^2}=\frac{h^2}{4mc^2}. \tag{18.73}$$

그러므로 우리의 해는

$$a = b = c, \quad \text{정육면체} \tag{18.74}$$

이다. λ는 정해지지 않았으나 (18.73)식으로부터 나옴을 유의하여라. ▩

■ 구속들로 변분

앞 절들에서와 같이 다음 적분을 정상 상태로 만들어질 경로를 찾자.

$$J = \int f\left(y_i, \frac{\partial y_i}{\partial x_j}, x_j\right) dx_j \tag{18.75}$$

여기와 다음에서 지표 j에 대한 합으로 이해해야 한다. 이는 x_j가 독립변수들의 집합을 그리고 y_i는 종속변수들의 집합을 나타내는 일반적일 경우이다. 다시

$$\delta J = 0 \tag{18.76}$$

이다. 이제, 그러나 하나나 그 이상의 구속들을 도입한다. 이는 y_i가 이미 서로 독립이 아님을 의미한다. 모든 η_i가 임의적으로 변하는 것이 아니고 (18.50)식이나 (18.60)식을 적용할 수 없다. 그 구속은 다음 형태를 가지게 된다.

$$\varphi_k(y_i, x_j) = 0. \tag{18.77}$$

이 경우에 x_j의 함수로 예를 들면 $\lambda_k(x_j)$를 곱하고 다음을 얻고자 (18.75)식에서와 같이 같은 범위에 걸쳐 적분해서

$$\int \lambda_k(x_j)\varphi_k(y_i, x_j)dx_j = 0. \tag{18.78}$$

그러면 분명히

$$\delta \int \lambda_k(x_j)\varphi_k(y_i, x_j)dx_j = 0 \tag{18.79}$$

이다. 양자택일로 구속이 적분의 형태로 나타난다.

$$\int \varphi_k(y_i, \partial y_i/\partial x_j, x_j)dx_j = \text{상수}, \tag{18.80}$$

이 식은 (18.77)식을 일반화한 것이다. 어느 **일정한** 라그랑지안의 곱수를 도입하고 다시 (18.79)식이 따르는데–지금은 λ 상수이다.

어느 경우에도 하나 이상의 구속으로 가능하게 (18.76)식과 (18.79)식을 합침으로써 다음을 얻는다.

$$\delta \int \left[f\left(y_i, \frac{\partial y_i}{\partial x_j}, x_j\right) + \sum_k \lambda_k \varphi_k \right] dx_j = 0. \tag{18.81}$$

$\varphi(y_i, x_j)$가 (18.77)식이 형태로 주어질 때 라그랑지안의 곱수 λ_k는 x_j에 의존될 수 있다.

전 피적분함수를 다음 새로운 함수로 취급하면

$$g\left(y_i, \frac{\partial y_i}{\partial x_j}, x_j\right)$$

이며, 다음을 얻는다.

$$g\left(y_i, \frac{\partial y_i}{\partial x_j}, x_j\right) = f + \sum_k \lambda_k \varphi_k. \tag{18.82}$$

만약에 $N y_i (i=1, 2, \ldots, N)$와 m개 구속들$(k=1, 2, \ldots, m)$을 가진다면 η_i의 $N-m$개는 임의로 취할 수 있다. 남은 $m\eta_i$에 대해서 λ_k는 원칙적으로 남은 오일러-라그랑지안 방정식이 (18.67)식에 완전히 닮게 만족되도록 선택하게 된다. 그 결과는 우리의 합성함수 g가 다음 보통 오일러-라그랑지안 방정식들을 만족해야만 하는 것이다.

$$\frac{\partial g}{\partial y_i} - \sum_j \frac{\partial}{\partial x_j} \frac{\partial g}{(\partial y_i / \partial x_j)} = 0. \tag{18.83}$$

이는 각각의 종속변수 y_i에 대해 하나의 그러한 방정식이다 [(18.50)과 (18.60)식을 비교하여라]. 이들 오일러 방정식들과 구속의 방정식들은 정상의 값들을 내는 함수를 발견하기 위하여 연립적으로 풀려진다.

(18.67)식과 (18.69)식의 형태로부터 f를 φ 즉 구속에 예속해서 극값을 취함으로써 함수를 동일시하거나 f를 구속으로 그리고 φ를 함수로 동일시 할 수 있다는 것을 유의하여라.

구속들 φ_k의 집합을 가진다면 (18.67)식과 (18.69)식은 다음과 같이 된다.

$$\frac{\partial f}{\partial x_i} + \sum_k \lambda_k \frac{\partial \varphi_k}{\partial x_i} = 0, \quad i = 1, 2, \ldots, n,$$

각 φ_k에 대하여 분리된 라그랑지안의 곱수 λ_k와 함께.

예제 18.5.2 최대 표면장력

x축 위에서 두 점 $-x_0$, $x_0 \geq 0$이 주어지고 x-축과 그 곡선 사이의 면적이 최대가 되도록 고정된 길이 $L>0$의 곡선 $y(x)$를 찾아라. 경계조건은 $y(-x_0)=0=y(x_0)$이다.

표면 공식으로부터 시작한다.

$$\text{면적} = \int_{-x_0}^{x_0} y(x)dx = \text{최대}.$$

이 식은 다음의 일정한 길이의 구속 하에 있다.

$$\int_{-x_0}^{x_0} \sqrt{dx^2 + dy^2} = \int_{-x_0}^{x_0} \sqrt{1 + y_x^2}\, dx = L,$$

이 식은 문제의 다음 피적분함수에 이른다.

$$f + \lambda\varphi \equiv y + \lambda\sqrt{1 + y_x^2}$$

여기서 λ는 일정한 라그랑지안의 곱수이고, y는 종속변수이고 x는 독립변수이다. 오일러 방정식은

$$1 - \frac{d}{dx}\frac{\lambda y_x}{\sqrt{1 + y_x^2}} = 0.$$

그것을 적분하면

$$\frac{\lambda y_x}{\sqrt{1 + y_x^2}} = x + a, \quad a = \text{상수},$$

이 식은 y_x에 대해서 다음과 같이 풀려진다.

$$y_x = \pm\frac{x + a}{\sqrt{\lambda^2 - (x + a)^2}}.$$

다시 적분을 하면

$$y(x) = \pm\sqrt{\lambda^2 - (x + a)^2} + b, \quad b = \text{상수}.$$

경계조건들은 $(x_0 + a)^2 = (a - x_0)^2$으로 된다. 즉 $a = 0$과 $b = \mp\sqrt{\lambda^2 - x_0^2}$이다. $y \geq 0$으로 선택하자. $y' = y_x$는 $\lambda^2 \geq x_0^2$이 아니면 안쪽 점 x에서 무한 값으로 되는 것을 주의하여라. 곡선 $y(x)$는 길이 $L = 2\lambda \arcsin(x_0/\lambda)$의 두 점들 $(-x_0, 0)$, $(x_0, 0)$을 통과하는 원의 호이다. $\lambda = x_0$이면 $L = 2x_0 \arcsin 1 = x_0\pi$, 최대 면적으로서 반원이다. $\lambda \to \infty$, 또는 $x_0 \ll \lambda$이면 원호는 반경이 λ이고 길이가 $2\lambda\pi$인 닫혀진 원 $x^2 + (y - \lambda)^2 = \lambda^2$이 되고 $x-$축은 접선이 된다; 즉 $x_0 \to 0$이고 점들이 서로 접근한다. ■

■ 라그랑지안의 방정식

구속들이 없으면 운동의 라그랑지 방정식[(18.38)식]은 다음과 같이 찾아 진다.[11]

$$\frac{d}{dt}\frac{\partial L}{\partial \dot{q}_i} - \frac{\partial L}{\partial q_i} = 0$$

여기서 t(시간)는 하나의 독립변수이고 $q_i(t)$(입자 위치)는 한 벌의 종속변수이다. 보통 좌표들 q_i는 구속의 힘들을 제거하기 위해서 선택되나 이것이 필요하고 항상 바람직한 것은 아니다.

[11] 기호 q는 고전역학에서 관습적으로 표시된다. 변수는 필히 직교좌표 변수가 아니라는 (그리고 필히 길이가 아니라는) 것을 강조하는 데 도움이 된다.

속도들 $\dot{q}_i$의 독립인 구속들 $\varphi_k(q_i, t)=0$ 있으면 해밀턴 원리는

$$\delta\int\left[L(q_i,\dot{q}_i,t)+\sum_k\lambda_k(t)\varphi_k(q_i,t)\right]dt=0, \tag{18.84}$$

그리고 운동의 라그랑지안의 구속된 방정식들은

$$\frac{d}{dt}\frac{\partial L}{\partial\dot{q}_i}-\frac{\partial L}{\partial q_i}=\sum_k a_{ik}\lambda_k. \tag{18.85}$$

여기서 오른쪽 편은 좌표 q_i에 대응하는 구속의 총 힘이다. 그 계수 a_{ik}는 다음과 같이 주어진다.

$$a_{ik}=\frac{\partial\varphi_k}{\partial q_i}. \tag{18.86}$$

만약에 q_i가 길이이면 $a_{ik}\lambda_k$(합이 아님)는 $-\partial V/\partial q_i$와 똑같은 방법으로 (18.85)식에서 나타나므로 q_i 방향에서 k 번째 구속의 힘을 나타낸다.

예제 18.5.3 단진자

설명하기 위해서 질량 m이고 l 길이의 철사줄이 원호(그림 18.8)를 따라 흔들리도록 구속된 단진자를 생각하자. 구속이 없으면

$$\varphi_1=r-l=0 \tag{18.87}$$

이고, 두 개의 일반화된 좌표들 r과 θ가 있다 (수직면에서 운동). 라그랑지는 (**진자추**가 수평적 $\theta=\pi/2$일 때 퍼텐셜 V를 0으로 취하면)

$$L=T-V=\tfrac{1}{2}m(\dot{r}^2+r^2\dot{\theta}^2)+mgr\cos\theta. \tag{18.88}$$

(18.85)식에 의하여 운동의 방정식들은

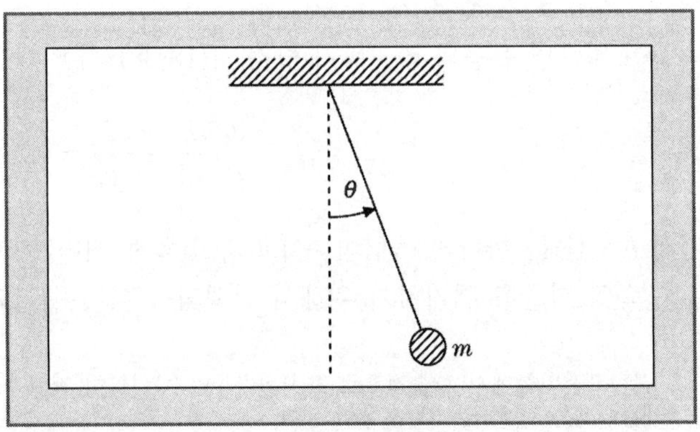

그림 18.8
단진자

$$\frac{d}{dt}\frac{\partial L}{\partial \dot{r}} - \frac{\partial L}{\partial r} = \lambda_1, \quad \frac{d}{dt}\frac{\partial L}{\partial \dot{\theta}} - \frac{\partial L}{\partial \theta} = 0, \quad (a_{r1} = 1, a_{\theta 1} = 0), \tag{18.89}$$

또는

$$\frac{d}{dt}(m\dot{r}) - mr\dot{\theta}^2 - mg\cos\theta = \lambda_1,$$
$$\frac{d}{dt}(mr^2\dot{\theta}) + mgr\sin\theta = 0. \tag{18.90}$$

구속방정식($r = l$, $\dot{r} = 0$)에 대입하면

$$ml\dot{\theta}^2 + mg\cos\theta = -\lambda_1, \quad ml^2\ddot{\theta} + mgl\sin\theta = 0. \tag{18.91}$$

(18.91)식의 두 번째 방정식은 진폭이 작다면 ($\sin\theta \approx \theta$) $\theta(t)$에 대해 단조화 운동을 산출하도록 풀려지지만 첫 방정식은 θ와 $\dot{\theta}$의 항으로 철사줄에 장력을 표현한다.

구속방정식[(18.87)식]이 (18.77)식의 형임으로 라그랑지안 곱수 λ는 (그리고 여기서) t의 함수이다 (왜냐하면 $\theta = \theta(t)$ 함수이므로). ■

예제 18.5.4 통나무에서 미끌어 떨어짐

이와 가까이 관련된 것은 입자가 원기둥 표면에서 미끄러지는 문제이다. 문제는 입자가 표면으로부터 날아서 떨어지는 임계각 θ_c를 찾는 것이다. 이 임계각은 구속의 지름힘이 영으로 되는 각이다 (그림 18.9).

(위로 수직방향에서 $\theta = 0$) 다음 식을 가진다.

$$L = T - V = \tfrac{1}{2}m(\dot{r}^2 + r^2\dot{\theta}^2) - mgr\cos\theta \tag{18.92}$$

그리고 구속방정식은

$$\varphi_1 = r - l = 0. \tag{18.93}$$

$a_{r1} = 1$로서 예제 18.5.3에서와 같이 진행하면

$$m\ddot{r} - mr\dot{\theta}^2 + mg\cos\theta = \lambda_1(\theta), \tag{18.94}$$
$$mr^2\ddot{\theta} + 2mr\dot{r}\dot{\theta} - mgr\sin\theta = 0,$$

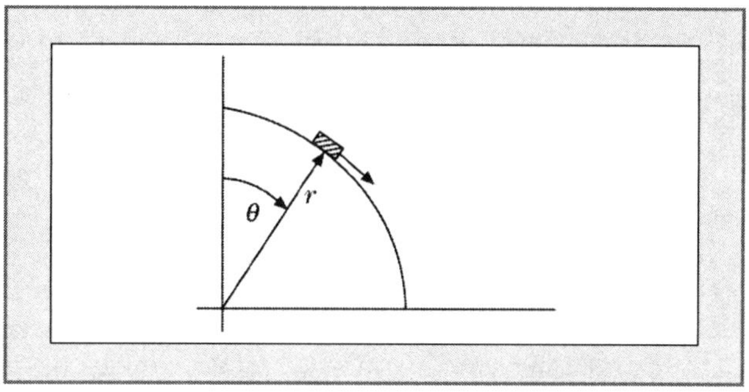

그림 18.9
원기둥 표면에 미끄러지는 입자

여기서 구속하는 힘 $\lambda_1(\theta)$는 각 θ의 함수이다.[12] $r=l$, $\ddot{r}=\dot{r}=0$이므로 운동의 지름방정식은 다음이 된다.

$$-ml\dot{\theta}^2 + mg\cos\theta = \lambda_1(\theta), \tag{18.95}$$

$$ml^2\ddot{\theta} - mgl\sin\theta = 0. \tag{18.96}$$

연쇄 법칙을 사용해서 시간에 대해 미분하면

$$\frac{df(\theta)}{dt} = \frac{df(\theta)}{d\theta}\dot{\theta},$$

다음 식을 얻는다.

$$-2ml\ddot{\theta}\dot{\theta} - mg\sin\theta\dot{\theta} = \frac{d\lambda_1(\theta)}{d\theta}\dot{\theta}.$$

만약에 $\dot{\theta}\neq 0$이면 이 인자를 떨어뜨리고 아래 식을 얻는다.

$$-2ml\ddot{\theta} - mg\sin\theta = \frac{d\lambda_1(\theta)}{d\theta}.$$

이 결과에 $l/2$을 곱하고 (18.96)식에 합치면 $\ddot{\theta}$항을 제거하게 되고 다음 식이 된다.

$$-3mg\sin\theta = \frac{d\lambda_1(\theta)}{d\theta},$$

이 식을 적분해서 다음을 얻는다.

$$\lambda_1(\theta) = 3mg\cos\theta + C, \quad C = \text{상수}.$$

운동의 지름방정식[(18.94)식]에서 입자가 정지할 때 $t=0$에서 $\theta(0)=0$, $\dot{\theta}=0$인 초기조건을 사용하면 다음 식이 된다.

$$\lambda_1(0) = mg,$$

이 식은 λ_1이 지름힘이라는 것과 일치하고 그리고 다음을 얻는다.

$$C = -2mg.$$

입자 m은 구속의 힘이 음이 아닌 동안 면 위에 머물 것이다; 즉 그 면이 입자에 대해 바깥쪽으로 밀어내는 조건에 따라,

$$\lambda_1(\theta) = 3mg\cos\theta - 2mg \geq 0. \tag{18.97}$$

---

[12] λ_1은 입자에게 원통에 작용하는 **지름힘**이다. 물리학 문제를 생각함은 λ_1은 각 θ에 의존해야 함을 보여준다. $\lambda=\lambda(t)$임을 허용한다. 이제 시간의존성을 (알려지지 않은) 각의존성으로 바꾸고 있다.

임계각은 $\lambda_1(\theta_c) = 0$, 구속의 힘이 0으로 이르는 곳에 있다:

$$\cos\theta_c = \frac{2}{3}, \text{ 또는 } \theta_c = 48°11' \tag{18.98}$$

이 각은 수직으로 부터이다. 이 각에서 (모든 마찰력은 무시하고) 알갱이는 면에서 벗어난다.

이 결과는 중력힘의 지름 성분에 의해서 공급되는 변화는 구심력을 생각함으로써 더 쉽게 얻을 수 있다. 예제는 간단한 물리학적 계에서 라그랑지안 미정계수의 사용을 설명하기 위해서 선택되었다. ■

예제 18.5.5 **슈레딩거 파동방정식**

구속된 최소의 마지막 실례로서 양자역학 문제에 대한 오일러 방정식을 찾자.

$$\delta \iiint \psi^*(x, y, z) H \psi(x, y, z)\, dx\, dy\, dz = 0, \tag{18.99}$$

다음 구속과 함께

$$\iiint \psi^* \psi\, dx\, dy\, dz = 1. \tag{18.100}$$

방정식(18.99)는 H로 질량 m의 입자에 대해 양자역학적 해밀턴, 다음 미분연산자로 계의 에너지가 정상이어야 한다는 진술이다.

$$H = -\frac{\hbar^2}{2m}\nabla^2 + V(x, y, z). \tag{18.101}$$

방정식(18.100), 구속은 정확히 한 입자만 있을 것이란 조건이다; ψ는 보통 파동함수, 종속변수이고 ψ^*는 그 복소켤레(공액)로, **두 번째** 종속변수로 취급한다.[13]

(18.99)식에서 피적분함수는 **두 번째** 도함수를 포함해서, 그것은 부분적분으로 첫 번째 도함수로 변하게 할 수 있다:

$$\int \psi^* \frac{\partial^2 \psi}{\partial x^2}\, dx = \psi^* \frac{\partial \psi}{\partial x}\bigg|_{-\infty}^{\infty} - \int \frac{\partial \psi^*}{\partial x}\frac{\partial \psi}{\partial x}\, dx. \tag{18.102}$$

우리는 주기적 경계조건들(슈트룸-리우비 이론에서와 같이, 제9장)이거나 적분 부피가 아주 커서 ψ와 ψ^*는 둘레에서 급하게 사라진다는 조건을 가정하다.[14] 그러면 적분한 부분은 사라지고 (18.99)식을 다음과 같이 써도 된다.

$$\delta \iiint \left[\frac{\hbar^2}{2m}\nabla\psi^* \cdot \nabla\psi + V\psi^*\psi\right] dx\, dy\, dz = 0. \tag{18.103}$$

---

[13] 6.1절을 비교하여라.

[14] $\lim_{r\to\infty} r\psi(r) = 0$.

(18.82)식의 함수 g는

$$g = \frac{\hbar^2}{2m}\nabla\psi^* \cdot \nabla\psi + V\psi^*\psi - \lambda\psi^*\psi$$
$$= \frac{\hbar^2}{2m}(\psi_x^*\psi_x + \psi_y^*\psi_y + \psi_z^*\psi_z) + V\psi^*\psi - \lambda\psi^*\psi, \qquad (18.104)$$

다시 $\partial/\partial x$를 표시하기 위하여 아래첨자 x를 사용하였다. $y_i = \psi^*$에 대해서 (18.83)식은 다음 식이 된다.

$$\frac{\partial g}{\partial\psi^*} - \frac{\partial}{\partial x}\frac{\partial g}{\partial\psi_x^*} - \frac{\partial}{\partial y}\frac{\partial g}{\partial\psi_y^*} - \frac{\partial}{\partial z}\frac{\partial g}{\partial\psi_z^*} = 0.$$

이것은 아래 식을 산출한다.

$$V\psi - \lambda\psi - \frac{\hbar^2}{2m}(\psi_{xx} + \psi_{yy} + \psi_{zz}) = 0$$

또는

$$-\frac{\hbar^2}{2m}\nabla^2\psi + V\psi = \lambda\psi. \qquad (18.105)$$

(18.101)식을 참고하면 물리학적으로 λ를 양자역학계의 에너지와 동일시하게 한다. 이러한 해명으로 (18.105)식은 그 유명한 슈레딩거 파동방정식이다. 변분접근법은 학구적인 호기심의 문제 이상의 것이다. 이것은 파동방정식의 근사적 해를 얻는 매우 강력한 방법을 제시한다 (레일러-리쯔 변분 방법; 18.6절). ■

연습문제

다음 문제들을 라그랑지안의 곱수를 사용함으로써 풀려진다.

18.5.1 필통 (직각원통) 같은 상자 안에 있는 입자의 바닥 상태의 에너지는 다음과 같이 주어진다.

$$E = \frac{\hbar^2}{2m}\left(\frac{(2.4048)^2}{R^2} + \frac{\pi^2}{H^2}\right),$$

여기서 R은 반경, H는 필통의 높이, 그리고 2.4048은 $J_0(r)$의 첫 번째 영이다. 고정된 부피의 대해서 에너지를 최소화할 수 있는 H에 대한 R의 비를 찾아라.

18.5.2 먼저 문제의 고정된 부피의 직각 원통에서 총 표면적을 최소화할 수 있는 H(높이)에 대한 R(반경)의 비를 찾아라.

18.5.3 U.S 우체국은 캐나다 행 첫등급 편지를 전체 36인치 길이의 밴드로 제한한다. 라그

랑지안의 곱수를 사용하여 이 구속에 예속되는 최대 부피와 직육면체 꾸러미의 차원을 구하여라.

18.5.4 초점거리 f의 렌즈에 대하여 대물거리 p와 상거리 q는 $1/p+1/q=1/f$에 의하여 관계된다. 고정된 f에 대하여 최소 대물−상의거리$(p+q)$의 최소치를 구하여라. 실제 대물과 상(p와 q 둘다 양의 값)을 가정하여라.

18.5.5 한 타원 $(x/a)^2+(y/b)^2=1$. 최대 넓이의 내접 직사각형을 찾아라. 타원 넓이에 한 최대 직사각형 넓이의 비가 $(2/\pi)=0.6366$임을 보여라.

18.5.6 **직육면체**가 반직경들 a, b와 c인 타원체에 내접하여 있다. 내접한 직육면체의 부피를 최대화하여라. **타원체**의 부피에 대한 내접한 최대 부피의 비는 $2/\pi\sqrt{3}\approx 0.367$임을 보여라.

18.5.7 **일그러진** 구체는 $r=r_0\{\alpha_0+\alpha_2 P_2(\cos\theta)\}$로 주어지는 반경을 가진다. 여기서 $\alpha_0\approx 1$ 그리고 $|\alpha_2|\ll|\alpha_0|$이다. 그 넓이와 부피가 다음과 같이 주어짐을 보여라.

$$A=4\pi r_0^2\alpha_0^2\left\{1+\frac{4}{5}\left(\frac{\alpha_2}{\alpha_0}\right)^2\right\},\qquad V=\frac{4\pi r_0^3}{3}\alpha_0^3\left\{1+\frac{3}{5}\left(\frac{\alpha_2}{\alpha_0}\right)^2\right\}$$

α_2^3차수의 항은 무시되었다.

(a) 둘러싸인 체적이 일정하게 유지된다. $V=4\pi r_0^3/3$이라는 구속으로서 최소 면적의 경계를 짓는 표면이 구임을 보여라 ($\alpha_0=1$, $\alpha_2=0$).

(b) 경계를 짓는 면적을 일정하게 유지하는 (즉 $A=4\pi r_0^2$) 구속으로서 표면이 구일 때 둘러싸인 부피가 최대임을 보여라.

18.5.8 $\varphi(x, y, z)$의 다음 방향 도함수의 최대값을 찾아라.

$$\frac{d\varphi}{ds}=\frac{\partial\varphi}{\partial x}\cos\alpha+\frac{\partial\varphi}{\partial y}\cos\beta+\frac{\partial\varphi}{\partial z}\cos\gamma,$$

이 식은 다음 구속에 예속되었다.

$$\cos^2\alpha+\cos^2\beta+\cos^2\gamma=1.$$

답. $\left(\dfrac{d\varphi}{ds}\right)=|\nabla\varphi|$.

다음 연습문제들에 관하여 양자역학계에서 에너지 E_i와 E_i+dE_i사이에 구별되는 g_i 양자상태가 있는 것을 유의하여라. 문제는 어떻게 n_i 입자들이 두 구속들에 예속되어서 이들 상태들 중에 분포되는가를 기술하는 데 있다:

(a) 입자들의 고정된 수

$$\sum_i n_i = n.$$

(b) 고정된 총에너지

$$\sum_i n_i E_i = E.$$

18.5.9 파울리 배타 원리를 따르는 동일한 입자들에 대하여 주어진 정렬의 확률은

$$W_{\rm FD} = \prod_i \frac{g_i!}{n_i!(g_i - n_i)!}.$$

입자의 고정된 수와 고정된 총에너지에 예속되어 최대가 되는 $W_{\rm FD}$는 다음 식으로 나타냄을 보여라.

$$n_i = \frac{g_i}{e^{\lambda_1 + \lambda_2 E_i} + 1}$$

$\lambda_1 = -E_0/kT$와 $\lambda_2 = 1/kT$로 두면 페르미-디락 통계가 된다.

힌트. $\ln W$로서 계산하고 스털링(Stirling)의 공식을 사용해서 (10.3절) 구하여라. n_i에 대하여서 **미분하는** 정당성은 우리는 여기서 입자들의 큰수 $\Delta n_i/n_i \ll 1$을 다루고 있다는 것이다.

18.5.10 동일한 입자들에 대해서나 주어진 상태에 수에 따라 제한이 없으면 주어진 정렬의 확률은

$$W_{\rm BE} = \prod_i \frac{(n_i + g_i - 1)!}{n_i!(g_i - 1)!}.$$

입자들의 고정된 수와 고정된 총에너지 예속 하에 최대가 되는 $W_{\rm BE}$는 다음 식으로 됨을 보여라.

$$n_i = \frac{g_i}{e^{\lambda_1 + \lambda_2 E_i} - 1}.$$

$\lambda_1 = -E_0/kT$와 $\lambda_2 = 1/kT$로 두면 이식은 보즈-아인슈타인 통계로 된다.

주의. $g_i \gg 1$임을 가정하자.

18.5.11 빛알(포톤)들은 보즈-아인슈타인 통계와 총에너지가 일정하다는 구속을 만족시킨다. 그것들은 고정된 수 구속을 분명히 만족시키지 **않는다**. 고정된 구속을 제거하면 앞의 결과로 되나 $\lambda_1 = 0$이 됨을 보여라.

18.5.12 질량이 m인 한 입자가 마찰이 없는 수평면에 있다. 그것은 $\theta = \omega t$가 되도록 (마찰없이 회전하는 지름 팔에 있는) 움직이는 구속을 받는다. 초기조건은

$$t = 0, \quad r = r_0, \quad \dot{r} = 0,$$

(a) 지름 위치를 시간의 함수로 찾아라.

답. $r(t) = r_0 \cosh \omega t.$

(b) 구속에 의해서 입자에 작용하는 힘을 찾아라.

답. $F^{(c)} = 2m\dot{r}\omega = 2mr_0\omega^2 \sinh \omega t.$

18.5.13 한 점질량 m이 평평하고 수평의 마찰이 없는 평면에 움직이고 있다. 그 질량은 줄에 의해서 일정한 율로 안쪽 지름 방향으로 움직이도록 구속받고 있다. 평면 극좌표(ρ, φ)를 사용하면 $\rho = \rho_0 - kt$

(a) 라그랑지안을 세워라.

(b) 구속된 라그랑지안 방정식들을 구하여라.

(c) $\omega(t)$ 각속도를 얻기 위하여 φ의존된 라그랑지안 방정식을 풀어라. 당신의 "자유"적분으로부터 당신이 얻은 적분상수의 물리학적 중요성은 무엇인가?

(d) (b)부분으로부터 $\omega(t)$를 사용하여 $\lambda(t)$를 얻기 위하여 ρ-의존된 (구속된) 라그랑지안 방정식을 풀어라. 다른 말로 하면 $\rho \to 0$에 따라 구속의 **힘**에 무엇이 일어나는지 설명하여라.

18.5.14 한 유연한 밧줄이 두 개의 고정된 점들에 매달려 있다. 밧줄의 길이는 고정되어 있다. 밧줄의 총 중력 퍼텐셜에너지를 최소화할 수 있는 곡선을 찾아라.

답. 쌍곡선의 코사인.

18.5.15 고정된 체적의 물이 일정한 각속도 ω로 원통 안에서 돌고 있다. 그 작용을 최소화할수 있는 물 표면을 찾아라.

답. 포물선.

18.5.16 (a) 고정된-길이의 끈에 대해서 그것에 의해 둘러싸인 최대 면적의 그림은 원이라는 것을 보여라.

(b) 고정된 면적에 대하여 최소 주변 길이를 가진 곡선은 원임을 보여라.

힌트. 곡률의 반경 R은 다음과 같이 주어진다.

$$R = \left(r^2 + r_\theta^2\right)^{3/2} / \left(r r_{\theta\theta} - 2r_\theta^2 - r^2\right).$$

주의. 이 절의 문제들, 구속들에 예속된 변분은 자주 **등주적(isoperimetric)**이라 일컫는다. 이 말은 연습문제 18.5.16(a)에서와 같이 고정된 주변 길이에 예속된 최대화되는 면적의 문제들로 나온다.

18.5.17 다음과 같이 주어진 J가 정상값이 되도록 하는 것은

$$J = \int_a^b [p(x)y_x^2 - q(x)y^2]dx,$$

이 식은 다음 규격화(정규화) 조건에 예속되고

$$\int_a^b y^2 w(x)dx = 1$$

이다. 다음 경계조건에 예속되면

$$py_x y \,|_a^b = 0.$$

제9장 슈트름-리우비 방정식인 다음 식에 도달함을 보여라.

$$\frac{d}{dx}\left(p\frac{dy}{dx}\right) + qy + \lambda wy = 0.$$

J의 물리학적인 설명을 제시하여라.
주의. 경계조건은 연산자의 에르미트 성질을 확립하는 것은 9.1절에서 사용되었다.

18.6 레일리-리쯔 변분기교법

연습문제 18.5.17은 변분법과 고유함수-고유값 문제들의 연관성을 열어 놓았다. 연습문제 18.5.17의 표현을 다음과 같이 다시 쓰면

$$F[y(x)] = \frac{\int_a^b (py_x^2 - qy^2)dx}{\int_a^b y^2 w \, dx}. \tag{18.106}$$

규격화 (정규화) 적분은 구속에서 대신해 분모에 나타났다. 함수 $y(x)$의 범함수인 량 F는 $y(x)$에서 동차적이고 y의 규격화에 독립이고 그것은 J의 구속된 정상값에 대응한다. 그러면 $f = py_x^2 + qy^2 - \lambda y^2$과 오일러 방정식 $\frac{\partial f}{\partial y} = \frac{d}{dx}\frac{\partial f}{\partial y_x}$와 함께 연습문제 18.5.17로부터 $y(x)$는 다음 슈트름-리우비 방정식을 만족함을 알게 된다.

$$\frac{d}{dx}\left(p\frac{dy}{dx}\right) + qy + \lambda wy = 0, \tag{18.107}$$

여기서 λ는 지금 고유값으로서 이다 (그러나 연습문제 18.5.17에서는 한 라그랑지안의 곱수이다). 최적의 함수 $y(x)$는 J와 F가 정상값을 취할 때이다. (18.106)식의 분자에서 첫 항을 부분적분하고 다음 **경계조건**을 사용하면

$$py_x y \,|_a^b = 0 \tag{18.108}$$

이고, 다음 식을 얻는다.

$$F[y(x)] = -\int_a^b y\left\{\frac{d}{dx}\left(p\frac{dy}{dx}\right) + qy\right\} dx \Big/ \int_a^b y^2 w\, dx. \tag{18.109}$$

그리고 (18.107)식에 대입하면 $F[y(x)]$의 정상값들은 다음 식으로 주어진다.

$$F[y_n(x)] = \lambda_n, \tag{18.110}$$

여기서 λ_n으로 고유함수 y_n에 대응하는 고유값이다. (18.106)식이든가 (18.109)식에 의해서 주어진 F와 함께 방정식 (18.110)은 고유함수들과 고유값들을 계산하는 데 근사적 레일리-리쯔 방법의 기반을 형성한다.

인명 자료

Rayleigh, John William Strutt, Lord. 영국 물리학자인 레일리는 1842년 영국 에섹스에서 출생하여 1919년 에섹스에서 서거하였다. 그는 하늘의 파란색을 설명하는 데 대기 중 먼지에 의해서 빛의 산란을 발전시켰고 장파장에서 흑체 복사에 기여했고 음파 및 수파를 분석하였다. 그는 1904년 알곤 발견으로 물리 노벨상을 수상하였다.

■ 바닥 상태 고유함수

만약에 우리가 어떤 복잡한 원자나 핵의 계의 양이나 영일 필요가 없는 낮은 한계로서 어떤 에르미트 연산자의 바닥상태의 고유함수 y_0와 고유값[15] λ_0를 계산한다고 가정하자. 완전한 해가 존재하지 않은 고전적 예는 헬리움 원자 문제이다. 고유함수 y_0가 **알려지지 않았으나** 수학적으로 다음과 같이 씀으로써[16] 우리는 근사적 함수 y에서 매우 좋은 추측을 할 수 있다고 가정하자.

$$y = y_0 + \sum_{i=1}^{\infty} c_i y_i. \tag{18.111}$$

c_i는 1에 비해서 작은 양들이다. (얼마나 y가 y_0에 비교해서 잘 추측하느냐에 따라서 작게 의존된다.) y_i는 직교규격화 고유함수들이다 (역시 알려지지 않은); 그러므로 우리의 시행함수 y는 규격화되지 않았다.

근사적 함수 y를 (18.109)식에 대입하고 다음을 주의하면

$$\int_a^b y_i\left\{\frac{d}{dx}\left(p\frac{dy_j}{dx}\right) + qy_j\right\} dx = -\lambda_i \delta_{ij}, \tag{18.112}$$

[15] 이는 λ_0는 제일 낮은 고유값을 의미한다. 만약에 $p(x) \geq 0$이고 $q(x) \leq 0$(표 9.1을 비교하여라)이면 $F[y(x)]$는 더 낮은 한계를 가지고 이 더 낮은 한계는 음이 아니라는 사실은 (18.106)식으로부터 분명하다. 9.1절로부터 $w(x) \geq 0$임을 상기하여라.

[16] 함수의 형태에서 추측하고 있다. 규격화는 관련 없다.

$$F[y(x)] = \frac{\lambda_0 + \sum_{i=1}^{\infty} c_i^2 \lambda_i}{1 + \sum_{i=1}^{\infty} c_i^2}. \tag{18.113}$$

여기서 고유함수들이 슈트룸-리우비 방정식[(18.107)식]의 해들이므로 그 고유함수들이 직교되도록 취한다. 물론 y_0는 겹치지 않았다고 가정한다. 이 때 (18.113)식을 다음 형으로 변화시킨다.

$$F[y(x)] = \frac{\lambda_0 \left(1 + \sum_{i=1}^{\infty} c_i^2\right) + \sum_{i=1}^{\infty} c_i^2 (\lambda_i - \lambda_0)}{1 + \sum_{i=1}^{\infty} c_i^2} \geq \lambda_0, \tag{18.114}$$

여기 분자에서 두 번째 항을 무시한다. 그 항은 더 낮은 한계 λ_0를 얻기 위해서 $\lambda_i \geq \lambda_0$이므로 음이 아니다. 방정식 (18.114)는 다음의 중요한 세 가지 결과를 가진다.

- 고유함수 y에서 오차는 차수 $O(c_i)$이었던 반면에 λ에서 오차는 단지 차수 $O(c_i^2)$이다. 고유함수의 부족한 근사일지라도 고유함수의 정확한 계산을 할 수 있게 한다.
- 만약에 λ_0가 제일 낮은 고유값(바닥 상태)이라면 $\lambda_i - \lambda_0 > 0$이므로 그 연산자의 기대값은

$$F[y(x)] = \lambda \geq \lambda_0, \tag{18.115}$$

  이거나 우리의 근사적 고유함수 y가 개선됨에 따라 ($c_i \to 0$) λ_0에 수렴하면서 우리의 근사 접근은 항상 낮아지는 높은 쪽에 있게 된다. (18.115)식은 (18.113)식의 직접적 결과이다. 더 직접적으로 (18.113)식에서 $F[y(x)]$는 λ_i에 대한 양의 무게 평균이다. 그래서 $F[y(x)]$는 제일 작은 λ_i, 말하자면 λ_0 보다 더 작지 않아야 한다.
- 우리는 y를 모른다; 실제적으로 가장 작은 $F[y(x)]$를 가능하게 얻도록 그것의 형태를 조절해서 $y(x)$를 고안한다. 자주 y에서 매개변수는 F를 최소화되도록 변화시켜서 **바닥 상태** 에너지 λ_0의 추정을 개선한다. 이런 방법은 바닥 상태와 더 낮게 있는 들뜸에 대한 직교성 구속을 포함하므로 들뜬 상태에까지 확장시켜 갈 수 있다.

예제 18.6.1 진동하는 줄

$x = 0$과 1에 조여서 진동하는 줄은 다음 고유값 방정식을 만족한다.

$$\frac{d^2 y}{dx^2} + \lambda y = 0. \tag{18.116}$$

그리고 경계조건은 $y(0) = y(1) = 0$이다. 이 간단한 예제에서 곧 바로 $y_0(x) = \sin \pi x$(규격화되지 않은)이고 $\lambda_0 = \pi^2$임을 알고 있다. 그러나 레일리-리쯔 기교법으로 풀어보자.

경계조건들에 눈을 두고 다음을 세운다.

$$y(x) = x(1 - x). \tag{18.117}$$

그러면 $y'' = -2$를 사용하고 $p = 1$, $q = 0$ 그리고 $w = 1$로 (18.116)식은 다음과 같이 된다.

$$F[y(x)] = 2\frac{\int_0^1 x(1-x)dx}{\int_0^1 x^2(1-x)^2 dx} = \frac{1/3}{1/30} = 10. \qquad (18.118)$$

$\lambda = 10$이란 이 결과는 $\lambda_0 = \pi^2 \approx 9.8696$의 아주 좋은 근사(1.3% 오차)[17]이다. 독자는 $y(x)$ [(18.110)식]는 1로 규격화되지 않았다는 것을 유의해야 한다. $F[y(x)]$에서 분모는 단위 규격화(정규화)의 결손에 대해 보상한다. 흔한 계산으로 고유함수는 다음과 같이 더 항들을 도입하고 매개변수들을 조정함으로써 개선된다.

$$y = x(1-x) + a_2 x^2 (1-x)^2. \qquad (18.119)$$

추가적인 항들이 직교되도록 하는 것이 편리하나 필요하지는 않다. 매개변수는 $F[y(x)]$를 **최소화**하도록 조절된다. 이 경우에 $a_2 = 1.1353$을 선택하는 것은 $F[y(x)]$를 정확한 고유값에 매우 근접한 9.8697까지 접근하게 한다. ■

예제 18.6.2 **무한한 구면 평방의 우물에 있는 S-파 입자**

지름 슈레딩거 방정식으로부터 시작한다.

$$\frac{d^2u}{dr^2} + k^2 u = 0, \quad r \le a,$$

여기서 궤도 각운동량 $l = 0$, 퍼텐셜 $V = 0$, $r \le a$ 그리고 $r \ge a$에 대해서 $V \to +\infty$이다. 에너지 고유값을 $2\mu E/\hbar^2 = k^2$ 여기서 μ는 입자의 환산 질량이고 $u(r) = r\psi(r)$은 r 곱하기 지름 파동함수이다.

퍼텐셜을 무한대로 잡은 $r = a$에 마디를 부과하여 규격화되지 않은 시행 파동함수로서 $u(r) = r(1 - r^2/a^2)$을 취한다. u에 대한 상미분방정식(ODE)를 슈트룸-리우비 상미분방정식 [(18.107)식]과 비교한다. 이 방정식에서 $p(x) = 1$, $q(x) = 0$, $w(x) = 1$ 그리고

$$F[u(r)] = \frac{-\int_0^a uu''dr}{\int_0^a u^2\,dr}$$

이다. 분자를 부분적분하거나 (18.106)식은 나음 식을 준나.

$$F[u(r)] = \frac{\int_0^a (u')^2\,dr}{\int_0^a u^2\,dr} = \frac{4a/5}{8a^3/105} = \frac{21}{2a^2}.$$

[17]맞추는 접근성은 푸리에 사인 전개에 의해서 점검된다 ($y(x)$는 홀수로 취하여 절반 간격 [0, 1]에 걸쳐서 또는 동등하게 간격 [−1, 1]에 걸쳐서 연습문제 14.2.3을 비교하여라). $x = 1/2$에 비해서 짝대칭이기 때문에 단지 홀(기)수 n항들이 나타난다:

$$y(x) = x(1-x) = \left(\frac{8}{\pi^3}\right)\left[\sin\pi x + \frac{\sin 3\pi x}{3^3} + \frac{\sin 5\pi x}{5^3} + \cdots\right].$$

다음 식을 사용하여

$$u' = 1 - 3r^2/a^2, \quad \int_0^a u^2\,dr = \int_0^a r^2\left(1 - \frac{r^2}{a^2}\right)^2 dr = \left(\frac{a^3}{3} - \frac{2a^5}{5a^2} + \frac{a^7}{7a^4}\right) = \frac{8a^3}{105},$$

$$\int_0^a \left(1 - 3\frac{r^2}{a^2}\right)^2 dr = \frac{4}{5}a.$$

자, 고유값 k^2을 얻기 위하여 F의 분자에서 상미분방정식 $u'' = -k^2 u$를 사용하면

$$F[u(r)] = \frac{-\int_0^a u\,u''dr}{\int_0^a u^2\,dr} = k^2 = \frac{21}{2a^2}$$

이다. 완전 풀이 $k^2 = \pi^2/a^2$에 비교하면 우리의 추정은 6% 정도 차이가 난다. 연습문제 18.6.5는 가능한 개선책을 제출한다. ■

연습문제

18.6.1 양자역학 진동에 대한 파동함수는 다음과 같이 쓸 수 있다.

$$\frac{d^2\psi(x)}{dx^2} + (\lambda - x^2)\psi(x) = 0,$$

여기서 바닥 상태[(13.4)식]에 대해서는 $\lambda = 1$이다. 바닥 상태 파동함수(a^2 조절하는 매개변수로서)에 대하여 아래 식을 취하자.

$$\psi_{\text{trial}} = \begin{cases} 1 - (x^2/a^2), & x^2 \le a^2 \\ 0, & x^2 > a^2 \end{cases}$$

그리고 해당하는 바닥 상태 에너지를 계산하자. 얼마나 많은 오차를 가지게 되었나? *주의.* 포물선은 정말 가우시안(Gaussian) 해에 대해 좋은 근사가 되지 못한다. 무슨 개선점을 암시할 수 있을까?

18.6.2 중심 퍼텐셜에 대한 슈레딩거 방정식은 다음과 같이 쓸 수 있다.

$$\mathcal{L}u(r) + \frac{\hbar^2 l(l+1)}{2Mr^2}u(r) = Eu(r).$$

$l(l+1)$ 항은 각운동량 가로막이(장벽)이다; 그것은 각 의존도(예제 9.1.1)를 분리시키는 데서 유도된다. 이항을 섭동(건드림)으로 취급함으로써 $E > E_0$임을 보이기 위하여 변분 기교법을 사용하여라. 여기서 E_0는 $l = 0$에 대응하는 $\mathcal{L}u_0 = E_0 u_0$의 에너지 고유값이다. 이는 최소 에너지 상태는 $l = 0$, 즉 영의 각운동량을 가진다는 것을

의미한다.

힌트. $u(r)$을 $u_0(r) + \sum_{i=1}^{\infty} c_i u_i$로써 전개할 수 있다. 여기서 $\mathcal{L}u_i = E_i u_i$, $E_i > E_0$이다.

18.6.3 행렬 고유벡터에서 고유값 방정식은

$$\mathsf{A}\mathbf{r}_i = \lambda_i \mathbf{r}_i$$

이며, 여기서 λ는 $n \times n$ 에르미트 행렬이다. 간단하게 하기 위하여 λ_1은 가장 크고 n개 실 고유값(3.5절)은 구별된다고 가정하자. 만약에 r이 $\mathbf{r}_1$에 근사라면

$$\mathbf{r} = \mathbf{r}_1 + \sum_{i=2}^{n} \delta_i \, \mathbf{r}_i$$

이고, 다음과 같다.

$$\frac{\mathbf{r}^\dagger \mathsf{A}\mathbf{r}}{\mathbf{r}^\dagger \mathbf{r}} \le \lambda_1,$$

그리고 λ_1에서 오차는 $|\delta_i|^2$자리수 임을 보여라. $|\delta_i| \ll 1$을 취하여라.

힌트. $n\mathbf{r}_i$는 $n-$차원 (복소) 공간을 메우는 완전 직교집합을 형성한다.

18.6.4 예제 18.6.1의 변분 해는 $y = x(1-x) + a_2 x^2 (1-x)^2$을 취함으로써 개량된다. 수치 구적법을 사용하여 a_2의 고정된 값에 대하여 $\lambda_{\text{approx}} = F[y(x)]$[(18.106)식]를 계산하여라. λ를 최소화하기 위하여 a_2를 변화시켜라. λ를 최소화하고 λ자체를 다섯 유효숫자까지 구하는 a_2의 값을 계산하여라. 구한 고유값 λ를 π^2과 비교하여라.

18.6.5 (a) 시행 파동함수 $u = r(1-r/a)(1-r/b)$을 사용하여 예제 18.6.2의 고유값 추정을 개선하여라. b는 매개변수이다. 그리고 $F[u]$를 최소화하므로 b를 결정하여라. 그 결과는 $\pi^2/a^2 \le k^2 \le 10.5/a^2$을 만족하고자 기대된다. 왜 이것이 그 경우가 아닌지 설명하여라. b에 대해서 $F[u]$를 그리고 최소값을 목측으로 결정하여라. 당신의 결과가 어떤 다른 선택의 시행 파동함수를 암시하는가?

(b) 시행 파동함수 $u = r(1-r/a)$을 사용하고 예제 18.6.2를 6에서 1.3%로 개선하는 $F[u] = k^2 = 10/a^2$을 보여라. 또 이 추정을 더 개선하기 위하여 시행 파동함수 $u = r[1-(r/a)^b]$을 사용하여라. 여기서 b는 매개변수이다.

추가 읽을거리

Bliss, G.A.(1925). *Calculus of Variations*. Mathematical Association of America Open Court, LaSalle, IL. 오래된 교과서들 중에 하나로 이 책은 최소 면적 문제들과 같은 상세한 문제들의 대해 아직도 가치 있는 참고서이다.

Courant, R., and Robbins, H. (1996). *What is Mathematics?* 2nd ed. Oxford Univ. Press, New York. 제7장은 최소 면적 문제에 대한 비누막 해를 포함해서 변분법의 멋진 논의를 담고 있다.

Lanczos, C. (1970). *The Variational Principles of Mechanics*, 4th ed. Univ. of Toronto Press, Toronto. Reprinted, Dover, New York (1986). 이 책은 변분 원칙들과 고전역학 발전에 대한 응용들에 관해 매우 완전하게 취급한 책이다.

Sagan, H. (1961). *Boundary and Eigenvalue Problems in Mathematical Physics*. Wiley, New York. Reprinted, Dover, New York (1989). 이 즐거움을 주는 교재 역시 슈트룸-리우비 이론, 르장드르 및 베셀함수들과 푸리에급수에 대해서 참고서로 목록에 기록되어야 한다. 제1장은 역학에 응용으로 변분법을 소개했다. 제7장은 변분법을 취급했다. 그리고 그것을 고유값 문제들에 응용했다.

Sagan, H. (1969). *Introduction to the Calculus of Variations*. McGraw-Hill, New York. Reprinted, Dover, New York (1983). 이 책은 변분법의 현대 이론에 대한 탁월한 소개서이며 저자의 1961년 교재보다 더 세련되고 완전하다. 새건(Sagan)은 충분 조건들을 다루고 우주 과학기술에 변분법을 연관시킨다.

Weinstock, R. (1952). *Calculus of Variations*. McGraw-Hill, New York. Reprinted, Dover, New York (1974). 변분법의 상세하고 체계적인 발전과 슈트룸-리우비 이론에 대한 응용들과 탄성학, 정전기와 양자역학에서 물리 문제를 취급하였다.

Yourgrau, W., and Mandelstam, S. (1968). *Variational Principles in Dynamics and Quantum Theory*, 3rd. Saunders, Philadelphia. Reprinted, Dover, New York (1979). 이 책은 변분 원리들을 이해력이 있고 권위 있게 취급한다. 역사적인 발전과 많은 형이상학적 함정들의 논의들은 특별한 흥미를 끌게 한다.

비선형 방법과 혼돈

우리의 마음은 세계의 복잡성이 잘 조화되지 않는다면 그 복잡성에서 자신을 잃게 될 것이다; 근시와 같이 마음은 단지 세부적인 것들을 보려고 한다. 그러나 우리 마음이 전체적으로 취할 능력이 없기 때문에 다음 것을 관찰하기 전에 이들 세부적인 것들의 각각을 잊어버리게 된다. 우리의 주의하여야 할 가치 있는 유일한 사실들은 이 복잡성에 질서를 도입해서 그것을 우리에게 접근하게 하는 것들이다.

– 헨리 푸앵카레(Henri Poincaré)

19.1 서 론

비선형 동역학의 기원은 세기적 전환기에 천체 역학에 대한 유명한 프랑스 수학자 헨리 푸앵카레의 연구로 거슬러 올라간다. 고전적 역학은 일반적으로 입자들의 좌표들과 속도들에 의존도에서 비선형적이다. 실례들은 비선형 복원력의 진동들이다. **나비어-스토크스**(Navier-Stokes) 방정식들(제 18장의 추가 읽을거리에서 Yourgrau and Mandelstam을 보라)은 비선형이다. 이것이 유체역학을 다루기 힘들게 한다. 그러나 거의 4세기 동안 갈릴레이, 뉴턴과 다른 사람들의 지도를 따라 물리학자들은 보통 선형과 비선형 성질을 가지는 고전계들의 예측 가능하고 효과적으로 선형 반응들에 초점을 맞추어 왔다.

푸앵카레가 초기조건들에 극도의 감도에 의하여 특성화되는 비선형 미분방정식들의 해들의 완전히 비규칙적 또는 "혼돈적" 거동의 가능성(혼돈의 더 정확한 정의는 다음에 발전시킬 것이다)을 이해하는 것이 첫 번째였다: 실례를 들면 측정하는 데 작은 건드림(섭동)이나 오차로부터 약간 다른 초기조건을 주면 해는 시간과 함께 지수적으로 떨어져 자랄 수 있어 그 계는 곧 효과적으로 예측을 할 수 없거나 혼돈적으로 된다. 혼돈의 이러한 성질은 자주 **"나비" 효과**라고 일컫고 19.3절에서 논의하게 될 것이다. 초기 1960년대 기상학에서 로렌츠(Lorenz)에 의해서 이러한 효과를 다시 발견한 이후 비선형 동역학의 분야는 급속히 성장하였다. 그래서 비선형 동역학과 **혼돈 이론**은 물리학의 주류에 들어오게 되었다.

비선형계의 수많은 실례들은 불규칙적인 거동을 표시하는 것으로 알게 되었다. 놀랍게도 보편적 성질들 또는 다른 규칙성들과 같은 정량적인 유사성들의 의미로 봐서 질서는 혼돈에서 저절로 일어나는 것이다; 첫 번째 예로 파이겐바움(Feigenbaum)의 보편수들 α와 δ는 19.2절에서 논의될 것이다. 동역학적 혼돈은 드문 현상이 아니다. 그러나 자연에서 편재하고 있다. 그것은 구름, 해안선과 다른 경치들의 불규칙한 모양들을 포함하고 있다. 이것들은 쪽거리(fractal)들의 예들(19.3절에서 논의) 그리고 유체의 난류, 수도 꼭지로부터 떨어지는 물, 그리고 기후이다. 감쇠진자는 혼돈적 운동을 나타내는 가장 간단한 계들 중에 있다. 규칙으로서 시간을 독립 동역학 변수로 취한다.

일차 미분방정식에 의하여 기술되는 동역학계에서 혼돈적 (당분간 예측할 수 없는 완전히 불규칙적인 것으로 정의되는) 운동에 대한 필요 조건들은 다음으로 알려진다.

- 최소한 세 개의 동역학 변수들; 그리고
- 그것들의 두 개 또는 몇 개와 연결이 되어있는 하나 또는 그 이상의 비선형 항들.

즉 외부 소음, 건드림(섭동)들, 또는 복잡성은 마구잡이 거동을 일으키는 데 필요하지 않다.

고전역학에서와 같이 결합된 미분방정식들의 계의 시간-의존성 동역학 변수들의 공간을 **위상공간**이라 일컫는다. 그런 결정론적인 계들에서는 위상공간에서 궤적들은 교차하게 허용되지 않는다. 만약 그것들이 그렇게 한다면 그 계는 각 교차점에서 선택을 하여야 하므로 결정론적이 되지 않을 것이다. 만약 위상공간이 단지 이차원이라면 그러한 비선형 계들은 반복들(또는 운동)이 정지하는 평형점들로 정의되는 고정점들에 대하여 다만 허용한다. 한 실제 예는 감쇠진자이다 [그 진자는 두 개의 일차 도함수들 $\omega = \dot{\theta}$, $\dot{\omega} = f(\omega, \theta)$를 관여하는 한 벌의 일차 상미분방정식에 의하여 기술된다; 즉 단지 두 개의 동역학 변수들 $\omega(t)$와 $\theta(t)$]. 비감쇠 경우에서는 단지 주기운동과 평형점들만 있다 (예로,최대각이 있으면 전환점들). 이러한 계들은 예측 가능하고 결정론적이다. 만약에 시간-의존된 구동항(즉 $\sin \omega t$)이 있으면 결합된 상미분방정식들이 양으로 시간에 의존되지 않게, 세 번째 변수 $\varphi = \omega t$를 정의한다. 이것은 $\dot{\varphi} = \omega =$ 상수이므로 위상공간에 한차원 더 더해 주게 된다. 세 개 (또는 더) 동역학적 변수(예로 다시 연결된 일차 상미분방정식으로써 쓰여진 **감쇠되고 구동된** 진자)로 더 복잡한 교차되지 않은 궤적들이 가능하다. 이들은 혼돈적 운동을 포함함을 보여 주고 있고 **결정론적인 혼돈**이라 일컫는다.

혼돈에서 중심적 주제는 **간단하나 비선형** 작동들의 반복으로부터 **복잡한** 형태가 전개되어 가는 것이다; 이것은 **자연의 기본적으로 조직해 가는 원리**로서 이해된다. 비선형 미분방정식들은 물리학에서 혼돈이 일어나는 데 대한 자연스러운 위치에 있을지라도 이러한 함수들로 인하여 수학적으로 더 간단히 되풀이하는 것은 혼돈 이론에 더 빨리 진입하게 한다. 그것을 우리는 먼저 19.2절에서 추진하고자 한다.

인명 자료

Poincaré, Jules Henri. 프랑스의 수학자인 푸앵카레는 1854년에 프랑스 낭시에서 출생하여 1912년 파리에서 서거하였다. 힐베르트와 같이 수학의 대부분의 분야에서 주도적 기여를 하였다. 천체 역학에서 그는 삼체 문제와 조수와 달의 조수의 원리를 연구하였다. 로렌츠와 독립해서 그는 전기동역학에서 로렌츠 변환을 발전시켰다.

19.2 로지스틱 본뜨기

비선형의 일차원 반복 또는 차분(계차)방정식은

$$x_{n+1} = \mu x_n(1 - x_n), \quad x_n \in [0, 1]; \quad 1 < \mu < 4 \tag{19.1}$$

이며, 이 식은 이따금 **로지스틱 본뜨기**라고 일컫는다. 그것은 비선형 미분방정식 $dx/dt = \mu x(1-x)$를 따라 본떠서 만들어 졌는데 세대들이 겹치지 않게 번식하는 인구의 발전을 모형화하기 위하여 1845년 베르헐스트(P.F Verhulst)에 의하여 사용되었다. 시간 n일 때 인구밀도는 x_n이다. 매개변수 μ에 의하여 조절되는 일정한 분위기에서 양의 선형항은 종족의 출산율을, 비선형 음의 항은 종족의 사망률을 흉내낸다.

이차함수 $f_\mu(x) = \mu x(1-x)$는 이것이 간격 [0, 1]에서 한 개의 최대를 가지고 끝점들에서 영이 $f_\mu(0) = 0 = f_\mu(1)$이 되기 때문에 선택되었다. $x_m = 1/2$에서 최대는 $f'(x) = 0$으로부터 결정된다; 즉,

$$f'_\mu(x_m) = \mu(1 - 2x_m) = 0, \qquad x_m = \frac{1}{2}, \tag{19.2}$$

여기서 $f_\mu(1/2) = \mu/4$이다.

- 단일 매개변수 μ를 변화시키는 것은 나중에 보게 되겠지만 일차원 혼돈을 포함하는 풍부하고 복잡한 거동을 조절한다. 더 많은 매개변수나 추가 변수들은 이 점에서 복잡성을 증가시키는 데 거의 필요하지 않다. 정성적 의미에서 (19.1)식의 간단한 로지스틱 본뜨기(logistic map)는 생물학, 화학 그리고 물리학에서 많은 동역학계들을 나타낸다.

(19.1)식에서 어떤 $x_0 \in [0, 1]$로 출발하여 x_1을 얻고 그리고 한 **순환**으로서 정의되는 x_2 ,... 를 얻는다. $f_\mu(x_i) = x_{i+1}$을 그 다음 x축으로 바꾸고자 곡선 f_μ와 수평 곡선들의 교차를 보이기 위하여 대각선과 수직선을 따라서 $f_\mu(x) = \mu x(1-x)$를 그리면 우리는 그림 19.1을 구성할 수 있다. μ(=2 그림 19.1에서)와 x_0(=0.1)을 택하면 수직선 $x = x_0$는 x_1(=0.18)에서 곡선 $f_\mu(x)$와 만나고 (x_0, x_1)으로부터 수평선은 (x_1, x_1)에서 대각선과 만난다. (x_1, x_1)을 통한 수직선은 x_2에서 그 곡선을 만난다 (=0.2952, 그림 19.1에서), 등등.

x_i는 고정점(0.5, 0.5)으로 수렴한다. **고정점**은 $f_\mu(x) = x$에 의하여 정의된다. 그래서 x^*라고

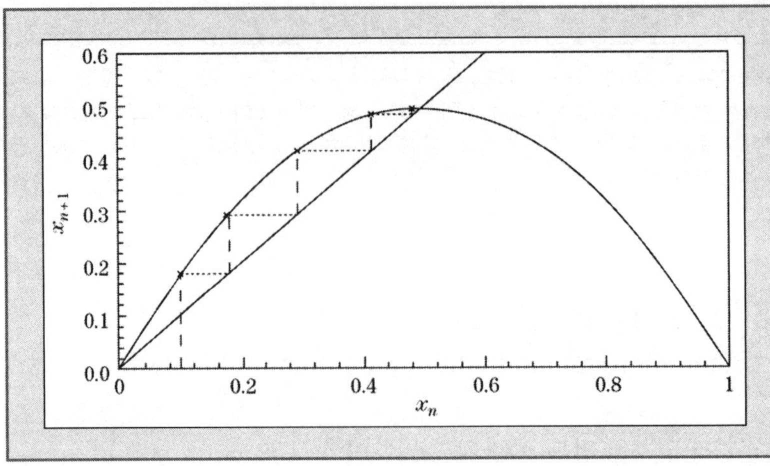

그림 19.1
$\mu=2$로 로지스틱 본뜨기에 대한 순환 $(x_0, x_1, \ldots)$, 출발값 $x_0=0.1$ 그리고 끌개 $x^*=1/2$

표시한 고정점에서, 다음 관계식이 성립하도록 **그 반복이 정지한다**.

$$f_\mu(x^*)=\mu x^*(1-x^*)=x^*, \quad \text{즉} \quad x^*=1-1/\mu. \tag{19.3}$$

$f_\mu(x_0)<x^*$, 또는 $0<x_0<1/\mu$을 만족하는 어느 초기값 x_0에 대하여 x_i는 x^*로 수렴한다; 그러한 고정점을 안정이라 정의한다. 그러한 고정점들은 역시 **끌개(attractor)** 또는 **수채(sink)** 이라 일컫는다. 간격$(0, 1/\mu)$은 고정된 점 x^*에 대하여 **끌림의 유역(basim of attraction)**이라 정의한다. 끌개 x^*는 기울기 $|f'_\mu(x^*)|<1$, 또는 $1<\mu<3$이라면 **안정**이다. 이것은 끌개 근처에서 반복의 테일러 전개로부터 볼 수 있다.

$$x_{n+1}=f_\mu(x_n)=f_\mu(x^*)+f'_\mu(x^*)(x_n-x^*)+\cdots,$$

이 식으로부터

$$\frac{x_{n+1}-x^*}{x_n-x^*}=f'_\mu(x^*)$$

이고, 이 식은 모든 높은 차수항은 떨어뜨리고 구했다. 그래서 만약에 $|f'_\mu(x^*)|<1$이라면 그 다음 반복 x_{n+1}은 고정점에 수렴하고 그 점의 안정성을 암시하므로 x_n 보다 x^*에 더 가까이 간다. 그러나 만약에 $|f'_\mu(x^*)|>1$이면 x_{n+1}은 불안정을 암시해서 x_n보다 더 x^*로부터 더 멀리 움직인다. μ에서 f'_μ의 연속성이 주어지면 그 고정점과 그것의 성질들은 매개변수(여기서 μ)가 조금 변할 때 지속한다.

$\mu>1$이고 $x_0<0$ 또는 $x_0>1$에 대해서 $x_i\to-\infty$가 됨을 그래프적으로나 해석적으로 증명하기 쉽다. 원점 $x=0$은 두 번째 고정점이다. $f'_\mu(0)=\mu(1-2x)|_{x=0}=\mu>1$이므로 그 반복들 x_i는 그것으로부터 멀리 움직인다. 그러한 고정점을 **밀개(repellor)**로 일컫는다.

다음과 같을 때

$$f'_\mu(x^*)=\mu(1-2x^*)=2-\mu=-1$$

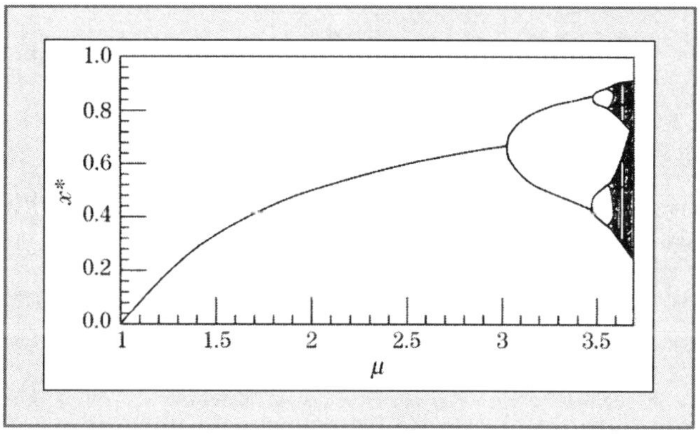

그림 19.2
로지스틱 본뜨기에 대해 쌍갈림 약도의 일부: 매개변수 μ에 대한 고정점들 x^*

이 식이 $\mu=3$에 이르면 μ가 3의 값 이상으로 증가하면 그림 19.2에서 두 갈래로 보이는 바와 같이 **두 고정점**들이 나타난다. 그것들은 x_2^*에 대해서 다음 식을 풀이함으로써 그 위치가 정해질 수 있다.

$$x_2^* = f_\mu(f_\mu(x_2^*)) = \mu^2 x_2^*(1 - x_2^*)[1 - \mu x_2^*(1 - x_2^*)].$$

여기서 두 번째 반복 등등에 대해 $f^{(1)}(x) = f_\mu(x), f^{(2)}(x) = f_\mu(f_\mu(x))$ 라고 줄여 쓰면 편리하다. 자, 공통 x_2^*를 떨어 버리고 $f_\mu(f_\mu(x^*)) = f_\mu(x^*) = x^*$와 같이 f_μ의 한 고정점에 역시 $f^{(2)}$의 고정점인 것을 기억함으로써 남은 삼차다항식을 이차식으로 줄인다. 그러므로 $x_2^* = x^*$는 한 해의 값이다. 이차다항식에 관해서 풀면 다음 식을 얻는다.

$$\begin{aligned} 0 &= \mu^2[1 - (\mu + 1)x_2^* + 2\mu(x_2^*)^2 - \mu(x_2^*)^3] - 1 \\ &= (\mu - 1 - \mu x_2^*)[\mu + 1 - \mu(\mu + 1)x_2^* + \mu^2(x_2^*)^2]. \end{aligned}$$

이차다항식의 근들은

$$x_2^* = \frac{1}{2\mu}\left(\mu + 1 \pm \sqrt{(\mu + 1)(\mu - 3)}\right)$$

이고, 이 식은 $\mu=3$에서 $x_2^*=2/3$에서 시작하여 $\mu>3$에 대하여 그림 19.2에서 두 개의 갈래들이 있다. 각각의 x_2^*는 주기 2의 한 점이고 본뜨기 f_μ의 두 반복 하에서 변하지 않는다. 반복들은 고정점 x_2^*의 양쪽 갈래 사이에서 진동한다. 한 점 x_n은 만약에 $f^{(n)}(x_0)=x_0$이나 $0<i<n$에 대하여 $f^{(i)}(x_0) \neq x_0$이라면 f_μ에 대해서 ***n*주기의 주기적 점**으로 정의된다. 그래서 $3<\mu<3.45$(그림 19.2)에 대하여 안정된 **끌개**는 두 개의 고정점들 x_2^*안으로 쌍갈래로 나뉜다. 배가가 일어나는 $\mu=3$에 대한 **쌍갈래(bifurcation)**는 그것들의 특성(둥글게 한 Y) 모양 때문에 **갈퀴 쌍갈림(pitchfork)**이라 부른다. 쌍갈림은 마치 두 영역으로 갈라지는 것처럼 계의 진화에서 급작스런 변화이다.

μ가 3이상으로 증가함에 따라 도함수 $df^{(2)}/dx$는 일로부터 -1로 감소한다. $\mu=1+\sqrt{6}\sim 3.44949$에 대하여 이것은 다음으로부터 유도할 수 있다.

$$\left.\frac{df^{(2)}}{dx}\right|_{x=x^*} = -1, \quad f^{(2)}(x^*) = x^*,$$

고정된 점들의 각 갈래가 $x_4^* = f^{(4)}(x_4^*)$(즉, 그것은 주기 4를 가진다)가 되도록 다시 쌍갈래로 나뉘어진다. $\mu = 1+\sqrt{6}$에 대하여 이들은 $x_4^* = 0.43996$과 $x_4^* = 0.849938$이다. 증가하는 주기가 배가됨으로써 이것은 해석적 해를 얻기에 불가능해 진다. 반복하는 것은 컴퓨터에 의해 더 잘 수행된다. 컴퓨터의 빠른 개선들(특히, 컴퓨터로 운행되는 제도법)과 1970년대와 1980년대에 시작된 넓은 보급은 혼돈 이론의 발전을 가속하고 있다. 쌍갈래가 일어나는 μ값들을 증가하여서 더 가깝게 간격을 두게 하면 쌍갈래의 결과들은 쌍갈래의 무한이 많은 수가 일어나는 그것이 $\mu_\infty = 3.5699456...$에 수렴하기까지 더욱 길어지는 주기들로 계속된다. 쌍갈래 점들 근처에서 초기조건들 등에서 오차들을 완곡하게 하는 요동들은 계가 두 개의 가능한 갈래를 선택해야 하고 혼돈으로 들어가는 도상에서 특성적 성격인 **작은 건드림(섭동)에 대해** 더더욱 **예민하게** 되기 때문에 증가하는 역할을 하고 있다. 현재 경우에 대부분 $\mu > \mu_\infty$에 대해서 x_n은 좁은 주기적 창들(그림 19.2에서 그늘지지 않은 부분인)에서는 제외하고는 결코 반복하지 않는다. 고정된 점들의 띠들은 연속 부분을 형성하기 시작한다 (그림 19.2에서 검게 보이는): 이것이 바로 혼돈이 시작되는 곳이고 혼돈이라 정의하는 것이다. 증가하는 주기의 배가가 파이겐바움(Feigenbaum)수라고 부르는 상수 δ에 의해서 특성화되는 로지스틱 본뜨기에 대한 혼돈으로 가는 길이다. 첫 번째 쌍갈림은 $\mu_1 = 3$에서 일어나고 두 번째는 $\mu_2 = 3.44949, \ldots$에서 그리고 μ_n 사이의 간격의 비율은 δ로 수렴함을 보일 수 있다.

$$\lim_{n\to\infty} \frac{\mu_n - \mu_{n-1}}{\mu_{n+1} - \mu_n} = \delta = 4.66920161\ldots. \tag{19.4}$$

그림 19.2의 쌍갈래 도형으로부터 다음을 얻는다.

$$(\mu_2 - \mu_1)/(\mu_3 - \mu_2) = (3.45 - 3.00)/(3.54 - 3.45) = 4.97$$

이는 무차원의 δ에 대해서 첫 번째 근사이다.

우리는 각각 연속적 주기-배가의 쌍갈래됨은 바로 전의 쌍갈림의 컵들의 두 배의 수로서 엎면 컵 모양의 더 작은 복제임을 인식한다. 우리는 그것들을 분명한 갈림을 따라서 가는 d_n이라 부름으로 연속된 컵들의 폭을 측정할 수 있다. 이들 자체-닮은(self-similar) 컵의 모양들의 폭의 비들은 또 다른 무차원의 양 α로 수렴하는 것을 보일 수 있다:

$$\lim_{n\to\infty} \frac{d_n}{d_{n+1}} = \alpha = 2.5029\ldots. \tag{19.5}$$

우리의 먼저 쌍갈래점들 $x_4^* = 0.849938$과 $x_4^* = 0.43996$과 아래 갈림으로부터 그 다음 쌍갈래값 x^*에 대해서 그림 19.2의 추정값을 읽어내어 다음을 얻는다.

$$d_1 = 0.849938 - 0.43996 = 0.409978 \approx 0.41, \quad d_2 \approx 0.51 - 0.35 = 0.16,$$
$$\frac{d_1}{d_2} \approx \frac{0.41}{0.16} = 2.56$$

여기서 α에 대한 첫 근사로 계산했다. 더 상세한 것은 19.3절에서 논의한다.

파이겐 바움수들 δ와 α는 로지스틱 본뜨기와 같이 이차 최대로서 모든 본뜨기에 대한 주기-배가를 통해서 혼돈으로 가는 길에 대하여 같고 이러한 의미에서 보편적이다. 이것이 혼돈에서 질서의 한 예이다. 두 번씩 연속적으로 미분 가능한 함수들의 이차원의 (흩어지기) 계들을 포함하여 그것의 타당성은 더욱 넓다는 것을 경험들이 보여준다.[1] 본뜨기들이 0과 1사이의 어떤 ε에 대하여 그것들의 최대 x_m 근처에서 $|x-x_m|^{1+\varepsilon}$처럼 거동할 때에 파이겐 바움수는 본뜨기 ε에 의존할 것이다; 그래서 $\delta(\varepsilon)$은 이차 본뜨기들에 대한 (19.4)식에 주어진 $\delta(1) = \delta$와 $\varepsilon=0$에 대한 $\delta(0) = 2$ 사이에서 변한다.[2] (비선형) 미분방정식의 해들은 증가하는 시간들에서 연속된 점들 안에 평면을 교차하는 궤도 속으로 가로의 평면을 놓음으로써생기는 띄엄띄엄 본뜨기들 (즉 반복의 순환들, 고정된 점들과 쌍갈래들) 항으로 자주 분석될 수 있다.

연습문제

19.2.1 $x^* = 1$은 $0 < r < 2$라면 평형이 안정이 되도록 기울기 $1-r$로 본뜨기 $x_{n+1} = x_n \exp[r(1-x_n)]$의 자명한 고정점인 것을 보여라.

19.2.2 $r > 1.9$에 대하여 연습문제 19.2.1의 지수형 본뜨기(map)에 대한 쌍갈림 도형을 그려라.

19.2.3 $0 < a < 4$와 $0 < x_n < 1$에 대해 3차 본뜨기 $x_{n+1} = ax_n^3 + (1-a)x_n$의 고정점들을 결정하여라.

19.2.4 이차원 본뜨기 $x_{n+1} = \mu x_n(1-y_n)$, $y_{n+1} = x_n$로서 시간지연 로지스틱 본뜨기 $x_{n+1} = \mu x_n(1-x_{n-1})$을 쓰고 그것의 고정점들의 얼마를 결정하여라.

19.2.5 4주기의 순환들로 도달하는 로지스틱 본뜨기에 대한 두 번째 쌍갈림은 $\mu = 1 + \sqrt{6}$에 위치한다는 것을 보여라.

19.2.6 $2 < \delta < 4.6692$ 간격에서 파이겐바움 δ의 비선형 반복함수를 구성하여라.

---

[1] 로지스틱 본뜨기에 대한 더 상세한 것과 컴퓨터 코드들은 저자 G. L. Baker와 J. P. Gollub의 *Chaotic Dynamics: An Introduction,* 2nd ed. Cambridge Univ. Press, Cambridge, UK(1996)에 실려있다.

[2] 다른 본뜨기들과 그리고 어떻게 혼돈이 다시 뜨거운 연구 주제가 되었는지의 그 매혹적인 역사의 논의에 대해서는 다음 저자의 책을 보라. D. Holton and R. M. May in *The Nature of Chaos*(T. Mullin, Ed.), Section 5, p. 95. Clarendon, Oxford, UK (1993); and Gleick's *Chaos* (1987).

19.2.7 (a) 연습문제 18.2.1의 지수 본뜨기, (b) 연습문제 19.2.3의 어떤 삼차 본뜨기 (c) 연습문제 19.2.4의 시간지연 로지스틱 본뜨기에 대한 파이겐바움 δ를 결정하여라.

19.2.8 δ에 대신에 파이겐바움의 α에 대해 연습문제 19.2.7을 다시하여라.

19.2.9 로지스틱 본뜨기의 주기-배가에 대한 첫 번째 4점들 μ를 수치적으로 찾고 그리고 파이겐바움 δ에 대한 첫 두 근사를 구하여라. 그림 19.2와 (19.4)식과 비교하여라.

19.2.10 주기의 순환 1, 3, 4, 5, 6이 시작되고 그리고 그것이 불안해지는 곳에 μ값들을 수치적으로 찾아라.

값들을 점검하여라. 주기에 대하여 3, $\mu=3.8284$,
4, $\mu=3.9601$,
5, $\mu=3.7382$,
6, $\mu=3.6265$.

19.2.11 파이겐바움의 α에 대해서 연습문제 19.2.9를 다시하여라.

19.3 초기조건들과 매개변수들에 대한 감도

■ 리아푸노프(Lyapunov) 지수

19.2절에서 우리가 아래로부터 주기-배가 축적 매개변수 값 $\mu_\infty=3.5699\ldots$로 접근해 감에 따라 $x_{n+1}=x_0$로써 순환들$(x_0, x_1, \ldots, x_n)$의 주기 $n+1$은 어떻게 길어지는가 기술하였다. 로지스틱 본뜨기는 무한 길이의 순환들로서 고정점들이 일어나는 곳에서 μ의 모든 값들에서 혼돈이 되는 것으로 정의된다. 그래서 혼돈은 $\mu_\infty=3.5699\ldots$로 출발한다. 모든 $\mu\geq\mu_\infty$에 대해서 주변 반복들 x_0와 $x_0+\varepsilon$ 사이에 거리들이 다음과 같음을 수치적으로 점검하는 일은 역시 쉽다.

$$d_n=|f^{(n)}(x_0+\varepsilon)-f^{(n)}(x_0)|, \tag{19.6}$$

이 식은 작은 $\varepsilon>0$에 대하여 역시 길어진다. 혼돈 거동으로써 이 거리는 $n\to\infty$로 지수적으로 증가한다; 즉 $d_n/\varepsilon=e^{\lambda n}$ 또는

$$\lambda=\frac{1}{n}\ln\left(\frac{|f^{(n)}(x_0+\varepsilon)-f^{(n)}(x_0)|}{\varepsilon}\right), \tag{19.7}$$

여기서 λ는 **리아푸노프 지수(Lyapunov exponent)**이다. $\varepsilon\to0$에 대해서 (19.7)식을 도함수항들로 다음과 같이 다시 쓸 수 있다.

$$\lambda(x_0) = \frac{1}{n} \ln \left| \frac{df^{(n)}(x_0)}{dx} \right| = \frac{1}{n} \sum_{i=0}^{n} \ln |f'(x_i)|. \tag{19.8}$$

이 식에서 $df^{(n)}(x)/dx$에 대한 미분의 연쇄 법칙을 사용하였다. 여기에서

$$\frac{df^{(2)}(x_0)}{dx} = \frac{df_\mu}{dx}\bigg|_{x=f_\mu(x_0)} \frac{df_\mu}{dx}\bigg|_{x=x_0} = f'_\mu(x_1) f'_\mu(x_0) \tag{19.9}$$

와 그리고 $f'_\mu = df_\mu/dx$, $x_1 = f_\mu(x_0)$ 등등이다. 우리의 리아푸노프 지수는 점 x_0에서 계산되었다. 한 끌개 x^*가 혼돈인지 아니지 이해하기 위해서 x^* 근처에서 몇 개의 출발점들 x_j에 대하여 λ_j를 결정할 필요가 있고 그 평균 λ를 계산한다. 만약에 그 평균이 양으로 나타나면 그 끌개(그리고 그 매개변수 μ)는 혼돈이라고 정의된다. 이것은 d_n이 ∞로 갈 수 없도록 그 운동이 자주 속박받는 더 고차원 동역학 계들에서 특히 연관되 있다. 일반적으로 한 점은 초기조건들에서 변화들에 대한 계의 감도의 측정으로서 λ를 결정하기에 충분하지 않다. 그러한 경우들에서 우리는 궤도 위에 몇 개의 점들에 대해서 그 과정을 반복하고 그들에 대해 평균한다. 이 방법으로 우리는 시료에 대해서 **평균 리아푸노프 지수**를 얻는다. 이 평균값은 자주 요청되고 리아푸노프 지수로서 취한다.

리아푸노프 지수 λ는 혼돈의 정량적 척도이다: 로지스틱 본뜨기와 같은 일차원 반복되는 함수는 만약 **평균 리아푸노프 지수**가 μ의 그 값에 대해서 (그림 19.2에서 그늘진 영역) **양이면** 매개변수 μ에 대하여 **혼돈적** 반복들(x_0, x_1, ...)을 가진다. 유한한 주기의 순환들에 대해 λ는 음이다. 이것은 $\mu < \mu_\infty$에 대한 $\mu < 3$에 경우이고 그림 19.2의 혼돈적 영역 안에서 $\mu \sim 3.627$에서 주기적 창에서도이다. 음의 리아푸노프 지수는 반복들의 주기성에 대응할 필요는 없다. 쌍갈림 점에서는 $\lambda = 0$이다. $\mu > \mu_\infty$에 대해서 리아푸노프 지수는 $\lambda < 0$ 그리고 λ와 μ로 자라는 주기적 창들인 경우를 제외하고는 양이다. 다른 말로하면 조절 매개변수 μ가 증가함에 따라 로지스틱 본뜨기는 더 혼돈적이 된다.

로지스틱 본뜨기의 혼돈 영역에서 평균 리아푸노프 지수(우리가 여기서 유도하지 않음)에 대해서 눈금잡기 (축척) 법칙이 있다.

$$\lambda(\mu) = \lambda_0(\mu - \mu_\infty)^{\ln 2/\ln \delta}, \tag{19.10}$$

여기서 $\ln 2/\ln \delta \sim 0.445$이고, δ는 19.2절의 보편적인 파이겐바움 수이고 λ_0는 상수이다. 이 관계는 (이차) 상전이에서 물리적 관찰을 회상하게 한다. (19.10)식에서 지수는 보편적 수이다; 리아푸노프 지수는 한 **질서 매개변수**의 구실을 한다. 반면에 T_c는 상전이가 일어나는 **임계** 온도 T_c 지역에서 $\mu - \mu_\infty$는 $T - T_c$와 유사하다.

■ 쪽거리(Fractals)

흩어지기 혼돈적 계들에서 (그러나 보존적 해밀토니안 계들에서는 드물다) 흔히 쪽거리라고 일컫는 복잡한 모양을 가진 새로운 기하학적 대상이 나타난다. 쪽거리는 그들의 작은 부분들

은 그들의 큰 부분에 닮도록 양배추꽃과 같은 많은 크기로 존재하는 불규칙적 기하학적인 모양들이다. 직관적으로 쪽거리는 확대 아래서 (근사적으로) **자체-닮음** 집합이다. 그 차원은 통상적인 양의 정수가 아니다. 차원의 개념의 명료성과 정의는 우리의 다음 주제이다.

우리는 쪽거리를 기술하기 위하여 차원성의 정량적 척도가 필요하다. 불행히도 보통 다른 수치적 값을 가진 몇 개의 정의들이 있다. 그 어느 것도 표준은 아니다. 엄격하게 자체-닮음 집합에 대해서는 물론 한 번 측정하는 것으로 족하다. 더 복잡한 (예로 단지 근사적으로 자체-닮음) 집합은 그들의 완전한 기술을 위하여 더 측정하는 것이 요구된다. 가장 간단한 것은 콜모고로브(Kolmogorov)와 하우스돌프(Hausdorff)의 **상자-집계 차원**이다. 일차원 집합에 대하여 길이 R의 선분들로 곡선을 덮는다; 이차원에서는 면적을 상자 즉 넓이 R^2의 상자들로 표면을 덮는다; 삼차원에서는 부피를 부피 R^3의 상자로 덮는다 등등. 그 집합을 덮는 데 필요한 상자들의 수 $N(R)$을 센다. R을 영으로 가게 하면, 우리는 N을 $N(R) \sim R^{-d}$과 같은 크기로 기대한다. 로그를 취하면 **상자-집계 차원**은 다음과 같이 정의된다.

$$d = \lim_{R\to 0}[-\ln N(R)/\ln R]. \tag{19.11}$$

예를 들면 이차원 공간에서 단일점은 $\ln N(R) = 0$과 $d = 0$이 되도록 한 사각형으로 둘러 싸이게 된다. 고립된 점들의 한정된 집합도 역시 차원 $d = 0$을 가진다. 길이 L의 미분 가능한 곡선에 대해서는 기대했던 데로 (19.11)식으로부터 $d = 1$이 되게 $R \to 0$에 따라 $N(R) \sim L/R$이다.

이제 더 불규칙적인 집합, **코호(Koch) 곡선**을 만들자. 그림 19.3에서 단위 길이의 선마디로 출발하여 가운데 1/3을 제거하자. 그리고 그림 19.3에서 삼각형을 형성하는 1/3 길이의 두 선마디로 빈 곳을 바꾼다. 각각의 마디로써 끝없이 이 과정을 되풀이 한다. 결과로 된 코호 곡선은 무한이 길고 기울기의 끝없이 불연속 변화들 때문에 어느 곳에도 미분 가능하지 않다. n번째 단계에서 각 선마디는 길이 $R_n = 3^{-n}$을 가지고 $N(R_n) = 4^n$마디를 가진다. 그래서 그 차원은 $d = \ln 4/\ln 3 = 1.26\ldots$, 이것은 곡선보다는 더하고 표면보다는 덜하다. 코호 곡선은 처음 단계의 반복으로부터 이루어지기 때문에 이것은 엄밀하게 자체-닮음이다.

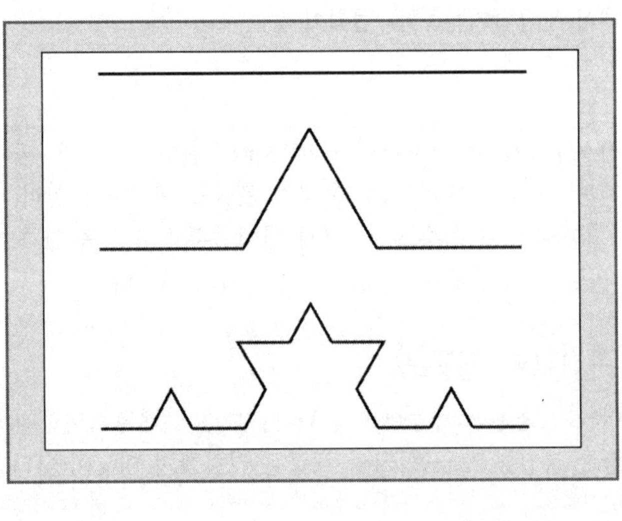

그림 19.3
반복에 의하여 코호(Koch) 곡선 만들기

이차원 코호형의 만들기는 면적을 유지하고 네모로부터 시작하는데, 각 변에 가운데 삼각형을 더하고 그것에 다음에 있는 사각형에서 하나를 잘라내고 그것을 자체-닮음하도록 이 과정을 반복하고 반복한다. 또는 장방경으로 시작해서 각변의 가운데서 작은 장방경을 더하고 그것 다음에 있는 하나를 잘라내고 더 작은 크기로 그 구성을 다시 그리고 다시 반복한다.

로지스딕 본뜨기에 대해서 주기-배가의 축직점 μ_∞에서 싱자-집계 차원은 0.5388인데 이것은 제곱 최대를 가지는 한 변수에서 함수들의 반복들에 대한 보편수이다. 이것이 어떻게 되는지 보려면 혼돈 영역(그림 19.2를 보라)에서 주어진 매개변수 μ에 대해 연속적인 쌍갈림 점들로부터 비롯되는 선마디들의 짝들을 생각하자. 혼돈 띠들로부터 내부 공간을 제거하는 것을 상상하자. 그 다음 쌍갈림으로 갈 때 관련된 축척 매개변수는 (19.5)식으로부터 $\alpha = 2.5029\ldots$이다. 2^n개의 띠들을 싸기 위하여 길이 R의 2^n 선마디가 필요하다고 가정하자. 그 다음 단계에서 그 띠들을 싸기 위하여 길이 R/α의 2^{n+1} 마디가 필요하다. 이것은 한 차원 $d = -\ln(2^n/2^{n+1})/\ln \alpha = 0.4498\ldots$를 내 놓는다. 이 거친 추정은 선 마디들의 이웃한 짝들 사이의 폭은 $1/\alpha$ 만큼 다르다는 것(그림 19.2를 보라)을 참작함으로써 개선할 수 있다. 개선된 추정 0.543은 0.5388에 더 가깝다. 로지스틱 본뜨기의 더 정확한 분석과 다른 예들은 쪽거리 집합이 엄밀하게 자체-닮음 구조를 가지지 않을 때 상자-집계 차원은 상자 구성 방법에 의존한다는 것을 보여주고 있다.

비정수 차원의 (흩어지기) 동역학의 위상공간에서 끌어당기는 점들의 집합은 **이상한 끌개**라고 일컫는다. 그러한 이상한 끌개들은 혼돈 이론에서 지렛대적 구실을 한다.

끝으로 놀라울 정도로 생성하기 쉽고 그것들의 채색 그림들은 상당한 충격을 주는 아름다운 쪽거리들로 관심을 돌린다. 복소 $c = a + ib$에 대하여 복소변수 $z = x + iy$를 수반하는 이차 복소 본뜨기는

$$z_{n+1} = z_n^2 + c \tag{19.12}$$

이며, 이 식은 믿을 수 없게 간단하다. 그러나 실변수의 항으로서 동등한 이차원 본뜨기를 표시하면

$$x_{n+1} = x_n^2 - y_n^2 + a, \qquad y_{n+1} = 2x_n y_n + b \tag{19.13}$$

이다. 이 식은 그것의 복잡성 보다 더하게 나타난다. 이 본뜨기는 만델브로트의 아름다운 다중채색 쪽거리 그림들(추가 읽을거리에서 Mandelbrot와 Peitgen을 보라)의 얼마에 대해 기반을 형성하고 여러 가지 $c \neq 0$에 대한 복잡한 모양들을 생성하기 위해서 알려졌다. 실례로 본뜨기 $z_{n+1} = F(z_n)$의 **줄리아 집합(Julia set)**은 모든 그것의 밀개 또는 주기적 점들의 집합으로서 정의된다. 그래서 그것은 발산하는 반복들로 도달하는 이차원의 반복되는 본뜨기의 초기 점들과 복소 평면의 어떠한 한정된 영역 안에서 머무는 점들 사이에 경계를 형성한다. $c = 0$이고 $F(z) = z^2$인 경우에 줄리아 집합은 복소 평면의 원점 주위의 원임을 보일 수 있다. 그러나 상수 $c \neq 0$을 가산함으로써 줄리아 집합은 쪽거리가 된다. 예를 들면 $c = -1$에 대하여 무한이 많은 고리들을 가진 쪽거리 목거리를 발견하게 된다(추가 읽을거리에서 Devaney를 보라).

줄리아 집합은 복소 평면에서 그려지지만 **만델브로트 집합(Mandelbrot set)**은 이차원 매개변수 공간 $c=(a,\ b)=a+bi$에서 구성된다. 그것은 다음과 같이 구성된다. 초기값 $z_0=0=(0,\ 0)$으로부터 출발하여 그 반복된 $\{z_n\}$은 ∞로 발산하지 **않도록** 매개변수 값 c에 대하여 (19.12) 식을 찾는다. 만델브로트 집합의 쪽거리 둘레 바깥에서 각 색채는 명세된 절대(실수)값 R, $|z_m|>R>|z_{m+1}|$을 넘어가는 z_n에 대해 필요한 주어진 반복들의 수 m을 나타낸다. 실 매개변수 값 $c=a$에 대해서 그 결과적인 본뜨기 $x_{n+1}=x_n^2+a$는 만델브로트 집합 안에서 a가 실수축에서 증가함에 따라 주기-배가 쌍갈림들(19.2절을 보라)의 로지스틱 본뜨기와 동등하다.

쪽거리들은 침식된 날카로운 산 정상, 해안선들 그리고 적운 구름모양에서 보이는 바와 같이 자연계에 편재하고 있다. 왜냐하면 비선형 반복들이 이러한 형상들을 실현하는 동역학에서 일어나기 때문이다.

연습문제

19.3.1 로지스틱 본뜨기에 대해서 초기 $0<x_0<1$과 $f'_\mu(x_i)$의 반복들 x_i를 얻기 위하여 매트매티카(Mathematica)나 매플(Maple)이나 웹사이트와 같은 배이직(BASIC)이나 포트란(FORTRAN)이나 상징적인 소프트웨어의 컴퓨터를 사용하여라. $2<\mu<3.7$에 대한 로지스틱 본뜨기의 주기 2, 3, ...의 순환기에 대한 리아푸노프 지수를 계산하여라. $\mu<\mu_\infty$에 대해 쌍갈림 점들에서 리아노프지수 $\lambda=0$이고 그 외 지역에서는 음인 것과 반면에 $\mu>\mu_\infty$에 대하여 주기적인 창들 이외에서는 양임을 보여라.
힌트. 추가 읽을거리에서 Hilborn의 그림 9.3을 보라.

19.3.2 다음을 가지는 본뜨기 $x_{n+1}=F(x_n)$을 생각하자.

$$F(x)=\begin{cases} a+bx, & x<1, \\ c+dx, & x>1, \end{cases}$$

여기서 $b>0$이고 $d<0$이다. 리아푸노프 지수가 $b>1$, $d<-1$일 때 양 임을 보여라. $(x_{n+1},\ x_n)$ 평면에서 몇 개의 반복들을 그려라.

19.4 비선형 미분방정식

19.1절에서 비선형 미분방정식들(NDEs)을 혼돈이 일어나는 물리학에서 자연스러운 위치로 언급하였고 한 변수의 비선형함수들(maps)의 간단한 반복들로 계속했다. 여기서는 비선형 미분방정식의 더 넓은 분야와 그것들이 해의 거동에 더 깊은 복잡성에 대해서 짧게 설명하고자

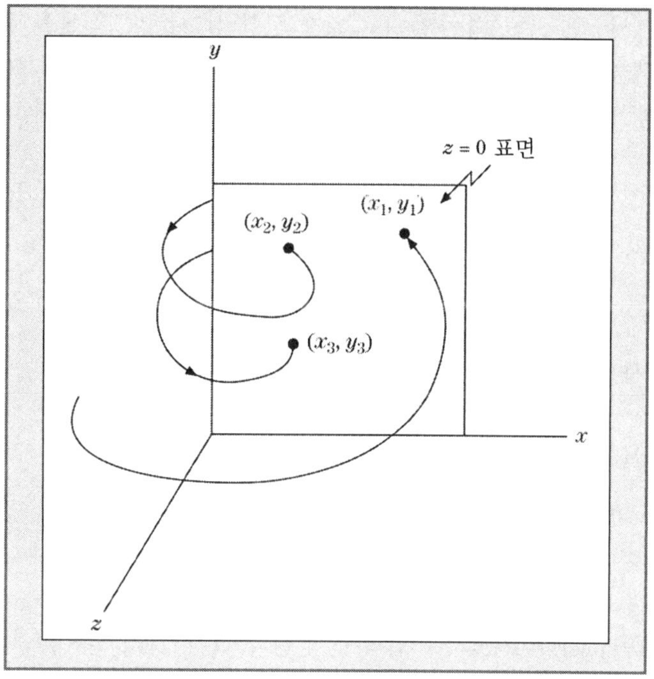

그림 19.4
푸앵카레 단면의 도식

한다. 그러나 비선형 미분방정식들의 해들의 본뜨기들과 계들은 밀접히 관련되어 있다. 그 후자는 띄엄띄엄한 본뜨기들로 자주 분석될 수 있다. 한 처방은 비선형 미분방정식 해들의 계의 **푸앵카레 단면**(또는 본뜨기)이다. (비선형 미분방정식의 해의) 궤적에 가로질러서 한 평면을 놓으면 그것은 증가하는 띄엄띄엄 시간들에서 일련의 점들에서 평면과 만난다 [예로 그림 19.4에서 $(x(t_1), y(t_1)) \equiv (x_1, y_1), (x_2, y_2), \ldots$]. 그것들이 고정점들과 주기-배가의 쌍 갈림 등에 대해서 기록되고 그리고 그래프적으로 또는 수치적으로 분석된다. 이 방법은 푸앵카레 단면들을 여러 위치와 이차원의 반복되는 아래 본뜨기들에 도달하는 더 나간 분석들로 다른 방향들에 대해 생성하도록 비선형 미분방정식의 해들을 컴퓨터 모의 작동(시뮬레이션)들로 수치적으로 구할 때 유용하다.

$$x_{n+1} = F_1(x_n, y_n), \qquad y_{n+1} = F_2(x_n, y_n). \tag{19.14}$$

이 본뜨기는 컴퓨터에 저장되어 있다. 그렇지만 함수들 F_j를 해석적으로나 그래프적으로 추출해 내는 것은 항상 쉽지 않다.

약간의 비선형 미분방정식의 고전적 예들로 시작하자.

■ 베르누이(Bernoulli)와 리카티(Riccati) 방정식

베르누이 방정식들은 역시 다음 형을 가지는 비선형이다.

$$y'(x) = p(x)y(x) + q(x)[y(x)]^n, \tag{19.15}$$

여기서 p와 q는 실함수들이고 일차 선형 상미분방정식들을 포함하지 않기 위해 $n \neq 0$, 1이다. 그것들은 해석적으로 풀릴 수 있는 비선형 상미분방정식의 한 예이나 일차원이면 그것들은 혼돈을 일으키지 않고 그 해들은 지수적으로 발산하지 않는다. 만약 다음 식을 대입하면

$$u(x) = [y(x)]^{1-n} \tag{19.16}$$

이고, (19.15)식은 일차 선형 상미분방정식이 된다.

$$u' = (1-n)y^{-n}y' = (1-n)[p(x)u(x) + q(x)], \tag{19.17}$$

이 식은 8.2절에서 설명한 것 같이 풀려진다.

예제 19.4.1 **베르누이 비선형 미분방정식**

$y(t=0) = 1/3$에 대한 $\dot{y} = y - 2y^2$을 풀어라. 이 비선형 미분방정식은 베어헐스트 (또는 로지스틱) 비선형 미분방정식과 유사한 동물(그리고 사람)개체수 성장을 모형화한 것이다. 여기서 음의 표시의 제곱항은 폭발로부터 인구를 억제한다. 그것을 무시하면 시간 증가에 따라 지수적 증가 $y(t) = e^t$(말서스 법칙)을 얻는다. $u = 1/y$, $\dot{u} = -\dot{y}/y^2$을 비선형 미분방정식 $\frac{\dot{y}}{y^2} = \frac{1}{y} - 2$에 대입하면 $\dot{u} = 2 - u$를 얻는다. 변수분리를 하고 적분을 하면

$$\ln(u-2) = \int^u \frac{du}{u-2} = -\int^t dt = -t + \ln C$$

이다. 이 식을 지수로 해주면 그 결과는 $u = 2 + Ce^{-t}$이거나 $y(t) = \frac{1}{2+Ce^{-t}}$이다. C를 변화시키면 그 해들은 지수적으로 발산하지 않고 혼돈은 없다. 초기조건 $y(0) = 1/3$은 $C = 1$로 고정시킨다. 이 해는 $y(t) = \frac{1}{2+e^{-t}}$는 $t = 0$에서 1/3로부터 증가해서 $t \to \infty$에 대해 1/2로 된다. ■

리카티 방정식들[3]은 $y(x)$에서 이차적이다.

$$y' = p(x)y^2 + q(x)y + r(x), \tag{19.18}$$

여기서 선형 상미분방정식들을 배제하기 위하여 $p \neq 0$이고 베르누이 방정식들을 배제하기 위하여 $r \neq 0$이다. 리카티 방정식을 푸는 데는 일반적 방법이 없다. 그러나 (19.18)식의 특수해 $y_0(x)$가 추측이나 관찰로 알려지면 $y = y_0 + u$를 대입하므로 $u(x)$에 대한 베르누이 방정식에 도달한다.

$$u' = pu^2 + (2py_0 + q)u, \tag{19.19}$$

왜냐하면 $y = y_0 + u$를 (19.18)식에 대입하면 (19.18)식에서 $r(x)$를 제거하기 때문이다.

끝으로 다음 정리를 증명한다: $y = -z'/pz(x)$를 대입하는 것은 리카티 비선형 미분방정식을

[3] 리카티 비선형 미분방정식은 S. B. Haley에 의해서 슈레딩거 방정식을 푸는 데 사용하였다. *Am. J. Phys.* **65**, 237 (1997).

동차 **선형** 이차 상미분방정식으로 변환시킨다.

$$z'' - \left(q + \frac{p'}{p}\right)z' + prz(x) = 0. \tag{19.20}$$

z항으로 표시되는 y'를 비선형 미분방정식에 대입하면

$$y' = -\frac{z''}{pz} + \frac{z'p'}{p^2z} + \frac{z'^2}{pz^2} = \frac{z'^2}{pz^2} - \frac{qz'}{pz} + r,$$

여기서 다음과 같이 된다.

$$z'' = z'\left(q + \frac{p'}{p}\right) - prz.$$

이 상미분방정식이 해석적으로 풀리지 않으면 그것이 지수급수 방법으로 풀릴 수 있다.

예제 19.4.2 **리카티 비선형 미분방정식**

초기조건 $y(0) = 1$의 $y' = 1/2 - x^2y + 2xy^2$을 풀어라.

해를 추측함으로써 출발한다(그것을 찾는 데 규칙들은 없다 – 단지 시행착오로). 말하자면 $y = x/2$, 그리고 그것을 $1/2 = 1/2 - x^3/2 + 2x(x^2/4)$로 증명한다. 그리고 우리는 아래 베르누이 비선형 미분방정식을 얻기 위하여 리카티 비선형 미분방정식에 $y = \frac{x}{2} + u$, $y' = \frac{1}{2} + u'$을 대입한다. 베르누이 비선형 미분방정식

$$u' = x^2u + 2xu^2$$

을 $v = 1/u$, $v' = -u'/u^2$으로 놓음으로써 이 식을 푼다. 이것은 다음 상미분방정식을 준다.

$$-v' = x^2v + 2x.$$

먼저 변수분리하고 적분함으로써 먼저 동차 상미분방정식 $-v' = x^2v$를 푼다.

$$\int^v \frac{dv}{v} = -\int^x x^2\,dx = -x^3/3 + \ln C.$$

지수로 해서 풀면 $v = Ce^{-x^3/3}$. 이제 상수를 $C \to C(x)$로 변화시키고 $v = C(x)e^{-x^3/3}$을 비동차 상미분방정식에 넣으면 $C' = -2xe^{x^3/3}$을 얻는다. 그래서 $v = e^{-x^3/3}(c - 2\int^x xe^{x^3/3}dx)$, $u = 1/v$ 그리고 끝으로 $y = x/2 + u$이다. 초기조건이 $y(0) = 1 = 1/c$로부터 적분상수 $c = 1$로 고정시킨다. ■

리카티 방정식과 똑같이 **다른 비선형 상미분방정식들의 완전한 해들을 구하는 일반적 방법들은 없다. 수치적인 적분에 의하여 해들의 정성적 거동**을 찾기를 위한 방법을 개발하는 것이 더 중요하다. 수치적인 적분에서 혼돈 등이 일어난다. 제8장에서 상미분방정식들의 지수급수 해들은 (가능하게) 본질적 특이점들에서 제외하고는 존재함을 설명하였다. 후자의 위치들은

상미분방정식의 계수함수들의 성질들에 의해서 직접 주어진다. 그러한 국소적 분석은 우리에게 물론 해들의 점근 거동을 제시해 준다.

■ 고정된 특이점과 움직일 수 있는 특이점, 특별 해

비선형 미분방정식들의 해들은 역시 초기나 경계조건들에 독립인 그래서 **고정된 특이점**이라 일컫는 그러한 특이점을 가진다. 추가적으로 그 해들은 초기나 경계조건들에 따라 변하는 **자발적으로** 또는 **움직일 수 있는** 특이점들을 가질 수 있다. 그것들은 비선형 미분방정식들의 (점근) 분석을 어렵게 한다.

예제 19.4.3 **움직일 수 있는 특이점**

이 점은 다음 선형 상미분방정식을 비교함으로써 설명된다.

$$y' + \frac{y}{x-1} = 0, \tag{19.21}$$

이 식은 비선형 미분방정식 $y' = y^2$과 함께 $x = 1$에서 분명한 정칙 특이점을 가진다. 둘 다 초기조건 $y(0) = 1$과 함께 같은 풀이, 즉 $y(x) = 1/(1-x)$를 가진다. $y(0) = 2$에 대해, 그렇지만, 비선형 미분방정식의 (분명한 그러나 점검하라) 풀이 $y(x) = 2/(1-2x)$에서 극이 $x = 1/2$로 움직였다. 더 일반적으로 $y(x) = y_0/(1-y_0x)$는 $y(0) = y_0$와 함께 $y' = y^2$의 해이다. 이 식은 이 경우에 특이점이 어떻게 초기조건으로 움직임을 보여준다. ■

선형 이차 상미분방정식에서 두 선형 독립해들(의 그것이)이 알려질 때에 그 해들(의 점근 거동)의 완전한 설명을 얻는다.

비선형 미분방정식들에 대해서 그들의 점근 거동이 두 개의 독립해들로부터 얻을 수 없는 **특별해**들이 있을 수 있다. 이것이 비선형 미분방정식들의 또 다른 **특성적** 성질이다. 그것을 우리는 다시 한 예로써 설명한다.

예제 19.4.4 **특별해**

초기조건들 $y(0) = y_0$와 $y'(0) = y_0'$을 만족하는 두 매개변수들에 의존하는 비선형 미분방정식 $y'' = yy'/x$의 해들의 부류(class)는 예를 들어, 다음과 같이 주어진다.

$$y(x) = 2c_1 \tan(c_1 \ln x + c_2) - 1, \tag{19.22}$$

여기서 c_i는 적분상수들이다. 한 분명한(그것을 점검하라) 특별해는 $y = c_3 =$ 상수, 이 식은 $c_3 \neq -1$에 대해 매개변수들 c_1, c_2의 어떤 선택에 대해서 (19.22)식으로부터 얻을 수 없다. $x = e^t$의 대입을 사용하여 $xdy/dx = dY/dt$가 되게 $Y(t) = y(e^t)$이면 상미분방정식 $Y'' = Y'(Y+1)$을 얻는 것에 유의하여라. 이 상미분방정식은 한 번 적분할 수 있어 적분상수 $c = 2(c_1^2 + 1/4)$

로 $Y' = \frac{1}{2}Y^2 + Y + c$가 되고 다시 8.2절에 따라 (19.22)식의 해에 이른다. ▒

■ 자율 미분방정식

여기서 시간 t로 취한 독립변수를 명시적으로 포함하지 않은 미분방정식을 **자율적**이라 일컫는다. 19.2절에서 로지스틱 본뜨기에 자극을 받아 간단히 논의했던 베르헐스트의 비선형 미분방정식 $\dot{y} = dy/dt = \mu y(1-y)$은 상미분방정식들의 이 넓고 중요한 부류 중의 한 특별한 경우이다.[4] 한 종속변수 $y(t)$에 대해 다음과 같이 쓸 수 있다.

$$\dot{y} = f(y) \tag{19.23a}$$

그리고 한 계로서 몇 개의 종속변수들에 대해서

$$\dot{y}_i = f_i(y_1, y_2, \ldots, y_n), \quad i = 1, 2, \ldots, n \tag{19.23b}$$

이고 이 식은 충분히 미분 가능한 함수들 f, f_i로 되어있다. (19.23a)식의 해는 $n=1$에 대해서 곡선 또는 궤적 $y(t)$이고 $n>1$에 대해서는 **위상공간**에서 궤적$(y_1(t),\ y_2(t),\ \ldots,\ y_n(t))$이다. 19.1절에서 논의한 바와 같이 두 궤적은 상미분방정식의 해의 편재성 때문에 교차할 수 없다. 분명히 대수적 계의 해들은

$$f_i(y_1, y_2, \ldots, y_n) = 0, \quad i = 1, 2, \ldots, n \tag{19.24}$$

이고 이 식들은 위상공간에서 특별한 점들이다. 여기서 위치벡터$(y_1,\ y_2,\ \ldots,\ y_n)$는 궤적 위로 움직이지 않는다; 그것들은 비선형 본뜨기들에 대해 바로 고정점들과 같이 **임계점**들이라 일컫는다. 임계점들 근처에서 해들의 국소 분석은 해들이 대역(전체)적 거동의 이해에 이르게 된다. 먼저 간단한 예를 논의하자.

예제 19.4.5 **베르헐스트 비선형 미분방정식**

베르헐스트 상미분방정식에 대해 $\mu>0$과 함께 $\dot{y} = f(y) = \mu y(1-y)$는 임계점들로서 $y=0$과 $y=1$을 제시한다; 로지스틱 본뜨기에 대해 $y=0$은 $df/dy = \mu > 1$로서 밀개(repellor)이고 반면에 $x^* = 1-1/\mu$는 $\mu<3$에 대해 $|df(x^*)/dy| = |2-\mu| < 1$로서 끌개(attractor)이다.

$y=0$에서 $y>0$에 대해 y는 오른쪽으로 움직이고 $y<0$에 대해 왼쪽으로 움직이도록 $\dot{y} = f(0) + f'(0)y + \cdots = \mu y + \cdots$로 전개한다. 이 거동 $\cdots \leftarrow \cdot \rightarrow \cdots$은 $y=0$을 밀개로 특성 지워진다. $y=1$에서 우리는 $y<1$에 대해서 오른쪽으로 $y>1$에서는 왼쪽으로 움직이도록 다음 같이 전개한다.

$$\dot{y} = f(1) + f'(1)(y-1) + \cdots = -\mu(y-1) + \cdots$$

이러한 거동 $\cdots \rightarrow \cdot \leftarrow \cdots$을 끌개로 설명한다.

---

[4]비자율적 방정식의 해들은 더 복잡할 수도 있다.

$y=0$ 근처의 이 국소분석은 y^2항을 무시하고 대신 $\dot{y}=\mu y$를 풀도록 암시한다. 적분하면 $\int dy/y=\mu t+\ln c$는 $y=0$이 밀개되도록 $t\to\infty$에 따라 발산하는 풀이 $y(t)=ce^{\mu t}$를 준다. 비슷하게 $y=1$에서 $\int dy/(1-y)=\mu t-\ln c$라는 식은 $t\to\infty$에 대해 $y(t)=1-ce^{-\mu t}\to 1$이 되게 한다. 그래서 $y=1$은 끌개이다. 그 비선형 미분방정식은 변수분리되기 때문에 그것의 일반해는 다음과 같다.

$$\int\frac{dy}{y(1-y)}=\int dy\left[\frac{1}{y}+\frac{1}{1-y}\right]=\ln\frac{y}{1-y}=\mu t+\ln c.$$

그래서 $t\to\infty$에 대해 $y(t)=ce^{\mu t}/[1+ce^{\mu t}]$ 식은 1에 수렴하고 이렇게 국소 분석을 확인한다. 비선형방정식이 단지 한 동력학적 변수만을 가지기 때문에 혼돈이 발견되지 않는다. 그리고 c가 변함에 따라 지수적 발산이 없다. ■

이 예는 우리가 고정된 점들의 성질을 더 상세히 조사하도록 자극한다. 일반적으로 그것들을 보는 것은 아래와 같이 쉽다.

- **일차원**에서 $f(y_i)=0$의 고정된 점은 $y-$축을 동력학적으로 분리된 간격들로 나눈다. 왜냐하면 간격들 중 한 곳에서 초기조건이 주어지면 궤적이 $\dot{y}=0$인 고정된 점 어느 쪽으로도 넘어서 갈 수 없으므로 궤적 $y(t)$는 그곳에 머물러 있기 때문이다.

만약에 $f(y_0)=0$인 고정된 점 y_0에서 $f'(y_0)>0$이라면 $\varepsilon>0$이며 충분히 작은 값에 대한 $y_0+\varepsilon$에서 고정된 점 y_0로부터 멀리 궤적 $y(t)$가 오른쪽으로 계속 움직이도록 y_0의 오른쪽 인근에서 $\dot{y}=f'(y_0)\varepsilon+\mathcal{O}(\varepsilon^2)>0$이 된다. y_0의 왼쪽에서 궤적이 마찬가지로 여기서 고정된 점으로부터 멀어지도록 $\dot{y}=-f'(y_0)\varepsilon+\mathcal{O}(\varepsilon^2)<0$이 된다. 그래서

- 그림 19.5a에서 보는 바와 같이 $f'(y_0)>0$으로서 y_0에서 고정된 점[$f(y_0)=0$으로서]은 궤적들을 밀어낸다 (즉 모든 궤적들은 임계점으로부터 멀어진다): $\cdots\leftarrow\cdot\rightarrow\cdots$. 그것은 **밀개**이다. 비슷하게 다음을 본다.

그림 19.5
고정된 점들
(a) 밀개(repellor);
(b) 흡입(sink)

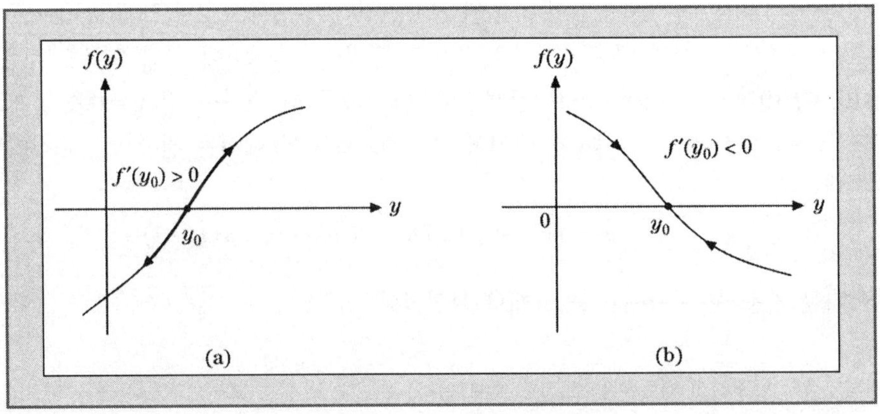

- 그림 19.5b에서 보는 바와 같이 $f'(y_0)<0$으로서 y_0에서 고정된 점은 궤적들을 끌어당긴다 (즉 모든 궤적들은 임계점 y_0를 향하여 수렴한다): $\cdots \rightarrow \cdot \leftarrow \cdots$. 그것은 **흡입**이다.

이제 역시 $f'(y_0)=0$인 남은 경우를 생각하자. $f''(y_0)>0$으로 가정하자. 그러면 고정된 점 y_0의 오른쪽으로 $y_0+\varepsilon$에서 궤적은 고정점으로부터 멀어지려 하는 반면 왼쪽에서는 y_0는 가까이 움직이도록 다음과 같이 된다.

$$\dot{y} = f''(y_0)\varepsilon^2/2 + \mathcal{O}(\varepsilon^3) > 0.$$

이것을 **일차원에서 안장점**이라 정의한다. $f''(y_0)<0$에 대해서 고정된 점을 향하여 y_0의 오른쪽으로 운동과 왼쪽에서는 그것으로 멀어지려는 안장점을 취급하도록 $\dot{y}$의 부호는 반대 방향이다. 그러한 고정된 점 가까이 궤적들의 국소 거동을 요약하자: 우리는 다음과 같은 안장점을 가진다.

- (a) $f''(y_0)>0$인 경우에 해당하는 그림 19.6a와 19.6b에서 보이는 바와 같이 $f(y_0)=0$과 $f'(y_0)=0$일 때 안장점을 가지며 임계점 한쪽의 궤적들은 안장점에 수렴하고 다른 쪽에서는 그것으로부터 멀리 발산한다 ($\cdots \rightarrow \cdot \rightarrow \cdots$). 그리고 (b) $f''(y_0)<0$에 대해서는 그 방향이 (a)에 비교해서 간단히 바뀐다. 그림 19.6c는 $f''(y_0)=0$인 경우들에 대해서 보여주고 있다.

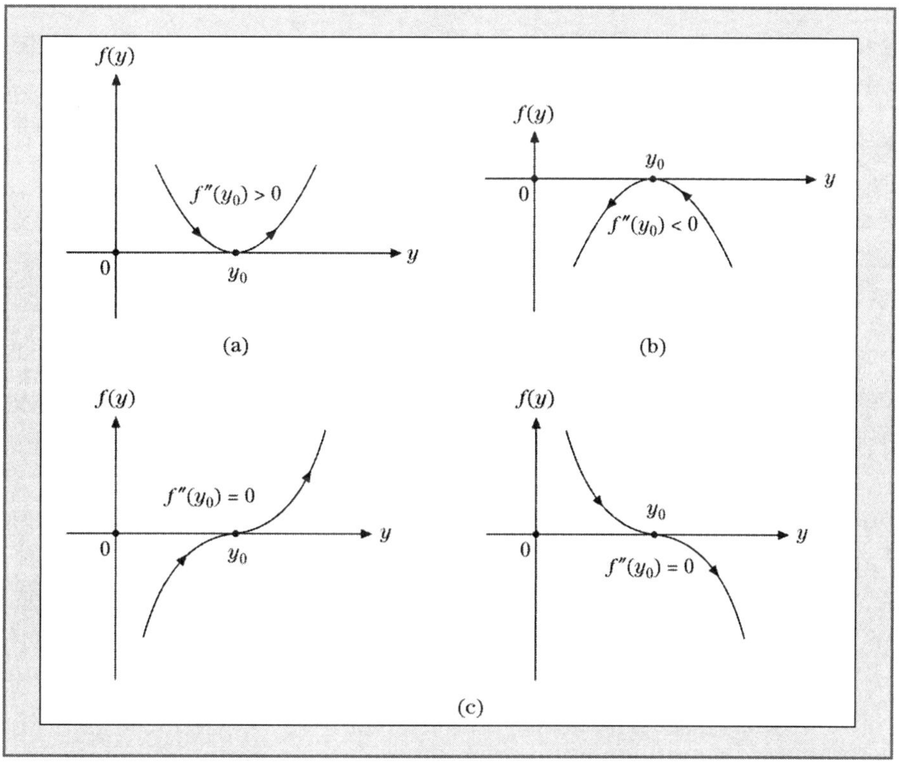

그림 19.6
안장점들

여기까지 로지스틱 본뜨기에 대해 μ와 같이 $f(y)$의 하나나 그 이상의 추가적 의존성을 무시하였다. 한 임계점이 매개변수를 조금 조절함으로써 그 성질들을 정성적으로 유지할 때 우리는 그 점이 구조적으로 안정된다고 부른다. 이 정의는 실제적으로 의미가 있다: 구조적으로 불안정한 대상들은 소음과 그리고 다른 무시될 수 있는 자유도들이 관측으로부터 불안정한 점들을 효과적으로 방지하는 계들에서 건드림(섭동)으로 작용하기 때문에 실제적으로 거의 일어나지 않는다. 이런 관점에서 지금 고정된 점들을 조사하자. 그러한 조절 매개변수를 조금 변화시킴으로, 함수 f를 변형시키던가 또는 그림 19.5에서 f를 위 아래로 또는 옆으로 움직여본다. 이것은 $f(y_0)=0$으로 하는 고정된 점의 y_0의 위치를 조금 움직이는 것이 $f'(y_0)$의 부호를 유지시키는 것이다. 그래서 **끌개와 밀개**는 둘 다 **구조적으로 안정이나** 안장점은 일반적으로 그렇지 않다. 예를 들어 그림 19.6a에서 f를 아래로 움직이면 두 개의 고정된 점들을 생기게 한다. 하나는 흡입이고 다른 하나는 밀개이고 그리고 안장점을 이동시킨다. 그러나 안장점들은 동역학의 다른 형들 사이의 경계를 표시하고 그리고 동역학의 전체적 (온 곳) 분석에 있어서 유용하고 의미가 있다. 지금 우리는 더 풍부하나 더 어려운 더 높은 차원의 경우들을 생각할 준비가 되어있다.

■ 고차원들에서 국소(한곳)와 전체적(온곳) 거동

둘 또는 그 이상의 차원들에서 다음 고정점에서 국소 분석을 시작하고자 한다.

$$(y_1^0, y_2^0, \ldots, y_n^0) \qquad \dot{y}_i = f_i(y_1^0, y_2^0, \ldots, y_n^0) = 0 \text{과 함께}$$

여기서 일차원 경우에 대해서와 같이 (19.23b)식에서 f_i의 같은 테일러 전개를 사용하였다. 다만 일차 도함수들만을 보유하므로, 이것은 (19.23b)식의 **선형화된 결합 비선형 미분방정식들로** 접근하고 그것들이 해를 다음과 같이 선형대수로 요약한다. 우리는 고정된 점에서 일정한 도함수들을 다음 요소를 가진 행렬 F로 간추려 표현한다.

$$f_{ij} \equiv \left.\frac{\partial f_i}{\partial y_j}\right|_{(y_1^0, y_2^0, \ldots, y_n^0)}. \tag{19.25}$$

그러나 제3장에서 표준 선형대수에 대조해서 F는 일반적으로 대칭도 에르미티안도 아니다. 만약에 고정된 점을 원점으로 옮기고 이동된 좌표들을 $x_i = y_i - y_i^0$라고 부르면 (19.23b)식의 결합된 비선형 미분방정식들은

$$\dot{x}_i = f_{ij} x_j, \tag{19.26}$$

즉 상수계수들의 결합된 선형 미분방정식들이다. 여기서 반복되는 지표 j에 대해 합하는 것으로 이해한다. 이 전개는 뭇겹차원 공간에서 한 고정된 점 주위에서 선형화한 동력학이다. (19.26)식을 표준지수 산법(8.3절과 15.9절)으로 풀면

$$x_i(t) = c_{ij} e^{\lambda_j t}, \tag{19.27}$$

여기서 지수상수 λ_j이고 $\mathbf{c}_j = (c_{ij},\ i = 1,\ 2,\ \ldots)$는 C의 j번째 열벡터를 형성하도록 계수 c_{ij}의 상수행렬 C이다. (19.27)식을 (19.26)식에 대입하면 지수함수들의 선형 결합이 된다.

$$c_{ij}\lambda_j e^{\lambda_j t} = f_{ik}c_{kj}e^{\lambda_j t}, \tag{19.28}$$

이 식들은 $\lambda_i \neq \lambda_j$이면 독립이다. 이것이 우리가 초점을 두는 일반적인 경우이다. 두 개 또는 그 이상의 λ가 같은 겹침인 경우 일차원에서 안장점들 경우와 같이 특별한 취급을 요한다. 지수함수들의 계수들을 같은 지수들과 비교해서 다음의 고유방정식을 얻는다.

$$f_{ik}c_{kj} = \lambda_j c_{ij} \text{ 또는 } \mathsf{F}\mathbf{c}_j, = \lambda_j \mathbf{c}_j, \tag{19.29}$$

여기서 왼쪽편에서 반복된 지표 k는 합하는 것을 뜻하나 오른쪽의 j는 고정시킨다. 동차 선형 방정식 (19.29)의 고유값 λ_j와 고유벡터 $\mathbf{c}_j$를 이루고 있는 자명하지 않은 해는 λ_j를 영년 다항식의 근으로 계산되게 한다 (3.5절과 비교하라).

$$\det(\mathsf{F} - \lambda\, 1) = 0. \tag{19.30}$$

방정식 (19.29)는 다음과 같이 (19.29)식을 쓰도록 C가 F를 대각화할 것을 말하는데

$$\mathsf{C}^{-1}\mathsf{F}\mathsf{C} = [\lambda_1, \lambda_2, \ldots], \tag{19.31}$$

이는 제3장의 표기에서 대각행렬 요소들 λ_i의 대각행렬이다. $\mathsf{C}\boldsymbol{\xi} = \mathbf{x}$로서 정의된 새롭고 그러나 일반적으로 비직교적인 좌표들에서 $\dot{\xi}_j = \lambda_j \xi_j$와 같이 각방향 ξ_j에 대해서 **특성지수**를 가진다. 여기서 λ_j는 일차원 경우에서 $f'(y_0)$의 구실을 한다. λ는 일반적으로 복소수이다 (해에서 다른 방향들은 없다). 이러한 것은 (19.29)식과 (19.31)식과 함께 $\mathbf{x} = \mathsf{C}\boldsymbol{\xi}$를 (19.26)식에 대입해 넣음으로써 보인다. 그래서 이 해는 일차원 고정된 점들 $\boldsymbol{\xi}$의 각 성분에 대해서 하나, 그리고 다른 성분들에 대해 독립인 각각의 독립적인 결합을 나타낸다. $\lambda_1 < 0$과 $\lambda_2 < 0$에 대한 이차원에서 흡입을 가지게 된다.

예제 19.4.6 **안정된 흡입(sink)**

결합된 상미분방정식들은

$$\dot{x} = -x, \quad \dot{y} = -x - 3y$$

라는 원점에서 평형점을 가진다. 해들은 다음 형태를 가진다. 이 식들은

$$x(t) = c_{11}e^{\lambda_1 t}, \quad y(t) = c_{21}e^{\lambda_1 t} + c_{22}e^{\lambda_2 t}$$

이고, 그래서 고유값 $\lambda_1 = -1$은 $\lambda_1 c_{11} = -c_{11}$로부터 왔고 그 해는 $x = c_{11}e^{-t}$이다. (19.30)식의 행렬식은

$$\begin{vmatrix} -1-\lambda & 0 \\ -1 & -3-\lambda \end{vmatrix} = (1+\lambda)(3+\lambda) = 0$$

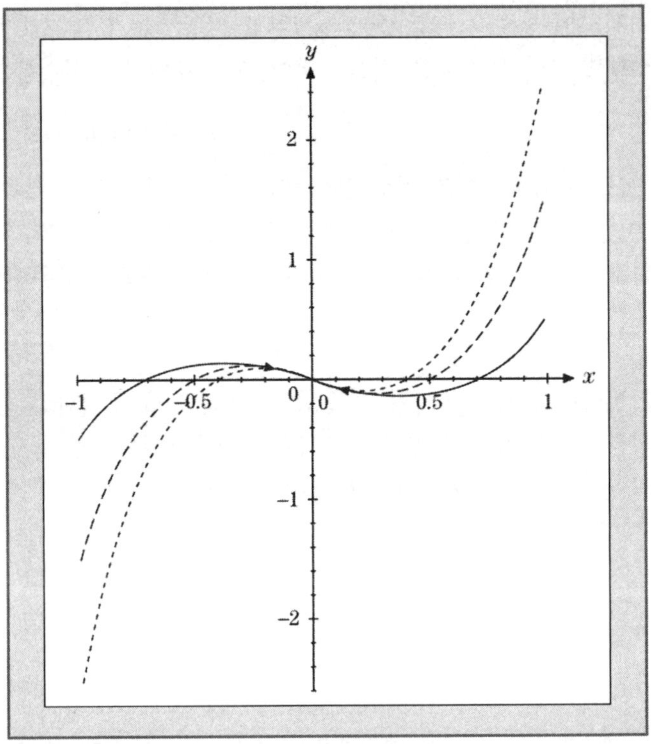

그림 19.7
안정한 흡입(sink)

이고, 이 식에서 고유값들은 $\lambda_1 = -1$, $\lambda_2 = -3$이 나온다. 둘 다 음이기 때문에 우리는 원점에서 안정한 흡입을 가진다. y에 대한 상미분방정식은 다음 선형방정식을 준다.

$$\lambda_1 c_{21} = -c_{11} - 3c_{21} = -c_{21}, \quad \lambda_2 c_{22} = -3c_{22},$$

이 식으로부터 $2c_{21} = -c_{11}$ 또는 $c_{21} = -c_{11}/2$을 추론한다. 일반적 해는 두 상수들을 가질 것이기 때문에 다음과 같이 주어진다.

$$x(t) = c_{11}e^{-t}, \quad y(t) = -\frac{c_{11}}{2}e^{-t} + c_{22}e^{-3t}.$$

시간 $t \to \infty$에 따라, $y \sim -x/2$와 $x \to 0$ 그리고 $y \to 0$을 가지나 $t \to -\infty$에 대해서는 $y \sim x^3$과 x, $y \to \pm\infty$를 가진다. 흡입에 향한 운동은 그림 19.7에서 화살표에 의해서 표시된다. 궤도를 찾기 위하여 독립변수 t를 소거하면 3차식을 구하게 된다.

$$y = -\frac{x}{2} + \frac{c_{22}}{c_{11}^3}x^3.$$

둘 다 $\lambda > 0$이면 밀개를 가진다. 이 경우에 운동은 고정된 점으로부터 멀어진다. 그러나 λ가 다른 부호를 가질 때 안장점을 가진다 (즉 한 차원에서는 흡입과 다른 차원에서는 밀개의 결합).

예제 19.4.7 **안장점**

결합된 상미분방정식들은

$$\dot{x} = -2x - y, \quad \dot{y} = -x + 2y$$

이고, 이 식들은 원점에서 고정된 점을 가진다. 그 해들은 다음 형태를 가진다.

$$x(t) = c_{11}e^{\lambda_1 t} + c_{12}e^{\lambda_2 t}, \quad y(t) = c_{21}e^{\lambda_1 t} + c_{22}e^{\lambda_2 t}.$$

고유값 $\lambda = \pm\sqrt{5}$는 다음 식으로부터 얻는다.

$$\begin{vmatrix} -2-\lambda & -1 \\ -1 & 2-\lambda \end{vmatrix} = \lambda^2 - 5 = 0.$$

일반적 해들을 상미분방정식에 대입하면 선형방정식들이 나온다.

$$\lambda_1 c_{11} = -2c_{11} - c_{21} = \sqrt{5}c_{11}, \qquad \lambda_1 c_{21} = -c_{11} + 2c_{21} = \sqrt{5}c_{21},$$
$$\lambda_2 c_{12} = -2c_{12} - c_{22} = -\sqrt{5}c_{12}, \quad \lambda_2 c_{22} = -c_{12} + 2c_{22} = -\sqrt{5}c_{22},$$

또는

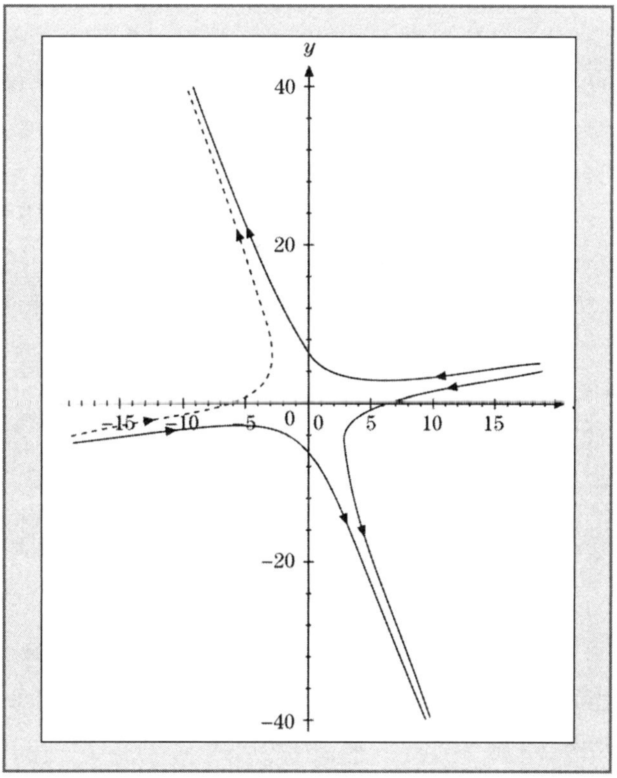

그림 19.8
안장점

$$(\sqrt{5}+2)c_{11} = -c_{21}, \quad (\sqrt{5}-2)c_{12} = c_{22},$$
$$(\sqrt{5}-2)c_{21} = -c_{11}, \quad (\sqrt{5}+2)c_{22} = c_{12},$$

그래서 $c_{21} = -(2+\sqrt{5})c_{11}$, $c_{22} = (\sqrt{5}-2)c_{12}$, 해들의 모임은 두 개의 매개변수들 c_{11}, c_{12}에 의존한다. 긴 시간 $t \to \infty$에 대하여 양의 지수가 우세하여 $y \sim -(\sqrt{5}+2)x$이고 반면에 $t \to -\infty$에 대하여 $y = (\sqrt{5}-2)x$를 가진다. 이들 직선들은 궤도의 점근선들이다. $-(\sqrt{5}+2)\ (\sqrt{5}-2) = -1$이기 때문에 그것들은 직교한다. 다음과 같이 하여 독립변수 t를 제거함으로써 궤도를 찾는다. c_{2j}를 대입하므로 다음과 같이

$$y = -2x - \sqrt{5}\left(c_{11}e^{\sqrt{5}t} - c_{12}e^{-\sqrt{5}t}\right), \qquad \frac{y+2x}{\sqrt{5}} = -c_{11}e^{\sqrt{5}t} + c_{12}e^{-\sqrt{5}t}$$

로 정리한다. 이제 해 $x(t)$를 더하고 빼므로 다음을 얻는다.

$$\frac{1}{\sqrt{5}}(y+2x) + x = 2c_{12}e^{-\sqrt{5}t}, \quad \frac{1}{\sqrt{5}}(y+2x) - x = -2c_{11}e^{\sqrt{5}t}.$$

앞 두 식을 곱하면 다음이 된다.

$$\frac{1}{5}(y+2x)^2 - x^2 = -4c_{12}c_{11} = \text{ 상수}.$$

결과적인 이차식 형태 $y^2+4xy-x^2=$상수는 음의 부호와 혼성항 때문에 회전된 쌍곡선이다. 이 쌍곡선은 그것의 점근선들이 x, $y-$축으로 정렬되지 않기 때문에 회전되었다 (그림 19.8). 그것의 방위는 이미 찾아낸 점근선들의 방향으로 주어진다. 또 다른 방법으로 예제 1.5.3과 1.5.4에서와 같이 진행하여 원점으로부터 최소 거리의 방향으로 찾을 수 있다. 즉 $f+\Lambda g \equiv x^2+y^2+\Lambda(y^2+4xy-x^2)$의 x와 y의 도함수들을 영으로 둔다. 여기서 Λ는 쌍곡선 구속에 대한 라그랑지 곱수이다. 쌍곡선의 네 개의 갈래들은 매개변수들 c_{11}과 c_{12}의 다른 부호들에 해당한다. 그림 19.8은 매개변수들 $c_{11} = \pm 1$, $c_{12} = \pm 2$인 경우들에 대해서 작도되었다. ■

거동의 이러한 형은 더 높은 차원들에 일반화된다.

그러나 거동의 새로운 종류는 복소켤레(공액) 고유값들의 한쌍 $\lambda_{1,2} = \rho \pm i\kappa$에 대하여 일어난다. 만약에 오일러 항등식 $\exp(ix) = \cos x + i \sin x$를 사용함으로써 실변수들 $\xi_{\pm} = (\xi_1 \pm \xi_2)/2$에서 복소해들 $\xi_{1,2} = \exp(\rho t \pm i\kappa t)$를 쓰면 (3.5절과 6.1절을 보라),

$$\xi_+ = \exp(\rho t)\cos(\kappa t), \qquad \xi_- = \exp(\rho t)\sin(\kappa t) \tag{19.32}$$

가 되고 이 식들은 $\rho < 0$에 대해서 원점에서 고정된 점으로 안쪽으로 나선형으로 들어가는, **나선흡입**과 $\rho > 0$에 대해 고정된 점으로부터 나선형으로 멀어져가는, **나선밀개**의 궤적을 기술하고 있다.

예제 19.4.8 **나선 고정된 점**

결합된 상미분방정식

$$\dot{x} = -x + 3y, \quad \dot{y} = -3x + 2y$$

에서 이 식들은 원점에 고정된 점을 그리고 아래 형태의 해들을 가지고 있다.

$$x(t) = c_{11}e^{\lambda_1 t} + c_{12}e^{\lambda_2 t}, \quad y(t) = c_{21}e^{\lambda_1 t} + c_{22}e^{\lambda_2 t}.$$

지수들 $\lambda_{1,2}$는 다음 식의 해들이다.

$$\begin{vmatrix} -1-\lambda & 3 \\ -3 & 2-\lambda \end{vmatrix} = (1+\lambda)(\lambda-2)+9=0,$$

또는 $\lambda^2 - \lambda + 7 = 0$이다. 고유값들은 원점에서 나선 고정된 점을 다루게 하는 복소켤레(공액) $\lambda = 1/2 \pm i\sqrt{27}/2$이다 $(1/2 > 0$이므로 밀개). 일반해들을 상미분방정식들 속으로 대입하면 선형방정식들이 나온다.

$$\lambda_1 c_{11} = -c_{11} + 3c_{21}, \quad \lambda_1 c_{21} = -3c_{11} + 2c_{21},$$
$$\lambda_2 c_{12} = -c_{12} + 3c_{22}, \quad \lambda_2 c_{22} = -3c_{12} + 2c_{22},$$

또는

$$(\lambda_1 + 1)c_{11} = 3c_{21}, \quad (\lambda_1 - 2)c_{21} = -3c_{11},$$
$$(\lambda_2 + 1)c_{12} = 3c_{22}, \quad (\lambda_2 - 2)c_{22} = -3c_{12}$$

이고, 이 식들은 $\lambda_{1,2}$의 값들을 사용하므로 아래 곡선들의 모임을 암시한다.

$$x(t) = e^{t/2}\left(c_{11}e^{i\sqrt{27}t/2} + c_{12}e^{-i\sqrt{27}t/2}\right),$$
$$y(t) = \frac{x}{2} + \frac{\sqrt{27}}{6}e^{t/2}i\left(c_{11}e^{i\sqrt{27}t/2} - c_{12}e^{-i\sqrt{27}t/2}\right).$$

이 식들은 두 매개변수 c_{11}, c_{12}에 의존한다. 간단하게 하기 위하여 오일러 항등식 $e^{ix} = \cos x + i\sin x$를 사용하여 $x(t)$와 $y(t)$의 실수와 허수부분들을 분리할 수 있다. $c_{11} = c_{12} = c/2$와 $t \to 2t$로 눈금을 조정하는 것은 동등하나 더 편리하므로 오일러 항등식으로써 다음을 얻는다.

$$x(t) = ce^t \cos\left(\sqrt{27}t\right), \quad y(t) = \frac{x}{2} - \frac{\sqrt{27}}{6}ce^t \sin\left(\sqrt{27}t\right).$$

여기서 t를 소거할 수 있고 궤도를 찾으면

$$x^2 + \frac{4}{3}\left(y - \frac{x}{2}\right)^2 = (ce^t)^2$$

이다. 고정된 t에 대해서 이 식은 양의 분명한 이차식 형태 $x^2 - xy + y^2 =$ 상수(즉 타원)이다. 그러나 t가 고정되어 있지 않기 때문에 해들에서 타원은 없다. 그렇지만 그 방위를 찾는 것이

그림 19.9
나선점

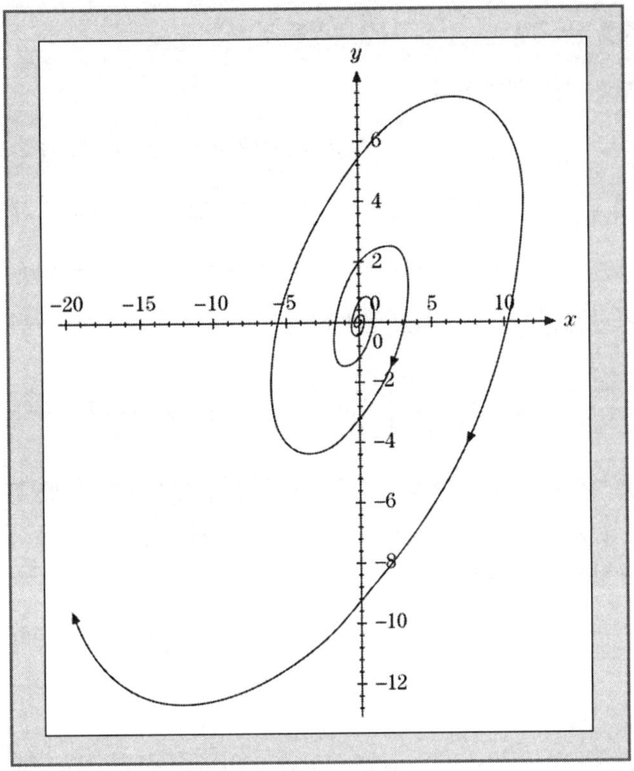

유용하다. 예제들 1.5.3과 1.5.4에서와 같이 진행한다. 타원적 구속에 대해서 라그랑지 곱수 Λ로서 다음 식을 형성하고 원점으로부터 최대와 최소 거리의 방향을 찾는다.

$$f(x, y) + \Lambda g(x, y) \equiv x^2 + y^2 + \Lambda(x^2 - xy + y^2).$$

그리고 다음과 같이

$$\frac{\partial(f + \Lambda g)}{\partial x} = 2x + 2\Lambda x - \Lambda y = 0, \quad \frac{\partial(f + \Lambda g)}{\partial y} = 2y + 2\Lambda y - \Lambda x = 0$$

으로 놓고 다음 식으로부터

$$2(\Lambda + 1)x = \Lambda y, \quad 2(\Lambda + 1)y = \Lambda x$$

에서 방향들을 얻는다.

$$\frac{x}{y} = \frac{\Lambda}{2(\Lambda + 1)} = \frac{2(\Lambda + 1)}{\Lambda}.$$

또는 $\Lambda^2 + \frac{8}{3}\Lambda + \frac{4}{3} = 0$. 이는 값들 $\Lambda = -2/3$, -2와 방향들 $y = \pm x$를 준다. 다른 말로 하면 우리의 타원은 원점을 중심으로 하고 45°로 회전한다. 독립변수 t를 변화시킴에 따라 타원의 크기는 $c = 1$에 대해 그림 19.9에서 보이는 회전하는 나선을 얻도록 변한다. ■

$\rho=0$인 특별한 경우 원형 궤적은 **순환**이라 부른다.

예제 19.4.9 **중심 또는 순환**

감쇠하지 않는 선형 조화진동 상미분방정식 $\ddot{x}+\omega^2 x=0$은 두 개의 상미분방정식들로서 쓸 수 있다.

$$\dot{x}=-\omega y, \quad \dot{y}=\omega x.$$

결과적인 상미분방정식 $\dot{x}x+\dot{y}y=0$을 적분하면 원 궤도들 $x^2+y^2=$상수가 나온다. 이 식들은 원점에 중심을 정의하고 그림 19.10에 보였다. 해들은 $x=R\cos t$, $y=R\sin t$로서 매개변수화 될 수 있다. 여기서 R은 지름 매개변수이다. 그것들은 복소켤레 (공액) 고유값들 $\lambda_{1,2}=\pm i\omega$에 대응된다. 일반해를 다음과 같이 적으면 그것들을 점검할 수 있다.

$$x(t)=c_{11}e^{\lambda_1 t}+c_{12}e^{\lambda_2 t}, \quad y(t)=c_{21}e^{\lambda_1 t}+c_{22}e^{\lambda_2 t}.$$

그러면 고유값들은 다음 식으로부터 따라 나온다.

$$\begin{vmatrix} -\lambda & -\omega \\ \omega & -\lambda \end{vmatrix}=\lambda^2+\omega^2=0.$$

중심 근처의 궤적들(닫혀진 궤도)이 시간이 경과됨에 따라 그것에 끌릴 때 구동된 감쇠진자

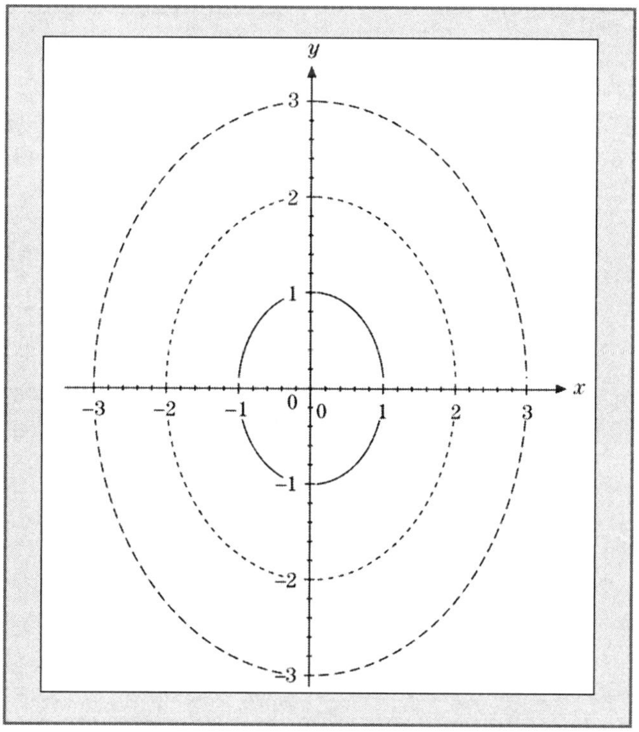

그림 19.10
중심

에 대해서 이 닫혀진 궤도는 자율계들에 대한 주기 운동을 나타내는 **극한 순환**으로서 정의된다. 감쇠진자는 보통 원점(정지 위치)쪽으로 나선 운동한다; 즉 원점은 그 위상공간에서 나선 고정된 점이다. 구동힘을 가할 때 그 계는 그것의 양의 시간 의존성이어서 형식적으로 비자율이 되나 역시 더 흥미가 있다. 이 경우에 다음 운동방정식에서 사인모양의 구동력에서 양의 시간을 새로운 변수 φ로 부를 수 있다. 여기 운동방정식에서 ω_0는 고정된 율이다.

$$\dot{\omega} + \gamma\omega + \sin\theta = f\sin\varphi, \quad \omega = \dot{\theta}, \quad \varphi = \omega_0 t.$$

그리고 $\dot{\varphi} = \omega_0 =$ 상수이므로 위상공간의 차원을 하나 (한 변수 φ를 더해서) 증가시킨다. 그러나 결합된 상미분방정식들을 자율적으로 유지한다. 이 구동된 감쇠진자는 위상공간에서 닫혀진 궤도를 건너서 그것에 나선으로 돌아가는 궤적을 가진다: 이것을 극한 순환이라 일컫는다. 이것은 구동력, 계의 제어 매개변수의 세기 f의 범위에 대해서 일어난다. f를 증가시킴에 따라 위상공간 궤적들이 몇 개의 이웃 극한 순환을 통과해서 결국 비 주기적 그리고 혼돈적이 된다. 그러한 닫혀진 극한 순환들은 수학자 호프(E. Hopf)에 의해 혼돈으로 가는 그길에 진자의 호프의 쌍갈림이라고 일컫는다. 그는 위상공간의 더 높은 차원에서 그러한 쌍갈림에 대해 푸앵카레의 결과들을 일반화하였다.

또 하나의 고전적 끌개는 다음 궤적과 같이 유사 주기적 운동이다.

$$x(t) = A_1\sin(\omega_1 t + b_1) + A_2\sin(\omega_2 t + b_2), \tag{19.33}$$

여기서 비율 ω_1/ω_2는 무리수이다. 위상평면 $(x,\ y = \dot{x})$ 궤도는 닫혀진 그림을 형성한다.

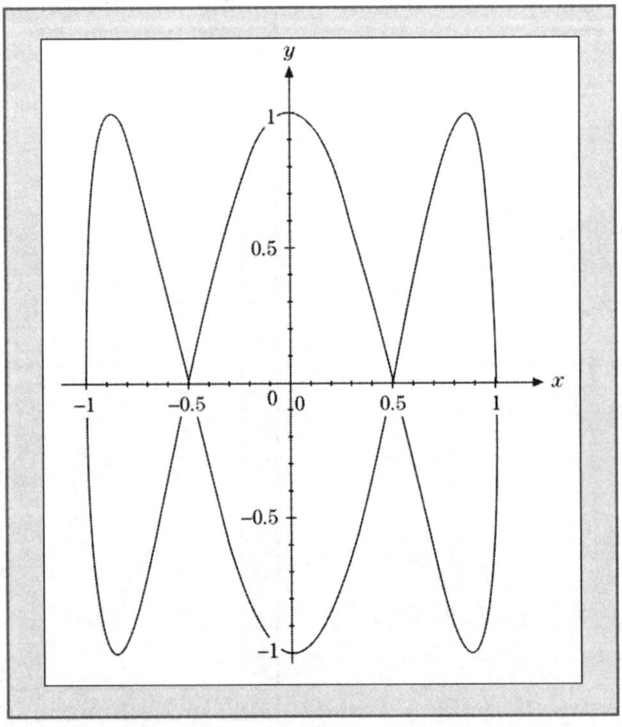

그림 19.11
곡선($x = \sin t,\ y = \cos(3t)$)이 닫혀 진다.

그림 19.12

곡선($x = \sin t,\ y = \cos(\sqrt{2}t)$)은 닫혀지지 않다

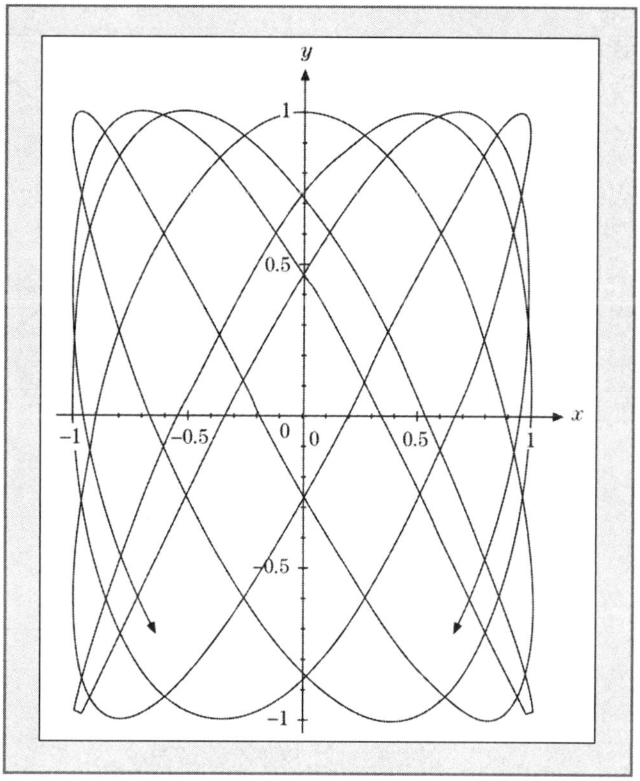

(19.33)식에서 그러한 연결된 진동들은 감쇠 비조화 진동의 해로서 일어난다 (반데폴(Van der Pol) 비자율계).

$$\ddot{x} + 2\gamma \dot{x} + \omega_2^2 x + \beta x^3 = f \cos(\omega_1 t). \tag{19.34}$$

유리수인 진동수들의 비의 중요성이 그림 19.11에서 닫혀진 곡선($x = \sin t,\ y = \cos(3t)$)으로 설명된다. 그러나 그림 19.12에서 무리수의 비에 대해 곡선($x = \sin t,\ y = \cos(\sqrt{2}t)$은 시간이 얼마나 많이 지나더라도 열려있다.

삼차원에서 양의 특성지수와 다른 방향들에서 끌어당기는 복소켤레 (공액) 쌍이 있을 때 새로운 생김새로서 **나선 안장점**들을 가지게 된다. 반대로 밀개 짝과 함께 음의 특성지수 역시 나선 안장점을 일으킨다. 여기서 궤적은 이차원에서 밖으로 나선해 가나 세 번째 방향으로 끌린다. 이것이 예제 19.4.10에서 설명되고 그림 19.13에 보였다.

예제 19.4.10 **밀어내는 나선 안장점**

연결된 상미분방정식들

$$\dot{x} = y, \quad \dot{y} = z, \quad \dot{z} = -x$$

에서 이 식은 다음 일반해들을 가진다.

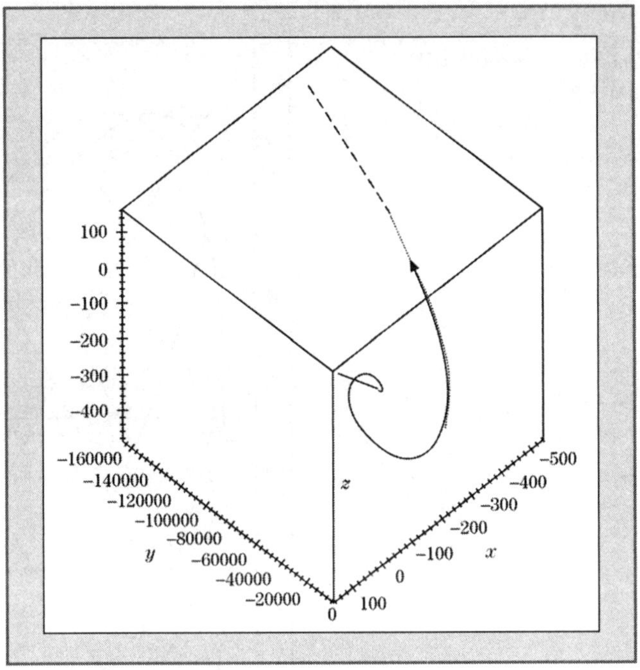

그림 19.13
밀어내는 나선 안정점

$$x = \sum_j c_{1j} e^{\lambda_j t}, \quad y = \sum_j c_{2j} e^{\lambda_j t}, \quad z = \sum_j c_{3j} e^{\lambda_j t}.$$

이 식들은 상미분방정식에 대입하면 선형 관계들이 나온다.

$$\lambda_j c_{1j} = c_{2j}, \quad \lambda_j c_{2j} = c_{3j}, \quad \lambda_j c_{3j} = -c_{1j}$$

그리고 고유값 조건은

$$\begin{vmatrix} -\lambda & 1 & 0 \\ 0 & -\lambda & 1 \\ -1 & 0 & -\lambda \end{vmatrix} = -\lambda^3 - 1 = 0.$$

해의 지수들은 다음 고유값들로 주어진다.

$$\lambda_1 = -1, \quad \lambda_{2,3} = e^{\pm \pi i/3} = \frac{1}{2} \pm i\frac{\sqrt{3}}{2},$$

이 식은 양의 시간에 대해 나선 밀개에 해당한다. 선형관계식들은 다음 식들을 내포한다.

$$\begin{aligned} &c_{21} = \lambda_1 c_{11} = -c_{11}, \quad c_{22} = \lambda_2 c_{12}, \quad c_{23} = \lambda_3 c_{13}, \\ &c_{31} = \lambda_1 c_{21} = -c_{21} = c_{11}, \quad \lambda_1 c_{31} = -c_{11} = -c_{31}, \\ &\lambda_2 c_{32} = -c_{12}, \quad \lambda_3 c_{33} = -c_{13}. \end{aligned}$$

그러므로 해들은

$$x(t) = c_{11}e^{-t} + c_{12}e^{(1/2+i\sqrt{3}/2)t} + c_{13}e^{(1/2-i\sqrt{3}/2)t},$$

$$y(t) = -c_{11}e^{-t} + c_{12}\left(\frac{1}{2} + i\frac{\sqrt{3}}{2}\right)e^{(1/2+i\sqrt{3}/2)t} + c_{13}\left(\frac{1}{2} + i\frac{\sqrt{3}}{2}\right)e^{(1/2-i\sqrt{3}/2)t}$$

$$z(t) = c_{11}e^{-t} - \frac{c_{12}}{\frac{1}{2} + i\frac{\sqrt{3}}{2}}e^{(1/2+i\sqrt{3}/2)t} - \frac{c_{13}}{\frac{1}{2} - i\frac{\sqrt{3}}{2}}e^{(1/2-i\sqrt{3}/2)t}$$

이고, 이 식들은 세 개의 매개변수 c_{11}, c_{12}, c_{13}에 의존한다. 그 식들을 간단히 하기 위하여 오일러 항등식을 사용하고 실수 부분만 유지하면 이는 다음 해가 된다.

$$x = c_{11}e^{-t} + (c_{12} + c_{13})e^{t/2}\cos\left(\frac{1}{2}\sqrt{3}t\right),$$

$$y = -c_{11}e^{-t} + \frac{1}{2}(c_{12} + c_{13})e^{t/2}\cos\left(\frac{1}{2}\sqrt{3}t\right) + \frac{\sqrt{3}}{2}(c_{12} - c_{13})e^{t/2}\sin\left(\frac{1}{2}\sqrt{3}t\right),$$

$$z = c_{11}e^{-t} + (c_{12} + c_{13})e^{t/2}\cos\left(\frac{1}{2}\sqrt{3}t\right) - \frac{\sqrt{3}}{2}(c_{12} - c_{13})e^{t/2}\sin\left(\frac{1}{2}\sqrt{3}t\right).$$

이 식들은 $c_{11}=1$, $c_{12}+c_{13}=1$, $c_{12}-c_{13}=1$에 대해 그림 19.13에서 도면으로 그렸다. $t\to-\infty$에 대하여 다만 e^{-t} 항들만 남아서 그림 19.13에서 $y\sim-x$, $z\sim x$ 식은 원점 근처에서 끝나는 직선부분이다. $t\to\infty$에 대해서는 단지 $e^{t/2}$와 관련된 항들만 남아서 $(y-x/2)/(z-x)\sim-1$이 되고 이 식은 $z=y-3x/2$인 평면이 된다. 이들 점근적 한계들 사이에서는 곡선들의 매개변수 c_{1j}로 변하는 나선거동이 됨을 알게 된다. 점근선들은 그 매개변수들에 의존하지 않는다. ■

물론 그러한 나선흡입들이나 안정점들은 일차원에서 일어날 수 없으나 그것들이 더 높은 차원에서 일어날 때 그것들이 안정한지 아닌지를 물을 수 있다. 이에 대한 답은 푸앵카레-벤딕슨(Bendixson) 정리에 의해서 제시된다. 이 정리는 궤적들(한순간에 명세된 한정된 영역에서)이 시간에 진행됨에 따라 한 고정된 점에 끌리는지 아닌지 또는 관련된 이-차원의 버금계가 한정된 영역 안에서 머문다면 (즉 $t\to\infty$함에 따라 발산하지 않는다면) 그것들이 극한 순환에 접근하는지 안하는지에 대해서 말하고 있다. 한 증명에 대해 추가 읽을거리에서 Hirsch와 Smale과 Jackson을 참고히여라.

일반적으로 감쇠의 어떤 형태가 있을 때 일시적인 것들은 줄어들고 계는 평형 상태(즉 단일점)에 정착하든가 주기적 또는 준 주기적 운동에 도달한다. 혼돈 운동은 이제 4번째 상태로서 인정되고 그것들의 끌개들은 가끔 이상한 끌개로 일컫는다.

■ 동역학 계에서 흩어지기

간단함을 위하여 이차원에서 흩어지기(dissipative) 힘들은 위상공간에서 면적 변화를 수반한다. 한 예는 예제 8.2.2에서 $\dot{v}\to0$이 되는 동안 시간이 증가함에 따라 $v\to v_0$가 되는 낙하산병이다. v와 $\dot{v}$을 메워지는 위상공간에서 면적이 끌림 때문에 0으로 줄어든다. 그러한 궤적들 위의 입자들이 에너지를 운반하기 때문에 변하는 면적은 에너지의 손실이나 득에 관련되어 있다; 그것들은 가끔 속도들 — 즉 마찰과 같이 일차 시간도함수에 관련되어 있다 (예로 감쇠 진동에 대해서). 흩어지기의 척도를 찾아보자; 즉 어떻게 고정된 점에서 작은 면적 $A = c_{1,2}\Delta\xi_1\Delta\xi_2$가 줄어들든가 또는 팽창하는가이다. 여기서 $c_{1,2} = \sin(\hat{\xi}_1, \hat{\xi}_2)$는 (19.29)식의 특성 방향들 $\hat{\xi}_1$과 $\hat{\xi}_2$의 비직교성을 고려한 시간독립의 각인자이다. 만약에 A의 시간도함수를 취하고 $\dot{\Delta}_j = \lambda_j\Delta\xi_j$를 암시하는 특성 좌표들의 $\dot{\xi}_j = \lambda_j\xi_j$를 사용하면 $\Delta\xi_j$에서 최저 차수(lowest order)의 다음 식을 얻는다.

$$\dot{A} = c_{1,2}[\Delta\xi_1\lambda_2\Delta\xi_2 + \Delta\xi_2\lambda_1\Delta\xi_1] = c_{1,2}\Delta\xi_1\Delta\xi_2(\lambda_1 + \lambda_2). \tag{19.35}$$

$\Delta\xi_j \to 0$인 극한에서 (19.35)식으로부터 다음 율을 구한다.

$$\frac{\dot{A}}{A} = \lambda_1 + \lambda_2 = \mathrm{tr}(\mathsf{F}) = \nabla \cdot \mathbf{f}|_{\mathbf{y}_0}, \tag{19.36}$$

여기서 고정된 점에서 (19.23b)식에 시간도함수의 벡터인 $\mathbf{f} = (f_1, f_2)$로 표시했다. ξ_1과 ξ_2 사이의 각의 시간 독립인 사인은 그 비율에서 빼버린 것을 유의하여라. 더 높은 차원으로 일반화는 분명해 진다. 더구나 n차원에서

$$\mathrm{trace}(\mathsf{F}) = \sum_i \lambda_i \tag{19.37}$$

이다. F는 에르미트적이지 않을지라도 이 대각합 공식은 선형 변환 특히 $\mathsf{C}\boldsymbol{\xi} = \mathbf{x}$ 하에서 (19.30)식에 영년 다항식의 불변으로부터 나온다. 그리고 그것은 행렬식에 대한 곱의 정리를 사용한 그 행렬식형의 결과이다 (3.2절을 보라). 말하자면

$$\begin{aligned}\det(\mathsf{F} - \lambda \cdot 1) &= [\det(\mathsf{C})]^{-1}\det(\mathsf{F} - \lambda \cdot 1)[\det(\mathsf{C})] = \det(\mathsf{C}^{-1}(\mathsf{F} - \lambda \cdot 1)\mathsf{C}) \\ &= \det(\mathsf{C}^{-1}\mathsf{F}\mathsf{C} - \lambda \cdot 1) = \prod_{i=1}^{n}(\lambda_i - \lambda)\end{aligned} \tag{19.38}$$

이며 여기서 곱의 형태는 (19.31)식을 대입함으로써 유도된다. 자 tr(F)는 $\det(\mathsf{F} - \lambda \cdot 1)$을 λ의 지수들로 전개함으로써 $(-\lambda)^{n-1}$의 계수이다; 반면에 그것은 (19.37)식을 증명하는 곱의 형태 $\prod_i(\lambda_i - \lambda)$로부터 $\sum_i \lambda_i$이다. 분명히 (19.36)과 (19.37)식들에 의하여,

- 그것은 임계점 근처에서 더 높은 차원의 넓이들과 부피들의 팽창이나 줄어듬이 있는지 없는지를 결정하는 고정된 점에서 도함수 행렬의 특성 지수들의 그 부호(더 정확히 대각합)이다.

요 약

방정식 (19.36)에서 흩어지기는 $\dot{y}_j = f_j$에서 $\nabla \cdot \mathbf{f}(\mathbf{y}) \neq 0$인 것을 요구하고 $\nabla \cdot \mathbf{f} = 0$인 해밀토

니안 계들에서는 일어나지 않는다고 명백히 진술하고 있다.

더군다나 이차 또는 그 이상 차원에서 다음의 전체적 (온곳의) 가능성들이 있다.

- 그 궤적은 닫힌 궤도를 기술한다 (중심 또는 순환).
- $t \to \infty$에 따라 그 궤적은 닫힌 궤도를 접근한다 (안쪽으로 또는 바깥으로 나선운동). 이 경우에 극한 순환을 가진다.

임계점 근처에서 궤적의 국소 (한곳) 거동은 역시 일차원보다 일반적인 데서 더 변한다: 안정된 임계점에서 모든 궤적들은 직선들을 따라, *대각합*$(\lambda) = -4$로서 예제 19.4.6에서처럼 곡선을 따라, 안쪽으로 따라 (**나선 흡입**을 향하여) 또는 더 복잡한 경로를 따라 임계점으로 접근한다. 만약에 $t \to -\infty$를 따라 모든 시간 역방향의 궤적은 나선들로 임계점을 향하여 움직이다면 임계점은 발산적 나선점 또는 **나선 밀개**이다. 이것은 *대각합*$(\lambda) = 1$로서 예제 19.4.8에서 경우이다. *대각합*$(\lambda) = 0$의 예제 19.4.7에서와 같이 (일반적으로 대각합은 안장점에서 양 또는 음일 수 있다) 어떤 궤적들이 임계점에 접근하고 있는 반면에 다른 궤적들은 임계점에서 멀어질 때, 그것을 **안장점**이라 일컫는다. 모든 궤적들이 임계점에 대하여 닫혀진 궤도를 형성하면 예제 19.4.9에서와 같이 **중심**이라 일컫는다. 여기서 *대각합*$(\lambda) = 0$이다.

■ 동역학 계에서 쌍갈림

로지스틱 본뜨기의 쌍갈림과 같이 일차원에서와 마찬가지로 이차 또는 그 이상 차원에서 쌍갈림은 고정된 점들의 흡입-밀개 짝의 생성이나 조절 매개변수를 조정함으로 그것들의 사라짐과 같이 명시된 매개변수에 대해 동역학에서 급작스런 변화이다 (즉 쌍갈림 전후의 운동은 위상적으로 다르다). 쌍갈림점에서 하나 또는 그 이상의 매개변수들이 조금 변할 때, 해들이 불안정할 뿐만 아니라 위상공간에서나 매개변수 다양체에서 쌍갈림의 특성도 변한다. 궤적들의 규칙적으로부터 마구잡이 거동으로 급작한 변화들은 초기조건들에 민감한 의존성과 같이 쌍갈림의 특성이다: 가까운 초기조건들은 매우 다른 긴 기간의 거동으로 도달하게 할 수 있다. 만약에 쌍갈림이 매개변수 조절로써 정성적으로 변하지 않는다면 그것은 구조적으로 안정하다고 일컫는다. 구조적으로 불안정한 쌍갈림은 소음과 다른 무시되는 자유도들이 우리 보기에 불안한 쌍갈림을 효과적으로 제거시키는 계에서의 건드림(섭동)으로써 작용하기 때문에 실재로 거의 일어나지 않는다. 쌍갈림들(본뜨기에서 주기-배가와 같은)은 혼돈으로 가는 많은 길 중에 하나로 중요하다. 다른 것들은 **전체적 쌍갈림**이라 부르는 몇 개의 임계점들과 연관된 궤적들의 급작한 변화들이다. 자주 그것들은 끌림의 유역 그리고 또는 다른 전체적 구조들에서 변화들과 관련되어 있다. 전체적 쌍갈림들의 이론은 아주 복잡하거나 아직 초기 단계에 있다.

단일 고정된 점에서 동역학적 계들의 정성적 거동에서 갑자기 변화는 것과 연결된 쌍갈림들은 **국소 쌍갈림들**이라 일컫는다. 특히 안정성의 변화는 고정된 점의 특성 지수의 실수부가 그 부호를 바꾸는 데 (즉, 끌림에서 밀어냄의 궤적들로 또는 그 반대로 움직이는) 매개변수 공간에서 일어난다. **중심 다양체 정리**는 국소 쌍갈림에서 영으로 가는 특성적 지수들과 관련된 그러한 자유도들 만이 문제가 된다고 진술한다: $\Re(\lambda_i)=0$, 이러한 점들의 집합을 찾아내는 일이 쌍갈림 분석에서 첫 단계이다. 다른 단계는 동역학적 계들에서 쌍갈림들의 형들을 목록화하는 데 있다. 그곳에 대해서는 다음으로 돌리자.

동역학적 방정식들의 통상적인 **정상형태**는 고전적 쌍갈림에서의 출발을 나타낸다. 하나의 매개변수의 계들에 대해서 (즉, 일차원적 중심 다양체) 비선형 미분방정식의 일반적 경우를 다음과 같이 쓴다.

$$\dot{x}=\sum_{j=0}^{\infty}a_j^{(0)}x^j+c\sum_{j=0}^{\infty}a_j^{(1)}x^j+c^2\sum_{j=0}^{\infty}a_j^{(2)}x^j+\cdots, \tag{19.39}$$

여기서 $a^{(m)}$에 어깨첨자는 쌍갈림이 연합된 맞춤변수 c의 거듭제곱을 표시한다. 비선형 동역학계들의 19.2절(푸앵카레 절에서 일어나는)의 로지스틱 본뜨기와 같은 일차원 반복 비선형 본뜨기들은 비슷하게 분류할 수 있다. 말하자면

$$x_{n+1}=\sum_{j=0}^{\infty}a_j^{(0)}x_n^j+c\sum_{j=0}^{\infty}a_j^{(1)}x_n^j+c^2\sum_{j=0}^{\infty}a_j^{(2)}x_n^j+\cdots \tag{19.40}$$

이다. 로지스틱 본뜨기는 $c=\mu$, $a_1^{(1)}=1$, $a_2^{(1)}=-1$에 해당하고 모든 다른항 $a_j^{(j)}=0$이다. 쌍갈림을 가진 가장 간단한 비선형 미분방정식의 하나는

$$\dot{x}=x^2-c \tag{19.41}$$

이고, 이 식은 $a_0^{(1)}=-1$과 $a_2^{(0)}=1$ 외에는 모든 $a_j^{(m)}=0$에 해당한다. $c>0$에 대해서 x_-는 흡입 그리고 x_+는 밀개가 되도록 특정 지수들 $2x_\pm$와 함께 두 개의 고정된 점들($\dot{x}=0$을 기억하라) $x_\pm=\pm\sqrt{c}$가 있다. $c<0$에 대해 고정된 점이 없다. 그러므로 $c\to 0$에 따라 고정된 점쌍이 갑자기 사라진다 (즉, 매개변수 값 $c=0$은 구조적으로 불안한 밀개 – 흡입, 쌍갈림이다). 이 복소 본뜨기($c\to -c$로써)는 19.3절에서 논의한 쪽거리 줄리아와 만델브르트 집합들을 일으킨다.

갈퀴쌍갈림($\mu=3$인 그림 19.2에서와 같이)은 세제곱 비조화의 비감쇠 (안흩어지기와 그리고 듀핑(Duffing)의 특별한 경우) 진동에 대해서 일어난다.

$$\ddot{x}+ax+bx^3=0,\quad b>0. \tag{19.42}$$

그것은 연속적인 진동수 스펙트럼을 가지고 있고 다른 것들 중에서 두 벽사이에서 튀는 한 공에 대한 모형이다. 조절 매개변수 $a>0$일 때 $x=0$에서 단지 하나의 고정된 점 흡입이 있고 반면에 $a<0$에 대해 $x_\pm=\pm\sqrt{-a/b}$에서 두 개 더 흡입들이 있다. 그래서 원점에서 흡입의 갈퀴쌍갈림이 원점에서 안장점으로 그리고 $x_\pm\neq 0$에서 두 개의 흡입을 가진다. 퍼텐셜 공식의 항들로 보면 $V(x)=ax^2/2+bx^4/4$는 $a>0$에 대해 **단일 우물**이고 그러나 $a<0$에 대해 **쌍우물** ($x=0$에서 최대를 가지는)이다. 복소켤레 특성 지수의 한쌍 $\rho\pm i\kappa$나 나선흡입($\rho<0$)에서 밀어내는 나선($\rho>0$)과 주기 운동(극한 순환)이 일어날 때 정성적 변화를 호프 쌍갈림이라 부른다. 그것들은 다음 절에서 논의하게 될 혼돈으로 향하는 준 주기 길에서 일어난다.

전체적인 분석에서 우리는 흡입들과 쌍갈림과 같은 여러 임계점들 근처에서 운동들을 이차원에서 어느 정도 함께 흐르는 궤적들의 다발로 함께 연결한다. (이 기하학적 견해는 동역학적 계들의 해석적 해들에 대한 현행의 방식이다.) 그러나 이 흐름은 그것들이 일반적으로 서로 발산하는 삼차원 경우에서는 이미 집합적이 아니다. 왜냐하면 점들로 푸앵카레 단면의 평면을 진힝직으로 채우고 있는 혼돈의 운동이 가능하기 때문이다.

■ 동역학 계에서 혼돈

쌍갈림들과 같이 동역학계들의 어떤 것들은 이따금 혼돈의 선봉이 될지라도 **일차원과 이차원**에서 비선형 때문에 동역학계들의 뒤얽히고 복잡한 특색들에 대한, 앞 절에서의 요약들은 **혼돈을 포함하지 않는다.** 그것이 바로 베어헐스트의 비선형 미분방정식은 혼돈을 보이지 않지만 그것에 대응하는 (로지스틱) 본뜨기는 혼돈을 보이는 이유이다. 삼차 또는 그 이상 차원의 비선형 미분방정식에서 혼돈적 운동이 가끔 운동의 상수(예로 해밀토니안에 의해서 정의되는 비선형 미분방정식들에 대한 에너지 적분)가 위상공간에서 한정된 부피에 궤도들을 제약할 때와 임계점들이 없을 때 일어난다. 혼돈에 대한 또하나의 특성적 신호는 각 궤적에 대하여 시간이 증가함에 따라 그것들의 얼마가 궤적으로부터 멀리 가는 것과 다른 것들은 궤적에 접근하는 때이다. 가까운 궤적들의 지수적인 발산의 능력은 동역학적인 계와 연합된 푸앵카레 단면들(19.4절)의 반복된 본뜨기들의 리아푸노프 지수(19.3절)에 의해서 정량적으로 정해진다. 만약에 두 개의 가까이 있는 궤적들이 시간 $t=0$일 때 거리 d_0에 있으나 그 후의 시간 t에서 거리 $d(t)$로 발산한다면 $d(t) \approx d_0 e^{\lambda t}$ 식이 성립한다. 그래서 일련의 점들(즉 푸앵카레 단면들 위에 생긴 반복된 본뜸들)을 분석함으로써 삼차원의 동역학계들의 혼돈으로 가는 길들을 연구할 수 있다. 이것이 혼돈을 연구하는 데 핵심적 방법이다. 푸앵카레 평면의 위치와 방향을 변해감에 따라, 그 위의 고정된 점은 자주 그것들의 구조적 안정성을 거기서 점검할 수 있는 삼차원의 위상공간에서 극한 순환으로부터 기인된 것으로 인식하게 된다. 예를 들면 끌림의 극한 순환들은 푸앵카레 단면에서 흡입들로 보이고 밀어내는 극한 순환들은 푸앵카레 본뜨기들에서의 밀개로서 보이고 그리고 안장 순환들은 연합된 푸앵카레 본뜨기들의 안장점들로 나타난다.

위상공간의 삼차 또는 그 이상의 차원이 바로 논의된 필요 조건들의 상호 작용 때문에 혼돈이 일어나는 데 요구된다. 말하자면

- 속박된 궤적들 (자주 해밀토니안 계들에 대한 경우)
- 가까이 있는 궤적들의 지수적 발산 (해당되는 푸앵카레 본뜨기들의 양의 리아푸노프 의해서 보장된); 그리고
- 궤적들의 무교차성

마지막 조건은 19.1절에서 논의된 것 같이 특별히 결정론적인 계들에 의해서 따른다. 19.1절에서 언급한 혼돈의 놀라운 특색은 어떻게 넓게 쓰이는지와 비선형 미분방정식들의 다양성에도 불구하고 혼돈으로의 경로가 그렇게 자주 보편적이 될 수 있는가 이다.

고전역학에서 공간적으로 복소 도안들의 한 예는 다음과 같은 그 일차원 운동방정식의 평면 진자이다.

$$I\frac{d\theta}{dt} = L, \qquad \frac{dL}{dt} = -lmg\sin\theta. \tag{19.43}$$

이 식은 동역학적 변수 $\theta(t)$에서 비선형이다. 여기서 I는 관성모멘트, L은 궤도각운동량, l은 질량중심까지 거리, m은 질량 그리고 g는 중력가속도 상수이다. (19.43)식에서 모든 매개변수들이 시간과 공간에서 상수일 때, 해들은 타원적분들의 항들로 주어지고 (5.8절을 보라) 혼돈은 존재하지 않는다. 그러나 예를 들면 주기적 외부힘을 받는 진자는 다음과 같은 라그랑지로 혼돈적 동역학을 제시할 수 있다.

$$\mathcal{L} = \frac{m}{2}\dot{\mathbf{r}}^2 - m\frac{g}{l}(l - z), \quad (x - x_0)^2 + y^2 + z^2 = l^2, \tag{19.44}$$
$$x_0 = \varepsilon l \cos\omega t,$$

여기서 x_0는 주기적 구동력(추가 읽을거리에서 Moon을 보라)을 나타낸다.

혼돈에 대한 좋은 후보적 예들은 다음과 같은 여러 겹 우물 퍼텐셜 문제들이다.

$$\frac{d^2\mathbf{r}}{dt^2} + \nabla V(\mathbf{r}) = F\left(\mathbf{r}, \frac{d\mathbf{r}}{dt}, t\right), \tag{19.45}$$

여기서 F는 흩어지기 힘 또는 구동력들을 나타낸다. 또 다른 고전적 예는 우리에게 익숙한 오일러의 비선형 삼차원 방정식의 강체 회전이다. 말하자면

$$\begin{aligned} \frac{d}{dt}I_1\omega_1 &= (I_2 - I_3)\omega_2\omega_3 + M_1, \\ \frac{d}{dt}I_2\omega_2 &= (I_3 - I_1)\omega_1\omega_3 + M_2, \\ \frac{d}{dt}I_3\omega_3 &= (I_1 - I_2)\omega_1\omega_2 + M_3 \end{aligned} \tag{19.46}$$

이고, 여기서(M_1, M_2, M_3)는 돌림힘 (회전력), I_j는 주관성 모멘트 그리고 ω는 물체에 고정된 주축에 대해 성분 ω_j를 가진 각속도이다. 자유강체 회전조차도 그것의 비선형 연결 때문에 혼돈적이 될 수 있고 삼차원 형태는 혼돈이 일어나기 위한 모든 요건들을 만족시킬 수 있다 (19.1절). 태양계에서 혼돈의 강체운동 예는 토성의 달 중에 하나인 아주 비구형인 하이퍼리온(Hyperion)의 혼돈적 공중제비 운동(tumbling)이다. 지구에서 보면 토성이 뜨고 지는 것을 예측할 수 없으리만큼 그렇게 불규칙하게 한다. 또 하나는 헬리(Halley' s) 살별(혜성)이다. 그것의 궤도는 목성과 토성에 의하여 교란된다. 일반적으로 세 개 또는 그 이상의 천체의 물체들이 중력적으로 상호 작용할 때 혼돈적 동역학이 가능하다. 그럴지라도 태양계에서 혼돈적 동역학을 확인하는 데는 긴 시간간격에 걸쳐 컴퓨터 모의 작동(simulation)을 요구한다는 것을 유의하자. 그러한 보존적 해밀토니안 계들에서 혼돈에 대한 더 상세한 것들에 대해서는 추가

읽을거리의 Hilborn의 제8장을 보라.

■ 동역학 계에서 혼돈으로의 경로들

이제 혼돈을 향한 약간의 경로들을 조사하자. 혼돈에 주기-배가의 경로는 19.2절에서 로지스딕 본뜨기로 예증하였고 보편적 파이겐바움 수들 α, δ는 리아푸노프 지수를 따르는 그 정량적 특색들이다. 그것은 동역학적인 계들에서 공통으로 나타난다. 그것은 푸앵카레 단면에서 한 벌의 고정된 점들로서 보여지는 극한 순환 (주기적) 운동으로서 시작된다. 극한 순환은 흡입 또는 어떤 다른 고정된 점들로부터 쌍갈림에서 비롯된다. 조절 매개변수가 변함에 따라 푸앵카레의 본뜨기의 고정된 점은 두 점들로 갈라진다 (즉 극한 순환은 끌림에서 밀어냄으로 0점을 통과해 가는 특성지수를 가진다). 주기적 운동은 이제 전과 같은 길이에서 두배 주기를 가진다 등등. 주기적 외부 힘으로서 듀핑 방정식[(19.42)식]에 대해 푸앵카레 단면들의 주기-배가 도식에 대해서는 추가 읽을거리에서 Barger와 Olsson 책의 제11장에 언급하였다. 주기배가의 또다른 예는 마찰력으로 힘을 받는 진동이다 (추가 읽을거리에서 Cvitanovic에서 Helleman을 보라).

혼돈에 대한 준주기적 길은 역시 동역학적 계들에서 아주 공통적이다 (즉 시간-독립인 흡입, 고정된 점으로부터 출발하는). 만약에 조절 매개변수를 조절하면 계는 위상공간에서 **극한 순환**에 대응하는 주기적 운동에 대해 호프 쌍갈림을 겪는다. 조절 매개계수의 더한 변화로 두 번째 진동이 나타난다. 만약에 진동수 비가 무리수이면 궤적들은 준주기적이 되어 위상공간에서 **또아리**의 표면을 결국에 덮게 된다 (즉 준주기적 궤도는 결코 닫히거나 반복하지 않는다). 조절 매개변수를 더욱 변화시키면 세 번째 진동수나 직접적으로 혼돈적 운동으로 된다. 혼돈적 운동의 띠들은 매개변수 공간에서 준주기적 운동과 번갈아 나올 수 있다. 이러한 동력학계의 한 예는 주기적으로 구동된 진자이다.

혼돈에 세 번째 경로는 간헐적 중단(intermittency)에 의해서이다. 여기서는 동역학적 인계가 고정된 조절 매개변수들에서 두 개의 정성적으로 다른 운동들 사이에서 교환한다. 예를 들면 시작하는 데서 주기적 운동이 혼돈적 운동의 수시적 파열과 교환한다. 조절변수의 변화로 인하여 혼돈적 파열이 전형적으로 길어져서 결국에는 주기적 운동이 남지 않는다. 혼돈적 부분들은 불규칙적이고 서로 닮지 않는다. 그러나 혼돈을 증명하기 위하여 양의 리아푸노프 지수에 대해 점검할 필요가 있다. 여러 가지형의 간헐적 중단들은 유체역학에서 난류 상태의 공통된 특색들로 나타난다. 로렌츠의 연결된 비선형 방정식들은 역시 간헐적 중단을 보인다.

연습문제

19.4.1 감쇠 조화진동에 대하여

$$\ddot{x} + 2a\dot{x} + x = 0$$

일 때, 푸앵카레 단면을 생각하자. $\{x>0,\ y=\dot{x}=0\}$. $0<a\ll 1$을 취하고 본뜨기가 $b<1$의 $x_{n+1}=bx_n$에 의하여 주어짐을 보여라. b에 대해서 추적값을 찾아라.

19.4.2 래슬러(Rössler)결합 상미분방정식들이

$$\dot{x}_1=-x_2-x_3,\quad \dot{x}_2=x_1+a_1x_2,\quad \dot{x}_3=a_2+(x_1-a_3)x_3$$

(a) $a_2=2$, $a_3=4$ 그리고 $0<a_1<2$에 대해 두 고정된 점들을 가지는 것

(b) 원점에서 나선 밀개를 가진 것과

(c) $a_1=0.398$에 대해서 나선 혼돈적 끌개를 가지는 것을 보여라.

19.4.3 (19.42)식에서 듀핑 진동에 대해서 보앙까레 본뜨기를 구성하여라.

19.4.4 리카티 비선형 미분방정식 $y'=A-ABx^2y+Bxy^2$의 특별해를 알아 맞춰라. 여기서 A, B는 상수들이다. 그리고 그 비선형 미분방정식을 베르누이 비선형 미분방정식으로 환산하고 그것을 또 풀어라.

답. $y(x)=Ax+\frac{1}{v}$, $v(x)=C(x)e^{-AB(x^2-x^3/3)}$,
$C(x)=B\int^x xe^{AB(x^2-x^3/3)}dx$.

19.4.5 $\mu=3.8319$에서 로지스틱 본뜨기의 때때로 끊기기 영역을 도면으로 그려라. 순환의 주기는 얼마인가? $\mu=1+2\sqrt{2}$에서 무엇이 일어나는가?

답. 주기 3 순환들에 대해 (소위) 접선 쌍갈림이 있다.

추가 읽을거리

Amann, H. (1990). *Ordinary Differential Equations: An Introduction to Non-linear Analysis*. de Gruyter, New York.

Baker, G. L., and Gollub, J. P. (1996). *Chaotic Dynamics: An Introduction*, 2nd ed. Cambridge Univ. Press, Cambridge, UK.

Barger, V. D., and Olsson, M. G. (1995). *Classical Mechanics*, 2nd ed. McGraw-Hill, New York.

Bender, C. M., and Orszag, S. A. (1978). *Advanced Mathematical Methods for Scientists and Engineers*. McGraw-Hill, New York. See Chapter 4 in particular.

Bergé, P., Pomeau, Y., and Vidal, C. (1987). *Order within Chaos*. Wiley, New York.

Cvitanovic, P. (Ed.) (1989). *Universality in Chaos*, 2nd ed. Hilger, Bristol, PA.

Devaney, R. L. (1989). *An Introduction to Chaotic Dynamical Systems*. Benjamin/Cummings, Menlo Park, CA.

Earnshaw, J. C., and Haughey, D. (1993). Lyapunov exponents for pedestrians. *Am. J.*

Phys. **61**, 401.

Gleick, J. (1987). *Chaos*. Penguin, New York.

Hilborn, R. C. (1994). *Chaos and Nonlinear Dynamics*. Oxford Univ. Press, New York.

Hirsch, M. W., and Smale, S. (1974). *Differential Equations, Dynamical Systems, and Linear Algebra*. Academic Press, New York.

Infeld, E., and Rowlands, G. (1990). *Nonlinear Waves, Solitons and Chaos*. Cambridge Univ. Press. Cambridge, UK.

Jackson, E. A. (1989). *Perspectives of Nonlinear Dynamics*. Cambridge Univ. Press, Cambridge, UK.

Jordan, D. W., and Smith, P. (1987). *Nonlinear Ordinary Differential Equations*, 2nd ed. Oxford Univ. Press, Oxford, UK.

Lyapunov, A. M. (1992). *The General Problem of the Stability of Motion*. Taylor & Francis, Bristol, PA.

Mandelbrot, B. B. (1988). *The Fractal Geometry of Nature* [Reprint]. Freeman, San Francisco.

Moon, F. C. (1992). *Chaotic and Fractal Dynamics*. Wiley, New York.

Peitgen, H.-O., and Richter, P. H. (1986). *The Beauty of Fractals*. Springer, New York.

Sachdev, P. L. (1991). *Nonlinear Differential Equations and Their Applications*. Dekker, New York.

Tufillaro, N. B., Abbortt, T., and Reilly, J. (1992). *An Experimental Approach to Nonlinear Dynamics and Chaos*. Addison-Wesley, Redwood City, CA.

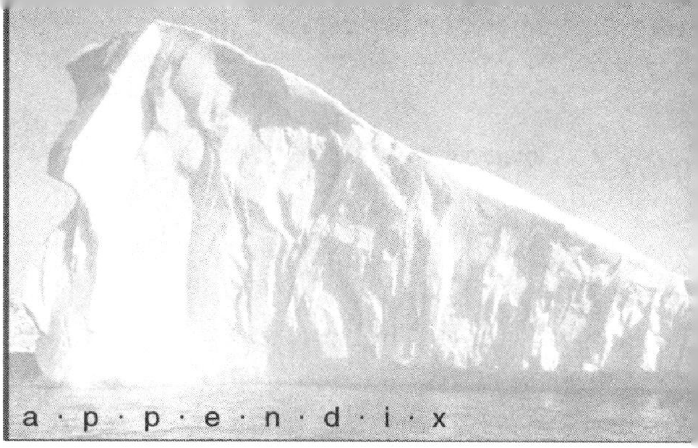

부록 1

함수의 실영점(실근)

함수의 실영점(실근)들의 값들에 대한 요구는 자주 수리물리학에서 나온다. 예들로 동축 도파관 문제의 해에 경계조건들 (예제 11.5.1); 사각 퍼텐셜에서 중양자와 같은 양자역학에서 고유값 문제들 (예제 9.1.2), 즉 양자역학에서 맞추는 조건들로부터 초월함수들의 해들; 그리고 가우시안 구적분에서 수치를 구하는 점들의 위치이다.

대부분의 수치 방법은 영이나 근의 근접한 초기 추측을 요구한다. 얼마나 거칠게 함수가 변하는지와 얼마큼 정확성을 요구하는지에 따라서 근접한다. 모든 것은 좋은 초기값들을 정교하게 구하기 위한 방법이다. 좋은 초기조건을 구하기 위하고 피해야만 하는 병적인 형태들(불연속들이나 특이점과 같은)을 찾아내기 위하여 합리적으로 자세한 함수의 그래프를 만들어야 한다. 그래프에 대해 실재적으로 대체 할만한 것은 없다. 예제 11.3.11은 이 점을 강조하고 있다.

뉴턴의 방법은 함수 $f(x)$는 연속 초기 도함수를 가진 것으로 가정하고 그것의 계산을 요구하기 때문에 미적분에서 자주 제시된다. 병적인 것들이 일어나지 않는다면 그것은 빨리 수렴한다. 그러나 믿을 수 없으면 **피하는** 것도 한 방법이다: 그것은 수렴하지 못 하던가 잘못된 근으로 수렴할 수도 있다. 반복했을 때 적절한 초기 추측들에 대해 혼돈으로 갈 수도 있다. 그러므로 우리는 그것을 상세하게 논의하지 않고 추가 읽을거리에서 Press 등의 제9장을 참조하여라.

■ 이분법(Bisection Method)

이 방법은 $f(x)$가 **연속적**이라고 가정한다. 그것은 초기값들 x_l과 x_r은 찾고자하는 영을 엿보는 것을 요구한다. 그래서 $f(x_l)$과 $f(x_r)$이 곱 $f(x_l)\cdot f(x_r)$이 음이 되게 하므로 반대 부호를 가지

그림 A.1
이분법 근을 찾는 방법

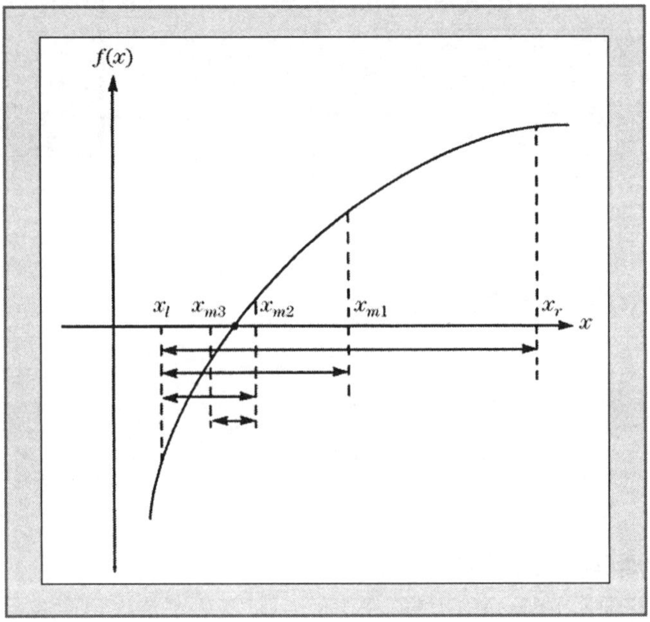

그림 A.2
간단한 극, $f(x_l) \cdot f(x_r) < 0$.
그러나 근이 없다

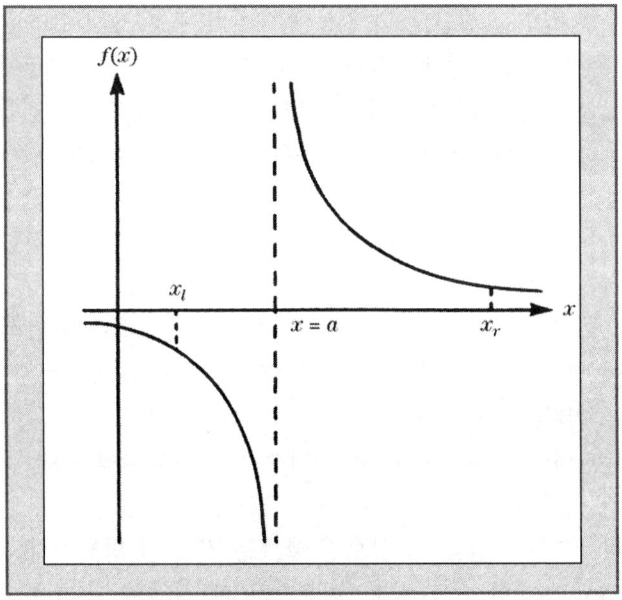

게 된다. 이분법의 가장 간단한 형태에서 중간점 $x_m = \frac{1}{2}(x_l + x_r)$을 취하고 어느 간격 $[x_l, x_m]$ 또는 간격 $[x_m, x_r]$이 영을 가졌는지 보는 것으로 시험한다. 가장 간단한 시험은 하나의 곱 예를 들면 $f(x_m) \cdot f(x_r) < 0$인지 아닌지를 보는 것이다. 만약에 그것이 음이면 그 근은 위의 반 간격 $[x_m, x_r]$에 있다; 만약 그것이 양이면 그 근은 아래 반 간격 $[x_l, x_m]$에 있어야 한다. 우리는 $f(x)$가 연속적이라고 가정하였음을 기억하여라. 영을 가진 그 간격을 다시 $[x_l, x_r]$이라고

표시하고 그 근이 원하는 정확도에 위치할 때까지 이분법을 계속한다 (그림 A.1에서와 같이). 물론 x_l과 x_r의 초기 선택을 더 잘 할수록 더 적은 이분법이 요하게 된다. 그러나 결과적으로 설명되듯이 허용될 수 있는 이분법의 최대수를 명시하는 것이 중요하다.

이 이분법 기술은 뉴턴의 방법의 기품을 가지지는 못해도 합리적으로 빠르고 더욱 더 신뢰성이 있다 – 만약에 그림 A.2에서 보인 $f(x)=1/(x-a)$와 깉은 불연속 함수들을 피 할 수만 있다면 바보라도 할 수 있다. 다시 상정된 근의 근처에서 함수의 상세한 국소 (한 곳) 거동을 아는 데에는 다른 대체적 방법이 없다.

일반적으로 이분법을 **추천한다**.

■ 세 가지 경고

1. 근을 찾는 것을 시행하기 전에 항상 당신의 함수를 도면에 그려라. 근을 찾는 것으로부터 너의 그래프까지 그 결과들을 비교하여라.
2. 컴퓨터는 단지 유효숫자들의 한정된 수만을 수행하기 때문에 우리는 무한정 정확도로 영을 계산하는 데 기대할 수 없다. 어떤 허용오차를 명시해 놓는 것도 필요하다. 그 근이 이 허용오차 안에 들어올 때 서브루틴은 주프로그램으로 돌려진다.
3. 여기서 말하는 모든 접근법은 반복하는 기술이다. 얼마나 많은 시간들을 당신이 반복하는가? 어떻게 정지하기를 결정하는가? 원하는 정확도를 얻을 때까지 반복하는 프로그램이 가능하다. 위험한 것은 어떤 인자가 합리적인 수렴을 거부할 수 있다는 것이다. 그러면 당신의 허용오차는 결코 얻어지지 않고 당신은 무한 고리에 빠진다. 미리 반복의 최대수를 앞서 명시하는 것이 더 안정적이다. 그래서 이러한 서브루틴은 영이 너의 명시된 허용오차 내에서 결정되던가 또는 반복들의 수가 너의 명시된 최대에 이르던가 – 어느 것이 먼저 일어나더라도 이 때 정지하게 된다. 간단한 이분 기술로서 반복의 수의 선택은 초기에 퍼짐 범위 x_r-x_l과 네가 요구하는 정확도에 의존한다. 각각의 반복은 2의 인자만큼 그 범위를 자를 것이다. $2^{10}=1024\approx 10^3$이므로 10 반복들은 3개의 유효숫자를 더하게 된다; 20 반복들은 근의 위치에 6개의 유효숫자를 더하게 된다.

연습문제

A.1.1 당신이 일단 그것을 걸었을 때 간단한 실근을 결정할 수 있는 **간단한** 이분근 결정 서브루틴을 써라. 하나나 그 이상의 다항식이거나 기초 초월함수들의 근들을 정함으로써 너의 서브루틴을 점검하여라.

A.1.2 다음 함수들의 근을 정하기 위하여 이분법을 사용하여라.

(a) $f(x)=x^2-1$ 그리고 $x_0=0.9,\ 1.1$

(b) $f(x)=(x^2-1)^{1/2}$, $x_0=0.9,\ 1.1$

(c) $f(x)=\sin x$, $x_0=3.0,\ 3.2$

(d) $f(x) = \tanh x - x/2$, $x_0 = 1.8$, 2.0

A.1.3 균일한 지구의 자유 지름진동의 이론은 다음식을 성립시킨다.

$$\tan x = \frac{x}{1 - a^2x^2}.$$

매개변수 a는 일차와 이차 파들의 속도들에 의존한다. $a = 1.0$에 대해 이 방정식의 처음 세 개의 양의 근들을 구하여라.

답. $x_1 = 2.7437 \quad x_2 = 6.1168 \quad x_3 = 9.3166.$

A.1.4 (a) 추가 읽을거리에서 Press 등의 함수 BESSJ0(x)에 의해서 생기는 베셀함수 $J_0(x)$를 사용하여 $n = 5$, 10, 15, …, 30에 대한 $J_0(x)$의 연속적인 근들: α_n과 α_{n+1}을 찾아라. α_n, α_{n+1}, $(\alpha_{n+1} - \alpha_n)$ 그리고 $(\alpha_{n+1} - \alpha_n)/\pi$의 표를 만들어라. 어떻게 이 나중 비가 1에 접근하는지 유의하여라.

(b) 당신의 α_n의 값들을 McMahon의 전개, AMS−55, (9.5.12)식으로부터 계산한 값들과 비교하여라.

추가 읽을거리

Hamming, R. W. (1971). *Introduction to Applied Numerical Analysis*. McGraw−Hill, New York. Repinted, Hemisphere, New York (1989). 특히 제2장. 수치계산에 대한 저자의 통찰력과 평균 독자에 대한 전달 기술로 보아 이 책은 탁월하지 않다.

Press, W. H., Flannery, B. P., Teukolsky, S. A., and Vetterling, W. T. (1996). *Numerical Recipes*, 2nd ed. Cambridge Univ. Press, Cambridge, UK.

일반 참고도서

1. Whittaker, E. T., and Watson, G. N.(1962). *A Course of Modern Analysis*, 4th ed., paperback. Cambridge Univ. Press, Cambridge, UK. 이것은 참고도서들 중에서 가장 오래된 (초판 1902) 책이지만 그러나 아직도 고전적 참고서이다. 이 책은 충분한 수학적 엄격성의 1902년도 판과 같이 순수수학에 강하게 기반을 두고 있다.
2. Morse, P. M., and Feshback, H. (1953). *Methods of Theoretical Physics*, 2 vols. McGraw−Hill, New York. 이 책은 상세하게 이론물리의 많은 부분에 대한 수학을 제시하나 좀 고급수준이다. 이 책은 보충적과 고등연구를 위한 정보의 뛰어난 원천으로서 추천받는다.
3. Jeffreys, H. S., and Jeffreys, B. S. (1972). *Methods of Mathematical Physics*, 3rd ed. Cambrige Univ. Press, Cambridge, UK. 이 책은 수학적 분석의 넓은 분야의 학자적 논조

로 되었다. 이 책에는 수학의 엄격성에 상당한 주의가 배려되어 있다. 많은 응용들이 고전 물리와 지구물리학에 할애되어 있다.

4. Courant, R., and Hilbert, D.(1953). *Methods of Mathematical Physics*,Vol. 1(1st English ed.). Wiley (Interscience), New York. 수리물리학의 참고서로서 고유함수 문제, 적분방정식 그리고 변분법과 같은 분야들에존재적 정리와 논의에 대해서 특별히 가치 있는 책이다.
5. Byron, F. W., Jr., and Fuller, R. W. (1992). *Mathematics of Classical and Quantum Physics*, Addison－Wesley, Reading, MA. Reprinted, Dover, New York. 이 책은 수리물리의 적절한 지식을 전제한 고급 교재이다.
6. Bender, C. M., and Orszag, S. A. (1978) *Advanced Mathematical Methods for Scientists and Engineers*. McGraw－Hill, New York.
7. *Handbook of Mathematical Functions with Formulas, Graphs, and Mathematical Tables*, Applied. Mathematics Series 55 (AMS－55). National Bureau of Standards, U. S. Department of Commerce, Washington, DC. Reprinted, Dover, New York (1974). 책제목이 말하는 바의 엄청난 편찬으로서 이 책은 대단히 유용한 참고서이다.

다른 더 전문화된 참고서들은 각 장의 뒤에 목록에 실었다.

찾아보기

A

B

C

D

E

F

G

H

I

O

P

Q

R

ㄱ

ㄴ

ㅅ

ㅍ

[기타]

| 저자 소개 |

■ 김장환

부산대학교 자연대학 물리학과 교수 및 동 대학 명예교수
Temple University 이학박사(Ph. D.)
서울대학교 물리과대학 물리학과 졸업

■ 엄정인

고려대학교 이과대학 물리학과 명예교수
University of Missouri-Saint-Louis 연구교수
서울대학교 물리과대학 물리학과 및 동대학원 졸업

■ 오희균

전남대학교 사범대 과학교육학부 교수
고려대학교 대학원 이학박사
전남대학교 물리교육과 및 동 대학원 졸업

■ 이금휘

전북대학교 광전자정보기술연구소 연구교수
Iowa State University, 서울대학교 이학사(Ph. D.)
U. of Missouri 및 전북대학교 물리학교수 역임

■ 조상규

경북대학교 자연과학대학 물리학과 교수
M.I.T. 박사학위 취득, Syracise 대학 박사 후 연구원
서울대학교 물리과대학 물리학과 졸업

■ 최만수

고려대학교 이과대학 물리학과 조교수 부임
고려대학교 이과대학 물리학과 부교수 부임
포항공과대학교 물리학과 및 동대학원 졸업(Ph. D.)

정가 15,000원

기초 수리물리학

2006년 1월 5일 초판 인쇄
2006년 1월 20일 초판 발행
저　자: WEBER & ARFKEN
역　자: 김장환 · 엄정인 · 오희균
이금휘 · 조상규 · 최만수
발행자: 우명찬 · 송 준
발행처: 홍릉과학출판사
주　소: 서울시 강북구 인수동 455-60
142-885
등　록: 1976년 10월 21일 제5-66호
전　화: (02) 999-2274~5, 903-7037
팩　스: (02) 905-6729
e-mail: hongpub@hongpub.co.kr
http://www.hongpub.co.kr
ISBN: 89-7283-495-5

■ 급수와 곱

$$f(x)=\sum_{n=0}^{\infty}f^{(n)}(a)\frac{(x-a)^n}{n!},\quad f(z)=f(0)+\sum_{n=0}^{\infty}b_n\left(\frac{1}{z-a_n}+\frac{1}{a_n}\right)$$

$$\frac{f'}{f}(z)=\frac{f'}{f}(0)+\sum_{n=0}^{\infty}\left(\frac{1}{z-a_n}+\frac{1}{a_n}\right),\ f(z)=f(0)e^{z\frac{f'}{f}(0)}\prod_{n=1}^{\infty}\left(1-\frac{z}{a_n}\right)e^{z/a_n}$$

$$\frac{1}{1-x}=\sum_{n=0}^{\infty}x^n,\ (1+x)^{\alpha}=\sum_{n=0}^{\infty}\binom{\alpha}{n}x^n,\ e^x=\sum_{n=0}^{\infty}\frac{x^n}{n!},$$

$$\ln(1+x)=\sum_{n=1}^{\infty}\frac{(-1)^{n-1}}{n}x^n$$

$$\sin x=\sum_{n=0}^{\infty}\frac{(-1)^n x^{2n+1}}{(2n+1)!},\quad \cos x=\sum_{n=0}^{\infty}\frac{(-1)^n x^{2n}}{(2n)!},$$

$$\frac{x}{e^x-1}=1-\frac{x}{2}+\sum_{n=1}^{\infty}B_{2n}\frac{x^{2n}}{(2n)!}$$

$$x\cot x=\sum_{n=0}^{\infty}(-1)^n B_{2n}\frac{(2x)^{2n}}{(2n)!},\quad \cot\pi x=\frac{1}{x}+\sum_{n=1}^{\infty}\left(\frac{1}{x-n}+\frac{1}{x+n}\right)$$

$$\zeta(s)=\sum_{n=1}^{\infty}\frac{1}{n^s},\quad \zeta(2n)=(-1)^{n-1}\frac{(2\pi)^{2n}}{2(2n)!}B_{2n}$$

$$\frac{\pi^2}{\sin^2\pi x}=\sum_{n=-\infty}^{\infty}\frac{1}{(x-n)^2},\quad \sin\pi x=\pi x\prod_{n=1}^{\infty}\left(1-\frac{x^2}{n^2}\right)$$

$$\Gamma(z)=\int_0^{\infty}e^{-t}t^{z-1}dt,\quad \frac{1}{\Gamma(x)}=xe^{\gamma x}\prod_{n=1}^{\infty}\left(1+\frac{x}{n}\right)e^{-x/n},$$

$$\frac{\Gamma'}{\Gamma}(z+1)=-\gamma+\sum_{n=1}^{\infty}\left(\frac{1}{n}-\frac{1}{z+n}\right)$$

$$e^{iz}=e^{-y}(\cos x+i\sin x),\quad \ln z=\ln|z|+i(\arg z+2\pi n)$$

$$J_{\nu}(x)=\sum_{n=0}^{\infty}\frac{(-1)^n}{n!(\nu+n)!}\left(\frac{x}{2}\right)^{\nu+2n},\quad e^{(x/2)(t-1/t)}=\sum_{n=-\infty}^{\infty}J_n(x)t^n$$

$$(1-2xt+t^2)^{-1/2}=\sum_{l=0}^{\infty}P_l(x)t^l,\ P_l(x)=\frac{1}{2^l l!}\left(\frac{d}{dx}\right)^l(x^2-1)^l,$$

$$\int_{-1}^{1}P_l(x)P_{l'}(x)dx=\frac{2\delta_{ll'}}{2l+1}$$

$$e^{i\mathbf{k}\cdot\mathbf{r}} = 4\pi \sum_{l=0}^{\infty} i^l j_l(kr) \sum_{m=-l}^{l} Y_{lm}^*(\theta_k, \varphi_k) Y_{lm}(\theta, \varphi)$$

$$e^{-t^2+2tx} = \sum_{n=0}^{\infty} H_n(x)\frac{t^n}{n!}, \quad H_n(x) = (-1)^n e^{x^2}\frac{d^n}{dx^n}e^{-x^2}$$

$$L_n(x) = \frac{e^x}{n!}\frac{d^n}{dx^n}(x^n e^{-x}), \quad \int_0^{\infty} e^{-x} L_m(x) L_n(x) dx = \delta_{mn}$$

$$f(x) = \frac{a_0}{2} + \sum_{n=1}^{\infty}(a_n \cos nx + b_n \sin nx),\ a_n = \frac{1}{\pi}\int_0^{2\pi} f(x)\cos nx\, dx,$$

$$b_n = \frac{1}{\pi}\int_0^{2\pi} f(x) \sin nx\, dx$$

■ 적분

$$F(\omega) = \frac{1}{\sqrt{2\pi}}\int_{-\infty}^{\infty} f(t)e^{i\omega t}dt, \quad f(t) = \frac{1}{\sqrt{2\pi}}\int_{-\infty}^{\infty} F(\omega)e^{-i\omega t}d\omega$$

$$\int_{-\infty}^{\infty} F(\omega)G^*(\omega)d\omega = \int_{-\infty}^{\infty} f(t)g^*(t)dt,$$

$$\int_{-\infty}^{\infty} g(y)f(x-y)dy = \int_{-\infty}^{\infty} F(\omega)G(\omega)e^{-i\omega x}d\omega$$

$$\int g(z)e^{sf(z)}dz \sim \frac{\sqrt{2\pi}g(z_0)e^{sf(z_0)+i\alpha}}{|sf''(z_0)|^{1/2}},\ f'(z_0) = 0,\ \alpha = \frac{\pi}{2} - \frac{1}{2}\arg f''(z_0)$$

$$\nabla^2 V = -\frac{\rho}{\varepsilon_0}, \quad V(\mathbf{r}) = \frac{1}{4\pi\varepsilon_0}\int \frac{\rho(\mathbf{r}')d^3r'}{|\mathbf{r}-\mathbf{r}'|}, \quad \int \frac{e^{i\mathbf{k}\cdot\mathbf{r}}}{k^2+m^2}\frac{d^3k}{(2\pi)^3} = \frac{e^{-mr}}{4\pi r}$$

• 그리스어 알파벳

Alpha	A	α	Nu	N	ν
Beta	B	β	Xi	Ξ	ξ
Gamma	Γ	γ	Omicron	O	o
Delta	Δ	δ	Pi	Π	π
Epsilon	E	ϵ	Rho	P	ρ
Zeta	Z	ζ	Sigma	Σ	σ
Eta	H	η	Tau	T	τ
Theta	Θ	θ	Upsilon	Υ	υ
Iota	I	ι	Phi	Φ	ϕ
Kappa	K	κ	Chi	X	χ
Lambda	Λ	λ	Psi	Ψ	ψ
Mu	M	μ	Omega	Ω	ω